JN423926

The Princeton Companion to Applied Mathematics

프린스턴 응용수학 안내서

THE PRINCETON COMPANION TO APPLIED MATHEMATICS
Copyright © 2015 by Princeton University Press
All rights reserved. No part of this book may be reproduced or transmitted in any form or by any means, electronic or mechanical, including photocopying, recording or by any information storage and retrieval system, without permission in writing from the Publisher.

Korean translation copyright © 2018 by SEUNG SAN PUBLISHERS
Korean translation rights arranged with Princeton University Press,
through EYA (Eric Yang Agency)

이 책의 한국어판 저작권은 EYA (Eric Yang Agency)를 통해
Princeton University Press와 독점계약한 '도서출판 승산'에 있습니다.
저작권법에 의하여 한국 내에서 보호를 받는 저작물이므로 무단전재와 복제를 금합니다.

The Princeton Companion to Applied Mathematics 2

1판 1쇄 인쇄 2018년 5월 31일
1판 1쇄 발행 2018년 6월 15일

엮은이 니콜라스 하이엄, 마크 데니스, 폴 글렌디닝, 폴 마틴, 파딜 산토사, 재러드 태너
옮긴이 정경훈, 박민재, 김영득, 김우찬, 김재웅, 남계숙, 마대건, 박정필, 이영민, 최형규
펴낸이 황승기
마케팅 송선경
자문위원 신현용(한국교원대 수학과 교수)
편집 및 디자인 김병수, 박지혜, 서규범
표지 디자인 김병수

펴낸곳 도서출판 승산
등록날짜 1998년 4월 2일
주소 서울시 강남구 테헤란로34길 17 혜성빌딩 402호
대표전화 02-568-6111
팩시밀리 02-568-6118
전자우편 books@seungsan.com

값 45,000원

ISBN 978-89-6139-070-5 94410
ISBN 978-89-6139-068-2 94410(전 2권)

이 도서의 국립중앙도서관 출판예정도서목록(CIP)은
서지정보유통지원시스템 홈페이지(http://seoji.nl.go.kr)와
국가자료공동목록시스템(http://www.nl.go.kr/kolisnet)에서 이용하실 수 있습니다.
(CIP제어번호: CIP2018013665)

THE PRINCETON COMPANION TO Applied Mathematics

프린스턴 응용수학 안내서

니콜라스 하이엄 외 엮음
정경훈, 박민재 외 8명 옮김

승산

목차

서문

1 이 책에 관하여

『프린스턴 응용수학 안내서(*The Princeton Companion to Applied Mathematics, PCAM*)』는 응용수학이 무엇에 관한 것이며 왜 중요한지 그리고 다른 분야와의 관련성과 현재 연구되는 주요 분야 가운데 일부를 묘사한다. 또한 응용수학자가 무엇을 할 수 있는지 설명하며, 여기에는 주제 그 자체를 연구하는 것뿐만 아니라 수학에 관한 글쓰기, 가르치는 것, 정책 입안자에게 영향을 주는 것 등이 포함된다.

안내서는 주제를 철저히 상술하지 않는다는 점에서 백과사전과 다르고, 모든 관련된 방법과 기술을 다루지 않는다는 점에서 편람과 다르다. 대신, 그 목적은 현대응용수학의 즐거움을 전달하면서도 그것의 역사와 훌륭한 도전의 진가를 알려 주는 폭넓지만 선별된 범위를 제공하는 것이다. 편집자들은 흥미를 쉽게 잃지 않을 주제에 초점을 맞추었으며, 그 주제들은 앞으로 수년이 흘러도 응용수학의 화두로서 논의될 것이다.

수학에 관한 정보의 온라인 출처들이 여느 때보다 더 광범위하게 증가하고 있는 상황에서, 혹자는 인쇄된 책의 역할에 의문을 가질지도 모른다. 분명히, 구글(Google) 검색을 사용한다면 위키피디아(Wikipedia)에서 이 책의 거의 모든 주제를 검색하고 연관된 자료를 찾을 수 있을 것이다. 이 책이 차별화되는 점은 주제를 일관성 있게 다루는, 스스로 완전하고 구조화된 참고서라는 것이다. 넓은 관심사와 경험을 가진 응용수학자들로 구성된 편집위원회가 내용을 감독했고 대표적인 전문가들이 글을 썼으며, 전체 책은 엄격하게 편집하고 교열한 뒤 완전하게 각 부분을 상호 참조하여 색인을 구성하였다.

저자와 편집자는 각 글에서 주제의 동기나 그 이면의 개념 및 기본 아이디어를 전달하고자 무던히 노력하면서도 불필요한 세부 내용을 기술하는 것은 피했다. 이 책이 표준적인 내용과 함께 더 특이하고, 기발하고, 예상치 못한 주제도 포함하는, 친근하며 영감을 주는 참고서로 읽혔으면 하는 바람이다.

2 다루는 범위

이 책의 **응용수학이란 무엇인가?**[I.1], 그리고 역사적인 관점으로는 **응용수학의 역사**[I.6]에서 논의된 것처럼, 응용수학을 정확하게 정의하는 것은 어렵다. 응용수학을 폭넓은 의미로 다루며 모든 측면을 동일한 깊이로 훑을 수는 없다. 이 책은 수리물리학의 일부분을 다루지만 현대 기본 이론을 완전하게 상술하지는 않는다. 통계학과 확률론은 명시적으로 포함되지는 않았지만, 몇 개의 글은 이 주제들로부터 온 아이디어를 사용하며 특히 급성장하는 **불확실성 정량화**[II.34] 분야는 응용수학과 통계학의 수많은 아이디어를 하나로 모은다. 응용수학은 점차 많은 알고리즘과 계산을 활용하여, 컴퓨터과학과의 경계에서 몇 가지 측면을 포괄하게 되었다. 또한 이산수학과 조합수학의 일부분도 다룬다.

3 이 책의 대상인 독자

이 책의 대상 독자는 학부 수준이나 그 이상의 수학자 및 학생, 연구자, 수학을 사용하는 다른 분야의 전문가 그리고 수학에 흥미가 있는 일반 독자이다. 또한 일부 글은 대학교 이전 수준의 수학을 공부하는 학생도 이해할 수 있다.

예비 연구생들은 그들이 연구하게 될지 모르는 응용수학의 다양한 분야에 대한 어떤 아이디어를 얻기 위해 이 책을 사용할 수도 있다. 자신의 전공 바깥 분야의 세미나에 정기적으로 참석하는 연구자들은 이 책이 그런 분야 일부를 친절히 소개해 주어, 세미나 전이나 후에 읽기 좋다는 것을 알게 될 것이다.

원고의 부탁과 편집 과정에서 편집자들은 현실적인 범위에서 가장 낮은 수준으로 논의를 유지하여 접근성을 최대화하는 것을 목표로 삼았다. 책의 내용을 독자가 얼마만큼 이해하는 게 바람직한가 묻는 것은 좋은 질문이다. 당연히 '이해'는 정확하게 정의되지 않는 개념이다. 논증을 따라 읽고 그것이 그럴싸하다고 생각하거나 심지어 납득하게 되는 것과 빈 종이에 그것을 재현하는 것은, 모든 학부생이 시험 시간에 깨닫는 것처럼 전혀 별개의 것이다. 다루는 주제가 아주 폭넓다는 것은 흔치 않게 광범위한 지식을 지닌 독자여야 모든 것을 이해할 수 있다는 의미이긴 하지만, 학부 수준 이상의 모든 독자는 분명 책의 상당한 부분을 이해할 수 있을 것이다.

4 이 책의 구성

이 책은 8부로 구성되어 있고, 그것은 응용수학을 각기 다른 방식으로 가로지르도록 고안되었다.

I부 '응용수학 소개'는 응용수학이 무엇인지 논의하는 것으로 시작하여 일상 생활에서 응용수학이 쓰이는 예를 보여 준다. 그 다음 **응용수학의 언어**[I.2]는 책의 다른 부분에서 자주 등장할 기본 정의, 표기법, 개념을 설명하며, 본질적으로는 학부 수학의 몇 가지 핵심 부분을 간단히 요약한다. 이 글은 완전한 개론을 의도한 것은 아니며, 뒤에 나올 많은 글이 그 안에서 도입 내용을 제공할 것이다. **문제 해결 방법**[I.3]은 응용수학에서 사용되는 일반적인 해결 기법을 설명한다. **알고리즘**[I.4]은 알고리즘의 개념을 설명하며, 몇몇 중요한 예시를 들고 복잡도 문제를 논의한다. 이 글이 I부에 존재한다는 것은 응용수학의 모든 분야에서 점차 늘어나는 알고리즘의 중요성을 반영한다. **응용수학 연구의 목표**[I.5]는 응용수학 연구가 해결하는 질문과 문제의 종류를 설명하고 연구 수행의 전략적 측면을 논의한다. 마지막으로, **응용수학의 역사**[I.6]는 고대에서 20세기 후반에 이르는 응용수학의 역사를 설명한다.

II부 '개념'은 특정 개념과 그것의 중요성을 설명하는 짧은 글들로 이루어진다. 주로 서로 다른 모형과 분야를 가로지르며 책의 다른 부분과의 연관성을 제시한다. II부는 포괄적인 것을 의도하지 않았고 여기에서 다루지 않은 많은 개념은 뒤에 나오는 글에서 잘 설명된다(색인을 통해서도 찾아볼 수 있다).

III부 '응용수학의 방정식, 법칙, 함수'는 각 항목의 중요한 예시들을 다룬다. 중요성, 이해 가능성, 흥미를 모두 고려해 포함할 내용을 선택했다. III부에 포함되지 않은 많은 방정식, 법칙, 함수는 다른 글에서 다루었다.

IV부 '응용수학의 분야'는 연구 분야별로 주제를 요약하고 그것이 어떻게 구성되는지 긴 글을 덧붙여 설명한다. IV부의 목적은 응용수학 연구의 너비, 깊이, 다양성을 전달하는 것이다. 다루는 범위가 완전하지는 않지만 글 제목만 봐서는 다른 분야라고 생각되는 글에도 보충적인 내용이 존재할 수 있다. 예를 들어, 지구과학에 관한 글은 없지만 **지구 시스템 동역학**[IV.30], **역문제**[IV.15], **그린의 정리를 이용한 지구 영상화**[VII.16]는 모두 이 분야의 특정 측면을 다룬다. 또한 수치해석학에 관한 글 역시 IV부에 없지만, 이 분야는 **근사 이론**[IV.9], **수치 선형 대수학과 행렬해석**[IV.10], **연속 최적화(비선형 및 선형 계획법)**[IV.11], **상미분방정식의 수치해법**[IV.12], **편미분방정식의 수치해법**[IV.13]으로 소개된다.

V부 '모델링'은 수학적 모형들을 선별하고 그들 모형이 어떻게 유도되고 어떻게 풀리는지 설명한다.

VI부 '예제 문제'는 여러 가지 흥미로운 응용수학 문제를 살펴보는 짧은 글을 포함한다.

VII부 '응용 분야'는 응용수학과 다른 분야 사이의 관련성을 다루는 글로 구성되며, 집적회로(칩) 설계, 의학 영상화, 공항의 수하물 검색 등 아주 다양한 주제를 포함한다.

VIII부 '마지막 관점'은 수학을 읽고, 쓰고, 조판하기, 응용수학 가르치기, 수학자로서 정부에 영향 주기 등 더 넓은 측면에 관한 에세이들을 포함한다.

같은 부 안에 실린 글의 길이는 다양하다. 이는 다루는 주제의 중요성을 암시하는 것으로 받아들여져서는 안 되는데, 왜냐하면 글의 길이는 각 글에 할당된 페이지 수와 더불어 저자가 페이지 제한에 대처한 방식으로 인한 것이기 때문이다.

II부와 III부는 알파벳 순서로 글이 실려있다. IV부에서는 서로 관련된 글을 한 곳에 모으고, 먼저 읽는 게 자연스러운 글이 있다면 그 글을 이전에 놓으려고 노력했다. 그렇지만 순서는 다소 임의적이며 독자는 어떤 순서로든 편하게 읽으면 된다. V~VIII부는 대략적으로 주제에 따라 배열되었다.

편집자들은 삽화와 도표를 장려하기 위해 노력했다. 복사 비용으로 인해 컬러는 꼭 필요한 곳에만 사용했고 이를 삽화 페이지에 수록해두었다.

주의 깊은 구성에도 불구하고, 편집자들은 독자 다수가 책을 휙 넘겨 흥미로운 무언가를 찾아 읽기 시작하고, 상호 참조를 따라 책 속을 예측할 수 없는 방식으로 돌아다니리라 생각한다. 물론, 목차나 색인을 통해 찾은 페이지부터 시작하는 것도 완벽하게 합리적이다. 독서 요령이 무엇이든 간에 우리는 이 책이 한번 집어 들면 내려놓기 힘든 책이 되길 희망한다!

5 『프린스턴 수학 안내서』와의 관계

이 책은 현대 순수수학에 주안을 둔 책으로서 가워스(Gowers), 배로우-그린(Barrow-Green), 리더(Leeder)가 편집한, 매우 성공적이었던 『프린스턴

표 1 이 책에서 주제가 중복되지 않는 『프린스턴 수학 안내서』의 글들.

제목	PCM에서 등장하는 부분
수학과 화학	VII.1
수리생물학	VII.2
웨이블릿과 응용	VII.3
네트워크 교통량의 수학	VII.4
수학과 암호학	VII.7
수리통계학	VII.10
수학과 의학통계학	VII.11
수학과 음악	VII.13

수학 안내서(*The Princeton Companion to Mathematics, PCM*)』(2008)의 뒤를 잇는다. 우리는 PCM을 바탕으로 하여 그것과의 중복을 피하려 했다. 그러므로 우리는 PCM의 I부와 II부에서 상술한 기본 수학 개념 상당수를 다루지 않고, 오히려 독자가 그것에 익숙하다고 가정했다.

PCM에 이미 수록된 일부 핵심적인 개념이 이 책에도 포함되었지만 상당히 다른 관점에서 그들에 접근했고, 보통 응용과 계산 측면을 더 논의한다.

표 1에 나열된 PCM의 일부 내용은 여기에서 또 다루어도 될 만큼 중요하나, 편집자들 재량으로 이 주제에 대한 글을 새로운 저자에게 부탁하지 않기로 결정했다.

6 이 책을 사용하는 법

저자들은 가능한 한 그 자체로 완전한 글을 만들고 특수한 표기법과 전문용어를 정의하도록 부탁받았다. **응용수학의 언어**[I.2]의 배경지식은 이후 많은 글에서 바탕이 되므로, 독자는 그 내용에 익숙해져야 한다. 만약 표기법이 확실하지 않다면 I.2의 표 3을 참고하거나, 정의에 대해서는 그것이 색인에 있는지 찾아보라. 편집자들은 전문적인 색인 생성기의 도움을 받아 완전하고 쓸모 있는 색인을 만들기 위해 아주 열심히 노력했으므로, 색인이 표기법이나 정의를 보다 명확하게 설명할 책의 위치로 당신을 이끌 것이다.

광범위한 상호참조는 글들 사이의 연결을 제공한다. "이 벡터는 **고속 푸리에 변환**[II.10]으로 계산될 수 있다" 같은 표현은 II부의 10번 글이 고속 푸리에 변환에 관한 정보를 더 포함한다는 것을 나타낸다.

연구 문헌에서는 참고 문헌 목록의 항목에서 인용하여 진술을 뒷받침하는 것이 보통이다. 이 책에서는 글에 인용을 포함하지 않는 형식을 선택했다. 글은 그 분야에서 일반적으로 받아들여지는 핵심 지식을 보여 주며, 인용을 생략하면 독자가 계속해서 매 페이지마다 참고 문헌의 목록을 참조할 필요가 없기 때문에 더 매끄러운 독서가 가능하다. 많은 저자가 이런 형식에 적응하는 데 꽤 어려움을 겪었는데, 그들은 LaTeX 문서 전체에 `\cite` 명령어를 후하게 흩뿌리는 것에 너무 익숙했기 때문이다! 대부분의 글은 '더 읽을거리' 절이 붙어 있는데, 이는 그 주제에 입문할 수 있는 소수의 출처를 제공한다.

7 안내서 프로젝트

나는 2009년에 이 프로젝트를 이끌도록 부탁받았다. 편집위원회가 구성되어 책의 형식과 그 내용의 윤곽이 맨체스터에서 열린 위원회 회의에서 합의되었고, 2011년부터 저자들에게 원고를 청탁하기 시작했다. 우리의 목표는 각 분야의 선도자이면서 훌륭한 저술 능력을 지닌 저자들을 섭외하는 것이었다. 높은 수락 비율은 우리를 아주 기쁘게 했다.

루트비히 볼츠만(Ludwig Boltzmann)은 펠릭스 클라인(Felix Klein), 빌헬름 메이어(Wilhelm Meyer), 그 외 다른 이들과 함께 편집한 6권짜리 『수리과학의 백과사전(*Encyclopedia of Mathematical Sciences*)』(1898-1933)에 공헌했다. 1905년에 그는 저자와 일하는 과정에 관한 글을 썼다.

> 먼저 그가 기고를 약속하도록 설득해야만 한다. 그리고 나서 일반적인 틀에 맞는 글을 쓰도록 모든 방법을 동원해 지시하고 강요해야만 한다. 마지막으로, 시간 안에 그가 약속을 지키도록 재촉해야만 한다.

백 년이 지난 지금도 이런 설명은 여전히 유효하고, 이 같은 책의 잉태에 시간이 걸리는 한 가지 이유도 저자들과 계약하고 글을 모으는 데 오랜 시간이 걸린다는 점이다. 가끔 우리는 특정 주제에 관한 글을 전달할 의지와 능력을 지닌 저자를 찾기 어려웠고, 그래서 포함시키고 싶었던 주제 몇 개는 생략되어야 했다.

165명의 저자들 중 최소 두 명이 그들의 글을 준비하는 동안 아이를 가졌다. 슬프게도, 저자 데이비드 브룸헤드(David Broomhead)는 완성된 프로젝트를 보지 못하고 세상을 떠났다.

프로젝트가 잘 진행된 것은 런던 T&T 프로덕션(T&T Productions Ltd)의 샘 클라크(Sam Clark)가 매우 전문적으로 언제나 활기차게 지원해준 덕이다. 샘은 프로젝트 관리자, 교열 편집자, 조판자로 일했으며 편집자들과 기고자들의 작업 과정을 가능한 무난하고 고통스럽지 않게 만들어 주었다. 샘은 『프린스턴 수학 안내서』에서도 같은 역할을 했으며 그 프로젝트를 통해 그가 얻은 경험은 매우 귀중했다.

8 감사의 말

편집위원회 구성원들의 프로젝트에 관한 조언과 작업, 그리고 맨체스터, 미니애폴리스, 런던에서 열린 세 번의 편집위원회 회의 참석에 감사를 표한다.

편집위원회 이외에 수많은 사람이 내 글의 초안, 특히 I부에 관한 프로젝트의 다양한 단계에서 나에게 값진 조언을 주었다. 나는 특별히 도우그 아놀드(Doug Arnold), 데스 하이엄(Des Higham), 데이비드 넬슨(David Nelson), 닉 트레페덴(Nick Trefethen), 그리고 맨체스터 대학 동료인 마리 아프라하미안(Mary Aprahamian), 에드빈 데드먼(Edvin Deadman), 스테판 귀텔(Stefan Güttel), 스벤 해멀링(Sven Hammarling), 올리버 젠슨(Oliver Jensen), 라마세스한 칸난(Ramaseshan Kannan), 리징 린(Lijing Lin), 마틴 라츠(Martin Lotz), 제니퍼 페스타나(Jennifer Pestana), 샘 렐튼(Sam Relton), 베드란 셰고(Vedran Šego), 나타샤 스트라비치(Nataša Strabić), 리오 타슬라먼(Leo Taslaman), 프랑수아 티쇠르(Françoise Tisseur)에게 감사하다.

샘 클라크와 일하는 것은 기쁨이었고, 서로 주고받은 3000개가 넘는 이메일은 우리의 긴밀했던 협력을 잘 보여 준다. 나는 샘이 교열 단계에서 저자들의 글을 능숙하게 개선할 뿐만 아니라 저자가 제공한 다양한 상태의 그림을 일관된 서식의 고품질 그림으로 바꾸는 능력을 보며 계속해서 감탄했다.

이 프로젝트를 위한 프린스턴대학교 출판사의 원래 편집자는 『프린스턴 수학 안내서』에서도 작업한 앤 사바레즈(Anne Savarese)였다. 앤의 경험과 조언은 이 책의 계획을 세우는 데 매우 귀중했고, 그녀는 능력과 참을성을 발휘해 프로젝트를 마지막 단계까지 인도했다. 비키 컨(Vickie Kearn)은 앤이 출판사의 다른 편집 부서로 이동하게 되면서 프로젝트의 마지막 8개월동안 앤의 업무를 인계받았다. 비키는 수학 출판의 세계에 대한 폭넓은 이해를 가졌으며, 산업응용수학회(Society for Industrial and Applied Mathematics, SIAM)의 편집자였던 그녀가 내 첫 책을 출판한 1990년대 초부터 내가 그녀를 알고 있던 것은 매끄러운 전환에 도움이 되었다.

또한 출판사에서 제작을 감독한 테리 오프리(Terri O'Prey)와 색인 담당 줄리 쇼번(Julie Shawvan)에게 감사한다.

마지막으로, 나의 부인 프랑수아 티쇠르 그리고 아들 프레디(Freddie)와 토마스(Thomas)가 불평 없이 나의 수많은 오후와 주말을 이 책의 작업에 쓸 수 있도록 도와준 것에 감사한다.

니콜라스 하이엄(Nicholas J. Higham)

박민재 옮김

저자 및 편집자

David Acheson, *Emeritus Fellow, Jesus College, University of Oxford*
INVERTED PENDULUMS[VI.4],
TEACHING APPLIED MATHEMATICS[VIII.7]

Miguel A. Alonso, *Associate Professor, The Institute of Optics at the University of Rochester*
MODERN OPTICS[V.14]

Douglas N. Arnold, *McKnight Presidential Professor of Mathematics, University of Minnesota*
THE FLIGHT OF A GOLF BALL[VI.6]

Karl Johan Åström, *Emeritus Professor, Department of Automatic Control, Lund Institute of Technology/University of Lund*
CONTROL THEORY[IV.34]

David H. Bailey, *Lawrence Berkeley National Laboratory (retired); Research Fellow, University of California, Davis*
EXPERIMENTAL APPLIED MATHEMATICS[VIII.6]

June Barrow-Green, *Senior Lecturer in the History of Mathematics, The Open University*
THE HISTORY OF APPLIED MATHEMATICS[I.6]

Peter Benner, *Director, Max Planck Institute for Dynamics of Complex Technical Systems*
MODEL REDUCTION[II.26]

Andrew J. Bernoff, *Kenneth and Diana Jonsson Professor of Mathematics, Harvey Mudd College*
THE THIN-FILM EQUATION[III.29]

Michael V. Berry, *Melville Wills Professor of Physics (Emeritus), University of Bristol*
DIVERGENT SERIES: TAMING THE TAILS[V.8]

Michael W. Berry, *Professor, Department of Electrical Engineering and Computer Science, University of Tennessee*
TEXT MINING[VII.24]

Brett Borden, *Professor of Physics, The Naval Postgraduate School, Monterey, California*
RADAR IMAGING[VII.17]

Jeffrey T. Borggaard, *Professor of Mathematics, Virginia Tech*
OPTIMAL SENSOR LOCATION IN THE CONTROL OF ENERGY-EFFICIENT BUILDINGS[VI.13]

Jonathan M. Borwein, *Laureate Professor, School of Mathematical and Physical Sciences, University of Newcastle, Australia*
EXPERIMENTAL APPLIED MATHEMATICS[VIII.6]

Fred Brauer, *Professor Emeritus of Mathematics, University of Wisconsin-Madison*
THE SPREAD OF INFECTIOUS DISEASES[V.16]

Thomas J. Brennan, *Professor of Law, Harvard Law School*
PORTFOLIO THEORY[V.10]

David S. Broomhead, *Professor of Applied Mathematics, The University of Manchester (deceased)*
APPLICATIONS OF MAX-PLUS ALGEBRA[VII.4]

Kurt Bryan, *Professor of Mathematics, Rose–Hulam Institute of Technology*
CLOAKING[VI.1]

Dorothy Buck, *Reader in BioMathematics, Imperial College London*
KNOTTING AND LINKING OF MACROMOLECULES[VI.8]

Chris Budd, *Professor of Applied Mathematics, University of Bath; Professor of Mathematics, Royal Institution of Great Britain*
SLIPPING, SLIDING, RATTLING, AND IMPACT: NONSMOOTH DYNAMICS AND ITS APPLICATIONS[VI.15]

John A. Burns, *Hatcher Professor of Mathematics and Technical Director for the Interdisciplinary Center for Applied Mathematics, Virginia Tech*
OPTIMAL SENSOR LOCATION IN THE CONTROL OF ENERGY-EFFICIENT BUILDINGS[VI.13]

Daniela Calvetti, *The James Wood Williamson Professor, Department of Mathematics, Applied Mathematics and*

Statistics, Case Western Reserve University
DIMENSIONAL ANALYSIS AND SCALING[II.9]

Eric Cancès, *Professor of Analysis, Ecole des Ponts and INRIA*
ELECTRONIC STRUCTURE CALCULATIONS (SOLID STATE PHYSICS)[VII.14]

René Carmona, *Paul M. Wythes '55 Professor of Engineering and Finance, Bendheim Center for Finance, ORFE, Princeton University*
FINANCIAL MATHEMATICS[V.9]

C. J. Chapman, *Professor of Applied Mathematics, University of Keele*
SHOCK WAVES[V.20], AIRCRAFT NOISE[VII.1]

S. Jonathan Chapman, *Professor of Mathematics and Its Applications, University of Oxford*
THE GINZBURG–LANDAU EQUATION[III.14]

Gui–Qiang G. Chen, *Statutory Professor in the Analysis of Partial Differential Equations and Professorial Fellow of Keble College, University of Oxford*
THE TRICOMI EQUATION[III.30]

Margaret Cheney, *Professor of Mathematics and Albert C. Yates Endowment Chair, Colorado State University*
RADAR IMAGING[VII.17]

Peter A. Clarkson, *Professor of Mathematics, University of Kent*
THE PAINLEVÉ EQUATIONS[III.24]

Eugene M. Cliff, *Professor Emeritus, Interdisciplinary Center for Applied Mathematics, Virginia Tech*
OPTIMAL SENSOR LOCATION IN THE CONTROL OF ENERGY–EFFICIENT BUILDINGS[VI.13]

Paul G. Constantine, *Ben L. Fryrear Assistant Professor of Applied Mathematics and Statistics, Colorado School of Mines*
RANKING WEB PAGES[VI.9]

William Cook, *Professor of Combinatorics and Optimization, University of Waterloo*
THE TRAVELING SALESMAN PROBLEM[VI.18]

Robert M. Corless, *Distinguished University Professor, Department of Applied Mathematics, The University of Western Ontario*
THE LAMBERT *W* FUNCTION[III.17]

Darren Crowdy, *Professor of Applied Mathematics, Imperial College London*
CONFORMAL MAPPING[II.5]

James M. Crowley, *Executive Director, Society for Industrial and Applied Mathematics*
MATHEMATICS AND POLICY[VIII.9]

Annie Cuyt, *Professor, Department of Mathematics & Computer Science, University of Antwerp*
APPROXIMATION THEORY[IV.9]

E. Brian Davies, *Emeritus Professor of Mathematics, King's College London*
SPECTRAL THEORY[IV.8]

Timothy A. Davis, *Professor, Department of Computer Science and Engineering, Texas A&M University*
GRAPH THEORY[II.16], SEARCHING A GRAPH[VI.10]

Florent de Dinechin, *Professor of Applied Sciences, INSA–Lyon*
EVALUATING ELEMENTARY FUNCTIONS[VI.11]

Mark R. Dennis, *Professor of Theoretical Physics, University of Bristol*
INVARIANTS AND CONSERVATION LAWS[II.21], TENSORS AND MANIFOLDS[II.33], THE DIRAC EQUATION[III.9], MAXWELL'S EQUATIONS[III.22], SCHRÖDINGER'S EQUATION[III.26]

Jack Dongarra, *Professor, University of Tennessee; Professor, Oak Ridge National Laboratory; Professor, The University of Manchester*
HIGH–PERFORMANCE COMPUTING[VII.12]

David L. Donoho, *Anne T. and Robert M. Bass Professor in the Humanities and Sciences, Stanford University*
REPRODUCIBLE RESEARCH IN THE MATHEMATICAL SCIENCES[VIII.5]

Ivar Ekeland, *Professor Emeritus, CEREMADE and Institut de Finance, Université Paris–Dauphine*
MATHEMATICAL ECONOMICS[VII.20]

Yonina C. Eldar, *Professor of Electrical Engineering, Technion–Israel Institute of Technology, Haifa*
COMPRESSED SENSING[VII.10]

George F. R. Ellis, *Professor Emeritus, Mathematics Department, University of Cape Town*
GENERAL RELATIVITY AND COSMOLOGY[IV.40]

Charles L. Epstein, *Thomas A. Scott Professor of Mathematics, University of Pennsylvania*
MEDICAL IMAGING[VII.9]

Bard Ermentrout, *Distinguished University Professor of Computational Biology and Professor of Mathematics, University of Pittsburgh*

MATHEMATICAL NEUROSCIENCE[VII.21]

Maria Esteban, *Director of Research, CNRS*
MATHEMATICS AND POLICY[VIII.9]

Lawrence C. Evans, *Professor, Department of Mathematics, University of California, Berkeley*
PARTIAL DIFFERENTIAL EQUATIONS[IV.3]

Hans G. Feichtinger, *Faculty of Mathematics, University of Vienna*
FUNCTION SPACES[II.15]

Martin Feinberg, *Morrow Professor of Chemical & Biomolecular Engineering and Professor of Mathematics, The Ohio State University*
CHEMICAL REACTIONS[V.7]

Alistair D. Fitt, *Vice-Chancellor, Oxford Brookes University*
MATHEMATICS AND POLICY[VIII.9]

Irene Fonseca, *Mellon College of Science University Professor of Mathematics and Director of Center for Nonlinear Analysis, Carnegie Mellon University*
CALCULUS OF VARIATIONS[IV.6]

L. B. Freund, *Adjunct Professor, Department of Materials Science and Engineering, University of Illinois at Urbana-Champaign*
MECHANICS OF SOLIDS[IV.32]

David F. Gleich, *Assistant Professor of Computer Science, Purdue University*
RANKING WEB PAGES[VI.9]

Paul Glendinning, *Professor of Applied Mathematics, The University of Manchester*
CHAOS AND ERGODICITY[II.3], COMPLEX SYSTEMS[II.4], HYBRID SYSTEMS[II.18], THE EULER-LAGRANGE EQUATIONS[III.12], THE LOGISTIC EQUATION[III.19], THE LORENZ EQUATIONS[III.20], BIFURCATION THEORY[IV.21]

Joe D. Goddard, *Professor of Applied Mechanics and Engineering Science, University of California, San Diego*
GRANULAR FLOWS[V.13]

Kenneth M. Golden, *Professor of Mathematics/Adjunct Professor of Bioengineering, University of Utah*
THE MATHEMATICS OF SEA ICE[V.17]

Timothy Gowers, *Royal Society Research Professor, Department of Pure Mathematics and Mathematical Statistics, University of Cambridge*
MATHEMATICAL WRITING[VIII.1]

Thomas A. Grandine, *Senior Technical Fellow, The Boeing Company*
A HYBRID SYMBOLIC-NUMERIC APPROACH TO GEOMETRY PROCESSING AND MODELING[VII.2]

Andreas Griewank, *Professor of Mathematics, Humboldt University of Berlin*
AUTOMATIC DIFFERENTIATION[VI.7]

David Griffiths, *Emeritus Professor of Physics, Reed College*
QUANTUM MECHANICS[IV.23]

Peter Grindrod, *Professor of Mathematics, University of Oxford*
EVOLVING SOCIAL NETWORKS, ATTITUDES, AND BELIEFS-AND COUNTERTERRORISM[VII.5]

Julio C. Gutiérrez-Vega, *Director of the Optics Center, Technológico de Monterrey*
MATHIEU FUNCTIONS[III.21]

Ernst Hairer, *Honorary Professor of Mathematics, University of Geneva*
NUMERICAL SOLUTION OF ORDINARY DIFFERENTIAL EQUATIONS[IV.12]

Ian Hawke, *Associate Professor, Mathematical Sciences, University of Southampton*
NUMERICAL RELATIVITY[V.15]

Stephan Held, *Professor, Research Institute for Discrete Mathematics, Bonn University*
CHIP DESIGN[VII.6]

Didier Henrion, *Professor, LAAS-CNRS, University of Toulouse; Professor, Faculty of Electrical Engineering, Czech Technical University in Prague*
CONVEXITY[II.8]

Willy A. Hereman, *Professor of Applied Mathematics, Colorado School of Mines*
THE KORTEWEG-DE VRIES EQUATION[III.16]

Desmond J. Higham, *1966 Professor of Numerical Analysis, University of Strathclyde*
BAYESIAN INFERENCE IN APPLIED MATHEMATICS[V.11]

Nicholas J. Higham, *Richardson Professor of Applied Mathematics, The University of Manchester*
WHAT IS APPLIED MATHEMATICS?[I.1], THE LANGUAGE OF APPLIED MATHEMATICS[I.2], METHODS OF SOLUTION[I.3], ALGORITHMS[I.4], GOALS OF APPLIED MATHEMATICAL RESEARCH[I.5], CONTROL[II.7], FINITE DIFFERENCES[II.11], THE FINITE-

ELEMENT METHOD[II.12], FLOATING-POINT ARITHMETIC[II.13], FUNCTIONS OF MATRICES[II.14], INTEGRAL TRANSFORMS AND CONVOLUTION[II.19], THE JORDAN CANONICAL FORM[II.22], ORTHOGONAL POLYNOMIALS[II.29], THE SINGULAR VALUE DECOMPOSITION[II.32], VARIATIONAL PRINCIPLE[II.35], THE BLACK-SCHOLES EQUATION[III.3], THE SYLVESTER AND LYAPUNOV EQUATIONS[III.28], NUMERICAL LINEAR ALGEBRA AND MATRIX ANALYSIS[IV.10], COLOR SPACES AND DIGITAL IMAGING[VII.7], PROGRAMMING LANGUAGES: AN APPLIED MATHEMATICS VIEW[VII.11], HOW TO READ AND UNDERSTAND A PAPER[VIII.2], WORKFLOW[VIII.4]

Theodore P. Hill, *Professor Emeritus of Mathematics, Georgia Institute of Technology*
BENFORD'S LAW[III.1]

Philip Holmes, *Eugene Higgins Professor of Mechanical and Aerospace Engineering and Professor of Applied and Computational Mathematics, Princeton University*
DYNAMICAL SYSTEMS[IV.20]

Stefan Hougardy, *Professor of Mathematics, University of Bonn*
CHIP DESIGN[VII.6]

Christopher J. Howls, *Professor of Mathematics, University of Southampton*
DIVERGENT SERIES: TAMING THE TAILS[V.8]

Yifan Hu, *Principal Research Scientist, Yahoo Labs*
GRAPH THEORY[II.16]

David W. Hughes, *Professor of Applied Mathematics, University of Leeds*
MAGNETOHYDRODYNAMICS[IV.29]

Julian C. R. Hunt, *Emeritus Professor of Climate Modelling and Honorary Professor of Mathematics, University College London*
TURBULENCE[V.21]

Stefan Hutzler, *Associate Professor, School of Physics, Trinity College Dublin*
FOAMS[VI.3]

Richard D. James, *Professor, Department of Aerospace Engineering and Mechanics, University of Minnesota*
CONTINUUM MECHANICS[IV.26]

David J. Jeffrey, *Professor, Department of Applied Mathematics, The University of Western Ontario*
THE LAMBERT *W* FUNCTION[III.17]

Oliver E. Jensen, *Sir Horace Lamb Professor, School of Mathematics, The University of Manchester*
MATHEMATICAL BIOMECHANICS[V.4]

Chris R. Johnson, *Director, Scientific Computing and Imaging Institute; Distinguished Professor, School of Computing, University of Utah*
VISUALIZATION[VII.13]

Chandrika Kamath, *Member of Technical Staff, Lawrence Livermore National Laboratory*
DATA MINING AND ANALYSIS[IV.17]

Randall D. Kamien, *Vicki and William Abrams Professor in the Natural Sciences, University of Pennsylvania*
SOFT MATTER[IV.33]

Jonathan Peter Keating, *Henry Overton Wills Professor of Mathematics, University of Bristol*
RANDOM-MATRIX THEORY[IV.24]

David E. Keyes, *Professor of Applied Mathematics and Computational Science and Director, Extreme Computing Research Center, King Abdullah University of Science and Technology; Professor of Applied Mathematics and Applied Physics, Columbia University*
COMPUTATIONAL SCIENCE[IV.16]

Barbara Lee Keyfitz, *Dr. Charles Saltzer Professor of Mathematics, The Ohio State University*
CONSERVATION LAWS[II.6], SHOCKS[II.30]

David Krakauer, *President and Professor, Santa Fe Institute*
THE MATHEMATICS OF ADAPTATION (OR THE TEN AVATARS OF VISHNU)[V.1]

Rainer Kress, *Professor Emeritus, Institut für Numerische und Angewandte Mathematik, University of Göttingen*
INTEGRAL EQUATIONS[IV.4]

Alan J. Laub, *Professor, Department of Electrical Engineering/Mathematics, University of California, Los Angeles*
THE RICCATI EQUATION[III.25]

Anita T. Layton, *Robert R. and Katherine B. Penn Associate Professor, Department of Mathematics, Duke University*
MATHEMATICAL PHYSIOLOGY[V.5]

Tanya Leise, *Associate Professor of Mathematics, Amherst College*
CLOAKING[VI.1]

Giovanni Leoni, *Professor, Department of Mathematical*

Sciences, Carnegie Mellon University
CALCULUS OF VARIATIONS[IV.6]

Randall J. LeVeque, *Professor, Department of Applied Mathematics, University of Washington*
TSUNAMI MODELING[V.19]

Rachel Levy, *Associate Professor of Mathematics, Harvey Mudd College*
TEACHING APPLIED MATHEMATICS[VIII.7]

W. R. B. Lionheart, *Professor of Applied Mathematics, The University of Manchester*
AIRPORT BAGGAGE SCREENING WITH X-RAY TOMOGRAPHY[VII.19]

Andrew W. Lo, *Charles E. and Susan T. Harris Professor, Massachusetts Institute of Technology*
PORTFOLIO THEORY[V.10]

Christian Lubich, *Professor, Mathematisches Institut, Universität Tübingen*
NUMERICAL SOLUTION OF ORDINARY DIFFERENTIAL EQUATIONS[IV.12]

Peter Lynch, *Emeritus Professor, School of Mathematical Sciences, University College, Dublin*
NUMERICAL WEATHER PREDICTION[V.18]

Malcolm A. H. MacCallum, *Emeritus Professor of Applied Mathematics, Queen Mary University of London*
EINSTEIN'S FIELD EQUATIONS[III.10]

Dian I. Martin, *CEO, Senior Consultant, Small Bear Technologies, Inc.*
TEXT MINING[VII.24]

P. A. Martin, *Professor of Applied Mathematics, Colorado School of Mines*
ASYMPTOTICS[II.1], BOUNDARY LAYER[II.2], INTEGRAL TRANSFORMS AND CONVOLUTION[II.19], SINGULARITIES[II.31], WAVE PHENOMENA[II.36], BESSEL FUNCTIONS[III.2], THE BURGERS EQUATION[III.4], THE CAUCHY–RIEMANN EQUATIONS[III.6], THE DIFFUSION EQUATION[III.8], THE EULER EQUATIONS[III.11], THE GAMMA FUNCTION[III.13], HOOKE'S LAW[III.15], LAPLACE'S EQUATION[III.18], THE SHALLOW-WATER EQUATIONS[III.27], THE WAVE EQUATION[III.31], COMPLEX ANALYSIS[IV.1]

Youssef Marzouk, *Associate Professor, Department of Aeronautics and Astronautics and Center for Computational Engineering, Massachusetts Institute of Technology*
UNCERTAINTY QUANTIFICATION[II.34]

Moshe Matalon, *Caterpillar Distinguished Professor, Mechanical Science and Engineering, University of Illinois at Urbana-Champaign*
FLAME PROPAGATION[VII.15]

Sean McKee, *Research Professor of Mathematics and Statistics, University of Strathclyde, Glasgow*
MODELING A PREGNANCY TESTING KIT[VII.18]

Ross C. McPhedran, *Emeritus Professor in Physics, CUDOS, University of Sydney*
EFFECTIVE MEDIUM THEORIES[IV.31]

John G. McWhirter, *Distinguished Research Professor, School of Engineering, Cardiff University*
SIGNAL PROCESSING[IV.35]

Beatrice Meini, *Professor of Numerical Analysis, University of Pisa*
MARKOV CHAINS[II.25]

James D. Meiss, *Professor, Department of Applied Mathematics, University of Colorado at Boulder*
ordinary differential equations[IV.2]

Heather Mendick, *Reader in Education, Brunel University*
MEDIATED MATHEMATICS: REPRESENTATIONS OF MATHEMATICS IN POPULAR CULTURE AND WHY THESE MATTER[VIII.8]

Peter D. Miller, *Professor of Mathematics, The University of Michigan, Ann Arbor*
PERTURBATION THEORY AND ASYMPTOTICS[IV.5]

H. K. Moffatt, *Emeritus Professor of Mathematical Physics, University of Cambridge*
THE NAVIER–STOKES EQUATIONS[III.23], FLUID DYNAMICS[IV.28]

Esteban Moro, *Associate Professor, Department of Mathematics, Universidad Carlos III de Madrid*
NETWORK ANALYSIS[IV.18]

Clément Mouhot, *Professor of Mathematical Sciences, University of Cambridge*
KINETIC THEORY[IV.25]

Jean-Michel Muller, *Directeur de Recherche, CNRS*
EVALUATING ELEMENTARY FUNCTIONS[VI.11]

Tri-Dung Nguyen, *Associate Professor in Operational Research and Management Sciences, University of Southampton*

PORTFOLIO THEORY[V.10]

Qing Nie, *Professor, Department of Mathematics, Center for Mathematical and Computational Biology, Center for Complex Biological Systems, University of California, Irvine*
SYSTEMS BIOLOGY[VII.22]

Harald Niederreiter, *Senior Scientist, RICAM, Austrian Academy of Sciences, Linz*
RANDOM NUMBER GENERATION[VI.12]

Amy Novick-Cohen, *Professor, Department of Mathematics, Technion-Israel Institute of Technology, Haifa*
THE CAHN-HILLIARD EQUATION[III.5]

Bernt Øksendal, *Professor, Department of Mathematics, University of Oslo*
APPLICATIONS OF STOCHASTIC ANALYSIS[IV.14]

Alexander V. Panfilov, *Professor, Department of Physics and Astronomy, Gent University*
CARDIAC MODELING[V.6]

Nicola Parolini, *Associate Professor of Numerical Analysis, Dipartimento di Matematica, MOX Politecnico di Milano*
SPORT[V.2]

Kristin Potter, *Scientific Software Consultant, University of Oregon*
VISUALIZATION[VII.13]

Andrea Prosperetti, *C. A. Miller Jr. Professor of Mechanical Engineering, Johns Hopkins University; G. Berkhoff Professor of Applied Physics, University of Twente*
BUBBLES[VI.2]

Ian Proudler, *Professor of Signal Processing, Loughborough University*
SIGNAL PROCESSING[IV.35]

Alfio Quarteroni, *Professor and Director, Chair of Modelling and Scientific Computing, Ecole Polytechnique Fédérale de Lausanne*
SPORT[V.2]

Anders Rantzer, *Professor, Automatic Control, LTH Lund University*
CONTROL THEORY[IV.34]

Marcos Raydan, *Professor, Departamento de Cómputo Científicoy Estadística, Universidad Simón Bolívar*
NONLINEAR EQUATIONS AND NEWTON'S METHOD[II.28]

Daniel N. Rockmore, *William H. Neukom 1964 Professor of Computational Science, Dartmouth College*
THE FAST FOURIER TRANSFORM[II.10], THE MATHEMATICS OF ADAPTATION (OR THE TEN AVATARS OF VISHNU)[V.1]

Donald G. Saari, *Distinguished Professor and Director, Institute for Mathematical Behavioral Sciences, University of California, Irvine*
FROM THE N-BODY PROBLEM TO ASTRONOMY AND DARK MATTER[VI.16], VOTING SYSTEMS[VII.25]

Fadil Santosa, *Professor, School of Mathematics, University of Minnesota; Director, Institute for Mathematics and its Applications*
HOMOGENIZATION[II.17], THE LEVEL SET METHOD[II.24], MULTISCALE MODELING[II.27], INVERSE PROBLEMS[IV.15]

Guillermo Sapiro, *Edmund T. Pratt, Jr. School Professor of Electrical and Computer Engineering, Duke University*
MATHEMATICAL IMAGE PROCESSING[VII.8]

Arnd Scheel, *Professor, School of Mathematics, University of Minnesota*
PATTERN FORMATION[IV.27]

Emily Shuckburgh, *Head of Open Oceans, British Antarctic Survey*
EARTH SYSTEM DYNAMICS[IV.30]

Reinhard Siegmund-Schultze, *Faculty of Engineering and Science, University of Agder*
THE HISTORY OF APPLIED MATHEMATICS[I.6]

Valeria Simoncini, *Professor of Numerical Analysis, Alma Mater Studiorum Università di Bologna*
KRYLOV SUBSPACES[II.23]

Ronnie Sircar, *Professor, Operations Research & Financial Engineering Department, Princeton University*
FINANCIAL MATHEMATICS[V.9]

Malcolm C. Smith, *Professor, Department of Engineering, University of Cambridge*
INERTERS[V.3]

Roel Snieder, *W. M. Keck Distinguished Professor of Basic Exploration Science, Colorado School of Mines*
IMAGING THE EARTH USING GREEN'S THEOREM[VII.16]

Erkki Somersalo, *Professor, Department of Mathematics, Applied Mathematics and Statistics, Case Western Reserve University*
DIMENSIONAL ANALYSIS AND SCALING[II.9]

Frank Sottile, *Professor of Mathematics, Texas A&M University*
ALGEBRAIC GEOMETRY[IV.39]

Ian Stewart, *Emeritus Professor of Mathematics, University of Warwick*
SYMMETRY IN APPLIED MATHEMATICS[IV.22], HOW TO WRITE A GENERAL INTEREST MATHEMATICS BOOK[VIII.3]

Victoria Stodden, *Associate Professor, Graduate School of Library and Information Science, University of Illinois at Urbana–Champaign*
REPRODUCIBLE RESEARCH IN THE MATHEMATICAL SCIENCES[VIII.5]

Gilbert Strang, *Professor of Mathematics, Massachusetts Institute of Technology*
A SYMMETRIC FRAMEWORK WITH MANY APPLICATIONS[V.12], TEACHING APPLIED MATHEMATICS[VIII.7]

Agnès Sulem, *Researcher, INRIA Paris–Rocquencourt*
APPLICATIONS OF STOCHASTIC ANALYSIS[IV.14]

Endre Süli, *Professor of Numerical Analysis, University of Oxford*
NUMERICAL SOLUTION OF PARTIAL DIFFERENTIAL EQUATIONS[IV.13]

William W. Symes, *Noah G. Harding Professor in Computational and Applied Mathematics and Professor of Earth Science, Rice University*
INVERSE PROBLEMS[IV.15]

Nico M. Temme, *Emeritus Researcher, Centrum Wiskunde & Informatica, Amsterdam*
SPECIAL FUNCTIONS[IV.7]

David Tong, *Professor of Theoretical Physics, University of Cambridge*
CLASSICAL MECHANICS[IV.19]

Warwick Tucker, *Professor of Mathematics, Uppsala University*
INTERVAL ANALYSIS[II.20], COMPUTER–AIDED PROOFS VIA INTERVAL ANALYSIS[VII.3]

Peter R. Turner, *Dean of Arts and Sciences and Professor of Mathematics, Clarkson University*
TEACHING APPLIED MATHEMATICS[VIII.7]

P. J. Upton, *Lecturer, Department of Mathematics and Statistics, The Open University*
THE DELTA FUNCTION AND GENERALIZED FUNCTIONS[III.7]

P. van den Driessche, *Professor Emeritus of Mathematics and Statistics, University of Victoria*
THE SPREAD OF INFECTIOUS DISEASES[V.16]

Sergio Verdú, *Eugene Higgins Professor of Electrical Engineering, Princeton University*
INFORMATION THEORY[IV.36]

Cédric Villani, *Professor of Mathematics, University Claude Bernard Lyon I; Director, Institut Henri Poincaré (CNRS/UPMC)*
KINETIC THEORY[IV.25]

Jens Vygen, *Professor, Research Institute for Discrete Mathematics, University of Bonn*
COMBINATORIAL OPTIMIZATION[IV.38], CHIP DESIGN[VII.6]

Charles W. Wampler, *Technical Fellow, General Motors Global Research and Development*
ROBOTICS[VI.14]

Z. Jane Wang, *Professor, Department of Physics, Cornell University*
INSECT FLIGHT[VI.5]

Denis Weaire, *Emeritus Professor, School of Physics, Trinity College Dublin*
FOAMS[VI.3]

Karen Willcox, *Professor of Aeronautics and Astronautics, Massachusetts Institute of Technology*
UNCERTAINTY QUANTIFICATION[II.34]

Walter Willinger, *Chief Scientist, NIKSUN, Inc.*
COMMUNICATION NETWORKS[VII.23]

Peter Winkler, *William Morrill Professor of Mathematics and Computer Science, Dartmouth College*
APPLIED COMBINATORICS AND GRAPH THEORY[IV.37]

Stephen J. Wright, *Professor, Department of Computer Sciences, University of Wisconsin–Madison*
CONTINUOUS OPTIMIZATION (NONLINEAR AND LINEAR PROGRAMMING)[IV.11]

Lexing Ying, *Professor of Mathematics, Stanford University*
THE N–BODY PROBLEM AND THE FAST MULTIPOLE METHOD[VI.17]

Ya–xiang Yuan, *Professor, Institute of Computational Mathematics and Scientific/Engineering Computing, Chinese Academy of Sciences*
MATHEMATICS AND POLICY[VIII.9]

번역자

정경훈 서울대학교 수학과를 졸업하고, 동 대학원에서 박사학위를 받았다. 현재 서울대학교 기초교육원 강의교수로 재직 중이다. 옮긴 책으로는『넘버스: 수학으로 범죄 해결하기』,『프린스턴 수학 안내서 1, 2』(공역),『수학적으로 생각하는 법』,『기하학과 상상력』,『제타 함수의 비밀』등이 있고, 저서로는『한번 읽고 평생 써먹는 수학 상식 이야기』,『오늘의 과학』(공저)이 있다.

박민재 KAIST 수리과학과를 졸업하고, 현재 미국 매사추세츠공과대학교 수학과에 박사과정으로 재학 중이다.『프린스턴 수학 안내서』편집에 참여했다.

김영득 서울대학교 수학과를 졸업하고, 동 대학원에서 석사학위를 받았다. 미국 뉴욕주립대학교에서 박사학위를 받고, 서울대학교에서 박사 후 과정을 밟았다. 현재 서울대학교 기초교육원 강의교수로 재직 중이다.

김우찬 서울대학교 자연과학부를 졸업하고, 수리과학부 대학원에서 박사학위를 받았다. 현재 서울대학교 기초교육원 강의부교수로 재직 중이다.

김재웅 서울대학교 수학과를 졸업하고, 동 대학원에서 박사학위를 받았다. 미국 캔자스주립대학 방문연구원과 서울대학교 기초교육원 강의교수를 거쳐 현재 육군사관학교 수학과에서 조교수로 재직 중이다.

남계숙 고려대학교 대학원 수학과에서 박사학위를 받고 미국 밴더빌트대학교에서 박사 후 과정을 밟았다. 이후 고려대학교 수학과에서 강의를 하다가 2010년~2013년 2월까지 서울대학교 수학과에서 BK연구교수를 역임했고 현재 서울대학교 기초교육원 강의교수로 재직 중이다.

마대건 서울대학교 기계공학과를 졸업하고, 서울대학교 수리과학부 대학원에서 박사학위를 받았다. 암호학을 전공하였으며 현재 서울대학교 기초교육원 강의교수로 재직 중이다.

박정필 강원대학교 수학교육과를 졸업하고, 서울대학교 수리과학부에서 박사학위를 받았다. 수리과학연구소, KAIST, 성균관대학교에서 박사 후 과정을 밟았다. 현재 서울대학교 기초교육원 강의교수로 재직 중이다.

이영민 서울대학교 수리과학부를 졸업하고 동 대학원에서 정수론(이차형식에 대한 연구)으로 박사학위를 받았다. 현재 서울대학교 기초교육원에서 강의교수로 재직 중이다.

최형규 서울대학교 수학과를 졸업하고 동 대학원에서 쌍곡기하를 공부하고 박사학위를 받았다. 현재는 서울대학교 기초교육원에서 강의교수로 재직 중이다.

옮긴이_김우찬

김재웅

PART V 모델링

Modeling

V.1 적응의 수학(비슈누의 열 아바타)

데이비드 크라카우어, 대니얼 록모어
David Krakauer and Daniel N. Rockmore

1 적응과 선택

1940년 3월, 앙드레 베유는 파리의 군교도소에서 그의 여동생이자 신학자인 시몬 베유에게 쓴 유명한 편지에서, 아직 일시적이긴 하지만 대통합의 선구자로서 수학에서 비유가 강력한 역할을 할 것임을 설명하였다. 그는 이것을 또 다른 비유를 통해 설명하였는데, 그것은 신의 서로 다른 일면을 드러내고 있는 비슈누의 열 아바타다. 베유는 아직 정리나 증명을 하지는 못했지만, 마음속에 다양한 연결고리를 가지고 있었다. 이를 통해 그는 수학계에서 현재 가장 큰 노력을 쏟고 있는 수론과 대수기하학 사이를 연결해 주는 문제들을 찾을 수 있었다. 이 문제들은 랭글랜즈 프로그램이 추구하는 것으로 수학의 비슈누라 말할 수 있다. 공통의 기반을 찾아가는 순수 수학에서 비유의 가치는 물리적인 실체를 다루는 것으로 확장할 수 있다는 것이다. 이러한 관점은 랭글랜즈 프로그램이 최근의 양자장 이론과 관계가 있다고 분명히 이야기할 수 있다. 이는 이미 푸앵카레가 그의 논문 「현재 연구되고 있는 수학적 사실들의 가치는 다른 영역에 대한 비유를 통하여 물리적 법칙에 관한 지식을 이끌어 내는 데 있다(the mathematical facts worthy of being studied are those which, by their analogy with other facts, are capable of leading us to the knowledge of a physical law)」에서 밝힌 바 있다.

'생물학의 법칙'(또는 다른 무엇인가로 정의된 것)이 추구하는 바는 난제의 일부분이라도 증명하는 것이다. 하지만 적응은 그러한 성취를 뒷받침하는 문맥일 수 있다. 대략적으로 이해하자면, 이는 생존과 번식에 긍정적인 영향을 미치는 진화하거나 학습된 특성을 다루는 동역학계의 모임이다. 적응은 뭘 골라야 할지 모를 정도로 많은 '아바타'들의 배열로 생각할 수 있다. 이는 자연 선택에 의한 진화, 강화 학습, 베이즈 추론, 지도된 기계학습 등으로 다양한데, 신경망이 아마도 가장 상황에 맞는 명백한 예일 것이다. 이러한 모든 예에서 적응은 (1)디자인이나 최적화, (2)차동 선택이나 성공, (3)진화한 특성과 시간이 지나면서 점점 강화된 환경 간의 역사적 상관계수에서 몇몇 요소들을 나타낸다. 이러한 요소들 각각은 수학적인 묘사로부터 영감을 받아 왔고, 겨우 지난 10년 동안 우리는 적응에 대한 형식적인 분석을 고려한 여러 분야가 사실은 (수학에서부터 나온 내용을 잘 알고 난 후) 매우 유사하고, 이러한 비유들을 통해 '생물학의 법칙'이라 불릴 만한 대통합 이론의 형태를 제안할 수 있었다.

자연 선택을 생각하지 않고는 적응을 이야기하기 매우 힘든데, 많은 문헌에서 이 둘을 효과적인 동의어로 사용하고 있다. 스티븐 제이 굴드(Stephen Jay Gould)는 적응이라는 단어를 명사와 동사 양쪽으로 해석할 수 있는 애매모호함에 대하여 한탄한다. 명사로서 적응은 어떤 국소적으로 최적화된 대상의 특성을 나타내는 반면에 '적응하다'라는 동사는 대상이 시간이 경과함에 따라 대상이 처한 환경에 순응해가는 과정을 나타낸다. 후자의 경우 더 큰 수학적 노력을 이끌어 냈고 종종 개체군 동태론에서 발견되는 직관에 어긋나는 성질들을 포함한다. 평형

상태의 적응이라는 명사는 단순히 입증된 최적 상태를 나타내며 종종 공학에서 파생된 다양한 기술들로부터 나온다. 렌즈의 광학적 성질, 신경막의 흥분성 특성, 다리와 관절의 역학적 성질 등의 예를 들 수 있다. 이들은 모두 적응을 설명하는 말 중 평형상태의 범주에 들어가고 물질이 수요를 제한하듯이 다양한 수학적 처치가 필요하다. 하지만, 이 글에서는 순수하게 적응과정의 동역학적 모형, 점점 밝혀지고 있는 계의 비상한 다양성, 그리고 이와 관련된 수학적 아이디어에 집중하고자 한다. 이 글에서는 인구분포 모형과 정보 기하학, 진화론적 게임 이론, 그리고 이산 동역학과 확률론의 결합에 사용되는 여러 기법들에 대한 광범위한 재검토를 하려고 한다.

2 선택 체계

2.1 두배수체 종의 연속적인 선택

역사적으로 적응을 연구하기 시작한 정확한 출발점은 집단 유전학의 두배수체 유전체에 대한 연속적인 선택 방정식이다. 이러한 상황에서 우리는 내인성 요인과 외인성 요인 모두에게서 영향을 받는 유전체 분포의 시간에 따른 변화에 흥미를 가지게 된다.

유전체의 한 유전자는 이산적인 유전체의 형태 또는 대립형질들의 열 A_i로 나타낼 수 있다. 유전자 정보가 유전자 쌍으로 나타나는 두배수체 유전체를 가진 경우 유전체의 형태는 순서쌍 (A_i, A_j)로 나타낼 수 있다. 다양한 대립형질들의 구성원에 대한 빈도로 나타나는 유전체의 시간에 따른 진화는 유전체의 구성원 간의 경쟁에서 나타나는 전체 성장률의 계수로 결정된다. 이 성장률을 이른바 맬더스 적합성 매개변수로 나타낸다.

대립형질 i가 나타나는 빈도를 $x_i \in [0, 1]$이라 두고 이러한 빈도를 모은 것을 벡터 $\boldsymbol{x}$로 나타내자. 이 벡터는 음이 아닌 값을 성분으로 가지고, 그 성분들의 합은 1이다.

적응의 전개 과정은 식

$$\dot{x}_i = x_i((M\boldsymbol{x})_i - \boldsymbol{x}^{\mathrm{T}}M\boldsymbol{x}) \tag{1}$$

에 따라 진행되는데, 여기에서 M은 n개의 유전체의 집합에 대한 실수 값을 가지는 맬더스 매개변수로 이루어진 행렬이다. 이 값이 양의 미분계수를 가진다는 것은 모든 대립형질의 빈도가 증가함을 나타내고, 행렬 M의 주어진 형태에서 평균값보다 높은 값을 가진다는 것과 연결된다. 식에서 $m_i(x) = (Mx)_i$라고 다시 쓰면 이 식은 이른바 복제자 방정식이라 불리는

$$\dot{x}_i = x_i(m_i(\boldsymbol{x}) - \bar{m}(\boldsymbol{x}))$$

로 쓸 수 있다. 여기에서 $\bar{m}(\boldsymbol{x}) = \sum_i x_i m_i(\boldsymbol{x})$이다. 이 식은 각각의 점들이 대립형질들의 가능한 분포를 나타내는 불변 단체(simplex) S_n 위의 미분방정식이 되는데, 여러 분야와 밀접한 관련이 있다. 뒤에서 복제자 방정식의 중요성에 대하여 다시 한 번 이야기하고 좀 더 일반적인 선택 방정식의 몇몇 성질들에 대하여 서술할 것이다.

식 (1)로 나타나는 동역학은 안정적인 평형상태의 성질들에 의해 결정된다. 이 성질들은 보통 방향이 없는 그래프의 (가중치가 주어진) 결합행렬로 나

타내는데, 다음과 같이 정의된 맬더스 매개변수로 표현한다.

$$m_{ij} = \begin{cases} 1 & i\text{와 } j\text{가 만나는 경우}(i \neq j) \\ 0 & i\text{와 } j\text{가 만나지 않는 경우} \\ \frac{1}{2} & i = j\text{일 때} \end{cases}$$

부분 단체 $I \subseteq \{1, \cdots, k\}$를 생각해 보자. 면 $S_n(I)$의 무게중심은 $\boldsymbol{p} = (1/k, \cdots, 1/k, 0, \cdots, 0)$(극점 좌표의 평균값)으로 정의된다. 이 면에 제한된 평균 적합도는

$$\boldsymbol{x}^T M\boldsymbol{x} = 1 - \frac{1}{2}\sum_{i \in I} x_i^2$$

이다.

가능한 모든 빈도 벡터(각 성분의 음이 아닌 값을 가지고, 그 성분의 합은 1이다.)의 집합을 고려하면 이 값은 점 $\boldsymbol{p}$에서 최댓값 $1 - (1/2k)$을 갖게 되는데, 이는 점 $\boldsymbol{p}$가 $S_n(I)$에서 점근적으로 안정적임을 보여준다. 만일 $i \notin I$이면 $m_{ij} = 0$인 $j \in I$가 존재한다. 그러므로

$$(M\boldsymbol{p})_j \leq \boldsymbol{p}^{\mathrm{T}} M\boldsymbol{p}$$

이다. 따라서 점 $\boldsymbol{p}$는 포화점(최대점)일 뿐만 아니라 S_n에서 점근적으로 안정적이다. 더군다나, $n - i$개의 대립 형질로 이루어진 모든 계에서 최대 2^i개의 안정적인 평형점이 존재한다.

이러한 맥락에서, 적응은 경쟁하는 '종들'의 빈도가 바뀌는 것을 묘사하거나 맬더스 행렬의 값에 의해 결정되는 안정적인 고정점을 가지는 유전자형을 묘사한다. 이 행렬은 사망률과 증가한 생존력 또는 복제 능력과 관련된 모든 요소를 가지고 있다고 가정한다.

적응의 과정을 생각하는 자연스러운 방법은 적절한 다양체 위에서의 흐름이나 **정보 기하학**의 설정 위에서 생각하는 것이다. 이러한 관점이 인구 동역학에서 처음 소개된 것은 샤흐샤하니(Shahshahani)가 적응에 대하여 연구할 때였다. 이 방법은 복제자 방정식이 대칭적인 경우 아주 쉽게 다룰 수 있다. 만일 $\dot{x}_i = m_i(\boldsymbol{x}) = \partial V/\partial x_i$가 $\mathbb{R}^n$ 위의 유클리드 기울기 벡터장이라면 복제자 방정식은 같은 잠재 함수 V를 가지는 S_n의 내부에서의 샤흐샤하니 기울기 벡터이다. 좀 더 분명히 하면, V에서의 변화는 복제자 방정식의 $m_i(\boldsymbol{x})$의 값의 변량과 같다. 즉,

$$\dot{V}(\boldsymbol{x}) = \sum_{i=1}^{n} x_i(m_i(\boldsymbol{x}) - \bar{m}(\boldsymbol{x}))^2$$

이다. 이 결과는 **피셔의 자연 선택에 관한 기본 정리**(Fisher's fundamental theorem of natural selection)라고 불리는데, 잠재 함수의 변화량(또는 반대로, 평균 인구 적합성의 증가량)이 적합성의 변량에 비례한다는 것이다. 따라서 인구분포는 그 속에 잠재된 적응성이 남아 있는 한 항상 그 적응 능력을 증가시킨다.

2.2 정보와 적응: 게임 동역학

우리는 지금까지 두배수체 집단 유전학에 대하여 생각해 왔는데, 이러한 체계는 홑배수체(단일 유전체 또는 '무성세포' 종)의 게임 동역학을 묘사함으로써 쉽게 이해할 수 있다. 이 경우 맬더스 행렬 M의 성분 m_{ij}는 인자 A_i와 인자 A_j가 확률 $x_i x_j$로 만날 때 두 인자가 경쟁하는 것과 관련된 보상과 연관되어 있다. 이 경우 보상은 출현빈도에 선형이고, 동역학의 안정적인 고정점은 S_n에서 분포 $\hat{\boldsymbol{x}}$으로 주어진다. 만일 $\hat{\boldsymbol{x}}$의 국소적인 근방에서 $\hat{\boldsymbol{x}}^{\mathrm{T}} M\hat{\boldsymbol{x}} > \boldsymbol{x}^{\mathrm{T}} M\boldsymbol{x}$

가 만족되면, 이것을 **진화적으로 안정적 상태**(evolutionarily stable state, ESS)라고 부른다.

이러한 ESS의 관점에서 보면 대안으로 쓸 수 있는 잠재 함수인 **랴푸노프 적응 함수**(Lyapunov function for adaptation)를 정의할 수 있는데, 이는 정보 이론에서 쓰이는 개념이다. 이제 우리가 다룰 양은 고정된 상태를 나타내는 벡터양이므로 간결한 표기를 위하여 벡터 표시($\rightarrow$)를 빼고 쓰기로 하자. (앞에서 언급한 샤흐샤하니의 결과에서 힌트를 얻어서) 잠재 함수는 발산 함수를 사용하여 '잠재 정보'로 생각할 수 있다. 특히,

$$V(x) = \sum_i \hat{x}_i \log \hat{x}_i - \sum_i \hat{x}_i \log x_i \qquad (2)$$

인데, 이는 두 분포 사이의 **상대 엔트로피**[IV.36 §8] 또는 **쿨백-라이블러 발산**(Kullback-Leibler divergence)이라 부르며, $D_{\mathrm{KL}}(\hat{x} \| x)$로 나타낸다. 이 값은 인수에 대하여 대칭이 아님을 언급해 둔다.

통계학적 설정에서 이 값은 $\hat{x}$를 x로 근사할 때 잃어버리는 정보로 생각할 수 있다. 그리고 로그 단위를 사용하여 '최적화된,' '참인' 또는 원하는 분포에 딱 맞게 대응시키는 데 필요한 추가 정보의 양을 계량화할 수 있다. 위 식을 x에 대하여 미분하면

$$\dot{V}(x) = -\sum_i \hat{x}_i \frac{\dot{x}_i}{x_i}$$

를 얻는다. 이제 복제자 방정식이 $\dot{x}_i = x_i(m_i(\boldsymbol{x}) - \bar{m}(\boldsymbol{x}))$임을 상기하여 이 식을 에너지 함수에 대입하면

$$\dot{V}(x) = -\sum_i \hat{x}_i m_i(x) + \sum_i \hat{x}_i \bar{m}(x)$$

를 얻는다. 동역학이 단체에 한정되어 있으므로 $\sum_i \hat{x}_i = 1$이고 평균값 $\bar{m}(x)$의 정의에 따르면, 실제 분포 $\hat{x}$가 ESS이면

$$\dot{V}(x) = -(\hat{x}^{\mathrm{T}}Mx - x^{\mathrm{T}}Mx) < 0$$

이다. ESS인 상태에서 복제자 방정식은 $\hat{x}$에 담긴 정보에 따라 계를 적합도 함수로 적응시켜 나간다. 이는 '전략적 환경'에 나타나는 모든 정보를 뽑아내고, 인자들의 인구분포에 정보들을 저장함으로써 이루어진다.

우리는 또한 다음과 같이 주어지는 상호 정보량의 항등식을 통하여 정보 이론과 또 다른 연관을 맺을 수 있다.

$$I(\hat{X}; X) = D_{\mathrm{KL}}(p(\hat{x}, x) \| p(\hat{x})p(x))$$

이 식에서 D_{KL}은 식 (2)에서 정의된 쿨백-라이블러 발산이다. 집단이 진화해 감에 따라 그들이 처한 환경과 정보를 공유하고 통계학적으로 독립인 상태와는 멀어진다. 명쾌한 정보학적 접근으로부터 얻을 수 있는 한 가지 즉각적인 가치는 적응 동역학이 다양성을 줄이는 것이 아니라 늘려나간다는 것을 보여 준다는 것이다. 예를 들어 가위 바위 보 게임의 경우 모든 전략을 통틀어 균일 분포라는 내시 균형을 찾을 수 있다. 이는 피셔의 기본 정리에 위배된다. 이는 적합성이 불변의 적합성이라는 관점에서 결정되는 것이 아니라, 이제는 구성원들의 전략의 결합에 의해 결정되기 때문이다.

3 진화, 최적화, 그리고 자연스러운 기울기 벡터

이전의 논의에서 생물학적 계에서의 적응에 초점을

맞추어 이야기했다. 운동 방정식의 형태는 복제와 경쟁 사이의 상호작용 사이에서 자연스러운 기저를 갖고 있다. 적응의 과정은 다양하게 생각할 수 있는데, 이는 에너지 최소화, 통계에서 나타나는 다양체 위에서 나타나는 발산 측도의 용어로 서술되는 동역학으로 생각할 수 있다. 하지만 비선형 최적화를 고려함으로써도 같은 구조를 얻을 수 있다. 이러한 형태에서는 생물학적 성질들을 강조하기보다는 비볼록 최적화를 다루는 데 적합한 언덕 오르기 알고리즘이나 정보 기하학의 기울기 벡터로 불리는 대상에 기초를 둔 매개변수 추정을 강조하려 한다.

표준적인 기울기 벡터를 기본으로 하는 최적화는 좋은 성질을 가지는 첫 번째, 두 번째 도함수를 가지는 국소적으로 미분가능한 함수를 가정하고, 최적 상태에서 출발한 어떤 것도 기울기 벡터에서는 동등한 감소를 갖는 공간을 찾는 것이다. 이산적인 시간 간격을 가지는 경우, 기울기 벡터는 점점 내려가서, 진화계에서 여전히 구성원의 출현 빈도를 나타내는 해 $\boldsymbol{X}(t)$를 재귀적인 알고리즘을 사용하여 다음과 같이 갱신한다.

$$\boldsymbol{X}(t+1) = \boldsymbol{X}(t) - k\,\nabla m(\boldsymbol{X}(t))$$

이러한 방법들은 유클리드 공간에서 정의된 하나의 최대점을 가지는 경우 상당히 잘 작동한다. 하지만 많은 실제 상황에서의 문제들에서는 대상 함수들이 여러 개의 최대점을 가지거나 비등방이거나 비유클리드 공간에서 정의되어 있다. 이러한 폭넓은 설정이 의미하는 바는 기울기 벡터 방법은 확률 매개변수 공간의 리만 구조를 따르는 공간을 찾고 거리를 잴 수 있는 자연스러운 측도로 피셔 거리함수를 사용한다는 것이다. 이는 통계학적 다양체의 곡률에 관한 정보를 제공하고 적절한 측지선을 따라 최적화된 상태로 진행하는 좀 더 효과적인 적응을 촉진한다.

자연스러운 기울기 벡터를 갱신하는 규칙은 추가로 측지선에 관한 정보를 포함하는데, 식

$$\boldsymbol{X}(t+1) = \boldsymbol{X}(t) - k\boldsymbol{F}_X^{-1}(t)\,\nabla m(\boldsymbol{X}(t))$$

는 **피셔 거리 텐서** 또는 **피셔 정보 행렬** $\boldsymbol{F}$를 가지고 있다. 이 식은 적응에 관한 적절한 랴푸노프 함수에서 보았듯이 확률분포 x와 y 사이의 미소 쿨백-라이블러 발산을 이용하여 바로 유도할 수 있다.

$$D_{\mathrm{KL}}(x\|y) = \int x \ln\left(\frac{x}{y}\right) \mathrm{d}x$$

이 발산은 비대칭이다. 거리의 참값은 국소적으로 정의될 수 있다. 만일 D_{KL}을 이차 테일러 다항식까지 전개하면

$$D_{\mathrm{KL}}(x\|y) \approx \int x \ln\left[1 + \left(\frac{y}{x} - 1\right)\right] + \frac{1}{2}\int x\left(\frac{y}{x} - 1\right)^2$$

을 얻고, $y = x(1+\varepsilon)$이면 첫 번째 항은 0이 된다. 이로부터

$$D_{\mathrm{KL}}(x\|y) \approx \frac{1}{2}\int x\left(\frac{y}{x} - 1\right)^2$$

을 얻는다.

한편 $\ln(y) - \ln(x) = \ln(1+\varepsilon) \approx \varepsilon$이고, $\ln(y) - \ln(x)$는 단순히 ε-방향으로의 $\ln(x)$의 미분계수 $\partial_\varepsilon \ln x$이다. 따라서

$$\begin{aligned} D_{\mathrm{KL}}(x\|y) &\approx \frac{1}{2}\int x(\ln(y) - \ln(x))^2 \mathrm{d}x \\ &\approx \frac{1}{2}\int x(\partial_\varepsilon \ln x)(\partial_\varepsilon \ln x)\,\mathrm{d}x \end{aligned}$$

이다.

우리는 ε 방향으로 작은 변화를 준 $y = x(1 + v^i \varepsilon_i)$로부터 유도된 근접한 분포들 간의 유한한 거리에 흥미를 가지고 있다. 즉,

$$F_{ij}(y) = \frac{1}{2}\int y \frac{\partial \ln y}{\partial \varepsilon_i}\frac{\partial \ln y}{\partial \varepsilon_j}\mathrm{d}y$$

이다.

관습적으로 부분 정보 $q = -\ln(y)$의 정의를 이용하여 피셔 거리는 다음과 같은 2차형식의 기댓값으로 쓸 수 있다.

$$\begin{aligned} F_{ij}(y) &= \frac{1}{2}\int -\frac{\partial^2 q(y)}{\partial \varepsilon_i\,\partial \varepsilon_j} y\mathrm{d}y \\ &= \frac{1}{2}\left\langle -\frac{\partial^2 q(y)}{\partial \varepsilon_i\,\partial \varepsilon_j}\right\rangle \end{aligned}$$

이 식에서 $g(y)$의 기댓값은

$$\langle g(y) \rangle = \int g(y) y\mathrm{d}y$$

이다.

기술적으로 $F_{ij}(y)$의 값들은 양의 정부호 행렬 또는 리만 거리 텐서의 원소이다. 이 텐서는 N차원 공간 안에 있는 다양체의 곡률을 포함하고 있다. 유클리드 공간에서 이 행렬은 단위행렬이 된다. 따라서 '적합성' 함수의 실제 기하학을 구성하는 비선형 최적화는 통계학적 다양체 위에서 거리를 최소화하는 경로를 묘사하는 복제자 방정식의 동역학을 따른다.

그러므로 적응 동역학은 정확히 통계학적 다양체의 그런 경로들인데, 이는 환경으로부터 최대한으로 정보를 뽑아 낸다고 말할 수 있다.

4 이산적이고 추계적인 고려 사항들

연속적인 계에서 사용된 논리는 이산적인 경우로 확장할 수 있지만, 함수에 내재된 지연 현상은 주기적이거나 카오스적인 양태의 가능성을 나타낼 수 있다. 이산 복제자 방정식 또는 복제자 함수는 다음과 같은 형태를 가지고 있다.

$$x_i(t+1) = x_i(t) + x_i(t)((M\boldsymbol{x}(\boldsymbol{t}))_i - \boldsymbol{x}(\boldsymbol{t})^{\mathrm{T}} M\boldsymbol{x}(\boldsymbol{t}))$$

낮은 차원에서조차도, 예를 들면 두 사람이 하는 이산적인 게임에서도 복소 동역학의 모든 양태가 나타난다. 만일 매개화된 보상 행렬

$$M = \begin{bmatrix} 1 & S \\ T & 0 \end{bmatrix}$$

을 생각하면, 이 행렬은 '매-비둘기 게임'($T > 1$, $S > 0$), '수사슴 사냥 게임'($T < 1, S > 0$), '죄수의 딜레마'($T > 1$, $S < 0$) 등을 포함하는 소위 진화학적 딜레마를 모두 포함하고 있다. 일반적인 규칙에 따르면, S나 T값이 작거나 음수이면 주기적인 해가 나오고, S나 T가 큰 값이면 카오스적인 해가 나온다. 상황이 제한된 $T = S = A$와 같은 경우에는 구조적으로 A값이 증가함에 따라 카오스의 경로에 주기가 두 배가 되는 현상이 나타난다. 집단 유전학에서 게임 선택 모델은 전형적으로 다음과 같은 동등한 사상을 사용하여 나타낸다.

$$x_i(t) = x_i(t-1)\frac{\Sigma_j m_{ij} x_i(t-1)}{\Sigma_{pq} m_{pq} x_p(t-1) p x(t-1)_q}$$

적응에서 이산적이라는 사실이 중요하다. 이 결과들은 적합성이 주기에 의존할 때 믿을 만한 전략들의 도전을 분명히 보여 준다. 결정론적 카오스는 자손의 장기간 안정성으로 여지없이 수렴한다.

모델이 추계성을 포함하는 경우 불안정성이 뒤따른다. 결정론적 결과들은 '중립 변이' 현상을 극복한 큰 집단의 극한에 가장 강력하게 적용할 수 있다. 전략들 간의 적합성 값 또는 보상 값의 차이가 $O(1/N)$보다 작다면 동역학은 흡수 상태(absorbing states)로 작용하는 0과 1을 주기로 가지는 N차원 랜덤 워크로 묘사된다. 작은 집단의 경우 표본 변이는 적응으로 귀결되는데, 이는 적절한 에너지 함수를 최소화하는 동역학을 더 이상 고려하지 않아도 된다는 뜻이다. 더 작은 집단에서는 맬더스 매개변수의 변화가 더 커지거나 적합성을 올리는 데 필요한 보상의 차이가 커진다. 추계성은 형식적으로 진화에서 '중립'인 경우와 '거의 중립'인 경우를 다룬다.

4.1 혁신 동역학

지난 절에서 다루었던 계에서는 적응의 '기원'에 대하여 설명하려 하기보다는 다양한 집단에서 적응을 촉진하는 선택의 효능에 초점을 맞추었다. 적응의 참신함의 기원을 탐험하기 위해서는 변이성의 내재된 근원을 이야기할 필요가 있다. 진화 이론에서 이는 돌연변이와 재결합 작용이라는 방법에 의하여 이루어진다. 돌연변이를 포함하는 자연스러운 복제자 방정식의 확장은 **준종 방정식**(quasispecies equation)이라 불리는 다음의 식이다.

$$\dot{x}_i = \sum_j q_{ij} m_j x_j - x_i \bar{m}(x)$$

작용소 Q는 변종 $X_j \to X_i$에서 돌연변이의 정보를 가지고 있는 전이 확률로 이루어진 이중 추계 확률 행렬이다. 기하학적으로 이 작용소는 단체 S_n의 경계가 더 이상 불변이 아니라는 것을 보장한다. 경로는 양의 사분면 바깥에서 S_n 안으로 흘러 들어가는데, 이는 최초 인구 분포에서 나타나지 않았던 새로운 변종이 현존하는 변종들로부터 나타나는 방식으로 이루어진다.

중립 변이가 적응을 제거하는 것과 똑같은 방법으로 과도한 돌연변이는 **돌연변이 핵**(mutation kernel) Q에 의해 정의된 단체에서 선택을 확산으로 대체시켜서 언덕 오르기를 제거한다. 이는 '오류 문턱'이라고 알려져 있다. 만일 각 변종이 길이가 L인 2진 수열로 이루어져 있다면, 각 열을 가로지르는 전파에서 고른 오류가 나타난다는 가정 하에, 변이 확률은 다음과 같은 이항식의 형태로 쓸 수 있다.

$$q_{ij} = p^{d_{ij}}(1-p)^{L-d_{ij}}$$

이 식에서 d_{ij}는 변종간의 해밍(Hamming) 거리이고, p는 비트당 세대 간 전이 확률이다. 적합성 함수를 어떻게 선택하는 것과는 상관없이 $p > 1/L$이면 완전히 '평평한' 배경을 가지고, 적응을 다 같이 제거한다. 이러한 결과는 돌연변이 전파의 비용과 이점을 보여 준다. 만일 돌연변이가 너무 적으면 새로운 환경에 적응하는 데 실패하여 멸종할 수 있고, 돌연변이가 너무 많이 일어나면 계통 발생학적 정보들을 잃어버려 적응할 수 있는 능력을 완전히 잃게 됨으로써 멸종한다.

재결합은 형식적으로 다소 번거롭지만 재결합하는 변종의 입장에서 진화가 일어나는 정도를 조절하는 역할을 한다. 낮은 비율의 돌연변이가 일어나는 경우 재결합은 집단 구성원의 다양성을 줄여나가려 하고 안정성을 증가시키려 한다. 높은 비율의 돌연변이가 일어나는 경우 재결합은 집단을 오류

문턱 너머로 넘어뜨려서 집단을 불안정하게 만든다. 따라서 돌연변이처럼 재결합은 적응의 양날의 검이 된다.

5 적응은 알고리즘적인 정보 습득이다

우리는 연속적인 선택 방정식(복제자 방정식)의 대칭적인 형식으로 표현된 적응을 어떻게 잠재함수를 최소화하는 자연스러운 기울기 벡터로 생각할 수 있는지를 보았다. 적응 체계는 정확히 불확실성을 최소화하기 위하여 (다른 인자들을 포함하여) 그들이 처한 환경에서 정보를 뽑아낸다. 이는 한 쌍의 확률변수의 결합 분포와 이 변수들의 곱 분포 사이의 KL 발산이 이 변수들 간의 상호 정보와 같다는 것으로 알 수 있다. 그러므로 적응은 유기체와 그들의 환경의 독립성 또는 서로서로 각자로부터의 일탈의 정도로부터 측정된다. 이러한 관점에서 적응은 (상호 정보를 키우면서) 더 이상 함수의 정보가 없을 때까지 계속되어, 결국에는 더 이상 발견할 만한 숨어 있는 실용적인 정보가 남아 있지 않게 된다. 이는 긴 시간 간격에서 보면 좀처럼 안정적이지 않은 환경을 가진 실제 상황과는 어울리지 않는다. 적응의 이러한 일반적인 현상은 형태의 다양함으로 나타나야만 하고, 이것이 정확히 우리가 찾아낸 것이다. 적응 동역학은 몇몇 '아바타'를 가지고 있는데 각각은 간단한 성장과 도태의 과정의 반복에서 나타나는 정보를 얻는 관점이 된다.

이 절에서 우리는 적응이 서로 관계없어 보이는 여러 분야에 흔히 나타나는 비선형 최적화 과정이라는 것을 설명하기 위하여 복제자 동역학의 몇몇 수학적 아바타를 제시하려 한다. 이러한 기본적인 적응의 형태로 환원하는 것은 유병률의 증가에 바탕을 둔 정보 추출의 관점에서 기능적 동등함의 증거를 구성하게 한다. 이는 바로 적응의 진화로 생각할 수 있다.

5.1 베이즈 추론

1763년 베이즈의 사후에 논문 「변화에 대한 법칙과 관련된 문제 해결에 대한 소론(An essay towards solving a problem in the doctrine of changes)」이 왕립 사회 회보에 출판되었다. 베이즈는 이 논문에서 사건에 대한 정보가 아주 적거나 전혀 없는 경우에 확률 값을 계산하는 신기한 방법을 소개하고, 어떻게 계속된 시행이 결론을 확정할 수 있는지에 대하여 말했다.

베이즈의 법칙[V.11 §1]은 우리가 지금 베이즈 갱신(Bayesian updating)이라 부르는 대상을 지지하는 엔진이다. 적절하게 바꿔 말하자면, 베이즈 갱신은 적응을 기술하는 자연스러운 수학적 부호화임이 드러났다. 다른 말로 하자면, 이것은 단체 위에서 유도되는 정보를 최대화하는 동역학이다. 동역학의 용어로 이는 계속되는 반복 계산을 통해 근본적인 확률 분포의 참값으로 수렴하는 효율적인 근사를 얻는 이산 입자계이다.

우리가 적응을 유기체의 차동 성공의 용어로 생각하는 반면, 베이즈 갱신은 적응을 가설의 차동 성공으로 다루고 있다.

기본적인 갱신 방정식은 다음과 같이 주어진다.

$$P(X)_t = P(X)_{t-1}\frac{L(X)_{t-1}}{\langle L \rangle_{t-1}}$$

여기에서 확률 질량 $P(X)$의 농도의 변화는 $L(X)$ 값의 가장 높은 근사치를 준다.

$$\begin{aligned}\Delta P(X)_t &= P(X)_{t-1}\frac{L(X)_{t-1}}{\langle L\rangle_{t-1}} - P(X)_{t-1}\\ &= P(X)_{t-1}\left(\frac{L(X)_{t-1}}{\langle L\rangle_{t-1}} - 1\right)\\ &= \frac{P(X)_{t-1}}{\langle L\rangle_{t-1}}(L(X_{t-1}) - \langle L\rangle_{t-1})\end{aligned}$$

한편 연속된 시간에서의 확률분포의 진화는 다음과 같은 아주 간단한 미분 복제자 방정식 형태로 나타남을 알려 둔다.

$$\dot{x} = \frac{1}{\langle L\rangle}x(L_x - \langle L\rangle)$$

그러므로 베이즈는 다윈 이론이 나타나기 이전에 적응의 아바타를 만든 것이다. 시행과 오류를 통하여 가설의 확률을 측정하는 방법은 자연 선택에 관한 미분 복제자 방정식이 나오기 이전의 프리퀄이다.

5.2 모방

베이즈 갱신이 적응의 아바타로 나타나는 것과 같은 방법으로 모방을 통한 학습도 비슷한 자격을 갖는다. 모방은 모델 행동의 구성원들에 대한 표본 추출에 기초한 행동의 패턴에 다다르기 위한 인지전략이다. 충분한 시간이 흐른 후 일반적인 행동은 가장 자주 모방되는 행동일 것이다.

각 개체 i의 전략적 선택이 $\boldsymbol{s}_i$로 다양하게 나타난다고 가정하자. 이것을 각 개체들이 상호 작용하는 방법을 정의하는 혼합 전략을 나타내는 벡터로 생각하자. 전략의 쌍 $\boldsymbol{s}_i$와 $\boldsymbol{s}_j$ 사이의 상호 작용은 보상 또는 포상 r_{ij}를 야기한다. 포상 정보는 어떤 전략이 다음 상호 작용에 적합할지를 결정하는 데 이용된다. 특히 보상의 차이는 좀 더 훌륭한 전략을 채택하도록 이끈다. 그러므로 전략 j가 전략 i를 모방하도록 하는 모방 비율 $\boldsymbol{s}_j \to \boldsymbol{s}_i$는 다음과 같은 행렬의 형태로 나타난다.

$$f_{ij} = [(R\boldsymbol{g})_i - (R\boldsymbol{g})_j]_+$$

이 식에서 R는 포상에 관한 행렬이고 g는 유전자형 또는 전략의 빈도를 타나내는 벡터이다. 여기에서 이 함수는 양의 부분 공간에서 영이 아닌 값만을 가지고, 그래서 더 적은 보상을 주는 전략은 모방되지 않음을 알려 둔다. 경쟁에 참여하는 집단은 모방 학습 동역학에 따라 시간이 지나면서 진화한다. 여기에서 모방 학습 동역학은 복제자 방정식의 게임 동역학의 형태로 쓸 수 있음을 쉽게 알 수 있다.

$$\begin{aligned}\dot{g}_i &= g_i\sum_j (f_{ij} - f_{ji})g_j\\ &= g_i\sum_j [(R\boldsymbol{g})_i - (R\boldsymbol{g})_j]g_j\\ &= g_i[(R\boldsymbol{g})_i - \boldsymbol{g}R\boldsymbol{g}]\end{aligned}$$

5.3 강화 학습

스키너(Skinner)는 행동 소멸과 습득의 일정을 설명하기 위해서 강화에 대한 선형 작용소 모델을 소개했다. 그리고 이러한 관점은 엄청난 영향을 미쳐서 학습 규칙에 관한 방대한 범주를 탄생시켰다. 어떤 올바른 행동은 포상을 받았고, 올바르지 못한 행동은 벌을 받았다. 오랜 시간 동안 강화는 올바른 행동을 가능하게 만들고, 올바르지 못한 행동을 불가능하게 만들어 왔다. 확률 x_i를 가지는 행동 X_i를 생각해 보자. 각 행동에는 포상 r_i가 따른다. 임의의 동작에 대한 확률 값의 증가분은, 학습 비율 매개변수 α

를 써서, 다음과 같이 나타낼 수 있다.

$$\delta x_k = \alpha r_i(\delta_{ij} - x_k)$$

이 식에서 δ_{ij}는 크로네커 델타[I.2 §2, 표 3]이다. 이 식은 하나의 동작을 행할 때를 가정했을 때 행동의 갱신된 확률 값을 나타낸다. 행동의 평균 변화는 동작 x_i의 확률을 고려하여 나타난다.

$$\Delta x_k = \sum_i x_i \delta x_k$$

이 두 식을 합치면 우리는 다음을 얻을 수 있다.

$$\begin{aligned}\Delta x_k &= \sum_i x_i[\alpha r_i(\delta_{ik} - x_k)] \\ &= \alpha \sum_i x_i r_i \delta_{ik} - \alpha x_k \sum_i x_i r_i \\ &= \alpha x_k r_k - \alpha x_k \sum_i x_i r_i\end{aligned}$$

식에서 항 $\sum_i x_i r_i$는 간단히 평균 포상 $\langle r \rangle$이고 연속된 시간에서의 행동의 변화는 다음의 간단한 복제자 방정식으로 나타난다.

$$\dot{x}_k = x_k(r_k - \langle r \rangle)$$

베이즈 갱신과 모방 학습과 같이 강화 학습은 학습 환경 전반에 부과된 기본 확률 분포를 정확히 측정하기 위한 반복 알고리즘이다.

6 맺음말

앞에서 이야기한 것들은 적응에 관한 일반적인 이야기와 그와 관련된 수학에 초점을 맞추었다. 이는 확률에 제한을 주는 요소들을 최적화하는 형태로서 적응을 바라보는 가장 광범위한 관점이다. 이러한 방법으로 나타내었을 때 적응은 생물학 하나에만 국한되지 않고 자연 전체에 광범위하게 나타남을 알 수 있다. 누군가는 적응의 성질이 우주에서 생명체의 특징을 정의하고 적응의 수학이 알고리즘적인 생물학의 법칙을 표현한다고도 주장할 수 있을 것이다.

많은 사람들이 '발생'에 관련된 질문에 중점을 두고 복소 적응계를 다루는 수학을 연구해 왔다. 노벨상 수상자인 필 앤더슨(Phil Anderson)의 유명한 문구 '더 많으면 다르다' 또는 '부분의 합은 전체가 아니다'에서 나타나듯이, 복소 적응계는 발생을 구성하는 비선형 현상들의 다양성을 제안하는 기술자들을 위한 계이다. 발생과 적응 동역학 사이의 형식적인 관계는 다소 불분명한 상태로 남아있다.

그러한 계의 친숙한 예들은 냉각 모델부터 경제학까지 전반에 걸쳐서 나타난다. 그들은 이력현상처럼 종종 계층적으로 그리고 다중 구조로 특징지을 수 있다. 그들은 일반적으로 시간과 공간을 넘어 발생해 왔는데, 이는 우리가 지금까지 다루어왔던 것들과 연관된 과정, 소위 피드백과 적응을 통하여 이루어져 왔다.

위에서 언급한 수학적 관점은 그러한 계를 분석하는 데 필요한 요소이지만 모든 진화 과정을 명쾌하게 설명하지는 않는다. 그리고 이 관점은 인자에 바탕을 둔 모델이나 유전학적 또는 진화론적 프로그래밍처럼 모의실험을 통한 접근방법을 좋아한다. 이러한 점들은 프로그래밍과 좀 더 세련된 분배 알고리즘을 사용하려는 지식 체계를 포함한다.

더 읽을거리

아래의 참고도서 목록은 여기에서 이야기한 내용에 대한 몇몇 훌륭한 일반론적인 자료들이다.

2.1절의 내용은 호프바우어(Hofbauer)와 지그문트(Sigmund, 1998)에서 이야기한 것과 밀접한 관련이 있다. 5절은 크라카우어(Krakauer, 2011)의 평론에서 언급한 내용을 따랐다. 이 평론의 맥스웰의 악마와 관련된 복소 정교화에 관한 방대한 양의 연구 중에서 선택의 역학에 관한 부분을 인용하였다.

Amari, S.-I., and H. Nagaoka. 2007. *Methods of Information Geometry*. Providence, RI: American Mathematical Society.

Bell, G. 2008. *Selection: The Mechanism of Evolution*. Oxford: Oxford University Press.

Box, G. E. P., and G. C. Tiao. 1973. *Bayesian Inference in Statistical Analysis*. New York: John Wiley.

Gillespie, J. H. 2004. *Population Genetics: A Concise Guide*, 2nd edn. Baltimore, MD: Johns Hopkins University Press.

Haykin, S. 2008. *Neural Networks and Learning Machines*, 3rd edn. Englewood Cliffs, NJ: PRrentice Hall.

Hofbauer, J., and K. Sigmund. 1998. *Evolutionary Games and Population Dynamics*. New York: Cambridge University Press.

Kimura, M. 1983 *The Neutral Theory of Molecular Evolution*. Cambridge: Cambridge University Press.

Krakauer, D. 2011. Darwinian demons, evolutionary complexity and information maximization. *Chaos* 21:037110-1-12.

Mitchell, M. 2009. *Complexity: A Guided Tour*. New York: Oxford University Press.

Sutton, R. S., and A. G. Barton. 1998. *Introduction to Reinforcement Learning*. Cambridge, MA: MIT Press.

V.2 스포츠

니콜라 파롤리니, 알피오 쿼테로니
Nicola Parolini and Alfio Quarteroni

1 서문

복잡한 현상을 묘사하는 능력을 향상시키거나 그러한 현상들의 행동 양태를 예견하거나, 가능하다면 그러한 것들의 진화를 제어하고자 하는 데서 수학적 모델링의 중요성이 증가하고 있다. 이러한 발전은 이론적인 향상만이 아니라 알고리즘의 발전과 컴퓨터 하드웨어의 발전에도 기인한다. 최근에 수학적 모델은 스포츠의 영역에서도 전 세계적으로 많은 주목을 받아 왔는데, 기록을 향상시킬 수 있는 모든 합법적인 방법이 환영받고 있다. 적절한 수학적 모델을 받아들이고 그 해를 찾기 위한 효과적인 수치 계산법을 받아들임으로써 선수나 팀의 기록을 향상시키는 데 필요한 정확도의 레벨을 보장받을 수 있다.

계산 유체 동역학(computational fluid dynamics, CFD)은 유체의 흐름에 관한 문제를 모의실험할 때 사용된 수치적 방법을 이용하는 계산 역학의 한 분야이다. 지난 20년간 CFD는 포뮬러 원에서 사용되는 자동차를 디자인하는 데 핵심적인 역할을 해 왔다. 하지만, F1이 수학적/수치적 모델링이 적용된 유일한 스포츠는 아니다. 이 글에서 우리는 최근 많은 연구가 이루어진 세 가지 연구 과제(보트 타기, 조정, 수영)에 대하여 이야기하고자 한다. 또한 수학과 과학 계산이 이 영역에서 차지하는 역할을 강조하고자 한다.

2 모델 식별

모든 물리적 과정에서는 서로 다른 형태의 현상들(역학적, 화학적, 전기 역학적 현상들)이 동시에 작용하거나 서로 간에 상호 작용한다. 하지만, 현실적인 모델링 과정에서 이는 종종 특정한 물리적 관점에 제한을 두고 분석할 수 있다. 유체 동역학의 경우, **나비에-스토크스 방정식**(Navier-Stokes equations)으로 주어지는, 연속적인 역학의 법칙에 기초를 둔 수학적 모델이면 보통 충분하다. 이러한 관점에서 조차도 모델을 식별하려는 노력이 요구된다. 사실, 특정한 유체의 흐름(층류/난류, 압축/비압축, 단일/다상 흐름)을 다루기 위해서는 원래의 수학적 모델에 서로 다른 특화가 필요하다. 더 나아가, 잘 구성된 수학적 문제로 만들기 위해서는 제한된 시간과 공간을 가지는 계산 영역에 대한 적절한 정의와 초기 조건과 경계 조건을 잘 선택하는 것이 필요하다.

보트(또는 수영 선수)의 유체 역학은 비압축, 난류, 두 개의 상을 가지는 유체 모형으로 기술할 수 있다. 공기 또는 물로 이루어져 있는 보트(또는 수영 선수) 주위의 삼차원 계산 영역을 Ω라 두면 **나비에-스토크스 방정식**[III.23]은 다음과 같이 쓸 수 있다. 모든 $\boldsymbol{x} \in \Omega$와 $0 < t < T$에 대하여

$$\frac{\partial \rho}{\partial t} + \nabla \cdot (\rho \boldsymbol{u}) = 0 \qquad (1)$$

$$\frac{\partial (\rho \boldsymbol{u})}{\partial t} + \nabla \cdot (\rho \boldsymbol{u} \otimes \boldsymbol{u}) - \nabla \cdot \boldsymbol{\tau}(\boldsymbol{u}, p) = \rho \boldsymbol{g} \qquad (2)$$

$$\nabla \cdot \boldsymbol{u} = 0 \qquad (3)$$

위 식에서 ρ는 (변수인) 밀도, $\boldsymbol{u}$는 속도, p는 압력, $\boldsymbol{g} = (0, 0, g)^{\mathrm{T}}$은 중력 가속도, $\boldsymbol{\tau}(\boldsymbol{u}, p) = \mu(\nabla \boldsymbol{u} + \nabla \boldsymbol{u}^{\mathrm{T}}) - p\boldsymbol{I}$는 (변수인) 점성 μ를 써서 나타낸 스트레스 텐서이다. 식 (1)은 질량 보존을 나타내고, 식 (2)는 운동량 보존을, 식 (3)은 비압축 제약을 나타낸다. 위에서 언급했듯이 식 (1)-(3)에 적절한 초기 조건과 경계 조건을 덧붙인다.

물과 공기의 경계면과 같은 자유-표면 동역학을 모의 실험하는 방법도 다양하다. **경계면 추적** 방법에서는 경계면이 명확하게 재구성된다. 이와 함께 **경계면 포착** 기술은 종종 경계면을 (음함수로 정의된) 보조 특성함수의 등위면으로 나타낸다. 공기와 물의 흐름에 관한 해는 다음과 같은 경계 조건을 만족해야 한다.

$$\boldsymbol{u}_{\mathrm{a}} = \boldsymbol{u}_{\mathrm{w}},$$
$$\boldsymbol{\tau}_{\mathrm{a}}(\boldsymbol{u}_{\mathrm{a}}, p_{\mathrm{a}}) \cdot \boldsymbol{n} = \boldsymbol{\tau}_{\mathrm{w}}(\boldsymbol{u}_{\mathrm{w}}, p_{\mathrm{w}}) \cdot \boldsymbol{n} + \kappa \sigma \boldsymbol{n}$$

이 식들은 각각 속도 벡터의 연속성과, 경계면에서의 힘의 균형을 나타낸다. 표면 장력을 나타내는 $\kappa\sigma\boldsymbol{n}$은 계수 σ와 국소 곡률 κ, 그리고 경계면의 법벡터 $\boldsymbol{n}$에 의존하는데, 자유-표면 동역학을 적용하는 응용 분야에서는 보통 무시하는 양이다.

유체 역학의 응용 분야에서 자주 나타나는 난류

를 모의실험하는 경우에는 보통 난류 모델을 채택한다. 이러한 모델들은 흐름을 특징지을 수 있는 전 시공간의 규모를 생각하지 않고서도 흐름의 자연스러운 난류의 주된 특성을 포함할 수 있다. 이 모델들은 보통 추가적인 난류 점성 μ_T를 결과로 내어놓는데, 이는 스트레스 텐서 $\boldsymbol{\tau}$에 물리적 점성 μ를 결합한 것이다. 이는 다음과 같은 식으로 나타낼 수 있다.

$$\boldsymbol{\tau} = (\mu + \mu_T)(\nabla \boldsymbol{u} + \nabla \boldsymbol{u}^T) - p\boldsymbol{I}$$

편미분방정식계 (1)-(3)은 서로 다른 수치 기법을 사용하여 이산화할 수 있다. 예를 들자면, 유한 차분법, 유한 부피법, 유한 요소법 등이 있다. 여기에서는 유한 부피법을 다루려고 한다. 정의역을 (소위 **계산 격자**라 부르는 형태의) 작은 제어 공간으로 세분하고 (적분 형태의) 미분 방정식을 각 제어 공간에서 국소적으로 도입한다. 이러한 방법으로 문제 (1)-(3)의 이산화된 형태를 얻을 수 있는데, 결국에는 대부분 방대한 선형계의 해를 얻는다. 선형계의 차원은 계산 격자의 차원과 밀접하게 연관되어 있다. 결국 격자의 크기는 보통 흐름의 영역에 의존한다. 특히 (분리되거나 층류-난류의 전이와 같은) 복잡한 유체의 모습을 가졌으며 고속이면서 다층 구조를 가진 흐름의 경우 계산 격자의 개수는 가뿐히 백만 단위를 넘어선다. 원래의 문제와 연관된 선형계의 해를 구하기 위해서는 병렬 계산이 가능한 상황에서 (다중 격자 방법과 같은) 최첨단의 반복 연산이 필요하다.

나비에-스토크스 방정식의 이산적인 해를 구하는 데 쓰이는 수치 계산 모델은 아주 높은 수준의 정확도를 보장하지만, 이는 아주 많은 계산량을 요구한다. 특히 점성(또는 난류) 효과가 모의실험에서 중요한 역할을 하는 경우 계산량은 엄청나게 늘어난다. 보트 주변의 자유 표면을 재구성하는 작업에 관심이 있는 경우 등 몇몇 특별한 경우에는 오일러 방정식이나 잠재 흐름 이론에 기반을 둔 **차수-감소 모델**[II.26]을 적용할 수 있다. 차수-감소 모델은 종종 예비 분석이나 다중 현상 문제, 예를 들면 유전학의 최적화 문제 같은 곳에 사용된다. 다른 경우들에서는 계산량을 줄이려는 전략은 기하학적 다중 규모 모형으로 접근하는 것을 기본으로 한다. 이는 완벽한 (그리고 계산 비용이 많이 드는) 삼차원 모델이 오직 원래의 정의역에서 매우 제한된 부분을 차지하고 공간(2차원, 1차원, 0차원)을 줄인 모델이 나머지 부분을 설명할 수 있는 경우에 쓰인다. 특정 문제에 대한 가장 적합한 모델을 정확하게 식별하는 것은 분석하려 하는 대상 함수를 추정할 수 있는 모델에서 얻을 수 있는 정확도의 레벨과 계산 비용 사이에서 타협점을 찾는 것이다.

3 스포츠 유체 역학을 위한 수치 모델

3.1 아메리카 컵

아메리카 컵은 매우 경쟁적인 요트 항해 경주인데, 보트들의 서로 다른 부분의 조그만 디자인 변형이 최종 결과에 엄청난 차이를 가져온다. 보트의 성과를 분석하고 최적화하기 위해서 보트 주변의 공기 역학적, 유체 역학적 흐름을 모의실험해야 하고, 바람과 파도의 다양성을 고려해야 하며, 반대편에 다른 보트가 움직이고 있음을 주의해야 한다. 또한 유체(물과 공기)간의 상호 작용이 있음도 고려해야 하고 보트의 구조적 요소(선체, 부속물, 돛, 돛대)도 고려해야 한다.

디자이너에게 가장 주요한 작업은 선체와 부속물의 물에 대한 저항을 최소화하고 돛에 의해 만들어지는 추진력을 최대화하도록 모형을 택하는 것이다. 수치 모델은 서로 다른 상황을 모의 실험할 수 있게 해 주고 예인 수조나 풍동 실험에 드는 비용(시간과 돈 모두)을 줄여 준다.

새로운 디자인 아이디어가 잠재적으로 유리할지 평가하기 위해서 속도 예측 프로그램이 종종 사용된다. 이 프로그램을 통해 미리 주어진 바람의 조건과 항해 각도의 범위에 대한 보트의 속력과 항해 자세를 근사하게 된다. 이러한 수치적 예측은 보트에 가해지는 공기 역학적, 유체 역학적 힘들 사이에서 균형을 모델링함으로써 얻는다. 속력과 항해 자세에 대한 예측의 정확성은 힘의 추정치의 정확성에 의존한다. 보통 힘의 정확성은 예인 수조에서 실험한 결과 값들을 모아서 계산하는데, 해석학적 모델이나 정확한 CFD 모의실험을 통해서 얻는다. 후자를 수행하기 위해서, 새로운 모형이 컴퓨터의 도움을 받은 (보통 전체 보트에 대한 몇 백의 비균일 **유리 B-스플라인**(nonuniform rational B-spline, NURBS) **표면**으로 정의된) 디자인 모델로 재생산된다. 기하학에 기초하여 계산 격자를 생성한다. 이 과정은 보통 정확한 예측을 위하여 필수적이다. 특히 자유-표면 유체 역학을 모의실험하는 경우 블록-구조 격자에 의지하는 경우가 많은데, 이는 벽 경계층에서 강한 경사도를 갖게 하고(그림 1) 자유-표면의 기하학을 정확하게 재구성하기 위함이다.

부속물(용골, 구상 선수, 윙렛) 주변의 복잡한 흐름을 자세히 모의실험한 것이 그림 2에 나와 있다. 여기에서는 특히 윗바람 항해에서 용골에 의해 만들어지는 떠오름과 관련된 전형적인 재순환을 관찰할 수 있다.

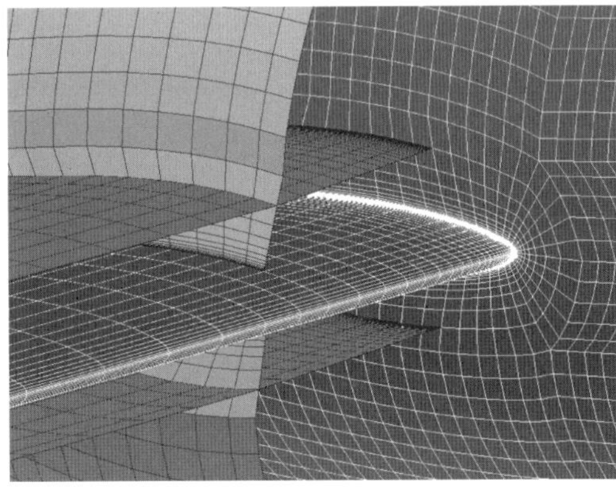

그림 1 경계층에서의 격자 모형.

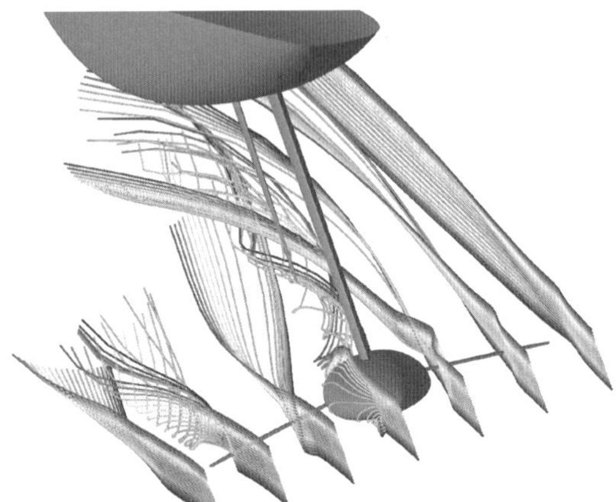

그림 2 윗바람 항해에서 부속물 주변의 흐름.

앞에서 언급했듯이 공기와 물은 보트와 함께 상호 작용을 하고 그 배열을 바꿀 수 있다. 이러한 관점에서 두 가지 종류의 문제를 생각해 볼 수 있다.

- 유체의 힘에 의한 움직임 하에서 보트의 강체

운동.

- 유연한 돛과 바람 사이의 유체-선체의 상호 작용.

유체에 관한 해와 선체 모델 사이를 짝짓는 서로 다른 수치적 방법들이 정의되어 왔고 이는 다음 절에서 설명할 것이다. 하지만 두 경우 모두 나비에-스토크스 방정식은 움직이는 정의역이라는 문제를 다루기 위해서 소위 임의의 **라그랑지안-유클리디안**(ALE) 공식화라고 불리는 방식으로 재공식화해야 한다.

3.1.1 보트 동역학

잔잔한 물 위나 파도치는 바다 위에서 보트가 전진하는 자세는, 그 동역학만큼이나 보트의 성능에 크게 영향을 미친다. 이러한 이유로, 요트를 디자인하는 데 쓰이는 수치적 도구는 정적인 상태에서의 성능뿐만 아니라 보트의 움직임과 흐르는 유체와의 상호관계도 예측할 수 있어야만 한다.

이는 보트의 강체 운동을 묘사하는 여섯 단계의 자유도를 가진 동역학계의 해를 구하여 얻을 수 있다. 보트의 평균 속력으로 전진하는 **관성 좌표계** $(\mathbf{0}, X, Y, Z)$를 생각해 보자. 그리고 보트와 함께 움직이고 회전하는 보트의 질량 중심 $\boldsymbol{G}$에 고정된 **몸체-고정 좌표계** $(\boldsymbol{G}, x, y, z)$도 생각하자. 보트의 동역학은 관성 좌표계에서 선형 및 각 운동량의 변화에 대한 방정식을 적분함으로써 계산된다. 이는 다음과 같은 식으로 나타난다.

$$m\ddot{\boldsymbol{X}}_G = \boldsymbol{F},$$
$$\boldsymbol{TIT}^{-1}\dot{\boldsymbol{\Omega}} + \boldsymbol{\Omega} \times \boldsymbol{TIT}^{-1}\boldsymbol{\Omega} = \boldsymbol{M}_G$$

이 식에서 m은 보트의 질량, $\ddot{\boldsymbol{X}}_G$는 선형 가속도, $\boldsymbol{F}$는 보트에 가해지는 힘, $\dot{\boldsymbol{\Omega}}$와 $\boldsymbol{\Omega}$는 각각 각가속도와 각속도, $\boldsymbol{M}_G$는 보트에 작용하는 $\boldsymbol{G}$관점에서의 운동량이다. 관성 텐서 $\boldsymbol{I}$는 몸체-고정 좌표계에서 계산되고, 몸체-고정 좌표와 관성 좌표계 사이의 회전 행렬 $\boldsymbol{T}$는 관성 좌표계에서 문제를 기술하기 위해 필요하다.

보트에 작용하는 힘과 운동량은 이 경우 다소 간단한데, 유체가 흘러가는 힘($\boldsymbol{F}_{\text{Flow}}$)과 운동량($\boldsymbol{M}_{\text{Flow}}$)과 중력을 포함한다.

$$\boldsymbol{F} = \boldsymbol{F}_{\text{Flow}} + m\boldsymbol{g}, \qquad \boldsymbol{M}_G = \boldsymbol{M}_{\text{Flow}} \tag{4}$$

이 모델을 사용하면 서로 다른 조건하에서 보트의 동역학을 모의실험할 수 있는데, 잔잔한 물 위와 파도치는 바다 위 양쪽 모두를 분석할 수 있다. 그림 3에는 일반적인 파도에서 선체가 전진하는 자유-표면 분포에 대한 예시가 나와 있다.

3.1.2 바람과 돛의 상호작용

돛은 유연한 구조물로 바람의 영향을 받아 그 모양이 변형된다. 돛에 가해지는 압력 장은 돛의 기하학적 구조를 바꾸고, 이로 인해 유체의 흐름이 바뀐다.

수학적 용어로 이야기하자면, 이 문제는 돛을 둘러싼 움직이는 영역 $\Omega_{\text{F}}(t)$ 위에서 정의된 유체 문제 $\mathcal{F}$와 움직이는 영역 $\Omega_{\text{S}}(t)$ 위에서 정의된 구조 문제 S와 그물망 운동 모델인 $\mathcal{M}$으로 구성된 연계 시스템으로 정의할 수 있다. 구조 모델은 보통 돛의 변형을 다루는 이계 탄성 동역학을 다룬다. 구조 모델과 그물망 운동 모델의 구체적인 공식화 없이 우리는 문제의 연계성에 집중하고자 한다.

그림 3 파도치는 상황에서의 자유-표면 모의실험.

추상적인 형태로 연계 문제는 다음과 같이 공식화할 수 있다.

$$\left.\begin{aligned} \mathcal{F}(\boldsymbol{u}, p, \boldsymbol{w}) &= 0 && \Omega_{\mathrm{F}}(t) \text{ 안에서,} \\ \mathcal{S}(\boldsymbol{d}) &= 0 && \Omega_{\mathrm{S}}(t) \text{ 안에서,} \\ \mathcal{M}(\boldsymbol{\eta}) &= 0 && \Omega_{\mathrm{F}}^{0} \text{ 안에서,} \\ \boldsymbol{u} &= \dot{\boldsymbol{d}} && \Gamma(t) \text{ 위에서,} \\ \boldsymbol{\sigma}_{\mathrm{F}}(\boldsymbol{u}, p)\boldsymbol{n}_{\mathrm{F}} &= \boldsymbol{\sigma}_{\mathrm{S}}(\boldsymbol{d})\boldsymbol{n}_{\mathrm{S}} && \Gamma(t) \text{ 위에서,} \\ \boldsymbol{\eta} &= \boldsymbol{d} && \Gamma^{0} \text{ 위에서} \end{aligned}\right\} \quad (5)$$

이 식에서 유체, 구조, 그물망 운동의 세 가지 문제는 접점 $\Gamma(t)$에서의 세 가지 조건들로 연계되어 있다. 세 가지 조건이란 각각 속도의 연속성, 힘의 균형 그리고 기하학적 연속성이다. 식 (5)에서 $\boldsymbol{d}$는 구조적 이동, $\boldsymbol{\eta}$는 그물망 이동, 그리고 Ω_{F}^{0}과 Γ^{0}은 각각 관성 유체 정의역과 접점을 나타낸다. 나비에-스토크스 방정식의 임의의 라그랑지안-유클리디안 공식화에 필요한 유체 그물망 움직임 속도 $\boldsymbol{w}$는 $\boldsymbol{w} = \dot{\boldsymbol{\eta}}$ 식에서처럼 그물망의 이동 $\boldsymbol{\eta}$에 의존한다.

문제 (5)의 해를 구하기 위해서 유체-구조 상호작용에 대한 다른 방법을 고안해 냈다. 획일적인 방법을 사용하는 경우 대역적인 시스템은 한데 뭉쳐서 문제의 모든 미지수들을 동시에 푼다. 다른 접근 방법으로는, 보통 이미 존재하는 유체와 구조 풀이를 활용하여 유체, 구조, 그물망 운동을 반복법으로 풀어나가는 분할 방법이 있다. 우리가 가지고 있는 문제에 대하여 강하게 연계된 분할 방법이 고안되었다. 이 방법은 각 시간 간격에 대하여 서로 다른 하위 문제 사이에 평형점이 도달할 수 있음을 보장한다. 시간 t^{n+1}일 때의 해를 계산하기 위해서 세 가지 하위 문제들 간의 하위 반복 계산이 필요하다. 구조 문제의 해는 다음 식을 계산함으로써 첫 번째로 얻는다.

$$\begin{aligned} &\mathcal{S}(\boldsymbol{d}_{k+1}^{n+1}) = 0 \quad (\Omega_{\mathrm{S}})_{k}^{n+1} \text{안에서} \\ &\boldsymbol{\sigma}_{S}(\boldsymbol{d})_{k+1}^{n+1}(\boldsymbol{n}_{\mathrm{S}})_{k}^{n+1} = \boldsymbol{\sigma}_{\mathrm{F}}(\boldsymbol{u}, p)_{k}^{n+1}(\boldsymbol{n}_{\mathrm{F}})_{k}^{n+1} \\ &\hspace{18em} \Gamma \text{ 위에서} \end{aligned}$$

다음은 그물망 운동의 해를 다음과 같이 갱신한다.

$$\begin{aligned} &\mathcal{M}(\dot{\boldsymbol{\eta}}_{k+1}^{n+1}) = 0 \quad \Omega_{\mathrm{F}}^{0} \text{ 안에서,} \\ &\boldsymbol{\eta}_{k+1}^{n+1} = \alpha \boldsymbol{d}_{k+1}^{n+1} + (1-\alpha)\boldsymbol{d}_{k}^{n+1} \quad \Gamma^{0} \text{ 위에서} \end{aligned}$$

마지막으로 유체 문제의 해가 다음과 같이 계산된다.

$$\begin{aligned} &\mathcal{F}(\boldsymbol{u}_{k+1}^{n+1}, p_{k+1}^{n+1}, \boldsymbol{w}_{k+1}^{n+1}) = 0 \qquad (\Omega_{\mathrm{F}})_{k+1}^{n+1} \text{ 안에서,} \\ &\boldsymbol{u}_{k+1}^{n+1} = \alpha \dot{\boldsymbol{d}}_{k+1}^{n+1} + (1-\alpha)\dot{\boldsymbol{d}}_{k}^{n+1} \quad \Gamma_{k+1}^{n+1} \text{ 위에서} \end{aligned}$$

이 계산에서는 현재 반복 계산중인 $k+1$번째와 이전 단계인 k번째의 구조적 움직임에 대한 근사치를

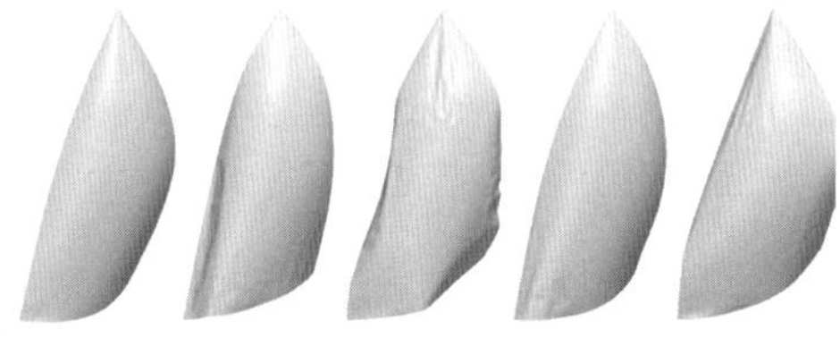

그림 4 순간적인 유체-구조 상호작용에 관한 해의 예제.

사용했다. 첨자 k를 넘어서는 반복 계산은 적절한 수렴 조건이 만족되면 멈춘다.

몇몇 돛에 관한 유체-구조 반복 연산 모의실험은 이 모델을 사용하여 이루어졌는데 정적인 항해모형과 서로 다른 조건하에서의 항해 동역학 모두를 잘 예측할 수 있음이 밝혀졌다. 순간적인 유체-구조 상호작용에 관한 모의실험의 예가 그림 4에 나와 있으며 몇몇 시간에 대한 돛의 모형이 묘사되어 있다. 아랫바람 상황에서 주 돛과 이물 삼각돛 주위의 유체의 흐름에 대한 모형이 그림 5에 나와 있다.

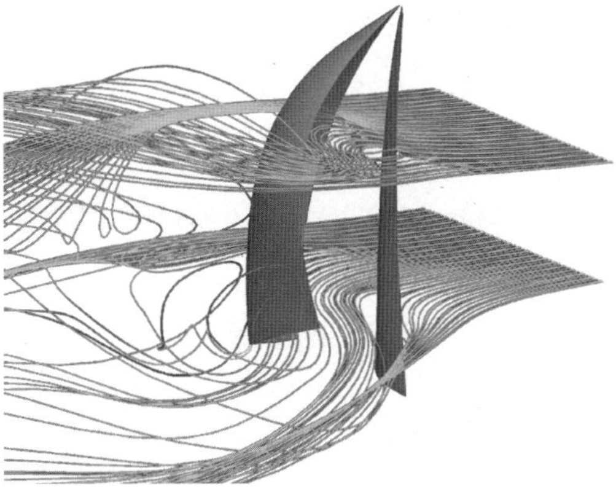

그림 5 주 돛과 삼각돛 주위의 유체 흐름.

3.2 올림픽 조정

아메리카 컵에서 개발된 수치 모델이 스포츠 분야의 다른 유체 역학과 관련된 종목에도 쓰일 수 있을까? 예를 들어 조정 경기에 쓰이는 배의 성능을 예측하는 것을 생각해 보자. 원칙적으로 물리적 문제는 이미 묘사했던 것들과 매우 유사하다. 이름을 붙이자면 움직이는 영역의 관점에서 본 자유-표면 흐름이다. 하지만 노를 젓는 행동을 규정하는 것은 보드 위에 있는 선수들의 움직임이다. 사실 남자 4인용 스컬은 무게가 약 50kg 정도 나가는데 100kg이 나가는 네 명의 선수가 분당 40회의 박자로 노를 저어 나간다. 이 움직임은 보트의 대역적인 성능에 큰 영향을 미치는데, 이는 모의실험 도구로 알아볼 수 있다.

조정 선수의 움직임을 설명하기 위해서, 항해 중인 배의 강체 역학의 경우 단순했던(식 (4)를 보라) 보트에 작용하는 힘과 운동량은 이 경우 더 복잡해지고 조정 선수가 노, 좌석, 그리고 발판을 통해 보트에 가하는 추가적인 힘을 다음 식과 같이 설명해야 한다.

$$\left.\begin{aligned} \boldsymbol{F} &= \sum_{j=1}^{n} \boldsymbol{F}_{\mathrm{o}_j} + \sum_{j=1}^{n} \boldsymbol{F}_{\mathrm{s}_j} + \sum_{j=1}^{n} \boldsymbol{F}_{\mathrm{f}_j} + \boldsymbol{F}_{\mathrm{Flow}} + m\boldsymbol{g}, \\ \boldsymbol{M}_G &= \sum_{j=1}^{n} (\boldsymbol{X}_{\mathrm{o}_j} - \boldsymbol{G}) \times \boldsymbol{F}_{\mathrm{o}_j} + \sum_{j=1}^{n} (\boldsymbol{X}_{\mathrm{s}_j} - \boldsymbol{G}) \times \boldsymbol{F}_{\mathrm{s}_j} \\ &\qquad + \sum_{j=1}^{n} (\boldsymbol{X}_{\mathrm{f}_j} - \boldsymbol{G}) \times \boldsymbol{F}_{\mathrm{f}_j} + \boldsymbol{M}_{\mathrm{Flow}} \end{aligned}\right\} \tag{6}$$

이 식에서 $\boldsymbol{F}_{\mathrm{o}_j}, \boldsymbol{F}_{\mathrm{s}_j}, \boldsymbol{F}_{\mathrm{f}_j}$는 각각 j번째 선수가 자신의 노걸이, 좌석, 발판에 가하는 힘이고 $\boldsymbol{X}_{\mathrm{o}_j}, \boldsymbol{X}_{\mathrm{s}_j}, \boldsymbol{X}_{\mathrm{f}_j}$는 각각 대응하는 작용점이다. 이러한 추가적인 힘에 관한 항을 계산하기 위해서 조정 선수의 행동에 대한 운동학을 재구성할 필요가 있다. 보트, 선수, 노의 시스템에 관한 도식이 그림 6에 나와 있다. 이러한 힘의 정확한 예측은 시스템의 성능 분석에 필수적이다. 사실 이러한 주기적인 힘에 관한 항은 보트에 유의미한 두 번째 움직임을 만들어 내어 추가적인 물결 방사 효과를 만들어 낸다. 이 효과는 시스템의 대역적인 에너지 분산을 증가시킨다. 사실 전문적인 조정 선수의 질은 노를 젓는 활동적인 상황에서 가할 수 있는 힘뿐만 아니라 두 번째 움직임을 최소화할 수 있는 균형 잡힌 순환 주기를 유지하며 노

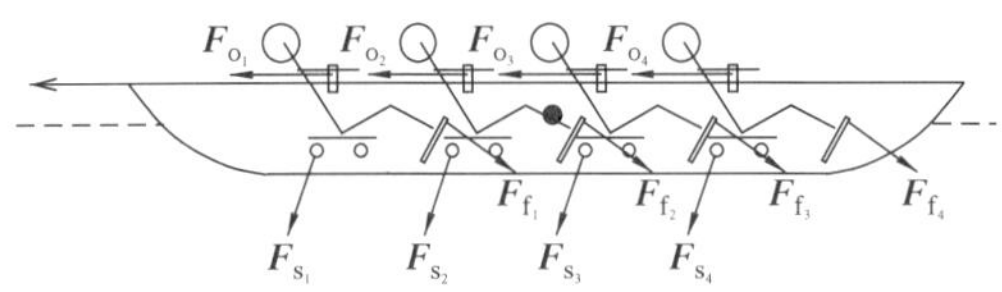

그림 6 보트, 선수, 노 시스템의 개요.

그림 7 조정용 배 주변의 자유-표면 흐름.

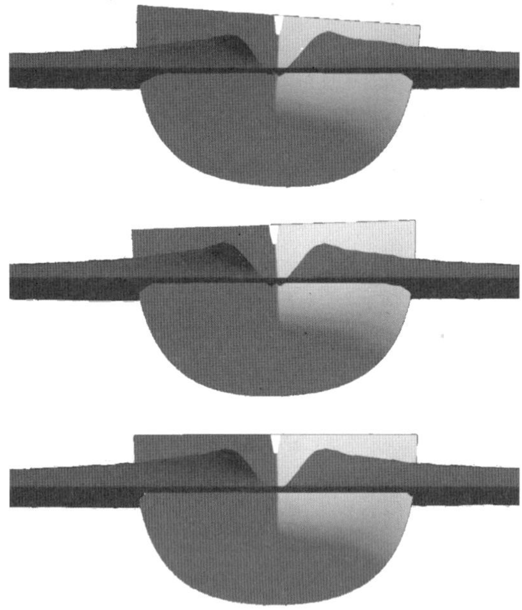

그림 8 노를 저을 때 배의 롤링 현상.

를 젓는 능력으로도 평가받는다.

식 (6)에서 유체역학적 힘에 관한 항인 F_{Flow}와 M_{Flow}는 완전한 형태의 나비에-스토크스 유체 모델이나 선형 잠재 흐름 모델에 기초를 둔 약식 유체역학 모델을 사용하여 계산할 수 있다. 예를 들어 전자는 서로 다른 보트의 디자인과 이를 둘러싼 자유-표면 흐름(그림 7)과 전체 시스템(그림 8)의 롤링 안정성을 모의실험하는 데 사용되고, 후자는 (거의) 실시간으로 진행되는 전체 경주의 모의실험에 사용된다.

3.3 수영

최근 하이-테크 수영복의 등장으로 인해 수영 경기는 불안정해지고 있다. 이 제품들은 낮은 저항을 가지는 섬유의 개발과 새로운 직조 기술의 발전에 관한 과학적 연구의 결과물이다. 이러한 새로운 수영복의 향상된 성능에 힘입어 2년 동안(2008-2009) 130개 이상의 수영 세계 신기록이 경신되었다. 2010년에 세계 수영 연맹(International Swimming Federation, FINA)은 공식적인 경기에서 이 제품들의 사용을 금지하기로 결정했다.

이 글의 저자들은 (선도적인 수영복 업체들과의 공동 작업을 통해서) 수영복 표면에서 일반적인 바느질 자국을 완전히 없애버린, 열-결합 시스템에 기반을 둔 새로운 직조 기술을 사용함으로써 얻을 수 있는 잠재적 이득을 추정할 수 있는 연구에 참여해 오고 있다. 새 수영복은 베이징 2008 올림픽 경기 전에 FINA로부터 사용 승인을 얻었다.

바느질을 하지 않음으로써 얻을 수 있는 이점을 정량화하기 위해서 수영 선수 주위의 흐름에 대한 충격량 분석이 필요하다. 수영 선수 몸의 기하학적 세부 사항과 함께 수영복의 바느질 자국을 함께 완

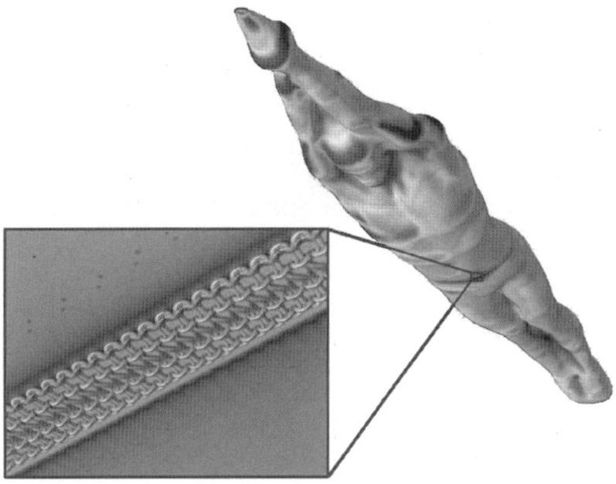

그림 9 다른 공간 크기에서 바라본 수영선수 주위의 전단 응력 분포.

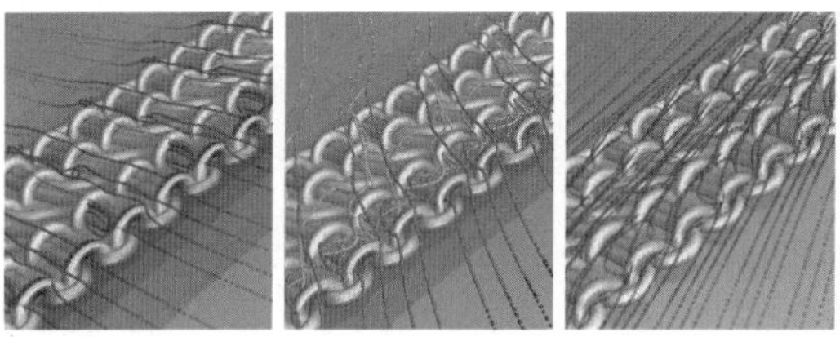

그림 10 서로 다른 입사에 대한 바느질 자국 주위의 국소적인 흐름.

벽히 모의실험하는 것은 길이 단위가 서로 달라 수행하기 힘들다(그림 9를 보라). 그러므로 모델의 축소는 불가피하다. 제일 먼저 바늘 자국 주위의 조그만 섬유 조각에 제한시킨 국소적인 계산 영역에 한정하여 바느질 자국 주위의 흐름을 분석한다.

컴퓨터의 도움을 받은 디자인 모델을 만들기 위해 바느질에 대한 기하학은 세밀하게 재구성된다. 이 기하학에 기초하여 비구조적 계산 격자가 만들어지고 바느질 자국 주위의 흐름을 서로 다른 속도와 방향에 대하여 모의실험한다(그림 10을 보라). 바느질 자국은 그 경계층의 흐름에 영향을 미치고, 이 결과 추가적인 저항이 생긴다.

그런 다음 수영복 전체에 걸쳐 분포된 바느질 자국에 대하여 국소적인 속도와 방향을 추정하기 위하여 몸 전체에 대한 모의실험(그림 11)을 한다. 그래서 작은-부분의 모의실험 결과들을 합쳐서 바느질 자국이 존재함으로 인해 발생하는 저항력의 대역적인 값을 얻는다.

저항 감소치를 추정하는 것 중에서, 경주 시간의 감소를 추정하기 위해 경주 모델이 개발되었다. 이는 뉴턴의 법칙을 따른다.

$$m\frac{\mathrm{d}^2x(t)}{\mathrm{d}t^2} = P(t) - D(t), \quad x'(0) = 0, \quad x(0) = 0$$

이 식에서 m과 x는 각각 수영 선수의 질량과 위치이다. 저항 $D(t)$는 위에서 언급한 CFD 모의실험 결과에 기초하여 추정할 수 있고, 추진력 $P(t)$는 스트로크 동작에 관한 적절한 모의실험을 통하여 계산한다(그림 12를 보라).

우리는 분석을 통하여 새로운 수영복 디자인이 줄 수 있는 경주 시간에서 얻을 잠재적 이점을 정량화하였다. 이는 성능 향상에 관해 이야기할 때 매우 유용한 가늠자다. 서로 다른 거리의 경주에 대한 시간 감소치가 표 1에 나와 있다. 이 표에서는 글라이드 상태*, 한 구간, 전체 경기로 세분화하여 그 값을 나타내었다. 수치적인 모의실험을 통한 이런 유의미한 경주 시간 향상은 실제 실험을 통하여 확인되었다. 이 실험은 레다 타이알(Redha Taiar)의 지도하에 프랑스의 랭스 대학교(University of Reims)의 생물역학 연구팀이 리에주 대학교(University of Liège)의 수조에서 수행하였다.

* 유선형의 자세로, 팔다리를 움직이지 않고 물속에서 미끄러지듯 나아가는 상태.—옮긴이

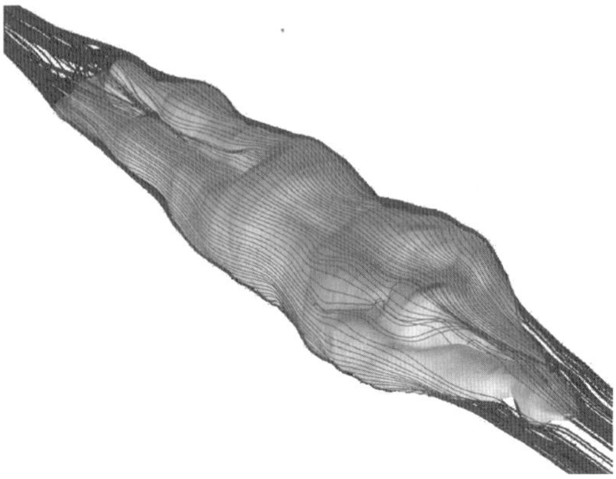

그림 11 수영 선수 주위의 흐름에 대한 몸 전체의 모의실험.

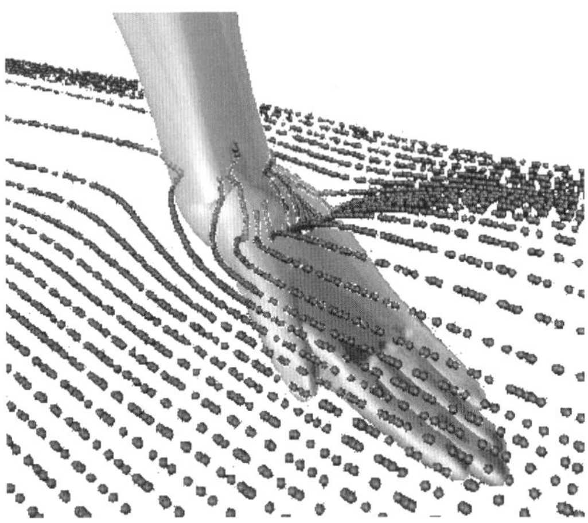

그림 12 스트로크 모의실험에서 손 주위의 흐름.

표 1 서로 다른 자유형 경기의 시간 감소치 (단위: 초).

	Gliding	Length	Race
50m	0.011	0.073	0.073
100m	0.011	0.077	0.154
200m	0.012	0.083	0.332
400m	0.013	0.087	0.696

더 읽을거리

Detomi, D., N. Parolini, and A. Quarteroni. 2009. Numerical models and simulations in sailing yacht design. In *Computational Fluid Dynamics for Sport Simulation*, pp. 1-31. Lecture Notes in Computational Science and Engineering. New York: Springer.

Formaggia, L., E. Miglio, A. Mola, and N. Parolini. 2008. Fluid-structure interaction problems in free surface flows: application to boat dynamics. *International Journal for Numerical Methods in Fluids* 56(8):965-78.

Lombardi, M., M. Cremonesi, A. Giampieri, N. Parolini, and A. Quarteroni. 2012. A strongly coupled fluid-structure interaction model for sail simulations. In *Proceedings of the 4th High Performance Yacht Design Conference*, 2012. London: Royal Institution of Naval Architects.

Lombardi, M., N. Parolini, A. Quarteroni, and G. Rozza. 2012. Numerical simulation of sailing boats: dynamics, FSI, and Shape optimization. In *Variational Analysis and Aerospace Engineering: Mathematical Challenges for Aerospace Design*, edited by G. Buttazzo and A. Frediani. New York: Springer.

Parolini, N., and A. Quarteroni. 2005. Mathematical models and numerical simulations for the America's Cup. *Computer Methods in Applied Mechanics and Engineering* 194:1001-26.

———. 2007. Modelling and numerical simulation for yacht design. In *Proceedings of the 26th Symposium on Naval Hydrodynamics*. Arlington, VA: Strategic Analysis.

V.3 이너터

말콤 스미스 *Malcolm C. Smith*

1 서문

2002년에 저자는 '이너터'라는 이름이 붙은 새롭고 이상적인 기계 모델링을 다음과 같은 수학적 질문에 대한 해답의 일부분으로서 소개하였다(다만 이 질문이 완전히 수학적이지는 않다. 이 질문은 물리학과 공학과 관련되어 있다).

[P] 물리적으로 실현 가능한 가장 일반적인 선형의 수동적인 기계 임피던스 함수는 무엇인가?

전기 회로에 비유하면 해답은 매우 간단하다. 하지만 이러한 비유는 상황에 들어맞지 않았고 새로운 기계 모델링의 요소가 필요했다. 이너터 장치의 구체적 모형은 캠브리지 대학교(University of Cambridge)의 공학부에서 만들고 테스트를 진행하였다. 이 기술은 차후에 포뮬러 원 팀에 의해 개발되었고, 이너터는 현재 경주용 자동차의 표준적인 요소가 되었다. 수학적 이론에서부터 공학적 실행에 이르기까지의 개발 과정에 관한 이야기가 아래에 펼쳐질 것이다.

2 네트워크 비유

전기 회로와 기계 회로간의 비유에 일반적으로 쓰이는 두 가지 방식이 있다. 가장 오래된 것은 힘↔전압과 속도↔전류의 대응을 이용하는 것이다. 이를 대체하는 비유는, 보통 파이어스톤(Firestone, 1933)에서부터 유래되었다고 하는, 다음과 같은 대응을 사용한다.

힘↔전류,

속도↔전압,

기계 접지↔전기 접지.

두 가지 방법 모두 옳다거나 그르다고 말할 수는 없지만, 힘-전류 비유 방법은 어떤 면에서 이로운 점이 있다. 첫 번째로 위상학적 관점에서, 네트워크 그래프는 힘-전류 비유가 사용되는 경우 전기 영역과 기계 영역이 일치한다. 이는 임의의 전기 회로가 기계적 비유를 가지고 그 반대도 마찬가지이다. 예전의 힘-전압 비유는 평면 그래프로 나타나는 회로만이 다른 영역과 유사성을 가졌다. 왜냐하면 비유 모형을 찾는 것에 쌍대적 그래프가 포함되어 있기 때문이다. 두 번째로 힘-전류 비유에서 (관성 좌표계에서의 고정점이라는 사실에서 이름 붙은) 기계 접지는 (전압의 기준선 또는 참조라는 사실에서 이름 붙은) 전기 접지와 대응한다. 세 번째로, 가장 근본적인 힘-전류 비유는 변수들을 통하여라는 개념과 넘어서라는 개념에 의해 지지받는다. (힘이나 전류에 해당하는) **변수들을 통하여**라는 말은 하나의 측정 지점을 포함하고 보통의 경우 측정을 위하여 시스템이 그 점에서 제공되어야 한다는 것이다. 반대로 (속도나 전압에 해당하는) **변수를 넘어서**라는 말은 두 지점간의 절대적인 양의 차이를 나타내고 원칙적으로는 시스템 안으로 파고들 필요 없이 측정 가능하다. 변수들을 통하여라는 개념과 넘어서라는 개념은 이러한 체계적인 방법으로 다른 영역(음향, 온도, 유체)에서도 적용할 수 있다.

힘×속도와 전류×전압 모두 일률의 단위이므

로 두 비유 모두 일률을 보존한다는 것은 꼭 언급해야 한다. 그러므로 (내부에 전원 장치가 없음을 의미하는) 수동성과 관련된 [P]와 같은 질문은 하나의 영역에서 다른 영역으로 정확하게 옮길 수 있다.

3 이너터

힘-전류 비유에서 회로 요소들 간의 표준적인 대응 방법은 다음과 같다.

$$\text{스프링} \leftrightarrow \text{인덕터},$$
$$\text{제동기} \leftrightarrow \text{저항},$$
$$\text{질량} \leftrightarrow \text{축전기}.$$

강조되는 경우가 드물긴 하지만, 잘 알려진 사실은 위 여섯 가지 요소 중 오직 다섯 가지만이 두 개의 단자를 가지는 장치라는 것이다. 기계 장치의 경우 단자란 접점을 뜻한다. 스프링과 제동기 둘 다 두 개의 독립적인 이동 가능한 단자를 가진다. 하지만, 질량이라는 요소는 오직 하나의 접점만을 가진다. 바로 질량 중심이다. 이 점의 움직임은 뉴턴의 두 번째 법칙에 의해 묘사되는데, 이 법칙은 관성 좌표계에서 고정된 점에서의 질량의 가속도에 관한 내용을 포함하고 있다. 이러한 사실로부터 질량의 한 단자는 땅이고 다른 단자는 자신의 질량 중심이라고 해석할 수 있다. 질량은 **접지된** 축전기라고 효과적으로 비유할 수 있다. 이는 인덕터, 축전기, 저항으로 이루어진 모든 전기 회로를 스프링-질량-제동기로 비유할 수는 없음을 의미한다.

문제 [P]와 관련하여 질량이라는 요소를 다루는 데는 더 큰 문제가 있다. 주어진 임피던스 함수를 실체화하는 기계장치를 만드는 것은 전형적으로 다른 질량들 간의 관계를 위한 것이므로 그들과 관련된 작은 양의 질량을 포함한다. 질량 요소를 포함하는 어떠한 구조라도 사용된 총 질량이 원하는 만큼 작게 유지될 수 있도록 보장되어야 한다.

위에서 다룬 고려 사항들이 바로 스미스(2002)가 제안한 다음과 같은 질문이 나오게 된 동기가 된다. 단자에 가해진 같은 방향의 힘과 반대 방향의 힘이 그들 간의 상대 가속도에 비례하는 성질을 가지는, 두 개의 단자를 가지는 기계 장치를 만들 수 있는가? 이러한 움직임을 비슷하게 낼 수 있는 작은 질량을 가지는 장치는 만들 수 있음이 증명되었다. 따라서 이러한 제안으로 인해 다음과 같이 **이상적인 모델링 요소**를 정의한다.

정의 1. (이상적인) **이너터**란 두 개의 단자를 가진 기계 장치로, 같은 방향과 반대 방향으로 단자에 가해진 힘이 단자 사이의 상대적 가속도에 비례하는 장치이다. 이는 그림 1의 표기법에 따르면 $F = b(\dot{v}_2 - \dot{v}_1)$로 쓸 수 있다. 비례 상수 b는 **이너턴스**(inertance)라 부르고 단위는 킬로그램이다.

다른 어떠한 모델링 요소와 마찬가지로 (위에서 정의된 것과 같은) 이상적인 요소와 이를 근사한 실제 장치 사이의 구분이 필요하다. 이상적인 움직임을 벗어난 현실적인 구현의 방식은 정의가 완전히 실용적인지를 결정한다. 이너터의 경우 실제로 구현하기 위해, 이너턴스 값 b에 상관없이 충분히 작은 질량이 필요함이 이미 알려져 있다. 또 다른 요구조건은 장치의 '도달 가능한 여행 거리'(두 단자 사이의 상대적인 거리)를 이너턴스에 관계없이 구체

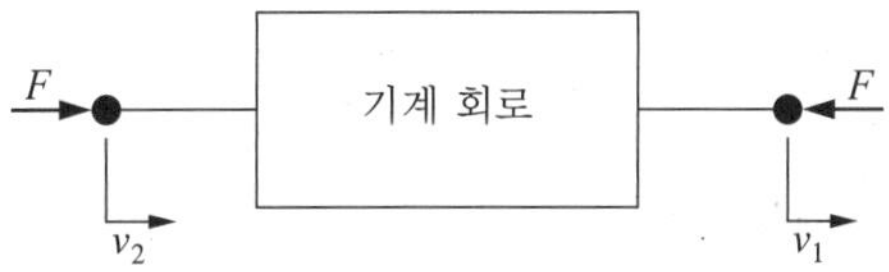

그림 1 하나의 포트(port)(두개의 단자)를 가진 기계장치 요소 또는 힘-속도 쌍 (F, v)를 가진 자유물체도. 여기에서 $v = v_2 - v_1$이다.

그림 3 하나의 포트를 가진 전기회로.

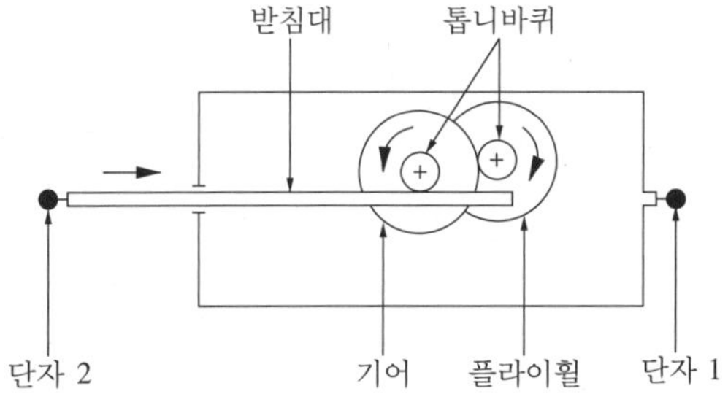

그림 2 받침대, 톱니바퀴, 기어, 그리고 플라이휠을 가지고 있는 이너터의 기계 모형에 대한 도식.

적으로 말할 수 있어야 한다. 이러한 요구 조건을 모두 만족시키는 방법 한 가지는 하우징의 플런저 슬라이딩을 사용하는 것이다. 이것은 받침대, 톱니바퀴, 그리고 기어를 통해 플라이휠을 유도한다(그림 2).

질량 대신 이너터가 포함된 여섯 개의 기본적인 전기, 기계요소가 들어간 회로 부호가 표 1에 나와 있다. 이너터를 나타내는 부호는 플라이휠을 표현한다. 이 표에는 각 요소들의 정의 (미분) 방정식과 어드미턴스(admittance) 함수 $Y(s) = Z(s)^{-1}$이 표기되어 있다. 여기에서 $Z(s)$는 임피던스 함수이다. 초기 조건이 0임을 가정하고 정의 방정식에 라플라스 변환을 취하면 전기 요소의 **임피던스**는 $Z(s) = \hat{i}(s)/\hat{v}(s)$로 정의되고, 기계요소에 대해서도 비슷하게 정의할 수 있다.

4 수동성과 전기 네트워크 합성

전기 영역에서 질문 [P]에 대응하는 문제를 생각해 보자. 그림 3에 두 개의 외부 단자(하나의 포트)를 가지는 전기 네트워크가 나와 있다. 이 그림에서 전압 $v(t)$와 대응하는 전류 $i(t)$가 네트워크에 나타나 있다. 네트워크의 **구동-점 임피던스**(driving-point impedance)는 식 $Z(s) = \hat{i}(s)/\hat{v}(s)$로 정의된다. 네트워크는 내부에 전원 장치가 없는 경우 **수동적**이라고 정의된다. 좀 더 형식적으로 말하자면 네트워크에서 수용 가능한, 구간 $(-\infty, T]$에서 제곱이 적분 가능한 v와 i에 대하여 식

$$\int_{-\infty}^{T} v(t)\,i(t)\,\mathrm{d}t \geq 0$$

이 만족되어야 한다. 1931년 세미나 논문에서 브룬(Brune)은 양-실함수(positive-real function)의 개념을 소개했다. 실수 계수를 갖는 유리함수 $Z(s)$는 해석함수이고, $\mathrm{Re}(s) > 0$인 경우 항상 $\mathrm{Re}(Z(s)) \geq 0$을 만족하는 경우 **양-실함수**라고 한다. 동등하게, $Z(s)$가 양-실함수라는 것은 $Z(s)$가 영역 $\mathrm{Re}(s) > 0$에서 해석함수이고 $Z(\mathrm{j}\omega)^*$가 유한한 ω에 대하여 $\mathrm{Re}(Z(\mathrm{j}\omega)) \geq 0$이며 허수축과 무한대에 있는 $Z(s)$의 폴(pole)이 단순이면서 양의 유수를 가진다는 것과

* 전기 공학에서 사용되는 표기법에서 $\mathrm{j} = \sqrt{-1}$이다.

표 1 회로 부호와 대응하는 정의 방정식과 어드미턴스(admittance) $Y(s)$.

기계 회로		전기 회로	
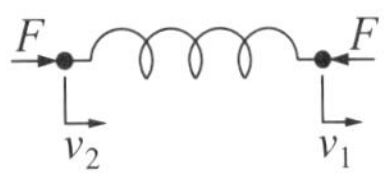	$Y(s) = \frac{k}{s}$	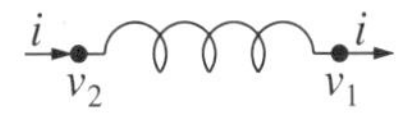	$Y(s) = \frac{1}{Ls}$
$\frac{dF}{dt} = k(v_2 - v_1)$	스프링	$\frac{di}{dt} = \frac{1}{L}(v_2 - v_1)$	인덕터
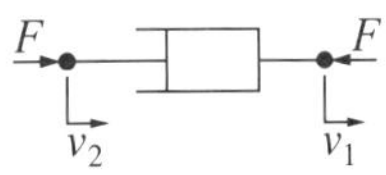	$Y(s) = c$		$Y(s) = \frac{1}{R}$
$F = c(v_2 - v_1)$	제동기	$i = \frac{1}{R}(v_2 - v_1)$	저항
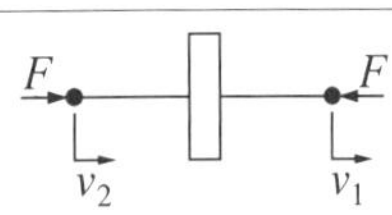	$Y(s) = bs$		$Y(s) = Cs$
$F = b\frac{d(v_2 - v_1)}{dt}$	이너터	$i = C\frac{d(v_2 - v_1)}{dt}$	축전기

동치이다. 브룬은 네트워크가 수동적일 필요조건이 $Z(s)$가 양-실함수임을 증명했다.

브룬은 그 역도 증명했다. 주어진 임의의 (유리) 양-실함수 $Z(s)$에 대하여 저항, 축전기, 인덕터, 그리고 구동-점 임피던스가 $Z(s)$와 같은 상호 인덕턴스를 가지는 네트워크가 만들어질(구성될) 수 있다는 것이다. 브룬의 구성에서 상호 인덕턴스는 결합 계수가 1이어야만 하는데, 이는 실제 상황에서 달성하기 어렵다. 이 사실로부터 결합 코일(변압기)이 다 같이 생략될 수 있는지에 대한 질문이 생겼다. 이는 보트(Bott)와 듀핀(Duffin)의 유명한 1949년 논문에서 긍정적임이 알려졌다.

보트-듀핀의 구성은 확실히 네트워크 합성의 중요한 질문에 대한 답을 주었다. 하지만, 이 구성은 일부 함수들에 대하여 다소 많은 수의 요소들을 사용했기 때문에 더 많은 질문을 만들어 냈다. 예를 들어, 쌍이차 함수(두 이차 함수의 비로 나타나는 함수)에 대하여 여섯 개의 에너지 저장 장치를 필요로 하는 구성의 경우 두 개만 있으면 충분해 보인다. 최소화에 관한 질문은 능동 회로가 유행함에 따라 1960년대 후반 수동적 회로 구성에 대한 관심이 줄어들 때까지 미제로 남아 있었다. 이러한 주제의 일부분은 현재 다시 주목받고 있다. 왜냐하면 구체화된 구성의 효율이 중요한 주제로 떠오른 기계 영역에서의 응용 때문이다.

이제 수학 영역에서 문제 [P]로 돌아가자. 모든 구성 요소들은 이제 해를 제공하고 있다. 기계적 구동-점 임피던스를 $Z(s) = \hat{F}(s)/\hat{v}(s)$로 정의하고 보트와 듀핀의 정리, 힘-전류 비유, 이상적인 이너터를 이용하면, $Z(s)$를 수동적 기계 네트워크의 임피던스로 구현 가능하다는 사실은 $Z(s)$가 양-실함수라는 것과 동치이다.

5 차량 현가장치

차량의 현가장치를 연구하기 위한 간단한 모형은 다음 식으로 주어지는 쿼터-카* 차량 모델이다.

$$m_s \ddot{z}_s = u - F_s,$$
$$m_u \ddot{z}_u = - u + k_t (z_r - z_u)$$

이 식에서 m_s는 스프링이 달려 있을 때의 질량, m_u는 스프링이 달려 있지 않을 때의 질량, k_t는 타이어의 (수직 방향) 스프링의 빳빳함, u는 동적 또는 수동적 제어력, F_s는 화물의 교란 입력치, z_r는 도로 입력치의 수직 변화량이고 z_s와 z_u는 스프링이 달려 있을 때와 달려 있지 않을 때의 질량의 수직 변화량이다. 평범한 수동적인 현가장치는 평행하게 배치된 스프링과 제동기로 이루어져 있는데, 이는 $u = k_s(z_u - z_s) + c_s(\dot{z}_u - \dot{z}_s)$를 의미한다. 이 식에서 k_s와 c_s는 각각 스프링 상수와 제동기 상수이다. 가장 일반적인 선형 수동 현가장치에서는 $\hat{u} = Q(s)s(\hat{z}_u - \hat{z}_s)$로 나타나는데, $Q(s)$는 그림 4에 묘사된 일반적인 양-실 어드미턴스 함수이다. 적당한 양-실 어드미턴스를 찾은 다음, 회로를 구성하는 기술은 $Q(s)$를 실제화할 수 있는 스프링, 제동기, 이너터의 네트워크를 찾는 것이다. 그렇지 않으면, 단순 회로의 매개변수들을 직접 최적화할 수 있다. 예를 들면, 스프링, 제동기, 그리고 이너터를 각각 최적화할 수 있다.

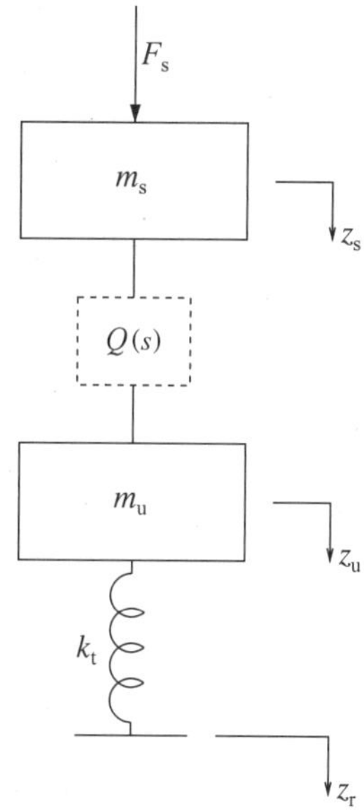

그림 4 쿼터-카 차량 모델.

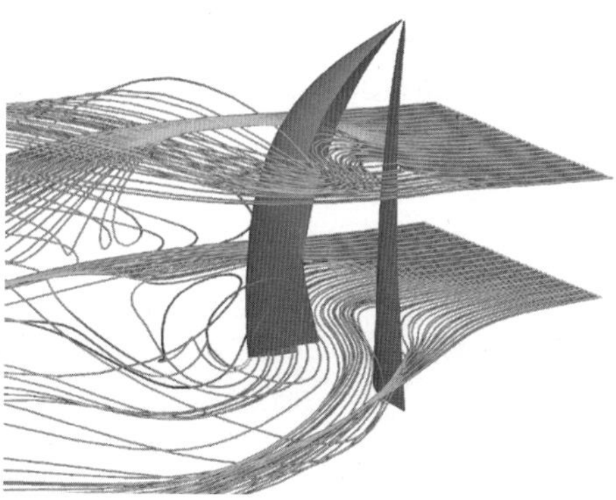

그림 5 쿼터-카 모델과 동등한 전기 회로.

능동형 또는 수동형 현가장치의 힘의 법칙 u를 디자인할 때 몇 가지 서로 다른 성능 기준이 요구된다. 몇몇 기준은 도로의 기복에 대응하는 것과 관련되어 있고 '승차감'의 범주에 묶인다. 공통의 (간단한) 가정은 z_r가 백색 잡음(브라운 운동)을 통합한다는 것이다. 기준의 두 번째 집합은 '조향 능력'과 관련되어 있다. 이는 운전자의 입력, 즉 브레이크 밟기, 가속, 코너링 등에 대한 반응이다. 쿼터-카 모델에서는 이러한 것들을 결정 가능한 하중 F_s에 대한 반응으로 아주 대충 근사하기도 한다. 신뢰성 있는 변수는 $\ddot{z}_s$(편안함)와 $k_t(z_r - z_u)$(타이어 그립)이다. 성능 측정 결과는 전형적으로 통상적인 스프링과 제동기를 사용했을 때보다 일반적인 선형 수동 현가장치

* 차량의 네 바퀴 중 하나의 바퀴 주변만을 살펴보는.—옮긴이

를 사용했을 때 향상될 수 있다.

힘-전류 비유의 예에서 나타나는 흥미로운 점은 그림 5에서 보듯이 쿼터-카 모델에 대응하는 동등한 전기 회로 모형이 있다는 것이다. 차량 동력학자들에게 스프링이 달린 질량과 스프링이 달려 있지 않은 질량이 타이어가 아니라 지면(접지)과 관련되어 있다(이것은 도로와 관련된다)는 것을 강조하는 것은 항상 즐거운 일이다(여기에서는 속도를 근원으로 하여 모델을 만들었다).

6 포뮬러 원 경주에서의 이너터

경주용 자동차의 가장 중요한 성능 측정은 '기계적 그립'인데, 이는 도로 표면의 요철에 대응하는 타이어 하중의 변동을 나타낸다. 그립이 커질수록 요동은 줄어든다. (경주용 자동차의 경우 언제나 사용되는) 딱딱한 스프링이 달린 현가장치의 경우 보통의 스프링과 제동기에 평행하게 이너터를 설치하는 간단한 방편만으로 기계적 그립을 향상할 수 있다.

포뮬러 원 경주에서 이너터가 개발되고 사용된 이야기는 대중적인 언론과 잡지에서 여러 번 언급되었다. 이너터는 캠브리지 대학교(University of Cambridge)로부터 라이센스를 받은 맥라렌(McLaren) 경주팀이 비밀리에 개발하였다. 2005년 스페인 그랑프리에서 키미 래이쾨넨(Kimi Raikkonen)이 처음으로 경주에서 사용했는데, 이 대회에서 그는 맥라렌 팀에게 시즌 첫 승을 안겼다. 맥라렌은 내부적으로 이너터의 미끼 이름('J-제동기')을 만들었다. 이는 다른 팀으로 이적하려는 직원이 이미 출판된 이너터에 관한 기술 문건과 이 기술을 연관 지을 수 없게 만들기 위해서였다. 맥라렌 J-제동기의 도안이 르노 기술팀의 손에 넘어갔을 때인 2007년 포뮬러 원 '스파이 스캔들' 때 이 방법은 엄청난 광경을 보여 주며 성공했다. 르노는 이 장치에 대하여 잘못 해석하여 장치의 사용을 금지하려 했다(실패했지만). 2007년 12월 6일 멕라렌은 모나코에서 스파이 행위에 대한 조사를 위한 국제 자동차 연맹 세계 모터스포츠 이사회를 소집하였다. 이사회는 르노가 스포츠 규약을 위반했음을 알아냈지만 불이익은 주지 않았다. 세계 모터스포츠 위원회의 결정문 중 8.7 문단을 보면 그 이유를 다음과 같이 설명하고 있다.

> 르노는 시스템이 작동하는 방식을 근본적으로 이해하지 못하고 있다. 'J-제동기' 도면은 르노가 선수권대회에서 이익을 얻을 수 있을 정도로 시스템에 대하여 알려 주지 못하고 있다.

청문회 동안 세계 모터스포츠 이사회와 맥라렌 모두 J-제동기가 무엇인지 대중에게 알려 주지 않았다. 그 후에 웹 사이트와 블로그에는 그 장치의 기능과 목적에 관한 추측이 떠돌아다녔다. 마침내 오토스포츠 잡지에 의해 그 비밀이 드러났는데, 이 잡지는 캠브리지와의 연관성과 J-제동기가 이너터임을 밝혀냈다. 곧이어 캠브리지 대학교는 펜스크 레이싱 쇼크(Penske Racing Shocks)사와 이너터를 포뮬러 원의 다른 경주 팀과 그 외 다른 곳에 제공할 수 있는 면허에 사인했다. 이너터는 이제 포뮬러 원을 넘어 인디카(IndyCars) 경주와 다른 모터스포츠 경주에서도 널리 퍼졌다. 볼스크류(Ballscrew)를 사

그림 6 2003년 캠브리지 대학교 공학부에서 만든 볼스크류 이너터. 플라이휠은 제거되어 있다.

용한 전형적인 구성 방법이 그림 6에 나와 있다.

더 읽을거리

Bott, R., and R. J. Duffin. 1949. Impedance synthesis without use of transformers. *Journal of Applied Physics* 20:816.

Brune, O. 1931. Synthesis of a finite two-terminal network whose driving-point impedance is a prescribed function of frequency. *Journal of Mathematical Physics* 10:191-236.

Jackson, A. 2001. Interview with Raoul Bott. *Notices of the American Mathematical Society* 48(4):374-82.

Shearer, J. L., A. T. Murphy, and H. H. Richardson. 1967. *Introduction to System Dynamics*. Reading, MA: Addison-Wesley.

Smith, M. C. 2002. Synthesis of mechanical networks: the inerter. *IEEE Transactions on Automatic Control* 47:1648-62.

V.4 수학적 생물역학

올리버 옌센 *Oliver E. Jensen*

1 생물학의 물리적 힘

생물학적 유기체들은 생존하고 재생산하기 위하여 그들이 처한 환경에서 자원을 뽑아내야만 한다. 동물에겐 산소, 물, 음식에 저장되어 있는 화학적 에너지가 필요하다. 식물에겐 이산화탄소, 물, 빛이 공급되어야 한다. 다른 종들은 이러한 필수 영양분을 수확하기 위해 다양한 방법을 개발해 왔다. 예를 들어, 대장균과 같은 아주 작은 단세포 미생물은 영양분이 분포되어 있는 길을 따라 헤엄쳐 다니는 반면, 사람과 같은 커다란 다세포 유기체는 거대한 기하학적 복잡성을 가지는 내부 에너지 변환 시스템을 가진다. 수학은 이러한 주목할 만한 자연 시스템의 형태와 작동방식간의 관계를 이해하는 데 중요한 역할을 한다. 그리고 유기체가 그들이 살고 있는 세상의 물리적 제약에 어떻게 적응해 나가는지를 설명한다.

분자 형태의 영양분은 세포막을 지나 유기체에 흡수될 수 있는데, 일반적으로 분자 확산을 통해 이루어진다. 짧은 거리에서의 확산이 빠르게 일어나는 반면에, 확산에 걸리는 시간이 거리의 제곱에 비례하기 때문에 일반적으로 먼 거리에서는 확산이 효과적인 전달 방법이 아니다. 그러므로 폐, 아가미, 또는 나뭇잎과 같은 가스 교환을 하는 기관은 먼 거리의 전달을 위해 유동적인 흐름(영양분은 움직이는 가스나 액체를 통해 이동한다)을 이용하고, 이를 짧은 범위의 확산이 일어나고 있는 넓은 영역인 교환 표면과 결합하여 사용한다. 비슷하게 세포 몇 개로 이루어진 것보다 큰 대부분의 유기체는 그들의 몸 주위로 영양분을 분배하기 위해 내부에 흐름을 만든다. 그러므로 표면적은 테니스 코트 정도로 크지만 부피는 몇 리터밖에 되지 않는 우리 폐의 공기의 흐름은 산소를 다른 기관에 빠르게 전달하는 정교한 혈관의 네트워크와 뒤엉켜 있다. 식물의 경우, 태양광에 나뭇잎을 최대한으로 노출시킴으로써 빛을 수확하고, 나뭇잎에서 광합성으로 생성된 영양분은 광범위한 내부 관다발 시스템을 통하여 꽃과 뿌리로 이동한다. 자연스럽게 많은 유기체들은 그들 자신 또한, 그들이 처한 환경에 적합한 전략(수영, 비행, 달리기 등)적 방법을 사용하여, 영양분이 풍족한 지역으로 이동한다.

이 시스템들 중 어떠한 것의 수학적 모델도 물리적 법칙과 제한 조건을 부호화하고 정량화할 수 있어야 한다. 이는 운동학과 수송의 단계, 즉, 움직임을 시간과 공간 속에서 이해하거나 질량 보존을 표현하거나, 다른 방법으로는 모델이 뉴턴의 법칙과 같은 관계를 통하여 물리적 힘의 분석을 포함하는 간단한 방법으로 나타낼 수 있다. 세포 신호 전달 경로, 유전자 조절 네트워크, 또는 호르몬의 전달과 같은, 성장해야할 세포, 기관, 유기체의 '시스템-단계'의 정량적인 묘사를 허용해야 하는 생물학적 과정의 표현이 종종 기계적 모델과 쌍을 이루게 된다. 이러한 접근 방법은 생물학적 제어 방법의 복잡성을 완전히 이해하는 데 필수적이다. 다른 과학 및 공학 영역으로부터 이론적 발달이 풍성해지면 그러한 모델을 개발하는 데 잘 이용할 수 있다. 하지만 생물역학의 문제는 그들 자신의 선호가 있고 몇몇 특정한 수학적 도전이 나타나게 한다.

이러한 점들은 유체 역학과 같은 '고전적인' 분야와 비교해 보면 명확해진다. 대부분의 유체의 움직임을 묘사하는 지배 방정식은 19세기 전반부에 확립되었고 볼츠만(Boltzmann)의 운동학 이론으로 확실히 자리 잡았다. **나비에-스토크스 방정식**[III.23]은 많은 이유로 주목할 만하다. 이 방정식은 차수가 최소한 10인 규모(초미세 단위에서 행성크기까지)의 정확도로 유체의 움직임을 묘사한다. 이 방정식은 상태가 다른 물질(액체와 기체)에 똑같이 잘 적용할 수 있다. 그리고 많은 상황에서 유체를 묘사하는 데 물리적 매개변수 몇 개(밀도, 점성, 그리고 부피 탄성률)만으로 충분하다. 이는 **무차원화**[II.9]를 통하여 더 적은 수의 매개변수(레이놀즈 수, 마하 수)로 줄일 수 있다. 그러므로 매우 다른 상황에서 나타나는 유체의 흐름은 본질적으로 동일한 수학적 묘사를 가지고, 종종 실험이 반침입적 측정을 포함하여 편안하게 벤치에 앉아서 관찰할 수 있는 규모로 진행된다. 이 분야에서 심오한 수학적 문제(**난류**[V.21]의 기원과 구조와 같은 문제)가 계속해서 떠오르고 있는 동안, 이 분야 전체는 이론적 기반이 튼튼히 갖춰졌다.

그러므로 생물학 세계의 어색한 현실 일부분과 마주쳐야 하는 불안함이 생기게 된다. 이러한 불안함은 보편성, 규모에 무관함, 효과적인 매개변수 설정, 그리고 반침입적 실험과 같은 특성들이 환상에 그칠 수 있다는 것이다. 몇몇 특정한 도전과제는 다음과 같다.

- 자연의 주목할 만한 생물 다양성은 서로 다른 수학적 모델의 급증으로 나타난다. 이런 수학

적 모델은 종종 특정한 기관, 유기체, 또는 과정을 묘사하기 위해 조정된다. 모델은 한 개인에게 맞추어지는 경우도 있는데, 그 예로 현재 성장하고 있는 분야인 개인 맞춤 의학을 들 수 있다. 하지만 주어진 환경에서 어떤 구조적 형태의 최적화를 이끌어 내는 자연 선택의 개념처럼 모델은 종종 대통합 원칙에 의해 연결되기도 한다.

- 생물학적 문제는 전형적으로 매우 이질적인 여러 대상을 다루고 공간상의 뚜렷한 단계가 있으며 현세의 조직은 (분자나 세포에서부터 유기체 전체 구성원까지) 많은 크기 순서를 가진다. 이로 인해 체계의 단계에 따라 서로 다른 수학적 수술이 필요하다. 예를 들어, 우리의 심장 박동은 거의 한 세기동안 천분의 일 초 단위로 열었다 닫았다 반복하게 하는 많은 심장 근육 세포 안의 분자 이온 채널의 협업에 의존한다.
- 주어진 많은 생물학적 대상은 오직 그들의 자연스러운 생존 환경에서만 작동하기 때문에 중요한 매개변수를 실험적으로 측정하는 것은 극히 예외적인 도전이다. 시험관(예를 들어 페트리 접시(petri dish) 안에서 배양된 조직)에서 수집된 생물학적 데이터는 체내에서 진행되는 상황의 진실을 잘못 나타낼 수 있다. 매개변수의 불확실성은 진실한 예측 가능한 (컴퓨터) 계산 모델을 개발하는 데 엄청난 어려움을 준다.
- 생물학적 과정은 일반적으로 독립적으로 작동하지 않는다. 이들은 수많은 다른 것들과 쌍을 이루고 그들의 환경을 관찰하고 대응한다. 예를 들어, 식물과 동물 세포는 **기계적 에너지 변환**에 관하여 다양한 세포 이하 단위의 수행 방법을 가지고 있다. 응력 또는 변형과 같은 자극은 곧바로 생물학적 결과(단백질 생산 또는 유전자 표현)로 나타난다.
- 공학 분야의 대부분을 차지하는 상대적으로 수동적인 구조와는 달리, 생물학적 대상은 (식물의 삼투압 펌프를 통하여, 또는 아데노신 3인산에 저장되어 있는 화학적 에너지로 움직이는 분자 모터(이러한 모터들의 열은 강력한 근육이 될 수 있다)를 통하여) 힘을 만들어 낸다. 유기체들은 **성장**(새로운 조직의 발달)이나 (환경의 변화에 대응하여 현재의 조직을 변경하는) **리모델링**을 통하여 그 형태를 바꾼다. 리모델링의 예로는 우리가 나이가 들어 감에 따라 동맥이 점점 단단해지는 것과 산비탈에서 강한 바람에 노출된 나무의 모양이 서서히 구부러지는 것을 들 수 있다.

간단한 개관인 이 글에서는 여러 규모의 관점에서 생물역학 모델링의 서로 다른 응용에 관한 몇몇 예들을 다룰 것이다. 이는 수많은 관점에서 연구한 것을 다 함께 생각해 보고, 이 문제들이 순수한 수학적 연습문제로 여겨지지 않도록 할 것이다. 하지만, 수학은 생물학적 복잡성을 다룰 수 있는 중요한 역할을 한다.

2 구성적 모델링

고전적인 연속체 역학은 숫자에 대하여 단순화된 가정을 기초로 한다. 소위 **연속체 가설**하에서는 근본적인 미세 구조보다는 훨씬 크지만 변형을 계속 이어 가는 대상의 크기는 훨씬 작은 물질의 부피 요소의 묘사를 고려한다. 미세한 길이 규모와 거대 길이 규모 사이의 분리로 인해 미세구조의 이산적인 현상을 부드럽게 변화하는 스칼라, 벡터, 또는 텐서장으로 근사할 수 있게 된다. 그러면 물리적 관계는 거대 규모에서의 편미분방정식(PDE) 또는 적분 방정식의 형태로 표현된다. 이 방법이 균질 물질(물이나 강철)에 대해서는 매우 효과적인 전략이지만, 미세 구조의 낟알 모양이 오직 분자 길이 규모에서만 나타나는 경우 이질적인 성분으로 이루어진 생물학적 물질에 대해서도 적합한지는 명백하지 않다.

주어진 물질을 묘사함에 있어서 종종 **구성적 가정**을 할 필요가 있다. 다시 말해 어떻게 물질의 특성을 나타낼지 선택하는 것, 특히 응력과 변형 그리고 변형 비율을 묘사하는 텐서장 간의 관계를 표현하는 것에 대한 선택을 해야 한다. 이 가정은 관찰을 통해 테스트해야 하고 모델이 양질의 실험 데이터 등을 잘 찾는지에 대한 고려를 잘 판단할 수 있어야 한다. 그럼에도 불구하고 몇몇 표준적인 모델 선택이 가능하다. 물질은 탄성, 점성, 점탄성, 점소성 등으로 분류할 수 있다. 예를 들자면 탄성의 경우 가해진 하중이 제거된 뒤에 변형된 것이 되돌아오는지에 의존한다. 그런 다음 선형적 응력, 변형, 변형 비율 관계만으로 충분한지(이는 작은 수의 물질 매개변수가 필요하고 해석적 계산이 가능하며 계산이 쉽다는 점에서 매력적이다) 또는 좀 더 복잡한 비선형관계가 필요한지를 고려한다.

중국계 미국인 생명공학자 Y. C. 펑(Y. C. Fung)은 생물학적 물질, 특히 생의학 분야에서 관심을 갖고 있는 인간의 신체 조직에 연속체 역학을 적용한 선구자들 중 두드러진 인물이다. 그를 비롯한 많은 사람들은 '재고품의' 구성적 모델이 힘줄, 뼈, 또는 부드러운 조직과 같은 물질을 묘사하는 데 효율적으로 사용될 수 있음을 보였다. 그러한 모델들을 실험 데이터와 맞추어 보면 대응하는 역학적 매개변수(영률(Young's modulus), 점성 등)를 추정할 수 있고, 이를 이용하여 예측 가능한 모델을 개발할 수 있다. 하지만, 많은 경우에 표준 모델들은 적절하지 않음이 밝혀졌다. 우리는 아래에서 작은 혈관 안의 혈액의 이상한 특성을 살펴볼 것이다. 이 상황은 뉴턴식 균질 유체에 관한 묘사가 잘 들어맞지 않은 경우다.

개별 세포의 기계적 특성을 묘사하는 것은 특별한 도전분야이다. 동물 세포는 세포질과 핵을 둘러싸고 있는 인지질 세포막을 가지고 있다. 세포질은 세포 기관과 단백질이 수프처럼 모여 있는 것인데, 여러 요소 중 세포 골격(섬유질(액틴), 간상체(미세소관), 분자 모터(미오신, 디네인 등)를 포함한다)이 특별히 기계 역학적으로 중요하다. 세포 운동성과 분열은 어떠한 고전적 공학 묘사도 초월하였고, 그 대신에 생명 공학적 모델은 진화하는 미세 구조를 '상향식'으로 묘사하도록 개발되어 왔다(예를 들자면, 동적 액틴의 중합과 해중합). 동물 세포들 중 적혈구 세포는 역학의 용어로 기술하기가 상대적으로 간단하다. 왜냐하면 적혈구의 특성은 세포막이 지배하는데, 이는 면적 변화에 저항하는 수동적 구조로 묘사되고, 이를 면내 전단 및 굽힘에 대한 저항으로 측정할 수 있기 때문이다. 식물 세포 역시 전형적으로 세포 골격보다는 딱딱한 세포벽의 성질이 역학적으로 가장 중요한 특징이 된다.

다세포 조직의 성질은 부착 세포 구성원의 집단적 특성에 의해 결정된다. 만일 세포들이 거의 주기적인 배열을 이루고 있다면 **균질화**[II.17]의 점근적인 기술을 이용하여 세포 단계에서의 특성을 평균 내어 조직 단계에서 묘사할 수 있다. 다중 규모 방법은 정확히 주기적인 구조에서 잘 작동하는데 (몇몇 주의할 점이 있지만) 규칙적이지 않은 배열에도 적용할 수 있다. 하지만, 미소 단위에서 이질성이 크다면 거대 단위로의 근사(개별 세포의 크기와 비교하면 매우 멀리 떨어져 있는 거리가 다양하게 나타난다는 성질을 가정한 근사)의 타당함은 의문스러워진다. 대신 다세포 조직의 과립 형태를 해결하기 위해서 다양한 계산 방법(세포–중심 모델, 꼭짓점–기반 모델, 세포–포츠(Potts) 모델 등)이 사용된다.

3 혈류

최근 10여 년간 중요한 의학적 발전에도 불구하고 심장혈관계 질환(심장 마비, 협심증, 그리고 관련 조건들)은 유럽과 북아메리카 지역의 사망 원인 중 가장 큰 요인이다. 그러므로 혈액 공급 시스템의 펌프와 배관이 잘못되는 것에 관심이 집중된다. 수학적 모델링은 이러한 노력에 의미심장하게 공헌하고 있다.

혈액은 혈장 세포의 현탁액이다. 가장 많은 세포는 적혈구(붉은 혈액 세포)다. 변형이 잘 되는 작은 캡슐은 헤모글로빈을 가지고 있다. 이 세포들은 폐에서 조직으로 산소를 운반하는 효율적인 매개체다. 혈액 속에는 감염에 대항하여 싸우는 중요한 역할을 하는 다른 세포들도 있지만 혈액의 유동학은 기본적으로 적혈구의 집단 성질에 의해 결정된다.

적혈구는 디스크 모양이고 직경이 단지 8마이크론 정도지만 매우 높은 농도를 가진다(보통 45% 정도의 부피를 차지한다). 그러므로 넓은 혈관에서는 현탁액이 균질한 액체로 잘 근사할 수 있고 비압축 '뉴턴식' 유체(즉, 상수 점성 와 상수 밀도를 가지는 유체)로 묘사하는 것이 효율적이다. 나비에-스토크스 방정식에 관한 푸아죄유의 정확한 해는 반지름 a, 길이 L인 균일한 관을 따라 흐르는 안정된 흐름을 다음과 같이 묘사한다.

$$u(r) = \frac{a^2 - r^2}{4\mu}\frac{\Delta p}{L}, \quad Q = \frac{\pi a^4 \Delta p}{8\mu L} \tag{1}$$

이 식에서 $u(r)$는 축을 따라 움직이는 속도이고 r는 반지름 방향으로의 좌표, 그리고 Δp는 관의 주입구와 유출구 사이의 압력 차이다. 식 (1)은 고정된 Δp 값에 의한 축류 비율 Q(단위 시간 동안 고정된 장소를 지나는 유체의 부피)가 a^4에 비례하고, 좁은 혈관에는 매우 큰 유동 저항이 있음을 의미한다. 관 벽에 흐름이 가하는 **전단 응력**(단위 면적당 접선력)은 $-\mu u'(a) = 4\mu Q/\pi a^3$이다. 푸아죄유 자신은 혈액의 흐름을 이해하고자 열망했지만, 그의 해 (1)을 직접 적용할 수 있는 경우인, 혈관이 충분히 길고 곧게 뻗어 있거나 그 안에서 충분히 안정적인 흐름을 가지는 경우는 거의 없다. 예를 들어 심장 근육에 산소를 공급하는 관상 동맥은 구불구불한 모양이고, 활발하게 주기적인 수축 운동을 하는 근육 안에 박혀 있지도, 근육 위에 잘 놓여 있지도 않다. 혈관의 곡률,

비틀림, 분기, 균일하지 않음, 벽의 변형, 공간적 움직임 모두 식 (1)의 중요한 편차를 만든다.

이러한 관찰의 생의학적 중요성은 1980년대에 부각되었다. 혈류에 의해 생기는 응력(특히 전단 응력, 즉 혈관 벽에 평행한 성분)에 라인 혈관의 내피 세포들이 어떻게 대응하는지가 이 시기에 처음으로 주목받았다. 기계적 에너지 변환을 통하여 세포는 흐름의 방향으로 나란히 정렬한다. 더군다나, 비정상적으로 낮거나 진동하는 혈관 벽의 전단 응력을 갖는 영역은 죽상동맥경화증이 시작되는 지점이다. 관상 동맥에서 이는 협착증(폐색)의 전조로 볼 수 있다. 협착증은 결국 협심증을 일으키고 결국 경색증(심장 마비)에 이를 수도 있다. 흐름의 양식은 관의 모양과 긴밀히 연관되어 있기 때문에 기하학은 병의 직접적인 위험 인자가 된다.

동맥 혈류는 적당히 높은 레이놀즈 수로 특징지을 수 있다. 이는 일반적으로 완전한 난류로의 전환을 진행하지 않고 관성이 점성(마찰)을 결정함을 의미한다. 그럼에도 불구하고 연관된 나비에-스토크스 방정식의 해는 해가 유일하지 않다거나 불안정한 것과 같은 비선형 시스템의 주요한 특징을 나타낸다. 그러므로 그림 1에서 나타나듯이 기하학적으로 조그만 변화(또는 다른 외부 요소)에 의해 내부 흐름의 성질은 크게 변할 수도 있다. 만일 모델링을 통한 예측이 임상에서 결정하는 데 도움을 준다면 각 개인에 대한 동맥의 자세한 기하학적 정보를 수집하는 것이 필요하다. 이러한 정보는 X-선 단층촬영이나 자기 공명 영상 장치를 통해 얻을 수 있고, 이를 수치적으로 유체 역학 문제를 해결하는 기하학적 견본으로 사용할 수 있다. 설령 그렇더라도 예측이 신뢰받기 위해서는 주어진 입력 조건과 기하학적 매개변수의 자연스러운 변화(예를 들면, 격렬한 운동 상태에서 잠들어 있는 상태로의 변화)를 신중하게 고려해야만 한다.

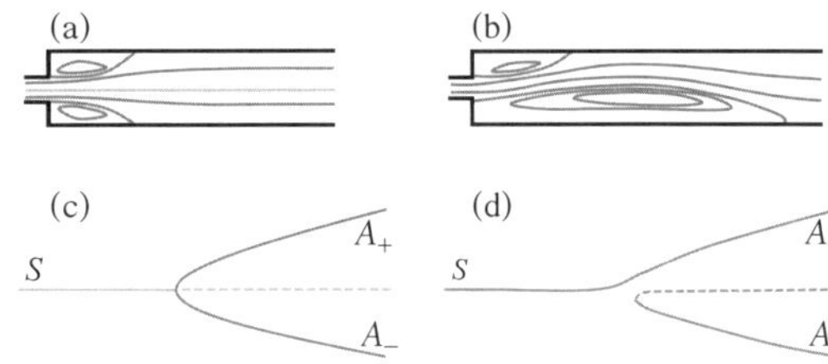

그림 1 (a), (b)동맥 속의 장애물을 지나가는 흐름을 흉내 낸 확장되는 관 속의 안정된 흐름의 모습. 왼쪽에서 오른쪽으로 흐르고 있다. (a)대칭적 상태 S. (b)비대칭 상태 $A_\pm$ 중 하나. 양 벽 중 한쪽에 큰 순환 구역이 있다. (c)흘러가는 힘이 커짐에 따라 소위 갈퀴 쌍갈림[IV.21]에 의해 S가 안정성을 잃는다(점선은 불안정한 해를 나타낸다). (d)작은 기하학적 결함이 시스템을 편향되게 만들어, 우선적으로 S를 비대칭 상태 중 하나와 연결한다.

지름이 수백 마이크론보다 작은 조그만 혈관에서는 현탁액의 이산적인 성질이 더 중요하고 혈액을 뉴턴식 유체로 묘사하는 것이 더 이상 통하지 않는다. 실제 목적을 위해 연속적으로 묘사하는 것은 여전히 유용하지만 몇몇 색다른 현상이 나타난다. 첫 번째로 적혈구의 운반과 더불어 현탁액 전체가 운반하는 것을 고려해야 한다. 이 점은 **혈관의 적혈구 용적률** H_T(혈관을 흐르는 적혈구의 부피 비율)와 **방전 적혈구 용적률** H_D(축류 속력 $u(r)$로 가중치를 준 세포 농도의 단면 평균) 간의 구분이 필요하다. 세포가 쉽게 모양을 바꿀 수 있는 것에 영향을 받는 수력학적 상호 작용을 통하여 세포가 혈관 벽에서 흐름이 빠른 곳으로 이동하기 때문에 이러한 양들은 다르게 나타난다. 이 점은 H_T에 비해 상대적으로 H_D가 증가한다는 사실 외에도 몇몇 중요한 결과로 나타난다. 주변부의 세포-자유 층은 중심부에 윤활

유를 바르는 역할을 하고 현탁액의 유효 점성 계수를 낮춘다(식 (1)에서처럼 실험적으로 $\pi a^4 \Delta p/8LQ$로 측정된다). 그리고 혈관의 분기점에서는 세포보다는 혈장(소위 **혈장 스키밍***)이 약한 흐름이 생기는 곁가지를 표현하는 데 우선적으로 이용된다.

유효 점성 계수의 감소는 혈액이 가장 작은 모세혈관을 통과하면서 혈액을 밀어내기 위한 혈압 강하 현상이 일어나거나 내피 세포에 거대한 전단 응력을 가하지 않도록 보장한다는 점에서 매우 중요하다. 적혈구는 충분히 변형 가능해서 지름이 3 마이크론 정도로 작은 모세 혈관에 들어갈 수 있다. 적혈구 용적률이 유효 점성 계수와 관의 지름과 같은 것에 의존하는 효과는 실험에서 주의 깊게 측정되어 왔지만 오랫동안 완전한 이론적 설명이 따라오지 못했다. 하지만 혈관 속의 다중 변형 가능한 세포들의 움직임을 모의실험하는 문제는 최근에 컴퓨터를 이용하여 따라잡고 있으며, 각 구성 성분의 특징에서 출발하여 전체 혈액의 성질을 예측하는 '상향식' 방법이 가능해졌다. 이는 다른 세포들과의 상호작용을 이해하는 데 중요한 선구자적 역할을 한다. 예를 들면, 염증 반응의 일환으로 혈관 벽에 일시적으로 붙어 있는 호중구나 상처가 난 후 응고 과정에서 골재 역할을 하는 혈소판 등을 생각할 수 있다.

4 조직 성장

생물학적 조직의 성장은 다양한 형태로 나타난다. 동물 배아의 발달 과정에서 나타나는 것과 같은 부드러운 조직은 세포의 응괴나 판의 형태로 만들어진다. 세포는 (자신의 부피를 증가시켜) 팽창할 수 있고, (세포 핵 속의 유전 물질을 복제하고 새로운 세포 경계를 만들어) 나눌 수 있으며, 그리고 (주변 세포를 바꾸어) 재조직될 수도 있다. 확산(세포 수를 늘리는 것)의 과정은 분화를 동반할 수 있다. (생물학적 용어로 이는 세포 종류의 특성과 그 자손의 특성을 묘사한다.) 이러한 과정들은 배아가 정확한 시간에 정확한 위치를 찾아 올바른 기관을 만들 수 있도록 종종 절묘하게 제어된다. 그러므로 성장은 본질적으로 유기체를 성장시키는 '유형을 이루는' 경쟁하는 생물학적 과정들의 주인에 해당된다. 생화학적 신호에 더하여 세포는 다음 단계의 성장에 피드백을 주는, 성장에 따른 응력을 만들어 내는 기계적 신호에 대응할 수 있는 능력을 가지고 있다. 성장하는 유기체는 자신이 경험하는 물리적인 힘에 따라 형태를 만들 필요가 있다. 이 점은 다시 톰슨(D'Arcy Thompson)에 의해 1세기 전에 인지된 유명한 관점이다.

완전히 성장한 이후라도 생물학적 유기체는 자신의 조직을 계속해서 고치고 새로 만들어서 항상성을 유지하는 방향으로 작동한다. 이는 몸과 외부 환경 사이의 경계를 이루는 점막 조직인 상피에서 특히 두드러진다. 예를 들면, 독소의 무차별적인 공격을 받는 창자의 안쪽 면에서는 계속해서 새로운 세포가 생겨나고 제거된다. 이런 재빠른 세포 교환은 그러한 조직이 암을 발생시킬 수 있는 돌연변이에 취약하게 만든다. 뼈, 근육, 또는 혈관 벽과 같은 구조적 성질을 갖는 조직에서도 세포 교환이 일어나지만 아주 느린 속도이거나 생화학적 환경에 반응

* 액체에서 부유물을 제거하는 것.—옮긴이

하는 정도로만 일어난다. 뼈 모형에 대한 리모델링은 1872년 볼프(Wolff)의 '법칙'으로 묘사되었는데 국소적인 응력 텐서의 기본 축이 되는 뼈의 정렬에 관계하는 섬유망의 구조를 말한다.

식물 세포의 구조적인 단단함은 기본적으로 딱딱한 세포벽에 기인한다. 일차 세포벽은 펙틴 망으로 만들어져 있는데 셀룰로오스로 만들어진 섬유다발로 강화된다. 섬유다발이 세포벽 안에 균일하게 정렬되어 있어서 기계적으로 이방성을 가지고 섬유다발과 평행한 방향으로는 딱딱하지만 수직인 방향으로는 상대적으로 부드럽다. 녹색 식물은 삼투압을 이용하여 중력과 바람에 대한 응력으로부터 스스로를 지탱할 수 있다. 세포 내의 용질에 집중하자면, 세포는 물을 세포 내부의 액포로 끌어당겨 압력을 가하여 (자동차 타이어와 비교할 만한 수준이다) 딱딱한 세포벽 안에서 장력을 생성한다. 그런 다음, 세포는 그 주변 세포와 단단히 밀착됨으로써, 개별 세포의 단단함이 조직 전체의 단단함으로 이어지게 된다. 이런 다음에도 급격한 성장이 가능하다. 세포벽의 단단함을 조절함으로써 세포는 세포 내부의 높은 압력에 의해 (내부의 섬유다발에 수직인 방향으로) 길어질 수 있다. 높은 크기로 성장하거나 적대적인 환경에 대응하기 위해서 식물은 딱딱한 두 번째 세포벽을 만드는 데 목질소(리그닌)의 도움을 받는다. 나무 몸통이나 가지가 두꺼워지는 것과 같은 나무 구조의 성장은 형성층이라고 알려진 나무껍질 아래의 얇은 층 주변에서 이루어진다. 수평으로 뻗어 있는 가지는 늘어나는 하중을 견디기 위해 자신을 리모델링하는데, 이는 **이상재**(reaction wood)로 알려진 새로운 물질을 자신의 위쪽 면에 장력을 주거나 아래쪽 면을 압축하는 방식으로 생성하여 이루어진다.

이들은 **잔류 응력**의 징후로 성장하는 조직의 평범한 모습이다. 이는 조직의 일부가 활성화될 때 드러난다. 동맥의 일부분이 한쪽 벽을 따라 축 방향으로 잘렸을 때는 O-모양의 단면이 C-모양의 단면으로 바뀌어 튀어나오게 된다. 비슷하게 녹색 식물의 줄기를 가로질러 자르면 주변부보다 안쪽의 조직이 더 부풀어 오른다. 이러한 현상을 일으키는 한 원인이 **차등 성장**이다. 예를 들면, 줄기 안쪽 부분은 바깥쪽 조직보다 좀 더 길다는 사실을 찾을 수 있다. 하지만, 온전한 조직에서는 조직이 연속적으로 남아 있도록 그러한 차등이 숨겨져 있다.

성장과 차등 응력을 연속체 단계에서 모델링하기 위한 유명한 공식은 변형 기울기 텐서 F를 두 개의 텐서의 곱 $F = AG$로 분해하는 과정을 포함하고 있다. (여기에서 변형은 사상 $\boldsymbol{X} \mapsto \boldsymbol{x}$로 묘사되는데, $\boldsymbol{X}$는 기준 구조에서 물질의 위치를 나타내고, $\boldsymbol{x}$는 공간에서 그러한 점들의 위치를 나타낸다. F는 $F_{ij} = \partial x_i / \partial X_j$를 만족한다.) 성장은 텐서 G에 의해 규정되는데 이는 기준 구조에서 중간 단계로 가는 사상이다. 이 상태는 호환성 조건을 침해할 수 있다. (예를 들면, 몸의 서로 다른 두 부분은 G로 인해 같은 장소로 사상될 수 있다) 하지만, 변형 (A)가 더해진다면 중간 상태에서 마지막 상태로 사상이 이루어져 몸속에 성장과 물리적 제약을 동시에 수용할 수 있게 된다. 그렇게 하려면 이 변형이 비선형 탄성력의 조건을 만족하도록 선택해야 한다. 그런 다음 시간을 포함하는 성장은 G가 시간에 따라 변화하도록 하여 묘사할 수 있다.

잔류 응력은 외과적인 수술 없이는 관찰하거나 측정하기 힘들지만, 차등 성장은 종종 성장하는 구조의 형태학에 놀라운 효과를 나타낸다. 특히 하나 또는 여러 방향으로 가는 형태일 때 잘 나타난다. 뿌리나 나무순과 같은 길게 늘어진 식물 기관은 굴성(빛, 중력, 영양분과 같은 신호에 대한 반응으로 휘거나 뒤틀리는 성질)의 다양함을 보여 준다. 이 점은 기관의 한쪽면의 세포들이 다른 쪽의 세포들보다 좀 더 빨리 길어져서 휘어지는 현상을 관찰함으로써 확인할 수 있다. 뿌리가 바위 사이의 부드러운 간격을 찾아 딱딱한 토양을 뚫고 나갈 수 있게 하는 굴촉성(접촉-민감성) 반응을 예로 들 수 있다. 식물의 성장은 일반적으로 식물 세포벽의 비가역적인(점성) 변형을 포함하지만, 가역적인 변형도 일어난다. 수분반응(hygromorphic) 구조의 경우 물질의 인접한 층들이 습도의 차이에 반응하여 서로 다르게 길어지거나 줄어든다. 이러한 현상으로 인해 솔방울이나 꽃가루를 포함한 꽃밥이 몇 분 만에 열렸다 닫혔다 할 수 있다.

나뭇잎과 같은 얇은 판 형태의 구조는 균일하지 않은 평면 성장이 어떻게 이국적인 모양을 만들어 내는지를 인상적으로 보여 준다. 예를 들면, 상추 잎 가장자리의 접힌 부분은 주름의 폭포처럼 보인다. 윗부분의 주름 잡힌 커튼처럼 쪼글쪼글한 주기가 짧은 잔주름은 아래쪽의 좀 더 부드럽고 주기가 긴 주름을 만들어 낸다. 얇은 대상은 펴지기보다는 더 쉽게 휘어지고 꼬이게 된다. 따라서 가장자리 근처가 가장 먼저 성장하는 잎은, 평면 밖으로 주름을 만들어서, 평평해짐을 최소화하는 형태를 채택했다. 얇은 나뭇잎과 같은 길이의 규모(넓이에 비하여 굵기가 훨씬 작은 규모)를 분리하여 생각함으로써 나뭇잎은 균일하지 않은 성장을 설명할 수 있도록 수정된 껍질 이론의 푀플(Föppl)-폰 카르만(von Kármán) 방정식(8차 비선형 편미분방정식계)으로 묘사할 수 있다. 텐서 G 대신에 나뭇잎 가장자리의 성장 형태를 다음과 같은 비유클리드 거리 함수를 이용하여 나타낼 수 있다.

$$ds^2 = (1 + g(y))^2 dx^2 + dy^2$$

이 식에서 x는 처음에 변형되기 전 평평한 형태의 모습에서 나뭇잎 가장자리가 얼마나 멀어졌는지를 나타내고, y는 나뭇잎이 $y \geq 0$ 위치에 있을 때 가장자리에 수직인 방향으로의 거리를 나타낸다. 식에서 $g(y)$는 음이 아니고, $y = 0$인 가장자리에서 멀어짐에 따라 0으로 다가간다. 그러므로 함수 g는 거리 함수와 연관된 가우스 곡률 K를 정의한다. (작은 값의 g에 대하여 $K \approx -g''(y) \leq 0$이다) $K \neq 0$이므로 표면의 주 곡률이 영이 될 수 없다. 하지만 가우스의 위대한 정리(Theorema Egregium)에 의해, K는 표면의 등거리 변형에 대한 불변량이다. 그러므로 자기 복제 형태의 잔주름을 가진 나뭇잎의 모양은 평평함이 없는 (또는 최소화한) 형태로 삼차원 공간에 매입된 표면으로 이해할 수 있다. 평면 밖으로의 변형은 잎을 평면에 머물게 하는 축적된 잔류 응력을 완화해 준다.

5 수영하는 미생물

단세포 미생물은 대역적인 생물량에서 큰 부분을 차지한다. 이들은 다양한 서식지에서 살아가는데,

깊은 대양의 조류에서부터 우리 위 속의 내산성 박테리아까지 다양하다. 이러한 유기체의 경우, 운반 기능으로서의 확산 능력이 제한적이어서, 운동 능력이 영양분을 확보하는 데 필수적이다. 길이가 수 마이크론 정도인 유기체의 경우 액체 상태인 주변 환경에서 앞으로 나아가는 것은 마찰과의 전투이며 매우 작은 길이의 규모(이와 관련된 **레이놀즈 수**[IV.28 §3.2]가 아주 작은 경우)에서 관성은 무시해도 될 정도다. 이로 인해 특별한 수영 전략이 필요하다. 세포들은 돌출된 부속물을 장착하고 있다(섬모나 편모). 이러한 것들은 파동과 같은 움직임(조류인 **볼복스**가 섬모를 퍼덕거려 동시에 파동을 만드는 것과 같은 움직임)을 이용하여 추진력을 얻는다. 단순한 '평형'과 같은 움직임(조류인 **클라미도모나스 니발리스**가 한 쌍의 편모를 이용한 움직임)을 이용하기도 하고, 나선형의 프로펠러와 같은 움직임(**대장균**은 편모 꾸러미를 세포막에 매립되어 있는 회전 모터처럼 사용하여 움직인다)을 이용하기도 한다. 전체적인 전진 운동을 만들기 위하여 부속물은 비가역 경로로 구동되어야만 한다. 이는 스토크스 방정식(나비에-스토크스 방정식에서 비선형 항을 제거한 방정식)의 선형성의 결과다. 이 방정식에 따르면 가역적인 경계에서의 움직임은 전체적인 이동 없이 회전 운동만을 생성한다.

대장균 편모의 나선운동은 제한 조건을 감탄스러울 정도로 만족한다. 하지만 박테리아는 자기 자신을 영양분 속으로 곧장 이동시킬 수 있어야 한다. 박테리아는 '회전'하는 중에 '달리기'를 섞어서 이 문제를 해결한다. 이는 편모 꾸러미로 가동되는 모터 중 하나의 회전을 역전시켜서 이루어진다. 이러한 행동은 사렸던 몸을 풀어 주고 박테리아는 다음 이동에 앞서 새로운 임의의 방향으로 몸을 회전시킨다. 박테리아는 가고자 하는 방향으로 움직이는 시간을 연장함으로써 움직임을 한쪽으로 치우치게 할 수 있다. (짧은 몸길이를 넘어서는 공간적 변화를 측정해야 하는 타고난 어려움 속에서도, 아주 작은 수영 선수와 같은 그들은 한 곳에서 다른 곳으로 움직일 때 농도 차이를 측정하는 것으로 생각된다) 따라서 **대장균**은 편향된 **확률 보행**[II.25]의 형태를 통해 **주화성**(영양분을 찾아 가는 것)을 갖는다. 이러한 과정의 모델은 종종 확립된 물리 법칙보다는 관찰된 생물학적 행동의 실험적 묘사에 기초하여 만들어야 한다.

다른 종들은 빛의 변화(주광성)나 산소 농도의 변화(산소주성)를 따라 움직인다. 공기와 액체 경계면 아래에 사는 박테리아인 **고초균**(Bacillus subtilis)의 밀도 높은 현탁액 안에서는, 경계면 아래의 산소 농도가 높은 지역으로 박테리아들이 즉시 모여들어서 액체의 깊은 영역에 비해 상대적으로 현탁액의 농도가 증가한다. 빛이 있는 쪽으로 밀집된 배열을 이룬 결과 상태는 불안정해지고, 세포가 많아진 액체의 초과된 무게는 불안정한 상태를 만들어 세포들의 밀도 높은 덩어리는 아래로 가라앉는다. 이런 연속적인 액체의 순환은 **생물대류**(bioconvection)로 알려져 있고, 이와 관련하여 액체 내에서의 열이나 용질 대류와 같은 많은 비유가 있다. 이는 개별적인 미세한 수영선수들의 집합적인 움직임이 큰 규모의 양식을 만들어 내는 놀라운 예다. 이 과정을 묘사하는 수학적 모델은 두 개의 스칼라 장(단위 부피당 세포의 개수 $n(\boldsymbol{x}, t)$와 산소 농도 $c(\boldsymbol{x}, t)$)과 연결된 이류-확산 편미분방정식을 포함한다. 두 스칼라 장은 평균 유체 속도 $\boldsymbol{u}(\boldsymbol{x}, t)$(비압축 조건 $\nabla \cdot \boldsymbol{u} = 0$를 갖는다)에 관한 나비에-스토크스 방정식과 연결된다. 세포는 유체의 흐름에 따라 이류하고 산소나 빛의 근원을 찾아 주화성에 따라 움직인다. 세포의 부력은 유체 위에서 체적력(body force)으로 작용하여 대류 현상을 만들어 낸다.

클라미도모나스 니발리스와 같은 조류는 **주중성**(gyrotaxis)*을 갖는다. 이러한 세포들은 아래가 무겁고 그래서 중력에 의한 회전력에 의해 머리가 위로 가도록 정렬된다. 따라서 두 개의 편모를 회전시켜 수영할 때, 평균적으로 위로 움직이게 된다. 하지만, 전단 영역(예를 들면 수직 방향의 흐름이 수평 방향으로 변할 때)에서는 세포들은 점성에 의한 회전력을 받고 수직 방향의 축에 대하여 회전한다. 이로 인해, 아래로 향하는 푸아죄유 흐름 속에서 관의 중심에 모이는 것과 같은 놀라운 현상이 일어난다. 다시 모여든 세포들은 생물대류 현상을 겪고 부상할 수 있다. 이 경우에 평균적인 수영 방향을 따라가는 연속 모델은 단위 벡터 $\boldsymbol{p}(\boldsymbol{x}, t)$로 나타난다. 확률밀도 $\Omega(\boldsymbol{x}, \boldsymbol{p}, t)$(위치와 방향에 관한 분포)에 관한 포커(Fokker)-플랑크(Planck) 방정식을 사용하여 유체역학적 회전력에 의한 세포들의 방향전환과 회전에 의한 확산을 설명할 수 있다. 이는 n과 $\boldsymbol{u}$에 관한 이동 방정식을 결합하여 얻을 수 있다.

대장균은 뒤에서부터 그 자신을 밀어서 앞으로 나아가게 하는데, 이때 추진력은 몸 앞쪽 방향으로 끄는 저항력과 균형을 이룬다. 좀 멀리서 바라보면, 생

* 중력에 영향을 받아 움직이려는 성질.—옮긴이

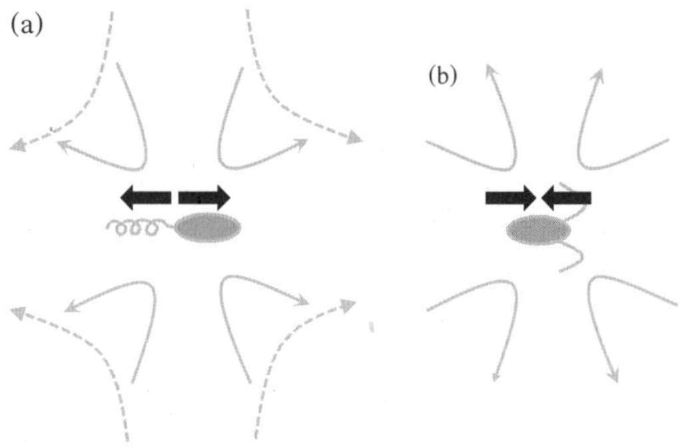

그림 2 수영하는 미생물의 두 범주. (a)미는 자, (b)당기는 자. 짧은 화살표는 힘 쌍극자를 보여 준다. 실선 화살표는 수영에 의해 생성되는 흐름을 보여 주고, 점선 화살표는 수영선수의 방향을 정하는 외부 압력을 가진 흐름을 나타낸다.

성된 흐름은 힘 쌍극자(한 점에 작용하는 바깥쪽으로 향하는 반대방향의 힘)로 근사할 수 있다. 이는 **미는 자**(그림 2)라고 알려진 방식이다. 두 힘은 축에 평행하게 몸으로부터 유체를 미는 힘과 옆에서부터 안쪽으로 당기는 힘이다. 반대로 **클라미도모나스 니발리스**는 몸 앞쪽의 편모에 의해 나아가는데 끄는 힘이 뒤쪽에 생긴다. 그러므로 좀 멀리서 바라보면, 이들은 **당기는 자**이다. 힘 쌍극자는 몸으로부터 옆쪽으로 유체를 밀어낸다. 수영선수들을 특정한 방향으로 향하게 하는 압력을 가진 흐름 안에서 미는 자는 그들의 방향을 강화하는 흐름을 만드는 반면, 당기는 자는 그 반대로 행동한다. 그러므로 미는 자의 현탁액은 **박테리아 난류**라고 알려진 큰 규모의 집합적인 움직임을 나타낸다. 이 난류는 수영하는 유기체를 작동시키는 화학적 에너지에 의해 이루어진다. 이는 무리의 행동 양식을 연구하던 초창기의 모델 방정식으로부터 영감을 받아 만들어졌다. 이 방정식은 나비에-스토크스 방정식을 확장한 것인데 시공간상의 형태의 다양함을 나타내는 추가적인 비선형 고차원 항을 포함한다.

6 맺음말

생물역학의 수학적 모델링에 관한 짧은 요약인 이 글은 어쩔 수 없이 선별적이다. 수학자들과 생물학자, 생명공학자, 그리고 생물물리학자들은 활발하게 증가하는 협업을 통하여 많은 미개척 영역에 대한 중요한 발전을 이루어 내고 있고, 생물역학적 과정에 대한 새로운 통찰과 더불어 신기한 수학적 질문을 만들어 내고 있다. 수학과 전산학간의 상호작용은 필요하고 효과적이다. 특히 이질적인 길이 규모로 확장되는 과정의 상호작용에 대한 모델링에 필수적이다. 하지만 드문 정보, 자연의 가변성, 그리고 무질서함에 대항하는 법을 배워야 한다는 중요한 도전과제가 남아있다. 이러한 도전은 통계적이고 확률적인 접근 방식을 더 사용하게 만들 것이다.

더 읽을거리

Audoly, B., and A. Boudaoud. 2003. Self-similar structures near boundaries in strained systems. *Physical Review Letters* 91 : 086105.

Fedosov, D. A., W. Pan, B. Caswell, G. Gompper, and G. E. Karniadakis. 2011. Predicting human blood viscosity in silico. *Proceedings of the National Academy of Sciences of the USA* 108 : 11772-77.

Fung, Y. C. 1933. *Biomechanics: Mechanical Properties of Living Tissues*. Berlin : Springer.

Koch, D., and G. Subramanian. 2011. Collective hydrodynamics of swimming microorganisms : living fluids. *Annual Review of Fluid Mechanics* 43 : 637-59.

Thompson, D. W. 1917. *On Growth and Form*. Cambridge : Cambridge University Press.

Wensink, H. H., J. Dunkel, S. Heidenreich, K. Drescher, R. E. Goldstein, H. Löwen, and J. M. Yeomans. 2012. Meso-scale turbulence in Living fluids. *Proceedings of the National Academy of Sciences of the USA* 109 : 14308-13.

V.5 수학적 생리학

애니타 레이턴 *Anita T. Layton*

1 서문

수학과 생리학은 오랜 기간 동안 상호작용을 해왔다. 수학이 유용하게 쓰인 한 관점은 생리학에서 일반적인 법칙을 찾는 일이었다. 여기에는 방대한 양의 유효한 자료를 좀 더 이해 가능한 형태로 구성하고 묘사하는 일도 포함된다. 또한 수학은 새로 부각되는 성질, 즉 전체를 이루고 있는 개별적 요소들의 특징과는 다른 각 요소들의 모임이 나타내는 특징을 구별하는 데도 유용하다. 이 글에서는 생리학에 쓰이는 수학적 모델 중 일부를 선택하여 생리학의 문제가 어떻게 수학적으로 구성되고 연구되는지 그리고 그러한 모델이 어떻게 흥미롭고 도전적인 수학적 질문으로 나타나는지를 이야기할 것이다.

2 세포의 생리학

세포는 살아있는 유기체의 기본적인 구조이자 기능

단위다. 종합하면, 세포는 생명을 유지하기 위한 수많은 기능을 수행한다. 그러한 기능은 세포 안에서 이루어지는 생화학적 반응을 통하여 이루어진다.

2.1 생화학적 반응

화학 반응은 생성 물질을 만들기 위해 상호 작용하는 반응 물질의 비를 묘사하는 **질량 작용의 법칙**에 '지배받는다.' 두 화학 물질 A와 B가 반응하여 C를 생성하는 경우를 생각해 보자.

$$A + B \xrightarrow{k} C$$

생성 물질 C의 생성 속도는 A와 B의 농도의 곱에 비례한다. 여기에서 속도상수는 k다. 즉,

$$\frac{\mathrm{d}[C]}{\mathrm{d}t} = k[A][B] \tag{1}$$

이다. 가역반응인 경우에는

$$A + B \underset{k_-}{\overset{k_+}{\rightleftharpoons}} C$$

로 나타난다. 여기에서 k_+와 k_-는 정방향과 역방향의 속도상수이고 [A]의 변화 속도는 다음과 같이 주어진다.

$$\frac{\mathrm{d[A]}}{\mathrm{d}t} = k_-[\mathrm{C}] - k_+[\mathrm{A}][\mathrm{B}]$$

만일 $k_- = 0$이면 위 반응은 $k = k_+$로 둔 식 (1)로 쓸 수 있고 $\mathrm{d[A]}/\mathrm{d}t = -\mathrm{d[C]}/\mathrm{d}t$가 된다(반응에서 A의 소비 속도는 C의 생성 속도와 같다).

몇몇 중요한 화학 반응은 효소에 의해 촉진된다. 기질을 생성물로 바꾸는 데 도움을 주지만 그 자체는 변경되지 않는 반응에서 많은 경우 단백질이 효소로 나타난다. 다음과 같은 단순한 반응 형식을 보자. 효소 E는 기질 A로 두 단계를 거쳐 생성물 B를 만든다.

$$\mathrm{A} + \mathrm{E} \underset{k_{-1}}{\overset{k_1}{\rightleftharpoons}} \mathrm{C} \overset{k_2}{\longrightarrow} \mathrm{B} + \mathrm{E}$$

첫 번째로 E는 A와 함께 합성물 C를 만든 다음 생성물 B를 떼어내고 E는 풀려나오게 된다. 이 모델은 미카엘리스-멘텐 반응속도론(Michaelis-Menten kinetics)으로 알려져 있다.

우리는 평형 근사를 하여 생성물이 형성되는 속도(즉, $\mathrm{d[B]}/\mathrm{d}t$)로 주어지는 값인 반응 속도를 결정할 것이다. 기질 A가 화합물 C와 즉각적으로 평형 상태에 이른다고 가정하자. 따라서

$$k_1[\mathrm{A}][\mathrm{E}] = k_{-1}[\mathrm{C}] \tag{2}$$

이다. 효소의 전체 양은 불변(즉, $[\mathrm{E}] + [\mathrm{C}] = E_0$, E_0는 상수)임을 알려 둔다. 이 관계식을 (2)에 대입한 후 정리하면

$$[\mathrm{C}] = \frac{E_0[\mathrm{A}]}{K_\mathrm{m} + [\mathrm{A}]}$$

를 얻는다. 이 식에서 $K_\mathrm{m} = k_{-1}/k_1$은 미카엘리스 상수로 알려져 있는데, 반응 속도가 최댓값의 반이 되었을 때의 기질 농도다. 전체 반응 속도는

$$\frac{\mathrm{d[B]}}{\mathrm{d}t} = k_2[\mathrm{C}] = \frac{V_{\max}[\mathrm{A}]}{K_\mathrm{m} + [\mathrm{A}]}$$

로 주어진다. 이 식에서 $V_{\max} = k_2E_0$은 최대 반응 속도다. 위 관계식은 미카엘리스-멘텐 반응속도론 중 가장 간단하고 가장 잘 알려진 효소 반응속도론을 나타낸다. 이 모델의 명칭은 생화학자 리어노어 미카엘리스(Leonor Michaelis, 1875-1949)와 캐나다의 물리학자 모드 멘텐(Maud Menten, 1879-1960)의 이

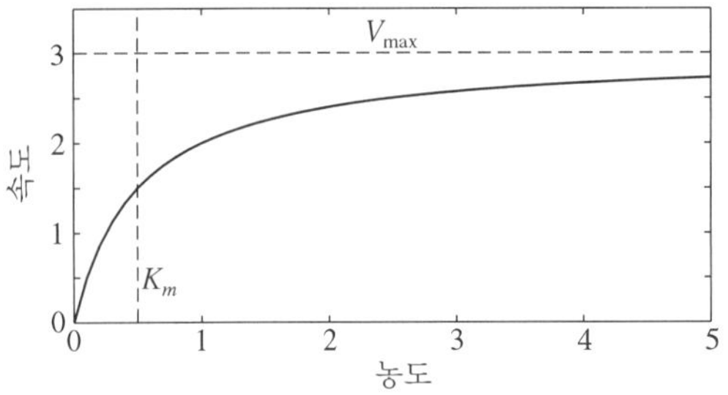

그림 1 미카엘리스-멘텐 반응 속도 곡선의 예. 반응 속도가 기질 농도의 함수로 나타나 있다. 매개 변수 값은 $V_{max} = 3.5$이고 $K_m = 0.5$다.

름을 따서 붙었다. 표본 반응 곡선이 그림 1에 나와 있다.

2.2 세포막 이온 통로

모든 동물 세포는 그 속에 단백질을 품고 있는 지질 이중층으로 구성된 세포막으로 둘러싸여 있다. 이온 통로는 대부분의 세포막에서 발견되는데, 이 통로는 고분자 기공이며 특정한 이온을 수동적으로 세포막 너머로 이동시킨다. 이러한 수송의 구동력 중 하나는 이온 농도의 차이다. 또 다른 하나는 막전위 차이인데 이는 세포의 안쪽과 바깥쪽 사이의 전위차를 뜻한다.

이온 통로는 그들의 전류-전압 관계인 통로의 생물물리학상의 성질에 의존하는 매개 변수로 특징지을 수 있다. 통로 N개를 가로지르는 전류 I는 다음과 같이 쓸 수 있다.

$$I = NP_o(V, t)\,i(V, t)$$

이 식에서 P_o은 시간 t일 때 열린 통로의 비율($0 \le P_o \le 1$)이고, i는 하나의 열린 통로에 흐르는 전류다. 위 표현은 양쪽 모두 막전위차 V에 관한 함수임을 가정하고 있음을 알려 둔다. 아래에서 우리는 $i(V, t)$에 관한, 따라서 $P_o(V, t)$에 관한 일반적인 모델을 묘사할 것이다.

전류-전압 관계에 관한 가장 일반적인 모델 두 가지는 옴의 법칙(Ohm's law)을 수정한 형태와 골드만(Goldman)-호지킨(Hodgkin)-캐츠(Katz) 방정식이다. 수정된 옴의 법칙은 세포막을 가로지르는 이온들의 흐름 S가 용질 S의 막전위와 평형 (또는 네른스트(Nernst)) 전위 간의 차이 E에 대한 선형 함수임을 말한다. 이는 다음과 같이 쓸 수 있다.

$$i_S = g_S(V - E)$$

여기에서 g_S는 통로의 전도도인데, 꼭 상수일 필요는 없다. 사실 농도, 전압 또는 다른 요소들에 의해 달라질 수 있다.

예를 들면, 휴지기인 세포막의 전위를 유지하는 데 중요한 역할을 하는 내향 정류 칼륨 통로(Kir)의 전도도는 V에 관한 함수다. 또한 Kir 통로의 활동성은 세포 바깥의 K^+ 농도(C_K^e)에 의해 조절된다. 실험적으로 Kir 전도도는 종종 C_K^e의 제곱근에 비례하여 증가함이 밝혀졌다. 따라서 Kir 통로를 흐르는 전류(i_{Kir}로 표기)는 다음과 같이 표현된다.

$$i_{Kir} = g_{Kir}(V - E_K),$$
$$g_{Kir} = \frac{g^{\circ}_{Kir}\sqrt{C_K^e}}{1 + \exp((V - V_{Kir})/k_{Kir})}$$

여기에서 g°_{Kir}는 상수이고 V_{Kir}는 반-활성화(half-activation) 전위이고 k_{Kir}는 기울기다. g_{Kir} 값이 막전위에 의존한다는 것은 동기 전하의 존재에 기인한다.

다른 통로들은 골드만-호지킨-캐츠 전류 방정식

으로 더 잘 표현되는데, 이 식은 세포막 전체에 상수인 전기장이 있다는 가정 하에 네른스트-플랑크 방정식을 적분하여 얻을 수 있다. 네른스트-플랑크 방정식은 농도 기울기 벡터와 전기 기울기 벡터가 모두 존재할 때 이온 S의 플럭스를 주게 된다.

$$J_S = -D\left(\nabla C_S + \frac{z_S F}{RT} C_S \nabla\psi\right)$$

식에서 첫 번째 항은 피크(Fick)의 법칙에 해당하는데, 이는 농도 기울기벡터가 야기하는 확산을 묘사하는 구성 방정식이다. D_S는 S의 확산성이다. 두 번째 항은 전기장에 의한 확산에 해당한다. 대전된 용질에 가해지는 전기력은 전기장($E = -\nabla\psi$)에 대하여 선형적으로 증가한다. 간단한 일차원의 경우에 골드만-호지킨-캐츠 방정식을 유도하기 위하여, 전기장이 세포막 전체에서 상수(즉, $\mathrm{d}\psi/\mathrm{d}x = -V/L_m$, 여기에서 L_m은 세포막의 길이를 나타낸다)라고 가정하면

$$J_S = -D_S\left(\frac{\mathrm{d}C_S}{\mathrm{d}x} - \frac{\xi}{L_m} C_S\right)$$

를 얻는다. 이 식에서 $\xi = z_S F V_m / RT$이다. J_S가 상수이므로 위 식은

$$\frac{\mathrm{d}C_S}{\mathrm{d}x} = \frac{\xi}{L_m} C_S - \frac{J_S}{D_S}$$

로 바꿀 수 있고 적분을 하면 다음과 같은 $C_S(x)$를 얻는다.

$$C_S(x) = a\exp\left(\frac{\xi x}{L_m}\right) + \frac{J_S L_m}{\xi D_S}$$

적분 상수 a와 미지수 J_S를 결정하기 위하여 다음과 같은 두 개의 경계 조건을 사용한다.

$$C_S(0) = a + \frac{J_S L_m}{\xi D_S} = C_S^{\mathrm{i}}$$

$$C_S(L_m) = a\exp(\xi) + \frac{J_S L_m}{\xi D_S} = C_S^{\mathrm{e}}$$

위 식에서 C_S^{i}와 C_S^{e}는 세포막 양쪽에서의 용질의 농도다. 이러한 경계 조건으로 다음과 같은 골드만-호지킨-캐츠 전류 방정식을 얻는다.

$$a = \frac{C_S^{\mathrm{i}} - C_S^{\mathrm{e}}}{1 - \exp(\xi)},$$

$$J_S = \frac{D_S}{L_m}\frac{z_S FV}{RT}\frac{C_S^{\mathrm{e}} - C_S^{\mathrm{i}}\exp(-z_S FV/RT)}{1 - \exp(-z_S FV/RT)}$$

위 식에서 ξ의 정의가 그대로 사용되었다.

골드만-호지킨-캐츠 방정식으로부터 네른스트 전위를 얻을 수 있는데, 이로부터 막전위 농도 기울기벡터가 영이 아니면 플럭스가 영이라는 사실을 얻는다. J_S의 값을 영으로 두고, V에 관하여 정리하면 다음을 얻는다.

$$V = -\frac{RT}{z_S F}\log\left(\frac{C_S^{\mathrm{i}}}{C_S^{\mathrm{e}}}\right) \tag{3}$$

위에서도 언급했듯이, 여러 통로들을 가로질러 흐르는 전류는 열린 통로의 수(NP_o)에 비례한다. 민무늬근육과 같은 흥분 조직에서는 아데노신-5′-3인산(세포 안에서 보조 효소로 사용되는 뉴클레오시드 3인산으로, 종종 '전류의 분자 단위'라고 불린다), Ca^{2+} 농도, 또는 전압과 같은 자극에 반응하여 통로가 열린다. 가장 간단한 통로 모델은 채널이 닫힌 상태인 C이거나 열린 상태인 O임을 가정한다.

$$\mathrm{C} \overset{\alpha/\beta}{\longleftrightarrow} \mathrm{O}$$

여기에서 α와 β는 한쪽 상태에서 다른 쪽 상태로 바

뀌는 속도를 나타낸다. 만일 n이 통로 중 열려 있는 상태의 비율이라면 $1 - n$은 통로 중 닫혀 있는 상태의 비율이므로 다음과 같은 식을 얻는다.

$$\frac{\mathrm{d}n}{\mathrm{d}t} = \alpha(1-n) - \beta n = \alpha - (\alpha+\beta)n$$

이 방정식의 특성 시간은 $\tau = 1/(\alpha+\beta)$이고, n의 안정 상태의 값은 $n_\infty = \alpha/(\alpha+\beta)$이다. 식은 τ를 사용하여 다음과 같이 다시 쓸 수 있다.

$$\frac{\mathrm{d}n}{\mathrm{d}t} = \frac{n_\infty - n}{\tau}$$

일반적으로 n_∞와 τ는 전압이나 농도에 의존한다. 그래서 위 방정식은 해석적으로는 풀 수 없다. 전압에 민감한 통로는 전위차가 변함에 따라 대응한다. 통로의 전압 감지기는 전압 V가 감지되면 움직이는 '통문(gating)' 전하로 구성되어 있다. 그렇게 함으로써 입체적 형태 변화가 생긴다. 이러한 통로들에서 n_∞는 볼츠만(Boltzmann) 분포로 묘사된다.

$$n_\infty = \frac{1}{1 + k_\mathrm{o}\exp(bFV/RT)}$$

위 식에서 b는 통로에서 통문 전하의 수와 입체적 형태 변화 동안 그들이 움직이는 거리와 관계있는 상수이다.

3 흥분성

막전위는 근육 세포들이나 뉴런과 같은 세포에서 신호로 사용된다. 이러한 세포들의 일부는 흥분될 수 있다. 충분한 전류가 가해진다면 막전위는 최후에 휴지기로 돌아가기까지 활동 전위라고 알려진 대규모 운동 상태를 거치게 된다. 우리는 세포 흥분성에 관한 한 가지 예를 살펴볼 것이다. 바로 모리스(Morris)-레카(Lecar) 모델이다.

모리스-레카 모델은 2차원으로 '축소된' 흥분 모델(4차원 호지킨-헉슬리(Huxley) 모델의 축소 형태)로 두 개의 비활성화되지 않는 전압-민감 전도도를 가지는 시스템에 적용 가능하다. 이 모델은 커다란 태평양 따개비인 발라누스 누비루스(Balanus nubilus)의 거대한 근육 섬유의 흥분성을 실험적으로 연구하는 과정에서 생겨났다. 이러한 근육 세포들의 시냅스의 분극화는 Ca^{2+} 통로를 열어서 외부의 Ca^{2+} 이온이 세포 내부로 깊숙이 들어와 근육이 수축하도록 만든다. 모리스-레카 모델은 두 개의 전도도인 Ca^{2+}와 K^+를 이용하여 세포막을 묘사한다. 이 두 전도도는 Ca^{2+}과 K^+ 통로의 상대적인 밀도나 전도 계통의 상대적인 이완 시간과 같은 실험 매개변수의 조그만 변화에 따르는 질적인 위상 묘사의 변화를 이끌어 내도록 상호 작용한다. 이 간단한 모델을 통하여 실험적으로 관찰된 (2차원) 진동 현상에 관한 인상적인 관찰 모두를 모의실험할 수 있다. 그러면 상태 공간의 매개 변수 사상은 다른 종류의 안정성을 가지는 매개 변수 영역을 찾고 구분할 수 있다.

모델 방정식은 세포막 전위(V)와 열린 칼륨 통로의 비율(n)을 묘사한다.

$$C\frac{\mathrm{d}V}{\mathrm{d}t} = -g_\mathrm{L}(V - V_\mathrm{L}) - g_\mathrm{Ca}m_\infty(V)(V - V_\mathrm{Ca}) - g_\mathrm{K}n(V - V_\mathrm{K}), \tag{4}$$

$$\frac{\mathrm{d}n}{\mathrm{d}t} = \phi_n \cosh\left(\frac{V - V_3}{2V_4}\right)(n_\infty(V) - n) \tag{5}$$

표 1 분기 연구에 사용된 모델 매개 변수들.

C	20pF	V_1	−1.2mV
g_L	2nS	V_2	18mV
g_{Ca}	4nS	V_K	−85mV
g_K	8nS	v_3	12
V_L	−60mV	v_4	17
V_{Ca}	120mV	ϕ_n	0.06666667

(4)번식 오른쪽의 첫 번째 항은 누출 전류인데 V_L은 연관된 네른스트 역전 전위다. 두 번째 항은 칼슘 전류인데 g_{Ca}는 칼슘 전류에 대한 전체 세포막 전도도의 최댓값이다. 이 칼슘 전류는 전압-작동 칼슘 통로로부터 나오는데 m_∞는 평형 상태일 때 열린 통로 상태의 비율을 나타낸다. 실험 자료에 근거하여 m_∞는 다음과 같은 막전위 v의 함수로 나타낼 수 있다.

$$m_\infty(V) = 0.5\left(1 + \tanh\left(\frac{V - V_1}{V_2}\right)\right)$$

이 식에서 V_1은 통로의 반이 열려 있을 때의 전압이고 V_2는 항정 상태에서 열린 칼슘 통로의 분포에 관한 확산을 결정한다. V값이 $-\infty$로 다가갈 때 $\tanh((V - V_1)/V_2) \to -1$이고 $m_\infty \to 0$인데, 이는 거의 대부분의 칼슘 통로가 닫혀 있음을 의미한다.

식 (4)의 세 번째 항 $-g_K n(V - V_K)$는 칼륨 통로가 열리면서 생성되는 막 횡단 칼륨 전류를 나타낸다. 식 (5)에서 n_∞는 항정 상태에서 열린 K^+ 통로의 비율을 나타낸다. 이 비율은 다음과 같은 관계식을 통하여 막전위 V에 의존한다.

$$n_\infty(V) = 0.5\left(1 + \tanh\left(\frac{V - V_3}{V_4}\right)\right)$$

이 식의 형태는 열린 Ca^{2+} 통로 상태 (m_∞)의 평형 분포와 비슷하다. 전위 V_3는 칼륨 통로 중 반이 열렸을 때의 전압을 결정한다. V_4와 Ca_4는 각각 n_∞와 V_3의 분포가 확산되는 것을 측정한 것이다. 또한 칼륨 전류($-g_K n(V - V_K)$로 나타냄)와 칼슘 전류($I_{Ca} = -g_{Ca} m_\infty(V)(V - V_{Ca})$로 나타냄) 모두 막전위 V에 의존하고 결국 양 전류 모두 막전위를 바꾸게 됨을 언급해 둔다. 이 모델의 매개 변수들이 표 1에 나와 있다.

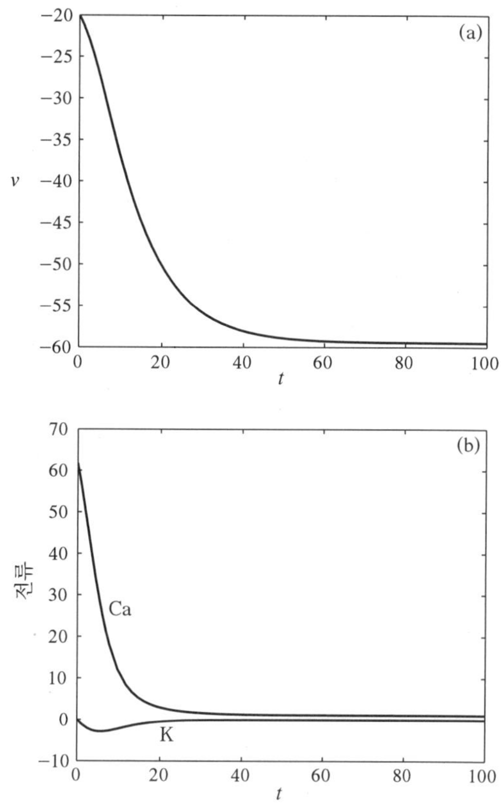

그림 2 v값이 −20mV로 맞추어졌을 때 모리스-레카 모델의 해. (a)전압, (b)K^+와 Ca^{2+} 전류. 전압과 전류 모두 0으로 줄어들고 있다.

이 모델은 초기 조건에 의존하는 서로 다른 양상을 과감하게 예측한다. 막전위 v를 −20mV로 맞추고 n은 0으로 맞추면 전압과 전류 I_K, I_{Ca}는 줄어들어서 휴지기로 들어간다(그림 2를 보라). 질적으로 다른 양상은 $v(0) = -10$mV일 때 예측된다. 전압

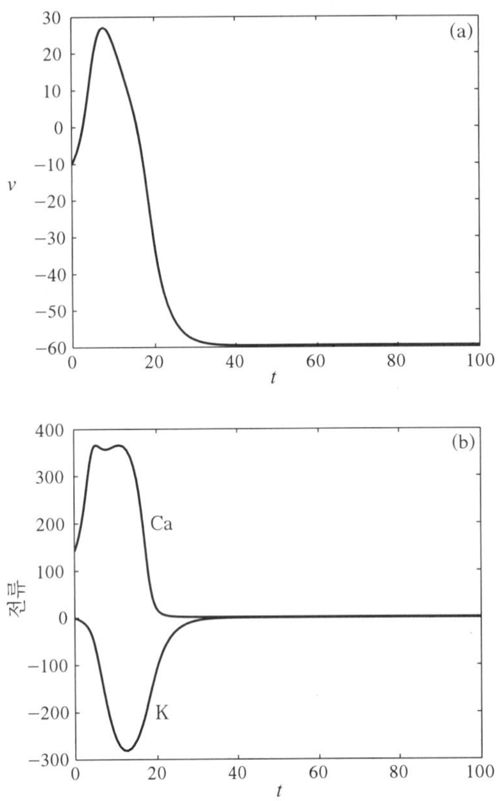

그림 3 v값이 -10mV로 맞추어졌을 때 모리스-레카 모델의 해. (a)전압, (b)K^+와 Ca^{2+} 전류. 해는 줄어들어서 휴지기로 들어가기 전에 둔덕(또는 산마루)을 갖게 된다.

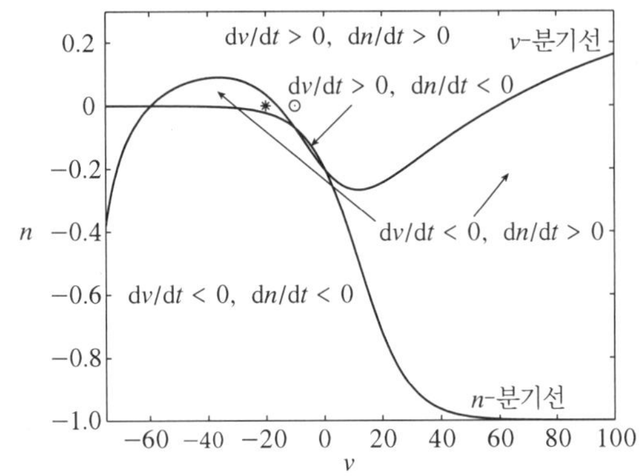

그림 4 v-분기선과 n-분기선이 v-n공간을 v와 n이 증가하고 감소하는 영역으로 나눈다.

은 대체로 줄어들어서 휴지기로 들어가기 전에 증가한다(그림 3(a)를 보라). 이를 이해하기 위하여 그림 3(b)에 나와 있는 전류를 생각해 보자. 두 경우 모두 전류의 크기는 줄어들어서 휴지기에 들어가기 전에 증가한다. 이 시스템의 재미있는 현상은 두 전류가 서로 반대 방향으로 향한다는 것이다. I_K는 바깥쪽을 향해서 세포를 과다 분극 시키고, I_{Ca}는 안쪽을 향해서 세포를 탈분극시킨다. 칼슘 통로는 전압에 따라 여닫기 때문에 전압이 문턱을 한 번 넘어서면 안쪽 방향으로 흐르는 많은 양의 칼슘 전류가 생기게 된다(그러므로 이는 흥분된 세포의 예시가 된다). 전류는 전압이 증가하게 만들고 결국 전류는 증가 속도가 줄어들어 최고점에 이른다. 이제 바깥쪽을 향하는 방대한 양의 칼륨 전류가 주인공이 되어 세포를 다시 분극시킨다.

흥분된 세포의 이러한 문턱 현상을 이해하기 위해 시스템에서 $dv/dt = 0$이고 $dn/dt = 0$인 분기선을 연구해 볼 수 있다. 분기선은 그림 4에 묘사되어 있다. 첫 번째로 언급할 내용은 두 개의 분기선이 세 평형점에서 만난다는 것이다. 시스템에서 초깃값이 그러한 v와 n값에 맞추어져 있으면 시스템은 계속 평형상태에 머무른다. 두 분기선은 $v-n$ 공간을 몇 개의 영역으로 나누는데, 이는 v와 n이 증가하거나 감소하는 데 따른 분할이다. 앞에서 보았던 질적으로 다른 양상을 보인 두 모의실험은 v와 n의 초깃값이 서로 다른 영역에 있는 경우다. $v(0) = -20$mV이고 $n(0) = 0$(그림 4의 별표로 표시된 영역)인 경우 시스템은 $dv/dt < 0$이고 $dn/dt > 0$인 영역에 놓여 있고, 그래서 전압은 줄어들어서 휴지기로 가게 된다(그림 2(a)를 보라). 이때, 문을 여닫는 변수인 n은 처음에 증가한 후 줄어들어 0으로 간다. 하지만

$v(0) = -10\text{mV}$(그림 4에서 원으로 표시된 영역)인 경우, 시스템은 $\mathrm{d}v/\mathrm{d}t > 0$이고 $\mathrm{d}n/\mathrm{d}t > 0$인 영역에 놓여 있어서 전압은 줄어들어 휴지기에 들어가기 전에 최고점에 이른다(그림 3(a)를 보라).

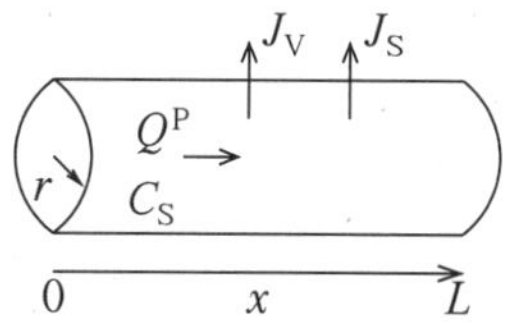

그림 5 사구체 모세혈관 모델의 개요.

4 신장

비슷한 역할과 구조를 가진 세포들의 무리는 다 같이 조직을 형성한다. 그런 다음 조직의 무리는 모여서 기관을 형성한다. 그러면 기관의 모임은 기관계를 형성하는데, 기관계의 한 예를 들자면 배설기관이 있다.

신장은 배설기관의 한 부분이다. 신장은 몇몇 본질적인 조절 역할을 한다. 잘 알려진 대사 노폐물과 피 속의 독소를 제거하여 소변으로 배출하는 여과장치로서의 기능 외에도 신장은 다른 중요한 역할을 한다. 몇몇 조절 기능을 통하여 신장은 몸의 수분 평형, 전해질 평형, 그리고 산염기 평형을 유지하도록 돕는다. 추가로 신장은 적혈구 생성, 칼슘 대사, 혈류 조절에 관련된 호르몬을 생산하거나 활성화한다.

4.1 사구체 여과

소변 형성 과정의 첫 단계는 사구체 모세혈관을 이용하여 혈액을 여과하는 것이다. 여과액은 모여서 보우만(Bowman) 주머니로 들어간 다음 관 시스템을 통해 흐른다. 이때 부피와 구성에 큰 변화가 생긴다.

사구체 유체 여과 과정의 모델에서 사구체 모세혈관은 그 전체 길이에서 균일한 성질을 갖는 동일하고 평행한 모세혈관의 네트워크로 이상화된다. 모세혈관들은 반지름이 r이고 길이가 L인 단단한 원기둥으로 표현된다(그림 5). P를 혈장 구획이라고 두고 Q^P을 모세혈관 속에서의 혈장 흐름의 부피비라고 두자. 모세혈관을 따라 주어진 위치 x에서 흐름의 일부는, 모세혈관 벽을 가로지르는 횡단 플럭스에 의해, 둘러싸고 있는 매체로 다시 흡수될 수 (또는 흘러나올 수) 있다. 모세혈관이 단단하다는 가정 하에 혈장 구획 안에서 유체의 축적은 발생할 수 없다. 따라서 하나의 모세혈관에 대하여 유체의 보존은 다음과 같은 식으로 쓸 수 있다.

$$\frac{\mathrm{d}Q^P}{\mathrm{d}x} = -2\pi r J_V$$

이 식에서 J_V는 혈장 부피 플럭스인데, 모세혈관 단위 면적당 유동량으로 표현되고 바깥쪽을 향한 플럭스를 양의 값으로 둔다. 모세혈관 벽과 같은 반투막을 가로지르는 유체의 흐름은 유체정역학적 압력, 교질 삼투압, 그리고 삼투압의 차이에 의해 다음과 같이 생성된다.

$$J_V = L_p\left(\Delta P - \Delta\Pi - RT\sum_S \sigma_S \Delta C_S\right)$$

이 식에서 L_p는 수력학적 전도성을 나타내고, ΔP는 유체정역학적 압력의 막 안팎에서 생기는 차이를 나타내고, $\Delta\Pi$는 단백질과 같이 통과하지 못하는 용질에 의해 발생하는 교질 삼투압을 나타내며, R와 T는 각각 기체 상수와 절대 온도를 나타낸다. σ_S는 용질 S에 따른 막의 삼투압 반사 계수이고 ΔC_S는 용질 S에 따른 막 안팎의 농도 기울기벡터다(외부에서 내부를 뺀 값).

하나의 모세혈관에 대하여 유도된 위 식을 하나의 사구체 또는 하나나 둘인 신장의 사구체들에 적용하기 위해서 다음과 같이 식을 쓸 수 있다.

$$\frac{dQ^P}{dx} = -\frac{S^P}{L} J_V$$

이 식에서 S^P은 모세혈관의 표면적을 나타내고, L은 모세혈관의 길이를 나타내며, 혈장 흐름 속도(Q^P)의 정의는 적절하게 조정해야만 한다.

물 플럭스 J_V를 결정하기 위해 조그만 용질과 단백질의 농도를 추적할 필요가 있다. 이를 위해 혈장 안의 용질 S의 보존을 생각해 보자.

$$\frac{d(Q^P C_S^P)}{dx} = -2\pi r J_S$$

위 식에서 J_S는 모세혈관의 단위 면적당 몰 흐름으로 표현되는 종 S의 혈장 플럭스다. 곱 $Q^P C_S^P$은 단위 시간당 몰의 단위로 용질 S의 혈장 흐름 속도를 주게 됨을 언급해 둔다.

대전되지 않은 용질의 세포막을 통과하는 플럭스는 다음과 같은 케뎀(Kedem)-카찰스키(Katchalsky) 방정식으로 주어진다.

$$J_S = J_V(1 - \sigma_S)\bar{C}_S + P_S \Delta C_S$$

위 식에서 첫 번째 항은 이류에 의한 성분을 표현하고 두 번째 항은 확산에 의한 항이다. P_S는 용질 S의 막 투과성을 나타내고, $\bar{C}_S$는 막 농도의 평균인데 희석용액 안에서는 다음과 같이 주어진다.

$$\bar{C}_S = \frac{\Delta C_S}{\Delta \ln C_S}$$

알부민과 같은 몇몇 단백질은 혈장 속에서 높은 농도를 가지고 따라서 중요한 교질 삼투압을 발생시켜 모세혈관 벽을 가로지르는 유체 여과에 대항하게 된다. 건강한 신장 안에서는 모세혈관을 통해 여과되는 혈장 단백질의 비율이 무시할 수 있을 정도다. 따라서 만일 C_{pr}^P을 단백질의 혈장 농도로 두면 다음을 얻는다.

$$\frac{d(Q^P C_{pr}^P)}{dx} = 0$$

요약하면 사구체 여과 모델의 기초를 형성하는 방정식의 집합은 유체와 용질(조그만 용질과 단백질)의 보존을 묘사하는 방정식으로 구성된다. 경계 조건은 모세혈관의 구심 끝에서 주어진다.

$$Q^P(x=0) = Q^A, \quad C_{pr}^P(x=0) = C_{pr}^A$$

위 식에서 Q^A은 구심 세동맥 혈장 흐름과 같고 C_{pr}^A은 구심 혈장 속의 전체 단백질 농도와 같다. 용질 S에 대해서도 비슷한 경계 조건을 줄 수 있다.

4.2 요 농도

수분 제한 기간 동안, 포유동물의 신장은 혈장보다 더 농축된 소변을 생성하여 수분을 보존할 수 있다. 용질이 과다한 경우 이 과다 긴장된 소변은 수분이 네프론(신장 단위)으로부터 재흡수되고 신혈관계로 들어감으로써 생성된다. 그렇게 함으로써 관 속의 유체의 농도가 높아져서 결국에는 소변으로 나오게 된다. 여기에서 신세관계의 중요한 부분인 신

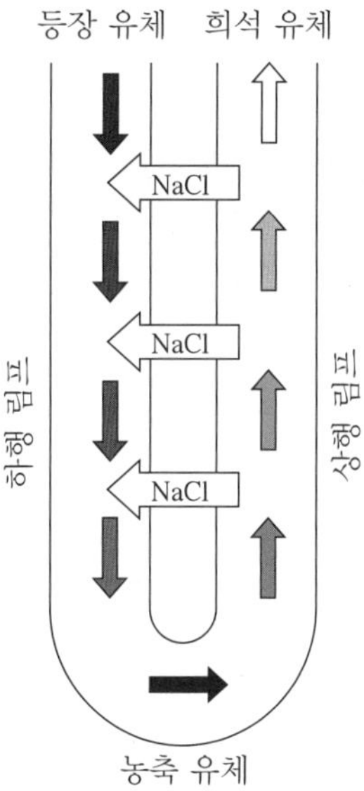

그림 6 상행 흐름에서 하행 흐름으로의 염화나트륨 이동에 의한 향류증식. 하행 흐름의 농도는 염화나트륨이 더해짐에 따라 계속해서 증가한다.

원 고리(헨레 고리) 안에서 일어나는 농축 과정의 모델을 개발할 것이다. 신원 고리는 머리핀 모양의 세관인데 대부분 수질(medulla)에 놓여 있고 하행 림프와 상행 림프로 구성되어 있다(그림 6을 보라).

모델은 하행 림프와 상행 림프로 이루어진 고리를 표현한다. 두 개의 림프는 서로서로 맞붙어 있도록 방향이 정해져 있다고 가정한다. 좀 더 단순화된 가정으로 하행 림프는 수분은 통과하지 못하지만 용질은 제한 없이 통과 가능하다고 하자. 그러면 농축 방정식에서 다음과 같은 결론을 얻을 수 있다.

$$\frac{\partial}{\partial x}Q_{\mathrm{DL}}(x) = 0$$
$$\frac{\partial}{\partial x}(Q_{\mathrm{DL}}(x)C_{\mathrm{DL}}(x)) = -2\pi r_{\mathrm{DL}}J_{\mathrm{DL},s}$$

표기법은 사구체 여과 모델과 비슷한데, 아래 첨자 'DL'은 하행 림프를 의미한다.

우리는 상행 림프가 수분은 통과시키지 않고, 용질은 고정된 비율 A로 상행 림프 밖으로 밀어낸다고 가정한다. (이러한 능동 수송의 좀 더 현실적인 묘사는 2.1절에서 다룬 미카엘리스-멘텐 반응속도론이다. 분석이 가능하도록 지나치게 단순화한 고정된 비율의 능동 수송이 일어난다고 가정한다.) 추가로 모든 용질이 하행 림프로 들어간다고 가정한다. 따라서 $2\pi r_{\mathrm{DL}}J_{\mathrm{DL},s} = -A$이고 $2\pi r_{\mathrm{AL}}J_{\mathrm{AL},s} = A$이다. 상행 림프('AL'로 표시됨)의 농축 방정식은 다음과 같다.

$$\frac{\partial}{\partial x}Q_{\mathrm{AL}}(x) = 0, \quad \frac{\partial}{\partial x}(Q_{\mathrm{AL}}(x)C_{\mathrm{AL}}(x)) = -A$$

하행 림프와 상행 림프는 서로 인접해 있기 때문에 고리가 굽은 곳($x = L$)에서 다음과 같은 관계를 얻을 수 있다.

$$Q_{\mathrm{DL}}(L) = -Q_{\mathrm{AL}}(L), \quad C_{\mathrm{DL}}(L) = C_{\mathrm{AL}}(L)$$

마지막으로 시스템을 완성하기 위해서 하행 림프의 입구에 경계 조건을 다음과 같이 부과한다.

$$Q_{\mathrm{DL}}(0) = Q_0, \quad C_{\mathrm{DL}}(0) = C_0$$

전체 고리가 물을 통과시키지 않으므로 $Q_{\mathrm{DL}}(x) = Q_{\mathrm{AL}}(x) = Q_0$임을 이용해 $C_{\mathrm{DL}}(x)$와 $C_{\mathrm{AL}}(x)$를 결정할 수 있다. 따라서

$$Q_0\frac{\partial}{\partial x}C_{\mathrm{DL}}(x) = A$$

인데, 이 식을 적분하면 다음을 얻을 수 있다.

$$C_{\mathrm{DL}}(x) = C_0 + \left(\frac{A}{Q_0}\right)x$$

$C_{\mathrm{AL}}(x)$를 계산하기 위해서, $x = L$에서 C_{DL}의 값을

구하여 $C_{AL}(x)$에 관한 상미분방정식의 초기 조건으로 사용하면 다음과 같은 결과를 얻는다.

$$C_{AL}(x) = C_{DL}(L) - \left(\frac{A}{Q_0}\right)(L - x) = C_{DL}(x)$$

단순한 모델은 향류증식의 법칙을 보여 주는데 하나의 관에서 다른 관으로 용질이 이동하는 것('하나의' 효과)이 평행 흐름 속의 축 방향의 삼투질 농도의 차이를 증가시킨다('배가한다.' 또는 강화한다). 따라서 조그만 횡 방향의 삼투질 농도의 크기 차이(작은 하나의 효과)가 관 속의 흐름의 축 방향을 따라 훨씬 더 큰 삼투질 농도의 차이로 증식된다. 요약하면, 모델을 살펴보면 양 림프를 따라 농도가 주어진 x에 대하여 같고 용질의 농도는 x를 따라 선형적으로 증가함을 예측할 수 있다. 따라서 고리가 길어지면 고리가 굽은 곳의 농도는 더 높아진다.

더 읽을거리

제한된 분량으로 인해 이 글은 세포의 수송과 신장에 집중했다. 신장을 다른 관점에서 살펴 본 수학적 모델은 레이턴(Layton)과 에드워즈(Edwards, 2013)에서 볼 수 있다. 순환계, 소화계, 내분비계, 림프계, 근육계, 신경계, 생식기계, 호흡기계 등 다른 기관계에 관한 수학적 모델도 만들어졌다. 이 모델들에 관해서는 키너(Keener)와 스네이드(Sneyd) (2008)을 보라.

Keener, J., and J. Sneyd. 2009. *Mathematical Physiology, Volume I: Cellular Physiology* and *Mathematical Physiology; Volume II: Systems Physiology*. New York: Springer.

Layton, A., and A. Edwards. 2013. *Mathematical Modeling of Renal Physiology*. New York: Springer.

V.6 심장 모델링

알렉산더 판필로프 *Alexander V. Panfilov*

1 심장, 파동, 그리고 부정맥

심장의 주요한 생리학적 기능은 기계적이다. 심장은 몸으로 혈액을 펌프질한다. 펌프 작업은 전기적 흥분 파동에 의해 제어되는데, 심장으로 전파되어 심장을 수축시키기 시작한다. 해부학적으로 인간의 심장은 네 개의 방으로 이루어져 있다. 두 개의 아래쪽 방은 심실이라 불리는데 두꺼운 벽(1-1.5cm)을 가지고 있고, 수축작용을 통하여 혈액을 몸으로 밀어낸다. 두 개의 위쪽 방은 심방이라 불리는데 얇은 벽(약 0.3cm)을 가지고 있다. 심방은 혈액을 모으고 수축작용을 통하여 혈액을 심실로 보낸다. 정상적인 조건에서 심장의 흥분은 우심방에 위치한 동심방결절에서 시작된다(그림 1). 동심방결절의 세포들은 진동하여 주기적으로 흥분 파동을 만든다. 그 후에 파동은 심장의 두 개의 위쪽 방(심방)을 지나 심방 수축을 일으킨다. 방실(AV) 결절에서 조금 지난 후 흥분은 심실로 들어가서 메인이벤트인 심실 수축을 일으킨다.

심장의 비정상적인 흥분은 심장 부정맥이라는 결과를 낳는데, 여기에는 여러 가지 징후가 있다. 다른 장소에서 발생한 파동에 의해 단 한 박자의 심장 박동이 추가되거나, 심방이나 심실에서 빈맥이라 불리는 비정상적으로 빠른 심박동이 발생하는 경우가 있다. 어떤 경우에는 흥분이 공간적으로 체계적이지 못해서 수축하지 못하기도 한다. 심실에서 이 현상이 발생하면 그 결과 심장정지나 급성 심장사가 일어난다. 그러므로 심장 부정맥의 예측과 관리는 현대 심장학의 가장 큰 두 가지 문제다. 부정맥에 의한 급성 심장사는 산업 사회의 가장 큰 사인 중의 하나인데 약 열 명 중 한 명꼴로 나타난다. 심장 부정맥은 제약 산업에도 역시 큰 영향을 미친다. 최근 모든 약품 철회 이유의 절반 이상은 해당 약품이 부정맥의 발생을 증대시키거나 심장과 관련된 다른 부작용을 일으킬 가능성이 있다는 것이었다.

가장 위험한 심장 부정맥의 메커니즘은 파동의 진행과 직접적으로 연관되어 있다. 심장에서 파동의 성질은 다른 대부분의 비선형 파동의 형태와 매우 다른데, 주요한 차이점은 불응(refractoriness)이 존재한다는 것이다. 흥분 뒤에 심장 세포는 불응기라 불리는 심장의 능력을 회복할 약간의 시간이 필요하다. 불응 기간 동안 심장 세포는 다시 흥분되지 않고, 그 결과로 심장 안에 소용돌이가 나타날 수 있다. 심장 조직 안의 장애물을 따라 파동이 진행하는 상황을 고려해 보자. 예를 들면 심장으로 들어가는 정맥 또는 동맥 주위를 생각해 볼 수 있다. 장애물 주변을 이동하는 시간이 불응기보다 길어지면 지속적인 회전(그림 2(a))이 발생할 것이다. 그러한 회전은 굴심방결절의 주기보다 훨씬 더 빠른 주기로 심장 안에서 주기적인 흥분을 일으키고, 그 결과 빈맥이 발생한다.

또한 불응으로 인해 그러한 회전은 아무런 해부

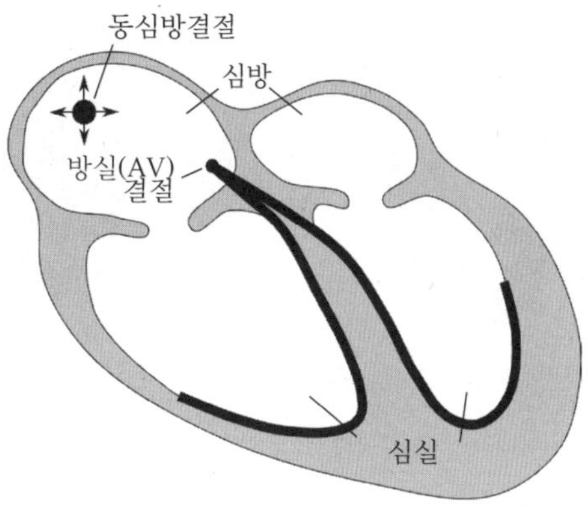

그림 1 심장 전도 경로의 도식.

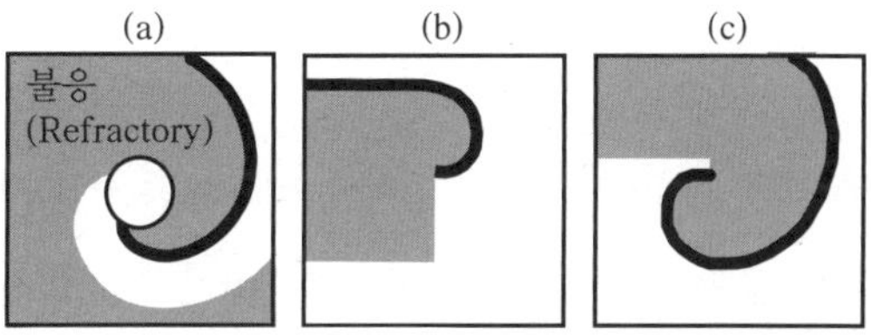

그림 2 (a)장애물 주변을 진행하는 파동과 (b), (c)나선형 파동 유형의 도식.

학적 장애물 없이도 발생할 수 있음이 알려져 있다. 불응 조직은 흥분될 수 없고 파동은 그 주변을 해부학적 장애물이 있는 것처럼 진행할 수 있다(그림 2(b)). 유일한 차이점은 불응기가 끝나자마자 파동은 그 영역으로 들어갈 수 있다는 것이다(그림 2(c)). 그러므로 파면은 보통 파동의 불응기의 꼬리에 매우 가깝게 따라가고 회전의 주기는 매우 짧다. 그러한 소용돌이는 보통 나선 파동이라 불리는데, 이는 큰 매체에서 이들이 회전하는 나선 모양을 나타내기 때문이다(그림 3(a)). 나선 파동을 붕괴시키고 복잡한 시공간상의 혼돈(그림 3(b))을 만들어 내는 또 다른 형태의 동역학도 있다. 이 현상이 심장 안에서 발생하면 흥분은 공간적으로 흐트러져서 정돈된 심

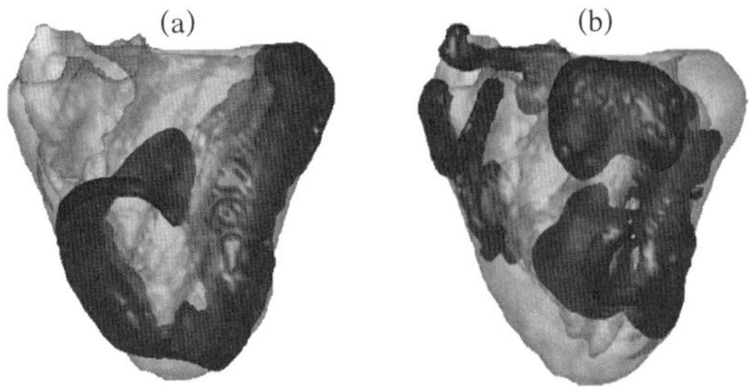

그림 3 (a)나선 파동과 (b)인간 심실의 해부학적 모델에서 나선이 붕괴된 후 나타나는 복잡한 흥분 패턴. (그림은 카즈바노프(Kazbanov)와 판필로프(Panfilov)가 만들었다.)

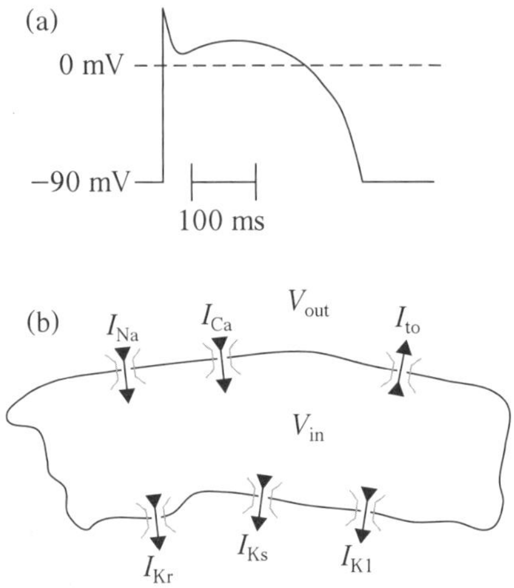

그림 4 (a)심장에서의 활동 전위와 (b)심장 세포의 도식 표현. I_{Na}, I_{Ca} 등은 이온 통로의 다른 형태를 나타낸다. 화살표는 전류의 방향이다.

장 수축이 일어나지 못하고 급성 심장사로 이어지게 된다.

종합하면 심장의 비정상적인 흥분은 그 원천이 한 지점에 머물러있지 않으며 수백만 개의 심장 세포를 포함하는 파동 순환의 결과다. 따라서 심장 부정맥의 매커니즘을 이해하고 싶다면 심장의 개별적인 빌딩 블록(즉, 단일 세포)의 수준에서 일어나는 변화가 어떻게 전체 기관 수준에서 영향을 미치는지를 알 필요가 있다. 이러한 질문에 정확하게 답하기 위해서는 수학적 모델링이 유용하다. 심장 모델 뒤에 숨어 있는 주요한 원칙을 생각해 보자.

1.1 심장 세포 모델링

휴지기에 심장 세포 안에서 세포막의 양쪽 면 사이에는 약 −90mV의 전위차가 있다. 흥분 동안 이 전압은 휴지기로 천천히 돌아갈 때까지 약 +10mV까지 급격히 증가한다(그림 4(a)). 전형적인 심장 활동 전위는 그림 4에 나와 있다. 활동 전위의 급격한 상승 운동은 약 1-2ms 동안 지속된 후 약 300ms 동안 재분극화 단계를 유지한다.

심장막을 가로지르는 전압은 막을 통과하는 이온 통로의 복소 시간 동역학계의 결과에 따라 변한다. 전류는 다양한 이온들, 특히 중요한 Na^+, K^+, 그리고 Ca^{2+}와 같은 이온들을 투과시키는 선택적 이온 통로에 의해 전달된다. 심장 세포의 흥분 과정은 다음과 같은 방정식계로 묘사할 수 있다.

$$C_{\text{m}}\frac{\text{d}V_{\text{m}}}{\text{d}t} = -I_{\text{Na}} - I_{\text{K}} - I_{\text{Ca}} + \cdots \quad (1)$$

$$I_* = G_* g_*^{\alpha} g_\bullet^{\beta} (V_{\text{m}} - V_*) \quad (2)$$

$$\frac{\text{d}g_i}{\text{d}t} = \frac{g_i^{\infty}(V_{\text{m}}) - g_i}{\tau_i(V_{\text{m}})}, \quad i = *, \bullet \quad (3)$$

첫 번째 식은 다양한 이온 전류의 동역학에 따른 결과로 나타나는 막 전압의 변화 $V_{\text{m}} = V_{\text{in}} - V_{\text{out}}$을 묘사한다. 각 전류는 전형적으로 V_{m}과 시간에 의존한다. 대부분의 경우 시간 의존성은 동기 변수 g_i의 지수 이완 방정식으로 주어진다. 예를 들면, 이온 *를 운반하고 최대 전도율 G_*의 값은 상수인 가상의 전류 I_*는 식 (2)로 표현된다. $V_m = V_*$에서 전류는 0인데, V_*는 이온 '*'의 네른스트 전위라 불리는 값으로 심장 세포 안팎의 특정 이온 농도로부터 쉽게 계산할 수 있다. 이 전류의 시간 동역학은 두 동기 변수 $g_*, g_\cdot$의 α, β제곱에 의해 한정된다. 변수 $g_*, g_\cdot$는 그들의 특성 시간 $\tau_i(V_m)$값에 대응하는 전압 의존 항정 상태 값 $g_i^\infty(V_m)$으로 다가간다(3). 여기 나온 모든 매개변수와 함수들은 특정한 이온 전류에 대한 실험에서 측정된 성질에 맞추기 위해 선택한 것이다. 대부분의 이온 전류는 하나 또는 두 개의 동기 변수를 가지고 $\alpha = \beta = 1$이다.

식 (1)-(3)으로 표현되는 방정식계는 상세한 이온 모델로 불리는데, 이는 이 식들이 심장 흥분의 근본적인 생물물리학적 메커니즘을 상세히 묘사하고 심장 세포들의 특성에 관한 직접적인 측정값에 기초를 두고 있기 때문이다. 그러한 모델들은 제일 적을 경우 4개에서 많은 경우 100개의 방정식을 가지고 있고 수백 개의 매개변수를 포함하고 있다. 이러한 모델들은 주로 수치적으로 해를 구하여 약물 효능, 돌연변이, 그리고 심장 세포들의 다른 과정에 관한 구체적인 연구에 적용한다. 심장 모델의 또 다른 범주는 저차원 현상학적 모델인데 단 두 개에서 세 개의 미분방정식으로 이루어져 있다. 이 모델들은 주로 심장에서 파동의 일반 연구에 사용되는데, 해석적 방법과 함께 수치적 방법이 사용된다.

1.2 조직과 전체 기관 모델

파동의 전파는 심장 세포들의 연속적인 흥분의 결과인데, 이는 식 (1)에 묘사되어 있다. 심장 조직에서 흥분 가능한 세포들은 간극연결이라 불리는 저항을 통하여 서로 연결되어 있고 저항 네트워크로 조직을 표현하여 방정식을 얻을 수 있다. 가장 널리 쓰이는 모델 중 하나는 다음과 같은 단일영역 방정식으로 표현된다.

$$C_m \frac{\partial V_m}{\partial t} = \mathrm{div}(\boldsymbol{D} \nabla V_m) - I_{\mathrm{ion}} \qquad (4)$$

위 식에서 $\boldsymbol{D}$는 확산 텐서다. 이 방정식 뒤에 숨어 있는 아이디어는 간단하다. 막을 통과하는 총 전류는 이온 전류 I_{ion}뿐만 아니라 세포 주변의 확산 전류 ($\mathrm{div}(\boldsymbol{D}\nabla V_m)$)도 포함한다. 확산 전류가 왜 그러한 형태를 나타내는지 이해하기 위해서 긴 원기둥 모양을 띤 가상의 세포를 생각해 보자. 원기둥의 축을 따르는 전류는 전압 $\boldsymbol{D}\nabla V_m$의 기울기벡터에 비례한다(옴의 법칙). 이 전류의 발산은 막 전류, 즉 원기둥의 표면을 따라 흐른 전류다. 그러므로 I_{ion}에 더해져야 한다. 심장 조직은 섬유로 구성되어 있으므로 저항은 섬유의 방향에 의존하고, 이 값은 확산 (전도율) 텐서 $\boldsymbol{D}$로 설명할 수 있다. 최근 연구에 의하면 심장의 섬유는 심근 시트로 구성되어 있는데 세 가지 주요 방향으로 저항을 주는 것으로 드러났다. 그 방향은 섬유를 따르는 방향, 시트 안쪽의 섬유를 가로지르는 방향, 시트를 가로지르는 방향이다. 이 세 방향에 대하여 측정된 속도는 근사적으로 $1:\frac{1}{2}:\frac{1}{4}$의 비를 나타낸다. 확산 행렬은 섬유와 시트의 방향으로부터 바로 계산할 수 있다. 주요한 아이디어는 국소적으로 섬유와 시트에 맞추어진 좌표계에서 행렬 $\boldsymbol{D}$가 대각행렬이고 고윳값은 주어진 방향에 따른 서로 다른 저항을 나타낸다는 것이다. 대역적인 좌표계에서 $\boldsymbol{D}$는 간단한 행렬 변환을 통해 얻을 수 있다.

심장 전체의 흥분에 대한 모델링은 대부분 심장

모형을 나타내는 정의역에서 식 (4)의 해를 찾는 작업을 포함하고 있다. 또한 이 방정식을 풀기 위해서 우리는 각 지점에서 (행렬 $\boldsymbol{D}$를 통하여) 조직의 이방성을 특징지어야 하고 심장 세포 모델을 통하여 (I_{ion}) 심장 세포의 형태를 결정해야 한다. 추가로 경계 조건 또한 부과되어야 한다. 이와 관련된 대부분의 자료는 쉽게 얻을 수 있고, 심장의 모양은 **컴퓨터 단층촬영**[IV.4 §8](CT)([VII.19]도 참조하시오)이나 임상에서 일상적으로 사용되는 **자기공명영상장치**[VII.10 §4.1](MRI) 촬영을 통하여 얻을 수 있다. 하지만 $\boldsymbol{D}$를 얻는 것은 더욱 더 힘들다. 현재는 직접적인 과거의 측정값을 이용하는 외식된 심장을 측정하거나, 조직의 수분 확산 속도를 면밀히 살펴 섬유의 방향을 측정하는 확산 텐서 MRI를 이용하여 측정하는 방법만이 사용되고 있다.

2 심장 모델링의 해석적 방법

심장 모델에 관한 해석적 연구에서 그 가능성은 매우 제한적이다. 이 분야의 대부분의 결과는 저차원 모델을 다루는데 해의 주요한 성질은 시스템의 위상 평면에서 연구할 수 있다. 또 다른 중요한 (준)해석적 연구의 방향은 동역학적 불안정성을 연구하는 것인데, 나선 파동의 생성이나 복잡한 난류 양식을 보이며 소멸해 가는 형태의 연구와 같은 분야에서 결과를 내놓을 수 있을 것이다. 가장 흥미로운 결과 중의 하나는 교대 불안정이라 불리는 연구에서 얻은 것인데, 이는 단순히 주기적으로 힘을 받는 심장 세포를 묘사하는 일차원 이산 사상에 대한 주기-배가 분기의 결과로 나타나는 불안정성이다. 그러한 연구를 통하여 나선의 붕괴를 이끌어 내는 불안정성의 시작에 대한 필요조건을 예측할 수 있다. 이 조건들은 심장 박동의 기간에 관한 의존성과 심장 세포들의 자극 주기와 같은 심장 조직의 측정 가능한 특징들과 연관되어 있다. 이 가설은 이론적으로 연구되었을 뿐만 아니라 실험적으로도 연구되었다. 실험을 통해 의존성의 기울기가 줄어들면서 심장에서 전기적 난류가 발생하는 것이 방해받고 있음을 입증했다. 또 다른 최근의 발전은 심장의 이방성을 리만 다양체로 묘사하는 새로운 방법을 찾은 것이다. 이 방법에서 거리는 주어진 점에 흥분이 도착하는 것으로 정의된다. 이 관점으로 바라보면, 파동의 속도와 이차원 및 삼차원의 이방성 조직의 나선 파동에 관한 해석적 방정식을 리치 곡률 텐서와 같은 리만 기하학에서 쓰이는 곡률 텐서의 성질을 이용하여 얻을 수 있다.

3 수치 해석적 접근

심장 모델링에서 수치 해석적 접근은 가장 중요한 방법이다. 심장 흥분을 묘사하는 단일 영역 방정식은 포물형 편미분방정식의 범주에 들어가는데, 이 방정식의 수치적 해는 간단하다. 식 (4)의 모의실험을 위하여 오일러의 적분 방법과 같은 외연적 유한차분법이 매우 자주 사용된다. 식 (5)는 이 방법을 이차원 이방성의 경우에 적용한 예인데, 시간 t일 때의 변수들의 값으로부터 시간 $t + ht$일 때 이차원 격자 위의 점 (i, j)에서의 전압 값을 갱신하는 식이다.

$$V_{ij}^{t+ht} = V_{ij}^{t} - I_{ij}^{t} + \frac{htD}{C_{\mathrm{m}}} \frac{V_{i+1,\,j}^{t} + V_{i,\,j+1}^{t} + V_{i-1,\,j}^{t} + V_{i,\,j+1}^{t} - 4V_{ij}^{t}}{hs^2}. \tag{5}$$

여기에서 hs와 ht는 공간 좌표와 시간 좌표에서의 적분 단위고 I_{ij}는 주어진 점에서의 이온 전류 값이다. 심장 모델에서 전형적으로 사용하는 적분 단위는 $hs \approx 0.2$mm이고 $ht \approx 0.01$ms이다. 상승 운동의 시간 규모와 탈분극기의 시간 규모의 큰 차이로 인하여(그림 4), 시간과 공간을 잘 조정할 수 있는 알고리즘을 만들기 위하여 많이 노력해 왔다. 전체 심장 모의실험의 경우 가장 큰 도전과제는 복잡한 모양을 가진 정의역의 경계 조건을 잘 표현하는 것이다. 이 작업이 끝나면, 외연적 유한 차분법과 함께 좀 더 복잡한 수치 해석적 방법(유한-부피 또는 유한 요소법)을 사용한다. 대부분의 현존하는 이온 모델들의 경우 더 이상 원문을 찾아 방정식을 가져올 필요가 없음을 알려 둔다. 대부분의 모델은 오클랜드 대학교(Auckland University)의 세포 ML 데이터베이스(www.cellml.org)에서 찾을 수 있다.

4 응용

심장 전체의 컴퓨터 모델을 가지고 작업하는 것은 실험실이나 임상에서 작업하는 것과 비슷하다. 컴퓨터를 사용하는 연구자들은 실험실에서 사용하는 것과 같은 장비를 가지고 있다. 예를 들면 실제 실험에서 가상 심장에 전극을 꽂고 지정된 점의 전압을 조정해서 새로운 파동을 일으킨다.

모델링은 실제로 중요한 문제에 적용된다. 예를 들면 대부분의 심장 약들은 특정 이온 통로를 막는다. 우리는 식 (1)에서 이온 통로 G_*의 전도도를 바꾸어 약의 효과를 알아보는 모델을 만들고, 이 변화가 심장 흥분의 과정에 어떻게 영향을 미치는지를 연구할 수 있다. 마찬가지로, 유전되는 심장병의 많은 형태가 유전자 코딩 이온 통로에서 일어나는 돌연변이의 결과로 발생한다. 예를 들면 LQT1 증후군은 칼륨 전류를 조정하는(감소시키는) 돌연변이 때문에 발생하고 LQT3 증후군은 나트륨 전류를 조정하는(증가시키는) 돌연변이 때문에 발생한다.

따라서 어떤 돌연변이의 효과를 다시 재현하기 위해 이온 통로의 특성을 조절한다면 이 돌연변이가 세포 흥분에 미치는 영향과 부정맥이 발생되는 현상을 연구할 수 있다. 더군다나 심장병의 여러 형태에 따른 부정맥의 발생을 연구하는 것도 가능하다. 허혈이나 섬유증과 같은 현상도 모델의 매개변수를 바꾸거나 새로운 형태의 세포를 도입함으로써 연구할 수 있다. 실제 실험실에서 행하는 연구와 비교하면 모델링은 심장의 성질을 조절할 수 있는 더 많은 가능성을 열어 두고 있으며 심장 안에서 전파되는 삼차원 파동을 연구하는 데 이용할 수도 있다.

연구자들은 나선 파동의 형성 메커니즘을 설명하는 응용분야에 큰 관심을 두고 있다. 또 다른 중요한 과제는 하나의 나선 파동이 시공간적인 혼돈으로 악화되는 원인인 불안정성(분기점)을 이해하고 정체를 알아내는 것이다.

계산 모델링 또한 임상적인 개입, 예를 들면 심장 재동기화 치료, 심장 절제 등의 응용에 쓰일 가능성이 있다. 심장병 전문의는 심장 재동기화 치료에서 몇몇 전극을 환자의 심장에 놓은 다음 심장의 펌프 기능을 최적화하기 위해서 전극의 흥분 지연을 조절한다. 이 과정은 심장 마비로 고통 받는 환자에게 주요하게 쓰이는 방법인데, 이 환자들의 심장은 비정상적인 성질을 갖고 있어서 이 과정은 환자의 특징에 따라 최적화되어야 한다. 해부학적으로 정확한 모델링은 그러한 최적화에 필요한 가장 중요한 도구들 중 하나다. 심장 절제는 부정맥이 일어난 동안 심장을 순환하는 파동이 병리학적 경로를 따라 진행하는 것을 막기 위해 심장병 전문의들이 시행하는 과정이다. 여기에서도 마찬가지로 모델링을 통하여 그러한 경로를 확인하고 절제 과정에서 심장병 전문의에게 안내해 줄 수 있다. 모델링의 임상에서의 직접적인 응용은 아직 개발 중이지만 향후 십년간 임상적인 도구가 될 것이라는 믿음이 퍼지고 있다.

더 읽을거리

Clayton, R. H., and A. V. Panfilov. 2008. A guide to modelling cardiac electrical activity in anatomically detailed ventricles. *Progress in Biophysics and Molecular Biology* 96: 19-43.

Jalife, J., M. Delmar, J. Anumonwo, O. Berenfeld, and J. Kalifa. 2009. *Basic Cardiac Electrophysiology for the Clinician*. New York: Wiley-Blackwell.

Keener, J., and J. Sneyd. 2009. *Mathematical Physiology*, 2nd edn. New York: Springer.

Panfilov, A. V., and A. M. Pertsov. 2001. Ventricular fibrillation: evolution of the muliple-wavelet hypothesis. *Philosophical Transactions of the Royal Society of London* A 359: 1315-26.

Rudy, Y., and J. R. Silva. 2006. Computational biology in the study of cardiac ion channels and cell electrophysiology. *Quarterly Reviews of Biophysics*. 39: 57-116.

V.7 화학 반응

마틴 파인버그 *Martin Feinberg*

1 서문

화학 반응은 자연 현상의 방대한 범위의 기저를 이루고, 그 결과 과학과 공학의 많은 분야에서 필수적인 역할을 한다. 대기 화학, 세포 생물학, 또는 화석 연료로부터 에너지를 효과적으로 생산하는 방법을 이해하기 위해서는 어떤 식으로든 어떻게 화학 반응이 특정 분자들을 다른 것으로 변환시키는지에 대하여 조직적으로 생각하는 체계가 필요하다.

화학 반응은 다양한 개념적 수준에서 연구가 가능하다. 예를 들어 매우 근본적인 수준에서 보면 하나의 화학 반응이 일어나는 동안 개별 분자들 안에서와 그들 사이에서 화학 결합이 깨지고 생성되는 방식을 살펴볼 수 있다.

이 글에서 우리의 관심은 차이가 날 것이다. 생물학적 세포와 대기에는 서로 다른 화학적 종이 수없이 많고 이들은 엄청나게 다양한 화학 반응을 만든다. 특정한 종은 몇몇 화학 반응에서 소비되고 다른 몇몇 반응에서 생성된다. 따라서 반응은 복잡하게 얽혀 있고 그 결과 종 구성원간의 역학은 매우 복잡하다. 우리가 집중해서 살펴볼 것이 바로 이 역학이다.

2 몇몇 기초 요소

화학 반응 시스템의 수학이 만들어지는 데 기초로 두고 있는 몇몇 요소들을 알아보는 것이 유용할 것이다.

2.1 종

먼저 우리가 연구하길 원하는 화학 혼합물이 고정된 화학적 **종**으로 구성되어 있다고 가정하고 시작하자. 이 종들은 $A_1, A_2, \cdots, A_N$으로 표시한다. 따라서 A_1은 일산화탄소일 수 있고, A_2는 산소일 수 있다. 응용에서는 종의 집합을 선택할 때 몇몇 판단이 필요하다. 작업에 필요 없어 보이는 분자 본체를 무시하는 선택이 필요할 지도 모른다. 혼합물의 각 위치와 각각의 순간에 우리는 모든 종 A_L에 몰 농도 c_L을 연관시킨다. 대충 말해서 c_L은 단위 부피당 A_L의 국소적인 분자 수를 대략 6×10^{23}인 아보가드로 수로 나눈 값이다. 이러한 방법으로 혼합물의 각 위치와 각각의 순간에 우리는 N개의 순서쌍으로 이루어진 벡터 공간 $\mathbb{R}^N$의 국소적 **구성 벡터** $c = [c_1, c_2, \cdots, c_N]$을 연관시킬 수 있다. 대부분의 영역에서 화학 반응의 수학은 구성 벡터가 시간과 공간상에서 어떻게 변화하는지를 묘사하는 데 집중한다.

2.2 반응

연구하고자 하는 혼합물에 대하여 **반응 네트워크**를 이루는 화학 반응의 고정된 집합을 나타냄으로써 다양한 종이 상호 작용한다고 가정하자. 네트워크는 종종 아래에 나와 있는 것과 같은 반응 다이어그램으로 표시된다.

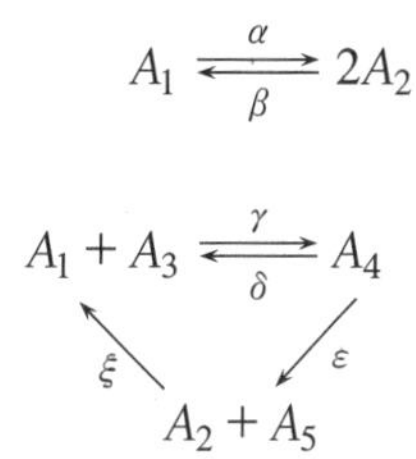
(1)

다이어그램은 분자 A_1이 분해되어 두 개의 A_2 분자를 만들고, 두 개의 A_2 분자가 결합하여 A_1 분자를 만들고, 분자 A_1과 분자 A_3이 결합하여 분자 A_4를 만드는 것 등을 표현한다. (반응 화살표를 따라 쓴 그리스 문자는 다음 절에서 역할을 맡을 것이다.)

여기에서 다시 어떤 반응을 포함시킬지에 대한 몇몇 판단이 필요하다. 어떤 반응은 너무 천천히 일어나서 무시해도 분석의 목적에 영향을 미치지 않을 것이다.

2.3 반응속도 함수

개별적 반응의 국소적 발생 속도는 (다루고 있는 네트워크의 각 반응당 하나씩) **반응속도 함수**로 주어진다고 추정된다. 이 함수는 개별적 반응 속도가 어떻게 국소적인 혼합물의 구성 벡터와 국소적 온도에 의존하는지를 나타낸다. 따라서 함수 $\mathscr{K}_{A_1 \to 2A_2}(\cdot, \cdot)$는 반응 $A_1 \to 2A_2$의 단위 부피당 국소적 발생 속도가 국소적 혼합물의 조건에 어떻게 의존하고 있는지를 나타낸다. 특히 $\mathscr{K}_{A_1 \to 2A_2}(c, T)$는 국소적 구성 벡터가 c이고 국소적 온도가 T일 때 단위 부피당 국소적 몰 발생 빈도다. (대충 말하자면, 단위 부피당 국소적 몰 발생 빈도는 단위 부피, 단위 시간당 반응이 일어난 횟수를 아보가드로 수로 나눈 것이다) 따라서 반응속도 함수는 음이 아닌 값을 갖는다.

일반적으로 이 함수들은 부드럽고*, 함수가 묘사하는 특정 반응들과 어떤 자연스러운 관계를 가지고 있다고 여겨진다. 예를 들어 $A_1 + A_3 \to A_4$, $\mathscr{K}_{A_1+A_3\to A_4}(c, T)$와 같은 반응이 구성 c에서 0보다 큰 양의 값을 갖는다는 것은 A_1과 A_3 모두 실제로 존재할 때, 즉 구성 벡터 c의 양쪽 값 c_1과 c_3이 양수일 때와 동치라는 점을 가정한다(우리도 같은 가정을 할 것이다).

네트워크에서 각각의 반응에 대한 반응속도 함수를 정하는 것을 네트워크의 **동역학**이라 부른다. **동역학 시스템**을 통하여 반응 네트워크를 동역학과 함께 다룰 것이다.

2.3.1 질량 작용 동역학

반응 네트워크의 **질량 작용 동역학**을 이용해서 개별적인 반응속도 함수는 특별하고 매우 자연스러운 형태를 갖게 된다.

$A_1 \to 2A_2$와 같은 반응에서는 일반적으로 국소 발생 속도가 단순히 A_1의 국소적 농도인 c_1에 비례한다고 가정한다. 결국 더 많은 A_1 분자가 국소적으로 존재한다면 더 많은 반응이 그곳에서 발생할 것이다. 따라서 $\mathscr{K}_{A_1\to 2A_2}(c, T) \equiv \alpha(T)c_1$이라고 여겨진다. 이 식에서 $\alpha(T)$는 반응 $A_1 \to 2A_2$의 (양) 반응 상수라고 부른다.

반응 $2A_2 \to A_1$에서는 상황이 다르다. 이 경우 두 개의 A_2 분자들은 반응이 진해되기 위해서는 만나야만 하고 그러한 만남의 확률은 $(c_2)^2$에 비례한다고 간주한다. 여기에서 영감을 얻어 반응속도 함수는 $\mathscr{K}_{2A_2\to A_1}(c, T) \equiv \beta(T)(c_2)^2$이라고 여겨진다. 이 식에서도 당연히 $\beta(T)$는 반응 $2A_2 \to A_1$의 반응 '상수'다. 비슷하게 $\mathscr{K}_{A_1+A_3\to A_4}(c, T) \equiv \gamma(T)c_1c_3$이라고 할 수 있다. 그 외에도 마찬가지다.

동역학이 질량 작용인 경우 보통 식 (1)에서처럼 대응하는 반응 화살표 옆에 다양한 속도상수를 나타내는 표시를 해서 반응 다이어그램을 장식한다.

2.3.2 다른 동역학

소위 기본 반응이라 불리는, 괜찮은 수준에서 화학을 묘사하려 하는 반응 네트워크는 질량 작용 동역학을 따른다고 가정되어 있다. 하지만, 때로는 좀 더 거친 모델링이 역할을 할 때도 있다. 다루려는 '반응'이 실제로는 이성적임에도 불구하고 실제로 발생하는 상황에 대한 근사적인 묘사인 경우도 있다. 사실, 모델에서는 좀 더 기초적인 화학적 사건들이 연속해서 일어난 결과를 묘사하는 '전체' 반응을 용어로 사용하여 나타내려 한다.

예를 들면 $A_1 \to A_2$와 같은 반응에서 모델은 전체 반응을 다 포함하려 한다. 즉, 실제로 이 반응은 아주 낮은 농도로 포함된 효소의 도움을 받아 다음과 같은 기초적인 반응의 열로 나타난다.

$$A_1 + E \rightleftarrows A_1E \to A_2E \to A_2 + E$$

이 식에서 A_1은 가역적으로 효소 E와 결합해서 A_1E를 형성하고, 그 결과 결합해 있는 A_1은 효소에 의해 재빨리 A_2로 바뀐다. 그 후 새로 형성된 A_2는 결합

* 수학적으로는 미분이 잘 되고—옮긴이

을 풀어 효소를 원상태로 돌려보낸 뒤 자유로워지는 마술을 부린다.

이 기초적인 단계의 열은 질량 작용 동역학에 의해 이루어진다고 여겨지는데, 적당한 근사 과정을 통하여 준반응(peudoreaction) $A_1 \to A_2$에 대한 준동역학을 만들어 낸다. 그러한 동역학은 다음과 같은 미카엘리스-멘텐 형태를 갖는다.

$$\mathscr{K}_{A_1 \to A_2}(c, T) \equiv \frac{k(T)c_1}{k'(T) + c_1}$$

효소의 (거의 상수인) 농도가 매개 변수의 값(특히 k의 값)에 영향을 미치지만 눈에 잘 띄지 않기 때문에 준반응 $A_1 \to A_2$의 근사적인 속도 함수는 A_1의 농도에 관한 항만으로 분명하게 쓸 수 있다.

3 동역학계의 종-형성물-속도 함수

동역학으로 표현된 반응 네트워크에 대하여, 우리는 국소적 구성 벡터가 c이고 국소 온도가 T인 경우에 단위 부피당 각 종의 국소적 총 몰 생산 속도를 계산할 수 있는 위치에 있다.

앞에서 다룬 반응 네트워크에서 잠시 동안 종 A_1에 집중하자. 반응 $A_1 \to 2A_2$가 일어날 때마다 우리는 A_1 분자 하나를 잃고, 이 반응의 단위 부피당 국소적 발생 속도는 $\mathscr{K}_{A_1 \to 2A_2}(c, T)$이다. 반응 $2A_2 \to A_1$이 일어날 때 마다 우리는 A_1 분자 하나를 얻고, 이 반응의 단위 부피당 국소적 발생 속도는 $\mathscr{K}_{2A_2 \to A_1}(c, T)$이다. 또한 반응 $A_1 + A_3 \to A_4$, $A_4 \to A_1 + A_3$, 그리고 $A_2 + A_5 \to A_1 + A_3$이 종 A_1을 생산하는 데 공헌한 양을 계산하기 위해서 우리는 A_1의 단위 부피당 총 몰 생산 속도 $r_1(c, T)$를 다음과 같이 계산할 수 있다.

$$\begin{aligned} r_1(c, T) \equiv &- \mathscr{K}_{A_1 \to 2A_2}(c, T) + \mathscr{K}_{2A_2 \to A_1}(c, T) \\ &- \mathscr{K}_{A_1 + A_3 \to A_4}(c, T) + \mathscr{K}_{A_4 \to A_1 + A_3}(c, T) \\ &+ \mathscr{K}_{A_2 + A_5 \to A_1 + A_3}(c, T) \end{aligned}$$

종 A_2에 대해서도 우리는 같은 방식으로 계산할 수 있다. 하지만 우리는 반응 $A_1 \to 2A_2$ 각각의 발생에서 A_2 분자 두 개를 얻는다는 점을 인지할 필요가 있다. 따라서 다음과 같이 쓸 수 있다.

$$\begin{aligned} r_2(c, T) \equiv\ & 2\mathscr{K}_{A_1 \to 2A_2}(c, T) \\ &- 2\mathscr{K}_{2A_2 \to A_1}(c, T) \\ &+ \mathscr{K}_{A_4 \to A_2 + A_5}(c, T) \\ &- \mathscr{K}_{A_2 + A_5 \to A_1 + A_3}(c, T) \end{aligned}$$

이러한 방법으로 우리는 N종의 동역학계에 대하여 N개의 함수 $r_L(\cdot, \cdot)$, $L = 1, 2, \cdots, N$을 만들었다. 각 L에 대하여 $r_L(\cdot, \cdot)$은 단지 전체 반응에 대한 개별적인 반응 속도 함수의 합이다. 여기에서 각 속도 함수에는 대응하는 반응이 각각 발생하여 생성된 종 A_L 분자의 총 수가 곱해진다.

나중에 사용하기 위해서 동역학계에 대하여 벡터 **종-형성물-속도 함수** $r(\cdot, \cdot)$를 만들어 두는 것이 편리하다. 이 함수는 다음과 같이 정의된다.

$$r(c, T) := [r_1(c, T), r_2(c, T), \cdots, r_N(c, T)] \in \mathbb{R}^N$$

4 동역학계는 어떻게 미분방정식으로 나타낼 수 있는가

동역학계가 자신을 물리 화학적인 설정에서 드러내는 방법은 다양하다. 그리고 동역학계를 나타내는 지배 미분방정식이 어떻게 공식화되는지에 대하여 각각 다르게 대응한다. 하지만 각각의 설정에서 화학반응의 존재는 다루는 동역학계의 종-형성물-속도 함수를 통하여 나타난다.

여기에서 우리는 거의 대부분 화공학자들이 공간적으로 균일한(잘 섞인) 고정된 부피의 회분 반응기라 부르는 것에 집중할 것이다. 왜냐하면 회분 반응기에서는 화학반응이 오염되지 않은 상태로 잘 드러나고, 합성이 물질의 대규모 반응이나 확산에 의한 이동에 따르는 결과의 변화에 영향을 받지 않기 때문이다.

4.1 균일 회분 반응기

고정된 부피 V의 그릇을 채운 혼합물을 생각해 보자. 그리고 그 구성과 온도가 항상 공간상의 위치에 상관없이 일정하게 유지될 정도로 효과적으로 혼합물이 잘 섞여 있다고 하자. 또한 어떠한 방법을 사용해서라도 그릇에 열을 더하거나 빼서, 특히 시간에 따른 온도의 변화가 정교하게 제어된다고 하자. 한 가지 가능성은 온도가 모든 시간 동안 하나의 값으로 유지되는 것인데, 이러한 상황을 **등온**이라 한다.

우리는 이전과 마찬가지로 화학 반응이 N개의 종 $A_1, A_2, \cdots, A_N$으로 이루어진 동역학계로 모델이 잘 만들어져 있다고 가정한다. 이 경우 시간 t일 때 공간적으로 독립적인 구성 벡터는 $c(t) = [c_1(t), c_2(t), \cdots, c_N(t)] \in \mathbb{R}^N$이다.

만일 $n_L(t)$를 시간 t일 때 반응기 안에 있는 종 A_L의 몰 수, 즉 A_L의 분자 수를 아보가드로 수로 나눈 값이라고 하고, $r_L(c(t), T(t))$가 기본적인 반응 네트워크에서 일어나는 모든 반응에 의한 A_L의 **단위 부피당 총 생성 속도**임을 상기하면 $\dot{n}_L(t) = Vr_L(c(t), T(t))$라고 쓸 수 있다. (항상 윗점은 시간에 대한 미분을 나타낸다.) 이 식을 V로 나누면 다음과 같은 N개의 스칼라 값을 갖는 미분방정식계를 얻는다.

$$\dot{c}_L = r_L(c(t), T(t)), \quad L = 1, 2, \cdots, N \tag{2}$$

또는 동등한 식으로 다음과 같은 하나의 벡터 방정식으로 나타낼 수 있다.

$$\dot{c}(t) = r(c(t), T(t)) \tag{3}$$

우리가 고려하지 않았을 상황은 반응기가 **단열**이라는 것인데, 이는 그릇이 완전히 절연되어 있음을 의미한다. 이 경우 에너지를 고려해야 하는데, 추가적인 온도에 관한 미분방정식을 추가해야만 한다. 특히 화학 반응의 발생 자체가 혼합물의 온도를 높이거나 낮출 수 있음을 감안해야 한다.

동역학이 질량 작용인 경우 반응 네트워크 (1)에 단열 회분 반응기에 대한 미분방정식 (2)를 추가하는 것이 좋을 것이다.

$$\left.\begin{aligned}
\dot{c}_1 &= -\alpha c_1 + \beta(c_2)^2 - \gamma c_1 c_3 + \delta c_4 + \xi c_2 c_5,\\
\dot{c}_2 &= 2\alpha c_1 - 2\beta(c_2)^2 + \varepsilon c_4 - \xi c_2 c_5,\\
\dot{c}_3 &= -\gamma c_1 c_3 + \delta c_4 + \xi c_2 c_4,\\
\dot{c}_4 &= \gamma c_1 c_3 - (\delta + \varepsilon) c_4,\\
\dot{c}_5 &= \varepsilon c_4 - \xi c_2 c_5
\end{aligned}\right\} \tag{4}$$

위 식은 다섯 개의 종속 변수와 여섯 개의 매개 변수(속도상수)가 등장하는 다항식 미분방정식이 결합된 미분방정식계임을 언급해 둔다.

다항식 미분방정식은 연구하기가 어렵기로 악명 높다. 사실 1900년 파리에서 열린 세계 수학자 대회에서 데이비드 힐베르트가 제안한 유명한 문제 중 하나(16번째)가 단 두 개의 변수로 이루어진 다항식 미분방정식이다. 이 문제는 아직 미제로 남아 있다.

4.2 다른 물리 화학적 설정에 관한 첨언

회분 반응기 안에서 구성 요소들은 화학 반응의 발생에 따라 완전히 그 결과를 바꾼다. 다른 설정에서 시간이나 공간적인 위치에 따른 구성의 변화는 물질의 대규모 반응이나 확산에 의한 이동과 반응이 결합하여 나타나는 결과다.

연속 유출 혼합 탱크 반응기는 회분 반응기와 매우 닮았지만 신선한 혼합물이 일정한 속도로 연속적으로 더해진다. 이때 혼합물은 동시에 같은 속도로 반응기에서 빠져나간다. 혼합물의 농도가 구성과 온도에 독립적이라고 가정하면 지배 벡터 미분방정식은 다음과 같은 형태가 된다.

$$\dot{c}(t) = \frac{1}{\theta}(c^F - c(t)) + r(c(t), T(t))$$

이 식에서 $c^F \in \mathbb{R}^N$은 공급되는 구성 물질이고 θ는 반응기에서의 **체류 시간**이다. 체류 시간은 반응기의 부피를 체적 유량으로 나눈 값이다.

또 다른 구성에서는 구성이 시간뿐만 아니라 공간적인 위치에 따라서 연속적으로 변할 수 있다. 그러한 순간에는 혼합물의 모델은 보통 **반응 확산 방정식계**로 나타나는데, 이에 대한 방대한 양의 문헌이 있다.

마지막으로 물질의 이동을 허용하는 시스템은 때때로 종 A_L의 첨가와 제거를 설명하기 위해 $0 \to A_L$이나 $A_L \to 0$ 형태의 준반응을 회분 반응기에 첨가한 것처럼 모델을 만든다.

5 기하학적으로 바라보기

우리가 이미 지적했듯이 상대적으로 단순한 반응이라도 대응하는 (1)과 같은 미분방정식은 연구하기 어려울 수 있다. 하지만 아직 우리가 활용하지 않은 것은 이 방정식들이 그들이 유도한 것으로부터 나오는 반응 네트워크와 긴밀한 구조적 관계를 품고 있다는 것이다. 이 관계는 구성 물질이 $\mathbb{R}^N$을 돌아다니는 궤적에 심각한 기하학적 제한을 준다. 이 기하학을 이해하는 것은, 처음부터 올바른 문제를 만들거나 제안하는 방정식이 나타내는 역학을 연구하는데 상당한 도움을 준다.

시작하기에 앞서 종-형성물-속도 함수 $r(\cdot, \cdot)$가 근본적인 반응 네트워크와 구조적으로 관련되어 있는 방법을 수학적으로 좀 더 명확히 할 필요가 있다.

5.1 복합체와 복합체 벡터

반응 네트워크의 **복합체**란 반응 화살표의 처음과 끝에 위치한 대상을 의미한다. 따라서 네트워크 (1)에서 복합체는 $A_1, 2A_2, A_1 + A_3, A_4, A_2 + A_5$다.

N종의 네트워크에서 각 복합체에 대해 자연스러운 방법으로 $\mathbb{R}^N$의 벡터를 대응시킬 수 있다. 이는 우리의 표본 네트워크 (1)의 항들로 가장 잘 설명할 수 있는데, 이 경우 $N = 5$다. 복합체 A_1에는 복합체 벡터 $y_1 := [1, 0, 0, 0, 0] \in \mathbb{R}^5$을 대응시키고, $2A_2$에는 벡터 $y_2 := [0, 2, 0, 0, 0]$을 대응시키고, $A_1 + A_3$에는 벡터 $y_3 := [1, 0, 1, 0, 0]$을 대응시키고, A_4에는 벡터 $y_4 := [0, 0, 0, 1, 0]$을 대응시키고, $A_2 + A_5$에는 벡터 $y_5 := [0, 1, 0, 0, 1]$을 대응시킨다.

5.2 반응과 반응 벡터

우리는 복합체에 임의로 숫자를 붙였음을 언급해 둔다. 지금부터 i번째 복합체가 반응하여 j번째 복합체가 되는 반응을 $y_i \to y_j$(또는 $i \to j$)로 쓰자.

사실, 우리는 네트워크의 각 반응 $y_i \to y_j$에 해당하는 반응 벡터 $y_j - y_i \in \mathbb{R}^N$을 대응시킬 것이다. 여기에서 N은 여전히 종의 수이다. 우리의 예에서 반응 $A_1 \to 2A_2$에 대응하는 벡터는 [−1, 2, 0, 0, 0]이다. $A_2 + A_5 \to A_1 + A_3$에 대응하는 반응 벡터는 [1, −1, 1, 0, −1]이다. 특정한 반응의 반응 벡터의 L번째 성분은 단지 그 반응이 발생했을 때 생산되는 종 A_L의 총 분자 수임을 언급해 둔다.

5.3 종-형성물-속도 함수 다시 생각해 보기

반응들의 집합을 $\mathscr{R}$, 대응하는 반응 속도 함수들의 집합을 $\{\mathscr{K}_{i\to j}\}(\cdot,\cdot)\}_{i\to j\in\mathscr{R}}$라 표기한 동역학계를 생각해 보자. 우리는 모든 c와 T에 대하여 (벡터) 종-형성물-속도 함수가 반응 벡터들 $\{y_j - y_i\}_{i\to j\in\mathscr{R}}$를 사용하여 다음과 같이 쓸 수 있다고 주장한다.

$$r(c, T) = \sum_{i\to j\in\mathscr{R}} \mathscr{K}_{i\to j}(c, T)(y_j - y_i) \qquad (5)$$

이 식이 참임을 보이기 위해서 다음과 같이 종 A_L에 대응하는 식 (5)의 성분을 점검해 보는 것이 도움이 된다.

$$r_L(c, T) = \sum_{i\to j\in\mathscr{R}} \mathscr{K}_{i\to j}(c, T)(y_{jL} - y_{iL}) \qquad (6)$$

종 A_L에 대하여 종 형성물 속도가 어떻게 계산되는지를 상기해 보자. 이 값은 대응하는 반응이 한 번 일어날 때 만들어진 A_L의 총 분자 수를 각각 곱해서 개별적인 반응 속도 함수에 곱한 다음 모든 반응들에 대하여 합을 구하면 얻을 수 있다. 이는 정확히 식 (6)에서 계산된 것이다.

5.4 벡터 공식이 우리에게 말해 주는 것

식 (5)를 보면, 국소적인 혼합물의 구성과 온도에 상관없이, 종-형성물-속도 벡터는 작동되는 화학반응 네트워크의 반응 벡터들의 변치 않는 선형결합(사실은 음이 아닌 선형결합)임을 알 수 있다. 이는 종-형성물-속도 벡터가 $\mathbb{R}^N$의 특정 방향을 가리키도록 제한되어 있음을 말해 준다. 이 벡터들은 반응 벡터들로 생성된 $\mathbb{R}^N$의 선형 부분 공간을 따르는 방향으로만 나타난다.

이는 반응 네트워크의 화학량론적 부분 공간이라 불리는데, 우리는 이를 기호 S로 나타낸다.

$$S := \text{ span}\{y_j - y_i \in \mathbb{R}^N : y_i \to y_j \in \mathscr{R}\}$$

(화학량론은 화학 반응으로 인해 변화하는 가운데에서도 보존되는 다양한 양들(예를 들면, 질량, 전하, 다양한 종류의 원자들)을 고려하는 기초 화학의 한 분야다.)

우리는 화학량론적 부분 공간의 차원에 관심이 있다. 이는 네트워크의 반응 벡터 집합의 계수(rank)와 같다. 즉, 네트워크의 반응 벡터들로 만들 수 있는 가장 큰 선형 독립인 벡터들의 수다. s라고 쓸 이 수는 네트워크의 계수라고 부른다.

$$s := \text{ dim } S = \text{rank}\{y_j - y_i \in \mathbb{R}^N : y_i \to y_j \in \mathscr{R}\}$$

이제 우리가 사용할 수 있는 용어로 말하면, 어떠한 구성과 온도에 대해서도 $r(c, T)$는 화학량론적 부분 공간을 따르는 방향으로 제한된다. S가 사실 $\mathbb{R}^N$보다 작다(즉 $s < N$)는 전제하에 이 사실은 중요한 역학적 의미를 지닌다. 우리는 이러한 의미를 곧 살펴볼 것이다. 하지만 먼저 질량을 보존하는 네트워

크에 대하여 S가 $\mathbb{R}^N$보다 작아야만 하는 것을 확인해야 한다.

5.5 질량-보존 반응 네트워크의 기본적인 성질

우리의 표본 네트워크 (1)에서 $M_1, M_2, \cdots, M_5$가 다섯 개의 종 $A_1, A_2, \cdots, A_5$의 몰 무게라고 하자. 반응 $A_1 \to 2A_2$가 일어나는 동안 화학적 변형이 일어나지만, 그럼에도 불구하고 반응이 질량을 보존할 것이라고 기대할 수 있다. 즉 이는 화살표의 반응물 쪽에 있는 분자들의 총 몰 무게가 생성물 쪽의 분자들의 총 몰 무게와 같으리라고 기대하는 것이다. 좀 더 정확하게 하면 반응이 사실 질량 보존을 한다면 우리는 $M_1 = 2M_2$이기를 기대한다. 비슷하게 만일 반응 $A_1 + A_3 \to A_4$가 질량 보존을 한다면 $M_1 + M_3 = M_4$여야만 한다.

좀 더 일반적으로 만일 N종의 네트워크에서 $y_i \to y_j$가 반응이라면 다음과 같은 경우에만 반응은 질량을 보존한다.

$$\sum_{L=1}^{N} y_{iL} M_L = \sum_{L=1}^{N} y_{iL} M_L$$

위 예제에서 $M_1, M_2, \cdots, M_N$은 종의 몰 무게다. $M = [M_1, M_2, \cdots, M_N]$을 몰 무게의 벡터라고 두면 이 조건을 벡터 연산의 용어인 $\mathbb{R}^N$의 표준 내적으로 다음과 같이 표현할 수 있다.

$$y_i \cdot M = y_j \cdot M$$

만일 네트워크의 모든 반응이 질량 보존을 한다면 다음과 같은 식을 얻을 수 있다.

$$(y_j - y_i) \cdot M = 0, \quad \forall y_i \to y_j \in \mathscr{R}$$

이는 M이 각 반응 벡터들에 수직이고, 따라서 이 벡터들로 생성된 공간에 수직이다. 이 결과로부터 S가 $\mathbb{R}^N$보다는 확실히 더 작다.

5.6 기하학적 관점에서 본 회분 반응기

종-형성물-속도 함수가 기반이 되는 반응 네트워크의 화학량론적 부분 공간에서 값을 갖는다는 사실은 바로 회분 반응기 구성안에서 가장 명확히 확인할 수 있다.

지배 벡터 미분방정식이 $\dot{c}(t) = r(c(t), T(t))$임을 상기하자. 여기에서 $r(\cdot, \cdot)$은 작동하는 동역학계의 종-형성물-속도 함수다. 이 계에서 화학량론적 부분 공간은 $\mathbb{R}^N$보다 작다고 가정할 것이다. 명확히 하면 시간에 따르는 온도 변화가 외부의 관리로 조절되는 것 또한 가정할 것이다. (온도는 상수로 유지되어야 하지만 앞으로 논의할 내용에 꼭 필요한 것은 아니다.)

우리의 관심사는 구성 벡터가 초기 구성 $c(0) = c^0 \in \mathbb{R}^N$이 주어졌을 때 어떻게 $\mathbb{R}^N$의 음이 아닌 사분면을 따라 움직이는가를 이해하는 것이다. 다음에 나올 비유를 통해 우리는 동역학이 어떻게 주어지는지와 전혀 상관없이 왜 움직임이 반응 네트워크 그 자체로 인해 매우 강하게 제한되는지를 볼 수 있을 것이다.

5.6.1 벌레 비유

친숙한 벌레 한 마리가 당신의 침실 문의 손잡이 제일 위에 앉아 있는 모습을 상상해 보자. 시간 $t = 0$일 때 벌레는 날아다니기 시작했고 우리는 몇 분 후에 침실의 어디쯤에 벌레가 있을지 예측하는 데 관심이 있다. (지금은 겨울이다. 문과 창문은 닫혀 있다. 우리는 벌레가 어떠한 폭력으로도 고생하지 않을 것임을 가정한다.) 더 이상의 정보가 없다면 벌레의 위치에 대하여 말할 수 있는 어떠한 의미 있는 진전도 없을 것이다. 물론 질적인 면에서도 그렇다.

하지만 어떤 심원한 곤충학적 이유로 벌레는 자신의 속도 벡터의 방향을 항상 침실 바닥을 따르도록 정해야 한다고 가정해 보자. 그러면 직관적으로 모든 $t \geq 0$에 대하여 벌레는 문의 손잡이 윗부분을 지나는 바닥과 평행한 평면에 있어야만 하는 것이 분명하다. 사실, 우리는 평면의 어떤 곳에 벌레가 있을지는 정확하게 알지 못하지만 어떤 곳에 있지 않을지에 대해서는 많은 사실을 안다.

5.6.2 화학량론적 호환성

곤충학적인 이유라기보다는 화학량론적인 이유로 회분 반응기는 본질적으로 동일한 방법으로 행동한다. 함수 $r(\cdot, \cdot)$는 변함없이 S 안에서 값을 갖기 때문에 구성 '속도' $\dot{c}$는 항상 S를 따르는 방향을 가리킨다. 이는 최소한 직관적으로 당연한데, 모든 시간 $t \geq 0$에 대하여 $c(t)$는 c^0을 포함하는 S의 평행이동에 머물러야만 한다.

그림 1에서 우리는 세 개의 종으로 이루어진 네트워크에서 반응 $A_1 \rightleftarrows A_2$와 $A_1 + A_2 \rightleftarrows A_3$에 기초한 동역학계의 상황을 도식으로 나타냈다. 화학량론적 불변 공간은 이차원이다. 이 부분 공간은 음이 아닌 사분면 $\mathbb{R}^3_+$ 위에 자리 잡은 원점을 포함하는 평면이다. 초기 구성 c^0을 포함하는 화학량론적 부분 공간의 평행이동을 $c^0 + S$로 나타낸다. 따라서 우리는 결과로 나오는 구성 경로가 완전히 $c^0 + S$와 $\mathbb{R}^3_+$의 교차 지점에 있을 것이라고 기대한다. 이 교차 지점은 그림 1에서 어두운 삼각형으로 나타난다.

삼각형 내부의 구성의 집합은 우리가 **화학량론적 호환성 범주**라고 부르는 것의 예다. 삼각형 밖의 구성은 삼각형 내부의 구성으로는 접근할 수 없다. 이 두 구성은 화학량론적으로 호환되지 않는다.

좀 더 일반적으로 화학량론적 부분 공간 $S \subset \mathbb{R}^N$을 가지는 반응 네트워크에서 우리는 두 구성 c와 c'에 대하여 $c' - c$가 S의 구성원인 경우 **화학량론적으로 호환된다**고 말한다. 따라서 모든 가능한 구성의 집합 $\mathbb{R}^N_+$은 **화학량론적 호환성 범주**로 분할할 수 있다. 즉 이는 상호 간에 화학량론적으로 호환성을 지니는 구성의 부분 집합들이다. 우리의 예에서도 마찬가지로 이들 각각은 특정 벡터 $c^0 \in \mathbb{R}^N_+$에 대하여 $(c^0 + S) \cap \mathbb{R}^N_+$의 형태를 지닌 볼록 집합이다. 주어진 화학량론적 호환성 범주에서 출발한 회분 반응기 구성 경로는 결코 그 범주를 벗어날 수 없다.

6 작은 화학 반응 네트워크 이론

최소한 회분 반응기는 구성 경로가 기하학적으로 엄격하게 제한되어 있음을 발견했지만 가장 심오한 질문은 다양한 화학량론적 호환성 범주 내에서 어떤 일이 일어나는가이다.

사실 주어진 동역학계가 허용하는 수용력에 관한 질문이 주어진 경우 (예를 들면 다중 평형과 같은 경우) 일반적인 질문 한 가지는 서로 간에 화학량론적으로 호환되는 두 개 또는 여러 개의 평형점의 존재 가능성에 관한 것이다. 즉, 같은 화학량론적 호환성 범주 안에 포함되느냐는 질문이다. 비슷하게, 주어

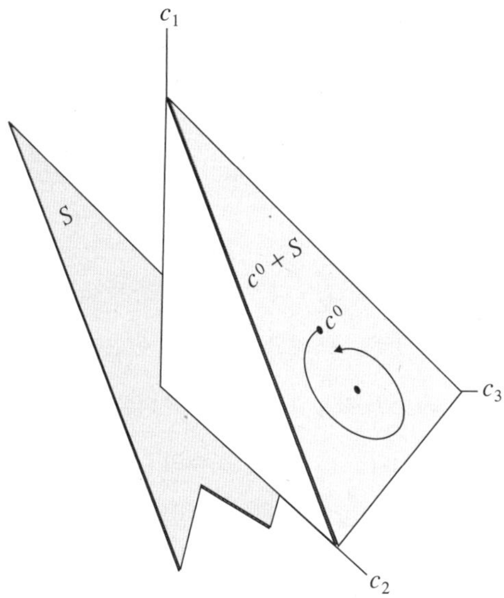

그림 1 화학량론적 호환성 범주.

진 평형점의 안정성에 관해서는 일반적으로 평형점과 화학량론적으로 호환되는 초기조건과 관계된 안정성에 관심을 가진다.

상대적으로 단순한 우리의 네트워크 예제로부터 유도된 질량 작용 미분방정식 (4)로 돌아가서 생각해 보면 이 질문들은 극히 어려울 수 있고 질문에 대한 답은 매개변수의 값들(예를 들면 속도상수)에 의존할 수밖에 없음을 알 수 있다. 그럼에도 불구하고 1970년대 초기에 이론의 몸체가 드러나기 시작했다. 특히 질량 작용의 경우 동역학계를 나타내는 미분방정식의 질적인 성질과 근본적인 화학 반응 네트워크 간의 굳건한 관련성이 드러났다. 중요한 예인 초기 반응 네트워크 이론에 관한 결과인 (F. 혼(F. Horn), R. 잭슨(R. Jackson), M. 파인버그(M. Feinberg)가 증명한) **결핍 영 정리**(the deficiency zero theorem)를 도입하기 위해서 우리는 단지 몇몇 용어만 더 알면 된다.

6.1 몇몇 용어들

우리가 반응 네트워크 (1)을 나타낼 때 각 복합체는 단 한 번만 쓰고 화살표는 복합체가 어떻게 반응과 관계가 있는지를 나타내도록 그렸음을 언급해 둔다. 이러한 방법으로 표현하면 소위 **표준 반응 도표**는 방향을 가진 그래프가 된다. 이때 복합체는 꼭짓점 역할을 하고 반응 화살표는 방향 모서리의 역할을 한다. 식 (1)에서 도표는 두 개의 연결된 요소가 있음을 언급해 둔다. 하나는 복합체 A_1과 $2A_2$를 포함하고, 다른 하나는 복합체 $A_1 + A_3$, A_4, 그리고 $A_2 + A_5$를 포함한다. 화학 반응 이론의 언어로는 표준 반응 도표의 (꼭 강한 의미일 필요는 없는) 요소를 네트워크의 **결합 범주**라고 부른다.

화학자들은 종종 각 반응이 그 역반응을 동반하는 경우 **가역** 반응 네트워크라고 부른다. **약 가역** 반응이란 표준 반응 도표에서 각 반응 화살표가 방향을 가진 순환에 포함될 때를 말한다. 모든 가역 네트워크는 약 가역이다. 네트워크 (1)은 약 가역이지만 가역은 아니다.

반응 네트워크의 **결핍**이란 반응 네트워크를 구분하는 음이 아닌 정수인데 다음과 같이 정의된다.

$$\text{결핍} := \#\text{복합체} - \#\,\text{결합 범주} - \text{계수}.$$

결핍은 네트워크의 크기를 재지는 않는다. 결핍 영 네트워크는 수백 개의 종과 수백 개의 반응을 가질 수 있다.

6.2 결핍 영 정리

다음에 나올 내용은 식 (3)에서 **등온**인 경우, 즉 $\dot{c} = r(c)$인 경우를 이해하는 것이다. **양의 화학량적 호환성 범주**란 화학량론적 부분 공간과 $\mathbb{R}^N$의 확실히 양의 값을 갖는 사분면(즉, $\mathbb{R}^N$의 안쪽)의 (공집합이 아닌) 교집합을 의미한다.

질량 작용계는 양의 화학량론적 호환성 범주, 불안정한 평형점, 다중 평형점, 그리고 순환 구성 경로를 허용함이 잘 알려져 있다. 다음에 나오는 정리는 근본이 되는 화학 반응이 얼마나 복잡한가와 상관없이 결핍이 0이면 그러한 현상이 나타나지 않음을 말해 준다.

정리 1. 결핍 0인 임의의 반응 네트워크에 대하여 다음이 참이다.

(i) 네트워크가 약 가역이 아니라면, 꼭 질량 작용일 필요는 없는 모든 동역학에 대응하는 미분 방정식은 모든 종의 농도가 양수인 평형점을 가지지 않을 뿐만 아니라 모든 종의 농도가 양수인 구성을 지나는 순환 구성 경로를 가지지 않는다.

(ii) 네트워크가 약 가역이면, 동역학이 (속도상수가 양의 값을 가지는지와는 상관없이) 질량 작용인 경우에 각 양의 화학량론적 호환성 범주는 정확히 하나의 평형점을 갖고 이 점은 점근적으로 안정적이다. 더욱이 모든 종의 농도가 양의 값을 가지는 자명하지 않은 순환 구성 경로가 존재하지 않는다.

정리의 증명은 다소 복잡하다. 정리의 두 번째 부분은 고전적인 열역학에서 나온 랴푸노프(Lyapunov) 함수를 포함하고 있다.

우리의 표본 네트워크 (1)의 등온 질량 작용 미분 방정식계 (4)를 생각해 보자. 대단히 중요한 이론의 도움 없이는, 예를 들자면 속도 상수의 값이 특정되어 있는 경우에도, 다중 화학량론적으로 호환되는 양의 평형점이나 양의 순환 구성 경로가 존재하는지 결정하지 못한다.

하지만 네트워크가 다섯 개의 복합체, 두 개의 결합 범주이며 계수가 3이라는 것을 언급해 둔다. 따라서 이 네트워크의 결핍은 0이다. 더욱이 네트워크는 약 가역이다. 정리는 속도상수의 값에 상관없이 주어진 역학이 정리가 묘사하고 있는 밋밋하고 안정적인 종류임을 즉각적으로 말해 준다.

좀 더 최근의 매우 다른 반응 네트워크 이론의 결과들은 크라츈(Craciun) 등이 쓴 논문에 소개되어 있다. 이 논문은 기본적으로 좀 더 그래프-이론적이고 효소에 기반을 둔 화학을 강조한다.

더 읽을거리

Aris, R. 1989. *Elementary Chemical Reactor Analysis*. Mineola, NY: Dover Publications.

Craciun, G., Y. Tang, and M. Feinberg. 2006. Understanding bistability in complex enzyme-driven reaction networks. *Proceedings of the National Academy of Sciences of the USA* 103:8697-702.

Feinberg, M. 1979. Lectures on chemical reaction networks. Mathematics Research Center, University of Wisconsin. (Available at www.crnt.osu.edu/LecturesOnReactionNetworks.)

Feinberg, M. 1987. Chemical reaction network structure and the stability of complex isothermal reactors. I.

The deficiency zero and deficiency one theorems. *Chemical Engineering Science* 42 : 2229-69.

Rawlings, J. B., and J. G. Ekerdt. 2002. *Chemical Reactor Analysis and Design Fundamentals*. Maison, WI : Nob Hill Publishing.

V.8 발산하는 급수: 꼬리 길들이기

마이클 베리, 크리스토퍼 하울스
Michael V. Berry and Christopher J. Howls

1 서문

17세기에 이르러 수렴하는 급수에 관한 이론이 자리를 잡으면서 무한히 많은 항의 합이 어떻게 유한할 수 있는지에 대하여 이해하기 시작했다. 이는 현재 완전히 개발되어 모든 수학자들의 교육의 표준 요소로서 광범위하게 자리 잡았다. 이러한 급수와는 반대로 수렴하지 않는 급수에 대한 이론도 있다. 특히 처음에는 작은 항으로 시작해서 계승으로 증가하는 급수도 있다. 이는 '점근적인 급수'의 범주에 들어가는데 많은 응용분야에서 자주 마주치게 된다. 이 글에서 주로 다루고자 하는 내용도 이 급수다. 현재는 활발한 연구 분야이지만, 발산하는 급수에 관한 이론의 개발에는 우여곡절이 많았고 종종 논란을 동반하기도 했다. 내재된 미묘한 개념을 설명하는 교육학적 장치로서 우리는 개인별 공헌에 초점을 맞추려 하고 여러 (겹치기도 하는) 역사적 기간 동안 어떻게 아이디어가 개발되었는지, 종종 응용 분야(파동 물리학에서부터 수론까지의 범위)에서 어떻게 유도되었는지를 이야기하려 한다. 이 글은 이 책의 다른 곳에 있는 섭동 이론과 점근적 분석[IV.5]을 보완한다.

2 고전 기간

1747년 (확률론에서의 정리로 더 유명한) 토머스 베이즈(Thomas Bayes) 목사는 (왕립 학회의 회원인) 존 캔턴(John Canton)에게 한 통의 편지를 썼다. 이 편지는 사후인 1763년에 출판되었다. 베이즈는 지금은 log(z!)의 스털링(Stirling) 전개라고 알려진 급수가 '몇몇 저명한 수학자들이 단언했던 것처럼' 수렴하지 않음을 보였다. 급수의 다음 항을 설명하는 점화식으로부터 시작하여 그는 계수가 'z가 충분히 큰 경우 z의 거듭제곱이 증가하는 정도보다 빠르게 증가함'을 보였다. 현재는 계승 함수의 이러한 확장이 계승적으로 발산하는 점근 급수라고 말한다. 보통 등식으로 나타내는 급수의 정확한 형태는 다음과 같다.

$$\log(z!) = (z+\tfrac{1}{2})\log z + \log\sqrt{2\pi} - z + \frac{1}{2\pi^2 z}\sum_{r=0}^{\infty}(-1)^r\frac{a_r}{(2\pi z)^{2r}}$$

위 식에서

$$a_r = (2r)!\sum_{r=0}^{\infty}\frac{1}{n^{2r+2}}$$

이다.

베이즈는 스털링 급수가 '어떠한 양도 제대로 표현할 수 없고' 값을 얻기 위해 쓰인 방법은 '무언가에 의존해서는 아니 된다'고 주장했다.

베이즈가 편지를 보낸 후 몇 년 동안 발산하는 급

수의 광범위한 다양성에 대한 대규모의 조사가 이루어진 후 레온하르트 오일러(Leonhard Euler)는 반대 입장을 보였다. 그는 그러한 급수는 정확한 의미를 가지고 있으며 적절한 재합계 방법(몇몇은 그 자신이 발명했다)을 사용하여 계산할 수 있다고 주장했다. "만일 … 우리가 … 급수를 생성하는 양을 급수의 합이라고 정의한다면 발산하는 급수에 대한 모든 걱정은 사라지고 더 이상 논란은 없어질 것이다."

19세기에 엄격한 해석학의 발전으로 인해, 나중에 우리가 현대적인 모습을 보게 될 오일러의 관점은 논의에서 빠지게 되고 심지어 조롱받았다. 닐스 헨리크 아벨(Niels Henrik Abel)은 1828년에 다음과 같이 썼다. "발산하는 급수는 악마의 발명품이다. 그리고 이 급수에 기초한 어떠한 설명도, 그것이 무엇일지라도 부끄러운 일이다." 그럼에도 불구하고 발산하는 급수는, 특히 계승적으로 발산하는 급수는 응용분야에서 계속해서 나타났다. 세기 말로 가면서 올리버 헤비사이드(Oliver Heaviside)는 이 급수들을 받아들여서 전파의 전달과정에 관한 연구를 개척했다. 그는 틀이 잡히지 않은 반경험적인 논의를 통해 믿을 만한 결과를 내어 놓았지만 수학자들에게 비판받았고, 그는 많이 실망했다. "엄격주의자들의 젖은 담요로 인해 인위적으로 식어버린 열정을 다시 불러일으키는 것은 쉽지 않았다."

3 신고전기간

1886년 앙리 푸앵카레(Henri Poincaré)는 큰 매개 변수 z를 포함하는 점근 멱급수의 정의에 관한 논문을 출판했다. 이 논문은 해석학자들이 그간 해왔던 작업의 정점이자 이후에 엄격한 수학 대부분의 기초가 되었다. 푸앵카레는 $\sum_{n=0}^{\infty} a_n/z^n$ 형태의 급수를, $|z| \to \infty$일 때 $n = N$항의 절삭에 따른 오차가 $K/z^{N+1}(K > 0)$ 정도로 사라지는 경우에 점근적으로 정의했다. 돌이켜 생각해 보면 푸앵카레의 정의는 시대에 역행하는 것으로 보인다. 왜냐하면 이 정의는 발산하는 급수와 수렴하는 급수를 하나의 이론으로 아우름에도 불구하고 결국에는 급수의 발산을 제어할 수 있는 적절한 설명을 하여 발산하는 급수의 독특한 형태를 나타내는 데 실패했기 때문이다.

푸앵카레로부터 약 40년 전에 물리학에서 영감을 받아 현대적인 점근성의 기초를 닦은 사람은 바로 조지 스토크스(George Stokes)다. 그는 무지개라는 가장 친숙한 예에서 볼 수 있는 초선(caustics) 근처의 파동을 묘사하는 조지 에어리(George Airy)가 고안한 적분의 근사 문제로 고생하고 있었다. 이는 현재 우리가 에어리 함수 Ai(z)라 부르는 것으로 다음과 같은 진동하는 적분으로 정의된다.

$$\mathrm{Ai}(z) \equiv \frac{1}{2\pi}\int_{-\infty}^{\infty} \exp\left(\frac{\mathrm{i}}{3}t^3 + \mathrm{i}zt\right)\mathrm{d}t$$

무지개를 가로지르는 변수는 Re z(그림 1)이고 빛의 강도는 $\mathrm{Ai}^2(z)$이다. 스토크스는 $z > 0$일 때 에어리 함수를 나타내는 점근 전개를 유도하고 이 급수가 계승적으로 발산함을 증명하였다. 그가 떠올린 영감은 이 급수를 고정된 차수 N에 대하여 절삭하는 것이 아니라, z와 함께 증가하는 계(order) $N(z)$에 대응하는 가장 작은 항(최적 절삭)에 대하여 절삭하는 것이었다. 최적 절삭 이후에 남아 있는 항을 연구함으로써 그는 지수 함수적 정확성(그림 1)을 얻어 낼

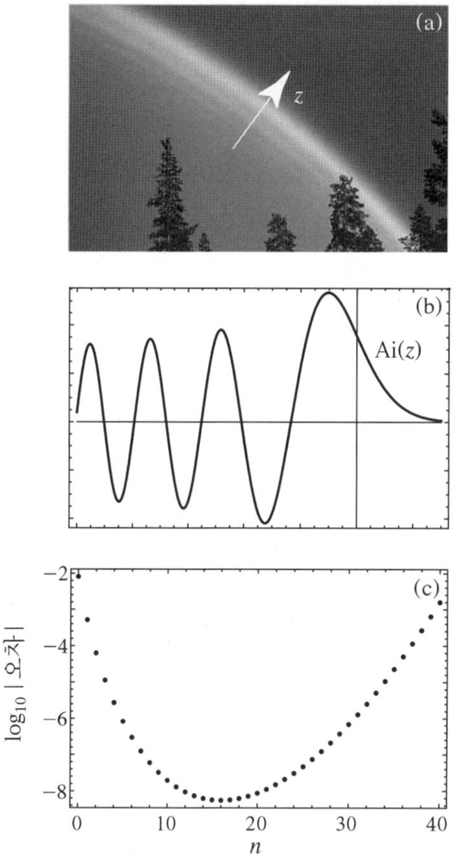

그림 1 (a)무지개 곡선을 가로지르는 어떠한 선을 따라서든지 나타나는, 무지개를 가로지르는 매개 변수. (b)에어리 함수. (c)$z=5.24148$일 때, $n-1$번째 항에서 Ai(z)의 점근 급수를 절삭한 오차. 최적화된 절삭은 $F=4z^{3/2}/3$에 가장 가까운 정수, 즉 $n=16$일 때 일어난다.

수 있었다. 이는 푸앵카레의 정의에서 예상하던 다항식 정도의 정확성과는 거리가 있다. 우리는 이러한 최적 절삭을 **초점근**(superasymptotic)이라 부를 것이다.

초점근을 사용하여 스토크스는 좀 더 심오한 현상인 발산하는 급수의 이해를 위한 근본 성질을 이해할 수 있었다. Ai(z)에서 $z>0$은 무지개의 어두운 쪽에 대응하는데 이곳에서 함수는 지수적으로 감소한다. 물리적으로 이는 에버네센트 파동(evanescent

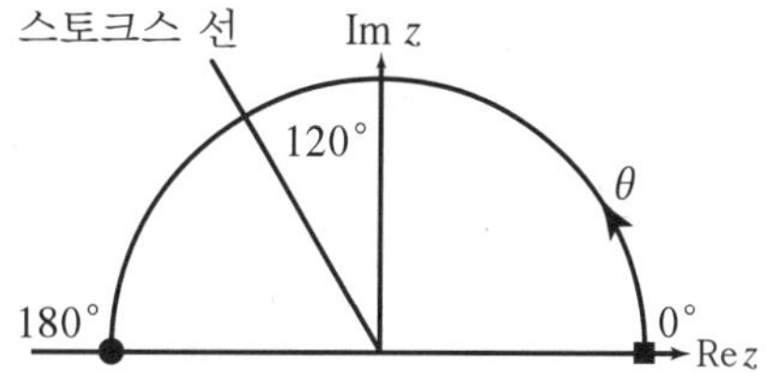

그림 2 Ai(z)에서 (그림 1에 나온 z의 실수 부분을 가지는) z의 편각(argument)을 나타낸 복소평면. 스토크스 선은 $\arg z=120°$일 때 나타난다.

wave)을 나타낸다. 밝은 쪽인 $z<0$에서 이 함수는 삼각함수처럼 진동하는데 이는 각각 파동을 나타내는 두 복소 지수함수의 합에 의한 결과다. 이러한 파동의 간섭이 '과잉 무지개'를 만들어 낸다. (이 관찰은 토머스 영(Thomas Young)이 빛은 파동 현상을 띤다는 자신의 관점을 설명하기 위해 일찍이 제시했던 현상 중의 하나다.) 이 복소 지수함수 중의 하나는 어두운 쪽의 에버네센트 파동의 $z=0$을 가로지르는 연장(continuation)이다. 하지만 다른 기원은 어디인가?

스토크스의 위대한 발견은 이 두 번째 지수함수가 복소평면 위에서 z의 값이 양에서 음으로 움직일 때 Ai(z)를 연장하는 동안 나타난다는 것이다. 현재는 '스토크스 선'이라 불리는데 여기에서 어두운 쪽의 지수함수가 그 최대 크기를 갖게 된다. 바꿔 말하면 작은(버금가는) 지수함수가 큰(우세한) 함수의 뒤에 최대한으로 숨어있을 때 나타난다. Ai(z)에서 스토크스 선은 $\arg z=120°$일 때다(그림 2).

스토크스는 점근 급수에서 큰 지수함수를 나타내는 제일 작은 항이 그의 초점근 구조에서 Ai(z)를 묘사하는 데 있어서 더 이상 줄일 수 없는 모호함을 구성하고 있다고 생각했다. 이 제일 작은 항의 크기에

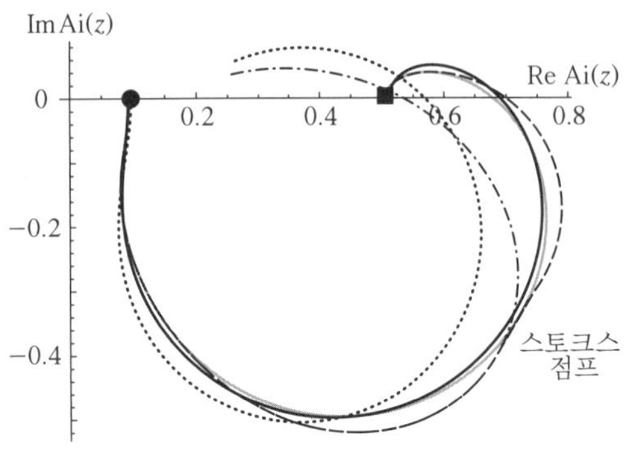

그림 3 아르강(Argand) 평면에서 $\mathrm{Ai}(ze^{i\theta})$을 근사한 그림. $z=1.31\cdots$, 즉 $F=4z^{3/2}/3=2$에 대하여 (Re(Ai), Im(Ai))의 값을 매개변수 θ를 사용하여 $\theta=0°$(검은 원)부터 $\theta=180°$(검은 사각형)까지 그렸다. 곡선은 각각 정확한 Ai(검은 실선), 최저 차수 점근선(수정항이 없음, 검은 점선), 스토크스 점프가 없는 최적 절삭(검은 점-쇄선), 스토크스 점프를 포함한 최적 절삭(검은 파선), 그리고 매끈한 스토크스 점프를 포함하는 최적 절삭(회색 실선)이다. 이 F값에 대하여 최적화된 절삭 합은 오직 두 개의 항을 가진다. 크기에서 볼 수 있듯이 스토크스 점프는 큰 F값에 대하여 보이지 않는다. 스토크스 점프가 없는 경우(검은색 실선과 점선의 경우) 점근성은 $\theta=120°$에 위치한 스토크스 선을 넘어선 곳에서는 정확한 함수에서 벗어나야만 한다.

대한 양적인 분석을 통해 스토크스는 오직 최대로 우세한 곳에서 이 불분명한 작은 지수함수를 모순 없이 나타낼 수 있다고 결론 내렸다. 후에 설명하겠지만 스토크스는 초점근성(최적 절삭)이 점근성에 있어서 얻을 수 있는 최선의 근사라고 잘못 주장했다. 하지만 그가 확인한 스토크스 선이 작은 지수함수가 태어난 곳이라는 것(그림 3)은 옳았다. 더욱이 그는 이 개념이 Ai(z)에만 제한되는 것이 아니라 적분에서부터 나오는 광범위한 함수들, 미분방정식의 해들 그리고 회귀방정식 등 관련된 점근 급수가 계승적으로 발산하는 곳에도 적용할 수 있다는 사실 또한 인식했다.

같은 함수를 표현하는 다른 지수함수와 연결 짓는 이 스토크스 현상은 현재 발산하는 급수를 이해하는 데 가장 중요한 것이고 수렴하는 급수와 구별할 수 있는 가장 극명한 특징이다. 이러한 독창적인 관점에서 조지(George, 'G. H.') 하디(Hardy)가 그의 교재 『발산하는 급수(*Divergent Series*)』에서 스토크스 현상을 언급하지 않은 것은 아이러니다. 또한 19세기 영국 수학에 대한 대단히 파괴적인 평가에서 스토크스를 언급하지도 않았다. "음악을 제외하고 일류인 분야가 없었다. 영국은 그렇게 지속적으로 굴욕적인 위치에 있었다. 그리고 그런 영국 수학의 이상한 특성은 무엇이었나? … 대부분의 경우 아마추어의 솜씨, 무지, 무능, 그리고 하찮음이다."

4 현대 기간

19세기 말엽 장 가스통 다르부(Jean-Gaston Darboux)는 광범위한 함수들에 대하여 고계 도함수가 계승적으로 발산함을 보였다. 이는 이후 연구들에 있어 다음과 같은 이유로 중요한 재료가 되었다. 점근적 전개(특히 물리나 응용 수학에서 마주하게 되는 것들)는 종종 국소 근사에 기초한다. 적분 근사에서 최대 하강법은 안장점 근처에서의 국소적 전개를 기초로 한다. 미분방정식을 풀기 위한 위상-적분(예를 들면 양자 역학의 슈뢰딩거 방정식을 다루는 벤첼(Wentzel)-크라머르스(Kramers)-브릴루앵(Brillouin) (WKB) 근사)은 계수들의 국소적 전개에 기초를 둔다. 그 외에도 여러 가지가 있다. 그러므로 근사의 계승되는 차수는 계승되는 도함수를 포함하고, 차수가 높아짐에 따라 급수가 발산하는 원인도 고계 도함수를 포함한다.

우리가 발산하는 급수를 현대적으로 이해할 수 있게 해준 또 다른 19세기 말엽의 중요한 요소는 에

밀 보렐(Émile Borel)의 강력한 합 계산법이다. 이는 발산을 일으키는 고계에서의 계승을 적분 표현으로 대체하여 길들이는 것이다. 종종 이 방법은 급수에 대하여 '적분 기호를 가진 상태로' 합을 구할 수 있게 해 준다. 아래에 나오는 방법은 형식적인 등식이다.

$$\sum_{r=0}^{\infty}\frac{a_r}{z^r}=\sum_{r=0}^{\infty}\frac{a_r r!}{z^r r!}=\int_0^{\infty}\mathrm{d}te^{-t}\sum_{r=0}^{\infty}\frac{a_r}{r!}\left(\frac{t}{z}\right)^r$$

이 식은 오른쪽에서 왼쪽으로 읽어 나가는 것이 유익하다. 합과 적분을 바꾸는 것을 통해 왜 (우리가 고려하고 있는 상황인) a_r가 계승적으로 증가하면 왼쪽의 급수가 발산하는지를 알 수 있다. 적분은 반-무한 영역에서 이루어지지만 적분값은 오직 $|t/z|<1$인 경우에만 수렴한다. 보렐 합은 급수의 발산을 일으킬 수 있는 해석학적 유해 요소를 효과적으로 바로잡는다. 나중에서야 완전히 알려졌지만 보렐 합의 도움으로 스토크스 선을 넘어 해석적으로 연장할 수 있었다. 이는 다른 합 계산법(예를 들면 파데(Padé) 근사법)은 실패한 일이다.

이제 우리는 현대적 점근법의 주요한 개발 단계에 와 있다. 중대하고 이상적인 발전 과정 중에 고체-상태 물리학에서 발생하는 몇몇 적분을 계산하는 데 따르는 수학적 어려움에서 처음 동기가 부여되어 로버트 딩글(Robert Dingle)은 1973년에 출판된 책을 끝으로 하는 몇몇 논문 시리즈에서 개발된 내용을 통하여, 초창기 아이디어들을 합성하여 계승적으로 발산하는 점근적 급수에 관한 종합적인 이론을 만들었다.

딩글의 시작점은 근사할 함수를 정의하는 적분이나 미분방정식 위의 정확히 명시된 수학적 연산의 열을 통하여 발산하는 급수를 얻을 수 있다는 오일러의 통찰력이었다. 그래서 결과로 나오는 급수는 함수를 비록 암호화된 형태이긴 하지만 정확히 표현해야만 한다. 이 암호를 푸는 것은 근성의 작업이다. 다음은 다르부가 발견한 고계 도함수가 계승적으로 발산한다는 사실이 광범위한 점근 급수의 고차항들 역시 계승적으로 발산하게 만든다는 사실을 실현하는 것이었다. 결국 이는 스토크스의 최적 절삭 이후의 항들(초점근 저편에 있는 그러한 급수들의 꼬리를 나타내는 항들)에 대하여 같은 방법으로 보렐 합을 구할 수 있다는 의미다.

다음에 나올 통찰력은 딩글의 가장 독창적인 공헌이다. 여러 형태의 형식적인 점근 급수로 표현되는 함수를 생각해 보자(예를 들면 Ai(z)에 나오는 두 개의 지수함수에 대응하는 함수들). 각각은 함수를 스토크스 선에 의해 분리되는 복소평면의 영역에 서로 다르게 표현한다. 각 급수는 형식적으로는 함수에 대한 완벽한 표현이기 때문에, 고차항에 암호화되어 있지만 모든 다른 급수들에 대한 정보를 포함하고 있어야만 한다. 그러므로 다르부의 계승은 단순히 원래 급수의 후반부에 나오는 각각의 항들의 점근 전개에서 나오는 첫 번째 항들이다. 딩글은 다르부 이론에 의해 나타나는 자연스러운 변수들이 다양한 지수들 간의 차이라는 점을 간파했다. 이들은 보통 큰 점근 매개변수에 비례한다. 오직 두 개의 지수함수가 있는 가장 간단한 경우 오직 하나의 변수만 있는데, 딩글은 이것을 **싱굴란트**(singulant)라 부르고 F로 나타냈다. 에어리 함수 Ai(z)의 경우, $F=4z^{3/2}/3$이다.

두 안장점 a와 b를 갖는 적분의 고차항에 대한 딩글의 식을 나타내려 한다. 여기에서 a와 b는 지수함수 e^{-F_a}과 e^{-F_b}($F_{ab} = F_b - F_a$이다)에 대응하는 점이고, 급수의 각 항은 $r \gg 1$에 대하여 $T_r^{(a)}$과 $T_r^{(b)}$이다. a 급수의 항들은 b 급수의 항들과 다음과 같이 관련되어 있다.

$$T_r^{(a)} = K\frac{(r-1)!}{F_{ab}^r}\left(T_0^{(b)} + \frac{F_{ab}}{r-1}T_1^{(b)} + \frac{F_{ab}^2}{(r-1)(r-2)}T_2^{(b)} + \cdots\right)$$

위 식에서 K는 상수다. 이는 비록 점근 급수 $T_0^{(a)}$, $T_1^{(a)}$, $T_2^{(a)}$, …의 초기 항들이 아주 빠른 속도로 급격하게 복잡해지지만 고차항들은 함수로는 간단한 기적적인 모습을 보여 준다.

합을 구하기 위해 보렐의 방법을 선택하면, 딩글의 후반부 항들에 대한 공식을 사용하여 급수의 발산하는 꼬리 부분을 어떤 **종결짓는** 적분의 형태를 사용하여 합할 수 있었다. 그렇게 하고 나서 처음 시작했던 급수와 비교해서 작은 지수를 가지는 새로운 점근 급수로 다시 전개했다. 그는 다음과 같이 예상했다. "이러한 종결 전개들은 그들 자신이 새로운 종결자와 가까울 수 있다. 그리고 계속해서 한 단계 한 단계 나아가면 된다." 초점근 뒤에 있는 이러한 재합산은 후에 **과점근**(hyperasymptotics)이라 불렀다.

그러므로 딩글은 원래 급수에 대한 스토크스의 최적 절삭으로 얻을 수 있는 것을 넘어 좀 더 정확한 지수적인 향상을 연속적으로 얻기 위해 계승적으로 발산하는 급수의 합을 반복해서 다시 계산하는 보편적인 방법을 예상했다. 여기에서 보편적이라는 말은 초기 항들(연속되는 연산을 했을 때 작아지는 항들)은 서로 다른 함수들에 대하여 매우 다를 수 있

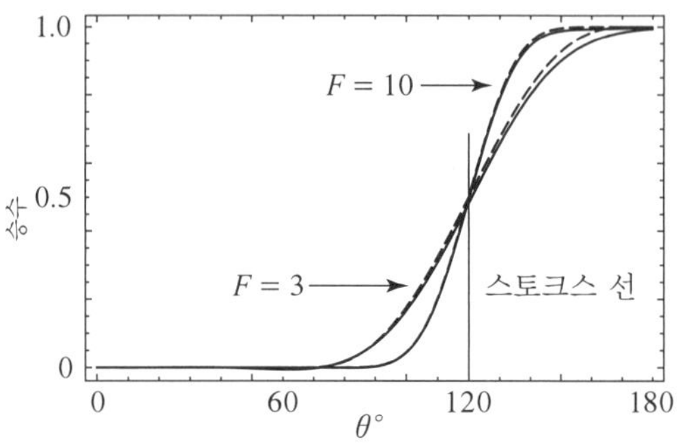

그림 4 $z = 1.717\cdots$(즉 $F = 4z^{3/2}/3 = 3$)일 때와 $z = 3.831\cdots$(즉 $F = 4z^{3/2}/3 = 10$)일 때 $\mathrm{Ai}(ze^{i\theta})$에 대한 스토크스 승수(실선)와 에러 함수를 부드럽게 만든 것(파선).

지만 포함하는 종결 적분은 방대한 함수들에 대하여 같다는 뜻이다. 이 방법은 자동적으로 스토크스 현상을 포함한다. 비록 딩글은 위에서 묘사한 것과 같이 완전히 과점근 재합계 구조를 예상했지만 오직 첫 단계에만 적용했다. 이는 최적 절삭과 비교했을 때 수치적 정확성의 높은 개선을 보여 주는 데 충분했기 때문이다.

그에 앞선 스토크스처럼 딩글은 그의 새로운 아이디어를 수학자들에게 친숙한 '도움 정리, 정리, 증명' 형태로 나타낸 것이 아니라 이론 물리학자들의 산만한 방식으로 나타냈다. 아마도 이것이 그의 접근 방법의 독창성이 널리 알려지고 받아들여지는 데 몇 십 년이 걸린 이유일 것이다. 그러는 동안 여러 사람들이 그가 명확히 한 관계인, 같은 함수를 나타내는 서로 다른 점근 급수의 초기 항들과 후반부의 항들 간의 연관관계를 독립적으로 재발견하였다. 특히 장 에칼레(Jean Écalle)는 이 현상에 재기(resurgence)라는 이름을 붙이고, 복잡하고 포괄적인 체계에서 이 현상을 매우 광범위한 함수들에 적용시켰다.

5 후기 현대 기간

초점근을 넘어 과점근으로 가는 첫 단계는 딩글의 아이디어를 이용하여 스토크스 현상에 대한 구체적인 묘사를 하는 것이었다. 1988년에 우리 중 한 명(마이클 베리)은 Ai(z)를 포함하는 광범위한 함수들에 대하여 스토크스 선 근처에서 전개한 우세한 급수의 발산하는 꼬리 부분의 합을 다시 구했다. 예상했던 대로, 버금가는 지수함수는 갑자기 변하지 않음을 분석을 통해 입증할 수 있었다. 그보다는 부드럽게 변하고, 더 나아가 보편적인 현상을 나타냈다. 이제는 우세한 지수함수와 버금가는 지수함수의 차이로 정의되는 딩글의 싱굴란트 F라는 용어를 사용하면 스토크스 선은 복소 F-평면에서 양의 실수축과 대응한다. 점근은 $\mathrm{Re}\,F \gg 1$에 대응한다. 그리고 스토크스 현상은 스토크스 선을 가로지르는 것에 대응하는데 이는 0을 통과하는 $\mathrm{Im}\,F$다.

재합계의 결과는 작은 지수함수의 계수의 변화(스토크스 승수)가 모든 계승적으로 발산하는 급수에 대하여 보편적인 현상이며 다음과 같은 식에 비례한다.

$$\frac{1}{2}\left(1+\mathrm{Erf}\left(\frac{\mathrm{Im}\,F}{\sqrt{2\,\mathrm{Re}\,F}}\right)\right)$$

극한 $\mathrm{Re}\,F \to \infty$를 취하면 이는 단위 계단 함수가 된다. $\mathrm{Re}F$가 크지만 유한인 경우 공식은 승수의 부드러운 변화를 묘사한다(그림 4). 이는 1902년에 스토크스가 발산하는 급수에 대하여 생각한 뒤 반세기 이상 지난 뒤에서야 정확한 묘사를 한 것이다.

> 작은 항은 마치 안개처럼 들어와서 시야에서 잠시 사라졌다가 그 계수를 바꾼 뒤 나타난다. 작은 항이 안개 속에 있는 기간의 범위는 [큰 항]이 무한정 증가함에 따라 무한정 감소한다.

부드럽게 만드는 것은 스토크스가 언급한 '범위'(즉 스토크스 선의 효과적인 굵기)가 $\sqrt{\mathrm{Re}\,F}$의 상수배 정도라는 것을 보여 준다.

딩글이 예상한, 계속해서 재합계를 구하는 방식을 통한 완전한 과점근성의 성취는 여러 방법으로 나타났다. 우리(이 글의 저자들)는 여러 개의 안장점을 갖는 일차원 적분을 조사했는데 각각은 지수함수와 그에 대응하는 점근 급수와 연관되어 있다. 각 '과급수'를 가장 작은 항에서 절삭한 결과, 이것은 모든 버금가는 지수함수와 연관된 모든 스토크스 현상을 포함했다. 얻어낸 정확도는 초점근을 훨씬 넘어서지만(그림 5) 그럼에도 불구하고 한계는 있었다.

시작할 때부터 원리상 과급수의 가장 작은 항이 아니라 그 항을 넘어선 곳에서 절삭하여 얻은 과점근을 통하여 많은 경우에 한계 없는 정확도를 얻는 것(비록 큰 항들을 삭제하는 것과 관련하여 수치적 안정성 문제를 야기하긴 하지만)이 가능했다. 과점근 프로그램의 현재 버전은 아드리 올데 다알후이스(Adri Olde Daalhuis)가 만들어 냈다. 그는 전체 이론을 재정비했는데 딩글의 종결 적분을 계산하고 그들의 다차원 일반화 및 임의의 유한개의 전이점을 갖는 미분 방정식의 이론에 적용할 수 있는 수학적으로 강력하고 효과적인 알고리즘을 만들어 냈다.

더 나아간 개발을 위한 폭발도 있었다. 재기에 관한 에칼레의 강력한 형식 이론은 보렐 (효과적인 역-라플라스) 변환에 기초한 많은 방법으로 개발되어 왔다. 이것은 계승적으로 발산하는 급수를 수렴하는 것으로 바꾸는데, 수렴반경은 리만 잎(Riemann sheet) 위의 특이점들에 의해 결정된다. 이 특이점들은 원래 급수의 발산에 책임이 있는데, 위에서 언급한 적분의 경우 특이점은 인접한 안장점에 해당한다. 보렐 평면에서 복소 해석과 미시국소 해석을 통해 점근의 원인들 간의 재기 관계를 밝혀내고, 성립하기 위한 정확한 나머지 항들을 알 수 있다. 언급해 둘 만한 결과에는 양자 고윳값의 지수적으로 정확한 표현이 있다(발리안(R. Balian)과 블로흐(C. Bloch), 보로스(A. Voros), 팜(Pham), 델라베어(Delabaere)). 이 내용이 현재 저자들의 함수를 세는 양자 고윳값에 관한 작업에 영감을 주었다. 이 작업은 부드러운 스펙트럼 함수의 급수 전개의 발산을 고전적인 주기 경로를 포함하는 진동하는 교정과 연결 짓는 것과 관련이 있었다.

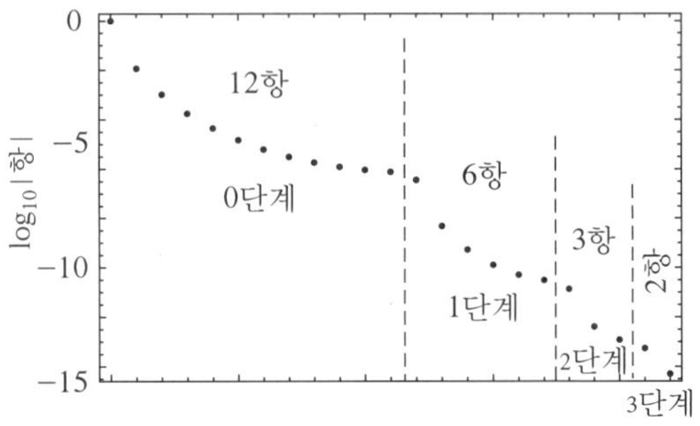

그림 5 $\mathrm{Ai}(4.326\cdots)=4.496\cdots\times10^{-4}$, 즉 $F=4z^{3/2}/3=12$의 과점근 근사의 첫 네 단계에 나오는 항의 크기. 가장 작은 근사가 단위길이가 되도록 크기를 조정했다. 가장 작은 근사, 즉 올바른 항이 없는 경우, 비율 오차는 $\varepsilon\approx0.01$이다. 과점근의 0단계 이후에, 즉 급수의 최적 절삭(초점근) 이후에는 $\varepsilon\approx3.6\times10^{-7}$, 1 단계 이후에는 $\varepsilon\approx1.3\times10^{-11}$, 2단계 이후에는 $\varepsilon\approx4.4\times10^{-14}$, 3단계 이후에는 $\varepsilon\approx6.1\times10^{-15}$이었다. 각 단계에서 오차는 처음에 방치해 둔 항과 같은 차수다.

가와이와 다케이는 여러 영역, 특히 팽르베(Painlevé) 방정식에서 '형식적으로 완전한' 지수적으로 정확한 WKB 해석을 확장시켰다. 그들은 또한 '가상 전환점'과 '새로운 스토크스 곡선'에 관한 이론을 개발했다. 친숙한 WKB 상황처럼 오직 두 개의 파동과 같은 점근 성분이 있는 상황에서 여러 스토크스 선들은 고전적인 전환점으로부터 나타나고 (그들이 비퇴화이면) 결코 교차하지 않는다. 세 개 혹은 더 많은 점근 성분이 있는 경우 스토크스 선들은 WKB 해가 특이점이 아닌 복소평면 위의 점에서 교차할 수 있다. 국소적 해석을 통해 여분의 활성화된 '새로운 스토크스 선'이 이 정칙점의 한쪽에서 자라나는 것을 알 수 있다. 기대 밖으로 이것은 WKB 해가 특이점이 아닌 떨어진 가상 전환점으로부터 나타나는 것을 통하여 보일 수 있다. 이것은 하울스, 랭그만(P. Langman), 올데 다랄후이스가 보렐 평면의 리만 잎 구조의 용어를 사용하여 설명함으로써 발견했다. 그리고 챔프먼(S. J. Champman)과 모티머(D. B. Mortimer)가 짝을 이룬 점근의 용어를 사용하여 독립적으로 발견했다.

챔프먼과 킹(J. R. King)이 이끄는 연구팀은 크러스컬(M. Kruskal)과 세구르(H. Segur)의 결과를 다양한 비선형 편미분방정식 문제들에 적용했다. 이는 떨어져 있는 보렐 특이점 근방의 국소적 짝을 이룬 점근 해석을 포함한다. 이 특이점은 후반부 항의 형태를 규정하는 전개에서 계승적으로 발산하는 항을 만들어 낸다. 그것 때문에 최적 절삭과 지수적으로 정확한 접근이 가능하다. 응용 분야로는 점성 유체의 선택 문제, 중력-모세관 고립파, 쿠라모토(Kuramoto)-시바신스키(Sivashinsky) 방정식의 진동하는 충격 해, 탄성 좌굴, 패턴 형성에서의 비선형 불안정성, 배 파동 모델링, 무반사 선체 프로파일 찾기 등이 있다. 비슷한 접근 방법을 사용하여 코스틴(O. Costin)과 탄비어(S. Tanveer)는 편미분방정식 문제의 초기 데이터에서는 나타나지 않지만 무한소로 짧은 시간에 생성되는 '딸 특이점'의 영향을 발견하고 정량화했다. 그렇게 함으로써 그들은 또한 삼차원 나비에-스토크스 방정식의 짧은 시간 동안의 해에 대한 형식적으로 완전한 보렐 표현을 찾았다. 이는 대역해의 존재성을 탐험하는 유망한 도구를 제공한다.

추가적인 응용 분야로는 양자 전이, 양자 스펙트럼, 임계선 높은 곳의 리만 제타 함수, 비교란 양자장 이론과 끈 이론, 그리고 특이 관계에 의한 서로 다른 규모의 현상을 묘사하는 물리적 이론을 표현하는 철학에까지 이른다.

더 읽을거리

Berry, M. V. 1989. Uniform asymptotic smoothing of Stokes's discontinuities. *Proceedings of the Royal Society of London* A 422:7-21.

——. 2002. *The Devil in the Details: Asymptotic Reasoning in Expanation, Reduction and Emergence*. Oxford: Oxford University Press.

Berry, M. V., and C. J. Howls. 1991. Hyperasymptotics for integrals with saddles. *Proceedings of the Royal Society of London* A 434:657-75.

Delabaere, E., and F. Pham. 1999. Resurgent methods in semi-classical mechanics. *Annales de l'Institut Henri Poincaré* 71:1-94.

Digital Library of Mathematical Functions. 2010. *NIST Handbook of Mathematical Functions*, chapters 9 and 36. Cambridge: Cambridge University Press.

Dingle, R. B. 1973. *Asymptotic Expansions: Their Derivation and Interpretation*. New York: Academic Press.

Howls, C. J. 1997. Hyperasymptotics for multidimensional integrals, exact remainder terms and the global connection problem. *Proceedings of the Royal Society of London* A 453:2271-94.

Kruskal, M. D., and H. Segur. 1991. Asymptotics beyond all orders in a model of crystal growth. *Studies in Applied Mathematics* 85:129-81.

Olde Daalhuis, A. B. 1998. Hyperasymptotic solutions of higher order linear differential equations with a singularity of rank one. *Proceedings of the Royal Society of London* A 454:1-29.

Stokes, G. G. 1864. On the discontinuity of arbitrary constants which appear in divergent developments. *Transactions of the Cambridge Philosophical Society* 10:106-28.

V.9 금융 수학

르네 카르모나, 로니 시르카
René Carmona and Ronnie Sircar

금융 시장의 복잡성, 예측 불가능성, 진화하는 본성은 수학자들, 공학자들, 경제학자들에게 금융 시장이 제기하는 이슈와 위험을 규정하고, 분석하며 정량화하는 등 많은 도전 과제들을 주고 있다. 이는 추계학적 해석, 시뮬레이션, 미분방정식, 통계학과 빅데이터, 확률제어와 최적화(동적 게임 이론을 포함하는 최적화) 등의 문제들을 이끌어 왔으며, 이 모든 분야가 금융 수학의 핵심에 반영되어 있다. 단 하나의 위험한 주식과 그 위에 써진 파생 계약의 위험성을 모델링하는 것에서부터 금융 기관들이 전체 금융 조직과 결국은 세계 경제를 파멸시킬 수 있는 체계적 위험간의 관계가 얼마나 복잡한지를 이해하는 것까지 문제의 범위는 넓다. 동시에, 아직까진 특수 시장인 원자재(금속, 농산품, 에너지) 시장은 좀 더 **금융화**되었고, 이는 우리가 금융 감소-형 모델이 수요 공급 체계와 어떻게 결합하는지 이해할 필요성을 느끼게 해준다.

초창기에 금융 수학은 대략 **파생 상품 가격 책정**과 **포트폴리오 선택**[V.10]으로 특징지어지는 두 개의 기둥에 기초해 왔다. 이 글에서 우리는 새로운 주제들로 범위를 넓혀가는 금융 수학 분야에 대한 개요를 보여 주려 한다. 새로운 분야로는 여러 가지가 있겠지만 에너지와 원자재 시장, 체계적 위험, 동적 게임 이론과 균형, 알고리즘에 따라 행해지는 초단타 매매 등이 있다. 우리는 또한 2008년 금융 위기 및 다른 위험들을 다루고, 적어도 금융 시장과 금융 상품을 이해하고 조절하는 데 쓰이는 수학을 필요로 하는 증가하는 잦은 떨림을 이야기하려 한다.

1 파생 시장의 가격 책정과 발달

고전 경제학과 구별되는 정량적 금융 발달의 중심은 필수요소나 수요와 공급 모델로부터 정확하게 잡아낼 수 있는 어떤 것이기보다는 현상으로서의 미래 가격 불확실성을 모델링하는 것이다. (초기) 주식 가격 모델에 임의성이 가미되기 시작한 때는 1950년대와 1960년대인데, 특히 MIT의 폴 새뮤얼슨(Paul Samuelson)이 1905년의 아인슈타인, 1920년대의 위너(Wiener), 1930년대의 레비(Lévy), 오른스테인(Ornstein), 울렌벡(Uhlenbeck), 1940년대의 찬드라세카르(Chandrasekhar) 등의 물리학자와 수학자들이 개발한 확률 미적분학의 도구에 기초한 연속-시간 브라운 운동을 자신의 연구에 받아들였을 때다. 하지만 새뮤얼슨은 이 수학적 기계를 물리를 통해서가 아니라 잘 알려지지 않은 1900년 바슐리에(Bachelier)의 박사 논문을 통하여 알게 되었다. 아인슈타인의 물리학에 관한 기념비적인 논문(「열 분자 운동 이론에 의해 요구되는 고정상 액체 위를 떠다니는 작은 입자의 운동에 관하여(On the motion of small particles suspended in a stationary liquid, as required by the molecular kinetic theory of heat)」)이 나오기 5년 전에, 이 논문에서 파리 주식 시장을 모델링할 목적으로 브라운 운동을 체계적으로 나타냈다. 1940년대 초기 이토(Itô)가 개발한 확률 미적분학과 결합하여 이런 종류의 모델은 (현재에도 그렇지만) 금융 시장의 많은 분야를 분석하는 데 있어서 중심이 되었다.

주식 파생 상품에 관한 블랙(Black)-숄즈(Scholes) 패러다임은 원래 새뮤얼슨 모델의 내용에 소개되어 있었다. 이 모델에 따르면 주식은 기하학적인 브라운 운동을 따라 진화한다. 주식 공개를 하려는 종목 하나를 고려해 보자. 시간 t일 때 한 사람이 출자해야할 값을 S_t라고 하고, S_t는 다음과 같은 확률 미분 방정식을 따라 전개된다고 가정하자.

$$\mathrm{d}S_t = \mu S_t \mathrm{d}t + \sigma S_t \mathrm{d}W_t \qquad (1)$$

이 식에서 μ는 기대되는 성장률이고 $\sigma > 0$은 휘발성이다. 여기에서 $(W_t)_{t \geq 0}$은 표준 브라운 운동이다. 이 주식에 대한 불확정 청구권(또는 파생 상품)은 만기라고 불리는 차후 날짜 T에 지급될 수익에 따라 정해지고, 그 불확실한 값이 시간 T일 때 밝혀질 확률 변수 ξ에 따라 모델이 만들어진다. 전형적인 예로는 만기가 T이고 권리 행사 가격 K인 유러피안 콜 옵션이 있다. 이 경우 옵션을 산 사람의 수익은 $\xi = (S_T - K)^+$일 것이다. 이 식에서 기호 $x^+ = \max\{x, 0\}$은 실수 x의 양의 부분을 나타낸다.

모델의 바람직한 성질은 차익거래, 즉 위험 없이 돈을 벌 가능성(종종 '공짜 점심'이라 불리는 것)의 기회를 배제하는 것이다. 만일 이 성질이 유지된다면 권리를 가지고 있는 것의 가치는 주식에 투자한 가치 및 만기 T일 때 ξ와 같은 값을 갖도록 동적으로 재조정될 수 있는 안전한 은행 계좌와 같아야만 한다. 그러한 포트폴리오 복제는 완전 헤지를 의미하는데 이는 옵션 수익 ξ의 결과의 불확실성을 경감시킨다. 1970년대 초반 피셔 블랙(Fischer Black)과 마이런 숄즈(Myron Scholes), 그리고 독립적으로 로버트 머튼(Robert Merton)은 놀랄 만한 발견을 하게 된다. 그것은 그러한 완전한 포트폴리오 복제를 규정하고 포물형 선형 편미분방정식(PDE)을 풀면 그것을 만들어 내는 데 필요한 초기 투자를 계산할 수 있다는 것이다. 그들은 또한 유러피안 콜과 풋 옵션에서 차익거래가 없는 가격에 관한 공식을 제공했다. 이는 현재 블랙-숄즈 공식이라고 알려져 있다. 1979년 두 논문이 동시에 나온 후에 그 결과는 간단한 이산 모형에 대하여 콕스(Cox), 로스(Ross), 루빈스타인(Rubinstein)이 현대적인 공식화를 이끌어 냈고, 그런 뒤에 해리슨(Harrison)과 크렙스(Kreps)가 좀 더 일반적인 환경에 대한 공식을 만들었다. 그에 맞춰 만일 어떠한 차익거래의 기회도 없는 경우라면 거래되는 모든 상품(주식, 미래, 옵션)의 가격은 상품의 미래 수익의 현재 가치(즉, 할인된 가격)의 기댓값을 계산함으로써 얻을 수 있다. 단 식 (1)의 성장률 μ하에서 계산된 '위험-중립적' 확률 측도는 은행 계좌의 위험 없는 이자율로 대치해야 한다.

기댓값으로 가격을 책정하는 것은 블랙, 숄즈, 머튼의 원 저작물의 중요한 결과지만, 이 측면에서는 그들의 공헌이 호도되고 불공정하게 줄어들었다. 그들의 업적이 파생상품에 대한 관심과 새롭고 활기찬 시장의 파동(돌이켜 생각해 보면 이는 분명히 쓰나미였다)의 기원임에도 불구하고 말이다. 비록 본래의 원리가 옵션이 주어진 상황에서 주식의 가치의 미래 결과에 대한 불확실성을 경감시키는 데 초점을 맞춘 연계매매 논의에 기초하지만, 가격책정, 특히 기댓값에 의한 가격 책정(기댓값을 몬테카르로 시뮬레이션이나 파인만(Feynman)-카츠(Kac) 공식에 근거한 PDE를 풀어서 구한 값)이 많은 연구 프로그램의 주요한 동기부여가 되었다.

1.1 확률론적 휘발성 모델

오래전에 알려져 있던 사실(심지어 1970년대의 블랙과 숄즈 및 그 외 다수도 알고 있었다)은 기하학적 브라운 운동 모델 (1)에 내재하는 로그 정규분포는 역사적인 주식 가격 데이터와 휘발성이 시간에 따라 상수가 아니라는 사실을 반영하지 못한다는 것이다. 시장 참가자는 주어진 날짜 t일 때도, 마치 휘발성 매개변수 σ가 옵션의 권리 행사 가격 K와 만기까지 남은 시간인 $T - t$에 의존하는 것처럼, 옵션에 가격을 책정한다.

요즘에는 모델 (1)을 확장한 두 가지 모델이 실증적인 시장 데이터를 관찰한 양식화된 사실을 설명하는 데 큰 성공을 거두었다. 이 둘 모두는 휘발성 매개변수를 확률 과정으로 교체하는 것을 포함한다. 그래서 이 모델들을 확률론적 휘발성 모델로 볼 수 있다. 첫 번째 확장은 식 (1)을

$$\mathrm{d}S_t = \mu S_t \mathrm{d}t + \sigma_t S_t \mathrm{d}W_t \tag{2}$$

로 교체하는 것인데, 휘발성 매개변수를 확률 과정 $(\sigma_t)_{t\geq 0}$의 시간 t일 때의 값으로 교체하는 것이다. 이 식에서 시간 진화(time evolution)는 (예를 들면) 다음과 같은 형태가 될 수 있다.

$$\mathrm{d}\sigma_t = \lambda(\bar{\sigma} - \sigma_t)\mathrm{d}t + \gamma\sqrt{\sigma_t}\,\mathrm{d}\tilde{W}_t \tag{3}$$

이 식에서 γ(볼볼(volvol)로 알려져 있다), $\bar{\sigma}$(평균 회귀 단계), λ(평균 회귀율)는 상수이고 $(\tilde{W}_t)_{t\geq 0}$은 또 다른 브라운 운동으로 휘발성이 높아지면 보통 가격이 하락하는 점을 나타내기 위해 $(W_t)_{t\geq 0}$과 전형적으로 음으로 연계되어 있다. 이런 형태의 확률론적 휘발성 모델들은 매우 인기 있었고 지금도 그렇다.

무작위 충격(random shock)에 대한 두 가지 근원을 가지고 있다는 것은 (그들이 서로 독립적인지 아닌지는 상관없이) 금융 시장 분석가들에게 두통을 일으킨다. 현재 어떠한 차익 거래 가격 결정도 없는 상황이 충분히 많기 때문에, 파생 가격이 유일하지 않은 상황에 직면한 상태에서 교묘한 **교정**(calibration) 주제는 해결해야만 한다. 그래서 이러한 확률론적 휘발성 모델의 불완전성을 다루기보다는, 한쪽에서는 오직 단 하나의 충격에 대한 근원을 가져서 모델의 완전성을 유지하면서도 옵션 가격에 관한 경험적 특성을 잡아 낼 수 있는 좀 더 최소화한 접근법(minimalist approach)을 찾게 된다. 이러한 모델은 **국소적 휘발성 모델**(local volatility model)로 불린다. 이 모델들은 마르코프 확률론적 미분방정식으로 주어지는 역학에 기초하는데 다음과 같은 형태로 주어진다.

$$\mathrm{d}S_t = \mu S_t \mathrm{d}t + \sigma(t, S_t)\mathrm{d}W_t$$

이 식에서 $(t, s) \to \sigma(t, s)$는 값을 결정할 수 있는 함수인데, 기하학적 브라운 운동방정식 (1) 대신에 듀피레(Dupire) 공식이라고 알려진 식을 사용하여 옵션 가격으로부터 계산할 수 있다. 다른 확률론적 휘발성 모델들 역시 활발한 연구 분야다.

블랙-숄즈 이론에 따르면 불확정 청구권의 가격은 청구권의 결제에 따라 유발되는 할인된 현금 유동성의 위험이 조정된 기댓값에 따라 나타난다. 유러피안 권한 행사의 불확정 청구권의 경우 상환을 나타내는 확률변수는 종종 청구권의 만기 시간에 관한 근원적인 마르코프 과정의 함수로 주어진다. 파인만-카츠 공식을 사용하면 이러한 종류의 기댓값은 포물형 편미분방정식의 해로 나타나는데, 이는 편미분방정식을 풀면 가격을 계산할 수 있음을 보여 준다. 선형 편미분방정식의 고전적인 수치해

석법은 저차원의 불확정 권리에 가격을 책정하는 대부분의 사람들에게 주춧돌이 된다. 하지만 파생 상품 계약의 근원적인 도구들의 바구니 크기가 증가하고 권리 행사의 불확실성이 복잡해짐에 따라 문제의 차원이 높아지고 이는 편미분방정식을 푸는 효용성에 제한을 가해 왔다. 이것이 몬테 카를로 방법(Monte Carlo method)이 널리 퍼지게 되는 중요한 이유 중에 하나다. 이 방법을 회귀분석법과 결합하여 전통적인 편미분방정식 해법에서 재앙으로 여겨지던 **차원의 저주**[I.3 §2]를 피해서 방대한 포트폴리오에서 옵션(특히 아메리카 권한 행사에 관한 옵션)의 가격을 책정할 수 있는 견실한 알고리즘을 만들 수 있다. 더욱이 종종 백 테스트(backtesting) 단 하나의 목적을 위해 몬테 카를로 시나리오를 생성하기도 하는 편의성이 더해져 이러한 임의 시뮬레이션이 널리 퍼지게 되었다.

1.2 채권 가격 책정과 고정-수입 시장

1990년대 초반과 중반에 채권 시장의 성장(재무성 발행의 장기 채권, 지방채, 소버린(sovereign) 채권, 회사채와 그 밖의 채권 등의 거래 규모의 급격한 증가)이 있었고, 많은 투자 은행의 고정-수입 부서와 다른 금융 기관들은 이익을 얻을 수 있는 중요한 부서가 되었다. 금융 수학을 다루는 학계는 이를 알아챘고 고정-수입을 다루는 수학적 모델들에 관한 연구가 폭발적으로 뒤따랐다.

이자율의 기간 구조에 관한 매개변수 모델과 비매개변수 모델(앞으로의 이자율의 변화를 채권의 만기 텐서에 관한 함수로 묘사하는 곡선을 만들어 낸다)을 고전적인 자료-분석 과정으로부터 성공적으로 개발하였다. 쐐기 부분을 부드럽게 만드는 방법을 종종 사용하는 동안, 추출된 데이터를 분석하는 중요한 부분에서는 적은 수의 쉽게 판별할 수 있는 요소들을 찾아냈고 최소제곱법을 사용하여 매개화된 곡선들의 기간 구조를 성공적으로 판별해 냈다. 비록 데이터를 묘사하기 위해서 무한 차원 함수 해석학과 확률론적 편미분방정식을 사용해야 하지만, 모델 교정을 통하여 현재 옵션 가격과 내재 변동성 곡면 사이의 비선형적 관계가 대부분 해결되지 않고 남아 도전 과제를 만들고 있는 요즘의 자본 시장의 경우에 비하여 더 쉬운 상황에 이르렀다.

고정-수입 시장의 개발은 매우 급속하게 이루어졌으며 이자율 파생 상품(스왑, 스왑 거래 옵션, 플로어 옵션(floortions), 캡 옵션(captions) 등)의 복잡성은 단지 일차원 확률 미분방정식을 분석하는 것에서 무한 차원 추계학적 시스템과 확률론적 편미분방정식을 연구하는 것으로 수학적 모델의 규모를 키우는 중요한 동기가 되었다. 현재 금융 수학의 연구 분야는 이러한 모델들의 급격한 변화를 포함하고 교정, 가격 책정, 연개매매 과정에서 이러한 급격한 변화의 충격을 이해하려는 쪽으로 방향을 틀었다.

1.3 채무 불이행 모델과 신용 파생 상품 시장

채권을 산다는 것은 단지 대출을 해주는 것이다. 채권을 발행하는 것은 그저 돈을 빌리는 것이다. 미국 정부의 빚이 여전히 가장 채무 불이행에 자유롭다고 평가받긴 하지만, 소버린 채권과 대부분의 회사채는 무시하지 못할 확률로 발행자가 자신의 빚을 갚을 능력이 없거나 대출 원금을 갚아야 할 때 채무 불이행에 빠질 수 있는 상황과 관련된 중요한 위험을 수반한다. 그리 놀랍지 않게도 채무 불이행 모델은 처음에 회사채의 가격을 책정하는 데 성공적으로 포함되었다.

회사의 기본적 가치구조 및 자산과 부채의 서로 경쟁하는 역할에 기반을 둔 채무 불이행에 관한 **구조적 모델**(structural model)은 1974년 머튼(Merton)이 처음 소개했다. 이 모델이 인기 있는 이유는 근본적인 금융 원리와 자료 보고에 완전히 기반을 두기 때문이다. 하지만 불명확한 자료와 명확성의 부족으로 인해 회사채와 그 파생 상품의 가격을 책정하는 용도로 이 모델을 사용하기는 힘들다.

다른 한편으로는 채무 불이행의 단계에 이르게 되는 강도에 관한 확률론적 모델에 기반을 둔 **축약형 모델**(reduced-form model)은 강도에 기반을 둔 모델에 대한 융통성과 신용 디폴트 스왑(credit default swap, CDS) 자료의 교정에서 단순함과 견고함을 주기 때문에 인기를 끌었다. 사실 축약형 모델이 성공한 많은 이유 중의 하나는 즉각적인 데이터 제공이다. 대부분의 기업들에 대한 CDS의 스프레드(spread)의 시세를 알기 쉽고, 그 자료가 충분하다는 사실이 회사채의 시세에 관한 정보가 거의 없거나 정보 사이의 간격이 넓다는 점과 대비된다. 사실, 2000년대 초반부터 중반까지 CDS 시장이 폭발하면서 채권 스프레드(위험이 없는 정부 채권과 회사채에 주어지는 이자의 차이) 대신 CDS 스프레드로부터 읽어 내어 회사의 신용도를 측정하는 것이 쉬워졌다.

CDS는 기업의 채무 불이행에 대응하는 보험의 형태인데, 이를 X라 두자. 그러한 CDS 계약은 두 명의 거래 당사자를 포함하는데 그들을 Y와 Z라고 두자. Z는 X가 채무 불이행에 빠지지 않는 한 Y로부터 정기적으로 보험료를 불입 받고 CDS 계약의 만기 이전에 X가 채무 불이행에 빠지는 경우 Y에게 일시불로 지급한다. 그러므로 Y와 Z 사이에 CDS 계약이 있는 것은 두 당사자 중 한 명의 재정 건전성이 X의 생존에 의존하고 다른 당사자는 거래의 반대편을 차지하려고 할 때 자연스러워 보인다. 하지만 X에 관한 심각한 신용 사고의 가능성에 대하여 **도박중**인 당사자 Y와 Z 어느 쪽(양쪽은 채무 불이행의 가능성에 대하여 서로 다른 관점을 가지고 있다)도 직접적이든 간접적이든 X 안에서 어떠한 금융 이자도 가질 필요가 없다. 다른 말로 하면 두 명의 대리인은 세 번째 대상을 포함하는 거래에 들어가는데, 마치 세 번째 대상의 신용도에 내기하는 것처럼 참여한다. 원래는 신용 보험으로 디자인되었지만, CDS는 **개별** 내기의 곱을 통하여 시스템의 전체 위험을 증가시키면서 끝난다. 통제되지 않은 잡목림의 화재처럼 퍼지면서 CDS는 제도 간의 복잡한 의존성으로 이루어진 엉킨 네트워크를 만든다. 이는 실질적으로 위험의 원천을 따라가기 불가능하게 만든다.

1.4 금융증권화

투자는 위험한 사업이고 채무 불이행이 발생할 수 있는 수단(회사채, 대출, 융자, CDS)의 방대한 포트폴리오의 위험은 확실히 두려움의 중요한 원천이었다. 최소한 최근에 **금융증권화**가 놀라울 정도로 발전하기 전까지는 그랬다. 금융기관은 그러한 방대한 양의 채무 불이행이 발생할 수 있는 수단을 다 함께 묶은 다음 서로 다른 채무 불이행의 위험 정도에 따라 포트폴리오를 잘라서 적은 수의 분할을 만들고 (다섯 개라고 해 보자) 가장 위험한 것을 보유하고 ('자본 분할(equity tranche)'이라 부른다) 나머지 분할 (중이층 또는 시니어 분할(senior tranche)이라 부른다)은 팔아서 투자가들이 원래의 포트폴리오 자체보다 훨씬 안전한 투자임을 신뢰할 수 있도록 한다. 이러한 수단을 부채 담보부 채권(collateralized debt obligation, CDO)이라 부른다. 위험 프로파일을 달리하여 투자가들이 재보험 계약을 할 수 있도록 위험을 합하고 다시 분할하는 것은 자연스러운 일이고 이는 최소한 몇십 년 동안 보험 시장의 기본이었다. 하지만 보험 상품과는 다르게 CDO는 통제되지 않았다. 2000년대 대부분의 기간 동안 CDO는 엄청난 성공을 거두었다. 신용을 담당하는 부서는 늘어났고 학자들과 수학자들은 전문가들이 어떻게 가격을 책정하는지 이해하기 위해 노력했다. 말할 필요도 없이 노출된 위험을 회피하려는 노력은 전혀 없었다. 이 위험에 대하여 이해하지도 못했을 뿐만 아니라 걱정할 이유도 없었다. 이 게임에서는 오직 돈을 벌어들일 수 있는 것처럼만 보였으니까. 2004년과 2005년의 심각한 경고 이후에 그 위험 구조를 이해하려는 시도가 강렬해졌지만 심각하게 충격적인 금융 위기의 시작에 충분히 대비할 수 있지는 않았다. 이 위기는 확실히 주택 동결에 의해 방아쇠가 당겨졌거나 최소한 가속화되었고 주택 저당 증권(mortgage-backed security, MBS)을 다루는 큰 시장의 붕괴가 뒤따랐다. 이 증권은 담보 대출 중 복잡한 CDO다. CDO와 신용 위기 사이의 관계를 알기 위해서 금융 위기 조사 위원회의 보고서 2부와 3부를 읽어 보기를 권한다.

신용 파생 상품의 과한 사용, 특히 담보 대출 분야의 과한 사용은 금융 위기의 큰 원인이었다. 비록 2005년 5월 회사채 CDO 시장에서의 잔물결이 무언가 좋지 않은 상황이 올 것이라는 조기 경보가 되었지만, 그 교훈은 위험이 약해지면서 완전히 무시되었다. 채무 불이행을 막는 과정에서 발생하는 단기 수익의 유혹은 너무나 컸다. 그리고 거래자들에게 제한 없는 보너스로 보상을 해 주는 문화는 과도한 위험을 만들어 냈고 예전에는 재정상으로 보수적이었던 수많은 오래된 금융 기관들을 위태롭게 만들었다.

위기의 한가운데에서 몇몇 사람들은 정량적 모델이 이러한 거래들을 유발하고 정당화하는 역할을 하는지에 대하여 의문을 가졌다. 2005년《월 스트리트 저널(Wall Street Journal)》기사에서는 의심스러운 헤지를 만들기 위해서 CDO 분할 발행이 각자 싸우게 하는 일이 다반사임을 강조했다. 어떤 면에서 이는 가우스 접합부 (그리고 유사) 모델(Gaussian copula model)을 이용한 '정량화'였다(특히 상관관계와 그들의 계승자인 기저 상관관계에 적용되었다). 이러한 모델들은 거래자들에게 고용되어 답을 해 주던 금융 시장 분석가들이 내부적으로 개발하였다. 이러한 모델들에 대한 국가적 견지는 두 부분으로 나뉜다. 단순함과 속력. 불행하게도 이러한 목적을 달성하기 위해 사용된 지름길은 다소 극단적이었다. 하나의 관계 매개변수를 사용한 연관된 위험 수백 개 사이의 복잡한 의존 구조를 잡아 내는 것이었다. 그 이후로 많은 (살아남은) 은행은 그들의 금융 시장 분석가와 모델링 팀이 거래자들이 아니라 경영진에게 직접 새로운 보고서를 올릴 수 있도록 재구성했다.

많은 미디어와 해설가들은 금융 모델의 위기를 비난했고 위험에 대한 정량화를 덜 하기를 요구했다. 이러한 태도는 워렌 버핏(Warren Buffet)의 '공식만 품고 있는 괴짜를 조심하라'는 언급에서 그 정수를 찾을 수 있다. 사실 '바보라도 쓸 수 있는' 헤지를 귀납적으로 정당화하는 모델의 사용에 대한 경고는 타당하다고 인정된다. 하지만 과거의 위기처럼 이번 위기도 오직 더 많은 수학자들과 정량적으로 훈련된 가장 높은 레벨의 사람들이 필요함을 강조한다. 특히 순위를 매기고 규제하는 기관에게.

실제 피해는 MBS에 대한 매우 정량화되지 않은 시장에서 발생했다. 여기에서 독립성과 분할을 통한 다각화라는 개념은 터무니없는 극단으로 치달았다. 주요 은행의 MBS 부서는 회사 CDO 부서와 비교하면 금융 시장 분석가와 정량적 분석에서 상대적으로 자유로웠다. 비록 MBS 장부는 몇 배나 두꺼웠지만. 그들의 변명은 이 상품들이 미국 국채와 같은 AAA 등급이었고, 따라서 어떠한 위험 분석도 필요하지 않았다는 것이다. 결국 밝혀지길, 이는 은행과 헤지 펀드 등이 빠진 집단 착각이었다. 신용 평가기구가 수행한 정량적 분석은 오직 몇 안 되는 시나리오의 수익만을 테스트했다. 특히 그들이 다룬 가장 최악의 시나리오는 미국의 주택 가격이 0.0%의 비율로 남아있는 것이었다. 그 나머지는 역사가 되었다.

2 포트폴리오 선택과 투자 이론

현대 금융 수학 연구 분야의 기저를 이루는 두 번째로 중심이 되는 근본적인 기념비는 불확실한 시장 조건하에서 최적화된 투자에 관한 문제다. 특히 최적화는 포트폴리오 가치에 기대되는 효용에 관한 것이다. 이 효용은 1940년대에 폰 노이만(von Neumann)과 모르겐슈테른(Morgensterm)이 도입한 오목하며 증가하는 효용 함수(utility function)로 측정된다. 이 문제에 연속 시간 확률론적 모델을 적용하는 주요한 돌파구는 1969년과 1971년에 출판된 로버트 머튼(Robert Merton)의 연구 결과로부터 나왔다. 이 연구에서 머튼은 주식 가격이 수입과 변동성에서 상수 값이 기대되고 효용 함수가 특정한 간단한 형태일 때의 최적 전략을 유도했다. 이 결과는 확률 제어 분야에서 나온 완전히 비선형인 해밀턴(Hamilton)-야코비(Jacobi)-벨만(Bellman) (HJB) 편미분방정식의 명시해의 몇 되지 않는 예 중 하나로 남아있다.

기본적인 분석을 해보자. 투자가가 그의 자본을 하나의 위험한 주식(또는 S&P 500과 같은 시장 지수)에 투자하는 것과 위험이 없는 은행 계좌에 투자하는 것 사이에서 선택하는 상황을 고려해 보자. 주식 가격 S는 불확실하고, 기하학적 브라운 운동 (1)을 사용하여 모델을 만들었다. 그러므로 투자가의 선택(또는 조정)은 시간 t일 때 주식에 묶인 달러의 양 π_t 이상이다. 이때 은행에 맡겨 둔 나머지 돈으로는 상수인 이자율 r로 이자를 벌고 있다. X_t를 시간 t일 때의 포트폴리오 가치라고 두자. 만일 유입되거나 유출되는 돈이 없다는 의미에서 포트폴리오가 자기 금융(self-financing)임을 가정한다면

$$\mathrm{d}X_t = \pi_t \frac{\mathrm{d}S_t}{S_t} + r(X_t - \pi_t)\,\mathrm{d}t$$

가 포트폴리오 시간 변화를 지배하는 방정식이 된다. 설명의 편의를 위해 $r = 0$으로 두면 식 (1)로부터

$$\mathrm{d}X_t = \mu\pi_t \mathrm{d}t + \sigma\pi_t \mathrm{d}W_t$$

를 얻는다. 주식을 가지고 있는 양 π가 증가하면 X의 성장 비율도 증가하는데 변동성 또한 증가한다. 투자자는 $\mathbb{R}^+$에서 정의된 부드러운 효용 함수를 가진다고 가정한다. 이때 이 효용 함수는 다음과 같은 '일반적인 조건'(이나다(Inada) 조건과 점근적 탄력성)을 만족한다.

$$U'(0^+) = \infty, \quad U'(\infty) = 0, \quad \lim_{x\to\infty} x\frac{U'(x)}{U(x)} < 1$$

투자가는 고정된 시간 범위 T일 때 기대되는 부의 효용인 $\mathbb{E}\{U(X_T)\}$값이 최대이길 원한다. 동적 프로그래밍 법칙을 적용하여 표준적인 가치 함수를 다음과 같이 정의한다.

$$V(t, x) = \sup_{\pi} \mathbb{E}\{U(X_T) | X_t = x\}$$

위 식에서 상한은 $\mathbb{E}\{\int_0^T \pi_t^2 \mathrm{d}t\} < \infty$를 만족하는 적용가능한 모든 전략들에서 취한다. 그러면 $V(t, x)$는 HJB 문제

$$V_t - \tfrac{1}{2}\lambda^2 \frac{V_x^2}{V_{xx}} = 0, \quad V(T, x) = U(x)$$

의 해가 된다. 위 문제에서 $\lambda := \mu/\sigma$는 **샤프 비율**(Sharpe ratio)이라고 알려져 있다. 주어진 가치 함수 V에 대하여 최적 주식 보유량은 다음과 같이 주어진다.

$$\pi_t^* = -\frac{\mu}{\sigma^2}\frac{V_x}{V_{xx}}(t, X_t)$$

놀랍게도 머튼은 효용이 다음과 같은 거듭 제곱 함수인 경우에 대하여 명시해를 발견했다.

$$U(x) = -\frac{x^{1-\gamma}}{1-\gamma}, \quad \gamma > 0, \ \gamma \neq 1$$

여기에서 γ는 효용 함수의 오목성을 나타내고 상대 위험 회피도를 나타내는 상수로 알려져 있다. 이 선택으로

$$V(t, x) = \frac{x^{1-\gamma}}{1-\gamma}\exp\left(\tfrac{1}{2}\lambda^2\left(\frac{1-\gamma}{\gamma}\right)(T-t)\right)$$

이고 더 중요한 값인

$$\pi_t^* = \frac{\mu}{\sigma^2\gamma}X_t$$

이다. 이 식이 말해 주는 최적 전략은 주식을 현재 가치의 고정된 비율 $\mu/\sigma^2\gamma$만큼 가지고 있고 나머지는 은행에 예치하는 것이다. 주식 가격이 오르는 경우 이 전략에 따르면 위험한 자산으로 구성된 포트폴리오의 비율이 현재와 같이 유지될 수 있도록 주식 일부를 팔아야 한다. 이 고정된 혼합 결과는 가격이 기하학적 브라운 운동임을 (기하학적 브라운 운동과 연관되어 있음을) 가정하는 한 다중 유가 증권으로 일반화할 수 있다.

머튼의 연구 이후 기본적인 문제는 많은 방향으로 일반화되었다. 특히 쌍대성 이론(또는 마팅게일 방법)의 개발로 인해 이러한 문제들을 어떻게 추상적인 배경에서 연구해야 하는지를 생각하여 드디어 불완전 시장에서 준마팅게일 모델의 언어로 매우 일반적인 결과들을 이끌어 내는 혁명이 일어났다. 가장 힘든 문제들 중 하나는 거래 비용이 발생하는 상황으로 이론을 확장하는 것이었다. 이 문제에는 특이 확률 제어 문제에 관한 섬세한 분석이 필요

하다.

최적 투자에는 여전히 도전적인 연구 문제들이 나타나고 있다. 이 문제는 모델들이 가격의 불확실한 변동성이나 랜덤 점프와 같은 실질적인 문제를 포함하도록 노력할 수 있게 진화할 수 있도록 하는 것이다. 이를 이루기 위해서 순행-역행 확률 미분방정식이나 완전 비선형 HJB 편미분방정식에 관한 점근 근사와 관련된 수치적 방법 등을 사용한다.

초기 포트폴리오 최적화는 잘 알려진, 평균 벡터와 공분산 행렬에 기초한 마코위츠(Markowitz) 선형 이차 최적화 문제를 통하여 얻을 수 있었다. 점점 늘어나는 방대한 포트폴리오의 사용과 주가(S&P 500, 러셀 2000 등)를 추적하는 상장 지수 펀드(exchange-traded fund, ETF)의 등장으로 인해 방대한 공분산 행렬(특히 성긴 행렬과 견고성을 다루는 경우)을 다룰 좀 더 효과적인 판단법을 찾아내는 것이 필요하다. 이는 통계학의 빅 데이터 연구의 중요한 부분에 숨어 있는 주요한 자극제가 되었다.

3 성장하는 연구 분야

3.1 체계적 위험

위험의 정도, 예상되는 부족분, 또는 최대 차용 총액과 같은 위험을 측정하는 수학적 이론은 정책 결정자들과 포트폴리오 매니저들이 위험을 정량화하고 상환 능력을 유지하기 위해 요구되는 자본의 형태를 명료하게 정의할 수 있도록 돕기 위해 시작되었다. 이 이론은 금융 분야에서 일하고 있는 수학자들 사이에서 즉각적인 성공을 거두었다. 하지만 이 이론들의 역학적 해석은 그만큼의 대중적인 지원을 받지 못했다. 이는 대부분 이론의 복잡함과 회사 수준의 위험을 시스템의 형태로 종합하려는 시도가 어려운 일이기 때문이다.

체계적 위험에 대한 연구는 2001년 9월 11일의 테러 이후 즉각 시작되었다. 그 이후 2008년의 금융위기로 인해 거래 상대방 위험과 디폴트의 확대가 가장 중요한 위치를 차지하게 되었다. 모든 개체가 개인의 레벨에서는 이성적으로 행동하지만 종합적인 레벨에서는 재앙을 만들게 되는 방대하고 복잡한 시스템의 분석은 수학자들에게는 매우 흥미 있는 도전 과제다. 수학자들은 현재 몇몇 경제학자들이 이성적 비이성이라 부르는 모델들을 개발했다.

3.2 에너지와 새로운 원자재 시장

고정-수입 시장과 그 뒤를 이어 신용 시장에서 사용된 디폴트 모델에 대해서 말하자면 원자재에 대한 모델들은, 대충 이야기해서 두 개의 뚜렷하게 구분되는 범주로 나눌 수 있다. 축소형 모델과 구조적 모델이다.

원자재는 자연에 물리적으로 존재하고 선물의 기반, 말하자면 미래의 배달을 위하여 엄청난 양이 거래된다. 그래서 고정-수입 시장에서처럼, 변화하는 만기의 선물에 대한 기간 구조로부터 시장의 상태에 대한 짤막한 정보를 얻는 것이 최선이다. 하지만 선물 시세와는 달리 선물 가격은 실제로 거래되는 원자재의 가격이다. 그 결과 이 시장은 마팅게일(동향이나 추세와는 상관없이 오로지 가격에 의해서만 결정되는 과정)을 이용하여 모델을 만들어야 한다. 이러한 근본적인 차이점에도 불구하고 원자재에 관한 첫 번째 모델은 (최소한 그 정신이라도) 고정-수

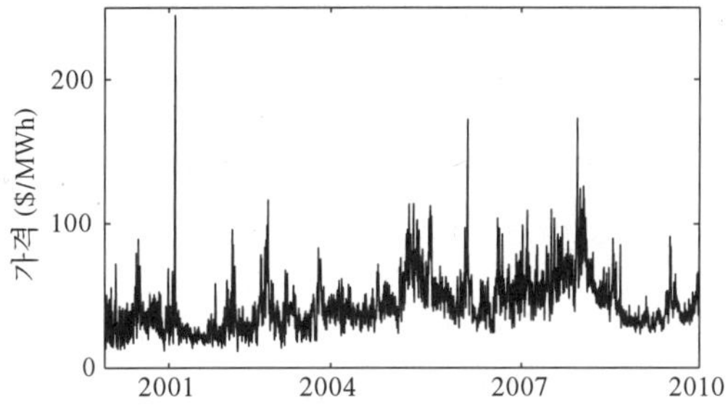

그림 1 미국 북동부 지역의 PJM 시장에서 전력 가격의 일별 변화.

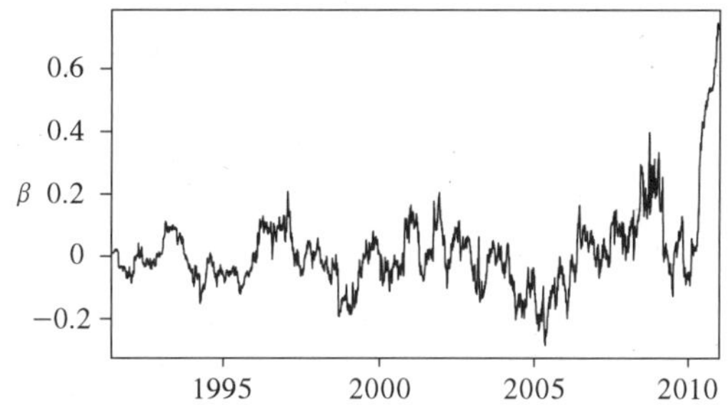

그림 2 S&P 500 수익률에 골드만삭스의 총 수익 원자재 지수의 즉각적인 상관성 (β).

입 시장의 수준 높은 연구자들이 개발한 모델로부터 빌려온 것이었다. 하지만 임시로 이식한 이러한 모델의 단점을 현재는 인지하였고 이 분야의 근본적인 연구는 현재 구조적 모델에 관심을 두고 있다. 이 구조적 모델은 평형 상태에 관한 논의와 수요와 공급의 경제적 원리에 더 치중하고 있다. 적당한 예로 전기 계약의 가격 책정을 들 수 있다. 그림 1은 최근 규제 완화 시장에서의 전력 현물 가격의 시간에 따른 변화를 보여 준다. 확실히 주식, 통화 또는 이자율을 사용한 수학적 모델 중 어느 것도 이 데이터와 맞아떨어지게 보정할 수 있는 것은 없었다. 그리고 (날씨와 같은) 자동차 여행 수요, (생산 수단과 같은) 공급에 대한 항을 포함하고 있는 구조적 모델은 뾰족한 점들에 대해서 적당한 해명을 할 필요가 있다.

전기 생산은 온실 가스 배출의 중요한 근원이고 다양한 형태의 시장 매커니즘이 이러한 해로운 영향을 조절할 수 있다고 장점을 내세워 왔다. 가장 주목할 만한 것은 유럽 연합에 의해 주어지는 CO_2 배출 허가권에 관한 의무적인 배출권 거래제의 형태를 띤 교토 의정서의 이행이다. 비록 정책의 쟁점은 여전히 미국에서 CO_2 배출에 관한 규제가 가능하도록 하는 마지막 형태에 대하여 진흙투성이로 남아 있지만, 배출권 규제 제도는 이미 미국의 북동부(지방 온실 가스 규제 법안)와 더 최근에는 캘리포니아에서 이러한 시장에 대한 이론적인 연구에 새로운 추진력을 주는 방법으로 존재한다.

원자재 지수의 급증과 지수를 따르는 ETF를 통한 원자재의 노출로부터 이익을 얻는 투자가들의 엄청난 증가는 원자재 시장의 풍경을 바꿔 놓았고 원자재와 주식간의 상관관계와 같은 지수 안에 포함된 원자재들 간의 상관관계를 증가시켰다. 그림 2에는 상관관계의 놀라운 변화가 나타나 있다. 이러한 변화는 시장의 기초적인 조건에만 온전히 의존해서는 설명하기 힘들다. 이는 원자재 시장의 **금융화**라고 알려진 현상의 한 부분이다. 이 현상은 지난 10년간 일어났고 이를 연구하는 경제학자, 계량경제학자와 수학자들이 증가하고 있다. 또한 이론 연구가들에게 흥미로운 사실은 헤지 펀드, 기부금 펀드, 연금 펀드 등 금융 기관들이 원자재 시장에서 성공하려면 대체로 물리적인 자산과 금융 자산을 모두 포함하도록 포트폴리오를 관리해야 한다는 사실을 인식했다는 점이다. 다시 한 번 이 조합은 전통적인 금융 수학이나 금융 공학에서 알려지지 않았던 안건을 제기했다. 마지막으로 에너지 생산의 물리적 특성은 날씨, 화물 운송, 배출물과 같은 분야의 새로운 금융시장의 도입과, 새로운 수학적 도전 과제를 주는 디자인, 규제, 연구를 이끌었다.

3.3 초단타 매매

최근 몇 년간 임의의 크기로 발생하는 거래에서 단일 공지 가격이라는 개념이 도전받아 왔다. 유동성 마찰과 거래의 크기와 주기에 따르는 가격 충격의 존재와 중요성은 많은 금융 산업의 가장 극적인 실패(장기 자본 운영, 아마란스(Amaranth), 리먼 브라더스(Lehman Brothers) 등)의 원인으로 인식된다. 이는 최적 실행(optimal execution)과 약탈 거래(predatory trading)와 같은 예에서 확률적 최적화의 응용에 관한 새로운 연구를 촉진했다.

정량적 금융 연구의 방향을 바꾼 또 다른 중요한 현상은 알고리즘에 따른 초단타 매매의 역할이 커지고 있다는 것이다. 사실 요즘에는 거래양의 60%에서 70% 사이가 전자적으로 행해지고 있다고 일반적으로 받아들여진다. 투자 전문가와 중계인은 현재 대부분 전자적으로 일하고 있고 그들은 유동성 공급자로 받아들여지고 있지만(심사위원들은 여전히 그러한 쪽에서 벗어나 있지만) 2010년 5월 6일의 주가 폭락과 같은 상황의 발생과 나이트 캐피탈(Knight Capital)을 쓰러트린 컴퓨터의 작은 문제들은 심각한 상황을 발생시켰다. 제한된 지정가 주문 모델의 개발과 거래에 있어서 그들의 영향력에 관한 연구는 정량적 금융 연구 분야의 떠오르는 주제 중 하나임이 확실하다.

3.4 기본으로 돌아가기. 확률론적 평형과 확률론적 게임

좀 더 최근에 이러한 수단들은 다중 '행위자'를 포함하는 문제에 맞추어 조정되었다. 이 행위자들은 그들 자신을 최적화하는데 시장을 통해 서로 상호작용하고 있다. 이 문제들은 균형점을 분석하고 계산하는 과정을 포함하는데, 예를 들자면 이는 시장 청산 조건이나 내시 균형의 심각한 경쟁을 강요하는 과정에서 필요하다. 확률론적 미분 게임에서는 최근 많은 진보가 있었다. 래즈리(Lasry)와 리옹(Lions)을 예로 들 수 있다. 이들은 평균-필드 게임을 생각했는데 이는 많은 수의 참가자가 있지만 경쟁은 참가자들의 평균을 통해서만 느낄 수 있다. 이 경우 평균에서 각 참가자의 영향은 무시해도 될 정도다.

가격 영향, 안정성, 변동성, 버블의 형성으로부터 생겨나는 문제들은 중요한 관심으로 남아있고 매우 흥미로운 수학을 나름대로 만들어 왔다. 1987년의 시장 붕괴 이후 얼마 지나지 않아서 프로그램 거래자들에 의해 폭락이 일어나고 있고, 악화된 정도에 대하여 많은 걱정이 있었다. 프로그램 거래자들의 컴퓨터는 자동으로 옵션 조건에 대하여 위험을 조절하는데, 가격이 떨어지면 기계적으로 팔아서 가격이 더 떨어지게 몰아붙인다. 연속-시간의 관점에서 이런 형태의 가격 영향에 관한 피드백 모델은 1990년대 후반에 시작되었다. 그리고 그 후 투자가가 단순한 '가격 결정자'일 뿐이 아니라는 것과 방대한 주식 편입 비중을 가지는 상품을 가격이 많이 떨어진 상태에서 거래하는 것을 피하고자 잘게 쪼개어서 파는 상황에 대한 많은 영향력 있는 연구가 있어 왔다. 이는 최적 실행 알고리즘의 완벽한 예다.

더 읽을거리

푸케(Fouque) 등과 개더럴(Gatheral)의 책에 확률론적 변동성 모델에서 발생하는 최근의 연구가 담겨 있다. 금융 문제에 관한 몬테카를로 방법에 관한 교재로는 글라서만(Glasserman)이 있다. 무한 차원 이자율 모델에 대해서는 카르모나(Carmona)와 테흐란치(Tehranchi), 필리포비치(Filipovic)와 같은 최근 교재를 보라. 포트폴리오 최적화에 관한 머튼의 고전적인 결과는 그의 1992년 모음집에 있다. 푸케와 랑잠(Langsam)이 편집한 최근의 편람에는 체계적 위험의 분석에 관한 많은 관점이 나와있다. 에너지와 원자재 시장에 대하여 더 궁금하다면 카르모나와 쿨롱(Coulon)의 최근 개요와 스윈들(Swindle)의 책을 보라. 레할(Lehalle)과 라뤼엘(Laruelle)은 최근 책에서 초단타 매매의 배경에 대한 시장의 미세 구조를 논의했다. 자산 가격 버블(결과적으로는 시장 붕괴)에 관한 연구의 최근 개요는 프로터(Protter)의 개요 논문에서 찾을 수 있다.

Carmona, R., and M. Coulon. 2013. A survey of commodity markets and structural approaches to modeling electricity. In *Energy Markets: Proceedings of the WPI Special year*, edited by F. Benth, PP. 1-42. New York: Springer.

Carmona, R., and M. Tehranci. 2006. *Interest Rate Models: An Infinite Dimensional Stochastic Analysis Perspective*. New York: Springer.

Filipovic, D. 2009. *Term Structure Models: A Graduate Course*. New York: Sprigner.

Fouque, J.-P., and J. Langsam, des. 2012. *Handbook of Risk*. Cambridge: Cambridge University Press.

Fougue, J.-P., G. Papanicolaou, R. Sircar, and K. Sircar and K. Sølna. 2011. *Multiscale Stochastic Volatility for Equity, Interest-Rate and Credit Derivatives*. Cambridge: Cambridge University Press.

Gatheral, J. 2006. *The Volatility Surface: A Practitioner's Guide*. New York: Springer.

Lehalle, C., and S. Laruelle. 2013. *Market Microstructure in Practice*. Singapore: World Scientific.

Merton, R. 1992. *Continuous-Time Finance*. Oxford: Blackwell.

Protter, P. 2013. A mathematical theory of financial bubbles. In *Paris-Princeton Lectures on Mathematical Finance 2013*, edited by V. Henderson and R. Sircar. New York: Springer.

Swindle, G. 2014. *Valuation and Risk Management in Energy Markets*. Cambridge: Cambridg University Press.

V.10 포트폴리오 이론

토머스 브레넌, 앤드류 로, 트리-덩 응유엔
Thomas J. Brennan, Andrew W. Lo and Tri-Dung Nguyen

1 기본적인 평균-분산 분석

노벨상 수상자인 경제학자 해리 마코위츠(Harry Markowitz)가 반세기도 전에 개척한 분야인 포트폴리오 이론은 현대 금융 경제학의 가장 오래된 분야

중 하나다. 이 이론은 투자자들이 마주칠 근본적인 질문을 제기한다. 가능한 투자처의 선택지들에 돈을 얼마나 배치해야 하는가? 즉 금융 자산에 대하여 무엇을 선택할지 또는 어떤 포트폴리오를 선택할 것인가? 이 글에서는 포트폴리오 이론과 실행에 쓰이는 방법의 기본적인 면을 묘사할 것이다. 우리는 투자에 대하여 고정된 시간 전망에 집중하려 한다. 이 시간은 일반적으로 일 년이지만 그 기간은 짧게는 며칠에서 길게는 몇 년까지 가능하다. 우리는 지난 몇 십 년 동안 있어 왔던 중요하고 획기적인 많은 방법들을 요약할 것이다. 이 방법에는 금융 가격이 어떻게 행동하는지에 대한 보다 나은 이해와 입력 변수를 추정하는 로버스트 방법, 베이즈 방법, 리샘플링 기술이 포함된다.

포트폴리오란 종종 자산이라 불리는 재정 보증이고, **자산** 또는 포트폴리오에 대한 **수익**이란 특정 시간동안 자산이나 포트폴리오를 유지함으로써 발생하는 재정적 이익이나 손해에 대해 불확실하게 증가하는 백분율이다. 날짜가 t일 때 자산 i의 가격을 p_{it}라고 두면 t와 $t+1$ 사이의 수익 $r_{i,\,t+1}$을 다음과 같이 정의한다.

$$r_{i,\,t+1} \equiv \frac{p_{i,\,t+1} + d_{i,\,t+1}}{p_{it}} - 1 \qquad (1)$$

위 식에서 $d_{i,\,t+1}$은 배당금 지급과 같은 것으로서 t와 $t+1$ 사이에 자산 i에 의한 현금 지급을 나타낸다. 자산의 포트폴리오에 대한 수익은 비슷한 방법으로 정의한다.

마코위츠의 독창적인 생각은 포트폴리오 수익에 대한 분포의 두 가지 중요한 특징을 이용하여 최적 포트폴리오를 선택하는 것이다. 그 특징이란 평균과 분산이다. 분산의 목표치에 대하여 가장 큰 평균(또는 기대) 수익을 낼 수 있는 할당을 선택한다. 비슷하게 기대되는 수익의 목표치에 대하여 가능한 가장 낮은 수준의 분산을 낼 수 있는 할당을 선택한다. 지금까지는 이 방법으로 유일한 포트폴리오를 선택할 수 없었다. 왜냐하면 분산의 기대치든 평균의 기대치든 미리 구체적으로 명시할 필요가 있기 때문이다. 하지만 이 방법으로 이미 우리는 평균-분산 공간에서 곡선을 그릴 수 있었다. 이 곡선은, 이 방법들이 마코위츠 요건을 만족하는 한, **효율적인** 포트폴리오의 특징에 대응한다. 이 곡선은 **평균-분산 효율 경계**(mean-variance efficient frontier)로 알려져 있다(예로 그림 1을 보라).

분산을 종종 그 제곱근인 표준 편차로 대체하기도 한다. 그 결과 평균과 표준 편차로 정의되는 공간에서 효율적인 포트폴리오의 동등한 곡선을 만들어 낸다. 우리는 뒤에 나온 이 곡선을 **효율 경계**라고 부를 것이다.

투자처로 선택 가능한 n개의 금융 자산의 집합을 생각해 보자. 그리고 $i = 1, \cdots, n$에 대하여 가능한 투자 범위 위에서 r_i를 자산 i의 수익이라고 하자(간단한 표기를 위해서 시간을 나타내는 아래 첨자 t를 숨겼다). 따라서 i 안의 초기 투자 1달러는 투자 기간이 끝날 때 $1 + r_i$ 달러를 내놓는다. i의 기대 수익은 $\mu_i = \sum_s r_i(s)p_s$이고, i와 j의 수익에 대한 공분산은 $\sigma_{i,\,j} = \sum_s (r_i(s) - \mu_i)(r_j(s) - \mu_j)p_s$이다. 여기에서 수익이 유한한 분포를 가진다고 가정하고 수익의 서로 다른 가능한 집합들 $\boldsymbol{r} = (r_1, \cdots, r_n)$은 매개 변수 s를 이용하여 $\boldsymbol{r}_s = (r_1(s), \cdots, r_n(s))$로 쓸 것이다. 상태 s의 확률은 p_s로 나타낼 것이다. 그리고 $\boldsymbol{\mu} =$

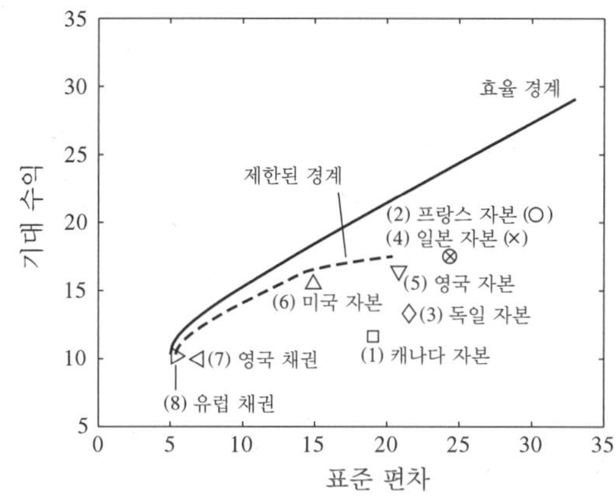

그림 1 표 1에서 묘사된 지표를 가지는 여덟 개의 자산의 모임에 대한 효율 경계. 점선은 포트폴리오에서 음의 자산 가중치가 허락되지 않는 제한된 경계다. 각각의 자산에 대한 표준 편차와 기대 수익이 그래프에 나타나 있다.

표 1 여덟 개의 자산 모임에 대한 기대 수익, 표준 편차, 상관관계. 자산 번호는 그림 1의 각 자산의 이름에 대응한다. 각 값은 미쇼드(Michaud, 1998)에 나오는 통계 자료를 연간으로 환산한 것이고 1978년부터 1995년까지의 누적 데이터를 반영한다. (ER은 기대 수익, SD는 표준 편차다.)

	ER (%)	SD (%)	상관관계 1	2	3	4	5	6	7	8
1	11.64	19.05	1.00	0.41	0.30	0.25	0.58	0.71	0.26	0.33
2	17.52	24.35		1.00	0.62	0.42	0.54	0.44	0.22	0.26
3	13.32	21.55			1.00	0.35	0.48	0.34	0.27	0.28
4	17.52	24.39				1.00	0.40	0.22	0.14	0.16
5	16.44	20.82					1.00	0.56	0.25	0.29
6	15.48	14.90						1.00	0.36	0.42
7	9.96	6.96							1.00	0.92
8	10.20	5.40								1.00

$[\mu_i]_i$와 $\boldsymbol{\Sigma} = [\sigma_{i,j}]_{i,j}$로 쓸 것이다. 모든 벡터는 특별한 언급이 없으면 열벡터를 나타낸다.

자산들 중 펀드에 배치하는 것은 가중치 벡터 $\boldsymbol{\omega} = [\omega_i]_i$로 생각할 수 있다. 여기에서 ω_i는 자산 i에 투자 가능한 펀드의 비율을 나타낸다. 가중치는 $\boldsymbol{e}^t\boldsymbol{\omega} = 1$이라는 제한을 받는다. 여기에서 $\boldsymbol{e}$는 모든 성분이 1인 벡터다. 가능한 펀드가 정확히 100% 투자될 수 있도록 이 제한이 필요하다. 일반적인 경우 가중치는 음의 값을 가져도 된다. 이는 자산의 공매도(short sales)에 대응한다고 해석할 수 있다. 공매도란 투자가가 자신이 가지고 있지 않은 유가 증권을 중개자와 같은 제 삼자에게 나중에 되돌려주겠다는 약속을 하고 빌린 다음 파는 특정한 금융 거래를 말한다. 공매도는 자산의 가격이 이 기댓값으로는 이익을 얻을 수 없을 것이라 예측하는 투자가를 인정한다. 일반성이 덜 요구되는 경우 더 많은 제한이 가해질 수 있다. 예를 들어 모든 i에 대하여 $\omega_i \geq 0$라는 제한이 더해지면 공매도는 인정하지 않는다.

가중치 벡터 $\boldsymbol{\omega}$로 만든 포트폴리오는 기대 수익 $\boldsymbol{\mu}^{\mathrm{T}}\boldsymbol{\omega}$와 분산 $\boldsymbol{\omega}^{\mathrm{T}}\boldsymbol{\Sigma}\boldsymbol{\omega}$를 갖는다. 따라서 효율 경계를 결정하기 위해서는 포트폴리오 기대 수익 μ_p의 각 값에 대하여 다음과 같은 최소화 문제를 풀면 된다.

$$\boldsymbol{\mu}^{\mathrm{T}}\boldsymbol{\omega} = \mu_{\mathrm{p}}\boldsymbol{e}^{\mathrm{T}}\boldsymbol{\omega} = 1\text{을 만족할 때 } \min \boldsymbol{\omega}^{\mathrm{T}}\boldsymbol{\Sigma}\boldsymbol{\omega} \quad (2)$$

해가 되는 가중치 벡터 $\boldsymbol{\omega}^*$은 목표로 하는 기대 수익 μ_p에 대응하는 최적 포트폴리오가 된다.

그림 1에는 여덟 개의 자산의 효율 경계가 기대 수익, 표준 편차, 그리고 표 1에 나와 있는 상관관계와 함께 나와 있다. 뒤에 나오지만, 그림에서 우리는 일반적으로 우리의 관심을 효율 경계의 '위쪽 부분'으로 제한한다. 이는 우리가 대역적으로 최소-분산 포트폴리오에서 얻는 수익보다 적은 수익을 가지는 경계에 위치한 포트폴리오는 포함시키지 않음을 뜻한다. 그러한 포트폴리오의 경우 고수익이 가능하지만 그만큼 위험을 가진다.

1.1 해석적 해

우리는 문제 (2)의 정확한 해석적 해를 찾을 수 있

다. 라그랑즈 승수법[I.3 §10]을 적용할 수 있는데, 머튼이 이 문제에 이러한 방법을 사용하는 선구적인 역할을 했다. 적절한 라그랑지안은 다음과 같다.

$$\mathcal{L} = \omega^{\mathrm{T}} \boldsymbol{\Sigma}\omega + \lambda_1(\boldsymbol{\mu}^{\mathrm{T}}\omega - \mu_{\mathrm{p}}) + \lambda_2(\boldsymbol{e}^{\mathrm{T}}\omega - 1) \tag{3}$$

$\mathcal{L}$의 기울기 벡터가 0이라고 두고 계산하면 최소화 문제의 해는 다음과 같다.

$$\omega^* = \frac{\mu_{\mathrm{p}}C - B}{D}\boldsymbol{\Sigma}^{-1}\boldsymbol{\mu} + \frac{A - \mu_{\mathrm{p}}B}{D}\boldsymbol{\Sigma}^{-1}\boldsymbol{e} \tag{4}$$

위 식에서 $A = \boldsymbol{\mu}^{\mathrm{T}}\boldsymbol{\Sigma}^{-1}\boldsymbol{\mu}$, $B = \boldsymbol{\mu}^{\mathrm{T}}\boldsymbol{\Sigma}^{-1}\boldsymbol{e}$, $C = \boldsymbol{e}^{\mathrm{T}}\boldsymbol{\Sigma}^{-1}\boldsymbol{e}$이고 $D = AC - B^2$이다.

식 (4)의 최적 가중치를 포트폴리오의 분산에 관한 공식 $\boldsymbol{\omega}^{\mathrm{T}}\boldsymbol{\Sigma}\boldsymbol{\omega}$와 결합하면 주어진 기대 수익 μ_p의 수준에서 가능한 최소 분산을 계산할 수 있다. 특히 우리는 다음과 같은 식을 얻는다.

$$(\boldsymbol{\omega}^*)^{\mathrm{T}}\boldsymbol{\Sigma}\boldsymbol{\omega}^* = \frac{C\mu_p^2 - 2B\mu_{\mathrm{p}} + A}{D} \tag{5}$$

따라서 최소 분산은 단순히 기대 수익 수준에 대한 이차 함수다. 더욱이 우리는 식 (5)를 이용하여 대역적 최소 분산이 $1/C$임을 알 수 있고, 수익 수준이 $\mu_p = B/C$일 때 발생함을 알 수 있다. 그러므로 효율 경계는 다음과 같은 점들의 집합으로 생성된다.

$$\begin{aligned}\mathcal{F} &= \left\{(\sigma, \mu)\colon \sigma = \frac{\sqrt{C\mu^2 - 2B\mu + A}}{\sqrt{D}}\,\mu \geq \frac{B}{C}\right\} \\ &= \left\{(\sigma, \mu)\colon \mu = \frac{B}{C} + \frac{\sqrt{D(C\sigma^2 - 1)}}{C}\,\sigma \geq \frac{1}{\sqrt{C}}\right\}\end{aligned} \tag{6}$$

1.2 부등식 제약 조건

종종 식 (2)에 나와 있는 최적화 문제에 제약 조건을 더 주고 싶은 경우가 있다. 예를 들면, 특정 자산의 가중치가 정확히 10%라든가, $\boldsymbol{\omega}$의 모든 성분이 양수라든가, 아니면 $\boldsymbol{\omega}$의 어떠한 성분도 50%를 넘을 수 없다는 조건들이 있다. 이러한 제약 조건을 가진 포트폴리오 선택 문제는 일반적으로 간단한 닫힌 형태의 해를 가지지 않는다. 대신 최적 포트폴리오를 계산하기 위해서 수치해석적인 방법을 동원한다.

더 많은 제약 조건을 주기 위해서 부등식의 형태를 동원한다. 식 (3)에 나와 있는 공식의 라그랑주 승수에는 추가적으로 적절한 항을 더한다. 만일 제약 조건 중 일부가 부등식이면 라그랑주 승수법은 카루시(Karush)-쿤(Kuhn)-터커(Tucker) 조건[IV.11 §2]을 사용하여 확장한다.

실제로는 기본적인 제약 조건인 $\boldsymbol{e}^{\mathrm{T}}\boldsymbol{\omega} = 1$을 넘어서는 제약 조건을 가지는 경계를 계산하기 위하여 컴퓨터 소프트웨어 패키지를 사용한다. 그림 1에서 표 1에 묘사된 지표를 가지는 자산의 집합에 대한 효율 경계의 일부를 묘사했는데, 이 그림에는 제약 경계의 예 또한 나와 있다. 우리는 효율 경계를 나타내는 점은 해석적으로 계산했지만 제약 경계를 나타내는 점들은 이차 프로그래밍 소프트웨어를 사용하여 계산하였다.

1.3 '가장 좋은' 포트폴리오 찾기

우리는 아직 모든 효율 경계 위에 있는 점들 중 투자가들에게 '가장 좋은' 포트폴리오를 선택하는 방법은 소개하지 않았다. 이를 위해서 우리는 투자가들의 가치 함수에 대하여 좀 더 알 필요가 있다. 가치 함수란 위험과 수익의 서로 다른 조합에 순위를 매기는 것이다. 이 절에서 우리는 투자가가 서로 다른 위험-수익 프로파일에 순위를 매기는 기법 중 몇몇 공통으로 사용하는 방법을 설명하려고 한다. 이어지는 절에서 이러한 순위 매기기 방법론을 언급할 것이다.

최소-분산 포트폴리오

극단적인 경우로 오직 위험만 걱정하고 기대 수익에는 전혀 관심이 없는 투자가의 경우 가장 낮은 레벨의 위험을 가진 포트폴리오를 선택할 것이다. 1.1절에서 보았듯이 이 최솟값은 분산 $1/C$나 표준편차 $1/\sqrt{C}$에 대응하고, 이는 그림 2에 나와 있다. 대응하는 가중치의 집합은 라그랑지안 $\mathcal{L} = \omega^{\mathrm{T}}\boldsymbol{\Sigma}\omega + \lambda_1(\boldsymbol{e}^{\mathrm{T}}\omega - 1)$에 대응하는 라그랑주 승수 문제를 풀면 쉽게 구할 수 있다. 결과로 나오는 포트폴리오 가중치는 $\omega_{\min} = 1/C\boldsymbol{\Sigma}^{-1}\boldsymbol{e}$임을 알 수 있다.

표준 가치 함수

좀 더 현실적으로 투자가는 더 높은 기대 수익을 가지는 포트폴리오에 더 높은 가치를 부여하고 더 높은 위험을 가지는 곳에는 더 낮은 가치를 부여할 것이다. 이러한 생각에 맞추어 일반적으로 쓰이는 간단한 가치 함수는 다음과 같다.

$$V_\gamma(\sigma_{\mathrm{p}}, \mu_{\mathrm{p}}) = \mu_{\mathrm{p}} - \tfrac{1}{2}\gamma\sigma_{\mathrm{p}}^2 \tag{7}$$

이 경우 매개변수 μ_p와 σ_p를 갖는 포트폴리오의 가치는 기대 수익(μ_p)과 분산(σ_p^2)의 선형 함수고, γ는 투자가의 위험에 대한 내성을 나타내는 투자가-특정 매개변수다. 이 가치 함수는 μ_p와 σ_p의 값이 상대적으로 작을 때 가장 적절하고, 투자 시계가 짧은 경우 발생할 수 있다. 시간 간격이 더 긴 경우 일반적으로 좀 더 복잡한 함수가 필요하다. 이러한 가치 함수들은 종종 투자가의 부의 **효용**(utility), $U(W)$에 관한 좀 더 근본적인 가정으로부터 유도한다. W_0이 초기 부일 때 $W = W_0\boldsymbol{\omega}^{\mathrm{T}}\boldsymbol{r}$라고 두면 가치 함수 V는 폰 노이만(Von Neumann)과 모르겐슈테른(Morgenstern)의 **기대 효용 이론**(expected utility theory)의 공리에 따라 $\mathbb{E}[U(W_0\boldsymbol{\omega}^{\mathrm{T}}\boldsymbol{r})]$로 주어진다.

식 (7)에서 정의된 가치 함수의 특수한 형태에 대하여 우리는 제약이 없는 최적 포트폴리오 가중치 $\boldsymbol{\omega}_V$를 찾을 수 있고, 대응하는 가장 높이 도달할 수 있는 가치를 적절한 라그랑지안을 사용하여 결정할 수 있다. 우리는 다음을 찾았다.

$$\omega_V = \frac{1}{\gamma}\boldsymbol{\Sigma}^{-1}\boldsymbol{\mu} + \frac{\gamma - B}{\gamma C}\boldsymbol{\Sigma}^{-1}\boldsymbol{e}$$

이 최적 가치의 점에서 기대 수익과 위험은 다음과 같다.

$$\mu_{\mathrm{p}} = \frac{B}{C} + \frac{D}{\gamma C}, \quad \sigma_{\mathrm{p}} = \frac{1}{\gamma}\sqrt{\frac{D + \gamma^2}{C}}$$

샤프 비율(Sharpe ratio)

투자가들은 또한 포트폴리오로 표현되는 변동성 보상 비율(reward-to-variability ratio)을 살펴본다. 변동성 보상 비율이란 투자가가 포트폴리오로 얻게 되는 기대 초과 수익을 포트폴리오가 나타내는 위험으로 나눈 것이다. 이 비율을 **샤프 비율**이라고 말하고 다음과 같이 쓸 수 있다.

$$S(\sigma_{\mathrm{p}}, \mu_{\mathrm{p}}) = \frac{\mu_{\mathrm{p}} - r_{\mathrm{f}}}{\sigma_{\mathrm{p}}}$$

위 식에서 σ_{p}와 μ_{p}는 각각 포트폴리오의 위험과 기대 수익이고 r_{f}는 투자가가 포트폴리오에서 아무것

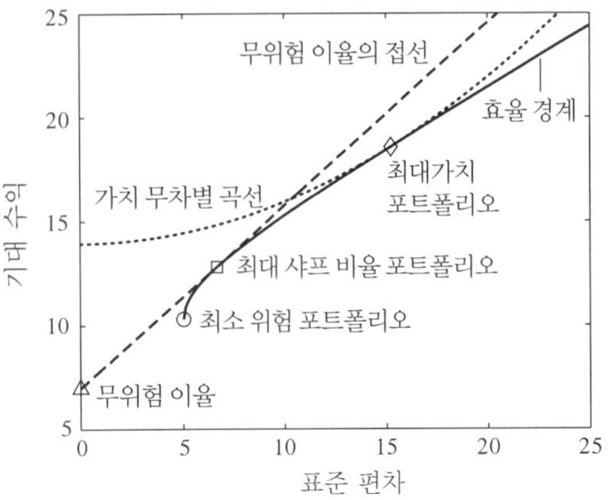

그림 2 단순 표 1에 묘사된 지표를 가지는 여덟 개의 자산의 모임에 대한 효율 경계 위의 최적 지점. 최대 샤프 비율은, 미쇼드(1998)와 맞추어, 무위험 이율이 $r_f = 6.96\%$임을 가정하여 계산하였다. 그리고 최댓값은 위험 내성 $\gamma = 4$를 사용하여 계산했다.

도 투자하지 않은 경우 받게 되는 무위험 이율이다. 무위험 이율을 뺌으로써 우리는 투자가가 포트폴리오에 따라 투자함으로써 무위험 이율을 초과해서 얻게 되는 수익을 측정할 수 있다.

식 (6)에 주어진 효율 경계 위의 점들을 특징지음으로써 우리는 최적 샤프 비율과 대응하는 포트폴리오 가중치를 계산할 수 있다. 특히 우리는 σ_p를, 따라서 S를 μ_p의 함수로 표현할 수 있다. 그런 다음 S를 μ_p라는 변수 하나의 함수로 보아 최대화하여 다음을 찾을 수 있다.

$$S_{\max} = \sqrt{Cr_f^2 - 2Br_f + A}$$

위 식에서 r_f의 값은 최소-분산 포트폴리오의 수익보다는 작다(그림 2를 보라). 포트폴리오 가중치는 식 (4)에 의해 주어지는데 이때

$$\mu_p = \frac{A - Br_f}{B - Cr_f}$$

이며, 이름을 붙이자면

$$\omega_{\text{Sharpe}} = \frac{1}{B - Cr_f} \boldsymbol{\Sigma}^{-1}(\boldsymbol{\mu} - r_f \boldsymbol{e})$$

가 된다.

1.4 자본 자산 평가 모델(Capital Asset Pricing Model, CAPM)과의 연관성

마코위츠가 개발한 평균-분산 체계는 CAPM 개발의 근간이 되었다. 1950년대와 1960년대에 토빈(Tobin), 샤프, 린트너(Lintner)는 모든 투자가들이 효율적인 포트폴리오를 가지고 있다는 가정 하에 균형의 결과를 유도했다. 이는 자본 시장 선(capital market line)으로 이어지는데, 기대 수익축의 무위험 이율과 평균-표준 편차 공간의 효율 경계 위의 접촉 경계를 연결하는 선이다. 이는 위에서 유도한 최적 샤프 비율 포트폴리오와 동일한 것이다. 모델의 가정 하에 모든 투자가들은 이 접촉 포트폴리오 안에서 위치와 무위험 자산의 조합을 갖는다.

CAPM에서 무위험 자산 위치의 총 합은 0이고, 접촉 포트폴리오는 모든 투자가들을 대상으로 한 위험 자산의 위치의 총합을 나타낸다. 따라서 이 포트폴리오는 **시장 포트폴리오**(market portfolio)로 언급된다. CAPM 세상에서 특정 자산 i의 기대 수익 μ_i는 시장 포트폴리오의 기대 수익과 위험으로 표현할 수 있다. 또한 시장 포트폴리오와 함께 자산의 공분산으로도 표현할 수 있다. 정확한 관계는 다음과 같다.

$$\mu_i = r_f + \beta_i(\mu_{\text{mkt}} - r_f)$$

위 식에서 μ_{mkt}는 시장 포트폴리오의 기대 수익이고 $\beta_i = \text{cov}(r_i, r_{\text{mkt}})/\sigma^2_{\text{mkt}}$인데 r_i와 r_{mkt}는 각각 자산 i의

수익과 시장 포트폴리오를 나타낸다. 그리고 σ_{mkt}는 시장 포트폴리오의 표준 편차를 나타낸다. 수익 r_i는 다음과 같이 쓸 수 있다.

$$r_i = r_f + \beta_i(r_{\text{mkt}} - r_f) + \epsilon_i$$

위 식에서 ϵ_i는 r_{mkt}와 상관없는 확률 변수인데 그 평균이 영이다. 확률 변수 ϵ_i로 나타나는 위험은 고유 위험(idiosyncratic risk)이라고 알려져 있다. 따라서 행렬 표현을 사용하면, CAPM 가정하에서 기대 수익 벡터와 자산 수익의 공분산 행렬은 다음과 같다.

$$\begin{aligned} \boldsymbol{\mu}_{\text{CAPM}} &= r_f\boldsymbol{e} + \boldsymbol{\beta}(\mu_{\text{mkt}} - r_f) \\ \boldsymbol{\Sigma}_{\text{CAPM}} &= \sigma^2_{\text{mkt}}\boldsymbol{\beta}\boldsymbol{\beta}^{\text{T}} + \boldsymbol{\Omega}_\epsilon \end{aligned} \tag{8}$$

위 식에서 $\boldsymbol{\beta}$는 자산들의 β값으로 이루어진 벡터고 $\boldsymbol{\Omega}_\epsilon$은 고유 위험의 공분산 행렬이다.

시장 포트폴리오의 효율

시장 포트폴리오 평균-분산 효율성의 중요성은 일찍이 많은 저자들이 인지했고 CAPM의 검증 가능한 영향에 대해 여러 논의가 있었다. 마코위츠는 CAPM으로부터 나오는 실험적 분산이 CAPM이 기초로 하는 반사실적 가정들을 고려하면 놀라운 것이 아니라고 주장했다. 특히 그는 다음을 관찰했다. 'CAPM에서 확실히 비현실적인 가정 하나가 실세계의 것으로 교체된다면 극적인 CAPM의 결과 중 일부는 더 이상 지속되지 못한다.' 예를 들자면 동일한 이자율로 제한 없이 빌리고 빌려주는 것은 실제로는 불가능하다. 그리고 이 제한은 시장 포트폴리오가 균형 상태에서 평균-분산 효율적일 필요가 없음을 의미한다.

불가능한 경계

효율 경계에 가중치가 모두 양수인 포트폴리오가 없다면 이는 CAPM과 양립할 수 없고 불가능으로 정의되어야 한다. 왜냐하면, 정의상 시장 포트폴리오는 각각의 자산에 대하여 양의 가중치를 가져야 한다. 여기에서 가중치는 그 자산의 시가 총액에 비례한다. 브레넌(Brennan)과 로(Lo)는 자산의 수가 점점 커져감에 따라 모든 효율 경계가 거의 대부분 (하(Harr) 측도에 대하여) 임의로 주어진 공분산 행렬에 대하여 확실히 불가능하다는 사실을 보여 준다. 이 결과로부터 전문 포트폴리오 매니저들이 표준적인 평균-분산 최적화 방법을 전반적으로 업신여기고 있음을 알 수 있다. 이 방법의 대부분은 오직 긴 기간의 포트폴리오에 제한되어 있다. 따라서 불가능한 경계는 사실 그들이 사용하기에는 말 그대로 불가능하다.

2 실제 실행을 위한 테크닉

실제 상황에서 우리는 일반적으로 우리가 투자할 수 있는 자산의 수익에 대한 분포의 정확한 특성을 모른다. 사실, 우리는 평균-분산 최적화에 요구되는 입력치인 $\boldsymbol{\mu}$와 $\boldsymbol{\Sigma}$의 정확한 값조차 모른다. 대신 우리는 이러한 양들을 추정할 수 있는 방법을 찾아야만 하고 그 다음에 최적화를 실행하기 위해서 이 추정치를 사용한다.

이 절에서 우리는 최적 포트폴리오를 실제로 결정하는 몇몇 방법을 논의할 것이다. 2.1절에서 우리는 자산 수익이 전 시간에 걸쳐 안정된 분포를 따른다는 가정 하에서 편향되지 않은 통계 자료를 계산하는 데 과거 데이터를 사용하는 간단한 접근 방법에 대하여 논의할 것이다. 2.2절에서는 잡음을 줄이는 데 사용할 몇몇 방법을 자세히 이야기할 것이다. 이때 우리는 공분산 행렬 $\boldsymbol{\Sigma}$를 추정하는 데 집중할 것이다. 또한 $\boldsymbol{\Sigma}$의 구조에 대한 이론적 예측을 포함하는 방법도 다룰 것이다. 2.3절에서 우리는 베이즈 방법을 묘사할 것이다. 이 방법으로 $\boldsymbol{\mu}$와 $\boldsymbol{\Sigma}$에 대한 더 좋은 추정치를 얻을 수 있고 또한 투자가의 믿음과 자산 수익의 특성에 대한 이론적 모델을 결합할 수 있다. 2.4절에서 우리는 최적 포트폴리오를 선택하는 좀 더 강력하게 개량된 방법들을 살펴볼 것이다.

2.1 과거 데이터를 사용한 불편 추정량(unbiased estimator)

만일 각 주기의 데이터가 자산 수익을 지배하는 안정적인 과정으로부터 나오는 독립적인 추첨을 표현한다고 가정하면, 우리는 관찰한 과거의 수익을 우리가 희망했던 통계 자료 $\boldsymbol{\mu}$와 $\boldsymbol{\Sigma}$를 추정할 수 있는 표본으로 생각할 수 있다. 과거 수익에 대한 T개의 관찰을 통한 $\boldsymbol{\mu}$와 $\boldsymbol{\Sigma}$의 불편 추정량은 다음과 같다.

$$\hat{\mu}_i = \frac{1}{T}\sum_{t=1}^{T} r_{it}, \qquad \hat{\boldsymbol{\Sigma}} = \frac{1}{T-1}\boldsymbol{H}^{\mathrm{T}}\boldsymbol{H} \tag{9}$$

위 식에서 r_{it}는 기간 t일 때 i에 대한 수익의 관찰이고 $\boldsymbol{H} = [r_{it} - \hat{\mu}_i)]_{it}$는 $T \times n$ 행렬이다. $\boldsymbol{\Sigma}^{-1}$의 불편 추정량은 $\tilde{\boldsymbol{\Sigma}}^{-1}$인데, 이때

$$\tilde{\boldsymbol{\Sigma}} = \frac{T-1}{T-n-2}\hat{\boldsymbol{\Sigma}}$$

이다. 추정량 $\tilde{\boldsymbol{\Sigma}}$는 식 (4)의 A, B, C의 값에 관한 공식에서 보듯이 이율의 대상이 $\boldsymbol{\Sigma}$보다는 $\boldsymbol{\Sigma}^{-1}$일 때 $\hat{\boldsymbol{\Sigma}}$보다 더 적합하다.

2.2 공분산 행렬 추정

불편 추정은 추정 오차로 인해 고생한다. 우리는 더 좋은 추정을 제공하도록 디자인된 몇몇 테크닉을 묘사할 것이다. 특히 공분산 $\boldsymbol{\Sigma}$에 집중할 것이다. 이러한 방법들은 잡음을 줄이는 방법과 $\boldsymbol{\Sigma}$의 구조를 보는 이론적인 결과들과의 결합도 포함한다.

인자 분석

가능한 n개의 자산의 수익은 일반적으로 독립적이지 않을 것이다. 사실 수익은 작은 수의 공통의 인자에 의한 큰 부분으로부터 나올 것이다. 이러한 경우라면 공분산 행렬 $\boldsymbol{\Sigma}$가 덜 복잡하고, 계좌로 가져갈 추정량은 잡음을 덜 가지고 있으리라 기대한다. 또한 공통의 인자들은 무위험 벡터 $\boldsymbol{\mu}$를 결정하리라 기대할 수 있다. 하지만 실질적인 목적을 위해서 우리는 $\boldsymbol{\mu}$를 완전히 일반적인 상황에 놓고 순전히 $\boldsymbol{\Sigma}$의 복잡성을 줄이는 데 집중해야 한다.

자산 n개의 수익 벡터는 다음과 같은 형태다.

$$\boldsymbol{r} = \boldsymbol{\mu} + \boldsymbol{V}^{\mathrm{T}}\boldsymbol{\Lambda} + \boldsymbol{\epsilon}$$

위 식에서 $\boldsymbol{\mu}$는 상수 벡터이고 $\boldsymbol{\Lambda}$는 n_{f} 인자의 통계 벡터다. $\boldsymbol{V}$는 인자 부담금에 대한 $n_{\mathrm{f}} \times n$ 상수 행렬이고 $\boldsymbol{\epsilon}$은 각각의 평균이 0인 자산 n개의 잔여 수익에 관해 통계 벡터이다. $\boldsymbol{\Lambda}$로 표현되는 인자들은 일반적으로 과거에 관찰했던 시가 총액 변수들이고, 다양한 경제 모델들은 자산 수익에 관한 인자 구조를 생기게 한다. 예를 들면 CAPM은 $n_{\mathrm{f}} = 1$인 인자 모델을 낳는데 여기에서 단일 인자는 모든 자산 수

익에 대한 시장-가치-가중치가 부여된 평균이다.

우리가 $\boldsymbol{\mu}$는 완전히 일반적인 상황으로 남겨 두었기 때문에 $\boldsymbol{\Lambda}$의 성분으로 표현되는 인자는 각각 평균이 0이라고 가정할 수 있다. 이 가정은 일반성을 잃지 않는다. 왜냐하면 $\boldsymbol{\mu}$를, 필요한 경우 인자의 기대 수익이 0이 되도록 조정할 수 있기 때문이다. 평균이 0인 것에 더하여 종종 $\boldsymbol{\Lambda}$가 공분산 행렬 $\boldsymbol{\Sigma}_{\Lambda}$인 다변수 정규 분포를 따른다고 가정한다. 잔여 수익 벡터 $\boldsymbol{\epsilon}$ 또한 다변수 정규 분포를 따른다고 가정하는데 이때 공분산 행렬은 $\boldsymbol{\Sigma}_{\epsilon}$이고 $\boldsymbol{\Lambda}$와는 독립이다. 이러한 정규성 가정은 수익의 분포에 관하여 일반성을 잃지 않는 결과를 주지만 그 다음에 나오는 계산을 아주 간단하게 만든다. 사실 이러한 가정 하에서 $\boldsymbol{r}$는 다음과 같은 다변수 정규 분포를 따른다.

$$\boldsymbol{r} = \boldsymbol{\mu} + \boldsymbol{V}^T \boldsymbol{\Lambda} + \boldsymbol{\epsilon} \sim \mathcal{N}(\boldsymbol{\mu}, \boldsymbol{V}^T \boldsymbol{\Sigma}_{\Lambda} \boldsymbol{V} + \boldsymbol{\Sigma}_{\epsilon})$$

우리는 기호 $\mathcal{N}(\cdot, \cdot)$을 다변수 정규 분포를 나타내는 데 사용할 것이다. 이 기호에서 첫 번째 자리는 평균이고 두 번째 자리는 공분산이다.

인자의 공분산 행렬의 추정량 $\hat{\boldsymbol{\Sigma}}_{\Lambda}$는 2.1절에서 묘사된 것과 비슷한 방법으로 인자 수익에 관한 과거 데이터를 사용하여 찾을 수 있다. 인자 부담금의 행렬에 관한 추정량 $\hat{\boldsymbol{V}}$와 오차 항 $\hat{\boldsymbol{\Sigma}}_{\epsilon}$의 공분산 행렬은 과거 데이터의 자산별 선형 회귀를 사용하여 얻을 수 있다. i번째 자산에 대한 회귀를 통하여 $\boldsymbol{V}$의 i번째 열의 n_f 성분과 $\boldsymbol{\epsilon}$의 i번째 성분의 분산 및 $\boldsymbol{\mu}$의 i번째 성분의 추정량을 얻을 수 있다. 그러므로 완전 공분산 행렬의 추정량은 다음과 같다.

$$\hat{\boldsymbol{\Sigma}}_{\text{factor}} = \hat{\boldsymbol{V}}^{\text{T}} \hat{\boldsymbol{\Sigma}}_{\Lambda} \hat{\boldsymbol{V}} + \hat{\boldsymbol{\Sigma}}_{\epsilon}$$

공분산 수축

공분산 행렬 $\hat{\boldsymbol{\Sigma}}$의 추정 오차를 줄이기 위해서 $\hat{\boldsymbol{\Sigma}}$의 가중치 평균을 구할 수 있다. 이 과정은 알려진 공분산 행렬 $\boldsymbol{F}$를 목표로 하여 공분산 행렬 $\hat{\boldsymbol{\Sigma}}$를 수축시키는 것이다. 이 결과로 공분산 행렬의 수정된 추정량은 다음과 같다.

$$\hat{\boldsymbol{\Sigma}}_{LW} = \alpha \boldsymbol{F} + (1 - \alpha) \hat{\boldsymbol{\Sigma}}$$

이는 베이즈 수축 추정량(Bayesian shrinkage estimators)의 특별할 경우인데, $\boldsymbol{F}$가 사전(prior)의 역할을 하고 사후(posterior)는 $\hat{\boldsymbol{\Sigma}}_{\text{LW}}$로 주어진다(2.3절을 보라). 행렬 $\boldsymbol{F}$의 선택에는 다양한 가능성이 존재하지만 기본적인 동기는 $\hat{\boldsymbol{\Sigma}}$의 그럴듯한 대안이 될 수 있는, 구조가 잘 알려진 $\boldsymbol{F}$를 선택하는 것이다. 이러한 방법으로 수축 과정은 효과적으로 추정 오차를 줄인다. 이때 불편 추정량 $\hat{\boldsymbol{\Sigma}}$의 지표의 비율은 여전히 유지된다. 행렬 $\boldsymbol{F}$로 선택 가능한 한 가지는 식 (8)에서 묘사된 CAPM 공분산 행렬 $\boldsymbol{\Sigma}_{\text{CAPM}}$인데 고유 수익 성분에 대한 공분산 행렬 $\boldsymbol{\Omega}_{\epsilon}$이 대각 행렬이라는 가정이 따른다.

수축 과정에서 적절한 α를 결정하기 위하여, 공분산 행렬 추정에 처음으로 수축 추정법을 적용한 레드잇(Ledoit)과 울프(Wolf)는 다음과 같은 노름(norm)을 최소화하도록 α에 대한 일치 추정량을 유도했다.

$$\|(\alpha \boldsymbol{F} + (1 - \alpha) \hat{\boldsymbol{\Sigma}}) - \boldsymbol{\Sigma}\|^2$$

위 식에서 $\|\boldsymbol{M}\|^2$은 행렬 $\boldsymbol{M}$의 모든 성분의 제곱의 합으로 정의된다.

랜덤–행렬 이론

과거 데이터에 기초를 둔 $\boldsymbol{\Sigma}$의 단순한 추정량은 자산들($q = T/n$)의 관찰 비율이 줄어듦에 따라 신뢰성이 떨어진다. $q < 1$인 극단적인 경우에 식 (9)의 추정량은 $\boldsymbol{H}$의 랭크(rank)가 n보다 작아지기 때문에 쓸모가 없어진다. 랄루(Laloux), 시지우(Cizeau), 포터스(Potters), 부쇼(Bouchaud)는 q가 1보다 그리 크지 않은 경우에 $\hat{\boldsymbol{\Sigma}}$는 랜덤 행렬처럼 행동해야 함을 보여서 잡음이 섞인 추정 문제를 다루었다. 랜덤 행렬과는 다른 행동을 하는 것으로 확장하기 위해서는 실제 정보가 있어야만 하고, 이러한 통찰력은 행렬을 랜덤 잡음으로부터 정화하는 과정을 이끌었다.

$\boldsymbol{H}_\mathrm{r}$를 평균이 0이고 표준편차가 σ_r인 정규 랜덤 분포로부터 나오는 서로 독립적인 성분으로 이루어진 $T \times n$ 행렬이라고 하자. 행렬 $\boldsymbol{M}_\mathrm{r} = \boldsymbol{H}_\mathrm{r}^\mathrm{T}\boldsymbol{H}_\mathrm{r}$는 위샤르트(Wishart) 분포를 따르고, $T \to \infty$, $n \to \infty$일 때 그 비율 $q = T/n$는 상수로 남아 있다. $\boldsymbol{M}_\mathrm{r}$의 고윳값들은 점근적으로 모두 구간 $[\lambda_-, \lambda_+]$에 놓여 있다. 이때

$$\lambda_\pm = \sigma_\mathrm{r}^2(1 + 1/q \pm 2\sqrt{1/q})$$

이다. 몇몇 예외 상황을 제외하고 행렬이 이 범위에서 고윳값을 가지면 이상치(outlier)는 행렬이 나타내는 정보에 대응하고 나머지 고윳값은 랜덤 잡음에 대응한다.

추정된 공분산 행렬 $\hat{\boldsymbol{\Sigma}}$에 직접 초점을 맞추는 대신 대응하는 상관 행렬(correlation matrix) $\hat{C}$를 고려하는 것이 더 편리하다. 왜냐하면 랜덤 행렬 이론[IV.24]은 모든 분산이 같은 경우에 더 쉽게 적용할 수 있기 때문이다. 행렬 $\hat{C}$는 그 성분 $\hat{C}_{i,j} = \hat{\Sigma}_{i,j}/\sqrt{\hat{\Sigma}_{i,i}\hat{\Sigma}_{j,j}}$로 정의되고 그 자신이 n개의 자산의 수익에 대한 공분산 행렬이다. 단 각 수익은 단위 분산을 갖도록 그 크기가 조정된다.

행렬 $\hat{C}$의 고윳값을 대각항으로 가지는 행렬 $\hat{\mathcal{L}}$과 대응하는 고유 벡터를 열로 가지는 행렬 $\hat{Q}$에 대하여 $\hat{C} = \hat{Q}\hat{\mathcal{L}}\hat{Q}^\mathrm{T}$을 $\hat{C}$의 고유 분해라고 하자. 우리는 고윳값 $\hat{\lambda}_i$의 분포와 랜덤 행렬 $\boldsymbol{M}_\mathrm{r} = \boldsymbol{H}_\mathrm{r}^\mathrm{T}\boldsymbol{H}_\mathrm{r}$에 대하여 예측된 이론적 분포를 비교할 것이다. 이때 $\boldsymbol{H}_\mathrm{r}$의 성분은 단위 분산을 가지는 정규 분포로부터 독립적으로 나온 것이다. 고윳값들은 적절한 방법을 사용하여 두 개의 군으로 나눌 수 있을 것이다. 예를 들자면 특정한 경계를 설정할 수 있다. $c_\mathrm{RM} > 1$이라면 $c_\mathrm{RM}\lambda_+$보다 큰 고윳값은 정보를 전달한다고 여길 수 있고 나머지는 랜덤 잡음이라고 여길 수 있다.

상관 행렬은 잡음에 해당하는 고윳값을 그러한 고윳값들의 평균으로 대치시키고 나머지는 그대로 둠으로써 말끔하게 만들 수 있다. 말끔해진 고윳값들의 집합은 두 단계의 과정을 거쳐 말끔한 공분산 행렬을 생성하는 데 사용할 수 있다. 첫 번째로 $\tilde{C}$를 $\hat{Q}\tilde{\mathcal{L}}\hat{Q}^\mathrm{T}$으로 정의한다. 여기에서 $\tilde{\mathcal{L}}$은 대각 성분이 말끔해진 고윳값인 대각 행렬이다. 두 번째로 말끔해진 공분산 행렬을 다음과 같이 정의한다.

$$\hat{\boldsymbol{\Sigma}}_\mathrm{RM} = [\tilde{C}_{ij}(\hat{\Sigma}_{ii}\hat{\Sigma}_{jj})^{1/2}]_{i,j}$$

이 공분산 행렬은 이제 $\hat{\boldsymbol{\mu}}$를 기저로 하여 포트폴리오 최적화에 쓸 수 있다.

다음 사항을 강조하는 것이 중요하다. 랜덤 행렬 이론을 사용하여 공분산 행렬을 말끔하게 만드는 접근법은 $q = T/n$의 값이 1보다 그리 크지 않을 때 가장 적절한 방법이다.

가장 가까운 상관 행렬

공분산 행렬의 추정과 관련된 문제는 행렬이 주어졌을 때, 어떤 거리함수에 가장 가까운 상관 행렬을 계산하는 것이다. 이 문제는 포트폴리오 최적화의 응용에서 일상적으로 발생하는 문제다. 이 과정에서 금융 분석가들이 그들의 믿음을 확신하기 위하여 상관 행렬의 성분을 다양하게 바꿈으로써 그들의 사전 정보를 부과해 보길 원한다. 예를 들면, 주식 A와 주식 B의 상관계수를 0으로 두는 것을 생각해 볼 수 있다. 진실한 상관 행렬의 성분을 임의로 바꾸는 것은 양의 준정부호성을 쉽게 위반할 수 있다. 이는 특정 포트폴리오가 음의 분산을 가짐을 의미한다. 만일 상관 행렬의 성분들이 행렬 추정량이 아니라 개별적으로 추정된 경우에도 양의 준정부호성을 지키지 못하는 문제가 발생할 수 있다.

프로베니우스 노름하에서 가장 가까운 상관 행렬(NCM) 문제에는 유일한 해가 존재한다. 그리고 하이엄(Higham)은 단위 대각항을 가지는 대칭인 양의 준정부호를 가지는 행렬들로 이루어진 행렬 공간에 정사영을 시키는 대체 정사영 알고리즘을 통하여 이를 계산할 수 있음을 보였다. 비록 이 알고리즘이 수렴성을 보장하지만, 수렴하는 정도는 선형적이다. 이 정도로는 큰 행렬들에 대해서는 느릴 수 있다. NCM 문제의 쌍대 문제를 이용하면 뉴턴의 방법을 사용하여 대역적인 이차 수렴성을 얻을 수 있다. 이는 치(Qi)와 순(Sun)이 증명하였다. NCM 문제는 실제 상관 행렬이 k-부분 구조를 가진 경우로 확장할 수 있다. 여기에서 k는 상관 행렬의 차원보다 훨씬 작다.

가능한 경계 찾기

공분산 행렬을 1.4절에서 묘사된 의미로, 대응하는 효율 경계가 불가능하기보다는 가능하도록 수정할 수 있다. CAPM의 접촉 포트폴리오는 양의 상수로 크기를 조절하는 정도 외에는 $\omega_{\mathrm{mkt}} = \frac{1}{B - Cr_{\mathrm{f}}} \boldsymbol{\Sigma}^{-1}(\boldsymbol{\mu} - r_{\mathrm{f}}\boldsymbol{e})$를 만족해야만 한다. 만일 이 등식이 성립하지 않으면 $\boldsymbol{\Sigma}$를 조정하여 등식이 성립하도록 만들 수 있다. 이러한 접근 방법은 브레넌과 로가 도입했는데, 사전 정보를 사용한 자산 배치에 대한 블랙-리터먼(Litterman) 방법과 연관이 있다. 이 방법은 2.3절에서 더 다룰 것이다.

브레넌과 로의 공분산 행렬 $\boldsymbol{\Sigma}_{\mathrm{poss}}$는 원했던 성질 $\omega_{\mathrm{mkt}} = \frac{1}{B - Cr_{\mathrm{f}}} \boldsymbol{\Sigma}_{\mathrm{poss}}^{-1}(\boldsymbol{\mu} - r_{\mathrm{f}}\boldsymbol{e})$를 갖는다. 그리고 원래의 공분산 행렬 $\boldsymbol{\Sigma}$에 최소의 변화만을 주어서 만들 수 있다. 특히 이 방법은 $\boldsymbol{\Sigma}^{-1}$을 일차원 벡터 공간에 대해서만 변화시킨다. 그 공간은 $\boldsymbol{\mu} - r_{\mathrm{f}}\boldsymbol{e}$로 생성되는 공간이고 $\boldsymbol{\Sigma}^{-1}$과 $\boldsymbol{\mu} - r_{\mathrm{f}}\boldsymbol{e}$에 수직인 어떠한 벡터와의 곱도 영향을 받지 않는다. 브레넌과 로는, 공분산 행렬의 가장 좋은 추정이 $\boldsymbol{\Sigma}$는 아니지만 CAPM이 지속되어야 하고 사실 $\boldsymbol{\mu}$와 ω_{mkt}가 정확한 기대 수익과 시장 가중치라는 확신이 있는 사람이라면 이 공분산 행렬을 꼭 사용해야 한다고 주장한다.

2.3 베이즈 방법

무위험 벡터 $\boldsymbol{\mu}$의 추정량은 종종 큰 추정 오차 때문에 심히 문제가 있다고 여겨진다. 벡터 $\boldsymbol{\mu}$와 더불어 $\boldsymbol{\Sigma}$의 추정을 향상시키기 위해서 베이즈의 정리[V.11 §1]를 응용한 기술이 제안되었다. 기본적인 아이디어는 투자가가 기대 수익의 특성에 대한 어떤 사전 정보를 특징지은 다음 이 사전 정보에 추가 정보와 관찰을 업데이트하여 최후에 $\boldsymbol{r}$에 관한 **사후 분포**를 얻는다는 것이다. 따라서 $\boldsymbol{\mu}$와 $\boldsymbol{\Sigma}$에 관한 향상된 추정은 이 사후 분포로 찾아낼 수 있다. 일반적으로 베이즈 방법에서 사용될 가능한 사전 혹은 추가 정보의 특성에는 제한이 없다. 우리가 논의하는 목적에 맞추어 우리는 자산 수익이 정규 분포를 따른다는 간단한 가정에 한정하여 생각하려 한다. 따라서 $\boldsymbol{r} \sim \mathcal{N}(\boldsymbol{\mu}, \boldsymbol{\Sigma})$이다. $\boldsymbol{\mu}$와 $\boldsymbol{\Sigma}$의 값은 사전에는 알 수 없지만 추가 정보와 베이즈 업데이트 과정을 통하여 이 매개변수들의 값을 추정할 수 있다.

추가 정보는 m개의 분리된 정보의 조각들의 목록으로 이루어진 우리의 논의 전반에 사용될 것이다. 각 정보는 $\boldsymbol{\mu}$의 선형 변환의 값에 대한 확률분포를 특징짓는다. 각각의 $j = 1, \cdots, m$에 대하여 적용 가능한 변환은 $k_j \times n$ 행렬 $\boldsymbol{P}_j$로 두고, 정보의 j번째 조각은 어떤 k_j차원 벡터 $\boldsymbol{Q}_j$와 $k_j \times k_j$ 공분산 행렬 $\boldsymbol{S}_j$에 대하여 $\boldsymbol{P}_j\boldsymbol{\mu} \sim \mathcal{N}(\boldsymbol{Q}_j, \boldsymbol{S}_j)$라는 가정이다. 이 정보로부터 $\boldsymbol{P}_j\boldsymbol{\mu}$로 주어지는 $\boldsymbol{\mu}$의 변환은 평균이 $\boldsymbol{Q}_j$이고 공분산 행렬이 $\boldsymbol{S}_j$인 정규 분포임을 알 수 있다.

사전 정보와 추가 정보를 가지고 우리는 연속 분포에 관한 베이즈 정리를 적용하여 자산 수익의 사후 분포를 얻는다. 그 과정은 $\boldsymbol{r}$에 대한 확률 밀도 $\boldsymbol{\mu}$에 대하여 적분을 계산하는 것이다. 이때 $\boldsymbol{\mu}$와 $\boldsymbol{\Sigma}$는 모르는 값이고 $\boldsymbol{r}$에는 추가 정보에 대응하는 모든 확률 밀도의 곱이 곱해져 있다. 그 결과는 $\boldsymbol{r}$의 사후 분포인데 평균과 공분산이 다음과 같이 주어지는 정규 분포다.

$$\boldsymbol{\mu}_{\text{post}} = \left(\sum_{j=1}^{m} \boldsymbol{P}_j^{\text{T}} \boldsymbol{S}_j^{-1} \boldsymbol{P}_j\right)^{-1} \sum_{j=1}^{m} \boldsymbol{P}_j^{\text{T}} \boldsymbol{S}_j^{-1} \boldsymbol{Q}_j \quad (10)$$

$$\boldsymbol{\Sigma}_{\text{post}} = \boldsymbol{\Sigma}\left(\boldsymbol{I}_n - \left(\boldsymbol{I}_n + \sum_{j=1}^{m} \boldsymbol{P}_j^{\text{T}} \boldsymbol{S}_j^{-1} \boldsymbol{P}_j \boldsymbol{\Sigma}\right)^{-1}\right)^{-1}$$

위 식에서 $\boldsymbol{I}_n$은 $n \times n$ 항등행렬이다. $\boldsymbol{\Sigma}_{\text{post}}$라는 표현에 여전히 아직 모르는 공분산 행렬 $\boldsymbol{\Sigma}$가 포함되어 있음을 알려 둔다. 추가 정보는 $\boldsymbol{\Sigma}$에 관한 것이라고 가정할 수 있고, 이후 베이즈 사후 분포를 계산하여 $\boldsymbol{\Sigma}$에 대한 의존성을 제거할 수 있다. 하지만 우리의 경우에는 2.1절에서 말한 것처럼 간단히 $\boldsymbol{\Sigma}$를 과거 수익으로부터 유도한 불편 추정량 $\hat{\boldsymbol{\Sigma}}$로 대체하면 된다. 이러한 종류의 지름길은 베이즈 분석의 많은 응용분야에서 전형적으로 사용된다. 왜냐하면 $\boldsymbol{\Sigma}$를 제거하는 것은 일반적으로 많은 복잡한 적분을 하지 않아도 됨을 의미하기 때문이다.

식 (10)의 $\boldsymbol{\mu}_{\text{post}}$라는 표현에 대한 다른 유래도 있다. $\boldsymbol{\mu}_{\text{post}}$는 다음과 같은 함수를 최소화하는 $\boldsymbol{\mu}$의 값이다.

$$\mathcal{F}(\boldsymbol{\mu}) = \sum_{j=1}^{m} \|\boldsymbol{P}_j\boldsymbol{\mu} - \boldsymbol{Q}_j\|_{\boldsymbol{S}_j^{-1}}^2$$

위 식에서 쓴 기호의 의미는 $\|\boldsymbol{v}\|_{\boldsymbol{W}}^2 = \boldsymbol{v}^{\text{T}}\boldsymbol{W}\boldsymbol{v}$이다. 이 유래의 의미는 $\boldsymbol{S}_j$로 주어지는 각각의 제한 조건을 둘러싼 불확실성이 있는 상황에서 $\boldsymbol{\mu}_{\text{post}}$가 제한 조건 $\boldsymbol{P}_j\boldsymbol{\mu} = \boldsymbol{Q}_j$와 가장 '호환이 되는' 점이라는 것이다. $\boldsymbol{\mu}_{\text{post}}$가 실제로 $\mathcal{F}$를 최소화한다는 것을 확인하기 위해서 $\mathcal{F}$의 기울기 벡터를 계산하여 이 값이 $\mathbf{0}$이 되게 하는 $\boldsymbol{\mu}$의 값을 찾으면 된다. 그 결과로 나오는 식은 식 (10)의 $\boldsymbol{\mu}_{\text{post}}$에 관한 공식과 같다.

전체 평균

베이즈 기법은 과거 정보와 모든 성분이 어떤 실수 η인 n차원 벡터로 나타나는 **전체 평균**에 관한 정보의 조합에 기초한 사후 평균과 공분산을 결정하는 데 쓰인다. 이때 자산 수익이 결국은 공통의 평균을 향해 나아간다고 가정하는데 이 경향을 베이즈 분석과 결합하면 $\boldsymbol{\mu}_{\text{post}}$와 $\boldsymbol{\Sigma}_{\text{post}}$에 관한 더 좋은 값을 얻을 수 있다.

조리온(Jorion)은 총 $m = T + 1$개의 추가 정보를 사용하여 $\boldsymbol{r}$가 정규 분포를 이룬다는 사전 정보를 업데이트했다. 이때 T는 가능한 수익 데이터의 표본 크기다. 처음 T개의 항목은 과거 데이터의 관찰에 기초한 것으로써 $1 \le j \le T$에 대하여 $\boldsymbol{\mu} = \boldsymbol{r}_j$의 형태이다. 여기에서 $\boldsymbol{r}_j$는 j번째 관찰된 수익인데, 그 불확실성은 과거의 데이터로 얻은 공분산 행렬 $\boldsymbol{\Sigma}$이다. 마지막 항목은 $\boldsymbol{\mu} = \eta\boldsymbol{e}$의 형태인데 벡터의 성분이 모두 공통의 전체 평균이고 불확실성은 적절한 $\lambda > 0$에 대하여 $(1/\lambda)\boldsymbol{\Sigma}$로 주어진다.

적당한 λ 값은 다음과 같이 추정된다.

$$\hat{\lambda} = \frac{n+2}{(\hat{\boldsymbol{\mu}} - \eta_0\boldsymbol{e})^{\mathrm{T}}\tilde{\boldsymbol{\Sigma}}^{-1}(\hat{\boldsymbol{\mu}} - \eta_0\boldsymbol{e})}$$

위 식에서 η_0은 최소-위험 포트폴리오의 기대 수익의 추정치다. 필요한 베이즈 업데이트를 수행한 후 조리온은 과거 데이터에만 의존하는 기대 수익과 공분산의 추정량을 찾았다. 그 값은 다음과 같다.

$$\hat{\boldsymbol{\mu}}_J = \frac{T}{T+\lambda}\hat{\boldsymbol{\mu}}\frac{\lambda}{T+\lambda}\eta_0\boldsymbol{e},$$
$$\hat{\boldsymbol{\Sigma}}_J = \left(1 + \frac{1}{T+\lambda}\right)\tilde{\boldsymbol{\Sigma}} + \frac{\lambda}{T(T+1+\lambda)}\left(\frac{\boldsymbol{e}\boldsymbol{e}^{\mathrm{T}}}{\boldsymbol{e}^{\mathrm{T}}\tilde{\boldsymbol{\Sigma}}^{-1}\boldsymbol{e}}\right)$$

위에서 나온 $\hat{\boldsymbol{\mu}}_J$와 $\hat{\boldsymbol{\Sigma}}_J$는 $T \to \infty$일 때 $\hat{\boldsymbol{\mu}}$와 $\tilde{\boldsymbol{\Sigma}}$로 다가간다. 하지만 더 작은 T값에 대해서는 더 큰 가중치를 가지는 '연결' 항이 있다.

시장 균형과 투자가의 믿음

누군가는 포트폴리오 최적화에 있어 기대 수익의 중립 시장이 나타내는 집합에서 시작하는 접근법을 취할 수 있다. 그리고 투자가들이 이러한 값들을 알아내고 수정할 수 있는 그들의 관점을 더할 수 있다. 이 방법은 과거 데이터로부터 미래 수익을 정확히 예측해야 하는 어려움을 잘 피할 수 있고, 또한 투자가들이 과거나 시장으로부터 얻는 정보와 다른 관점을 표현할 수 있는 메커니즘을 제공한다.

이러한 관점을 따르는 베이즈 기법은 블랙과 리터먼이 개발했다. 그들은 $\boldsymbol{r}$가 정규 분포를 이룬다는 평범한 사전 정보에서 시작했지만 평균과 공분산 행렬은 모르고 있음을 가정했다. 이 사전 정보에 두 가지 종류의 추가 정보를 업데이트했다. 첫 번째는 $\boldsymbol{\mu}$의 값이 시장이 나타내는 기대 수익 벡터 $\boldsymbol{\mu}_{\text{mkt}}$(이에 대해서는 뒤에서 더 논의할 것이다)를 중심으로 하는 분포라는 것이다. 두 번째는 투자가가 $\boldsymbol{\mu}$의 분포에 대하여 가지고 있는 믿음으로부터 나오는 정보다. 이 모든 추가 정보를 사용하여 $\boldsymbol{r}$에 대한 사후 정규 분포를 계산한다.

시장이 나타내는 기대 수익 벡터를 결정하기 위해서 CAPM이 유지되고 접촉 포트폴리오가 $\boldsymbol{\omega}_{\text{mkt}} = (1/\gamma)\boldsymbol{\Sigma}^{-1}(\boldsymbol{\mu} - r_{\text{f}}\boldsymbol{e})$로 주어진다고 가정하자. 여기에서 γ는 상수이며 투자가의 투자 위험 감수도의 레벨로 생각할 수 있다. 시장 가중치의 포트폴리오는 쉽게 관찰할 수 있기 때문에 이 공식을 $\boldsymbol{\mu}$에 관한 표현으로 다시 나타내고 이를 시장이 기대하는 $\boldsymbol{\mu}$의 값, $\boldsymbol{\mu}_{\text{mkt}} = r_{\text{f}}\boldsymbol{e} + \gamma\boldsymbol{\Sigma}\boldsymbol{\omega}_{\text{mkt}}$로 정의하는 것이 유용하다. γ의 값은 시장 포트폴리오와 무위험 이율 상황에서 시장 포트폴리오의 추가 수익 내의 위험과 호환될

수 있는 투자 위험 감수도의 레벨인데 과거 데이터를 사용하여 추정 가능하다. 블랙과 리터먼은 $\boldsymbol{\mu}_{\text{mkt}}$에 관한 불확실성이 $\tau\boldsymbol{\Sigma}$라고 가정했는데, 여기에서 τ는 작은 양수다. 그러므로 불확실성은 수익에 관한 공분산 행렬에 비례한다고 가정하지만 작은 값이다. τ의 정확한 값은 평균 추정량 $\boldsymbol{\mu}_{\text{mkt}}$의 불확실성을 반영하는 식으로 선택해야 한다. τ의 값은 일반적으로 영에 가까운데, 이는 시장이 기대하는 평균 수익 벡터의 불확실성이 매우 크지는 않다는 생각을 반영한 것이다.

블랙과 리터먼 방법의 두 번째 단계는 특정한 투자가의 믿음을 편입시키는 것이다. 투자가는 다음과 같은 형태의 몇몇 관점을 표현할 수 있다.

$$p_{k,1}\mu_1 + \cdots + p_{k,n}\mu_n = q_k + \epsilon_k$$

위 식에서 $k = 1, \cdots, K$는 표현된 관점의 목록에 대하여 첨자를 정한다. ϵ_k의 양은 평균이 영인 정규 분포를 이루는 확률 변수를 나타내는데 k번째 투자가의 믿음에 대한 불확실성을 반영한다. $p_{k,i}$와 q_k는 실수이고 μ_i는 i번째 자산의 기대 수익을 나타낸다. 이 믿음의 집합은 단순하게 다음과 같은 행렬의 형태로 쓸 수 있다.

$$\boldsymbol{P}_{\text{inv}}\boldsymbol{\mu} = \boldsymbol{Q}_{\text{inv}} + \boldsymbol{\epsilon}_{\text{inv}} \qquad (11)$$

위 식에서 $\boldsymbol{P}_{\text{inv}} = [p_{k,i}]_{k,i}$는 $K \times n$ 행렬, $\boldsymbol{Q}_{\text{inv}} = [q_k]_k$는 K차원 벡터이고 $\boldsymbol{\epsilon}_{\text{inv}}$는 평균이 0이고 대각 공분산 행렬이 $\boldsymbol{\Omega}_{\text{inv}}$인 다변수 정규 확률 변수다.

식 (11)에 나온 투자가의 믿음을 시장이 나타내는 수익과 결합하여 $\boldsymbol{r}$에 관한 사후 분포를 결정하기 위해, $m = 2$개 조각의 정보를 가진 상황에서, 2.3절의 시작 부분에서 묘사한 방법을 따르면 된다. 시장이 나타내는 수익과 결합하기 위해 $\boldsymbol{P}_1 = \boldsymbol{I}_n$, $\boldsymbol{Q}_1 = \boldsymbol{\mu}_{\text{mkt}}$, 그리고 $\boldsymbol{S}_1 = \tau\boldsymbol{\Sigma}$라고 두자. 투자가의 믿음을 결합하기 위해 $\boldsymbol{P}_2 = \boldsymbol{P}_{\text{inv}}$, $\boldsymbol{Q}_2 = \boldsymbol{Q}_{\text{inv}}$, 그리고 $\boldsymbol{S}_2 = \boldsymbol{\Omega}_{\text{inv}}$라고 두자. 그러면 사후 평균이 다음과 같음을 알 수 있다.

$$\begin{aligned}\boldsymbol{\mu}_{BL} = ((\tau\boldsymbol{\Sigma})^{-1} + \boldsymbol{P}_{\text{inv}}^{\text{T}}\boldsymbol{\Omega}_{\text{inv}}^{-1}\boldsymbol{P}_{\text{inv}})^{-1} \\ \times ((\tau\boldsymbol{\Sigma})^{-1}\boldsymbol{\mu}_{\text{mkt}} + \boldsymbol{P}_{\text{inv}}^{\text{T}}\boldsymbol{\Omega}_{\text{inv}}^{-1}\boldsymbol{Q}_{\text{inv}})\end{aligned}$$

이는 $\boldsymbol{r}$의 기댓값이 (특정한 불확실성의 레벨에서) 시장이 나타내는 기대 수익과 투자가의 믿음 양쪽 모두와 대부분 일치함을 나타낸다.

2.4 다른 접근 방법과 거리 함수

평균 벡터 $\boldsymbol{\mu}$와 공분산 행렬 $\boldsymbol{\Sigma}$ 대신 위험 측정과 보상을 사용하여 기본적인 평균-분산 최적화 체계를 확장할 수 있다. 또한 이미 묘사했던 방법을 넘어 기본적인 평균-분산 체계를 시행할 수 있는 추가적인 방법을 찾는 것도 가능하다. 이 절의 나머지 부분에서 이러한 몇몇 접근 방법을 묘사하려 한다.

편향된 위험 측정

포트폴리오 위험을 측정하는 가장 일반적인 대체 방법 중 일부는 '편향'되었다. 이는 그 방법들이 기대 수익 주변의 대칭적인 위험보다는 불리한 위험에 집중한다는 것이다. 예를 들자면 위험 값(value at risk, VaR)과 쇼트폴 위험(shortfall risk)이 있다. VaR를 측정하기 위해 투자가는 문턱 값 $0 < \theta < 1$을 특정해야 한다. VaR는 포트폴리오의 손실이 어떤 양과 같거나 초과할 확률이 정확히 θ가 되는 양이다. 따라서 투자가는 $1 - \theta$의 확률로 손실이 VaR 레벨을

넘지 않음을 안다. 쇼트폴 위험을 측정하기 위해서 투자가는 측정될 수 있는 실적에 대한 기준 b를 특정해야 한다. 쇼트폴 위험이란 포트폴리오 수익이 b 밑으로 떨어져 있는 조건에서, b 밑으로 떨어진 포트폴리오 수익의 평균량을 b에 곱한 것 아래로 포트폴리오 수익이 떨어질 확률이다. 따라서 쇼트폴 위험은 투자가에게 단점이 노출되었을 때의 기댓값을 제공한다.

최적 포트폴리오를 선택할 때 분산을 편향된 측정으로 바꿈으로써 투자가는 확실한 신뢰를 주는 (VaR에 대한) 문턱 값 또는 (쇼트폴 위험에 대한) 기준보다 아래로 떨어지는 평균 손실 안에서 자신의 가장 나쁜 시나리오를 조정할 수 있다. 하지만 이러한 측정을 사용할 때 어려운 점은 이 조건들이 닫힌 형태로 표현되지 않고 덜 직관적이라는 것이다. 또한 계산의 관점에서 보자면 비선형 최적화는 일반적으로 이러한 측정에 대하여 최적 포트폴리오를 찾아야 하는데 이는 표준적인 평균-분산 최적화 문제에 사용할 수 있는 선형이나 이차 프로그래밍 알고리즘보다 덜 효율적이다. 추가적인 계산상의 복잡함에도 불구하고 이러한 위험을 측정하는 대체 방법들을 최적화할 수 있고 그렇게 함으로써 투자가들이 선호하는 분야 또는 심하게 비대칭적인 자산-수익 역학 분야에서 투자가들에게 호감을 줄 수 있다.

효율 경계 재표본화

재표본화라고 알려진 기법(이는 통계학의 **부트스트랩 기법**(bootstrap technique)과 밀접한 관련이 있다)은 포트폴리오의 가중치를 결정할 때 사용할 수 있다. 아이디어는 $\boldsymbol{\mu}$와 $\boldsymbol{\Sigma}$의 추정량의 불확실성에서 오는 오차를 부드럽게 하는 것이다. 이는 단일 데이터 집합으로부터 이 값들에 대한 방대한 양의 대체 확률을 생성하여 각각의 경우의 재표본화된 효율 경계를 만든 다음 모든 경우의 평균을 구하여 재표본화된 경계의 평균을 찾는 것이다. 그러면 재표본화된 경계의 평균 위의 점들 중에서 최적 포트폴리오를 선택할 수 있다.

재표본화된 경계를 만들기 위해서 미쇼드는 실현된 자산 수익에 대한 가상적인 대체 역사를 만들었다. 이들은 실제 역사에 근거하여 결정된 $\hat{\boldsymbol{\mu}}$와 $\hat{\boldsymbol{\Sigma}}$의 불편 추정과 같은 평균과 공분산을 가지는 다변수 정규 분포로부터 선택했다. 그 후 대체 역사를 사용하여 재표본화된 효율 경계 위의 포트폴리오를 계산한다. 이 과정을 아주 많이 되풀이한다. 이때 대체 역사는 각 시행에서 독립적으로 선택한다. 경계 위에서 계산된 포트폴리오의 수는 모든 재표본화에 걸쳐 고정된다. 추가로 재표본화된 경계 위의 가능한 수익의 상계는 모든 유한한 범위를 다루고 있는 포트폴리오의 수익을 제한하기 위하여 특정된다. 예를 들자면 이 제한은 $\hat{\boldsymbol{\mu}}$의 가장 큰 성분으로 택할 수 있다.

재표본화된 경계 위의 개별 포트폴리오는 다 함께 평균을 내어 재표본화된 경계 평균을 형성한다. 이 모든 경계들은 연속적이기보단 이산적이다. 하지만 계산할 포트폴리오의 수가 큰 경우 연속 경계에 가까운 근사를 얻을 수 있다. 우리는 $\hat{\boldsymbol{\mu}}$와 $\hat{\boldsymbol{\Sigma}}$와 같은 평균과 수익에 관한 추정을 사용하여 재표본화된 경계의 평균 위에서 각각의 포트폴리오에 대한 기대 수익과 표준 편차를 계산한다. 이 값들을 통해 우리는 특정한 거리 함수(위험 최소화, 최대 유용성, 또는 최대 샤프 비율과 같은 함수)의 조건하에서 어떤 포트폴리오가 최적인지를 결정한다. 다르게 이야기하자면 우리는 각각의 재표본화된 경계를 따라 최적 포트폴리오를 계산하여 그 결과의 평균을 구한다. 이러한 상황에서 해답은 일반적으로 재표본화된 경계의 평균과 일치하지는 않지만 일반적으로 계산이 훨씬 쉽다. 왜냐하면 이 경우에는 각각의 재표본화에서 경계의 모든 점들을 계산하지 않아도 되기 때문이다.

수익 순서정하기

평균-분산 포트폴리오 최적화의 경우 투자가들이 기대 수익에 대한 벡터 μ에 대하여 완전한 정보를 알기보다는 자산 수익에 대한 정보를 덜 특정해도 된다. 예를 들자면 투자가는 수익 벡터 r의 성분을 유지하기 위해 여러 부등식과 연관성을 특정해야 한다. 이러한 종류의 정보는 평균-분산 최적화보다 '효율적인' 포트폴리오의 아주 방대한 집합을 야기한다. 따라서 모든 효율적인 것들 중에서 하나의 최적 포트폴리오를 선택하는 것이 더욱 어려워진다. 알름그렌(Almgren)과 크리스(Chriss)는 투자가가 특정한 정보에 비추어 포트폴리오에 순위를 매기는 방법을 통하여 이 어려움을 해결했다. 그들은 또한 그들의 방법을 다소 조정하여 계산상 최적 포트폴리오를 결정할 수 있도록 만들었다.

더 읽을거리

Almgren, R., and N. Chriss. 2006. Optimal portfolios from ordering information. *Journal of Risk* 9 : 1-47.

black, F., and R. Litterman. 1992. Global portfolio optimization. *Financial Analysts Journal* 48(5) : 28-43.

Brennan, T., and A. Lo. 2010. Impossible frontiers. *Management Science* 56 : 905-23.

Higham, N. J. 2002. Computing the nearest correlation matrix-a problem from finance. *IMA Journal of Numerical Analysis* 22 : 329-43.

Jorion, P. 1986. Bayes-Stein estimation for portfolio analysis. *Journal of Financial and Quantitative Analysis* 21 : 279-92.

Laloux, L., P. Cizeau, M. Potters, and J.-P. Bouchaud. 2000. Random matrix theory and financial correlations. *International Journal of Theoretical and Applied Finance* 3(3) : 391-97.

Markowitz, H. 1987. *Mean-Variance Analysis in Portfolio Choice and Capital Markets*. Oxford : Basil Blackwell.

Merton, R. 1972. An analytical derivation of the efficient portfolio frontier. *Journal of Financial and Quantitative Analysis* 7(4) : 1851-72.

Michaud, R. 1998. *Efficient asset Management*. Boston, MA : Harvard Business School Press.

V.11 응용수학에서의 베이즈 추론

데즈먼드 하이엄 *Desmond J. Higham*

1 베이즈의 정리 이용

물리적 시스템의 엄청난 다양성을 나타내기 위해서 결정론적 모델을 사용할 수 있다. 응용 수학자들은 전통적으로 주어진 수학 모델이 표현되거나 개발된 틀에서 교육받아 왔다. 이러한 모델들에는 문제의 정의역, 초기 조건, 경계 조건과 모델 매개변수와 같은 모든 입력 데이터의 값이 주어져 있다. 그 후 우리의 작업은 우리의 목적에 맞추어 해의 성질을 분석하는 것이다. 이 목적은 정확한 해, 점근 한계를 가진 상황에서 근사를 시키거나 계산 방법을 적용하는 것들을 들 수 있다. 하지만 결정론적 모델이 적합한 경우라도 불확실성이 발생하는 많은 현실적인 시나리오들이 있고, 이런 경우 통계학에서 도구를 가져오는 것이 유리해진다. 여기 네 가지 도움이 되는 실례가 있다.

(1) 편미분방정식을 통하여 환경 재난 이후 오염 물질의 확산을 묘사한다. 하지만 오염 물질의 초기 위치와 양은 오직 추정할 수 있을 뿐이다. 주어진 초기 데이터의 불확실성하에서 일주일 후 오염 물질 레벨에 대한 우리의 불확실성은 무엇인가? 이것이 **문제 민감성** 또는 **조건화 질문**이다.

(2) 테이블 위에 한 쌍의 주사위를 던졌다. 주사위의 초기 위치와 속도는 실제로 측정하기 힘들고 따라서 주사위가 멈출 때까지 그들의 운동 방정식을 풀기도 어렵다. 대신 우리는 각각의 주사위를 1, 2, ⋯, 6의 값을 똑같이 갖는 독립적인 확률 변수로 모델링할 수 있다. 여기에서 우리는 임의성이라는 것을 편리한 **모델링 근사**로 소개하려 한다.

(3) 방대한 화학 반응 네트워크는 상미분방정식계로 표현된다. 하지만 하나의 반응 비율 상수의 값도 현재 알려져 있지 않고 실험실에서 나온 결과로부터 직접 측정하는 것은 너무 힘들다. 이런 경우 우리는 전체 시스템에 관하여 가능한 모든 데이터를 사용하여 알려지지 않은 비율 상수를 **추론**하려 한다. 이를 **매개변수 조정**(parameter-fitting) 또는 **모델 보정**(model-calibration) 문제라 하는데, 가장 중요한 질문은 어떤 매개변수 값이 모델을 데이터에 가장 적합하게 만들 수 있는가 또는 통계학적 추론의 관점에서 선택 가능한 매개변수의 값 중에서 무엇이 나에게 이 선택이 올바르다는 믿음을 주는가 하는 것이다.

(4) 생물학자들은 형질 도입 네트워크를 통과하는 신호의 메커니즘에 대하여 서로 경쟁하는 양립할 수 없는 두 가지 이론을 가지고 있다. 이는 두 개의 서로 다른 결정론적 수학 모델로 나타나는데, 각각은 하나 또는 그 이상의 알려지지 않은 모델링 매개변수를 가지고 있다. 주어진 어떤 실험 데이터에 대하여 네트워크에서 나오는 결과를 표현하는 데 있어서 둘 중 어떤 모델이 더 적합한가? 이는 **모델-비교** 문제다.

운동에 관한 역학 법칙에 기반을 둔 모델이 실제

데이터와 만나는 상황에서 이러한 종류의 문제들은 응용수학과 응용 통계학의 사이에 위치한다. 비록 **불확실성 정량화**[II.34]라는 용어가 여러 가지 의미를 가지고 있지만, 최근에 이 용어는 이러한 분야를 표현하는 용어가 되었다.

통계학적 추론을 위한, 따라서 불확실성 정량화를 위한 강력한 도구는 베이즈의 정리다(일반적으로 베이즈 정리라고도 쓴다). 이는 데이터에 따른 우리의 믿음을 업데이트해 준다. 이 정리의 명칭은 영국 수학자이자 장로교 목사인 토머스 베이즈(Thomas Bayes, 1701-1761) 목사의 이름을 따서 붙였다.

위의 목록 중 (3)번을 생각해 보자. γ를 우리 모델에서 알려지지 않은 문제의 매개변수라고 두고 Y를 화학종 레벨의 시계열을 구성하는, 우리가 관찰한 데이터라고 하자. 그러면 베이즈의 정리는 다음과 같이 쓸 수 있다.

$$P(\gamma|Y) = \frac{P(Y|\gamma)P(\gamma)}{p(y)}$$

위 식에서 **사후 분포**(posterior distribution)라고 알려진 $P(\gamma \mid Y)$가 우리의 질문에 대한 답을 준다. 이 값은 주어진 데이터 Y에 대하여 모델 매개변수 γ의 확률을 정량화한다. 수식의 오른쪽에 있는 $P(Y \mid \gamma)$는 **가능성**(likelihood)이라고 알려져 있는데 주어진 모델 매개변수 γ에 대하여 나타나는 데이터 Y의 가능성을 정량화한다. 우리가 수학적 모델을 사용하기 때문에 이 값을 얻을 수 있다. 또한 오른쪽에 나타나는 양은 **사전 분포**(prior distribution) $P(\gamma)$다. 이 인자는 우리가 데이터를 보기 전에 매개변수 값 γ에 대한 원래의 믿음의 정도를 정량화한다.

분모의 $P(Y)$는 모델 매개변수 γ에 의존하지 않는 값이다. 그래서 다음과 같은 비례 관계식을 얻는다.

$$P(\gamma|Y) \propto P(Y|\gamma)P(\gamma)$$

식을 설명하자면, 사후 분포는 가능성과 사전 분포의 곱에 비례한다.

2 예제

이러한 아이디어를 표현하기 위해 우리는 다음과 같은 아주 간단한 생성과 소멸 시스템을 생각해 보려 한다.

$$\varnothing \xrightarrow{1} X$$
$$X \xrightarrow{\gamma} \varnothing$$

첫 번째 반응은 종 X가 상수인 단위 속력으로 생성됨을 나타낸다. 역으로 두 번째 반응은 속도가 상수 γ인 상황에서 X의 현재 레벨에 비례하여 X가 붕괴되고 있음을 나타낸다. 시간 t일 때 X의 존재량에 관한 질량 반응 상미분방정식은 다음과 같이 주어진다.

$$\frac{\mathrm{d}x(t)}{\mathrm{d}t} = 1 - \gamma x(t)$$

위 식의 해는 다음과 같다.

$$x(t) = \frac{1}{\gamma} + \left(\frac{\gamma x(0) - 1}{\gamma}\right)\mathrm{e}^{-\gamma t}$$

우리의 데이터가 $Y = \{t_j, y_j\}_{j=1}^{D}$의 형태를 가지고 있다고 하자. 이때 y_j는 시간 t_j일 때 $x(t)$의 관측된 레벨을 뜻한다. 우리의 목표는 이 데이터를 사용하여 알려지지 않은 속도 상수 γ를 추정하는 것이다. 또한 γ가 알려지지 않았음을 강조하기 위하여 우리는 해를 $x_\gamma(t)$로 쓸 것이다.

가능성을 정의하기 위해서는 몇몇 가정을 부과해야 한다. 가장 간단한 선택은 각 시간을 나타내는 점들을 통틀어서 독립적인 실험 측정 오차가 데이터에 포함되어 있고, '정확한' 값에 대하여 공통의 표준 편차 σ를 가지고 정규 분포를 이룬다고 가정하는 것이다. 이는 다음과 같은 가능성 함수로 나타난다.

$$P(Y|\gamma) = \prod_{j=1}^{D} \frac{1}{\sqrt{2\pi\sigma^2}} \exp\left(-\frac{(y_j - x_\gamma(t_j))^2}{2\sigma}\right)$$

식을 설명하자면, 우변은 속도 상수가 γ라고 주어진 상황에서 데이터 Y의 확률을 정량화한 것이다.

그림 1(a)에서 실선은 $x(0) = 1$이고 $\gamma = 2$인 경우의 해를 그린 것이다. 몇몇 합성 데이터를 생성하기 위해서 시간 $t_1 = 0.1, t_2 = 0.2, \cdots, t_6 = 0.6$에서 해 $x(t_j)$를 구하고 평균이 0이고 표준 편차 $\sigma = 0.05$인 독립인 정규 분포화된 잡음을 더한다. 그림에서 원들이 이 데이터를 나타낸다. 그림 1(b)는 속도 상수 γ에 대한 사후 분포의 결과를 나타낸다. 여기에서 우리는 알고 있는 값 $x(0) = 1$과 $\sigma = 0.05$를 사용하고 사전 분포가 [1, 3]에서 균일하다고 가정했다. 즉 $1 \le \gamma \le 3$에서 $P(\gamma) = \frac{1}{2}$이고 그 외 지점에서 $P(\gamma) = 0$이다. 우리는 데이터를 우리 스스로 생성했기 때문에 이 결과를 판단할 수 있다. 우리는 추정 과정이 자명하지 않은 가중치를 '올바른' 값인 $\gamma = 2$가 되도록 배치했지만, γ값보다 조금 더 높은 값에 더 많은 가중치가 나타나는 것을 볼 수 있다. 최고점은 약 2.18에서 나타난다. 직관적으로 이 불일치

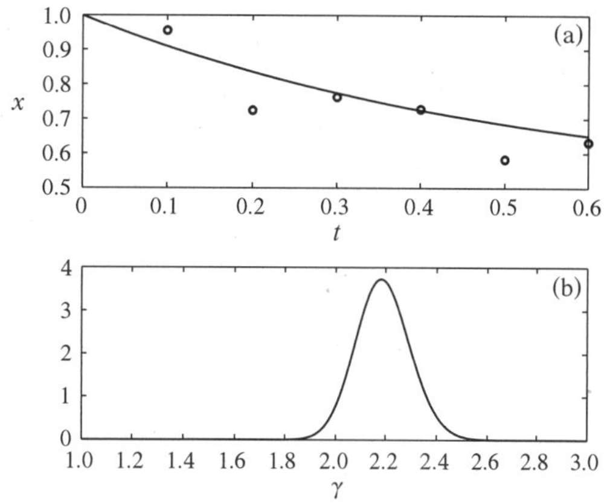

그림 1 (a)실선은 기본적인 정확한 해를 나타내고, 원은 가우스 잡음을 더한 후 생성한 합성 데이터를 나타낸다. (b)모델 매개변수 γ에 대한 사후 분포. 구성으로부터 나온 γ의 '올바른' 값은 $\gamma = 2$다.

는 우연히 가장 큰 잡음을 나타내는 두 데이터 점인 $t = 0.2$와 $t = 0.5$가 모두 실제 해보다 아래에 있기 때문에 발생했다. 이는 붕괴 속도가 과대 추정되었음을 나타낸다. 물론 추정은 우리가 데이터 점의 수를 늘려 갈수록 더 정확해질 것이다(또는 잡음 레벨을 줄일 것이다).

실험 잡음에 대한 표준 편차 σ를 모르고 있는 상황을 고려하면 좀 더 현실적이다. 개념적으로 이 상황에 더 나타나는 어려움은 없다. 왜냐하면 베이즈의 정리는 다변수인 경우의 추론도 성립하기 때문이다. 그림 2에는 σ를 우리가 모르는 두 번째 매개변수로 두고, 사전 분포 $0.01 \le \sigma \le 0.1$에서 고른 경우에 대한 사후 분포의 결과가 나와 있다.

이러한 아주 단순한 설정에서, 독립적인 가우시안 잡음을 가정하면, 사후 분포는 로그를 취한 후에 살펴보면 이는 모델과 데이터의 불일치에 대한 효과적인 최소-제곱 측정이 된다. 균일한 사전 분포에서는 이 최소 제곱 목적 함수를 최적화하는 것이 최

대-가능성의 추정을 계산하는 것에 대응한다. 즉 사후 분포가 가장 큰 점을 계산하는 것이다. 좀 더 일반적으로, 균일하지 않은 사전 정보는 최소 제곱 목적 함수에 불이익 항을 더하는 것에 대응한다. 이는 해를 미리 정해둔 정의역 안에 있도록 제한하는 비선형 최적화의 표준적인 접근 방법이다. 하지만, 최소 제곱에 가장 잘 들어맞는 것과 베이즈 사후 분포에 대한 전체 계산 사이의 가장 중요한 철학적 차이점은 후자의 경우 우리가 모든 가능한 매개변수 값을 고려해야 하고 매개변수 공간의 어떤 영역이 이 값들을 포함할지(이 값들이 대역적으로 최적화되어 있지 않은 경우라도)를 알고자 하는 것이다. 더욱이 사후 분포를 통하여 추정의 높은 단계로 나아갈 수 있다. 예를 들자면, 우리는 사후 분포로부터 매개변수 값의 표본을 얻을 수 있고 모델에 따라 계산하여 새로운 분포를 만들어 낼 수 있다. 그림 3은 이러한 아이디어를 표현한 것이다. (a)에서 그림 1의 사후 분포로부터 γ에 대한 다섯 개의 독립적인 표본을 추출하여 만든 해 곡선을 볼 수 있다. 그래서 사후 분포가 더 큰 것을 선택하려 한다. (b)에서 사후 분포로부터 γ에 대한 표본 10,000개를 추출한 것에 기초하여 만든, $t = 1$일 때 X의 레벨에 대한 히스토그램을 볼 수 있다. 또한 사후 분포에 대한 완전한 정보로부터 우리는 매개변수 공간에서 적분을 계산할 수 있고 좀 더 가능성이 있는 값에 더 많은 가중치를 줄 수 있다. 이러한 접근 방법을 통하여, 주어진 경쟁 모델들에 대하여 우리는 베이즈 요인(Bayes factor)이라 부르는 것을 사용할 수 있다. 이를 사용하여 어떤 것이 데이터를 가장 잘 묘사하는지를 체계적으로 판단할 수 있다.

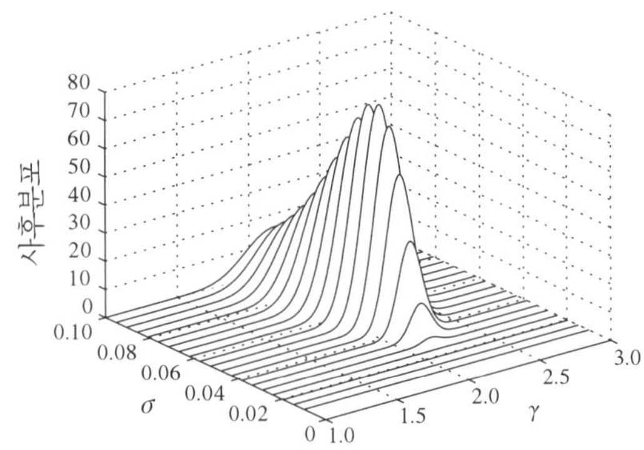

그림 2 모델 매개변수 γ와 실험 잡음 레벨 σ 둘 다 모르는 상태에서 그림 1의 실험에 대한 사후 분포. 여기에서 구성으로부터 나온 '정확한' 값은 $\gamma = 2$이고 $\sigma = 0.05$다.

3 도전 과제

베이즈 추론의 인기가 높아지는 것은 부분적으로라도 계산 능력의 증가와 더 풍부한 양질의 데이터 집합 덕분이다. 이 분야에서 일반적인 도전 과제는 다음과 같다.

사전 정보. 베이즈 추론의 근본적인 신조는 우리가 처음부터 내재하는 우리의 믿음을 정량화해야 한다는 것이다. 이를 통하여 공정에 들어가는 전문적인 의견이 나오지만 또한 연구자들에게 짐을 지우고 어느 정도 주관이 들어가게 된다. 어떠한 내재적인 선입관도 없음을 나타내는 균일한 사전 분포도 문제가 있다. 예를 들면, γ에 대하여 무관심해서 균일한 사전 분포를 부과하는 것은 γ^2에 무관심한 것과 동등한 것이 아니다.

식별 가능성. 모델 매개변수를 추론하는 작업은 선천적으로 정의가 불명료하다. 예를 들자면, 데이터가 충분하지 않을 수 있다. 또는 더 근본적으로 모델 매개변수가 매우 높은 연관성을 지닐 수 있다. 예를 들면, 동역학계에서 붕괴 속도가 증가하는

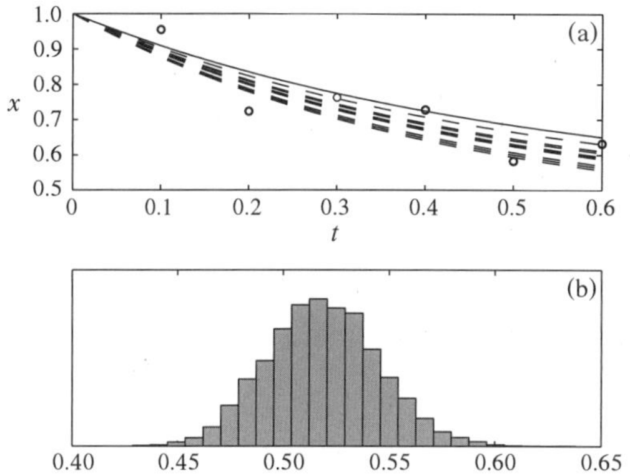

그림 3 (a)그림 1에서처럼 실선은 기반이 되는 정확한 해를 나타내고 원은 가우시안 잡음을 더한 후 생성된 합성 데이터를 나타낸다. 결과로 나온 다섯 개의 해는 점선으로 나타냈는데, 속도 상수 γ는 그림 1(b)의 사후 분포로부터 표본을 얻었다. (b)사후 분포로부터 γ에 대한 표본 10,000개를 추출한 것에 기초하여 만든, $t=1$일 때 X의 레벨에 대한 히스토그램. '정확한' 값은 $x(1)=0.568$이라고 알려져 있다.

것은 생산 속도가 줄어드는 것과 매우 비슷한 효과를 가져서 각각의 정확한 값을 밝혀내기 어렵게 만든다. 즉 사후 분포에서 그 방향으로 평평하고 늘어진 최고점을 만든다.

고차원. 응용 수학의 많은 모델은 많은 수의 매개변수를 포함한다. 그림 2의 예에서 나오는 단순한 두 개의 매개변수를 포함하는 모델에서 아주 고차원으로 옮겨 가는 것은 매개변수 공간을 살펴보는 것과 결과를 시각화하는 양쪽 모두의 문제에서 중요한 도전 과제를 야기한다. 이 분야의 진전은 마르코프 연쇄 몬테 카를로(markov chain Monte Carlo) 알고리즘의 사용에 크게 의존한다. 여기에서 마르코프 연쇄[II.25]는 균형 분포를, 원했던 사후 분포와 맞아 떨어지도록 만드는데, 표본의 근사를 긴 시간 경로 시뮬레이션을 통하여 계산할 수 있게 된다. 여기에서 응용수학, 응용 통계학의 추론으로 다시 초점을 맞추는데, 많은 마르코프 연쇄 몬테 카를로 개념은 최적화나 수치적 시간 전진법의 분야에서 대응하는 부분을 가지고 있다.

응용수학의 설정에서 근본적으로 중요한, 더 다루어야 할 분야는 적절한 가능성 함수를 구성하는 것이다. 우리의 간단한 예에서 보았듯이 주어진 모델 매개변수에 대하여 결정론적 모델은 가능성의 개념, 즉, 이 데이터를 바라보는 가능성을 가지고는 잘 안착되지 않는다. 결정론적 모델을 가지고는 데이터를 정확하게 복구할 수 없거나 전혀 복구할 수 없다. 이러한 이슈에서 뭔가를 얻기 위해서 우리는 공통으로 데이터에 모든 문제점을 미루는 방법을 택한다. 즉 모든 불일치가 전적으로 측정 오차 때문이라고 가정한다. 이러한 방법은 수학적 모델이 이상화에 기초하고 물리적 시스템을 모든 관점에서 결코 반영할 수 없다는 근본적인 진실을 전적으로 무시하는 것이다.

언뜻 보기에 우리가 추계학적 모델을 사용하면 이 문제는 해결될 것처럼 보였다. 예를 들자면 우리의 테스트에 쓰였던 단순 생산 붕괴 모형은 이산적인 생성과 소멸의 과정이나 연속적인 추계학적 미분 방정식으로 바꿀 수 있다. 두 경우 모두 우리는 데이터-모델 불일치가 전적으로 실험 오차 때문이라고 가정할 수 없다. 주어진 모델 매개변수에 대하여 구성 과정상 추계학적 모델은 임의의 관찰된 데이터에 확률을 부과한다. 따라서 우리는 자동적으로 가능성을 갖게 된다. 하지만 추계학적 모델링이 가능성 함수에 아주 매끄러운 변이를 주더라도 모델 자신이 오차의 근원이라는 장애물을 극복하진 못한다. 종합적으로 모델링, 이산화, 실험 관찰에서 발생하는 불확실성을 체계적으로 결합하는 것은 이목을 끄는 도전 과제로 남아있다.

더 읽을거리

Sivia, D. S., and J. Skilling. 2006. *Data Analysis: A Bayesian Tutorial*, 2nd edn. Oxford: Oxford University Press.

Smith, R. C. 2013. *Uncertainty Quantification*. Philadelphia, PA: SIAM.

V.12 많은 응용을 가진 대칭 구조

길버트 스트랭 *Gilbert Strang*

1 서론

이 글에서는 응용수학에서 사용하는 하나의 구조를 다룬다. 이 구조에는 행렬방정식으로 나타나는 이산적인 형태와 미분방정식으로 나타나는 연속적인 형태가 있다. 이때 행렬은 대칭이고 미분방정식은 자기 수반이다. 이러한 성질들은 최소 원리가 저변에 있을 때 자연스럽게 나타난다.

이 구조가 상당히 많은 곳에서 사용되고 매우 유용하다는 것은 중요한 사실로서 기계공학, 물리학, 경제학 등등 다양한 분야의 문제가 이 구조에 꼭 들어맞는다. 독자들에게 얼마나 놀랍도록 다양한 곳에 응용할 수 있는지 보여주고 싶기도 하다. 하지만 지금은 이 모든 응용에서 공유하는 형태인 KKT행렬

$$M = \begin{bmatrix} C^{-1} & A \\ A^{\mathrm{T}} & 0 \end{bmatrix} \begin{matrix} m \text{ 행} \\ n \text{ 행} \end{matrix}$$

로 바로 넘어가기로 하자. 여기서 C는 정사각 대칭 양의 정부호(따라서 C^{-1}도 마찬가지이다)이고 A는 n개($n \le m$)의 독립인 열을 가진 정사각각행렬이다. 그러면 블록 행렬 M은 대칭이고 가역이지만 확실히 양의 정부호는 아니다. 이 행렬은 **안장점행렬**이다.

C^{-1}으로부터 얻어진 첫 m피벗(pivot, 특정한 계산을 수행하기 위해서 알고리즘에 의해서 선택된 행렬의 성분들)은 양이다. C^{-1} 아래를 영으로 만들기 위해서 $A^{\mathrm{T}}C$를 첫 블록 행에 곱하고 두 번째 블록 행으로부터 빼는 가우스 소거법을 실행한다.

$$\begin{bmatrix} I & 0 \\ -A^{\mathrm{T}}C & I \end{bmatrix} \begin{bmatrix} C^{-1} & A \\ A^{\mathrm{T}} & 0 \end{bmatrix} = \begin{bmatrix} C^{-1} & A \\ 0 & -A^{\mathrm{T}}CA \end{bmatrix}$$

가우스 소거법을 통해서 계산과학의 많은 문제들에서 중요한 $A^{\mathrm{T}}CA$ **행렬**을 만들었다. 이 $n \times n$ 행렬은 방정식 (2)에 나타나고 3절의 중심이 되는 내용이다.

마지막 블록에 있는 **슈르 보충**(Schur complement) $-A^{\mathrm{T}}CA$는 음의 정부호이다. 따라서 M의 마지막 n 피벗은 모두 음수가 될 것이다. 그러면 M은 m개의 양의 고윳값과 n개의 음의 고윳값을 가져야만 한다(대칭행렬에서 피벗과 고윳값은 같은 부호를 갖는다). 이차형식

$$\begin{aligned} Q(w, u) &= \tfrac{1}{2} w^{\mathrm{T}} C^{-1} w + u^{\mathrm{T}} A^{\mathrm{T}} w \\ &= \tfrac{1}{2} [w_1 \cdots w_m u_1 \cdots u_n] \begin{bmatrix} C^{-1} & A \\ A^{\mathrm{T}} & 0 \end{bmatrix} \begin{bmatrix} w \\ u \end{bmatrix} \end{aligned}$$

의 그래프는 m개의 고유벡터 방향에서 위로 올라갈 것이고 (수직인) n개의 고유벡터 방향에서 아래로 내려갈 것이다. 안장점은 $(w, u) = (0, 0)$이다.

1.1 제한된 최소 제곱

이런 행렬들이 다양한 최적화 문제에서 어떻게 나타나는지 살펴보도록 하자. 최소 원리는 선형 조건을 가진, 다음 이차 형식이다.

$$A^{\mathrm{T}}w = f\text{인 조건하에}$$
$$F(w) = \tfrac{1}{2}w^{\mathrm{T}}C^{-1}w - w^{\mathrm{T}}b\text{을 최소화하라.}$$

n개의 제약 조건 $A^{\mathrm{T}}w = f$로부터 n개의 라그랑주 승수 $u_1, \cdots, u_n$을 도입할 수 있다. 라그랑주의 우아한 아이디어는 (승수를 사용하여) 제약 조건을 포함하는 다음 함수 L을 만드는 것이다.

$$L(w, u) = \tfrac{1}{2}w^{\mathrm{T}}C^{-1}w - w^{\mathrm{T}}b + u^{\mathrm{T}}(A^{\mathrm{T}}w - f)$$

최적의 w와 u는 L의 (최소점이 아닌) 정류점에서 발생한다. 이때 계수행렬은 M이다.

$$\left.\begin{aligned} \frac{\partial L}{\partial w} &= 0 \to C^{-1}w + Au = b, \\ \frac{\partial L}{\partial u} &= 0 \to A^{\mathrm{T}}w = f \end{aligned}\right\} \qquad (1)$$

변수 $w_1, \cdots, w_m$이 물리적인 의미(즉, 변수들이 회로 이론에서 전류, 기계공학에서 응력, 유체역학에서의 속도, 물리에서 운동량)를 가질 때, 쌍대(dual) 변수 $u_1, \cdots, u_n$도 역시 의미를 가진다는 것은 예를 통해서 확인할 수 있다. 이때 라그랑주 승수는 제한조건 $A^{\mathrm{T}}w = f$를 유지하는 데 필요한 힘을 나타낸다(즉, 회로 이론에서 전압, 기계공학에서의 변위, 유체에서의 압력, 물리에서의 위치이다).

w와 u는 **쌍대 변수**이다. 최적화에 관한 기본정리는 **최대 최소 정리** 또는 **쌍대정리**이다. w에 대한 최소화(주문제)는 u에 대한 최대화(쌍대 문제)와 관련이 있다. 첫 번째 문제는 $L(w, u)$의 최대 최소(minimax)이고 두 번째 문제는 최소 최대(maximin)인데 이 둘은 서로 동등하다.

2 수치 최적화/유한요소들

이 두 개의 큰 주제는 보통 잘 통합되지 않는다. **유한요소법**[II.12]은 미분방정식 풀이에 대한 효과적인 접근법이다. **최적화**[IV.11]는 일반적으로 다른 부류의 것이다. 그러나 두 주제 모두 정확하게 방정식 (1)이 핵심이므로 같은 선택지를 우리에게 제공한다. 여기 u와 w를 계산하는 세 가지 선택지가 있다.

(i) 유한요소에 대한 **혼합법**과 최적화에 대한 **주-쌍법**(primal-dual method)은 u와 w를 동시에 푼다. 이때 우리는 M을 다룬다.

(ii) **응력법**(또는 **영공간법**)은 제한조건 $A^{\mathrm{T}}w = f$를 만족하는 후보들 중에서 최적의 w를 찾아낸다. 만약 w_p가 하나의 특수해이면 $A^{\mathrm{T}}w = 0$의 해를 더한다(키르히호프의 전류법칙). 따라서 A^{T}의 영공간에 대한 기저가 필요하다.

(iii) **변위법**은 방정식 (1)로부터 $w = C(b - Au)$를 소거하고 u에 대하여 푼다. 즉, $A^{\mathrm{T}}C$를 첫 번째 행에 곱하고 두 번째 행으로부터 뺀다. 그리고 $A^{\mathrm{T}}CA$의 부호를 양으로 만들어서 다음 방정식을 얻는다.

$$A^{\mathrm{T}}CAu = A^{\mathrm{T}}Cb - f \qquad (2)$$

방정식 (2)는 계산과학의 중요한 문제이다. 행렬 $A^{\mathrm{T}}CA$는 대칭 양의 정부호이다(부호를 바꾸면 최소화 문제가 된다). $K = A^{\mathrm{T}}CA$는 유한요소에 관한 강

성행렬로 응용수학 모든 곳에서 나타나는 **그래프 라플라스 행렬**이다. 통계학 또는 선형회귀에서는 **가중 정규방정식**이다.

고체역학에서 A^TCA 접근법을 상당히 보편적으로 사용한다. 유체역학에는 압력, 속도와 더불어 혼합 방법이 종종 사용된다. 이러한 수학적인 선호도는 전기회로에 대한 스파이스(SPICE)의 다양성과 나스트란(NASTRAN), 펨랩(FEMLAB), 아바쿠스(ABAQUS)같은 유한요소 코드의 다양성에서 볼 수 있듯이 소프트웨어 패키지의 선호도에도 반영되어 있다.

안장점 문제의 수치적 해법에 대한 좋은 참고 문헌으로는 2005년에 벤지(Benzi) 등에 의해서 작성된 조사 논문이 있다. 유체 문제와 (전제 조건을 가진) 혼합 방법에 대해서는 2014년의 엘만(Elman) 등에 의한 논문이 좋다.

3 구조

1988년 논문에서 나는 "이 A^TCA패턴이, **연속적인 것과 이산적인 것, 선형적인 것과 비선형적인 것, 방정식과 변분원리** 등등의 평형 문제에서 중요한 구조라고 생각한다."는 핵심적인 말을 했다. A^TCA는 A에는 기하학을, C에는 물질의 성질을, A^T에는 물리법칙을 포함하는 **시스템 행렬 또는 강성행렬**이다. 우리가 풀고자 하는 문제는

$$A^TCAu = f, \quad A^TCAx = \lambda x$$
$$\frac{du}{dt} = -A^TCAu, \quad \frac{d^2u}{dt^2} = -A^TCAu$$

이다. 수학적 모형에서 A^TCA를 얻는다. 그리고 계산을 할 때는 이 행렬을 다룬다. 우리는 3단계(A와 C와 A^T)를 거쳐 방정식을 얻어내고 수치적으로 그리고 해석적으로 이 방정식을 풀려고 한다.

연속 모델은 벡터 f 대신에 함수 F를 사용하고 행렬 대신에 도함수 $A = \mathrm{d}/\mathrm{d}x$와 $A =$ 기울기 벡터를 사용하지만 다음과 같이 여전히 A^TCA가 나타난다.

연속 선형 ODE:

$$-\frac{\mathrm{d}}{\mathrm{d}x}\left(c(x)\frac{\mathrm{d}u}{\mathrm{d}x}\right) = F(x), \qquad A = \frac{\mathrm{d}}{\mathrm{d}x}$$

연속 선형 편미분방정식:

$$-\mathrm{div}(c \ \mathrm{grad}\ u) = F(x, y)$$

연속 비선형 편미분방정식:

$$\mathrm{div}\left(\frac{\mathrm{grad}\, u}{\sqrt{1 + |\mathrm{grad}\ u|^2}}\right) = 0$$

A가 $\mathrm{d}/\mathrm{d}x$일 때 그것의 전치는 $-\mathrm{d}/\mathrm{d}x$이다. 벡터 Au의 각각의 성분을 상수배하는 대각행렬 C는 모든 점에서 $\mathrm{d}u/\mathrm{d}x$를 상수배하는 $c(x)$로 대체된다.

$A = \mathrm{grad}$와 $A^T = -\mathrm{div}$를 가지는 편미분방정식은 편도함수

$$A = \text{기울기벡터} = \begin{bmatrix} \partial/\partial x \\ \partial/\partial y \end{bmatrix},$$
$$A^T = -\text{발산} = \begin{bmatrix} -\dfrac{\partial}{\partial x} & -\dfrac{\partial}{\partial y} \end{bmatrix}$$

을 포함한다. A^T과 A 사이에 종종 선형이지만 항상 그렇지는 않은 C가 온다. Au를 e로 쓰자.

세 단계 구조

$$e = Au, \ \ w = Ce, \ \ F = A^Tw,$$

$$\text{잠재함수 } u(x,y) \xrightarrow{A} \text{기울기벡터 } e(x,y) \xrightarrow{C} \text{흐름 } w(x,y) \xrightarrow{A^{\mathrm{T}}} \text{원천 } f(x,y)$$

전기회로에서는 A와 A^T은 키르히호프의 전압과 전류 법칙을 나타내고 $w = Ce$는 옴의 법칙이 되어 다음과 같이 된다.

$$\text{전압 } u \rightarrow \text{ 전압강하 } e \rightarrow \text{ 전류 } w \rightarrow \text{ 원천 } F$$

A, C, A^{T}은 행렬 또는 미분 작용소로서 양의 정부호 강성행렬 $K = A^{\mathrm{T}}CA$로 묶을 수 있다. 양의 정부호 행렬은 시스템에서의 **총에너지**

$$E(u) = \tfrac{1}{2}u^{\mathrm{T}}Ku - u^{\mathrm{T}}F = \tfrac{1}{2}(Au)^{\mathrm{T}}C(Au) - u^{\mathrm{T}}F$$

에 대한 최소 원리와 관련이 있다.

$E(u)$의 최솟값은 $Ku = F$일 때 발생한다. 다시 $A^{\mathrm{T}}CAu = F$를 얻는다. C가 행렬 곱셈일 때 에너지 $E(u)$는 이차형식이고 그것의 도함수는 선형이다. C가 비선형일 때 CAu는 실제로는 $C(Au)$이다. 이때는 **비선형성**에 의해서 아주 자연스럽게 최소 원리가 복잡해진다.

4 비선형 방정식과 최소 원리

재료의 성질이 비선형일 때 $w = Ce$는 $w = C(e)$가 된다. 이 곡선 위의 모든 점에서 접선은 국소적 선형화 $\Delta w \approx C'(e)\Delta e$를 준다. 선형에서 비선형으로의 예를 하나 들면, 뉴턴의 법칙

$$F = ma = \frac{\mathrm{d}}{\mathrm{d}t}\left(m\frac{\mathrm{d}u}{\mathrm{d}t}\right)$$

에서 아인슈타인의 법칙으로의 과정이다. 상대성이론에서 질량은 상수가 아니다. 따라서 운동량은 선형함수가 아니다.

뉴턴의 운동량	$p = mv,$
아인슈타인의 운동량	$p(v) = \dfrac{m_0 v}{\sqrt{1 - v^2/c^2}}$

p, m, v에서 w, c, e로 되돌아 갈 때, 방정식 $w = C(e)$가 에너지의 도함수에 나타나기를 원한다. 따라서 에너지는 다음과 같은 적분이다.

$$\text{에너지} = \int C(e)\,\mathrm{d}e, \qquad \text{선형인 경우 } \int ce\ \mathrm{d}e = \tfrac{1}{2}ce^2$$

역방향은 변수 w를 사용한다. 선형인 경우는 단순한 나눗셈에 의해서 $e = w/c$가 된다. 비선형인 경우에는 $w = C(e)$는 단조함수이고 $e = w/c$는 역함수 $e = C^{-1}(w)$로 바뀐다. w에 대한 함수로서의 에너지를 원할 때 앞에서처럼 적분을 하면 다음이 된다.

$$\text{에너지} = \int C^{-1}(w)\,\mathrm{d}w, \qquad \text{선형인 경우 } \int \frac{w}{c}\mathrm{d}w = \frac{1}{2}\frac{w^2}{c}$$

역함수 $C(e)$와 $C^{-1}(w)$의 적분인 함수 $F^*(e)$와 $F(w)$는 **르장드르-펜셸 변환**과 관련이 있다.

5 그래프 라플라스 행렬 $A^{\mathrm{T}}A$와 $A^{\mathrm{T}}CA$

더 자세히 알아보기 위하여 그래프 라플라스 행렬을 보도록 하자. **그래프는 이산 응용수학에서 자주 사용되는 모형이다.**

먼저 n개의 꼭짓점을 생각하고 이것들을 m개의 방향이 없는 모서리로 연결하자.(완전 그래프는 모

두 $\frac{1}{2}n(n-1)$개의 모서리를 가질 것이다. 신장 트리(spanning tree)는 $n-1$개의 모서리를 가지며 닫힌곡선이 없을 것이다.) $n=4$이고 $m=5$일 때의 그림이 아래에 주어져 있다. 이때 각각의 모서리가 **모서리-꼭짓점 근접행렬** A에서 -1로 표시되는 낮은 숫자의 꼭짓점으로부터 출발했다고 생각할 수 있다.

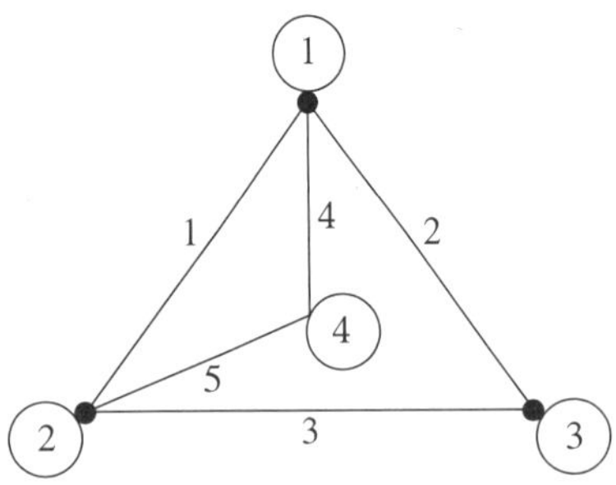

$$A=\begin{bmatrix}-1&1&0&0\\-1&0&1&0\\0&-1&1&0\\-1&0&0&1\\0&-1&0&1\end{bmatrix}\quad\begin{matrix}\text{모서리 }1\\2\\3\\4\\5\end{matrix}$$

n개의 열은 독립이 아니고 A는 '차행렬(difference matrix)'이다. 전압 u_1, u_2, u_3, u_4가 같을 때 u의 각각의 쌍들 사이의 차는 0이다.

$$A\begin{bmatrix}u_1\\u_2\\u_3\\u_4\end{bmatrix}=\begin{bmatrix}u_2-u_1\\u_3-u_1\\u_3-u_2\\u_4-u_1\\u_4-u_2\end{bmatrix}$$

$u=(c,c,c,c)$일 때 $Au=0$.

영공간의 벡터 (1, 1, 1, 1)이 있고 네 열들의 합은 영열벡터이다. 따라서 A의 계수(rank)는 3이다. 모든 연결된 그래프에 대해서 차수는 $n-1$이고 1차원 영공간은 상수벡터 $u_c=(c,\cdots,c)$를 포함한다.

이 벡터들은 $Au_c=0$을 만족하므로 $A^{\mathrm{T}}CAu_c=0$이다. 라플라스 작용소 $A^{\mathrm{T}}A$와 가중 라플라스 행렬 $A^{\mathrm{T}}CA$는 양의 **준정부호**이지만 양의 정부호는 아닐 것이다. 각각의 행은 합이 0이다. 전압 하나를 0으로 만들어서 n개의 미지수 u의 집합에서 그것을 제거하는 것은 A의 한 열과 A^{T}의 한 행을 제거하여 크기가 $n-1$인 **축소 라플라스 행렬**을 준다. 그러면 $A^{\mathrm{T}}A$와 $A^{\mathrm{T}}CA$는 양의 정부호이다.

회로에서 C는 옴의 법칙 $w_i=c_ie_i$로부터 온 $m\times m$ 대각행렬이다. 대각선에 있는 수 $c_1,\cdots,c_m$는 양수이다(따라서 C는 양의 정부호이고 이것이 우리가 필요로 하는 성질이다).

행렬의 곱셈을 통해서 $A^{\mathrm{T}}A$를 얻을 수 있다(그리고 패턴을 찾을 수 있다).

$$A^{\mathrm{T}}A=\begin{bmatrix}3&-1&-1&-1\\-1&3&-1&-1\\-1&-1&2&0\\-1&-1&0&2\end{bmatrix}$$

대각행렬의 성분은 꼭짓점의 **차수**, 즉 근접한 모서리의 개수이다. 대각선에 있지 않은 j,k 위치에 있는 성분은 모서리가 꼭짓점 j와 k를 연결한다면 -1이다. 3, 4 와 4, 3 위치의 성분 0은 이들 꼭짓점을 연결하는 모서리가 없다는 것을 의미한다.

가중되지 않은 라플라스 행렬 $A^{\mathrm{T}}A$를 $D-W$로 나타내는 것은 유용하다. 대각행렬 $D=(3,3,3,2)$는 꼭짓점의 차수를 보여준다. 대각선 외의 행렬(off-diagonal matrix) W는 꼭짓점 j와 k가 연결되어있을 때 $W_{jk}=1$인 **인접 행렬**이다.

마지막으로 우리는 $A^{\mathrm{T}}CA$를 계산할 수 있다. 보통 시행하는 행 곱하기 열 대신에, 열 곱하기 행으로 행렬들을 곱해 보자. A^{T}의 1열은 CA의 1열(단순히 행렬 A의 1열의 c_1상수배)을 곱한다. 그래서 $A^{\mathrm{T}}CA$의 첫 번째 조각은 꼭짓점 1과 2를 연결하는 회로의 모서리 1로부터 완전히 얻어진다.

$$[-1 \quad 1 \quad 0 \quad 0]^{\mathrm{T}} c_1 [-1 \quad 1 \quad 0 \quad 0] = \begin{bmatrix} c_1 & -c_1 & 0 & 0 \\ -c_1 & c_1 & 0 & 0 \\ 0 & 0 & 0 & 0 \\ 0 & 0 & 0 & 0 \end{bmatrix}$$

이것은 모서리 1의 **원소강성행렬**이다. 각각의 모서리 i는 크기가 최대이지만 오직 4개의 0이 아닌 성분을 가지는 이러한 행렬을 만들 것이다. 꼭짓점 j와 k를 연결하는 모서리에 대하여 0이 아닌 성분들만이 이런 행과 열에 있을 것이다.

다음으로 $c_1, \cdots, c_5$를 포함하는 다섯 개의 원소행렬을 더한 것이 곱 $A^{\mathrm{T}}CA$이다. $D-W$를 만들기 위해서 주 대각선만을 택한다.

$$D = \operatorname{diag}\left(\begin{bmatrix} c_1+c_2+c_4 \\ c_1+c_3+c_5 \\ c_2+c_3 \\ c_4+c_5 \end{bmatrix}\right)$$

$$W = \begin{bmatrix} 0 & c_1 & c_2 & c_4 \\ c_1 & 0 & c_3 & c_5 \\ c_2 & c_3 & 0 & 0 \\ c_4 & c_5 & 0 & 0 \end{bmatrix}$$

가중 인접행렬 W는 (앞서서 모두 1인) c_i를 포함한다. 가중차수행렬 D는 각 꼭짓점과 만나는 모서리를 보여준다. 더욱 단순하게, 대각행렬 D는 $A^{\mathrm{T}}CA$의 모든 행의 성분의 합이 0이라는 것을 보장한다. 그러면 가장 작은 고윳값은 $\lambda_1 = 0$이다.

그 다음 고윳값 λ_2는 응용에서 중요한 역할을 한다. 대응되는 고유벡터 x_2는 ($A^{\mathrm{T}}CA$가 대칭행렬이므로) 처음의 고유벡터 $x_1 = (1, 1, 1, 1)$과 수직이 될 것이다. 이 **피들러 고유벡터**(Fiedler eigenvector)의 양의 성분과 음의 성분을 분리하는 것은 **꼭짓점을 무리 짓는** 유용한 방법이다. 더 무겁게 가중된 모서리는 모서리 사이에 있기보다는 두 무리 사이에 있다. 그래프가 명확한 구조나 설명 없이 주어졌을 때 무리 짓기는 이를 이해하는 데 있어서 중요한 역할을 한다.

따라서 우리는 회로 이론과 질량-용수철계의 중심에 있는 같은 종류의 그래프 라플라스 행렬의 현대적 응용을 소개하는 것으로 이 글을 끝마치고자 한다. 전자공학과 기계공학의 기본적인 구성들(옴, 키르히호프, 후크의 법칙)은 w(전류와 응력)를 소거하기 전에 방정식 (1)에서의 안장점행렬 M을 만들어 낸다. 이 소거 과정에서 그래프 라플라스 행렬이 나타난다!

$A^{\mathrm{T}}CA$는 공학, 통계학(여기서는 C^{-1}은 공분산행렬이다), 자연과학 그리고 수학의 모든 그래프와 회로에서 기본이 되는 구조를 나타낸다.

더 읽을거리

Benzi, M., G. H. Golub, and J. Liesen. 2005. Numerical solution of saddle point problems. *Acta Numerica* 14: 1-137.

Ekeland, I., and R. Temam. 1976. *Convex Analysis and Variational Problems*. Amsterdam: North-Holland.

Elman, H. C., D. J. Silvester, and A. J. Wathen. 2014. *Finite Elements and Fast Iterative Solvers: With Applications in Incompressible Fluid Dynamics*, 2nd edn. Oxford: Oxford University Press.

Strang, G. 1988. A framework for equilibrium equtions.

SIAM Review 30:283-97. (Reprinted with new commentary, 2012, in *Essays in Linear Algebra*. Wellesley, MA: Wellesley-Cambridge Press.)

Strang, G. 2007. *Computational Science and Engineering*. Wellesley, MA: Wellesley-Cambridge Press.

Tonti, E. 1975. *On the Formal Structure of Physical Theories*. Milan: Istituto di Politecnica di Milano.

V.13 알갱이 물질의 흐름

조 고다드 *Joe D. Goddard*

1 서론

톤 단위로 측정되는 것에서 알 수 있듯이 지구상에서 가장 많이 사용되는 물질은 물이고 두 번째는 알갱이 물질이다. 알갱이 물질은 인간 활동에 있어서 중요한 물질이다. (…) 알갱이 물질은 쌀, 옥수수, 건설용 파우더 등등 매우 다양한 형태를 보인다. 오늘날에도 우리는 이상하리만치 알갱이 시스템에 대해 알지 못한다.

드젠(P. G. de Gennes),「쌀부터 눈까지」
(2008년 니시나 추모 강연)

알갱이 역학 분야의 많은 사람에게 잘 알려져 있는 프랑스 노벨상 수상자의 이 문장은 매우 오래된 흥미로운 과학 주제에 대한 실제적인 관심을 나타낸다. 이런 상황은 많은 사람들이 사실로 인정하고 있고 이 글의 마지막에 있는 더 읽을거리 안에 잘 요약되어 있다.

일반적으로 알갱이 매체(granular medium)는 쌍들 사이의 가장 가까운 이웃 상호작용에 지배를 받고, 판데르발스(van der Waals)힘과 보통의 열('브라운') 힘은 무시할 수 있는 지름이 1 마이크로미터보다 더 큰 입자에 한정된 모임으로 정의한다. 알갱이 매체에는 곡물, 약 정제와 캡슐, 모래와 같은 토양 물질, 행성의 고리에 있는 바위와 얼음 덩어리와 같이 아주 다양한 물질이 포함된다.

이 글의 대부분은 공기 또는 공간 사이에 있는 가스의 영향을 무시할 수 있는 건조된 알갱이 물질이나 공간 사이가 액체로 완전히 채워진 알갱이 물질을 다룬다. 이 경우에 젖은 모래와 같이 알갱이들 사이의 '모세관 목(capillary necks)'에서 형성되는 액체 표면장력 또는 응집력과 관련된 영향들은 대부분 무시할 수 있다.

알갱이 역학에서 중요하고 서로 밀접하게 연관된 다음 항목들이 있다.

(i) 실험과 산업 또는 토지 공학에서의 응용
(ii) 해석적이고 계산적인 미시 역학(알갱이 수준에서의 동역학)
(iii) 이산적인 알갱이들의 뉴턴역학으로부터 매끄러운 연속체 모델을 얻기 위한 균질화('크기 확대' 또는 '굵은 알갱이 만들기')
(iv) 알갱이 물질의 흐름에 대한 연속체 장방정식의 수학적인 분류와 해
(v) 응력-변형 작용에 대한 연속체 모형('구조방정식')의 개발

항목 (i)-(iv)는 (v)에 의존하거나 영향을 많이 받았기 때문에 이 글은 (v)에 초점을 맞출 것이다. (v)를

논의하기 위하여 다음 절에서는 우선 (iv)에 대한 논의부터 시작한다.

2 장방정식과 구조방정식

장방정식은 어떤 물질의 밀도 $\rho(\boldsymbol{x}, t)$, 속도 $\boldsymbol{v}(x, t) \doteq [v_i]$, 대칭응력텐서 $\boldsymbol{T}(\boldsymbol{x}, t) \doteq [\tau_{ij}]$를 지배하는 연속체 수준의 물질과 선형 운동량 균형을 나타내는(시간 t와 공간위치 $\boldsymbol{x} \doteq [x_i]$를 독립변수로 가지는) 편미분방정식(PDE)

$$\dot{\rho} = -\rho\nabla \cdot \boldsymbol{v} \text{와 } \rho\dot{\boldsymbol{v}} = \nabla \cdot \boldsymbol{T} \tag{1}$$

이다. 지표는 공간좌표에서 성분의 수를 나타내고 기호 '$\doteq$ [•]'는 이 좌표계 내의 벡터와 텐서들의 성분을 나타낸다. (1)을 자세히 쓰면 $i = 1, 2, 3$에 대하여 $\partial_t\rho + \partial_j(\rho v_j) = 0$과 $\partial_t(\rho v_i) = \partial_j(\tau_{ij} - \rho v_i v_j)$가 된다. 여기서 어떤 양 w에 대하여 $\dot{w} = \partial_t w + v_j\partial_j w$이고, $j = 1$부터 3까지의 합들은 반복되는 지표를 가진 항들에 대한 합이다. 또한 $\partial_i w = \partial w/\partial x_i$, $\partial_t w = \partial w/\partial t$이고 곱하기에 대한 공식이 사용되었다. (1)에 대한 더 자세한 내용은 **연속체 역학**[IV.26]을 참고하기 바란다.

열 개의 종속변수가 있지만($\rho, v_i, \tau_{ij} = \tau_{ji}$) (1)에는 오직 4개만 나타난다. (해법이 존재하는) 방정식을 만들기 위해서는 6개의 방정식이 더 필요하다. 예를 들어, 비압축 뉴턴유체(**나비에-스토크스 방정식**[III.23] 참조)에 대한 구조방정식을 나타내는 데 필요한 방정식은

$$T' = 2\eta \boldsymbol{D}' \text{이고 } \rho = \text{상수} \tag{2}$$

이다. 여기서 η는 전단 점성률이고, $\boldsymbol{D}$는 **변형 속도**(또한 대칭 2등급 텐서) $\boldsymbol{D} = \text{sym}\nabla\boldsymbol{v} \doteq \frac{1}{2}[\partial_i v_j + \partial_j v_i]$를 나타낸다. 여기서 'sym'은 2등급 텐서의 대칭 부분을 의미한다. 프라임 부호는 **일탈기**(deviator, '흔적이 없거나' 또는 '전단되는' 부분) $X' = X - \frac{1}{3}(\text{tr}X)\boldsymbol{I}$ 또는 $X'_{ij} = X_{ij} - \frac{1}{3}X_{kk}\delta_{ij}$를 나타낸다. 여기서 δ_{ij}는 항등원 $\boldsymbol{I}$의 성분이다.

점탄성 유체와 같은 유동학상으로(rheologically) 더 복잡한 유체에 대하여, 질점에서의 응력은 그 점에서의 속도 기울기 $\nabla\boldsymbol{v}$의 진행 과정 전체에 의존할 것이다. 점탄성은 $\boldsymbol{D}'$와 $\boldsymbol{T}'$의 선형함수

$$\mathring{\boldsymbol{T}}' = 2\mu\boldsymbol{D}' - \lambda\boldsymbol{T}' = \lambda(2\eta\boldsymbol{D}' - \boldsymbol{T}') \tag{3}$$

으로 $\boldsymbol{T}'$의 변화율이 주어지는 **맥스웰 유체**의 전형적인 예 중 가장 간단한 것이다. 여기서 $\mathring{X} = \dot{X} + \text{sym}(XW)$이고 $XW \doteq [X_{ik}W_{kj}]$이다. 또한 W는 속도 기울기의 꼬인 부분, λ는 **이완율** 또는 **완화시간**의 역이고 μ는 탄성률이다. 이 모형에서 μ는 나중에 논의될 전단탄성계수 G와 동일시 할 수 있다.

1867년에 제임스 클라크 맥스웰이 약간 다른 형태로 제안했던 (3)에 따르면, 점성계수와 탄성률은 $\eta = \mu/\lambda$로 연결되어 있고 물질은 점성과 탄성응력의 완화에 의한 점성 소실과 함께 시간 λ^{-1}에 탄성적으로 반응한다.

(3)으로부터 $\lambda \to 0$ 또는 $\lambda \to \infty$일 때 탄성 고체 또는 점성유체의 반응을 얻을 수 있다. 탄성에 의해 되튀지만 느린 변형에서는 점성 흐름을 보이는 전형적인 점탄성 재료는 실리푸티(Silly Putty)가 있다. 유동학자들은 고체와 같은 빠른 변형과 유체와 같은 느린 변형을 구별하기 위하여 $\dot{\gamma}/\lambda$와 같은 형태의 데

보라(Deborah) 수를 사용한다.

(3)에서 위에 있는 '∘'는 질점에서 이동하고 국소적 물질 스핀으로 회전하는 프레임에서의 시간에 따른 변화율을 주는 야우만(Jaumann) 도함수이다. 야우만 도함수는 물질 프레임과 관련 없음 원리(principle of material frame indifference)를 구체화한 가장 간단한 물질의 시간 도함수이다. 역학의 기본적인 법칙에서 벗어난 이 원리는 물질의 운동에 가해진 강체회전이 응력을 회전시킨다고 가정하는 것과 동일하다. 더 일반적으로 말해서, 한 관성(뉴턴) 프레임에 대한 물체의 가속도는 응력 변형 움직임에 영향을 주지 않는다. 이 원리는 이미 $\nabla \boldsymbol{v}$의 대칭 부분만 허용하는 더 단순한 구조방정식 (2)에 반영되어 있다.

프레임과 무관함이 (무작위 열운동에 의해 분자 수준에서 지배를 받는) 대부분의 분자 물질에 대한 타당한 가정임에도 불구하고, 알갱이 흐름(여기서의 무작위 알갱이 운동은 미세한 층 밀림과 관련된 운동과 비교될 수 있다)에서는 깨질 수 있다. 그럼에도 불구하고, 이 글에서 다루는 구조 모형에서는 프레임과 무관함을 가정할 것이다.

어떤 고정된 물질 입자 $\boldsymbol{x}^{\circ}$에 대하여 (3)은 다섯 개의 연립상미분방정식(라그랑주 상미분방정식(Lagrangian ordinary differential equations, LODE)이라고 불린다)의 한 묶음을 나타낸다는 것을 기억해두자. 오일러 또는 공간적 묘사에서 맥스웰 흐름의 속도 장을 지배하는 9개의 독립변수 $p = -\frac{1}{3}\mathrm{tr}\boldsymbol{T}, \boldsymbol{v}, \boldsymbol{T}'$에 관한 9개의 방정식을 얻기 위해서 이 방정식들과 (1)을 결합해야 한다. 다양한 초기/경계조건에 지배를 받은 이 문제의 풀이는 쉽지 않고 보통 고급 수치 방법을 필요로 한다.

다음 절에서는 본질적으로 (3)의 일반화에 해당되는 아주 많은 종류의 그럴듯한 구조 방정식을 고려할 것이다. 이 방정식들은 알갱이 가소성에 대한 아가소성(hypoplasticity) 모형을 포함한다. 이 방정식 모두는 탄소성에 관한 고전이론에서 아주 잘 알려진 탄성과 비탄성 포텐셜(potential)로부터 얻을 수 있다. 위의 모형들을 알갱이 흐름의 중요한 상황에서 광범위하게 적용할 수 있는 점도-탄소성(visco-elastoplasticity)모형을 포함하도록 확장할 수 있다. 다음 절에서는 현상학과 흐름 영역에 관한 간략한 설명을 통하여 이 모형들의 기원에 대한 체계적인 윤곽이 잡혀갈 것이다.

수치 방법에 관한 광범위한 문헌, 구별된 원소법(distinct element method, DEM)에 의한 미세역학의 직접적인 모의실험, 유한요소법(finite-element methods, FEM) 또는 관련된 기법에 기초한 연속체 방정식의 해법은 다루지 않는다.

3 현상학적인 측면

이 절에서는 알갱이 역학과 흐름의 다양한 상황을 특징짓는 중요한 물리 매개변수와 무차원 그룹을 다룬다. 더 읽을거리에 있는 포르테르(Forterre)와 폴리쿠엔(Pouliquen)의 글에서 아주 단순한 전단 유동에 대한 더 정량적인 설명을 얻을 수 있다.

3.1 주요 매개변수와 무차원 그룹

알갱이 모양을 묘사하는 다양한 무차원 매개변수 외에도 응집력이 없는 알갱이 매체에 대한 가장 눈에 띄는 물리 매개변수는 알갱이 탄성 (전단) 계수 G_s, 고유의 알갱이 밀도 ρ_s, 평균적인 알갱이 지름 d, 알갱이 사이의 (쿨롱) 접촉 마찰 계수 μ_s 또는 미시적인 대응물 μ_C, 그리고 구속 압력 p_s이다. 이 매개변수들은 다양한 알갱이 흐름의 상황을 묘사하는 데 도움을 주는 주요 무차원 그룹을 정의한다. 즉,

$$\mathbb{E} = G_s/p_s, \quad \mathbb{I} = \dot{\gamma} d\sqrt{\rho_s/p_s}, \quad \mathbb{H} = \eta_s\dot{\gamma}/p_s$$

로 주어지고 전단속도 $|\boldsymbol{D}'|$의 대푯값 $\dot{\gamma}$을 포함하는 **탄성계수, 관성 수, 점성 수**를 정의한다. 미세한 길이척도 대 거대한 길이척도의 비에 기초한 크누센(Knudsen) 수 역시 아래에서 간략히 언급할 것이다.

$\mathbb{I}$는 위에 언급된 데보라 수와 비슷하지만 여기서는 알갱이 관성과 쿨롱(Coulomb) 마찰 $\mu_C p_s$사이의 경쟁을 나타내는 이완율을 포함하고 있다는 것에 주의하자. $\mathbb{I}^2$은 대표적인 알갱이 운동에너지 $\rho_s d^2\dot{\gamma}^2$ 대 마찰 속박의 비율을 나타낸다.

유체로 포화된 알갱이 매개체에서 농후한 유체 입자 현탁액으로의 전이는 점성수 $\mathbb{H} \approx 1$일 때(여기서는 점성 접촉력과 마찰 접촉력이 비등하다) 발생한다.

유체 입자 현탁액의 경우에 $\mathbb{I}^2/\mathbb{H}$를 알갱이 관성력 대 점성력의 크기를 나타내는 '스토크스(Stokes) 수' 또는 (알갱이 흐름 연구에서의 선구자의 이름을 딴) '배그놀드(Bagnold) 수'와 동일시하는 것이 관습이다.

다음 절에서는 유체 입자 시스템에 대한 아주 짧은 언급과 함께 건조한 알갱이 매체에 대하여 주로 이야기할 것이다.

3.2 알갱이 흐름의 형태

알갱이 물질은 알갱이 수준의 고유한 열운동이 없다고 할지라도 분자로 이루어진 고체, 액체, 기체와 비슷한 상태를 보인다. 이 모든 알갱이 상태는 '다중상 흐름'과 같이 동일한 유체 흐름 장에 공존할 수도 있다. 빠르게 전단되는 상태를 가진 고체처럼 움직이지 않는 상태에 대응되는 알갱이 물질에 대한 풀리지 않은 여러 문제들이 있다. 하지만 이 짧은 글에서는 지면이 충분하지 않기 때문에 언급하지 않을 것이다.

다양한 형태들을 대표적인 전단응력을 나타내는 τ와 ($\tau/p_s = 0$이고 $\mathbb{I} = 0$인) 정지 상태에 대한 전단변형 γ를 이용해 그림 1과 표 1에서 정성적이고 매우 단순하게 도식화 하였다. 그림에서 무차원 비율 τ/p_s를 단일 무차원 변수에 대한 함수로서 보간된 형태

$$X \sim \mu_C\mathbb{E}\gamma/(\mathbb{E}\gamma + \eta_C) + \mathbb{I}^2 \qquad (4)$$

으로 나타냈다(나중에 논의될 그림 5에서의 구조방정식에 더 가까운 혼합 표현은 $\gamma_E = (\tau/p_s)\mathbb{E}$이고 $\tau/p_s = \mu_C + \mathbb{I}^2$이다. 첫 번째 식은 특정 구조방정식에서 발견되는 쿨롱-배그놀드 보간법을 나타내고 γ_E는 응력상태에서의 탄성변형이다).

그림 1에서는 (아래에서 논의할 구조방정식에서 다룰 물질인) 형태 Ib에 관한 알갱이 가소성에 대한 강한 비선형성과 과정 의존성이 나타나지 않는다.

분자 시스템의 액체 상태와 같이 표1에서 일반 무차원 함수 $f(\mathbb{I})$로 나타난 밀도가 높은 빠른 유체는 알갱이 역학에서 가장 이해가 덜된 형태일 것이다. 이 형태는 흥미로운 알갱이 크기 분리와 같이 중요

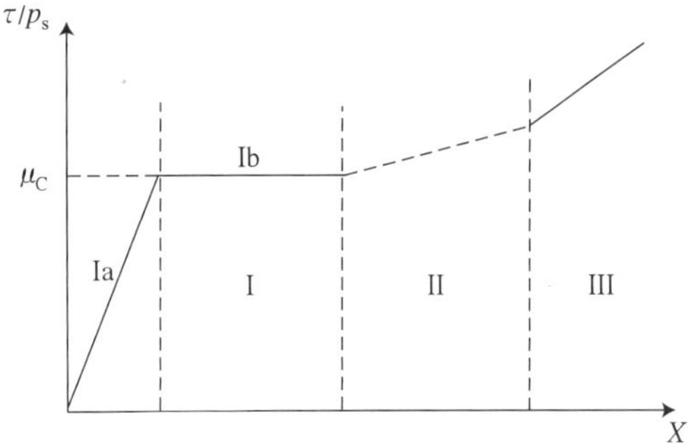

그림 1 알갱이 흐름 형태에 대한 도식.

표 1 그림 1에서의 알갱이 흐름
(마지막 열은 응력 τ의 비례 축소를 보여준다).

I	준고정: (헤르츠–쿨롱) 탄성가소성 '고체'	
Ia	(헤르츠) 탄소성	$G_s\gamma$
Ib	(쿨롱) 탄성가소성	μ_C
II	밀도가 높고 빠른: 점성가소성 '액체'	$p_s f(\mathbb{I})$
III	밀도가 낮고 빠른: (배그놀드) 점성 '알갱이 가스'	$\rho_s d^2\dot{\gamma}^2$

한 현상을 포함하고 있다. 이 형태는 부드러운 알갱이 물질에 대해서는 $\mathbb{E}$에도 의존한다는 증거가 있다.

3.2.1 탄성 형태

준 구면 선형(후크) 탄성입자들 사이의 접촉에 관한 기하학으로부터 낮은 구속압력 p_s에서 알갱이 물질의 비선형성을 얻을 수 있고, 압력과 함께 탄성계수와 탄성파동 속력의 흥미로운 비례 축소를 얻을 수 있다.

헤르츠 접촉역학을 이용하면 알갱이 전단 계수 G_s를 사용한 연속체 전단계수의 대략의 '평균 장' 추정치가 압력에 관하여 $\frac{1}{3}$지수 의존성을 보여주는 $G/G_s \sim \mathbb{E}^{-1/3}$임을 알 수 있다. 예를 들어 $p_s \sim 100$kPa와 $G_s \sim 100$GPa(다소 단단한 토양 물질)이면 상대적으로 부드러운 헤르츠 접촉 때문에, 크게 감소한 전체적인 딱딱함을 보여주는 $\mathbb{E} \sim 10^6$와 $G \sim 10^{-2}G_s$를 얻는다.

원칙적으로 표 1과 (4)에서 G_s를 G로, $\mathbb{E} = G_s/p_s$를 $G/p_s = \mathbb{E}^{-2/3}$로 나타내야만 한다. 그렇게 하면 위에 주어진 수치를 이용하여 ($\mu_C \sim 1$을 가진) 쿨롱 미끄러짐의 시작이 $\gamma_E \sim \mathbb{E}^{-2/3} \sim 10^{-4}$이 되는 한정된 탄성변형에 대한 추정치를 얻을 수 있다. 아주 정확하지는 않지만 이 추정치는 모래와 같은 단단한 토양물질의 작은 탄성범위에 대한 합리적인 추정치이다.

3.2.2 탄성 가소성 형태

탄성 가소성 분야는 18-19세기의 쿨롱, 랭킨() 등등 여러 사람들의 고전적인 업적까지 거슬러 올라가는 유서 깊은 역사를 지녔고 토양 역학과의 끊임없는 관련성 때문에 알갱이 역학에서 가장 상세하게 연구한 분야이다. 이 절에서는 다음 절에 나올 구조방정식과 그 배경에 대한 논의를 통해서 가장 중요한 몇 가지 현상과 그와 관련된 이론적인 문제를 간단히 살펴보겠다.

그림 2에서 잘 알려진 전단결합과 관련된 변형의 국소화를 보여주는 준정지(quasistatic) 호퍼 방출과 2축 압축실험에 대한 볼프강 엘러스(Wolfgang Ehlers)의 2차원 DEM 모의실험의 결과를 볼 수 있다. 알갱이 가소성의 특징인 국소적 미끄러짐(또는 '망가짐')은 호퍼 벽이나 구조를 지탱하는 벽과 같이 지탱하는 면에서의 큰 일시적인 응력을 가진 역동

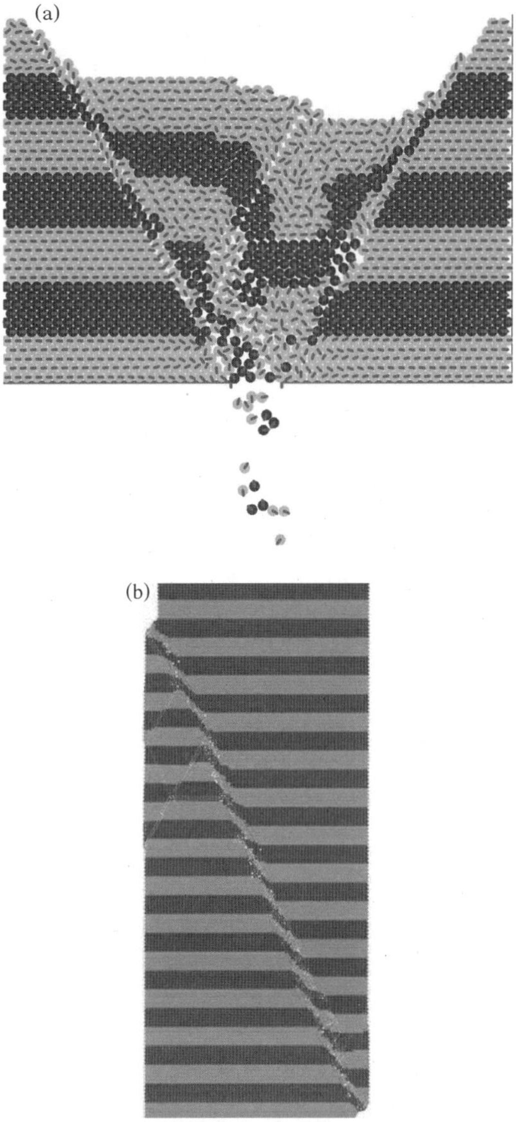

그림 2 DEM 모의실험: (a)느린 호퍼 흐름에서의 전단결합과 (b)축 압축에서의 전단결합(슈투트가르트 대학의 볼프강 엘러스의 허락 하에 게재).

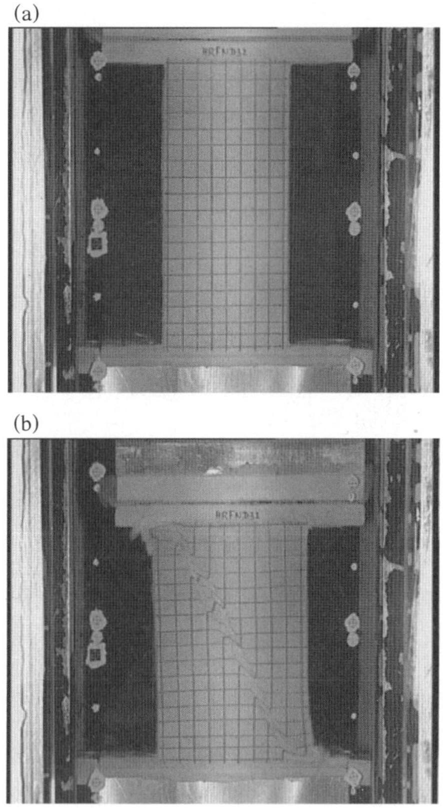

그림 3 건조된 호스툰 모래(Hostun sand) 표본에서의 축 방향 압축 실험: (a)압축하기 전과 (b)압축 후(볼프강 엘러스의 허락 하에 게재).

적인 '활모양'과 연관시킬 수 있다. 규모가 큰 산사태에서 비슷한 현상을 발견할 수 있다.

그림 3은 얇은 탄성 막으로 둘러싸인 모래 기둥의 표준 준정지 압축 실험에서의 전단결합의 생성을 보여준다. 많은 흥미로운 실험 관찰과 수치 모의실험을 수록한 책들이 있다(예를 들어, 참고 문헌에 있는 테히만(Tejchman)의 책을 봐라).

수학적으로 전단결합의 발생을 장방정식의 PDE에서의 유형 변화를 동반하는 구조방정식의 볼록성의 상실에 따른 물질의 분기(bifurcation)와 불안정성으로 간주할 수 있다. 유형의 비슷한 변화, 예를 들어 타원형 PDE에서 쌍곡형 PDE로의 변화가 얇은 '충격'을 생성하는 것을 통해, 아음속에서 초음속 흐름으로의 가스 동역학적 전이 현상 등과 관련이 있다는 것을 알 수 있다.

탄성가소성의 불안정성에 대한 이해를 돕기 위

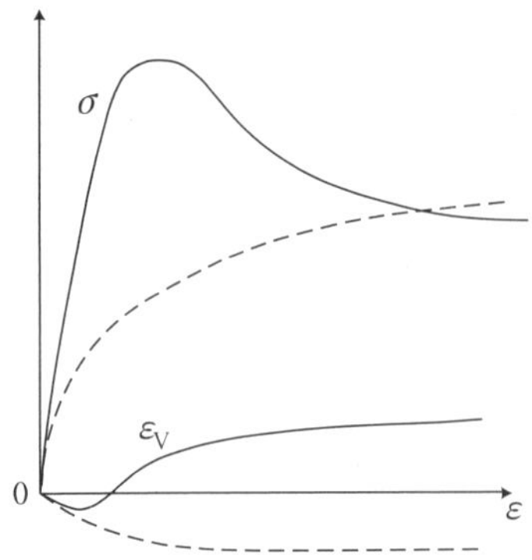

그림 4 초기에 밀도가 높고(실선) 밀도가 낮은(점선) 모래의 세 축 응력/팽창-변형 곡선 도식.

하여, 그림4에서는 압축응력 σ, 압축변형 ε, 부피변형 $\varepsilon_V = \log(V/V_0)$(여기서 부피 V_0는 V로 변형되었다)인 밀도가 높은 모래와 밀도가 낮은 모래의 축방향 압축에서의 전형적인 응력-변형/다일레이턴시(dilatancy)에 대한 정성적인 그림을 제공한다. 축에 수치 눈금이 주어지지 않았지만 봉우리 응력과 음수(수축)에서 양수(팽창)으로의 ε_V의 변화는 보통 밀도가 높은 모래에 대해 약간의 변형($\varepsilon \sim 0.01$-0.05)에서 발생한다.

ε와 함께 σ의 초기 성장을 거의 탄성인 것으로 간주하고 싶겠지만, 탄성 형태는 σ-ε 곡선의 모든 점에서 거의 수직인 압력이 없는 (위에서 주어진 크기 10^{-4} 정도에 해당되는) 훨씬 작은 변형으로 표현된다. 그러므로 초기 응력 성장은, 접촉수 밀도 n_c와 접촉 비등방성의 성장에 의한 꽉 채움(compaction)($\varepsilon_V < 0$)과 관련된 거의 완전한 **에너지 소실 가소성 경화**를 나타내는 반면에, 응력의 최고치는 팽창($\varepsilon_V > 0$)을 동반하는 n_c에서의 차후 감소에 기인한다는 것이 훨씬 더 그럴 듯하다.

다음에 논의할 것처럼, 전단결합의 형성을 봉우리 응력이 생기기 전의 '압축 연화' 또는 불안정한 '잘못된' 행동(증가된 변위를 가진 증가된 힘의 감소)의 결과로 설명할 수 있다. 어떤 연구에서는 이것이 가소성 응력의 감소와 관련된 순수 에너지 소실 과정으로 일어날 수 있다고 보는 반면에 다른 연구에서는 특정 준탄성반응의 결과일지도 모른다고 가정한다.

물질 불안정의 정확한 원인이 무엇이든 간에 물질 불안정 때문에 일반적으로 내부 물질의 길이 척도를 포함하는 **다극성** 또는 '높은 기울기' 구조 모델이 필요하다. 따라서 중요한 무차원 매개변수의 목록에 다음에 논의될 **크누센 수** $\mathbb{K}$를 추가해야만 한다. 여기서 물질 길이 척도 ℓ은 (변형 국소화 영역에 유한한 두께를 할당해서 변형율의 급격한 불연속성을 없애기 위한) 장방정식의 **정규화**에 필요하다는 것을 언급해 둔다. DEM 모의실험과 그림 2와 3의 실험에서 아주 명백한 이 척도는 이 글의 주된 주제인 **무극성** 모형에서는 기대할 수 없다.

3.2.3 스프링과 슬라이드 블록

길이 척도 효과는 고려하지 않더라도 그림 5의 단순한 역학적 모형을 통해서 앞으로 다루게 될 연속체 모형에 대한 유용한 직관을 얻을 수 있다. 그림에서 적용된 힘 $\boldsymbol{T}'$은 연속체 역학 전단응력에 해당되고 장치의 확장 속도는 편향 변형 속도 $\boldsymbol{D}'$을 나타낸다.

그림 5에서 맨 위의 톱니 모양의 슬라이드 블록은 (슬라이딩 응력 τ가 압력과 독립된 항복 변형력(yield stress)을 나타내는) 표준 평평한 가소성 슬라이드 블록 또는 (아몽통(Amontons)-쿨롱) 미끄럼 마찰계수 $\tau/p_s = \mu_C$를 가진 마찰 슬라이딩 블록의 일

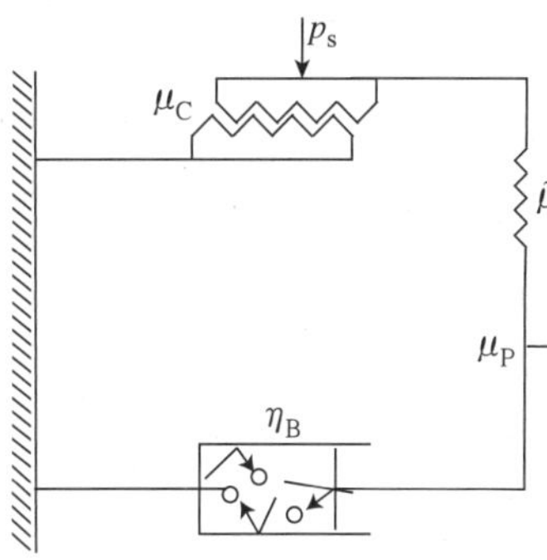

그림 5 점성-탄성가소성 슬라이드 블록/스프링/대시포트 모형.

종이다. 톱니 모양 버전은 테일러(Taylor, 1948)의 알갱이 '연동' 모형 또는 오스본 레이놀즈(Osborne Reynolds, 다양한 장에서 유체역학을 연구한 업적으로 명성이 높다)가 1885년에 도입한 알갱이 다일레이턴시의 개념에 기초한 로(Rowe, 1962)의 '톱니' 모델을 나타낸다. 레이놀즈에 의하면 알갱이 물질의 전단저항은 부분적으로 가두는 압력에 저항하는 부피의 팽창 때문이다. 따라서 톱니 각이 사라지면, 오직 항복 변형력 또는 압력에 따른 마찰에 의한 저항을 가진 가소성의 표준 모형을 얻는다.

모형에서 (최대 부피 팽창이 발생하는) 미끄럼 불안정 점에 저장된 부피 에너지의 일부는 뒤따르는 붕괴와 충돌 충격에서 에너지가 소실되어야만 한다. 비록 알갱이들 사이에 미끄럼 마찰이 없다(μ_s = 0)고 할지라도 미끄럼 마찰계수 μ_C가 생기게 하는 이 소실은 매우 짧은 기간 척도에서 발생한다고 가정할 수 있다. 이러한 급격한 에너지 소실은 (국소적으로 위상적으로 거칠고 불안정하기 때문에 대역적으로 속도와 무관한 힘을 발생시키는 저장된 에너지가 매우 짧은 시간에 열 중성자화되는) 마찰 공학적인 가소성 흐름 과정을 상징한다.

모형에서의 두 번째 특징은 상수 $\tilde{\mu}_E$를 가진 스프링이 소성변형을 '얼려진 탄성 에너지'로 전환하고 소성가공경화의 기초적인 모형을 제공한다는 것이다. 이러한 탄성 소자는 저장된 탄성에너지의 일부가 단순히 T'의 역학 작용에 의해서 완전하게 복구될 수 없다는 사실을 보여준다. 이는 가소성에 대한 열역학 이론에서 발전 효과와 복잡한 문제를 야기한다.

3.2.4 점소성

빠른 알갱이 흐름에서 (배그놀드) 점성도 η_B(그림 5 참조)인 점성 대시포트는, 알갱이 운동에너지와 충돌소실과 관련된 속도와는 무관한 힘을 추가한다. 아래에서 논의될 이 힘은 특정 유동학 모형을 이용하여 묘사할 수 있는 일종의 빙엄(Bingham) 가소성을 주고, 그림 1에서 상태 I과 III 사이의 개략적인 보간(interpolation)을 준다. 또한 점성 대시포트는 빈틈을 채우는 유체와 같은 효과를 나타낼 수 있다. 가소성 슬라이드 블록을 제거하면 스프링과 대시포트가 선형일 때마다 점탄성 (3)의 맥스웰 모형이 되는 것을 기억해 두자.

지금 사용되고 있는 모형들을 모두 아우르는 구조 모형을 제시하는 것 이외에도, 밀도가 높고 빠른 유체 상태의 모형을 만들려 할 때 마주하게 되는 많은 문제들과 해결해야 될 과제 역시 직접적으로 다루지는 않을 것이다.

4 구조 모델

알갱이 흐름에 대한 구조 모형은 광범위하게 관찰

된 현상으로 인해서 복잡해질 수밖에 없다. 종종 **오일러 묘사**(Eulerian description)로 일컬어지는 코시 응력 $\boldsymbol{T}$에 대한 변형 속도 $\boldsymbol{D}$와 관련된 모형을 사용한다. 특히 응력에 관한 비선형 함수를 고려한 응력-공간 묘사에 기초한 일반화된 **아가소성** 모형을 주로 다룬다. 비선형 이론은 선형탄성근사가 많은 알갱이 물질, 특히 단단한 토양물질에 적합하지만, 약 캡슐과 점토질 흙과 같은 부드러운 알갱이 물질에도 응용될 수 있다.

4.1 아가소성

등방 비선형 탄성물질을 생각하자. 이 물질에서는 응력 $\boldsymbol{T}$와 유한 (오일러) 변형텐서 $\boldsymbol{E} = \frac{1}{2}(\boldsymbol{F}\boldsymbol{F}^{\mathrm{T}} - \boldsymbol{I})$가 다음과 같은 등방 관계로 연결되어 있다.

$$\boldsymbol{T} = \mathrm{t}(\boldsymbol{E}) \quad \text{또는} \quad \boldsymbol{E} = \mathrm{t}^{-1}(\boldsymbol{T}) \tag{5}$$

여기서, $\boldsymbol{F} = \partial\boldsymbol{x}/\partial\boldsymbol{x}^{\circ}$이다. 이때 $\boldsymbol{x}^{\circ}$와 $\boldsymbol{x}(\boldsymbol{x}^{\circ})$는 각각 질점들의 기준 위치와 현재 위치를 나타낸다. **초탄성**(또는 '그린(Green) 탄성')은 (5)의 함수들이 탄성 잠재함수로부터 유도될 수 있다는 열역학적 일관성 조건에 기초하고 있다. 트러스델(Truesdell) **아탄성**(응력과 압력 사이에 속도와 무관하지만 경로에는 의존하는 더 일반적인 관계를 감안한 탄성의 일반화)은 LODE

$$\mathring{\boldsymbol{T}} = \boldsymbol{\mu}_{\mathrm{E}}(\boldsymbol{T}) : \boldsymbol{D} \tag{6}$$

에 의해서 표현된다. 여기서 $\boldsymbol{\mu}_{\mathrm{E}}$는 4번째 등급 아탄성 계수이다. 이 계수에 적당한 적분 가능 조건이 주어지면 (6)으로부터 (5)번 형태의 탄성 관계식을 유도할 수 있다.

(6)으로부터 **점탄소성**을 얻기 위하여, 증가하는 소성에 대한 변형 속도를 탄성적 부분과 비탄성적(또는 소성점성) 부분 $\boldsymbol{D} = \boldsymbol{D}_{\mathrm{E}} + \boldsymbol{D}_{\mathrm{P}}$로 분해할 수 있다는 **첫 번째 기본 가설**을 택한다. 그러면 위의 관계식에 있는 $\boldsymbol{D}$를 $\boldsymbol{D}_{\mathrm{E}} = \boldsymbol{D} - \boldsymbol{D}_{\mathrm{P}}$로 바꾸고 $\boldsymbol{D}_{\mathrm{P}}$에 관한 구조방정식을 얻는다.

$\boldsymbol{D}_{\mathrm{E}}$와 짝을 이루는 탄성 응력 $\boldsymbol{T}$가 (그림 5의 단순 모형의 내적 평형에 대한 가정으로부터 얻을 수 있는) $\boldsymbol{D}_{\mathrm{P}}$와 짝을 이루는 비탄성 응력과 같다는 것을 **두 번째 기본 가정**으로 택한다.

마지막으로 시스템이 $\boldsymbol{T}$와 $\boldsymbol{D}_{\mathrm{P}}$가 쌍대 비탄성 포텐셜로 연결되어 있도록 강하게 흩어진다는 것을 **세 번째 기본 가정**으로 택한다. 그러면 점탄성을 얻을 수 있고 맥스웰 유체 (3)의 비선형적 형태를 얻을 수 있다.

속도와 무관한 응력에 의해서 정의할 수 있는 것과 같이 **소성**은 크기 $|\boldsymbol{D}_{\mathrm{P}}|$를 결정할 수 없기 때문에 위의 가정을 만족하지 않는다. 속도와 과정에 대한 전체적인 독립성에 대한 가정으로부터

$$|\boldsymbol{D}_{\mathrm{P}}| = |\boldsymbol{D}|\vartheta(\boldsymbol{T}, \hat{\boldsymbol{D}})$$

을(여기서 $\hat{\boldsymbol{D}} = \boldsymbol{D}/|\boldsymbol{D}|$이고 $|\boldsymbol{D}| = \sqrt{D_{ij}D_{ij}}$이다) 유도할 수 있고 '비탄성적 시계' 함수 ϑ에 관한 $\boldsymbol{\mu}_{\mathrm{H}}$의 공식을 포함하는 **등방성 아소성**의 일반적인 형태

$$\mathring{\boldsymbol{T}} = \boldsymbol{\mu}_{\mathrm{H}}\left(\boldsymbol{T}, \hat{\boldsymbol{D}}\right) : \boldsymbol{D} \tag{7}$$

를 얻을 수 있다. 아소성의 표준 이론에서, $\vartheta(\boldsymbol{T}, \hat{\boldsymbol{D}})$는 $\hat{\boldsymbol{D}}$와 독립적이고, $\vartheta(\boldsymbol{T}, \hat{\boldsymbol{D}})$를 이용하여 탄성 변형 속도와 소성 변형 속도를 구분하지 못하고 구조방정식은 아소성 계수가

$$\mu_{\mathrm{H}} = \mu_{\mathrm{E}}(T) - K(T) \otimes \hat{D} \tag{8}$$

인(여기서 $A \otimes B \doteq [A_{ij}B_{kl}]$이다) (7)로 바뀐다. 비록 아우만 응력 속도가 일정한 변형 속도 D의 작용에 의해 점차 사라지는 극한 상태를 포함한다고 해도 항복곡면(yield surface) 또는 비탄성 포텐셜 (따라서 접두사 '아'가 있다)의 개념에 직접적으로 의존하지 않기 때문에 이러한 모형은 알갱이 역학자들(특히 토양 역학에 관심이 있는 연구자들)에게 인기가 있다. 이런 점근적 상태는 토양 역학에서 소위 임계상태(이 상태에서는 알갱이 다일레이턴시가 사라지고 알갱이 물질이 본질적으로 비압축 액체와 같이 흐른다)와 동일시할 수 있다.

일반적인 형태 (8)에서의 문제점은 열역학적 허용성, 예를 들어 변형의 일정한 주기적 순환이 양의 일(positive work)을 내놓지 않는다는 것을 보장하는 수학 조건을 확립하기가 아주 어렵다는 것이다. 반면에 탄성적이고 흩어지는 포텐셜로부터 만들어진 모형들은 이 문제점과 관련하여 훨씬 더 만족스럽다.

더 읽을거리에 있는 콜림바스(Kolymbas)의 논문에서 아소성 모형 만들기에 대한 개요와 역사를 찾아 볼 수 있다.

4.2 이방성, 내적 변수, 매개변수 아소성

처음에는 알갱이 운동에너지 또는 '온도'가 알갱이 미세구조를 무작위로 만드는 데 충분하지 않기 때문에 등방성 알갱이 물질들이 흐름, 특히 준정지 탄소성 흐름에서 유도되는 이방성을 보인다. 이러한 이방성에 대한 모형은 종종

$$\mathring{A} = \alpha\left(T, \hat{D}, A\right):D$$

의 형태인 속도와 무관한 발전방정식의 지배를 받는 대칭 2차 **패브릭 텐서**(fabric tensor) $A \doteq [A_{ij}]$에 대한 탄성적 포텐셜과 비탄성적인 포텐셜(그리고 관련된 계수들)의 (가정된) 의존성을 이용하여 만들어진다. 이것은 이방성 구조관계식(여기서 응력 T 또는 압축 E에 대한 이방적 의존성은 2차 텐서와 벡터들 집합의 가장 단순한 형태인 '구조텐서'의 집합을 이용해서 얻을 수 있다)의 '등방적 확대'의 특별한 경우이다. 결국 구조텐서는 스칼라, 벡터, 2차 텐서로 구성된 발전 내부 변수들의 집합 χ의 특별한 경우이다.

내부 변수 또는 내부 변수의 변화 속도에 의존하는 탄성 포텐셜과 비탄성적 포텐셜로부터 유도된 내부 힘들의 일반화된 균형으로부터 발전방정식을 얻을 수 있다고 할지라도 아직까지 발전방정식의 기원은 불명확하다.

발전방정식의 기원이 무엇이든 간에 T에서 (7)의 일반화인 **매개변수 아소성**을 주는 발전방정식을 가진 $\{T, \chi\}$로 변수의 집합을 확대할 수 있다는 것을 쉽게 알 수 있다. 이로부터 초기조건으로 표현되는 초기 이방성, 밀도 또는 부피율 등등과 흐름에서의 추후 발전의 효과를 묘사하는 LODE의 집합을 얻을 수 있다. 이러한 방법은 알갱이 매체의 발전 소성에 대한 현재의 무극성 모형 대부분을 포함한다.

4.3 다극성 효과

전단결합과 관련이 있는 전단장과 같이 강한 비균질 시스템에서는 고유의 길이 척도가 없는 고전적

인 단순(무극) 물질의 반응과 다른 상황을 만날 수 있다. 이러한 상황은 일반적으로 크누센 수 $\mathbb{K} = \ell/L$(여기서 ℓ은 특성 미세척도이고, L은 특성 거대척도이다)의 의미 있는 크기를 이용하여 묘사할 수 있다.

탄소성인 경우에 다양한 실험에서의 모형들을 통해서 ℓ이 평균 알갱이 지름의 약 5-10배(정지된 알갱이 집합에서, 모든 곳에 존재하는 **힘 사슬**의 길이와 매우 관련이 있을 법한 크기)가 되어야 한다는 것을 알 수 있다. 이러한 모형들은 접촉 힘이 평균 힘보다 더 큰 사슬 같은 구조이다. 일반적으로 이러한 모형들은 알갱이 전단응력을 지탱하고 하중의 변화에 의해서 빠르게 재편성되는 미시적 힘 네트워크를 표현할 것이라고 생각된다. 힘 사슬의 길이를 결정하는 미시 역학에 대해서는 알려진 것이 거의 없다.

물리적 기원이 무엇이든 간에, 미세 길이 척도는 다양한 **미시극성** 그리고 **높은 기울기** 모형들을 포함하는 다양한 **발전된 연속체** 모형들(이들 모두는 포괄적인 용어인 **다극성**으로 언급되는 **약비국소성**의 한 형태이다)에서 변수의 역할을 한다. 아마도 가장 단순한 모형은 종종 **미세극성**으로 언급되는 코세라(Cosserat) 모형이다. 이 모형은 (2009년에 출판 100주년을 기해 국제적으로 기념한) 코세라 형제 외젠(Eugene)과 프랑수아(Francois)의 구조화된 연속체에 관한 매우 유명한 논문에서 그 기원을 찾을 수 있다. 테히만의 책에서는 매우 일반적인 코세라 아소성 형태에 대한 포괄적인 내용을 찾을 수 있다.

4.3.1 입자 이동과 크기 분리

알갱이 역학의 또 다른 흥미로운 양상은, 초기의 크고 작은 입자들의 고른 혼합에서 큰 입자들이 전단력 중심으로 분리 또는 '불혼합'되는 것이다. 유체와 입자 혼합액에서의 입자 이동 또는 알갱이 매체에서의 크기 분리에 대한 다양한 모형은 다극성 효과를 암시하는 확산과 같은 항을 포함한다. 어떤 모형은 확산적 재혼합을 방해하는 중력에 의한 퇴적을 포함하는 반면에, 다른 모형들은 유체와 입자 혼합액에서 발견되는 것들과 유사한 층 밀림에서의 기울기에 대한 직접적인 영향을 포함하고 있다.

많은 알갱이 크기 분리 효과가 얇은 층에서 밀도가 높은 흐름과 관련이 있다는 것은 의미가 있고, 이것은 다시 크누센 수 또는 다극성 효과와 연관이 있다는 것을 의미한다. 입자 이동의 기원이 무엇이든 간에 입자 이동은 순 흩어지기(strictly dissipative) 과정으로 다룰 수 있고 흩어지기 포테셜에서의 일반화된 속도로 나타낼 수 있다는 것을 의미한다. 따라서 적당히 불변인 구조 관계를 얻는 편리한 방법을 제공한다.

4.3.2 물질 불안정성과의 관련성

알갱이 흐름에는 당혹스러울 만큼 다양한 불안전성이 있다. 불안정성은 앞서 논의된 준정지 흐름에서의 전단 결합 불안정에서부터 적당히 밀도가 높고 빠른 흐름에서의 중력 층 쌓기와 알갱이 가스에서의 불안정성 무리 짓기에 이르기까지 여러 방면에서 나타난다.

나는 경계의 영향이 없는 균질한 상태의 불안정성을 나타내는 물질, 또는 구조 불안정성과 탄성 좌굴(elastic buckling), 점성유체의 관성불안정 같은 물질적으로 안정한 매체에서 발생하는 동역학적 또는 기하학적 불안정성 사이의 구분을 지지한다. 다극성과 다른 효과의 중요성을 평가하는 데 있어 이러한 구분이 있으면 더 쉽다.

과거의 연구를 통해서 전단 결합의 너비와 같이 분기 이후의 특징에서뿐만 아니라 물질 불안정성 그 자체에서의 탄소성 불안정성에 대한 다극성 효과를 확인할 수 있다. 이러한 효과는 위에서 논의된 형태에 대한 매개변수 점탄성 또는 아소성 모형에 기초한 더 심오한 연구를 필요로 하는 흥미롭고 도전적인 영역에 해당된다. 일반적인 질문은 이어지는 패턴이 있는 상태에서 차원을 생성하는 길이 척도가 패턴을 생성하는 초기 불안정성에 어떻게 관여하는가이다.

더 읽을거리

Forterre, Y., and O. Pouliquen. 2008. Flows of dense granular media. *Annual Review of Fluid Mechanics* 40：1-24.

Goddard, J. 2014. Continuum modeling of granular media. *Applied Mechanics Reviews* 66(5)：050801.

Kolymbas, D. 2000. *Introduction to Hypoplasticity*. Rotterdam：A. A. Balkema.

Lubarda, V. A. 2002. *Elastoplasticity Theory*. Boca Raton, FL：CRC Press.

Ottino, J. M., and D. V. Khakhar. 2000. Mixing and segregation of granular materials. *Annual Review of Fluid Mechanics* 32：55-91.

Rao, K., and P. Nott. 2008. *An Introduction to Granular Flow*. Cambridge：Cambridge University Press.

Tejchman, J. 2008. *Shear Localization in Granular Bodies with Micro-Polar Hypoplasticity*. Berlin：Springer.

V.14 현대광학

미겔 알론소 *Miguel A. Alonso*

1 서론

고대로부터 광학은 기하학과 수학의 여러 다른 분야와 불가분의 관계였다. 광학에 관한 최초의 논문(이 논문에서 원근법의 법칙을 가정하였다)을 쓴 이는 유클리드다. 알렉산드리아의 헤로(Hero)도 거울에 반사되어 두 점 사이를 지나는 광선이 가장 짧은 경로를 지난다는 것을 관찰하여 최초로 변분원리를 발견했다. 광학과 기하학의 병행 발전은 이븐-살(Ibn-Sahl)과 (알하젠(Alhazen)으로도 알려진) 이븐 알-하이삼(Ibn al-Haytham) 등을 통해서 아라비아 세계에서도 계속되었다. 훨씬 최근에는 전자기 이론에서의 깁스(Gibbs)와 헤비사이드(Heaviside)의 연구가 현대 벡터 미적분학의 발전을 자극하였다.

현대의 과학과 기술 모든 곳에 현대 광학이 존재한다. 광학은 기초적인 물리학에 대한 직접적인 검증 장치를 제공하고, 통신, 데이터 저장, 집적회로의 생산, 천문학, 환경 방사능 감시, 의학적 진단과 치료 등을 포함한 응용의 기초이다. 광학과 포토닉스(빛을 사용한 정보 전달을 다루는 연구 분야)는 수학, 물리학, 공학의 보통의 학부 교과과정에서 다뤄지는 많은 수학적 방법을 이용한다. 선형대수, 푸리에 이론, 변수분리, 해석적 함수에 관한 이론과 같은 주제는 뚜렷하게 물리적이고 (광학의 특성에 의해서) 시각적인 의미를 갖게 된다. 이 글에서는 빛, 강조된 자유공간에서의 전파, 약간의 단순한 포토닉스 장치의 연구에 필요한 수학적인 기법에 대하여 간략하게 다룬다.

2 자유공간에서의 전파

먼저 자유공간을 통해 전파되는 빛의 단순한 경우를 생각해보자. 전자기장에 관한 **맥스웰 방정식**[III.22]의 해는, 자유공간 전기 유전율과 자기 투자율의 조합으로 주어진 속력을 가진 파동을 포함하는 벡터 파동방정식으로 묶일 수 있다고 알려진다. 빛의 속력에 대한 당시의 측정값과 이 조합의 수치적 유사성을 눈치챈 맥스웰은 빛의 현상을 묘사하는 방정식으로 합쳐질 수 있도록 전자기 방정식을 수정했다.

맥스웰의 방정식으로부터 빛의 속력뿐만 아니라 빛이 횡파라는 사실도 알 수 있다. 즉, 고른 세기(강도)를 갖는 확장된 파동에 대하여, 전기장(그리고 우리가 더 이상 고려하지 않을 자기장)은 방향이 파동의 진행 방향에 수직인 벡터이다. 그렇지만 논의가 단순해지도록, 전기장의 벡터 성질을 무시하고, 비슷한 방정식(이것은 벡터장의 한 성분일 수도 있다)을 만족하는 스칼라 파동을 생각한다. 또한 모든 공간의 점에서 시간에 대한 장의 의존성이 고정된 각 진동수 ω를 가진 사인 모양의 파동이라는 더 단순화된 가정을 택한다. 눈은 시간주파수를 색깔로 인식하기 때문에 이러한 장들은 **단색성**이라고 말한다. 실수 단색성 장, $E(\boldsymbol{r}, t)$는 다음과 같이 정의될 수 있다.

$$E(\boldsymbol{r}, t) = A(\boldsymbol{r})\cos[\Phi(\boldsymbol{r}) - \omega t]$$

여기서 위치 $\boldsymbol{r} = (x, y, z)$에 대한 실함수인 A는 **진폭**, Φ는 **상**으로 불린다. 각 점에서 빛의 **강도**는 $I \equiv A^2$으로 주어진다. 따라서 광학 파동을

$$E(\boldsymbol{r}, t) = \mathrm{Re}\{U(\boldsymbol{r})\mathrm{e}^{-\mathrm{i}\omega t}\}$$

로 쓸 수 있다. 여기서 Re는 실수부를 의미하고 $U(\boldsymbol{r}) = A(\boldsymbol{r})\mathrm{e}^{\mathrm{i}\Phi(\boldsymbol{r})}$은 t와 독립된 $\boldsymbol{r}$에 관한 복소함수이다. 그러면 파동방정식은 파동수 $k \equiv \omega/c = 2\pi/\lambda$, 진공 속에서 빛의 속도 c, 파장 λ를 가진 헬름홀츠 방정식

$$\nabla^2 U(\boldsymbol{r}) + k^2 U(\boldsymbol{r}) = 0 \tag{1}$$

이 된다.

2.1 자유공간의 모드

많은 광학 문제에서는 (장의 모양이 알려진 초기 평면에서 시작되는) 장의 전파 모형을 만드는 것이 필요하다. 이러한 목적을 위하여 직교좌표축의 하나(보통 z-축)를 전파변수로서 택한다. $z \geq 0$에서만 장의 모형을 만드는 데 관심이 있고, 장의 기원이 반공간 $z < 0$ 안에 놓여있다고 가정한다. 그래서 관심이 있는 영역에서는 빛이 z가 증가하는 방향으로 나아간다. z가 상수인 평면들은 **수직 평면**으로 일컬어진다. 이것으로부터 광학적 **모드**의 개념을 도입할 수 있다. 이와 관련하여, 모드는 z에 관한 의존성이 분리가능한 장이다. 가장 간단한 모드는 진폭이 완

벽하게 고른 평면파

$$U^{\mathrm{PW}}(\boldsymbol{r};\boldsymbol{u}) = \mathrm{e}^{ik\boldsymbol{u}\cdot\boldsymbol{r}}$$

이다. 여기서, $\boldsymbol{u} = (u_x, u_y, u_z)$는 파동의 전파방향을 나타내는 단위벡터이다. z 방향으로 진행하는 전파를 가정했기 때문에, $u_z < 0$인 평면파는 허락되지 않는다. 그래서 u_z를 u_x와 u_y에 관한 함수, 즉

$$u_z(u_x, u_y) = \sqrt{1 - u_x^2 - u_y^2} \qquad (2)$$

로 표현할 수 있다. 사실 이것은 $u_x^2 + u_y^2 > 1$(이때 u_z는 순허수이다)인 곳에서도 해를 준다. 이 경우에 장이 $z > 0$에서 유계가 되고 U^{PW}이 z 방향으로 전파될 때 지수함수적으로 붕괴하도록 만들기 위해서 양의 허수부분인 제곱근의 분지(branch)를 선택해야만 한다. 이러한 파동은 **에바네센트 파동**(evanescent wave)이라고 불리고 경계면에 가까운 장에서 중요한 역할을 한다.

붕괴가 지속되는 에바네센트 모드와 함께 앞으로 전파되는 평면파 모드는 초기 수직 평면에서 완전한 한 쌍을 이룬다. 그러므로 z 방향으로 전파되는 장들을 이러한 파동들의 선형 중첩

$$U(\boldsymbol{r}) = \iint \tilde{U}(u_x, u_y)\mathrm{e}^{ik\boldsymbol{u}\cdot\boldsymbol{r}}\mathrm{d}u_x\mathrm{d}u_y \qquad (3)$$

로 표현할 수 있다. 여기서 특별한 언급이 없으면 모든 실수에서의 적분으로 가정한다. 함수 $\tilde{U}$는 각각의 평면파의 진폭을 결정하는 **각(angular) 스펙트럼**이다. 각 스펙트럼은 초기 평면 $z = 0$에서 (3)이 푸리에 중첩(쉽게 가역

$$\tilde{U}(u_x, u_y) = \left(\frac{k}{2\pi}\right)^2 \iint U(x, y, 0)\,\mathrm{e}^{-ik(xu_x + yu_y)}\mathrm{d}x\mathrm{d}y$$

를 찾을 수 있다)의 형태를 취하기 때문에 초기 평면에서의 장으로부터 쉽게 결정된다는 것을 기억해 두자. 이것은 초기 평면에서의 단색 장의 2차원 공간 푸리에 변환이 장을 구성하는 평면파의 진폭에 대한 접근을 가능케 한다는 중요한 결과를 준다.

이러한 광학 전파에 대한 설명은 푸리에 변환으로 요약할 수 있다. 즉,

$$U(x, y, z) = \hat{F}^{-1}[\mathrm{e}^{ikzu_z(u_x, u_y)}\hat{F}U(x, y, 0)]$$

이다. 여기서

$$\hat{F}g = \left(\frac{k}{2\pi}\right)^2 \iint g(x, y)\,\mathrm{e}^{-ik(xu_x + yu_y)}\mathrm{d}x\mathrm{d}y,$$
$$\hat{F}^{-1}\tilde{g} = \iint \tilde{g}(u_x, u_y)\,\mathrm{e}^{ik(xu_x + yu_y)}\mathrm{d}u_x\mathrm{d}u_y$$

이다. 따라서 전파 **전달함수** e^{ikzu_z}와 이차원 초기 장의 적당한 푸리에 변환에 의해서 자유 전파의 모형을 만들 수 있다. 이 사실은 x와 y에 대하여 선형이고 평행변환불변인 시스템은 전달함수를 이용하여 모형을 만들 수 있다는 것을 생각해보면 놀랄만한 것은 아니다. 자유공간은 또한 z에 관해서 평행변환불변이므로 계속되는 구간에서의 전파는 전체적으로 하나의 전파와 같아야만 한다. 그러한 시스템에서 전달함수는 지수가 z에 비례하는 지수함수이고 따라서 다양한 거리에 대한 전달함수들의 곱은 거리의 합에 대한 전달함수와 같다.

전달함수는 관계식 $u_x^2 + u_y^2 \equiv u_\perp^2$을 통해서만 방향 매개변수 u_x와 u_y에 의존한다. 따라서 $u_\perp^2$이 고정되어 있는 평면파들의 선형 중첩은 그들의 횡적 함수의 형태를 보존하므로 특정한 상황에서는 더 유용한 모드가 된다. 원기둥 광선에 대한 자연스러운 모드는 $u_x = u_\perp\cos\varphi$와 $u_y = u_\perp\sin\varphi$가 되도록 푸리

에 평면에서 극좌표 $u_\perp, \varphi$에 의해 표시된 모드 집합이다. 이 경우에 전달함수는 $\mathrm{e}^{ikz(1-u_\perp^2)^{1/2}}$이다. 또 다른 모드의 완전한 모임은 편각 φ에 다른 종류의 의존성이 있는 모임의 집합을 합치는 것으로부터 얻을 수 있다. 예를 들어 각 스펙트럼은 각에 대한 푸리에 급수로 전개될 수 있다.

$$\tilde{U}(u_\perp \cos\varphi, u_\perp \sin\varphi) = \sum_m \frac{\tilde{U}_m(u_\perp)}{2\pi \mathrm{i}^m} \mathrm{e}^{\mathrm{i}m\varphi}$$

여기서 합은 모든 정수에 대한 합이다. 그러면 평면파 중첩은

$$U(\boldsymbol{r}) = \sum_m \int_0^\infty \tilde{U}_m(u_\perp) J_m(ku_\perp \rho) \mathrm{e}^{\mathrm{i}(m\phi + ku_z z)} \mathrm{d}u_\perp$$

로 대치된다. 여기서 $J_m(t)$는 일종 **베셀 함수**[III.2]이고, $\rho = \sqrt{x^2 + y^2}$과 $\phi = \arctan(x, y)$는 공간횡단면에서의 극좌표이다. 함수 $J_m(ku_\perp\rho)\mathrm{e}^{\mathrm{i}(m\phi + ku_z z)}$은 **베셀 빔**으로 알려진 완전직교모드의 새로운 집합이다. ($u_\perp > 1$이면, $u_z = (1 - u_\perp^2)^{1/2}$은 순허수이다. 따라서 대응되는 베셀 빔은 점점 사라진다.) 평면파와 다르게 베셀 빔은 횡단면에서 반지름 고리 $|m|/ku_\perp$ 근처에서 최댓값을 갖는 고르지 않은 강도 분포를 갖는다. 더욱이 $m \neq 0$에 대하여 이러한 모드들은 z-평면에서 m차 상 소용돌이를 갖는다. 즉, 직선 $x = y = 0$ 위에서 진폭은 0이고 상은 ϕ가 0에서 2π로 증가함에 따라서 $2\pi m$만큼 변한다. 광학 상 소용돌이는 여러 가지 이유 중에서도 광선에 각운동량을 주기 때문에 최근 많은 관심을 받고 있다. 예를 들어 축을 따라서 상 소용돌이가 있는 광선은 작은 입자 스핀을 만들 수 있다. 하지만 각 운동량에 대한 전달 모형을 만들기 위해서는 여기서 다루지 않는 가벼운 물질 상호작용에 대한 이론적 지식이 필요하다.

평면파와 베셀 빔은 많은 모드들 중에서 단면이 각각 직교좌표와 극좌표로 구별될 수 있는 딱 두 경우이다. 다른 구별 가능한 무리에는 (각각 타원기둥좌표와 포물기둥좌표로 구별 가능한) 마티외(Mathieu) 빔과 포물선 빔이 있고 당연히 수많은 구별 가능하지 않은 무리들이 있다. 이러한 모드 모두는 무한한 양의 에너지가 필요하기 때문에 횡단면에 대한 강도의 적분은 발산한다는(따라서 엄격한 의미에서 물리적으로 실현 가능한 장은 아니다) 것을 기억해 두자. 그렇지만 이들의 적당한 연속 중첩은 횡단면에서 제곱적분 가능이므로 물리적 의미를 갖는다. 더욱이 각각의 모드에 대한 유한 멱근사는 일련의 응용에서 가능하고 유용하다.

2.2 근축 근사

광선은 종종 중심 방향(보통 각 스펙트럼 분해의 z-축)에 대하여 좁은 각도를 갖는 영역 안에서 움직이는 평면파들의 중첩으로 표현될 수 있다는 점에서, 강한 방향성을 가진다. 이 경우에 $\tilde{U}$는 $|u_x|, |u_y| \ll 1$에 대해서만 0과 매우 다르다. 따라서 (2)로 부터 $u_z \approx 1 - (u_x^2 + u_y^2)/2$을 얻을 수 있으므로 평면파 전개식은

$$U \approx \iint \tilde{U} \exp[\mathrm{i}k[z + u_x x + u_y y - \tfrac{1}{2}z(u_x^2 + u_y^2)]]\mathrm{d}u_x \mathrm{d}u_y \tag{4}$$

가 된다. 물론 근사식을 썼기 때문에 이 전개식에서 중첩은 더 이상 헬름홀츠 방정식의 근이 아니다. 사실 $U^{\mathrm{P}} \equiv U\mathrm{e}^{-\mathrm{i}kz}$이 **근축 파동방정식**

$$\frac{i}{k}\frac{\partial U^p}{\partial z} = -\frac{1}{2k^2}\nabla_\perp^2 U^p \quad (5)$$

(여기서 $\nabla_\perp^2 \equiv \partial^2/\partial x^2 + \partial^2/\partial y^2$이다)의 일반해이다. 이 방정식은 0 포텐셜(potential)과 z가 시간 전파 매개변수인 **양자역학**[IV.23]에서 파동방정식의 시간에 따른 변화를 결정하는 슈뢰딩거 방정식과 같은 수학적인 형태를 띤다. 근축과 슈뢰딩거 방정식 사이의 유사성은 슈뢰딩거 방정식이 어떤 조건을 가진 더 정확한 방정식의 근사식이라는 것을 암시한다. 슈뢰딩거 방정식의 해는 속도가 광속 c에 비해 작을 때 **디랙 방정식**[III. 9]과 같은 상대론적 양자역학방정식 해의 근사식이다. 다시 말하면 비 상대론적 파동방정식은 시공간에서 (공간 단위를 갖기 위해서 c를 이용하여 조정된) 시간 축에 대하여 작은 각을 갖는 평면파 성분으로 구성되어 있기 때문에 시간 축 주위의 근축이다.

(4)에서 $\tilde{U}$를 푸리에 변환으로 표현하면 **프레스넬 회절 공식**으로 알려진 합성곱 형태의 근축장방정식에 대한 또 다른 식

$$U(\boldsymbol{r}) = \iint U(x', y', 0)K(x-x', y-y', z)\,dx'dy'$$

을 얻는다. 여기서 **프레스넬 전파인자** K는 구면 파동에 대한 근축 근사에 비례한다. 즉,

$$K(x, y, z) = \frac{1}{i\lambda z}\exp\left(ik\left(z + \frac{x^2+y^2}{2z}\right)\right)$$

이다. 이 식은 횡단면에 있는 각각의 점은 방출의 진폭과 상이 그 점에서의 장에 의해서 결정되는 2차 파동으로 간주될 수 있다는 파동 전파에 대한 하위헌스(Huygens)의 해석과 관련이 있다. 이러한 해석은 슈뢰딩거 방정식을 거쳐 양자역학으로 확장될 수 있고 이는 파인만의 경로적분을 구성하는데 근거가 되었다.

근축 근사를 이용하면 여러 형태의 장을 닫힌 형태로 얻을 수 있다. 예를 들어 초기의 장이 높이 U_0와 너비 w_0을 가진 x와 y의 가우스 함수 즉, $U^G(x, y, 0) = U_0 e^{-(x^2+y^2)/2w_0^2}$이라고 하자. 그러면 전파되는 근축 장은

$$U^G(\boldsymbol{r}) = \frac{U_0}{1 + iz/z_R}\exp\left(ik\left[z - \frac{x^2+y^2}{2w_0^2(1+iz/z_R)}\right]\right)$$

이다. 여기서 $z_R = kw_0^2$은 **레일리 범위**(Rayleigh range)이다. 빔의 강도는 **중심평면** $z = 0$으로부터 멀어지면서 넓게 퍼지는 전파에서 여전히 가우스 함수

$$|U^G(\boldsymbol{r})|^2 = |U_0|^2 \frac{w_0^2}{w^2(z)}\exp\left(-\frac{x^2+y^2}{w^2(z)}\right)$$

이다. 여기서 $w(z) = w_0(1 + z^2/z_R^2)^{1/2}$이다. U^G은 레이저 포인터와 같은 표준 연속 파동 레이저로부터 나오는 빔에 대한 좋은 근사식이다. 왜냐하면 근축 근사 내의 빔은 구의 일부와 닮은 약간 오목하고 부분적으로 반사하는 곡면을 가진 3차원 공진 레이저 공동 모드이기 때문이다. 많은 반사 후에 빛은 같은 횡단면을 유지하면서 곡면을 통해서 공동 밖으로 전송된다.

가우스 빔과 프레스넬 전파 사이에는 w_0의 작은 범위 내에서 U^G이 전파인자, 즉 발산하는 구면파의 근축 대응물

$$K(x, y, z) = \lim_{w_0 \to 0}\frac{U^G(\boldsymbol{r})}{2\pi w_0^2 U_0}$$

이라는 흥미로운 관계가 있다. 역으로 임의의 너비 w_0에 대한 가우스 빔을 z가 허수 거리 $z_R = kw_0^2$로 대체된 구면파

$$U^G(\boldsymbol{r}) = U_0 \lambda z_R \mathrm{e}^{-kz_R} K(x, y, z - \mathrm{i}z_R)$$

에 비례하도록 표현할 수 있다.

가우스 빔과 같이 구부러진 거울을 가진 공동의 모드인 장들이 있다. 이러한 장들은 엄밀히 말해서 자유 공간의 모드가 아니지만 위에서 정의된 $w(z)$에 비례하는 너비를 가지는 전파와 $w(z)$의 역 제곱에 비례하는 경도 감쇠에 대하여 강도는 보존된다. 초기의 장이 가우스 함수와 x와 y에 대한 다른 차수의 적당히 보정된 **에르미트 다항식**[II. 29] H_n의 곱

$$U^{\mathrm{HG}}_{m,n}(\boldsymbol{r}) = \left[\frac{w_0}{w(z)}\left(1 + \mathrm{i}\frac{z}{z_R}\right)\right]^{m+n} \times H_m\left[\frac{x}{w(z)}\right] H_n\left[\frac{y}{w(z)}\right] U^{\mathrm{G}}(\boldsymbol{r})$$

인 **에르미트-가우스 빔**은 이러한 종류의 한 예이다. 정수 ℓ과 $p = 0, 1, \cdots$에 대하여

$$U^{\mathrm{LG}}_{\ell,p}(\boldsymbol{r}) = \left[\frac{w_0}{w(z)}\left(1 + \mathrm{i}\frac{z}{z_R}\right)\right]^{2p+|\ell|} \times \rho^{|\ell|} \mathrm{e}^{\mathrm{i}\ell\phi} L_p^{(|\ell|)}\left[\frac{\rho^2}{w^2(z)}\right] U^{\mathrm{G}}(\boldsymbol{r})$$

로 비슷하게 정의되는 **라게르-가우스 빔**도 있다. 여기서 $L_p^{(\ell)}$은 **라게르 다항식**[II.29]이다. 베셀 빔과 같이 $\ell \neq 0$인 라게르-가우스 빔은 z-축에 ℓ차 상 소용돌이를 갖고 이로 인해서 궤도 각운동량을 전달한다. 고정된 z에 대하여 에르미트-가우스 빔은 2차원 직교좌표에서 분리 가능인 반면에, 라게르-가우스 빔은 극좌표에서 분리 가능이다(그리고 가우스 빔은 각각에서 분리 가능이다). 인스(Ince)-가우스 빔으로 알려진 세 번째 부류는 타원 좌표에서 분리 가능이다. 적당한 상수 전인자에 대해 이 빔들 각각은 z가 상수인 평면에서 정규수직이다. 따라서 모든 근축 장은 적당한 계수 $a_{m,n}$과 $b_{\ell,p}$에 대하여

$$U(\boldsymbol{r}) = \sum_{m,n=0}^{\infty} a_{m,n} U^{\mathrm{HG}}_{m,n} = \sum_{p=0}^{\infty} \sum_{\ell=-\infty}^{\infty} b_{m,n} U^{\mathrm{LG}}_{\ell,p}$$

와 같이 에르미트-가우스 또는 라게르-가우스 빔의 이산 선형적 중첩으로 표현될 수 있다.

2.3 광선 광학과의 관련성

맥스웰의 방정식은 빛을 전자기파로 묘사한다. 그렇지만 더 오래되고 단순한 광선 모형은 종종 우리의 경험에 기반을 둔 직관에 더 가깝고, 단순 영상 시스템의 설계를 포함한 많은 실용적 목적에 적당하다. 광선 모형과 파동 모형 사이의 관계를 잘 이해하기 위해서는 **점근분석**[II.1] 이론에 대하여 잘 이해하고 있어야 하지만 이 장에서는 단순화된 근축 근사의 기초 광학 시스템들의 관계를 다룬다.

광선 모형에서 광출력은 (자유공간과 같은 균질 매질에서의 전파에서는 일직선인) **광선**이라고 불리는 서로 독립인 선을 따라서 움직인다. z가 상수인 평면을 가로지르는 광선은 광선의 방향벡터 $\boldsymbol{u}_\perp = (u_x, u_y)$의 수직 부분에 의해서 표시되는 방향과 교점 $\boldsymbol{r}_\perp = (x, y)$로 표시한다. 이로부터 광선 **상태 벡터** $\boldsymbol{v} \equiv (\boldsymbol{r}_\perp, \boldsymbol{u}_\perp)$를 얻을 수 있다. 근축 근사와 단순 시스템에서, $\boldsymbol{v}$는 전파될 때 단순한 규칙에 따라서 발전한다. 거리가 d만큼 떨어진 z가 상수인 두 평면 사이의 자유 전파에서 광선 방향은 수직 위치가 근사적으로 $d\boldsymbol{u}_\perp$만큼 변해도 변하지 않는다. 이 경우에 자유 전파하에서는 4×4 행렬

$$\boldsymbol{F}(d) = \begin{pmatrix} \boldsymbol{1} & d\boldsymbol{1} \\ \boldsymbol{O} & \boldsymbol{1} \end{pmatrix}$$

에 의해서 결정되는 $\boldsymbol{v} \to \boldsymbol{F}(d) \cdot \boldsymbol{v}$가 된다. 여기서 $\boldsymbol{1}$과

$\boldsymbol{O}$는 2 × 2 행렬의 항등행렬과 영행렬을 나타낸다. 비슷하게 초점 거리가 f인 얇은 렌즈를 가로지르는 전파는 $\boldsymbol{r}_\perp$에 영향을 주지 않지만 $\boldsymbol{r}_\perp$에 비례하도록 광선의 방향을 변화시키므로 광선에 대한 렌즈의 효과는 선형관계식 $\boldsymbol{v} \to \boldsymbol{L}(f)\cdot\boldsymbol{v}$가 된다. 여기서

$$\boldsymbol{L}(f) = \begin{pmatrix} \boldsymbol{1} & \boldsymbol{O} \\ -\boldsymbol{1}/f & \boldsymbol{1} \end{pmatrix}$$

이다. 다른 기본적인 광학 요소 또한 상태벡터에 곱해지는 행렬에 의해서 묘사된다. 광선이 여러 요소를 따라서 전파될 때, 상태벡터는 대응되는 행렬에 의해서 곱해진다. 따라서 완전한 시스템은 각각의 요소에 대한 행렬들의 곱으로부터 얻어지는 하나의 행렬 $\boldsymbol{S}$를 통해 묘사할 수 있다. 이 행렬은 일반적으로

$$\boldsymbol{S} = \begin{pmatrix} \boldsymbol{A} & \boldsymbol{B} \\ \boldsymbol{C} & \boldsymbol{D} \end{pmatrix}$$

와 같이 4개의 2 × 2 부분행렬로 표현되고 문헌에서는 **ABCD 행렬**로 다소 볼품없게 언급된다.

파동이 발생하는 영역에서 전파에 대한 묘사를 할 수 있다. 파동 장의 전파는 **콜린스 식**(Collins formula)

$$U(\boldsymbol{r}) = \iint U(x', y', 0)K^{\mathrm{C}}(x', y'; x, y)\,\mathrm{d}x'\mathrm{d}y'$$

으로 주어진다. 여기서 콜린스 전파인자는

$$K^{\mathrm{C}} = \frac{\mathrm{e}^{\frac{1}{2}\mathrm{i}k(\boldsymbol{r}'_\perp\cdot\boldsymbol{B}^{-1}\boldsymbol{A}\cdot\boldsymbol{r}'_\perp - 2\boldsymbol{r}'_\perp\cdot\boldsymbol{B}^{-1}\cdot\boldsymbol{r}_\perp + \boldsymbol{r}_\perp\cdot\boldsymbol{D}\boldsymbol{B}^{-1}\cdot\boldsymbol{r}_\perp)}}{i\lambda\sqrt{\det(\boldsymbol{B})}}$$

이다. 즉, 단순한 근축 시스템에 대하여 광선의 전파를 묘사하는 행렬이 파동의 전파도 묘사한다. 자유 전파에 대하여 $\boldsymbol{S} = \boldsymbol{F}(z)$이고 콜린스 전파 인자는 프레스넬 전파인자가 된다.

2.4 상 회복

빛을 측정할 때, CCD 배열과 사진의 필름은 장의 강도 $I = |U|^2$만 탐지한다. 따라서 상에 대한 모든 정보를 잃어버린다. 그렇지만 많은 응용에서는 상에 대한 (장을 발생시키는 근원과 이동하는 매질에 대한 정보 대부분을 포함한) 정확한 정보를 필요로 한다. 예를 들어 천문학에서는 측정할 때 대기에 의한 상을 결정하는 것이 중요하고, 안과에서 측정할 때는 눈의 적응 요소를 통한 실시간 수정의 결함을 결정하는 것이 중요하다.

강도만을 이용하여 상을 회복해 내는 여러 방법들이 개발되어 있다. 예를 들어 z가 상수인 가까이 있는 두 평면에서 세기를 아는 것은 z에 관한 강도와 그것의 도함수를 아는 것과 거의 동일하다. $U^{\mathrm{P}} = \sqrt{I}\,\mathrm{e}^{\mathrm{i}\Phi}$로 쓰고 (5) × $(-\mathrm{i}\mathrm{e}^{-\mathrm{i}\Phi})$의 실수부를 취하면 **강도전달방정식**

$$\frac{\partial I}{\partial z} + \nabla_\perp \cdot (I\nabla_\perp \Phi) = 0$$

을 얻는다. 따라서 z가 상수인 평면에서 I와 I의 z 도함수에 대한 정보는 원칙적으로 적당한 경계조건을 이용하면 평면에서의 $\Phi(x, y)$에 대한 해를 준다.

다른 한편으로는 떨어져 있는 두 평면(평면 사이에 다른 광학적 요소가 있을 수도 있다)에서의 강도가 알려져 있다(어떤 경우에는 강도가 한 평면에 대해서만 알려져 있고 두 번째 평면에 대해서는 특정한 제한조건, 예를 들어 장의 받침(support)만이 알려져 있다). 이러한 경우 상을 추정하기 위한 여러 전략들이 존재하고 가장 잘 알려져 있는 것은 **게르크버그-색스톤(Gerchberg-Saxton) 반복 알고리즘**이다. (프레스넬 또는 콜린스 전파 인자와 같이) 평

면 사이의 전파 인자의 형태를 가정하고, 진폭이 알고 있는 강도의 제곱근이고 상이 가설 풀이(ansatz)인 평면 1에서의 초기 장에 대한 추정을 한다. 장에 대한 추정치를 평면 2로 수치적으로 전파한다. 이때 얻어지는 강도는 일반적으로 알고 있는 것과 일치하지 않는다. 다음으로 상은 변하지 않게 놓아두고 진폭을 알고 있는 세기의 제곱근으로 치환하여(또는 제한조건을 강화하여) 수정된 추정치를 얻는다. 이 수정된 추정치를 평면 1로 다시 전파한다. 여기서도 앞서와 같은 진폭 치환을 한다. 보통 여러 번 반복을 하면 추정치는 올바른 장으로 수렴하고 상에 대하여 추정을 할 수 있다. 그렇지만 시스템의 전파인자에 따라서 해의 유일성뿐만 아니라 수렴성이 문제가 될 수 있다. 예를 들어 이러한 접근법을 통해서는 앞에서 소개한 전파되고 있는 라게르-가우스 장의 ℓ의 부호를 결정할 수 없을 것이다.

3 유도파

정보의 전달과 처리에 있어서 빛의 편리함은 광 기술의 큰 발전에 상당 부분 영향을 주었다. 이러한 기술들은 가로축의 길이가 대략 빛의 파장이 되는 특별하게 설계된 통로를 통해서 빛을 유도하는 능력에 기초한다.

3.1 파동길잡이와 광섬유

매질을 통한 단색광의 전파는 헬름홀츠 방정식 (1)의 변형된 버전

$$\nabla^2 U(\boldsymbol{r}) + k^2 n^2(\boldsymbol{r}) U(\boldsymbol{r}) = 0$$

에 의해서 근사적으로 결정된다. 여기서 $n(\boldsymbol{r})$은 위치에 따라서 변할 수 있는 **굴절률**이다. 굴절률의 실수부 n_r은 장의 등위상면이 매질 각 위치에서 움직이는 속력($= c/n_r$)을 결정한다. 한편 허수부 n_i는 물질에 의한 빛의 흡수율을 결정한다. 즉, 균질 매질에서 거리 d만큼 전파되면 진폭은 $e^{-kn_i d}$만큼 감소한다.

빛 길잡이를 이해하기 위해서, n이 횡단면의 변수 x, y에만 의존하는 매질을 생각하자. 근축 근사를 이용하면 근축 파동방정식 (5)의 변형된 버전

$$\frac{\mathrm{i}}{kn_0}\frac{\partial U^{\mathrm{p}}}{\partial z} = \frac{1}{2k^2 n_0^2}\nabla_\perp^2 U^{\mathrm{p}} + \frac{n_0^2 - n^2(x, y)}{2n_0} U^{\mathrm{p}}$$

을 얻을 수 있다. 여기서 $n_0 = n(0, 0)$이고 $U^{\mathrm{p}} \equiv Ue^{-\mathrm{i}kn_0 z}$이다. 더 단순화하기 위해서 n을 실수로 놓고 직선 $x = y = 0$을 따라서 최댓값을 갖는다고 가정하자(횡단 거리가 증가함에 따라서 단조 감소한다). 이 경우에 근축 파동방정식은 2차원 인력 포텐셜에서의 양자 입자에 대한 슈뢰딩거 방정식과 비슷하다. 따라서 z-축을 둘러싸는 영역 내에 집중되어 있는 해가 존재한다. 이것을 확인하기 위해서, 굴절률 $n_1(< n_0)$인 투명한 매질에 의해서 둘러싸인, $|x| \leq a$으로 제한된 굴절률 n_0인 투명한 물질의 틈을 생각하자. 이 구조는 y와 무관하다는 것을 기억해두자. 그러면 근축방정식은 분리 가능해 $U^{\mathrm{p}} = f(x)e^{-\mathrm{i}kn_0\delta z}$을 갖는다. 여기서 δ는 결정해야할 실수인 상수이다. $\Delta \equiv n_0 - n_1 \ll 1$이라고 하면 $n_0^2 - n_1^2 \approx 2n_0\Delta$이다. f에 대한 대칭 해는 근사적으로

$$f(x) = \begin{cases} f_0 \cos(kn_0\sqrt{2\delta}\,x), & |x| \leq a \\ f_1 \exp[-kn_0\sqrt{2(\Delta - \delta)}\,|x|], & |x| > a \end{cases}$$

의 형태를 갖는다는 것을 알 수 있다. 여기서 δ와 상

수 진폭 f_0, f_1은 $f(x)$과 도함수가 연속이 되도록 선택되어야 한다. 이 조건이 δ에 대한 초월방정식

$$\tan(kn_0\sqrt{2\delta}\,a) = \sqrt{\frac{\Delta-\delta}{\delta}} \tag{6}$$

가 된다는 것을 보이는 것은 쉽다. 영역을 $(0, \Delta)$로 제한하면 이 방정식의 해 δ는 유한 이산적집합을 이룬다. 따라서 장이 중심 틈에 지수함수적 분포로 되어있는 짝함수 해 f의 유한한 집합을 얻을 수 있다. $|x| \leq a$에 대하여 f는 코사인 보다는 사인에 비례하고 (6)에서의 탄젠트 대신에 $-\cot$로 대치된 홀함수 해 또한 존재한다. 짝/홀함수 해들은 파동길잡이의 모드들에 대응된다. 각 모드는 z 방향으로 전파될 때 상 $e^{ikn_0(1-\delta)z}$을 축적하지만 횡단면은 보전한다(더 현실적인 물리적인 모형에서는 n_0와 n_1은 약간의 흡수를 야기하는 작은 허수부를 갖는다). 다른 속도로 전파되기 때문에 (다른 δ값이 주어지면) 다른 모드는 전파될 때 다른 상들을 축적한다. **모드 분산**으로 알려진 이 효과에 의해서 많은 복제된 신호들이 전송선의 끝에서 각기 다른 시간에 도착해서 메시지를 엉망으로 만들기 때문에 자료 전송에서 문제를 야기할 수 있다. 이 문제는 단 하나의 모드만 존재하도록 충분히 작은 폭 a와 지표 불일치 Δ를 가지는 유도파를 사용하여 해결할 수 있다.

이제 굴절률이 z축으로부터의 반지름 거리 ρ에만 의존하는 광섬유를 생각해 보자. SI형 **광섬유**(step-index fiber)는 굴절률 n_0을 가진 반지름 a인 원기둥 **중심부**와 그것을 둘러싸고 있는 굴절률 $n_1 < n_0$인 **피복**으로 구성되어 있다. 근축방정식의 해는 틈에 대한 방정식과 비슷하다. 원기둥 좌표계에서 분리된 해(모드) $U^{\mathrm{P}} = f(\rho)e^{im\phi}e^{-ikn_0\delta z}$를 사용하면 $\rho \leq a$에서는 f에 대한 해가 베셀 함수 $J_m(kn_0\sqrt{2\delta}\,\rho)$에 비례하고 $\rho > a$에서는 ρ가 증가함에 따라서 빠르게 감소하는 변형된 베셀 함수 $I_m\,[kn_0\sqrt{2(\Delta-\delta)}\,\rho]$임을 알 수 있다. $\rho = a$에서의 f의 연속성과 도함수에 대한 조건은 앞서와 같이 δ의 값을 제한하고 (지금은 베셀 함수를 포함하는) 초월방정식을 준다. 다시 충분히 작은 a와 Δ에 대하여 오직 **하나의 모드**만 존재하게 되고 그 구조는 모드 분산이 없는 단일 모드 광섬유로 불린다. 어떤 경우에는 **많은 모드**를 받아들이는 다중 모드 광섬유를 사용하는 것이 편리하다. $m \neq 0$인 모드는 궤도 각 운동량을 전달한다는 것을 기억해 두자.

3.2 표면 플라스몬

유도 모드는 두 매질 중 하나가 금속이라면 매질 사이의 단일 경계면 주위에 국소화될 수 있다. 자유전자 때문에 금속의 굴절률은 허수부가 더 많은 영향을 주고 이 때문에 금속은 불투명하다. **표면 플라스몬**(surface plasmons)으로 알려진 이 모드를 이해하기 위하여, 장의 벡터 특성을 생각해야 한다. 벡터 모드 해들은 $x = 0$인 평면이 되도록 선택된 금속과 투명한 물질 사이의 경계면 근처에서 지수함수적으로 국소화된다. 즉,

$$\boldsymbol{E}(\boldsymbol{r}) = \begin{cases} \boldsymbol{a}e^{-\gamma_0 x}e^{i\beta z}, & x > 0, \\ \boldsymbol{b}e^{\gamma_1 x}e^{i\beta z}, & x < 0 \end{cases}$$

이 된다. 여기서 상수 벡터 $\boldsymbol{a}$와 $\boldsymbol{b}$는 필요에 의해서 y성분이 0이다. 투명 물질($x > 0$)과 금속($x < 0$)의 굴절률이 각각 n_0와 $n_1 = i\nu$라고 하자. 두 매질에서 $\boldsymbol{E}$는 헬름홀츠 방정식 $(\nabla^2 + k^2n^2)\boldsymbol{E} = \boldsymbol{0}$과 발산조건 $\nabla \cdot \boldsymbol{E} = 0$(이로부터 제한조건 $\gamma_0^2 = \beta^2 - k^2n_0^2$, $\gamma_1^2 =$

$\beta^2 + k^2\nu^2$, $a_x\gamma_0 = \mathrm{i}a_z\beta$, $b_x\gamma_1 = -\mathrm{i}b_z\beta$이 생긴다)을 만족한다.

경계면에 접하면서 수직인 장의 성분에는 다른 경계조건이 적용된다. 즉 (자성에 대한 반응이 무시할 수 있는 매질에 대하여) 세로 성분 곱하기 굴절률의 제곱이 연속이어야만 하는 것같이 접선 성분도 연속이어야만 한다. 이 조건으로부터 $a_z = b_z$와 $n_0^2 a_x = -\nu^2 b_x$을 얻고 앞서 발견한 4개의 제한조건과 함께 묶으면

$$\frac{\gamma_0}{n_0^2} = \frac{\gamma_1}{\nu^2} = \frac{\beta}{n_0\nu} = \frac{k}{\sqrt{\nu^2 - n_0^2}}$$

을 얻는다. 즉 표면 플라스몬이 존재하기 위해서는 금속의 굴절률의 허수부가 투명 매질의 굴절률의 실수부보다 더 커야만 한다. 따라서 금속 안에서는 더 빠르게 지수함수적으로 국소화된다.

전선이나 입자의 곡면과 같이 구부러진 경계면은 표면 플라스몬을 지탱한다. 표면 플라스몬은 (모양, 진동수, 물질의 성질에 상당히 의존하는) 센서와 같은 현대 광학기기와 현미경 관찰법과 태양광 전지에 사용되는 장 향상 기술의 기초가 된다.

4 시간 의존성과 인과관계

지금까지 장이 단색광이라고 가정하고 설명하였다. 그래서 시간에 대한 의존성이 단순히 $\mathrm{e}^{-\mathrm{i}\omega t}$로 묘사되었다. 단색광이라는 가정은 강하게 결맞는(coherent) 연속파 레이저에 의해서 방출되는 빛의 모형을 만들 때 유용하지만 장이 항상 단색광처럼 움직인다는 것은 아니다. 더 일반적인 시간 의존성을 가진 장에 대해서는 시간 주파수의 중첩

$$E(\boldsymbol{r};t) = \int_0^\infty U(\boldsymbol{r};\omega)\,\mathrm{e}^{-\mathrm{i}\omega t}\mathrm{d}\omega$$

를 필요로 한다. 이 같은 푸리에 중첩은 오직 양수 ω에 대해서만 확장되고 이것은 E가 복소함수인 것을 의미한다는 것을 기억해 두자. E로 표현되는 물리장은 실수부에 대응되지만 편리함 때문에 허수부를 유지하는 것이 좋다. 예를 들어 음의 진동수가 배제된다면 효과적인 스펙트럼 받침(spectral support, U가 의미 있는 값을 가지는 ω의 범위)이 적어도 절반으로 줄어들고, 이는 샘플링에서 유용하다. 또 다른 중요한 이유로는 복소함수로 표현하면 상에 대한 개념을 유지할 수 있고 이는 문제에서 등장하는 물리매개변수와 종종 연관되어 있어서 매우 유용하다. **해석 신호 표현**으로 알려진 이러한 복소수 장 표현은 푸리에 변환을 한 다음, 음의 진동수 성분을 제거하고 양의 진동수 성분을 두 배한 후 역 푸리에 변환하여 구한 실수 장으로부터 얻을 수 있다. 또는 단순히 실수 장에 시간 힐베르트 변환 허수단위 i를 더할 수도 있다.

물질이나 시스템의 광학적 성질은 장의 진동수에 의존하고 ω에 대한 복소함수로 표현될 수 있다. 이러한 성질은 굴절률 $n(\omega)$ 또는 ($\beta = \omega n_0(1-\delta)/c$를 가진) 파동길잡이에서의 길잡이 모드 또는 플라스몬에 대한 전파 전달 함수 $\mathrm{e}^{\mathrm{i}\beta(\omega)z}$을 포함한다. 또한 이런 성질은 장과의 곱으로 나타난다. 그래서 시간의 영역에서는 장과의 합성곱

$$\hat{F}^{-1}[\tilde{g}(\omega)U(\omega)] = \int E(t')g(t-t')\mathrm{d}t'$$

이 된다. 여기서 $\tilde{g}$는 성질의 양을 나타낸다. t'에 대한 적분은 모든 '과거 시간' t'에서 g의 외부로부터의

장에 대한 자극 E로 인한, '현재 시간' t에서의 (시간차 $t-t'$에 의존하는) 매질 반응의 중첩으로 해석될 수 있다. 그렇지만 물리적으로 매질은 미래를 예측할 수 없기 때문에 적분은 $t' \in (-\infty, t]$에 대해서만 확장되고 모든 $\tau < 0$에 대하여 $g(\tau) = 0$이면 이러한 확장이 가능하다. 이것은 $\tilde{g}(\omega)$가 상반 복소 ω-평면에서 해석적이고, 모든 특이점이 음의 허수부를 가지는 복소수 진동수에 있어야만 한다는 것을 의미한다. 이러한 특이점의 위치는 매질의 물리적 성질과 직접적으로 관련이 있다. 즉 실수부는 보통 공명 진동수에 대응되고 허수부는 공명의 폭과 관련이 있다. 이러한 성질들에 대하여 표준적인 나머지 이론(residue theory)을 이용하여 실수 진동수인 실수부에 대한 정보가 주어지면, $\tilde{g}$의 허수부를 (힐베르트 변환을 통해서) 계산할 수 있다는 것을 쉽게 보일 수 있다. 역도 가능하다. 어떤 물질의 굴절률을 생각해 보자. 경계면에서 굴절각을 측정하고 스넬의 법칙을 사용하여 ω에 대한 충분히 넓은 범위에 대하여 $n_r(\omega)$를 측정할 수 있다. 비슷하게 같은 범위의 진동수의 대하여 빛의 흡수를 측정하여 $n_i(\omega)$를 측정할 수 있다. 해석적 관계를 통하여 완벽하게 분리되어 있는 것으로 나타나는 파동의 전파에 대한 이 두 물리적 양상이 사실은 긴밀하게 연결되어 있다는 것을 알 수 있다. 즉 이론적으로 하나를 측정하면 다른 것에 대한 결과를 예측할 수 있다.

5 결론

이 글에서 짧게 다룬 광학과 포토닉스에서의 수학적 양상은 포괄적이지 않다. 광학은 순수 과학과 공학을 아우르는 굉장히 넓은 분야이고 연구에 이용되는 수학의 범위는 말 그대로 어마어마하다. 이 짧은 글이 독자들에게 이 분야의 많은 논문들에 관심을 갖고 찾아볼 수 있는 동기를 부여했기 바란다.

더 읽을거리

Fienup, J. 2013. Phase retrieval algorithms: a personal tour. *Applied Optics* 52:45-56.

Gbur, G. J. 2011. *Mathematical Methods for Optical Physics and Engineering*. Cambridge: Cambridge University Press.

Hecht, E. 2002. *Optics*, 4th edn. Reading, MA: Addison-Wesley.

Lakshminarayanan, V., M. L. Calvo, and T. Alieva, eds. 2013. *Mathematical Optics*. Boca Raton, FL: CRC Press.

V.15 수치상대론

이안 호크 *Ian Hawke*

1 문제의 범위

아인슈타인의 장방정식[III.10](EFE)에는 아인슈타인 텐서 G_{ab}에 암호화되어 있는 시공간의 곡률과 응력-에너지 텐서 T_{ab}에 암호화되어 있는 물질 함량을 연결시키는 간략하면서도 아름다운 식

$$G_{ab} = 8\pi G T_{ab} \tag{1}$$

가 있다. EFE를 시공간 거리를 결정하는 방정식으로 확대했을 때 고차원의 대칭성을 가진 경우나 섭동에 의해 풀 수 있을 때만 해석적으로 다루기 쉬운 쌍으로 된 편미분방정식의 복소 연립방정식이 된다. 아주 초기 우주의 진화 또는 블랙홀의 형성, 진화, 합병과 같이 많은 수학, 물리적으로 흥미로운 경우에 대해서는 완전 비선형 EFE를 다루어야하기 때문에 수치적 접근이 필요하다. 이 글의 목표는 초기 데이터로부터 시공간 거리 g_{ab}와 가능한 많은 시공간에 대한 응력-에너지 텐서 T_{ab}를 형성하는 물질 변수를 만드는 것이다.

초기에는 g_{ab}에 대한 편미분방정식에 대하여 **유한차분법**[IV.13 §3]에 기초한 방법과 같이 표준적인 수치 방법을 이용하여 풀 수 있었다. 그렇지만 수치계산에서는 특별한 좌표계가 필요하고, 진짜로 그런지 아니면 순전히 좌표계의 영향인지 모를 특이점과 관련된 무한대는 다룰 수 없다. 따라서 수치상대론의 기본적인 순서는 먼저 수치계산에 적당한 형태로 EFE (1)을 변형하고 특이점은 피하면서 가능한 시공간의 많은 부분을 복원하는 적당한 좌표계를 선택하는 것이다. 그리고 마지막으로 결과를 해석하는 것이다.

2 방정식 구성하기

처음으로 해야 할 일은 EFE의 좌표에 의존하지 않는 특성을 버리고 '시간'과 '공간'의 좌표계를 도입하는 것이다. 이렇게 하는 것은 **파동방정식**[III.31]에서와 같이 수치적으로 다루는 데 적당한 형태로 EFE를 쓸 수 있게 한다. 이 장의 목적은 수치 작업을 위한 기초를 준비하는 것이므로, 3절에서 명확하게 좌표계를 선택할 때까지 수치적인 것은 등장하지 않을 것이다. 하지만 좌표계 선택에 대해 논의하기 전부터 중요한 수학적 문제들이 발생한다.

2.1 3 + 1 분해

수치적으로 다룰 수 있도록 시공간을 분리하는 방법들이 많이 있다. 표준적인 방법으로는 시공간에 스칼라 장인 좌표 시간 t를 도입하는 것이다. 그러면 4차원 시공간은 3차원 '조각들'의 **엽층 구조**가 된다. 여기서 각각의 조각에서 t는 상수이다. 각각의 조각이 공간처럼 되도록 t를 제한해야만 한다. 따라서 선소(line element)는 다음 형태가 된다.

$$\begin{aligned} \mathrm{d}s^2 &= g_{ab}\,\mathrm{d}x^a\mathrm{d}x^b \\ &= (-\alpha^2 + \beta_i\beta^i)\,\mathrm{d}t^2 + 2\beta_i\,\mathrm{d}t\mathrm{d}x^i + \gamma_{ij}\,\mathrm{d}x^i\mathrm{d}x^j \end{aligned}$$

3차원 거리 γ_{ij}는 $t \equiv \mathrm{d}x^0$인 조각 내에서 적당한 거리를 측정하고 시공간 지표 $a, b, \cdots$는 $a, b, \cdots = 0, 1, 2, 3$인 반면에 공간 지표 $i, j, \cdots$는 $i, j, \cdots = 1, 2, 3$이다. **일반상대론과 우주론**[IV.40]와 **텐서와 다양체**[II.33]에서 사용된 상대론에서 지표를 표시하는 방법은 이 글에서도 사용된다. **지연함수** α는 이웃하는 조각들 사이의 고유 시간 τ을 측정한다. 즉 $\mathrm{d}\tau = \alpha\mathrm{d}t$이다. 이동벡터 β^i은 조각들과 수직(보통 **법방향**이라고 불린다)으로 움직이는 관찰자들과 공간 좌표가 상수인 직선들 $x^i_{t+\mathrm{d}t} = x^i_t - \beta^i\mathrm{d}t$ 사이의 상대속도를 측정한다. 새로이 도입한 함수 $\{\alpha, \beta^i, \gamma_{ij}\}$는 모두 좌표 (t, x^i)에 대한 함수이다.

좌표 자유도는 지연과 이동에 있다. 전체 거리는 장 방정식 (1)로부터 결정된다. 이때 장방정식은 공간 거리 γ_{ij}를 위해서 다시 표현해야만 한다.

2.2 시공간에 매입된 조각

전체 시공간 곡률을 시공간 거리로부터 얻을 수 있는 것과 같이 조각의 **내재적** 곡률을 공간 거리 γ_{ij}로부터 얻을 수 있다. 한 점에서의 전체 시공간을 묘사하기 위해서 필요한 시공간 곡률에 대한 다른 정보는 3차원 조각이 4차원 시공간에 어떻게 매입되어 있는 지를 보여주는 **외재적** 곡률을 통해 알 수 있다.

중요한 두 개의 벡터가 있다. 첫 번째 벡터는 조각에 수직인 벡터 $n_a = (-\alpha, 0)$이다. 두 번째는 공간 좌표가 상수인 직선들에 접하는 시간벡터 $t^a = \alpha n^a + \beta^a$이다. 사영작용소 $P^a_b = \delta^a_b + n^a n_b$는 텐서를 조각 위로 '사영한다'. 예를 들어, 조각에 수직인 부분은 사영에 의해서 없어지므로 $P^a_b t^b = \beta^a$이 된다. 외재적 곡률

$$K_{ab} = -P^c_a \nabla_c n_b = -(\nabla_a n_b + n_a n^c \nabla_c n_b)$$

는 n_a가 어떻게 변하는지를 측정한다. 여기서 ∇_a는 공변미분이다.

공간(3차원) 공변미분을 $D_i = P^a_i \nabla_a$로 정의하면 외재적 곡률의 정의를 이용하여

$$\partial_t \gamma_{ij} = -2\alpha K_{ij} + \mathrm{D}_i \beta_j + \mathrm{D}_j \beta_i \qquad (2)$$

임을 보일 수 있다. 따라서 외재적 곡률을 알고 있다면 공간 거리를 구할 수 있다.

2.3 ADM 방정식

장방정식 (1)을 두 가지 방법 즉, n_a를 이용하여 조각에 수직으로 또는 P^a_i를 이용하여 조각 안으로 사영할 수 있다. n_a를 이용하여 사영하면

$${}^{(3)}R + K^2 - K_{ij}K^{ij} = 16\pi n^a n^b T_{ab} := 16\pi\rho \qquad (3)$$

$$D_j(K^{ij} - \gamma^{ij}K) = -8\pi P^{ia} n^b T_{ab} := 8\pi j^i \qquad (4)$$

을 얻을 수 있다. 여기서 공간 거리 γ_{ij}의 리만 곡률 텐서를 이용하여 3-리치 스칼라(3-Ricci scalar) ${}^{(3)}R$를 결정할 수 있고 $K = K^i_i$는 외재적 곡률의 대각합이다. 위의 **구속방정식**들은 시간에 대한 도함수를 포함하지 않고 좌표 게이지 함수 α, β^i에 대해 독립이다. 이 방정식들은 기하학적인 이유와 물질적 원인을 고려하여 얻는 조각 안에서의 해에 제약을 가한다.

장방정식을 조각으로만 사영하면 외재적 곡률에 대한 발전방정식

$$\begin{aligned}\partial_t K_{ij} = {} & \beta^k \partial_k K_{ij} + K_{ki}\,\partial_j \beta^k + K_{kj}\,\partial_i \beta^k - \mathrm{D}_i \mathrm{D}_j \alpha \\ & + \alpha[{}^3R_{ij} + KK_{ij} - 2K_{ik}K^k_j] \\ & + 4\pi\alpha[\gamma_{ij}(S-\rho) - 2S_{ij}]\end{aligned} \qquad (5)$$

를 얻는다. 여기서 우리는 사영된 응력 항을 $S_{ab} := P^c_a P^d_b T_{cd}$로 정의한다. (좌표 게이지가 있을 때 시공간의 발전을 결정하는) 방정식 (2)와 (5)는 보통 수치상대론 논문에서 (아노위트(Arnowitt), 데저(Deser), 미스너(Misner)의 첫 글자를 따서) **ADM 방정식**으로 부른다. 이 연립방정식은 아르노위트, 데져, 미스너가 유도한 원래의 방정식과는 수학적으로 동등하지 **않다**. 하지만 해밀턴 제약 (3)에 비례하는 항이 첨가된 것뿐이어서 해는 물리적으로는 동등하다.

이것은 변수를 바꾸거나 또는 (물리적 해에서는

없어지는) 구속 방정식의 상수 배를 첨가하여 '더' 좋은 방정식을 찾는 20년간의 수치상대론 분야의 연구에서 돋보이는 업적이다. 수학적으로 이 연립 방정식이 정확하고 믿을 만하게 수치적으로 다룰 수 있다는 것을 보장해 주는 근거를 찾는 일만이 남아있다.

2.4 쌍곡형

수치해석의 두 가지 중요한 원칙은 수치상대론에서도 지켜져야 한다. 첫 번째는 연립방정식이 **타당해야**만 된다. 즉, 방정식의 해가 초기 데이터에 연속적으로 의존해야만 한다. 형식적으로 이것은 해 $\boldsymbol{u}(t, x)$가 어떤 노름 $\|\cdot\|$에 대하여

$$\|\boldsymbol{u}(t, x)\| \leq Ce^{kt}\|\boldsymbol{u}(0, x)\| \qquad (6)$$

를 만족하는 것을 의미한다. 여기서 상수 C, k는 초기 데이터와 독립이다. ADM 방정식에 대해서 $\boldsymbol{u} = (\alpha, \beta_j, \gamma_{ij}, K_{ij})^{\mathrm{T}}$이 되는 상태벡터 $\boldsymbol{u}$를 시공간 벡터와 혼동하지 않아야 한다. 다음은 타당하지 않은 방정식의 예이다.

$$\partial_t\begin{pmatrix}u_1\\u_2\end{pmatrix} = \begin{pmatrix}1 & 1\\0 & 1\end{pmatrix}\partial_x\begin{pmatrix}u_1\\u_2\end{pmatrix}$$
$$\Longrightarrow \begin{pmatrix}u_1\\u_2\end{pmatrix} = \begin{pmatrix}\mathrm{i}kAt + B\\A\end{pmatrix}e^{\mathrm{i}k(t+x)}$$

여기서 A, B는 상수이고 $\mathrm{i} = \sqrt{-1}$이다. u_1에 대한 해는 te^{kt}과 같이 커지기 때문에 유계 조건 (6)은 성립하지 않는다. 이러한 형태의 연립방정식은 ADM 방정식과 관련이 많다.

밀접한 관련이 있는 개념으로는 **쌍곡형**(hyperbolicity)이 있다. 형태가

$$\partial_t\boldsymbol{u} + M^i\partial_i\boldsymbol{u} = \boldsymbol{s}(\boldsymbol{u})$$

인 연립방정식은 행렬 M^i의 집합을 통해서 연립방정식을 해석할 수 있다. 특히, 방향을 단위벡터 n_i로 선택하면 **주 심볼** $P(n_i) := M^in_i$는 방정식의 쌍곡선 속성을 결정하는 행렬이 된다. P가 실수 고윳값을 갖고 고유벡터들의 완전집합을 갖는다면, 연립방정식은 **강하게 쌍곡적**이다. 고유벡터들이 완전하지 않으면 방정식은 **약하게 쌍곡적**이다. 고윳값이 실수가 아니면 방정식은 쌍곡적이지 않다.

핵심은 오직 강한 쌍곡 연립방정식만이 타당하다는 것이다. 원래의 ADM 방정식은 쌍곡적이지 않다. 2.3절에서의 표준적인 ADM 방정식은 일반적으로 약하게 쌍곡적이다(구면 대칭과 같은 낮은 차원의 경우에서는 연립방정식이 강하게 쌍곡적일 수도 있다). 따라서 이 두 연립방정식은 대칭성 없다면 큰 모의실험에서 유용하지 않다.

2.5 현재의 형태

표준적인 ADM 방정식이 수치적으로 다루기에 적당하지 않기 때문에 더 좋은 형태를 찾는 데 많은 노력을 기울여 왔다. 두 가지 접근법이 있는데 첫 번째 접근법은 좀 더 실험에 치우친 접근법으로 ADM 방정식으로부터 시작하여 원하는 형태를 얻을 수 있도록 하는 최소한의 수정 사항을 찾는 것이다. 두 번째 접근법은 타당성과 쌍곡형에 대한 수학적 필요조건으로부터 시작해서 체계적으로 원하는 형태를 만드는 것이다. 가장 광범위하게 사용되는 두 가지 형태는 다음과 같다.

2.5.1 BSSNOK

BSSNOK 형태는 1987년 나카무라, 오하라, 코지마에 의해서 도입되고 추후에 시바타와 나카무라에 의해서 수정되고 바움가르테(Baumgarte)와 샤피로(Shapiro)에 의해서 체계적으로 연구된 ADM 방정식의 한 수정된 형태이다. 이 형태에서는 제약 조건을 가진 많은 새로운 보조 변수들을 도입한다. BSSNOK 형태는 등각 거리 $\tilde{\gamma}_{ij}$($\tilde{\gamma}_{ij} := \mathrm{e}^{-4\phi}\gamma_{ij}$로 정의되고 단위행렬식을 갖는다)를 이용하여 나타낼 수 있다. 여기서 등각 거리에 대한 발전 방정식은 대각합이 0인 등각 외재적 곡률 $\tilde{A}_{ij} = \mathrm{e}^{-4\phi}[K_{ij} - \frac{1}{3}\gamma_{ij}K]$에 의존한다. 마지막으로 등각 거리의 축약된 크리스토펠 기호(Christoffel symbol) $\tilde{\Gamma}^i := \tilde{\gamma}^{jk}\Gamma^i_{jk} = -\partial_j\tilde{\gamma}^{ij}$가 사용되고 이는 17개의 방정식

$$\frac{\mathrm{d}}{\mathrm{d}t}\begin{pmatrix}\tilde{\gamma}_{ij}\\ \phi\\ \tilde{A}_{ij}\\ K\\ \tilde{\Gamma}^i\end{pmatrix} = \begin{pmatrix}-2\alpha\tilde{A}_{ij}\\ -\frac{1}{6}\alpha K\\ \mathrm{e}^{-4\phi}H_{ij} + \alpha(K\tilde{A}_{ij} - 2\tilde{A}_{ik}\tilde{A}^k_j)\\ -\mathrm{D}_i\mathrm{D}^i\alpha + \alpha(\tilde{A}_{ij}\tilde{A}^{ij} + \frac{1}{3}K^2)\\ \tilde{\gamma}^{jk}\partial_j\partial_k\beta^i + \frac{1}{3}\tilde{\gamma}^{ij}\partial_j\partial_k\beta^k\end{pmatrix} + \text{물질항} \quad (7)$$

을 포함하는 형태를 준다. 여기서 H_{ij}는 $-\mathrm{D}_i\mathrm{D}_j\alpha + \alpha R_{ij}$의 대각합이 0인 부분이다. 제약 조건 (3)과 (4)는 특정한 항을 제거하기 위하여 사용되었고, $\mathrm{d}/\mathrm{d}t = \partial_t - \mathcal{L}_\beta$인 것을 기억해 두자. 여기서 $\mathcal{L}_\mathbf{v}$는 예를 들어

$$\begin{aligned}\mathcal{L}_\mathbf{v}\phi &= v^c\nabla_c\phi,\\ \mathcal{L}_\mathbf{v}w^a &= v^c\nabla_c w^a - w^c\nabla_c v^a,\\ \mathcal{L}_\mathbf{v}w_a &= v^c\nabla_c w_a - w_c\nabla_a v^c,\\ \mathcal{L}_\mathbf{v}T_{ab} &= v^c\nabla_c T_{ab} + T_{cb}\nabla_a v^c + T_{ab}\nabla_b v^c\end{aligned}$$

을 만족하는 $\mathbf{v}$의 적분곡선에서의 변화량을 주는 리 도함수이다. 이러한 새로운 변수를 도입한 동기는 다음과 같다.

- 3절에서 논의될 것과 같이 좌표 조건을 더 잘 다룰 수 있다.
- (7)에서의 모든 이계 미분 항이 단순 스칼라 라플라스 작용소로 나타난다.

경험에 의하면 중요한 단계는 $\tilde{\Gamma}^i$에 대한 발전 방정식의 재구성에서 운동량 제한조건 (4)를 사용하고 있는 것이었다. BSSNOK 연립방정식이 강하게 쌍곡적이라는 것을 보이기까지는 도입된 이후 상당히 오랜 기간이 걸렸다.

2.5.2 일반화된 조화 형식

일반화된 조화 형식은 쇼케-브루아(Choquet-Bruhat)의 EFE가 타당하다는 독창적인 증명으로부터 출발한다. 이 증명에서는 EFE (1)의 주요 부분이 단순 파동 방정식과 유사하게 쓰일 수 있다는 것을 보이기 위하여 특별한 좌표계(달랑베르 방정식(d'Alembert's equation) $0 = \Box x^c =: \nabla_b\nabla^b x^c$에 의해서 정의된 **조화 좌표**)를 사용했다. 그러므로 타당성과 같은 수학적인 필요조건들은 간단하게 증명된다.

수치적으로 다루기 쉽도록 특별한 좌표를 선택하는 것은 나중에 보게 되겠지만 종종 좋지 못한 생각이다. 대신에 일반화된 조화 형태는 EFE (1)이

$$\begin{aligned}\tfrac{1}{2}g^{cd}g_{ab,cd} &+ g^{cd}_{(,a}g_{b)d,c}\\ &+ H_{(a,b)} - H_d\Gamma^d_{ab} + \Gamma^c_{bd}\Gamma^d_{ac}\\ &= -8\pi(T_{ab} - \tfrac{1}{2}g_{ab}T)\end{aligned}$$

와 같이 쓰이도록 함수 $H^c = \Box x^c$의 집합에 의존한

다. 좌표 선택에서와 같이 연립방정식의 주요 부분을 파동 방정식과 연관시킬 수 있고 함수 H^c을 유도할 수 있도록 적당한 방정식이 주어지면 연립방정식은 명백히 쌍곡적이다. 임의의 함수 H^c는 게이지 함수의 BSSNOK 같은 표준적인 형태에서의 역할과 정확히 일치하는 역할을 하지 않지만 대신에 3 + 1항에서 H^c 함수의 정의를 사용하면

$$(\partial_t - \beta^k \partial_k)\begin{pmatrix} \alpha \\ \beta^i \end{pmatrix} = \begin{pmatrix} -\alpha(H_t - \beta^k H_k + \alpha K) \\ \alpha g^{ij}[\alpha(H_j + g^{kl}\Gamma_{jkl}) - \partial_j \alpha] \end{pmatrix}$$

를 얻을 수 있는 것과 같이 형태의 변화를 결정한다. 각각의 좌표 선택에 대하여 적당한 함수 H^c을 선택할 수 있을 것으로 예상되고 역도 마찬가지이다. 그래서 장 내에서의 표준적인 접근 방법은 게이지 함수 (α, β^i)을 고려하는 것이다.

3 좌표 선택

3 + 1 상황에서는 원하는 대로 게이지 (α, β^i)을 자유롭게 선택할 수 있다. 그렇지만 수치적으로 다루기 쉽도록 만들기 위해서는 게이지가 추가적인 조건들을 만족시켜야만 한다. 특히 게이지의 선택은 (표준적인 슈바르츠실트 좌표(Schwarzschild coordinates)가 보여주는 것과 같이) 좌표 특이점을 만들지 않아야 하고 물리 특이점으로 접근이 없어야 한다. 왜냐하면 특이점과 관련된 무한대가 수치계산에서 문제를 야기하기 때문이다. 또한 조건들은 연립방정식의 타당성을 잘 보전하도록 수학적으로 아주 적합해야 한다. 더 나아가 조건들이 수치적으로 다루기 쉬어야 하고, 시공간의 근본적인 대칭성을 침해하지 않아야 하고, 결과에 대한 분석이 복잡하지 않아야 한다. 분명히 이것은 만족시키기 어려운 기준들이다.

지연함수 α를 특징짓는 조각 조건은 이 분야의 중점적인 연구 대상이다. 지연은 한 조각에서 다음 조각 사이의 관계를 묘사하는 반면에 이동 β^i는 단지 세 좌표가 조각위에 어떻게 배치되어 있는지를 묘사하기 때문에 지연이 조각과 물리 특이점과의 교차 여부를 결정한다. 게이지의 영향을 묘사하기 위해서 유체역학의 오일러 관찰자(고정된 공간 좌표에 있는 이상적인 관찰자)의 개념을 사용하는 것이 유용하다. 조각 조건을 분석하는데 있어서 유용한 양은 $a^c := n^b \nabla_b n^c$으로 주어지는 오일러 관찰자 n^c의 가속도 a^c이다. 게이지로 이것을 표현한다면

$$a_t = \beta^k \partial_k \log(\alpha), \quad a_i = \partial_i \log(x)$$

를 얻는다. 여기서 $a_t = a_0$은 가속도의 시간 성분으로 좌표 특이점으로부터 발생할 수 있는 문제점을 분명히 보여준다. 또한 외재적 곡률의 정의로부터

$$\nabla_c n^c = -K$$

를 얻는다는 것을 기억해 두자. 이 식은 외재적 곡률이 발산한다면 (n^c에 의해서 주어지는) 부피 원소에 내재해 있는 파국적 성장(또는 붕괴)을 분명히 보여준다.

3.1 측지 조각내기

가장 간단한 조각내기 조건은 $\alpha \equiv 1$로 두는 것이다, 즉 각각의 조각이 좌표 시간에 고르게 분포되어 있다. 이 측지 조각내기 조건은 오일러 관찰자의 가속

도가 0이라는 것을 의미한다. 즉, 자유낙하하고 있는 것이다. 이 조건은 두 가지 이유로 좋지 않다.

첫째, 표준적인 계산을 통하여 (슈바르츠실트) 블랙홀로 자유 낙하하는 입자는 시간 $t = \pi M$ 이내에 특이점에 도달한다는 것을 알 수 있다. 여기서 M은 블랙홀의 질량이다. 따라서 측지 조각내기 조건으로는 물리 특이점을 피할 수 없을 것이다.

두 번째로, ($\beta^i \equiv 0$과 같이 단순화 시키고) 외재적 곡률에 대한 발전방정식을 고려하면 측지 조각내기에 대하여

$$\partial_t K - K_{ij}K^{ij} + 4\pi(\rho + S)$$

가 성립함을 알 수 있다. 강한 에너지 조건을 가정하면 오른쪽 항은 순 양(strictly positive)으로 K는 한없이 커진다. 이것은 부피 원소 n^c이 0임을 의미한다. 따라서 외재적 곡률이 자명한 경우가 아니라면 좌표 특이점을 피할 수 없다.

3.2 최고 조각내기

측지 조각내기에서 발생하는 특이점으로의 접근 문제를 피하기 위해서 부피 원소가 상수가 되게, 즉 $K = 0 = \partial_t K$가 되도록 할 수 있다. **최고 조각내기**로 알려져 있는 이 조건은

$$\mathrm{D}^2\alpha = \alpha[K_{ij}K^{ij} + 4\pi(\rho + S)]$$

를 만족한다. 초곡면이 약간씩 변할 때 조각의 부피가 $K = 0$이면 최고가 된다는 증명 때문에 이름에 '최고'가 붙여졌다.

최고로 조각내기는 조각이 매끄럽고, 물리 특이점을 피할 수 있다는 장점을 가진 타원형 방정식을 준다. 조각의 움직임을 보기 위해서 스마르(Smarr)와 요크(York)는 시공간이 구면 대칭이고, 공간 거리 γ_{ij}가 평평하고, 스칼라 곡률 R이 부피 r_0의 구면 내에서 상수 R_0이고 밖에서는 0이고 다른 물질은 없는 모형을 도입하였다. 이 모형은 (스칼라 곡률이 분명히 공간 거리에 의존하기 때문에) 모순이지만 섭동의 관점에서 보면 효용성이 있는 충분히 정확한 모형이다. 해밀턴 제약 조건 (3)을 사용하면, 진공에서의 최고 조각내기 방정식은 $\mathrm{D}^2\alpha = \alpha R$이 된다. 따라서 이러한 모형에 대하여 최고로 조각내기 방정식은 해가

$$\alpha(r) = \frac{1}{r\sqrt{R_0}}\frac{\sinh(r/\sqrt{R_0})}{\cosh(r_0\sqrt{R_0})}, \qquad r < r_0$$

인 방정식

$$\frac{1}{r^2}\frac{\mathrm{d}}{\mathrm{d}r}\left(r^2\frac{\mathrm{d}}{\mathrm{d}r}\alpha\right) = \begin{cases}\alpha R_0 & r < r_0 \\ 0 & \text{otherwise}\end{cases}$$

이 된다. 지연함수에 대한 최소의 값은 원점에서 발생하고 $\alpha_{\min} = \alpha(0) = 1/\cosh(r_0\sqrt{R_0}) \sim \mathrm{e}^{-r_0}$이 된다. **지연함수의 지수함수적 붕괴**는 특이점을 피하는 조각내기의 전형적인 특징이다.

최고 조각내기가 물리 특이점과 좌표 특이점을 피하지만 수치 모의실험에서의 사용을 어렵게 만드는 일련의 문제점들이 있다. 첫 번째는 타원형이라는 조건이다. 타원형 방정식은 쌍곡형 방정식을 풀기위해서 채택된 그리드(grid)에서는 효과적이고 정확하게 푸는 것이 어렵다. 타원형 방정식은 또한 천체 물리학 문제에서 (시공간이 평평할 것으로 기대되는) 무한대에 반드시 요구되는 경계조건에 강하게 의존한다. 이 의존성은 표준적인 유한 수치 그리드에서 가능하지 않고 따라서 근본적으로 근사가

필요하다. 하지만 가장 심각한 문제점은 조각 늘리기에서 나타난다. 블랙홀의 근처에서 조각은 (관찰자 유입과 낙하와 같이) 특이점으로 빨려 들어가면서 (조각이 특이점을 피하려는 것과 같이) 주위를 감아 돈다. 이것은 거리 성분에서 뾰족한 점을 야기한다. 슈바르츠실트 블랙홀에 대해서 뾰족한 점은 반지름 성분에 있고 $\tau^{4/3}$로 성장한다. 여기서 τ는 무한대에서 적당한 시간이다.

3.3 쌍곡 조각내기

조각 늘리기(보정을 위해 이동 조건이 필요한 3-좌표 효과)는 최고 조각내기의 중요한 문제점이기 때문에, 쌍곡 조각내기 조건을 찾는 데 많은 노력을 기울여 왔다. 쌍곡 조각내기 조건을 찾는 주된 이유는 수치 기술(numerical technique)을 사용할 때 계산양이 상당히 줄어들고 2절에서 논의된 게이지 형태와 짝을 이루어 전체 연립방정식의 타당성 분석이 아주 단순화되기 때문이다.

가장 간단한 쌍곡 조각내기 조건은 2.5.2절에서 소개된 조화 게이지 조건 $\Box x^c = 0$이다. 게이지 변수로 표현하면

$$\frac{\mathrm{d}}{\mathrm{d}t}\alpha = -\alpha^2 K \quad \Rightarrow \quad \frac{\mathrm{d}}{\mathrm{d}t}\left(\frac{\alpha}{\sqrt{\gamma}}\right) = 0$$

이 된다. 여기서 γ는 3-거리 γ_{ij}의 행렬식이다. 따라서 조화 조각내기는 직접적으로 지연 함수를 오일러 관찰자의 부피 원소와 결부시킨다. 그렇지만 수치 실험을 통하여 금방 조화 조각내기가 특이점을 피할 수 있는 것이 아니라는 것을 알 수 있다.

보나-마쏘(Bona-Masso) 조각내기 집합은 조건

$$\frac{\mathrm{d}}{\mathrm{d}t}\alpha = -\alpha^2 f(\alpha) K$$

를 만족하는 일반화이다. 여기서 $f(\alpha)$는 임의의 양함수이다. $f(\alpha) = 2/\alpha$이면 위 식을 직접 적분해서 최고 조각내기를 상당히 닮은 '1 + log 조각내기'인 $\alpha = 1 + \log(\gamma)$를 얻을 수 있다는 것을 기억해 두자. 조화 조각내기는 분명히 $f(\alpha) = 1$에 의해서 얻을 수 있다.

이 조각내기의 특이점을 피하는 성질을 연구하기 위해서, (이동이 0이 됐을 때) $\partial_t \gamma^{1/2} = -\gamma^{1/2}\alpha K$이므로

$$\mathrm{d}\log\left(\gamma^{1/2}\right) = \frac{\mathrm{d}\alpha}{\alpha f(\alpha)}$$

를 얻을 수 있다는 것을 기억해두자. 따라서 $\gamma^{1/2} \propto \exp[\int(\alpha f(\alpha))^{-1}\mathrm{d}\alpha]$이고 f가 양함수일 때, 지연함수는 부피 원소가 특이점으로의 접근에서 0으로 갈 때 붕괴되어야만 한다는 것을 알 수 있다. 1 + log 조각내기의 특별한 경우에 대해서는 지연함수가 붕괴될 때 유한이 되는 $\gamma^{1/2} \propto e^{\alpha/2}$을 얻고 이는 특이점을 피한다는 것을 의미한다. 조화 조각내기의 경우에는 $\gamma^{1/2} \propto \alpha$를 얻고 따라서 지연함수가 붕괴될 때, 부피 원소도 붕괴된다. 이러한 한계 특이점 피하기는 수치 모의실험에는 적당하지 않다.

3.4 이동 조건

쌍곡 조각내기가 발전함에 따라서 타원형 조건은 표준적인 쌍곡 이동 조건에도 동기를 부여했다. 비틀림텐서 $\Sigma_{ij} = \frac{1}{2}\gamma^{1/3}\mathcal{L}_t\tilde{\gamma}_{ij}$는 본질적으로 등각 거리의 속도이다. 조각에서 $\Sigma_{ij}\Sigma^{ij}$의 적분을 최소화하는 최소 비틀림 조건은

$$D_j \Sigma^{ij} = 0$$

이다. BSSNOK 형태에서 도입한 변수를 이용해서 표현하면 감마 냉각조건

$$\partial_t \tilde{\Gamma}^i = 0 \quad (8)$$

이 된다.

드라이버 조건((8)과 같은 타원형 조건을 점근적으로 만족시키는 것을 목표로 하는 쌍곡형 방정식)은 이 분야에서 현재 최고의 방법이다. 감마 드라이버 조건

$$\partial_t \beta^i = \tfrac{3}{4} B^i, \quad \partial_t B^i = \partial_t \tilde{\Gamma}^i - \eta B^i$$

은 의도적으로 파동방정식을 닮게 만들었다. 감마 드라이버 조건과 함께 (8)을 만족하는 이동('현재'의 이동은 (8)의 작은 섭동이다)에 대하여 (천천히 변하는) 정상 상태가 있다고 가정한다. 그러면 드라이버 조건은 섭동을 전파하고 (적절히 조정된 계수 η에 의해서) 감쇠시킨다. 그리고 마지막에는 정상 감마 냉각 상태가 되도록 한다. 이 조건은 단일 블랙홀의 발전에 대해서는 성공적이다. 하지만 일단 (이원 블랙홀의 경우에서와 같이) 블랙홀이 그리드 위를 움직이면 게이지를 ($\partial_t \to \partial_t - \beta^k \partial_k$가 되는) 움직이는 구멍 조건으로 수정해야만 한다.

움직이는 구멍 게이지와 1 + log 조각내기의 조합은 '트럼펫' 조각을 만든다. 트럼펫 조각은 정상상태로 정착하는 동안 좌표 특이점 없이 슈바르츠실트 블랙홀의 시공간 외부와 내부 일부를 덮는 것으로 알려져 있다. 이 조각은 전체 시공간을 덮지 못한다. 즉, 그림1에서와 같이 웜홀(wormhole) 그림에서 조각은 단지 '목' 또는 '목구멍'만 관통한다.

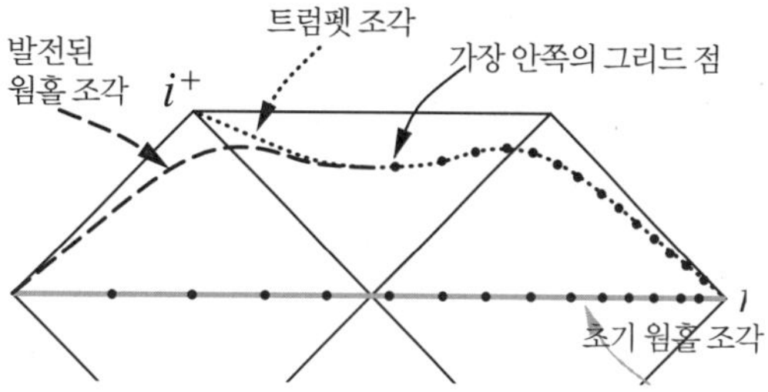

그림 1 초기 웜홀 조각, 발전된 웜홀 조각, 트럼펫 조각 사이의 관계를 보여주는 펜로즈 그림. 두꺼운 점들은 수치 그리드 점들의 분포를 나타낸다(데이빗 J. 브라운, 『*Physical Review*』 D80:084042(2009)의 허락 하에 인쇄된 그림. 미국물리학회에 저작권 있음(2009)).

4 시공간 덮기

수치 시공간의 가장 간단한 예는 물질이 없는 직교 좌표를 가진 1 + 1 차원들이다. 여기에서는 흥미를 끌 만한 동력학이 존재하지 않고 리만 텐서가 사라질 하나의 독립된 성분만을 가지기 때문에 이 시공간은 민코프스키(Minkowski) 시공간이다. 그렇지만 기술(technique)들과 특히 게이지 동력학을 보여주는데 이 예를 이용할 수 있다. 이 경우에 대해서는 거리와 외재적 곡률의 유일한 비자명 성분들을 나타내기 위해서 기호 $g = g_{xx}$와 $K = K^x_x$를 사용할 것이다.

1 + log 조각내기를 갖고 있는 ADM 방정식을 1 + 1 차원에 대해서는 다음과 같은 형태로 쓸 수 있다.

$$\partial_t \begin{pmatrix} \alpha \\ g \\ D_\alpha \\ D_g \\ g^{1/2}K \end{pmatrix} + \partial_x \begin{pmatrix} 0 \\ 0 \\ 2K \\ 2\alpha K \\ \alpha D_\alpha / g^{1/2} \end{pmatrix} = \begin{pmatrix} -2\alpha K \\ -2\alpha g K \\ 0 \\ 0 \\ 0 \end{pmatrix}$$

여기서 기호 $D\alpha := \partial_x \log(\alpha)$와 $D_g := \partial_x \log(g)$가 사용되었다. 오직 마지막 세 성분만이 주 심볼

$$P(n_i = (1, 0, 0)) = \begin{pmatrix} 0 & 0 & 2/g^{1/2} \\ 0 & 0 & 2\alpha/g^{1/2} \\ \alpha/g^{1/2} & 0 & 0 \end{pmatrix}$$

에 기여한다. 여기서 주 기호는 다음과 같은 고윳값과 고유벡터를 갖는다.

$$\lambda_0 = 0, \qquad \lambda_\pm = \pm\sqrt{\frac{2\alpha}{g}}$$
$$\boldsymbol{e}_0 = \begin{pmatrix} 0 \\ 1 \\ 0 \end{pmatrix}, \qquad \boldsymbol{e}_\pm = \begin{pmatrix} 2/\alpha \\ 2 \\ \pm\sqrt{2/\alpha} \end{pmatrix}$$

지연 함수가 양함수이면 고윳값은 실수이고 모두 서로 같지 않다. 따라서 이 경우에 있어서는 연립방정식이 강하게 쌍곡적이다.

주 심볼을 대각화하면 고유함수 $\omega_\pm = g^{1/2}K \pm D\alpha(\alpha/2)^{1/2}$은 이류방정식

$$\partial_t \omega_\pm + \partial_x(\lambda_\pm \omega_\pm) = 0$$

을 만족시키지만 고유함수 $\omega_0 = \alpha D\alpha/2 - D_g/2$는 발전이 되지 않는 다는 것을 알 수 있다. 그렇지만 특성 속력 $\lambda_\pm$는 스스로 발전하므로 다음을 확인하는 것은 어렵지 않다.

$$\partial_t \lambda_\pm + \lambda_\pm \partial_x \lambda_\pm = \frac{\alpha\lambda_\pm}{g^{1/2}}\left[\left(1 + \frac{1}{\alpha}\right)\omega \pm \sqrt{\frac{2}{\alpha}}\,\omega_0\right]$$

예를 들어 $\omega_- = 0 = \omega_0$인 영역으로부터 시작한다면, λ_+에 대한 방정식은 일반적으로 해가 유한한 시간이 지나면 불연속이 되는 **버거스 방정식**[III.4]과 동치이다. λ_+의 불연속성은 g나 α의 불연속에 대응되어야만 한다. 이는 완전히 비물리적인 병리학적 게이지 현상이다.

이러한 병리학적 게이지 현상은 물리적으로 흥미로운 시공간의 발전에서는 거의 나타나지 않는다는 것을 기억해 두어야만 한다. 첫 번째로 평평한 시공간만 생각하는 것은 분석을 아주 단순화 시키지만 대부분의 경우에서 중요한 곡률 항을 빼먹는다. 두 번째로 3.4에서 약술된 움직이는 구멍 게이지와 같은 이동 조건의 사용은 일련의 항들을 주 심볼에 첨가하여 비선형 동력학을 바꾼다. 그렇지만 이 절에서의 결과들을 통해서 수치적으로 다루기 쉽게 만들려면 타당한 좌표계를 보장하는 것이 매우 중요하다는 것을 알 수 있다.

5 블랙홀의 진화

대칭성이 없는 완전히 일반적인 시공간을 발전시키기 위해서는 2.5에서 개략적으로 묘사한 완전한 형태 중 하나를 사용해야만 한다. 구면 대칭과 같은 특별한 상황에서는 간소화된 방정식을 사용하는 것이 가능하고 (단순 ADM 방정식의 변형 식들도 사용 가능하다) 이는 더 단순한 상황에서 발생하는 진화의 움직임을 수치적으로 자세히 이해하는 것을 가능하게 한다. 예를 들어 유일한 구면 대칭 블랙홀 시공간은 슈바르츠실트이다. **일반 상대론과 우주론**[IV.40]에서 자세히 언급된 것과 같이 슈바르츠실트 거리에 대한 매우 다양한 좌표 표현이 있지만 (4절에서 설명한 것과 같이) 이 모든 것은 수치적으로 다루기에는 적당하지 않다. 구면 대칭에서 원점에서의 정칙성 문제는 일반적인 경우에는 고려할 필요가 없는 약간의 주의가 필요하다는 것을 의미한다.

구면 대칭에서 연구할 수 있는 하나의 핵심적인

문제는 수치적으로 다루기 쉽게 만들기 위해서 사용한 형태가 모형으로 표현될 물리학을 보존하는가이다. 블랙홀 시공간에 대하여 중요한 점은 어떠한 정보도 지평선을 벗어나지 않아야만 한다는 것이다. 주 심볼의 고윳값이 (연관된 고윳값에 의해서 명시되는) 정보가 전파되는 '속력'에 대응되는 것과 같이, 확인해 봐야 할 수학적인 질문은 방사상으로 '나가는' 고윳값이 지평선에 대해서 음수인지 아닌지이다.

이 질문은 형태와 게이지의 선택에 의존한다. 표준 게이지를 가진 BSSNOK 형태의 특별한 변형은 고윳값이 다음과 같다.

$$\pm 1, \quad \pm\sqrt{2/\alpha}, \quad 0, \quad \hat{\beta}^r, \quad \pm(\alpha\chi)^{-1/2}$$

여기서, $\chi = \mathrm{e}^{-4\phi}$은 거리 행렬식과 관련이 있고, $\hat{\beta}^r = \sqrt{g^{rr}/\chi}\,\beta^r/\alpha$는 단위시간과 단위길이당 적당한 이동이다. 어떤 정보는 특히 지연 함수가 붕괴되는 곳에서 빛보다 빠르게 전파될 수 있음을 기억해 두자. 그렇지만 대응되는 고유벡터를 확인해 보면 어떤 물리적 정보도 지평선 내에 있는 영역 밖으로 전파되지 않는다는 것을 알 수 있다.

수치적 이유들 때문에 블랙홀의 시공간에 대해서는 위와 같은 방법으로 수학적 분석을 한다. 움직이는 구멍 게이지의 사용은 블랙홀의 시공간들을 진화시키는 데 아주 성공적이지만 물리학자들은 특이점을 피하는 새로운 해법인, 특이점을 수치 그리드로부터 완전히 제거하는 방법을 더 좋아한다. 이것은 특이점과 관련된 무한대들이 영향을 미치지 않도록 지평선 안에 수치 영역 내부로 경계를 위치시키는 것이 필요하다. 이렇게 하는 것은 경계조건이 이 곡면에 주어져야만 한다는 것과 이러한 조건들로부터 야기되는 내재된 오류들이 수평선의 바깥으로 전파되지 않아야 한다는 것을 의미한다. 수평선에 대하여 알아 본 것과 같이 주 심볼의 고윳값의 부호가 어떤 정보가 수치 영역 '안으로 들어올' 것인지를 결정할 것이기 때문에 경계조건에 의해서 정해져야만 한다. 이와 같은 방법은 2.5.2에서 묘사된 일반화된 조화 형식과 결합되었을 때 특히 성공적이었다.

6 확장과 더 읽을거리

위에 간략히 다루어진 방법들의 (최첨단 우주론 모형 또는 이원 블랙홀 합병에 대한 천체물리학 문제를 연구하기 위해서 필요한) 대칭이 없는 경우로의 확장은 많은 참고 문헌에 잘 나와 있다. 이 글은 알쿠비에레(Alcubierre)의 훌륭한 책을 주로 참조하였고, 다른 내용들은 바움가르테(Baumgarte)와 샤피로(Shapiro)의 책을 참조하였다. 초기 우주를 모형화하고 초신성과 중성자성과 같은 천제물리 응용에 필요한 상대론적 문제에 대해서는 레촐라(Rezzolla)와 자노티(Zanotti)의 책을 참조하라.

또한 www.livingreviews.org에서 찾아 볼 수 있는 일반상대론을 다루는 일련의 온라인 검토 글(review article)인 「Living Reviews」에서는 일반상대론을 아주 잘 다루고 있다. 수치상대론에 대해서는 위에서 다루지 않은 중요한 결과들에 대한 글들이 있다. 이 중에는 여전히 물리적으로 의미가 있으면서, 어떤 제한 방정식을 만족하는 수치적으로 다루기 쉬운 초기 데이터를 만드는 내용도 있다. 또 다른 결과는 동역학적 시공간에 있는 블랙홀에 관한 것으로, '어떤 형태의 수평선이 의미가 있고 유용한가?'와 '이들이 수치 데이터로 어떻게 발견될 수 있는가?'등이 있다.

마지막으로 현대 수치상대론의 많은 부분을 이끈 중요한 주제인 중력파의 발견을 기억해야만 한다. 이 시공간의 물결은 이원 블랙홀 합병과 같은 어마어마한 천체 물리 결과로부터 나오는 에너지와 정보를 전달한다. 현재 운영 중인 여러 탐지기가 중력파를 측정하는 데 성공하면 강하게 이끌리는 시스템 물리학에 엄청난 통찰력을 줄 것이다.* 중력파에 대한 수학 이론의 발전은 미스너(Misner), 토르네(Thorne), 휠러(Wheeler)의 고전 교과서에서 확인할 수 있고 최근의 논문과 위에 언급된 검토 글에 대해서는 딘베르노(d'Inverno)의 책을 통해서 확인할 수 있다. 계산능력, 수치 방법, 수학적 기술(technique)에 대한 최근 발전으로 인해, 수치상대론을 통해서 현재의 탐지기가 충분히 발견할 수 있는 정확도를 가진 이원 블랙홀 합병에서의 중력파에 대한 모의실험을 할 수 있다. 또한 이원 중성자성 모의실험과 같은 상대론적 문제에 대한 연구도 계속되고 있다.

더 읽을거리

Alcubierre, M. 2008. Introduction to 3 + 1 *Numerical Relativity*. Oxford: Oxford University Press.

Arnowitt, R., S. Deser, and C. W. Misner. 1962. The dynamics of general relativity. In *Gravitation: An Introduction to Current Research*, edited by L. Witten, pp. 227-65. New York: John Wiley.

Baumgarte, T. W., and S. L. Shapiro. 2010. *Numerical Relativity: Solving Einstein's Equations on the Computer*. Cambridge: Cambridge University Press.

Brown, J. D. 2009. Probing the puncture for black hole simulations. *Physical Review* D 80:084042.

d'Inverno, R. 1992. *Introducing Einstein's Relativity*. Oxford: Clarendon.

Misner, C. W., K. S. Thorne, and J. A. Wheeler. 1973. *Gravitation*. London: Macmillan.

Rezzolla, L., and O. Zanotti. 2013. *Relativistic Hydrodynamics*. Oxford: Oxford University Press.

Smarr, L., and J. W. York Jr. 1978. Kinematical conditions in the construction of spacetime. *Physical Review* D 17:2529-51.

* 이 글이 쓰인 이후 2015년 9월 라이고과학협력단(LSC) 등 국제 연구팀이 레이저 간섭계 중력파 관측소(LIGO)를 통해 두 블랙홀의 충돌로 방출되는 중력파를 최초로 확인했다.—옮긴이

V.16 전염병의 확산

프레드 브라우어, 판 덴 드리셰

Fred Brauer and van den Driessche

1 서론

전염병에 대한 수학적 모형이 최초로 기록된 예는 기대 수명에 대한 천연두 백신의 영향에 관한 1760년의 다니엘 베르누이(Daniel Bernoulli)의 연구이다. 이 연구는 제어 전략의 결과를 예측하기 위하여 시도된 수학모형의 예를 보여준다. 전염병학에서 많

은 수학모형의 궁극적인 목적은 전염병 전파의 확산에 관한 제어 전략의 효과를 평가하는 것이거나 다른 제어 전략의 효과를 비교하는 것이다. 또 다른 놀라운 예는 말라리아에 대한 로널드 로스(Ronald Ross)의 업적이다. 로스는 사람과 모기 사이의 말라리아 전염 메커니즘을 밝혀서 두 번째 노벨 생리의학상을 받았다. 그렇지만 모기를 통제해서 말라리아를 통제할 수 있다는 그의 결론은 한 지역의 모기를 근절하는 것이 불가능하다는 이유 때문에 처음부터 묵살되었다. 나중에 로스는 임계 수준까지 모기 수를 충분히 줄일 수 있다는 것을 예측하는 수학적 모형을 만들었고 이 결론은 현장 검증에서 의해서 뒷받침되었다.

전염병의 전파에 임계 수준이 있다는 아이디어는 전염병학에서 기본적인 것으로, 실험 자료로부터 얻은 것이 아니라 모형으로부터 얻은 것이다. 전염병 모델의 어떤 예측들은 직관에 반할 수도 있다. 질병의 치료가 병의 유행(즉, 주어진 시간에 감염된 사람의 비율)을 줄일 것이라고 당연하게 생각하지만, 약 처방이 약에 대한 병원체의 저항력을 강화시킴에 따라 처방 수준의 증가가 실제로 병의 유행을 증가시키는 경우가 있다. 이런 현상의 좋은 예로 폐결핵과 HIV/AIDS가 있다. 모형은 이러한 반직관적인 효과에 대한 가능성을 발견하는 데 필수적이다.

공중 보건 의사들이 수학적 전염병학의 기초를 다졌지만 수학자들도 많은 정교한 이론을 개발해왔다. 하지만 수학자와 공중 보건 전문가들의 접근 방식에는 차이가 있었다. 이러한 차이는 (일반적 모형과 이론적 이해에 집중하는) 전략적 모형과 (훌륭한 정량적 예측을 하기 위해서 가능한 한 상당히 상세한 내용을 모형에 포함 시키려고 시도하는) 전술적 모형으로 구별된다. 최근에는 서로 다른 관점에 대한 이해를 향상시키기 위해서 수학모형 제작자와 공중 보건 전문가들의 상호작용을 장려하는 의미있는 시도가 있어 왔다.

이 글에서는 상대적으로 단순한 모형과 정성적 이해에 초점을 맞추지만 정량적 예측을 위해서 사용되는 모형은 훨씬 더 자세해야 하고 자료를 포함해야만 한다. 따라서 정량적 모형들은 보통 수치적으로 다루어진다. 고속 컴퓨터의 발전은 매우 복잡한 모형을 빠르게 모의실험을 하는 것을 가능하게 했고 이것은 질병 발생 통제에 굉장한 영향을 주었다.

많은 다양한 형태의 전염병 전파 모형이 있다. 통계학적 모형에 대한 광범위한 이론이 있더라도 이 글에서는 인간 전염병에 적당한 결정론적 모형만을 다룰 것이다. 또한 병의 전파 자료가 이산적인 시간에서 얻어지기 때문에 이산 모형을 사용하는 것이 합리적일 수 있다는 의견도 있겠지만 여기서는 연속적인 모형에만 초점을 두겠다.

다른 자연현상의 모형을 만들 때와 같이 전염병의 모형을 만들기 위해서는 생물학을 이해하고, 생물학 문제의 중요한 특징들을 수학적 틀 안에서 해석하고, 필요한 가정에 주의를 기울이면서 결과를 생물학으로 해석하는 것이 필수적이다. 병의 발생과 유행성 전염병에서와 같이 출생과 사망 같은 인구의 영향이 무시될 수 있는 단기 모형과 풍토병 상황에서와 같이 인구의 영향을 포함하는 것을 필요로 하는 장기 모형 사이에는 중요한 차이가 있다. 사실 이 두 모형의 영역 사이의 중요한 차이점은 감염되기 쉬운 사람들의 유입이 존재하는가 여부이고, 그러한 유입은 인구의 영향 또는 재감염에 대한 면역 없이 회복된 사람들로부터 발생할 것이다.

병의 상태에 따라 인구를 구획으로 분리한 케르마크(Kermark)와 맥켄드릭(McKendrick)의 **구획** 모형을 주로 다룰 것이다. 예를 들어, 개개인이 감염에 민감하거나, 감염되었거나, 재감염에 대한 면역력, 예방접종, 감염으로 인한 사망에 의해서 감염으로부터 제외되는 SIR(susceptible-infectious-removed) 모형이 있다. 이 모형은 구획 사이의 통행의 비율에 대한 가정을 통해서 묘사된다. 한 SIR 모형에서는 회복이 재감염에 대한 완전한 면역을 준다고 가정한다. 회복된 사람들이 즉시 제외되는 것보다는 재감염의 가능성이 있는 상황을 묘사하는 SIS(susceptible-infectious-susceptible) 모형도 있다. 이 두 가지 모형은 기본적으로 다른 성질을 가진 병들을 묘사한다. 전형적으로 바이러스에 의한 병(예를 들어 독감)은 SIR 형이고, 반면에 박테리아에 의한 병(예를 들어 임질)은 SIS 형이다. 감염과 그것을 전파시키기까지 잠복기가 있는 SLIR (susceptible-latent-infectious-susceptible, 구획 L은 감염되었지만 아직 감염시킬 수 있지 않은 사람들을 나타낸다) 모형, 일부의 사람들만이 치료를 받도록 선택되는 모형, 어떤 사람들은 증상이 없는, 즉 감염되었지만 증상이 나타나지 않는 모형과 같은 더 정교한 구획 구조도 가능하다. 또한 회복한 사람들이 일시적인 면역만을 가지는 SIRS 형의 병들도 있다. 예를 들어 독감은 빠르게 변종이 생겨서 한 유형으로부터 회복해도 그 유형이 다른 유형으로 변이되기 전까지만 재감염에 대한 면역을 제공한다. 여기서는 기본적인 병의 유형으로 SIR과 SIS만을 생각하고 분석을 한다. 하지만 더 복잡한 구획 구조가 어떻게 묘사될 수 있는지도 보여준다.

이 글의 목표는 응용수학의 흥미로운 분야에 대한 맛보기를 제공하고, 수학적 전염병학에 대한 완전한 그림을 제공하기보다는 스스로 알아보도록 동기를 부여하는 것이다.

2 SIR 모형: 홍역과 독감

홍역과 독감은 바이러스성 질병이고, 대부분의 경우에 감염되고 회복된 후에 병에 대해 평생 면역을 갖는다. 따라서 SIR 모형에 적합하다. (백신이 없다면) 홍역은 종종 한 집단에서 풍토병이 된다. 대조적으로 계절 독감은 감염된 사람의 수가 최고조에 이르고 나서 0으로 수렴하는 상대적으로 짧은 유행병이다. 이 두 가지 질병을 일반적인 SIR모형에 대한 예로 이용할 것이다.

2.1 인구통계를 사용한 모형: 홍역

홍역에 감염된 소수의 사람이 N명의 감염되기 쉬운 집단에 들어왔을 때 어떤 일이 생기는지를 알고자 한다. 이것을 조사하기 위해서 S, I, R로 표시되는 시간에 따른 감염되기 쉬운 사람, 감염된 사람, 회복된 사람의 수의 변화를 결정하는 상미분방정식(ODE)을 만들고, 인구통계를 포함시키지만 홍역 때문에 죽은 사람이 없다고 가정한다. 이 모형에 대한 순서도는 그림 1에서 볼 수 있다. $A > 0$을 집단 내에서 시간당 새로 태어난 신생아의 수라고 하고, $d > 0$을 자연사의 비율, $1/\gamma$을 홍역 감염의 평균 지속 시

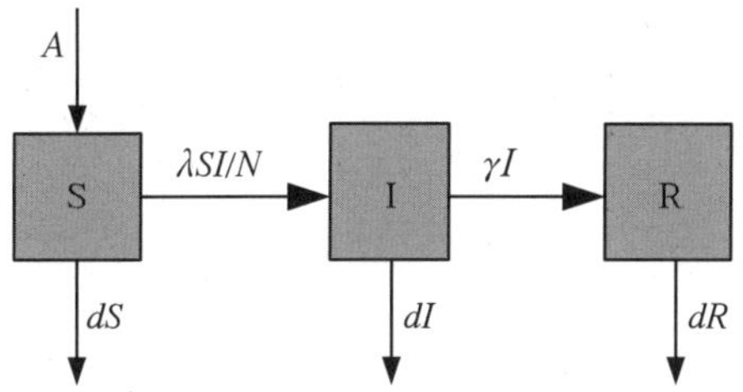

그림 1 인구통계를 이용한 SIR 모형의 순서도.

간(약 5일이다), λ를 질병 전파 매개변수라고 하자. 그러면 S의 변화율은 입력 비율 (A)에서 출력 비율 ($\lambda SI/N + dS$)을 뺀 것으로 주어지고 I와 R에 대한 변화율도 비슷하다. 따라서 홍역은 다음 방정식에 의해서 시간에 따라 발전한다.

$$\frac{\mathrm{d}S}{\mathrm{d}t} = A - \frac{\lambda SI}{N} - dS,$$
$$\frac{\mathrm{d}I}{\mathrm{d}t} = \frac{\lambda SI}{N} - (d+\gamma)I,$$
$$\frac{\mathrm{d}R}{\mathrm{d}t} = \gamma I - dR$$

여기서 $N = S + I + R$이고 보통의 감염된 사람은 단위시간에 λ만큼 접촉(이 중 S/N은 감염되기 쉬운 사람과의 접촉이고 이로 인해 감염이 전파된다. 따라서 단위시간에 $\lambda SI/N$의 새로운 감염을 발생시킨다)을 한다고 가정한다. 이것을 **표준 발생률**이라고 부른다. 위의 모형은 모든 신생아들을 감염되기 쉬운 집단으로 가정한다. 따라서 모성 항체로부터의 수동면역은 무시한다.

사실 R 방정식은 R이 다른 방정식에 관여하지 않기 때문에 필요하지 않다. 따라서 S와 I에 의해서 결정될 수 있다. 첫 두 방정식은 항상 하나의 평형 상태 즉, $\mathrm{d}S/\mathrm{d}t = \mathrm{d}I/\mathrm{d}t = 0$인 상수 해를 갖는다. 이 해는 $(S, I) = (A/d, 0)$이고 **무병 평형 상태**(disease-free equilibrium, DFE)라고 부른다. 방정식은 $I^* > 0$인 또 다른 평형상태 (S^*, I^*)를 가질 수도 있고 이것은 **풍토성 평형**이라고 부른다.

감염되기 쉬운 집단의 소수가 홍역에 감염되었다고 가정하자. 홍역이 자취를 감출까 아니면 유행할까? 평형상태에 대한 분석을 통하여 이는 병의 전파 매개변수와 평균 사망에 따라 변하는 전염 지속 시간의 곱에 의존한다는 것을 알 수 있다. $\mathcal{R}_0$에 의해서 표기되는 이 곱 $\mathcal{R}_0 = \lambda/(d+\gamma)$를 **기초 재생산 수**라고 부르고, 이것은 감염되기 쉬운 집단에 유입된, 감염된 사람에 의해서 발생하는 새로운 감염의 평균적인 수이다. $\mathcal{R}_0 < 1$이면 해는 DFE 성향을 보이고 홍역은 자취를 감춘다. $\mathcal{R}_0 > 1$이면 감염된 사람의 수가 $N = A/d$에 대하여

$$I^* = \frac{dN}{d+\gamma}\left(1 - \frac{1}{\mathcal{R}_0}\right)$$

인 풍토병 수준의 성향을 보인다. 따라서 $\mathcal{R}_0 = 1$은 모형이 **전방 분기**(forward bifurcation)를 보이는 임계 수준 또는 **한계점**으로서의 역할을 한다. 무병과 유행병 평형 사이에 안정성 교환이 있다. 통계적 모형은 보통 한계점을 보이지만, $\mathcal{R}_0 > 1$이면 병의 소멸의 유한한 확률이 있다.

유행하기 전에 홍역을 예방하기 위하여 신생아 $p > 1 - 1/\mathcal{R}_0$은 $\mathcal{R}_0$을 1 이하로 줄이기 위해서 백신을 접종할 필요가 있고 이는 집단에 **집단면역**을 준다. 이것은 (1977년에 근절된) 천연두에 대하여 세계적으로 이루어 졌는데, $\mathcal{R}_0 \approx 5$여서 이론적으로 80%의 백신 접종률은 집단면역을 준다. 그렇지만 홍역은 어떤 집단에서는 18일 정도로 더 높은 $\mathcal{R}_0$의 값을 갖는다. 이것은 집단면역을 갖기에는 충분하지 않다. 백신 접종 전 시대의 홍역에 대한 자료는

유행병 수준에 대한 2년 주기를 보인다. 그래서 계절적 촉진을 포함하는 더 복잡한 모형이 정확한 예측을 위해서 필요하다.

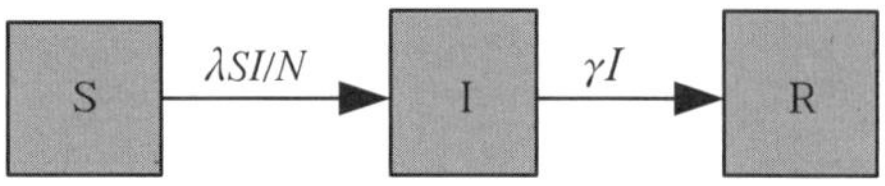

그림 2 인구통계를 무시한 SIR 모형의 순서도.

2.2 인구통계를 무시한 모형: 독감

수년 동안 관심을 받지 못했던 유행병 모형은 2002-2003년의 중증급성호흡기증후군(사스)에 의해서 다시 관심을 받게 되었고 이것은 독감 유행 가능성에 대한 관심으로 옮겨졌다.

계절성 독감은 짧은 기간만 지속되는 단일한 발병이고 인구 통계적 시간은 전염병학적 시간보단 훨씬 느리기 때문에 출생과 사망은 무시될 수 있다 (그림 2의 순서도 참조). 홍역 모형에서 $A = d = 0$으로 놓으면 $I = 0$이 유일한 평형상태이기 때문에 유행병 평형상태가 없는 모형을 얻는다. 최초의 감염된 사람의 수 $I(0) > 0$에 대하여 매개변수 $\mathcal{R}_0 = \lambda/\gamma$는 여전히 한계점 역할을 한다. $\mathcal{R}_0 > 1$이면 독감은 처음에는 최고조로 증가하고 나서 0으로 감소하지만 (독감 유행), $\mathcal{R}_0 < 1$이면 단순히 0으로 감소한다 (유행 안 함). 그림 3에서 처음에 5명이 감염된 1000명 집단에 대한 $\mathcal{R}_0 = 2$인 매개변수를 가진 모형 방정식의 (메이플(Maple)을 이용한) 수치 해를 볼 수 있다. $\mathcal{R}_0 > 1$을 가진 모형을 통해서 감염되기 쉬운 사람들이 전염병이 자취를 감추기 전에 모두 감염되는 것은 아니라는 것을 알 수 있다. 사실 감염되지 않은 감염되기 쉬운 사람들의 수 $S(\infty)$는 최종 크기 방정식

$$\log \frac{S(0)}{S(\infty)} = \mathcal{R}_0\left(1 - \frac{S(\infty)}{N}\right)$$

의 양수해로 암암리에 주어진다. 여기서 $S(0) \approx N$은 감염되기 쉬운 사람들의 초기의 숫자이다. 병에 감염된 총 수는 $I(0) + S(0) - S(\infty)$이다. **발병률**(감염된 인구의 비율)은 $1 - S(\infty)/N$이다. 짧은 시간에 대하여

$$I(t) \approx I(0)\exp\{\gamma(\mathcal{R}_0 - 1)t\}$$

이기 때문에 전염병은 처음에는 거의 기하급수적으로 성장한다. 이 초기 성장률은 자료를 이용하여 얻을 수 있고 자료로부터 얻은 γ의 값과 함께 $\mathcal{R}_0$를 추정하는데 사용할 수 있다. 계절성 독감에 대하여 $\mathcal{R}_0$은 보통 1.4-2.4의 범위 안에 있다. 집단면역에 대한 위의 공식은 또한 이론적으로 독감이 자취를 감추게 하기 위해서 예방접종이 필요한 인구의 비율을

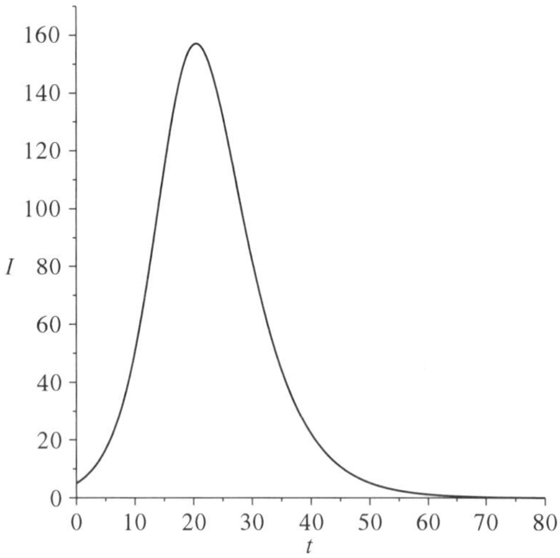

그림 3 $\lambda = 0.5$, $\gamma = 0.25$, $N = 1000$, $I(0) = 5$를 이용한 시간에 대한 감염된 사람들의 수를 보여주는 독감 SIR 모형을 통한 모의실험.

추정하는 데도 적용이 된다. 그렇지만, 병의 발생 초기에는 통계적 영향이 중요하다.

좀 더 현실적인 모형을 위해서는 잠복기, 독감으로 인한 사망, 증상이 없는 경우(병의 징후가 없지만 병을 전파할 수 있는 사람), 연령의 분포와 같이 다른 요소들을 포함시키는 것이 필요하다. 이들 모두를 근본적인 특징들이 여전히 성립하는 좀 더 일반적인 구조에 포함시킬 수 있다. 그렇지만 이런 복잡한 모형의 정량적 분석에는 수치 모의실험이 필요하다. 항바이러스제 치료 또한 독감에 이용될 수 있고, 모형의 결과는 예방접종과 항바이러스 처방 계획에 공중 보건 정책의 방향을 제시할 수 있다. 사실 2009 H1N1 독감의 세계적 유행 동안 예방접종과 항바이러스 처방 계획에 관한 정책들의 방향을 제시하는 데 모형의 예측을 사용하였다. 항바이러스제의 처방은 저항성을 가진 변종 출현의 원인이 될 수 있다. 독감의 세계적 유행에 대한 최적 처방 전략에 관한 최근 모형들을 통해서 초기에는 아무것도 하지 않고 나중에 처방을 빠르게 늘리는 것이 최고라는 것을 유추할 수 있다. 그렇지만 정책 입안자들은 모형의 예측(그리고 내재된 가정)과 윤리적, 경제적, 정치적 관심사들을 저울질해야만 한다.

도입부에서 말한 것과 같이, 독감으로부터 회복하면 SIRS 모형이 보여준 일시적인 면역을 얻을 수 있다. 이때 이 면역은 인구통계를 사용한 SIR 모형에서와 같이 $\mathcal{R}_0 = 1$이 (DFE와 유행 평형점 사이의) 분명한 한계점 역할을 하는 기본적인 재생산 수 $\mathcal{R}_0$을 가진다. 예방접종이 완전히 효과적이지 않다는 것과 시간이 지남에 따라서 병이 가라앉는 것을 고려한 이러한 형태의 모형에서는 $\mathcal{R}_0$가 병을 근절하기 위하여 1보다 작은 값인 $\mathcal{R}_c$ 이하로 낮아져야만 **후방 분기**(backward bifurcation)가 발생할 수 있다. 후방 분기가 발생하는 모형에서 $\mathcal{R}_c < \mathcal{R} < 1$이면 국소적 안정한 DFE에 (더 큰 I에 대해서는 국소적으로 안정하고(locally stable) 작은 I에 대해서는 불안정한) 두 개의 유행 평형상태가 추가된다. 따라서 이 범위에 있는 매개변수 값에 대하여 병은 초기 조건에 따라서 자취를 감추거나 더 큰 유행 평형상태로 향한다.

일시적 면역 기간이 일정하다고 가정하면 지연미분방정식 SIRS모형을 구성할 수 있고, 이 방정식을 통해서 어떤 일시적인 면역 주기에서는 유행 평형상태에 대한 호프 분기[IV.21 §2]에 의해서 발생되는 주기 해가 있다는 것을 예측할 수 있다. 질병역학에 관한 자료는 종종 주기성을 보인다. 따라서 어떤 요소가 이 주기성에 공헌 하는지를 결정하는 것은 흥미롭고 도전적인 문제이다. 더 일반적인 분포를 가정하는 지연미분방정식과 시스템에는 도전적인 수학 문제들이 있다.

3 SIS 모형: 임질

세균병은 보통 회복을 해도 면역을 얻을 수 없기 때문에 SIS 모형이 단순 모형으로 적합하다(그림 4의 순서도 참조). 병으로 인한 사망을 무시하고, 평형값 $N = A/d$에서 총 인구를 택하고, $S = N - I$를 사용하면, 모형은 시간에 따른 감염자 수의 변화율에 대한 방정식

$$\frac{\mathrm{d}I}{\mathrm{d}t} = \lambda I \frac{N-1}{N} - (d+\gamma)I$$

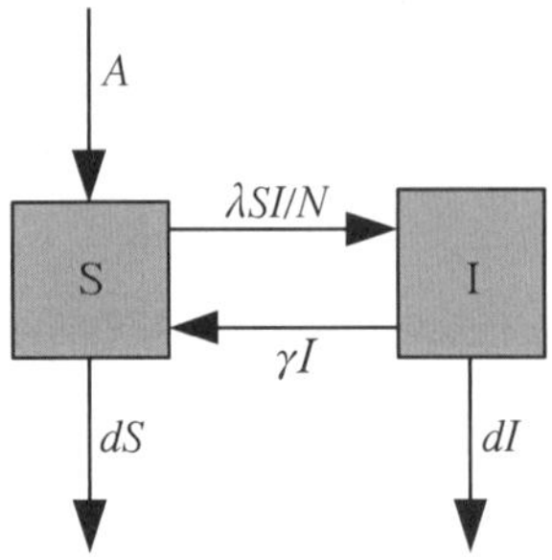

그림 4 SIS 모형의 순서도.

에 의해서 묘사될 수 있다. 감염된 사람의 초기의 수가 주어진다면, 차후의 감염자의 수를 얻기 위해서 이 로지스틱방정식을 변수분리를 통해서 풀 수 있다. 이것 대신에 평형상태 분석을 통해서 기초 재생산 수 $\mathcal{R}_0 = \lambda/(d+\gamma)$가 $\mathcal{R}_0 < 1$이면 질병이 자취를 감추고 $\mathcal{R}_0 > 1$이면 유행병 수준 $I^* = N(1-1/\mathcal{R}_0)$으로 상승하는 한계점 역할을 한다는 것을 보일 수 있다. 인구통계가 무시되더라도, SIR 모형에 맞는 전염병과 다르게 이러한 조건들은 여전히 성립한다.

이제 임질(세균성 성병)의 이성애자 전파에 대한 모형을 보도록 하자. 집단을 남성과 여성으로 나누는 것과 이들 사이의 전파를 모형으로 만드는 것이 필요하다. 남성 집단 N_M과 여성 집단 N_F의 수가 일정하도록 질병 때문에 사망하는 경우는 없다고 가정하자. 자연사한 경우를 보정한 전파율을 $\mu_F = d + \gamma_F$와 $\mu_M = d + \gamma_M$이라고 두자. 감염된 여성 I_F와 감염된 남성 I_M의 수를 결정하는 방정식은

$$\frac{dI_F}{dt} = \lambda_{MF}\frac{N_F - I_F}{N_F}I_M - \mu_F I_F$$
$$\frac{dI_M}{dt} = \lambda_{FM}\frac{N_M - I_M}{N_M}I_F - \mu_M I_M$$

이다. 여기서 λ_{MF}와 λ_{FM}은 남성에서 여성으로, 여성에서 남성으로의 전파 계수이고, $1/\gamma_F$와 $1/\gamma_M$은 여성과 남성의 평균 감염 주기이다. 임질에 감염된 남성 또는 여성이 처음에는 소수라고 가정하자. 임질이 발병을 할 것인가 아니면 자취를 감출 것인가? 방정식은 $(I_F, I_M) = (0, 0)$인 DFE를 갖고 이 상태 가까이에서의 움직임은 방정식을 선형화는 것(즉, 1차 이상의 항을 무시하는 것)에 의해서 알 수 있다. DFE의 선형 안정성은 선형화된 방정식에서 $I_F = C_1e^{zt}$과 $I_M = C_2e^{zt}$으로 놓고, 영이 아닌 상수 C_1와 C_2에 대한 z의 실수부의 부호를 결정하는 것에 의해서 결정된다. 이것은 DFE에서 야코비 행렬

$$J = \begin{pmatrix} -\mu_F & \lambda_{MF} \\ \lambda_{FM} & -\mu_M \end{pmatrix}$$

의 고윳값을 찾는 것과 같다. J의 고윳값은 특성 방정식

$$z^2 + z(\mu_F + \mu_M) + \mu_F\mu_M - \lambda_{MF}\lambda_{FM} = 0$$

의 근이다. 이 이차방정식의 두 근이 음의 실수부를 갖는 것은 상수항이 양수인 것과 동치이다. 이와 같은 조건에서는 DFE의 작은 섭동은 사라지고 DFE는 선형적으로 안정하다. 앞선 모형으로 얻은 경험과 생물학적 사항을 고려하면 $\mathcal{R}_0$은 이 조건으로부터 결정될 수 있다(아래에 주어진 $\mathcal{R}_0$에 대한 공식 참조). 또 다른 $\mathcal{R}_0$을 찾는 체계적인 방법이 있다. $J = F - V$로 J를 표현하자. 여기서 F는 새로운 감염과 관련된 행렬이고 V는 전파와 관련된 행렬이다. 그러면 $\mathcal{R}_0 = \rho(FV^{-1})$이 된다. 여기서 ρ는 스펙트럼 반지름(즉, 가장 큰 절댓값을 갖는 고윳값)을 나타내고 FV^{-1}은 **다음세대행렬**이다. 위의 모형에 대하여

$$F = \begin{pmatrix} 0 & \lambda_{MF} \\ \lambda_{FM} & 0 \end{pmatrix}, \quad V = \begin{pmatrix} \mu_F & 0 \\ 0 & \mu_M \end{pmatrix}$$

이고 따라서

$$\mathcal{R}_0 = \sqrt{\frac{\lambda_{\mathrm{MF}}\lambda_{\mathrm{FM}}}{\mu_{\mathrm{M}}\mu_{\mathrm{F}}}}$$

이다. 기초 재생산 수가 각각의 성에 대한 재생산 수즉, $\lambda_{\mathrm{MF}}/\mu_{\mathrm{F}}$와 $\lambda_{\mathrm{FM}}/\mu_{\mathrm{M}}$의 기하평균이기 때문에 제곱근이 식에 나타난다. $\mathcal{R}_0$은 선형 안정성은 결정하지만 사실 대역적 결과들도 결정한다. $\mathcal{R}_0 < 1$이면 질병은 양쪽 성 모두에서 자취를 감추는 반면에 $\mathcal{R}_0 > 1$이면 질병은 유행병 상태 $(I_{\mathrm{F}}^*, I_{\mathrm{M}}^*)$로 향하고 양쪽 성에서 지속된다. 이 유행병 상태는 양의 평형상태에 대하여 풀어서 찾을 수 있다. 이것을 풀면

$$I_{\mathrm{M}}^* = \frac{(\lambda_{\mathrm{MF}}\lambda_{\mathrm{FM}} - \mu_{\mathrm{F}}\mu_{\mathrm{M}})N_{\mathrm{F}}N_{\mathrm{M}}}{\mu_{\mathrm{M}}\lambda_{\mathrm{MF}}N_{\mathrm{M}} + \lambda_{\mathrm{MF}}\lambda_{\mathrm{FM}}N_{\mathrm{F}}}$$

이고 I_{F}^*에 대해서도 같은 식으로 주어진다. 유행 상태의 대역적 안정성은 랴푸노프 함수(Lyapunov function)를 사용하면 증명할 수 있지만, 우리가 아는 한 병으로 인한 사망이 포함된 모형에 대하여 이것을 증명하는 것은 여전히 미해결 문제이다.

4 HIV/AIDS에 대한 모형

4.1 인구(집단) 모형

1980년대 초에 시작된 후천성 면역 결핍증(AIDS) 유행은 세계적으로 확대되었고, 이 병과 다른 성병에 관한 많은 연구를 유발시켰다. AIDS는 인체 면역 결핍 바이러스(HIV)에 의해서 발생하고 일단 감염이 되면 회복이 되지 않는다. 바이러스 감염 초기에는 강한 전염성을 보이지만 전염성은 AIDS의 발병 때문에 가파르게 상승하기 전인 10년 정도는 낮은 수준으로 떨어진다. 따라서 전염성은 '욕조' 모양이다. AIDS의 전염성을 근사시키기 위해서 전염되는 단계를 세분화시킨 여러 전염 단계를 가진 구획 ODE 모형을 사용할 수 있다. 또는 감염의 나이를 변수로 사용하는 편미분방정식에 의해서 다룰 수 있다. 현재는 HIV는 병의 징후를 줄이고 낮은 전염성 기간을 늘리는 강력한 항레트로바이러스(antiretroviral) 치료약을 가지고 치료할 수 있다.

HIV/AIDS에 대한 모형은 종종 한 집단, 예를 들어 남성 동성애자 또는 여성 성매매 종사자와 남성 고객들에 초점을 맞춘다. 이러한 모형은 성관계의 수준, 약의 사용, 콘돔의 사용, 성 접촉 네트워크를 포함한 다양한 요소들을 고려해야만 하고 자료로부터 추정해야 하는 많은 매개변수를 가진 대규모 시스템이 된다. 따라서 앞에서 묘사된 균질 모형을 확장해야만 한다.

한 단계의 감염만 있는 단순 모형을 사용하기 위해서 이질성이 나타나도록 각 사람들이 매달 만나는 파트너의 수에 의해서 묘사되는 k개의 위험 군이 있는 남성 동성애 집단을 생각하자. S_i, I_i, A_i를 각각 감염되기 쉬운, 감염된, AIDS가 발병하고 있는 매달 i명의 파트너를 가진 남성의 비율이라고 하면, 시스템에 대한 ODE는 $i = 1, \cdots, k$에 대하여

$$\frac{\mathrm{d}S_i}{\mathrm{d}t} = dn_i - \sum_{j=1}^{k}\beta_{ij}S_iI_j - \mathrm{d}S_i,$$
$$\frac{\mathrm{d}I_i}{\mathrm{d}t} = \sum_{j=1}^{k}\beta_{ij}S_iI_j - \mathrm{d}I_i - \gamma I_i,$$
$$\frac{\mathrm{d}A_i}{\mathrm{d}t} = \gamma I_i - \mathrm{d}A_i - mA_i$$

이다. 여기서 n_i는 매달 i번의 접촉을 하는 남성의 비율이고, dn_i는 매달 i명의 파트너를 가진 남성 성적 활동 집단으로의 유입이고, m은 AIDS에 의한 사

망이고, β_{ij}는 매달 i명의 파트너가 있는 감염되기 쉬운 남성과 매달 j명의 파트너가 있는 감염된 남성 사이의 접촉과 전파의 비율을 포함한다. 이 공식화는 모든 감염된 남성은 γ의 비율로 AIDS가 진행되고 그 단계에서 성적 활동을 자세하고 병의 전파에 더 이상 기여하지 않는다고 가정한다. 집단에서 남성들 사이의 접촉 행렬 (β_{ij})는 감염된 남성들의 분포와 성행위 파트너의 수를 조사하여 결정할 수 있다. 이 행렬은 때때로 WAIFW(who acquires infection from whom(누가 누구로부터 감염이 되었다))행렬로 일컬어진다. 파트너 관계는 그들이 원하는 파트너의 수에 비례하여 임의로 형성된다고 가정하면,

$$\beta_{ij} = \beta \frac{ij}{\sum_{\ell=1}^{k} \ell n_\ell}$$

이다. 이러한 가정을 하고 $\mu_i = \mu$와 $\gamma_i = \gamma$를 택하면 다음세대행렬 방법은 계수(rank)가 1인 F 행렬과 스칼라 행렬 V를 갖는다. 따라서 FV^{-1}의 0이 아닌 고윳값은 대각합과 같고 기초 재생산 수는

$$\mathcal{R}_0 = \frac{\beta}{d+\gamma} \frac{\sum_{i=1}^{k} i^2 n_i}{\sum_{i=1}^{k} i n_i} = \frac{\beta}{d+\gamma}\left(M + \frac{V}{M}\right)$$

로 주어진다. 여기서 M과 V는 매달 성행위 파트너의 평균과 분산이다. 모든 남성들이 같은 수의 파트너를 갖는다면 $\mathcal{R}_0 = \beta M/(d+\gamma)$이고 따라서 위의 공식 $\mathcal{R}_0$는 파트너 수의 분산에 따라서 증가한다는 것을 보여준다. 파트너 관계 형성에 관한 다른 가정들은 이 모형 구조에 포함될 수 있다. 예를 들어, 남성은 매달 같거나 비슷한 수의 접촉을 갖는 다른 사람들과 파트너 관계를 형성할 가능성이 있다(동류교배 선택 혼합).

HIV/AIDS의 이성애자 전파에 대하여 연구하기 위하여 위 모형을 확장하려면 집단을 활동 수준에 따라서 분리하는 것뿐만 아니라 두 개의 성으로 나누어야만 한다. 모형을 매개화하기 위해서 병과 관련된 파트너와 함께 접촉률을 결정해야만 한다. 일반적으로 감염된 남성으로부터 감염되기 쉬운 여성으로의 성행위당 전파의 확률이, 감염된 여성으로부터 감염되기 쉬운 남성으로의 확률보다 더 큰 것으로 관찰된다. 따라서 모형에 비대칭성이 있다.

콘돔, 강력한 항레트로바이러스 치료 처방, 교육과 같은 통제 전략은 통제가 최적화될 수 있도록 계획을 세우는 데 도움을 줄 수 있는 HIV/AIDS 모형에 포함될 수 있다. 그렇지만 HIV는 현재 치료에 사용되는 약에 대한 저항성을 키우고 있다. 따라서 부족한 치료 수준뿐만 아니라 저항성도 모델에 반영되어야 한다. 게다가 HIV 양성인 사람들은 폐결핵과 폐렴과 같은 다른 질병이 발병하는 위험이 평균보다 더 높다. 더 복잡한 모형을 발전시키는 것 보다는 내부 숙주 모형에 대한 논의로 방향을 돌리자.

4.2 바이러스 역학

HIV 바이러스가 몸에 들어왔을 때 HIV 바이러스는 표적 세포로 불리는 감염되기 쉬운 세포들을 공격해서 새로운 바이러스를 생산하기 위해 감염된 세포를 만들어 낸다. 내부-숙주 바이러스 감염에 대한 기본적인 모형은 감염되기 쉬운 표적 세포 T, 상당히 감염된 표적 세포 I, 자유로운 성숙한 바이러스 입자(비리온(virion)) V의 수에 관한 다음 세 개의 ODE로 구성되어 있다.

$$\frac{dT}{dt} = R - d_T T - kVT$$
$$\frac{dI}{dt} = kVT - d_I I$$
$$\frac{dV}{dt} = pI - d_V V$$

여기서, d_T, d_I, d_V는 각각 표적 세포, 감염된 세포, 바이러스 입자의 사망률이다. 표적 세포는 **질량작용 발생**을 가정하면 상수 k의 비율로 바이러스에 감염된다. R은 새로운 표적 세포의 생산율이고 p는 감염된 세포 당 새로운 바이러스의 생산율이다. 이 모형에 대한 순서도는 그림 5에 있다.

처음에 감염이 되지 않고 약간의 HIV 바이러스가 들어왔다면, 바이러스는 지속적 HIV 감염을 일으키는 데 성공할 것인가? 이 질문은 앞 절에서 논의한 것과 선형 안정성 분석에 의해 다룰 수 있다. DFE는 $(T, V, I) = (R/d_T, 0, 0)$이고 (존재한다면) 유행 평형점은

$$(T, V, I) = \left(\frac{d_I d_V}{kp},\ \frac{R}{d_I} - \frac{d_T d_V}{kp},\ \frac{Rp}{d_I d_V} - \frac{d_T}{k}\right)$$

이다.

새로운 바이러스의 생성(즉, V에 관한 방정식에서 pI항)은 새로운 감염이 아닌 것으로 가정하면, 다음세대행렬 방법을 통해서

$$\mathcal{R}_0 = \frac{kpR}{d_T d_I d_V}$$

이다. 그렇지만 이 생산이 새로운 감염이라고 가정하면 이 항은 F행렬 안으로 들어가야 하고

$$\mathcal{R}_0 = \sqrt{\frac{kpR}{d_T d_I d_V}}$$

이다. 이러한 수들이 1보다 크면(이것은 랴푸노프 함수를 이용하여 보일 수 있다) 유행 평형점이 존재

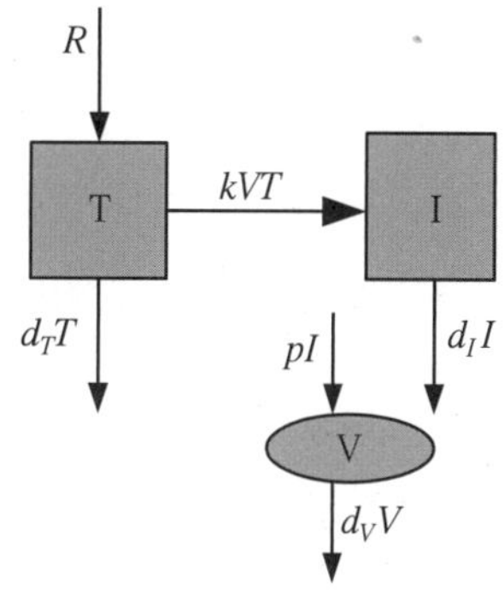

그림 5 바이러스 역학 순서도.

하고 지속적 HIV 감염이 나타난다. 사실 초기 단계의 HIV 감염에 대한 이 미분 연립방정식은 일정한 숙주 집단 크기를 가진 집단 수준 SLIR 연립방정식과 동등하다. 따라서 바이러스 역학 모형은 생물학적 배경이 다르더라도 질병 전파 모형과 공통되는 특징이 있다.

$\mathcal{R}_0$에 대한 이러한 공식은 1-한계값에서 일치한다는 것에 주목하자. 이 예는 $\mathcal{R}_0$에 대한 공식이 모형의 생물학적 가정에 의존한다는 것과 여러 공식이 1-한계값에서 같은 식을 줄 수 있다는 사실을 보여준다. 그렇지만 매개변수의 섭동에 대한 $\mathcal{R}_0$의 민감성은 정확한 공식에 의존한다. 약물치료는 $\mathcal{R}_0$을 1 이하로 낮추기 위해서 매개변수 k를 줄이는 것이 목표이다. 약물의 매개변수와 효과는 HIV 양성인 사람들의 자료로부터 추정될 수 있다.

5 모형의 확장

어떤 전염병은 위에서 묘사된 구획에 추가된 구획을 가진 모형을 필요로 한다. 예를 들어, 어떤 질병은 모기에 의해서 전파되는 말라리아와 웨스트 나

일 바이러스(West Nile virus)의 경우에서와 같이 매개체에 의해서 인간에게 전파된다. 이러한 질병에 대해서는 매개체 구획이 필요하다. 콜레라와 같은 수인성 질병은 사람에서 사람으로 직접적으로 또는 오염된 물을 통해서 사람으로 전파될 수 있다. 따라서 일부 콜레라 모형은 병원체 구획을 포함한다. 다른 전염병, 예를 들어 HIV/AIDS와 B형 간염은 산모에서 아기에게로 수직 전파될 수 있다. B형 간염의 경우에는 산모가 증상이 없을 수도 있다. 이와 같은 전파의 또 다른 경로는 감염된 신생아를 나타내는 입력 항을 감염 집단에 추가하는 것으로 모형화될 수 있고 이것은 기본 재생산 수를 변경시킨다. 에볼라에 대해서는 최근에 죽은 시체가 모형에 포함되어야 하는 감염의 중요한 원천이다. 서아프리카에서의 최근 발생을 통해서 보건 전문가들이 더 높은 감염 위험에 처해있다는 것과 증상이 나타나지 않는 상당히 많은 경우가 있을 수 있다는 것을 알 수 있다. 따라서 이러한 구획은 에볼라 모형에 반드시 포함되어야 한다.

가장 간단한 구획 모형은 사람들의 균등한 분포를 가정하지만, 앞서 남성 이성애자 집단 HIV/AIDS 모형에서 간략히 언급한 것과 같이 분포의 이질성을 갖도록 확장하는 것이 가능하다. 네트워크 모형은 사람들 사이의 접촉 빈도에 집중하여 이질성을 더욱 크게 만든다. 약품 기반 모형은 집단을 개개인으로 분리한다. 이것은 오직 수치 모의실험에 의해서만 분석될 수 있는 매우 큰 연립방정식을 준다. 많은 질병, 특히 홍역과 같은 소아 질병에서 감염 전파의 대부분은 비슷한 나이대 사이에서 발생하기 때문에 질병 전파에서 특히 중요한 이질성은 나이 구조이다. 공간 이질성은 두 개의 아주 다른 형태로 나타난다. 즉, 보급과 같은 지역 이동과 먼 거리 사이를 비행기로 이동하는 것 같은 장거리 여행. 앞의 경우는 보통 편미분방정식에 의해서 모형화되고 뒤의 경우는 보통 메타 집단 모형을 주는 큰 ODE 연립방정식으로 모형화된다. 풍부한 여행 자료를 이용하는 메타 집단 모형은 올림픽 경기처럼 많은 사람들이 모일 경우에 대한 공중 보건 계획에 특히 중요하다. 최근에 새롭게 등장한 전염병에 대해서는 종종 새로운 모형화의 아이디어가 필요하다. 예를 들어, 메타 집단 모형은 사스를 위해서 더욱 발전하였고 동시 감염 모형은 HIV와 폐결핵을 위해서 발전해 왔다. 게다가 사회적 행동과 사람들이 전염병 기간 동안 행동을 바꾸는 방법, 특히 예방접종과 다른 통제 전략을 계획하기 위해서 설계된 것들은 모형에 통합되어야만 하는 요소이다.

관심이 있는 독자들은 현재 저널과 온라인 자료뿐만 아니라, 아래의 추가 참고 도서 목록에 제시된 글에서 이 장에서 언급한 모형과 다른 모형에 대한 더 많은 정보를 얻을 수 있을 것이다.

더 읽을거리

Anderson, R. M., and R. M. May. 1991. *Infectious Diseases of Humans*. Oxford: Oxford Science Publications.

Brauer, F., and C. Castillo-Chavez. 2012. *Mathematical Models in Population Biology and Epidemiology*. New York: Springer.

Brauer, F., P. van den Driessche, and J. Wu, eds. 2008.

Mathematical Epidemiology. Lecture Notes in Mathematics, Mathematical Biosciences Subseries 1945. New York: Springer.

Daley, D. J., and J. Gani. 1999. *Epidemic Modelling: An Introduction*. Cambridge: Cambridge University Press.

Diekmann, O., and J. A. P. Heesterbeek. 2000. *Mathematical Epidemiology of Infectious Diseases: Model Building, Analysis and Interpretation*. New York: John Wiley.

Greenwood, P. E., and L. F. Gordillo. 2009. Stochastic epidemic modeling. In *Mathematical and Statistical Estimation Approaches in Epidemiology*, edited by G. Chowell, pp. 31-52. New York: Springer.

Hethcote, H. W. 2000. The mathematics of infectious diseases, *SIAM Review* 42:599-653.

Nowak, M. A., and R. M. May. 2000. *Virus Dynamics: Mathematical Principles of Immunology and Virology*. Oxford: Oxford University Press.

V.17 해빙(海氷)의 수학

케네스 골든 *Kenneth M. Golden*

1 서론

지구온난화로 인한 지표면의 뚜렷한 대규모 변화 중에서 가장 극적인 것은 여름철 북극 해빙군의 급격한 감소이다. 예를 들어 2012년 9월에 해빙으로 덮인 북극해의 면적은 1980대와 1990년대의 평균 이하로 줄었다. 지구 기후 모형이 21세기에 걸쳐 북극 해빙군의 감소를 예견하고 있지만, 이러한 급격한 상실은 대부분의 예상을 훨씬 앞지른다. 이 글에서는 기후 시스템에서 해빙의 역할을 더 잘 이해하고 기후 변화에 대한 예측을 향상시키기 위해서 수학이 어떻게 사용되는가를 다룰 것이다. 특히, 복합물질과 통계 물리에 대한 수학적 모형이 지구 기후 모형에서 더 엄밀하게 해빙을 표현하는 것뿐만 아니라 주요 해빙의 구조와 과정을 연구하는 데 어떻게 사용되는지에 초점을 맞출 것이다. 또한 이 기후 모형들을 세계에서 가장 성능이 좋은 컴퓨터에서 해빙 성분에 초점을 맞춘 수백만의 코드라인을 가진 컴퓨터 프로그램으로 푼 편미분연립방정식으로도 잠시 다룰 것이다.

1.1 해빙과 기후 시스템

해빙은 약 −1.8℃ 또는 28.8℉에서 언 바닷물이다. 물질로 보았을 때 해빙은 남극과 그린란드를 덮고 있는 큰 얼음판과 상당히 다르다. 소금물이 얼면 액체 소금물, 에어 포켓(air pocket), 고체 소금과 순수 얼음의 합성물이 된다. 해빙의 온도가 올라감에 따라서 소금물의 다공성 또는 부피 비율은 증가한다. 해빙의 소금물은 극지방 바다의 생물을 지탱하는 데 필수적인 조류(藻類)와 세균 무리를 살아가게 한다. 예를 들어, 크릴새우는 조류를 먹고살고 그 결과 물고기, 펭귄, 물개, 밍크고래와 최고 포식자 즉, 범고래, 바다표범, 북극곰에 이르는 먹이사슬이 지탱된다. 소금물 미세구조는 또한 해빙을 통해서 계절에 따른 얼음의 성장과 쇠퇴와 같은 광범위한 과정, 얼음군의 반사율의 발전, 생물량의 증가를 가능케 하는 소금물의 흐름을 결정한다.

지구 극지방에서 바다와 대기 사이의 경계인 해빙은 기후변화의 선행지표와 지구 기후 시스템에서의 핵심 요소로서 중요한 역할을 한다. 대충 말하면 눈으로 덮여진 해빙에 입사되는 태양복사의 대부분은 반사되는 반면에 어두운 바닷물에 입사되는 태양복사의 대부분은 흡수된다. 해빙군은 냉각시키거나 햇빛으로부터 열을 흡수하는 것을 막는 지구의 극지방 냉각장치의 일부로서의 역할을 한다. 반사된 햇빛 대 입사된 햇빛의 비율은 **알베도**(albedo)라고 불린다. 눈으로 덮인 얼음의 알베도는 보통 0.7보다 더 큰 반면에 바닷물의 알베도는 0.06 근처의 더 작은 자릿수이다.

1.1.1 얼음-알베도 피드백

온난화로 인해 시간이 지남에 따라서 더 많은 해빙이 녹으면서 햇빛을 반사시키는 밝은 표면이 더 적어지고, 대기를 따뜻하게 하는 더 많은 열이 바다로부터 방출되고, 얼음은 더욱 녹게 된다. 더 많은 얼음이 녹을수록 극지방 바다의 알베도는 더 떨어지고, 더 많은 복사열 흡수와 온난화로 이어져 다시 더 많은 얼음을 녹이는 양의 피드백 고리가 만들어 진다. 소위 **얼음-알베도 귀환**은 여름 북극 해빙 범위의 극적인 최근 감소에 중요한 역할을 하는 것으로 여겨진다.

따라서 약간의 기온 증가조차 시간이 지나면서 더 큰 온난화로 이어질 수 있고, 이것은 극지방을 지구 기후변화에 가장 민감한 영역으로 만든다. 지구 온난화는 극지방에서 **증폭된다**. 사실 크기는 모형에 따라서 매우 다르지만 지구 기후 모형은 일관되게 고위도 북극지방에서의 증폭된 온난화를 보여준다. 예를 들어 21세기 말쯤에 북극에서의 평균 표면 공기 온도는 지구 평균 표면 공기 온도에서 예견된 것보다 약 1.5에서 4배 더 증가할 것으로 예측된다.

지구 기후 모형들은 일반적으로 해빙의 면적과 두께가 감소할 것이라고 예견하지만, 여름 북극 해빙에서 관찰되는 최근의 상실은 매우 과소평가한다. 지구의 해빙 덮개와 그 생태계의 운명에 관한 예측을 향상시키는 것은 해빙이 변하는 주요 과정과 피드백 기제에 대한 더 많은 이해에 달려있다. 예를 들어, 해빙기(**解氷期**) 동안 북극 얼음 덮개는 얼음, 녹은 연못, 개빙(**開氷**) 구역의 복잡하게 변화하는 모자이크가 된다. 해빙의 빙원(**氷原**)의 알베도는 녹은 연못의 변화에 의해서 결정된다. 증가된 알베도의 연못의 배수는 연못 아래에 있는, 구멍이 많은 해빙의 유체 투과율에 의해서 크게 좌우된다. 연못이 발전되면서 얼음-알베도 피드백은 녹는 과정을 강화한다. 더욱이 이 피드백 고리는 여름철 북극 해빙의 감소에서 소위 **티핑 포인트**(작은 변화들이 어느 정도 기간을 두고 쌓여, 이제 작은 변화가 하나만 더 일어나도 갑자기 큰 영향을 초래할 수 있는 상태가 된 단계) 또는 **임계 한계점**을 지났는지에 대한 의문을 다루기 위해서 개발된 수학모형에서의 구동장치이다. 이러한 연구는 종종 북극해의 해빙 범위에 관한 동역학계 모형에서 안장점 분기(saddle node bifurcation)의 존재성에 초점을 맞춘다. 일반적으로 해빙 알베도는 기후 전망에서의 불확실성과 기후 모형화에서의 기본적인 문제에 대한 주요 원인이 된다.

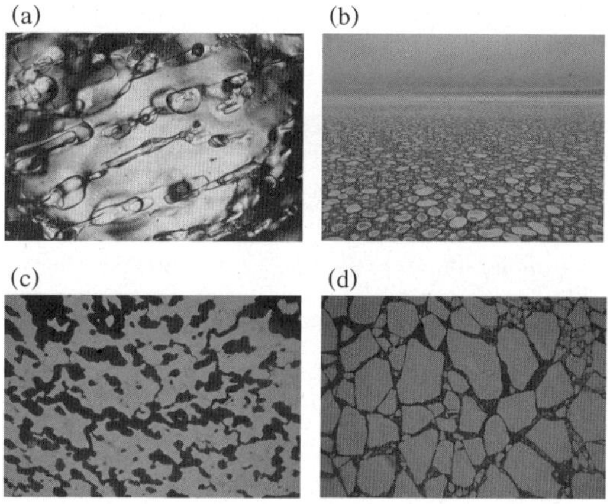

그림 1 해빙은 다양한 자릿수의 길이 척도를 갖는 복합 구조를 보인다: (a)1밀리미터 이하 크기의 바닷물을 포함한 해빙(출처: CRREL((U.S. Army Cold Regions Research and Engineering Lab, 미 육군 추운 지역 연구 공학 연구실))). (b)수십 센티 미세구조의 크기를 가진 남빙양의 연엽빙(蓮葉氷, 극지(極地) 바다에 떠도는 원형의 얇은 얼음). (c)미터 크기의 미세구조를 가진 북극 해빙 표면의 녹은 우물(도날드 페로비치(Donald Perovich)의 허가하에 게재). (d)킬로미터 크기인 북극해의 부빙(도날드 페로비치의 허가하에 게재).

1.1.2 해빙의 여러 크기의 구조

해빙과 지구 기후에서 해빙의 역할을 모형화하는 매혹적인 (그러나 아직 갈 길이 먼) 양상 중의 하나는 1밀리미터 이하의 크기부터 수백 킬로미터에 이르는(10자리가 넘는) 구조와 관련된 길이 척도의 엄청난 범위이다. 그림 1에서 다양한 척도를 보여주는 해빙 구조의 예를 볼 수 있다. 큰 크기의 해빙을 모형화하는 것은 각각의 부빙의 크기에서 해빙의 물리적 성질을 이해하는 것과 (해빙의 소금물 상이 큰 물리적 성질의 주요한 **결정 요인**이기 때문에) 1밀리미터 이하의 척도에 좌우된다. 오늘날의 기후 모형은 가장 뛰어난 슈퍼컴퓨터에게 최대 용량을 요구한다. 그렇지만 가장 큰 컴퓨터조차 여전히 수평해상도는 수만 킬로가 한계이고, 해빙의 기초적인 물리를 모형화하기 위해서는 뛰어난 접근과 매개화가 필요하다. 이 글의 중요 주제 중의 하나는 더 작은 크기에서의 정보가 더 큰 크기에서의 행동을 예측하는 데 어떻게 이용되는가이다. 기후 과학의 중심이 되는 이 문제는 예를 들어 복합 재료의 효과적인 성질에 관한 이론적 계산에서의 주요 과제와 공통점이 있다.

여기서는 특히 해빙 알베도의 렌즈와 이의 발전과 관련된 과정을 통해서 해빙과 기후 시스템에서의 해빙의 역할을 연구하는 데 이용되는 수학을 다룰 것이다.

2 지구 기후 모형과 해빙

지구 기후 모형, 또는 일반 순환 모형으로 알려진 것은 물리, 화학, 유체의 움직임의 기본 법칙으로부터 유도된 연립 PDE이다. 모형들은 바다, 얼음, 대기, 육지의 상태뿐만 아니라 상호작용을 묘사한다. 방정식은 수만 킬로미터의 수평 그리드 크기를 가진 공기-얼음-바다-땅 시스템의 3차원 그리드를 사용하는 매우 성능이 좋은 컴퓨터로 푼다. 일반적인 기후 모형을 생각하는 것은 너무 과정을 벗어나는 일이기 때문에 여기서는 이러한 큰 크기 모형에서의 얼음 성분을 간단히 생각해 볼 것이다.

극지방 얼음 무리는 주로 개빙 구역, 얇은 1년짜리 얼음, 더 두꺼운 여러 해 얼음, 서로 충돌하는 부빙에 의해서 만들어 지는 기압마루로 구성되어 있다. 얼음 무리의 동역학적 그리고 열역학적 특징은 주로 얼음에서 각각의 두께 범위가 얼마나 되는가에 달렸다. 따라서 해빙 모형화에서 가장 기초적인 문제 중의 하나는 시간과 공간에 따라서 얼음 두께의 분포 변화를 묘사하는 것이다. 얼음 두께 분포

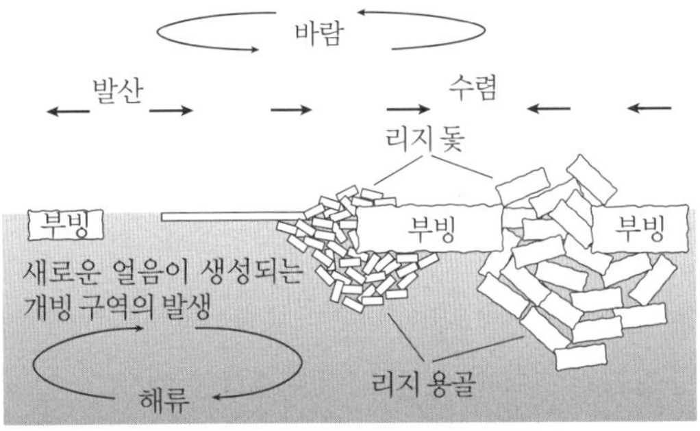

그림 2 얼음 두께 분포 $g(x, t, h)$의 발전에 기여하는 여러 요소들(개작된 것. 크리스찬 하스(Christian Hass)의 허가하에 게재).

$g(x, t, h)\mathrm{d}h$는 주어진 시간과 위치에서의 두께 범위 $(h, h + \mathrm{d}h)$로, 얼음에 의해서 덮여진 작은 영역으로 (비공식적으로) 정의된다. 해빙 모형에서 수치적으로 풀리는 얼음 두께 분포의 변화를 통제하는 기본 방정식은

$$\frac{\partial g}{\partial t} = -\nabla \cdot (g\boldsymbol{u}) - \frac{\partial}{\partial h}(\beta g) + \Psi$$

이다. 여기서 $\boldsymbol{u}$는 수평 얼음 속도이고, β는 열역학적 얼음 성장률, Ψ는 그림 2에서와 같이 리징(ridging)과 역학적 과정으로 인한 얼음 두께의 변화를 나타내는 리징 재분포함수이다.

운동량 방정식 또는 해빙에 관한 뉴턴의 제 2법칙은 다른 부빙과의 상호작용을 포함한 단일 부빙에서의 힘을 고려하여 유도할 수 있다.

$$m\frac{D\boldsymbol{u}}{Dt} = \nabla \cdot \boldsymbol{\sigma} + \boldsymbol{\tau}_{\mathrm{a}} + \boldsymbol{\tau}_{\mathrm{w}} - m\alpha \boldsymbol{n} \times \boldsymbol{u} - mg\nabla H$$

여기서 각각의 항은 해빙 덮개의 단위면적당 힘의 단위를 가지고 있고, m은 단위면적당 얼음과 눈의 결합된 질량이고, $\boldsymbol{\tau}_{\mathrm{a}}$와 $\boldsymbol{\tau}_{\mathrm{w}}$는 바람과 바다의 응력이고, $\mathrm{D/D}t = (\partial/\partial t) + \boldsymbol{u} \cdot \nabla$는 물질 또는 대류 도함수이다. 이것은 수직 방향에서 얼음의 두께를 통해서 3차원 방정식을 적분하여 얻어진 2차원 방정식이다.

얼음의 강도는 내부 응력 텐서 σ_{ij}에 의해서 표현된다. 오른쪽의 다른 두 항은 순서대로 코리올리 효과(Coriolis effect)와 해수면 기울기로 인한 응력들이다. 여기서 $\boldsymbol{n}$은 수직 방향의 단위 법벡터이고, α는 코리올리 매개변수이고, H는 해수면을 묘사한다. 이 방정식에서 g는 중력가속도이다.

적당한 경계조건하에서 아래로 바다, 위로는 대기에 연결된 해빙(그리고 눈으로 된 층) 안에서의 온도장 $T(x, t)$는 이류확산방정식

$$\frac{\partial T}{\partial t} = \nabla \cdot (D(T)\nabla T) - \boldsymbol{v} \cdot \nabla T$$

를 만족한다. 여기서 $D = K/\rho C$는 해빙의 열확산비율이고, K는 열전도도, ρ는 부피밀도, C는 비열, $\boldsymbol{v}$는 해빙의 평균 소금물 속도장이다.

해빙을 통과하는 점성도 η인 소금물의 낮은 레이놀즈 수(Reynolds number)를 가진 흐름의 부피와 관련된 성질들은, 균질화 이론[II.17]을 사용하여 다공성 소금물 미세구조의 기하학적 성질과 연결시킬 수 있다. 소금물과 얼음의 부피 비율은 ϕ와 $1 - \phi$이다. 소금물의 국소적 속도와 압력장은 비압축 유체의 스토크스 방정식을 만족한다. 여기서 미세구조(예를 들어 주기적 매질의 주기)의 길이 척도는 ε이다. 적당한 가정 하에서 $\varepsilon \to 0$일 때의 균질화 극한에서, 평균 속도 $\boldsymbol{v}(x)$와 압력 $p(x)$는 다르시의 법칙(Darcy's law)과 비압축 조건

$$\boldsymbol{v} = \frac{1}{\eta}\boldsymbol{k}\nabla p, \qquad \nabla \cdot \boldsymbol{v} = 0 \tag{1}$$

을 만족한다. 여기서 $\boldsymbol{k}$는 단위 m^2을 가진 수직 방향

성분이 $k_{zz}=k$인 투과성텐서이다. 투과성 $\boldsymbol{k}$는 **효과적인** 또는 **균질화된 매개변수**의 예이다. (1)에서 균질화된 극한 $\boldsymbol{v}, \boldsymbol{k}, p$의 존재성은 주기적 또는 이동 불변 통계를 가진 비균질 매질에 대한 증명과 같이 폭넓은 가정하에 증명될 수 있다.

$\boldsymbol{k}$, 또는 (전기나 열의 전도성과 이들이 미세구조의 통계적 성질에 어떻게 의존하는지와 같은) 다른 효과적 운송 계수에 관한 정량적 정보를 얻는 것은 합성물 이론에서 중심이 되는 문제이다. 광범위한 기술들이 미세구조의 부분 정보 측면에서 합성물과 비균질 매체의 효과적 성질에 대한 정확한 경계, 근사공식, 일반적 이론을 얻기 위해서 개발되었다. 물론 이 문제는 사실상 통계역학에서 중심이 되는 분자 상호작용에 관한 정보로부터 물질의 부피와 관련된 성질을 계산하는 기본적인 질문과 유사하다.

기후를 모형화하는 데 있어서 기본적인 문제 중 하나인 **하위 그리드 척도**(sub-grid scale)의 과정과 구조를 엄밀하게 처리하는 것도 이 경우라는 것을 언급해 둔다. 즉, 포함되는 현상의 척도가 수치 모형의 그리드 크기(수만 킬로미터가 될 수 있다)보다 훨씬 더 작을 때 어떻게 기후 모형 안으로 중요한 효과를 포함시키겠는가? 예를 들어 일반적인 순환 모형에 해빙의 1밀리미터 이하 척도의 소금물 미세구조의 모든 세부 사항을 처리하는 것은 분명히 비현실적이다. 그렇지만 소금물 상의 부피율과 연결성 성질은 유체가 얼음을 통과해서 흐를 수 있는지 여부를 결정한다. 결과적으로 **5들의 법칙**(rule of fives)으로 알려진(아래 참조) 해빙에서의 유체 흐름의 **점멸(點滅) 스위치**는 녹은 연못 배수, 눈-얼음 형성(여기서는 바닷물이 위로 스며들고, 해빙 표면에 있는 눈 층 위로 넘치고, 그 결과로 언다), 염분 도표의 발전, 영양분 보충을 결정한다. 균질화된 운송 계수(효과적 유체 투과성)는 해빙 기후 모형 그리고 관련된 물리와 생물 지구화학의 과정을 다루기 위해서 해빙 기후 모형에 포함되었다. 이 효과적 계수는 관련된 미세 구조 변화를 포착하고 몇몇의 해빙의 과정들이 어떻게 발전하는지를 결정하는(미세구조에 관한 적당한 가정하에서) 잘 정의된 매개변수이다. 이 예에서 엄밀한 수학적 방법이 1밀리미터 이하의 척도에 포함된 소금물보다 훨씬 더 큰 길이 척도를 가진 효과적인 해빙의 움직임을 분석하는 데 사용될 수 있다는 것을 보일 것이다.

3 합성물의 수학

이 절에서는 해빙의 효과적인 성질을 연구하는데 이용되는 수학적 모형과 기술(technique)에 대하여 간단히 알아볼 것이다.

3.1 여과이론

여과이론은 광부의 가스 마스크에 사용되는 투과성 사암을 통한 공기의 흐름을 연구하기 위한 단순 격자 모형의 도입으로 1957년에 시작되었다. 이후 수십 년에 걸쳐 이 이론은 바위와 흙과 같은 구멍이 있는 매체에서의 흐름, 도핑 반도체(doped semiconductor), 압전저항(piezoresistor), 서미스터(thermistor, 온도에 따라 전기 저항치(**値**)가 달라지는 반도체 회로 소자(**素子**)), 레이더 흡수 합성물, 탄소 나노 튜브 합성물, 극지방 만년설과 같은 다양한 종류의 무질서한 도체에서의 흐름을 포함하는 광범위한 무질서

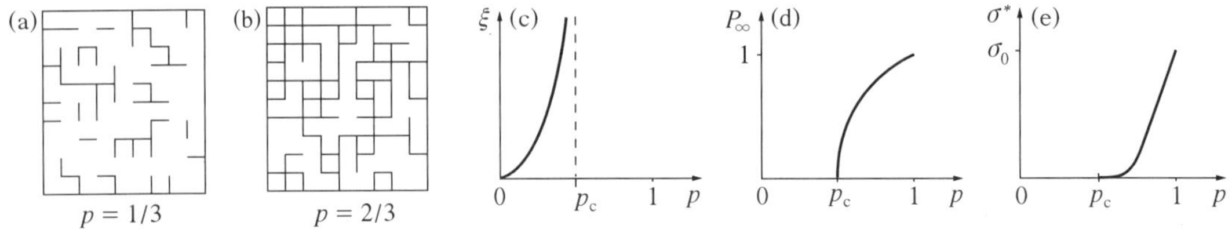

그림 3 (a)는 여과 한계치 $p_c = \frac{1}{2}$ 아래의 2차원 정사각형 격자 여과 모형이고 (b)는 여과 한계치 위의 모형이다(살바토레 토르콰토(Salvatore Torquato)의 허가하에 게재). (c)는 p가 p_c로 다가갈 때의 상관 길이의 발산이다. (d)는 여과 모형의 무한 무리의 밀도이고 (e)는 효과적 전도성이다.

한 물질과 과정을 성공적으로 모형화하는 데 사용되었다. 본래 여과 모형과 그 일반화는 특별히 물리와 수학에서 전문적인 이론 연구의 주제였다. 여과 모형이 광범위한 관심을 받는 이유는 아마도 상전이의 한 형태를 보이는 가장 순수한 통계학 모형이기 때문이다.

격자 여과 모형의 가장 간단한 형태는 다음과 같이 정의된다. d차원 정수 격자 $\mathbb{Z}^d$, 가장 가까이 있는 격자의 위치를 연결하는 결합의 정사각형 또는 정육면체 망을 생각하자. 각각의 결합에 (열린 것을 의미하는) 확률 p의 전도성 $\sigma_0 > 0$(위에서의 응력 텐서와 혼동하지 말 것)과 (닫힌 것을 의미하는) 확률 $1-p$의 전도성 0을 할당한다. (a)에서는 $p = \frac{1}{3}$이고 (b)에서는 $p = \frac{2}{3}$인 격자 배치의 두 예를 그림 3에서 볼 수 있다. 연결된 열린 결합의 무리는 **열린 무리**라고 불린다. 이 모형에서는 평균적인 무리의 크기가 발산하고 무한한 무리가 나타나는 **여과 한계치**로 불리는 임계 확률 p_c, $0 < p_c < 1$이 존재한다. 2차원 결합 무리에 대해서는 $p_c = \frac{1}{2}$이다. $p < p_c$에 대하여 무한한 무리의 밀도 $P_\infty(p)$는 0인 반면에, $p > p_c$에 대해서는 $P_\infty(p) > 0$이고 한계치 근처에서는

$$P_\infty(p) \sim (p - p_c)^\beta, \quad p \to p_c^+$$

이다. 여기서 β는 보편 임계 성분이다. 즉, β는 차원에만 의존하고 격자에는 의존하지 않는다. $x, y \in \mathbb{Z}^d$이고 $\tau(x, y)$는 x와 y가 같은 열린 무리에 속할 확률이라고 하자. 상관길이 $\xi(p)$는 열린 무리에 있는 점들 사이의 평균 거리이고 유한한 무리의 선형 크기를 측정한다. $p < p_c$에 대하여 $\tau(x, y) \sim e^{-|x-y|/\xi(p)}$이고 $\xi(p) \sim (p_c - p)^{-\nu}$은 그림 3(c)에서 볼 수 있는 것과 같이 $p \to p_c^-$일 때 보편 임계 지수 ν의 크기로 발산한다. 지금은 무작위 저항 (또는 도체) 망으로 생각하는 키르히호프의 법칙에 의해서 정의된 격자의 효과적인 전도성 $\sigma^*(p)$는 그림 3(e)에서 볼 수 있는 것과 같이 무한 경로가 없기 때문에, $P_\infty(p)$에서와 같이 $p < p_c$에서 사라진다. $p > p_c$에 대해서는 $\sigma^*(p) > 0$이고 p_c 근처에서는

$$\sigma^*(p) \sim \sigma_0 (p - p_c)^t, \quad p \to p_c^+$$

이다. 여기서, t는 (이상적인 모형에 대하여) $d = 2$, 3이면 $1 \le t \le 2$인 전도성 임계 지수이고, 수치적으로는 $d = 2$이면 $t \approx 1.3$, $d = 3$이면 $t \approx 2.0$이다. 비슷한 움직임 $k^*(p) \sim k_0(p - p_c)^e$을 보이는 효과적

유체 투과성 $k^*(p)$를 가진 무작위 관망(pipe network)을 생각하자. 여기서 e는 투과성 임계 지수이고 격자에 대해서는 $e = t$이다. t와 e 둘 모두는 보편적일 것으로 여겨진다. 즉, 이 둘은 차원에만 의존하고 격자의 형태에는 의존하지 않는다. 소위 **스위스 치즈 모형**과 같은 연속체 모형은 $e \neq t$이고 격자의 경우와 다른 지수를 갖는 보편적이지 않은 움직임을 보일 수 있다.

3.2 해석적 연속과 스펙트럼 측도

균질화는 주어진 비균질 매질과 미시적으로 같은 움직임을 보이는 균질 매질을 찾는 것이다. 이 방법은 합성물과 같은 비균질 매질의 효과적인 성질을 발견하는데 초점이 맞춰져 있다. 효과적인 매개변수에 대한 스틸체스 적분 표현에서 스펙트럼 측도는 효과적인 성질 계산에서 합성물에 대한 상위 기하학적 정보를 얻는 강력한 도구를 제공한다는 것을 보게 될 것이다.

이제부터 합성 물질의 효과적인 운송 성질을 연구하기 위해서 **해석적 연속 방법**을 간단히 소개한다. 이 방법은 두 성분과 다중 성분 합성 물질의 효과적 운송 계수에 관한 정확한 한계를 얻기 위해서 사용되었다. 한계는 효과적 매개변수에 대한 표현의 특별한 해석적 구조와 합성 매개체의 경우에서 상들의 상대적인 부피율과 같은 미세구조에 대한 부분적인 지식으로부터 얻을 수 있다. 해석적 연속 방법은 나중에 비압축 유체 속도장에서 수동적 추적자의 효과적인 확산 비율을 다루는 것으로 변형되었다.

이 방법이 모든 고전 운송 계수에 적용된다고 할지라도 2개의 상 무작위 매질의 효과적인 유전율 텐서 $\boldsymbol{\varepsilon}^*$만을 생각한다. 여기서 $\varepsilon(\boldsymbol{x}, \omega)$는 $\boldsymbol{x} \in \mathbb{R}^d$이고, $\omega \in \Omega$인 (공간) 정적인 무작위 장이고, 저변에 있는 확률 측도 P는 고정성과 양립할 수 있다. 여기서 Ω는 하나의 특별한 현실화(realization)를 표현하는 매개변수 ω에 의해서 표현되는 매질의 모든 기하학적 현실화의 집합이다.

해빙에서와 같이 2개의 상 국소 등방성 매질을 다루는 것으로 가정한다. 그러면 국소 유전율 텐서 $\boldsymbol{\varepsilon}$의 성분 ε_{jk}는 $\varepsilon_{jk}(\boldsymbol{x}, \omega) = \varepsilon(\boldsymbol{x}, \omega)\delta_{jk}$를 만족한다. 이때 δ_{jk}는 크로네커 델타(Kronecker delta)이고

$$\varepsilon(\boldsymbol{x}, \omega) = \varepsilon_1 \chi_1(\boldsymbol{x}, \omega) + \varepsilon_2 \chi_2(\boldsymbol{x}, \omega) \qquad (2)$$

이다. 여기서 ε_j는 매질 $j = 1, 2$에 대한 **복소 유전율**이고 $\chi_j(\boldsymbol{x}, \omega)$는 $\chi_2 = 1 - \chi_1$이 되는 $\boldsymbol{x}$에서 매질 j를 가지는 $\omega \in \Omega$에 대해서는 1이고 나머지는 0인 매질의 특성함수이다.

파장이 합성물 미세구조의 척도보다 훨씬 더 클 때, 주어진 합성물 매체에서 전자기파의 전파 성질은 맥스웰 방정식

$$\nabla \times \boldsymbol{E} = 0, \quad \nabla \cdot \boldsymbol{D} = 0 \qquad (3)$$

의 준정적(準靜的) 극한에 의해서 결정된다. 여기서, $\boldsymbol{E}(\boldsymbol{x}, \omega)$와 $\boldsymbol{D}(\boldsymbol{x}, \omega)$는 각각 국소구조방정식 $\boldsymbol{D}(\boldsymbol{x}) = \varepsilon(\boldsymbol{x})\boldsymbol{E}(\boldsymbol{x})$와 관련된 정전기와 변위장이고 $\boldsymbol{e}_k$는 k번째 방향으로의 표준 기저벡터이다. 전기장은 $\langle \boldsymbol{E} \rangle = \boldsymbol{e}_k$인 평균 단위 강도를 갖는 것으로 가정된다. 여기서 $\langle \cdot \rangle$은 Ω에서 평균을 낸 또는 $\mathbb{R}^d$ 전체에서 공간적으로 평균을 낸 앙상블(ensemble)을 나타낸다. 효과적인 복소 유전율텐서 ε^*은 국소 구조 관계식

$\boldsymbol{D} = \varepsilon \boldsymbol{E}$의 균화질된 버전인

$$\langle \boldsymbol{D} \rangle = \varepsilon^* \langle \boldsymbol{E} \rangle \tag{4}$$

로 정의된다.

논의를 간단히 하기 위해서, $\varepsilon^* = \langle \varepsilon \boldsymbol{E} \cdot \boldsymbol{e}_k \rangle$인 대각선 계수 $\varepsilon^* = \varepsilon_{kk}^*$에 초점을 맞춘다. (2)의 $\varepsilon(\boldsymbol{x}, \omega)$의 균질화에 의해서, ε^*는 대조 매개변수 $h = \varepsilon_1/\varepsilon_2$에 의존한다. $m(h) = \varepsilon^*/\varepsilon_2$로 정의하면 $m(h)$는 상반 h평면을 상반평면으로 대응시키고 음의 실수축 $(-\infty, 0]$을 제외하고 전체 복소 h평면에서 해석적인 함수이다.

이 방법에서 중요한 단계는 ε^*에 대한 스틸체스 적분 표현을 얻는 것이다. 이 적분 표현은 전기장 $\boldsymbol{E} = s(sI - \Gamma\chi_1)^{-1}\boldsymbol{e}_k$의 분해 표현으로부터 얻어진다. 여기서 $\Gamma = \nabla(\Delta^{-1})\nabla \cdot$는 $L^2(\Omega, P)$에서 회전에 의존하지 않는 무작위 장들의 힐베르트 공간으로의 사영으로 작용하고 Δ^{-1}는 라플라시안(Laplacian) $\Delta = \nabla^2$에 대한 자유 공간 그린 함수와의 합성곱에 바탕을 두고 있다. [0, 1]을 제외하고 s평면에서 해석적인 함수 $F(s) = 1 - m(h)$, $s = 1/(1-h)$를 생각하자. $F(s) = \langle \chi_1[(sI - \Gamma\chi_1)^{-1}e_k] \cdot e_k \rangle$로 나타내면

$$F(s) = \int_0^1 \frac{\mathrm{d}\mu(\lambda)}{s - \lambda} \tag{5}$$

를 얻는다. 여기서 $\mu(\mathrm{d}\lambda) = \langle \chi_1 Q(\mathrm{d}\lambda)\boldsymbol{e}_k \cdot \boldsymbol{e}_k \rangle$는 [0, 1]에서의 양의 **스펙트럼 측도**이고 $Q(\mathrm{d}\lambda)$는 유계 자기수반(self-adjoint) 작용소 $\Gamma\chi_1$과 관련된 (유일한) 사영을 값으로 주는 측도이다.

방정식 (5)는 작용소 $\Gamma\chi_1$의 분해방정식의 스펙트럼 정리에 근거를 두고 있다. 이것은 측도 μ에 포함된 복잡한 기하학적 정보로부터 s에 관한 성분 매개

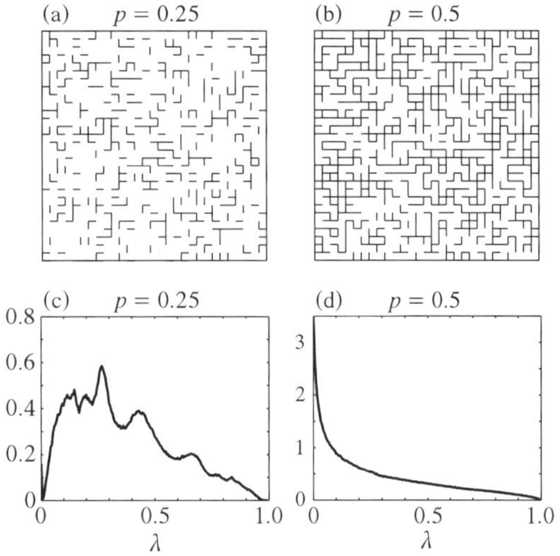

그림 4 (a)와 (b)에서 2차원 격자 여과 모형의 실사를 볼 수 있고 (c)와 (d)에는 (5,000번의 무작위 실사의 평균을 통해서 얻은) 대응되는 스펙트럼 함수를 볼 수 있다. (c)에는 장거리 질서 또는 연결성의 결핍을 나타내는 $\lambda=1$ 주위에서의 스펙트럼 틈이 있다. $p=p_c=0.5$인 여과 한계치에 도달했을 때 (d)에서 틈은 붕괴되고, 시스템은 장거리 연결성을 보인다. (c)와 (d)에서 수직 방향의 척도가 다른 것을 주의하자.

변수를 분리하는 효과적인 복소 유전율 ε^*에 대한 스틸체스 적분 표현을 제공한다($\varepsilon = \varepsilon_1\chi_1 + \varepsilon_2\chi_2 + \varepsilon_3\chi_3 + \cdots + \varepsilon_n\chi_n$인 다중 성분 매질로서의 (5)의 확장은 다변수 복소 변수를 포함한다). 기하에 관한 정보는 모멘트

$$\mu_n = \int_0^1 \lambda^n \mathrm{d}\mu(\lambda) = \langle \chi_1[(\Gamma\chi_1)^n \boldsymbol{e}_k] \cdot \boldsymbol{e}_k \rangle, \quad n = 0, 1, 2, \cdots$$

를 통해서 얻을 수 있다. 예를 들어, 질량 μ_0은 $\mu_0 = \langle \chi_1 \boldsymbol{e}_k \cdot \boldsymbol{e}_k \rangle = \langle \chi_1 \rangle = \phi$이다. 여기서 ϕ는 상 1의 물질의 부피 또는 면적 비율이고 물질이다. 물질이 확률적으로 등방성이면 $\mu_1 = \phi(1-\phi)/d$이다. 일반적으로 μ_n은 매질의 $(n+1)$-점 상관 함수에 의존한다.

주어진 합성물 미세구조에 대한 스펙트럼 측도 μ를 계산하기 위해서는 우선 합성물의 2개의 상 이미지를 2개의 상에 대응하는 1과 0으로 채워진 정

사각형 격자로 구분해야 한다. 그러면 (χ_1을 통해서 기하에 의존하는) 핵심 작용소 $\Gamma\chi_1$은 자기 수반 행렬이 된다. 스펙트럼 측도는 이 행렬의 고윳값과 고유벡터로부터 직접 계산될 수 있다. 그림 4에서 2차원 정사각형 격자에서의 여과 모형에 대한 스펙트럼 측도의 예를 볼 수 있다.

4 해빙에서의 응용

4.1 여과 이론

온도가 T°C이고 1,000당 얼마(parts per thousand, ppt)로 주어진 높은 염도의 해빙 견본이 있다면 소금물 부피 비율 ϕ는 (근사적으로) 프랑켄슈타인-가너(Frankenstein-Garner)의 방정식

$$\phi = \frac{S}{1000}\left(\frac{49.185}{|T|} + 0.532\right) \qquad (6)$$

를 이용하여 구할 수 있다. 고정된 염도에서 온도가 증가하면 액체 소금물의 부피 비율 ϕ 또한 증가한다. 포함되는 부분은 삽화 페이지의 도판 6번의 (a)-(c)(해빙 단일 결정의 X선 단층촬영 스캔에 의한 해빙에서(금색)의 소금물 상의 이미지)에서 볼 수 있는 것과 같이 더 넓고 더 많이 연결된다.

소금물 상의 연결성이 온도가 올라감에 따라서 증가하기 때문에 유체가 해빙을 통해서 흐를 수 있는 가능성(유체의 투과성) 또한 증가한다. 사실 해빙에는 **여과 한계치** 또는 임계 소금물 부피 비율 ϕ_c 또는 임계 온도 T_c(원주 해빙은 이 임계값들 아래에서는 수직 유체 흐름을 효과적으로 차단하고 임계값 위에서는 통과시킨다. 이 임계값들은 온도가 올라감에 따라서 커진다)가 존재한다. 해빙의 유체 수송에 대한 이와 같은 임계 행동은 삽화 페이지의 도판 6(d)에서 확인할 수 있다. 수직 유체 투과성 $k(\phi)$는 그림 3(e)에서의 전도성(또는 투과성)과 유사하게 약 $\phi_c \approx 0.05$ 또는 5%의 임계값 바로 위에서 빠른 증가를 보인다. 이러한 형태의 움직임은 약 5% 아래로 소금물 부피 비율을 낮추는 배수의 효과를 가진 소금물 배수에 관한 자료에서도 볼 수 있다. (6)의 프랑켄슈타인-가르너 방정식을 이용하여 임계 소금물 부피 비율 $\phi_c \approx 0.05$는 5ppt 염도에 대하여 임계 온도 $T_c \approx -5$°C에 대응된다. 이러한 중요한 임계값의 관계는 **5들의 법칙**으로 불린다.

위와 같은 임계값의 관계를 고려하면 이론적으로 여과를 설명하고자 하는 것이 합리적이다. 그렇지만 $d = 3$ 입방 결합 격자에 대하여 $p_c \approx 0.25$이기 때문에 해빙의 소금물 미세구조의 기하에 대한 주요 특징들은 격자에 의해서 잃어버린 것이 분명했다. 임계값 $\phi_c \approx 0.05$는 해빙과 유사한 미세구조적 특징을 보이는 압축 가루의 연속체 여과 모형에서의 임계 확률과 동일했다. 이 사실을 이용하여 조류 성장과 설빙 생성뿐만 아이라 5들의 법칙을 설명할 수 있다. 그림 5의 압축 가루는 소위 **스텔스** 또는 레이더파 흡수 복합물의 개발에 사용되었다.

해빙에 압축 가루 모형을 적용했을 때, 소금물 미세구조가 임계 소금물 부피 비율에서 연결성 변화를 겪는다는 **직접적인** 증거가 없었다. 이러한 증거의 부족은 3차원에서 포함된 소금물의 연결성에 대하여 묘사하고 정량적으로 특징(특히 열역학적 발전)을 묘사하는 것이 어렵기 때문이다. X선 단층촬영과 기공 구조분석을 사용하여 −18°C에서 −3°C의 온도 범위에서 해빙 단일 결정에서의 소금물 연결

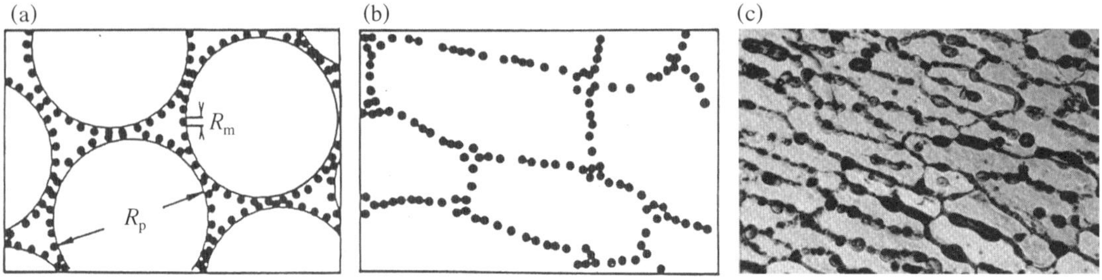

그림 5 (a)더 작은 금속 구와 섞여 있는 큰 고분자 구의 가루. (b)가루가 압축되었을 때, 그 미세구조는 (c)에 있는 해빙의 미세구조와 비슷하다((a)와 (b)는 골든(Golden, K.M.), 오클리(S.F. Ackley), 라이틀(V. I. Lytle)의 《Science》 1998년 12월 18일: 282 (5397), 2238-2241을 각색한 것임. (c)는 CRREL 보고서 87-20(1987 10월)을 각색한 것임).

성의 열역학적 발전의 임계 움직임을 분석했다. 소금물 상에서의 구멍과 목(throat)의 3차원 이미지를 마디와 모서리의 그래프에 대응시키고 온도와 견본 크기에 대한 함수로서 그들의 연결성을 분석했다. 소금물 포함의 실제적인 망 모형은 3차원 마이크로 단층촬영의 구멍이 있는 매질 분석으로부터 유도할 수 있다. 유한 크기 척도 기술을 사용하면 해빙이 여과 임계값에서 강력한 이방성을 보이는 자연물질이라는 것을 분명히 할 뿐만 아니라 5들의 법칙을 상당히 분명하게 한다.

이제 해빙의 유체 투과성을 이해하는 데 여과 이론을 적용해 보자. 연속체에서 투과성과 전도성 지수 e와 t는 보편적이지 않은 값을 취할 수 있고 3차원 스위스 치즈 모형에서처럼 같을 필요도 없다. 연속체 모형은 결합 전도성 g의 확률함수 $\psi(g)$을 격자에 대응시켜서 연구한다. $g \to 0^+$일 때 $\psi(g)$이 특이(sigular)하면 보편적이지 않은 움직임은 얻을 수 있다. 그렇지만 해빙에서와 같이 로그 정규적으로 분포된 소금물 교차로부터 발생하는 로그 정규 전도성 분포에 대해서는 움직임이 **보편적**이다. 따라서 해빙에 대해서는 $e \approx 2$이다.

해빙에서의 투과성 척도 요소 k_0은 **임계 경로 분석**을 통해서 추정된다. 넓은 범위의 g를 가진 매질에 대하여 전체적인 움직임은 (임계 경로 $\{g : g \geq g_c\}$가 견본을 생성하는) 가장 작은 전도성인, 임계 **병목** 전도성 g_c에 의해서 결정된다. 1.0mm와 1.0cm사이의 대부분의 소금물 길 반지름에 대하여 유체 경로 확장은 가장 장은 특성 반지름 $r_c \approx 0.5$mm를 갖고 관-흐름 결과 $r_c^2/8$에 의해서 k_0을 추정할 수 있다. 따라서

$$k(\phi) \sim 3(\phi - \phi_c)^2 \times 10^{-8}\text{m}^2, \qquad \phi \to \phi_c^+ \quad (7)$$

이다. 삽화 페이지의 도판 6(f)에서 $\phi_c \approx 0.05$보다 약간 위인 [0.055, 0.15]에 있는 ϕ에 대한 현장에서 얻은 자료와 (7)을 비교할 수 있고 매우 비슷하다는 것을 발견할 수 있다. 해빙의 3차원 **보편** 격자 값이 $e \approx 2$라는 놀랄 만한 결과는 포함된 소금물 분포 함수의 일반 로그 정규 구조 때문이다. 이 결과들의 일반적인 성질을 통해서 외계 물체에서 발견되는 소금기가 있는 얼음과 닮은 형태의 구멍이 있는 매질 또한, 보편 임계 움직임을 보일 수 있다는 것을 짐작할 수 있다.

4.2 해석적 연속

4.2.1 효과적 복소 유전율에 관한 한계

ε^* 또는 $F(s)$에서의 한계는 (5)에서 s를 고정하고

$$\mu_0 = \phi \tag{8}$$

를 만족하는 측도들만을 고려한 것과 같이 가능한 측도 μ(또는 허용되는 기하들)를 변화시켜서 복소 평면에서 대응 되는 $F(s)$의 범위를 찾아냄으로써 얻을 수 있다. ε^*에 관한 두 가지 형태의 한계를 얻을 수 있다. 첫 번째 한계 R_1은 소금물과 얼음의 상태적인 부피 비율 $p_1 = \phi$와 $p_2 = 1 - p_1$의 관계만 알려져 있다고 가정한다. 그래서 (8)이 만족된다. 이 경우에 허용되는 측도의 집합은 옹골 볼록집합이 된다. (5)가 μ에 관한 선형 범함수이기 때문에 F의 극값은 가능한 측도의 집합의 극점 즉, $p_1\delta_z$ 형태의 디랙 점 측도(Dirac point measure)에 의해서 얻을 수 있다. F의 값은 원 $p_1/(s-z), -\infty \le z \le \infty$ 안에 있어야만 하고 영역 R_1은

$$C_1(z) = \frac{p_1}{s-z}, \quad 0 \le z \le p_2 \tag{9}$$

에 의해서 F 평면에서 매개화되는 원호와 다른 원호에 의해서 둘러싸인다. 다른 호를 보여 주기 위해서는 [0, 1] 밖에서 해석적이고, $F(s)$와 같이 헤르글로츠 함수(Herglotz function)인 보조함수

$$E(s) = 1 - \frac{\varepsilon_1}{\varepsilon^*} = \frac{1 - sF(s)}{s(1-F(s))} \tag{10}$$

를 이용하는 것이 편리하다. 그러면 E평면에서

$$\hat{C}_1(z) = \frac{p_2}{s-z}, \quad 0 \le z \le p_1 \tag{11}$$

에 의해서 R_1의 다른 원호 경계를 매개화할 수 있다. ε^*평면에서 R_1은 꼭짓점 $V_1 = \varepsilon_1/(1-\hat{C}_0(0)) = (p_1/\varepsilon_1 + p_2/\varepsilon_2)^{-1}$와 $W_1 = \varepsilon_2(1 - C_1(0)) = p_1\varepsilon_1 + p_2\varepsilon_2$를 갖고 ε_1와 ε_2이 실수일 때 구간

$$(p_1/\varepsilon_1 + p_2/\varepsilon_2)^{-1} \le \varepsilon^* \le p_1\varepsilon_1 + p_2\varepsilon_2 \tag{12}$$

가 된다. 이것은 고전적인 산술평균(위쪽)과 조화평균(아래쪽) 한계이고, 기본한계라고 불린다. 복소 기본한계 (9)와 (11)은 최적이고 임의의 크기의 고르게 정렬된 물질 1 회전 타원체를 초점을 공유하는 물질 2로 코팅한 합성물에 의해서 얻을 수 있다. 거꾸로도 가능하다. 가로세로의 비를 변화시켜서 호들의 윤곽을 그릴 수 있다.

물질이 확률적으로 등방성이라고 더 가정하면 즉, $\varepsilon^*_{ik} = \varepsilon^*\delta_{ik}$이면 $\mu_1 = \phi(1-\phi)/d$가 성립해야만 한다. 이 정보를 포함시키는 편리한 방법은 변환

$$F_1(s) = \frac{1}{p_1} - \frac{1}{sF(s)} \tag{13}$$

을 이용하는 것이다. 함수 $F_1(s)$는 헤르글로츠 함수이고 표현

$$F_1(s) = \int_0^1 \frac{d\mu^1(z)}{s-z}$$

를 갖는다. 그러면 $F(s)$에 관한 제한 조건 $\mu_1 = \phi(1-\phi)/d$은

$$\mu_0^1 = p_2/p_1 d$$

인 질량 또는 μ^1의 0 번째 모멘트 μ_0^1만의 제한조건으로 바뀐다. R_1에 같은 절차를 적용하면 경계가 다시 원호가 되는 영역 R_2를 얻는다. ε_1과 ε_2가 $\varepsilon_1 \ge \varepsilon_2$인 실수이면, 영역은 양 끝점이 하쉰-쉬트리크만(Hashin-Shtrikman) 경계로 불리는 실수 구간이 된

다. (13)을 반복하는 것에 의해서 더 높은 순서 상관관계 정보를 편리하게 포함시킬 수 있다는 것을 언급해 둔다.

4.2.2 역 균질화

효과적 유전율 ε^*이 복소 s 평면의 호에서 측정 가능하다면, 합성물에 대한 모든 기하학적 정보를 포함하는 스펙트럼 측도 μ가 유일하게 재구성될 수 있다는 것을 보였다. (위의 무작위 매질과 다르게) 성분 매개변수가 진동수 ω에 의존한다면, 구간 (ω_1, ω_2)에서 ω의 변동을 통해서 필요한 자료를 얻을 수 있다. μ의 재구성은 역 포텐셜 문제로 바꿀 수 있다. 사실 $F(s)$는 측도 μ의 로그 포텐셜 Φ를 사용하면 표현

$$F(s) = \frac{\partial \Phi}{\partial s}, \quad \Phi(s) = \int_0^1 \ln|s - z| \mathrm{d}\mu(z) \quad (14)$$

가 된다. 여기서 $\partial/\partial s = \partial/\partial x - \mathrm{i}\partial/\partial y$이다. 포텐셜 Φ는 푸아송 방정식 $\Delta\Phi = -\rho$를 만족한다. 여기서 $\rho(z)$는 [0, 1]에서 밀도함수이다. 정 문제(forward problem)의 해는 $\mu(\mathrm{d}z) = \rho(z)\mathrm{d}z$가 되는 뉴턴 포텐셜(Newtonian potential)로 주어진다. 역 문제는 Φ, $\partial\Phi/\partial n$ 또는 $\nabla\Phi$의 값들이 주어졌을 때 $\rho(z)$(또는 μ)를 찾는 것이다. 역 문제는 타당치 않다. 또한 안정된 수치 알고리즘을 만들기 위해서는 **정규화**[IV.4 §7]가 필요하다.

진동수 ω가 (ω_1, ω_2)에서 움직일 때, 복소 매개변수 s는 s평면에서의 호 C를 따라 움직인다. 단위 구간에서의 측도들의 집합 $\mathcal{M}[0, 1]$을 곡선 C에서 정의된 복소 포텐셜의 도함수의 집합으로 보내는 (14)에 있는 적분 작용소

$$A\mu = \frac{\partial}{\partial s}\int_0^1 \ln|s - \lambda| \mathrm{d}\mu(\lambda)$$

를 A라고 하자. 해를 찾기 위해서 $\mu \in \mathcal{M}$에 대하여 $\|A\mu - F\|^2$을 최소화하는 문제를 생각하자. 여기서 $\|\cdot\|$은 $L^2(C)$-노름이고, $F(s)$는 측정된 자료이고 $s \in C$이다. 해는 자료에 연속적으로 의존하지 않는다. 그래서 제한된 최소화에 기초한 정규화가 필요하다. $\mathcal{M}$에 있는 모든 함수에 대하여 $\|A\mu - F\|^2$을 최소화 시키는 것 대신에 안정화된 범함수 $J(\mu)$와 $\beta > 0$에 대하여 $J(\mu) \le \beta$를 만족시키는 볼록집합에서 최소화시킨다. 이차식 $J(\mu) = \|L\mu\|^2$을 사용했을 때의 좋은 점은 대응되는 오일러 방정식이 선형이 된다는 것이다. 이것은 수치 설계에서의 효율성을 증가시킨다. 그렇지만 재구성된 해는 반드시 매끈함을 갖는다. 2차가 아닌 안정화는 해의 변동에 제약을 가한다. 음이 아니라는 제약뿐만 아니라 전변동 제약은 중요한 디랙 측도를 포함하여 더 일반적인 복구를 가능하게 하는 매끄러움을 주지 못한다.

구성 성분의 부피 비율과 포함 분리 매개변수 q와 $\Gamma\chi_1$의 스펙트럼 틈에 제약 조건을 주어서 축소 역 스펙트럼 문제를 정확하게 풀어냈다. 가능한 매개변수 값들의 영역을 둘러싸는 매개변수 공간의 대수적 곡선의 집합을 출력하는 정 경계(forward bound)에 대한 뫼비우스 변환 구조에 기초한 알고리즘을 개발하였다. 이 결과들은 합성 물질의 미세구조를 특징짓는 기술의 발전을 진보시켰고, 포함된 소금물 분리가 여과 임계값에 다가감에 따라 사라진다는 것을 전자기적으로 증명하기 위해서 해빙에 적용되었다.

5 가장자리 얼음 지역의 기하학

고밀도의 덩어리 얼음은 얼음 덮개가 외해 경계에 가까이 놓여 있고, 강력한 대기-얼음-바다 상호작용이 발생하는 매우 역동적인 영역인 가장자리 얼음 지역(marginal ice zone, MIZ)으로 명명된 부서진 얼음 부분을 통해서 외해로 서서히 바뀐다. MIZ는 일정 부분 파도와 놀이 해빙 덮개를 관통하는 길이를 나타내기 때문에 MIZ의 너비는 극지방 동역학의 기본 길이 척도이다. 파도의 관통은 매끄러운 얼음 층을 부빙으로 부러트릴 수 있기 때문에 MIZ가 내부 얼음의 안정된 조직을 보호하는 완충 지역으로 작용한다는 것을 알 수 있다. 파도는 또한 그림 7에서 볼 수 있는 것과 같이 빈대떡 얼음(pancake ice)의 형성을 촉진한다. 더욱이 MIZ의 너비는 극지방 바다 서식지의 중요한 공간 차원이고 높은 고도로의 인간의 접근성에 영향을 준다. MIZ 너비(아래 참조)를 정량화하기 위해서 등각 사상 방법을 사용하여 30년 동안의 인공위성 자료(1979-2012)를 분석하면 여름의 북극 MIZ가 39% 확장되었다는 극적인 결과를 얻을 수 있다.

삽화 페이지의 도판 8(a)의 빗금 친 예에서 알 수 있는 것과 같이 일반적으로 측지 볼록이 아닌 MIZ의 모양은 MIZ의 객관적인 측정과 관련된 어려운 문제이다. 꽉 들어찬 얼음($c > 0.80$)과 성긴 얼음($c < 0.15$) 사이를 연결하는 가장자리 얼음($0.15 \le c \le 0.80$)으로 MIZ를 정의하기 위해서 해빙 농도 (c)를 사용한다. 이러한 모양에 적용할 수 있는 객관적인 MIZ 너비를 정의하기 위해서 MIZ 안에서 라플라스 방정식[III.18]

$$\nabla^2 \psi = 0 \tag{15}$$

을 만족하는 이상적인 얼음 농도장 $\psi(x, y)$를 도입한다. (x, y)는 2차원 공간의 점을 표시하기 위해서 사용되었고 구면 지구에서 작업을 하고 있다고 가정된다. (15)에 대한 경계조건은 MIZ가 성긴 얼음 지역의 경계를 이룰 때 $\psi = 0.15$이고 MIZ가 꽉 들어찬 얼음 지역의 경계를 이룰 때 $\psi = 0.80$이다. 삽화 페이지의 도판 8번의 (a)와 (b)에서는 여러 예들에 대한 (15)의 해를 색깔로 표시하였다. ψ의 등위선에 수직이고 MIZ 경계(삽화 페이지의 도판 8(b)에서와 같이 기울기 벡터장 $\nabla\psi$에서의 검은 장선(field line))의 두 점을 연결하는 곡선 γ는 MIZ에 있고, 그 길이는 MIZ 너비(ℓ)의 객관적인 측도를 제공한다. 이와 같이 정의된 ℓ은 임의의 시작점으로부터 MIZ 둘레(s)에 대한 거리의 함수로서 $\ell = \ell(s)$로 나타낸다. 이와 비슷한 라플라스 방정식 응용은 인간 장기의 두께 또는 너비를 측정하기 위한 의학 화상(medical imaging)에도 사용되었다.

(15)에서 2차 유한 차분을 사용하여 도함수를 수치적으로 근사시켰고 라플라스 방정식의 해가 등각 사상에 의해서 불변이기 때문에 자료의 순수 입체 사영을 이용하여 해를 얻었다. 특정한 날의 MIZ에 대하여 MIZ 너비 (w)의 대략적 측도는 MIZ 둘레에 대하여 ℓ을 평균한 것

$$w = \frac{1}{L_M}\int_M \ell(s)\,\mathrm{d}s \tag{16}$$

로 정의할 수 있다. 여기서 M은 MIZ 둘레를 정의하는 닫힌곡선이고 L_M은 M의 길이이다. 자료를 얻을 수 있는 해의 7월에서 9월의 w의 평균을 구하면 삽화

페이지의 도판 8(c)에서 볼 수 있는 것같이 여름의 MIZ가 극적으로 확장되었다는 것을 알 수 있다.

6 북극 녹은 연못의 기하

종종 이른 6월에 볼 수 있는 물웅덩이의 첫 출연 때부터 녹은 연못에 의해서 덮여진 해빙의 면적 비율 ϕ는 단 며칠 만에 70%이상으로 급격하게 증가할 수 있다. 더욱이 연못을 형성하는 물의 축적은 알베도를 극적으로 낮춘다. 평균 알베도에서의 대응되는 임계감소가 있다. 그에 따른 얼음과 상부 바다에서의 햇빛 흡수의 증가는 얼음이 녹는 것을 가속시키고 얼음 **알베도 피드백**을 촉발시킨다. 유사하게 개빙 구역의 감소는 알베도를 낮추고 햇빛 흡수를 증가시켜서 결과적으로 얼음을 녹인다. 따라서 부빙의 표면에서 녹은 연못의 공간적 범위와 분포 그리고 부빙 사이의 개빙 구역은 얼음 덩어리 알베도와 얼음-바다 시스템에서의 태양에너지 분할에 중요한 영향을 끼친다. 북극 해빙의 최근 손실에서의 얼음-알베도 피드백이 중요하게 작용한다면, 얼음 덩어리 알베도와 녹은 연못의 생성과 발전은 기후를 모형화하는 데 있어서 매우 중요할 것이다.

녹은 연못은 북극 해양 환경의 중요한 요소를 형성하지만 그들의 형성, 범위, 발전에 대한 포괄적인 관찰과 이론들은 상대적으로 빈틈이 많이 있다. 녹은 연못에 대한 관찰을 통해서 녹은 연못의 면적 범위는 특히 녹는 계절 초기의 첫해 얼음에 대해서 하루에 35%로 매우 유동적이라는 것을 알 수 있다. 녹은 연못과 부빙의 발전에 영향을 주는 다른 요소의 영향뿐만 아니라 이러한 변동성은 기후 모형에서 알베도를 실제로 다룰 수 있도록 만드는 것을 어렵게 한다. 변동성을 포함하는 작은 녹은 연못과 중간 크기의 녹은 연못에 대한 모형이 개발되었고, 지구 기후 모형에서 녹은 연못 매개화가 사용되고 있다.

여기서 부빙의 표면은 어두운 녹은 연못과 하얀 눈 또는 얼음이라는 두 가지 상의 복합물로 간주한다. 연못의 시작과 초기 임계값을 넘어서는 빠른 증가는 통계 물리와 복합 물질에서의 중요한 현상과 비슷하다. 따라서 녹은 연못 기하의 발전이 수치 녹은 연못 모형에서 유도된 기제에 의존하지 않는 보편적 성질을 보이는지를 묻는 것은 자연스럽다. 북극 해빙이 녹는 것은 환경적 영향과 다른 요소들에 의존하는 넓은 지역 척도와 시간 주기에 영향을 받지만 기본적으로는 고체가 액체로 변하는 상전이 현상이다. 따라서 녹은 연못의 발전은 상전이와 복합 물질의 이론에서 발견되는 현상과 수학적으로 유사한 특징을 갖는다. 이러한 방향의 연구에서 첫 번째 단계는 북극 녹은 연못의 기하학적 복잡성과 그 발전을 고려하는 것이다.

수백만의 녹은 연못으로부터 얻은 면적-둘레 자료를 분석해서 척도의 예상하지 못한 분리를 발견하였다. 여기서 연못 프랙탈 차원 D는 그림 6에서 볼 수 있는 것과 같이 면적이 $100m^2$인 임계 길이 척도 근처에서 1에서 2로의 변화를 보인다. 단순 경계를 가진 작은 연못은 더 큰 연결된 영역을 형성하기 위해서 합쳐지거나 스며든다. 연못의 복잡성은 전이 지역을 통해서 빠르게 증가하고 $1000m^2$보다 더 큰 최대 연못이 된다. 여기서 연못들의 경계는 $D \approx 2$인 공간 채우기 곡선과 닮았다. 이와 같은 형상은 녹는 해빙에서의 복합 방사 장, 해빙과 위쪽 바다의

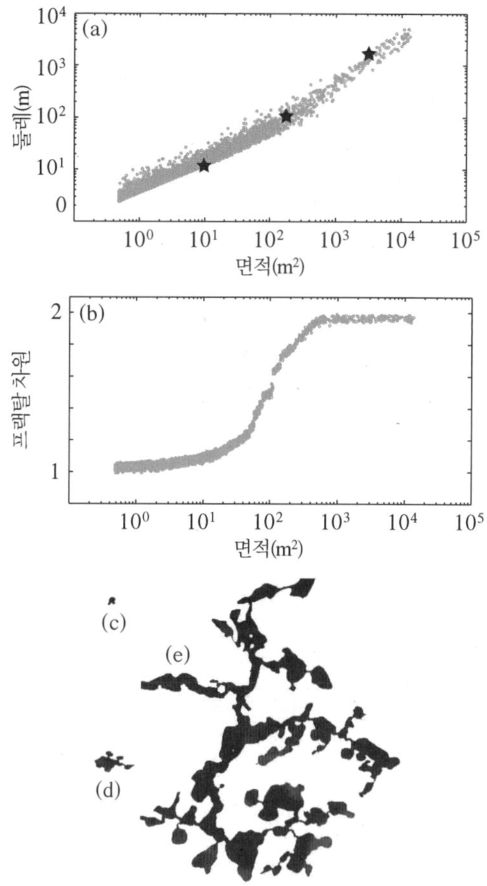

그림 6 (a)로그 척도로 그려진 5,269개의 북극 녹은 연못에 대한 면적 둘레 자료. (b)((a)의 자료를 이용하여 계산된) 면적 *A*에 대한 함수인 녹은 연못 프랙털 차원 D. 왼쪽에서 오른쪽으로 (a)의 세 개의 검은 별에 대응하는 연못은 아래 그림에서 각각 (c), (d), (e)로 표시되었다. (d)의 과도기의 연못은 수평으로 약 30m의 크기이다(호헤네거(Hohengegger, C.), 알라리(B. Alali), 스테펜(K. R. Stefeen), 페로비치(D.K. Perovich) 골든(K.M. Golden)의 2012년 북극 녹은 연못의 프랙털 기하의 전이(Transition in the fractal geometry of Artic melt ponds) 《*The Cryosphere*》 6:1157-62(doi: 10.5194/tc6-11157-2012)로부터 각색되었다).

열평형, 얼음 아래의 식물성 플랑크톤의 개화, 생물학적 생산성, 그리고 생물 지구화학 과정에 영향을 준다.

녹은 연못 발전은 또한 **여과 임계값**을 보인다. 여기서 복합물의 한 상은 어떤 매개변수가 임계값을 넘어서면 거시적 척도로 연결된다. 녹은 연못 배수에 필수적인 해빙의 미시적 물리학에서 이 현상의 중요한 예는(위에서 논의된 것과 같이) 해빙의 소금물 상 또는 185쪽에서 논의된 5들의 **법칙**에 의해서 보여지는 여과 전이이다. 원주형 해빙의 소금물 부피 비율이 근사적으로 5%를 넘어설 때, 소금물 상은 거시적으로 연결되고 얼음의 구멍이 있는 미세구조를 통해서 유체는 흐를 수 있다. 비슷하게 삽화 페이지의 도판 9번에서 항공사진에 대한 간단한 조사를 통해서 해빙의 녹은 연못 상이 여과 전이를 한다는 것을 쉽게 알 수 있다. 이때 연결되지 않은 연못은 복잡한 경계를 가진 훨씬 더 큰 척도로 연결된 구조로 발전한다. 녹은 연못의 연결성은 금, 수로, 물개 구멍을 통한 녹은 물의 수평 수송과 배수뿐만 아니라 녹는 것과 부빙의 붕괴를 더욱 촉진한다.

감사의 글. 저자는 미국 국가 과학 기금(NSF)의 수리과학 분과와 극지방 프로그램 분과의 연구비 지원(DMS-1009704, ARC-0934721, DMS-0940249, DMS-1413454)에 감사를 표한다. 또한 해군 연구실이 북극과 지구 예측 프로그램과 응용 계산 해석의 연구비 지원(N00014-13-10291와 N00014-12-10861)을 해준 데 감사를 표한다. 마지막으로 여기에 제시된 연구에 많은 공헌을 한 동료들과 학생 특히, 스티브 오클리(Steve Ackley), 하조 에이켄(Hajo Eicken), 돈 페트로비치(Don Perovich), 토니 워키(Tony Worky), 코트 스트롱(Court Strong), 엘레나 체르카에프(Elena Cherkaev), 징이 주(Jingyi Zhu), 아담 굴리(Adam Gully), 벤 머피(Ben Murphy), 크리스찬 샘슨(Christian Sampson)과 NSF 수학 기후 연구 네트워크의 연구 지원에 감사를 표한다.

더 읽을거리

Avellaneda, M., and A. Majda. 1989. Stieltjes integral representation and effective diffusivity bounds for turbulent transport. *Physical Review Letters* 62:753-55.

Bergman, D. J., and D. Stroud. 1992. Physical properties of macroscopically inhomogeneous media. *Solid State Physics* 46:147-269.

Cherkaev, E. 2001. Inverse homogenization for evaluation of effective properties of mixture. *Inverse Problems* 17:1203-18.

Eisenman, I., and J. S. Wettlaufer. 2009. Nonlinear threshold behavior during the loss of Arctic sea ice. *Proceedings of the National Academy of Sciences of the USA* 106(1):28-32.

Feltham, D. L. 2008. Sea ice rheology. *Annual Review of Fluid Mechanics* 40:91-112.

Flocco, D., D. L. Feltham, and A. K. Turner. 2010. Incorporation of a physically based melt pond scheme into the sea ice component of a climate model. *Journal of Geophysical Research* 115:C08012.

Golden, K. M. 2009. Climate change and the mathematics of transport in sea ice. *Notices of the American Mathematical Society* 56(5):562-84 (and issue cover).

Hohenegger, C., B. Alali, K. R. Steffen, D. K. Perovich, and K. M. Golden. 2012. Transition in the fractal geometry of Arctic melt ponds. *The Cryosphere* 6: 1157-62.

Hunke, E. C., and W. H. Lipscomb. 2010. CICE: the Los Alamos sea ice model. Documentation and Software User's Manual, version 4.1. LA-CC-06-012, t-3 Fluid Dynamics Group, Los Alamos National Laboratory.

Milton, G. W. 2002. *Theory of Composites*. Cambridge: Cambridge University Press.

Orum, C., E. Cherkaev, and K. M. Golden. 2012. Recovery of inclusion separations in strongly heterogeneous composites from effective property measurements. *Proceedings of the Royal Society of London* A 468:784-809.

Perovich, D. K., J. A. Richter-Menge, K. F. Jones, and B. Light. 2008. Sunlight, water, and ice: extreme Arctic sea ice melt during the summer of 2007. *Geophysical Research Letters* 35:L11501.

Stauffer, D., and A. Aharony. 1992. *Introduction to Percolation Theory*, 2nd edn. London: Taylor&Francis.

Stroev., J., M. M. Holland, W. Meier, T. Scambos, and M. Sereze. 2007. Arctic sea ice decline: faster than forecast. *Geophysical Research Letters* 34:L09501.

Strong, C., and I. G. Rigor. 2013. Arctic marginal ice zone trending wider in summer and narrower in winter. *Geophysical Research Letters* 40(18):4864-68.

Thomas, D. N., and G. S. Dieckmann, editors. 2009. *Sea Ice*, 2nd edn. Oxford: Wiley-Blackwell.

Thompson, C. J. 1988. *Classical Equilibrium Statistical Mechanics*. Oxford: Oxford University Press.

Torquato, S. 2002. *Random Heterogeneous Materials: Microstructure and Macroscopic Properties*. New

York: Springer.

Untersteiner, N. 1986. *The Geophysics of Sea Ice*. New York: Plenum.

Washington, W., and C. L. Parkinson. 2005. *An Introduction to Three-Dimensional Climate Model-ing*, 2nd edn. Herndon, VA: University Science Books.

V.18 수치 일기예보

피터 린치 *Peter Lynch*

1 서론

대기와 해양에 대한 수치 모의실험과 예측을 위한 컴퓨터 모형의 발전은 지난 50년 동안에 이룬 훌륭한 과학적 업적이다. 오늘날 수치 일기예보(Numerical Weather Prediction, NWP)는 정확도가 1주를 넘는 예보를 제공하는 일기예보 과정에서 중심이 되는 중요한 역할을 한다. 이 발전은 모형 해상도의 향상, 더 좋은 수치 전략, 물리적 과정들의 더 현실적인 매개화, 인공위성으로부터 새로 관찰된 자료, 초기 조건을 결정하는 더 정교한 방법 등에 기인한다. 이 글에서는 기본적인 방정식, 수치 알고리즘의 구성, 자료 융합에 대한 변분법적 접근에 초점을 맞출 것이다. NWP에 대한 수학적 원리를 제시하고, 특정 모형이 실제 일기예보에 어떻게 적용되는지를 알아보겠다.

2 기초방정식

대기는 방정식으로 표현된 물리학의 기본 법칙에 의해서 지배된다. 이 방정식은 짝을 이룬 비선형 편미분방정식들의 연립방정식이다. 이 방정식들은 대기의 발전을 예측하고 장기간의 움직임을 모의실험하는 데 사용할 수 있다.

주요 변수는 (동쪽으로의 u, 북쪽으로의 v, 아래쪽으로의 w 세 개의 변수를 가진) 유체의 속력 V, 압력 p, 밀도 ρ, 온도 T, 습도 q이다. 운동에 관한 뉴턴의 법칙과 에너지 질량 보존의 법칙을 사용하면 해가 초기 조건에 의해서 잘 결정 되는 연립방정식을 얻을 수 있다.

유체의 움직임을 지배하는 연립방정식 중 중요한 것은 **나비에-스토크스 방정식**[III.23]으로 벡터 형태로는 다음과 같이 쓸 수 있다.

$$\frac{\partial \boldsymbol{V}}{\partial t} + \boldsymbol{V} \cdot \nabla \boldsymbol{V} + 2\boldsymbol{\Omega} \times \boldsymbol{V} + \frac{1}{\rho} \nabla p = \boldsymbol{F} + \boldsymbol{g}$$

이 방정식은 자전하는 지구와 관련이 있고, $\boldsymbol{\Omega}$는 지구의 각속도이다. 순서대로 이 방정식의 항은 국소 가속도, 비선형 이류(**移流**), 코리올리 항(Coriolis term), 압력기울기벡터, 마찰력, 중력을 나타낸다. 마찰력 항 $\boldsymbol{F}$는 자유 대기에서는 작지만 경계층(대략 지표면 위 1km)에서는 아주 중요하다. 겉보기 중력은 위치에만 의존하는 원심력을 포함한다.

온도, 압력 밀도는 상태방정식

$$p = R\rho T$$

를 통해서 상호작용한다. 여기서 R은 건조한 공기의 기체 상수이다. 실제로는 대기의 습도를 고려해서 수정된 방정식을 사용한다.

에너지 보존은 열역학의 첫 번째 법칙

$$c_V \frac{dT}{dt} + RT\nabla \cdot \boldsymbol{V} = Q$$

에 포함되어 있다. 여기서 c_V는 일정한 부피에 대한 비열이고, Q는 비단열 가열 속도이다. 질량의 보존은 연속방정식

$$\frac{d\rho}{dt} + \rho\nabla \cdot \boldsymbol{V} = 0$$

에 의해서 표현된다. 마지막으로 물의 보존은 방정식

$$\frac{dq}{dt} = S$$

에 의해서 표현된다. 여기서 q는 비습(specific humidity)이고, S는 수증기의 모든 원천과 흡수원을 나타낸다.

일단 초기조건, 적당한 경계조건, 외부의 힘, 원천, 흡수원이 주어진다면, 위의 일곱 개의 (스칼라) 방정식으로 구성된 연립방정식은 변수 $\{u, v, w, p, \rho, T, q\}$의 발전을 완전하게 묘사한다.

큰 크기의 움직임에 대해서는 속도의 수직 성분이 수평 성분보다 훨씬 더 작다. 그래서 수직방정식을 수직 압력 기울기벡터와 중력 사이의 평형으로 바꿀 수 있다. 이것으로부터 유체정역학방정식

$$\frac{\partial p}{\partial z} + g\rho = 0$$

을 얻을 수 있다. 유체 정역학 모형은 NWP에서 첫 50년 동안 사용되었지만 지금은 비유체 정역학 모형이 광범위하게 사용되고 있는 중이다.

3 NWP의 출현

수치 방법에 의해서 날씨의 변화를 계산하는 아이디어는 20세기로 접어들 즈음에 나타났다. 미국 기상학자 클리블랜드 애비(Cleveland Abbe)는 일기예보를 대기에 대한 유체동역학과 열역학의 응용으로 보았고 본질적으로 위의 2절에서 제시한 방정식과 동등한 대기의 발전을 지배하는 연립방정식을 발견했다. 이 아이디어는 노르웨이인 빌헬름 비에르크네스(Vilhelm Bjerknes)에 의해서 더욱 발전되었다. 그의 목적은 기상학을 진짜 과학, 즉 대기에 대한 참된 물리학으로 만드는 것이었다.

3.1 리처드슨의 일기예보

세계 1차 대전 동안 영국 퀘이커 교도 수학자인 루이스 프라이 리처드슨(Lewis Fry Richardson)은 기본 방정식으로부터 직접 기상 변수의 변화를 계산하였고 1922년에 『수치방법에 의한 날씨 예측(*Weather Prediction by Numerical Process*)』에 그의 결과를 발표하였다. 압력의 변화에 대한 그의 예측은 두 자릿수가 더 클 정도로 완전히 비현실적이었다. 실패의 주된 원인은 초기조건의 부정확함과 불균형이었다. 좋지 않은 결과에도 불구하고 리처드슨의 방법론은 비난의 여지가 없었고 본질적으로 오늘날 방정식을 풀기 위해서 사용하는 접근법이다.

리처드슨은 그의 시대를 수십 년 앞섰다. 계산 일기예보를 실질적인 현실에서 사용하기 위해서는 많은 부분의 발전이 필요했다. 첫 번째로 약 12킬로미터에 이르는 대기의 가장 낮은 층인 대류권에서 항공 관찰 시스템이 확립되었다. 이것은 또한 일기예보를 위한 초기조건을 제공하였다. 두 번째로, 수치

해석의 발전은 PDE를 풀기 위한 안정적이고 정확한 알고리즘의 설계를 가능하게 했다. 세 번째로 기상학의 이론, 특히 유사편향력방정식과 대기 균형에 대한 더 많은 이해는 리처드슨의 예측을 망친 거짓된 높은 진동수의 진동을 제거하는 방법을 제공하였다. 마지막으로 빠른 속도의 디지털 컴퓨터의 발명은 방정식 풀이에 필요한 어마어마한 계산을 수행할 수 있도록 했다.

3.2 ENIAC 적분

자동 컴퓨터를 사용하여 만들어진 최초의 일기예보는 1950년에 최초의 프로그램 가능한 일반용 컴퓨터인 ENIAC(Electronic Numerical Integrator and Computer)에서 이루어 졌다. 이 일기예보는 단일층으로 대기를 표현하고 순압 소용돌이 방정식

$$\frac{\mathrm{d}}{\mathrm{d}t}(\zeta+f)=0$$

에 의해서 표현되는 절대 소용돌이의 보존을 가정하는 매우 단순한 모형을 사용하였다. 여기서 ζ는 유체의 소용돌이이고, $f=2\Omega\sin\phi$는 지구의 각속도 Ω와 위도 ϕ를 가진 코리올리 매개변수이다. 라그랑주 시간 도함수

$$\frac{\mathrm{d}}{\mathrm{d}t}=\frac{\partial}{\partial t}+\boldsymbol{V}\cdot\nabla$$

는 유체에 의한 비선형 이류를 포함한다. 방정식은 (북극에서) 736km의 그리드 크기와 세 시간의 시간 단계를 가진 시간과 공간의 유한차분에 의해서 근사되었다. 이렇게 얻은 일기예보는 비록 완벽함과는 거리가 멀었지만 현실적이었고 더 많은 노력을 기울이게 하는 강력한 자극제였다.

대기의 수직 구조의 현실적 표현을 가능하게 하는 경압성, 또는 다단계 모형이 곧 개발되었다. 더욱이 유체 정역학 근사를 가진 단순화된 방정식이 더 정확한 기본적인 방정식, 즉 2절에서 제시된 방정식으로 대체되었다. 이 방정식은 날씨에서 중요한 운동에 더해서 고진동수 중력파를 시뮬레이션하기 때문에 초기 조건은 주의 깊게 균형이 맞추어져야 한다. 이것을 보장하기 위한 기술이 발전되었다. 이것들 중에서 가장 유명한 것은 정규 모드 초기화 방법이다. 이 방법은 유체를 정규 모드로 분해하고 중력파 성분의 경향 또는 변화율이 사라지는 것을 보장하도록 변형시킨다. 이것은 거짓 진동을 제거한다.

4 방정식 풀기

방정식의 해석적 풀이는 불가능하다. 그래서 근사법을 채택해야만 한다. PDE를 대수연립방정식으로 변형시키기 위해서 공간 영역(정의역)을 나누고 시간에 따라서 해를 진행시키는 방법을 생각한다.

4.1 시간 단계 책략

Q를

$$\frac{\mathrm{d}Q}{\mathrm{d}t}=F(Q)$$

형태의 방정식에 의해 지배되는 전형적인 종속변수라고 하자. 연속 시간 정의역 t를 $Q^n=Q(n\Delta t)$에 의해서 표시되는 이 시간에서의 해를 가진 이산 시간 $\{0, \Delta t, 2\Delta t, \cdots, n\Delta t, \cdots\}$의 수열로 대치한다. 이 해가 시간 $t=n\Delta t$까지 알려져 있다면, 오른쪽 항 $F^n=F(Q^n)$을 계산할 수 있다. 이제 시간 도함수는

유심차분

$$\frac{Q^{n+1}-Q^{n-1}}{2\Delta t}=F^n$$

에 의해서 근사된다. 그래서 '예보'값 Q^{n+1}은 옛 값 Q^{n-1}과 경향 F^n으로부터 다음과 같이 계산될 수 있다.

$$Q^{n+1}=Q^{n-1}+2\Delta tF^n$$

이것은 **등 짚고 넘기 책략**(leapfrog scheme)이라고 한다. 순간에서 순간으로 진행되는 과정은 원하는 예보 영역에 도착할 때까지 매우 많은 수의 시간이 반복된다.

시간의 단계 Δt의 크기를 제한하는 안정성 조건 때문에 등 짚고 넘기 책략은 한계가 있다. 이러한 한계를 피하는 하나의 방법은

$$\frac{Q^{n+1}-Q^{n-1}}{2\Delta t}=\frac{F^{n-1}+F^{n+1}}{2}$$

과 같이 음함수 책략을 사용하는 것이다. 이제 시간의 단계는 안정성에 의해서 제약을 받지 않지만, 이 책략에서는 $F(Q)$가 선형함수가 아니면 거의 풀지 못하는 방정식

$$Q^{n+1}-\Delta tF^{n+1}=Q^{n-1}+\Delta tF^{n-1}$$

의 해가 필요하다. 보통 음함수 책략은 방정식의 특별한 (선형) 항들에만 사용된다.

4.2 공간 유한차분

대기 동역학을 지배하는 PDE에서 공간의 연속 변동을 이산변수로 대신해야만 한다. 이를 위한 기본적인 방법은 공간 도함수를 유한 차분 근사식으로 치환하는 것이다. 그러면 안정성이 시간과 공간의 단계의 상대적인 크기에 의존하는 일이 발생한다. 시간과 공간의 단계의 크기를 독립적으로 줄이는 것으로는 현실에 맞는 해를 얻지 못한다.

단순한 1차원 파동방정식

$$\frac{\partial Q}{\partial t}+c\frac{\partial Q}{\partial x}=0$$

을 생각해 보자. 여기서 $Q(x, t)$는 x와 t에 의존하고 이류 속력 c는 상수이다. 파장 $L=2\pi/k$인 사인 모양해 $Q=Q^0e^{ik(x-ct)}$을 생각하자. 시간과 공간에서 중심 차분 근사식

$$\frac{Q_m^{n+1}-Q_m^{n-1}}{2\Delta t}+c\left(\frac{Q_{m+1}^n-Q_{m-1}^n}{2\Delta x}\right)=0$$

을 이용한다. 여기서 $Q_m^n=Q(m\Delta x, n\Delta t)$이다. 이제 $Q_m^n=Q^0e^{ik(m\Delta x-Cn\Delta t)}$의 형태의 해를 찾는다. 실수 C에 대하여 이것은 파동과 같은 해이다. 그렇지만 C가 복소수이면 이 해는 연속 방정식의 해와 매우 다르게 지수함수같이 움직일 것이다. Q_m^n을 유한 차분 방정식에 치환하면

$$C=\frac{1}{k\Delta t}\sin^{-1}\left[\left(\frac{c\Delta t}{\Delta x}\right)\sin k\Delta x\right]$$

가 된다. 역사인함수의 편각이 1보다 작으면 C는 실수이다. 그렇지 않으면 C는 복소수이고 해는 시간에 따라서 증가할 것이다. 따라서 해의 안정성에 대한 조건은

$$\left|\frac{c\Delta t}{\Delta x}\right|\leq 1$$

이다. 이것이 1928년에 발견된 쿠랑-프리드리히-레비(Courant-Friedrichs -Lewy) 조건이다. 이 기준은 시간과 공간의 그리드의 상대적인 크기에 강력

한 제약을 가한다. 안정성에 대한 제약은 음함수 유한 차분에 의해서 제거될 수 있다. 그러면

$$C = \frac{2}{k\Delta t}\tan^{-1}\left[\left(\frac{c\Delta t}{2\Delta x}\right)\sin k\Delta x\right]$$

가 된다. 수치 상 속력 C는 항상 양수이고 음함수 책략은 항상 안정적이지만 우리가 치러야 할 대가는 각 시간 단계에서 선형연립방정식을 풀어야 한다는 것이다.

4.3 스펙트럼 법

스펙트럼 법에서는 각각의 장이 구면조화함수의 급수

$$Q(\lambda, \phi, t) = \sum_{n=0}^{\infty}\sum_{m=-n}^{n} Q_n^m(t)Y_n^m(\lambda, \phi)$$

로 전개된다. 여기서 계수 $Q_m^n(t)$는 시간에만 의존하고, Y_n^m는 경도 λ와 위도 ϕ에 대한 구면조화함수

$$Y_n^m(\lambda, \phi) = \mathrm{e}^{\mathrm{i}m\lambda}P_n^m(\phi)$$

이다. 조화함수의 계수 Q_m^n은 공간 정의역에서 장의 값 $Q(\lambda, \phi)$를 명시하는 다른 방법을 제공한다. 모형 방정식이 스펙트럼 공간으로 변환되었을 때, 그것은 스펙트럼 계수 Q_m^n에 대한 방정식의 짝을 이루는 집합(상미분방정식)이 된다. 이것은 시간에 대한 계수를 발전시키는 데 사용되고, 이로부터 새로운 물리장이 계산될 수 있다.

실제로 급수 전개는 어떤 점에서

$$Q(\lambda_i, \phi_j, t) = \sum_{n=0}^{N}\sum_{m=-n}^{n} Q_n^m(t)Y_n^m(\lambda_i, \phi_j)$$

와 같이 절단되어야 한다. 이것은 삼각 절단이라고 불리고 N의 값은 모형의 해상도를 나타낸다. 스펙트럼 절단에 대응하는 가우스 그리드로 불리는, 계산 그리드가 있다.

5 초기조건

수치 일기예보는 초깃값 문제이다. 즉 움직임에 대한 방정식을 적분하기 위해서 초기의 종속변수들의 값을 명시해야만 한다. 그러면 수치 과정은 다음 시간들에서의 이 변수들의 값을 발생시킨다. 초기 자료는 궁극적으로 대기를 직접 관찰하여 얻을 수 있다.

수십 년 동안 **최적 보간법** 분석 방법은 NWP에 대한 가장 인기 있는 자동 분석 방법이었다. 이 방법은 통계적 관점에서 최적의 분석을 얻기 위해서 일기예보와 관찰 자료의 오차에 대한 통계적 성질을 사용하여 배경 (예측) 영역과 관찰 자료로부터 얻은 정보를 최적으로 조합한다.

자료의 통합에 대한 다른 접근법은 **비용함수**를 최소화하는 분석 영역을 찾는 것이다. 이 방법은 **변분 통합**(varialtioanl assimilation)이라고 불리는 것으로 가우스 오차를 가정하는 최대우도 추정으로 알려진 통계 기법과 동등하다. 특정 시간에 적용되었을 때, 이 방법은 3차원 변동 통합 또는 간단히 3D-Var로 불린다. 시간의 차원이 고려되었을 때에는 4D-Var가 된다.

5.1 변분 통합

3D-Var에 대한 비용함수는 두 성분의 합

$$J = J_{\mathrm{B}} + J_{\mathrm{O}}$$

으로 정의할 수 있다. 모형의 상태를 고차원벡터 X를 이용해 나타낸다. 항

$$J_B = \frac{1}{2}(X - X_B)^T B^{-1}(X - X_B)$$

는 모형의 상태 X와 배경 오차 공분산 행렬 B에 의해서 가중된 배경장 사이의 거리를 나타낸다. 항

$$J_O = \frac{1}{2}(Y - HX)^T R^{-1}(Y - HX)$$

는 분석과 관찰 오차공분산행렬 R에 의해서 가중된 관찰된 값 Y 사이의 거리를 나타낸다. 관찰 작용소 H는 배경장을 관찰 자료에 대한 첫 추정 값으로 전환시키는 정사각행렬이다. 더 일반적으로 관찰 작용소는 비선형이지만 편의상 여기서는 선형이라고 가정한다.

J의 최솟값은

$$\nabla_X J = 0$$

즉, 각각의 값에 대하여 J의 기울기벡터가 0이 되는 $X = X_A$에서 발생한다. 이 기울기벡터를 계산하면

$$\nabla_X J = B^{-1}(X - X_B) + H^T R^{-1}(Y - HX)$$

를 얻는다. 이것을 0으로 두면 식

$$X = X_B + K(Y - HX_B)$$

를 얻을 수 있다. 따라서 분석은 배경장에 관찰된 값들과 배경 값들 사이의 차의 가중된 합을 더하여 얻을 수 있다. 증가행렬 K는

$$K = BH^T(R + HBH^T)^{-1}$$

에 의해서 주어진다. 그러면 분석 오차 공분산은

$$A = (I - KH)B$$

가 된다.

비용함수의 최솟값은 켤레기울기벡터 방법[IV.11 §4.1]과 같은 감소 알고리즘을 사용하여 얻을 수 있다. 3D-Var는 증가 행렬의 계산 없이 직접 최소화 문제를 푼다.

3D-Var 방법은 인공위성 복사 휘도 측정값들의 직접적인 통합을 가능하게 한다. 따라서 융합 전에 복사 휘도로부터 온도를 얻을 때 오류가 발생하기 쉬운 역 과정을 없애 준다. 자료의 질을 관리하는 것 또한 더 쉽고 더 믿을 만하다. 결과적으로 일기예보의 정확성이 변분 통합의 도입 이후로 현저하게 향상되었다. 중간 영역 일기예보의 정확성은 지금 북반구와 남반구에서 거의 같다(그림 1 참조). 이것은 더 좋은 인공위성 자료를 통합한 덕분이다. 재래식으로 얻은 자료가 너무 부족하기 때문에 인공위성 자료는 남반구에 대해서는 필수적이다. 인공위성 조사로부터 유용한 정보를 얻어 내는 것은 지난 40년에 걸친 NWP의 굉장한 연구 성과 중 하나이다.

5.2 시간 차원의 포함

평범한 기상 관측은 주요 종관(綜觀) 시간에 이루어지는 반면에, 인공위성 자료는 연속적으로 분포된다. 이러한 자료를 통합하기 위해서 특정 시점보다는 시간의 구간에서 분석을 하는 것이 필요하다. 이러한 분석은 또한 공간에 균질하지 않게 분포되어 있는 관찰 자료를 다룰 때 더 적당하다. 4차원 변분 통합 또는 간단히 4D-Var는 구간 $t_0 \leq t \leq t_N$내의 모든 관찰 자료를 사용한다. 비용함수는 3D-Var와 같

이 시작 시간 t_0에서 배경장에 대한 거리를 측정하는 항 J_B를 가지고 있다. 또한 구간 $[t_0, t_N]$에서 각 시간 단계 t_n에서 관찰 자료에 대한 거리를 측정하는 항들의 합

$$J = J_{\mathrm{B}} + \sum_{n=0}^{N} J_{\mathrm{O}}(t_n)$$

을 포함한다. 여기서 t_n는 3D-Var에서 정의된 것과 같이 정의되고 $J_{\mathrm{O}}(t_n)$은

$$J_{\mathrm{O}}(t_n) = (\boldsymbol{Y}_n - \boldsymbol{H}_n \boldsymbol{X}_n)^{\mathrm{T}} \boldsymbol{R}_n^{-1} (\boldsymbol{Y}_n - \boldsymbol{H}_n \boldsymbol{X}_n)$$

과 같이 주어진다. 시간 t_n에서의 상태벡터 $\boldsymbol{X}_n$은 t_0에서 t_n까지 예측 모형의 적분을 통해서 발생되고 $\boldsymbol{X}_n = \mathcal{M}_n(\boldsymbol{X}_0)$으로 표현된다. 벡터 $\boldsymbol{Y}_n$은 시간 t_n에서의 타당한 관찰 자료를 포함한다.

관찰 작용소가 2차 비용함수를 얻기 위해서 선형화되어야만 했던 것같이, 모형 작용소 $\mathcal{M}_n$을 배경장으로부터의 경로에 대해 선형화하여 **접선형 모형작용소** $\boldsymbol{M}_n$이라고 불리는 것을 얻는다. 그러면 4D-Var는 $\boldsymbol{H}_n\boldsymbol{M}_n$으로 바뀐 관찰 작용소 $\boldsymbol{H}$를 가진 3D-Var와 형식상 유사하다는 것을 알 수 있다. $\boldsymbol{H}$의 전치행렬을 포함하는 3D-Var에서 J의 최소화와 마찬가지로 4D-Var에서 최소화는 $\boldsymbol{H}_n\boldsymbol{M}_n$의 전치행렬, 즉 $\boldsymbol{M}_n^{\mathrm{T}}\boldsymbol{H}_n^{\mathrm{T}}$을 포함한다. 접선형 모형의 전치행렬인 작용소 $\boldsymbol{M}_n^{\mathrm{T}}$은 **수반 모형**이라고 불린다. 비용함수의 최소화에 대한 **통제 변수**는 시간 t_0에서의 모형 상태 $\boldsymbol{X}_0$이고 분석 $\boldsymbol{X}_n$의 수열은 모형방정식을 만족한다. 즉, 모형이 강력한 제약 조건으로 사용된다.

4D-Var 방법은 일기예보가 통합 구간에서 관찰된 자료와 가장 잘 들어맞는 초기조건 $\boldsymbol{X}_0$을 찾아낸다. 이것은 고정된 시간대 (보통 6시간) 내의 모든 관찰 자료들이 분석 시간에서 타당한 것으로 가정하는 최적 보간법과 3D-Var의 내재한 약점들을 제거한다. 중간 영역 날씨 일기예보를 위한 유럽센터(ECMWF, European Centre for Medium-range weather forecasts)의 4D-Var의 도입은 사용되고 있는 중간 영역 예보의 질을 매우 향상시켰다.

6 예측 모형

오늘날 운영 중인 일기예보는 일련의 컴퓨터 모형으로부터 얻어진 결과에 기초한다. 며칠 뒤를 예측하기 위해서는 전 지구적 모형을 사용하는 반면에 더 짧은 범위의 예측을 위해서는 지역적 또는 제한된 지역 모형을 사용한다.

6.1 ECMWF 전 지구적 모형

전 지구적 모형의 예로써 (영국의 리딩(Reading)에 위치한) ECMWF의 통합 일기예보 시스템(IFS, integrated forecast system)을 생각해 보자. ECMWF는 광범위한 지구 대기와 해양에 대한 일기예보를 34개 회원과 협력 국가에 정기적으로 배포한다. 주된 예보는 고해상도 모형에 기초한 열흘 후의 대기에 대한 결정론적인 일기예보와, 낮은 해상도 모형과 51개의 실행 모형을 이용하여 얻은 약 한 달 정도의 확률적 예측이다.

ECMWF에서 NWP의 기초는 IFS이다. IFS는 기상학 분야의 **스펙트럼 표현**을 사용한다. IFS 시스템은 2006년과 2010년에 중요한 해상도 향상을 진행했다. 표 1에서는 세 모형 사이클의 공간 해상도를 비교하여 최근 몇 년 엄청나게 모형의 해상도

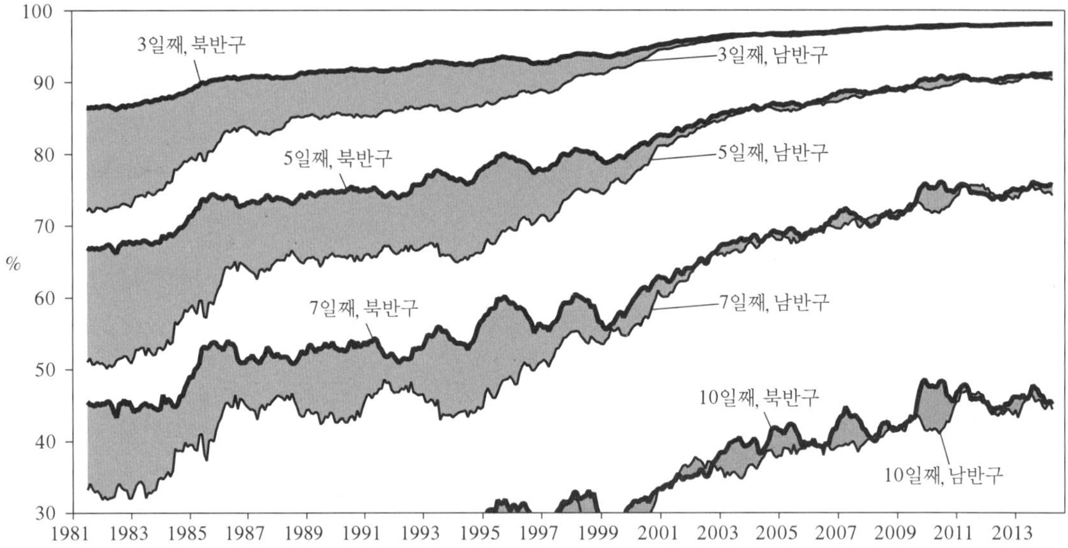

그림 1 500hPa 해수면 기준 퍼텐셜고도의 변칙상관관계(%):12달 평균. (©ECMWF)

가 향상되었음을 볼 수 있다. 현재의 결정론적 모형의 절단은 T1279이다. 즉, 스펙트럼 전개는 총 파동수 1279번에서 끝이 난다. 이것은 16km의 공간 해상도와 맞먹는다. 수직으로의 모형 등위의 수는 최근 137로 향상 되었다. IFS에 대한 새로운 가우스 그리드는 약 2×10^6개의 점을 갖는다. 각 점에서는 137개의 등위와 다섯 개의 주 예상 변수와 함께 약 1.2×10^9개의 수들이 주어진 시간에 대기 상태를 명시하는 데 필요하다. 즉, 모형은 약 10개의 자유도를 갖는다. 이렇게 높은 해상도를 가진 일기예보를 얻기 위한 계산 양은 진정으로 어마어마하다. ECMWF는 강력하고 복잡한 컴퓨터 시스템을 이용하여 프로그램을 작동시킨다. 이 시스템의 중심에는 200 테라플롭스(teraflops, 초당 1조 회의 연산을 처리할 수 있는 계산 능력을 뜻함)이상으로 지속적인 데이터 처리가 가능한 약 160,000개 프로세서로 구성된 고성능 컴퓨터 Cray XC30이 있다.

표 1 2006년과 2010년의 ECMWF IFS로의 성능 개선. 스펙트럼 해상도는 삼각 절단 수로 표시하였고 가우스 그리드의 효과적 해상도도 표시하였다. 모형의 등위 또는 대기의 수직 구조를 나타내기 위해서 사용한 층도 표시하였다.

	2006년 이전	2006-2009	2009년 이후
스펙트럼 절단	T511	T799	T1279
효과적 해상도	36km	25km	16km
모형의 등위	60	91	137

6.2 중간 규모의 모형 만들기

짧은 범위의 일기예보는 자주 업데이트 되는 상세한 지침이 필요하다. 많은 국가 기상 기관들은 일기예보 지침을 제공하기 위해서 고해상도를 가진 제한된 영역 모형을 운영한다. 이 모형에서는 지리적 영역과 공간 해상도를 자유로이 선택할 수 있고 필요할 때마다 일기예보를 곧바로 얻을 수 있다. 제한된 영역 모형은 높은 시간 해상도를 가진 광범위한 영역의 출력을 가능하게 한다. 계속되는 더 높은 해상도를 가진 축약 그리드는 더 자세한 국소 정보를 제공하는 데 사용될 수 있다.

날씨 조사 및 예측 모형(Weather Research and Forecasting Model)은 미국 국가기관(환경 예측을 위한 국가기관(the National Centers for Environmental Prediction)과 대기 조사를 위한 국가 기관(the National Center for Atmospheric Research))과 대학들이 협력하여 개발한 차세대 중간규모 NWP시스템이다. 이 모형은 사용할 수 있는 일기예보와 대기 연구라는 두 가지 요구를 모두 들어주도록 설계되었다. 날씨 조사 및 예측 모형은 수 미터에서 수천 킬로미터의 광범위한 영역에 적당하고, 현재 여러 국가 기상 기관* 에서 사용 중이다.

6.3 집합적 예측

대기 흐름의 혼돈 성질은 현재 잘 이해되고 있다. 이 성질은 초기 상태의 피할 수 없는 오차가 빠르게 커져서 며칠 후의 예측을 소용없게 만들기 때문에 예측에 한계를 준다. 정확한 예측의 내재적인 어려움을 더 잘 이해하게 되면서 최근 몇 년에 걸쳐 결정론적인 예측에서 확률적인 예측으로 패러다임의 이동이 있었다. 지금은 일기예보에 오차 막대(그래프상의 오차를 나타내는 선)가 없거나 신뢰에 관한 정량적 지표가 없다면 불완전한 것으로 간주한다.

확률적 예측을 얻는 가장 성공적인 방법은 약간씩 나른 초기 상태로 시작해서, 모형 오차를 모의실험하기 위해 일기예보를 하는 동안 무작위로 섭동된 일련의 일기예보 또는 일기예보의 집합을 만드는 것이다. 일기예보의 집합은 앞으로의 대기변화에 대한 확률적 정보를 추론하는 데 사용된다. 집합적 예측은 1990년대 초반 이래로 일기예보의 정확성에 대한 기준을 미리 제공하는 체계적인 방법으로, ECMWF와 워싱턴에 있는 환경 예측 국가 기관에서 사용되고 있다. ECMWF의 집합 예측 시스템에서는 각각이 결정론적 예측의 절반의 해상도를 가진 51개의 일기예보 집합이 만들어 진다. 광범위한 날씨에 대한 확률적인 예측은 기관에서의 사용을 목적으로 만들어 전파되고 있고 중간 영역 예측을 위한 주요한 도구가 되었다.

7 ECMWF 일기예보의 검증

일기예보 정확도는 최근 몇십 년 동안 극적으로 향상되었다. 정확도는 **변칙 상관관계**에 의해서 측정될 수 있다. 변칙성은 예측된 값과 대응되는 기후값 사이의 차이다. 그리고 일기예보 변칙성과 관찰된 변칙성 사이의 일치함은 변칙 상관관계로 표현된다. 이 값이 더 크면 더 좋은 것이다. 일반적으로 60%를 넘는 값들이 일기예보에 필요하다. 그림 1에서는 3일, 5일, 7일, 10일의 500hPa 고도 일기예보에 대한 열두 달에 걸친 평균 변칙 상관관계가 온대성 북반구와 남반구에 대해서 주어져 있다. 각 빗금 친 영역 위의 선들은 북반구에 대한 것이고 아래 선들은 남반구에 대한 것으로 빗금은 그 둘 사이의 값의 차이를 보여준다.

그림 1의 도표는 일기예보의 정확성이 특히 남반구에서 계속 향상되었다는 것을 보여준다. 새 천년 즈음의 두 반구의 정확성은 비슷해졌다. 예측 능력

* 시스템에 관한 모든 정보는 www.wrf-model.org에서 이용 가능하다.

은 지난 30년 동안 점진적으로 향상되었고 지금은 8일 정도까지의 정확성을 가지고 있다. 이 기록은 수많은 다른 자료에 의해서 확인되었다. 예측 능력은 10년마다 약 하루씩 증가하였고 이러한 경향이 수십 년 동안 지속될 것이라고 생각하는 데는 이유가 있다.

8 NWP의 응용

NWP모형은 광범위하게 응용되고 있다. 아마도 가장 중요한 목적은 기상이변에 대한 시기적절한 경고를 제공하는 것이다. 커다란 경제적 손실이 강풍, 홍수, 다른 비정상적인 날씨에 의해서 발생될 수 있다. NWP 지침으로부터 얻은 경고가 생명과 재산의 손실을 상당히 줄일 수 있다. 수송, 에너지 소비, 건설, 관광, 농업은 날씨 상태에 매우 민감하다. 끊임없는 날씨 예측이 필요하고, 예측이 빗나간다면 새로운 결정에 많은 비용이 초래되기 때문에, 이 모든 분야는 짧은 범위 일기예보에서의 정확성과 정보의 향상에 기대감을 갖는다.

NWP모형은 바닷가의 지역사회에 특별한 지침을 내리는 데도 사용되고 있다. 바람의 예측은 바다의 상태와 큰 놀의 높이와 주기를 예측하는 파도 모형을 유도하는 데 사용된다. 도로의 얼음에 대한 예측은 도로 표면의 상태를 추측하기 위해서 온도, 습도, 강수, 구름의 양 그리고 다른 매개변수들에 대한 일기예보를 사용하는 특별히 설계된 모형을 사용한다. 궤적은 제한된 영역 모형에서 쉽게 유도된다. 이것은 방사능 낙진, 산불로 인한 연기 등등 오염 물질의 이동에 관한 모형을 만드는 데 필수적이다. 항공기 산업은 번개, 결빙, 청천난류와 같은 위험에 대한 경고를 제공하는 NWP 지침으로부터 많은 도움을 받고 있다.

9 앞으로의 전망

지난 60년 동안 NWP의 발전은 문자 그대로 혁명적이었다고 말할 수 있다. 지금의 일기예보는 일관되며 정확하고 손쉽게 이용 가능하다. 그럼에도 불구하고 만만찮은 문제들이 남아 있다. 갑작스런 날씨 변화와 이변은 사람들에게 많은 고통과 재산의 손실을 초래한다. 이런 빠른 전개는 시간 척도의 범위가 다양한 동역학과 물리학 과정 사이의 복잡한 상호관계를 포함하기 때문이다. 동역학적 과정과 물리적 매개화 사이의 효과적 계산 연결은 중요한 과제이다. **실시간 일기예보**는 수 시간 주기로 변화를 예측하는 과정이다. 현재 수치 모형에 의해서 제공되는 지침은 때때로 효과적인 행동을 취하고 재난을 피하기 위해서 필요한 수준에는 미치지 못한다. 가장 좋은 값은 종래의 관측, 레이더 영상, 인공위성 영상, 다른 자료와 함께 NWP의 결과를 체계적으로 조합함으로써 얻어진다. 그러나 최적의 실시간 일기예보 시스템을 개발하기 위해서는 해야 할 일들이 많이 남아 있다. 향후의 발전이 이 분야에서의 굉장한 향상을 가져올 것이라고 낙관해도 좋을 것이다.

시간 척도의 반대편 끝에서는 대기의 혼돈 성질이 결정론적 일기예보의 타당성을 제한한다. **해빙의 수학[V.17]**에서와 같이 더 긴 일기예보를 위해서는 대기와 해양의 상호작용이 중요하다. 또한 연무제(aerosol)와 미량의 가스에 대한 더 정확한 묘사는 긴 기간의 일기예보의 정확성을 향상시킬 것이다. 비록 열대지방의 계절적 일기예보에서 훌륭한 발전이 이루어졌다고 하더라도, 온대 지방의 유용한 장기간 일기예보를 얻는 것은 미래의 모형 학자들의 몫으로 남아 있다. 중요성과 관심이 증대되고 있는 기후변화 모형 만들기와 예측은 또 하나의 중요한 문제이다.

더 읽을거리

Lynch, P. 2006. *The Emergence of Numerical Weather Prediction: Richardson's Dream*. Cambridge: Cambridge University Press.

V.19 쓰나미 모형 만들기

랜들 레베크 *Randall J. LeVeque*

1 서론

쓰나미의 위험성에 대한 일반 대중의 관심은 200,000명 이상이 사망한 2004년 12월 26일의 인도양 쓰나미 이후 급등했다. 이후 일본 해안에서 발생한 치명적인 2011년 3월 11일의 도호쿠 쓰나미를 포함하여 여러 다른 큰 쓰나미가 발생했다. 쓰나미 과학자들의 국제 공동체 또한 2004년 이래로 매우 빠르게 성장했고, 많은 응용수학자들이 쓰나미 연구에 더 좋은 모형과 계산적 도구를 제공하기 위해 노력했다. 과학적 연구와 대중의 안전 확보라는 중요성에 더해서 쓰나미 모형 만들기는 또한 응용수학과

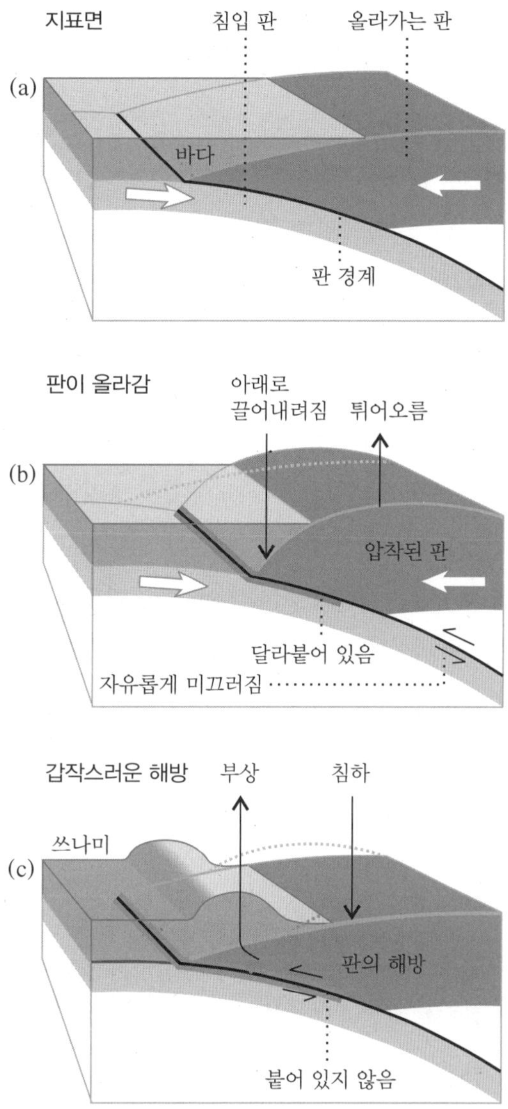

그림 1 침입 지역 지진에 의한 쓰나미 발생의 예. (a)전체적으로 지질구조 판이 인접한 판 아래로 내려가거나 또는 침입하지만 고착되어 미끄러지는 방식으로 이루어진다. (b)지진 사이에 판들이 뜨겁고 연성이 있는 굉장히 깊은 곳에서 자유롭게 미끄러지지만 차갑고 부서지기 쉬운 얕은 곳에서는 서로 달라붙고 천천히 압착된다. 올라가는 판은 두꺼워진다. (c)지진이 발생하는 동안 겹쳐진 판의 앞쪽 모서리는 자유롭게 부서지고, 바다 쪽과 위로 튕기고, 나중에는 판이 쭉 펴지고 표면이 떨어진다. 세로 변위는 쓰나미를 발생시킨다. (브라이언 앳워터(Brian Atwater) 제공. 2005년 앳워터 등이 편집한 『*The Orphan Tsunami of 1700–Japanese Clues to a Parent Earthquake in North America*』 Washington, DC: University of Washington Press에서 발췌)

계산수학으로부터의 다양한 기술(technique)을 보여주는 사례연구를 제공한다. 이 글은 쓰나미 과학과 재난 완화에 대한 간략한 소개와 진행 중인 연구에서의 도전적인 문제들을 포함하여 수학적 기술들에 대한 묘사를 함께 다룬다.

일반적으로 '쓰나미'라는 용어는 상당히 많은 양의 물이 파도처럼 전파되는, 비정상적인 물의 운동을 나타내는 데 사용된다. 쓰나미는 여러 면에서 친밀한 표면파와 다르다. 전형적으로 쓰나미의 유체 운동은 바람이 일으키는 파도와 같이 표면 가까이의 얇은 물의 층에 한정되지 않는다. 또한 쓰나미 파도의 파장은 때때로 수백 킬로미터에 이를 정도로 보통의 파도보다 훨씬 더 길다. 이 길이는 (평균 약 4000m인) 해양의 깊이보다 더 큰 길다. 따라서 쓰나미는 때때로 과학 논문에서 '긴 파도'로 언급된다. 과거 영국에서 쓰나미는 종종 '해일'이라고 불렸다. 왜냐하면 지구 주위로 전파되는 매우 긴 파도의 시각적 효과가 조수와 특징을 공유하기 때문이었다. 그렇지만 쓰나미는 조수를 일으키는 중력(조수) 작용과 아무 관련이 없다. 그래서 이 용어는 오해의 소지가 있기 때문에 더 이상 사용되지 않는다. 일본어로 '쓰나미'는 '항구의 파도'를 의미한다. 왜냐하면 뱃사람들이 집에 돌아왔을 때 가끔 바다에서는 보지 못했던 신비한 파도에 의해 파괴된 항구를 보았기 때문인 듯하다. 항구의 강한 해류와 소용돌이는 육지 쪽으로의 범람이 없을 때조차 종종 배와 기반시설에 대규모 손상을 가한다. 비록 쓰나미의 최악의 영향이 종종 항구에서 관찰된다 하더라도, 그 영향은 어떤 해안가 지역에든 엄청난 손상을 가할 수 있다. 쓰나미는 긴 파장을 지녔기 때문에 수십 분 또는 몇 시간이나 계속 밀려드는 육지를 향한 홍수처럼 보일 것이다. 유속 또한 굉장히 커서 1미터 이하의 진폭을 가진 쓰나미 파도도 몸을 가누지 못할 정도로 사람들을 휩쓸고 가서 신체에 굉장한 손상을 줄 수 있다. 큰 지진으로부터 발생한 쓰나미는 수십 미터까지 솟아오를 수 있는 1미터가 넘는 수심을 갖는 흐름을 (종종 지진에 가장 가까운 해안을 따라서) 야기한다.

쓰나미는 지진이나 해저 산사태에 의한 해저의 운동 또는 산사태, 화산의 흐름, 소행성 충돌에 의해서 만들어진 단단한 덩어리가 물로 들어갈 때 많은 양의 물이 빠르게 옮겨지며 발생된다. 위에 언급된 2004년과 2011년 사건과 같이 최근의 가장 큰 쓰나미는 해양과 대륙판 경계에서의 거대 침입 지역 지진에 의해서 모두 발생하였다. 많은 대륙 연안에는 판들이 모여드는 침입 지역이 있다. 물질의 밀도가 더 높은 해안 판이 더 가벼운 대륙 껍질 아래로 들어간다. 응력이 접촉면에서 쌓이면 하나의 판이 갑자기 다른 판을 지나서 수 미터 미끄러질 때(해저가 어떤 곳에서는 융기하고 다른 곳에서는 가라앉게 하는 지진의 원인이 된다) 부드럽게 미끄러지지 못하여 주기적으로 발산된다. 해저 위의 모든 물은 판의 움직임에 따라서 올라가거나 떨어지고 파도의 형태로 전파되는 해수면에서의 요란(擾亂)을 만든다. 쓰나미 발생의 예를 위해서는 그림 1을 참조하고, 동일본 해안 근처에서 2011년 발생한 도호쿠 지진 파도의 수치 모의실험을 위해서는 그림 2를 참조하라. 이 글은 침입지역 지진의 위험 관리에서 중요하며 광범위하게 연구되는 침입지역 지진에 의한 쓰나미를 주로 다룬다.

2 수학적 모형과 운동방정식

쓰나미 모형은 유체역학 이론으로부터 얻어진 연립 미분방정식을 풀어서 얻을 수 있다. 물의 운동에 관한 모형은 비압축 점성 유체에 대한 **나비에-스토크스 방정식**[III.23]을 이용하여 만들 수 있다. 하지만 파도가 해안가에서 들어오거나 나갈 때 위쪽은 자유 수면에 의해서 둘러싸여 있고, 바다의 가장자리에서는 움직이는 경계에 의해서 둘러싸여 있는, 시간에 따라 변하는 3차원 영역에서 방정식을 풀어야 하기 때문에 쓰나미 모형을 얻는 데에는 직접적으로 거의 사용하지 않는다. 다행히도 대부분의 쓰나미에 대해서는 2차원 공간(+시간)방정식을 주는 (수직의) z-방향 적분을 통하여 얻어진 '깊이가 평균화된' 연립 PDE를 사용하는 것이 가능하다. 이와 같은 방식에서 각 점에서의 유체의 깊이는 위치와 시간에 따라서 변하는 함수 $h(x, y, t)$에 의해 모형으로 만들어진다. 유체의 속도는 x와 y방향의 속도의 깊이가 평균화된 값을 나타내는 두 개의 함수, $u(x, y, t)$와 $v(x, y, t)$에 의해서 각각 묘사된다. 3차원에서 2차원으로 줄이는 것에 더해서 이 방법은 z에서의 자유 수면 경계를 제거한다. 따라서 해수면의 위치는 깊이 $h(x, y, t)$에 의해서 바로 결정된다. 해안가에서는 움직이는 경계가 여전히 필요하기 때문에 이 방정식들을 시간에 따라 변하는 2차원 xy-영역에서 풀어야 한다.

유체에 대한 가정에 따라서 다양한 깊이가 평균화된 방정식을 유도할 수 있다. 큰 크기의 쓰나미에 대하여 소위 **얕은 물방정식**[III.27](생 베낭(Saint Venant) 또는 긴 파도 방정식이라고도 불린다)이 종종 사용되고 매우 정확하다는 것이 알려져 있다. 이 방정식은 유체가 파도의 파장에 대하여 충분히 얕다고 가정한다. 일반적으로 지진에 의해서 발생되는 쓰나미(파장이 바다의 깊이보다 일반적으로 10-100배 더 크다)에 대해서는 이 가정이 성립한다.

2차원 얕은 물방정식은

$$\left.\begin{aligned} h_t + (hu)_x + (hv)_y &= 0, \\ (hu)_t + (hu^2 + \tfrac{1}{2}gh^2)_x + (huv)_y &= -ghB_x, \\ (hv)_t + (huv)_x + (hv^2 + \tfrac{1}{2}gh^2)_y &= -ghB_y \end{aligned}\right\} \quad (1)$$

의 형태를 갖는다. 여기서 아래 첨자는 편미분을 의미한다. 즉, $h_t = \partial h/\partial t$이다. (x, y, t)의 함수인 앞서 도입된 변수 h, u, v와 더불어 중력 g와 $B(x, y)$로 표시되는 지형, 또는 해저 지형(수중 지형)이 방정식에 포함되어 있다. 일반적으로 $B = 0$은 해수면을 나타내는 반면에 $B > 0$은 육지 지형이고 $B < 0$은 해저 지형을 나타낸다. $h > 0$일 때마다 물이 나타나고 $\eta(x, y, t) = h(x, y, t) + B(x, y)$는 해수면의 상승이다. 1차원 공간에 대해서는 그림 3을 참조하라. 지진이 발생하는 동안 해저가 변형되고 있는 지역에서 B는 t에 대한 함수이어야만 된다. 실제로 $B(x, y)$에 시간에 따른 변형이 포함된다. 반면에 깊이 $h(x, y, 0)$에 대한 초기조건은 변형되지 않은 지형에 기초한다. 그러면 해저 변형은 쓰나미를 초기화한 초기 표면 $\eta(x, y, 0)$에서 순간적으로 나타난다. 논의를 간단히 하기 위해 이 글의 나머지 부분에서 **지형**은 $B > 0$ 또는 $B < 0$을 나타내기 위해 사용될 것이다.

$B(x, y) < 0$이 일정하면(평평한 바닥) 방정식의 오른쪽에 있는 원천 항은 없어지고 방정식은 질량 (h)와 운동량 (hu, hv)의 보존에 대한 모형을 준다. 바닥이 변하면 질량은 계속 보존되지만 운동량은 (예를 들어 해안가에서 파도가 반사하거나, 수중 지형들

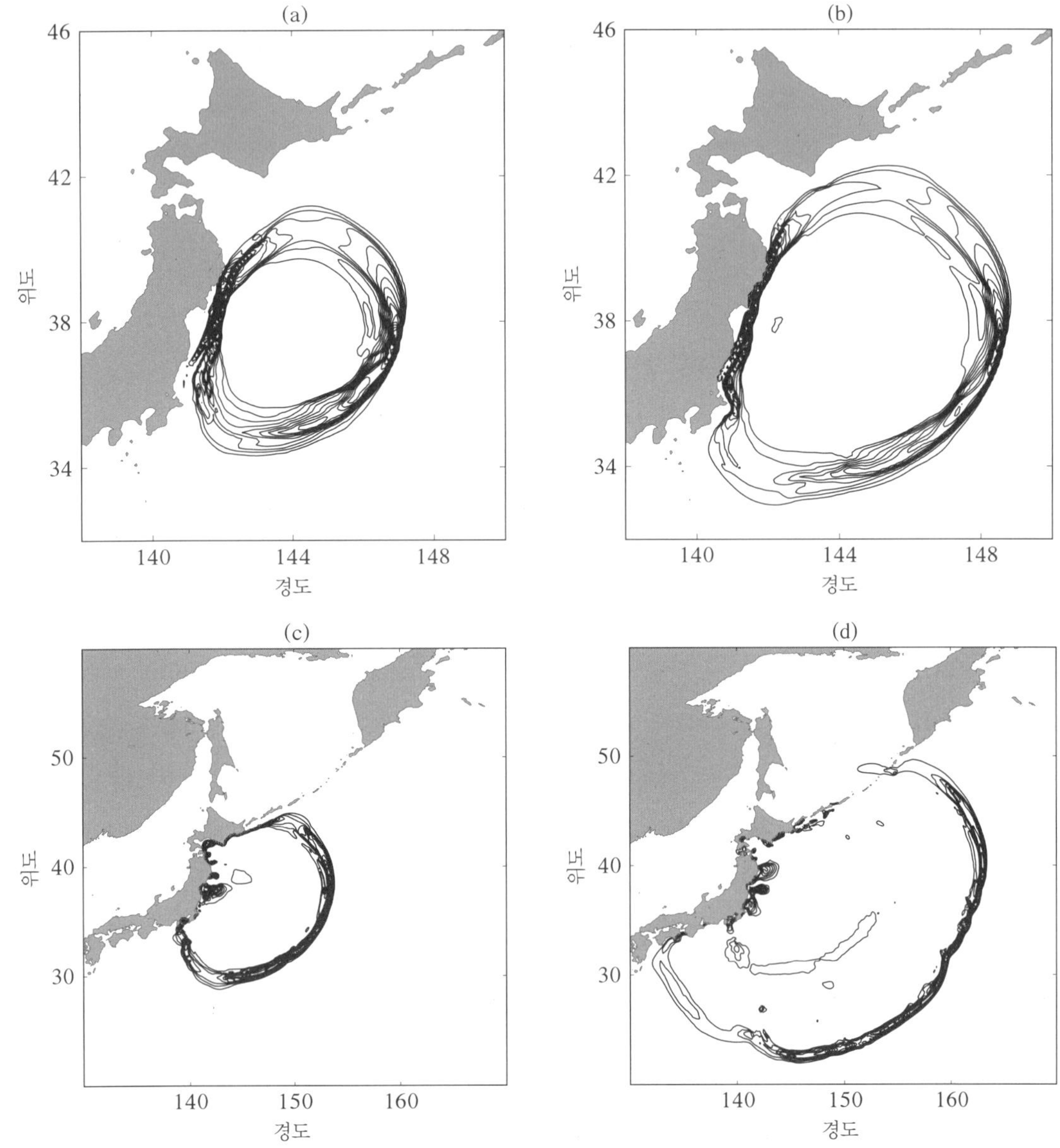

그림 2 동일본 해안 근처에서 2011년 3월 11일의 도호쿠 지진으로 발생한 쓰나미의 4개의 다른 시간에서의 모양: 지진 발생 후 (a)20분, (b)30분, (c)1시간, (d)2시간. 파도는 바다의 국소적 깊이에 따라서 다른 속력을 가지고 진원지로부터 전파된다. 등고선은 (초기인 (a)와 (b)에서는) 0.2m와 (후기인 (c)와 (d)에서는) 0.1m 간격으로 해수면의 상승을 보여준다. 앞선 파도의 봉우리 뒤에는 파랑(波浪) 골이 있지만 더 명확하게 나타내기 위해서 해수면 아래 고도의 등고선은 표시하지 않았다.

과 상호작용하는 파도의 부분적 반사에서 볼 수 있는 것과 같이) 지형에 영향을 받는다. 운동량 방정식에 있는 항 $\frac{1}{2}gh^2$은 깊이 h인 물기둥에서의 깊이가 평균화된 정수압이다((1)에 있는 이 항과 다른 모든 항은 사실 유체밀도 ρ를 포함해야만 하지만 밀도가 일정하다고 가정하면 소거할 수 있다).

방정식 (1)은 쌍곡형의 비선형 연립 방정식이다. 쌍곡형 PDE는 종종 파동을 수학적 모형으로 만들

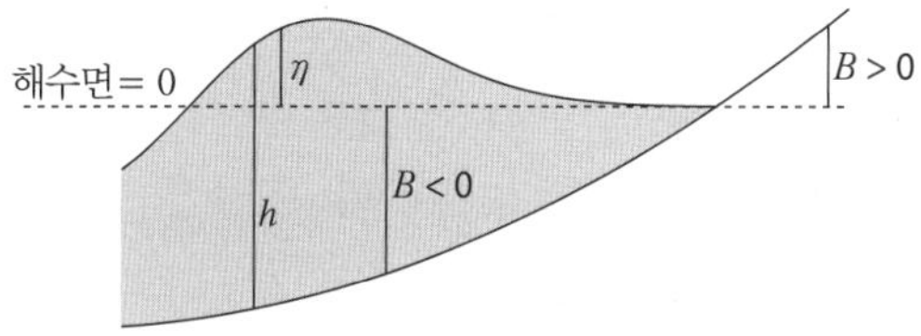

그림 3 얕은 물방정식 (1)에 나타나는 기호의 용례.

었을 때 나타난다. 대표적 형태는 **파동방정식**[III.31] 그 자체이다. 깊은 바다에서 쓰나미의 진폭은 일반적으로 파도의 깊이에 비해서 매우 작다(큰 거대 쓰나미에서도 보통 1미터 보다 작다). 해안에서 떨어진 곳에 대해서는 방정식들을, 지형의 변화로 인해서 생긴 변수가 포함된 계수를 가진, 선형화된 방정식으로 근사시킬 수 있다. 그렇지만 해안 가까이에서는 파도의 진폭이 유체의 깊이에 비해서 상대적으로 크고, 해안 가까이의 지형, 쓰나미의 상호작용, 육지 쪽으로 범람을 정확하게 모형으로 만들기 위해서는 완전 비선형 방정식을 사용해야만 한다. 비선형 쌍곡형 PDE의 해는 **충격**[II.30]이 발생한다면 불연속이 될 수 있다. 얕은 물방정식에서는 충격(shock)이 **도수**(**跳水**, hydraulic jump)라고도 이것은 불리고 깊이와 속도 둘 다 하나의 값에서 다른 값으로 빠른 전이를 겪는 얇은 지역을 수학적으로 추상화한 것이다. 이러한 영역은 종종 쓰나미가 충분히 얕은 물로 이동하면 난류 파동 전선(때때로 난류 해소(**海嘯**)라고 불린다)으로 나타난다. 얕은 물방정식은 직접적으로 이와 같은 난류 지역의 모형을 주지는 않지만, 종종 해소와 그것의 전파 속력 이면에 있는 깊이와 유체 속력과 같은 중요한 양들을 얻어내는 데 적당하다.

3 쓰나미 모형의 이용

쓰나미를 묘사하는 PDE를 일반적으로 정확하게 풀 수 없다. 그래서 쓰나미의 전파와 범람을 모의실험하기 위해서는 수치 방법을 사용해야만 한다. 수치 방법과 이로 인한 어려움들은 4절에서 다루겠지만 수치 모형의 필요성은 모형의 일반적인 응용을 통하여 먼저 제시한다.

3.1 실시간 경보 시스템

수치 모형의 응용은 쓰나미가 바다를 가로질러 전파될 때 실시간 경보를 발효하고 어떤 해안 지역의 사람들을 대피시켜야만 하는지 결정하는 일을 돕는 것이다. 빠르고 정확하게 경보를 발령하고 대피를 시키는 것에는 많은 어려움이 있다. 정확한 판단은 위험 지역의 사람들에게 적당한 때 경고를 하는 것뿐만 아니라 필요치 않은 지역에서의 대피(그 차제로 생명을 잃을 수 있고, 심각한 경제적 충격이 있으며 앞으로의 경보에 주의를 기울이지 않을 가능성이 있다)를 피하는 데 있어서 매우 중요하다. 침입대 거대지진에 대하여 근처 해안선에 있는 지역에 충분히 빠르게 쓰나미 경보를 발효하는 것은 종종 불가능하다. 쓰나미는 1시간 이내에 도달할 수도 있다. 그래서 거주자들이 대형 지진이 발생했을 때 높은 지역으로 이동해야 하는 필요성을 이해하는 것이 중요하다. 한편, 지진 그 자체는 바다를 가로지를 때에는 느껴지지 않기 때문에 곧 닥칠 쓰나미에 대한 직접적인 징조를 얻을 수 없다. 하지만 모의실험을 하고 경보를 발령하는 데에는 상당한 시간이 걸릴 수 있다.

3.2 쓰나미 진원 추정

쓰나미 모의실험을 수행하기 위해서 진원, 즉 쓰나미를 발생시키는 해저의 변형을 측정하는 것이 중요하다. 왜냐하면 변형의 측정은 쓰나미 전파와 범람의 모형을 주는 PDE를 수치적으로 풀기 위한 초기 조건들을 결정하기 때문이다. 일반적으로 직접 측정하는 방법은 없기 때문에 지진의 지진계 기록 또는 쓰나미 그 자체와 같이 가능한 측정치에 기초하여 변형의 추정치를 얻기 위해서 일종의 **역문제**[IV.15]를 풀어야만 한다. 지진의 위치와 크기에 대한 초기 추정치는 일반적으로 쓰나미보다 훨씬 빠른 속도로 지구를 통해서 전파되고 일상적으로 세계에 넓게 퍼져있는 수백 개의 지진계에 기록이 되는 P파와 S파인 지진파 기록의 분석을 통해서 얻을 수 있다. 많은 위치에서의 측정된 파형으로부터 땅이 얼마나 움직였는지 추정하는 것이 가능하다. 이 방법은 궁극적으로 탄성체에서의 파동 운동의 모형을 주는 PDE에 대한 역문제를 푸는 것에 의존한다. 일반적으로 해저 수십 킬로미터에 있는 지진단층에서의 땅의 어긋남은 지진파를 이용하여 추정한다. 단층면에서의 어긋남을 해저의 변형으로 전환할 때는 (해가 종종 **오카다 모형**(Okada model)에 의해서 근사되는) 또 다른 탄성체 문제를 푸는 것이 필요하다. 이 문제를 푸는 방법은 델타함수 변위에 의한 반무한 탄성체의 경계의 변형에 대한 그린 함수에 기초하고 있다. 단층면의 유한한 부분을 통해서 그린 함수를 적분하는 것으로부터 해저 변위에 대한 추정치를 얻을 수 있다.

지진파를 이용한 추정의 결과가 쓰나미의 모형을 만드는 데 매우 중요하더라도, 정확한 추정을 하는 것은 많은 양의 자료를 모으고 처리하는 것이 필요하고 실시간으로 실행할 수 없을 것이다. 쓰나미가 전파되어 갈 때 쓰나미에 대한 더 좋은 정보를 모으기 위해서 최근에 매우 정확하게 수압을 측정할 수 있는 많은 수의 압력 게이지가 해저에 배치되었다. 지나가는 쓰나미에 의한 변형을 알아내기 위해서 매우 정확하게 압력 게이지가 있는 곳에서 물의 깊이를 추정하는 것이 유체 정역학적 압력으로부터 가능하다. 여러 게이지를 이용한 쓰나미의 측정은 쓰나미를 발생시킬 것 같은 단층들에 대한 대략적 진원지를 추정하고 토양 물리적 지식을 제공하는 지진 모형과 함께 사용할 수 있다. 정확한 쓰나미 전파 모형과 함께 이 정보를 이용하면 역문제를 풀 수 있고 지진 정보만 사용했을 때 가능한 것 보다 더 정확하고 빠르게 쓰나미의 원인이 되는 해저 변형을 추정하는 것이 가능하다.

3.3 위험에 대한 모형 만들기와 완화

쓰나미의 실시간 모의실험은 경보를 발령하는 데 사용되지만 쓰나미의 모형을 만드는 것은 이것보다 더 많은 곳에 응용되고 있다. 지역사회를 보호하기 위해서는 쓰나미가 발생하기 오래 전에 적당한 계획을 세우는 것이 필요하다 그래서 쓰나미 모형은 가상 지진으로부터 생겨나는 쓰나미의 영향을 모의실험하는 데 사용된다. 이러한 모형의 결과는 지역사회의 어떤 지역이 가장 위험하고 어떤 지역이 대피를 위한 안전한 지역으로 지정될 수 있는지를 결정하는 데 사용될 수 있다. 파도의 도착 시간과 패턴에 관한 모형은 대피에 관한 교통 흐름 모형과 함께 이용할 수 있다. 쓰나미가 발생하기 쉬운 지역에서는 쓰나미로부터 지역사회를 보호하기 위해 닫을 수 있는 방조제나 문을 건설하고, 대규모 대피를 위해 쉽게 접근할 수 있는 높은 곳이 없는 지역에서는 수직 대피 구조물을 건설할 수 있다. 이 구조물은 쓰나미를 견딜 수 있게 건설되고, 위층은 안전한 피난처가 되도록 충분히 큰 다용도 빌딩의 형태를 취할 것이다. 또한 대피를 위한 구조물은 의도적으로 높게 만든 많은 빔으로 구성될 수도 있다. 이러한 구조물을 설계하기 위해서는 가상의 쓰나미의 깊이와 유체 속도에 관한 모형을 만드는 것이 필요하다.

물론 해저 변형이 미래의 지진에 대하여 어떤 작용을 할지 정확하게 아는 것은 불가능하지만 주요한 침입대와 (지질학과 과거의 역사를 바탕으로) 발생 가능한 지역 및 크기는 상당히 알려져 있다. 항상 얼마나 큰 쓰나미를 고려해야 할지가 문제이다. 때때로 어떤 위치에서 발생할 수 있는 최악의 쓰나미를 고려하기도 하지만, 이것은 거대한 지출(다른 지역에서 더 발생하기 쉬운 사건을 막는 데 더 유용히 쓰일 수 있는 돈)이 필요한 확률이 매우 낮은 사건에 해당될 것이다. 이러한 이율 배반성을 더 잘 이해하기 위해서 최근에는 **확률적 쓰나미 위험 평가**(여기서는 일련의 가능한 사건들에 확률이 할당되거나 가능한 사건들의 전체 스펙트럼(보통 높은 차원의 확률공간에서의 확률 밀도 함수가 할당된다)에 대한 관심이 증가하고 있다. 목표는 위험 평가로부터 발생할 수 있는 범람의 유형, 흐름의 깊이, 속도 등등에 대한 확률적 묘사를 얻는 것이다. 확률 쓰나미 위험 평가는 최근에 빠르게 성장하고 있는 (불확정적인 입력값을 바탕으로 모의실험이 이루어지고, 하나의 모의실험에 대한 결과가 아닌 여러 실험의 결과들에 대한 확률적 묘사가 목적인) 계산 과학의 많은 분야에서 중요한 **불확정성 정량화**[II.34]의 일종이다. 효율적으로 이러한 문제를 해결하기 위해서 새로운 방법을 개발해야 하는데 이때 응용수학자와 통계학자가 담당해야하는 많은 역할이 있다.

3.4 과거 쓰나미와 지진에 대한 연구

과거 쓰나미에 대한 연구를 할 때 쓰나미 모형이 이용된다. 쓰나미의 영향을 받은 해안을 따라서 범람과 준비 단계를 측정하는 쓰나미 조사팀은 최근의 쓰나미 발생 순서에 따라서 많은 데이터를 수집한다. 또한 해저 압력 게이지, 해안을 따르는 조류 게이지, 다른 자료 수집 장치로부터의 이용 가능한 자료들이 있다. 그러면 진원을 찾는 문제를 풀어서 얻은 해저 변형에 관한 모형을 쓰나미 모형의 초기 자료로 사용할 수 있고, 계산된 결과를 측정된 값과 비교할 수 있다. 이러한 연구들은 쓰나미 모형이 경보나 위험 대피를 위해서 사용될 수 있도록, 실제 쓰나미를 충분히 정확하게 묘사했음을 증명하는 데 중요하다. 타당한 모형은 또한 해저의 변형을 추정하기 위해서 쓰나미의 진원을 찾을 때도 사용할 수 있다. 해저 변형의 추정은 지진 학자들에게 유용한 지진 메커니즘에 대한 또 다른 통찰력을 줄 수 있다. 또한 쓰나미 모형을 통해서 쓰나미가 발생하는 동안의 유체역학을 얻을 수 있기 때문에 과거 쓰나미들의 특이한 특징들을 설명하는 데 도움을 줄 수 있다.

쓰나미 모형은 또한 더 먼 과거에 발생한 사건들(압력 게이지 또는 조류 게이지 자료가 없고,아마도 범람 지역에 대한 제한된 역사적 기록만이 있거나,

선사시대의 사건과 같이 인간의 기록이 없거나 사람이 살지 않는 해안선에 발생한 사건)을 재구성하는 데 도움을 줄 수 있다. 다행히도 많은 쓰나미 범람에 대한 지질학적 기록이 **쓰나미 퇴적물**의 형태로 기록되어 있다. 쓰나미가 해안으로 다가갈 때, 일반적으로 난류가 모래나 해양 미생물과 같은 해저의 침전물을 들어 올린다. 이 물질은 범람이 발생하는 동안 내륙으로 옮겨지고, 흐름의 속도가 줄어들고 방향이 바뀌는 과정에서 아래로 가라앉는다. 그리고 종종 먼 내륙 까지 퇴적층을 남긴다. 쓰나미가 발생하기 쉬운 지역에서는 종종 수천 년에 걸쳐 만들어진 많은 쓰나미 퇴적층(두 쓰나미 사이의 기간 동안 천천히 만들어진 흙의 층으로 분리되어 있다)이 있다. 핵심 표본 또는 해구(**海溝**)를 통해서 많은 과거의 사건들(종종 유기물질의 방사성탄소 연대 측정으로 연대를 추정할 수 있거나 알려진 화산 분출로부터 생성된 테프라층 사이에 배치될 수 있다)을 알 수 있다. 쓰나미 퇴적층의 연구는 과거 지진의 크기, 위치, 재발 횟수에 대한 중요한 정보의 원천이다. 이 정보는 지진 과정에 대한 더 좋은 과학적 이해를 제공할 뿐만 아니라 쓰나미 또는 지진 위험에 대한 확률모형 개발에도 중요하게 사용될 수 있다. 수치 쓰나미 모형은 쓰나미 퇴적층에 기록된 범람의 패턴을 만든 해저 변형의 위치와 크기를 알아내는 데 사용할 수 있다. 침전물의 부식, 이동, 퇴적을 포함하는 모형은 또한 쓰나미 퇴적층 생성에 관한 유체역학을 더 잘 이해하는 데 사용될 것이고 이것은 궁극적으로 관찰된 퇴적층을 생성한 쓰나미에 대한 더 정확한 묘사를 제공해 줄 것이다.

4 수치 모형 만들기

비선형 얕은 물방정식 (1)과 같은 연립 비선형 PDE는 보통 일직선 해안의 일차원 파도와 같은 매우 단순한 경우를 제외하고는 정확하게 풀 수 없다. 실제적인 쓰나미 모형 만들기는 항상 PDE의 수치 해를 이용한다. 따라서 어떤 방법으로든 방정식을 이산화하는 것이 필요하다. 즉, (정의역의 모든 (x, y, t)에 대하여) 연속적인 해를 묘사하는 미분방정식을 컴퓨터가 해를 유한한 시간 내에 계산할 수 있는 이산적 대수방정식의 집합으로 대체하는 것이 필요하다. 이것을 수행하는 많은 방법들이 있고 PDE의 수치 해에 대한 일반적인 논의는 **편미분방정식의 수치해법**[IV.13]에서 찾을 수 있다.

정의역을 덮는 유한개의 그리드 점 (x_i, y_i)로 구성된 이산 그리드를 도입하고 해를 이산적 시간의 집합 $t_0, t_1, t_2, \cdots$에서 이 점들에서만 근사시키는 **유한 차분법**이 종종 사용된다. PDE에서의 미분계수를, 이웃하는 그리드 점에서의 근사 해에 기초한 유한 차분 근사로 대치하여 컴퓨터에서 풀 수 있는 대수방정식의 이산집합을 얻을 수 있다. 또 다른 인기 있는 접근법은 정의역을 유한한 수의 그리드 세포로 세분하고 각각의 그리드 세포에서 얻어진 해의 평균값으로부터 근사 해를 구성하는 **유한 부피법**을 사용하는 것이다. 그리드 세포에서 PDE를 적분하면 시간 t_n에서 다음 시간 t_{n+1}로의 세포 평균들을 업데이트하는 데 이용할 수 있는 세포 평균의 시간에 대한 미분계수를 얻을 수 있다. 더 정확한 값을 얻기 위해서 각각의 그리드 세포에서의 해를 (각각의 세포에서 상수함수 또는 0차 다항식으로 해석될 수 있는) 세포 평균보다는 다항식에 의해서 근사시키는 방법이 때때로 사용된다. 이 경우에 각각 다항식의 고차 계수는 하나의 시간 단계에서 다음 단계로 업데이트되어야만 한다. 최근 쓰나미 모형 만들기에서 인기 있는 방법은 각각의 세포에서 정의된 다항식으로부터 얻어진 조각적 다항함수가 세포와 그 이웃 세포 사이의 접촉면에서 연속이라고 가정하지 않는 **불연속 갤러킨 법**(discontinuous Galerkin method)이다. '갤러킨'은 시간에 따라서 다항식의 계수를 변형시키기 위한 방정식에 대한 **유한 요소** 접근법(finite-element approach)을 의미한다.

4.1 비선형성과 충격 형성

비선형 쌍곡형 PDE의 눈에 띄는 특징은 **충격**(shock)이 해에서 나타날 수 있다는 것이다(충격은 매끈한 초기 조건으로부터도 발생할 수 있는 깊이와 속력에서의 불연속성이다). 2절에서 언급한 것과 같이 충격은 쓰나미가 해안에 접근할 때 쓰나미에서 관찰되는 도수(**跳水**) 또는 고조(**高潮**)에 대응된다. 날카로운 불연속성은 단지 실제 움직임에 대한 근사이지만, 종종 흐름에 대한 좋은 근사를 준다. 더 정확한 유체역학 모형을 만드는 것은 푸는 데 훨씬 더 많은 계산이 필요한 연립 PDE가 필요할 것이다.

해가 불연속인 점에서는 미분계수가 무한대이고 해가 불연속이면 미분계수에 대한 유한 차분 근사는 일반적으로 발산하기 때문에 해의 불연속성은 수치적으로 PDE를 푸는 데 어려움을 준다. 이 때문에 해에서 불연속성을 아주 잘 찾아낼 수 있는 유한 부피 방법과 불연속 갤러킨 방법에 대한 인기가 증가하고 있다. 불연속성을 잘 찾아낼 수 있도록 설계된 방법은 종종 **충격-포획법**이라고 불린다.

4.2 범람과 움직이는 해안선

해안가에서는 흐름의 움직이는 경계를 생각해야 하기 때문에 쓰나미 또는 지형에 대한 토양물리학적 흐름의 모형을 만드는 데 있어서 또 다른 계산적 문제가 생긴다. 많은 초기의 쓰나미 모형에는 이 움직이는 경계를 포함시키지 않았다. 대신에 차수벽(**遮水壁**)과 같은 고정된 경계에서의 경계 조건을 가진 최초의 해안선에 의해서 정의된 고정된 정의역에서 방정식을 풀었다. 이러한 접근법은 직접적으로 범람의 모형을 만드는 데 사용할 수 없었지만 여전히 고정된 경계를 따라서 깊이와 속도를 조사하여 쓰나미 가속에 대한 징후를 얻을 수 있었다. 이러한 값으로부터 범람을 추정하는 데 다른 수학적 또는 물리적 모형을 사용하였다.

가장 최근에 개발된 쓰나미 모형 만들기에서는 직접적으로 범람의 모형을 만들려고 한다. 단순한 문제에 대해서는 그리드의 한 모서리가 항상 해안선을 따르도록 시간에 따라서 움직이는 그리드를 사용하는 것이 가능할 수 있다. 실제 문제에서는 해안선이 매우 복잡할 수 있고 내륙 또는 물이 고인 고립된 수영장같이 조각적으로 붕괴될 수 있기 때문에 일반적으로 실행이 불가능하다. 대신에 대부분의 쓰나미 모형은 고정된 그리드를 사용하고, 어떤 그리드 점 또는 세포가 건조하고($h = 0$) 어떤 것이 젖었는지($h > 0$)를 기록하는 **젖고 건조한 알고리즘**을 실행 시킨다. PDE를 근사시키는 표준적인 접근법은 보통 해안선 근처에서 성공하지 못한다. 하지만 종종 해안선 근처가 모형의 결과를 필요로 하는 주요 관심지역이기 때문에, 이 문제를 아주 적절하고 정확하게 다룰 수 있는 쓰나미 모형을 개발하는 것은 중요한 문제이다.

4.3 그물 세분화

또 다른 문제는 (쓰나미의 전파가 이루어지는) 바다와 (방정식의 해를 구하고자 하는 항구와 같은) 해안 지대 사이의 엄청난 공간적 크기의 차이에서 발생한다. 해안선 지역에서는 유용한 크기의 흐름에 관한 해상도를 얻기 위해서 그리드 점들 사이가 10m보다 작은 미세한 그리드가 필요할 것이다. 이 해상도로 전체 바다를 다루는 것은 분명히 비현실적이고 또한 필요하지도 않다. 쓰나미의 파장은 보통 100km를 넘는다. 그래서 바다에 있는 그리드 점은 1-10km 정도가 될 것이다. 특히 쓰나미가 도착하기 전에는 대부분의 바다에 대해서 훨씬 더 낮은 해상도를 사용할 것이다.

공간적 크기의 다양성을 다루기 위해서 사실상 모든 쓰나미 코드는 종종 바다에서는 성긴 그리드를 가지고 있고, 필요한 곳에서는 더 높은 해상도로 그리드를 세분하는 동일하게 분포되지 않은 그리드를 사용한다. 어떤 모형은 그리드가 시간에 따라서 변하지는 않지만, 해안의 특정 지역에서는 더 세분화된 그리드를 갖는 정지 세분화만을 사용한다. 다른 컴퓨터 코드들은 세분화의 영역이 해의 발전에 맞춰서 시간에 따라서 변하는 **적응 그물 세분화**(adaptive mesh refinement)를 사용한다. 예를 들어, 바다의 다른 부분보다 더 세분화된 그리드를 가진 세분화의 영역이 전파되는 파도를 따라서 사용되고 쓰나미가 해안에 다가올 때만 관심 있는 해안 지역 근처에서 더 세분화된 영역이 사용된다.

이와 관련된 문제는 해를 발전시키는 시간 단계의 선택이다. 일반적으로 안전성 조건 때문에 최고 파도 속도×시간 단계가 그리드 세포의 너비보다 더 크지 않아야만 한다. 이 때문에 얕은 물방정식과 같은 쌍곡형 PDE를 풀기 위해서 자주 사용되는 확실한 방법들은 각 시간의 단계에서 이웃하는 세포들로부터 얻는 자료만을 이용하여 각각의 그리드 세포에서의 해를 업데이트한다. 파도가 시간 단계에서 두 개 이상의 그리드 세포로 전파될 수 있다면 이 방법은 불안정할 것이다. 안정성에 대한 이 필요조건은 1920년대의 쿠랑(Courant), 프리드리히(Friedrichs), 레비(Lewy)의 수치 방법의 수렴성에 대한 중요한 연구 이후에 CFL 조건[V.18 §4.2]으로 불린다. 얕은 물방정식에서 파도의 속력은 $\sqrt{gh}$로 $h\approx 0$인 해안가에서부터 h가 10000m에 이를 수 있는 바다의 가장 깊은 부분까지 극적으로 변한다. 또 다른 어려움이 적응 그물 세분 알고리즘을 수행할 때 발생한다. 만약 그리드가 10단위로 정의역을 세분화했다면 보통 시간 단계는 같은 크기로 감소되어야 한다. 따라서 성긴 그리드에서의 시간 단계는 더 세분화된 그리드보다 10배의 단계를 취해야 하고 정확성을 유지하는 그리드와 그 그리드 면 가까이에서 안정한 해 사이에서는 어떤 조치가 취해져야 한다.

4.4 분산적 항들

특별한 상황에서는 유체의 깊이에 비해 상대적으로 충분히 길지 않은 짧은 파장을 가진 얕은 물방정식을 적용할 수 없는 쓰나미가 발생한다. 이것은 큰 크기의 지진보다는 해저 산사태와 같은 더 작은 국소적 원인에 의해 자주 발생한다. 이 경우에 깊이가 평균화된 2차원 방정식을 사용하는 것은 여전히 가능하지만, 보통 얻어진 방정식들은 고차 미분계수를 포함하는 추가적인 항들을 포함한다. 이 항들은 다른 파장을 가진 파도들이 다른 속력으로 전파되는 관측 효과에 대한 더 좋은 모형을 주는 분산적 항들이다.

보통 고차 미분계수를 도입하면 효과적으로 방정식을 풀기 위해서 음함수법이 필요하다. 왜냐하면 **명확한 방법**(explicit method)에 대한 안정성의 조건은 원하는 것 보다 훨씬 더 작은 시간 단계가 필요하기 때문이다. 음함수적 방법을 통해서 각 시간의 단계에서 풀어야 하고 모든 그리드 점에서 해를 연결해야 하는 대수연립방정식을 얻을 수 있다. 이 방법은 보통 명확한 방법보다 훨씬 더 많은 시간이 걸린다.

더 읽을거리

쓰나미 퇴적에 관한 최근의 조사 연구에 대해서는 부르주아(Bourgeois, 2009)를 참조하고, 쓰나미에 대한 확률적 모형 만들기에 대한 일반적인 소개는 가이스트(Geist) 외(2009)를 참조하라. 쓰나미 모의 실험에 대한 수치 방법의 좀 더 자세한 묘사는 지랄도와 워버튼(Giraldo and Warburton, 2008), 그릴리(Grilli) 외(2007), 코발릭(Kowalik) 외(2005), 레베크(LeVeque) 외(2011), 리넷(Lynett) 외(2002), 티토프와 시놀라키스(Titov and Synolakis, 1998)에서 찾을 수 있다. 해저 산사태의 모형을 만들기 위한 분산 방정식의 사용은 와츠(Watts) 외(2003)에 논의되어 있다.

Bourgeois, J. 2009. Geologic effects and records of tsunamis. In *The Sea*, Edited by E. N. Bernard and A. R. Robinson, volume 15, pp. 55-92. Cambridge, MA: Harvard University Press.

Geist, E. L., T. Parsons, U. S. ten Brink, and H. J. Lee. 2009. Tsunami probability In *The Sea*, edited by E. N. Bernard and A. R. Robinson, volume 15, pp. 201-35. Cambridge, MA: Harvard University Press.

Giraldo, F. X., and T. Warburton. 2008. A high-order triangular discontinuous Galerkin oceanic shallow water model. *International Journal for Numerical Methods in Fluids* 56(7):899-925.

Grilli, S. T., M. Ioualalen, J. Asavanant, F. Shi, J. T. Kirby, and P Watts. 2007. Source constraints and model simulation of the December 26, 2004, Indian Ocean tsunami. *Journal of Waterway, Port, Coastal, and Ocean Engineering* 133: 414-28.

Kowalik, Z., W. Knight, T. Logan, and P. Whitmore. 2005. Modeling of the global tsunami: Indonesian tsunami of 26 December 2004. *Science of Tsunami Hazards* 23(1):40-56.

LeVeque, R. J., D. L. George, and M. J. Berger. 2011. Tsunami modeling with adaptively refined finite volume methods. *Acta Numerica* 20:211-89.

Lynett, P. J., T. R. Wu, and P. L. F. Liu. 2002. Modeling wave runup with depth-integrated equations. *Coastal Engineering* 46(2):89-107.

Titov, V. V., and C. E. Synolakis. 1998. Numerical modeling of tidal wave runup. *Journal of Waterway, Port, Coastal, and Ocean Engineering* 124:157-71.

Watts, P., S. Grilli, J. Kirby, G. J. Fryer, and D. R. Tappin. 2003. Landslide tsunami case studies using a Boussinesq model and a fully nonlinear tsunami generation model. *Natural Hazards and Earth System Sciences* 3:391-402.

V.20 충격파

채프먼 *C. J. Chapman*

1 서론

충격파는 공기와 같은 연속인 매질의 얇은 층 영역에서 발생하는 압력의 갑작스럽거나 격렬한 변화이다. 매질의 다른 성질들 특히 속력, 온도, 엔트로피 또한 갑자기 변한다. 대기권을 통과하며 우주선(船)이 만드는 것과 같은 강한 충격은 대기 중의 분자를 분해하여 전리시키기에 충분한 온도 상승을 유발한다. 수학적인 관점에서 '약한' 충격파(즉, 대기 압력에 작은 비율의 변화만 주는 충격파)는 우리의 청각이 아주 민감하기 때문에 주관적인 관점에서 매우 강하다. 이 사실은 (대기 상태에 민감하게 반응하는 집중 성질과 위치를 가진 충격파를 생성하는) 초음속 비행기의 경로를 제한하기 때문에 민간 항공에서 매우 중요하다.

충격파의 모형을 만들 때 빠르게 변하는 얇은 영역을 거의 모든 경우에 매질의 성질들이 불연속처럼 보이게끔 하는 곡면으로 대체할 수 있다. 적분된 형태로 표현되어 있을 때 질량, 운동량, 에너지의 보존을 나타내는 주요 운동 방정식을, 여전히 적용할 수 있고, 불연속의 곡면을 포함하는 영역에 적용하면 곡면의 반대쪽 면에서의 물리량의 극한값과 관련된 연립 대수방정식을 준다. 게다가 매질의 엔트로피는 충격의 경로를 따라서 증가해야만 한다. 충격 곡면을 제외한 다른 곳에 적용된 운동에 관한 편미분방정식과 함께, 대수적 관계식들은 많은 중요한 실제 문제의 해를 얻는 데 충분하다. 예를 들어, 충격파의 전파에 관한 위치와 속력(보통 미리 주어지지는 않지만 문제를 푸는 과정의 일부로써 수학적으로 결정해야만 한다)을 결정한다.

충격파 이론은 군사적으로 중요하며 특히, 고속 미사일과 폭발에 의해서 생성된 폭풍파의 성질에 응용된다. 때때로 이러한 응용은 세계 최상급의 수학자들(그리고 철학자들도)이 매우 현실적인 주제에 뛰어들도록 자극을 했다. 1880년도에 피터 잘허(Peter Salcher)와 함께 충격파를 찍은 최초의 인물인 에른스트 마흐(Ernst mach)는 보불전쟁(Franco-Prussian war, 1870-1871)에서 사용된 고속 탄환의 성질을 밝혔고 2차 세계대전에서 존 폰 노이만(John von Neumann)은 탱크와 빌딩에서의 폭풍파의 효과를 분석하여 비스듬하게 부딪친 충격파가 정면으로 부딪친 것보다 더 큰 압력을 가한다는 놀라운 결과를 얻었다. 제프리 테일러(Geoffrey I. Taylor)와 테오도르 폰 카르만(Theodore von Kármán)과 같은 유체, 고체역학 '전문가'뿐만 아니라 리하르트 폰 미제스(Richard von Mises)와 레프 란다우(Lev Landau)도 이 시기에 충격파에 몰두하였다.

2 수학 이론

2.1 질량, 운동량, 에너지

논의를 간단하게 하기 위해서 공기 중의 충격파를 생각하자. 먼저 공기의 흐름에 수직인 **법충격**에 적용되는 방정식을 제시한다(충격[II.30] 참조). 그리고 나서 들어오는 공기와 나가는 공기 사이의 (넓은 범위에 안에 있는) 임의의 방향에 대한 **기울어진 충격**을 다루고 마지막으로 충격 그 자체를 다룰 것이다.

법충격을 가로지르는 세 가지 도약 조건은

$$\rho_1 u_1 = \rho_2 u_2,$$
$$p_1 + \rho_1 u_2^2 = p_2 + \rho_2 u_2^2,$$
$$e_1 + \frac{p_1}{\rho_1} + \tfrac{1}{2}u_1^2 = e_2 + \frac{p_2}{\rho_2} + \tfrac{1}{2}u_2^2$$

이다. 여기서 밑 첨자 1과 2는 충격의 반대 면을 의미하고 사용되는 틀(frame)은 충격이 정지해 있을 때의 것이다. 변수는 밀도 ρ_1, ρ_2, 속도 성분 u_1, u_2, 압력 p_1, p_2, 단위 질량당 에너지 e_1, e_2이다. 모든 양들은 면 1에서 흘러 들어오고 면 2로 빠져나가는 공기에 대하여 양수로 택할 것이다.

위의 첫 번째 방정식은 질량의 보존을 나타낸다. 왜냐하면 왼쪽 변은 충격 안으로 흘러들어 오는 단위 시간당 단위 면적당 공기의 질량이고 오른쪽은 흘러 나가는 양이다. 두 번째 방정식은 $\rho_1 u_1$에서 $\rho_2 u_2$로의 단위 부피당 공기의 운동량의 변화를 설명한다. 이 변화는 속력에 비례하여 발생하고 (항 $\rho_1 u_1^2$과 $\rho_2 u_2^2$를 준다) 압력의 도약으로부터 야기되는 알짜 힘에 의해서 유도된다(항 p_1과 p_2를 준다). 세 번째 방정식은 운동에너지와 위치에너지를 포함하는 $e_1 + \frac{1}{2}u_1^2$에서 $e_2 + \frac{1}{2}u_2^2$로 단위 질량당 공기의 에너지의 변화를 설명한다. 에너지에서의 변화를 생성하는 힘은 압력으로부터 오고 항 p_1/ρ_1과 p_2/ρ_2를 준다. 각 내부 에너지와 압력 항을 하나의 양의 엔탈피로 통합하는 것이 편리하다. 그러면 $h_1 = e_1 + p_1/\rho_1$과 $h_2 = e_2 + p_2/\rho_2$로 정의되는 엔탈피 h_1, h_2에 대하여 에너지 방정식은

$$h_1 + \tfrac{1}{2}u_1^2 = h_2 + \tfrac{1}{2}u_2^2$$

이 된다.

2.2 엔트로피

충격을 가로지르는 네 번째 도약 방정식은 (미세한 크기에서 작업을 수행하는 데 이용할 수 없는) 무질서한 분자들의 운동에너지를 측정하는 엔트로피에 관한 것이다. 조건은 충격을 통과하는 물질의 엔트로피는 증가해야만 한다는 것이다. 엔트로피 조건은 비록 부등식이지만 발생할 수 있거나 발생할 수 없는 충격의 형태를 결정하는 데 매우 중요하다. 예를 들어, 엔트로피 조건은 거의 대부분의 물질에서 (압력이 갑자기 떨어지는) 저밀도 충격이 불가능하다는 것을 보여준다. 그러므로 공기에서의 충격은 충격을 통해서 지나가자마자 공기의 압력, 밀도, 온도, 내부 에너지와 엔탈피는 증가하고 속도는 감소하는 성질이 있다.

극단적이지 않은 조건을 가진 공기에 대하여, 절대온도 단위로의 온도당, 질량당 엔트로피는 $\ln(p/\rho^\gamma)$에 비례한다. 여기서 γ는 거의 상수인 비열들의 비율이다. 따라서 도약 조건에서 u_2와 u_1이 양수라고 하면 충격의 양면에서의 엔트로피 s_2와 s_1이 조건 $s_2 > s_1$을 만족하고 따라서

$$p_2/\rho_2^\gamma > p_1/\rho_1^\gamma$$

이 된다.

2.3 랭킨-위고니오 관계식

단순한 대수적 조작을 통해서 도약 조건으로부터

$$h_2 - h_1 = \frac{1}{2}\left(\frac{1}{\rho_1} + \frac{1}{\rho_2}\right)(p_2 - p_1)$$

을 얻을 수 있다. 이 관계식은 h_2와 h_1이 각각 (p_2, ρ_2)와 (p_1, ρ_1)의 함수이기 때문에 매우 유용하다. 따라서 만약 (p_1, ρ_1)이 고정되어 있으면, 알려진 상승 조건을 나타내는 랭킨-위고니오(-Hugoniot) 관계식으로부터 ρ_2에 p_2를 관련시키는 **충격 단열고선** 즉, 압력과 밀도의 하강을 얻을 수 있다.

2.4 마하수

네 개의 도약 조건으로부터 추론할 수 있는 법충격의 기본적인 성질은 충격 안으로의 흐름은 초음속, 즉 소리의 속력보다 더 빠르다는 것과 충격에서 빠져 나오는 흐름은 아음속, 즉 소리의 속력보다 느리다는 것이다. 이것은 우리가 들어오고 나가는 마하수(c_1과 c_2로 표시되는 흐름의 속력과 소리의 국소적 속력의 비로 정의된다) M_1과 M_2에 바탕을 둔 변수를 사용해야 한다는 것을 강하게 암시하고

$$M_1 = \frac{u_1}{c_1} > 1, \qquad M_2 = \frac{u_2}{c_2} < 1$$

이 된다.

또한 공기의 상태방정식 $p = \rho RT$와 열역학의 많은 공식들을 이용할 수 있다. 여기서는

$$c^2 = \gamma RT = \gamma p/\rho = (\gamma - 1)h$$

만을 이용한다. 여기서 R은 기체상수이고, T는 절대온도, 공식은 충격의 각각의 면에서 밑 첨자 1 또는 2를 가지고 적용된다(그러나 γ와 R은 같은 값이다). 이제 많은 연립방정식을 얻었고, 도약 조건으로부터의 간단한 조작으로

$$M_2^2 = \frac{1 + \frac{1}{2}(\gamma - 1)M_1^2}{\gamma M_1^2 - \frac{1}{2}(\gamma - 1)}$$

을 얻을 수 있다.

2.5 압력과 온도의 상승

M_2^2와 M_1^2 사이의 관계식을 이용하면 법충격에서의 어떤 양의 변화는 쉽게 M_1^2과 γ로 표현할 수 있다. 이 표현은 계산하는 데 있어서 매우 유용하다. 예를 들어, 충격파의 중요한 양상은 압력과 온도의 엄청난 상승이다. 그러나 이러한 상승이 들어오는 흐름의 마하수와 어떤 관계가 있는가? 공기에서의 충격파에 대한 답은

$$\frac{p_2}{p_1} = 1 + \frac{2\gamma}{\gamma + 1}(M_1^2 - 1)$$

이고

$$\frac{T_2}{T_1} = \frac{(1 + \frac{1}{2}(\gamma - 1)M_1^2)(\gamma M_1^2 - \frac{1}{2}(\gamma - 1))}{\frac{1}{4}(\gamma + 1)^2 M_1^2}$$

이다.

마지막 방정식의 함수 형태는 모형을 만드는 데 있어서 중요하다. 비열비 γ는 1차(대기의 공기에 대해서는 약 1.4이다)이기 때문에 방정식은 높은 마하수에서 절대온도의 비율 T_2/T_1은 크기가 M_1^2과 비슷하다. 따라서 극초음속 매체의 비행에서 가속 상태 동안 우리가 사용하는 단순한 상태 방정식 $p = \rho RT$는 순항속력에 도달하기 오래 전부터 적용할 수 없다. 이 이상기체 방정식의 범위를 넘어

서는 물리적 과정이 포함되어야만 하고, 충격파라는 주제는 분자 붕괴의 화학과 이온화된 가스의 물리학과 관련을 맺게 된다. 제임스 라이트힐(James Lighthill)경과 존 클라크(John F. Clarke)와 같은 응용수학자는 이러한 강력한 충격파에 필요한 이론을 개발하는 데 중요한 역할을 해왔다.

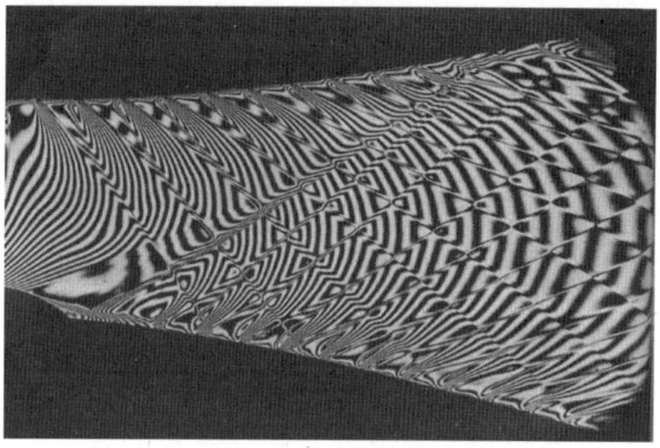

그림 1 초음속 노즐에서의 약한 충격파(마하 곡면).

3 비스듬한 충격파

3.1 모형의 유용성

비스듬한 충격파는 초음속으로 움직이는 임의의 형태를 갖는 물체 주변 흐름의 모형을 만드는 데 있어서 유용한 도구를 제공한다. 왜냐하면 물체의 표면에 의해 생성되는 흐름의 방향에서 국소적 변화는 항상 흐름의 어딘가에서 비스듬한 충격을 생성하기 때문이다. 예를 들어 오목한 모퉁이는 모퉁이에 붙어있는 비스듬한 충격을 생성하고, 앞쪽을 향하는 쐐기의 정점은 쐐기의 각 면에서 정점에 붙어있는 비스듬한 충격을 생성한다.

더군다나 물체 표면의 부드러운 오목한 부분은, 교란이 작은 강도의 비스듬한 충격의 방향과 같은 방향의 곡면에서 전파되는 흐름 장을 생성한다. 이러한 **마하 곡면**은 최대 강도의 비스듬한 충격을 생성하기 위해서 오목한 경계로부터 약간 떨어진 거리에서 초점을 갖는다. 일반적으로 마하 곡면은 압력과 약한 교란과 관련된 양들이 **마하 파동**같이 음향학의 방정식에 따라서 전파될 수 있는 곡면이다. 약한 충격파의 이론은 약한 충격이 음향파 방정식의 특성 곡면에 대응되는 방식으로, 음향 이론에 포함된다. 충격과 특성 곡면은 일반적으로 일치하지 않지만 0 충격 강도에서는 일치한다.

비스듬한 충격파는 충격파 교차점과 반사의 모형을 만드는 데 중요하다. 유체에서 충격의 교차점은 속도의 접선 성분에서의 도약이 있는 **미끄럼 곡면**으로 불리는 곡면에 제한된 소용돌이를 생성한다. 충격반사는 들어오는 충격의 방향과 강도에 따라서 다른 형태가 될 수 있다. 보통의 형태는 줄기로 알려진 거의 직선 충격파가 물체의 곡면으로부터 충격의 세 교차점(이것으로부터 또한 미끄럼 곡면이 나타난다)으로 뻗어나가는 마하 반사이다.

비스듬한 충격파 패턴에 대한 많은 사진은 반 다이크(Van Dyke, 1982)에서 볼 수 있다. 그림 1과 2는 예술로 볼 수 있는 과학의 예들이다.

3.2 흐름 굴절

비스듬한 충격에 관한 가장 기초적인 질문은 다음과 같다. 들어오는 흐름의 마하수가 M_1이고 흐름이 원래의 방향에서 각 θ만큼 굴절되었다면, 이 굴절이 야기할 수 있는 가능한 비스듬한 충격 각 ϕ는 무엇인가? 여기서 각 ϕ는 충격 곡면과 들어오는 흐름사이의 각이다(따라서 법충격은 $\theta = 0$과 $\phi = \frac{\pi}{2}$에 대

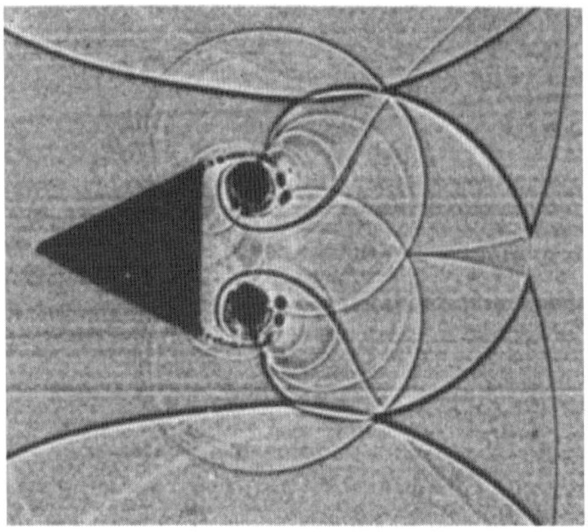

그림 2 쐐기에 의한 충격파의 굴절과 소용돌이 면(미끄럼 곡면)의 출현.

응된다). 이 질문의 답은 법충격에 대한 공식과 충격 곡면에 평행한 고른 흐름의 중첩을 이용하여 쉽게 답할 수 있다. 약간의 계산과 삼각함수로부터

$$\tan\theta = \frac{(M_1^2\sin^2\phi - 1)\cot\phi}{1 + (\frac{1}{2}(\gamma+1) - \sin^2\phi)M_1^2}$$

을 얻을 수 있다.

M_1값이 고정되었을 때 ϕ에 대한 θ의 그래프는 $\theta=0(\phi=\sin^{-1}(1/M_1)$일 때)으로부터 다시 $\theta=0(\phi=\pi/2$일 때)이 되기 전까지 최댓값 $\theta=\theta_{\max}(M_1)(\phi$의 더 높은 값에서)까지 증가한다. 따라서 충격각과 흐름의 방향은 특정한 구간으로 제한된다. $\sin^{-1}(1/M_1)$은 마하 각이고 위에 묘사된 마하 파동을 준다.

M_1이 변할 때 큰 M_1의 범위 내에서 얻어지는 $\theta_{\max}(M_1)$의 최대 가능한 값이 있고, 대응되는 ϕ의 값이 있다. $\gamma=1.4$에 가까운 비열비를 가지는 극단적이지 않은 조건에 있는 공기에 대하여, 비스듬한 충격에서의 가장 큰 가능한 흐름의 굴절이 46°라는 유용한 결과를 얻을 수 있고, 대응되는 충격 각은 68°이다.

주어진 M_1과 허용되는 범위에 있는 굴절각에 대하여 두 개의 가능한 충격각 ϕ가 있다. 더 작은 각은 더 약한 충격과 $\theta_{\max}(M_1)$ 바로 아래의 굴절각의 좁은 범위를 제외하고 초음속 유출을 준다(더 큰 각에서의 더 강한 충격으로부터의 유출은 항상 아음속이다). 따라서 유입이 초음속이 확실하다고 할지라도 유출은 위에 언급된 법충격에서의 동등한 중첩된 고른 흐름의 크기에 따라서 아음속 또는 초음속이 될 수 있다. 이러한 일에 대한 최고의 설명은 엔트로피 조건이다. 유출이 초음속인지 아닌지는 현실에서 중요하다. 왜냐하면 초음속 유출은 더 많은 충격파를 포함할 수도 있기 때문이다. 어떤 충격 패턴이 실제로 발생하는가는 하강 조건에 의존한다.

4 충격파의 극적인 예

4.1 소행성 충돌

지구에는 오래 전에 겪은 충격파의 흔적이 있다. 공룡을 멸종시킨 (그리고 포유류의 번성을 통해서 인간을 출현시킨) 소행성에 의해서 생성된 충격파는 지구의 표면에 여전히 볼 수 있는 흔적을 남겼다. 소행성은 멕시코의 유카탄 반도의 칙술루브(Chicxulub) 근처에 6천 6백만 년 전에 충돌했고 지름이 180km인 크레이터를 만들었다. 바다에 (수학적으로 말하면 해안 가까이에서 충격파의 형태로 발전하는) 쓰나미[V.19]를 만드는 것 이외에도 지구 표면의 바위에 충격파를 만들었다. 이러한 충격파는 지구 주위로 전파되었고 지진과 화산 분출과 같은 많은 격렬한 사건들을 촉발시켰다.

지질학자들은 운석 또는 소행성에 의한 충격파의 강력한 압력하에만 생성될 수 있는 바위의 변성 특

성을 밝혀냈다. 충격을 받은 석영 알갱이에서 현미경을 통해서 볼 수 있는, 가까운 위치에서 평행하는 면의 패턴이 한 예이다. 금속과 바위와 같은 고체에서의 충격파에 대한 수학적 이론은 아주 잘 개발되어 있다.

4.2 트리니티 원자 폭탄 시험

세계의 첫 핵폭발이 미국 뉴멕시코의 사막에서 1945년 7월에 발생했다. 이때 미 육군은 암호명 트리니티라는 원자폭탄을 시험하였다. 폭발은 촬영되었고 대기로 솟아오르는 반원 모양의 충격파를 보여주는 필름이 곧 공개되었다.

폭발에서의 물리적 과정과 유체역학의 모든 복잡함에도 불구하고, 단순 눈금 바꿈 법칙을 이용하여 폭발(유일한 매개변수는 폭발 에너지와 초기 공기 밀도 ρ이다) 후에, 시간에 관한 함수로 충격파의 반지름 r을 굉장히 정확하게 묘사할 수 있는 것은 놀라운 일이다. 눈금 바꿈 법칙은

$$r = C\left(\frac{Et^2}{\rho}\right)^{1/5}$$

이다. 여기서 C는 1에 가까운 상수이다. 눈금 바꿈 법칙과 로그표를 이용하여 테일러(G. I. Taylor)는 필름으로부터 얻은 정보만을 이용하여 상당히 정확하게 폭발 에너지를 알아낼 수 있었다.

4.3 충격파 쇄석술

신장결석에 대한 의학적 치료는 돌에 초점이 맞춰진 높은 강도의 펄스 음파를 사용하여 돌을 분해하는 것이다. 초점 맞추기는 펄스가 (압력의 갑작스러운 상승으로 돌을 파괴하는) 충격파가 되도록 한다. 이 기계는 쇄석기라고 불린다. 이것은 충격파의 진동수와 강도가 치료가 진행됨에 따라서 통제되고 변할 수 있도록 설계되었다. 펄스가 물과 조직으로 전파되도록 환자의 등에 열탕을 사용한다.

더 읽을거리

Chapman, C. J. 2000. *High Speed Flow*. Cambridge: Cambridge University Press.

Ockendon, H., and J. R. Ockendon. 2004. *Waves and Compressible Flow*. New York: Springer.

Van Dyke, M. 1982. *An Album of Fluid Motion*. Stanford, CA: Parabolic Press.

V.21 난류

줄리안 헌트 *Julian C. R. Hunt*

1 난류의 물리적, 수학적 양상에 대한 소개

풍동과 구름에서 만들어진 난류(그림 1 참조)에서와 같이 인공적으로 또는 자연적으로 발생하는 유체에서의 난류는 크기와 빈도의 변화가 다양한 무작위 불안정 소용돌이 운동으로 구성되어 있다. 가장 큰 에너지를 가진 소용돌이의 속도 변동은 u_0의 크기이고 평균적인 크기는 L_0이다(그림 2).

난류 흐름은 비록 일정하지는 않더라도 안정적이고 예측 가능한 층류 흐름[IV.28]과는 상당히 다르다. 이 두 종류의 흐름은 속도와 무관한 유체의 성질이고 흐름의 크기와 무관한 매우 작은 분자 운동에

(a)
(b)

그림 1 (a)난류 구름의 무작위 경계. (b)풍동에 설치된 모형의 웨이크(wake)에서 생성된 난류. 유체 입자의 무작위 운동의 변동성을 보여준다. (홀(D. Hall) 허가하에 게재)

의해서 결정되는 운동 점성도 ν에 따라 다르게 결정된다. 난류에 대한 연구는 무작위 흐름장과 층류와 난류 흐름 사이의 전이 과정(무차원 레이놀즈 수 $Re = u_0L_0/\nu$가 요동치는 점성 응력이 매우 작도록 충분히 클 때 발생한다)의 메커니즘에 대한 운동 역학과 동력학의 통계학적 틀을 (수학적이고 개념적으로) 정의하는 것으로부터 시작된다. 난류 연구의 목표는 실제적으로 전체 이론을 찾는 것이 아니라

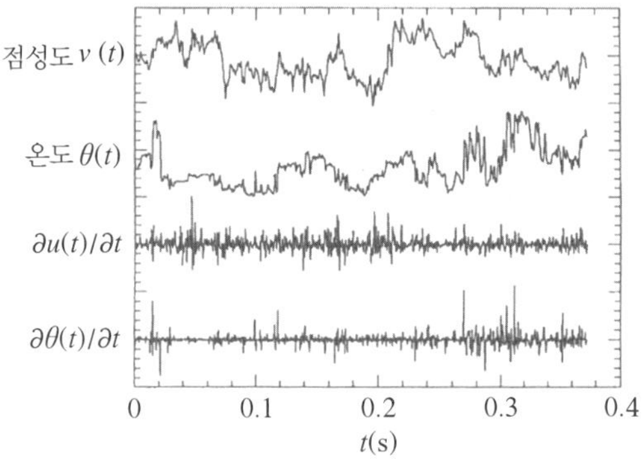

그림 2 Re~10^5인 풍동에서의 난류의 속도 측정(워해프트(Z. Warhaft)의 허가하에 게재: 「난류 흐름에서의 수동적 스칼라(Passive scalars in turbulent flows)」에서 발췌함(《유체역학 연례 검토(*Annual Review of Fluid Mechanics*)》 32권, 203-40, 2000))

다양한 형태의 난류 흐름 또는 난류 흐름의 특정 영역에서 발견되는 특징, 패턴, 통계적 성질을 묘사하고 설명하는 것이다. 놀랍게도 가장 작은 크기의 소용돌이 운동은 근사적으로 보편적인 통계적 구조를 갖는다.

매우 중요하면서도 실용적인 결과는 저항력이 있는 모든 표면 가까이에서의 평균속도가 로그 분포가 된다는 것을 말해주는 프란틀-카르만(Prandtl-Karman) 이론이다. 난류의 개념은 바다와 행성의 대기(여기에서는 소용돌이의 크기가 수백에서 수천의 자리에 이를 수 있지만 지구의 내부, 다른 행성, 별들, 먼 별자리들에서는 범위가 수백만 자리 이상으로 확장될 수 있다)에서 뿐만 아니라 공학과 환경적 흐름에도 적용된다. 부분적으로 난류 운동은 통풍구와 사람과 대형 포유류의 액체, 가스, 입자의 운반에 큰 영향을 미치는 굵은 혈관에서의 흐름에서 관찰된다.

난류가 발생하는 유체 매질은 작은 방울, 거품, 입자를 가진 액체, 가스, 또는 다상 혼합물(multiphase mixture)로 구성될 수 있다. 어떤 복합 유체 매질은 특정한 조건과 제한된 시간 에서만 유체와 같이 행동한다. 예로는 우주 공간의 낮은 밀도의 이온화된 가스 또는 진흙과 화산의 고체와 유체의 혼합물 등이 있다.

20세기 초반에 루트비히 프란틀(Ludwig Prandtl), 테일러(G. I. Taylor), 테오도르 폰 카르만(Theodore von Kármán), 루이스 프라이 리처드슨(Lewis Fry Richardson)을 비롯한 뛰어난 과학자와 수학자는 이 기간 동안 발전한 유체역학과 통계분석의 원리를 바탕으로 난류에 관한 체계적인 연구 체계를 확립하였다. 통계물리의 아이디어에 바탕을 둔 제한된 가설 및 실험 결과와 함께 이러한 수학적 접근법의 조합은 1941년에 안드레이 콜모고로프(Andrey Kolmogorov)와 알렉산더 오부코프(Alexander Obukhov)의 일반 통계적 이론으로 발전하였다. 새로운 측정 기술과 더 좋은 계산 속력과 수용력은 소용돌이 구조가 매우 높은 레이놀즈 수($Re \geq 10^5$)에서 어떻게 변하는지 보여주었고 물리적 개념과 통계적 모형을 수정하고 정교하게 만들었다.

난류와 액체 표면에서의 파도나 고체 입자 충돌의 카오스적 운동과 같은, 유체의 다른 무작위 운동은 차이점이 있다. 난류의 국소 흐름 패턴은 보통의 파동 운동보다 국소 조건에 더 빠르게 반응한다.

이 글의 목표는 난류의 정성적이고 정량적인 양상을 어떻게 수학을 바탕으로 한 난류 흐름 연구를 통해서 얻게 되었는지 실험과 계산을 통하여 보여주는 것이다. 주요한 물리적 통계적 결과들도 소개한다.

2 무작위성과 구조

난류의 흐름에서 발생하는 무작위 장을 측정하고, 묘사하고, 분석하기 위해서 사용하는 수학 개념과 용어는 다른 무작위 과정에서 사용하는 것과 같다. 난류 속도장 $\boldsymbol{v}^*$은 대략적으로 다른 연속인 3차원 무작위 과정과 같다. 공간의 주어진 점 ($\boldsymbol{x}$)와 시간 (t)에서 난류 속도와 다른 변수는 레이놀즈 수 Re가 난류가 있는 흐름의 영역(이것은 전체 흐름의 부분 영역일 것이다)의 임계값을 넘을 때는 정확하게 예측할 수 없다.

많은 실험과 계산에서 두 값 v^*와 $v^* + \mathrm{d}v^*$사이에 놓여있는 변수의 단일 성분 v^*의 주어진 흐름에 대한 확률 $\mathrm{pr}(v^*)\mathrm{d}v^*$을 계산하는 것이 필요하다. v^*의 평균값은

$$\langle v^* \rangle = \int_{-\infty}^{\infty} v^* \mathrm{pr}(v^*)\,\mathrm{d}v^*$$

이다. 이 평균값에 대한 v^*의 변동은

$$v = v^* - \langle v^* \rangle$$

이다.

이 모든 통계적 성질은 운동량, 상관관계, 변동 v의 스펙트럼에 의해서 주로 표현되지만, 흐름의 특정 성질은 변수가 특정한 영역에 놓여 있거나 특별한 성질을 가질 때 조건부 통계를 계산하여 정의할 수 있다.

변동의 m번째 운동량은

$$M^{(m)} = \langle v^m \rangle = \langle \left(v^* - \langle v^* \rangle\right)^m \rangle$$

으로 정의된다. 따라서 $M^{(1)} = \langle v \rangle = 0$이고 $M^{(2)} = \langle v^2 \rangle = v'^2$은 분포의 폭과 대략적으로 변동의 크기

에 의해서 정의되는 v의 가변도이다(v'은 표준 유도(standard derivation)이다). $Sk = M^{(3)}/v'^3$으로 정의되는 비틀림 Sk는 큰 변동이 양 또는 음인지를 나타낸다(Sk = 0인 경우인 그림 2 참조).

풍동에서의 난류와 같이 많은 종류의 난류 흐름의 통계는 시간에 따라서 변하지 않고 공간적으로(한 방향 이상에서) 균질하다. t_0과 t_0+T 사이의 시간 평균은 위쪽 막대로 표시되는 평균 또는 더 높은 m번째 운동량을 계산하는 데 사용된다. 예를 들어

$$\overline{(v^*)^m_{\mathcal{T}}}(\boldsymbol{x}) = \frac{1}{\mathcal{T}}\int_{t_0}^{t_0+\mathcal{T}} [v^*(\boldsymbol{x}, t)]^m \mathrm{d}t$$

이다. 비슷하게, 공간 평균은 두 점 x_{10}과 $x_{10}+X_1$사이의 거리에서 얻을 수 있다. 즉,

$$\overline{(v^*)^m_{X_1}}(x_2, x_3, t) = \frac{1}{X_1}\int_{x_{10}}^{x_{10}+X_1} [v^*(x_1, x_2, x_3, t)]^m \mathrm{d}x_1$$

이다.

'에르고딕' 흐름에서 시간과 (또는) 공간 평균은 잘 정의되고 모든 실험(예를 들어 흐름을 켜고 끄는 것)에서 동일하다. 공간과 시간 평균 ($m = 1$)은 앙상블 평균 $\langle v^* \rangle$와 같다.

그렇지만 실험에서의 시간 평균이 같은 흐름의 다른 실험에서는 매우 다르게 나타나는 잘 정의된 '비에르고딕' 난류 흐름이 있다. 이러한 종류의 흐름에서는 같은 초기조건 또는 경계조건에서 다수의 다르지만 끊임없이 반복되는 큰 크기의 흐름 패턴이 발생한다. 이 비유일성은 하나 이상의 대칭축을 가진 용기에서의 흐름, 예를 들어 타원체 용기에서의 소용돌이치는 흐름의 쇠퇴에서 발견된다. 이 경우에 앙상블 평균은 주어진 흐름에서의 공간/시간 평균에 대응되지 않는다.

대부분의 난류에서 pr(v)는 (변동에서 가장 빈번한 값인) $v = \hat{v}$에서 유일한 최곳값(또는 모드)을 갖는다. 기둥 구름(그림 1)의 수직 속력에서와 같이 Sk > 0인 곳에서는 v가 양수인 큰 값을 가질 확률이 음수인 큰 값을 가질 확률보다 더 크다. 그러나 음수일 경우가 가장 빈번한 값이기 때문에 $\hat{v} < 0$이다.

확률분포를 연구할 때 처음에는 보통 생각해 낼 수 있는 가장 일반적이고 최소로 반복 가능한 형태의 무작위 변수(즉, 무한개의 독립 변수의 합)에 대한 pr(v)와 확률분포들을 비교한다. 이때 사용되는 pr(v)는 가우스 또는 정규 분포

$$p_G(v) = \frac{1}{\sqrt{2\pi}\, v'}\exp(-(v - \langle v \rangle)^2/2v'^2)$$

이다. 난류 흐름에서 관찰되는 많은 무작위 변수에 대하여 이 분포는 유용한 근사식이다. 그러나 만약 pr(v)가 $p_G(v)$와 약간 다르다면 이것은 반복성과 구조를 나타내기 때문에 물리적으로 중요하다.

다른 에너지 준위를 가진 난류 소용돌이의 평균적 크기는 x_1방향의 직선을 따라서 두 점에서의 속도의 곱의 평균으로 정의되는 시공간 두 점 상관관계의 통계적 측정으로부터 추정할 수 있다. 균질 난류에 대한 무차원 형태는

$$C(r_1, x_1, t) = \frac{\langle v(x_1, t)\, v(x_1 + r_1, t) \rangle}{\langle v^2 \rangle (x_1, t)}$$

이다. C의 적분은 적분 시간 척도와 적분 길이 척도

$$T = \int_{-\infty}^{\infty} C\mathrm{d}t, \quad L = \int_{-\infty}^{\infty} C\mathrm{d}r_1$$

을 정의한다. 난류 구조와 통계는 또한 특성 무작위 모드에 의해서 묘사된다. 무작위 계수 a_n과 공간 채

움 비무작위 모드 $\phi_n(x)$(예를 들어, 파동수 $k_n=2\pi n/X_1$을 가진 사인파)의 곱의 합으로 표현되는 변수 $v(x_1)$ 즉,

$$v(x) = \sum_{n=1}^{N} a_n \phi_n(x)$$

를 생각하자. 모드가 공간 X_L에서 X_U에 대하여 서로 수직 즉,

$$\int_{X_L}^{X_U} \phi_m(x)\phi_n(x)\,dx = \delta_{mn}$$

이라고 가정하자. 여기서 δ_{mn}은 크로네커 델타[I.2 §2, 표 3]이다. $v(x)$의 스펙트럼 $E^{(v)}(k_n)$은 진폭계수의 평균제곱

$$\langle a_n^2 \rangle = E^{(v)}(k_n)$$

으로 정의된다. 모드의 에너지 합은 분산 $\Sigma_n E^{(v)}(k_n) = v'^2$과 같다. 카루넨-루베(Karhunen-Loeve) 정리와 위너-힌친(Wiener-Khintchine) 정리는 상관관계와 스펙트럼이 어떻게 연관되어 있는지를 보여 준다. 예를 들어 작은 거리 $r_1(\ll L)$에 걸쳐 상관되어 있는 변동은 이 길이 척도에 대한 대부분의 에너지 즉, $E(k_n)$에 기여한다. 여기서 $k_n \sim L/r_1$이다.

무한 공간에서 $E(k_n)$은 $N\to\infty$일 때 연속 스펙트럼 $E(k)$로 수렴한다. 속도 기울기 $\partial v/\partial x \equiv v_x$의 스펙트럼 즉, $E^{(v_x)}(k)$는 $k^2E(k)$와 같고 따라서 k가 크고 소용돌이가 작은 곳에서 $E^{(v_x)}(k)$가 가장 크다는 것에 주의하자.

때때로 비행기 날개에 반대쪽 방향의 바람을 일으키는 소용돌이가 발생하는 것과 같이 에너지가 특정 파동수 k_n 또는 진동수 ω_n에 집중되는 스펙트럼의 '스파이크(spike)'가 있다.

난류의 변동하는 속도는 세 개의 성분 $\boldsymbol{v}=(v_1, v_2, v_3)(\boldsymbol{x}, t)$를 갖는 3차원 공간에서의 3차원 벡터 $\boldsymbol{v}$이고 총변량은 $v'^2=\langle v_j v_j\rangle$(첨자가 반복되는 곳에서 j에 대한 합)이 된다.

난류 변수의 비등방성은 성분의 변량과 다른 방향의 성분들 사이의 상관관계, 즉 $\langle v_i v_j\rangle/v'^2$을 이용하여 기준 좌표와 무관하게 표현할 수 있다.

3 통계구조에서의 동역학

뉴턴의 2번째 법칙에 따르면 밀도가 $\rho^*(\boldsymbol{x}^*, t^*)$이고 속도 $v_i^*(\boldsymbol{x}^*, t^*)$로 움직이는 (분자보다는 훨씬 더 크지만 유체의 운동의 크기보다는 훨씬 더 작은) 유체 원소의 운동량 변화율은 유체 압력 $p^*(\boldsymbol{x}^*, t^*)$, 점성 응력 τ_{ij}^*, 명시된 체적력 $F_i^*(\boldsymbol{x}^*, t^*)$의 기울기에 의해 발생한 유체 원소에 작용하는 분자의 힘과 같다.

운동량과 연속 방정식은 고정된 전체 척도 L^*과 관련된 거리, 기준 속도 v_0^*에 의한 속도 벡터, L^*/v_0^*에 의한 시간 변동을 이용하여 무차원 형태로 표현될 수 있다. 나비에-스토크스 방정식[III. 23]으로부터

$$\begin{aligned}\frac{\mathrm{D}u_i}{\mathrm{D}t} &= \frac{\partial u_i}{\partial t} + u_j\frac{\partial u_i}{\partial x_j}\\ &= -\frac{\partial}{\partial x_i}(\bar{p}+p) + \frac{1}{Re}\nabla^2 u_i + \bar{f}_i + f_i \qquad (1)\end{aligned}$$

이다. 여기서 $x_i=x_i^*/L^*$, $t=t^*v_0^*/L$, $u_i=v_i^*/v_0^*$이고, p^*와 F_i^*에 대한 평균값과 변동값은

$$\bar{p}+p=\frac{p^*}{\rho_0(v_0^*)^2},\qquad \bar{f}_i+f_i=\frac{F_i^*}{\rho_0(v_0^*)^2/L^*}$$

이다.

유체 원소의 밀도는 대부분의 자연적, 공학적 난류 흐름에서 거의 변하지 않기 때문에, 변동 속도장

은 발산하지 않는다. 즉, $\nabla \cdot \boldsymbol{u} = \partial u_j/\partial x_j = 0$이다.

이제 방정식은 하나의 무차원 레이놀즈 수 $Re = v_0^* L^*/\nu$를 포함한다. 따라서 (같은 양에 의한) 속도 척도, 길이 척도 또는 운동 점성률이 변했을 때의 효과는 단일 매개변수 Re가 변했을 때와 같다는 것에 주의하자. 난류 흐름에 대하여 v_0^*은 (차원적) 표준 유도 v'^*으로 택할 수 있다.

흐름장의 통계적 성질을 연구하기 위하여 무차원 속도와 압력을 평균값과 변동값 $U_i(\boldsymbol{x}, t)$와 $u_i(\boldsymbol{x}, t)$로 표현해야만 한다(2절 참조).

(1)의 발산을 취하면

$$\nabla^2(\bar{p} + p) = -\left(\Sigma^2 - \tfrac{1}{2}\omega^2\right) + \frac{\partial(\bar{f}_i + f_i)}{\partial x_i}$$

를 얻는다. 여기서 $\boldsymbol{\omega} = \nabla \times \boldsymbol{u}$는 소용돌이 벡터이고, $\omega = |\boldsymbol{\omega}|$,

$$\Sigma^2 = \Sigma_{ij}\Sigma_{ij}, \quad \Sigma_{ij} = \frac{1}{2}\left(\frac{\partial u_i}{\partial x_j} + \frac{\partial u_j}{\partial x_i}\right)$$

이다. 따라서 관성력과 체적력 항의 발산에 의해서 결정되는 압력은 압력 Σ이 $\omega/\sqrt{2}$보다 더 크거나 또는 작은 곳에서 최댓값 또는 최솟값을 갖는다.

비압축 유체에 대하여 점성 압력 τ_{ij}는 Σ_{ij}에 비례한다. 즉 $\tau_{ij} = (2/Re)\Sigma_{ij}$이다. τ_{ij}는 소용돌이의 중심에서와 같이 순수 회전 흐름(즉, $\omega \neq 0$이고 $\Sigma = 0$이다)과 무점성 흐름($Re \to \infty$)에서 0이다. 그러나 응력 기울기 $\partial\tau_{ij}/\partial x_j = -Re^{-1}(\nabla \times \boldsymbol{\omega})$로 주어지는 흐름의 한 점에서의 국소 점성력은 순수 변형 흐름(즉, $\omega = 0$)과 소용돌이가 균일한 곳에서 0이다.

에너지의 소모는 $\varepsilon = \Sigma_{ij}\tau_{ij}$에 의해서 주어진다. 소모는 Re^{-1}에 비례하고 또한 순수 회전 흐름에 대하여 국소적으로 0이지만 고립된 흐름 영역 $\mathcal{D}_T$에서의 전체 적분은 ω^2에 비례한다. 즉, $\varepsilon = (2/Re)\int\omega^2 dV$이다.

(1)에서 회전(curl)을 취하면 압력 기울기가 제거되고 소용돌이 $\boldsymbol{\omega}(\boldsymbol{x}, t)$에 대한 방정식이 된다. 무차원 벡터 항에 대하여

$$\frac{D\boldsymbol{\omega}}{Dt} = (\boldsymbol{\omega} \cdot \nabla)\boldsymbol{u} + \frac{1}{Re}\nabla^2\boldsymbol{\omega} + \nabla \times (\bar{\boldsymbol{f}} + \boldsymbol{f}) \tag{2}$$

가 되고, 이것은 관성 변형 항이 $\boldsymbol{\omega}$에 관해서 어떻게 높고 낮게 변하는지를 보여준다. (2)에서 점성의 주요한 효과는 높은 소용돌이의 영역에서 낮은 소용돌이의 영역으로 특히, 경계부터 또는 경계로 소용돌이를 '확산'시키는 것이다. 만약 $Re \ll 1$이면, 소용돌이는 확산되고 소용돌이에서 가파른 봉우리는 없다.

회전 체적력은 소용돌이에만 영향을 주고 이로부터 속도장에 영향을 준다. 예를 들어 체적력이 포텐샬, Φ, $\bar{\boldsymbol{f}} + \boldsymbol{f} = \nabla\Phi$에 의해서 결정된다면 체적력은 압력에만 영향을 준다.

운동량 방정식 (1)은 $U_i = \langle u_i \rangle$와 u_i로 표시되는 난류 흐름장의 평균 성분과 변동 성분이 동력학적으로 어떻게 연결되어 있는지 보여 준다. 이로부터 변동 $K = \frac{1}{2}\langle u_i u_i \rangle$의 난류 운동 에너지 변화율의 앙상블 평균은

$$\frac{\partial K}{\partial t} + U_i\frac{\partial K}{\partial x_i} = -\langle u_i u_i \rangle \frac{\partial U_i}{\partial x_j} + \frac{1}{Re}\langle u_i \nabla^2 u_i \rangle + \frac{\partial}{\partial x_j}\left(\langle u_j p \rangle + \tfrac{1}{2}\langle u_k u_k u_j \rangle\right) + \langle u_i f_i \rangle \tag{3}$$

또는 개략적으로 $\{A\} = \{P\} - \langle\varepsilon\rangle + \{ET\} + \{F\}$이다. 여기서 $\{A\}$는 K의 시간 변화와 이류이고 $\{P\}$는 평

균속도의 변동과 기울기 사이의 상호작용에 의한 K의 생성이다. $\langle\varepsilon\rangle$는 u_i와 점성 응력 사이의 상관관계에 의해서 결정되는 가장 작은 소용돌이에 의한 점성 소모이고 $\{ET\}$는 변동에 의한 즉, u_i와 p 사이의 상호 상관관계의 기울기와 3차 모멘트의 기울기에 의한 에너지 전달이다. $\{F\}$는 u_i와 f_i 사이의 상관관계와 같은 축성 항에 의한 K의 생성률이다.

평균 기울기 또는 변동 체적력이 없는 균질한 흐름에서는 (3)은 단순히 K가 소모

$$\frac{\mathrm{D}K}{\mathrm{D}t} = -\langle \varepsilon \rangle \tag{4}$$

에 비례하여 감소한다는 것을 보여준다. 웨이크(wake)에서의 과정은 그림 1(b)에 묘사되어 있다.

4 완전히 발달한 난류로의 전이

층류 흐름에서 잘 발달된 난류로의 전이는 비행기의 날개에서와 같이 흐름의 일부분 또는 파이프에서와 같이 전체 흐름에서 발생할 수 있다. 난류는 특정 시간에 발달했다가 다시 층류로 되돌아 갈 수 있다.

경계조건과 레이놀즈 수 Re에 의존하는 (작은 진폭의 변동이 커져서 발생하는) 난류로의 전이에는 여러 단계들이 있다. 흐름의 다른 방향에서 모든 성분이 흐름의 정의역 $\mathcal{D}_{\mathrm{T}}$ 내에서 같은 비율로 성장할 때 초기의 전이변동의 한 부류(class)는 '모드'이다. 가장 불안정한 모드는 파장과 진동수를 가지고 있어서 초기 에너지 스펙트럼이 '스파이크'에 있을 수 있다. 대조적으로 '비모드' 변동에서는 다른 성분들이 서로 상호작용함에도 불구하고 다른 성장률을 가진다(유체역학[IV.28 §8] 참조).

(공간이나 시간에서 또는 Re가 증가할 때) 초기 전이 과정의 동력학은 선형이다. 변곡점($\mathrm{d}^2U\mathrm{d}x_3^2 = 0$인 점이다)이 있는 속도 분포 $U(x_3)$을 가지는 전단층에서 높낮이가 있는 '켈빈-헬름홀츠(Kelvin-Helmholtz)' 모드 변동 $\tilde{u}$는 σ에 의해서 정해지는 비율로 기하급수적으로 증가할 것이다. 여기서 $\tilde{u} \propto \exp(\sigma t)$이다. 흐름의 다른 부분에서는 변동이 존재하지 않을 수 있다. 원형 실린더 사이의 소용돌이치는 흐름에서 테일러의 축대칭 소용돌이 같은 모드 변동은 전체 흐름으로 확장된다. 이러한 모드 변동은 Re가 임계값 $Re_{\mathrm{crit}} = \Delta U_0^* L_0^*/\nu$보다 클 때만 커질 수 있다. 여기서, ΔU_0^*은 흐름을 통한 평균속도에서의 변화이고 L_0^*은 길이 척도이다. Re_{crit}가 작다면 $\tilde{u}$의 크기와 무관하다. 다른 종류의 비선형 생성은 변동이 다른 모드 형태로 성장하거나 변할 때 발생한다.

평면 사이의 전단 흐름 또는 소용돌이의 중심에서의 기본적인 층류 흐름 $U_i(\boldsymbol{x}, t)$는 작은 모드 교란에 대하여 안정적이지만, 낮은 진폭 비모드 교란은 Re가 임계값 Re'_{crit}(제곱 평균 변동에 의해서 정의된다)보다 클 때 층류 흐름에서 발생할 수 있다. 전단 흐름에서 초기 교란은 높고 낮은 흐름마다 변동의 가늘고 긴 줄과 같은 잘 정의된 소용돌이 구조로 변형된다. 스펙트럼은 모드와 비모드 변동이 생성되고 비선형이 될 때 좁은 띠 모양에서 넓은 띠 모양으로 변한다.

큰 크기에서부터 점성에 영향을 받는 가장 작은 소용돌이 운동에 이르기까지 전이 과정은 진동과 그 스펙트럼 에너지 분포의 구조에 영향을 준다. 보

통 변화는 가장 활동적인 소용돌이의 시간 척도에서 발생해서 상호작용이 가장 작은 것에 이르는 모든 척도 사이에서 발생한다. 일반적으로 초기 전이 과정이 무엇이든 간에 그리고 경계 조건이 무엇이든 간에 모든 형태의 난류는 다음 장에서 논의될 확장 주기에서 초기에 어떤 특징이 있다.

그렇지만 대부분의 '잘 생성된 난류'의 형태는 또한 레이놀즈 수가 전이 임계값 Re_{trans}보다 커질 때 여러 공통된 특징을 갖는다. 구조에서 더 많은 변화가 발생하는 다수의 Re_{trans}값이 있을 수 있다.

5 균질 난류

난류의 기초적인 메커니즘과 통계적 구조는 속도 변동이 균질하고 경계 또는 평균 변동 속도의 큰 크기의 기울기에 의해서 발생된 소용돌이 구조에 영향을 받지 않는 곳에서 가장 잘 연구되고 있다. 그럼에도 불구하고 균질 난류 흐름에서도 초기 또는 계속되는 촉성을 사용해야 한다.

난류 흐름은 무작위 변동과 소용돌이 즉, 움직이는 싸개(envelope)내에서 한정된 소용돌이 흐름의 국소 영역으로 구성되어 있다. 높은 레이놀즈 수에서는 구름과 같이 흐름 영역의 경계가 속도의 국소 기울기를 가지고 선명하게 윤곽이 드러나는 경향이 있다. 비선형 변동과 소용돌이는 내적으로 발전하고 다른 소용돌이와 상호작용한다.

고정된 기준 틀(또는 평균 속도로 움직이는 틀)에서 x_1의 파동수 k_1에 대한 1차원 공간 스펙트럼 $E_{11}(k_1)$은 항상 $k_1 = 0$에서 유한하다. 즉, $E_{11}(0) = \langle u_1^2 \rangle L_x / \pi$이다. 적분 척도 L_x는 대부분의 에너지를 포함하는 소용돌이의 크기를 결정한다.

또한 $E_{11}(k_1)$은 $k_1 L_x \to \infty$일 때 즉, 평균적으로 가장 작은 소용돌이가 작은 속도를 가질 때, 단조롭게 0으로 수렴한다. $0 < k_1 L_x \ll 1$인 영역에서 스펙트럼은 $E_{11}(0)$의 크기만큼이 남는다. 대부분의 잘 생성된 흐름에 대하여 $E_{11}(k_1)$은 $k_1 L_1 \sim 1$에서 최곳값을 갖는다.

x_1성분에 대한 '오일러' 진동수 스펙트럼은 $E_{11}^{E}(\omega)$로 표시한다. 적분 시간 척도 $\mathcal{T}_{\text{E}} = (2\pi u_1')^{-1} E_{11}^{E}(0)$(여기서 $u_1' = \langle u_1^2 \rangle^{1/2}$이다)은 공간 스펙트럼과 거의 비슷하다. '결맞는 구조(coherent structure)'를 갖는 전단 흐름에서 $\mathcal{T}_E$는 훨씬 더 커 질 수 있다.

높은 레이놀즈 수(척도는 더 작아지고 진동수는 더 높아지면 된다)에서 진동수와 공간 스펙트럼은

$$E_{11}^{E}(\omega) \sim (1/u_1') E_{11}(k_1)$$

과 같이 서로에게 비례한다. 여기서 $k_1 = \omega u_1'$이다. 이러한 결과들은 소용돌이가 $\mathcal{T}_{\text{E}} \sim L_x / u_1'$인 이유를 설명하는 제곱근 평균속도 u_1'과 근사적으로 같은 속력에서 무작위적으로 얼마나 크게 작은 소용돌이들을 이류(advect)시키는지를 보여준다.

수많은 실험에서 $X_i(t_0)$에서 방출된 흐름 입자의 속도 또는 변위 $X_i(t; X_i(t_0)$의 시간 의존성을 통해서 입자속도 $u_i(t; X_i(t_0)$의 '라그랑주' 시간 의존성에 관한 통계를 얻을 수 있다. $C_{ii}^{L}(\tau) = \langle u_i(t) u_i(t+\tau) \rangle$(여기서 $C_{ii}^{L}(0) = \langle u_i^2 \rangle$이다)로 정의되는 시간구간 τ에 대한 속도의 (정지 균질 난류에 대한) 자기 상관관계는 또한 라그랑주 시간 척도 $\mathcal{T}_{\text{L}} = (u')^{-2} \int_0^{\infty} C_{ii}^{L}(\tau) \mathrm{d}\tau$를 정의한다. 큰 소용돌이 주위에서 흐름 입자가 움직일 때와 같은, 흐름 입자의 속도에 대한 시간 척

도인 $\mathcal{T}_L$은 $\mathcal{T}_E$와 같은 크기이고 또한 입자의 쌍들이 분리되는 시간이다. 따라서 $\mathcal{T}_L$은 큰 소용돌이가 서로 상호작용하는 '상호작용' 시간이기도 하다.

시간에 따른 균질 난류의 쇠퇴는 (4)에서 볼 수 있는 것과 같이 점성 소실에 의한 에너지의 평균 상실 때문이다.

ε은 (가장 작은 척도 중에 가장 큰 것인) 속도 기울기의 제곱에 비례하기 때문에, 평균값은 에너지 스펙트럼과

$$\langle \varepsilon \rangle = \frac{1}{Re}\int_0^\infty k^2 E(k)\,\mathrm{d}k$$

로 연결되어 있다. 높은 Re에서 이러한 소실 소용돌이는 보통 속도 u_0과 길이 척도 L_0, 크기 $L_0 Re^{-1/2}$의 특성 두께 ℓ을 가진 준층류 얇은 전단 흐름과 소용돌이이다. 결과적으로 그 층 내에서의 소실율 ε은 Re의 값과 관련이 없고 크기가 u_0^3/L_0이다. 이러한 층 밖에서는 ε은 매우 작다. 더 작은 크기의 흩어져 있는 소용돌이는 $\langle\varepsilon\rangle$(아래 참조)에 상당한 영향을 준다. 고해상도 컴퓨터 모의실험을 통해서

$$\langle \varepsilon \rangle = C_\varepsilon K^{3/2}/L_x \tag{5}$$

임을 알 수 있다. 여기서 C_ε은 Re가 증가함에 따라서 감소한다. Re가 약 10^4 이상일 때 C_ε는 난류의 초기 형태에 약하게 영향을 받는 단위 크기의 일정한 값에 도달한다.

난류는 시간 t_0에 완전히 성장하고 $t > t_0$에서 자기 유사(self-similar)구조를 갖고 쇠퇴한다. 적분 시간 척도는 성장시간 $t - t_0$ 즉, $\mathcal{T}_E \sim \mathcal{T}_L \sim L_x/K^{1/2} \sim (t - t_0)$에 비례하여 증가한다.

위의 방정식을 합치면 **난류의 붕괴 법칙**

$$\frac{\mathrm{d}K}{\mathrm{d}t} = -\frac{A_\mathrm{d} K}{t - t_0}$$

을 얻을 수 있다. 여기서 A_d는 보통 1.1-1.3으로 난류가 붕괴될 때 난류의 각 형태에 따라서 일정한 값을 갖는다. 난류 에너지 K와 길이 척도 L_x에 대해서는 시간 $t_\mathrm{d} > t_0$에서 값 K_d와 $L_{x\mathrm{d}}$로 표현된 연관 지수법칙 변동

$$\frac{K}{K_\mathrm{d}} = \left(\frac{t - t_0}{t_\mathrm{d} - t_0}\right)^{-A_\mathrm{d}}, \quad \frac{L_x}{L_{x\mathrm{d}}} = \left(\frac{t - t_0}{t_\mathrm{d} - t_0}\right)^{1 - A_\mathrm{d}/2}$$

이 있다. $A_\mathrm{d} > 1$이기 때문에 난류의 레이놀즈 수는 $t = t_0$에서의 초깃값 Re_0로부터 $K^{1/2}L_x \propto (t - t_0)^{1 - A_\mathrm{d}}$에 비례하여 감소한다. 결국 Re의 국솟값은 매우 작게 되어서 소용돌이 운동은 점성 응력에 의해서 사라지게 되고 에너지는 $\exp(-k^2(t - t_0)/Re_0)$에 비례하여 급격히 감소한다.

크기가 k^{-1}인 소용돌이에 대한 에너지 스펙트럼 $E(k)$의 변화율은 파동수 k^{-1}에서의 $-\mathrm{d}\Pi(k)/(\mathrm{d}k)$로 표시되는 소용돌이로의 에너지에서 에너지 소실의 스펙트럼 $\tilde{\varepsilon}(k)$를 뺀 에너지의 순 관성 전이와 같다. 즉,

$$\frac{\mathrm{d}E(k)}{\mathrm{d}t} = -\frac{\mathrm{d}\Pi(k)}{\mathrm{d}k} - \tilde{\varepsilon}(k)$$

이다. 난류 붕괴에서 적분 척도의 성장은 L_x보다 더 큰 소용돌이 에너지의 평균 이상의 순전이 때문이다. 여기서 $\tilde{\varepsilon}(k)$는 무시할 수 있다. L_x보다 작은 소용돌이 척도에서는 낮은 전이가 평균 이상의 전이보다 더 크다. 왜냐하면 소용돌이에서 크기가 k^{-1}보다 작은 척도를 가진 기울기 $(\partial u/\partial x)^2$을 증폭시킨 것보다 더 큰 음의 변형(즉, $\partial u/\partial x < 0$)이 있기 때문이다. 큰 속도 기울기가 음이 될 확률이 더 크기 때문에,

$\partial u/\partial x$의 정규화된 비틀림

$$\mathrm{Sk}_{\partial u/\partial x} = \frac{\langle(\partial u/\partial x)^3\rangle}{\langle(\partial u/\partial x)^2\rangle^{3/2}},$$

은 보통 -0.5 ± 0.2의 유한한 음수 값을 갖는다.

보통의 속도 u_{visc}와 큰 속도 기울기를 가지는 가장 작은 척도의 운동에 대하여(여기서 $k\sim k_{\text{visc}}\ll 1/L_x$이다) 에너지의 전이는 에너지의 점성 소실에 의해서 상쇄된다. 즉, $\mathrm{d}\Pi/\mathrm{d}k\sim\tilde{\varepsilon}(k)\sim Re^{-1}k_{\text{visc}}u_{\text{visc}}^2$이므로 $\mathrm{d}E(k)/\mathrm{d}t$는 작다. 이러한 소용돌이 운동은 또한 강력하고, 변동을 유지하기 위해서 더 큰 척도의 관성 점성 상호작용을 위해서 충분히 커야만 한다. 즉, 소용돌이의 국소 레이놀즈 수가 $Re\,u_{\text{visc}}/u_{\text{visc}}^2\sim 1$이 되도록 충분히 커야만 한다.

관성 범위에서(여기서는 $k\ll k_{\text{visc}}$이다) 소실과 에너지 붕괴 항은 작기 때문에 관성 전이 기울기 항은 매우 작다. 즉, $\mathrm{d}\Pi/\mathrm{d}k\ll u'^3$이고 이것으로부터 $\Pi(k)\sim\text{const.}=\Pi_i$를 얻을 수 있다. k_{visc}와 ∞ 사이의 관성 점성 영역에서 스펙트럼 방정식을 적분하면 모든 파동수에서의 평균 소실이 Π_i와 같다는 것을 얻을 수 있다. 즉, $\int_0^\infty\tilde{\varepsilon}(k)\mathrm{d}k=\langle\varepsilon\rangle=\Pi_i$가 된다.

이러한 방정식들은 $\langle\varepsilon\rangle\sim 1$이므로 Re에 의해서 점성 또는 작은 길이 척도를 정의한다. 따라서 $\ell_{\text{visc}}=1/k_{\text{visc}}\sim Re^{-3/4}$이고 이는 큰 크기 또는 높은 속력 흐름에 대한 적분 척도 L_x의 0.1%이다. 이로부터 점성 영역에서 보통의 소용돌이 속도는 $u_{\text{visc}}\sim(\langle\varepsilon\rangle/Re)^{1/4}\sim Re^{-1/4}u'$임을 추론할 수 있다.

매우 높은 레이놀즈 수에서 상당히 소실되는 변동들($\varepsilon\gg\langle\varepsilon\rangle$)과 크기 u'의 큰 속도는 두께 ℓ의 얇은 전단층 내의 길이 척도 ℓ_{visc}에서 간헐적으로 발생되지만 C_{11}과 $E(k)$의 전체 값에는 거의 영향을 주지 않는다.

콜모고로프와 오부코프는 $\ell_{\text{visc}}\ll r\ll L_x$인 관성 영역에서 짧은 거리에서의 변동하는 속도 u_1의 상호 상관관계 $C_{11}(r)$이 $\Pi_i=\langle\varepsilon\rangle$에 의해서 결정된다는 가설을 세우는 데 (리처드슨의 소용돌이 운동과 낮은 에너지 전이에 대한 시적인 설명에서 영감을 받은) 통계물리 분석을 이용하였다. 이 가설부터 차원 분석(또는 국소 척도)을 이용하면 $\widehat{C_{11}}(r)=\langle u_1^2\rangle-C_{11}(r)=\alpha\langle\varepsilon\rangle^{2/3}r^{2/3}$을 얻을 수 있다.

실험을 통해서 계수가 $\alpha\sim 10$임을 알 수 있다. 이 유사성은 속도 차의 세 번째 모멘트에 대한 상관관계로 확장된다. 결과적으로 이러한 크기에 대하여 관성 영역에서의 에너지 스펙트럼 $E(k)$는 자기 유사(self-similar)형태 $E(k)\sim a_k\langle\varepsilon\rangle^{2/3}k^{-5/3}$이 된다. 여기서 계수는 $\alpha_k=\alpha/3$이다.

x_1방향에서 ($X_1=0$으로부터 시간 t_0에서 방출된) 흐름 입자의 무작위 변위에 대한 통계로부터 입자가 얼마나 분산되어 있는지와 그들 사이의 거리가 시간 $t-t_0$과 함께 증가하는 것을 알 수 있다. $\mathrm{d}X_1/\mathrm{d}t=u_1(t;X_1(t_0)=0)$이므로 평균 제곱 변위는

$$\frac{\mathrm{d}\langle x_1^2\rangle}{\mathrm{d}t}=2\left\langle X_1\frac{\mathrm{d}X_1}{\mathrm{d}t}\right\rangle=2\int_0^{t-t_0}C_{11}^L(\tau)\mathrm{d}\tau$$

가 된다. 자기 상관 성질은 짧은 시간에 초기 분산이 전체 스펙트럼에 의존한다는 것을 보여준다. 즉, $(t-t_0)\ll T_{\mathrm{L}}$에 대하여 $\langle X_1^2\rangle\sim u'^2(t-t_0)^2$이다. 나중에 큰 척도는 (확산 과정에서와 같이) 분산을 결정한다.

$$\langle X_1^2\rangle\sim 2u'^2T_{\mathrm{L}}(t-t_0) \tag{6}$$

시간 $t=t_0$에서 방출되고 $\boldsymbol{X}^{(a)}(t)$와 $\boldsymbol{X}^{(b)}(t)$에 놓

여 있는 입자 쌍의 확산율은 $d(\Delta X)/dt$이다. 여기서, $\Delta X = |X^{(a)} - X^{(b)}|$이다. 이 비율은 주로 분리 거리 ΔX의 크기에 관한 소용돌이 운동에 의해서 결정된다. 따라서 관성 범위 척도에서 즉, $\ell_{\text{visc}} < \Delta X < L_x$에서, $d(\Delta X)/dt \sim \langle\varepsilon\rangle^{1/3}(\Delta X)^{1/3}$이고 $\langle(\Delta X)^2\rangle \sim \langle\varepsilon\rangle(t - t_0)^3$이 된다. 더 긴 시간 구간과 더 큰 분리에 대하여 입자 운동은 서로 관련이 없게 된다. 그러면 $\langle(\Delta X)^2\rangle$은 (6)의 단일 입자 소실의 두 배로 주어진다. 이러한 무작위 소용돌이에서 어떤 입자의 쌍은 상당히 떨어져서 서로 밀접하게 머물게 되고 이것은 냄새가 종종 먼 거리에서 어떻게 감지될 수 있는지를 설명한다.

6 비균질 난류의 물리적 계산적 양상

실험실에서뿐만 아니라 공학과 토양물리학에서의 비균질 난류 흐름의 대부분은 웨이크, 제트기, 전단층의 가장자리에서의 난류와 같이 강하거나 유연한 경계 또는 난류의 다른 영역 사이의 접촉면에 의해서 영향을 받는다. 이러한 흐름 각각의 전체 너비는 Λ로 표시된다. 평균 속도의 기울기는 있을 수도 없을 수도 있다. 즉, $\partial U_1/\partial x_3 \neq 0$인 곳이다.

이러한 흐름에서 소용돌이 운동과 동역학은 모형, 통계적 분석, 계산적 방법을 참고하여 상대적 시간 척도와 길이 척도의 '상태 공간' 지도에 도식으로 나타낼 수 있다. 지도의 x축 $\tilde{T}$는 난류가 발생되거나 찌그러지는 찌그러짐 시간 T_{dis}에 대한 라그랑주 시간 척도 $\mathcal{T}_L$의 비율이다. y축은 전체 너비 Λ에 대한 공간적분 척도 L_x의 비율 $\tilde{L}$이다.

$\tilde{T}$와 $\tilde{L}$이 단위원보다 매우 작을 때 난류는 국소평형에 있고 국소 동역학과 엔진에서의 난류와 같이 느린 큰 크기의 무작위 촉성에 의해서 결정된다.

자유전단 흐름(분출, 웨이크, 전단층)에서 에너지와 소용돌이 구조가 크게 변해도 난류는 준평형 영역($\tilde{T}$와 $\tilde{L}$ 둘 모두가 크기 1이다)에 놓여 있다.

평균 흐름 $U_i(x_j, t)$의 모형과 난류 흐름의 $\langle u_i, u_j\rangle$로부터 유도된 변동 또는 소용돌이 전단 응력은 운동량방정식 (1)과 U_i와 $\langle u_i, u_j\rangle$ 사이의 근사적 관계에 바탕을 두고 있다. 준평형 난류에 대하여 $\langle u_i, u_j\rangle$는 평균 속도의 기울기

$$-\langle u_i u_j \rangle = \nu_e \left(\frac{\partial U_i}{\partial x_j} + \frac{\partial U_j}{\partial x_i} \right)$$

에 비례한다. 여기서 ν_e는 소용돌이 점성이고, 기울기의 자릿수는 $L_x\sqrt{K}$이다. 운동에너지와 길이 척도는 (3)과 (5)에 의해서 결정된다.

어떤 흐름에서는 L_x가 주어진다. 그러면 평균 흐름과 K는 U_i와 K에 대한 짝을 이루는 방정식과 초기조건과 경계조건으로부터 유도된다. 그러나 일반적으로 L_x는 U와 K에 대한 $\langle\varepsilon\rangle$의 근사방정식을 사용하여 (5)로부터 계산되고 , K, $\langle\varepsilon\rangle$은 12개까지의 짝을 이루는 편미분방정식을 이용하여 계산된다. 이것이 널리 사용되는 K-ε 계산방법이다.

비평형 난류 흐름 또는 (장애물 근처에서와 같은) 난류의 비균질 영역에서 $\tilde{T} > 1$와/또는(and/or) $\tilde{L} > 1$일 때, 준선형 빠른 찌그러짐 분석 또는 시간에 따른 수치해를 통하여 난류 구조의 민감한 영향력을 알 수 있다.

이제 비균질 난류의 기본 형태에 관해서 생각해 보자. 고른 전단 흐름에서 $U(x_3, t) = U_0 + Sx_3$일 때 에너지 방정식 (3)은 난류가 준균질 즉, $\tilde{L} \ll 1$이기

때문에 $\{A\} = \{P\} - \{\varepsilon\}$이 된다. $S \gg u'/L_x$일 때 난류 에너지 u'^2과 길이 척도 L_x 둘 모두는 시간에 따라서 증가한다. 일반적으로 소실의 효과는 성장률을 줄이는 것이다.

평균 전단력은 소용돌이를 L_x와 비슷한 크기를 갖는 길게 늘어진 가속되고 감속되는 '스트리크(streak)'로 찌그러뜨린다. 또한 전단력은 수직 변동의 길이척도 $L_x^{(3)}$을 제한하고 전단력을 통한 운동량 전이를 결정한다. 따라서 프란틀의 개념(Prandtl's concept)을 따르면 소용돌이의 점성은 $\nu_e \sim u' L_x^{(3)} \sim u'^2/S$이 된다. 이러한 비등방성 흐름에 대한 스펙트럼은 찌그러졌지만 균질 난류의 스펙트럼과 거의 비슷하다.

전단력이 없는 경계층은 제곱 평균속도 u'와 길이 척도 $L_x^{(3)}$을 가진 속도 변동이 x_3방향에서 변하고 평균 속도 기울기 dU_1/dx_3이 0인 곳에서 발생한다. 이러한 층들은 딱딱한 면 가까이 또는 가스와 액체 흐름의 접촉면 가까이의 휘저어지거나 가열된 흐름에서 발생한다. 여기서 소용돌이 전송과 축성은 유한 소실과 균형을 이룬다. 즉, $0 = \{ET\} + \{F\} - \langle\varepsilon\rangle$이 된다. 난류의 법성분은 $x_3 = 0$인 접촉면에 의해서 차단된다. 즉, $L_x^{(3)}$이 없어지고 $u_3' \sim \langle\varepsilon\rangle^{1/3} x_3^{1/3}$이 된다. 저항력이 있는 접촉면 매우 가까이에서 얇은 점성 또는 거칠기 내부 층이 ℓ_s의 두께로 형성되고 길이 척도는 $L_x^{(3)} \sim (x_3 - \ell_s)$가 된다.

구름, 분출 등등의 가장자리에서는 예를 들어 $x_3 = z_i(x_1, x_2, t)$에 중심을 둔 두께 ℓ_i를 가진 무작위로 움직이는 얇은 접촉면 전단층이 형성된다. 국소 에너지 균형 $0 = \{P\} + \{ET\} - \langle\varepsilon\rangle$을 통해서 난류의 국소 기울기가 적분 척도 $L_x^{(3)}$보다 훨씬 작은 층의 두께 ℓ_i를 유지하는 동안 소용돌이의 접선 성분을 증폭한다는 것을 알 수 있다.

두께 Λ를 가진 난류 전단 경계층은 $x_3 = 0$에서 저항력이 있는 면을 따라 흐른다. 여기서 $U_1 = u_i = 0$이다. 경계층 밖에서는 x_1방향에서 속도 U_0을 가진 고른 흐름이 있다. $x_3 \ll \Lambda$인 표층에서는 소용돌이 구조가 고른 전단 흐름에서의 구조와 비슷하다. 그러나 에너지 방정식은 에너지가 증가하지 않기($\{A\} = 0$) 때문에 생산과 소실 사이의 균형 $0 = \{P\} - \langle\varepsilon\rangle$이 된다. 전단력이 없는 경계층에서는 점성/거친 면의 막음 효과가 길이 척도 $L_x^{(3)} \sim (x_3 - \ell_s)$를 결정한다. 이 길이 척도와 ($u' \sim \sqrt{K}$의 크기인) 면 가까이의 특성 속도 변동 u^* 사이의 추정된 관계를 사용하면 평균 속도의 기울기를 유도할 수 있다. 즉, $dU_1/dx_3 = u^*/(\kappa x_3)$을 얻는다. 여기서 카르만(Karman) 상수 계수 $\kappa \approx 0.4$는 u^*, x_3, $\langle\varepsilon\rangle(x_3)$ 사이의 일반적인 관계에 의해 결정되고 u^{*2}은 표면에서의 평균 전단 응력과 같다.

저항이 있는 면에서 경계 조건이 $x_1 \to 0$일 때 $v_1 \to 0$인 내부 층으로부터 적분을 하면 점성 내부 층 바깥쪽의 카르만-프란틀 프로필

$$U_1(x_3) \sim \frac{u^*}{\kappa} \log\left(\frac{x_3 - \ell_s}{\ell_s}\right), \quad x_3 > \ell_s$$

를 얻을 수 있다. 여기서 $\ell_s \sim (Re^{-1})/u^*$이다.

$x_3 \ll \ell_s$인 매끄러운 표면 가까이에서 난류는 쇠퇴하고 프로필은 점성 응력에 의해서만 결정된다. 점성 내부 층의 바닥에서의 프로필은

$$U_1(x_3) = x_3 Re u^{*2}$$

이다. 여기서 $\ell_s > x_3 > 0$이다.

난류 전단 경계층의 윗부분에서 소용돌이들은 평균전단 흐름과 기복이 있는 접촉면의 얇은 전단층과의 상호작용에 영향을 받는다. 접촉면에 대한 평균 '도약' 속도 ΔU는 접촉면 전단층에서 발생하는 것과 같이 u'의 크기인 것이 알려져 있다. 평균을 내면 평균속도 프로필은 표면층으로부터 $x_3 \sim \Lambda$인 자유 흐름 속도로의 매끄러운 보정이 된다.

분명하게도 다른 형태의 얇은 층 효과는 대부분의 난류 흐름의 구조에 영향을 주고 따라서 부력 또는 외분 평균 흐름의 변화와 같은 요소에 대한 민감도에도 영향을 준다.

더 읽을거리

Davidson, P. A. 2004. *Turbulence: An Introduction for Scientists and Engineers*. Oxford : Oxford University Press.

Tennekes, H., and J. L. Lumley. 1972. *A First Course in Turbulence*. Cambridge, MA : MIT Press.

옮긴이_최형규

PART VI 예제 문제

Example Problems

VI.1 은폐

커트 브라이언, 타냐 레이즈
Kurt Bryan and Tanya Leise

1 관찰

물체가 은폐된다는 것은 관찰자가 전자기장 또는 그 외의 방법으로 물체를 검출할 수 없는 경우를 말한다. 사실, 관찰자는 은폐되고 있는지조차 모르고 있어야 한다. 은폐는 공상과학 소설에서 오래전부터 등장했는데 최근의 개발로 수학적, 물리적 기초 아이디어를 확고히 했다.

관찰자가 주어진 공간 속의 유계인 영역 Ω에 대해 관찰하고자 한다고 하자. 이는 외부에서 Ω 영역으로 에너지를 주입하고 그 반응을 관찰함으로써 달성할 수 있다. 여기에서 반응이란 Ω 영역에서 방출되는 에너지를 뜻한다. 레이더가 좋은 예이다. 레이더란 전자파 에너지를 특정 영역으로 발사하여 그 영역에서 반사되는 파장을 인식하는 것이다. 이미지를 형성하기 위해 많은 종류의 에너지를 사용하는데, 예를 들어 음향 에너지, 기계적 에너지, 전기적 에너지 또는 열에너지 등이 있다. 어느 경우이든 Ω 영역에 에너지를 주입하여 나오는 데이터를 수집하고, 그 정보로부터 이미지를 형성할 수 있도록 역문제(inverse problem)를 풀면 된다. 물체를 은폐하기 위해서는 Ω 영역의 관련 물리적 특성을 변경시켜 에너지가 물체의 '주위로 흐르게' 하면 된다. 이러한 작업은 수학적으로 엄격하고 물리적으로 구현 가능한 방법으로 달성되어야 한다. 은폐의 한 가지 성공적인 접근 방법으로 **변환 광학**(transformation optics)에 기반하고 있는 아이디어가 있는데 이것을 임피던스 이미징(impedance imaging) 맥락에서 논의하고자 한다.

임피던스 이미징에서 영역 $\Omega \subset \mathbb{R}^n$($n = 2$ 또는 $n = 3$)은 전기 전도성 매질로 구성되어 있어야 한다. 예를 들어 벡터 x가 직교 좌표계에 있다고 하자. 그리고 함수 $u = u(x)$는 Ω 영역 내부의 전위함수이고, 함수 $J = J(x)$는 Ω 영역의 전류 플럭스(electric current flux)라고 하자. 이때, 옴의 법칙의 한 형태인 선형관계식 $J = -\sigma\nabla u$가 성립한다고 가정한다. 각각의 x에 대해 $\sigma = \sigma(x)$는 대응되는 $n \times n$ 대칭 양행렬이다. 이때 행렬 σ는 영역 Ω의 **전도율**(conductivity)이라 하며 전위함수가 달라지면 전류함수가 어떻게 변하는지를 말해 준다. 어떤 스칼라 함수 $\gamma(x) > 0$에 대해 $\sigma = \gamma I$(I는 $n \times n$ 항등 행렬)를 만족하면 **등방적**(isotropic) 전도율을 갖는다고 말한다. 즉, 전류의 선호되는 방향이 없다는 것을 의미한다. 그렇지 않은 경우를 **비등방적**이라고 한다. 임피던스 이미징은 외부의 측정 수단으로 영역 Ω의 내부 전도율을 계산하는 것이다.

구체적으로 영역 Ω를 형상화하기 위해서, 관찰자는 경계 $\partial\Omega$에 $\int_{\partial\Omega} g \, ds = 0$이 되는 전류 플럭스 밀도 g를 적용하면 된다. 영역 Ω의 전하량이 보존되는 경우, 영역 Ω에서 $\nabla \cdot J = 0$이 되고 전위함수 u는 다음 경곗값 문제의 해가 된다.

$$\Omega\text{에서 } \nabla \cdot \sigma \nabla u = 0 \qquad (1)$$

$$\partial\Omega\text{에서 } (\sigma \nabla u) \cdot n = g \qquad (2)$$

여기서 n은 $\partial\Omega$ 위의 바깥을 향하는 단위 수직 벡터장을 뜻하고, 행렬 σ의 원소 함수들은 적절한 수준으로 매끄러운 함수라고 가정한다. 경곗값 문제 (1),

(2)는 유일해 u를 갖는다. 이 해는 당연히 g와 전도율 $\sigma(x)$에 의존한다. 전위함수 $f=u|_{\partial\Omega}$를 여러 가지 전류함수 g에 대해 구하면 관찰자는 전도율 σ에 관한 정보를 축적할 수 있다. 행렬 σ가 등방적($\sigma=\gamma I$)이면, 각 입력함수 g들에 대응되는 f들로부터 함수 $\gamma(x)$가 유일하게 결정된다. 즉, 관찰자는 입력 전류/출력전압 데이터로부터 등방적 전도율을 가지는 형상을 인식한다. 반면에, 이런 유형의 데이터로는 특수한 경우를 제외하고 비등방적 전도율을 갖는 형상을 구분하지 못하는데, 이것이 은폐의 길을 열어 준다.

2 은폐를 위한 첫 번째 아이디어

영역 Ω가 등방적 전도율 $\sigma=I$를 가진다고 하자($\gamma\equiv 1$). 다른 전도율을 갖는 영역 내의 물체를 임피던스 이미징 기법을 통해 인식하는 관찰자에게는 보이지 않게 하는 방법으로 이 물체를 숨기고자 한다. 이 경우에 가능한 한 가지 접근 방법은 경계와 만나지 않는 어떤 부분집합 $D\subset\Omega$의 전도성 물질을 제거함으로써 물체를 숨길 반전도성(nonconductive) 구멍을 만들어 내는 것이다. 예를 들어, D를 $p\in\Omega$ 중심으로 하는 반지름 ρ인 공 $B_\rho(p)$라고 하자. 이 경우 ∂D를 통과해서는 전류가 흐를 수 없기 때문에 경곗값(boundary value) 문제 (1), (2)는 ∂D의 경계조건 $\nabla u\cdot n=0$으로 수정된다. 이때 문제점은 구멍 D가 관찰자한테 보일 수 있다는 점이다. 일반적으로 구멍이 있을 때는 구멍이 없을 때와 다른 출력전위를 형성하기 때문이다. Ω와 $\Omega\backslash B_\rho(p)$의 입력-출력의 차이는 작용소 노름으로 정의한 구멍의 반지름 ρ에 대해 $O(\rho^n)$만큼 증가한다. 따라서 구멍에 대한 가시성은 그 구멍의 면적 또는 부피에 비례한다. 중요한 뭔가를 은폐하기 위해서는 ρ를 크게 하면 좋겠지만, 그렇게 하면 관찰자가 구멍을 쉽게 감지할 수 있다.

3 변환을 통한 은폐

영역 Ω가 $\mathbb{R}^2$의 단위 원판인 특별한 경우를 생각해 보자. 영역 Ω에 관찰자에게 탐지되지 않는 비전도성을 갖는 큰 구멍을 만드는 방법을 소개하고자 한다. 말하자면 원점을 중심으로 반지름 1/2인 구멍 $B_{1/2}(0)$을 섬세하게 디자인된 비등방적 전도체 막으로 '감싸는' 방법이다. 영역 Ω_ρ를 $\Omega\backslash B_\rho(0)$으로 정의하고 r은 원점으로부터의 거리라고 하자. $\rho\in(0,\frac{1}{2})$을 선택하고 $\overline{\Omega\rho}$에서 $\overline{\Omega_{1/2}}$로의 매끄러운 가역함수 ϕ를 잡아 준다. 여기서, ϕ는 $r=\rho$를 $r=\frac{1}{2}$에 대응시키고 외부 경계 $r=1$의 근방인 $\frac{1}{2}<\rho_0<r\leq 1$인 부분은 고정시키는 함수가 되도록 한다. 이런 함수는 쉽게 만들 수 있다. $y=\phi(x)$라고 하고 영역 $\Omega_{1/2}$에서 $v(y)=u(\phi^{-1}(y))$라고 정의하자. 이 함수 v는 다음 경곗값 문제를 만족한다.

$$\Omega_{1/2}\text{에서 } \nabla\cdot\sigma\nabla v=0$$
$$\partial\Omega\text{에서 } \nabla v\cdot n=g$$
$$r=\tfrac{1}{2}\text{에서 } (\sigma\nabla v)\cdot n=0$$

여기서 σ는 대칭 양행렬

$$\sigma(y)=\frac{\mathrm{D}\phi(x)(\mathrm{D}\phi(x))^{\mathrm{T}}}{|\det(\mathrm{D}\phi(x))|}$$

이다($D\phi$는 ϕ의 야코비 행렬이다). 또한 ϕ가 $r=1$을

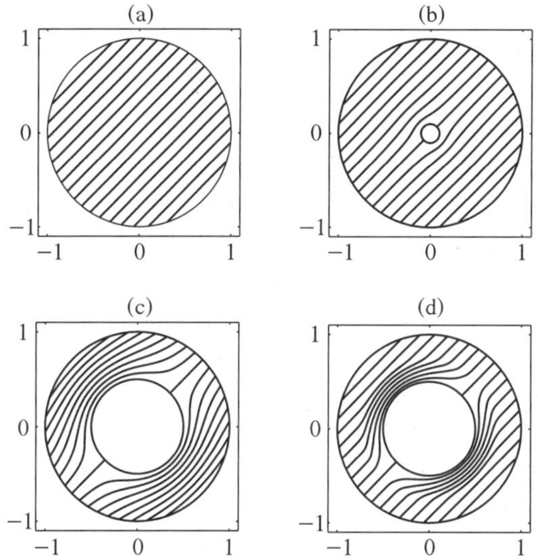

그림 1 환상체 영역 $\Omega \subset \mathbb{R}^2$에서 전류 $J=-\sigma\nabla u$와 입력 플럭스 $g(\theta)=(\sigma\nabla u)\cdot n|_{r=1}=\cos\theta+\sin\theta$의 비교. (a)빈 디스크. (b)은폐되지 않은 영역 $\Omega_{1/10}$. (c)은폐되지 않은 영역 $\Omega_{1/2}$. (d) 은폐된 영역 $\Omega_{1/2}$. (d)와 같이 거의 은폐된 환상체는 3절에서 설명한 변환에 의해 주어지는 전도율 σ를 갖는다. (a)~(c)의 영역들은 등방적 전도율 1을 갖는다. (a), (b), (c)에서의 경계 퍼텐셜은 $f(\theta)=(\cos\theta=\sin\theta)(1+\rho^2)/(1-\rho^2)$이며 각각 $\rho=0$, $\rho=\frac{1}{10}$, $\rho=\frac{1}{2}$ 값을 가지고 있어서 관찰자가 영역들을 구별할 수 있다. (d)에서 거의 은폐된 환상체는 $\rho=\frac{1}{10}$에 대응되는 비등방적 전도율 σ를 갖고, f와 g 사이의 대응은 (b)의 경우와 똑같다.

고정하기 때문에 외부 경계에서 $v\equiv u$이다.

σ는 구멍을 덮고 있는 비등방적 덮개의 전도율을 의미한다고 볼 수 있다. 다만, $\partial\Omega$ 근처에서는 $\sigma\equiv I$가 된다. 모든 입력 전류 g에 대하여, 전도율이 σ인 영역 $\Omega_{1/2}$의 퍼텐셜 v는 Ω_ρ 위의 퍼텐셜 u_ρ와 $r=1$에서 같은 값을 취한다. 만약에 $\rho\approx 0$이면, $u_\rho-u_0=O(\rho^2)$이 된다. 여기서 u_0은 구멍이 없는 영역 Ω 위의 퍼텐셜이다. 비등방적 전도율 σ는 구멍 $B_{1/2}(0)$을 반지름이 ρ인 구멍처럼 보이게 한다. 즉 $\rho\approx 0$(그림 1을 보라)일 때, 꽤 큰 구멍을 효과적으로 은폐하는 것이다. 따라서 극한 $\rho\to 0^+$를 취하면 은폐 전도율은 특이(singular)해지지만 은폐는 완벽하게 성공한다.

4 일반론

변환 광학 접근 방식을 이용한 은폐술은 임피던스 이미징이 아닌 경우에도 적용된다. 적절한 편미분 방정식에 의해 결정되는 여러 형태의 인식 방법으로부터의 은폐 또한 가능하다. 핵심은 숨기고자 하는 물체가 존재하는 영역을 비어 있는 영역으로 대응시키는 ϕ를 정의하는 것이다. 적절한 변수 치환을 통하여 영역을 은폐시키는 방법을 묘사하는 편미분방정식을 얻을 수 있고, 이 새로운 편미분방정식의 계수들은 그럴듯한 물리적 의미를 갖는다.(예를 들어, 비등방적 전도율). 이런 변환은 장애물을 피하기 위해 에너지 흐름을 제어할 때 필요한 매질의 물리적 성질을 제시한다. 현재 이런 특성을 가진 매질의 개발을 위해 활발하게 연구 중이며, 이는 매우 도전적인 연구 과제이다.

더 읽을거리

Bryan, K., and T. Leise. 2010. Impedance imaging, inverse problems, and Harry Poter's cloak. *SIAM Review* 52:359-77.

Greenleaf, A., Y. Kurylev, M. Lassas, and G. Uhlmann. 2009. Cloaking devices, electromagnetic wormholes, and transformation optics. *SIAM Review* 51:3-33.

Kohn, R. V., H. Shen, M. S. Vogelius, and M. I. Weinstein. 2008. Cloaking via change of variables in electric impedance tomography. *Inverse Problems* 24:1-21.

VI.2 기포

앤드리아 프로스페레티 *Andrea Prosperetti*

일반적으로 '기포'란 가스 및 증기가 다른 종류의 매질에 갇혀 있는 덩어리를 말한다. 비누 거품과 끓는 냄비의 거품은 익숙한 예이다. 기포는 과학과 기술의 매우 중요한 여러 상황에서 볼 수 있다. 예를 들면, 해양 산성화와 관련된 쇄파의 공기 유입, 해양 생물과 물을 정화시킬 때 나타날 수 있는 물의 산소화, 화산 분출, 열전달과 발전과 증류에 의한 증기 생성, 유압 기계 및 선박 프로펠러 등에서 발생하는 공동현상(cavitation) 및 공동손상(cavitation damage), 의학(예를 들어 감압병, 신장 결석 분해, 치석 제거, 혈액 흐름의 시각화 및 암 치료), 음료수의 탄산화, 콘크리트의 양생, 빵 만들기 등 여러 분야에서 기포를 볼 수 있다. 따라서 광범위한 분야에서 기포와 관련된 연구 결과를 볼 수 있다.

종종 어떤 액체 덩어리가 그것과 혼합할 수 없는 액체 안에 있는 경우에도 기포라고 부르지만 이때는 '물방울'이라고 표현하는 것이 더 적절하다. 이것은 약속 이상의 문제인데, 그 이유는 기포가 큰 압축도를 가지고 있는 것을 지칭하기 때문이다. 기포가 대부분 증기로 이루어져 있을 때, 압축과 증발은 부피 변화의 주된 원인인데 심한 경우 기포가 완전히 소멸되거나 반대로 폭발 직전의 최대 크기까지 변형된다. 비압축 가스가 대부분인 기포는 압축성이 약하긴 해도 여전히 주변 물질보다는 높다. 예상치 못한 몇몇의 큰 효과는 이 압축성과 관련이 있는데, 이것은 기포를 어떤 의미에서 주위 액체의 특이점으로 볼 수 있기 때문이다.

간단한 수학적 모델을 사용하면 이러한 현상을 잘 이해할 수 있다. 기포가 시간에 따르는 반지름 $R(t)$를 가진 구이며 그 밖의 무한한 공간이 비압축성 액체로 가득 차있다고 가정해 보자. 기포 부피의 역학은 표면 장력과 점성 효과(viscous effects)를 무시하면 다음과 같은 레일리-플레셋(Rayleigh-Plesset) 방정식의 지배를 받는다.

$$R(t)\frac{\mathrm{d}U}{\mathrm{d}t}+\tfrac{3}{2}U^2=\frac{1}{\rho}(p_i-p_\infty) \qquad (1)$$

여기에서 $U=\mathrm{d}R/\mathrm{d}t$이고 ρ는 액체 밀도이며, p_i, p_∞는 각각 기포 내부 압력과 기포로부터 충분히 먼 공간의 압력이다. 이 두 압력이 근사적으로 상수라고 한다면, 초기 속도가 0인 경우 이 방정식은 다음과 같은 에너지 적분의 형태로 쓸 수 있다.

$$U(t)=\pm\sqrt{\frac{2(p_i-p_\infty)}{3\rho}\left[1-\frac{R^3(0)}{R^3(t)}\right]} \qquad (2)$$

위의 식에서 복호($\pm$) 중 양인 경우에는 팽창을 뜻하며($p_i>p_\infty$, $R(0)\le R(t)$), 음인 경우에는 수축을 뜻한다($p_i<p_\infty$, $R(0)\ge R(t)$). 후자의 경우, $R(t)$가 $R(0)$보다 많이 작아질 정도로 시간이 경과하면 위의 공식으로부터 $U\propto -R^{-3/2}$이 되고 $R(t)\to 0$함에 따라 발산한다. 물론 이 단순 모델에서는 많은 물리적 효과를 무시한 채로 기술되어(특히 p_i의 극단적 증가뿐만 아니라, 액체의 압축도, 구 형태의 변형, 점도 등) 실제로 발산하지는 않지만 그럼에도 불구하고 이런 설정은 거품의 예기치 못한 격렬한 변화 현상에 관해 질적으로 견고한 설명을 한다.

밀도가 낮은 증기로 채워진 기포를 오랫동안 압력 $p_i\simeq$ 상수로 두는 것은 괜찮은 일이다. 실제로 비압축성 가스(incondensible gas) 거품의 모델링에 있어서 p_i = (부피)$^\kappa$ = 상수라는 폴리트로프의 압력-부피 관계식을 종종 가정하곤 한다. 여기에서 κ 값은 1(등온(isothermal) 기포)과 열 용량비(단열형 기포) 사이의 값이다. 단순화된 모델인 모델 (1)의 내부 압력 p_i는 적당한 R_0과 p_{i0}에 대해 $p_i = p_{i0}(R_0/R)^{3\kappa}$으로 대체하면 된다.

소리 같은 것은 압력 교란을 일으켜 기포에 영향을 주는데, 이는 흥미롭다. 여기에는 수중 음향의 전파, 의료용 초음파, 초음파 세척과 같은 관련 분야가 있다. 우리는 파장이 R보다 훨씬 큰 상황에 주로 관심이 있는데, 소리의 주파수를 f라 할 때 모델 (1)에서 $p_\infty = p_0 + p_A \cos(2\pi ft)$로 두면 된다. 여기서 p_0은 정압(static pressure)이며, p_A는 기포 위치에서 발생한 음압 진폭(sound pressure amplitude)이다. 이런 설정과 폴리트로프 모델에 의해 결정된 p_i로부터, 식 (1)은 강한 비선형 진동을 묘사하고 기포에 의해 분산된 음향 스펙트럼에 대해 설명할 수 있다. 보통의 압력을 갖는 공기-물 시스템의 경우, 식 (1)에서 진폭의 극한을 취하면 $2\pi f_0 R_0 = \sqrt{3\kappa p_0/\rho}$ 인 기포의 공진 주파수 f_0은 대략 $f_0 R_0 \simeq 3\text{kHz} \times \text{mm}$이 됨을 쉽게 알 수 있다.

진동하는 기포 속의 가스는 냉각과 가열을 반복한다. 액체의 열 교환과 음향 사이의 상(phase) 불일치는 에너지 손실의 주된 원인이다. 몇 미크론 크기의 기포에서는 적당한 점도에 기인하거나 음향 재복사(reradiation)에 의한 에너지 손실도 있지만 위에서 말한 에너지 손실이 압도적으로 크다. 바로 이러한 에너지 손실이 탄산음료로 채워진 유리잔과 다른 물체가 부딪힐 때 나는 기포음의 원인이다. 만약 소리가 공진 시스템 내의 변환기에 의해 생성될 때처럼 음향 강도가 충분히 강하면 가스 온도의 증가 또한 매우 커서 독특한 화학반응이 일어난다. 더 나아가 기포의 주기적 수축과 동조하여 섬광을 발생시키는 플라스마가 형성되기도 한다.

물이 끓을 때처럼 온도가 상승하거나, 공동현상이 만들어질 때처럼 국소적 압력이 매우 낮아질 때 대부분 증기로 채워진 기포가 형성되기도 한다. 이러한 기포는 매우 불안정하다. 기포는 점점 커져서 부력에 의해 제거되거나 차가운 액체를 만나는 순간 급격히 붕괴되어 냄비가 막 끓기 직전에 나는 소리를 발생시키거나 압력이 회복되기도 한다.

기포를 구형이라 가정하면 기포 현상의 여러 면을 이해하는 데 유용하지만 많은 경우에 있어서 이것은 과도한 단순화이다. 기포는 압축될 때 모양이 불안정하기 때문이다. 예를 들어, 기포의 크기가 점점 더 작은 공간 속에 한정되거나 기포 속 물질이 붕괴 속도에 가깝게 기포를 밀어낼 때 기포의 표면은 교란된다. 즉, 불안정한 레일리-테일러 상황이 되는 것이다. 구 형태의 불안정한 상태는 딱딱한 물체에 근접할 때 높게 나타난다. 붕괴되는 기포는 형체를 잃어버리고 액체가 물체 쪽으로 분사되게 한다. 이때 분사의 속도는 초당 수십 미터에 도달할 수 있으며 공동현상 효과를 강하게 하는 데 기여할 수 있다. 이는 금속의 피로도 증가와 붕괴, 진동, 소음 등과 같은 원하지 않는 효과를 일으키기도 하고 치석 제거, 신장 결석 분쇄, 보석 및 작은 전자 부품 청소와 같이 원하는 효과를 일으키기도 한다.

표면 장력은 구형을 유지시키려는 요소이고 방금 언급한 불안전성과 중력, 부력에 의한 기포의 움직임은 모양을 우그러트리는 요소이다. 중력으로 인한 변형은 외트뵈시(Eötvös) 수 $Eo = \rho d^2 g/\sigma$(d는 같은 부피를 가진 구의 지름, g는 중력으로 인해 생긴 속도, σ는 표면 장력 계수)로 수치화할 수 있는데, 이는 중력과 표면 장력의 평형을 표현한다. 이동으로 인한 효과는 베버(Weber) 숫자인 $We = \rho u^2 d/\sigma$(u는 액체에 대한 이동 속도)로 수치화할 수 있으며 이것은 관성과 표면 장력 사이의 균형을 나타낸다. 기포가 상승할 때 그 모양이 타원체로 납작해지기 때문에 직선 경로를 따라 상승할 수 없다. 이것은 레오나르도의 역설로 알려져 있다.

물이 끓고 있는 냄비나 샴페인 잔을 관찰하면 기포가 용기 속의 특정한 지점에서 생성되는 것처럼 보인다. 그 이유는 거시적 표면 장력의 원천인 분자 사이의 힘들이 기포가 발생한 지점('분자 구멍', molecular hole)이 변하는 것을 방해하기 때문이다. 대부분의 경우에 기포는 용기 속에 들어 있던 미크론 크기의 안정된 가스 포켓으로 이루어진 핵에서 발생하거나 액체 속 부유입자 또는 용기 표면에서 발생한다. 표면 장력을 초과하여 핵이 눈에 보일 정도로 움직이게 하는 추가 압력이 가해지면 물이 100°C보다 몇 도 위에서 끓고 탄산음료 병뚜껑을 열 때 탄산 거품이 대량으로 발생한다. 물론 탄산음료를 미리 흔들거나 그 안에 여러 개의 핵을 투입하지 않았을 경우의 이야기이다.

기포가 노즐로부터 분사되거나, 벽 근처에서 붕괴되는 기포 제트가 근처의 기포 표면을 타격하거나, 표면 교란에 의해 기포가 액체 속에 포획될 때 액체 표면에서는 위상적 변화가 진행되는데, 이를 거시적으로 보면 수학적 특이점이 만들어진다. 이런 과정은 수치해석이나 계산 과학에서 도전해야 할 과제를 제시한다.

기포는 다량으로 발생한다. 기포 구름은 액체가 형태를 달리하는 동질의 매질로 바뀐 것으로 생각할 수 있다. 쇄파에 의해 발생하는 기포 구름이 예이다. 액체 속 기포 구름은 주변 액체의 압축도를 높여 준다. 그 결과 기포 구름은 부피맥동을 일으켜 바다에서 들을 수 있는 저주파수(약 50Hz에서 1000Hz 사이)의 배경음을 만든다. 호수 속으로 기포 구름을 격렬히 분사하거나 유리 제조나 화학 산업에서 기포 구름을 주입하여 액체의 계층 분류 및 혼합에 사용하거나, 가스와 액체의 접촉 면적을 증가시켜 화학 반응을 촉진시키기도 한다. 균질화(homogenization)와 이러한 시스템의 효율적 성질을 이끌어 내는 통계적 방법론의 응용에 관한 연구 결과는 매우 많다.

압력이 높은 영역으로 이동하는 기포 구름 속에서 주기적으로 발생하는 증기공동이 몇 가지 종류의 공동현상의 원인이다. 기포 구름의 붕괴는 공동현상으로 인한 파괴적 효과를 단계적으로 만들어 낸다.

증기 기포 구름은 강한 압력의 액체 용기가 열릴 때 발생하기도 하고 액화 천연가스가 물과 접촉할 때 생기기도 하며 가스로 강하게 포화된 액체가 낮은 기압에 노출될 때 발생하기도 한다. 1986년에 일어난 카메룬의 니오스 호수(Lake Nyos)의 CO_2 분출 사건이 예이다. 이런 상황은 격렬하고 혹독한 현상을 초래한다. 이러한 과정의 수학적 모델링은 다양한 도전 과제를 제공하지만 만족할 만한 결과에 이르기에는 멀었다.

더 읽을거리

Brenner, M. P., S. Hilgenfeldt, and D. Lohse. 2002. Single-bubble sonoluminescence. *Reviews of Modern Physics* 74 : 425-84.

Leighton, T. G. 1994. *The Acoustic Bubble*. New York : Academic Press.

Plesset, M. S., and A. Prosperetti. 1977. Bubble dynamics and cavitation. *Annual Review of Fluid Mechanics* 9 : 145-85.

Prosperetti, A. 2004. Bubbles. *Physics of Fluids* 16 : 1852-65.

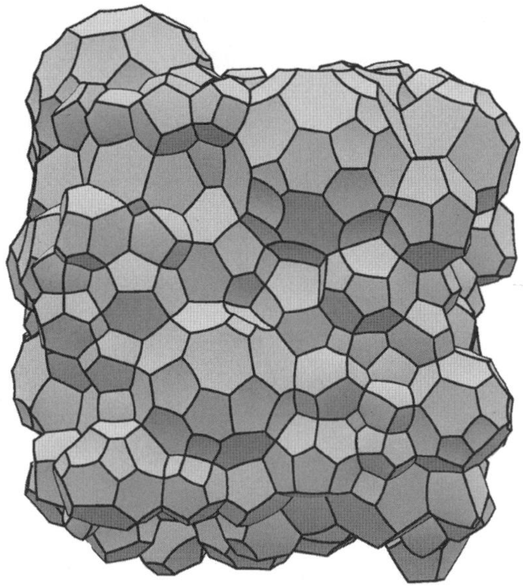

그림 1 켄 브라크(Ken Brakke)의 Surface Evolver 프로그램을 사용하여 그린 마른 거품의 컴퓨터 시뮬레이션(앤디 크레이닉(Andy Kraynik)이 만들었고 사용을 허락하였다).

VI.3 거품

데니스 웨이어, 스테판 허츨러
Denis Weaire and Stefan Hutzler

1 서론

플래토(Plateau)가 액체 거품 구조 이론에 관한 많은 기초를 닦은 19세기 중반 이후 적절한 제약조건 하에 있는 비누 막의 표면적을 최소화하는 문제에 관해 많은 연구를 하였다. 바로 최소 곡면 문제이다. 이 문제는 순수수학에서도 중요하다. 예를 들어 단일 막의 존재정리가 있는데, 플래토의 이름이 이 정리에 헌정되어 있다. 더욱 현실적인 문제는 그림 1에서와 같이 기포가 복잡하고 무질서하게 배열되어 있는 상황이다. 연구의 범주는 정적 평형 상태 또는 준평형 상태(천천히 변화하는 상태)로 한정한다.

그림 1은 액체성이 매우 낮은 마른 거품을 이상적으로 묘사한 것이다. 이것은 얇은 막으로 이루어져 있고 세 개의 면 조각들이 한 꼭짓점에서 120° 대칭으로 모인다. 이는 정적 평형을 위한 필요조건이다. 면과 면의 공통 경계를 플래토 경계라고 부른다. 또한 네 개의 모서리(플래토 경계)가 사면체각인 109.47°의 각도로 한 점에 모인다. 이것도 정적 평형을 위한 필요조건이다.

거품은 젖어 있기도 하는데, 이때 액화도(liquid fraction)를 ϕ라 하자. 그리고 모든 액체가 플래토 경계에 포화되어 있는 이상적 상황을 가정하자. 액화도 ϕ가 증가함에 따라 경계선의 단면적이 증가한다. 액화도가 무작위 공 채우기(sphere packing)의 공극률인 $\phi_c \simeq 0.36$의 최대치에 이를 때, 그림2와 같이 기포들은 공이 된다.

이런 상세한 구조를 알아내거나 묘사하는 것이 어려운 이유는 구성면의 어색한 기하학적 형태 때

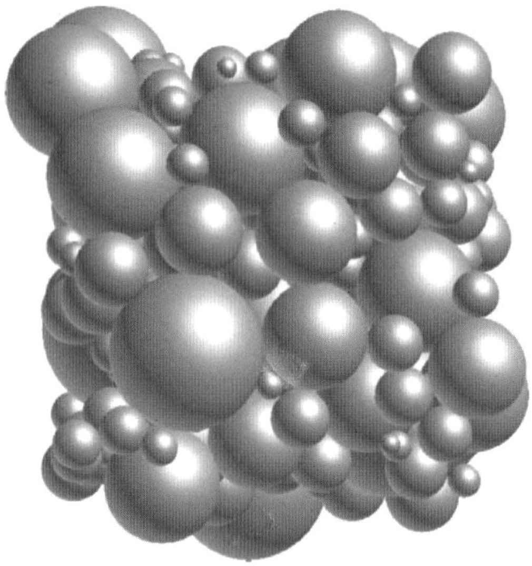

그림 2 구 형태의 젖은 거품은 공 채우기를 연상시킨다(이 예제는 크레이닉이 컴퓨터로 구현(크레이닉, 2006)한 것이며 Wiley-VCH Verlag GmbH & Co. KGaA의 허가로 재구성하였다).

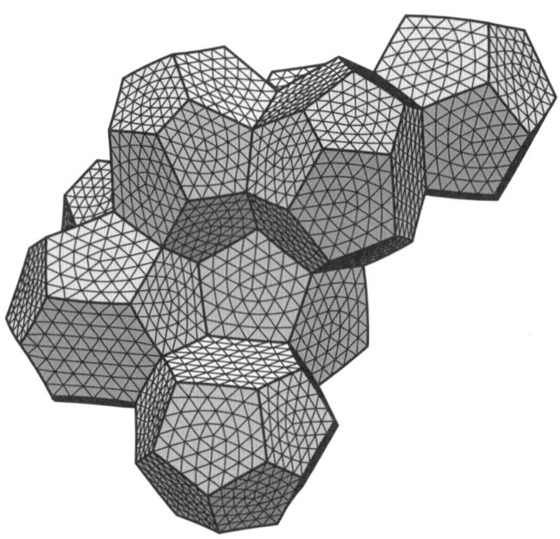

그림 3 Surface Evolver 프로그램은 면을 삼각 그물로 그린다. 이 예제는 마른 거품의 Weaire-Phelan 구조로서 부피가 같고 최소 곡면을 가진 기포들의 공간 채우기(space-filling)이다.

문이다. 각 기포의 전곡률은 상수이다. 주 곡률은 기포마다 다른데 이웃하는 두 기포의 주 곡률을 C_1, C_2라 하고 ΔP를 압력 차이라 할 때 라플라스와 영의 법칙에 의해 $\Delta P = 2\gamma(C_1 + C_2)$가 된다. 특수한 경우에 대해서만 이러한 것들을 수학적으로 직접 표현할 수 있다. 그러므로 컴퓨터 시뮬레이션이 구조를 묘사할 때 핵심 역할을 한다.

2 시뮬레이션

이십년이 넘도록 브라크의 Surface Evolver는 최고의 시뮬레이션 프로그램이었다.* 이 프로그램은 표면을 쪽 맞추기(tessellation)로 표현하고(그림 3) 다양한 제약조건 및 세분화된 내용을 반영할 수 있다. 또한 Surface Evolver로 수천 개의 기포를 그려 많은 구조의 통계학적 성질, 탄성 계수, 항복 응력(yield stress) 및 코어스닝(coarsening)** 등의 물리적 성질들을 알아내었다(그림 1을 보라).

3 경험적 모델

좀 더 간단하고 정확한 모델의 필요성은 과도한 계산을 요구하는 Surface Evolver 프로그램 시뮬레이션을 회피하고자 대두됐다. 기포는 구가 겹치듯이 표현되며(또는 2차원의 원처럼), 겹치는 부분에서 척력이 발생한다. 그림 4는 액화도-전단 탄성 계수(shear modulus) 그래프이다. 유사한 모델은 과립형(granular) 물질에 관한 연구에서 사용되었는데, 연구의 주제는 액화도가 극한에 가까워질 때의 경우이다. 액화도가 극한에 가까워지면 기포는 딱딱한

* Surface Evolver는 www.susqu.edu/brakke/evolver/evolver.html에서 무료로 다운받을 수 있다.

** 기포 사이에서 가스 주입으로 생긴 진화를 말한다.—옮긴이

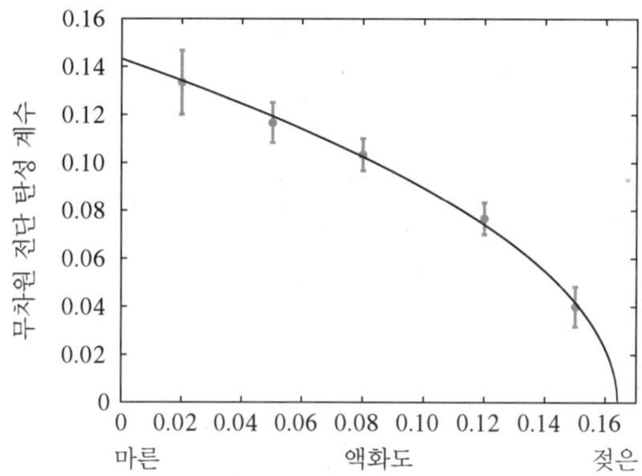

그림 4 2차원 무작위 거품의 액화도에 대한 전단 탄성 계수 그래프. 여러 샘플의 기포 모델 시뮬레이션으로 점을 찍고 최소제곱법을 이용하여 보간하였다. 전단 탄성 계수가 0에 가까워지면(2차원에서는 $\phi_c \simeq 0.16$일 때) 거품은 강성을 상실하고 거품 본연의 액성을 잘 묘사한다.

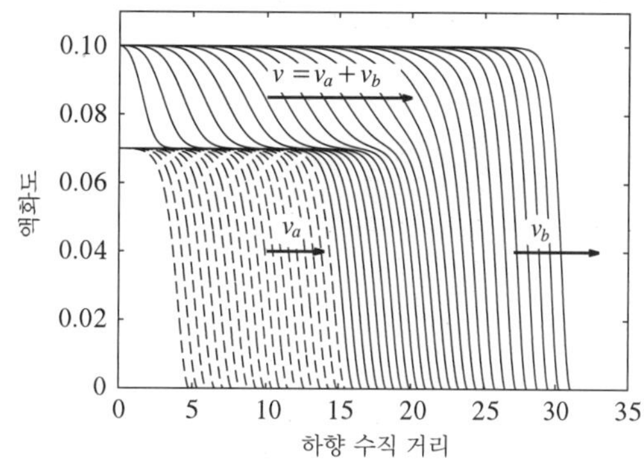

그림 5 각각의 속도가 v_a와 v_b인 두 고립파의 합성이 거품 배수 실험에서 관찰된다(거품 배수 방정식의 해는 수치해석적 방법으로 구했다).

공이나 마찬가지이다. '재밍(jamming)'이라는 주제어를 검색하면 이와 관련 있는 흥미로운 문제들을 많이 볼 수 있다.

4 연속체 모델

공학적 응용에서는 거품을 준경험적인 연속체로 묘사하는데 위에서 자세하게 설명한 미시적 모델에 꽤 부합된다고 할 수 있다.

빙엄(Bingham)이나 허셜-벌클리(Herschel-Bulkley) 모델에서는 거품을 문턱 값 S(항복 응력 S_y) 이하의 스트레스하에서 탄성이 있는 고체로 본다. 유동학에서는 이러한 설정을 채택하여 거품을 연속체로 본다. 거품은 임계치 이상의 스트레스가 부과되면 다음 공식을 따른다.

$$S = S_y + c\dot{\gamma}^a \tag{1}$$

여기서 $\dot{\gamma}$는 변형률(strain rate)이고, c는 일관성도(consistency)라 부른다. 지수 a는 실험에 의존한다. 이러한 비-뉴턴 유체 모델은 **전단 국소화**(shear localization)에 대한 논쟁의 기반이었다. 이와 같은 비선형 시스템에서는 전단 응력(shear stress)에 대한 출력을 전단 밴드(shear band) 내에서 형성할 수 있다.

거품 배수(drainage)*에 대해선 편미분방정식을 구축하여 액화도 $\phi(x, t)$를 수직 위치와 시간의 함수로 찾을 수 있다. 가장 기본적인 형태는 **거품 배수 방정식**(foam drainage equation)이라고 부르는 다음의 편미분방정식이다.

$$\frac{\partial \phi}{\partial t} = \frac{\partial}{\partial x}\left(c_2\sqrt{\phi}\,\frac{\partial \phi}{\partial x} - c_1\phi^2\right) \tag{2}$$

여기서 c_1, c_2는 점도, 밀도, 및 액체의 표면 장력, 기포의 평균 지름, 거품 구조와 관련된 기하학적 상수들에 의해 결정되는 변수이다.

이 편미분방정식을 다루기 위해 기체-액체 인터

* 중력과 압력 그래디언트하에서 거품을 통하는 액체의 경로를 말한다.—옮긴이

페이스의 경계조건을 여러 가지로 대입해 보는 등의 다양한 노력을 하고 있다. 간단한 환경(1차원적 흐름)에서 거품 배수 방정식은 흥미로운 해석적 해를 갖는다. 예를 들면, 속도 v인 고립파의 경우

$$\phi(x,t)=\begin{cases}\dfrac{v}{c_1}\tanh^2\left[\dfrac{\sqrt{c_1 v}}{c_2}(x-vt)\right] & x\le v,\ t\text{일 때}\\ 0 & x>v,\ t\text{일 때}\end{cases}$$

가 된다. 그림 5는 두 개의 고립파를 합성한 그림이다.

5 더 일반적인 계산 모델

최근에는 기존의 준정적(quasistatic) 체제를 넘어서는 모델과 방법론을 필요로 하는 현상이 관심을 끌고 있다.

2013년에 사예(Saye)와 세티안(Sethian)은 기포, 비누 막, 및 그들의 연결 지점의 유체 움직임을 정확하게 설명할 수 있는 형식을 개발하여 거품 클러스터(bubble cluster)의 진화에 적용했다. 시뮬레이션상의 필요에 의해 진화의 단계를 세 개로 구분하였다. 기포의 재배열과 관련된 평형 상태에서 막과 플래토 경계를 통과하는 액체 배수가 일어나고 마침내 필름이 얇아지다가 파열된다. 사예와 세티안이 개발한 방법이 이러한 현상에 대한 접근법인 것이다. 마지막 단계인 막의 파열이 있은 후 다시 평형 상태인 첫 번째 상태로 되돌아가 이 과정을 반복한다.

입자가 들어 있는 젖은 거품에 대한 모델화를 위해서는 이론적으로나 계산 과학적인 진전이 더 필요하다.

6 켈빈 문제

켈빈 문제(Kelvin problem)는 다음과 같은 질문을 한다. 동일한 부피의 기포로 된 거품은 어떤 형태의 배열에서 최소 에너지를 가질까? 또는 표면의 총면적이 최소가 될까? 이것은 다루기 힘든 이산 기하학 문제이다. 켈빈 자신은 1887년에 '기포가 체심입방결정 구조(body-centered cubic crystal structure)를 가질 때 그러하다'는 직관적 추측을 답으로 제시했는데, 이것은 웨이어(Weaire)와 펠란(Phelan)이 Surface Evolver를 이용하여 더 낮은 에너지의 구조를 찾아낸 1994년에서야 사실이 아님이 밝혀졌다(그림 3을 보라). 엄격한 증명은 아직 없지만 웨이어-펠란의 구조가 답이라는 것을 의심하는 사람은 별로 없다. 이것은 셀 면의 평균 개수에 대한 충족 기준을 거의 만족하는 듯이 보인다. 이 기준을 대충 말하면 '평평한 면들이 사면체각으로 꼭짓점에서 만나는 이상적 다면체가 면적을 최소화하는 구조'라는 것이다. 그러나 면과 모서리의 개수가 무한일 때엔 이러한 구조는 존재하지 않는다. 웨이어-펠란 구조에서 셀당 평균값은 위 경우에 거의 근접한다.

7 2차원

거품 물리학의 여러 가지 기본 의문은 2차원의 경우에도 제시된다. 2차원 거품이란 2개의 판 사이에 끼인 거품 샌드위치를 생각하면 된다(그림 6을 보라).

2차원에서는 많은 수학이 급격히 단순해진다. 거품은 곡선 형태의 변을 갖는 다각형 구조이다. 오일러 정리를 통해 변의 평균 개수가 여섯 개임을 알 수 있다.

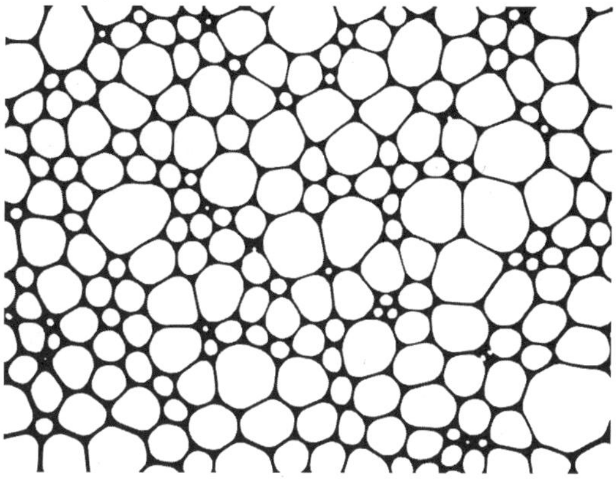

그림 6 두 개의 판 사이에 눌린 거품과 같은 2차원 거품의 단순화된 기하에서는 이 그림에서 보는 바와 같이 성질을 계산할 수 있다. 많은 결과들은 3차원과 관련이 있다.

폰 노이만은 셀 사이의 가스 확산이 압력 차이에 비례한다면 각 셀은 변의 개수 n에 의해 결정되는 비율로 커지거나 작아진다고 했다.

$$\frac{\mathrm{d}A_n}{\mathrm{d}t} \propto (n-6) \tag{3}$$

A_n은 n각형 셀의 면적이다. 그러면 오각형 이하의 셀들이 사라지면서 서서히 성긴 구조로 변한다.

공략이 가능한 2차원에서의 다른 문제는 켈빈 문제의 2차원 버전이다. 토마스 헤일스(Thomas Hales)는 벌집 패턴이 총길이를 최소화함을 간단한 수학으로 증명하였다.

아보아브-웨이어(Aboav-Weaire)가 경험적으로 발견한 바에 따르면 n각형에 인접한 셀의 평균 변의 개수를 m이라 할 때 다음 관계식이 성립한다.

$$m = 6 - a + \frac{6a + \mu_2}{n} \tag{4}$$

여기에서 μ_2는 평균값에 대한 변 분포의 제2모멘트이고 $a \simeq 1.2$는 경험적으로 결정된 수이다.

비슷한 관계식들이 3차원 거품의 경우에도 있는데 논쟁의 여지가 있는 근사적인 것들일 뿐이다.

더 읽을거리

Cantat, I., S. Cohen-Addad, F. Elias, F. Graner, R. Höhler, I. Piteis, F. Rouyer, and A. Saint-Jalmes. 2013. *Foams: Structure and Dynamics*. Oxford: Oxford University Press.

Kraynik, A. M. 2006. The structure of random foam. *Advanced Engineering Materials* 8:900–906.

Liu, A. J., and S. R. Nagel, eds. 2001. *Jamming and Rheology: Constrained Dynamics in Microscopic and Macroscopic Scale*. Boca Raton, FL: CRC Press.

Oprea, J. 2000. *The Mathematics of Soap Films: Explorations with Maple*. Providence, RI: American Mathematical Society.

Plateau, J. A. F. 1873. *Statique Expérimantale et Théorique des Liquides Soumis aux Seules Forces Moléculaires*. Paris: Gauthier-Villars. (원문과 원문의 영문 번역은 www.susqu.edu/brakke에서 볼 수 있다.)

Saye, R. I., and J. A. Sethian. 2013. Multiscale modeling of membrane rearrangement, drainage, and rupture in evolving foams. *Science* 340:720–24.

Weaire, D., ed. 1996. *The Kelvin Problem*. London: Taylor & Francis.

Weaire, D., and S. Hutzler. 1999. *The Physics of Foams*. Oxford: Clarendon Press.

VI.4 역진자

데이비드 에치슨 *David Acheson*

맨체스터 대학교의 수학자 앤드루 스티븐슨(Andrew Stephenson)은 막대의 아래 끝을 위아래로 빠르게 진동시키면 막대가 안정적으로 거꾸로 서 있는다는 사실을 발견하였다. 이것을 역진자라 부른다.

피벗(pivot)*의 진폭이 a, 진동수가 ω일 때 t 시점에서 피벗의 높이를 $a\sin\omega t$라고 가정해 보자.

가장 간단한 경우는 길이 l인 가벼운 막대기의 한 끝에 점 질량이 있는 경우이다. 스티븐슨은 $a \ll l$이라고 가정했으며 $a\omega > \sqrt{2gl}$일 때 안정적으로 거꾸로 서있는 것을 수학적으로 보여 줬다.

그는 이 결과를 실험을 통해 확인했는데 $l=10$cm, $a=1$cm일 때 임계값인 $\omega/2\pi$가 대략 22Hz임을 알아냈다.

이것은 막대를 손바닥 위에 거꾸로 세워 균형을 잡는 것과는 다르다. 스티븐슨의 실험은 막대의 움직임과 무관하게 완전히 규칙적으로 피벗을 위아래로만 진동시킨 것이다.

이 현상은 1950년대에 카피차(P. L. Kapitza)에 의해 재발견되었고 고전 역학의 폭넓은 관심을 끌게 되었다.

1 역진자 정리(1993)

아마도 유한개의 진자를 연결하여 같은 '실험'을 해도 각 진자는 안정적으로 거꾸로 서 있는다는 사실은 덜 알려져 있을 것이다.

역진자 정리는 피벗이 고정된 정성적 진자에 대한 두 가지의 간단한 성질과 유사한 내용을 가지고 있다.

N개의 진자가 서로 연결되어 매달려 있으면서 가장 위에 있는 것은 고정된 피벗에 부착되어 있다고 가정하자. 각각의 진자는 미세하게 진동하며 각각 고유의 진동수를 가지고 있다. 진동수가 아주 작을 때는 어느 순간이든 같은 방향으로 흔들린다. 반면에 높은 진동수에서는 각각의 인접한 진자들은 반대 방향으로 흔들린다.

ω_{min}과 ω_{max}를 각각 최저 진동수와 최고 진동수라 하고 $\omega_{\text{max}}^2 \gg \omega_{\text{min}}^2$이라고 가정하자. 물론 $N \geq 2$이다.

이제 역진자의 상황을 생각해 보자. 피벗이 진폭 a와 진동수 ω로 다음 식을 만족하도록 진동하면 역진자는 안정된 상태를 유지한다.

$$a < \frac{0.450g}{\omega_{\text{max}}^2} \tag{1}$$

$$a\omega > \frac{\sqrt{2}\,g}{\omega_{\text{min}}} \tag{2}$$

위 식이 말해 주는 $a\omega$-평면 위의 안정화 영역은 그림 1과 같은 모양이다. 식 (1)로부터 직선 BC를 그렸고 식 (2)로부터 곡선 AB를 그렸다.

그림은 이 영역으로부터 서서히 벗어날 때의 진자의 모양을 나타낸다. 진동수 ω가 많이 작아져 식 (2)를 만족하지 않게 되면 진자는 한쪽 방향으로 서서히 무너진다. 진폭 a가 커져서 식 (1)을 만족하지 않으면 진동수가 $\frac{1}{2}\omega$인 굴곡진 진동을 하며 안정성을 상실한다. 진폭 a를 더 키우면 급격하게 무너진다.

* 손에 쥐어진 아래 부분을 말한다.—옮긴이

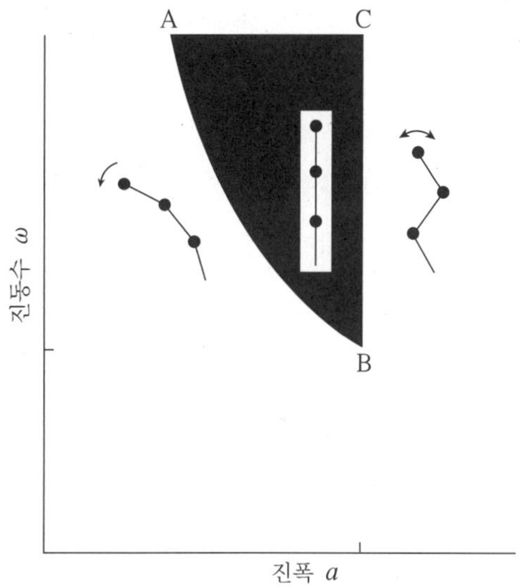

그림 1 역진자 정리.

최저, 최고 진동수인 ω_{min}과 ω_{max}는 당연히 진자의 개수와 관련이 있고 모양과 크기, 질량 분포와도 관련이 있다. 진자의 개수가 많으면 ω_{max}는 꽤 전형적으로 커지기 때문에 피벗의 진폭인 a가 작아야 식 (1)을 만족할 수 있다. 반면에 식 (2)에서 볼 수 있듯이 진동수 ω가 커야만 한다. 즉, 진자의 개수가 많을수록 진자를 안정화시키기는 어렵다는 것을 쉽게 알 수 있다.

2 실험

톰 멀린(Tom Mullin)은 1990년대 초반에 두 개, 세 개, 네 개짜리 진자 실험을 통해 앞에서 말한 낯선 이론적 예견을 증명했다.

그림 2는 세 개짜리 시스템인데 역진자가 본질적으로 불안정한 상태에서 안정된 상태로 균형을 잡아가는 모습을 보여 준다.

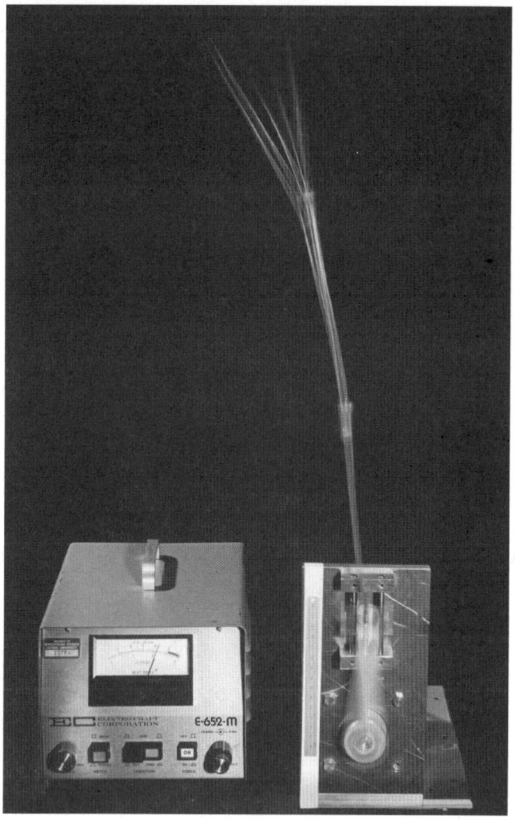

그림 2 세 개짜리 역진자.

모든 막대는 길이가 $l = 19\text{cm}$이며, 마찰이 작은 두 개의 베어링으로 연결되어 있고, 베어링의 무게는 각각 막대의 거의 두 배이다. 그 결과,

$$\omega_{\text{min}} = 0.729\left(\frac{g}{l}\right)^{1/2} \text{과 } \omega_{\text{max}} = 2.174\left(\frac{g}{l}\right)^{1/2}$$

이 되었고 역진자 정리에 의해

$$\frac{a}{l} < 0.095\text{와 } \frac{a}{l}\frac{\omega}{(g/l)^{1/2}} > 1.94$$

일 때 이 막대 시스템이 안정적으로 거꾸로 서 있는 현상을 예상할 수 있는데, 이 예상은 실험 수치로 확인되었으며 그림 2에서 a는 1.4cm이고 $\omega/2\pi = 35\text{Hz}$이다.

3 비선형 역학

우리는 실제 실험에서 다량의 진자 시스템이 거꾸로 서 있는 안정된 상태를 확인하고 상당히 놀랐다. 이 정리는 선형 안정성 이론에 근거하고 있으므로 아주 미세한 방해조차 없어야만 안정성이 보장된다. 그럼에도 불구하고, 실제 실험에서는 진자 기둥을 약 45°정도 기울였다가 천천히 회복하면서 서서히 예전에 수직으로 선 모습으로 되돌아갔다.

한 개, 두 개, 세 개짜리 시스템에 (작은 양의 마찰을 고려한) 비선형 미분방정식으로 수행한 컴퓨터 시뮬레이션에서도 견고한 안정성이 명백하게 나타났다.

그리고 이런 수치해석적 시뮬레이션은 또 다른 놀라운 특성을 보였다. 진자가 안정적으로 거꾸로 서 있도록 하는 변수공간상의 어떤 영역에서는, 진자가 넘어지지 않게 하는 전혀 다른 두 번째 양상이 나타났다. 초기조건이 특정 영역에 포함되어 있을 때 진자는 수직 상태에서 독특한 '다중 끄덕거림(multiple-nodding)' 진동 상태로 진입한 것이다.

가장 단순한 것은 이중 끄덕거림 현상인데, 진동수가 $\frac{1}{4}\omega$가 되면 모든 순간에 인접한 진자는 반대 방향으로 끄덕거리고 각 진자는 다른 진자 쪽으로 엎어지기 전에 두 번 끄덕거린다. 진동수 ω가 상당히 큰 경우에 진폭 a가 식 (1)에서 허용하는 최대치의 70%에서 90% 사이이면 이런 현상이 나타난다.

또한, 삼중 끄덕거림은 진동수가 $\frac{1}{6}\omega$일 때 나타나며 각 기울어짐마다 세 번의 끄덕임이 나타난다. 이것은 a 값이 최대치의 60%에서 70% 사이인 경우에 볼 수 있다. 시스템에 적절한 힘이 추가되면 이런 진동 상태로 고착된다. 이런 혼란이 충분히 작으면 진자는 기존의 안정된 상태로 이내 돌아간다.

원칙적으로 독특한 진동 상태는 꽤 많다. 예를 들어 각각의 진자가 이중 끄덕거림을 하며 한쪽으로만 기울어진 상태를 만들 수도 있다. 이것은 보통의 대칭적 이중 끄덕거림 진동을 구현해 낸 후 진동수와 진폭을 안정화 영역의 B지점으로 서서히 옮겨갈 때 나타났다. 현재로선 실험으로 확인된 이런 현상을 설명하는 이론은 없다.

4 인디언 밧줄 마술에 약간 못 미치는

역진자 정리는 언론에서 수년 동안 관심을 보였는데 그 이유는 이것이 전설적인 인디언 밧줄 마술을 떠올리게 하기 때문이다.

중력을 거부하는 역진자 마술은 완벽하게 유연해서 굽힘 강성이 없는 밧줄로는 할 수 없다는 사실은 자명하다. 이유는 고정된 총길이의 밧줄이란 $N \to \infty$인 진자가 연결되어 있고 ω_{min}은 유계이지만 $\omega_{\text{max}} \to \infty$인 것이기 때문이다. 수식 (1)을 만족하기 위해서는 $a \to 0$이 되어야 하고 수식 (2)를 만족하기 위해서는 $\omega \to 0$이어야 한다.

이러한 장애가 없다 하더라도 몇 세대 동안 전해 내려온 원조 인디언 밧줄 마술에서 작은 소년이 흔들리는 밧줄을 타고 올라가 맨 꼭대기에서 사라지는 현상을 설명하기에는 아직 갈 길이 멀다.

더 읽을거리

Acheson, D. J. 1993. A pendulum theorem. *Proceedings of the Royal Society of London* A 443:

239-45.

Acheson, D. J., and T. Mullin. 1993. Upside-down pendulums. *Nature* 366 : 215-16.

Kapitza, P. L. 1965. Dynamic stability of a pendulum with an oscillating point of suspension. In *Collected Papers of P. L. Kapitza*, edited by D. ter Haar, volume 2, pp. 714-26. London : Pergamon Press.

Stephenson, A. 1908. On a new type of dynamical stability. *Memoirs and Proceedings of the Manchester Literary and Philosophical Society* 52 : 1-10.

VI.5 곤충의 비행

제인 왕 *Z. Jane Wang*

1 곤충들은 어떻게 비행하는가?

모든 물체는 떨어진다. 사과와 낙엽은 땅으로, 달은 지구로, 지구는 태양으로 떨어진다.* 사람도 똑바로 서 있고자 노력하지 않으면 넘어진다. 걷는 것은 한 발을 들었다가 다시 발이 땅에 떨어지게 만드는 것이다. 어떤 생명체든 왜 낙하라는 피할 수 없는 운명에 맞서 싸우고자 했는지는 진화의 수수께끼이다. 그렇지만 곤충과 새들은 중력에 맞서 날고 있다.

곤충과 새들은 주변의 공기를 밀쳐내어 그 공기로 하여금 땅을 밀쳐내는 방법을 터득했다. 곤충들은 날기 위해 어떻게 필요한 공기역학을 이용하여 날개를 펄럭일까? 그들은 어떻게 날갯짓을 바꿔 앞으로 가거나 방향을 전환할까? 그들은 어떻게 효율적으로 날개를 젓는 법을 찾아냈을까? 우리는 그들을 모방할 수 있을까?

현존하는 수백만 종의 곤충들은 작은 생명체이지만 각기 다른 크기로 광범위하게 분포되어 있다. 박가시나방은 가장 큰 종의 하나로, 날개 길이가 5cm이며 무게는 1.5g에 달한다. 반면에 수중다리좀벌은 가장 작은 종의 하나로, 날개 길이가 1mm가 안 되며 작고 무게는 0.02mg이다. 곤충은 크기가 작을수록 날개를 더 빨리 펄럭인다. 박가시나방은 날개를 20Hz 정도로 펄럭이는 데 비해 수중다리좀벌은 400Hz 정도의 날갯짓을 한다. 날개 길이와 날갯짓 빈도수의 상반된 수치는 날개 끝 속도가 꽤 일정함을 의미하며, 그 속도는 대략 1m/s이다. 흥미롭게도 1m/s은 자연적 이동의 일반적인 속도인데, 예를 들어 인간이 걷거나 수영할 때와 비슷한 속도이다.

곤충이 날개를 펄럭일 때마다 주변에서 회오리바람이 일어나는데 이 현상은 나비에-스토크스 방정식으로 표현된다. 곤충은 우연히 나비에-스토크스 방정식의 해를 찾아내어 자신의 날개에 필요한 추진력을 어떻게 만들어 내는지를 알아냈다. 날개의 크기와 속도가 주어져 있을 때 날개가 만드는 공기의 흐름은 10-10,000 사이의 레이놀즈 수(Re)이다. 이 수치는 스토크스적 상황에 들어갈 만큼 점성력이 있는 작은 수도 아니고 점성력을 무시해도 될 만큼 큰 수도 아니다. 점성력과 관성에 의한 효과의 상

* 사과나무 아래에서 잠이 들었다가 어두워질 무렵 사과가 떨어지는 소리에 잠이 깬 뉴턴은 떠오르는 보름달을 보며 생각에 잠겼다. 이때 '떨어지는 사과처럼 달도 지구로 떨어지고 있다'는 생각이 뉴턴의 머리를 스쳐갔다. 그리고 뉴턴은 달은 아주 빠르게 발사된 포탄처럼 지구를 향해 가까워지려 하지만 지구의 지표면이 둥글기 때문에 지표면에 도달하지 못한다는 사색에 빠졌다고 한다. 글쓴이는 달이 지구로 떨어진다는 뉴턴의 표현을 차용한 듯싶다.—옮긴이

호 작용은 예상 밖의 현상을 만들어 내고 상식을 거부한다. 공기 흐름에서 중요한 점은 본질적 불안전성인데 이는 타이밍이 대단히 중요하다는 것을 의미한다. 곤충의 기술 중 하나는 다루기 힘든 공기 흐름에 길들여지는 것과 공기가 흐르는 순간과 자신이 움직이는 순간을 조화시키는 것이다.

예를 들면, 잠자리는 곡예비행을 할 때 앞날개와 뒷날개의 타이밍을 조절할 수 있다. 공중에서 정지 상태로 떠있을 때는 앞날개와 뒷날개가 안정성을 확보하고 힘을 비축하기 위해 탈 동조 현상을 보인다. 이륙할 때는 앞날개와 뒷날개가 거의 비슷하게 움직이면서 공기 흐름이 유입될 때 더 높은 추진력을 발산한다. 상승할 때는 각 날개들이 위아래로 올라가는 날개치기 궤도에 따라 마치 공중에서 노를 젓듯이 펄럭인다. 하향 날개치기는 받음각이 약 60° 이고 상향 날개치기는 받음각 10° 정도이다. 이런 비대칭은 자신의 무게를 뜰 수 있게 하는 윗방향 공기역학을 만든다. 반면에 초파리들은 두 개의 날개로만 비행한다. 퇴화된 뒷날개인 평형곤은 회전 속도를 측정하는 자이로스코프로 진화했다. 초파리는 날개 40° 이하의 받음각으로 펄럭이고 마치 헬리콥터처럼 공기역학적으로 공중부양한다. 곤충들이 사용하는 받음각은 헬리콥터 날개의 받음각인 10-15° 보다 큰데, 이는 무게 균형과 곤충들이 낼 수 있는 날개 속도의 한계에 의해 결정된다. 큰 받음각과 연관이 있는 것은 흐름 분리이다. 날갯짓의 동적 감속을 이용하여 일시적으로 높은 힘을 만든다. 이때 비대칭적 허우적임과 대칭적 날갯짓은 비슷한 효과를 낼 수 있다.

그렇다면 날개를 펄럭이는 것이 안정된 수평비행보다 효율적일 수 있을까? 일반적인 날개 펄럭임은 대체적으로 최적의 안정된 이동비행보다 비효율적이다. 그렇다고 해서 모든 날개 펄럭임 동작이 비효율적이란 뜻은 아니다. 나비에-스토크스의 최적화 계산에 의하면 곤충의 세계에서는 날개 펄럭임이 최적의 안정된 비행보다 더 효율적이라는 아주 드문 결과가 나온다. 날갯짓의 이점 중 하나는 날개를 되돌릴 때 생기는 후류를 이용하여 에너지 소모를 최소화한다는 점이다.

2 날갯짓의 나비에-스토크스 방정식 풀기

불안정한 흐름을 이해하여 공기역학적 힘, 비행 효율성 및 날갯짓의 타이밍을 수학적으로 계량화하기 위해서는 날갯짓에 대한 나비에-스토크스 방정식을 풀어야 한다.

날개는 공기 흐름을 만들고 공기 흐름은 날갯짓을 바꾼다. 날갯짓의 역학은 뉴턴 방정식으로 설명할 수 있다. 유체속도 $\boldsymbol{u}(\boldsymbol{x}, t)$와 압력 $p(\boldsymbol{x}, t)$는 운동량 보존법칙과 유체의 질량, 그리고 다음의 **나비에-스토크스 방정식**[III.23]에 의해 결정된다.

$$\frac{\partial \boldsymbol{u}}{\partial t} + (\boldsymbol{u} \cdot \nabla)\boldsymbol{u} = -\frac{\nabla p}{\rho} + \nu \nabla^2 \boldsymbol{u},$$
$$\nabla \cdot \boldsymbol{u} = 0$$

여기서 ρ는 유체의 밀도이며 ν는 운동 점성도이다. 길이 단위를 L, 속도 단위를 U라고 하면 방정식은 레이놀즈 수가 포함된 물리적 차원을 무시한 형태인 $Re = UL/\nu$로 표현할 수 있다. 흐름의 속도는 음속보다 훨씬 작아서 공기 흐름은 거의 비압축적이다. 날개와 흐름의 결합은 날개 표면에서의 점착(noslip) 경계조건인 $\boldsymbol{u}_{bd}=\boldsymbol{u}_s$하에 놓인다. 즉, 날개 표면의 흐름의 속도는 날개 속도와 같다.

이런 편미분방정식으로부터 어떤 종류의 해가 나올까? 곤충의 날개를 떼어 내서 그 날개에 무게를 추가하여 떨어뜨린다 하자. 떨어지는 날개의 운동은 위에서 나온 같은 방정식에 의해 지배되고 날개가 낙하하는 양상은 방정식의 해를 보여 준다. 이러한 해를 보기 위해 종잇장을 떨어뜨려 볼 수도 있다. 종이는 심하게 요동치며 흩날리면서 떨어질 것이다. 종이의 낙하 방식은 그 형태와 밀도에 따라 달라진다. 예를 들어 명함을 떨어뜨리면 빙글빙글 떨어진다. 명함 자체의 무게와 공기의 상호 작용으로 인해 주기적 움직임이 발생하기 때문이다(그림 1을 보라). 주기적 움직임이 나타나는 이유는 종이 무게의 평균적 균형을 만들기 위해서이다. 종이가 떨어지는 움직임을 수평이 되도록 돌려서 보면 앞으로 날아가는 날개의 펄럭임처럼 보인다. 이런 주기적인 움직임은 날개 동작과 똑같지는 않지만 본질적으로 비슷하다.

공기 흐름의 역학을 계량화하거나 추진력을 만들어 내는 핵심 요소를 알아내기 위해 컴퓨터나 실험에 의존한다. 여러 흥미로운 현상들이 날개 끝에서 일어나는데 현재의 계산 방식으로는 문제를 해결하기 어렵다. 거의 모든 유체 구조 시뮬레이션은 어렵다고 알려져 있다. 사실 공기 흐름 현상을 해결하기 위한 만능 해결사는 없다. 2차원 유체에서의 날갯짓에 관심이 있다면 2차원적 관점에서 생각해야 한다. 날개 끝부분에서는 격자가 지수적으로 세밀해지도록 등각사상 기법을 이용할 수 있다. 그리고 격자를 매순간 새로 그릴 필요 없이 날개와 함께 움직이는

그림 1 자유 낙하하는 종이의 주기적 움직임. 출처: 페사벤토(U. Pesavento)와 왕(Z. J. Wang)(2004), 「낙하하는 종이: 나비에-스토크스 해, 유체 힘의 모델과 무게중심 상승」, 《*Physical Review Letters*》 93(14):144501.

좌표계 속에서 방정식을 풀 수도 있다. 이때 날개의 움직임은 유동장에서의 먼 장 경계조건으로 표현된다. 등각사상은 큰 계산 영역에서 흐름을 계산할 수 있도록 한다. 소용돌이는 먼 곳에서 미미하다. 먼 곳에서는 근사해를 해석적으로 구할 수 있으며 이 근사해는 먼 장(far-field)에서의 경계조건 역할을 한다. 이런 방식은 고계 수치계산을 수반한다.

3차원에서의 유연한 날개에 대해서는 다른 방식이 필요하며 복잡한 움직임을 다루기 위해 컴퓨터의 도움 역시 필요하다. 한 가지 접근 방법은 매립된 인터페이스 방법(immersed interface method)과 이 방법 이전에 사용하던 매립된 경계법(immersed boundary method)에 근거한 아이디어이다. 이러한 데카르트 격자 방법에서는 인터페이스가 격자를 자른다. 따라서 움직이는 인터페이스를 다루는 문제는 인터페이스를 따르는 특이한 힘이나 유체 변수의 불연속점을 다루는 문제가 된다. 데카르트 격자 방법의 어려운 점은 특이점이 존재하는 인터페이스에서 1계 정확도보다 더 나아가야 한다는 점이고 최

근의 연구 덕분에 움직이는 인터페이스의 불연속성을 섬세하게 다루면 2계 정확도를 확보할 수 있게 되었다.

3 곤충들은 방향 전환을 어떻게 하는가?

곤충들의 비행을 이해하려다 보니 불안정한 공기역학에 관한 많은 궁금증이 생긴다. 날개가 펄럭이는 비행은 고정된 날개를 가진 비행기와 마찬가지로 본질적으로 불안정하다. 아마 곤충들에게 순간적인 감각과 제어기능이 없으면 그들은 떨어질 것이다. 안정적인 비행을 위해서 사용하는 감각들은 여러 곡예비행에서도 사용한다. 그렇다면 곤충들은 어떻게 자신의 날개를 조절하여 방향을 전환할까?

위 질문을 살펴보기 위해서 초파리가 어떻게 순간적으로 방향 전환, 또는 단속성 운동(삽화 페이지의 도판 11을 보라)을 하는지 예를 들어 이야기하고 이 글을 마무리 하고자 한다. 초파리는 날개를 초당 250회 펄럭이며, 날개를 약 20회 움직일 때마다 한 번씩 단속성 운동을 한다. 날개의 진동은 신경세포가 일일이 조절하기에는 너무 빠르다. 이제 '기어 변경'을 통해 선회비행을 하는 법을 조금 알게 되었다. 날개 경첩은 비틀림 스프링(torsional spring)과 같은 역할을 한다. 날개의 모양을 바꾸기 위해서 날개 경첩은 효율적인 비틀림 스프링과 같이 평형 위치를 효과적으로 찾아줌으로써 날개의 받음각이 약간 변하도록 도와준다. 좌우측 날개의 비대칭이 저항의 불균형을 만들어 곤충들이 방향 전환을 할 수 있게 하는 것이다. 120° 돌기 위해서는 받음각이 5° 정도의 불균형이 있으면 되는 식이다.

곤충이 자유 비행하는 동안 여러 대의 고속 카메라를 이용하여, 날개와 몸통의 3차원적인 운동을 실시간으로 추적하는 데 응용되는 공기역학 모델을 통해 날개와 몸통의 접합 부분에서 작용하는 토크를 계산하였다. 이때 날개와 몸통 움직임은 컴퓨터 비전 알고리즘을 통해 추출하였다. 세 대의 카메라로 녹화한 실루엣에 기반하여 초파리의 세 부분을 재구성하였다. 큰 곤충들은 인식표를 달아서 추적할 수 있다. 최근에 방대한 양의 데이터를 거의 자동적으로 처리할 수 있는 추적 알고리즘을 만드는 성과가 있었다. 여전히 많은 시간이 소요되지만 몇 킬로미터씩 되는 영화 필름을 분석하던 19세기 말의 기술에 비하면 환영할 만한 출발이다.

4 비행 역학에서부터 제어 알고리즘까지

자연스런 바깥 환경에서 곤충들은 바람에 의해 충격을 받거나, 시야 확보가 안 되거나, 기계적 혼란을 겪는다. 그럼에도 그들은 전혀 흔들림 없이 쉽게 방향 전환을 한다. 앞에서 설명한 평형곤은 초파리가 각회전 속도를 유지할 수 있도록 회전 운동용 센서의 역할을 한다. 최근 실험에 의하면 토크 충격으로 인해 초파리의 몸에 혼란이 생기면, 평형곤은 자동으로 날개 움직임을 변경하여 교정된 토크를 일궈낸다. 살짝 흔들릴 때의 교정은 거의 완벽하다.

신체 각 부분의 움직임을 수학적으로 모델링하는 일뿐만 아니라 뇌에서 어떻게 이런 일들을 하도록 총지휘할 수 있는지를 알아내는 일은 신경과학 분야의 과제 중 하나이다. 곤충들이 어떻게 방향 전환을 하는지, 외부의 작은 충격에 어떻게 반응하는지를 연구함으로써 곤충들의 생각을 읽을 수 있을 것이다.

더 읽을거리

Chang, S., and Z. J. Wang. 2014. Predicting fruit fly's sensing rate with insect flight simulations. *Proceedings of the National Academy of Sciences of the USA* 111(31): 11246-51.

Ristroph, L., A. Bergou, G. Ristroph, G. Berman, J. Guckenheimer, Z. J. Wang, and I. Cohen. 2012. Dynamics, control, and stabilization of turning flight in fruit flies. In *Natural Locomotion in Fluids and on Surfaces*, edited by S. Childress, A. Hosoi, W. W. Schultz, and Z. J. Wang, pp. 83-99. New York: Springer.

Wang, Z. J. 2000. Two dimensional mechanism for insect hovering. *Physical Review Letters* 85(10):2035.

———. 2005. Dissecting insect flight. *Annual Review of Fluid Mechanics* 37:183-210.

Xu, S., and Z. J. Wang. 2006. An immersed interface method for simulating the interaction of a fluid with moving boundaries. *Journal of Computational Physics* 201:454-93.

VI.6 골프공의 비행

더글러스 아널드 *Douglas N. Arnold*

숙련된 골퍼가 골프채로 공을 치면 1/4초 만에 시속 120마일의 헤드 속도가 나온다. 일반적으로 골프공은 티에서 시속 175마일의 속도와 11°의 각도로 필드를 향해 날아간다. 이 순간부터 공의 궤도는 골퍼 대신 물리학 법칙이 결정한다.

기초 미적분학을 이용해 중력의 영향만을 받은 물체의 궤적을 쉽게 그릴 수 있다. 속도의 수평 성분은 변하지 않고 가속도의 수직 성분은 32.2피트/초(9.8미터/초)이다. 궤도는 포물선이다. 골프공이 위에서 제시한 초기 속도와 발사 각도로 발사되면, 256야드를 날아간다. 하지만 그림 1에서 보이는 것처럼, 골프공의 궤도는 포물선과 거리가 멀다. 골퍼들은 바람이 불지 않는 날에도 간단한 수학 공식을 사용하여 계산한 값보다 훨씬 더 높고 멀리 보낸다. 이는 공이 날아갈 때 공에 작용하는 힘이 중력만 있는 것이 아니기 때문이다. 공기의 저항을 고려해야 한다. 그런데 놀랍게도 이런 공기 저항이 공의 비거리를 늘리는 데 도움을 준다.

1 항력과 양력

공기 저항력 벡터를 단순히 수평 성분과 수직 성분으로 분해하지 말고 공의 운동 방향의 반대 방향 성분과 그에 수직한 성분으로 분해하는 것이 좋다(그림 2를 보라). 그 각각을 항력(drag)과 양력(lift)이라고 부른다. 항력의 예시로 달리는 차에서 창문을 열고 팔을 뻗었을 때 느껴지는 힘을 들 수 있다. 골퍼

그림 1 골프공의 궤도는 포물선과 거리가 멀다.

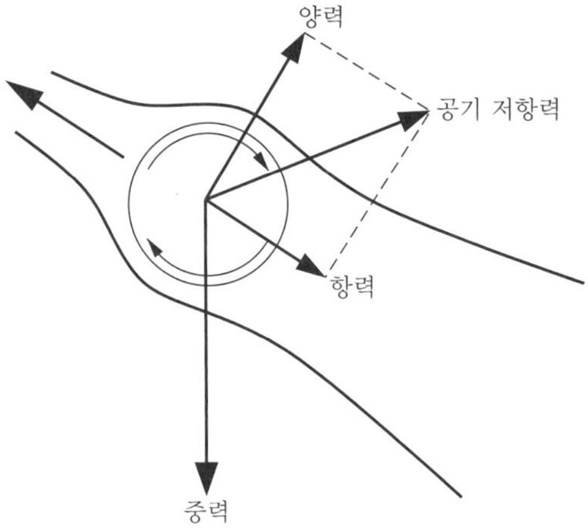

그림 2 공기 저항력을 항력과 양력으로 분해하였다.

들은 항력을 최소화하여 골프공을 멀리 보내기를 원한다. 공의 백-스핀(back-spin)은 골프공 위로 지나가는 공기는 느리게 하고, 골프공 밑으로 지나가는 공기는 빠르게 한다. 그러면 베르누이의 법칙에 의해 위쪽의 기압이 더 낮아져 골프공을 위로 미는 힘이 생긴다. 이것을 양력이라고 한다. 양력은 골프공이 공중에 더 오래 떠있게 하여 거리가 더 나오게 한다.

항력과 양력은 공기가 공의 표면과 어떻게 상호작용하는지에 영향을 받는다. 19세기 중반에 고무 골프공이 출시되었을 때, 골퍼들은 오래되고 흠이 난 골프공이 새롭고 매끈한 공보다 더 멀리 나간다는 것은 느꼈지만 아무도 이런 독특한 현상을 설명할 수 없었다. 결과적으로는 현재의 보조개 모양 같은 딤플 골프공 탄생으로 이어졌다. 이 과정에서 공기역학과 그것의 수학적 모델링에 관해 많은 것을 알 수 있었다. 수백 개의 딤플 패턴들이 고안되어 시장에 출시되었으며 특허로 출원되었다. 그럼에도 불구하고 아직도 최적의 패턴을 알아내기까지는 갈 길이 멀고 이것을 발견하기 위해 응용수학과 계산과학 분야에서 힘겨운 도전을 하고 있다.

2 레이놀즈 수

항력과 양력은 비행기와 배를 디자인할 때, 물고기가 헤엄칠 때나 새들이 날 때, 혈구세포가 순환할 때 등 여러 다양한 시스템에서 필수적으로 고려해야 하는 요소이다. 항력과 양력에 대한 수학적인 모델을 만들기는 쉽지 않다. 이 글에서는 항력에 초점을 둘 것이다. 항력의 주된 원인은 두 가지가 있다. 하나는 공과 공기의 마찰이며 다른 하나는 공의 앞뒤에 생성되는 압력의 차이이다. 이 원인들의 상대적 중요도는 공기 흐름 체제에 의존한다. 19세기 후반에 조지 스토크스(George Stokes)와 오스본 레이놀즈(Osborne Reynolds)는 공기 흐름을 숫자 하나로 상당 부분 정성적으로 표현할 수 있는 방법을 고안했다. 이것을 레이놀즈 수(Reynolds Number)라 부른다.

낮은 레이놀즈 수는 공기의 흐름이 느리고 질서정연하며 판상(laminar)임을 의미한다. 레이놀즈 수가 높으면 공기의 흐름이 빠르고 난류가 있으며 혼합된 상태임을 의미한다.

레이놀즈 수는 공기 흐름의 네 가지 기본 특성을 반영한 수식으로 구한다. 네 가지 기본 특성이란 (1) 물체(예를 들면 골프공)의 지름, (2)흐름의 속도, (3) 유체의 밀도, (4)유체의 점도이다. 공식은 간단하다. 레이놀즈 수는 앞에서 말한 특성 (1), (2), (3)을 곱한 값을 (4)로 나누면 나온다. 이때 네 가지 요소의 물리적 차원을 고려할 필요는 없다. 말하자면 레이놀즈 수는 무차원 양이다. 점도는 유체가 얼마나 찐득한지를 나타낸다. 물은 적절히 묽은 유체로서 점도는 5×10^{-4}lb/fts이다. 꿀의 점도는 5이고 고체나 다름없는 피치*의 점도는 200,000,000이다.

골프공의 지름(0.14피트), 속도(초당 257피트), 공기의 밀도(평방피트당 0.74파운드)와 공기의 점도(0.000012lb/fts)를 대입하면 레이놀즈 수는 약 220,000이 되는데 이는 나비가 날아갈 때의 수치(4,000) 또는 피라미가 수영할 때의 수치(1)보다는 크고 보잉 747이 비행할 때의 수치(2,000,000,000)보다는 작다.

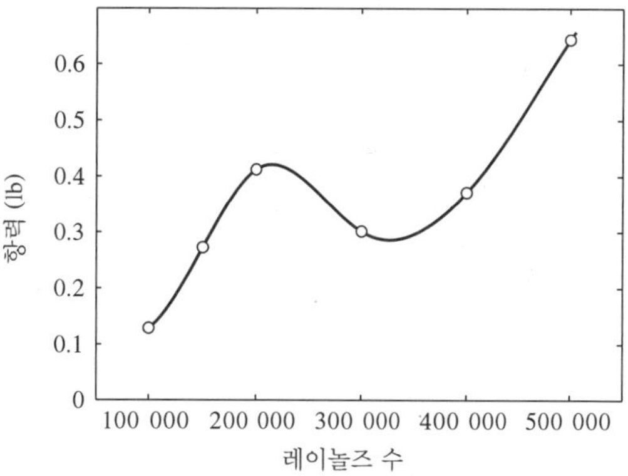

그림 3 매끄러운 둥근 공이 공기를 날아갈 때의 항력 위기. 레이놀즈 수가 200,000에서 300,000 사이일 때 속도가 증가함에 따라 항력이 줄어든다.

3 항력 위기라는 수수께끼

20세기 초반, 라이트 형제가 첫 비행에 성공했을 당시, 공기역학은 가장 흥미로운 주제였다. 에펠탑으로 유명한 프랑스의 알렉상드르 귀스타브 에펠(Alexandre Gustave Eiffel)은 공기역학을 연구하는 데 인생 후반부를 헌신했다. 그는 에펠탑 안에 연구 시설을 설치하고 지면에 풍동(wind tunnel)을 만들어 다양한 레이놀즈 수 환경에서 여러 가지 물체의 항력을 측정했다. 1912년에 에펠은 충격적인 발견을 했는데 이것이 항력 위기(drag crisis)이다. 속도가 커지면 항력도 커진다고 예상했던 에펠은 레이놀즈 수가 200,000을 넘어가면 항력이 오히려 작아짐을 관찰하였다(그림 3을 보라). 이에 관한 설명이 절실했다.

4 항력 위기 해결

항력 위기를 마침내 설명한 사람은 루트비히 프란틀(Ludwig Prandtl)이다. 에펠이 항력 위기를 발견하기 8년 전에 프란틀은 유체역학 분야에서 가장 중요한 논문 중의 하나를 세계 수학자 대회(International Congress of Mathematicians)에 제출했다. 그는 논문

* 타르·원유 등의 증류 후에 남는 끈적끈적한 검은 물질을 말한다.—옮긴이

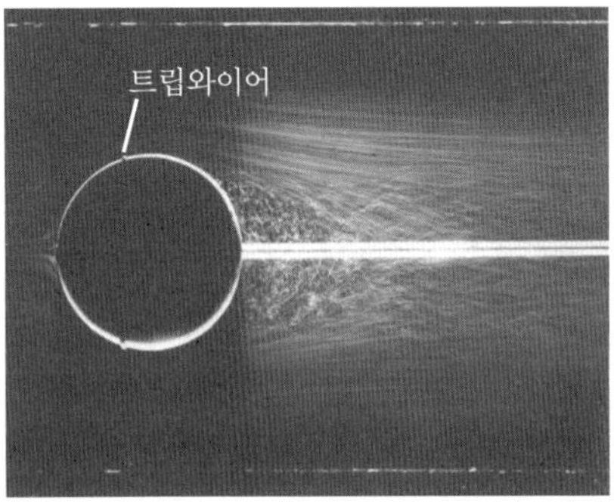

그림 4 매끈한 공 후면의 공기 흐름, 경계층 분리와 후면 반류가 보인다. 트립와이어(tripwire)가 공의 밑단에 추가되었다. 경계층에 생긴 난기류는 분리를 지연시키고 후면 반류를 좁게 만든다(사진은 밀턴 반 다이크(Milton Van Dyke)의 책인 『유체 운동의 앨범(*An Album of Fluid Motion*)』에서 발췌).

에서 **경계층** 내의 흐름 현상을 수학적 모델로 표현하는 방법을 보여 줬다. 공이 하늘로 날아갈 때를 정확하게 표현한 수학적 모델은 편미분방정식인 **나비에-스토크스 방정식**[III.23]이다. 만약 우리가 이 방정식을 풀 수 있다면, 항력을 계산할 수 있으며 궁극적으로 항력 위기를 설명할 수 있을 것이다. 그렇지만 나비에-스토크스 방정식은 너무 어렵다. 그래서 프란틀은 흐름의 일정 부분에서 방정식의 일부 요소를 안전하게 무시하는 방법을 제시했다. 예를 들어, 골프공과 접촉하는 극도로 얇은 공기층을 무시했다. 그는 공기의 공에 대한 상대속도가 공표면 근처의 얇은 층에서는 0이고 이 얇은 층의 바깥에서는 공의 속도와 같아지도록 급격히 증가함을 밝혔다. 프란틀은 또한 **경계층 분리**에 대해 매우 정확하게 설명했다. 경계층 분리는 공 뒤에 형성된 조금 더 높은 압력(베르누이 법칙에 의해 공의 위아래 압력이 낮은 현상)이 경계층을 공에서 걷어 내어 후면 반류의 압력을 낮춰 준다. 이런 저기압 후면 반류(low-pressure trailing wake)가 항력을 낮춰 주는 주요 원천이다.

1914년 프란틀은 이런 도구를 사용해 항력 위기를 다음과 같이 설명했다.

(1) 고속일 때, 경계층에 난기류가 발생한다. 매끈한 공의 표면에서는 대략 레이놀즈 수가 250,000 정도로 형성된다.
(2) 난기류는 경계층 외부의 빠르게 움직이는 공기와 경계층의 공기를 혼합하여 가속화 현상을 만든다.
(3) 경계층의 공기는 공 뒤에 있는 고기압 공기를 더 오래 밀쳐 내기 때문에 경계층 분리는 저항력을 낮춘다.
(4) 저기압 후면 반류가 좁아짐으로써 항력을 줄인다.

프란틀은 이러한 미묘한 추론을 실험을 통해 입증했다. 그는 매끈한 공에 작용하는 항력을 먼저 측정한 다음, 난기류를 형성하기 위해 작은 트립와이어를 공에 추가하였다. 그림 4는 이 실험을 재연한 것이다. 그림 4에서 더 작은 후면 반류가 형성됨을 볼 수 있다.

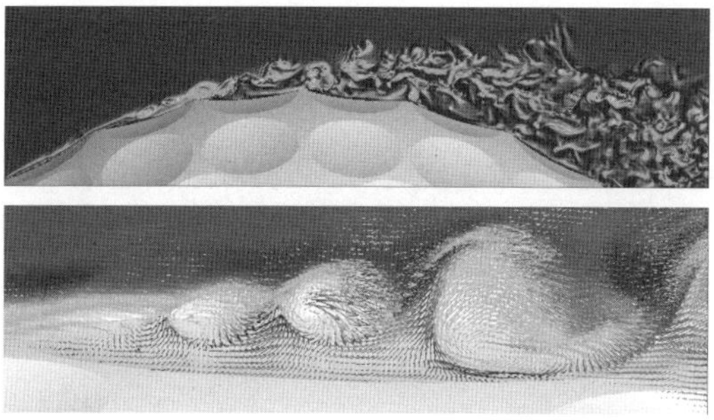

그림 5 딤플을 지나가는 공기 흐름의 시뮬레이션.

5 딤플의 역할

항력 위기를 통해 매끈한 공 표면의 레이놀즈 수가 약 250,000 정도에 가까워지면 항력이 감소하여 더 멀리 난다는 사실을 알 수 있다. 이렇게만 된다면 골퍼들은 매우 기쁘겠지만 한 가지 문제가 있다. 골프공 크기의 공이 필요한 레이놀즈 수에 접근하려면 속도가 최소한 시속 200마일이 되어야 하는데 이는 불가능하다는 것이다. 그럼에도 왜 항력 위기는 골퍼들과 연관이 있을까? 해답은 딤플에 있다. 매끈한 공의 표면에 트립와이어를 포함시키면 난기류를 만들어 항력 위기를 촉발시키듯이 표면에 작은 변화를 주면 같은 효과를 만들어 낼 수 있다. 예를 들어, 딤플을 추가하여 골프공의 표면을 적당히 울퉁불퉁하게 하면 항력 위기가 발생하는 시점을 레이놀즈 수 50,000 정도로 낮출 수 있으며 이는 대다수의 골퍼가 실현 가능한 범위이다. 이런 결과로 얻은 항력 감소로 인해 매끈한 공보다 2배 이상의 거리를 낼 수 있다.

6 최적의 골프공을 찾아서

앞에서 딤플이 골프공의 궤도에 상당한 영향을 준다는 것을 보았으며, 여기서 생기는 자연스러운 질문은 '어떻게 최상의 딤플 공을 디자인 하는가'이다. 몇 개의 딤플이 있어야 하며, 어떤 패턴으로 조합해야 하는가? 어떤 모양의 딤플이 최고일까? 원형, 삼각형, 육각형, …, 혼합형? 딤플의 크기는 어느 정도여야 하는가? 깊이는 어느 정도여야 하며, 어떤 윤곽이어야 하나? 여기에는 무궁무진한 가능성이 있어서 수천 개의 딤플 패턴들을 실험하고, 특허를 받았으며, 디자인된 것들 중 극히 일부만이 시판되었다. 최근에 계산 과학 분야가 발전한 덕분에 컴퓨터 시뮬레이션을 활용하여 이 범위를 심도 있게 연구하였고 현재까지 많은 진척이 있었다. 예를 들어, 2010년 스미스(Smith) 등은 약 300개의 원형 딤플이 있는 골프공을 레이놀즈 수 110,000인 공기 흐름에서 상세한 시뮬레이션을 했었다(2012). 이때 약 10억 개의 미지수를 사용한 나비에-스토크스 공식의 유한 차분화를 기반으로 한 계산을 수행했고 이를 위해 여러 대의 컴퓨터 클러스터를 동원하여 수백 시간이 소요되었다. 이를 통해 그림 5와 같은 경계층 분리 및 재부착에서 딤플의 역할에 관해 흥미로운 고찰을 얻었다.

매우 인상적인 결과이지만, 이 결과들 조차 여전히 골프공의 회전과 같은 몇 가지 중요한 요소를 고려하지 않았다. 이런 요소를 시뮬레이션에 반영하여 효과적이고 최적화한 결과를 얻는 것은 더욱 요원한 일이다. 응용수학은 골프공의 비행을 이해하기 위해 지난 한 세기 동안 도전했으나 끝을 보기에는 아직도 갈 길이 멀다.

더 읽을거리

Smith, C. E., N. Beratlis, E. Balaras, K. Squires, and M. Tsunoda. 2012. Numerical investigation of the flow over a golf ball in the subcritical and supercritical regimes. *International Journal of Heat and Fluid Flow* 31:262-73.

VI.7 자동적 미분법

안드레아스 그리반크 *Andreas Griewank*

1 해석학에서 대수학까지

많은 사람들이 학창시절에 미분의 대수적 공식을 공부하느라 애를 먹었다. 인간이 노력하여 만든 다른 영역과 마찬가지로 모든 것은 간단한 규칙에서 시작한다.

$$(u+cv)' = u' + cv', \quad (uv)' = u'v + uv' \quad (1)$$

첫 번째 공식은 선형 작용소임을 의미하고 두 번째 식은 곱의 법칙으로 알려져 있다. 함수 u와 v는 매끈한 함수이고 미분은 프라임으로 표현했다. 그리고 $u' = u'(x) = \mathrm{d}u/\mathrm{d}x$로도 표현하며 이를 도함수라고 부른다. 합성 함수의 미분에 대해선 다음과 같은 연쇄법칙이 성립한다. 합성함수 $y = h(x) \equiv g(f(x))$에 대하여

$$h'(x) = g'(f(x))f'(x) = \frac{\mathrm{d}y}{\mathrm{d}x} = \frac{\mathrm{d}y}{\mathrm{d}z}\frac{\mathrm{d}z}{\mathrm{d}x} \quad (2)$$

우리는 $\sin'(x) = \cos(x)$와 같은 기본 함수의 미분공식들을 알고 있다.

이런 기초적인 도함수를 알면 위에서 설명한 세 개의 법칙을 사용하여 어떠한 복잡한 수식도 미분할 수 있다. 원론적으로는 간단하지만, 학교에서 배웠듯이 모든 대수학 수식을 계산하기에는 한계가 있다. 따라서 컴퓨터를 사용하는 것이 현명하다.

2 공식에서 프로그램까지

미분법을 사용하지 않더라도, 로봇 팔과 같이 적당히 복잡한 시스템, 가스관 네트워크, 기계 부품의 연삭가공 공정들은 이미 계산하기에 충분히 복잡하다. 그래서 사람들은 더 이상 이런 것들을 공식이라고 생각하지 않고 프로그램이라고 부르는데, 이때는 컴퓨터 언어인 포트란과 C 언어로 작성하거나 매스매티카 또는 메이플과 같은 패키지 프로그램을 사용한다.

특히 독립(입력)변수 x_j가 많고($n \gg 1$) 종속(출력)변수 y_i가 많을 때($m \gg 1$) 프로그램이 절실하다. 간단히 표기하기 위해 벡터 $\boldsymbol{x} = (x_j) \in \mathbb{R}^n$과 $\boldsymbol{y} = (y_i) \in \mathbb{R}^m$으로 표현한다. 우리의 프로그램은 많은 함수 v_k, $k = 1, \cdots, \ell$을 생성한다. 이 함수들은 역할상 중간함수(intermediate)라고 부른다. 아래 첨자가 음수인 경우, 즉 $k = 1-n, \cdots, 0$일 때, $v_k \equiv x_{k+n}$으로 놓는다($v_{\ell-m+k} = y_k, k = 1, ..., m$).

가지가 없다고 가정하고 $i > 0$일 때 v_i는 다음과 같은 ℓ개의 관계에 의해 순차적으로 생성된다.

$$v_i = v_j \circ v_k \text{ 또는 } v_i = \varphi_i(v_j), \quad i = 1, \cdots, \ell \quad (3)$$

각각의 $\circ$는 덧셈(+) 또는 곱셈(∗)을 나타내며

$$\varphi_i \in \{c, \text{rec}, \text{sqrt}, \sin, \cos, \exp, \log, \cdots\} \quad (4)$$

은 기본 함수이다. 여기에서 c는 상수함수이고 $\text{rec}(u)=1/u$이다. 그리고 이렇게 생성된 중간함수 v_i로부터 종속변수 $y_k \equiv v_{\ell-m+k}$가 되도록 식 (3)의 관계를 정해 준다.

이렇게 생성된 중간함수들 사이에 순환종속성은 없으며 이 함수들을 식 (3)에서 항상 $j<i$와 $k<i$를 만족하는 순서로 배열할 수 있다. 그러면 함수 v_i들을 노드로 하는 비순환 **유향그래프(유향트리)**[II.16]를 얻는다. 종속변수 $y_i=v_{\ell-m+i}$로 표현됐으므로 벡터함수 $\boldsymbol{y}=\boldsymbol{F}(\boldsymbol{x})$도 중간함수들의 조합으로 표현된다.

예를 들어, 벡터 함수 $\boldsymbol{y}=F(\boldsymbol{x}):\mathbb{R}^3 \mapsto \mathbb{R}^2$이

$$F(x)=\left[x_1^2\,\frac{x_2+x_3}{\sin(x_1)},\ \frac{\cos(x_3)}{x_2+x_3}\right]$$

으로 주어졌을 때 다음과 같은 중간함수 분해를 얻는다.

$v_{-2}=x_1, v_{-1}=x_2, v_0=x_3$	
$v_1=v_{-2}*v_{-2}$	$\varphi_1=*$
$v_2=\sin(v_{-2})$	$\varphi_2=\sin$
$v_3=v_{-1}+v_0$	$\varphi_3=+$
$v_4=v_1*v_3$	$\varphi_4=*$
$v_5=\cos(v_{-2})$	$\varphi_5=\cos$
$v_6=1/v_2$	$\varphi_6=\text{rec}$
$v_7=v_4*v_6$	$\varphi_7=*$
$v_8=v_5*v_6$	$\varphi_8=*$
$y_1=v_7, y_2=v_8$	

같은 함수 $\boldsymbol{F}$를 얻는 다른 프로그램도 있을 수 있다. 중간함수의 지정 방법에 따라 효율성 및 정확성은 큰 차이가 난다. 코드를 간소화하거나 최적화하기 위해 컴퓨터 대수 패키지들을 함께 사용하는 가운데, 아래에서 설명할 **자동 미분**(automatic differentiation) 접근법을 사용하면 위에서 주어진 프로그램이 매우 적절하다는 것은 명백해진다.

3 편도함수 전개

독립변수 x_j에 대한 종속변수 y_i가 있다. 이때 모든 y_i의 모든 x_j로의 미분을 생각할 수 있는데, 이것들을 잘 나열하면 $m\times n$ 형태의 행렬이 된다. 이를 야코비 행렬이라고 부르고 $\boldsymbol{F}'(\boldsymbol{x})$라고 표현하는데, 야코비 행렬은 계산 비용이 많이 들어간다. 야코비 행렬의 각 행은 한 성분함수 $y_i=F_i$의 그래디언트 벡터가 된다. 먼저 단일변수 $n=1$의 경우를 보고 나중에 스칼라 함수 $m=1$의 경우를 보자.

천체 역학 또는 기계적 시계와 같은 복잡한 시스템을 다룰 때 진짜 독립변수는 시간 $x_1=t$ 하나뿐인 경우가 많다. 그러면 종속변수 y_i의 도함수 y_i' 및 중간치 z_k의 미분 z_k'은 속도 벡터이다. 일반적으로 $n=1$일 때, 이를 변화율이라고 해석한다.

그럼 이를 어떻게 계산할 수 있을까? 아주 간단하게 미분 규칙 (1), (2)를 덧셈, 곱셈 및 기본 함수에 적용하면 된다. 그러기 위해서 $i=1,\cdots,\ell$에 대해 아래에 있는 실행문 세 개 중의 한 개를 수행해야 한다.

$$v_i'=v_j'+v_k',\quad v_i'=v_j'v_k+v_jv_k',\quad v_i'=\varphi_i'(v_j)v_j' \quad (5)$$

함수 $\varphi(v_j)=\sin(v_j)$인 경우와 같은 기본 함수의 도함수 $\varphi'(v_j)$를 계산할 때는 원 함수인 $\varphi(v_j)$를 계산할 때와 비슷한 수로 실행하여야 한다. 공식 (3)에 비추어 편도함수 v_i'을 계산하려면 몇 번의 연산 작업만

더 하면 되므로 다음과 같은 연산 횟수의 한계를 얻는다.

$$\mathrm{OPS}\{\boldsymbol{y}'\} \le 3\mathrm{OPS}\{\boldsymbol{F}(\boldsymbol{x})\} \quad (6)$$

여기서 $\boldsymbol{y}'$은 $\boldsymbol{F}'(x)$이고 OPS는 계산 및 메모리 접근 횟수를 의미한다. 당연히 n 변수 함수의 경우에 야코비 행렬 계산 양의 한계는 다음과 같다.

$$\mathrm{OPS}\{\boldsymbol{F}'(\boldsymbol{x})\} \le 3n\mathrm{OPS}\{\boldsymbol{F}(\boldsymbol{x})\} \quad (7)$$

4 다른 접근법과의 비교

야코비 행렬을 한쪽 또는 중심 **유한차분법**[II.11]으로 계산해도 연산 양은 식 (7)의 한계를 넘지 않는다. 하지만 이러한 고전적인 방법으로는 오차를 원하는 수준으로 줄일 수 없다. 왜냐하면 유한차분법의 정확도는 사용하는 부동 소수점 표기의 정확도에 비례하기 때문이다. 하지만 여기서 설명하고자 하는 접근법은 오차를 원하는 수준으로 줄일 수 있다.

자동 미분법은 수치해석적 미분 계산법과 메이플이나 매스매티카가 수행하는 기호 미분의 중간쯤 되는데 사실상 후자에 가깝다. 수치해석적 계산에서는 도함수 v_i'을 특정 점 $\boldsymbol{x} \in \mathbb{R}^n$에서의 함숫값을 계산하여 부동 소수로 전개하지만, 기호 미분에서는 독립변수 $x_j, j=1, \cdots, n$의 관점에서 대수식으로 전개한다.

자동 미분법은 규칙 (3)~(5)에 따르는 기호 연산부터 시작한다. 기호 연산은 탑재된 연산기나 소스 변환기가 한다. 변환을 하고 그 이후 미분값 계산을 부동 소수 연산으로 할 때의 계산 복잡도는 규칙 (3)~(5)에 의한 변환의 복잡도에 비례한다. 이는 다음에 설명할 자동 미분의 **역모드**에서도 동일하다.

5 편 수반 미분 전개

데이터 피팅(data fitting)과 같은 작업을 하기 위해서는 스칼라 함수 $y=F(\boldsymbol{x})$, $m=1$, $n \gg 1$일 때에 제약조건 없는 최적화가 필요하다. 많이 사용하는 경사 하강법(gradient decent)을 하려면 기울기 벡터 $\nabla F(\boldsymbol{x})=F'(\boldsymbol{x}) \in \mathbb{R}^n$이 필요하다. 이때 식 (7)로부터 계산 비용이 정의역 차원 n에 비례함을 알 수 있다.

중간함수 v_i의 도함수 v_i'을 계산하여 최종 미분을 구하는 전진 전개 방식도 있지만, 종속변수 y로부터 시작하여 중간함수인 v_i의 수반 도함수(adjoint derivative) $\bar{v}_i$를 구해 나가는 방식의 알고리즘도 있다. 이것을 역진 전개라 한다.

일단 $\bar{y}=\bar{v}_\ell=1$과 $\bar{v}_i=0(1-n \le i < \ell)$으로 두고, $i=\ell, \cdots, 1$에 대하여 다음 명령문들에 의해 $i>0$인 경우에 대해 정의한다.

$$\bar{v}_j \mathrel{:=} \bar{v}_j + \bar{v}_i \qquad \bar{v}_k \mathrel{:=} \bar{v}_k + \bar{v}_i,$$
$$\bar{v}_j \mathrel{:=} \bar{v}_j + \bar{v}_i v_k, \quad \bar{v}_k \mathrel{:=} \bar{v}_k + \bar{v}_i v_k,$$
$$\bar{v}_j \mathrel{:=} \bar{v}_j + \bar{v}_i \varphi'(v_j)$$

위의 명령문 중 하나를 수행하려면 함수 v_i의 수반 미분 $\bar{v}_i$를 계산하는 노력에 비례하는 양의 계산을 해야 한다. 이 알고리즘에 따라 역진 계산을 하면 마지막에 원하는 그래디언트를 얻는다.

$$\nabla F(\boldsymbol{x}) = \bar{\boldsymbol{x}} = (\bar{v}_{j-n})_{j=1,\cdots,n}$$

전진 방식과 마찬가지로 추가적인 계산만 조금 더

하면 되는데, 이때 OPS의 한계는 다음과 같다.

$$\mathrm{OPS}\{\bar{x}\} \leq 4\mathrm{OPS}\{\boldsymbol{F}(\boldsymbol{x})\}$$

이 탁월한 결과를 **비용 절감형 그래디언트 법칙**이라 한다. 벡터 함수 $\boldsymbol{F}(m>1)$의 경우에 야코비 행렬을 위한 계산 양이 다음 식과 같이 제한됨을 보이는 것은 쉬운 일이다.

$$\mathrm{OPS}\{\boldsymbol{F}'(\boldsymbol{x})\} \leq 4m\mathrm{OPS}(\boldsymbol{F}(\boldsymbol{x}))$$

이 관계식과 식 (7)로부터, 종속변수의 개수 m이 독립변수의 개수 n보다 훨씬 작으면 역진 계산 방식이 유리함을 알 수 있다.

6 일반화와 확장

우리는 전진 방식과 후진 방식의 전개에 관하여 살펴보았다. 두 방식을 복합한 알고리즘들이 있다는 것은 자연스러운 일이다. 이들 중 일부는 야코비 행렬이나 헤센 행렬(이계 편도함수로 이루어진 대칭 행렬)을 계산해 주기도 한다. 자동 미분을 이용하여 일변수 함수에 대한 d차 테일러 다항식을 계산할 수 있다. 이때의 계산 양은 d^2에 비례한다. 구한 테일러 계수는 임의의 차원과 임의의 계수를 갖는 미분 텐서를 구하는 데 이용할 수 있다.

더 읽을거리

자동 미분에 관한 기본 이론은 그리반크(Griewank)와 발터(Walther)(2008)가 제안하였고 좀 더 컴퓨터 공학적 관점에서의 아이디어를 소개한 사람은 나우만(Naumann, 2012)이다. 자동 미분에 관한 현재의 연구 활동을 알고 싶다면 www.autodiff.org를 참조하면 된다. 최근 자료로는 소프트웨어 도구 개발이나 응용 방법 등을 포함하여 다양한 주제를 다룬 간행물(참고 문헌, 포스(Forth) 외(2012))이 있다.

Forth, S. P. Hovland, E. Phipps, J. Utke, and A. Walther. 2012. *Recent Advances in Automatic Differentiation*. Lecture Notes in Computational Science and Engineering, volume 67. Berlin : Springer.

Griewank, A., and A. Walther. 2008. *Evaluating Derivatives: Principles and Techniques of Algorithmic Differentiation*, 2nd edn. Philadelphia, PA : SIAM.

Naumann, U. 2012. *The Art of Differentiating Computer Programs: An Introduction to Algorithmic Differentiation*. Philadelphia, PA : SIAM.

VI.8 고분자의 매듭과 링크

도러시 벅 *Dorothy Buck*

켈빈 경은 원소들이 에테르 소용돌이 매듭으로 이루어져 있다고 추측했다. 이는 피터 거스리 테이트(Peter Guthrie Tait)가 매듭을 분류하기 시작한 계기가 되었다. 매듭 이론은 중요한 수학 분야가 되었고 대수, 기하, 수리물리학 등과의 놀라운 연관성을 갖게 되었다.

매듭 이론가들은 1980년대 DNA 매듭과 DNA 링

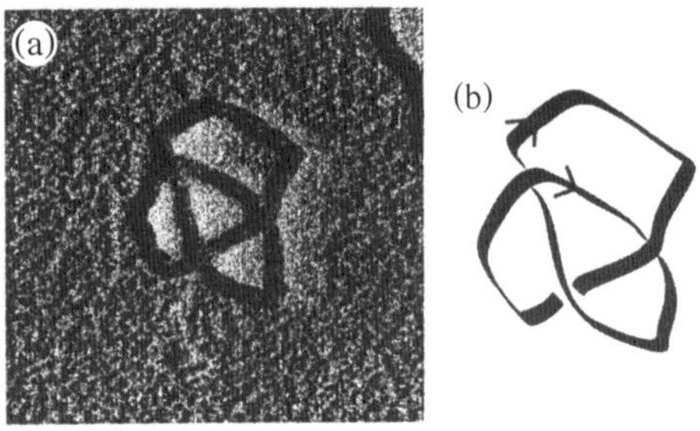

그림 1 (a)DNA 세 잎 매듭의 전자 현미경 이미지. (b)세 잎 매듭. (샤일자 파트한니아(Shailja Pathania)가 이미지 제공)

크가 발견된 이래, DNA의 위상수학을 사용하는 생물학 분야에서 중심 역할을 했다. 이것은 성공적인 융복합 대화로서, 생물학의 문제가 매듭 이론가들에게 흥미롭고 재미있는 질문을 제안했다. 그리고 새로운 위상적 아이디어들은 더 많은 생물학적 문제를 제안했다.

1 매듭과 링크

매듭이란 3차원 공간 속의 단순 폐곡선이다. 평면 위의 원은 단순 매듭이다. 그림 1(b)는 가장 간단한 비단순 매듭인 세 잎 매듭(trefoil)이다. 이것은 (2, 3)-원환면(torus) 매듭으로 알려져 있다. n개의 매듭이 얽혀 있는 것을 n-링크(n-component link)라 부른다.

두 개의 매듭을 절단하거나 다시 꼬지 않고 겹칠 수 있을 때, 두 매듭을 **동등**하다고 말한다(전문적으로 말하면 매듭이 매립된 3차원 공간 속의 아이소토피(ambient isotopy)가 존재할 때이다).

매듭 이론의 근본적인 질문은 '두 개의 서로 달라 보이는 매듭은 언제 같은가'이다. 특히, 복잡하게 보이는 매듭은 언제 풀리는가? 가장 효율적으로 매듭을 푸는 방법은 무엇인가? 그렇기 때문에 3-다양체 위상의 많은 부분이 매듭을 구분하기 위해 개발되고 있다.

2 DNA 분자는 매듭이나 링크가 될 수 있다

누구나 한 번쯤은 자신의 가방 속에서 얽힌 이어폰 선을 풀어 본 경험이 있기 때문에, 길고 유연한 줄을 조그맣게 뭉치면 꼬인다는 것을 직관적으로 알고 있다. 세포 속 DNA 분자가 그러하다.

DNA는 두 개의 가닥이 얽혀 있으며 **뉴클레오타이드**(nucleotide)가 반복되어 있고, 각각은 인산기군(phosphate group)인 당과 아데닌(adenine), 시토신(cytosine), 티민(thymine), 및 구아닌(guanine) 중 하나로 구성되어 있다. 이렇게 두 개로 얽힌 가닥들은 마치 나선형 계단과 같은 이중나선 구조를 형성하고 있다. 계단과 달리 DNA 분자들은 유연하기 때문에 살아 있는 세포에서는 축이 굴곡지거나 뒤틀린다. 일부의 경우(박테리아 DNA, 엽록체 DNA, 우리 몸 속의 미토콘드리아(mitochondria) DNA) 뒤틀린 사다리의 상단과 하단이 접합되어 중심축이 원형 또는 매듭으로 되어 있다(그림 1(a)와 그림 2를 보라).

원형 DNA가 세포 분열 전에 복사되면, 생성된 두 개의 DNA 분자는 (2, n)-원환면 링크가 되고 n은 최초 DNA 분자의 뉴클레오타이드의 수에 비례한다. 이런 매듭이나 링크는 간단하기도 하고 복잡하기도 하다. 예를 들어, 수면병을 일으키는 기생충의 미토콘드리아 DNA는 수천의 복잡한 작은 원들로 연결되어 있는데 마치 작은 쇠사슬을 엮어 만든 갑옷 같은 형태를 하고 있다.

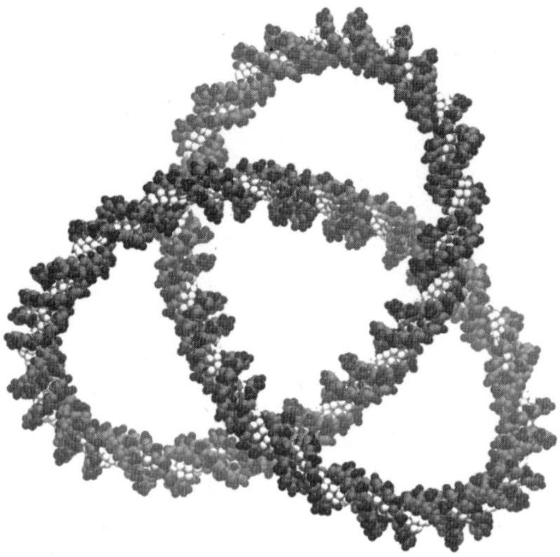

그림 2 DNA 세 잎 매듭(마사 슈라(Massa Shoura)가 그림을 제공했다).

세포 속에서 원형 또는 선형 DNA 분자는 분자 자체의 길이보다 훨씬 짧은 반지름의 구 속에 포함될 만큼 작다(예를 들어, 인간의 핵에 있는 1미터의 DNA는 직경 10^{-6} 미터의 구에 들어간다). 이러한 극단적인 뭉침은 DNA 축이 비틀어(슈퍼 코일(supercoils)이 형성됨)질 수 있다는 것을 의미한다. 아래에서 더 상세히 논의하겠지만, 특정 효소가 원형 DNA에 작용할 때 DNA 분자를 매듭이나 링크가 되도록 하여(또는 반대로 매듭을 풀거나 링크를 분리하기도 한다) 이런 슈퍼 코일을 매듭 또는 링크 노드(node)로 변환한다.

인간의 염색체 DNA와 같은 선형 DNA는 스캐폴드 단백질에 의해 주기적으로 '고정(stapled down)' 된다. 이러한 큰 단백질은 DNA 매듭이 풀리지 않게 해 준다. 심지어 선형 DNA조차 비단순 매듭이 될 수 있다.

2.1 DNA는 특정 매듭과 링크 형태를 갖는다

실험적으로 보면 DNA 매듭 및 링크는 두 가지 방법으로 관찰할 수 있는데, 바로 전자 현미경을 통하거나 전기영동의 이동(electrophoretic migration)을 통하는 방법이다. 예를 들어 DNA 분자는 전자 현미경으로 볼 수 있다(그림 1(a)를 보라). 하지만 이 과정은 힘들고 어렵다. 심지어 매듭의 교차점의 부호조차 알기 어렵다. DNA 매듭 및 링크의 종류를 부분적으로나마 알아내기 위한 훨씬 더 광범위한 기술은 아가로스(agarose) 젤 전기영동 기법이다. 젤 전기영동은 간단하고 상대적으로 적은 양의 DNA가 필요하다. 젤 속에서의 DNA 매듭 또는 링크의 이동거리는 매듭의 최저 교차수(minimal crossing number(MCN))에 비례한다. 표준 조건 하에서 큰 MCN의 매듭은 낮은 MCN의 매듭에 비해 보다 신속하게 이동한다. 그러나 MCN ≤ 16인 매듭은 1,701,936개나 되기 때문에 수학자 및 연구원들은 적극적으로 정확한(또는 예측이 가능한) DNA 매듭 또는 링크를 분류해 내기 위한 새로운 방법을 개발하고 있다. 그들은 DNA 매듭 또는 링크가 될 수 있는 것들은 매우 한정되어 있음을 설명했다.

3 DNA 매듭과 링크는 생물학적으로 중요하다

DNA의 나선형 본성은 근본적인 위상수학 문제를 제시한다. DNA의 두 가닥은 매 10.5 염기쌍에 한 번씩 꼬인다. 즉, 인간 세포 한 개에 6억 번의 꼬임이 있다. 그리고 세포가 분열할 때 DNA도 복사되어야 하므로 DNA끼리 꼬여 있으면 안 된다. 따라서 DNA 매듭은 전사(transcription)와 같은 중요한 세포 기능을 방해하기 때문에 치명적이다.

당연히 모든 유기체에는 매듭과 링크를 조절하는 단백질 숙주가 있다.

4 DNA의 매듭과 링크 풀기

박테리아, 생쥐, 인간 및 식물과 같은 다양한 유기체에는 얽힌 DNA의 매듭을 풀어 주거나 링크를 풀어 주는 전담 단백질(**유형 II 회전효소**(type II topoisomerases))이 있다. 이들은 매듭과 링크를 풀기 위해 꼬임의 교차를 바꾸는 일을 한다. 단백질이 어떻게 교차를 국소적으로 바꿔 나가며 결국은 매듭을 대역적으로 풀어 나갈 수 있는지에 대해서 학제 간 연구가 이루어져 왔다.

이러한 회전효소는 주요 항생제 및 화학 요법 약물의 공격 대상이다. 회전효소가 비활성화(또는 반응 중간상태에서 멈춰진 현상)된 결과로 생긴 매듭진 DNA 분자들은 원래의 세포에 치명적일 뿐만 아니라 박테리아(또는 암 세포)의 확산을 방지한다.

5 DNA의 매듭과 링크

또한 **사이트별 재조합효소**(site-specific recombinases)라 부르는 중요한 단백질이 있다. 이것은 DNA의 매듭 또는 링크의 위상적 유형에 영향을 준다. 사이트별 재조합효소는 유기체의 유전자 변형 및 합성 생물학에서 사용하는 표준 도구이다. 이 단백질은 DNA의 일부를 삭제, 삽입 및 반전하여 DNA 염기쌍의 배열 순서를 변경한다. DNA의 매듭 또는 링크를 변경하는 것이 사이트별 재조합효소의 주 기능은 아니지만 원래의 원형 DNA가 슈퍼 코일이 되었을 때 일어나는 반응으로 생긴 부산물이다.

매듭 이론은 생물학자들이 단백질과 DNA의 상호 작용을 더 잘 이해하는 데 도움을 주었다. 예를 들어, 수학자들은 어떻게 재조합효소 단백질이 DNA 배열을 재배치하는지에 관한 모델을 개발했다. 이러한 모델은 상호 작용의 다양하고 새로운 성질들을 예측해 낸다. 더불어 단백질이 부착되거나 생화학적 반응이 일어나는 과정에서 DNA가 어떤 기하적 구조를 갖는지를 알아낼 수 있다.

6 수학적 방법의 연구

위에서 언급했듯이 회전효소 및 재조합효소를 이해하거나 그들이 어떻게 DNA와 상호 작용하는지를 알기 위해 위상수학을 사용한다. 간단히 얘기하면 엉킴(tangle)이라는 개념으로 DNA 분자의 모델링을 시작한다. 엉킴이란 두 곡선이 꼬여 있는 국소적 그림을 뜻한다(그림 3을 보라).

단백질이 하는 일은 엉킴 외과 수술로서, 엉킴의 위상구조를 바꾸는 일이다. 그림 3에서와 같이 수평적으로나 수직적으로 교차가 교대로 나타나는 엉킴을 유리 엉킴이라 한다. 유리 엉킴의 경우 엉킴 외과 수술은 이중덮개 위에서의 덴 수술(Dehn surgery)에 대응된다.

엉킴에 관한 문제는 종종 렌즈 공간이 나오는 덴 수술 문제가 되는데, 이것은 3차원 다양체 위상수학의 중심 과제이고 해답을 얻기 위해 매듭 호몰로지 등 많은 도구가 개발되었다.

그림 3 두 개의 각기 다른(밝은 것과 어두운 것) DNA가 얽혀 있는 모습(케네스 베이커 (Kenneth Baker)가 그림을 제공했다).

7 매듭진 단백질

꼬이기도 하는 다른 고분자 군에 관한 이야기로 이 글을 마무리 하고자 한다. 거의 모든 단백질은 선형 생물 고분자 물질(linear biopolymers)인데, 접힌 단백질은 꼬임이 일어나기 십상이다. 이 꼬임은 매듭이 될 수도, 장구매듭이 될 수도, 그냥 막 헝클어진 것이 될 수도 있다. 매듭 공예에서 보던 패턴들이 단백질 매듭에서 발견되고 있다. 미국 국립 생물공학 정보센터(National Center for Biotechnology Information)에서 이러한 패턴의 발견 및 데이터베이스화를 관리하고 있다. 이러한 매듭의 기능에 대해서는 아직 탐구 중이며 매듭이 열역학적 기계적 안정성에 기여할 수 있다.

만약 선형적으로 엉킨 단백질 사슬의 양쪽 끝단이 접힌 단백질의 표면에 나와 있을 경우, 그들을 묶어서 생기는 매듭의 특성을 파악할 수 있다. 하지만 그것들이 매립되어 있으면 다양한 위상을 가지는 매듭으로 폐포화가 가능하다. 이런 얽힘 현상을 분류하는 것은 매듭 이론뿐만 아니라 학제 간 연구의 초점이 되었다.

더 읽을거리

Buck, D. 2009. DNA topology. *In Applications of Knot Theory*, edited by D. Buck and E. Flapan, pp. 47-79. Providence, RI: American Mathematical Society.

Buck, D., and K. Valencia. 2011. Characterization of knots and links arising from site-specific recombination on twist knots. *Journal of Physics* A 44:045002.

Hoste, J., M. Thistlethwaite, and H. Weeks. 1998. The first 1,701,936 knots. *Mathematical Intelligencer* 20:33-48.

Maxwell, A., and A. Bates. 2005. *DNA Topology*. Oxford: Oxford University Press.

Millett, K., E. Rawdon, A. Stasiak, and J. Sulkowska. 2013. Identifying Knots in proteins. *Biochemical Society Transactions* 41:533-37.

VI.9 웹 페이지 랭킹

데이비드 글리치, 폴 콘스탄틴

David F. Gleich and Paul G. Constantine

구글의 검색 엔진은 전 세계 사용자가 찾고자 하는 질의어와 관련 있는 웹 페이지를 찾아 준다. 초창기에 구글은 검색 알고리즘의 페이지의 문자 관련성과 웹 페이지를, 글로벌 중요성을 결합하는 경쟁력 있는 알고리즘을 통하여 경쟁사와의 차별성을 확보했다. 이처럼 웹 페이지의 중요성을 측정하는 방법을 **페이지랭크**(PageRank)라고 불렀다. 페이지랭크 점수는 퍼듀 대학의 홈페이지(www.purdue.edu)와 같이 중요한 페이지를 기타 하위 배열의 페이지들과 구분하는 데 도움을 준다.

웹을 거대한 유향그래프(directed graph)로 생각할 때 페이지랭크 점수는 그래프의 마르코프 연쇄[II.25]의 정상 분포(stationary distribution)로 볼 수 있다. **웹 그래프**에서 각각의 웹 페이지는 노드(node, 꼭짓점)이고 웹 페이지 i가 웹 페이지 j로 하이퍼텍스트 참조(hypertext reference) 또는 링크(link)되어 있다면 노드 i에서 노드 j로의 유향변이 된다. 위키피디아(Wikipedia) 페이지에서 발췌한 웹 그래프의 작은 표본을 그림 1에서 볼 수 있다.

이 그래프의 인접행렬(Adjacency Matrix)[II.16]은 다음과 같다.

$$A = \left[\begin{array}{cccccccccc} 0 & 1 & 1 & 1 & 1 & 0 & 1 & 0 & 0 & 0 \\ 1 & 0 & 0 & 0 & 0 & 0 & 0 & 0 & 0 & 0 \\ 0 & 0 & 0 & 0 & 1 & 1 & 1 & 0 & 0 & 0 \\ 1 & 1 & 0 & 0 & 1 & 1 & 0 & 1 & 0 & 0 \\ 1 & 1 & 1 & 1 & 0 & 0 & 0 & 0 & 1 & 0 \\ 0 & 0 & 1 & 0 & 0 & 0 & 1 & 0 & 1 & 1 \\ 0 & 0 & 0 & 0 & 0 & 1 & 0 & 0 & 0 & 1 \\ 0 & 0 & 0 & 0 & 0 & 0 & 0 & 0 & 1 & 0 \\ 0 & 0 & 0 & 0 & 0 & 0 & 0 & 1 & 0 & 0 \\ 0 & 0 & 0 & 0 & 0 & 0 & 0 & 0 & 0 & 0 \end{array}\right] \begin{array}{l} \text{페이지랭크} \\ \text{구글} \\ \text{인접행렬} \\ \text{마르코프 체인} \\ \text{고유벡터} \\ \text{유향그래프} \\ \text{그래프} \\ \text{선형 시스템} \\ \text{벡터 공간} \\ \text{멀티세트} \end{array}$$

구글의 창업자 세르게이 브린(Sergey Brin)과 래리 페이지(Larry Page)는 이상적인 웹 서퍼가 다음과 같은 행동을 하는 것을 상상했다. 특정 페이지에서 서퍼는 앞면이 나올 확률 α와 뒷면이 나올 확률

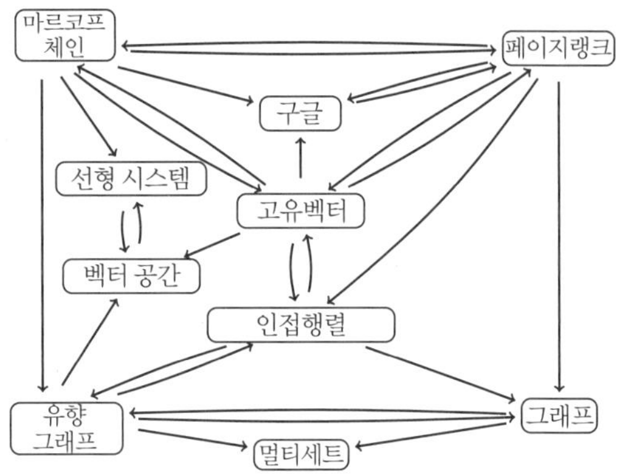

그림 1 위키피디아에서 발췌한 웹의 서브 그래프.

$1-\alpha$인 동전을 던진다. 앞면이 나오면 웹 서퍼는 그 페이지에서 링크된 사이트 중 임의로 선택한 사이트를 클릭한다. 링크가 없는 페이지일 경우 이것을 **끝단 노드**(dangling node)라고 부른다. 뒷면일 경우나 끝단 노드인 경우에도, 웹 서퍼는 전체 그래프에서 임의로 선택한 페이지로 이동한다(끝단 노드를 처리하기 위한 다른 모델들도 있다). **무작위 서퍼**의 단순 모델은 웹 그래프에 마르코프 체인을 생성한다. 즉, 페이지의 이동은 웹 서퍼의 검색 기록이 아닌 현재 페이지에 따라 달라진다. 페이지랭크 벡터는 α의 값에 따라 결정되는 마르코프 체인의 정상 분포이다. 그림 1의 그래프에 대하여 $\alpha=0.85$일 때, 페이지랭크 마르코프 체인의 추이행렬(transition matrix) P는 아래와 같다(소수점 이하 두 자릿수까지 나타냈다).

$$P = \left[\begin{array}{cccccccccc} 0.02 & 0.19 & 0.19 & 0.19 & 0.19 & 0.02 & 0.19 & 0.02 & 0.02 & 0.02 \\ 0.86 & 0.02 & 0.02 & 0.02 & 0.02 & 0.02 & 0.02 & 0.02 & 0.02 & 0.02 \\ 0.02 & 0.02 & 0.02 & 0.02 & 0.30 & 0.30 & 0.30 & 0.02 & 0.02 & 0.02 \\ 0.19 & 0.19 & 0.02 & 0.02 & 0.19 & 0.19 & 0.02 & 0.19 & 0.02 & 0.02 \\ 0.19 & 0.19 & 0.19 & 0.19 & 0.02 & 0.02 & 0.02 & 0.02 & 0.19 & 0.02 \\ 0.02 & 0.02 & 0.23 & 0.02 & 0.02 & 0.02 & 0.23 & 0.02 & 0.23 & 0.23 \\ 0.02 & 0.02 & 0.02 & 0.02 & 0.02 & 0.44 & 0.02 & 0.02 & 0.02 & 0.44 \\ 0.02 & 0.02 & 0.02 & 0.02 & 0.02 & 0.02 & 0.02 & 0.02 & 0.86 & 0.02 \\ 0.02 & 0.02 & 0.02 & 0.02 & 0.02 & 0.02 & 0.02 & 0.86 & 0.02 & 0.02 \\ 0.10 & 0.10 & 0.10 & 0.10 & 0.10 & 0.10 & 0.10 & 0.10 & 0.10 & 0.10 \end{array}\right] \begin{array}{l} \text{페이지랭크} \\ \text{구글} \\ \text{인접행렬} \\ \text{마르코프 체인} \\ \text{고유벡터} \\ \text{유향그래프} \\ \text{그래프} \\ \text{선형 시스템} \\ \text{벡터 공간} \\ \text{멀티세트} \end{array}$$

페이지랭크 벡터 x는 아래와 같다.

$$x = \begin{bmatrix} 0.08 \\ 0.05 \\ 0.06 \\ 0.04 \\ 0.06 \\ 0.07 \\ 0.07 \\ 0.24 \\ 0.25 \\ 0.06 \end{bmatrix} \begin{matrix} \text{페이지랭크} \\ \text{구글} \\ \text{인접행렬} \\ \text{마르코프 체인} \\ \text{고유벡터} \\ \text{유향그래프} \\ \text{그래프} \\ \text{선형 시스템} \\ \text{벡터 공간} \\ \text{멀티세트} \end{matrix}$$

일반적으로 페이지랭크 마르코프 체인은 다음과 같이 정의한다.

- $G=(V,E)$를 웹 그래프라 한다.
- A를 인접행렬이라 한다.
- $n=|V|$를 노드의 개수라 한다.
- D는 대각행렬(diagonal matrix)인데, D_{ii}는 1을 페이지 i에서 나가는 링크(outlink)의 개수로 나눈 것이다.
- d는 n-벡터인데 페이지 i가 나가는 링크가 없는 끝단일 경우, $d_i=1$이고 다른 경우는 0이다.
- e는 모든 원소가 1인 n-벡터이다.

그러면 추이행렬은 다음 식에 의해 정의된다.

$$P = \alpha DA + \alpha/n \cdot de^{\mathrm{T}} + (1-\alpha)/n \cdot ee^{\mathrm{T}}$$

이 행렬은 1을 고윳값으로 갖는다. 전치행렬 P^{T}은 기약행렬이므로 상수배를 무시하고 유일한 고유벡터 x를 갖는다.

$$P^{\mathrm{T}}x = x$$

이 고유벡터는 항상 존재하고 음이 아니다. 벡터 x는 $e^{\mathrm{T}}x=1$, 즉 확률 벡터가 되도록 선택한다. 벡터 x는 웹 그래프와 $0<\alpha<1$에 의해 유일하게 결정된다. 또한 벡터 x는 정칙(nonsingular) 선형 시스템을 만족한다고 볼 수도 있다.

$$(I-\alpha(A^{\mathrm{T}}D+1/n \cdot ed^{\mathrm{T}}))x = (1-\alpha)/n \cdot e$$

따라서 페이지랭크는 마르코프 체인 추이행렬의 고유벡터임과 동시에 정칙 선형 시스템의 해이다. 이러한 이중성이 웹처럼 큰 그래프에서 x를 계산할 때 필요한 다양하고 효율적인 알고리즘을 개발할 수 있게 한다. α의 값이 1에 가까워지면 행렬 $I-\alpha(A^{\mathrm{T}}D+1/n\cdot ed^{\mathrm{T}})$은 더 악조건이 되고 페이지랭크의 계산은 더 어려워진다. 또한 페이지랭크의 품질이 떨어진다. 그림 1의 그래프에서 α가 1에 근접하면, 페이지랭크 벡터는 '선형 시스템' 및 '벡터 공간' 항목에 모든 확률이 집중된다. 이런 현상이 발생하는 이유는 두 항목이 그래프 말단의 강한 성분이기 때문이다. 따라서 www.purdue.edu 같은 중요한 페이지의 페이지랭크 점수가 $\alpha\to 1$이 되면 소멸될 수도 있다. 따라서 $0.5\le\alpha\le 0.99$를 추천하며 $\alpha=0.85$를 표준적으로 선택한다.

페이지랭크 점수를 계산하기 위한 표준 알고리즘은 고유벡터 방정식 $P^{\mathrm{T}}x=x$의 고유벡터($e^{\mathrm{T}}x=1$)를 구하는 데 사용하는 **거듭제곱법**[IV.10 §5.5]이다. 먼저 $x^{(0)}=e/n$라 놓고 다음 점화식

$$x^{(k+1)} = \alpha A^{\mathrm{T}} D x^{(k)} + \alpha (d^{\mathrm{T}} x^{(k)}) / n \cdot e + (1-\alpha)/n \cdot e$$

에 의해 $x^{(k)}$을 k단계까지 구하면 $\|x^{(k)} - x\|_1 \le 2\alpha^k$이 된다. 이 반복은 $\alpha \le 0.99$일 때 빠르게 수렴한다. $\alpha = 0.85$일 때, 10~15회 반복으로 유용한 근사치를 제공한다.

그러나 페이지랭크는 웹 그래프에 대한 최초의 웹 랭킹 알고리즘이 아니다. 브린과 페이지가 페이지랭크를 제안하기 얼마 전에 존 클라인베르크(Jon Kleinberg)는 하이퍼링크-유도 주제 검색[I.1 § 3.1]을 제안했다. 이 알고리즘은 질의어 기반 웹으로 이루어진 웹의 부분 그래프의 페이지 중요도 점수를 계산해 준다. HITS 점수는 텍스트적으로 관련된 거리 2 이내의 상위 1,000개의 페이지 부분 그래프 내에서 계산된다. 이와 관련 있는 두 개의 페이지 내에 있는 모든 '들어오는 링크' 및 '나가는 링크'를 계산에 사용한다. 인접행렬의 왼쪽 우세 특이벡터[II.32]와 오른쪽 우세 특이벡터를 각각 hub 점수와 authority 점수라고 부른다. Authority는 hub에서 들어오는 인링크가 많은 페이지이고, hub는 authority로 나가는 아웃링크가 많은 페이지이다. 현재는 없어진 Teoma라는 검색 엔진이 HITS 점수를 사용하였다.

현대의 검색 엔진은 질의어에 반응하여 웹 페이지의 랭킹 리스트를 만들기 위해 복잡한 알고리즘을 사용한다. 페이지랭크와 HITS는 매우 큰 시스템에서 하나의 구성요소가 될 수 있다. 랭킹의 품질을 판정하기 위해 엔진 설계자는 그 결과를 인간의 판정과 비교해야 한다. 이때 비교를 위한 몇 가지 보편적인 지수들이 있다. Precision은 인간과 관련된 검색 결과의 백분율이고 recall은 검색 엔진에 의해 식별된 모든 관련 결과의 백분율이다. Recall은 웹 검색에 자주 사용하지 않는데, 그 이유는 상위 10 또는 상위 1,000 항목처럼 리스트를 훨씬 넘어서는 결과를 탐색하기 때문이다. Normalized discounted cumulative gain은 관련성이 적은 문서보다 관련성이 높은 문서를 먼저 배치해 주는 것으로 검색 엔진에 부여되는 가중점수이다. 설계자들은 검색 엔진을 최적화하여 최종적으로 랭킹 부여 프로세스 요소를 선정하기 위해 다양한 지수를 연구한다. 랭킹 알고리즘에 관한 두 개의 활발한 연구 분야가 있는데, 그중 하나는 랭킹 리스트를 자동적으로 최적화하기 위한 새로운 형태의 회귀 문제를 연구하는 것이고, 다른 하나는 중무장한 무법자 문제(multiarmed bandit problem)로서 웹 검색 엔진과 넷플릭스와 같은 콘텐츠 추천 서비스에서 개인화된 랭킹을 생성하는 것에 관한 연구이다.

더 읽을거리

2005년에 출판된 랭빌(Langville)과 마이어(Meyer)의 책은 수학적 웹 랭킹 계량에 대한 내용을 충실하게 다루고 있다. 매닝(Manning) 등은 웹 검색을 포함하는 검색 알고리즘을 다루는 현대적인 방식에 관한 책을 썼다. 구글이 랭킹 리스트를 만드는데 있어서 페이지랭크의 영향력은 시간이 갈수록 줄어들 수 있지만 그래프에서 중요한 노드를 찾기 위한 도구로서의 중요성은 엄청나게 커졌다. 생물(Singh 외), 화학(Mooney 외) 및 생태학(Allesina and

Pascual)에서 나오는 그래프에 대한 페이지랭크 벡터는 과학자들에게 중요하고 새로운 통찰력을 제공했다.

Allesina, S., and M. Pascual. 2009. Googling food webs: can an eigenvector measure species' importance for coextinctions? *PLoS Computational Biology* 5:e1000494.

Langville, A. N., and C. D. Meyer. 2006. *Google's PageRank and Beyond*. Princeton, NJ: Princeton University Press.

Manning, C. D., P. Raghavan, and H. Schütze. 2008. *An Introduction to Information Retrieval*. Cambridge: Cambridge University Press.

Mooney, B. L., L. R. Corrales, and A. E. Clark. 2012. MoleculaRnetworks: an integrated graph theoretic and data mining tool to explore solvent organization in molecular simulation. *Journal of Computational Chemistry* 33:853-60.

Singh, R., J. Xu, and B. Berger. 2008. Global alignment of multiple protein interaction networks with application to functional orthology detection. *Proceedings of the National Academy of Sciences of the USA* 105:12763-68.

VI.10 그래프 탐색

티모시 데이비스 *Timothy A. Davis*

당신이 뉴욕에서 시애틀까지의 최적 경로를 찾으려 할 때 스마트폰이나 GPS는 어떻게 좋은 경로를 찾을까? 시애틀에서 하와이까지의 길을 물어보면 그것이 불가능하다는 것을 어떻게 알 수 있을까? 만약 당신이 SNS에 당신의 친구나 친구의 친구만 볼 수 있도록 뭔가를 게시할 경우, 얼마나 많은 사람들이 그것을 볼 수 있을까? 이러한 질문들은 모두 그래프 탐색의 관점에서 접근할 수 있다(그래프 순회(graph traversal)라고 부른다).

노드를 n개 가지는 비가중치 그래프(unweighted graph) $G=(V, E)$가 있다. 그래프가 작거나 노드들 사이에 연결된 변이 많은 경우, 그래프의 이진 인접 행렬 A를 전통적인 배열로 저장하려면 $O(n^2)$ 크기의 메모리면 순회 알고리즘을 수행하기에 적당하다. 인접행렬이란 (i, j)가 변이면 $a_{ij}=1$이고 그렇지 않으면 $a_{ij}=0$인 행렬이다. 변의 가중치가 지정되어 있으면 이 가중치를 성분 a_{ij} 값으로 한다. 변의 가중치가 0이면 변이 없는 것과 같다.

도로망을 가중 유향그래프(weighted directed graph)로 볼 수 있는데, 각 노드는 교차로이고 각 변은 그 사이의 도로라고 보면 된다. 그래프가 유향인 이유는 어떤 도로는 일방통행이기 때문이다. 이렇게 보면 시애틀과 하와이는 비연결이다. 변의 가중치 a_{ij}는 i에서 j까지 도로를 따라 가는 거리이다. 당연히 모든 변의 가중치는 0보다 커야 한다.

인접행렬은 작은 마을에서는 유효하지만 수백만 개의 교차로가 있는 북미 도로 망에서 사용하기에는 너무 많은 메모리가 필요하다. 다행스럽게도 한 노드에서 작은 수의 도로가 교차하므로 인접행렬은 대부분의 원소가 0인 희소(sparse)행렬이다. 이런 종류의 행렬이나 그래프는 각 노드 i와 인접해 있는 노드 j의 목록과 그에 대응하는 변의 가중치가 기록된 인접 목록으로 표시할 수도 있다.

소스 노드인 s에서 출발하여 그래프를 탐색한다는 것은 s에서부터 도달 가능한 모든 노드를 발견하는 일을 뜻한다. 한 번 방문한 노드에 표시를 해 놓고 그래프의 각 노드에서 이미 방문한 노드를 무시하고 단일 소스 알고리즘(single-source algorithm)으로 새로운 탐색을 반복하여 전체 그래프를 탐색한다. 그래프 순회 알고리즘은 방문한 각 노드에서 작업을 수행하고 그래프를 순회한 이동 순서를 기록한다. 대체적으로 그래프의 작은 일부분만 탐색하면 된다. 이것은 경로 계획과 같은 문제의 해를 빠르게 찾게 해 준다.

너비 우선 탐색(Breadth-first search, BFS)은 그래프를 탐색하는 가장 간단한 방법이다. 이 탐색은 변 가중치를 무시하므로 비가중치 그래프에서 적당하다. 순회를 출발할 때, 소스 노드 s에 대응되는 거리를 $d(s)=0$으로 놓고 다른 모든 노드의 거리는 일단 $d(i)=\infty$로 놓는다. 이는 노드에 아직 방문하지 않았다는 뜻이다. k번째 단계에서 소스 노드로부터의 거리가 $d(i)=k$인 모든 노드 i가 모두 조사됐을 때, 거리 $d(j)=\infty$인 아직 방문하지 않은 노드 j가 바로 이웃에 있으면 $d(j)=k+1$로 설정한다. 더 이상 방문하지 않은 이웃을 찾지 못하면 순회를 멈춘다. 여기서 지정한 $d(j)$는 s에서 j까지의 최단 거리이다. 경로가 존재하지 않는 경우에는 여전히 $d(j)=\infty$이다. SNS를 예로 들어 살펴보면, 당신의 노드에서 시작했을 때 BFS에 의하면 친구의 레벨은 1이고 친구의 친구는 레벨 2이다. BFS 알고리즘은 이진 인접행렬로 표현할 수 있다. 행렬 $(A^{\mathrm{T}}+I)^k$의 (i, s) 성분 $(A^{\mathrm{T}}+I)^k_{is}$이 0이 아닐 필요충분조건은 s에서 i까지의 거리가 k 이하인 것이다.

깊이 우선 탐색(Depth-first search, DFS)은 노드를 탐색한다는 점에서 BFS와 동일하지만 방문 순서가 다르다. 깊이 우선 탐색 알고리즘 루프는 다음과 같다. 노드 i에서 방문하지 않은 이웃 j가 발견되면 j로 이동하여 j와 인접한 모든 이웃에 대하여 탐색 작업을 한다. 이 작업이 완료되면 DFS(j)가 실행된 것이다. 그러면 다시 i로 돌아와 방문하지 않은 i의 이웃 노드에 대하여 같은 작업을 한다. 이 작업이 완료되면 DFS(i)가 완료된 것이다. 모든 노드는 방문하지 않은 상태에서 시작된다. 이 알고리즘을 의사 코드로 표현하면 다음과 같다.

```
DFS (i):
  노드 i를 방문된 상태로 표시
  for all 노드 i와 인접한 모든 노드 j에 대해 do:
    if 노드 j가 미방문 상태이면
      DFS(j)
```

BFS와 DFS는 트리(tree)를 생성한다. 노드 i를 탐색하는 동안 방문하지 않은 i의 이웃노드 j가 발견되면 i는 j의 부모가 된다. DFS 트리는 수학적 속성이 풍부하다. 예를 들어, DFS(i)가 시작될 때 '(i'를 쓰고 DFS(i)가 완료(모든 이웃 j를 탐색 완료)되면 'i)'를 쓴다. 이때 출력되는 결과는 괄호의 왼쪽, 오른쪽

이 잘 매치된 다중 괄호가 된다. 두 노드 i와 j의 괄호는 어느 하나가 다른 하나에 포함되거나 서로소(disjoint)이다. 이 글에서 다루지 못한 많은 문제들이 이와 같은 DFS 트리의 성질과 관련 있다.

만약 그래프가 인접 목록 형태로 저장돼 있을 경우, BFS와 DFS는 그래프의 크기에 비례하는 $O(|V|+|E|)$ 만큼의 시간이 소요된다. $|V|$와 $|E|$는 각각 노드 개수와 변의 개수를 나타낸다.

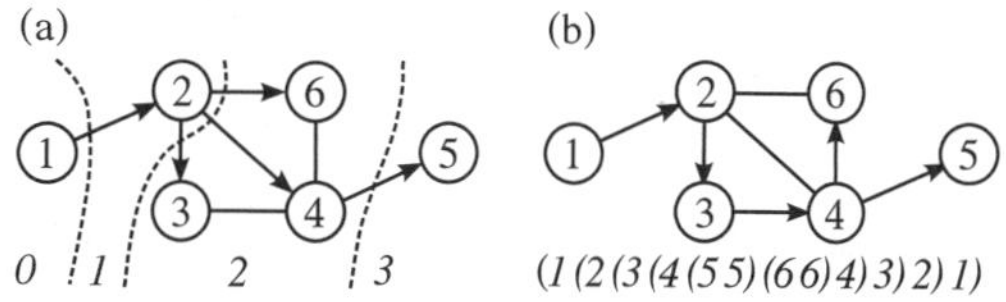

그림 1 무향그래프의 (a)BFS, (b)DFS. 화살표는 탐색 순서를 나타내는 것이지 변의 방향을 뜻하는 것이 아님을 유의하라. (a)에서는 각 노드의 BFS 레벨을 표시하였으며 레벨 0인 지점에서 시작하여 레벨 4인 마지막 노드(노드 5)에서 끝난다. (b)에서는 노드 i의 탐색이 시작될 때 '(i'를 쓰고 탐색이 완료되면 'i)'를 쓴다. 그림과 같은 순서로 탐색을 진행하면 이 DFS 탐색은 (1 (2 (3 (4 (5 5) (6 6) 4) 3) 2) 1)로 표현된다.

그림 1은 무향그래프에서의 BFS와 DFS 탐색의 예이다. 탐색은 노드 1에서 시작하고 BFS 탐색 레벨과 DFS 괄호를 보여 준다. 그림 1에서 DFS는 이웃을 찾을 때 노드 번호의 오름차순으로 탐색하고 있다(BFS에서는 순서의 차이가 없다). BFS와 DFS 트리는 화살표로 표시하였는데 이는 부모에서 자식 방향으로 향하는 것이지 변의 방향을 의미하는 것은 아니다. 그래프들은 무향그래프이다.

데이크스트라(Dijkstra) 알고리즘은 가중 그래프의 소스 노드 s에서 모든 다른 노드로의 최단 경로를 찾아내는 알고리즘이다. 이 알고리즘은 각 노드 j까지의 잠정적 거리 $d(j)$(각 노드의 탐색 과정 중 특정 시점까지 알려진 최단 경로)를 고려하는 것을 제외하면 BFS와 대충 비슷하다. 다음 레벨의 모든 노드를 무작위로 탐색하는 대신 거리 $d(j)$가 가장 작은 노드를 먼저 탐색한다. 그러면 $d(j)$가 최종적인 최단 거리이다. 이런 식으로 모든 노드의 잠정적 거리를 업데이트하는 과정을 반복한다.

이 알고리즘은 방문하지 않은 노드를 추적할 때 힙(heap)이라는 자료 구조를 이용한다. 힙은 방문하지 않은 노드 j와 잠정적 거리 $d(j)$라는 항목으로 구성된다. n개의 항목을 가지고 있는 힙에서 최단 거리에 있는 항목을 찾아 힙에서 제거해야 하는데, 이를 위해서는 $O(\log n)$ 만큼의 시간이 소요된다. 만약 어떤 노드의 잠정적 거리가 업데이트되었음에도 불구하고 노드가 아직 힙에 남아 있으면 그 노드의 힙 내의 위치를 조정해야 하는데 이때 $O(\log n)$ 만큼의 시간이 걸린다. n개의 항목을 가진 힙을 초기화하는 데는 $O(n)$ 만큼의 시간이 필요하다.

힙(heap) 내에 더 이상 머무르지 않는 노드는 이미 방문이 완료되었다는 뜻이고 거리 $d(j)$는 s에서 j까지의 최단 거리이다. 최단 경로는 j에서 출발하여 탐색 트리를 따라 부모인 $p(j)$로 가고 또 그 부모인 $p(p(j))$로 가는 과정을 반복하는 역추적을 통하여 찾는다.

노드가 힙 내에 있으면 아직 방문이 되지 않았다는 의미로서 이때 $d(j)$는 잠정적 값이다. 여기서 두 종류의 노드로 나누어지는데 그중 하나는 유한한 d 값을 가지고 있는 노드이다. 이러한 노드는 힙의 경계(frontier)에 위치한다. 다른 하나는 무한한 d 값을 갖는 노드이다. 힙의 경계에 있는 각 노드는 방문을 완료한 노드들과 적어도 하나의 변으로 연결되어 있다. 경계에 있는 노드 중 최단 $d(j)$ 값을 갖는 노드 j에 대해 $d(j)$가 s에서 j까지의 진정한 최단 거리이다. 그리고 노드 j는 힙에서 방문 완료된 노드의 집합으로 이동한다.

이 알고리즘의 경우 소스 노드 s에서 모든 다른 노드까지의 최단 경로를 찾는 데 걸리는 시간은 $O((|V|+|E|)\log|V|)$인데 이 점근 시간은 피보나치 힙이라는 것을 사용하여 구현될 수 있다. 이 상한값은 일반적인 힙을 사용할 때보다 작다. 하지만 중요한 것은 특정 노드까지의 최단 경로를 찾고자 할 때는 일반적인 힙을 사용하면 탐색이 예상보다 일찍 끝나기 때문에 실제적으론 시간이 더 적게 걸린다는 것이다. 물론 최악의 경우 그래프 전체를 탐색해야 하는 경우도 생길 수 있다.

Dijkstra (*G*, *s*):
모든 노드 j에 대해 $d(j)=\infty$이고 $p(j)$는 지정되지 않았다.
 $d(s)=0$
모든 노드 j를 d와 함께 힙에 포함시킨다(초기화).
while 힙이 공집합이 아닌 동안 **do**:
 최솟값 $d(i)$를 가진 i를 힙에서 제거한다.
 for all 노드 i와 인접한 모든 노드 j에 대해 **do**:
 if $d(j)>d(i)+a_{ij}$
  $d(j)=d(i)+a_{ij}$
  힙 내에 남아 있는 j를 수정한다.
  $p(j)=i$

데이크스트라 알고리즘은 시애틀에서 뉴욕까지의 경로를 찾기 위해 BFS처럼 시애틀을 중심으로 원을 계속 확대하여 뉴욕까지의 길을 탐색한다. 하지만 알래스카를 거쳐 뉴욕으로 가는 길도 고려하는데, 이것은 분명히 최적의 방법은 아니다. A^* 탐색은 도로 네트워크에서 일부 노드들에 관해 이미 알고 있는 위치를 이용하여 탐색 과정을 줄이는 알고리즘 중 하나이다. A^* 탐색은 s에서 j까지의 최단 거리의 하계(lower bound)를 이용하는 휴리스틱 방법을 통해 힙 내의 거리를 수정한다. 최단 경로를 찾는 과정이 빨리 끝나지 않는 경우에 이 두 개의 알고리즘은 동일 시간에 같은 결과를 찾아내지만 일반적으로는 A^*가 데이크스트라 알고리즘보다 빠르다. 스마트폰은 검색 속도를 빠르게 하기 위해 다른 추가적인 방법도 사용하지만 그것들은 여기서 소개한 개념을 기초로 하는 것이다.

더 읽을거리

Kepner, J., and J. Gilbert. 2011. *Graph Algorithms in the Language of Linear Algebra*. Philadelphia, PA: SIAM.

Rosen, k. h. 2012. *Discrete Mathematics and Its Applications*, 7th edn. OH: McGraw-Hill.

VI.11 초등함수 계산

플로랑 드 디네친, 장-미셸 멀러
Florent de Dinechin and Jean-Michel Muller

1 소개

지수, 로그, 사인함수와 같은 초등(초월적, transcendental)함수는 컴퓨터에서 핵심 역할을 한다. 따라서 그 함숫값들을 빠르고 정확하게 계산하는 것이 중요하다.

집적회로에 쉽고 효율적으로 내장되는 기본 연산은 더하기, 빼기와 대소 비교이고 이들 연산을 수행하는 데는 동일한 비용이 발생한다. 곱하기 또한 기본 연산이지만 비용이 좀 더 든다. 이런 원시 연산을 통하여 구현할 수 있는 것은 일변수 조각적 다항식이다. 그래서 제2장에서는 근사다항식에 관해 생각해 보기로 한다. 근사는 구간이 작을수록 좋아지므로 제3장에서는 구간의 크기를 축소하는 기법을 소개한다. 제4장에서는 컴퓨터로 다항식을 계산하는 것에 대해 이야기한다.

만약 나눗셈도 원시 연산이라고 간주한다면 **유리함수** 값도 계산할 수 있다. 여기서 논의할 기법들의 일반화를 유리함수 계산에 적용할 수 있다. 마지막으로, 중요한 변수는 메모리인데 속도를 빠르게 하기 위해 미리 계산된 값들을 저장할 때 사용한다.

다중 정밀 수(Multiple-precision number, 예를 들어 수천 자릿수)를 다루기 위해 특수 알고리즘(산술 기하 반복(arithmetic-geometric iteration)에 근거한 기법 등)을 사용한다.

2 근사다항식

구간 [0, 1]에서 정의된 지수함수 $f(x)=e^x$의 5차 근사다항식을 살펴보자. 먼저 테일러 근사다항식을 생각해 보자. $x=0$에서의 테일러 공식은 다음과 같다.

$$f(x) \approx p(x) = 1 + x + \frac{x^2}{2} + \frac{x^3}{6} + \frac{x^4}{24} + \frac{x^5}{120}$$

그림 1은 구간 [0, 1]에서 근사 오차 $f(x)-p(x)$를 보여 준다.

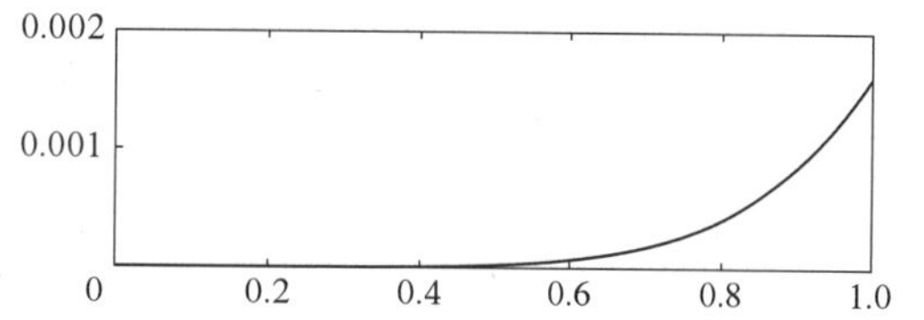

그림 1 테일러 근사는 국소적이다. 따라서 테일러 근사는 0에서 멀어지면 많이 부정확해진다(실선이 테일러 근사 오차이다).

테일러 근사는 점에 초점을 맞춘다. **레메즈 알고리즘**[IV.9 §3.5]은 전체 구간에서의 최대 오차를 최소화하는 다항식에 천착한다. 그림 2에서 볼 수 있듯이, 오차 $f-p$는 구간에서 진동한다. 이는 오차의 절댓값이 최대가 되는 점이 여러 개 있고 오차의 부호는 교대로 바뀐다는 것을 의미한다. 레메즈 근사는 테일러 근사보다 훨씬 정확하다. 아쉽게도 레메즈 알고리즘은 실숫값 계수를 사용하여 계산하는데, 이 계수들을 컴퓨터 표현 수로 표시하기 위해 반올림하기 때문에 근삿값의 품질을 저하시킨다(계수를 16비트 수, 십진법으로 유효숫자 5인 수에서 반올림했을 때 오차가 커지는 것을 그림 2에 표시해 놓았다). 오픈 소스인 솔야(Sollya) 툴로 공개하고 있는 변형된 레메즈 알고리즘의 최신 버전은 16비트 계수로도 최상의 근사를 계산한다(그림 3을 보라).

표 1에서 알 수 있듯이, 어떤 근사 틀을 사용하더라도 계수의 정밀도를 높이면 근사 오차는 작아지고 구간의 크기가 커지면 근사 오차는 커진다. 차수가 커질수록 다항식 값을 계산하는 데 시간이 많이 든다. 이것이 소개하고자 하는 **범위 축소** 기법의 동기이다.

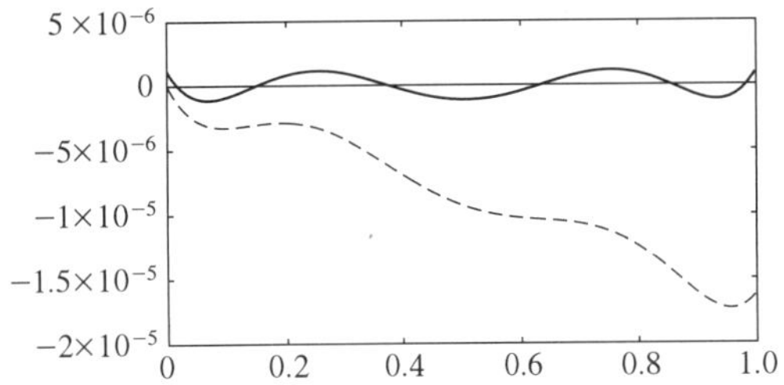

그림 2 레메즈 오차(실선)는 진동한다. 계수를 16비트 수에서 반올림하면 이런 성질이 상실된다(점선).

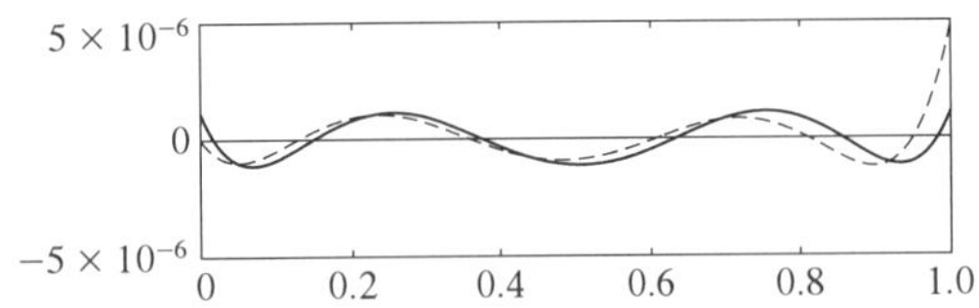

그림 3 실선은 이론적 레메즈 오차이고 점선은 16비트 계수로 계산한 최고의 근사 오차이다.

표 1 $\|e^x - p(x)\|_\infty$ vs 차수 및 구간의 크기.

	차수			
	2	3	4	5
$[0, 1]$	1.41×10^{-2}	8.76×10^{-4}	5.07×10^{-5}	4.86×10^{-6}
$[0, \frac{1}{2}]$	1.08×10^{-3}	3.40×10^{-5}	8.33×10^{-7}	5.27×10^{-8}
$[0, \frac{1}{4}]$	1.07×10^{-4}	1.90×10^{-6}	4.57×10^{-8}	1.94×10^{-9}

3 범위 축소

범위 축소 기법은 주어진 구간에서의 계산을 더 작은 구간에서의 계산으로 바꾸기 위해 함수가 만족하는 등식을 이용한다. 이 기법은 함수 자체뿐만 아니라 입력에 사용하는 숫자 형식에도 의존한다. 이 글에서는 각 함수에 대한 범위 축소 기법을 다루고자 한다.

구간 [0, 1]에서 정의된 지수함수의 항등식 $e^{a+b} = e^a \times e^b$을 생각하자. 입력값 x를 n-비트 이진수로 표기하면 $x = \sum_{i=1}^{n} x_i 2^{-i}$인데, 어떤 k에 대해 $a = \sum_{i=1}^{k} x_i 2^{-i}$이고 $b = \sum_{i=k+1}^{n} x_i 2^{-i}$이라 하면 $x = a + b$로 분해된다. 이 분해는 하드웨어 측면에서는 무료이며 소프트웨어 측면에서는 아주 조금의 비용(자릿수 이동 몇 번과 논리 연산 몇 번)만 든다. 먼저 가능한 e^a의 값을 충분히 정확하게 계산하여 표로 만들어 놓는다. 이 표에는 2^k개의 항목이 있다. 표의 크기를 고려하여 적당한 k를 선택해야 하는데, 대체적으로 $k \approx 8$이다. 그뿐만 아니라, $b \in [0, 2^{-k}]$임을 생각하면 e^b 값은 전체 구간 [0, 1]에서 요구되는 것보다 훨씬 낮은 차수의 다항식을 이용하여 계산할 수 있다. 이제 $e^x = e^a \times e^b$을 계산하려면 오직 한 개의 곱셈만이 필요하다.

동일한 입력값 분해에 대해, 더 일반적인 방법으로 각 a에 대해 $f(x) \approx p_a(b)$를 만족하는 같은 차수의 다항식 p_a를 표로 만들어 놓는 방법이 있다. 이렇게 하면 표의 각 항목의 크기는 커지지만 $f(x) \approx p_a(b)$를 계산하는 데 드는 추가 비용은 거의 없다.

사인과 코사인 함수는 주기함수이므로, 입력변수 x와 어떤 정수 n에 대해 값 y를

$$y \approx x - n\pi \tag{1}$$

로 하여 범위 축소를 하고자 생각할 수 있지만 이때 간과해서는 안 되는 것이 있다. 식 (1)을 순진하게 구현할 경우 π 또한 근삿값이기 때문에 큰 n에 대해 매우 부정확한 결과가 나올 수 있다. 이런 경우에 적용할 수 있는 복잡한 범위 축소 기법을 페인(Payne)과 하네크(Hanek)가 제안하였다.

4 계산

적합한 근사다항식을 찾았다면 이 다항식 값을 계산하는 방법은 여러 가지가 있다. 예를 들어 오차다항식을 아래와 같은 호너(Horner) 형태로 표현하는 방법이 있다.

$$p(x) = a_0 + x(a_1 + x(a_2 + x(a_3 + x(a_4 + xa_5))))$$

이와 같이 표현하면 일반적으로 곱하기 횟수를 최소화할 수 있지만 직렬 계산을 해야 한다. 하지만 현재의 컴퓨터는 병렬 계산을 이용하여 성능을 향상시킬 수 있다. 다항식을 아래와 같이 짝수차 다항식과, 짝수차 다항식에 x를 곱한 것의 합으로 표시할 수 있다.

$$\begin{aligned} p(x) &= a_0 + a_2x^2 + a_4x^4 + x(a_1 + a_3x^2 + a_5x^4) \\ &\equiv p_e(x^2) + xp_o(x^2) \end{aligned}$$

여기서 곱셈을 한 번 더 계산해야 하는데, $p_e(x^2)$과 $p_o(x^2)$을 병렬로 계산하면 된다. 이런 아이디어는 더 많은 병렬 처리를 표현해야 할 때 반복적으로 이용할 수 있다. 이러한 함수 맞춤형 기법은 삼각함수에 대해서 사용할 수 있는데, 이것은 삼각함수의 테일러 다항식은 홀수 계수만 갖거나 짝수 계수만 갖는다는 사실을 이용하는 것이다.

더 읽을거리

Brent, R. P., and P. Zimmermann. 2010. *Modern Computer Arithmetic*. Cambridge: Cambridge University Press.

Ercegovac, M. D., and T. Lang. 2004. *Digital Arithmetic*. San Francisco, CA: Morgan Kaufmann.

Higham, N. J. 2002. *Accuracy and Stability of Numerical Algorithms*, 2nd edn. Philadelphia, PA: SIAM.

Knuth, D. E. 1998. *The Art of Computer Programming*, 3rd edn, volume 2. Reading, MA: Addison-Wesley.

Muller, J.-M. 2006. *Elementary Functions, Algorithms and Implementation*, 2nd edn. Boston, MA: Birkhäuser.

Payne, M., and R. Hanek. 1983. Radian reduction for trigonometric functions. *SIGNUM Newsletter* 18:19-24.

VI.12 무작위 수 생성

하랄트 니더라이터 *Harald Niederreiter*

일상생활에서 무작위의 경우를 자주 볼 수 있다. 예를 들어, 동전 던지기, 주사위 던지기, 카드 섞기, 복권의 당첨 번호 등은 무작위적이라 예측할 수 없다. 이러한 예는 확률변수(앞면과 뒷면, 1부터 6까지의 정수, 유한 집합의 순열, 비트 0과 비트 1, 또는 실수)에 대한 직관적인 이해로 이어질 수 있다. 과학적인 측면에서 무작위성을 파악하는 것은 어려운 일인데 이는 철학적 관점을 어디에 둘 것인지에 따라 달라진다.

컴퓨터와 응용수학에서 많은 중요한 방법들이 무작위적 대상(확률변수)에 의존하기 때문에 무작위에 관한 이론적 틀이 필요하다. 대표적인 예가 몬테

카를로 방법(Monte Carlo methods)으로서, 이 방법은 임의표본 추출에 근거한 수치해석 방법이다. 임의표본은 일반적으로 실수일 수도 있고 유클리드 공간 속의 점일 수도 있다. 표준적으로 몬테카를로 방법은 확률변수의 기댓값을 표본 평균으로 대체한다. 확률변수는 수학 및 컴퓨터 과학에서 사용되는 확률적 알고리즘의 입력대상으로도 필요하다. 추가 응용 분야에는 전산 통계, 운영 분석, 컴퓨터 게임 및 기타 여러 분야가 있다. 랜덤 비트는 빠르고 강력한 데이터 암호화를 위해서 필요하다.

임의적 변수(비트, 주어진 범위 내에 있는 정수, 또는 유클리드 공간의 점)의 생성 문제는 대부분의 경우 무작위 수(실수)를 생성하는 문제로 귀착될 수 있다. 무작위 수 생성이란 다음과 같이 말할 수 있다. 실직선 $\mathbb{R}$에서 정의된 목적분포 F가 주어졌을 때, 목적분포와 같은 확률분포를 시뮬레이트하는 독립적인 확률변수들의 수열을 생성하고자 하는 것이 무작위 수 생성 문제이다. 가장 간단한 경우는 표준화된 분포함수이다. 실수 $\mathbb{R}$ 위에서 정의된 고른(uniform) 분포함수 U는 $U(t)=0(t<0)$이며, $U(t)=t(0\leq t\leq 1)$이고 $U(t)=1(t>0)$로 정의된 함수이다. 이 함수 U를 목적분포함수로 하는 무작위 수를 **고른 무작위 수**(uniform random number)라고 한다. U에 대응하는 확률측도(probability measure)가 구간 $[0, 1]$에 지지하기 때문에 고른 무작위 수는 동일 구간에서 택해지며 이 변수가 구간 $[0, t]$ 안으로 들어올 확률이 t라는 성질을 만족해야 한다.

목적분포함수 F가 고른 분포함수 U가 아닌 경우의 무작위 수는 고른 무작위 수를 변환하는 방법으로 얻는다. 예를 들어, 분포 F가 실적선 $\mathbb{R}$ 위에서 순증가하는 연속함수이고 수열 $x_0, x_1, \cdots$이 열린구간 $(0, 1)$ 속의 고른 무작위 수열일 때 수열 $F^{-1}(x_0)$, $F^{-1}(x_1), \cdots$은 분포 F를 목적분포로 하는 무작위 수라 할 수 있다. 당연하지만, 이런 변환을 이용하는 것을 **역방식**이라고 한다. 역방식에는 다양한 변환 방식인 기각 방식, 합성 방식, 및 균등비 방식 등이 개발되었다.

실용적인 관점에서 실제 무작위 수는 물리적 수단(동전 던지기, 주사위 던지기, 또는 룰렛 돌리기)에 의해 얻어지지만 이는 저장 장소가 필요하고 광범위한 통계적 판정이 필요하다는 점에서 너무 번거롭다. 따라서 사용자는 상대적으로 작은 개수의 입력변수로부터 결정론적 알고리즘을 통해 컴퓨터로 생성하는 **유사난수**(pseudorandom number)에 의지해 왔다. 이러면 저장 문제 및 숫자들의 재생산성 문제는 발생하지 않는다. 더 나아가, 유사난수 생성을 위해 잘 선택된 알고리즘은 엄격한 이론적 분석의 대상이 되어 무작위성(임의성)에 대한 광범위한 통계적 판정 작업의 필요성이 감소된다.

원칙적으로 결정론적인 수열은 임의성에 대한 모든 시험을 통과할 수는 없다. 그러기 위해서는 몬테카를로 방법과 같은 수치해석적 방법에서 유사난수를 사용할 때, 당면한 계산 문제에서 무작위 수가 갖추어야 할 통계적 성질을 알고 있어야 하고 통계적 판정을 통과한 것으로 알려진 유사난수를 선택해야 한다. 예를 들어, 두 개의 연속된 고른 무작위 수가 독립적이어야 한다는 조건만 만족하면 된다면 이차원 고른 분포(이 경우 단위 정사각형을 지지하는 이차원 분포)에 대한 적합도 검정(goodness of fit test)만으로도 충분하다.

앞에서 설명했듯이(예를 들어, 역방법을 이용하면) 유사난수 생성 문제는 **고른 유사난수**, 즉 목적분포가 고른 분포 U인 유사난수 생성 문제로 귀착된다. 고른 유사난수 생성의 역사는 몬테카를로 방법을 개발한 시기와 거의 비슷한 1940년대로 거슬러 올라간다. 최초의 기록된 방법 중 하나가 존 폰 노이만(John von Neumann)의 **중간-제곱법**(middle-square method)이다. 이 알고리즘은 유한한 정밀도를 정해 놓고 반복적 과정을 실행하는 것이다. 간단히 설명하자면 구간 [0, 1]에서 먼저 선택된 수의 제곱을 구한 후 그 수의 중간 부분 숫자들을 추출하여 그 수를 다음 무작위 수로 채택하는 것이다. 이론적 분석의 결과, 이 알고리즘은 실제로 매우 부적합하다고 판명됐는데 이는 생성된 수열의 주기가 너무 짧은 경향이 있기 때문이다. 유한 정밀도를 정해 놓고(컴퓨터에서는 표준적 실제 상황임) 고른 유사난수 생성을 위해 반복 알고리즘을 사용할 때 주기적인 패턴이 나타나는 것은 불가피해 보인다. 따라서 패턴의 주기가 커야 한다는 것은 유사난수 생성을 위한 좋은 알고리즘이 갖춰야 할 주요한 필요조건이다.

이러한 주기 성질과 관련하여 더 좋은 성능을 가진 고른 유사난수 생성 방법으로서, 수치해석 이론가인 데릭 헨리 레머(Derrick Henry Lehmer)가 도입한 **선형 합동법**(linear congruential method)이 있다. 큰 정수 M(보통은 소수 또는 2의 거듭제곱 수)을 선택하고 M과 서로소이면서 법(modulo) M에 의한 곱셈에 대한 계수가 큰 정수 g를 고정한다. 범위 $1 \leq y_0 \leq M-1$의 정수 y_0을 초깃값으로 두고 수열 $y_0, y_1, \cdots$은 점화식 $y_{n+1} \equiv gy_n (\mathrm{mod}\ M)$, $n=0, 1, \cdots$에 의해 생성된다. 이때 수열 x_n을 $x_n = y_n/M$, $n=0, 1, \cdots$으로 정의할 때 구간 [0, 1]에 포함되는 이 수열을 **선형 합동 유사난수**(linear congruential pseudorandom number)라고 한다. 수열 $x_0, x_1, \cdots$의 주기는 g의 법 M에 의한 곱셈에 대한 계수이다. 실제로 M은 최소 2^{30}이어야 한다고 제안되고 있다. 고정된 M이 주어졌을 때 매개변수 g를 현명하게 선택하는 것이 중요하다. 수 g를 잘못 선택하면 간단한 임의성 판정을 통과하지 못하는 수열이 나올 수 있다. 실제로 나쁜 g를 선택하여 나온 유명한 나쁜 수열들이 있다. 선형 합동법은 여전히 인기 있으며 매개변수의 좋은 선택에 관한 많은 연구가 있다. 예를 들어, GNU 과학 도서관은 $M=2^{48}$과 $g=44{,}485{,}709{,}377{,}909$로 하여 선형 합동법을 사용하는 크레이(CRAY) 유사난수 생성기를 추천하고 있다.

현재 대부분의 고른 유사난수 생성 문제에서 사용하는 기법은 정수론과 대수적 기법이다. 선형 합동법의 간단한 확장으로, 선형 합동법의 선형적 방법을 고차원의 귀납 반복으로 대체한 **다중-귀납법**(multiple-recursive method)이 있다. 이것은 동일한 법 M에 대해 더 큰 주기의 수열을 얻게 해 준다. 다른 방법 중 하나는 **시프트-레지스터법**(shift-register methods)이라고 부르는 방법으로, 0과 1로 구성된 유사난수열을 생성한다. 이와 관련된 방법군에는 0과 1로 구성된 벡터를 이용하여 더 높은 주기를 얻는 방법들이 있다. 그중에는 유명한 **메르센 트위스터**(Mersenne twister) MT19937도 있다. MT19937은 주기 $2^{19937}-1$인 고른 유사난수를 생성한다. 이 유사난수는 32비트 정확도로 623차원의 등분포를 가지고 있고 다양한 임의성 판정을 통과했다. 또한 비선형 귀납(nonlinear recursions)을 이용한 방법들도 있는데 이러한 방법들은 분석하기가 더 어렵다.

더 읽을거리

Devroye, L. 1986. *Non-Uniform Random Variate Generation*. New York: Springer.

Fishman, G. S. 1996. *Monte Carlo: Concepts, Algorithms, and Applications*. New York: Springer.

Gentle, J. E. 2003. *Random Number Generation and Monte Carlo Methods*, 2nd edn. New York: Springer.

VI.13 에너지가 효율적인 건물을 제어하기 위한 최적의 센서 위치

제프리 보고르, 존 번스, 유진 클리프
Jeffrey T. Borggaard, John A. Burns and Eugene M. Cliff

1 소개 및 동기

건물은 전 세계의 모든 온실 가스 배출량의 3분의 1 이상을 배출하며 전 세계 에너지의 약 40%를 소비한다. 이 문제의 규모를 완전히 이해하기 위해 고려할 사항은 건물에서 사용하는 에너지의 10%를 절감한 양이 미국에서 매년 생성되는 재생 에너지의 양과 같다는 점이다. 또한, 70%를 절감하는 것은 미국 전체 운송 부문의 에너지 소비를 없애는 것과 동등하다. 건물 시스템은 매우 복잡하고 불확실한 역학 시스템이다. 에너지 효율적인 건물의 설계, 건설 및 운영을 위한 새로운 도구를 개발하는 경우에 나타나는 이러한 시스템의 최적화 및 제어 문제는 독특한 설계, 수학적 또는 계산 과학적 과제를 던져 주었다. 특히, 편미분방정식(PDE)의 지배를 받는 시스템을 제어하고 추정하고 최적화하려면 새로운 수학적 방법과 계산 알고리즘에 대한 연구가 필요하다. 또한 건물의 역학적 현상을 온전히 재현할 수 있는 효율적인 시뮬레이션에 사용할 모델화(model-reduction) 기법에 관한 연구가 필요하다.

이러한 PDE 제어 및 추정 문제는 '제어에 적합한' 수치해석 틀 안에서 근삿값을 얻을 수밖에 없다. 잘 알려져 있듯이 근삿값 모델은 시스템의 특정 성질을 보존하지 않으면 제어 또는 최적화에 적합하지 않을 수 있다.

본 글에서는 방대한 연구 분야 중에서 한 가지 문제만 생각해 보고자 한다. 그것은 최적의 센서 배치 문제이다. 먼저 다소 추상적인 수학 이론이 문제를 해결하는 데 어떻게 사용되는지, 그리고 수치해석적 방법을 개발할 때 근삿값 이론이 중요한 역할을 하는 것을 수학 이론이 어떻게 설명하는지에 대해 살펴볼 것이다. 여기서는 병원의 설계 및 제어를 위주로 이야기하고자 한다. 미국 에너지 정보국(U.S. Energy Information Adminstration) 보고서에 의하면 2007년에 미국의 대형병원은 모든 상업적 건물의 1% 미만을 차지하지만 상업 부문에서 사용되는 전체 공급 에너지의 5.5%를 소비하는 것으로 나타났다. 병원만으로도 건물이 중요한 에너지 소비처임을 알 수 있다. 따라서 에너지 소비를 줄이기 위해 개별 병실 단위의 에너지 사용의 설계, 최적화 및 제어에 관한 연구가 최근에 활발히 이루어지고 있다.

2 수학적 공식

병실에서 그림 1과 같이 센서를 벽에 부착할 때 병실 전체의 온도장을 가장 잘 추정할 수 있는 위치를 선정하는 문제를 생각해 보자. 조절할 수 있는 주입 공기 확산기와 공기 배출기의 가동 상태는 고정되어 있고 공기 유동장은 안정된 상태라고 가정하자. 목표는 칼만 필터(Kalman filter) 알고리즘으로 하여금 병실 내의 온도 조건의 상태를 최적으로 추정할 수 있게 하는 계측 출력을 제공하는 온도 조절기의 위치를 찾아내는 것이다.

영역 $\Omega \subset \mathbb{R}^3$은 유계인 열린 영역이고 립시츠류(Lipschitz class)의 경계 $\partial\Omega$를 갖는다고 하자. 아래의 PDE에 의해 묘사되는 유계인 영역 Ω에서의 이류 확산(advection-diffusion) 과정을 생각하자.

$$T_t(t, x) + [v(x) \cdot \nabla T(t, x)] = \kappa \nabla^2 T(t, x) + w(t, x) \quad (1)$$

경계조건은 다음과 같다.

$$T(t, x)|_{\Gamma_1} = b_T(x)u, \quad \eta(x) \cdot [\kappa \nabla T(t, x)]|_{\Gamma_0} = 0$$

여기서 T는 상태, u는 유입 공기의 일정한 온도, $b_T(\cdot)$은 유입 공기의 형상 프로파일을 설명하는 함수, $\eta(x)$는 바깥 방향 단위 법벡터(unit outer normal), Γ_1는 공기 유입구 근처의 경계 일부분이며, $\Gamma_0 = \partial\Omega - \Gamma_1$는 경계의 나머지 부분이다. 함수 $v(x)$는 주어진 속도장이며 $w(t, x)$는 공간 교란(spatial disturbance)이다. 여기서 교란함수 $w(t, x)$는 공간 평균 확률장으로서 다음과 같다.

$$w(t, x) = \iiint_{\Omega} g(x, y)\eta(t, y)\,\mathrm{d}y$$

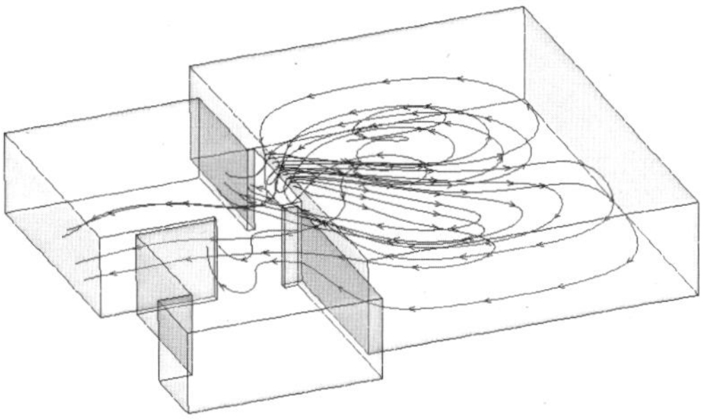

그림 1 병원의 병실.

여기서 모든 $t \geq 0$에 대해 $\eta(t, \cdot) \in L^2(\Omega)$이며 $g(\cdot, \cdot) \in L^2(\Omega \times \Omega)$는 주어진 함수이다. 이와 같은 가정은 이런 종류의 문제에서 합리적이다.

단 한 개의 센서(온도 조절기)가 $q \in \partial\Omega$ 지점에 위치하여 상태 $T(t, x)$의 다음과 같은 국소적 평균 함수 $y(t)$를 생성한다고 가정하자.

$$y(t) = \iiint_{B_\delta(q) \cap \Omega} h(x)T(t, x)\,\mathrm{d}x + \omega(t) \quad (2)$$

여기서 $h(\cdot) \in L^2(\Omega)$는 주어진 가중치 함수이며, $B_\delta(q)$는 q를 중심으로 하는 반지름 δ인 공이고, $\omega(t)$는 센서 잡음이다. 출력 함수 $C(q)$: $L^2(\Omega) \to \mathbb{R}^1$을

$$C(q)\varphi(\cdot) = \iiint_{B_\delta(q) \cap \Omega} h(x)\varphi(x)\,\mathrm{d}x$$

로 정의하면 아래와 같은 등식이 성립한다.

$$y(t) = C(q)T(t, \cdot) + \omega(t) \quad (3)$$

식 (3)의 결과를 가지는 식 (1)의 이류 확산 시스템의 표준적 모델은 힐베르트 공간 $\mathcal{H} = L^2(\Omega)$ 내에서

$$y(t) = C(q)z(t) + \omega(t)$$

를 출력하는 무한 차원 시스템

$$\dot{z}(t) = Az(t) + G\eta(t) \in \mathcal{H}$$

로 나타내어진다. 여기서 $z(t)(\cdot) = T(t, \cdot) \in \mathcal{H} = L^2(\Omega)$는 분포 매개변수 시스템의 상태이고, A는 보통의 이류 확산 작용소이며 $G: L^2(\Omega) \to L^2(\Omega)$의 정의는 아래와 같다.

$$[G\eta(\cdot)](x) = \iiint_\Omega g(x, y)\eta(y)\mathrm{d}y$$

전형적으로, 벽에 부착된 온도 센서로부터 계산된 $y(t)$는 방의 온도를 조절하기 위해 제어장치(공기 정화 및 냉난방 시스템)로 피드백 되는 유일한 정보이다. 이 정보는 수학적 모델을 사용하여 방 전체의 온도를 추정하는 데 사용할 수 있다. 이러한 근삿값을 구성하는 가장 잘 알려진 방법은 칼만 필터이다. PDE 설정에서 최적 칼만 필터는 아래에 주어진 시스템을 풀어서 $z(t)$의 근사함수 $z_e(t)$를 생성한다.

$$\dot{z}_e(t) = Az_e(t) + F(q)[y(t) - C(q)z_e(t)]$$

여기서 관찰자 이득 작용소(observer gain operator)인 $F(q)$는

$$F(q) = \Sigma[C(q)]^*$$

이고 작용소 $\Sigma = \Sigma(q)$는 무한 차원 **리카티 작용소 방정식**[III.25]

$$A\Sigma + \Sigma A^* - \Sigma[C(q)]^* C(q)\Sigma + GG^* 0 = 0 \tag{4}$$

을 만족한다. 해 $\Sigma(q)$는 상태 추정 공분산(estimation covariance) 작용소이고 추정 오차는 아래와 같다.

$$\mathbb{E}\left(\int_0^{+\infty} \|z_e(s, q) - z(s)\|^2_{L^2(\Omega)}\mathrm{d}s\right) = \mathrm{trace}(\Sigma(q)) \tag{5}$$

여기서 $\mathbb{E}(\gamma)$는 확률변수 γ의 기댓값이고 trace(Λ)는 작용소 Λ의 대각합이다.

유한 차원에서 작용소 Σ의 대각합 trace(Σ)는 행렬의 일반적인 대각합이다. 하지만 무한 차원에서 모든 작용소는 유한한 대각합을 가지고 있지 않다. 따라서 식 (5)의 $\Sigma(q)$의 대각합이 유한인 대각합류(trace class, 즉 유한 대각합을 가지고 있음)에서 생각해야 하는데, 이 문제의 경우 $\Sigma = \Sigma(q)$는 대각합류에 포함된다.

최적 센서 관리 문제는 Σ를 '상태'로 가지는 분포 매개변수 최적화 문제가 되는데, '상태' Σ는 리카티 시스템 (4)로 정의되며, 비용 범함수(cost functional)는

$$J(\Sigma, q) = \mathrm{trace}(\Sigma) + R(q)$$

로 정의되는 Σ의 대각합에 의존하는 함수이다. 여기서 함수 $R(q)$는 피해야 할 '나쁜' 영역에 부과되는 벌칙과 같은 함수이다. 비용함수가 이렇게 선택된 이유는 칼만 필터가 상태 추정기로 사용될 때 trace($\Sigma(q)$)가 추정 오차이기 때문이다. 모든 $q \in \partial\Omega$에 대하여 리카티 방정식 (4)는 유일한 양의 정부호해 $\Sigma = \Sigma(q)$를 가지고 있다고 가정한다. 최적의 센서 배치 문제는 다음과 같은 최적 제어 문제로 쓸 수 있다. 모든 $q \in \partial\Omega$에 대하여 리카티 방정식 (4)가 유일해 $\Sigma = \Sigma(q)$를 갖는다는 가정으로부터 기약 범함수(reduced functional) $\tilde{J}(q) = J(\Sigma(q), q)$를 정의할 수 있다.

최적의 센서 배치 문제. 리카티 시스템의 해 $\Sigma = \Sigma(q)$에 대하여 범함수

$$\tilde{J}(q) = J(\Sigma(q), q) = \text{trace}(\Sigma(q)) + R(q) \quad (6)$$

를 최소화하는 q^{opt}을 찾아라.

앞에서 대각합 trace($\Sigma(q)$)가 유한이고 최적화 문제가 잘 정의됨을 이야기하였다. 문제를 이런 식으로 세우면 표준 최적화 알고리즘을 직접 적용할 수 있다.

3 근사와 수렴

최적의 센서 배치 문제를 해결하기 위한 현실적인 수치해석적 기법을 개발하려면 먼저 해결해야 할 문제들이 있다. 그중 하나는 리카티 방정식의 해인 $\Sigma = \Sigma(q)$를 계산하기 위해 리카티 작용소 방정식 (4)를 근사시키는 문제이다. 여기서 $C(\cdot)$은 대각합류 작용소의 집합에서 힐베르트-슈미트(Hillbert-Schmidt) 노름에 대하여 연속이다. 이 사실의 현실적인 함의는 trace($\Sigma(\cdot)$)도 q에 대하여 연속이라는 사실이다. 따라서 수치해석적 최적화 방법의 활용을 위한 기본 토대가 마련된 것이다. 특히, 공간 $\mathcal{H}$ 위의 힐베르트-슈미트 작용소 공간에서의 존재성과 수렴의 근사에 대해 알려진 수학적 사실을 이용한다.

리카티 방정식 (4)의 해 $\Sigma(q)$의 근사인 $\Sigma^N(q)$를 수치해석으로 구해야 한다. 그러기 위해서는 근사의 대각합 trace($\Sigma^N(q)$)의 수렴성과 trace($\Sigma(q)$)의 수렴성이 일치해야 하므로 필요한 수치해석적 접근법이 특정 성질을 만족해야 한다. 이것이 핵심이다.

리카티 공식 (4)를

$$A\Sigma + \Sigma A^* - \Sigma D(q)\Sigma + F = 0$$

과 같이 다시 쓸 수 있는데, 여기서 $D(q) = C(q)^* C(q)$이고 $F = GG^*$이다. 이로부터 각 작용소 A, $C(q)$, G의 근사인 A^N, $C^N(q)$, G^N도 수렴해야 함은 분명하다. 이때 가끔 간과되는 것은 쌍대 작용소의 근사도 필요하다는 점이다. 그러므로 작용소 A^*, $C^*(q)$ 및 G^*의 수렴하는 근사인 $[A^*]^N$, $[C^*(q)]^N$ 및 $[G^*]^N$을 구축해야 한다. 중요한 점은, 일반적으로 $[A^N]^*$, $[C^N(q)]^*$ 및 $[G^N]^*$는 적합한 위상(topology)이 주어졌을 때 A^*, $C^*(q)$ 및 G^*로 수렴하지 않을 수 있다는 것이다. 즉, trace($\Sigma^N(q)$)가 trace($\Sigma(q)$)로 수렴하지 않을 수 있다는 뜻이다. 쌍대 수렴성 조건과 함께 안정성 조건이 보존되어야 하고 탐지 가능성 조건도 보존되어야 한다. 다시 말하지만, 심지어 표준적 수치해석 기법에서조차 제어 시스템의 이런 중요한 특성이 보존되지 않을 수 있다.

근사 문제에서 $(\mathcal{H}^N, A^N, C^N(q), G^N)$이라는 열을 생각하자. 여기서 $\mathcal{H}^N \subset \mathcal{H}$는 $\mathcal{H}$의 유한 차원 부분 공간이고, $\mathcal{L}(\mathcal{X}, \mathcal{Y})$를 $\mathcal{X}$에서 $\mathcal{Y}$로의 유계인 선형 작용소 공간이라 할 때 $A^N \in \mathcal{L}(\mathcal{H}^N, \mathcal{H}^N)$이고, $C^N(q) \in \mathcal{L}(\mathcal{H}^N, \mathbb{R}^1)$이고, $G^N \in \mathcal{L}(\mathcal{H}^N, \mathcal{H}^N)$이다. 즉, 모두는 유계인 선형 작용소이다. 이 글에서는 표준적인 유한요소법을 사용할 것이기에 $\mathcal{H}^N$이 조각적 다항함수의 유한요소 공간이어야 한다. 공간 $\mathcal{H}$에서 $\mathcal{H}^N$으로의 정사영 P^N: $\mathcal{H} \to \mathcal{H}^N$이 부등식 $\|P^N\| \leq 1$을 만족하고 모든 $z \in \mathcal{H}$에 대해 $N \to \infty$이면 $\|P^N z - z\| \to 0$이라고 하자. 모든 $N = 1, 2, 3, \cdots$에

대해 방정식(4)의 유한 차원 근사인

$$A^N \Sigma^N + \Sigma^N [A^*]^N - \Sigma^N D^N(q) \Sigma^N + F^N = 0 \quad (7)$$

을 생각하자. 방정식 (7)의 해는 Σ^N이다. 이제 최적의 센서 배치 문제는 근사 비용 범함수

$$\tilde{J}^N(q) = \mathrm{trace}(\Sigma^N(q)) + R(q)$$

를 식(7)의 제약조건하에서 최소화하는 문제가 되었다.

리카티 작용소의 유한 차원 근사의 수렴성을 논의하려면 사용하고자 하는 수치해석 방법이 기본적인 안정성 조건과 탐지 가능성 조건을 보존해야 한다는 리카티 방정식 (7)의 유일한 양의 정부호 해 존재성이라는 필요조건을 만족해야 한다. 이 가정은 여기서는 자세히 설명하지 않겠지만 네 가지 다른 조건으로 분리되는데, 작용소의 수렴, 수반 작용소의 수렴, 근사의 균일한 안정성/탐지 가능성의 보존과 입력 작용소의 옹골 조건이 그것이다. 이러한 가정하에서 리카티 방정식 (7)은 충분히 큰 모든 N에 대해 유일한 음이 아닌 해 $\Sigma^N(q)$를 가지고 있고

$$\lim_{N \to +\infty} \mathrm{trace}(\Sigma^N(q)) = \mathrm{trace}(\Sigma(q))$$

임을 알 수 있다.

또한

$$\lim_{N \to +\infty} \mathrm{trace}(\Sigma^N(q) P^N - P^N \Sigma(q)) = 0$$

임을 보일 수 있다. 이는 대각합 노름에 대하여 작용소 $\Sigma^N(q)$가 $\Sigma(q)$로 수렴한다는 뜻이다. 앞에서 구체적으로 보았듯이 이러한 가정은 표준 유한요소법에서도 성립함을 보일 수 있다.

4 병실에 대한 수치해석 결과

문제를 단순화하여 그림 2에 있는 병실 문제의 2차원 버전을 생각해 보자. 오른쪽의 큰 공간은 '침대 방'이고 나머지 공간은 욕실과 옷 방이다. 네 개의 공기 유입구가 있고 공기가 유출되는 곳은 좌측에 있는 통로와 연결된 문이다. 최적의 센서 배치 문제는 공기 유출 위치에 크게 민감하지 않은데 그 이유는 침대 방에서 다른 두 개의 영역으로의 흐름이 지배적이기 때문이다.

수치해석 계산을 하기 위해 교란함수는 거의 균질한 것으로 보았다.

$$w(t, x) = [G_\varepsilon \eta(t, \cdot)] = \iiint_\Omega \delta_\varepsilon(x - y)\eta(t, y)\,\mathrm{d}y$$

여기서 $\delta_\varepsilon(y)$는 델타 함수의 매끄러운 근사이다. 또한 $R(q) = 0$으로 설정한다.

그림 2는 공기의 유입 흐름, 유출 흐름과 병실 내부의 공기 흐름을 보여 준다. 북쪽과 남쪽 벽에 있는 별표는 q_1과 q_2 지점으로서 비용함수 $\tilde{J}(q) = J(\Sigma(q)) = \mathrm{trace}(\Sigma(q))$가 국소적으로 최소인 지점이다. 그림 3은 점 q가 북서쪽 모퉁이에서 북쪽 벽을 따라가다가 동쪽 벽을 따라 아래로 간 후 남쪽 벽을 가로질러 가다가 침대 방의 서쪽 벽을 따라갈 때 $\tilde{J}(q) = \mathrm{trace}(\Sigma(q))$의 변화를 그린 것이다. 그림을 통해 이 최적의 센서 배치 문제는 두 개의 해가 있음을 관찰하기 바란다. 하나는 북쪽 벽의 공기 유입구 두 개 사이에 있고 다른 하나는 남쪽 벽의 공기 유입구 두 개 사이에 있다. 침대 방에서 벽이 없는 욕조 영역으로 가는 개방부에도 극소점이 있다. 동쪽 벽에도 극소점이 존재하지만 이 점에서의 값은 최댓값과 거의 동일하다.

이 사례를 보면 최적의 센서 배치 문제는 합리적으로 잘 작동하는 것을 알 수 있다. 비록 여러 개의 극소점이 있지만 대부분의 수치 최적화 알고리즘은 이런 유형의 문제를 처리할 수 있다. 점 q_1과 점 q_2의 위치가 '거칠게' 파악되는데 이는 공기 흐름을 묘사할 때 사용하는 격자가 엉성하기 때문이다. 엉성한 격자가 계산에 이용되었음에도 최소점의 위치를 대략적으로 파악하는 데는 충분했다. 이런 경향은 다른 유사한 문제에서도 볼 수 있으며 최적화 문제에 대한 **다중격자 같은**[IV.13 §3] 접근 방식은 전체 알고리즘을 개선시킬 수 있음을 제안하고 있다. 이때는 엉성한 격자를 사용하여 최소점의 대략적인 위치를 알아낸 다음 그 근처에 미세한 격자를 적용하여 문제를 해결한다. 이 아이디어는 유사한 문제에 성공적으로 적용되었다.

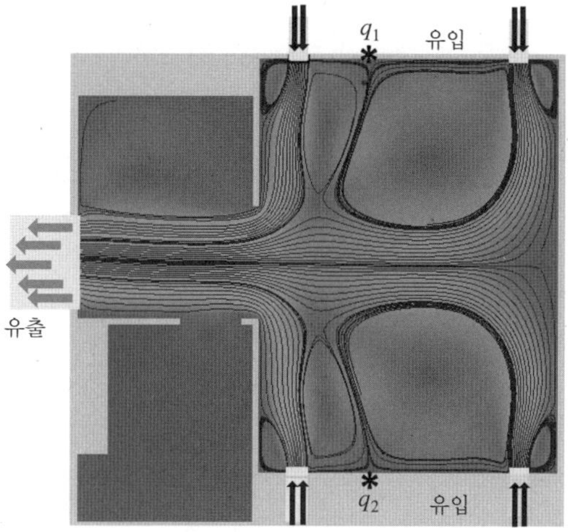

그림 2 병원 병실에 있는 네 개의 통풍구.

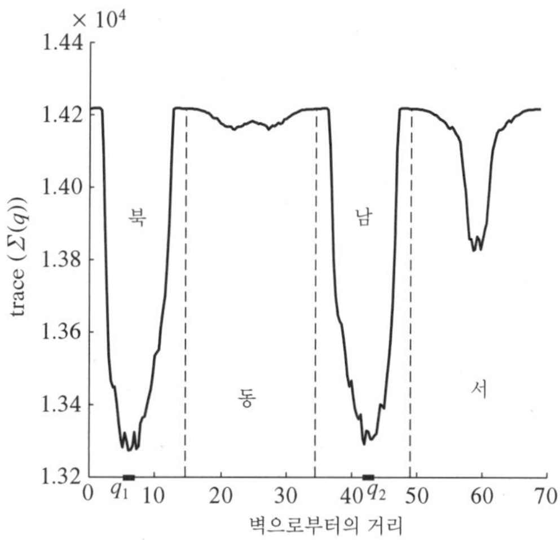

그림 3 벽을 따르는 trace($\Sigma(q)$) 값.

5 맺음말

이 글의 첫 번째 목표는 다소 추상적인 수학적 틀이 어떻게 에너지 분야에서 발생하는 매우 실용적인최적의 설계 문제를 공식화하고 해결하는지 보여 주는 것이다. 그다음으로 챙겨갈 점은 최적화 문제를 수치해석적으로 해결할 때 근삿값을 조심스럽게 도입해야 한다는 것이다. 특히 작용소의 수렴성을 보장하기 위한 추가적인 가정이 필요하다.

또 다른 이슈는 유한 차원 최적화 문제 자체에 관한 것이다. 이것에 관해 모든 것을 이야기할 지면이 남아 있지 않지만 반드시 언급해야 할 것이 있다. 최적의 센서 위치 문제에 현대의 그래디언트 기반 최적화를 적용할 때 사상 $q \to |\tilde{J}^N(q)| = \text{trace}(\Sigma^N(q))$는 적어도 C^1(일급)이어야 한다는 것이다. 매끈함에 대한 이런 요구는 무한 차원 시스템을 이산화(discretize)시키는 근사 유형에 추가적인 제한을 만들어 낸다. 그래디언트 $\nabla_q[\tilde{J}^N(q)]$를 근사시키는 방법은 몇 가지가 있다. 직접적인 유한차분 방법부터 더 발전된 연속적 감도 및 수반 방법까지 다양하다. 이론적으로 그래디언트가 일관되게 계산되기만 한

다면 이러한 방법들 사이에 차이는 없다. 하지만 실상에서는 근사의 선택에 따라 최적화 알고리즘의 속도 및 정확도에 영향을 미칠 수 있다. 따라서 만프레트 아이겐(Manfred Eigen)의 다음과 같은 격언이 떠오른다.

> 이론적으로 이론과 실제 사이에 차이는 없다. 그러나 실제적으로는 차이가 있다.

감사의 말. 이 연구는 공군 과학 연구소(AFOSR) 지원금 FA9550-10-1-0201과 펜 스테이트 대학(Penn State University)에서 하청 계약 #4345-VT-DOE-4261을 한 미국 에너지국의 계약 DEEE 0004261의 지원을 받아 진행되었다.

더 읽을거리

Borggard, J., J. Burns, E. Cliff, and L. Zietsman. 2012. An optimal control approach sensor/actuator placement for optimal control of high performance buildings. In *Proceedings of the 2nd International High Performance Buildings Conference, Purdue University*, pp. 34661-67.

Brown, D. L., J. A. Burns, S. Collis, J. Grosh, C. A. Jacobson, H. Johansen, I. Mezic, S. Narayanan, and M. Wetter. 2010. Applied and computational mathematics challenges for the design and control of dynamic energy systems. Technical Report, Lawrence Livermore National Laboratory, Arlington, VA.

Mendez, C., J. F. San Jose, J. M. Villafruel, and F. Castro. 2008. Optimization of a hospital room by means of CFD for more efficient ventilation. *Energy and Buildings* 40:849-54.

Narayanan, S. 2012. A systems approach to high performance buildings: a computational systems engineering R & D program to increase DoD energy efficiency. Final Report for Project EW-1709, Strategic Environmental Research and Development Program.

U.S. Energy Information Administration(EIA). 2007. Energy characteristics and energy consumed in large hospital buildings in the United States in 2007. Commercial Buildings Energy Consumption Survey Report. Available at www.eia.gov/consumption/commercial/reports/2007/large-hospital.cfm

Yao, R. 2013. *Design and Management of Sustainable Built Environments*. New York: Springer.

VI.14 로봇 공학

찰스 웜플러 *Charles W. Wampler*

1 로봇 운동학

로봇 공학은 기계 공학, 전기 공학, 컴퓨터 과학과 응용수학을 포함하는 학제 간 분야이며 생물학, 심리학, 인지 과학으로부터도 영감을 받았다. 공장에 있는 로봇부터 행성 간 탐사선 로봇까지 모든 로봇의 기본 기능 중 하나는 로봇 자신이 어디에 있는지 그리고 가야 할 곳으로 어떻게 이동하는지 알아야 한다는 것이다. 이 기능에는 자신의 부속물이 어디에 있는지 그리고 그것을 어떻게 효율적으로 움직이는지를 아는 것도 포함된다. 이런 부속물을 기술 용어로, 작업물에 직접 작용하는 '말단장치'를 가진 '조정장치'라 하는데, 로봇 링크들이 직렬로 연결되어 있을 때 흔히 '손'과 '팔'이라고도 부른다. 손의 위치를 파악한다는 것은 그것이 어디에 있는지와 향(orientation)을 찾는다는 의미이다. 예를 들어 열린 병 안의 내용물을 집고자 하면 손이 대상물에 닿아야 할 뿐만 아니라 열린 병을 향해 방향을 잡아야 한다. 향은 3×3 직교행렬로 완벽히 표현할 수 있다.* 때로는 이것을 회전 행렬(rotation matrix) 또는 방향 코사인 행렬이라고 부른다.

로봇을 비롯한 대부분의 기계 시스템의 기하적 운동 특성, 즉 운동학(kinematics)은 연립 다항방정식으로 잘 모델링할 수 있다. 특히 이것은 기계 동작에서 사용하는 가장 일반적인 요소인 회전 관절(rotational joint)에서 잘 볼 수 있다. 여러 개의 링크들이 회전 관절로 차례로 연결되어 있을 때 각각의 링크는 옆 링크 주위로 원운동을 한다. 그리고 이 원은 다항방정식으로 묘사할 수 있다. 그래서 운동학 문제를 해결하는 데 대수기하학을 사용한다.

다양한 각도로 경사지게 배치된 여러 개의 회전 관절로 연결된 직렬 링크 로봇 팔에 달린 손은 3차원 공간에서 움직인다. 더 명확하게 이해하기 위해 먼저 관절이 하나만 있는 경우를 생된해 보자. 단위 벡터 $\vec{u}\in\mathbb{R}^3$을 회전 관절의 축 벡터라 하자. 그림 1에서 보듯이 임의의 벡터 $\vec{p}\in\mathbb{R}^3$의 벡터 $\vec{u}$를 축으로 하는 θ-회전 $R(\vec{u},\theta)$는

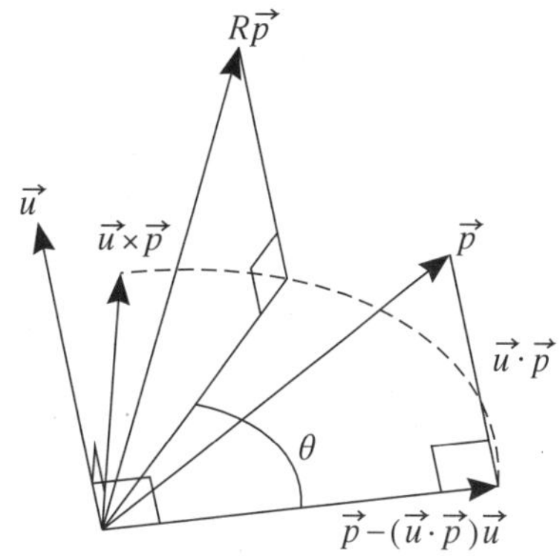

그림 1 벡터 $\vec{u}$를 축으로 하는 $\vec{p}$의 회전.

$$R(\vec{u},\theta)\vec{p}=(\vec{u}\cdot\vec{p})\vec{u}+[\vec{p}-(\vec{u}\cdot\vec{p})\vec{u}]\cos\theta+\vec{u}\times\vec{p}\sin\theta$$

로 표현된다. 여기서 $R(\vec{u},\theta)$는 우변의 3×3 행렬이다.

회전의 삼각함수 표현 $(\cos\theta,\sin\theta)$를 $c^2+s^2=1$을 만족하는 (c,s)라고 대수적으로 표현하자. 기호를 남용하여 재공식화된 회전 행렬을 $R(\vec{u},c,s)$라 쓰면 그것의 행렬 표현은

$$R(\vec{u},c,s)=\vec{u}\vec{u}^{\mathrm{T}}+(I-\vec{u}\vec{u}^{\mathrm{T}})c+\Lambda(\vec{u})s$$

이고, 여기서

$$\Lambda\left(\begin{bmatrix}x\\y\\z\end{bmatrix}\right)=\begin{pmatrix}0&-z&y\\z&0&-x\\-y&x&0\end{pmatrix}$$

* 손은 팔의 마지막 링크에 붙어 있고 손목은 꺾이지 않는다. 손가락은 오므려서 물건을 집을 수 있다. 손의 향이란 마지막 링크가 향하는 방향과 손가락이 오므려지는 방향으로 이루어져 있다. 기준이 되는 손의 향을 하나 고정시키자. 어떤 손의 향이 하나 있다고 하면 기준이 되는 손을 이 향과 일치시키는 회전 운동은 유일하다. 이 회전 운동을 나타내는 (행렬식이 1인) 3×3 직교행렬을 손의 향에 대응시키는 것이다. 그러므로 손의 향은 특수직교군 SO(3)과 일대일로 대응된다.—옮긴이

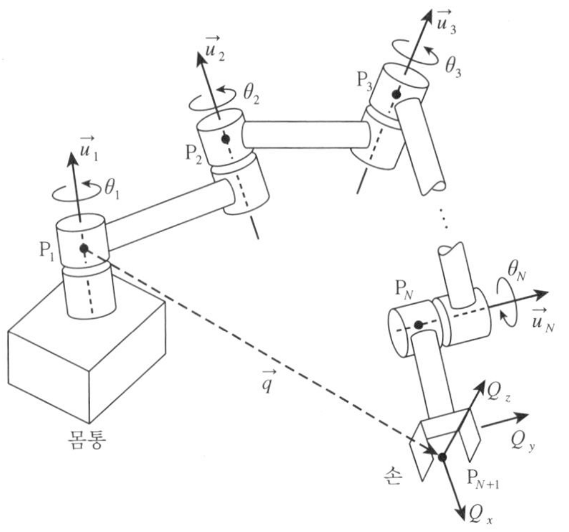

그림 2 직렬 링크 로봇 도식.

이 된다. 예를 들어 $\vec{u}=[100]^T$이면 $R(\vec{u}, c, s)$는 yz-평면에 있는 회전이다. 회전 $R(\vec{u}, c, s)$가 (c, s)에 대하여 선형임을 알 수 있다. 관절이 회전할 때 회전을 축 벡터 $\vec{u}$는 그대로이며 c와 s는 변수이다. 행렬 $R(\vec{u}, c, s)$는 항상 직교행렬이며 그것의 행렬식 (determinant)은 1이다.

이것을 여러 개의 링크로 이루어진 팔로 일반화해 보자. 로봇의 몸통에서 손까지 0에서 N까지의 번호가 붙은 링크가 회전 관절에 의해 직렬로 연결되어 있다고 하자. 손의 몸통에 대한 상대 위치와 향을 공식화하기 위해 링크와 회전 관절에 대한 기하학적 정보가 필요하다. 그림 2와 같이 링크 0과 링크 1 사이의 회전 관절에 점 P_1을 표시한다. 점 $P_2, \cdots, P_N$은 비슷하게 차례로 정의되고 그림 2와 같이 표시한다. 또한, 손의 기준점을 P_{N+1}로 표시한다. 팔이 최초의 자세로 멈추어 있는 상태에서 링크 $i-1$과 링크 i 사이의 관절의 축 단위벡터를 $\vec{u}_i$라 하고 멈추어 있는 상태 P_i에서 P_{i+1}로의 벡터를 $\vec{p}_i$라 하자. 손의 최초의 향을 $Q_0 \in SO(3)$이라 하고 각 관절의 회전을 (c_i, s_i), $i=1, \cdots, N$이라 하자. 각 관절의 회전 행렬을 $R_i := R(\vec{u}_i, c_i, s_2)$로 줄여 쓰면, 손의 몸통에 대한 최종 향 $Q=[Q_xQ_yQ_z] \in SO(3)$과 관절 1의 기준점 P_1과 손의 기준점 P_{N+1} 사이의 벡터 $\vec{q}$는 다음과 같이 표현할 수 있다.

$$Q = R_1 R_2 \cdots R_{N-1} R_N Q_0 \tag{1}$$

$$\vec{q} = R_1(\vec{p}_1 + R_2(\vec{p}_2 + \cdots + R_N(\vec{p}_N)\cdots)) \tag{2}$$

그러므로 주어진 관절의 회전 (c_i, s_i), $i=1, \cdots, N$에 대하여 손의 향 Q와 손의 기준점 $\vec{q}$를 알 수 있다. 이것으로 직렬 링크(serial-link) 로봇 팔의 **전진 운동학 문제**(forward kinematics problem)를 푼 것이다.

2 역진 운동학

위의 전진 운동학 계산을 통해 직렬 링크 로봇 손의 몸통에 대한 상대적 위치와 향을 알 수 있었다. 이보다 더 도전적인 문제는 역으로 손의 향과 위치 $(Q, \vec{q})$가 주어져 있을 때 각 관절의 회전 (c_i, s_i), $i=1, \cdots, N$을 찾는 **역운동학 문제**(inverse kinematics problem)이다. 공간 상의 모든 강체운동(rigid motion)의 공간을 SE(3)이라고 하는데 이는 세 개의 회전과 세 개의 평행이동을 생성소로 하는 6차원 리 군(Lie group)이다. 따라서 손을 팔이 닿을 수 있는 범위 내에서 원하는 장소에 원하는 향으로 위치시키려면 필요한 관절의 개수는 $N \geq 6$이다.

그렇다면 중요한 경우인 $N=6$일 때를 생각해 보자. 이때 해야 할 일은 방정식 (1)과 (2) 그리고 조건

$$c_i^2 + s_i^2 = 1, \quad i = 1, \cdots, 6 \tag{3}$$

을 만족하는 (c_i, s_i), $i=1, \cdots, 6$을 구하는 일이다. 행렬 Q는 3×3이므로 식 (1)은 아홉 개의 방정식으로 이루어져 있는 듯 보이지만 $Q^{\mathrm{T}}Q=I$이기 때문에 독립적인 방정식의 개수는 세 개이다. 식 (2)는 세 개의 방정식을 나타내고 식 (3)은 여섯 개의 방정식을 나타낸다. 그러므로 이 문제는 열두 개의 방정식을 만족하는 열두 개의 미지수를 구하는 시스템(연립 방정식)이다. 식 (1)의 아홉 개 방정식으로 임의의 선형 결합 세 개를 만들어 식 (1)을 대체해도 시스템의 고립해(isolated solution)는 보존된다. 베주 정리(Bézout's throrem)에 의하면 N개의 다항식으로 이루어진 N개의 미지수를 구하는 시스템의 고립해 개수는 전 차수(모든 방정식의 차수의 곱)를 초과할 수 없다. 그러므로 이 시스템의 고립해 개수의 상계는 $6^6 2^6 = 2{,}985{,}984$가 된다. 하지만 이 상계는 매우 느슨하다.

이 시스템의 방정식들을 대수적으로 조작하면 근의 개수의 상계를 낮출 수 있다. 먼저 $R_i^{-1}=R_i^{\mathrm{T}}$이라는 사실을 이용하여 식 (1), (2)를 아래와 같이 쓸 수 있다.

$$R_3^{\mathrm{T}} R_2^{\mathrm{T}} R_1^{\mathrm{T}} Q = R_4 R_5 R_6 Q_0 \tag{4}$$

$$R_3^{\mathrm{T}}(R_2^{\mathrm{T}}(R_1^{\mathrm{T}}\vec{q} - \vec{p}_1) - \vec{p}_2) = \vec{p}_3 + R_4(\vec{p}_4 + R_5(\vec{p}_5 + R_6\vec{p}_6)) \tag{5}$$

이렇게 쓰고 보니 식 (4), (5)의 방정식들은 삼차방정식이므로 전 차수는 $3^6 2^6 = 46{,}656$으로 줄어들었다. 또한 이 방정식들은 일반적인 삼차방정식과 거리가 멀다. 그 이유는 각 (c_i, s_i) 쌍은 방정식 속에서 선형으로 나타나기 때문이다. 열두 개의 미지수를 $\{c_1, s_1, c_4, s_4\}$, $\{c_2, s_2, c_5, s_5\}$, $\{c_3, s_3, c_6, s_6\}$의 세 개의 그룹으로 묶으면 식 (4), (5)의 방정식들은 삼선형(trilinear)으로 볼 수 있다. 이러한 묶기에 기반하여 변형된 베주 정리인 '다중 동차 베주 수(multihomogeneous Bézout number) 정리'를 적용하면 고립해의 개수는 단항식 $(\alpha+\beta+\gamma)^6(2\alpha)^2(2\beta)^2(2\gamma)^2$의 $\alpha^4\beta^4\gamma^4$의 계수인 5,760을 넘지 않는다.

이것은 시작에 불과하다. 다른 대수적 조작을 통하여 '여섯 개의 회전 관절'을 가진 역진 운동학 문제(또는 6R 문제)는 최대 16개의 고립근이 있음을 최종적으로 보일 수 있다.

1968년에 피퍼(Pieper)가 문제*를 처음 제시한 이후 1985년에 차이(Tsai)와 모건(Morgan)이 수치해석적 해를 구하고 1988년에 리(Lee)와 량(Liang)이 16차의 소거식을 처음으로 대수적으로 유도해 낼 때까지의 20년 동안 이 문제는 운동학자들에게 최고의 난제였다. 하지만 이제는 부흐베르거의 알고리즘(Buchberger's algorithm)에 기반한 컴퓨터 기호 대수학이나 연속법에 기반한 수치 대수기하학을 이용하는 강력한 컴퓨터 알고리즘으로 이 문제를 몇 분 내에 풀 수 있다. 후자의 방법에선 적당한 6R 상태로부터 원하는 상태로의 변형을 보여 주는 호모토피를 구축함으로써 방정식에 더 이상의 조작을 가

* Donald Pieper는 자신의 박사학위 논문인 D. L. Pieper, 1968. *The kinematics of manipulators under computer control*. PhD thesis, Stanford University, Department of Mechanical Engineering에서 이 문제를 제시하였고 문제를 분석하였다.—옮긴이

할 필요가 없다. 위에서 설명한 변수들을 사용하면, 이 호모토피는 5,760개의 경로가 있으며 이는 다중 프로세서를 이용하여 병렬 추적할 수 있다. 이 경로들의 끝에는 6R 문제에 대한 16개의 고립해(복소수 해도 포함)가 있다. 어떤 6R 문제에 대한 해를 구하면, 이 해는 다른 일반적인 문제를 풀기 위한 16-경로 변수 호모토피를 구축하기 위한 시작점으로 이용할 수 있다.

3 일반화

직렬 연결된 로봇 팔뿐만 아니라 유사 메커니즘에는 직렬 연결 체인과 같은 다양한 형태의 위상 요소가 있을 수 있다. 이 또한 도전적인 전진 운동학이나 역운동학 문제를 파생시키는데 이러한 문제들도 대수적 알고리즘이나 대수기하학을 응용한 현대 알고리즘 문제의 범주에 있다. 체인 운동학과 관련 있는 수학은 인간 및 동물의 생체 역학적(biomechanical) 모델이나 단백질 접힘의 연구에 응용되고 있다.

더 읽을거리

Raghavan, M., and B. Roth. 1995. Solving polynomial systems for the kinematic analysis and synthesis of mechanisms and robot manipulators. *Journal of Mechanical Design* 117(B) : 71-79.

Sommese, A. J., and C. W. Wampler. 2005. *The Numerical Solution of Systems of Polynomials Arising in Engineering and Science*. Singapore : World Scientific.

Wampler, C. W., and A. J. Sommese. 2011. Numerical algebraic geometry and algebraic kinematics. *Acta Numerica* 20 : 469-567.

VI.15 미끄러짐, 슬라이딩, 흔들림과 충격: 매끄럽지 않은 역학과 그 응용

크리스 버드 *Chris Budd*

1 개요

우리 모두는 매끄럽지 않은 세상에 살고 있다. 사건은 느닷없이, 의도적으로 또는 통제된 상태로 일어나거나 멈춘다. 일단 사건이 일어나면 베어링, 종 및 다른 기계들의 작동 부분은 접촉하기 시작하면서 서로에게 영향을 미친다. 일단 부품들은 접촉하면 서로를 밀어내거나 간헐적으로 붙기도 하고 미끄러지기도 한다. 만약 이런 사건이 바위에서 일어나면 그 결과는 지진이 되며, 이는 예측하기 매우 어렵다. 이런 시스템이 작은 규모에서 매끈할 수 있지만 거시적인 규모에서는 일계 혹은 고계에서 매끈함을 잃게 되므로, 매끈하지 않음을 가정한 연후에야 그 동작을 최선으로 근사하고 분석할 수 있게 된다. 이러한 문제(탁자에서 공을 튕기는 것처럼 단순한 문제부터 무너지는 건물이나 심지어 기후 같은 복잡한 문제까지)를 연구하려면 고전적인 동역학계 이론을 매끈하지 않은 현상을 허용하는 데까지 확장할 필요가 있다. 통상 충격, 접착, 미끄러짐 등을 포함하는 문제는 조각마다 매끄러운(piecewise smooth, PWS) 문제인데 이것은 매끈한 궤적을 방해하는 순간적으로 매끈하지 않은 사건과 함께 나타난다. 그러한 동역학계는 혼돈 이론, 혼돈에 이르는 새로운 길(new routes to chaos) 및 분기 이론 같이 매끄러운 동역학계에서 관찰할 수 없던 방대한 종류의 행태를 분석하기 쉽게 해준다.

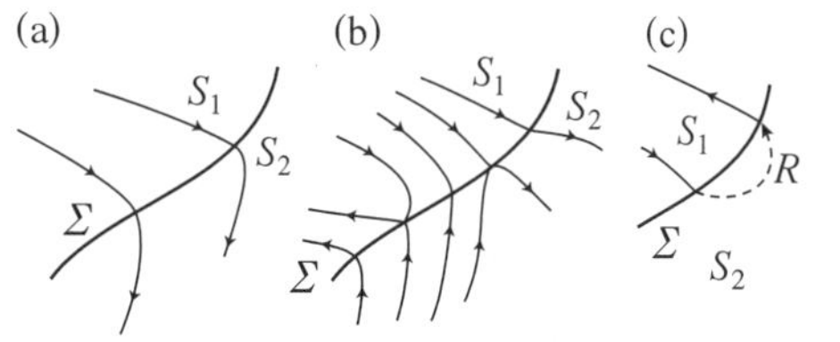

그림 1 (a)조각마다 매끄러운 유동. (b)미끄러지는 유동. (c)복합 유동.

2 조각마다 매끄러운 동역학계란 무엇인가?

조각마다 매끄러운 동역학계는 **유동**, 사상(maps) 및 이들의 혼합으로 이루어진다. 이를 정의하기 위해 $\Omega \subset \mathbb{R}^n$이 부분집합 S_i, $i=1, \cdots, N$으로 분할되며 S_i와 S_j 사이의 경계는 여차원 $p \geq 1$인 표면 Σ_{ij}라 두고 전체 역학계가 $\boldsymbol{x}(t) \in \Omega$로 주어졌다고 두자. 흔히 필리포프(Filippov) 동역학계라 부르기도 하는 조각마다 매끄러운 동역학계 **유동**(flows)은

$$\frac{\mathrm{d}\boldsymbol{x}}{\mathrm{d}t} = \boldsymbol{F}_i(\boldsymbol{x}), \quad \boldsymbol{x} \in S_i \tag{1}$$

로 주어지는데, 여기서 $\boldsymbol{F}_i$는 집합 Ω_i에서 매끈하다. $\boldsymbol{x}$가 집합 Σ_{ij}를 지날 때 식 (1)의 우변은 일반적으로 매끈하지 않게 된다. 필리포프 동역학계의 예로 방의 온도 $T(t)$가 특정 온도 T_0 밑으로 떨어지면 열기구를 켜게 하는 온도 조절 장치가 부착된 난방기가 있다. 이 경우 열기구가 매끈하게 작동하는 두 영역이 생기며 집합 Σ_{12}는 곡면 $T-T_0=0$이 된다. 필리포프 동역학계의 궤적은 그 자체로 조각마다 매끄러운 동역학계이며 Σ_{ij}에서 겹칠 때 정칙성이 사라진다.

양쪽 벡터장 $\boldsymbol{F}_i$ 및 $\boldsymbol{F}_j$가 Σ_{ij} 쪽으로 향할 때 Σ_{ij}의 부분집합에서 특별히 흥미로운 행태가 나타난다(그림 1을 보라). 이 경우 동역학계가 Σ_{ij}를 따라 미끄러지는 해를 갖는 **미끄럼 운동**(sliding motion)을 관찰할 수 있다. 미끄러지는 표면 위에서 동역학계는 벡터장의 어떤 평균으로 얻어지는 다른 방정식의 집합을 만족하며 이로부터 정규화된 **미끄러지는 벡터장**을 얻는다. 미끄러짐에 관한 문제는 마찰을 비롯한 많은 유형의 제어 문제에서 자연스럽게 나타난다. 이 문제는 일반적으로 **미분 포함식**(differential inclusions) 이론을 이용하여 연구하는데, 이는 우변이 다가함수로 주어진 미분방정식을 공부하는 것을 말한다.

조각마다 매끄러운 사상(PWS map)은 다음 식

$$\boldsymbol{x}_{n+1} = \boldsymbol{F}_i(\boldsymbol{x}_n), \quad \boldsymbol{x}_n \in S_i \tag{2}$$

와 다음 특수한 식

$$\boldsymbol{F}_i(\boldsymbol{x}_n) = A_i\boldsymbol{x}_n + \boldsymbol{b}_i, \quad \Sigma = \{\boldsymbol{x}: \boldsymbol{c} \cdot \boldsymbol{x} = 0\} \tag{3}$$

으로 주어진 **조각적 선형 사상**(piecewise-linear map)으로 정의되는데, 여기서 A_i는 행렬이며 $\boldsymbol{b}_i$는 벡터이다. 식 (3)과 같은 사상을 연속일 때는 **페이긴 사상**(Feigin maps)이라 부르며 그렇지 않을 때는 **틈이 있는 사상**(maps with a gap)이라 부른다. 이는 그 자체로 제어 문제 및 원 사상에서 자연스럽게 나타나기도 하지만, 신경과학에서 조건 $\boldsymbol{c} \cdot \boldsymbol{x}_n \geq 0$이 뉴런 발

화의 역치일 때도 나타난다. 또한 식 (1) 형태의 동역학계에 대한 푸앵카레 사상의 맥락에서 나타나기도 한다. 보기에는 분명히 단순해 보이지만, 식 (3) 꼴의 동역학은 유독 풍부하며 특히 A_i가 복소 고윳값을 가질 때는 더욱 그러하다. 그러한 또 다른 사상으로 **노드마크 사상**(Nordmark map)이 있으며, 이 사상은 주목할 만하다. 이것은 다음 절에서 묘사할 **접선 분기**(grazing bifurcations)의 맥락에서 보면 매우 자주 나타나는 것이다. 노드마크 사상은 다음 형태와 같이 나타난다.

$$\boldsymbol{x}_{n+1} = \begin{cases} A_1\boldsymbol{x}_n + \boldsymbol{b}_1\sqrt{\boldsymbol{c}\cdot\boldsymbol{x}_n}, & \boldsymbol{c}\cdot\boldsymbol{x}_n \geq 0 \\ A_2\boldsymbol{x}_n + \boldsymbol{b}_2, & \text{기타} \end{cases} \quad (4)$$

제곱근 항은 직선 $\Sigma = \{\boldsymbol{x} : \boldsymbol{c}\cdot\boldsymbol{x} = 0\}$에 가까워지면 이 사상은 유계가 아닌 미분을 가지므로 위상 평면에서 무한히 늘어날 수도 있다. 따라서 이렇게 자연스럽게 일어나는 사상이 광범위한 변숫값에 대한 혼돈스러운 행태로 이어지는 것은 놀라운 일도 아니다.

마지막으로 **하이브리드계**[II.18]가 있는데, 이는 영역 S_i에서 조각마다 매끄러운 유동에 해의 궤적이 집합 Σ와 겹칠 때(그림 1을 보라) 움직이는 사상 R: $\Sigma \to \Sigma$를 결합한 것이다. 혼합계는 제어 문제에서 자연스럽게 나타나며 또한 공을 튕길 때나 기어를 넣을 때 같은 순간적 접촉이나 베어링 동작처럼 제약적 역학 운동을 포함한 다양한 현상을 자연스럽게 묘사한다. 또한 혼합계의 동역학은 **측도 미분 포함식**(measure differential inclusions)을 이용하여 묘사할 수도 있다.

3 어떤 움직임이 관찰되는가?

매끈한 동역학계와 관련 있는 많은 현상은 조각마다 매끈한 동역학계에서 찾을 수 있다. 예를 들어 동역학계 (1)과 (2)는 부동점이나 주기적 궤적 및 혼돈해 같은 상태를 가질 수 있다. 부동점이 불연속 표면 Σ_{ij}와 멀리 떨어져 있거나 임의의 궤적이 그런 표면을 **가로질러** 겹친다면, 음함수 정리를 이용하여 이를 연구할 수 있을 것이고 이들은 매끈한 동역학계와 같은 방식으로 안장점-교차점, 주기 2배화, 호프(Hopf)와 같은 분기를 갖는다. 주요한 차이는 변수가 변함에 따라서 이런 상태가 Σ_{ij}와 처음으로 교차하면서 부동점이 Σ_{ij} 위에 놓이거나, 궤도가 Σ_{ij}에 **접하며**(tangential/grazing) 교차할 때 나타난다. 이러한 교차는 일반적으로 **불연속 유도 분기**(discontinuity-induced bifurcations) 해의 행태에 극적인 변화를 가져온다. 이러한 분기는 혼돈에 이르는 새로운 길을 비롯한 많은 새로운 현상을 유도한다. 그러한 예로서 동역학계 (2)의 가장 단순한 경우인 x_n이 스칼라이고 $0 < \lambda < 1$인 경우를 생각하면 다음을 얻는다.

$$x_{n+1} = \begin{cases} \lambda x_n + \mu - 1, & x_n \geq 0 \\ \lambda x_n + \mu, & x_n < 0 \end{cases}$$

만약 $\mu > 1$이면, 위에서 정의된 사상은 $x^* = (\mu - 1)/(1 - \lambda)$에서 부동점을 갖는다. 비슷하게 $\mu < 0$이면, 이 사상은 $x^* = \mu/(1 - \lambda)$에서 부동점을 갖는다. 각각 $\mu = 1$과 $\mu = 0$일 때, 이 두 부동점 중 하나는 불연속 집합 $\Sigma = \{x : x = 0\}$에 놓인다. $0 < \mu < 1$이면 움직임이 복잡해지며 $\lambda = 0.7$인 경우에 대한 분기 도해를 그림 2에 나타내었다. 이것은 **주기 추가 낙하**(period-adding cascade)라는 놀라운 구조를 가지고

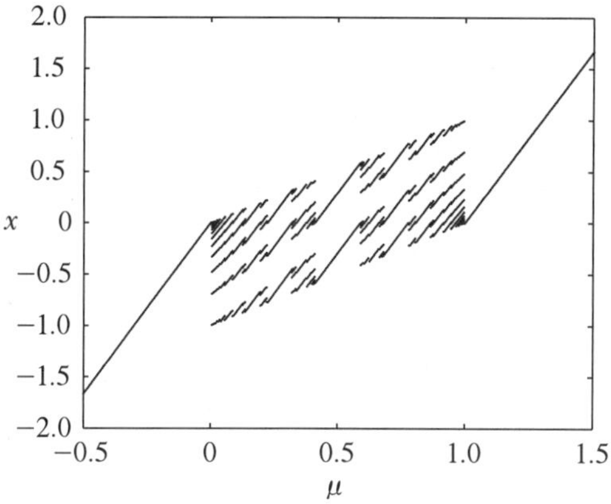

그림 2 조각적 선형 사상에서 불연속 유도 분기로부터 나타나는 주기 추가 낙하.

있는데 주기 n 및 주기 m 범위에 놓이는 변수 μ의 값 사이에 주기 $(n+m)$ 범위인 μ의 값이 존재함을 볼 수 있다는 뜻이다. 주기 추가(및 주기 증가와 밀접한 관련이 있는 현상)는 조각마다 매끄러운 동역학계에서 관찰되는 분기의 특징적 양상이다. 보다 일반적으로, 조각마다 매끄러운 동역학계 유동의 주기적 영역이 Σ_{ij}를 스쳐 지나가는 **접선 분기** 때 대단히 비슷한 현상을 관찰할 수 있는데, 이는 노드마크 사상 (4)를 이용하여 연구할 수 있으며 실험을 통해서도 관찰된다. 미끄럼 운동의 초기에 나타나는 분기에서는 심지어 훨씬 복잡한 행태를 관찰할 수 있다.

조각마다 매끈한 동역학계 연구는 비교적 개발 초기 단계에 있다. 따라서 이들이 나타나는 많은 응용 분야에서 이를 분류하고 수학적으로 이해하며, 그 풍부한 행태를 연구하기까지는 아직 할 일이 많이 남아 있다.

더 읽을거리

di Bernardo, M., C. Budd, A, Champneys, and P. Kowalczyk. 2008. *Piecewise-Linear Dynamical Systems: Theory and Applications*. New York: Springer.

Guckenheimer, J., and P. Holmes. 1983. *Bifurcations and Chaos*. New York: Springer.

Kuznetsov, Y. A. 2004. *Elements of Applied Bifurcation Theory*, 3rd edn. New York: Springer.

VI.16 N-체 문제에서 천문학까지 그리고 암흑물질

도널드 사리 *Donald G. Saari*

1 천문학에서 나온 암흑의 미스터리

천문학에서 나오는 수수께끼는 수학자들에게 지적 유혹일 수밖에 없음이 입증되었는데, 이것이 수세기 동안 두 분야가 공생 관계를 즐기는 이유이다. 예를 들어 행성의 운동을 설명하고자 하는 도전은 뉴턴의 미적분학과 운동방정식으로 이어졌고, 이것은 다시 천문학 및 물리학의 혁명이 되었다. 뉴턴 N-체 문제에 대한 수학적 결과는 아주 많지만 여기에선 맛보기만 보여 주려 한다. 통합적으로 설명하기 위해 **암흑 물질**의 흥미로운 천문학적 비밀이 어떻게 광명을 보게 되었는지를 말해 주는 주제들을 다뤄 보기로 한다.

예를 들어, 암흑 물질에 관한 수수께끼는 은하들

이 소멸*되지 않고 유지되는 데 필요한 예상 질량 수준(predicted mass level)이, 관측 결과 현재 알려진 우주의 질량 수준보다 한참 크다는 사실로부터 시작한다. 예상한 질량과 알려진 질량 사이의 엄청난 차이는 암흑 물질이라 부르는 관측되지 않는** 질량 때문인 것으로 여겨지고 있다. 이 누락된 물질의 본질에 대한 증거는 현재 없지만 이것이 무엇이든 간에 은하와 우주 질량의 대부분을 차지하고 있는 듯하다.

이 수수께끼에서 수학이 중요한 역할을 담당한다는 사실은 제대로 평가받지 못하고 있다. 하지만 이것은 틀림없는 사실이다. 예상 질량은 뉴턴 N-체 문제에 대한 수학적 분석의 결과이기 때문이다. 지금부터 다른 N-체 퍼즐에 대한 설명으로부터 수학 이야기를 풀어가 보자.

1.1 우리 태양의 질량

간단한 것부터 시작해 보자. 우리 태양의 질량은 어떻게 알아낼 수 있을까? 해답은 뉴턴의 법칙 및 행성의 공전 속도에 있다. 태양의 질량을 M, 행성의 질량을 m이라 하고 벡터 $\boldsymbol{r}(t)$는 태양에 대한 행성의 위치 벡터라 하자. $r = |\boldsymbol{r}(t)|$이고 G는 중력 상수이다. 뉴턴의 역제곱 힘의 법칙(Newton's inverse-square force law)에 의하면 가속도 벡터 $\boldsymbol{r}''(t)$는 아래의 공식을 만족한다.

$$m\boldsymbol{r}'' = \frac{GMm}{r^2}\left(\frac{\boldsymbol{r}}{r}\right) = -\frac{GMm\boldsymbol{r}}{r^3} \quad (1)$$

* 우주가 계속 팽창하여 그 밀도가 0에 수렴한다는 의미로 쓴 듯하다.—옮긴이

** 빛이나 전자기파와 상호 작용하지 않기 때문이다.—옮긴이

스칼라 함수 r은 내적 공식 $r^2 = \boldsymbol{r}\cdot\boldsymbol{r} = (\boldsymbol{r})^2$을 만족한다. 행성의 속도 벡터 $\boldsymbol{v}$는 $\boldsymbol{v} = \boldsymbol{r}'$이 된다. 위의 내적 공식을 두 번 미분하고 공식 $(\boldsymbol{r}\cdot\boldsymbol{v})^2 + |\boldsymbol{r}\times\boldsymbol{v}|^2 = |\boldsymbol{r}|^2|\boldsymbol{v}|^2$을 사용하면 아래의 식을 얻는다.

$$mr'' = -\frac{GMm}{r^2} + m\frac{[\boldsymbol{r}\times\boldsymbol{v}]^2}{r^3} = -\frac{GMm}{r^2} + m\frac{v_{\mathrm{rot}}^2}{r} \quad (2)$$

여기서 v_{rot}는 행성의 회전 속도 벡터, 즉 속도 $\boldsymbol{v}$의 위치 벡터 $\boldsymbol{r}$에 수직인 성분의 크기이다. 지구가 거의 원 궤도를 돌고 있으므로 $r'' \approx 0$을 식 (2)에 대입하면

$$M \approx \frac{rv_{\mathrm{rot}}^2}{G} \quad (3)$$

로 쓸 수 있다. 우리는 태양과 지구 사이의 거리 r과 공전주기(1년)를 알고 있으므로 회전 속도와 태양의 질량인 M을 계산할 수 있다.

역으로, 식 (3)은 거의 원 궤도로 움직이는 지구의 회전 속도를 유지시킬 수 있도록 하는 태양의 질량은 M이라고 주장한다고 해석할 수 있다. 식 (2)에 의하면 v_{rot}가

$$v_{\mathrm{rot}} \approx [GM/r]^{1/2} \quad (4)$$

보다 크면 $r'' > 0$이 되므로 지구가 태양계에서 벗어날 가능성을 대두시키지만 다행스럽게도 그런 일은 일어나지 않는다.

하지만 잠재적인 문제는 존재한다. 태양의 질량에 비해 행성의 질량은 무시할 수 있다. 만약 해왕성처럼 멀리 떨어져 있는 행성의 태양 대비 질량이 알려진 것보다 훨씬 크다고 예측하게 하는 정보가 주

어진다면 이것은 무엇을 의미하는 걸까? 이와 관련해 다음 세 가지의 가설이 자연스럽게 떠오른다.

(1) 뉴턴의 법칙은 틀렸다.
(2) 예측된 질량이 크다는 것은 식 (2), (4)로부터 해왕성의 속도가 너무 빨라서 태양계에 붙들려 있지 않게 된다는 의미이다.
(3) 예측된 질량은 확실히 있다. 다만 그것은 태양의 질량을 반영하는 것이 아니라 지구와 해왕성 궤도 사이에 숨어 있거나 관찰되지 않는다는 의미이다. 이것이 바로 '태양계의 암흑 물질'인 것이다.

다행스럽게도 케플러 제3법칙 덕분에 어느 것 하나 바람직한 것이 없는 위의 가설들 중에서 하나를 골라야 하는 부담스러운 작업을 할 필요가 없다. 케플러 제3법칙에 의하면 식 (3)의 분자 $rv_{\rm rot}^2$는 반드시 상수이어야 한다. 그러므로 $v_{\rm rot}^2=C/r$에 의해 r이 증가하면 행성의 회전 속도는 0으로 줄어든다. 케플러 법칙이 뉴턴의 법칙이 옳다는 확신을 뒷받침하고 있기에 최소한 가까운 미래까지는 행성을 잃어버릴 염려는 없다. 또한 태양계 내의 암흑 물질은 없다고 봐도 된다.

이 가상 시나리오의 목적은 뉴턴의 끌어당김, 중력 법칙, 질량, 안정적인 행성계를 유지시킬 수 있는 회전 속도의 한계 사이의 밀접한 관계를 보여 주고자 함이었다. 케플러 제3법칙이 이러한 문제는 태양계에서 일어나지 않는다고 보장한다. 그렇다면 은하계에서는 어떨까? 알려진 은하의 질량이 어떤 별의 회전 속도를 유지시키기에 턱없이 부족하다면 말이다. 이것이 다음 주제이다.

1.2 은하의 질량

우리 태양계에 있는 행성들의 질량의 합이 태양에 비해 너무나 작다는 사실은 태양계를 여러 개의 2체 문제(two body problem)로 모델링해도 된다고 허락한다. 식 (2)를 이용해 태양의 질량을 알아낸 것도 그 덕분이다. 그러나 10억 개 이상의 별들로 구성된 은하계를 여러 개의 '2체 문제'로 근사시키는 것은 비현실적이다. 은하계 동역학으로부터 질량을 알아내려면 수십억의 N에 대해 N-체 시스템을 깊이 이해해야 한다. 하지만 아쉽게도 완벽한 수학적 해는 2체 문제에 대해서만 알려져 있다. 뭔가 다른 방법이 필요하다.

천체 물리학자들은 몇 가지 영리한 방법으로 이 문제에 다가간다. 예를 들어, 은하의 사진을 보면 걸쭉한 '별 스프'처럼 보인다. 이 모습은 N개의 이산 물체 시스템을 각 입자에 작용하는 힘이 뉴턴의 법칙에 의해 결정되는 연속체로 근사시킬 것을 제안한다.

대칭적인 구면 껍질 속의 물체가 껍질로부터 받는 알짜 중력은 0이라는 것을 미적분학 시간에 배운 바 있다. 물체가 구의 외부에 있다면 구 껍질의 질량이 중심에 이상적으로 모여 있는 것과 같은 중력 작용을 받는다. 이러한 사실을 통해 은하의 질량 중심으로부터 거리 r 이내의 총질량 $M(r)$을 구하는 식을 알 수 있는데 이것은 식 (3)과 유사하다.

$$M(r) \approx \frac{rv_{\rm rot}^2}{G} \tag{5}$$

은하의 질량을 예측하는 여타 방법도 있지만 별들

이 원 궤도를 유지하기 위해 필요한 질량을 구하고자 할 때는 식 (5)를 주로 사용한다.

여기서 문제가 생긴다. 별의 운동이 케플러의 법칙을 따른다면 r이 증가함에 따라 v_{rot} 값은 감소해야 한다. 하지만 관측 결과에 의하면 변수 r에 대한 v_{rot}의 그래프는 거의 선형으로 가파르게 증가하기 시작하여 증가율이 무뎌지며 상숫값에 수렴하거나 아주 미미한 증가 상태가 된다. 식 (5)에 따르면 v_{rot} 값이 상수에 가까워진다는 것은 은하의 질량 중심으로부터의 거리에 따르는 총질량이 선형적으로 증가해야 한다는 것을 의미한다. 하지만 관측으로는 그 큰 질량을 확인할 수가 없다.

태양계에 있는 암흑 물질의 예에서와 같이 이 예측과 관측 사이의 거대한 차이는 불편한 추측을 제시한다.

(1) 뉴턴의 법칙은 몇 광년 거리에서는 옳지 않다.
(2) 관측 질량에 비해 속도가 너무 빠르다는 사실은 은하가 산산조각으로 흩어지고 있다는 뜻이다.
(3) 예측 질량 $M(r) \approx Cr$과 관측 질량 사이의 차이만큼의 질량은 분명히 있다. 안 보일 뿐이다. 즉, '암흑 물질'이 있다.

전부 그런 건 아니지만 대부분의 천문학자와 천체 물리학자들은 첫 두 개의 추측은 구미에 맞지 않아 세 번째 추측에 집중한다.

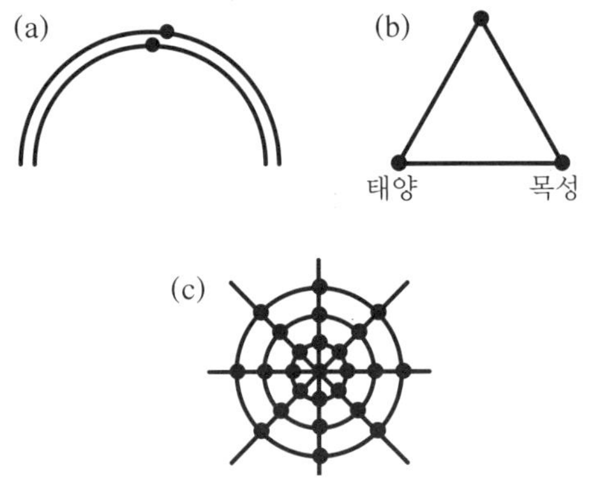

그림 1 이산체 상호 작용: (a)상호 작용. (b)중앙 배치. (c)거미줄.

2 수학적 분석

천체 물리학자들은 이 문제를 공격할 때 관찰과 사고 실험을 동원하고 응용수학자는 수학을 들여다본다. '식 (5)는 적절하게 적용되고 있는가? 혹시 암흑 물질은 예측 질량을 계산할 때의 수학적 오차에 기인한 것은 아닌가?'와 같은 질문을 어떻게 분석해야 하는지에 관한 개요를 설명함으로써 이러한 문제를 탐구하고자 하는 이들에게 도움이 되기를 바란다.

식 (5)는 N 이산체를 가지는 뉴턴 계를 연속체로 가정하고 얻은 것이다. 그러므로 이러한 가정에 관해 살펴보는 것은 당연하다. '별 수프'적 연속체 모델의 행태가 N 이산체 시스템 모델과 꼭 일치할 필요가 없음은 명백하다. 무엇보다 원 궤도를 도는 두 개의 물체가 가까워졌을 때 그러하다(그림 1(a)를 보라). 이 경우 두 물체 사이의 인력으로 인해 어느 물체의 가속도도 은하의 질량 중심을 향하지 않는다. 더구나 더 빠른 물체는 느린 물체를 잡아채고 있다. 은하의 사진을 보면 은하의 팔에 있는 별들이 다른 별들에 의해 당겨지는 것처럼 느껴지듯이 말이다.

이산 시스템의 경우 실제의 회전 속도는 총질량 $M(r)$과 잡아채기의 합작에 의해 영향을 받는 것이지, 식 (5)를 유도할 때와 같이 오로지 $M(r)$에만 의존하는 것이 아니다. 잡아채기라는 추가 요소를 고려하면 별의 속도는 오로지 속도가 $M(r)$ 값에만 의존하는 식 (5)에 의한 속도보다 커야 한다. 역으로 해석하면 속도가 커야 한다는 것은 은하의 예측 질량 또한 커야 한다는 뜻이다. 이제 이 과장된 예측 질량이 식 (5)를 무효화하는지 여부를 수학이 따져볼 차례이다. 이러한 문제를 분석하기 위한 방법 중 하나는 분석적 N-체 문제의 해석적인 해를 구해서 관측 질량과 예측 질량의 사이의 괴리를 설명하는 것이다. 먼저 N-체 시스템의 성질부터 보자.

2.1 중심 구조

흥미롭게도, 특정 N-체 문제의 해는 동일한 기하학적 모양을 영구적으로 유지할 수 있다. 이러한 형상을 **중심 배치**(central configurations)라고 하는데 이러한 배치는 각 물체의 위치 벡터 $\boldsymbol{r}_j$와 가속도(또는 힘) $\boldsymbol{r}_j''$이 동일한 음의 상수 λ에 대하여 다음 식을 만족하면 생긴다.

$$\lambda \boldsymbol{r}_j = \boldsymbol{r}_j'', \qquad j = 1, \cdots, N \tag{6}$$

균형 시나리오 (6)을 이루려면 물체의 조심스러운 배치가 필요하다. 예를 들어, 1969년에 오일러는 일렬로 늘어선 3체 중심 배치는 유일함을 증명했다. 세 개의 물체를 일렬 중심 배치가 되도록 떨어뜨려 놓는 일은 각 물체의 질량에 의존한다. 직관적으로 생각해 보자. 중간 것이 한쪽 끝에 있는 것과 너무 가까우면 그쪽으로 당겨진다. 마찬가지로 반대쪽 끝의 것과 가까우면 그쪽으로 당겨질 것이다. 그러므로 사잇값 정리에 의해 균형점이 양쪽 끝 물체의 사이에 있어야만 한다. 그 후, 1772년에 라그랑주(Lagrange)는 일렬이 아닌 3체 중심 배치는 정삼각형 꼴의 배치뿐임을 증명했다(그림 1(b)를 보라). 여기서 정삼각형이라는 말은 이러한 배치가 물체들의 질량과 무관하다는 뜻이다.*

물체들 사이의 상호 잡아당김으로 인해 각 물체에 작용하는 알짜 힘이 식 (6)을 만족할 때 각 물체는 마치 2체 시스템(식 (1))에 들어 있는 것처럼 행동한다. 실제로 적절한 초기조건이 주어지면 평면 중심 구조는 그 전체가 하나인 것처럼 원 궤도 또는 타원형 궤도를 돈다. 태양계에 이러한 배치가 존재한다. 천문학자 맥스 울프(Max Wolf)는 1906년에 태양과 목성을 두 꼭짓점으로 하는 정삼각형의 제3의 꼭짓점 언저리에 있는 소행성들을 발견하고 이를 트로이 소행성대(Trojans)라고 칭했다(그림 1(b)를 보라).

2.2 토성의 고리와 거미줄

19세기에 수학자 제임스 맥스웰(James Maxwell)은 중심 배치를 이용하여 토성 고리의 특성에 관해 연구했다. 그의 연구 내용을 살펴 보자. 하나의 원과 그 원의 중심을 지나는 k개의 직선이 균등하게 있다고 하자. 즉, 인접한 두 개의 직선이 이루는 각은

*엄격히 말하자면 아주 무관하지는 않다. 첫째 물체와 둘째 물체의 질량은 꽤 많이 차이 나야 하고(두 물체의 질량비가 24.96보다 커야 한다) 세 번째 물체의 질량은 다른 두 물체의 질량에 비해 아주 작아야 한다. 이러한 조건의 질량 범위 내에서 질량과 무관하다. 이러한 배치가 만들어졌을 때 아주 작은 물체의 위치가 네 번째 라그랑주 점 L_4 또는 다섯 번째 라그랑주 점 L_5이다.—옮긴이

모두 같다. 직선들과 원의 교차점마다 질량 m인 물체(토성 고리의 입자)를 올려놓아 원형으로 배열된 $2k$-체 시스템을 생각하자. 대칭성에 의해 각각의 물체에 작용하는 힘은 같기 때문에 시스템은 중심 배치 조건 (6)을 만족한다. 원의 중심 $\mathbf{r}=\mathbf{0}$에 임의의 질량 m^*를 갖는 중심 물체(토성)를 놓자. 대치성에 의해 $2k$개의 물체가 중심 물체에 미치는 힘은 모두 상쇄되어 $\mathbf{r}''=\mathbf{0}$이 된다. $\lambda\mathbf{0}=\mathbf{0}$이므로 $(N=2k+1)$-체 시스템은 식 (6)을 만족한다. 맥스웰은 이러한 배치를 유지하며 중심 주위를 원 궤도를 따라 돌도록 하여 토성 고리의 동적 모델을 만들었다.

그림 1(c)에서 보듯이, 맥스웰의 접근 방식은 n개의 원을 사용하여 확장시킬 수 있다. 직선과 j번째 원의 교차점에 질량 m_j, $j=1, \cdots, k$를 배치한다. 각 선이 원을 두 번 통과하므로 이것은 $(N=2nk)$-체 시스템 모델이다. 오일러가 논증했던 것과 같이 각 원의 반지름을 조절하여 이 시스템이 중심 배치가 되도록 하는 각 원의 반지름이 존재함을 이야기할 수 있다. 이런 거미줄 꼴의 배치 또한 하나의 물체처럼 원 궤도를 돈다.

2.3 미해결 문제들

위에서 설명한 중심 배치 말고도 다체 중심 배치는 많이 알려져 있다. 하지만 새로운 중심 배치를 찾아내는 일은 여전히 흥미로운 문제이다. 다체 중심 배치의 개수부터 찾을 수 있다면 찾아볼 텐데 혹시 무한개인건 아닐까?(단, 3체 및 4체 시스템의 경우는 해결되어 있다) 오일러와 라그랑주가 3체 시스템의 경우에 대해 설명을 끝냈음은 이미 이야기했다. 햄프턴(Hampton)과 뫼켈(Moeckel)은 4체 중심 배치의 개수가 유한임을 증명했다. 그러나 $N\geq 5$인 경우는 주어진 물체들의 질량이 주어질 때 중심 배치의 개수가 유한인지 무한인지조차 모른다.

3 질량

주된 목표는 식 (5)를 N 이산체 시스템에 적용하여 매우 정확하거나 꽤 정확하다고 신뢰할 수 있는 예측 질량을 얻어낼 수 있는지 알아내는 것이다. 예를 들어, 예측 값이 실제 값보다 2배가 크더라도 허용된 신뢰 범위에 있다 치고 말이다. 이 질문을 분석하기 위해서는 거미줄 배치의 질량을 선택해야 한다. 이때 기억해야 할 것은 선택된 질량과 상관없이 원 사이의 거리를 조정함으로써 중심 배치를 항상 얻을 수 있다는 것이다. 사실상 중심 배치를 회전시키거나 닮음 변환을 시켜도 여전히 중심 배치이므로 원 사이의 최소 간격을 한 단위라 하자.

N 이산체 시스템에서 분석이 가능한 만큼 이 시스템은 별 스프 연속체 설정과 비슷하다. 예를 들어 $k=10{,}000{,}000$처럼 크게 선택하면 질량 분포는 매우 대칭적이다. 원의 개수 또한 $n=10{,}000$으로 크게 선택하면 이는 $(N=2nk)$-체 문제로서 수십억 개의 물체가 있는 것이다.

어떤 질량 값 m_j를 선택해도 거미줄은 강체처럼 회전한다. 이는 어떤 상수 $D>0$이 존재하여 중심으로부터의 거리가 r인 물체의 회전 속도는 $v_{\text{rot}}=Dr$이 된다는 의미이다. 식 (5)에서 질량 예측치는 어떤 상수 $E>0$에 대하여 다음과 같다.

$$M(r) \approx Er^3 \tag{7}$$

식 (7)은 질량의 선택과 무관하므로 무한개의 예를 만들 수 있다. 예를 들어, 만약 j번째 원에 있는 물체의 질량이 $m_j=1/2kj$, $j=1, \cdots, n$이라면, 토성 고리의 총질량은 $1/j$이다. 그러므로 s번째 고리까지의 질량은

$$\sum_{j=1}^{s}\frac{1}{j} \approx \ln(s)$$

가 된다. 최소 원 간격이 한 단위임을 기억하면, s번째 고리까지 가기 위해선 $r \geq s$이어야 한다. 그러므로 질량 $M(s)=20$이라면 $\ln(r) \geq \ln(s)=20$ 또는 $r \geq e^{20}$이 된다. 이는 식 (7)로부터 예상 질량은 $[Ee^{20}]^3$을 초과한다는 건데, 그렇다면 식 (5)에 의한 예상 값이 실제 정확한 값의 수십조 배라는 이야기이다. 이런 결과는 받아들일 수 없다. 사실은 100배 정도만 차이가 난다 해도 이는 암흑 물질의 존재 및 양에 대한 주장을 심하게 훼손하는 것이다.

이런 간단한 분석을 통해 식 (5)는 모든 상황에서 안정적으로 사용할 수는 없음을 입증했다. 훌륭한 수학적 도전은 언제, 어디서 그리고 합리적으로 유효한 예측을 했는지 여부에 관한 대답을 하는 것이다. 물론 식 (5)에서 과장된 예측 질량이 도출된 것은 잡아채기 효과를 고려한 뉴턴 역학의 결과이다. 이제 문제는 일반적으로 어디까지 인정할 것인지를 결정하는 것이다. 더욱 흥미로운 수학적인 도전은 신뢰할 수 있는 이산체 시스템의 질량을 말해 주는 방정식을 찾아내는 것이다.

더 읽을거리

Binney, J., and S. Tremaine. 2008. *Galactic Dynamics*, 2nd edn. Princeton, NJ: Princeton University Press.

Hampton. M., and R. Moeckel. 2006. Finiteness of relative equilibria of the four-body problem. *Inventiones Mathematicae* 163:289-312.

Pollard, H. 1976. *Celestial Mechanics*. Washington, DC: Mathematical Association of America.

Rubin, V. C. 1993. Galaxy dynamics and the mass density of the universe. *Proceedings of the National Academy of Sciences of the USA* 90:4814-21.

Saari, D. G. 2005. *Collisions, Rings, and Other Newtonian N-Body Problems*. Providence, RI: American Mathematical Society.

VI.17 다체 문제와 고속 다중 극 방법

러싱 잉 *Lexing Ying*

1 소개

천체 물리학에서 N-체 문제는 많은 개수의 천체들이 어떤 상호 작용을 하며 움직이는지를 연구하는 것이다. N-체 문제의 시뮬레이션을 위한 필수적인 단계는 두 개의 천체 쌍들에 파생되는 중력 퍼텐셜들을 계산하는 것이다. N개의 별들의 집합인 $P\subset\mathbb{R}^3$과 별들의 질량 $\{f(y): y\in P\}$가 주어졌을 때, 목표는 각 별 $x\in P$에 대해 아래의 식으로 정의된 중력 퍼텐셜 $u(x)$를 계산하는 것이다.

$$u(x)=\sum_{y\in P,\, y\neq x} G(x, y)f(y)$$

여기서 $G(x, y)=1/|x-y|$은 뉴턴 중력 핵이다. 유

사한 계산 작업은 물리학의 다양한 영역에서 나타난다. 예를 들어, 전자기장에서 정전기 퍼텐셜(electrostatic potential)을 구할 때 동일한 형태가 나타나는데, 핵 G는 3차원에서 $G(x, y) = 1/|x - y|$이고 2차원에서는 $G(x, y) = \ln(1/|x - y|)$이다. 비오-사바르 법칙(Biot-Savart law)을 사용해 자기 유도(magnetic induction)의 값을 구할 때도 비슷한 형태가 나타난다. 음향 산란(acoustic scattering)은 진동하는 핵(oscillatory kernel) 함수 $G(x, y)$에서 유사한 계산이 나타난다. 마지막으로 열 확산과 관련된 문제에선 종종 가우스형 핵(Gaussian-type kernel) $G(x, y)$를 계산해야 한다.

모든 $x \in P$에 대해 $u(x)$를 직접 계산하려면 $O(N^2)$만큼의 단계가 필요함은 명백하다. 이러한 응용의 많은 예에서는 천체의 수 N은 수백만 개이거나 더 많을 수 있으며, $O(N^2)$번의 계산을 하려면 매우 많은 시간이 소요된다. 그린가드(Greengard)와 로클린(Rokhlin)이 개발한 고속 다중 극 방법(fast mutipole method)은 대략 $O(N)$단계만에 정밀 근사해를 계산할 수 있게 해 준다. **다중 극**이란 전자기학에서 소스 전하(source charge)로부터 잘 분리되어 있는 영역의 장이나 퍼텐셜을 묘사할 때 자주 사용되는 급수 전개이다. 다중 극 전개의 각 항은 방사형 변수(radial variable)의 역거듭제곱과 각 변수(angular variable)에 대한 구면조화함수(spherical harmonic function)를 곱한 것이다. 다중 극 전개는 빠르게 수렴하기 때문에 몇 개의 항 이후는 절사해도 된다는 점이 고속 다중 극 방법이 고속인 핵심 이유이다.

2 알고리즘 설명

이 알고리즘을 설명하기 위해서 2차원의 경우를 생각해 보자. 점 집합인 P가 단위 상자 $\Omega = [0, 1]^2$ 안에 **준균일**(quasiuniformly)하게 분포되어 있다고 하자(그림 1을 보라). 3차원 및 불균일 분포에 대한 알고리즘은 더 복잡하지만 핵심 아이디어는 동일하다.

우선 약간 단순한 문제로서 B와 A는 같은 크기의 분리된 상자이고 각각은 $O(n)$개의 점을 포함한다고 가정하자. B 상자 속의 점들에 의해 생성되는 A 상자 속의 각 점에서의 퍼텐셜을 생각해 보자. 즉, 각 $x \in A \cap P$에 대해 퍼텐셜은

$$u(x) = \sum_{y \in B \cap P} G(x, y) f(y)$$

이다. $u(x)$를 직접 계산하려면 $O(n^2)$만큼의 단계를 실행해야 하나, 만약 A와 B가 잘 분리되어 있으면 근삿값을 더 빨리 계산할 수 있는 방법이 있다. A와 B가 두 개의 은하계라고 가정하자. A와 B가 서로 멀리 떨어져 있으므로 모든 쌍의 상호 작용을 고려하는 대신에 B에 있는 질량을 합하여 $f_B = \Sigma_{y \in B \cap P} f(y)$를 얻고, 이것을 B의 중심인 c_B에 배치하여 마치 B의 모든 질량이 c_B에 모여 있는 것으로 가정한다. 그런 다음 A의 중심 c_A에서의 퍼텐셜 $u_A = G(c_A, c_B) f_B$를 계산하고 u_A를 A 안에 각 점 x에서의 퍼텐셜의 근삿값으로 사용한다. 이 3단계 절차를 그림으로 표현한 것이 그림 2이며 이렇게 하면 단계는 $O(n^2)$이 아닌 $O(n)$이 된다. 이 절차는 A와 B가 서로 멀리 떨어져 있을 때 꽤 좋은 방법이지만, A와 B가 가까우면 신통치 않은 근사를 얻는다. 당분간 A와 B 사이의 거리가 A와 B의 폭보다 크거나 같을 때 이렇게 얻은 근사치가 유효하다고 가정하자.

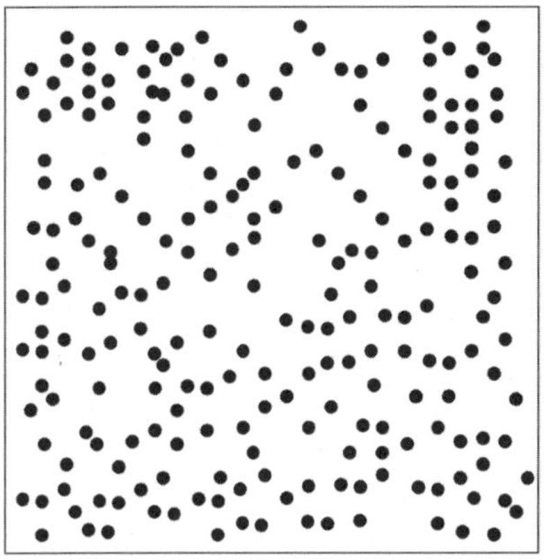

그림 1 N개의 점들이 단위 상자 $[0, 1]^2$ 안에 준균일하게 분산된 모습.

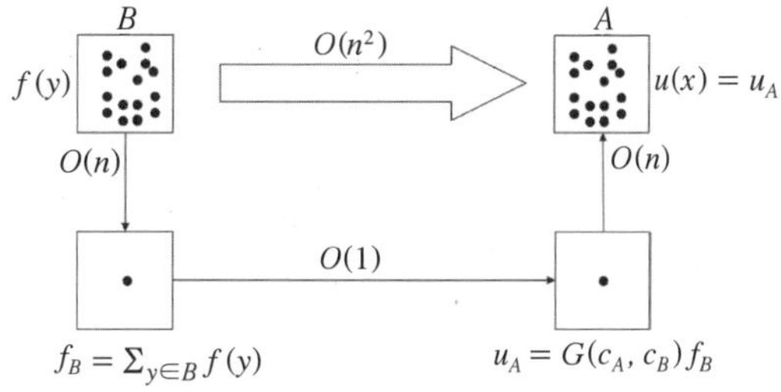

그림 2 3단계 절차로 B 안의 소스로부터 유도된 A 안의 퍼텐셜을 효율적으로 근사하기. 계산 비용이 $O(n)^2$에서 $O(n)$으로 줄었다.

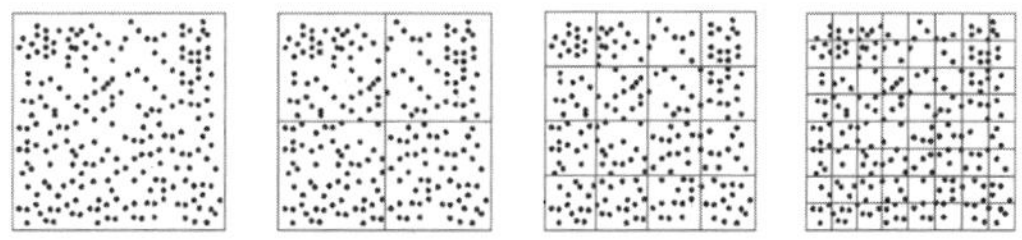

그림 3 영역을 팔진트리 구조로 분할하여 각 말단 노드 속의 점의 개수가 작은 상수의 범위 내로 들어올 때까지 계속한다.

대수학적 관점에서 이 3단계 절차는 A와 B 사이의 상호 작용의 계수(Rank) – 1 근사이다.

$$G(A, B) \approx \begin{bmatrix} 1 \\ \vdots \\ 1 \end{bmatrix} G(c_A, c_B)[1 \quad \cdots \quad 1]$$

여기서 $G(A, B)$는 $(G(x, y))_{x\in A\cap P,\, y\in B\cap P}$를 원소로 하는 행렬이 된다. f_B와 u_A는 계수 – 1 근사를 적용한 중간 결과이다.

이 단순한 문제는 오직 B 안의 점으로부터 생성된 A의 퍼텐셜만 고려한 것이다. 하지만, 우리는 P 안의 모든 점 사이의 상호 관계에 관심이 있다. 따라서 이를 극복하기 위해, 영역을 팔진트리(octree) 구조로 계층적으로 분할을 시작해서 각각의 잎 상자* 내에 있는 점의 개수가 $O(1)$ 상수보다 작을 때까지 계속한다(그림 3을 보라). 전체 팔진트리는 $O(\log N)$ 세대가 있으며 최상위 세대를 세대 0이라고 정의하자. 세대 ℓ에는 4^ℓ개의 정육면체가 있으며 각각의 정육면체에는 준균일한 분포의 점들이 $O(N/4^\ell)$만큼 들어 있다.

알고리즘은 세대 2에서부터 시작한다. B를 세대 2에 있는 하나의 상자라고 하자(그림 4(a)를 보라). B의 가까운 필드(near field) $N(B)$는 B와 그와 이웃하는 상자들의 합집합이며 B의 먼 필드(far field) $F(B)$는 가까운 필드의 여집합이다. B의 먼 필드에 있는 상자 A에서의 B로부터 유도된 퍼텐셜은 앞에서 설명한 3단계 절차를 통하여 빨리 근사시킨다. 현재 세대가 2이므로 상자 B를 택하는 가짓수는 4^2이고 택해진 각각의 B에 대해 B의 먼 필드에서 A를 택하는 가짓수는 $O(1)$이다(그림 4(a) 참조). 준균일 분포 조건으로부터 A와 B 모두 $O(N/4^2)$개의 점을 포함하므로 이 단계에서 모든 상호 작용을 살피는 데 필요한 비용은 다음과 같다.

$$4^2 \cdot O(1) \cdot O(N/4^2) = O(N)$$

* 팔진트리의 잎 세대, 즉 제일 마지막 세대의 상자.

현 세대에서 B와 가까운 필드 사이의 상호 작용을 근사시키는 것은 적절치 못하므로 팔진트리의 다음 세대로 내려간다.

세대 3에 있는 상자를 그냥 B로 표시하자(그림 4(b)를 보라). 현재의 B의 부모*와 먼 필드에 있었던 상자들과의 상호 작용은 고려할 필요가 없는데, 이는 이미 이전 단계에서 처리되었기 때문이다. 오직 B와 그 부모의 가까운 필드와의 상호 작용만 고려하면 된다. 이 세대에서 B의 부모와 가까운 필드에 포함되는 상자는 최대 6^2개가 있다. 그중에서 일반적으로 27개는 B와 잘 분리되어 있으며 B와 분리된 상자들 간에 상호 작용은 3단계 절차를 사용하여 빨리 계산할 수 있다. 이런 상자의 집합을 B의 **상호 작용 목록**이라 한다. 이 단계에서 각 상자는 $O(N/4^3)$개의 점을 가지고 있으므로 상자는 4^3개가 있고, 이 세대에서 모든 상호 작용을 살피는 데 필요한 비용은 전 단계에서 본 바와 마찬가지로

$$4^3 \cdot O(1) \cdot O(N/4^3) = O(N)$$

이다. B와 가까운 필드에 있는 상자와의 상호 작용을 계산하기 위해 아래 세대로 또 내려간다.

일반적인 세대 ℓ에서 B의 선택은 4^ℓ개이다(그림 4(c)를 보라). 각 B에 대해 먼 필드에 있는 상자 A는 최대 27개가 있다. 이 세대에서 각 상자에는 $O(N/4^\ell)$개의 점이 있으며 먼 필드에 대한 계산 비용은 다음과 같다.

$$4^\ell \cdot O(1) \cdot O(N/4^\ell) = O(N)$$

* 현 단계의 부모 노드인 2세대의 상자 중에서 현재의 B를 포함하는 상자. —옮긴이

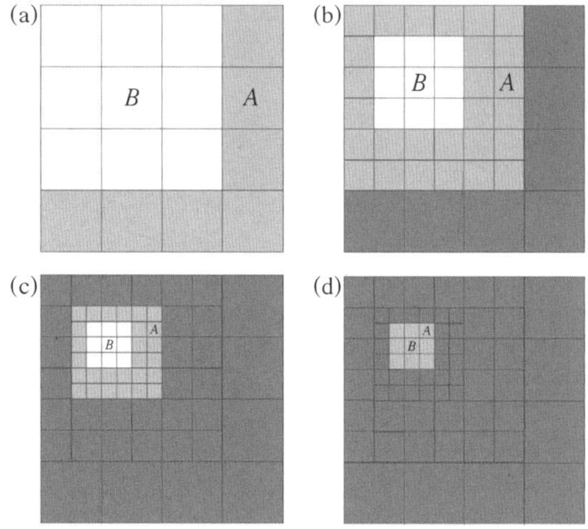

그림 4 몇 단계의 알고리즘. B는 소스 상자이다. A는 B와 현재 세대에서 상호 작용을 하는 대상 상자이다. 짙은 회색은 바로 전 세대까지 이미 상호 작용을 고려한 상자를 의미한다. 연한 회색은 현재 세대에서 상호 작용을 고려 중인 상자들을 나타낸다. 첫 세 개의 그림에서와 같이 잘 분리된 상자들 간의 상호 작용은 근사 계산을 통해 빨리 해결한다. 마지막 그림은 잎 세대 중 하나를 나타내는데 이때 가까운 필드와의 상호 작용은 직접 계산한다.

마지막 세대에 도달하면 이웃 상자와의 상호 작용 계산을 더 이상 미룰 수 없다(그림 4(d)를 보라). 이때는 근사 계산을 하지 않고 직접 계산을 하면 된다. 잎 상자의 개수는 $O(N)$이고 각 상자는 $O(1)$개의 점을 포함하며 $O(1)$개의 이웃이 있으므로 직접 계산의 비용은 다음과 같다.

$$O(N) \cdot O(1) \cdot O(1) = O(N)$$

잘 분리된 상자 A, B 사이의 3단계 절차에서 첫 번째 절차는 B에만 의존하고 마지막 절차는 A에만 의존한다. 그러므로 기존의 계산을 재활용할 기회가 있다. 이러한 관찰을 고려하여 다음과 같은 알고리즘을 작성할 수 있다.

(1) 각 세대 ℓ과 세대 ℓ에 있는 각 상자 A에 대해,

u_A를 0으로 설정한다.

(2) 각 세대 ℓ과 세대 ℓ에 있는 각 상자 B에 대해, $f_B=\Sigma_{y\in B\cap P}f(y)$를 계산한다.

(3) 각 세대 ℓ과 세대 ℓ에 있는 각 상자 B와 B의 상호 작용 목록 안에 있는 각 상자 A에 대해, $u_A=u_A+G(c_A, c_B)f_B$로 업데이트한다.

(4) 각 세대 ℓ과 그 세대에 있는 각 상자 A에 대해, 각 $x\in A\cap P$에 대해 $u(x)=u(x)+u_A$로 업데이트한다.

(5) 잎 세대에서 각 상자 A에 대해, 각 $x\in A\cap P$에 대해 $u(x)=u(x)+\Sigma_{y\in N(A)\cap P}G(x, y)f(y)$로 업데이트한다.

각 단계의 비용은 $O(N)$이고 $O(\log N)$ 단계가 있으므로 알고리즘의 총비용은 $O(N\log N)$이다.

이제 다음 질문은 실행 수를 더 줄일 수 있느냐이다. 답은 '할 수 있다'이며, 이는 다음의 간단한 관찰에 기초를 두고 있다.

$B_1, \cdots, B_4$를 B의 자식이라고 하자. $B=B_1\cup\cdots\cup B_4$이고 모든 B_i는 분리되어 있으므로

$$f_B=f_{B_1}+f_{B_2}+f_{B_3}+f_{B_4}$$

이다. 따라서 f_{B_i}가 준비되었다고 가정하면, 이로부터 f_B를 계산하면 된다. 하지만 큰 B에 대해 계산해 놓았다고 해도 그것의 자식 상자에서의 계산을 생략할 수는 없다.

알고리즘에서 각 상자 A와 각 $x\in A\cap P$에 대해 우리는 $u(x):=u(x)+u_A$로 업데이트했다. $A_1, \cdots, A_4$는 A의 자식 상자라고 가정하자. 그러면 각 A_i에 대해 같은 절차를 밟았고 모든 x는 오직 한 개의 A_i에 속해 있으므로 간단하게 $u_{A_i}:=u_{A_i}+u_A$라고만 업데이트하면 되며 이것이 훨씬 더 효율이 높다(그림 5(b)를 보라).

이런 두 가지 관찰을 알고리즘에 반영하려면 f_B를 계산할 때는 자식 상자를 방문한 이후에 부모 상자를 방문하고, u_A를 계산할 때는 부모 상자를 먼저 방문해야 한다. 그러기 위해서는 팔진트리를 훑어감에 있어 알고리즘의 단계에 따라 방문 순서를 달리해야 한다. 모든 것을 종합하면 다음과 같은 알고리즘이 된다.

(1) 각 세대 ℓ과 세대 ℓ에 있는 각 상자 A에 대해, u_A를 0으로 설정한다.

(2) 트리의 세대 $L-1$에서 세대 0으로 거슬러 올라가며 각 상자 B에 대해, 만약 B가 잎이면 $f_B=\Sigma_{y\in B\cap P}f(y)$로 설정한다. 만약 B가 잎이 아니면 $f_B=f_{B_1}+\cdots+f_{B_4}$로 설정한다.

(3) 각 세대 ℓ, 각 상자 B 및 B의 상호 작용 목록 안에 있는 각 상자 A에 대해, $u_A=u_A+G(c_A, c_B)f_B$로 업데이트 한다.

(4) 세대 0에서 세대 $L-1$로 내려가며 만약 A가 잎 상자가 아니면 A의 자식 A_i에 대해 $u_{A_i}=u_{A_i}+u_A$로 업데이트한다. 만약 A가 잎 상자이면 $u(x)=u(x)+u_A$로 업데이트한다.

(5) 잎 세대에서 각 상자 A와 각 $x\in A\cap P$에 대해 $u(x)=u(x)+\Sigma_{y\in N(A)\cap P}G(x, y)f(y)$로 업데이트한다.

단계 (1), (3), (5)는 이전 알고리즘과 동일하며 비용은 각 $O(N)$개이다. 단계 (2) 및 4)는 트리에 최대

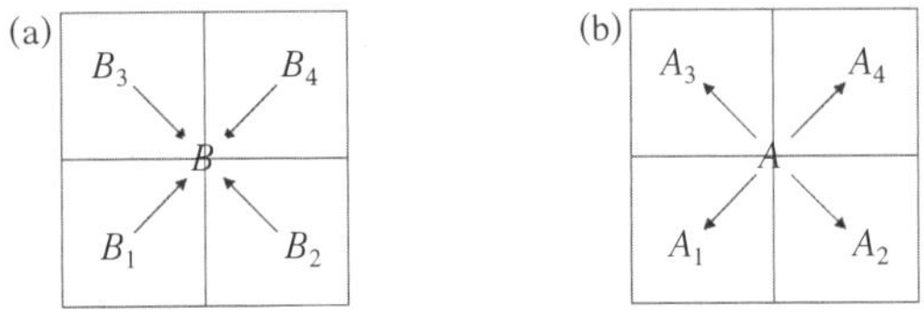

그림 5 f_B와 u_A의 연산 속도를 높이기 위한 기본 관찰. (a)B_i가 B의 자식일 때 f_B는 f_{B_i}로부터 바로 계산할 수 있다. (b)A_i들이 A의 자식일 때 u_{A_i}가 계산되어 있다면 u_A를 구하기 위해 u_{A_i}들을 더하기만 하면 된다.

$O(N)$개의 상자가 있고 각 상자에 대해 계산 횟수는 $O(1)$이므로 비용은 $O(N)$이다. 결과적으로 약속한 바와 같이 총비용은 $O(N)$으로 줄어든다. 이것이 그린가드와 로클린이 제시한 고속 다중 극 방법 알고리즘이다.

3 알고리즘 세부 내용

지금까지 우리는 정확도를 무시했었다. 사실, 앞에서 설명한 것처럼 f_B와 u_A만 사용한다면 정확도는 낮은데 그 이유는 A와 B가 각각 한 상자 거리만 떨어져 있기 때문이다. 따라서 지금까지 사용한 3단계 절차는 계수−1 근사로서 허술한 근사 방법임을 상기할 필요가 있다. 그린가드와 로클린은 낮은 계수의 근사를 사용하는 약점을 극복하기 위해 **절단된**(truncated) 다중 극과 국소적 급수 전개를 이용했다. 그 결과 f_B와 u_A는 각각 절단된 다중 극 전개와 국소적 전개의 계수임을 알 수 있다. 추가로 f_{B_i}를 f_B($f_B = \sum_i T_{B,B_i} f_{B_i}$)로 보내는 자연스런 다중 극-다중 극 작용소 T_{B,B_i}와 u_A를 u_{A_i}($u_{A_i} = u_{A_i} + T_{A_i,A} u_A$)로 보내는 국소-국소(local-to-local) 작용소 $T_{A_i,A}$를 생각해 볼 수 있다. 그리고 f_B를 u_A($u_A = u_A + T_{A,B} f_B$)로 변환하는 다중 극-국소(multipole-to-local) 작용소 $T_{A,B}$도 있다. 이 작용소들에 관한 상세한 설명은 하지 않겠지만 두 가지 핵심만은 다루도록 하겠다.

- 어떤 고정된 정확도에 대해서, 다중 극 전개의 계수 f_B와 국소적 전개의 계수 u_A는 오직 $O(1)$개의 수를 갖는다.
- 변환 작용소는 $O(1)$개의 수를 $O(1)$개의 수로 대응시키고 이를 실행하기 위해서는 $O(1)$번의 작업이 필요하다. 이러한 작용소 적용을 최적화하기 위해 많은 노력을 기울이고 있다.

이들 두 개의 요점에서 보듯이, 고속 다중 극 방법의 복잡도인 $O(N)$은 더 정확한 낮은 계수 근사를 이용해도 유지되는 것은 분명하다. 낮은 계수 근사와 그들 사이의 변환 작용소를 구현하는 다수의 방법이 있다. 예를 들어 해크부슈(Hackbusch) 외의 H^2 행렬, 앤더슨(Anderson)의 다중 극 전개가 없는 고속 다중 극 방법, 그리고 핵-독립(kernel-independent) 고속 다중 극 방법 등이 있다.

감사의 말. 출판사의 허락을 받아 본문 내용의 일부와 모든 그림들은 잉(Ying, 2012)에서 가져왔다.

더 읽을거리

Greengard, L. 1988. *The Rapid Evaluation of Potential Fields in Particle Systems*. Cambridge, MA: MIT Press.

Greengard, L., and V. Rokhlin. 1987. A fast algorithm for particle simulations. *Journal of Computational*

Physics 73(2) : 325–48.

Hackbusch, W., B. Khoromskij, and S. A. Sauter. 2000. On H^2-matrices. In *Lectures on Applied Mathematics*, edited by H.-J. Bungartz, R. H. W. Hoppe, and C. Zenger, pp. 9–29. Berlin : Springer.

Ying, L. 2012. A pedestrian introduction to fast multipole methods. *Science China Mathematics* 55(5) : 1043–51.

VI.18 외판원 문제

윌리엄 쿡 *William Cook*

외판원 문제(traveling salesman problem, TSP)는 이산 최적화[IV.38]에서 중요한 모형이다. 일반적인 형태에선 도시들의 집합 및 두 도시 사이를 이동하는 비용이 주어진다. 이 문제는 각 도시를 모두 방문하고 원점으로 돌아오는 최소 비용 경로를 찾는 것이다. 외판원 문제는 이산 수학, 운영 과학 및 컴퓨터 과학 등의 분야에서 계산이 어려운 문제에 대한 알고리즘을 개발하고 시험하기 위한 표준으로 자리 잡아 명성을 누리고 있다. 이 문제의 결정판은 NP-난해[I.4 §4.1] 복잡도를 갖는 부류 중 하나이다. 외판원 문제의 응용은 물류, 기계 장치의 일정 관리, 컴퓨터 칩 설계, 유전자 지도, 자료 분석, 망원경 유도, 전자 회로 기판 천공, 기계 번역 시스템을 비롯한 많은 분야에서 나타난다.

외판원 문제라는 기억하기 쉬운 이름의 기원에는 약간의 수수께끼가 있다. 문헌상으로는 이 용어가 1949년 줄리아 로빈슨(Julia Robinson)이 랜드(RAND) 연구소에 제출한 연구 보고서에서 처음 등장하였는데 외판원이 당시에 친숙한 개념이었기 때문에 무심코 사용했던 것이다. 그러나 문제 자체에 대한 기원은 1930년대 초반으로 거슬러 올라가 빈에서 열린 수학 학회에서 카를 멩거(Karl Menger)가, 그리고 프린스턴 대학의 세미나에서 해슬러 휘트니(Hassler Whitney)가 제안한 것이다. 이 문제는 또한 그래프 이론과 해밀턴 회로 연구에 뿌리를 두고 있다.

1 정확한 알고리즘

모든 도시를 방문하고 처음 시작점으로 복귀하는 경로를 순회로(tour)라 부르는데, 최적의 순회로(즉, 최소 비용)를 찾는 것이 외판원 문제의 목표이다. 최적의 순회로는 도시의 모든 순열을 늘어놓고 해당 순회로마다 비용을 계산하면 알 수 있다. n개의 도시에 대한 외판원 문제의 경우 이런 접근 방식은 n의 계승에 비례하는 시간이 필요하다. 1962년 벨만(Bellman), 헬드(Held)와 카프(Karp)의 팀은 어떠한 문제든 $n^2 2^n$에 비례하는 시간 안에 해결할 수 있음을 보였다. 이 알고리즘은 주먹구구식 전수 조사 계산에 비해서는 월등히 빠르지만, 지수적 시간 및 메모리 공간이 모두 필요하다.

벨만-헬드-카프 방식의 핵심은 간단한 귀납적 방정식으로 묘사할 수 있다. 이를 설명하기 위해 각 도시를 1, 2, $\cdots n$이라 표기하고, 한 쌍의 도시 (i, j)에 대해 c_{ij}를 도시 i에서 도시 j로 이동할 때 드는 비용이라고 둔다. 여기서 도시 1을 순회 여행의 시작점으로 고정하고 나머지 도시를 $N=\{2, \cdots, n\}$으로 표시하자. $S\subseteq N$과 $j\in S$에 대해 opt(S, j)를 1에서 시작하여 S의 모든 점을 거쳐 j에서 끝나는 경로의 최소 비용이라 하자. 그러면 다음을 얻는다.

$$\mathrm{opt}(S,\ j) = \min(\mathrm{opt}(S\backslash\{j\},\ i) + c_{ij}\colon i \in S\backslash\{j\}) \quad (1)$$

그뿐만 아니라 외판원 문제의 최적값은 다음과 같이 된다.

$$\nu^* = \min(\mathrm{opt}(N,\ j) + c_{j1}\colon j \in N) \quad (2)$$

임의의 $j\in N$에 대하여 opt$(\{j\}, j)=c_{1j}$임을 기억하자. 이들 값에서부터 시작하여 점화식 (1)을 이용해 모든 $S\subseteq N$ 및 $j\in S$에 대해 opt(S, j) 값을 구하는데, 2원소 집합에 대하여 구한 뒤 3원소 집합에 대해 구하고, 최종적으로 전체 원소 집합까지 순차적으로 값을 구한다. 일단 모든 $j\in N$에 대한 opt(N, j) 값을 구하고 나면 식 (2)를 사용하여 ν^* 값을 구한다. 이제 두 번째 단계로 다음과 같이 최적 순회로를 계산하는데, 먼저 opt$(N, v_{n-1})+c_{v_{n-1}1}=\nu^*$가 되도록 도시 v_{n-1}을 찾고, opt$(N\backslash\{v_{n-1}\}, v_{n-2})+c_{v_{n-1}v_{n-2}}=opt(N, v_{n-1})$이 되도록 도시 $v_{n-2}\in N\backslash\{v_{n-1}\}$을 찾으며 이런 식으로 v_1을 구할 때까지 반복한다. 그러면 최적 순회로는 $(1, v_1, \cdots, v_{n-1})$이다. 두 번째 단계는 알고리즘에서 opt$(S, j)$ 값을 기록하기 위한 것일 뿐, 실제 그 값을 갖는 경로를 기록하는 것은 아니다.

수행 시간의 상한은 n개 도시 문제에는 시작점을 포함하지 않는 부분집합 S가 2^{n-1}개 있다는 사실에서 나온다. 각각의 경우 마지막 도시 j를 선택하는 방법이 최대 n가지이며, opt(S, j)의 값을 계산할 때는 각각 n번 이내의 덧셈과 n번 이내의 대소 비교를 한다. 2^{n-1}과 n과 $2n$을 곱하면 전체 단계 수는 $n^2 2^n$보다 크지 않음을 알게 된다.

외판원 문제가 많은 주목을 끌었지만 벨만, 헬드, 카프의 업적 이후 50년 이상 동안 최악의 경우에서 시행 횟수를 개선하는 알고리즘은 아직도 발견되지 않았다. 따라서 외판원 문제 연구에서 $n^2 2^n$ 한계를 개선하는 것은 주요한 미해결 과제이다.

2 근사 알고리즘

주어진 그래프가 해밀턴 회로, 즉 그래프의 모든 꼭짓점을 거치는 회로를 가지고 있는지 여부를 결정하는 문제 또한 NP-난해 복잡성을 갖는 부류의 하나다. 이 문제는 각 도시를 그래프의 점에 대응시키고 그래프 변의 꼭짓점이 되는 도시의 쌍에 비용 0을, 그렇지 않은 쌍에 비용 1을 둠으로써 외판원 문제로 이해할 수 있다. 해밀턴 회로는 비용이 0이며 그 외 모든 최적이 아닌 순회로는 1 이상의 비용을 갖는다. 따라서 일정한 비율 이내의 최적도를 갖는 답을 알아내는 기법이 있으면 위 문제에 대한 가부 판정을 내릴 수 있을 것이다. 그러므로 NP=P가 아니면 외판원 문제에 대한 다항식 시간을 요구하는 α-알고리즘, 즉 최적 순회로 비용의 α배를 넘지 않는 순회로를 알려 주는 다항식 시간의 알고리즘은 존재할 수 없다는 것이다.

외판원 문제의 중요한 경우는 이동 비용이 대칭인 경우, 즉 도시 A에서 B로 이동하는 비용과 B에서 A로 이동하는 비용이 같을 때이다. 삼각부등식(triangle inequality)으로 알려진 자연스러운 제한조건은 임의의 세 도시 A, B, C에 대하여 A에서 B로 이동하는 비용과 B에서 C로 이동하는 비용의 합이 A에서 C로 곧바로 이동하는 비용을 넘지 않아야 한다는 것이다. 이런 두 제한 아래에서 크리스토피데스(Christofides)는 최적 순회로 비용의 $\frac{3}{2}$을 넘지 않는 순회로를 찾는 다항식 시간의 알고리즘이 있음을 밝혀냈다.

대칭 외판원 문제는 꼭짓점 집합 $V=\{1, \cdots, n\}$ 및 모든 꼭짓점 쌍으로 이루어진 변의 집합 E에 이동비용 $(c_e : e \in E)$가 주어진 완전 그래프 $G=(V, E)$로 묘사할 수 있다. 크리스토피데스의 알고리즘은 그래프 G에서 최소 비용의 생성 트리 T를 구하는 것으로부터 시작하는데, 여기서 T의 비용은 최적 외판원 문제 순회로의 비용을 넘지 않는다. 그러고 나서 이 알고리즘은 트리 T에서 홀수 개수 변과 만나는 꼭짓점으로 생성되는 G의 부분 그래프에 대응되는 최소 비용의 완전 매칭 M을 계산한다. 이때 M의 비용은 최적 외판원 문제 순회로 비용의 $\frac{1}{2}$을 넘지 않는다. 왜냐하면 모든 순회로는 두 완전 매칭의 합집합이기 때문이다. T의 변과 M의 변의 합집합은 V의 모든 꼭짓점이 짝수 개수의 변과 연결되는 그래프 H를 이룬다. 따라서 H는 오일러 회로, 다시 말해 시작점과 도착점이 같으며 H의 모든 변을 지나는 경로가 된다. 오일러 회로는 이 경로를 따라가다가 이미 거쳐 갔던 꼭짓점을 건너뛰는 방식으로 외판원 문제로 변환할 수 있다. 이렇게 나타난 순회로의 비용은 삼각부등식 때문에 회로의 비용을 넘지 않는다. 따라서 순회로의 비용은 최적 경로 비용의 $\frac{3}{2}$배를 넘지 않는다.

크리스토피데스는 자신의 $\frac{3}{2}$-근사에 대한 결과를 1976년에 증명하였다. 그러나 연구자 집단의 지대한 관심을 받았음에도 불구하고 일반적인 삼각부등식을 만족하는 대칭 비용에서 $\frac{3}{2}$이라는 계수는 개선되지 않았다. 이것은 유클리드 외판원 문제, 즉 각 도시를 평면 위의 점에 대응시키고 두 도시 사이를 이동하는 비용을 두 점 사이의 유클리드 거리로 두는 문제와 대비된다. 유클리드 외판원 문제의 경우, 임의의 1보다 큰 α에 대하여 다항식 시간으로 가능한 α-근사 알고리즘이 존재함이 알려져 있다. 이런 결과는 NP=P가 성립하지 않을 경우 일반적인 삼각부등식 경우에는 불가능하다.

크리스토피데스의 $\frac{3}{2}$ 결과는 외판원 문제의 대칭 경우에만 해당된다. 삼각부등식을 만족하는 비대칭 경우에는 높은 확률로 최적 우회로 비용의 $\log n/\log\log n$ 배의 상수배를 넘지 않는 확률적 다항식 시간의 알고리즘이 존재한다.

3 정확한 계산

로빈슨은 자신의 1949년 논문에서 외판원 문제를 '워싱턴에서 출발한 외판원이 모든 주도(州都)를 거쳐 워싱턴으로 돌아오는 최단 경로'를 찾는 문제로 설정했다. 외판원 문제가 NP-난해 부류의 문제라 해서 로빈슨이 든 예와 같은 특정한 예제를 정확히 해결하는 것이 대책 없는 문제라는 것은 아니다. 실제로 로빈슨의 논문이 나온 지 5년 후 댄치그(Dantzig), 풀커슨(Fulkerson), 존슨(Johnson)이 미국의 49개 주도를 거치는 순회로를 구축하는 계산적 접근을 시작으로, 자신들의 해가 최단 가능해임을 증명하였다. 이런 식의 작업은 수년 동안 진행되어

1977년에 독일의 120개 도시, 1987년에 미국의 532개 도시, 1998년에는 스웨덴의 24,978개 도시에 대한 순회로를 찾아내었다. 이들 각 연구는 도시 사이의 도로나 유클리드 거리에 근사한 정숫값으로 주어진 대칭 여행 비용을 가지고 수행한 것이다.

대규모 대칭적 외판원 문제의 정확한 해를 구하기 위해 주로 택하는 접근 방식은 1954년 댄치그 등의 논문으로부터 개발된 **선형 계획법**[IV.11 §3.1]이다. 완전 그래프 $G=(V, E)$로 주어진 외판원 문제에서 변수 $(x_e : e \in E)$를 이용하여 선형 계획으로 변환할 수 있다. 순회로 하나에 선형 계획의 해 하나를 대응하는데, 변 e가 경로에 포함되면 $x_e=1$로 두고 그렇지 않으면 $x_e=0$으로 놓는다. 대칭 외판원 문제에 대한 댄치그 등의 **부분 순회로 완화**(subtour relaxation)는 제약조건

$$\sum (x_e : v\text{는 } e\text{의 꼭짓점}) = 2 \qquad (3)$$

$$\sum (x_e : e\text{의 끝점 하나만 } S\text{에 속함}) \geq 2 \; \forall \; \emptyset \neq S \subsetneq V \qquad (4)$$

$$0 \leq x_e \leq 1 \qquad \forall e \in E \qquad (5)$$

에 대해

$$\sum (c_e x_e : e \in E) \qquad (6)$$

를 최소화하는 선형 계획 모형이다.

방정식 (4)는 **차수방정식**이라 부르고 부등식 (5)는 **부분 순회로 제거 제약**(subtour-elimination constraint)이라 부른다. 임의의 순회로에 대하여 대응되는 0/1 벡터 x는 모든 차수방정식 및 부분 순회로 제거 제약을 만족한다. 따라서 선형 계획의 최적값은 외판원 문제 최적해 비용의 하계가 된다. 이동 비용이 삼각부등식을 만족하면 외판원 문제의 최적값은 최적 부분 순회로의 값의 $\frac{3}{2}$배를 넘지 않는다. $\frac{4}{3}$ **추측**은 인수 $\frac{3}{2}$을 $\frac{4}{3}$로 개선할 수 있을 것이라 주장하는데, 이에 대한 연구는 크리스토피데스의 근사 알고리즘을 개선하려는 노력의 핵심이다.

계산 연구에서 부분 순회로 완화는 **평면 절단 기법**(cutting-plane method)이라 부르는 반복 과정을 통해 해결한다. 처음 단계에서 최적 선형 계획 해 벡터 x^*는 제약조건으로 차수방정식만 갖는 훨씬 작은 모형에 대해 계산한다. 이 기법은 x^* 때문에 위배되는 개별 부분 우회로 제거 제약 모형을 반복하여 더해 나감으로써 완화를 개선하고, 그 후에 최적 선형 계획 해를 다시 계산한다. x^*가 모든 부분 순회로 제거 제약을 만족하면 이것이 부분 순회로 완화의 최적해이다. 이 기법이 성공적일 수 있는 이유는 선형 계획 완화에서 보통의 경우 지수적으로 많은 부분 순회로 제거 제약 중 실제로는 극히 적은 수만큼만 수행하면 된다는 사실 때문이다.

부분 순회로 완화에서 얻는 하계를 개선하기 위해 정확한 해를 찾는 과정은 모든 순회로가 만족하는 선형 부등식 몇몇 부류를 고려하여 또다시 개별 부등식을 반복적으로 선형 계획 모형에 더함으로써 이어진다. 시범적 시행에서 선형 계획 모형으로 주어진 하계가 충분히 강력하면 외판원 문제는 선형 계획 모형을 한계를 정하는 도구로 이용한 분기 한정법 검색으로 해결할 수 있게 된다. 이러한 전체 과정을 **분기 절단 기법**(branch-and-cut method)이라 부르는데 이는 외판원 문제를 위해 개발된 것으로 이산 최적화의 여러 문제에서 성공적으로 응용하고

있다.

4 체험적 해결 기법

많은 응용 설정에서 외판원 문제의 근접 최적해, 즉 최적 순회로에 가까운 비용이 드는 순회로이지만 가능한 최소 비용의 순회로일 필요는 없는 해는 만족스럽다. 이런 응용에서 잘 작동하는 체험적 해를 찾는 것은 외판원 문제에서 가장 활발한 연구 주제이며, 이러한 활동은 담금질 기법(stimulated annealing), 유전 알고리즘이나 국소 개선 기법 같은 일반적인 체험적 모색에 있어서 가장 잘 알려진 체계를 창안하고 개선하는 데 도움이 되었다. 이런 방향의 연구는 발견된 순회로 비용의 최악의 경우에 대한 답을 보증해 주지는 않지만 보통의 예제에서는 수행이 알려진 α-알고리즘에서의 결과보다 우세해질 수 있다는 점에서 근사 알고리즘의 연구와는 다르다.

체험적 기법은 공간 채우기 곡선에 기반한 초고속 알고리즘부터 국소 개선 기법 및 유전 알고리즘 기법을 정교하게 결합한 방법까지 다양한 분야에서 나타난다. 실제 계산에서 어떤 기법을 쓸지 선택하는 것은 기대하는 순회로의 품질과 예상되는 수행 시간 사이의 균형을 맞추는 과정을 포함한다. 가장 빠른 기법은 각 단계를 거쳐 가며 통상 최근접 이웃 탐색 같은 탐욕 알고리즘으로 순회로를 만드는 것인데, 이때 각 단계에서 경로에 추가될 다음 도시는 현재 도시에서 최소 비용으로 닿을 수 있는 곳이다. 고품질의 체험적 알고리즘은 현 상황의 총비용을 낮추는 수정안을 모색해 가며 순회로의 수열을 만든다. 이러한 순회로 발전 기법 중 가장 단순한 것은 대칭 비용 문제의 경우 **2-간선 알고리즘**(2-opt algorithm)으로, 현재 순회로에 대체해 넣으면 결과적으로 비용을 감소시킬 수 있는 한 쌍의 연결을 반복적으로 찾는 것이다. 2-간선 알고리즘은 린(Lin)-커니핸(Kernighan)의 k-간선 알고리즘 같은 여러 최고 성능 체험적 기법의 기본 구성 요소가 된다.

외판원 문제의 유전 알고리즘에서 최초 순회로 모음은 무작위로 선택한 처음 몇 도시에 최근접 이웃 탐색 알고리즘을 반복적으로 적용하여 생성한다. 각 반복에서 이 모음 중 몇 개의 쌍은 **자 순회로**(child tours)를 만들어 내는 짝으로 선택한다. 그러고 나서 앞서 주어진 것과 자 순회로에서 새로운 순회로 모음을 선택한다. 이 과정을 상당히 많이 반복하여 가장 좋은 순회로를 선택한다. 짝을 짓는 단계에서, 부계 순회로(parent tours)에서 부분 경로를 다양한 방식으로 조합하여 자 순회로를 만들어낸다. 가장 잘 작동하는 변형에서 순회로 발전 기법은 짝짓는 과정에서 만들어지는 자 순회로의 비용을 낮추는 데 쓰인다.

더 읽을거리

Applegate, D., R. Bixby, V. Chvátal, and W. Cook. 2006. *The Traveling Salesman Problem: A Computational Study*. Princeton, NJ: Princeton University Press.

Cook, W. 2012. *In Pursuit of the Traveling Salesman: Mathematics at the Limits of Computation*. Princeton, NJ: Princeton University Press.

옮긴이_박민재

PART VII 응용 분야

Application Areas

VII.1 항공기 소음

채프먼 *C. J. Chapman*

1 서론

항공기 소음은 집중적으로 대중의 관심을 받는 주제였고, 오랫동안 뉴스에 나오지 않은 적이 드물었다. 이는 1950년대 초 제트엔진의 사용 증가로 특히 중요해졌고, 1960년대 영국-프랑스의 초음속 항공기 콩코드(지금은 은퇴한)의 발전과 함께 다시금 중요해졌다. 현재 항공기 소음은 새로운 공항을 어디에 건설해야 하는지 혹은 그것이 애초에 건설되어야 하는지를 논의하는 공청회에서 주요한 주제이다.

일반 대중은 항공기 소음의 원리와, 현재 그것을 제어할 수 있는 주된 방법들에 대한 우리의 이해가 대부분 수학자들로부터 기인했다는 것을 알고 놀랄지도 모른다. 특히 20세기의 위대한 수리과학자인 제임스 라이트힐 경(Sir James Lighthill)은 1952년에 제트엔진이 어떻게 소리를 생성하는지 처음으로 고찰한 논문을 출판하며, 공기역학적 소리 발생(aerodynamic sound generation) 혹은 항공음향학(aeroacoustics)이라 부르는 새로운 과학분야를 만들었다. 그가 유동의 방정식을 수학적으로 분석해 만든 이 이론 이전에는 제트엔진으로부터 나오는 소리 세기를 100만 배의 오차 이내에서라도 추정할 수 있는 방법이 전혀 없었다.

더 나아가, 라이트힐의 이론은 즉각적으로 현실에 영향을 주었다. 소음의 강도가 마하 수(Mach number, 유속 나누기 음속)의 8제곱에 비례한다는 법칙(eighth-power scalinglaw)은 제트엔진으로부터 얻은 추진력의 양을 엄격하게 제어해야 한다는 것을 의미했다. 이는 추진력의 높은 비율이 엔진의 전면에 있는 커다란 회전 날개로 생성되는, 높은 바이패스비 터보팬(high bypass-ratio turbofan) 항공엔진의 개발로 달성되었다. 그러한 회전 날개는 체적이 작은 공기의 속도를 크게 증가시키는 제트엔진과 대조적으로 거대한 체적의 공기, 즉 제트엔진을 둘러싸 우회하는 공기의 속도를 상대적으로 적게 증가시킨다. 이에 따라 승객은 거대한 항공기에 탑승하기 위해 계단을 오르며 아주 잘 보이게 진열한 세련된 다중날 팬을 동경하면서, 수학이론에 따른 공학적 결과물을 분명하게 보게 된다.

2 라이트힐의 음향적 비유

라이트힐의 이론 이면의 아이디어는 유체역학의 방정식이 원천으로 간주되는 특정 항(언제나 우변에 적히는)들을 가진 음향학의 파동방정식과 정확히 같게 쓰일 수 있다는 것이다. 이 방정식의 해는 유동에 의해 생성되는 음장(sound field)을 알려준다. 이런 방법의 핵심적인 특징은 음파가 무시된 더 단순한 유동의 공기역학 이론을 통해 원천 항을 추정할 수 있다는 것이다. 극한적 경우인 비압축성 유동에 관한 이론을 포함한 더 단순한 이론은 두 개의 세계대전 과정과 그 이후에 매우 고도로 발달했고 따라서 소리 발생에 관한 라이트힐의 이론에 곧바로 활용될 수 있었다.

이런 악의 없는 설명은 라이트힐의 방정식이 정확하다는 사실만으로는 결코 경감되지 않는 많은 단점을 숨긴다. 하지만 먼저 표준 형태로 방정식을

나타내고 용어를 정의하도록 하자. 방정식은

$$\left(\frac{\partial^2}{\partial t^2} - c_0^2\nabla^2\right)\rho' = \frac{\partial^2 T_{ij}}{\partial x_i\, \partial x_j}$$

이다. 여기서 t는 시간이고 $\nabla^2 = \partial^2/\partial x_1^2 + \partial^2/\partial x_2^2 + \partial^2/\partial x_3^2$은 라플라스 연산자(Laplacian oper-ator)이며 이때 (x_1,x_2,x_3)은 데카르트 좌표계에서의 위치 벡터이다. 원천 영역에서 벗어나면 유체는(공기라고 하자) 고른 성질을, 특히 음속 c_0과 밀도 ρ_0을 갖는다고 가정하자. 임의의 위치와 시간에서 유체 밀도는 ρ이고, 주변 고른 값과의 차이는 밀도섭동인 $\rho' = \rho - \rho_0$이다. 따라서 라이트힐 방정식의 좌변은 그저 국소화된 제트엔진에 의해 유체 전반에 생성된 밀도섭동에 작용하는, 고른 음속 c_0에 대한 파동 연산자이다.

방정식의 우변은 첨자에 대한 합 규약(summation convention)을 사용하고(여기서는 $i, j = 1, 2, 3$ 위에서) 그러므로 $T_{11}, T_{12}, \cdots, T_{33}$의 2계도함수에 관한 9개 항의 합이다. 이들 9개의 양 T_{ij}가 모여

$$T_{ij} = \rho u_i u_j + (p' - c_0^2\rho')\delta_{ij} - \tau_{ij}$$

로 정의되는 라이트힐 변형력 텐서(Lighthill stress tensor)를 형성한다. 여기서 (u_1, u_2, u_3)은 속도벡터, $p' = p - p_0$은 ρ'과 유사하게 정의되는 압력섭동, τ_{ij}는 유체 마찰에 의한 힘을 나타내는 점성 변형력 텐서(viscous stress tensor)이다. i와 j에 대한 대칭성 때문에 T_{ij}는 오직 6개의 독립된 원소를 갖는데, 그 중 $i = j$인 3개는 종축(longitudinal)이고 $i \neq j$인 3개는 횡축(lateral)이다.

라이트힐 방정식의 해는 방사상으로 퍼지는 음장에 적용되는 음향 관계식 $p' = c_0^2\rho'$과 함께

$$p' = \frac{1}{4\pi}\frac{\partial^2}{\partial x_i \partial x_j}\int_V \frac{T_{ij}(\boldsymbol{y}, t - |\boldsymbol{x}-\boldsymbol{y}|/c_0)}{|\boldsymbol{x}-\boldsymbol{y}|}\mathrm{d}V$$

형태의 밖으로 향하는 음장 $p'(\boldsymbol{x}, t)$를 유도한다. 여기서 x는 관측자 위치, $\boldsymbol{y} = (y_1, y_2, y_3)$은 임의의 음원 위치, $|\boldsymbol{x}-\boldsymbol{y}|$는 그들 사이의 거리라고 하자. 적분은 원천 영역 V 위에서 취해지며, 체적요소는 $\mathrm{d}V = \mathrm{d}y_1\mathrm{d}y_2\mathrm{d}y_3$이다. 지체 시간 $t - |\boldsymbol{x}-\boldsymbol{y}|/c_0$에는 c_0의 속도로 이동하는 신호가 $\boldsymbol{y}$로부터 $\boldsymbol{x}$까지의 거리를 횡단하는 시간이 포함된다.

라이트힐의 방정식은 소리의 섭동이 전파되는 것으로 가정되는 음향적 비유로 지칭되는데, 고른 '소리 유체'란 원천 영역에서 완전히 허구이기 때문이다! 예를 들어, 그 영역에서 음속은 고르지 않고 항공기 제트기류의 온도 기울기가 가파른 위치에서 크게 변화하며, 밀도섭동과 같은 모든 물리량의 전파 속도에 영향을 주는 유체 그 자체의 속도가 오직 c_0만을 포함하는 파동연산자에서 확연히 부재한다. 그럼에도 라이트힐은 수리모형화 능력을 통해, 비음향 공기역학 이론으로부터 추정된 T_{ij}에 대한 음향적 비유가 많은 중요한 운용 조건, 가령 마하 수가 아주 높지는 않은 아음속에서 제트엔진 소음을 정확하게 예측한다는 것을 이해하였다.

라이트힐의 이론을 더 높은 마하 수에 적용할 때 증가하는 어려움은 항공기 제트기류가 난류[V.21]이며 유체 전체에서 마구잡이로 예측할 수 없게 움직이는 모든 크기의 맴도는 소용돌이를 포함한다는 사실로부터 기인한다. 마하 수가 높으면 높을수록 이웃하는 소용돌이로부터 만들어지는 소리의 까다로운 상쇄를 고려하기 위해 더욱 많은 개별적인 소용돌이들과 그들의 통계적 성질을 알아야만 한다.

마하 수가 증가할수록, 지체 시간의 작은 차이가 이런 상쇄의 정확한 양을 결정하기 위해 점차 중요해지게 된다. 그러므로 라이트힐의 방정식은 변형력 텐서 T_{ij}를 훨씬 정확하게 모형화하기 위해 유체 난류에 대한 더욱더 정교한 이론을 발전시키는 원동력이 된다.

2.1 사중극

라이트힐 방정식의 주목할 만한 특징은 원천 항이 T_{ij}의 공간 2계미분으로 나타난다는 것이다. 이는 개별 음원에 의해 생성되는 음장이 네잎클로버 모양을 가진다는 것을 의미하며, 이는 사중극 방향성(quadrupole directivity)으로 지칭된다. 따라서 라이트힐의 공기역학적 소리 발생 이론의 결정적인 측면은 음장을 생성하는 난류 움직임이 음원 사중극의 연속적인 중첩으로 간주된다는 것이다. 이것은 물리적으로 옳은 관점인데, 경계로부터 멀어지면 유체는 '그 자체를 제외하고 밀어낼 것이 아무것도 없기' 때문이다. 다시 말해, 유체 내에서 압력은 근방 유체요소에 작용하는 동일하며 반대 방향인 힘을 만들므로, 이들 내부 힘의 음향효과에 대한 합에서 나타나는 전체 이중극 세기는 반드시 항등적으로 0이어야 한다.

수학적으로, 네잎 방향성 모양은 $|\boldsymbol{x}|$가 클 때 p'을 $1/|\boldsymbol{x}|$의 거듭제곱으로 전개하는 것에서 등장한다. $1/|\boldsymbol{x}|$에 비례하는 지배적인 항은 방사상으로 퍼지는 음장에 해당한다. 그 계수는 T_{ij}를 포함하는 적분에 작용하는 미분 $\partial^2/\partial x_i x_j$와 대응하는 각인자(angular factor)$x_i x_j/|\boldsymbol{x}|^2$을 포함한다. 예를 들어, $r=|\boldsymbol{x}|$이고

$$(x_1, x_2, x_3)=(r\sin\theta\cos\phi, r\sin\theta\sin\phi, r\cos\theta)$$

인 구면좌표계 (r, θ, ϕ)에서 횡축 (x_1, x_2) 사중극은 방향 모양

$$\frac{x_1 x_2}{|\boldsymbol{x}|^2} = \tfrac{1}{2}\sin^2\theta\sin 2\phi$$

를 갖는다. 이 모양은 자오 반평면(meridional half-plane) $\phi=\pi/4, 3\pi/4, 5\pi/4, 7\pi/4$ 위에 중심을 갖고, 소리의 방사가 없는 반평면 $\phi=0, \pi/2, \pi, 3\pi/2$로 분리되는 잎들을 갖는다.

2.2 8제곱 법칙

라이트힐의 이론은 아음속 제트기류에 의해 생성되는 출력은 마하 수의 8제곱에 비례한다는 것을 예측한다. 이는 오직 위에서 주어진 방정식들에 바탕을 둔 아름답고도 간단한 비례 논증을 통해 유도되고, 여기서는 이 논증을 온전히 제시하면서 동시에 아음속 제트엔진 소음 문제에서 중요한 물리량에 대한 비례 법칙을 끌어낼 것이다.

직경 a인 노즐로부터 주변 밀도가 ρ_0이고 음속이 c_0인 유체 속으로 속도 U인 제트기류가 발생한다고 가정하자. 그러므로 이 제트기류의 마하 수는 $M=U/c_0$이고 제트기류에서 난류적 변동의 시간척도는 a/U이다. 따라서 진동수는 U/a의 비율로 조정되며, 방사되는 소리의 파장 λ는 $c_0 a/U$, 즉 a/M의 비율로 조정된다. 아음속 상황 $M<1$을 고려하고 있으므로 $a<\lambda$이고 원천 영역은 콤팩트(compact)이다.

라이트힐 변형력 텐서 T_{ij}는 ρU^2의 비율로 조정되는 항 $\rho u_i u_j$에 의해 지배되며, 원천 영역 위에서의

적분은 인자 a^3을 이끈다. 먼 장에서 적분자의 분모에 나타나는 항 $|x-y|$는 $|x|$로 근사될 수 있으며, 적분에 적용된 공간미분은 인자 $1/\lambda^2$을 만든다. 먼-장 음향적 양들은 섭동압력, 밀도, 속도, 곧 음향 관계식 $p' = c_0^2\rho' = \rho_0 c_0 u'$을 만족하는 p', ρ', u'이다. 이 모두를 모으면 기본적인 먼-장 비례법칙

$$\frac{p'}{\rho_0 c_0^2} = \frac{\rho'}{\rho_0} = \frac{u'}{c_0} \sim M^4 \frac{a}{|\boldsymbol{x}|}$$

를 얻는다.

음파에서 단위 넓이와 단위 시간당 측정되는 에너지 흐름의 속도는 $p'u'$에 비례한다. 반경 $|\boldsymbol{x}|$인 구면은 $|\boldsymbol{x}|^2$에 비례하는 넓이를 가지므로, 제트기류의 소리 출력 W', 즉 모든 방향으로 단위 시간당 방사되는 전체 소리 에너지는 비례법칙

$$\frac{W'}{\rho_0 c_0^3 a^2} \sim M^8$$

을 따른다. 이것이 아음속 제트기류 소음에 대한 유명한 8제곱 법칙이다. 최고의 응용수학에서 우아하고 유용하면서 이보다 더 놀라운 예를 찾기는 힘들다.

비례 법칙에서 높은 지수는 아주 낮은 마하 수에서 제트기류가 소리를 생성하는 데 효과가 없다는 의의를 갖는다. 하지만 이 비효율성은 마하 수가 증가하면 계속되지 않는다. 이것이 1950년대 초 여객기를 위한 항공기 엔진이 더 강력해지며 제트엔진 소음이 큰 문제가 된 이유이다. 불행히도 역학 법칙에 의해 부과된 기본 비례 법칙을 피하는 방법은 없으며, 아주 높은 속도의 제트기류를 조용하게 만들기란 불가능하다. 이는 제트엔진을 대체하는 높은 바이패스비 터보팬 공기엔진을 개발하게 된 원래 계기였다.

3 그 이상의 음향적 비유

음향적 비유는 다양한 방식으로 확장되었다. 예를 들어 폭스 윌리엄스-호킹스 방정식(Ffowcs Williams-Hawkings equation)은 질량과 움직일 수 있는 표면을 통과하는 운동량 선다발(momentum flux)을 나타내는 벡터 J_i와 텐서 L_{ij}를 통해 경계 효과를 고려한다. 이들 항은

$$J_i = \rho(u_i - v_i) + \rho_0 v_i$$

와

$$L_{ij} = \rho u_i(u_j - v_j) + (p - p_0)\delta_{ij} - \tau_{ij}$$

로 주어지며, 이때 (v_1, v_2, v_3)은 표면의 속도이고 τ_{ij}는 점성 변형력 텐서이다. 그러면 J_i와 L_{ij}의 미분에 그것을 표면에서 국소화하기 위한 적당한 델타 함수를 포함시킨 것은 음향 파동방정식의 원천 항으로서 사용된다. 폭스 윌리엄스-호킹스 방정식은 항공기 소음의 연구에서 오래도록 중요했으며 계산항공음향학에서 널리 사용된다.

라이트힐 방정식의 변형은 원천으로서 간주되는 우변과 파동의 전파연산자에 기여하는 것으로 간주되는 좌변 사이에서 항들을 재분배함으로써 얻어질 수 있다. 파동연산자가 작용하는 변수(혹은 변수들의 결합)의 다른 선택도 역시 가능하다. 이런 식으로 얻어지는 방정식은 언제나 정확하긴 하지만 그것이 얼마나 유용한지, 그것이 구현하는 물리적 해석이 '현실'인지에 대한 물음은 때로 논쟁을 일으키고

끝없는 논의를 이끈다. 널리 수용되는 방정식들 중 릴리(Lilley)와 골드슈타인(Goldstein)의 것들이 있는데, 이들은 제트기류의 평균유동(mean flow)에 대한 대류 효과를 파동연산자에 놓고 이에 따라 우변의 원천 항을 수정한다. 모페이(Morfey)의 음향적 비유 역시 유용하다. 이것은 뜨겁고 차가운 유체들의 난류 섞임에서 발생하는 것과 같은 불안정한 소산(dissipation)과 밀도의 고르지 않음을 통해 소리 발생을 위한 원천 항을 제공한다.

4 하우의 소용돌이 소리방정식

유동장의 소용돌이 상태는 난류 제트기류와 다른 유동 모두에서 소리 발생에 매우 중요하기 때문에, 그것을 암시적으로 포함한 것보다는 라이트힐 변형력 텐서처럼 원천으로서 명시적으로 포함하는 방정식을 사용하는 것이 바람직하다. 속도장의 회전(curl)으로 정의되는 소용돌이값(vorticity) ω는 유동의 국소적 회전속도를 잰다. 벡터 표기법으로 $\omega = \nabla \wedge \boldsymbol{u}$이며 여기서 $\wedge$는 외적(cross product)을 나타낸다. 성분으로는

$$(\omega_1, \omega_2\ \omega_3) = \left(\frac{\partial u_3}{\partial x_2} - \frac{\partial u_2}{\partial x_3}, \frac{\partial u_1}{\partial x_3} - \frac{\partial u_3}{\partial x_1}, \frac{\partial u_2}{\partial x_1} - \frac{\partial u_1}{\partial x_2}\right)$$

이다.

소용돌이값을 원천으로서 갖는 굉장히 유용한 방정식은 하우의 소용돌이 소리방정식(Howe's vortex sound equation)이며, 여기서 독립적인 음향 변수는

$$B = \int \frac{\mathrm{d}p}{\rho} + \tfrac{1}{2}|\boldsymbol{u}|^2$$

으로 정의되는 전체 엔탈피(enthalpy)이다. 기호 B는 베르누이(Bernoulli)를 상징하여 쓰였는데 이 변수는 베르누이의 방정식에서 등장하기 때문이다. 하우의 소용돌이 소리방정식은 베르누이 방정식의 광범위한 일반화로서

$$\left(\frac{\mathrm{D}}{\mathrm{D}t}\left(\frac{1}{c^2}\frac{\mathrm{D}}{\mathrm{D}t}\right) - \frac{1}{\rho}\nabla\cdot(\rho\nabla)\right)B = \frac{1}{\rho}\nabla\cdot(\rho\omega\wedge\boldsymbol{u})$$

이며, 여기서 c는 음속이고 $\mathrm{D}/\mathrm{D}t = \partial/\partial t + \boldsymbol{u}\cdot\nabla$는 대류 미분이다. 낮은 마하 수 극한에서 이것은

$$\left(\frac{1}{c_0^2}\frac{\partial^2}{\partial t^2} - \nabla^2\right)B = \nabla\cdot(\omega\wedge\boldsymbol{u})$$

로 단순화되고 방사되는 음장에서 압력은 $p = \rho_0 B$이다.

하우의 방정식은 모든 종류의 표면에서 소용돌이 상태와의 상호작용으로 발생하는 소리를 계산하는 데 사용된다. 예로는 난류 유입이나 블레이드 상류부 구조에 의해 발생한 소용돌이와 상호작용하는 항공기 팬 블레이드가 있다. 하우 방정식의 이점은 그것이 수많은 현실적인 문제에 해석적인 해를 제공한다는 것이며, 따라서 항공기의 설계 매개변수에 따른 음장의 변화를 알려준다.

5 항공기 소음에 대한 현재 연구

항공기 소음은 항공 산업의 미래 성장을 제한하는 아주 중요한 요소이기 때문에 그 발생을 제한하기 위해 세계적으로 연구가 이루어지고 있다. 제트기류 소음은 이륙 시에 지배적이고 팬과 엔진 소음은 비행 중에 지배적이며, 기체 소음은 착륙 시에 지배적이므로 연구자들이 해야 할 것은 많다. 엔진 소음

의 원천은 연소와 터보기계이며 기체 소음의 원천은 플랩(flap), 슬랫(slat), 날개 끝, 앞바퀴, 주착륙장치이다. 소리가 발생한 이후의 전파, 특히 소닉붐의 전파도 역시 항공기 소음 연구에서 중요한 영역이다.

새로운 주제인 계산항공음향학은 30년 전에 만들어졌고 이제 항공기 소음 연구에서 주요한 도구이다. 독자는 그것의 형님뻘인 계산유체역학에서 정립된 코드에 단순히 '압축성을 조금 추가하여' 항공기 소음을 예측하는 작업이 왜 충분하지 않은지 궁금할 것이다. 그 답은 수학에서 가장 만연한 아이디어인 불변량에 기인한다. 여기서는 베르누이 정리에서의 상수이다. 비압축성 유동에서 베르누이 정리의 결과는 압력 변동이 대응하는 속도 변화로 인해 완전히 균형을 이룬다는 것이다. 이에 따라 유체 압축성에 의해 나오며 파동방정식을 만족하는 베르누이 '상수'의 미세한 변화를 고려하는 특수화된 계산 기법이 개발되어야만 한다. 계산항공음향학은 가까운-장 에너지(계산 유체역학의 영역)의 적은 비율만이 소리로서 전파된다는 사실과 그 원인이 되는 문제를 완전히 고려해야 한다.

항공기 소음에 대한 연구는 세계의 대학, 회사, 정부 연구 기관에서 이루어지며, 그들 모두 수학에 깊이 의존하고 있다. 이 주제에 대한 가장 실용적인 공헌 상당수가 수학자인 개인에 의해 이루어졌다는 것은 괄목할 만하다. 아래 더 읽을거리에서 최소 6명의 저자는 첫 학위를 수학에서 받았고(대부분 굉장히 우수하게) 그들의 경력 전반에서 수학을 사용한다.

더 읽을거리

Dowling, A. P., and J. E. Ffowcs Williams. 1983. *Sound and Sources of Sound*. Chichester: Ellis Horwood.

Goldstein, M. E. 1976. *Aeroacoustics*. New York: McGraw-Hill.

Howe, M. S. 2003. *Theory of Vortex Sound*. Cambridge: Cambridge University Press.

Lighthill, M. J. 1952. On sound generated aerodynamically. I. General theory. *Proceedings of the Royal Society* A211: 564-87.

McAlpine, A., and R. J. Astley. 2012. Aeroacoustics research in Europe: the CEAS-ASC report on 2011 highlights. *Journal of Sound and Vibration* 331:4609-28.

Peake, N., and A. B. Parry. 2012. Modern challenges facing turbomachinery aeroacoustics. *Annual Review of Fluid Mechanics* 44:227-48.

Smith, M. J. T. 1989. *Aircraft Noise*. Cambridge: Cambridge University Press.

VII.2 기하학적 처리와 모형화에 대한 기호-수치 혼합 접근

토머스 그랜딘 *Thomas A. Grandine*

1 배경

과학 공학적 목적을 위한 수치계산은 전자 컴퓨터의 최초 응용이었다. 원래 포병 사격표를 계산하기 위해 만든 ENIAC(전자 수치적분 및 계산기

(Electronic Numerical Integrator and Computer))의 첫 사용은 로스앨러모스ㅇ서 개발되던 수소폭탄을 위한 계산을 수행하는 것이었다. 실제로, 초기 컴퓨터의 응용은 모두 수치적 응용이었다. 컴퓨터 프로그래밍 기술이 상당히 성숙해지고 난 뒤, MIT의 맥시마(Macsyma)는 세상에 기호계산의 개념을 소개했다. 수치계산과 달리 기호계산은 닫힌 형태의 해석적 표현을 만들어 문제를 푼다.

더욱 최근에, 이들 두 접근을 강력하고 흥미로운 방식으로 결합하기 위한 도구들이 개발되었고 첩펀(Chebfun)과 세이지(Sage)는 대표적인 예이다. 보잉사(Boeing)에서 나와 내 동료들 역시 때때로 이런 아이디어를 추구했고, 계속해서 이 기술을 활용해 문제를 푸는 새로운 방식들을 발견하고 있다.

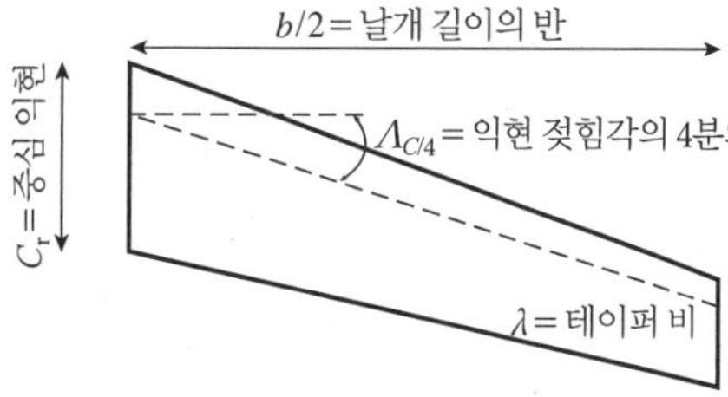

그림 1 단순한 2차원 비행기 날개 평면도 모형.

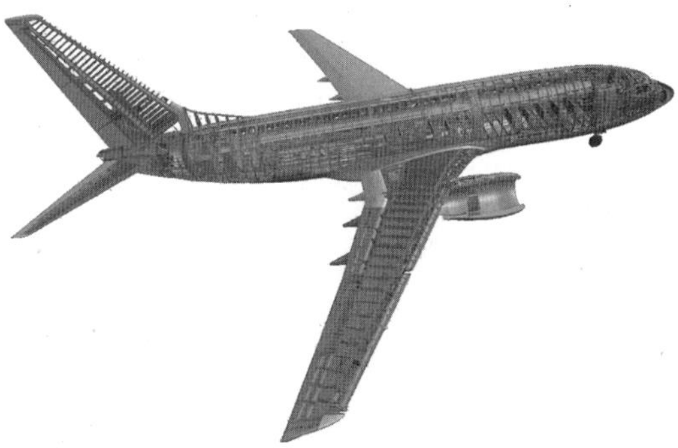

그림 2 보잉 777의 세부적인 모형.

많은 이유로 인해 보잉사는 업무 전반에서 기하학적 모형들이 필요하다. 디지털 1차 조립, 기술 분석, 직접생산, 공급망 관리, 비용 추정, 수많은 응용이 있기 때문이다. 응용에 따라 모형은 아주 단순할 수도(그림 1을 보라) 아주 복잡할 수도(그림 2를 보라) 있다. 복잡성과 상관 없이, 이런 모형들에서는 많은 계산이 수행되어야 한다. 이들 기하학 문제의 대수적인 서술을 정확하게 전달하여 계산이 수행될 수 있도록 하는 것이 언제나 수월하지는 않다.

보잉사는 수치 및 기호 방법의 힘을 결합한 장점을 지닌 소프트웨어를 가지고 있다. 이것은 미국 태평양 연안 북서부에 서식하는 커다란 조개의 이름을 따 구이덕(Geoduck, 영어에서도 GOO-ee-duck으로 발음됨)이라 부른다. 세이지처럼 이는 파이썬[VII.11] 프로그래밍에 기반을 둔다. 이 도구는 임의적인 세부사항의 수준에서 기하 모형을 구성하고 가장 하위 단계 프로그램을 통해 그 모델의 빠른 입력과 처리가 가능하도록 해 준다.

상업적으로 통용되는 기하적 모형화 도구 대부분과 마찬가지로, 구이덕은 기하학적 요소를 직사각형 정의역(매개변수 공간)에서 치역(모형 공간)으로 가는 수학적 함수로 표현한다. 예를 들어, 그림 3의 원통은 함수

$$S(u, v) = \begin{pmatrix} \cos 2\pi u \\ \sin 2\pi u \\ 4v \end{pmatrix}$$

의 치역을 그린 것이다. 구이덕은 주요 함수 형태로서 텐서곱(tensor product) 스플라인[IV.9 §2.3]을 사용한다. 계산을 위한 편리한 기저(B-스플라인)를 가지고, 차례로 축소될 수 있는 선형함수 공간에 속하며, 기호적으로 적분하고 미분할 수 있는 다항식 조

각으로 만들 수 있다는 것이 그것을 사용하는 가장 중요한 이유이다.

2 몇 가지 단순한 예시

구이덕에서 [0, 1]을 2차원 모형 공간으로 보내는 매개변수 스플라인 함수 c로 표현되는 평면곡선이 주어졌을 때, 빈번하게 등장하는 한 가지 문제는 주어진 점 p로부터 가장 가까운 점과 가장 먼 점을 찾는 것으로서 구체적으로는

$$\frac{1}{2}(c(u)-p)\cdot(c(u)-p)$$

의 극점을 결정하는 것이다. 첼편과 세이지와 마찬가지로 구이덕은 변수에 함수를 할당할 수 있게 해주고, 이것은 구이덕에서 스플라인 함수가 포함된 계산의 코딩과 이해를 쉽게 만들어 준다. 끝점을 고려하고 나면, 극점은 표현을 미분하고 결과로 나오는 표현을 0으로 두는 다음 구이덕 코드를 사용해 찾을 수 있다.

```
cder = c.Differentiate ()
der = Dot (cder, c - p)
expts = der.Zeros ()
```

구이덕에서 산술연산자는 스플라인에 대해 유효하도록 오버로드(overload)*되어 있고, 이는 `der`의 할당 안에서 이루어진다. 스플라인은 조각별 다항함

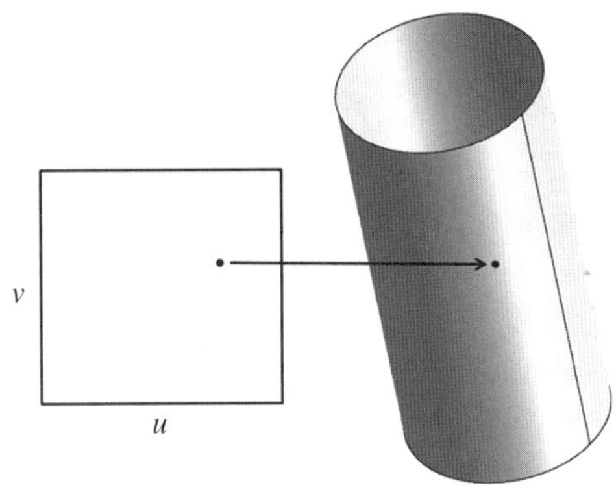

그림 3 단순한 매개변수 곡면 함수.

수이므로, 그들의 모든 선형 결합도 역시 스플라인이며 B-스플라인 급수로 표현될 수 있고, 이는 구이덕이 오버로드된 연산자를 구현하는 방식이다.

`c`는 스플라인 함수이므로 그것의 미분도 그러하고, `Differentiate` 메소드(method)**는 예상하는 기능을 수행한다. 비슷하게 `Dot` 함수는 `cder`와 `c - p`의 내적인 스플라인 함수를 형성한다. 두 스플라인의 곱은 역시 스플라인임에 주의하자.

이제까지의 모든 연산자는 해석적으로 이루어졌다. 하지만 `Zeros` 메소드는 수치적 방법인데 왜냐하면 모든 차수의 조각별 다항함수에 대해 동작하도록 설계되었기 때문이다. 구이덕에서 이 방법은 내 1989년 알고리즘의 직접적인 구현이고, 그것은 스플라인 함수의 모든 실수해를 찾는다. 이 코드의 결과는 그림 4에 그려져 있다. 여기서 점 `p`와 곡선 `c`위의 계산된 점들 사이의 선분과 함께 곡선 `c`가 나타난다. 국소 극댓값에 해당하는 선분은 파선으로 나

* 프로그래밍 용어로서 기존 함수와 이름은 같지만 매개변수의 종류에 따라 다르게 동작하도록 함수를 덮어씌우는 것이다.—옮긴이

** 프로그래밍 용어로서 멤버 함수로도 부르며 특정한 객체(본문의 경우 스플라인)와 관련된 함수이다.—옮긴이

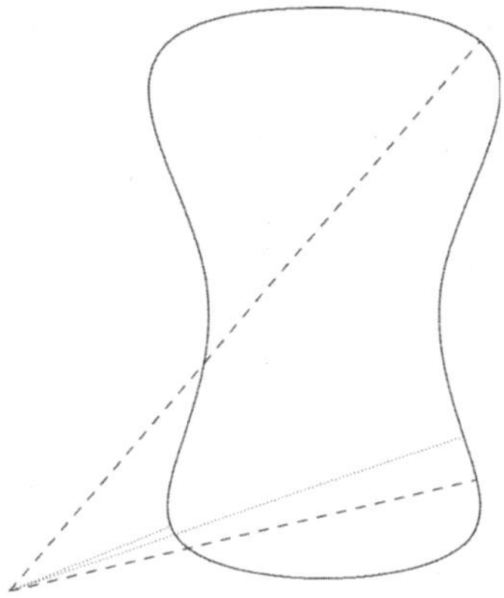

그림 4 한 점에서 곡선까지의 거리에 대한 국소 극솟값들.

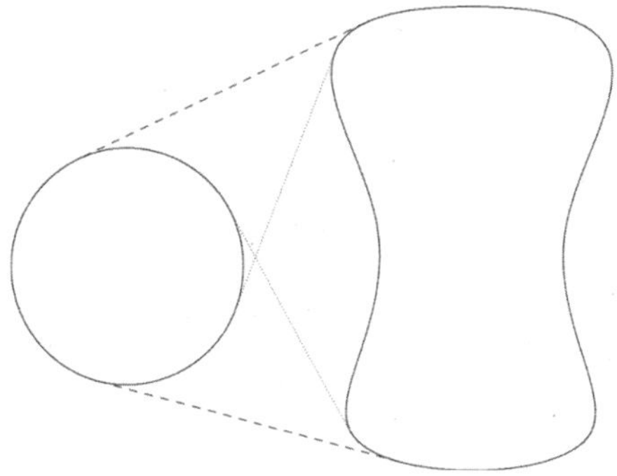

그림 5 곡선 쌍에 대해 계산된 공통 접선들.

타난다, 반면 국소 극솟값은 점선으로 나타난다.

물론 흥미로운 문제들의 아주 풍부한 모음을 풀기 위해, 관심 있는 기하학적 계산을 유도한 뒤 그 유도 과정을 기호와 수치적 계산이 결합된 구이덕 스크립트로 부호화하는 기본적인 수단을 계속해서 반복할 수 있다.

두 번째 예시로, 곡선 c와 d의 공통 접선을 찾는 문제를 고려하자. 이전과 같이, 두 곡선은 2차원에서 벡터값 스플라인 함수로 표현될 것이다. c의 점들이 $c(u)$로 주어지고 d 위의 점들이 $d(v)$로 주어진다면, 공통 접선은 벡터 $c(u)-d(v)$가 $c'(u)$와 $d'(v)$로 주어지는 두 곡선의 접선과 평행하다는 성질을 갖는 $c(u)$와 $d(v)$ 사이의 선분이 될 것이다. 다음 연립방정식을 만족하는 (u, v) 쌍은 원하는 접선의 끝점들에 대응한다.

$$c'(u) \times (c(u) - d(v)) = 0$$
$$d'(v) \times (c(u) - d(v)) = 0$$

이때 $\times$는 $\mathbb{R}^2$의 스칼라값 외적, 즉 열이 피연산자로 이루어진 2×2 행렬의 행렬식(determinant)이다.

다음 구이덕 코드를 고려하자.

```
cminusd = TensorProduct (c, '-', d)
cder = cminusd.Differentiate (0)
dder = cminusd.Differentiate (1)
f1 = Cross (cder, cminusd)
f2 = Cross (dder, cminusd)
tanpts = Zeros ([f1, f2])
```

이 예시는 스플라인 함수 쌍을 입력으로 취하고 원래 함수들의 정의역에 대한 텐서곱 위에서 정의되는 어떤 새로운 스플라인 함수를 반환하는 `TensorProduct` 함수를 도입한다. 이 경우, `c`와 `d`모두 구간 $[0, 1]$에서 정의되므로 새로운 스플라인 함수 `cminusd`는 $[0, 1]^2$ 위에서 정의된다.

`Differentiate` 메소드는 이전과 비슷하지만 이제 1개보다 많은 변수를 갖는 함수에 적용된다는 것만이 다르며, 따라서 그것은 입력된 첨수로 지시되는 변수에 대한 편미분을 반환할 것이다. 여기서 `Cross` 함수는 첫 예시의 `Dot` 함수와 유사하며, 두 입

력 스플라인은 동일한 정의역에서 정의되어야만 하는데,이 경우에는 $[0, 1]^2$으로 같다.

마지막으로 Zeros 함수는 주어진 스플라인 연립 방정식을 푼다. 곡선 c와 d는 4개의 계산된 접선과 함께 그림 5에 나타난다.

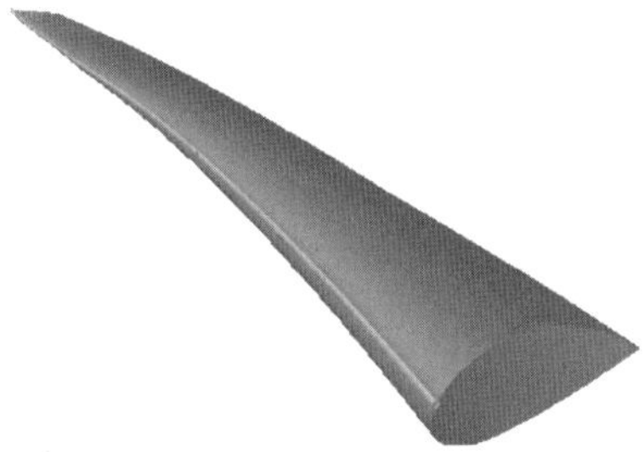

그림 6 앞 가장자리 곡선이 표시된 날개 모형.

3 산업적 예시

구이덕은 방금 묘사한 것처럼 단순한 기하학적 해석학 문제를 푸는 데 뛰어나지만, 보잉사가 직면하는 현실에서의 기하학적 모형화와 기하학적 처리 문제 역시 풀 수 있다. 그림 6에 그려진 날개를 살펴보자. 표준적인 관행을 따라, 날개를 모형화하는 곡면 w는 텐서곱 스플라인으로서 구성된다. 보통 날개 위의 점 $w(u, v)$는 날개 길이(wingspan) 방향을 따라 변수 v가 증가하도록 배치되며, 고정된 각각의 값 v에 대해 함수 $w(\cdot, v)$가 개별적인 날개 모양(airfoil)을 묘사한다. 그런 각각의 날개 모양은 $w(0, v) = w(1, v)$가 날개 뒷전(trailing edge) 위의 점이고, u가 증가함에 따라 그 점이 먼저 날개 모양의 아랫부분을 움직이고 그 다음 날개 모양의 윗부분을 지나간다는 성질을 갖는다.

많은 항공역학 분석 모의실험의 전처리 단계로서 해결되어야 하는 한 가지 현실적인 문제는 날개의 앞 가장자리(leading edge)를 결정하는 것이다. 각각의 날개 모양 단면에서, 앞 가장자리 위의 점은 날개 뒷전으로부터 가장 먼 점으로 결정된다. 따라서 각 v에 대해 그것은 $(w(u, v) - w(0, v)) \cdot (w(u, v) - w(0, v))$를 최소화하여 결정될 수 있다. v는 (임시적으로) 고정되므로, 이 문제는 u에 대해 미분하고 결과로 나오는 표현을 0으로 둠으로써 풀 수 있다.

$$w_u(u, v) \cdot (w(u, v) - w(0, v)) = 0$$

이 방정식을 v의 모든 값에 대해 풀어 u를 구할 수 있으므로, 이는 방정식으로 주어진 음함수 u에 대해 $w(u(v), v)$ 형태로 주어진 전체 단일매개변수 해 모임을 끌어낸다. 이에 따른 앞 가장자리 곡선은 그림 6에 나타나며, 이는 다음 구이덕 코드를 통해 생성되었다.

```
w0 = w.Trim ([[0.0, 0.0], [0.0, 1.0]])
zero = Line ([0.0], [0.0])
w0uv = TensorProduct (zero, '+', w0)
wu = w.Differentiate (0)
f = Dot (wu, w - w0uv)
le = f.Intersect ([1.0, 0.0])
```

스플라인 함수 zero는 그저 [0, 1] 위에서 정의되고 어디에서나 0을 값으로 갖는 함수이다. 그것은 여기에서 w0uv가 2변수 함수가 되도록 하기 위해 필요하다.

이는 이전 예시들과 아주 유사하며, 오직 두 개의

새로운 난점이 있다. 원래의 스플라인과 동일하지만 정의역이 원래 것의 부분집합으로 제한되는 새로운 스플라인을 구성하기 위한 `Trim` 메소드의 사용이 그 중 첫 번째이다. 위의 경우 u의 값이 0이 되도록 제한되므로, 함수 `w0`은 오직 하나의 변수에 대한 함수이다. 다시 `Dot`의 입력 함수들이 동일한 정의역을 갖도록 `w0`을 2변수 함수로 만들기 위해서는 `TensorProduct`의 사용이 필수적이다. 마지막 난점은 `Intersect` 메소드의 사용이다. 위의 경우, 이는 f의 정의역에서 과소 결정된(underdetermined) 연립식의 해집합을 찾는다. 그 정의역에서 이에 따른 점들의 자취는 우리가 찾던 앞 가장자리 곡선의 원상(preimage)이다.

마지막 예시로서 구조적 이유로 인해 아주 가치 있는, 날개의 길이 방향으로 뻗은 최대 깊이를 가진 날개보(spar)의 위치를 결정하는 문제를 고려하자. 이번에는 날개가 두 조각 w_1과 w_2로 분리되었다고 상상해보자. w_1은 날개의 윗부분이고 w_2는 아랫부분이라 가정한다. 이전과 같이, 두 번째 매개변수는 날개의 길이 방향을 따라 증가한다. 두 표면이 똑같이 매개화되어, 두 조각의 y성분이 $v_1 = v_2$이면 언제나 $y_1(\cdot, v_1) = y_2(\cdot, v_2)$를 만족한다고 상상하자. 따라서 각각의 v_1 값에 대해 위와 아래 표면 사이의 수직 거리는 대응하는 접벡터가 평행할 때 최대화될 것이며, 즉 그것은

$$\frac{\partial}{\partial u_1}\begin{pmatrix} x_1(u_1, v_1) \\ z_1(u_1, v_1) \end{pmatrix} \Bigg\| \frac{\partial}{\partial u_2}\begin{pmatrix} x_2(u_2, v_2) \\ z_2(u_2, v_2) \end{pmatrix}$$

일 때이다. 이를 염두에 두면 새로운 표면 $\hat{s}_1$과 $\hat{s}_2$는

$$\hat{s}_1(u_1, v_1) = \begin{pmatrix} x_1(u_1, v_1) \\ y_1(u_1, v_1) \\ \dfrac{(\partial/\partial u_1)z_1(u_1, v_1)}{(\partial/\partial u_1)x_1(u_1, v_1)} \end{pmatrix},$$

$$\hat{s}_2(u_2, v_2) = \begin{pmatrix} x_2(u_2, v_2) \\ y_2(u_2, v_2) \\ \dfrac{(\partial/\partial u_2)z_2(u_2, v_2)}{(\partial/\partial u_2)x_2(u_2, v_2)} \end{pmatrix}$$

로 정의될 수 있다. 이들 새로운 표면 각각의 3번째 성분은 표면의 단면인 곡선의 기울기임에 주목하자. 접벡터들은 이들 기울기가 똑같을 때 평행하다. 따라서 두 원래 표면 각각을 따르는 곡선 s_1과 s_2는 새로운 표면 $\hat{s}_1$과 $\hat{s}_2$의 교선으로 계산될 수 있다. 이에 따른 날개보는 이들 두 곡선 사이의 선직면(ruled surface)으로서 그림 7에 나타난다.

더 읽을거리

de Boor, C. 2000. *A Practical Guide to Splines*. New York: Springer.

Eröcal, B., and W. Stein. 2010. The Sage project: unifying free mathematical software to create a viable alternative to Magma, Maple, Mathematica and MATLAB. In *Mathematical Software–ICMS 2010*, edited by K. Fukuda, J. Hoeven, M. Joswig, and N. Takayama, pp. 12-27. Lecture Notes in Computer Science, volume 6327. Berlin: Springer.

Goldstine, H. H. 1972. *The Computer from Pascal to von Neumann*. Princeton, NJ: Princeton University Press.

Grandine, T. A. 1989. Computing zeros of spline functions. *Computer Aided Geometric Design* 6:129-36.

Moses, J. 2012. Macsyma: a personal history. *Journal of Symbolic Computation* 47:123-30.

Trefethen, L. N. 2007. Computing numerically with functions instead of numbers. *Mathematics in Computer Science* 1:9-19.

VII.3 구간해석학을 통한 컴퓨터보조증명

워릭 터커 *Warwick Tucker*

1 서론

이 글의 목적은 컴퓨터보조증명(computer-aided proof) 분야를 간단히 소개하는 것이다. 이를 위해 구간해석학의 기법을 사용하는 포함관계 및 비선형방정식 해결 문제에 초점을 맞출 것이다. 구간해석학은 수치적 계산을 수학적으로 엄밀하게 만들도록 고안된 틀이다. 구하려는 양의 근사치를 계산하는 대신, 그 양의 범위를 계산하는 것이 목적이다. 이때 반올림오차(rounding error)와 이산화오차(discretization error) 모두를 고려해야만 한다.

1.1 컴퓨터보조증명이란 무엇인가?

컴퓨터보조증명은 여러 가지 형태로 나온다. 우리가 여기서 언급할 증명의 유형은 실직선의 연속체와 연관된 것이다. 그러므로 풀고자 하는 문제는 예컨대 조합론보다는 대개 해석학에서 택한 것이다.

반올림오차는 바깥 반올림의 구간 연산(interval arithmetic) 같은 집합값 연산으로 모든 계산을 수행함으로써 다룰 수 있다. 하지만 이산화오차는 매우 주의 깊은 분석을 요구하며, 이는 보통 증명의 준비에서 진짜로 어렵고 해석적인 부분이다. 문제는 꽤 자주 어떤 적당한 함수 공간의 고정점(fixed point)으로서 재서술되어야 하며, 이것은 함수해석학의 일부 섬세한 논증을 필요로 할 수 있다. 게다가 이산화 범위는 반드시 완전하게 엄밀하고 명시적으로 주어져야 한다. 사실 그것은 반드시 유한한 시간 안에 계산될 수 있어야 한다.

1.2 수학에서의 예

구간해석학[II.20]의 분야는 상당한 수준으로 성숙했고 그 기법은 수학에서 악명 높게 어려운 많은 문제를 푸는 데 사용되고 있다.

근 수년간 이루어진 진전의 증거로서, 컴퓨터보조증명을 사용해 얻어낸 몇 가지 결과들을 언급하도록 한다.

- 해스(Hass)와 쉴라플라이(Schlafly)(2000)는 이중 거품 추측(double bubble conjecture, 최소곡면(minimal surface)의 이론에서 기인한 문제)을 풀었다.
- 가바이(Gabai) 외(2003)는 호모토피 쌍곡 3-다양체(homotopy hyperbolic 3-manifold)가 합쳐질 수 없는 절연 모임(noncoalescable insulator family)을 갖는다는 것을 증명했다.
- 오래된 케플러 추측(Kepler conjecture, 구를 어떻게 조밀하게 쌓을 수 있는지를 고려하는)은 최근 헤일스(Hales, 2005)에 의해 해결되었다.

- 현재 저자는 1999년에 로렌즈 끌개(Lorenz attractor)의 존재성에 관한 스메일(Smale)의 14번째 문제를 풀었다.

2 비선형방정식 풀기

이 절에서는 비선형방정식을 푸는 몇몇 컴퓨터보조 기법을 설명한다. 나중에 보게 되듯이, 이것은 해석학의 많은 문제에 필요한 기본적인 (확실한) 재료이다. 제시되는 기법 중 일부는 무한차원 환경(가령 함수공간에서 고정점 방정식)으로 확장될 수도 있지만, 해설을 간단하고 짧게 유지하기 위해 여기서는 유한차원인 경우만을 다룰 것이다.

엄밀하게 표현하면, 탐색 영역 $\mathcal{X}$와 함께 주어진 함수 f에 대해, 우리의 작업은 $\mathcal{X}$ 안에 위치하는 f의 모든 해에 대한 존재성(그리고 유일성)을 입증하는 것이다. f의 비선형성과 $\mathcal{X}$의 대역적 성질 때문에, 이것은 그리 간단한 작업이 아니다.

구간해석학의 기본 원리는 원래 문제를 **포함 원리**(inclusion principle)를 만족하는 집합값 형태로 확장하는 것이다. 우리가 관심 있는 환경에서($f(x)=0$을 푸는 것), 이는 f의 구간 확대를 찾아야 함을 의미한다. 다시 말해,

$$\text{range}(f;\boldsymbol{x}) = \{f(x): x \in \boldsymbol{x}\} \subseteq F(\boldsymbol{x}) \qquad (1)$$

를 만족하는 구간값 함수 F를 찾아야 한다. 여기서 $\boldsymbol{x}$는 구간을 나타내고 x는 실수를 나타낸다. f가 초등적인 함수라면, F는 나타나는 모든 산술연산자와 표준 함수를 구간값에 대응하는 것으로 대체하여 얻을 수 있다. 고차원에서는 f의 성분을 분리하여 생각한다.

이제 f의 해를 찾을 때 사용하는 두 가지 기법을 간단히 설명할 것이다.

2.1 구간 이분

구간해석학은 탐색 공간에서 $f(x)=0$의 해가 위치할 수 없는 영역을 제외하는 간단한 기준을 제공한다. 전체 탐색 영역 $\mathcal{X}$는 집합값 이분(set-valued bisection)에 의해 부분직사각형 $\boldsymbol{x}_i$로 적응적으로(adaptively) 분할되는데, 각각은 검정 $0 \in F(\boldsymbol{x}_i)$를 거쳐야만 한다. 그것을 통과하지 못한 부분직사각형은 이후 탐색에서 제외된다. (1)에 의해 집합 $\boldsymbol{x}_i$는 어떠한 해도 가질 수 없기 때문이다. 이분 단계는 남은 모든 부분직사각형이 충분히 작은 크기에 도달하면 끝난다. 마지막에 얻는 것은 그 합집합이 영역 $\mathcal{X}$ 내에서 f의 모든 해를 포함함이(해가 존재한다면) 보장된 직사각형들의 모음이다.

단순한 예로, 영역 $\mathcal{X}=[-10, 10]$ 위의 함수 $f(x) = \sin x(x-\cos x)$를 살펴보자(그림 1(a)를 보라). 이 함수는 분명히 $\mathcal{X}$에서 8개의 해 $\pm 3\pi$, $\pm 2\pi$, $\pm\pi$, 0, x^*를 가지는데, 여기서 x^*는 $x-\cos x=0$의 유일한 (양의) 해이다. 중단 허용도 0.001에 대해 구간 이분법을 적용하면 아래 9개의 구간을 생성한다. 하지만, 구간 4와 5는 서로 인접한다는 것에 주의하자. 이는 해가 정확히 영역의 이분점 위에 위치할 때 언제나 일어난다.

```
영역    : [-10,10]
허용도  : 0.001
함수 호출: 227
해 목록  :
1:[-9.42505,-9.42444] 6:[+0.73853,+0.73914]
2:[-6.28357,-6.28296] 7:[+3.14148,+3.14209]
```

```
3:[-3.14209,-3.14148] 8:[+6.28296,+6.28357]
4:[-0.00061,+0.00000] 9:[+9.42444,+9.42505]
5:[+0.00000,+0.00061]
```

이 계산의 수학적 의의는 $[-10, 10]$에 제한된 f의 모든 해는 9개의 출력 구간의 합집합 안에 포함된다는 것이다(그림 1(b)를 보라). 이 시점에서 존재성에 대한 주장은 이루어질 수 없다.

2.2 구간 뉴턴 방법

구간해석학의 또 다른 (동일하게 중요한) 도구는 비선형방정식에 대한 해의 존재성과 (국소적) 유일성을 증명할 수 있는 검증 가능한 기준이다. 기초적인 도구는 뉴턴의 방법(Newton's method)을 집합값으로 확장한 것에 바탕을 두며, 칸토로비치 조건(Kantorovich condition)과 결합하여 끌림 웅덩이(basin of attraction)에 도달함을 보장해 준다. $\boldsymbol{x}$를 이분 과정에서 살아남은 부분직사각형이라 하고, $\check{x}$를 $\boldsymbol{x}$ 내부의 한 점(가령 중점)이라 하자. 이제 다음과 같이 $\boldsymbol{x}$의 뉴턴 상(Newton image)을 만들자.

$$N(\boldsymbol{x}) = \check{x} - [DF(\boldsymbol{x})]^{-1} f(\check{x})$$

이것은 표준 뉴턴 방법의 집합값 형태이다. 수정 항이 구간 원소를 갖는 선형연립식을 푸는 것과 관련되어 있음에 주의하자. 이 선형연립식을 풀 수 없다면, 집합 $\boldsymbol{x}$에 대해 이분 단계를 몇 번 더 적용한다. 뉴턴 상은 어떤 아주 강력한 정보를 알려준다. 만약 $N(\boldsymbol{x}) \cap \boldsymbol{x} = \varnothing$이라면, $\boldsymbol{x}$는 $f(x)=0$의 어떤 해도 포함할 수 없고 따라서 제외될 수 있다. 반면 $N(\boldsymbol{x}) \subseteq \boldsymbol{x}$라면 $\boldsymbol{x}$는 f의 유일한 해를 포함한다. 나머지 경우에는 $\boldsymbol{x}$를 $N(\boldsymbol{x}) \cap \boldsymbol{x}$로 축소하여 뉴턴 검정을 다시 시행할 수 있다. 이 단계가 성공적이라면 영역 $\mathcal{X}$ 내에서 $f(x)$에 대한 해의 정확한 개수를 알게 될 것이다.

그림 2는 뉴턴 상의 기하학적 구성을 묘사한 것이다.

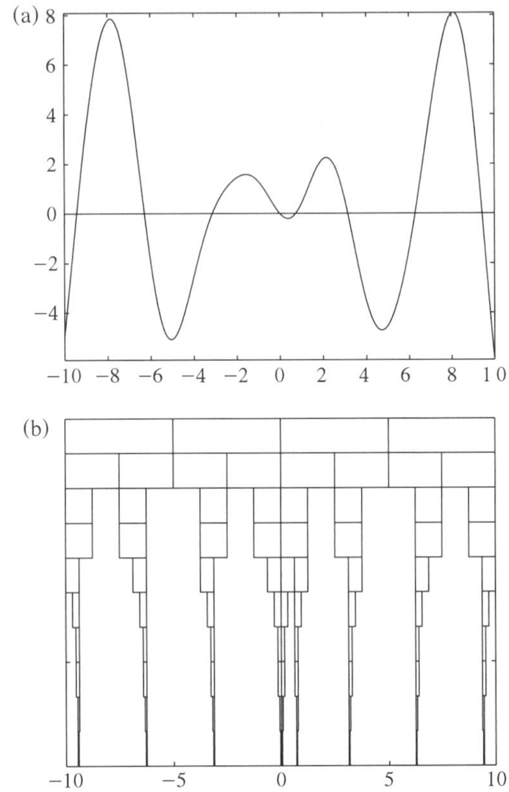

그림 1 (a)영역 $\mathcal{X} = [-10, 10]$ 위에서 함수 $f(x) = \sin x(x - \cos x)$. (b)점차 좁혀지는 해들의 범위.

3 제한된 n체문제에 대한 응용

뉴턴 n체문제(Newtonian n-body problem)는 뉴턴의 운동법칙을 따라 움직이는 질량 $m_i > 0$을 갖는 n체(점입자로 가정할 수 있는)의 동역학을 서술한다. 상대적 평형(relative equilibrium)은 계의 질량중심에 대

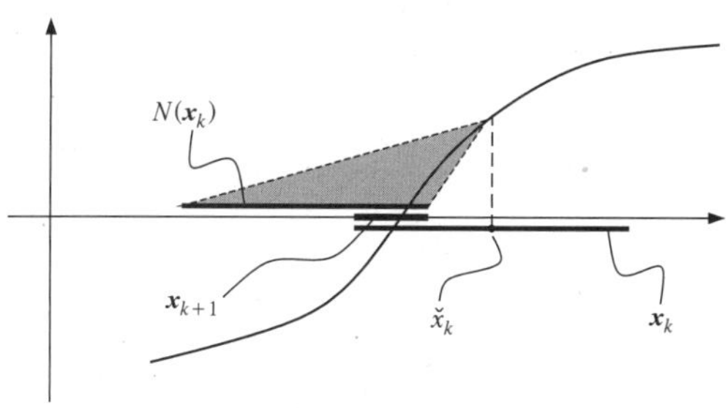

그림 2 구간 뉴턴 방법의 한 반복.

해 고른 각속도로 회전하는, 뉴턴의 방정식에 대한 **평면적** 해이다. 그러므로 회전하는 기준 좌표계에서는 그런 물체들의 무리는 고정된다.

아우렐 빈트너(Aurel Wintner)가 1941년에 제기했던 오래된 물음은, 상대적 평형의 (동치류(equivalence class)) 개수가 유한하다는 것과 관련된다. 1998년에 필즈상 수상자 스티븐 스메일(Stephen Smale)은 21세기를 위해 도전적인 여러 문제를 목록으로 만들었다. 6번 문제는 다음과 같다.

> 천체역학의 n체문제에서 질량으로 양의 실수 $m_1, \cdots, m_n$을 어떻게 선택해도, 상대적 평형의 개수는 유한한가?

글을 쓰는 시점에서, 이 문제는 $n \geq 5$일 때 미해결로 남아 있다.

최근에, 쿨레비치(Kulevich) 외(2009)는 평면원형적 제한된 4체문제(planar circular restricted four-body problem, PCR4BP)에 대한 평형의 개수는 질량을 어떻게 선택해도 유한하다는 결과를 증명했다. 고려하는 PCR4BP는 공통 질량중심을 기준으로 원형으로 회전하는 정삼각형의 꼭짓점에서, 임의의

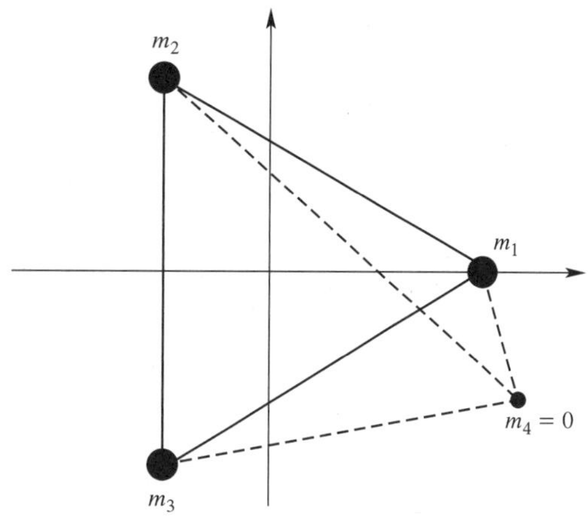

그림 3 PCR4BP에 대한 라그랑주 정삼각형의 기본 배치.

질량이 주어진 3개의 커다란 물체(주천체)로 이루어진다. 주천체들의 중력 끌림을 따르는 4번째 무한소 질량이 그들이 움직이는 평면에 추가되고 원형 궤도에는 영향을 주지 않는다고 가정하자. 적절하게 선택된 회전계에서 주천체들은 고정된다(그림 3을 보라).

우리가 오직 해의 동치류만을 고려하므로 $\sum_i m_i = 1$이 되도록 계의 전체 질량을 정규화할 수 있다. 또한 일반성을 잃지 않고, 주천체들의 정삼각형이 단위 길이를 갖는다고 가정할 수 있다. 이는 문제를 간결하게 만들고 따라서 대역적 탐색을 쉽게 만들어 준다.

$x_1, x_2, x_3, c \in \mathbb{R}^2$이 차례로 3개 주천체들의 (고정된) 위치와 그들의 질량중심을 나타낸다고 하자. $z = (z_1, z_2)$는 4번째 (무한소 질량) 물체의 위치라고 하자. 그러면 그것의 움직임은 연립미분방정식

$$\ddot{z}_1 = \frac{\partial V}{\partial z_1} + 2\dot{z}_2$$
$$\ddot{z}_2 = \frac{\partial V}{\partial z_2} + 2\dot{z}_1$$

에 의해 지배되며, 여기서 퍼텐셜 V는

$$V(z) = \tfrac{1}{2}\|z-c\|_2^2 + \sum_{k=1}^{3} \frac{m_i}{\|x_i - z\|_2} \qquad (2)$$

로 주어진다. 그러므로 상대적 평형은 V의 극점(critical point)으로 결정된다. 본질적으로 우리는 문제를 비선형방정식을 푸는 것으로 환원시켰다.

쿨레비치 외는 PCR4BP 안 상대적 평형의 개수가 유한하다는 것을 보였을 뿐 아니라, 최대 196개의 평형점이 존재한다는 것을 증명했다. 이 상계는 너무 큰 과대 추정으로 보인다. 시모(Simó)의 수치적 탐구(1978)는 질량의 값에 따라 8개나 9개나 10개의 평형이 있다는 것을 암시한다.

쿨레비치 외의 증명은 베른슈타인-호반스키-쿠시니렌코(Bernstein-Khovanskii-Kushnirenko, BKK) 이론의 기법에 바탕을 둔다. 그것은 연립다항방정식에 대해, 모든 변수가 0이 아닌 해의 개수가 유한한지 결정하는 검증 가능한 조건을 제공한다. 활용된 기법은 뉴턴 다체(Newton polytope)의 계산 같이 대수기하학에서 기인하고, 그뢰브너 기저 방법(Gröbner basis method)보다 더 일반적이다.

흥미로운 특수한 경우는 $m_1 = m_2 = m_3 = \frac{1}{3}$로 모든 질량을 갖게 택하는 것이다. 그러면 PCR4BP는 1922년에 린도우(Lindow)에 의해 처음 정립되었듯 정확히 10개의 해를 갖는다. 우리는 어떻게 엄밀한 해 탐색 기법이 쉽게 이 상황을 다룰 수 있는지 묘사할 것이다.

주천체들과 질량들을 정규화함으로써, 우리의 탐색을 정사각형 $\mathcal{X} = \left[-\frac{3}{2}, +\frac{3}{2}\right]^2$으로 제한할 수 있다. $f(z) = \nabla V(z)$가 V의 기울기를 나타낸다고 하고, 이를 포함 원리 (1)을 만족하는 집합값 함수로 확대

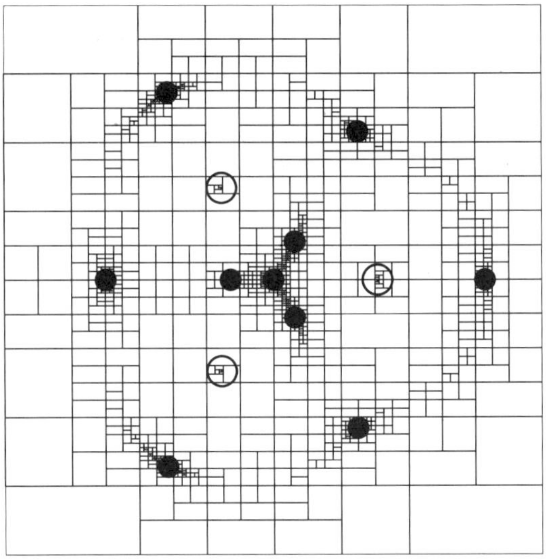

그림 4 $m_1 = m_2 = m_3 = \frac{1}{3}$로 동일한 질량을 갖는 경우 PCR4BP. 3개의 주천체는 빈 원으로 표시되어 있고, 10개의 평형은 꽉 찬 원으로 표시되어 있다. 직사각형 격자는 적응적인 소거 과정에서의 분할로부터 기인한다.

하자. 이 문제는 이제 $\mathcal{X}$에 제한된 f의 해를 찾는 (혹은 단순히 세는) 것으로 환원된다. 위에서 설명된 집합값 이분과 구간 뉴턴 연산자의 결합을 사용하면, 동일한 질량을 갖는 경우 PCR4BP가 정확히 10개의 상대적 평형을 가짐을 입증하는 것은 손쉽다. 이분 단계에서 10^{-2}의 중단 허용도를 사용하면, 다음 단계에 도달할 때 163개의 부분직사각형이 남고 1546개는 제외된다. 뉴턴 단계는 또 다른 150개의 부분직사각형을 제외시키고 상대적 평형에 대한 10개의 고립된 근방을 만든다(그리고 3개는 주천체들에 대한 것이다)(그림 4를 보라).

이런 접근을 고려할 때, (2)에서 질량들을 동일하게 선택하는 것에 특별한 점은 없다. 예를 들어 $m = (\frac{1}{10}, \frac{2}{10}, \frac{7}{10})$로 택하고, 계산을 반복하여 정확히 8개의 상대적 평형이 있음을 찾을 수 있다(그림 5를

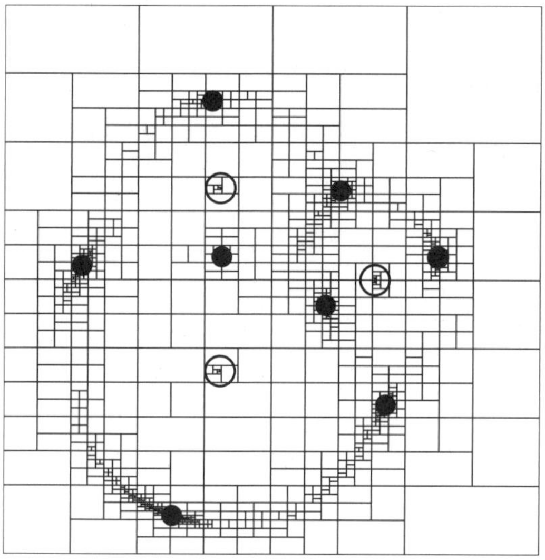

그림 5 $m = (\frac{1}{10}, \frac{2}{10}, \frac{7}{10})$인 경우 PCR4BP.

보라).

연관된 계산들은 일반적인 노트북에서 수분의 1 초만에 수행하였다.

4 비선형 포함관계 풀기

집합값 체제에서 $f(x) = y$ 형태의 방정식을 푸는 개념을 확장하여, $\boldsymbol{y}$가 주어진 집합일 때 포함관계 $f(x) \in \boldsymbol{y}$를 푸는 것은 매우 그럴듯하다. 이는 불확실성의 존재 아래 아주 자연스러운 문제 서술이다. $\boldsymbol{y}$가 오차가 제한된 잡음이 섞인 데이터를 나타낸다고 생각해 보자.

집합 $\boldsymbol{y}$의 내부가 공집합이 아니라면 해집합 $\mathcal{S}$도 그래야만 한다고 예상할 수 있다. 따라서 해집합을 안쪽과 바깥쪽 모두에서 근사할 수 있을 것이다. 다른 말로,

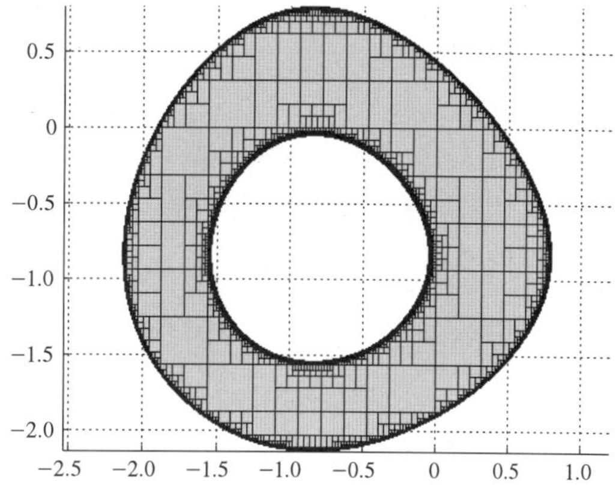

그림 6 해집합 $\mathcal{S}$의 바깥쪽 근사 $\overline{\mathcal{S}}$(음영 처리됨). 폭이 10^{-2}보다 큰 모든 직사각형은 안쪽 근사 $\underline{\mathcal{S}}$에 속한다.

$$\underline{\mathcal{S}} \subseteq \mathcal{S} \subseteq \overline{\mathcal{S}}$$

를 만족하는 두 집합 $\underline{\mathcal{S}}$와 $\overline{\mathcal{S}}$를 계산하고자 한다. $\underline{\mathcal{S}}$와 $\overline{\mathcal{S}}$는 각각 $\mathcal{S}$의 안쪽과 바깥쪽 근사라고 부른다. 그들의 차이 $\overline{\mathcal{S}} \backslash \underline{\mathcal{S}}$의 크기를 측정함으로써 우리가 해집합 $\mathcal{S}$에 얼마나 가까운지에 대해 신뢰할 수 있는 정보를 얻을 수 있다.

영역 $\mathcal{X}$의 분할 $\mathcal{P}(\mathcal{X})$가 주어졌을 때, 바깥쪽 근사 $\overline{\mathcal{S}}$는 정확히 2.1절과 같이 계산된다. 그것은 범위 $\boldsymbol{y}$와의 교집합이 공집합이 아닌 구간함숫값을 갖는 모든 분할 원소를 포함한다. 안쪽 근사는 구간함숫값이 범위 $\boldsymbol{y}$에 완전히 포함되는 모든 분할 원소를 포함한다. 다시 말해

$$\underline{\mathcal{S}} = \{\boldsymbol{x} \in \mathcal{P}(\mathcal{X}) \colon F(\boldsymbol{x}) \subseteq \boldsymbol{y}\},$$
$$\overline{\mathcal{S}} = \{\boldsymbol{x} \in \mathcal{P}(\mathcal{X}) \colon F(\boldsymbol{x}) \cap \boldsymbol{y} \neq \emptyset\}$$

이다.

하나의 예로, 비선형함수

$$f(x) = \sin x_1 + \sin x_2 + \tfrac{2}{5}(x_1^2 x_2^2)$$

을 생각하고 우리가 집합

$$\mathcal{S} = \{x \in [-5, +5]^2 \colon f(x) \in [-0.5, 0.5]\}$$

를 찾고 싶다고 가정하자. 간단한 이분 과정에 의해, 영역 $\mathcal{X} = [-5, 5]^2$은 부분직사각형들로 적응적으로 분할되고 $F(\boldsymbol{x}) \cap [-0.5, 0.5] = \varnothing$인 직사각형 $\boldsymbol{x}$는 제외된다. 남은 직사각형들은 그들이 $\underline{\mathcal{S}}$에 속하느냐 $\overline{\mathcal{S}}$에 속하느냐에 따라 분류된다. 부분직사각형이 $\underline{\mathcal{S}}$에 속하는 것으로 결정되는 순간, 그것은 더 이상의 이분을 겪지 않는다는 것에 주의하라. 오직 구간함숫값이 $\partial\mathcal{S}$와 교집합을 갖는 부분직사각형들만이 분할된다. 이는 그림 6에 묘사되어 있고, 여기서는 10^{-2}의 중단 허용도가 사용되었다.

비선형 포함관계를 풀 수 있는 능력은 매개변수 추정에서 매우 중요하다. 유한한 매개변수를 갖는 모형 함수 $f(x; p) = y$와 함께 불확실한 데이터 $(x_1, \boldsymbol{y}_1), \cdots, (x_n, \boldsymbol{y}_n)$ 및 탐색 공간 $\mathcal{P}$가 주어졌을 때, 그 작업은 집합

$$\mathcal{S} = \{p \in \mathcal{P} \colon f(x_i; p) \in \boldsymbol{y}_i, i = 1, \cdots, n\}$$

을 푸는 것이다. 이는 정확히 위에 설명된 식으로 $\mathcal{S}$의 안쪽과 바깥쪽 근사를 계산함으로써 수행할 수 있다. 오늘날에는 그런 문제를 정확하게 풀기 위한 아주 효율적인 기법들(예컨대 제약조건 전파(constraint propagation))이 존재한다.

5 최근 발전

이 글은 전적으로 비선형방정식의 해결에만 집중했지만, 컴퓨터보조증명은 다른 많은 분야에서도 사용된다. 대역적 최적화는 엄밀한 기법들이 잘 적용될 수 있는 분야이며, 구간해석학과 집합값 계산에 의존하는 다수의 소프트웨어 제품군이 있다. 상미분방정식을 엄밀하게 풀기 위한 방법 개발에 엄청난 노력이 소요되었고, 이제는 합리적인 계산 비용으로 유효한 결과를 내주는 몇 가지 충분히 완성된 소프트웨어 패키지들이 존재한다. 편미분방정식의 영역에서도 역시 많은 성공적인 노력이 있었으나, 거기에선 각 문제에 특화된 도구 모음이 필요하며 그 방대한 영역에 두루 적용되는 자연스러운 방식은 존재하지 않는다. 응용의 또 다른 분야는 추정된 상태의 불확실성을 모형화하기 위해 집합값 기법을 사용하는 매개변수 추정이다. 불확실성 정량화에 대한 최근 관심과 함께, 엄밀한 계산은 밝은 미래를 가지고 있다.

더 읽을거리

Gabai, D., R. G. Meyerhoff, and N. Thurston. 2003. Homotopy hyperbolic 3-manifolds are hyperbolic. *Annals of Mathematics* 157(2):335-431.

Hales, T. C. 2005. A proof of the Kepler conjecture. *Annals of Mathematics* 162:1065-185.

Hass, J., and R. Schlafly. 2000. Double bubbles minimize. *Annals of Mathematics* 151(2):459-515.

Jaulin, L., M. Kieffer, O. Didrit, and E. Walter. 2001. *Applied Interval Analysis: With Examples in Parameter and State Estimation, Robust Control and Robotics*. Berlin: Springer.

Kulevich, J., G. Roberts, and C. Smith. 2009.

Finiteness in the planar restricted four-body problem. *Qualitative Theory of Dynamical Systems* 8(2):357-70.

Moore, R. E., R. B. Kearfott, and M. J. Cloud. 2009. *Introduction to Interval Analysis*. Philadelphia, PA: SIAM.

Neumaier, A. 1990. *Interval Methods for Systems of Equations*. Cambridge: Cambridge University Press.

Simó, C. 1978. Relative equilibrium solutions in the four body problem. *Celestial Mechanics* 18:165-84.

Tucker, W. 1999. The Lorenz attractor exists. *Comptes Rendus de l'Académie des Sciences Paris-Série* 1: Mathématique 328(12):1197-202.

Tucker, W. 2011. *Validated Numerics: A Short Introduction to Rigorous Computations*. Princeton, NJ: Princeton University Press.

VII.4 최대-합 대수의 응용

데이비드 브룸헤드 *David S. Broomhead*

1 기본

최대-합 대수(Max-plus algebra)는 연산자 max와 +를 사용하는 대수적 조작에 막연히 적용되는 용어이다. 더 엄밀하게, 실수들의 집합 $\mathbb{R}$을 상정하고 여기에 가장 작은($\mathbb{R}$ 위의 전순서(total ordering)에 대하여) 원소 $\varepsilon = -\infty$를 추가하자. $\overline{\mathbb{R}} = \mathbb{R} \cup \{\varepsilon\}$이라 하자. 그러면 이항연산자 $\oplus$와 $\otimes$를

$$a \oplus b = \max\{a, b\} \quad \forall a, b \in \overline{\mathbb{R}}$$
$$a \otimes b = a + b \quad \forall a, b \in \overline{\mathbb{R}}$$

로 정의함으로써 $\overline{\mathbb{R}}$ 위의 풍부한 연산을 얻을 수 있다. 이 대수에서 ε은 모든 $a \in \overline{\mathbb{R}}$에 대해 $a \oplus \varepsilon = a$이고 $a \otimes \varepsilon = \varepsilon$이라는 의미에서 '영'원소처럼 작용하는 반면, 0은 모든 $a \in \overline{\mathbb{R}}$에 대해 $a \otimes 0 = a$라는 의미에서 단위원소처럼 작용한다. $\oplus$와 $\otimes$는 가환적(commutative)이고 결합적(associative)인 연산자이고, $\otimes$는 $\oplus$ 위에서 분배되는데 왜냐하면 항등식

$$a + \max\{b, c\} = \max\{a + b, a + c\}$$

는 곧바로 분배법칙(distributive law)

$$a \otimes (b \oplus c) = (a \otimes b) \oplus (a \otimes c)$$

로 해석되기 때문이다. 모든 $a \in \overline{\mathbb{R}}$에 대한 최대-합 거듭제곱은 $a^{\otimes(k+1)} = a \otimes a^{\otimes k}$를 통해 재귀적으로 정의되며, $a^{\otimes 0} = 0$이다. $a^{\otimes k} = k \times a$임에 주목하자. 이는 임의의 실숫값 거듭제곱 α를 $a^{\otimes \alpha} = \alpha \times a$로 정의함으로써 확장될 수 있다.

어린 시절 배운 연산은 이 최대-합 체계와 중요한 면면에서 다르다. 특히 모든 $a \in \overline{\mathbb{R}}$에 대해 $a \oplus a = a$이므로, $\oplus$는 멱등(idempotent)이다. 이에 따른 결과로서 덧셈에 대한 역원은 존재하지 않는데, 즉 음수에 대한 좋은 유사물이 존재하지 않는다. ($\mathbb{R}$에서 음수는 사실 $x \otimes (-x) = 0$이므로 곱셈에 대한 역원에 대응된다.) 수학적으로, $(\overline{\mathbb{R}}, \oplus, \otimes)$는 가환적이며 멱등인 반체(semifield)이다.

2 열대수학

열대수학(tropical mathematics)은 최대-합 반체 및 연관된 반체에 바탕을 둔 대수와 기하학에 대해 최근에 붙여진 더 넓은 이름이다. 많은 응용에서는 위와 같이 정의되지만 max 대신 min 연산자를 사용한 최소-합(min-plus) 반체를 사용하는 것이 더 편리할 수 있다. 이런 경우 이항연산자들은 $\mathbb{R} \cup \{\infty\}$ 위에서 정의된다. 최대-합과 최소-합 반체들은 사상 $x \mapsto -x$에 의해 동형(isomorphic)이다. 3번째 가환 멱등 반체는 최대-곱(max-times)이라 부른다. 이는 max와 곱연산자가 주어진 음 아닌 실수에 토대를 두며 최대-합과는 사상 $x \mapsto \log x$를 통해 동형이다.

3 응용의 전반

열대수학은 아주 넓은 범위의 문제에 응용되기에 여기서 그들 모두를 다루기란 불가능하다. 그것은 교통망의 시간표 짜기, 복잡한 작업의 일정 관리, 이산-사건 계(discrete-event system)의 제어, 소형 전자기기에서 비동기적(asynchronous) 회로의 설계 등 비동기적 사건의 시간 조절을 분석하는 데 사용된다. 대수기하학과도 깊이 관련되며, 이는 디옥시리보 핵산(deoxyribonucleic acid, DNA) 서열 및 그것과 계통수(phylogenetic tree)의 관계를 분석하는 응용을 이끌었다. 또한 양자역학의 반고전적 극한(semiclassical limit), 해밀턴-야코비 이론(Hamilton-Jacobi theory), 온도가 0인 통계역학의 점근과 연결되는 최적화에 관한 연구도 있다. 이들 모든 경우에서 수학적 구조는 앞에서 설명된 반체 구조 위에 구성되고, 이는 어쩌면 복잡할 수 있는 비선형 문제를 단순하고 대개 선형인 것으로 서술한다.

비동기적 과정에 대한 일정 관리의 단순한 예를 살펴보자. 시각 x_1에서 한 공학자가 완성하는 데 a_1 시간이 걸리는 부품을 만들기 시작한다. 최대-합 표기법에서, 이 작업이 완료되는 시각은 $a_1 \otimes x_1$이다. 두 번째 공학자가 시각 x_2에서 a_2 시간이 걸리는 다른 부품을 만들기 시작한다. 만약 두 부품이 결합되어 완성된 제품을 만든다면, 그 제품은 $(a_1 \otimes x_1) \oplus (a_2 \otimes x_2)$ 전에, 즉 마지막 부품이 만들어지기 전에 완성될 수 없다. 두 연산자 ⊗와 ⊕는 여기서 자연스럽게 등장하고 또한 선형대수의 단서가 보이는데, 완성이 되는 가장 이른 시각은 최대-합 의미에서 시작 시각의 벡터 (x_1, x_2)와 각 작업에 대한 완료 시간의 벡터 (a_1, a_2)의 스칼라 곱으로 나타나기 때문이다.

4 망에서의 시간 조절

철도망의 시간표는 안전하고 예측 가능한 서비스를 제공하기 위해 독립적인 수많은 기차의 움직임을 조정해야만 한다. 철도역은 제한된 수의 플랫폼을 가지고, 망의 일부는 단일 선로로 이루어질 수 있고, 승객들은 환승을 해야만 하고, 그 외 다양한 문제점이 처리되어야 한다. 최대-합 대수는 이를 위한 유용한 도구를 제공한다.

기본적인 예로서, A와 B 사이에 단일선로 구간을 가진 철도를 생각하자. 안전을 위해 신호원은 운전기사가 단일선로 구간에 진입할 때 신호를 주어야 한다. 신호는 오직 하나밖에 없어 운전기사가 구간을 벗어나면 그 신호를 두 번째 신호원에게 돌려주며, 신호원은 다시 반대 방향으로 움직이는 기차의 운전기사에게 신호를 줄 수 있다.

어느 방향에서든 기차가 단일선로 구간에 매 T 시간마다 도달하도록 시간표가 짜여 있다고 하고, $x_A(k)$를 A에서 B로 가는 k번째 기차가 구간에 진입하는 시각으로, 비슷하게 $x_B(k)$*도 정의하자. 한 기차가 구간을 횡단하는 데 걸리는 시간은 τ이다. 그러면 초기조건 $x_A(1)=T$와 함께, $1<k\in\mathbb{N}$에 대해

$$x_A(k) = \tau \otimes x_B(k-1) \oplus T^{\otimes k}$$
$$x_B(k) = \tau \otimes x_A(k) \oplus T^{\otimes k}$$

이 성립한다. 이들 표현에서 대칭성이 없는 것은 첫 번째 기차가 A에서 B로 움직인다고 가정하기 때문이다. 수식들이 의미하는 바를 말로 표현하면, 한 기차는 그것이 구간에 도달하기 전 또는 반대 방향으로 움직였던 이전 기차가 떠나기 전에 구간에 진입할 수 없다는 것이다. 치환을 통해 다음과 같이 $x_A(k)$에 대한 선형비동차방정식(linear nonhomogeneous equation)을 얻는다.

$$x_A(k) = \tau^{\otimes 2} \otimes x_A(k-1) \oplus \tau \otimes T^{\otimes k-1} \oplus T^{\otimes k}$$

이 수식은 $y(1)=\tau^{\otimes -2}\otimes T$일 때 $x_A(k)=\tau^{\otimes 2k}\otimes y(k)$라고 둠으로써 풀 수 있다. $T>\tau$라고 가정하면

$$y(k) = y(k-1) \oplus \lambda^{\otimes k} \Rightarrow y(k) = \bigoplus_{j=1}^{k} \lambda^{\otimes j}$$

을 얻고, 여기서 $\lambda=\tau^{\otimes -2}\otimes T=T-2\tau$이다.

매개변수 λ의 부호에 따라 구별되는 두 가지 경우가 있다. 만약 $\lambda>0$이라면, $\lambda^{\otimes j}$의 수열은 증가할 것이고 따라서 $y(k)=\lambda^{\otimes k}$이다. 그러므로 이 경우에 $x_A(k)=T^{\otimes k}$이다. 즉, A로부터 오는 기차들은 매 T시간마다 단일선로 구간에 진입하고, 다시 말해 A로부터 구간에 동일한 속도로 도달한다. 만약 $\lambda<0$이라면, 수열 $\lambda^{\otimes j}$는 이제 감소하며 따라서 $y(k)=\lambda$이다. 따라서 $x_A(k)=T\otimes\tau^{\otimes 2(k-1)}$이다. 즉, A로부터 오는 기차들은 매 2τ시간마다 단일선로 구간에 진입하고, 이 속도는 그들이 A로부터 구간에 도달하는 속도보다 작기 때문에 대기열이 생기게 된다.

이와 같은 계산은 시간표의 안정성을 평가하는 데 사용될 수 있다. 여기서, 매개변수 λ는 기차들이 단일선로 구간에 도달하는 배차 시간과 첫 번째 신호원이 신호를 돌려받을 때까지 걸리는 시간의 차이다. λ가 작은 양의 값을 갖도록 T가 지정된 시간표는 단일선로 구간에서의 예상치 못한 지연에 매우 취약하다. 철도망의 거대한 규모에서 시간 조절은 선형연립 최대-합 방정식을 사용하여 이루어진다.

5 선형대수

반체 $(\overline{\mathbb{R}}, \oplus, \otimes)$에 바탕을 둔 행렬과 벡터는 $A=(a_{ij})\in\overline{\mathbb{R}}^{m\times n}$과 같이 자명한 방식으로 정의될 수 있다. 특히 $n=1$일 때 이는 $(\overline{\mathbb{R}}, \oplus, \otimes)$의 한 원소로서, 그것은 정확히 벡터공간은 아니지만 $(\overline{\mathbb{R}}, \oplus, \otimes)$ 위에서 정의된 반가군(semimodule)이다.

행렬들은 행렬 덧셈과 곱셈 규칙의 자연스러운 일반화를 사용해 결합될 수 있다. $A, B\in\overline{\mathbb{R}}^{m\times n}$에 대해

* B에서 A로 가는 k번째 기차가 구간에 진입하는 시각.—옮긴이

$$(A \oplus B)_{ij} = a_{ij} \oplus b_{ij}$$

이고, $A \in \overline{\mathbb{R}}^{m \times l}$과 $B \in \overline{\mathbb{R}}^{l \times n}$에 대해

$$\begin{aligned}(A \otimes B)_{ij} &= a_{i1} \otimes b_{1j} \oplus \cdots \oplus a_{il} \otimes b_{lj} \\ &= \bigoplus_{k=1}^{l} a_{ik} \otimes b_{kj}\end{aligned}$$

이다.

대각행렬, 즉 $D = \mathrm{diag}(d_1, \cdots, d_n)$의 대각선이 아닌 원소들은 모두 ε이다. 특히, $n \times n$ 단위행렬은

$$\mathbb{I} = \mathrm{diag}(0, \cdots, 0)$$

이다. 역행렬이 존재하는 최대-합 행렬은 오직 대각행렬 및 대각행렬의 행과 열을 치환해 얻을 수 있는 비대각행렬뿐이다. 대각행렬 D의 역행렬은 $D^{\otimes -1} = \mathrm{diag}(-d_1, \cdots, -d_n)$이다.

최대-합 가역행렬의 희소성은 1절에서 살펴봤듯이 뺄셈, 혹은 덧셈에 대한 역의 부재로 인한 것이지만, 연립 최대-합 선형방정식을 푸는 도구가 존재한다. $\mathbb{R} \cup \infty$에서의 켤레연산자를

$$\begin{aligned}a \oplus' b &= \min\{a, b\} \\ a \otimes' b &= a + b\end{aligned}$$

으로 정의하고($\varepsilon \otimes' \infty = \infty$와 $\varepsilon \otimes \infty = \varepsilon$이라는 약속과 함께), 이들 정의를 이전과 같이 행렬과 벡터로도 확장하자. $x \in \overline{\mathbb{R}}^n$이 미지벡터이고 $d \in \overline{\mathbb{R}}^m$, $A \in \overline{\mathbb{R}}^{m \times n}$은 알려져 있을 때, 한쪽 방향 선형방정식

$$A \otimes x = d$$

를 고려하자. 곱 $A \otimes x$는 A의 열들에 대한 최대-합 선형결합이고, 따라서 해의 존재성은 d가 A의 열로 생성되는 원소인지 여부에 대응한다. 만약 해가

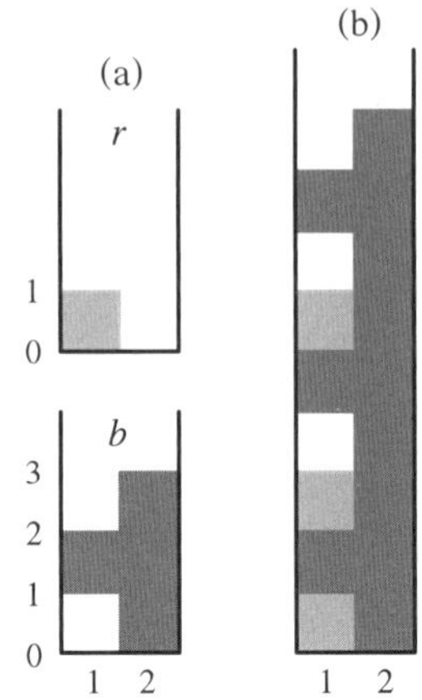

그림 1 조각 더미의 한 예. 두 조각은 (a)에서 분리되어 나타나고, 조각들의 나열 *rbrbrb*를 따르는 쌓음은 (b)에 나타난다.

$\mathbb{R} \cup \infty$에서 존재하면 그것은 $x = A^{-} \otimes' d$이며, 여기서 $A^{-} = -A^{\mathrm{T}}$은 A의 켤레이다. 비록 해가 존재하지 않더라도, $A^{-} \otimes' d$는 연립부등식 $A \otimes x \leq d$의 가장 큰 해($\overline{\mathbb{R}}^n$의 곱 순서에 대해)이다.

6 응용의 한 예

자원들의 집합 $\mathcal{R} = \{1, \cdots, n\}$과 기본 작업들의 집합 $\mathcal{A} = \{\omega_1, \cdots, \omega_m\}$을 상상하자. 각각의 작업에 대해 어떤 자원이, 어떤 순서로, 얼마나 오래 필요할 것인지는 알려져 있다. 이 문제는 테트리스 게임을 연상시키는 조각더미 모형을 사용하여 연구할 수 있다. 그림 1은 두 작업 $\omega_1 = r$와 $\omega_2 = b$ 그리고 1과 2로 명기된 두 자원에 바탕을 둔 단순한 예에 대해 이를 묘사한다. (a) 부분은 기본 작업에서 자원의 사용을 나타내기 위해 조각이 어떻게 사용되는지 보여 준다. r에서는 자원 1이 하나의 시간 단위 동안 필요하며 2는 전혀 필요하지 않다. b에서는 작업이 총 세 개의

시간 단위를 소요하며, 처음에 자원 2가 필요하고 그 다음 자원 1과 2가 병렬적으로 사용된 뒤 마지막으로 자원 2가 작업을 마무리한다. 이들 작업의 복잡한 일정 관리는 각 조각이 접하지만 아래의 조각과 겹치지는 않게(테트리스와 달리, 조각의 회전이나 수평 이동은 허용되지 않는다) 조각들을 더미로 쌓는 것으로 나타난다. (b)부분은 r부터 시작해 조각들이 번갈아 나올 때 만들어지는 더미를 보여준다.

각각의 조각은 차례로 아래와 위 경계, 즉 각 자원이 사용되는 가장 이르고 늦은 시각을 알려주는 함수들의 쌍 l, u: $\mathcal{R}\to\overline{\mathbb{R}}$으로 결정된다. l과 u는 이산적인 집합 $\mathcal{R}$에서 정의된 함수이므로, 그들은 $\mathcal{R}$의 크기와 동일한 차원을 갖는 벡터로 간주될 것이다. 만약 조각이 어떤 자원을 사용하지 않는다면 대응하는 l과 u의 성분은 ε으로 놓이며, 따라서 위 예시에서 $l(r)=(0, \varepsilon)^{\mathrm{T}}$, $u(r)=(1, \varepsilon)^{\mathrm{T}}$, $l(b)=(1, 0)^{\mathrm{T}}$, $u(b)=(2, 3)^{\mathrm{T}}$이다. 각 조각과 연관되어, 대응하는 작업이 요구하는 자원들의 부분집합 $S\subset\mathcal{R}$가 존재한다. 이 예시에서는 $S(r)=\{1\}$, $S(b)=\{1, 2\}$이다. 일반적으로, 각 조각에 대해 $\omega\in\mathcal{A}$, $u(\omega)\ge l(\omega)$이고 $l(\omega)$는 $\min_{k\in S(\omega)}l_k(\omega)=0$이 되도록 정의된다.

이 모형은 예컨대 작업들을 다양한 주기적 형태나 무작위적으로 도입하는 다양한 상황의 효율성을 연구하는 데 사용될 수 있다. 더미의 최대 높이가 늘어나는 속도는 작업들의 반복 횟수가 증가할수록 전체 일이 얼마나 오래 걸릴지 암시한다. 최대와 최소 높이가 늘어나는 속도를 비교하는 것은 사용할 수 있는 다양한 자원에 일이 얼마나 고르게 분포되었는지 측정하는 기준이 된다.

더미 모형은 최대-합 선형계로 표현할 수 있다. 조각들을 p개 포함하는 더미의 위쪽 경계 $x(p)$: $\mathcal{R}\to\overline{\mathbb{R}}$를 고려하자. 만약 새로운 조각이 추가되면 새로운 경계는 무엇이 될 것인가? 그 새로운 조각을 $\omega_{j_{p+1}}\in\mathcal{A}$라 부르자. 이 조각이 어떤 높이 h에 놓였다면, 그것의 위쪽과 아래쪽 경계 함수에 h를 더하거나 또는 최대-합 표기법을 사용해 $h\otimes u(\omega_{j_{p+1}})$과 $h\otimes l(\omega_{j_{p+1}})$로 나타낼 수 있다. 이제 $h\otimes l(\omega_{j_{p+1}})\ge x(p)$를 만족하는 가능한 한 가장 작은 h의 값을 선택해야만 한다. 이는 $\max_{i\in S(\omega_{j_{p+1}})}\{x_i(p)-h\otimes l_i(\omega_{j_{p+1}})\}=0$일 때, 또는 최대-합 표기법으로는

$$h=\bigoplus_{i\in S(\omega_{j_{p+1}})} l_i^{-1}(\omega_{j_{p+1}})\otimes x_i(p)=l^{-}(\omega_{j_{p+1}})\otimes x(p)$$

일 때 달성되며, 여기서 $l^{-}(\omega_{j_{p+1}})$은 각 성분이 l_i가 유한하다면 $-l_i$이고 아니라면 ε인 행벡터이다. 더미의 위쪽 경계는 이제

$$x(p+1)=M(\omega_{j_{p+1}})\otimes x(p) \qquad (1)$$

로 주어지며, 이때 $M(\omega)$는 $n\times n$ 행렬

$$M(\omega)=\mathbb{I}\oplus u(\omega)\otimes l^{-}(\omega)$$

이다. 이것은 더미의 순차적인 위쪽 경계들을 관련지어 주는 선형방정식이다.

이전 예시로 돌아가서, 이 공식을 사용하면

$$M(r)=\begin{pmatrix}1 & \varepsilon\\ \varepsilon & 0\end{pmatrix},\qquad M(b)=\begin{pmatrix}1 & 2\\ 2 & 3\end{pmatrix}$$

을 얻는다. 방정식 (1)로 주어지는 반복 과정은 아무런 조각이 없는 상태, 즉 $x(0)=(0, \cdots, 0)^{\mathrm{T}}$에서 시작되어야 하고, 각 단계에서 행렬을 구체화할 필요가 있다. 행렬들의 나열은 나타나는 조각들의 나열에

대응한다. 그림 1에서, 예시는 조각들 r와 b가 번갈아 나오는 주기적 나열을 보여준다. 이는

$$x(1) = \begin{pmatrix} 1 & \varepsilon \\ \varepsilon & 0 \end{pmatrix} \otimes \begin{pmatrix} 0 \\ 0 \end{pmatrix} = \begin{pmatrix} 1 \\ 0 \end{pmatrix},$$
$$x(2) = \begin{pmatrix} 1 & 2 \\ 2 & 3 \end{pmatrix} \otimes \begin{pmatrix} 1 \\ 0 \end{pmatrix} = \begin{pmatrix} 2 \\ 3 \end{pmatrix}$$

과 같이 계속 이어진다.

이 나열의 정칙성(regularity)이란 모든 두 번째 반복을 설명하는 행렬이 곱셈 $M(br) = M(b) \otimes M(r)$로 주어진다는 의미이다. 즉,

$$M(br) = \begin{pmatrix} 1 & 2 \\ 2 & 3 \end{pmatrix} \otimes \begin{pmatrix} 1 & \varepsilon \\ \varepsilon & 0 \end{pmatrix} = \begin{pmatrix} 2 & 2 \\ 3 & 3 \end{pmatrix}$$

이다. 벡터 $x(2)$가 $M(br)$의 고유벡터라는 것은 흥미로운데,

$$M(br) \otimes \begin{pmatrix} 2 \\ 3 \end{pmatrix} = 3 \otimes \begin{pmatrix} 2 \\ 3 \end{pmatrix}$$

과 같이 고윳값은 3이다. 이것이 의미하는 바는, 만약 조각들이 계속해서 번갈아 추가된다면 더미의 높이는 매 순환마다 3단위만큼의 속도로 선형적으로 증가한다는 것이다. 더 일반적으로, 작업들의 일정 관리가 주기 p에 대해 주기적이고 작업들의 나열이 $w \in \mathcal{A}^p$으로 주어진다면, 완료 시간의 증가 속도는 $M(\omega)$의 고윳값을 찾음으로써 얻을 수 있다. 이는 두 가지 물음을 남긴다. 초기조건의 반복이 $M(\omega)$의 고유벡터로 수렴할 것이며, $M(\omega)$는 일반적으로 고윳값을 가지는가(그리고 그렇다면, 어떻게 계산하는가)?

7 고윳값과 고유벡터

일반적으로 정사각행렬에 대한 고윳값 문제는 누구나 예상하듯이 정의된다. 주어진 $n \times n$ 행렬 A에 대해,

$$A \otimes x = \lambda \otimes x$$

를 만족하는 $\lambda \in \overline{\mathbb{R}}$와 자명하지 않은 벡터 $x \in \overline{\mathbb{R}}^n$을 찾는 것이다. A의 그래프적인 해석은 도움이 된다. $a_{ij} \neq \varepsilon$이면 꼭짓점 j에서 꼭짓점 i로 향하는 변을 그려서, A를 n개의 꼭짓점을 갖는 가중유향그래프(weighted directed graph) G_A와 연관 짓자. 각 변에는 대응하는 행렬 원소 a_{ij}로 주어지는 가중치가 할당된다. 관례적으로, 이는 **전달그래프**(communication graph)라 부른다. 다음 정리는 행렬의 (유일한) 고윳값에 대한 존재성을 대응하는 전달그래프의 구조와 연결시켜준다.

정리 1. 만약 G_A가 강하게 연결되어 있으면(strongly connected)*, A는 유일하고 0이 아닌, 곧 ε과 같지 않은 고윳값을 가지며, 그것은 G_A의 회로(circuit)가 갖는 평균 가중치 중 최댓값과 동일하다.

회로란 한 꼭짓점에서 시작해 자신으로 다시 돌아오는 G_A의 경로(path)이다. 회로의 길이에 대한 두 개의 자명한 개념이 있다. 하나는 꼭짓점들이나 변들의 개수(일반적으로 회로 길이(circuit length)로 불림)이고 다른 하나는 변들 위 가중치의 합(회로 가

* 유향그래프가 강하게 연결되었다는 것은 주어진 변의 방향을 거스르지 않고 항상 임의의 두 꼭지점을 경로로 연결할 수 있다는 것이다.—옮긴이

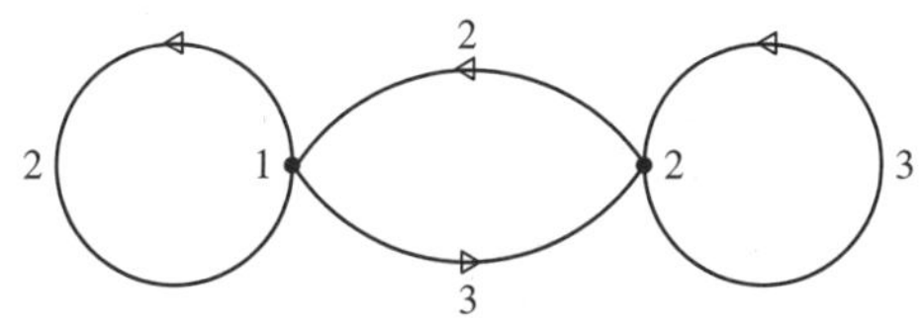

그림 2 행렬 $M(br)$의 전달그래프.

중치(circuit weight)로 불림)이다. 회로의 평균 가중치는 후자를 전자로 나눔으로써 얻는다.

그림 2는 조각 더미 예시에서 행렬 $M(br)$에 대한 전달그래프를 보여 준다. 총 3개의 회로가 존재하며, 그 중 2개는 각각 하나의 변과 하나의 꼭짓점을 포함하는 고리(loop)이다. 나머지 하나의 회로는 두 개의 변을 갖는데, 이들 변은 그래프의 꼭지점 둘을 연결한다. 이들 회로의 최대 평균 가중치는 3이고 이것은 위에서 고윳값 방정식에 고유벡터를 치환하여 찾은 고윳값과 같다.

8 순환값과 수렴성

전달그래프 G_A의 **기본회로**(elementary circuit)는 그 자신과 교차하지 않는 회로이다. 강하게 연결된 그래프의 **순환값**(cyclicity)이란 모든 기본회로의 길이에 대한 최대공약수이다. 만약 그래프가 하나보다 많은 강한 연결성분(strong component)을 갖는다면 (즉, 강하게 연결된 극대 부분그래프가 하나보다 많다면), 그것의 순환값은 강한 연결성분들의 순환값에 대한 최소공배수와 같다.

순환값은 오직 회로들과 그들의 길이에만 의존하기 때문에 모양에 관한 성질이다. 행렬 A는 이보다 많은 정보를 가지고 있는데 왜냐하면 그것은 G_A의 각 변에 가중치를 연관시키기 때문이다. 이 정보는 G_A와 연관된 **임계그래프**(critical graph)를 살펴봄으로써 포착할 수 있다. G_A의 임계회로는 평균 가중치(즉, 전체 가중치 나누기 길이)가 최대인 기본회로이다. G_A와 연관된 임계그래프는 임계회로에서 나타나는 꼭짓점들과 유향변들로 이루어진 부분그래프이다. $\sigma(A)$로 나타내는 **행렬 A의 순환값**은 G_A와 연관된 임계그래프의 순환값이다.

한 예로 $M(br)$과 그림 2에 나타난 그것에 대응하는 전달그래프를 살펴보자. 그래프는 2가지 종류의 기본회로를 가진다. 바로 스스로 연결된 고리(가중치 2와 3, 길이 1)와 두 꼭짓점 모두와 연관된 순환(가중치 5, 길이 2)이다. 임계회로는 하나 존재하며 가중치 3인 스스로 연결된 고리이다. 그러므로 임계그래프는 그림 2에서 '2'로 표기된 꼭짓점과 함께 그것에 연결된 고리로 이루어진다. 따라서 이것의 순환값이자 $M(br)$의 순환값은 1이다.

$n \times n$행렬의 최대-합 정수 거듭제곱은 스칼라인 경우처럼 재귀적으로 정의할 수 있다. 다음 정리는 행렬의 최대-합 거듭제곱에 대한 점근을 알려주고 따라서 최대-합 정사각행렬이 일반적인 벡터에 반복적으로 적용되는 경우의 동역학에 관한 정보를 제공한다.

정리 2. G_A가 강하게 연결되었다고 하고 행렬 A가 고윳값 λ와 순환값 $\sigma(A)$를 가진다고 하자. 그러면 어떤 양의 정수 K가 존재하여 모든 $k \geq K$에 대해

$$A^{\otimes(k+\sigma(A))} = \lambda^{\otimes\sigma(A)} \otimes A^{\otimes k}$$

이 성립한다.

이 정리는 고려하는 계가 충분히 많은 반복 후에 행렬의 고윳값으로 지배되는 정칙적인 행동으로 수렴함을 보장해준다. 앞의 예시에서 이를 더미의 위쪽 경계로 표현하면, 어떤 K가 존재하여 모든 양의 정수 q에 대해

$$M((br)^{q+K}) \otimes x(0) = 3^{\otimes q} \otimes x(K)$$

가 성립한다. 그러면 더미의 최대 높이가 늘어나는 속도는 점근적으로

$$\lim_{q \to \infty} \frac{\|M((br)^{q+K}) \otimes x(0)\|_{\max}}{2q} = \frac{3}{2}$$

이고, 여기서 $\|x\|_{\max}$는 x의 최대 성분이다. 최소 성분을 이용한 동일한 계산은 그것도 역시 $\frac{3}{2}$의 속도로 늘어남을 보여준다. 정리 2는 이들 결과가 초기 조건 $x(0)$에 의존하지 않음을 의미한다는 것에 주의하자. 정리 1과 2는 함께 모여, 작업의 모든 주기적 나열에 대해 이런 효율성의 측도를 계산하는 방법을 제공한다.

9 확률적 모형

만약 더미 모형이 외부의 무작위적인 영향에 반응하는 계라면, 방정식 (1)로 주어진 반복 과정은 논의된 주기적인 나열보다는 무작위적으로 선택된 행렬들의 나열과 연관될 것이다. 그렇다면 더미의 점근적 행동에 대해 무엇을 말할 수 있을까? 고윳값 대신, 행렬들의 긴 무작위 나열은 계의 랴푸노프 지수(Lyapunov exponent)로 결정된다. 나열 속 행렬들이 독립적이고 항등적으로 분포하며 그들이 1의 확률로 정칙적이라(각 행은 ε이 아닌 원소를 적어도 하나 포함한다) 가정하자. 그러면 랴푸노프 지수 $\lambda_{\max}$는 (그리고 유사하게 $\lambda_{\min}$도)

$$\lim_{q \to \infty} \frac{\|x(q)\|_{\max}}{q} = \lambda_{\max}$$

로 정의되며, 이 극한은 거의 모든(almost all)* 나열에 대해 존재하고 $x(0)$의 초기 (유한한) 선택에 의존하지 않는다. 이론적으로, 이 결과는 위에서 논의된 효율성 측도를 계산할 수 있다는 것을 보여준다. 주요한 차이는, 랴푸노프 지수가 존재하기는 하지만 그것을 계산하는 좋은 방식이 없다는 점이다. 효율적인 수치적 알고리즘을 개발하는 것은 관심 있는 독자가 어쩌면 고민하고 싶을지 모르는 미해결 문제이다!

더 읽을거리

Butkovič, P. 2010. *Max-linear Systems: Theory and Algorithms*. London: Springer.

Gaubert, S., and M. Plus. 1997. Methods and applications of (max,+) linear algebra. In *STACS '97: 14th Annual Symposium on Theoretical Aspects of Computer Science*. Lecture Notes in Computer Science, volume 1200, pp. 261–82. Berlin: Springer.

Heidergott, B., G. J. Olsder, and J. van der Woude. 2006. *Max Plus at Work: Modeling and Analysis of Synchronized Systems: A Course on Max-Plus Algebra and Its Applications*. Princeton, NJ:

* 무작위로 선택될 수 있는 행렬의 여러 나열에 대해, 극한이 존재할 확률이 1이라는 의미이다.—옮긴이

Princeton University Press.

Litvinov, G. L. 2007. Maslov dequantization, idempotent and tropical mathematics: a brief introduction, *Journal of Mathematical Sciences* 140:426-44.

Pachter, L., and B. Sturmfels. 2005. *Algebraic Statistics for Computational Biology*. Cambridge: Cambridge University Press.

VII.5 변화하는 사회 네트워크, 태도, 믿음 그리고 대테러

피터 그린드로드 *Peter Grindrod*

1 서론

여기서의 주요 관심사는 다음과 같다.

(i) 사용자간 의사소통의 디지털 네트워크 변화,

(ii) 그 디지털 네트워크를 통해 전파될 수 있는 정보, 아이디어, 믿음의 동역학,

(iii) 그러한 네트워크가 국가 안보와 국방 문제에서 중요한 역할을 차지하는 방식.

그렇지만 이 이론의 응용은 이들을 넘어 더 멀리까지 닿는다. 예를 들어, 영국과 미국에서 모든 마케팅과 홍보 비용의 4분의 1 이상이 이제 온라인으로 소비된다. 따라서 디지털 미디어 마케팅('입소문' 마케팅)은 아직 초기 단계임에도 사회 의사소통 네트워크의 성질에 대한 더 깊은 이해를 필요로 한다. 이는 복잡도 이론의 중요한 영역인데, 미시적인 '단위' 수준에서 사용할 수 있는 완결된 이론(분자역학이나 화학반응에서의 보존법칙과 유사한)이 존재하지 않기 때문이다. 그 대신, 여기서는 비합리적이고, 일관성 없고, 늘 변화하는 사람들을 고려해야만 한다. 더 나아가 아이디어의 전달은 네트워킹 양상에 따라 중개되는 반면, 그러한 아이디어의 존재 자체가 의사소통이 일어나도록 하는 원인이 될 수 있다. 그러므로 계는 완전히 결합되어 있을 수 있다.

핸드폰 네트워크, 문자 메시지, 이메일, 온라인 채팅에서의 사용자 간 의사소통을 관찰할 때는 커뮤니티의 크기가 상당한 난관이다. 마찬가지로, 개념적인 모형화 관점에서, 실시간이나 짧은 시간 수준에서 양상을 모의실험하고, 예상하고, 추론할 수 있는 능력이 중재를 고안하거나 갑작스런 이상을 발견하는 데 결정적일 수 있다는 것은 분명하다. 이에 따라 이 분야는 응용수학적 모형과 방법 모두에서 새로운 아이디어를 요구하며 영감을 주고 있다.

2 연속적이고 이산적인 시간에서 변화하는 네트워크

쌍으로 이루어지는 음성 전화나 온라인 채팅을 나타내는, 동적으로 변화하는 무향네트워크(undirected network)를 통해 연결된 개인(대리인/행위자) N명의 집단을 고려하자. 대각원소들이 0인, 시간 t에서 네트워크에 대한 $N \times N$ 2진 인접행렬(adjacency matrix)을 $A(t)$로 나타내자. 미래 시간에서 $A(t)$는 모든 가능한 인접행렬 집합 위의 확률분포로 정의되는 확률적 대상이다. 이 네트워크 안에

서 각각의 변은 현재 네트워크에 조건부로 종속(conditionally dependent)이긴 하지만 시간에 따라 독립적으로 변화한다고 가정될 것이다(따라서 연관된 현재 부분구조에 조건부인 모든 변은 시간에 따라 당연히 높은 수준의 상관관계를 가질 것이다). 현재 구조에 조건부인 미래 네트워크 변화에 대한 완전한 확률분포, 가령 $\mathcal{P}_{\delta t}(A(t+\delta t)\,|\,A(t))$를 모형화하지 않아도, 그것의 기댓값(expected value) $E(A(t+\delta t)\,|\,A(t))$(변들이 그로부터 독립적으로 생성되는 모든 변 확률을 포함하는 행렬)를 지정하는 것도 충분하다. 그들의 동치성은 자명한데 왜냐하면

$$E(A(t+\delta t)\,|\,A(t)) = \sum_{B} B\mathcal{P}_{\delta t}(B\,|\,A(t))$$

그리고

$$\mathcal{P}_{\delta t}(B\,|\,A(t)) = \prod_{i=1,\, j=i+1}^{N-1,\, N} W_{i,j}^{B_{i,j}}(1-W_{i,j})^{1-B_{i,j}}$$

이기 때문이며, 여기서 $W = E(A(t+\delta t)\,|\,A(t))$이다. 따라서 우리는 확률적 네트워크 변화에 대한 모형을 $\delta t \to 0$일 때 유효한

$$E(A(t+\delta t)\,|\,A(t)) = A(t) + \delta t\mathcal{F}(A(t)) \quad (1)$$

를 통해 지정할 것이다. 여기서 실행렬값 함수 $\mathcal{F}$는 대칭적이고 대각원소들은 0이며, 우변 안의 모든 원소는 [0, 1] 안에 있을 것이다. 우리는

$$\mathcal{F}(A(t)) = -A(t)\circ\omega(A(t)) + (C-A(t))\circ\alpha(A(t))$$

라 적는다. 여기서 C는 모든 $\frac{1}{2}N(N-1)$개의 변이 존재하는 클릭(clique)에 대한 인접행렬을 나타내고(대각행렬을 제외한 모든 원소가 1이고 대각원소들은 0), 따라서 $C-A(t)$는 $A(t)$의 여그래프(graph complement)에 대한 인접행렬을 나타낸다. $\omega(A(t))$와 $\alpha(A(t))$는 차례로 조건부 변 소멸 비율과 조건부 변 생성 비율을 포함하는 음 아닌 실대칭행렬 함수이다. $\circ$는 아다마르(Hadamard) 또는 원소별 행렬곱을 나타낸다.

많은 경우 위의 변화에 대한 이산적 형태를 고려하는 것이 유용하다. $\{A_k\}_{k=1}^{K}$이 인접행렬들(2진, 대칭, 대각원소들이 0)의 순서열이며, 시간 단계 t_k에서 A_k에 대응하여 이산시간에 따라 변화하는 네트워크를 나타낸다고 하자. 그러면 우리는 변들이 다음 시간 단계로 독립적으로 변화하며 각각의 새로운 네트워크는 이전의 것에 조건부로 종속된다고 가정할 것이다. 1차 모형은 마르코프 과정(Markov process)

$$E(A_{k+1}\,|\,A_k) = A_k\circ(C-\tilde{\omega}(A_k)) + (C-A_k)\circ\tilde{\alpha}(A_k) \quad (2)$$

로 주어진다. 여기서 $\tilde{\omega}(A_k)$는 각각이 [0, 1] 안에 있는 조건부 소멸 확률을 포함하는 음이 아닌 실대칭행렬 함수이고, $\tilde{\alpha}(A_k)$는 각각이 [0, 1] 안에 있는 조건부 변 생성 확률을 포함하는 음이 아닌 실대칭행렬 함수이다.

이전과 같이, 변 독립성 가정은 $P(A_{k+1}\,|\,A_k)$가 $E(A_{k+1}\,|\,A_k)$로부터 복원될 수 있음을 암시한다.

이렇게 이산시간에 따라 변화하는 네트워크에 대해 **캐츠**[IV.18 §3.4] 중심성(centrality)을 일반화할 수 있다. 특히, 만약 $0 < \mu < 1/\max\{\rho(A_k)\}$라면 전달가능행렬(communicability matrix)

$$Q = (I - \mu A_1)^{-1}(I - \mu A_2)^{-1} \cdots (I - \mu A_K)^{-1}$$

은 모든 꼭짓점 쌍 사이에서 가능한 모든 동적 경로를 가중하여 센 값을 알려준다. 이는 비대칭적이며 (시간의 방향성 때문에) 행 합은 대응하는 사람이 다른 이들에게 메시지를 보낼 수 있는 능력을 나타내고, 반면 열 합은 대응하는 사람이 다른 이들로부터 메시지를 받을 수 있는 능력을 나타낸다. 그러한 능력 측도는 변화하는 네트워크 내에서 영향력 있는 사람을 식별하는 데 유용하다. 최근 이 아이디어는 더 나은 추론을 위해 오래된 네트워크를 순차적으로 에누리하여 고려하는 식으로 확장되었다.

3 비선형효과: 보이는 것과 보이지 않는 것

사회학적 맥락에서 비선형성의 가장 단순한 형태는 사람들이 자신의 친구들을 서로에게 소개시켜줄 때 나타난다. 즉, 만약 (2)에서 인접하지 않은 두 사람이 단계 k에서 공통된 친구를 통해 연결된다면, 단계 $k+1$에서 두 사람이 직접적으로 연결될 가능성이 더 크다. 이 3인 인맥(triad closure) 동역학을 모형화하기 위해 $\tilde{\omega}(A_k) = \gamma C$를 사용할 수 있는데, 따라서 모든 변은 동일한 단계별 소멸 확률 $\gamma \in [0, 1]$을 가지며,

$$\tilde{\alpha}(A_k) = \delta C + \varepsilon A_k^2$$

이다. 여기서 δ와 ε은 양수이고 $\delta + \varepsilon(N-2) < 1$을 만족한다. 원소 $(A^2)_{i,j}$는 단계 k에서 사람 i와 사람 j가 공통적으로 연결된 사람들의 수를 센다. 이 방정식은 에르고딕(ergodic)이지만 변 생성과 소멸 사이에 균형을 나타내는 변밀도를 갖는 상태에 가까울 때 대부분의 시간을 소요하도록 되어 있다. 평균-장(mean-field) 방식이 적용될 수 있으며, A_k를 그것의 기댓값으로서, $p_k C$ 형태(변밀도 p_k를 갖는 **에르되시-레니 확률그래프**[IV.18 §4.1])로 가정하여 근사시킬 수 있다. 평균-장 동역학에서는

$$p_{k+1} = p_k(1-\gamma) + (1-p_k)(\delta + (N-2)\varepsilon p_k^2) \tag{3}$$

을 얻을 수 있다. 만약 δ가 작고 $\omega < \frac{1}{4}\varepsilon(N-2)$라면, 이 비선형 반복은 3개의 고정점을 갖는다. $\delta/\gamma + O(\delta^2)$과 $\frac{1}{2} + (\frac{1}{4} - \gamma/(\varepsilon(N-2)))^{1/2} + O(\delta)$에서 나타나는 2개는 안정적이며, 그 사이에 하나의 불안정한 점이 있다. 그러므로 유도한 평균-장 양상은 쌍안정적(bistable)이다. 실전에서는 그러한 네트워크의 변밀도가 하나의 안정된 평균-장 평형으로 접근하며 아주 오랜 시간 동안 그것 주변에서 흔들리는 것을 관찰할 수 있으며, 또 다른 종류의 궤도나 유사안정적(pseudostable) 변밀도가 존재할 수도 있음을 인지하지 못할 것이다. 3인 인맥과 결합된 (2)로부터 나오는 일시적으로만 머무는(transient) 궤도를 (3)의 평균-장 근사와 직접 비교해보면, 단시간부터 중간 정도의 시간 수준까지는 아주 비슷하다. 하지만 (3)에서 비선형 효과를 잘 포착할 수 있음에도 불구하고, (2)의 확률적 성질은 궤도가 **결국에는** (3)에서 나타나는 결정론적인 안정성으로부터 발산해야만 하는 원인이 된다.

여기서 나타난 현상은 대학교에서 새로운 학부생들의 첫 주 행사가 그 해 학생들 집단 사이에서 고밀도로 연결된 사회 네트워크를 형성하는 데 얼마나

중요한지 설명한다. 그들을 섭동시켜 서로를 만날 가능성을 섞어주지 않으면, 그들은 저밀도 (친구가 적은) 상태에 아주 오래 머무는 상황에 처하게 될 것이다.

4 완전히 결합된 계

심리학에는 자극(활성화) 과정과 억제 과정 사이 팽팽한 평형 속 개인의 태도와 행동에 바탕을 둔 많은 문헌이 있다. 전형적으로 개인의 상태는 상태변수들의 집합으로 나타내며, 그 중 일부는 활성 요소를 측정하고 일부는 억제 요소를 측정한다.

활성자-억제자 계(activator-inhibitor system)는 개별적인 계들 간 단순한 '수동적인' 결합의 작용으로 인해 그들의 집단에 퍼져있던 고른 평형이 불안정해지는 수학적 모형에 영향을 미치고 있다.그러한 튜링 불안정성(Turing instability)은 때때로 직관을 거스르는 것처럼 보인다.

유유상종(homophily)은 비슷한 태도와 관점을 가진 사람들 사이에 유대가 형성될 가능성이 커지는 방식을 설명하는 용어이다. 여기서는 유유상종을 통해 변화하는 네트워크에서, 결합된 개인들의 활성자-억제자 동역학이 어떻게 유사주기적인 (pseudoperiodic) 일치와 분리가 일어나는 계를 만드는지 드러낼 것이다.

각각이 시간 t에 관한 연속함수인 m개의 상태변수들의 집합으로 설명되는 N명의 동일한 개체 집단을 생각하자. $x_i(t) \in \mathbb{R}^m$는 i번째 개인의 태도 상태를 나타낸다. $A(t)$를 (1)에서 그랬던 것처럼 통신네트워크의 인접행렬이라 하자. 그리고

$$\dot{x}_i = f(x_i) + D\sum_{j=1}^{N} A_{ij}(x_j - x_i), \quad i = 1, \cdots, N \tag{4}$$

을 고려하자. 여기서 f는 생성자-억제자 계의 유형으로부터 유도되는 $\mathbb{R}^m$ 위에 주어진 매끈한 장이고, 어떤 x^*에 대해 $f(x^*)$인데 거기에서의 야코비언(Jacobian) $\mathrm{d}f(x^*)$는 안정성 행렬(stability matrix)이다 (즉, 그것의 모든 고윳값은 음인 실수부를 갖는다). D는 대응하는 태도변수와 인접하는 이웃들 간의 최대 전달계수(확산 속도)를 포함하는 음 아닌 실대각행렬이다. $X(t)$를 그것의 i번째 열이 $x_i(t)$로 주어지는 $m \times N$ 행렬, $F(X)$를 그것의 i번째 열이 $f(x_i(t))$로 주어지는 $m \times N$ 행렬이라고 하자. 그러면 (4)를

$$\dot{X} = F(X) = DX\Delta \tag{5}$$

로 적을 수 있다. 여기서 $\Delta(t)$는 $A(t)$의 그래프 라플라시언(graph Laplacian)을 나타내고 $\Delta(t) = \Gamma(t) - A(t)$로 정의되며, 이때 $\Gamma(t)$는 꼭짓점들의 차수를 포함하는 대각행렬이다. 이 계는 가령 $X = X^*$에서 평형을 갖는데, 여기서 X^*의 i번째 열은 모든 $i = 1, \cdots, N$에 대해 x^*로 주어진다.

이제 (1)의 형태처럼, 상태 X와 결합된 $A(t)$의 발전방정식을 고려하자.

$$\begin{aligned} &E(A(t+\delta t)A(t)) \\ &\quad = A(t) + \delta t(-A(t)) \circ (C - \Phi(X(t)))\gamma \\ &\qquad + (C - A(t)) \circ \Phi(X(t))\delta) \end{aligned} \tag{6}$$

여기서 δ와 γ는 차례로 최대 생성률과 최대 소멸률을 나타내는 양의 상수이다. 그리고 유유상종의 효과는 **쌍별 유사성 행렬**(pairwise similarity matrix)

$\Phi(X(t))$로 지배되는데, 각 항 $\Phi(X(t))_{i,j} \in [0, 1]$은 적절한 반노름(seminorm) $\|x_j(t) - x_i(t)\|$에 대한 단조감소함수이다. 적절하게 선택된 $\varepsilon > 0$에 대해, $\|x_j(t) - x_i(t)\| < \varepsilon$이면 $\Phi(X(t))_{i,j} \sim 1$ 그렇지 않다면 $\Phi(X(t))_{i,j} = 0$으로 가정할 것이다.

$A = 0$이거나 $A = C$(완전한 클릭)일 때 $X = X^*$에서 평형들이 존재한다. 이들의 안정성을 이해하기 위해 $\delta, \gamma \to 0$라고 가정하자. 그러면 $A(t)$는 (6)을 통해 아주 느리게 변화한다. $0 = \lambda_1 \le \lambda_2 \le \cdots \le \lambda_N$을 Δ의 고윳값들이라 하자. 그렇다면 오직 모든 N개 행렬 $\mathrm{d}f(x^*) - D\lambda_i$가 동시에 안정성 행렬일 때에만 X^*가 점근적으로 안정적이라는 것을 보일 수 있다. 역으로, 만약 $\mathrm{d}f(x^*) - D\lambda_i$가 양의 실수부를 갖는 고윳값을 가진다면 그것은 Δ의 i번째 상태에서 불안정할 것이다.

이제 유유상종과 태도 동역학 사이에서 일어날 수 있는 긴장을 볼 수 있다.

$\mathrm{d}f(x^*) - D\lambda$의 스펙트럼(spectrum)을 λ의 함수로서 생각하자. 만약 λ가 작다면 그것은 결합되지 않은 계 $\mathrm{d}f(x^*)$의 안정성에 의해 지배될 것이다. λ가 크다면 그것은 다시 안정성 행렬이 되는데, 왜냐하면 D가 양의 정부호(positive-definite)이기 때문이다. D와 $\mathrm{d}f(x^*)$ 선택 사이의 어떤 조정에 의존하여, λ의 중간 범위에 대한 **불안정성의 영역**(window of instability)이 존재하는 상황을 튜링 불안정성이라 부른다. $A(t) \to C$임에 따라 $i > 1$일 때 $\lambda_i \to N$임에 주목하자. 따라서 N이 불안정성의 영역에 놓인다면, 그 계는 안정적이고 일치하며 완전히 연결된 평형에 절대 도달할 수 없다는 것이 보장된다. 대신, 튜링 불안정성은 네트워크를 상대적으로 잘 연결된 부분네트워크로 붕괴(약화)시킬 수 있다. 그것은 차례로 평형 동역학을 다시 안정화할 수 있고(고윳값이 불안정성의 영역을 벗어남에 따라) 그러면 유유상종에 따라 사라진 변이 다시 나타남으로써 전체 과정이 다시 시작될 수 있다. 이에 따라 우리는 태도의 일시적인 변화들을 나타내는, 패턴의 유사순환적인 등장과 감소를 기대할 수 있다. 모의실험에서, 프로베니우스 행렬내적(Frobenius matrix inner product)을 사용하여 네트워크 $A(t)$를 2차원으로 사영시키면 일치와 분리의 순환적인 성질을 직접적으로 관찰할 수 있다.

(6)의 확률적 동역학을 가중된 통신 인접행렬의 결정론적인 동역학으로 대체하더라도 비주기적이고, 종잡을 수 없고, 민감한 의존성을 보이는 계를 얻을 수 있다. 그런 경우에 궤도는 혼돈적이다.즉, 그들이 진동하리라는 것은 알지만, 미래의 순환 속에서 어떤 특정한 개인이 상대적으로 억제되거나 활성화될 것인지는 예측할 수 없다. 이 현상은 심지어 $N = 2$일 때도 일어난다.

이들 모형은 활성적이고 억제적인 경향 사이의 동역학적 평형에 있는 개개인이 유유상종의 방식으로 결합될 때, 규범이 되기에는 전역적인 사회의 수렴이 상대적으로 부족할 것임을 보여준다. 극단적이고 보수적인 행동은 집단 전반에 공존하면서 끊임없는 유동 상태에 있을 수 있다. 거시적인 상황은 예측 가능한 반면, 개인의 움직임은 모형의 결정론적이거나 확률적인 형태 모두에서 그렇지 않다. 사회경제학 분야의 몇몇 학자는 일치하지 않는 태도, 믿음, 사회 규범은 지도자를 필요로 하며 집단에 강요된 것이라 주장한다. 그렇지 않다면 이들은 부분적인 경험과 사건에 의해 주도될 것이다. 하지만 여기서 우리는 다양한 관점을 가지면서 국소적으로 모인 부분집단의 일시적 존재가 완전히 결합된 계에서 창발하는 양상이 될 수 있음을 보았다. 이는 외부 요인이나 강압적인 조건이 없더라도 사회 내의 일반적인 현상일 수 있다.

과거 사회학 연구는 실험적 조건 아래에서 대상들의 상당히 작은 집단에 초점을 맞추었다. 디지털 환경과 현대 응용수학은 이런 상황을 변모시킬 것이다. 계산과 사회과학은 국소적인 상호작용을 통해 규범, 의견, 감정, 집단 행동이 어떻게 등장하고 퍼지는지 분석하기 위해 온라인 환경(트위터, 페이스북, 블로그, 집단 토론, 멀티플레이어 온라인 게임) 사용자의 아주 거대한 수로부터 얻을 수 있는 방대한 데이터 집합을 사용할 수 있다.

5 안보와 국방에 관한 네트워크

"네트워크를 이기기 위해서는 네트워크가 필요하다."는 말은 아프가니스탄과 이라크의 미국 고위 사령부 대부분이 아로새긴 주문이다. 이는 테러리스트에 의한 위협이나 분쟁 후 평화 유지(비대칭 전력에 의한 위협), 심지어 영국 도시들에서 있었던 최근 여름 폭동과 약탈에도 동일하게 적용할 수 있다. 그러나 어떤 유형의 네트워크를 이겨야만 하고, 어떤 유형의 네트워크적인 생각이 필요한가?

이제껏 우리는 일반적인 용어로 사용자간 네트워크를 논의했다. 하지만 테러리스트 위협을 가능하게 하는 사회와 통신 네트워크의 중요성을 강조하기 위해서는 어떤 특정한 도전들과 마주한다.

- 아주 거대한 통신 네트워크의 실시간 분석,
- 영향력 있는 개인의 식별,
- 그러한 네트워크가 미래에 어떻게 변화해야만 하는지 추론하기(이에 따라 비정상적인 양상을 발견하기),
- 완전히 결합된 계가 자연스레 다양한 관점과 패턴 형성을 이끌 수 있음을 인지하기.

이들 모두는 여느 때보다 필수적인 것들이 되었다. 디지털 환경에서 얻은 집단 전체에 대한 데이터는 효율적이고 효과적으로 적용할 수 있는 수학을 요구한다.

현대의 적들은 다음과 같은 성질을 지닐 가능성이 크다.

- (i)제한된 시간에서 **전리품**을 얻을 수 있거나 **계시 받은** 목표, (ii)조달, 정보, 정찰, 계획, (iii)경쟁을 통해 개인에게 동기를 부여하고 혁신과 모방 모두를 장려하기에 적합한 일시적인 단체들의 **행위자 네트워크**를 통해 구성,
- 정보, 아이디어, 개혁의 흐름을 통해 민첩성을 최대화하면서도(자기 적응력 및 행동하기 위한 시간을 줄이기) 행동을 가능케 하고 동기를 부여하는 조직적인 디지털 **통신 네트워크**의 활용,
- 행동의 효과를 극대화하기 위해 대중과 미디어 공간(소셜 미디어,방송 미디어 등) 내 제3의 **유포 네트워크**에 의존.

그러므로 안보를 위협할 수 있는 이들 측면에서 운

용되는 최소 3개의 독립적인 네트워크가 있다.

여기서 우리는 거대한 사용자간 통신 네트워크의 형태와 동역학을 분석하기 위한 틀을 만들었다. 그들의 행동을 모형화하기 위한 노력이 우리를 새로운 모형과 방법으로 이끌 것으로 보인다.

더 읽을거리

Bohannon, J. 2009. Counterterrorism's new tool: "metanetwork" analysis. *Science* July 24:409–11.

Grindrod, P. 1995. *Patterns and Waves*, 2nd edn. Oxford: Oxford University Press.

Grindrod, P., and D. J. Higham. 2013. A matrix iteration for dynamic network summaries. *SIAM Review* 55(1):118–28.

Grindrod, P., D. J. Higham, and M. C. Parsons. 2012. Bistability through triadic closure. *Internet Mathematics* 8(4): 402–23.

Grindrod, P., D. J. Higham, M. C. Parsons, and E. Estrada. 2011. Communicability across evolving networks. *Physical Review* E83:046120.

Grindrod, P., and M. C. Parsons. 2012. Complex dynamics in a model of social norms. Technical Report, University of Reading.

McCrystal, S. A. 2011. It takes a network: the new front line of modern warfare. *Foreign Policy* (March/April).

Ward, J. A., and P. Grindrod. 2012. Complex dynamics in a deterministic model of cultural dissemination. Technical Report, University of Reading.

VII.6 칩 설계

스테판 헬트, 스테판 호가디, 젠스 뷔겐
Stephan Held, Stefan Hougardy, and Jens Vygen

1 서론

집적회로(integrated circuit) 또는 칩(chip)은 어떤 원하는 기능성을 충족하기 위해 전선으로 연결된 전자회로(트랜지스터(transistor)로 이루어진)들의 모임이다. 최초의 집적회로는 1958년 잭 킬비(Jack Kilby)에 의해 만들어졌다. 그것은 하나의 트랜지스터를 가졌다. 1965년 고든 무어(Gordon Moore)가 예측했듯이, 칩 하나당 트랜지스터의 개수는 매 2년마다 대략적으로 2배씩 증가한다. 칩을 만드는 과정은 곧 초고밀도 집적(very-large-scale integration, VLSI)이라 부르게 되었다. 2014년 기준으로 가장 복잡한 칩은 수 제곱센티미터 안에 수십 억 개의 트랜지스터를 포함한다.

이 글에서 우리는 디지털 논리 칩의 설계에 초점을 맞춘다. 아날로그 집적회로는 더 적은 트랜지스터를 가지며 훨씬 복잡한 설계 규칙을 따르기 때문에 여전히 대부분 수동으로 설계된다. 메모리 칩에서는 트랜지스터들이 아주 규칙적인 구조로 쌓여 설계를 상당히 쉽게 만든다. 이와 대조적으로 고등적인 수학 없이는 VLSI 디지털 논리 칩 설계는 불가능하다.

새로운 기술적 문제점, 지수적으로 증가하는 트랜지스터 수, 전력 소비 감소나 수율 증가와 같이 변화하기 쉬운 목표는 지속적으로 새롭고 도전적인 수학 문제를 만들고 있다. 이는 칩 설계를 최근 40년 동안 수학의 가장 흥미로운 응용 분야 중 하나로 만들었고, 어느 시점에서 기술적인 척도의 발전은 느려지겠지만 우리는 그런 경향이 최소한 다음 20년 동안은 계속될 것이라 예상한다.

1.1 계층 칩 설계

엄청난 복잡성 때문에, VLSI 칩 설계는 보통 계층적으로 이루어진다. 계층 설계는 설계 작업을 여러 팀에 분배할 수 있도록 한다. 게다가 이는 전체 노력을 줄일 수 있고, 설계 과정을 더 예측 가능하며 더 관리하기 쉽게 만든다.

계층 설계를 위해 칩은 논리적 단위로 분할되며, 각각은 더 작은 수준의 단위 몇 개로 분할될 수 있다. 계층 설계의 명백한 이점은 여러 번 사용되는 구성 요소를 오직 한 번만 설계한다는 것이다. 특히, 거의 모든 칩은 AND나 NOT이나 단순한 메모리 요소 같은 간단한 논리적 기능을 구현하는 사전 설계된 집적회로, 이른바 **북**(book)들의 **라이브러리**(library)에 기초해 설계된다. 한 칩은 보통 동일한 북의 여러 소자(instance)를 포함한다. 이들 소자는 대개 **회로**(circuit)라 부른다.

북은 상대적으로 적은 트랜지스터로 구성되며 초기 단계에서 사전 설계된다. 그것의 설계를 위해서는 **트랜지스터 수준**에서 작업할 필요가 있으며 따라서 더 복잡한 규칙을 따라야 한다. 어떤 북(혹은 다른 계층 단위)이 설계되면 다음 더 높은 수준의 설계와 관련해 그것이 가진 성질(가령 최소 거리 제약, 타이밍 양상, 전력 소모)이 계산되고 저장된다. 북 대부분은 직사각형 모양 및 같은 높이를 갖도록 설계되어 행이나 열로 놓기 용이하게 만든다.

1.2 칩 설계 과정

칩 설계의 첫 단계는 원하는 기능과 사용될 기술을 명확하게 하는 것이다. **논리 설계**에서, 이 기능성은 특정 하드웨어 기술 언어(hardware description language)를 사용해 엄밀하게 서술된다. 하드웨어 기술 언어는 요구되는 기능을 달성하기 위해 어떤 회로가 사용되어야만 하고 그들을 어떻게 연결해야만 할지 지정하는 **네트리스트**(netlist)로 변환된다.

물리적 설계단계는 이 네트리스트를 입력으로 받아 칩 위에 각 회로와 각 전선의 물리적 위치를 결과로 내놓는다. 이는 또한 타이밍 제약을 맞추기 위해 네트리스트를 바꿀 수 있다(논리적으로 동일한 방식으로).

칩을 제작하기 (또는 다음 수준으로 올라가서 추후 사용할 계층 단위를 고정하기) 전에, 물리적 레이아웃이 모든 제약을 만족하며 원하는 기능을 구현하는지 확인하는 **물리적 검증**이 수행되고, **타이밍 분석**은 모든 신호가 제시간에 도달하는지 검사한다. 칩이 제작되면 하드웨어와 함께 추가적인 검정이 이루어질 것이다.

수학적인 관점에서 물리적 설계는 칩 설계의 가장 흥미로운 부분인데, 그것이 몇 가지 다양한 도전적인 수학문제의 해를 요구하기 때문이다. 그러므로 아래에서 이를 더 자세히 설명할 것이다.

1.3 물리적 설계

물리적 설계 단계의 두 입력은 네트리스트와 칩 영역(chip area)이다. **네트리스트**는 **회로**들의 집합을 포함한다. 각 회로는, 북의 한 소자이고 다른 핀들과 연결되어야만 하는 어떤 핀(pin)들을 가진다. 추가적으로 네트리스트는 칩 영역에서 입력/출력 포트라 부르며 외부와 칩을 연결하는 핀을 포함한다. 모든 핀의 집합은 **네트**(net)들로 분할된다. 동일한 네트에 속하는 모든 핀은 전선을 통해 서로와 연결되어야만 한다.

물리적 설계 단계의 작업은 칩 영역 위에 각 회로의 위치를 할당하고(**배치**(placement)) 네트리스트를 구현하기 위해 필요한 모든 전선의 위치를 지정하는 것(**라우팅**(routing))이다. 배치와 라우팅은 또한 **레이아웃**(layout)으로도 부른다(그림 1을 보라).

한 레이아웃은 많은 제약을 만족해야만 한다. 예를 들어, **설계 규칙**(design rule)은 전선의 최소 폭, 두 다른 전선 사이 최소 길이, 회로의 유효한 위치 등을 지정한다.

게다가, 칩은 오직 모든 신호가 제시간에(너무 이르거나 너무 늦지 않게) 도달할 때 올바르게 (원하는 클럭 주파수(clock frequency)로) 작동한다. 이는 타이밍 제약(timing constraint)으로 일컬어진다. 대개 네트리스트를 변화시키지 않고서는 모든 타이밍 제약을 만족할 수 없다. 이는 **타이밍 최적화**(timing optimization)라 부른다. 물론 어떠한 변화든지 네트리스트를 논리적으로 동일하게 유지시킨다는 것을 보장해야 한다.

물리적 설계 문제의 복잡성 때문에 배치, 라우팅, 타이밍 최적화는 거의 독립된 부분 문제로서 다루어지지만, 그들은 물론 독립적이지 않다. 배치는 반드시 실현 가능한 라우팅을 찾을 수 있고 타이밍 제약을 만족할 수 있다는 것을 보장해야 한다. 타이밍 최적화에서의 변화는 반드시 배치와 라우팅에 반영되어야 한다. 마지막으로, 라우팅은 또한 시간 제약을 고려해야만 한다.

우리는 이어지는 글에서 이들 3개의 부분 문제에 대한 수학적 측면 일부를 설명한다.

2 배치

모든 회로는 어느 두 회로도 중첩되지 않도록 칩 영역에 놓여야 한다. 이를 실현 가능한 배치라 부른다. 여기에 더해 우리는 주어진 목적 함수를 최소화하고 싶다. 보통, 칩 영역과 모든 회로는 직사각형 모양을 가진다. 따라서 실현 가능한 배치를 찾는 것은 어떤 더 큰 직사각형 내에서 작은 직사각형들의 집합을 겹치지 않게 놓는 것과 동일하다. 이는 **직사각형 채우기 문제**(rectangle packing problem)로 알려져 있다.

가능한 모든 상황에 대해 직사각형 채우기 문제 해결이 보장된 효율적인 알고리즘은 알려져 있지 않다. 하지만 실전에서 임의의 실현 가능한 배치를 찾는 것은 보통 쉽다.

2.1 네트길이 최소화

칩 상 회로의 위치는 네트리스트 안 모든 네트들을 연결하는 데 필요한 전체 전선 길이에 가장 주요한 책임이 있다. 전체 전선 길이가 너무 길다면 칩의 라우팅은 불가능할 것이다. 게다가 전선의 길이는 칩의 신호 지연과 전력 소비에 큰 영향을 준다. 따라서 배치 문제의 합리적인 하나의 목적함수는 전체 전선 길이이다.

이는 효율적으로 계산될 수 없기에 추정이 사용된다. 가장 주목할 만한 것은, 네트의 모든 핀을 포

(a)

(b)

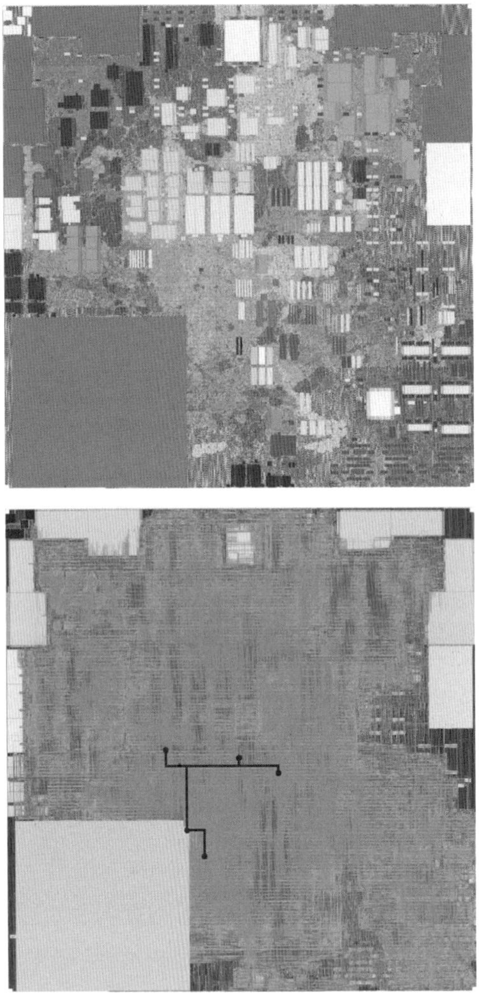

그림 1 4,496,492개의 회로와 5,091,819개의 네트, 762미터의 전선으로 구성된 칩의 (a)배치와 (b)라우팅. 거대한 직사각형들은 사전 설계된 단위, 가령 메모리 배열이나 마이크로프로세서이다. 하나의 네트에 속하는 5개의 핀을 연결하는 슈타이너 수형도(Steiner tree)가 (b)에 강조되어 있다.

함하는 가장 작고 축에 평행한 직사각형 둘레의 절반을 취해 얻는 **경계박스 길이**(bounding box length)이다. 흔히 사용되는 **2차 네트길이**(quadratic netlength) 추정은 네트의 모든 핀 쌍 사이 유클리드 거리(Euclidean distance)의 제곱을 더하고 이 값을 핀의 개수보다 하나 작은 수로 나눔으로써 얻는다.

그러한 어느 추정에 대해서도 전체 네트길이를 최소화하는 배치를 찾는 효율적인 알고리즘은 알려져 있지 않으며, 심지어 최적해보다 임의로 큰 상수 인자만큼 나쁜 해까지 찾더라도 마찬가지이다. 모든 회로가 반드시 정확히 같은 크기를 가져야 하는 등의 추가적인 가정 아래에서는, n이 회로의 개수일 때 전체 네트길이가 최적의 배치보다 $O(\log n)$만큼 나쁜 배치를 다항시간 안에 찾을 수 있다.

2.2 실전에서의 배치

위에서 언급했듯이, 임의의 실현 가능한 배치를 찾는 것은 보통 쉽다. 게다가, 실현 가능한 배치에서 또 다른 실현 가능한 배치를 이끄는 국소적인 변화를 정의할 수 있다. 그러므로 일반적인 국소 탐색 기반 시행착오(**모의 담금질**(simulated annealing) 같은)가 적용될 수 있다. 하지만 그런 방법들은 수백만 개의 회로에 이르는 오늘날의 상황에서는 엄청나게 느리다.

몇 가지 이론적인 연구로부터 나온 또 다른 패러다임은 **최소절단**(min-cut)이라 부른다. 여기서 네트리스트는 두 부분으로 분할되는데, 각각은 대략 절반의 회로를 가지며 가능한 한 가장 적은 네트들이 절단을 지나도록 한다. 두 부분은 칩 영역의 왼쪽과 오른쪽 영역에 놓일 것이며, 재귀적으로 계속해서 분할된다. 불행히도 이 2분할 문제는 쉽게 풀릴 수 없으며, 전반적인 패러다임에 안정성이 부족하고 결과도 그리 좋지 않다.

세 번째 패러다임인 **해석학적 배치**(analytical placement)는 오늘날 실전에서 가장 지배적으로 사용된다. 이는 회로들이 반드시 중첩되면 안 된다는 조건을 무시하는 것으로 시작한다. 그러면 네트길이(경계박스나 2차)를 최소화하는 것은 상대적으로 쉽다. 몇 가지 이유로 인해 (풀기 더 빠르고 더 안정적이고 결과가 더 잘 퍼져 있다) 실전에서는 2차 네트길이가 최소화된다. 이는 희소 양의 정부호 행렬의 선형연립식을 푸는 것과 동치이다.

2차 네트길이를 최소화하는 배치는 보통 많은 중첩되는 회로를 갖는다. 실현 가능한 배치를 찾기 위한 두 가지 전략이 존재한다. 초과된 영역에서 회로들을 서로 떨어뜨리기 위해 목적함수를 수정하거나 기하학적 분할을 수행한다. 기하학적 분할에서는 회로들을 효율적으로 4분면(혹은 4개보다 많은 영역)에 할당하여, 어떤 영역도 거기에 들어맞는 회로보다 많은 회로를 포함할 수 없고 전체(선형 또는 2차) 움직임이 최소화되도록 할 수 있다.

두 전략 모두(최소절단 배치도 마찬가지로) 배치가 허용되는 것과 가까워질 때까지 반복된다. 이는 대략적으로 각 회로를 근처에 옮겨 만들 수 있는 허용되는 배치가 존재한다는 의미이다. 이는 **전역적 배치** 단계를 마무리한다.

전역적 배치 후에 (해석적이든 최소절단이든) 해는 반드시 **허용화**되어야 한다. 여기서는 입력으로서 허용되지 않는 배치가 주어졌을 때, 입력과 가능한 한 적은 차이를 갖는 허용되는 배치를 찾고자 한다. 일반적인 측도는 제곱된 거리들의 합이다. 불행히도 이 문제의 오직 특수한 경우만이 다항시간 안에 최적으로 풀릴 수 있는데, 심지어 모든 회로가 같은 높이를 가져 열로만 배열되는 경우조차 그러하다.

3 라우팅

라우팅에서는 각 네트의 핀들이 반드시 전선으로 연결되어야 한다. 핀들의 위치는 배치에 의해 결정된다. 전선은 부도체로 분리되는 서로 다른 배선면(때때로 10개 이상)에 깔릴 수 있다. 인접한 면의 전선들은 이른바 **비아**(via)를 통해 연결될 수 있다. 대부분의 현대 기술에서 모든 전선은 수평이나 수직으로 깔린다. 효율적인 채우기를 위해 각 면은 주로 한 방향으로, 즉 수평과 수직면이 번갈아 사용된다.

전선들은 서로 다른 폭, 복잡한 간격 요구 조건, 따라야 할 다른 규칙들을 가질 수 있다. 그러한 규칙들은 중요하긴 하지만, 문제의 전반적인 성격을 변화시키지는 않는다.

모든 네트가 라우팅되기 전에, 일부 영역은 전원장치나 클럭 격자에 의해 미리 사용된다. 이들 역시 설계되어야 하지만, 이 작업은 여전히 대부분 수동으로 이루어진다.

3.1 슈타이너 수형도

네트의 최소 연결은 슈타이너 수형도(Steiner tree)로 모형화될 수 있다. 주어진 종점(핀)들의 집합에 대한 **슈타이너 수형도**는 이들 종점 그리고 어쩌면 다른 꼭짓점들을 포함하는 극소연결그래프(minimal connected graph)이다(그림 1을 보라). 만약 배선이 사전에 정의된 **라우팅 트랙**(routing track)으로 제한된다면, 단일 네트를 라우팅하기 위해 사용할 수 있는 공간을 무향그래프(undirected graph)로 모형화할 수 있다. 그래프에서 주어진 종점들의 집합에 대한 가장 짧은 슈타이너 수형도를 찾는 것은 NP-난해(NP-hard)이며, 이는 심지어 평면 위 가장 짧은 직선형(rectilinear) 슈타이너 수형도에 대해서도 마찬가지이다. 타이밍 제약을 만족시키기 위해서라면 가장 짧은 것이 언제나 최선은 아니고, 게다가 라우팅 그래프는 거대하다(10^{11}개 이상의 꼭짓점을 가질 수도 있다). 따라서 라우팅 알고리즘은 대부분 두 성분 사이에 가장 짧은 경로를 찾기 위해 데이크스트라 알고리즘(Dijkstra's algorithm)의 빠른 변형을 사용하고 그 다음 그런 경로들로 슈타이너 수형도를 구성한다. 주의 깊게 이루어진다면, 이것은 최적해보다 많아도 $2(t-1)/t$의 인자만큼만 나쁜데, 여기서 t는 종점(네트의 핀)들의 개수이다.

3.2 채우는 슈타이너 수형도

하나의 가장 짧은 슈타이너 수형도를 찾는 것도 어려우므로, 주어진 그래프에서 꼭짓점이 겹치지 않는 슈타이너 수형도들을 찾기가 훨씬 더 어렵다는 사실이 그리 놀랍지는 않다. 실제로, 심지어 네트가 오직 2개의 핀만 가지고 그래프가 평면 격자일 때조차 이것은 NP-난해이다. 그럼에도, 소자들이 너무 거대하지만 않다면 그런 문제를 푸는 것이 가능하다.

현대의 세부적인 라우팅 알고리즘은 본질적으로는 네트들을 차례대로 라우팅하는데, 필요하다면 이전의 선택을 교정한다(**파기하고 재라우팅**). 순차적인 라우팅 방식의 속도를 늘리고 결과의 질을 향상하기 위해, 처음에 **전역 라우팅**(global routing) 단계가 수행된다. 여기서, 라우팅 공간은 꼭짓점들이 보통 특정 평면의 직사각형 영역에 대응하는 (격자로 유도(induce)되는) 더 엉성한(coarser) 그래프로 모형화된다. 두 꼭짓점은 그들이 인접한 평면들 위 같은 영역에 대응하거나 동일한 평면 위 수평적으로나 수직적으로 (그 평면의 라우팅 방향에 따라) 인접한 영역들에 대응할 때 연결된다. 변은 대응하는 영역들 사이에 얼마나 많은 전선을 채울 수 있느냐에 의존하는 용량을 가진다.

그러면 전역 라우팅은 한 변을 사용하는 슈타이너 수형도들의 개수가(더 일반적으로는, 전체 폭이) 그것의 용량을 초과하지 않도록 각 네트에 대해 슈타이너 수형도를 찾는다. 이 문제는 여전히 NP-난해이고, 전역 라우팅 그래프는 여전히 거대할 수 있다(보통 10^7개 이상의 꼭짓점을 갖는다). 그럼에도,전역 라우팅은 이론과 실전 모두에서 상당히 잘 해결될 수 있다. 이론적으로 보장되는 최선의 접근은 먼저 부분적인 완화(다중 상품 흐름(multicommodity flow)의 한 일반화로서 최소-최대 자원 공유(min-max resource sharing)라 부르는)를 근사적으로 풀고 난 뒤, 정수해를 얻기 위해 무작위적인 반올림을 적용하고, 마지막으로 국소적으로 유효하지 않은 것(반올림에 의해 유도된)을 교정하는 것에 바탕을 둔다.

전역 라우팅은 또한 라우팅 가능성을 추정하고 가능한 라우팅 혼잡 영역을 보여주기 위해 설계 흐름의 초기 단계, 가령 배치 도중에 수행된다.

4 타이밍 최적화

칩은 사이클(cycle) 속에서 계산을 수행한다.각 사이클에서 전기신호는 레지스터(register)나 칩 입력으로부터 시작해, 일부 회로와 네트를 횡단하여, 마지막으로 레지스터나 칩 출력으로 들어간다.

타이밍 최적화는 모든 신호가 주어진 사이클 시간 내에 도달하도록 해야 한다.이 제약 아래에서 전력 소비는 최소화될 것이다. 하지만 사이클 시간을 달성하는 것은 그 자체로도 어려운 문제이다.

4.1 논리 합성

불 회로(Boolean circuit)의 구조는 칩의 성능과 전력 소비에 큰 영향을 준다.한 측면에서 깊이(depth), 즉 조합적 경로상 논리 회로들의 최대 개수는 사이클 시간을 맞추기 위해 작아야만 한다. 반면 기능을 구현하기 위한 회로들의 전체 개수는 너무 크지 않아야 한다.

거의 모든 불 함수는 입력 변수들의 개수에 지수적인 최소 표현 크기를 가진다.그러므로 하드웨어로 구현되는 함수는 상당히 특별하다.

일부 아주 특별한 함수(가산기(adder), 특정 대칭 함수, AND와 OR 회로가 번갈아가며 나오는 경로 등)는 분할정복(divide-and-conquer)이나 동적 프로그래밍(dynamic programming) 알고리즘을 통해 최적이나 거의 최적으로 구현될 수 있지만, 일반적인 논리 합성(logic synthesis)은 오늘날 (대부분 국소적인) 시행착오로 이루어진다.

4.2 중계기 수형도

또 다른 핵심적인 작업은 소스(source)에서 싱크(sink)들로 신호를 분배하는 것이다. 전선을 따라 생기는 시간 지연은 그 길이에 거의 2차적으로 증가하므로 중계기(repeater), 즉 항등함수나 반전을 구현하는 회로를 추가해 신호를 강하게 하고 지연의 증가를 선형으로 만들어야 한다.

슈타이너 수형도가 주어졌을 때, 동적 프로그래밍을 사용해 다항시간 안에 최적에 원하는 만큼 가깝도록 중계기들을 추가할 수 있다.

더 어려운 질문은 슈타이너 수형도의 구조(중계기들이 추가될 수 있는)를 묻는 것이다. 최소 길이 슈타이너 수형도는 아주 긴 소스-싱크 경로를 가질 수 있다. 추가적으로 경로에서의 모든 분기점은 정전용량(capacitance)과 지연을 늘린다. 따라서 수형도는 단순히 짧기만 해서는 안 된다. 그것은 또한 짧은 경로로 이루어지고 적은 분기점을 가져야만 한다.

최소 슈타이너 수형도에 대한 근사 알고리즘과 허프먼 부호화(Huffman coding)를 결합하면, 전체 길이와 경로 지연 사이에서 균형을 맞추는 이중기준 알고리즘이 유도될 수 있다.

4.3 회로 크기 설정

회로 크기 설정(circuit sizing)에서는 기초를 이루는 트랜지스터들의 채널 폭(channel width)이 최적화된다. 더 넓은 채널은 출력 네트의 정전용량을 더 빠르게 충전하지만 입력 정전용량을 늘리고, 이에 따라 이전 단계의 지연을 늘린다. 연속적으로 확장할 수 있는 회로와 단순화된 지연 모형을 가정하면, 모든 회로의 최적 크기를 찾는 문제는 기하학적 프로그램으로 변환될 수 있다. 이는 내부점법(interior-point method)이나 부분기울기 방법(subgradient method) 및 라그랑주 완화(Lagrangian relaxation)를 통해 해결될 수 있다.

하지만 그러한 연속적인 해를 이산적인 회로 크기로 반올림하는 것은 결과에 오류를 일으킬 수 있다. 이산 시간-비용 타협 문제(discrete time-cost trade-off problem)와 같은 이산 타이밍 최적화는 여전히 완전히 이해되지 않았다. 그러므로 후-최적화(post-optimization)를 위한 국소적 탐색이 널리 사용된다.

4.4 클럭 수형도 구성

이론과 실전에서 효율적으로 해결될 수 있는 몇 안 되는 문제 중 하나는 **클럭 스큐 스케줄링**(clock skew scheduling)이다. 각 레지스터는 한 사이클당 저장된 비트(bit)를 한 번 작동시킨다. 신호가 방출되는 시간은 사이클 시간이 최소화되도록 최적화될 수 있다. 이를 위해 각 레지스터가 꼭짓점으로 표현되는 레지스터 그래프를 구성할 수 있다. 대응하는 레지스터들 사이에 신호 경로가 있다면 변으로 잇는다. 변은 두 레지스터 사이의 경로에 대한 최대 지연을 가중치로 갖는다. 그러면 가능한 최소 사이클 시간은 그래프에서 순환(cycle)에 대한 평균 변 가중치의 최댓값으로 정해진다. 이는 잘 연구된 **최소 평균 순환 문제**(minimum mean cycle problem)로 환원된다.

이제 도전적인 문제는 클럭 신호를 적당히 분배하여 최적의 작동 시간이 만족되도록 하는 것이다. 여기서, 상향식(bottom-up) 수형도 구성에 대한 시설 배치(facility location) 알고리즘이 중계기 추가에 대한 동적 프로그래밍과 결합될 수 있다.

더 읽을거리

Alpert, C. J., D. P. Mehta, and S. S. Sapatnekar, eds. 2009. *Handbook of Algorithms for Physical Design Automation*. Boca Raton, FL: Taylor & Francis.

Held, S., B. Korte, D. Rautenbach, and J. Vygen. 2011. Combinatorial optimization in VLSI design. In *Combinatorial Optimization: Methods and Applications*, edited by V. Chvátal, pp. 33-96. Amsterdam: IOS Press.

International Technology Roadmap for Semiconductors. 2013. *SEMATECH, Austin, TX, 2013*. www.itrs.net 에서 찾을 수 있다(그리고 매년 갱신된다).

VII.7 색 공간과 디지털 영상화

니콜라스 하이엄 *Nicholas J. Higham*

---

1 색의 벡터공간 모형

인간의 망막은 인간 영상화 체계에서 센서처럼 행동하며 원뿔세포와 막대세포라 부르는 빛 수용체를 포함한다. 원뿔세포에는 3가지 종류가 있는데, 차례로 빨강, 초록, 파랑 빛에 대응하는 파장에서 가장 크게 반응한다(그림 1을 보라). 막대세포는 하나의 종류밖에 없고 오직 단색 시야만을 제공한다. 그것은 주로 야간 시야에 사용된다. 원뿔세포에 3가지 종류가 있기 때문에, 색 이론에는 접두사 '3(tri)'을 가진 용어가 넘쳐난다. 특히 영(Young), 그라스만(Grassmann), 맥스웰(Maxwell), 헬름홀츠(Helmholtz)에 의해 발전한 **3원색**(trichromacy)은 오직 3개의 적절히 선택된 원색의 적당한 혼합으로 모든 색을 표현하는 방식을 보여 주는 이론이다.

빛에 대한 세 종류 원뿔세포의 반응은 적분

$$c_i(f) = \int_{\lambda_{\min}}^{\lambda_{\max}} s_i(\lambda) f(\lambda)\,\mathrm{d}\lambda, \quad i = 1:3 \tag{1}$$

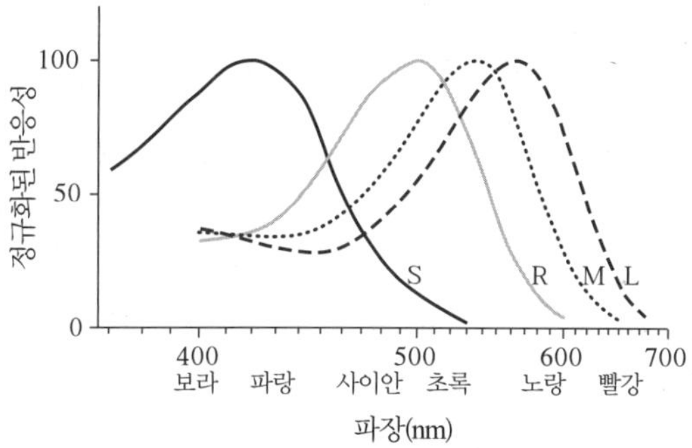

그림 1 원뿔세포와 막대세포에 대한 반응 곡선(회색 실선). S, M, L은 차례로 짧은(파랑, 검은 실선), 중간(초록, 검은 점선), 긴(빨강, 검은 파선)파장에서 가장 민감한 원뿔세포를 나타낸다. (출처: Bowmaker, J. K., and H. J. A. Dartnall, 1980, Visual pigments of rods and cones in a human retina, *Journal of Physiology* 298:501.)

으로 모형화할 수 있는데, 여기서 f는 망막에 도달하는 빛의 스펙트럼 분포를 나타내고, s_i는 다른 파장에 대한 i번째 원뿔세포의 민감도를 나타내며, $[\lambda_{\min}, \lambda_{\max}] \approx$ [400nm, 700nm]는 가시 스펙트럼의 파장 구간이다. 이 모형은 선형이고 $(c_i(f+g)=c_i(f)+c_i(g))$ 스펙트럼을 $s_i(\lambda)$에 의해 생성되는 공간, 즉 '인간 가시 부분공간'으로 사영시킨다는 것에 주목하자.

계산상의 목적으로 구간 $[\lambda_{\min}, \lambda_{\max}]$ 위에 등간격 n개 점들 λ_i의 격자를 도입하고, 반복된 직사각형(또는 중점) 구적법을 (1)에 적용하면

$$c = S^{\mathrm{T}}f, \quad c \in \mathbb{R}^3, \quad S \in \mathbb{R}^{n\times 3}, \quad f \in \mathbb{R}^n$$

을 얻는데, 여기서 행렬 S의 i번째 열은 격자점들에서 s_i의 표본을 가지고 벡터 f는 격자점들에서 $f(\lambda)$ 값을 포함하며, 벡터 c는 수치적분에서 나오는 상수를 흡수한다. 실전에서는 n의 값으로 보통 40 근처가 사용된다.

$P=[p_1\ p_2\ p_3] \in \mathbb{R}^{n\times 3}$의 열은 **원색**(color primary)을 나타내며, 3×3 행렬 $S^{\mathrm{T}}P$가 정칙(nonsingular)이라는 성질로 정의된다. 예를 들어, p_1, p_2, p_3은 차례로 빨강, 파랑, 초록을 나타낼 수 있다. 우리는

$$S^{\mathrm{T}}f = S^{\mathrm{T}}P(S^{\mathrm{T}}P)^{-1}S^{\mathrm{T}}f \equiv S^{\mathrm{T}}Pa(f) \qquad (2)$$

로 적을 수 있고, 여기서 $a(f)=(S^{\mathrm{T}}P)^{-1}S^{\mathrm{T}}f \in \mathbb{R}^3$이다. 이 방정식은 어떠한 스펙트럼 f의 색(또는 더 정확하게 그 스펙트럼에 대한 원뿔세포의 반응)도 원색들의 선형결합 $Pa(f)$로 표현될 수 있다는 것을 보여준다. 한 골칫거리는 이 논증에서 a의 모든 성분이 음이 아니어야 할 필요가 있다는 것인데, 원색의 강도가 음수일 수는 없기 때문이다. 이 문제를 회피하는 한 방법은 a_1이 $a(f)$의 음 아닌 성분들을 포함하고 a_2가 양의 성분들을 가질 때 $a(f)=a_1-a_2$로 적고, (2)를

$$S^{\mathrm{T}}(f+Pa_2) = S^{\mathrm{T}}Pa_1$$

로 다시 적는 것이다. 이 방정식은 Pa_1이 f에 원색들 일부의 적절한 양이 추가된 것을 표현할 수 있다고 말해준다. 이런 재배열은 색을 측정하고 설명하는 과학인 **측색학**(colorimetry)에서 표준적인 기법이다.

요약하면, 가시 스펙트럼 f의 색은 $A^{\mathrm{T}}=(S^{\mathrm{T}}P)^{-1}S^{\mathrm{T}}$일 때 **3자극값**(tristimulus value) $a(f)=A^{\mathrm{T}}f$로 표현될 수 있으며, $S^{\mathrm{T}}f=S^{\mathrm{T}}Pa(f)$이기 때문이다. $A \in \mathbb{R}^{3\times n}$의 열은 주어진 원색들에 대한 색-맞춤 함수(color-matching function)(의 표본)라 부른다.

A를 결정하기 위해, 인간 관측자는 3개의 원색으로 이루어진 광원을 섞어 색이 맞춰지기 전까지 노브를 이리저리 돌리면서 단일 파장 λ_i의 빛을 표현

해야 한다. 단일 파장의 빛은 $f=e_i$에 대응하며 여기서 e_i는 i번째 위치만 1이고 나머지는 모두 0이다. 그러므로 색을 맞춰주는 벡터 $a(f)=A^{\mathrm{T}}f$는 A^{T}의 i번째 열이 된다. 이런 방식으로 우리는 주어진 원색들에 대응하는 색-맞춤 행렬 A를 결정할 수 있다.

색에 대한 이런 벡터공간 모형은 강력하다. 예를 들어, $3\times n$ 행렬 S^{T}는 자명하지 않은 영공간(null space)을 가지므로, 이는 $S^{\mathrm{T}}f=S^{\mathrm{T}}g$이고 $f\neq g$인 추가적인 스펙트럼 f와 g가 있음을 말해준다. 따라서 인간 관측자에게 똑같이 보이는 두 색이 서로 다른 스펙트럼 분해를 가질 수 있으며, 이것은 **조건등색**(metamerism)현상이다. 색 출력 체계(가령 컴퓨터 모니터)가 색을 만들기 위해 조건등색을 활용한다는 측면에서 그것은 좋은 일이다. 그다지 환영받지 않는 조건등색의 또 다른 형태도 있다. 바로 하나의 광원 아래에서는 두 색이 똑같은 것처럼 보이지만 다른 광원 아래에서는 그렇지 않은 경우이다. 예컨대 방의 조명이 켜진 침실에서 검정색처럼 보이는 양말을 신었는데, 그것을 햇빛에서 보니 한 짝이 파란색인 것으로 드러나는 것이다.

색을 이해하기 위한 선형대수의 사용은 조제프 코헨(Jozef Cohen, 1921-95)에 의해 더 발전했고, 그의 연구는 사후『시각적 색과 색 혼합: 기본 색 공간(*Visual Color and Color Mixture: The Fundamental Color Space*)』(2001)이라는 책에 요약되었다. 코헨은 그가 '행렬 R'라 부른 것의 중요성을 강조했다. 그것은

$$R=S(S^{\mathrm{T}}S)^{-1}S^{\mathrm{T}}=SS^{+}$$

으로 정의되며, 여기서 S^{+}는 S의 **무어-펜로즈 유사역행렬**[IV.10 §7.3]을 나타낸다. 수학적으로 R는 range(S)로의 직교 사영자(orthogonal projector)이다. 코헨은 R가 색 맞춤을 위해 사용되는 원색들의 선택과는 무관하다는 것을 알아차렸는데, 즉 R는 정칙행렬 $Z\in\mathbb{R}^{3\times3}$에 대한 변환 $S\leftarrow SZ$에 의해 바뀌지 않고, 그러므로 불변량이다. 그는 또한 $Q\in\mathbb{R}^{n\times3}$이 직교하는 열들을 갖고 $L\in\mathbb{R}^{3\times3}$이 아래삼각행렬일 때, 분해 $S=QL$에서 인자 Q(그는 F라고 불렀던)가 어떤 식으로 '3색 좌표(tricolor coordinate)' $Q^{\mathrm{T}}f$의 사용을 통해 색 이론에서 중요한 역할을 하는지를 보였다.

우리는 모두가 같은 방식으로 색을 보지 않는다. 남성의 약 8%와 여성의 약 0.5%는 색맹의 영향을 받는다. 색약에 대한 첫 탐구는 맨체스터의 화학자 존 돌턴(John Dalton, 1766-1844)에 의해 이루어졌는데, 맨체스터 문학철학협회(Manchester Literary and Philosophical Society)의 강연에서 그 자신의 색맹을 설명했다. 그는 자신의 유리액(vitreous humor)이 파란색으로 착색되었다고 생각했고 사후 자신의 눈을 해부할 것을 지시했다. 파란색을 찾을 수는 없었지만 그의 눈은 보존되었다. 1985년 디옥시리보핵산(DNA) 분석은 돌턴이 제2색맹자였다는, 곧 그가 중간 파장(초록)에 반응하는 원뿔세포를 가지지 않았다는 결론을 주었다. 색 모형 및 다른 원뿔세포 장애에 대한 그림 1의 유사물은 색맹을 이해하는 데 도움을 준다.

이 절에서 3원색을 강조했기 때문에, 혹자는 3가지 색이 충분하다면 왜 인쇄는 대개4색 CMYK 모형으로 이루어지는지 의아할 것이다. CMYK는 사이안(cyan)-마젠타(magenta)-노랑(yellow)-검정

(black)을 의미하고 사이안, 마젠타, 노랑은 차례로 빨강, 초록, 파랑의 보색(complementary color)이다. 3원색 이론은 CMY 체계가 색을 맞추기 위해 완전히 충분함을 말해주므로 K 성분은 불필요하다. K를 사용하는 이유는 실용적이다. 인쇄 과정에서 C, M, Y 색판을 겹쳐 검은색을 만들면 엄청난 잉크를 사용하고, 종이가 아주 축축해지고, 잉크들의 불완전성으로 인해 깊은 검은색을 만들 수 없다. CMYK 인쇄에서는 회색을 만드는 CMY 성분들의 일부를, 그에 대응하는 K의 양으로 대체하는 **회색 성분 대체**(gray component replacement)를 사용한다. (CMY에서 CMYK로 변환하는 자연스러운 아이디어는 $K = \min(C, M, Y), C \leftarrow C - K, M \leftarrow M - K, Y \leftarrow Y - K$ 인데, 실전에서는 검은색을 만들기 위해 필요한 C, M, Y의 양이 약간씩 다르긴 하다.)

2 표준화

국제조명위원회(Commission Internationale de l'Éclairage, CIE)는 색 측도와 용어의 표준화를 책임진다. 그림 2는 1931년과 1964년 CIE에서 만든 표준 RGB 색-맞춤 함수들을 보여 준다. 그들은 색-맞춤 실험에 바탕을 두며 700nm(빨강), 546.1nm(초록), 435.8nm(파랑)에서의 원색에 대응한다. 빨강 곡선은 그림 2에서처럼 음의 값을 취하지만, 컴퓨터 시대에는 뺄셈의 필요성을 피하기 위해 음 아닌 함수를 선호한다. 따라서 음 아닌 색-맞춤 함수들을 가진 CIE XYZ 공간이 정의되었고(그림 3을 보라) 그

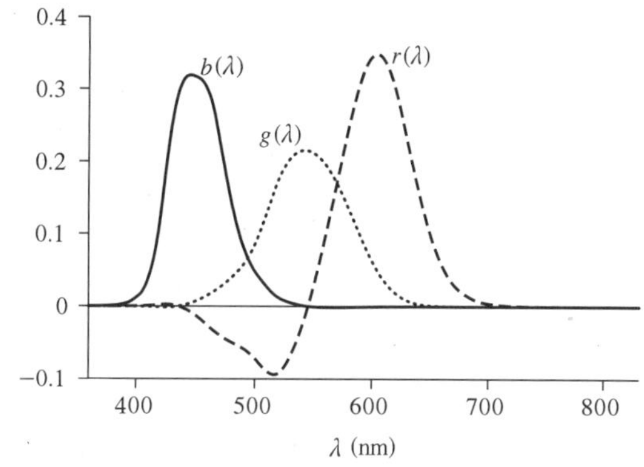

그림 2 1931년 표준에 따른 CIE RGB 색-맞춤 함수들. (파일은 위키미디어 공용(Wikimedia Commons)의 원본으로부터 만들어졌다.)

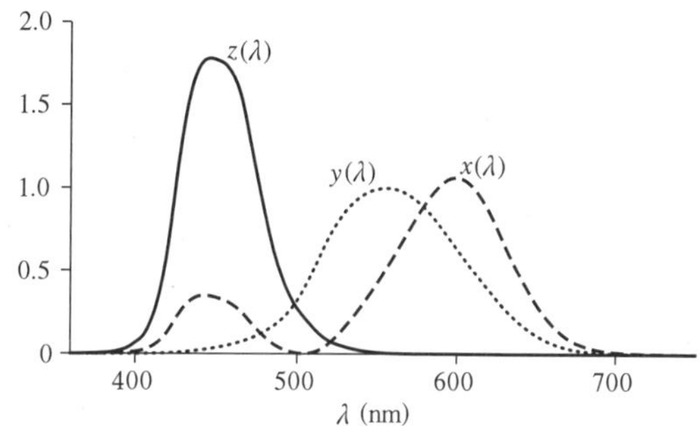

그림 3 1931년 표준에 따른 CIE XYZ 색-맞춤 함수들. (파일은 위키미디어 공용(Wikimedia Commons)의 원본으로부터 만들어졌다.)

것은 선형사상*

$$\begin{bmatrix} X \\ Y \\ Z \end{bmatrix} = \begin{bmatrix} 0.49 & 0.31 & 0.20 \\ 0.17697 & 0.81240 & 0.01063 \\ 0 & 0.01 & 0.99 \end{bmatrix} \begin{bmatrix} R \\ G \\ B \end{bmatrix}$$

를 통해 얻을 수 있다. 이 변환이 유도되도록 CIE가 정한 2가지 선택은 Y 성분이 **휘도**(luminance)라 부르는 지각되는 밝기를 근사하며, $R = G = B = 1$이

* 여기서 행렬의 계수들은 알려진 정확도를 나타내는 방식으로 적혔다. 예를 들어, (1, 1) 원소는 2개의 유효숫자까지 알려져 있지만 (2, 1) 원소는 5개의 유효숫자까지 알려져 있다.

$X = Y = Z = 1$에 대응하여 행렬의 행 합이 1이 되어야 한다는 것이다.

XYZ 공간은 3차원이기 때문에 가시 스펙트럼에 해당하는 그것의 부분집합을 시각화하기는 쉽지 않다. (x, y)의 좌표로 **색도 다이어그램**(chromaticity diagram)을 만들기 위해 사영 변환

$$x = \frac{X}{X+Y+Z}, \quad y = \frac{Y}{Z+Y+Z} \quad (z = 1 - x - y)$$

를 사용하는 것이 일반적인 관습이다(삽화 페이지 도판 12를 보라). 가시 스펙트럼은 편자 모양의 볼록집합을 형성한다. 편자의 굽어진 경계는 단일 파장의 빛(순수 색)이 가시 스펙트럼에서 변화함에 따라 생성되며, 반면 하단에서 '보라색 선'은 빨강과 파랑 빛의 조합으로 생성된다. 다이어그램은 색을 나타내지만 휘도는 나타내지 않기 때문에 갈색(어두운 노란색)이 없다. 하양은 $(\frac{1}{3}, \frac{1}{3})$에 있고 하양 점을 통과하는 직선의 정반대 끝에 놓이는 순수 색들은 서로 보색이다. 즉, 그들의 조합은 하양을 만든다. 이 영역 밖에 있는 모든 점은 '가상의 색'을 나타내는데, 우리에게 보이지 않는 빛의 분포이다.

색도 다이어그램은 기기의 전 영역(gamut, 생성 가능한 색의 범위)이 다이어그램 위에 놓이는 카메라, 스캐너, 디스플레이, 프린터를 평가할 때 주로 사용된다. 일반적으로 전 영역이 가시 스펙트럼에 가까울수록 더 좋지만, 영상은 카메라나 스캐너부터 시작하여 일련의 기기들을 따라 옮겨지므로, 핵심적인 물음은 어떻게 기기들의 전 영역을 비교하며 색이 한 기기에서 다른 것으로 정확히 옮겨지는가이다. 색 관리는 기기 공간과 CIE XYZ 기준 공간 사이의 사상을 정의함으로써 각 기기의 색속성을 설명하는, 국제 색 협회(International Color Consortium, ICC) 분석표를 통해 이들 문제를 다룬다. 기기를 조정하는 것은 비선형방정식을 푸는 것과 연관되며 보통 **뉴턴의 방법**[II.28]으로 이루어진다.

3 비선형성

지금까지 색 이론을 전개하기 위해 필요한 것은 기본적인 선형대수와 사영변형이 전부였고, 행렬해석학의 더 정교한 기법을 사용하여 그보다 멀리 나아갈 수 있지 않을까 희망할 수 있다. 어느 정도까지는 그것이 가능하다. 예를 들어, 행렬식(determinant)에 관한 비네-코시 정리(Binet-Cauchy theorem)는 측색학의 몇 가지 문제에서 응용될 수 있다. 하지만 선형적으로 반응하는 디지털 카메라의 센서와 대조적으로, 인간의 눈은 빛에 비선형적으로 반응하기 때문에 언제까지나 비선형성을 피할 수는 없다. 어두운 지하실과 밝은 햇빛 사이에서 우리가 보는 밝기의 상대적인 차이는 우리 눈에 도달하는 광자들 개수의 상대적 차이보다 훨씬 작고, 이런 사실이 모형에 결합되어야만 한다. 이를 위한 한 가지 방법이 다음 절에 설명된다.

4 LAB 공간

CIE XYZ와 RGB 공간의 문제는 그것이 인지적으로 고르게 분포하지 않는다는 점인데, 다시 말해 3자극 공간에서의 거리와 인지되는 차이 사이에 선형적인 관계가 없다는 의미이다. 이는 CIE

가 더 고른 색 공간을 유도하는 비선형변환을 찾도록 만들었고, 그들은 1976년에 2가지 표준화된 체계 L*u*v*와 L*a*b*(또는 '엘-에이-비'로 발음되는 LAB)를 내놓았다. LAB 공간에서 L 좌표는 밝기를 나타내고, A 좌표는 초록-마젠타 축, B 좌표는 초록-노랑 축에 놓인다. XYZ 공간의 용어로서 엄밀하게 정의하자면, X_n, Y_n, Z_n이 하양의 3자극일 때

$$
\begin{aligned}
L &= 116f(Y/Y_n) - 16,\\
A &= 500[f(X/X_n) - f(Y/Y_n)],\\
B &= 200[f(Y/Y_n) - f(Z/Z_n)]
\end{aligned}
$$

이고, 여기서

$$
f(x) = \begin{cases} x^{1/3}, & x \geq 0.008856,\\ 7.787x + \frac{16}{116}, & x \leq 0.008856 \end{cases}
$$

이다. 3제곱근 항은 밝기에 대한 인간 시각의 비선형 인지적 반응을 포착하고자 한다. 두 가지 경우로 나뉜 f의 공식은 작은 3자극 값, 즉 적은 빛에 대해서 다른 공식을 사용한다. 밝기 좌표 L은 0에서 100까지의 범위를 갖는다. A와 B좌표는 보통 -128부터 128까지의 범위를 갖고(명시적으로 제약되지는 않지만), $A = B = 0$은 색의 부재, 즉 검정($L = 0$)부터 하양($L = 100$)까지 회색 음영을 나타낸다. 측색학에서, 색 차이는 LAB 좌표 사이의 유클리드 거리로 표현되며 ΔE로 표기된다.

LAB 공간의 흥미로운 응용 하나는 데이터의 그래프를 그릴 때 수와 색을 연결시키기 위해 사용되는 색 지도를 구성하는 것이다. 가장 흔히 사용되는 색 지도는 어두운 파랑부터 시작하며 점차적으로 사이안, 초록, 노랑, 주황, 빨강으로, 파장이 증가하는 색으로 진행하는 무지개색 지도이다.최근 수년간 무지개색 지도는 수많은 이유로 가혹하게 비판받았다.

- 그것은 인지적으로 고르지 않기 때문에 색들이 다른 영역에서는 다른 속도로 변하는 것처럼 보인다(노랑에서 더 빠르게, 초록에서 더 느리게).
- 사람들이 언제나 색의 순서를 기억하지는 않으므로 영상의 해석을 더 어렵게 만들어 혼란스럽다.
- 높고 낮은 값이 비슷한 회색 음영으로 연결되므로, 흑백프린터에서 출력했을 때 정보를 잃는다.

이러한 비판은 LAB 공간에서 단조적으로 증가하는 L 값과 선형적으로 떨어진 A와 B 값을 가진 색들로 구성된 색 지도를 사용하여 해결될 수 있다. 이런 아이디어에 바탕을 둔 색 지도는 한때 편재하던 무지개색 지도를 대체하여 매트랩(MATLAB)과 일부 시각화 소프트웨어에서 기본으로 사용되고 있다.

이미지 조작에 대해서도 LAB 공간에서 작업하는 몇몇 명백한 이점이 있는데, RGB 공간에서와 달리 밝기와 색이 쉽게 독립적으로 조정될 수 있기 때문이다. 하지만 LAB 공간은 일부 이상한 성질도 가진다. 예를 들어, $(L, A, B) = (0, 128, -128)$은 지하실처럼 검으면서도 눈부신 마젠타를 나타낸다! LAB 공간은 그렇듯 존재할 수 없고 RGB로 표현될 수 없는 가상의 색을 다수 포함한다. 여러 해 동안 LAB는 어도비 포토샵(Adobe Photoshop)이나 매트랩 영상처리 도구 박스(MATLAB Image Processing Toolbox)

같은 최첨단 소프트웨어에서 지원되기는 하지만, 오직 색 관리 따위에서 중간 표현으로만 사용되는 상당히 난해한 색 공간으로 간주되었다. 그러나 최근 이러한 관점이 변화하고 있는데, 사진가들과 보정사들이 LAB 공간은 올바르게 사용되면 디지털 영상을 조작하는 아주 강력한 도구임을 깨달았기 때문이다. 댄 마굴리스(Dan Margulis)의 책『포토샵 LAB 색(*Photoshop LAB Color*)』(2006)은 관련된 기법을 설명하는데, 거기에는 잡음을 제거하고(A와 B 채널을 흐리게 하여), 색 대조를 크게 증가시키고(A와 B 채널을 늘려서), 장면 속 다채로운 대상의 색을 변화시키면서 색채가 덜 풍부한 대상은 겉보기에 바뀌지 않게 남겨 두는(A와 B 채널의 선형변환) 방법이 포함된다. 마지막 기법의 예시로서, 삽화 페이지 도판 13(a)는 맨체스터 대학교 한 건물의 RGB 사진을 보여주고, 반면 도판 13(b)는 사진을 LAB로 변환한 뒤 A 채널의 부호를 뒤집고 다시 RGB로 변환한 것을 보여준다. 이 효과는 겉보기에 푸른 하늘을 포함해 사진의 다른 어떤 색도 눈에 띄게 변화시키지 않으면서, 청록색 페인트를 분홍색으로 바꾼다. 실제로는 영상의 모든 색이 바뀌지만, 대부분 LAB 좌표에서 A 성분이 작기 때문에 눈에 보이지 않을 정도로 적은 양만큼 변한다.

5 JPEG

JPEG는 비록 손실이 있지만 (정보를 버림으로써) RGB 영상의 파일 크기를 크게 줄일 수 있는 압축 체계이다. JPEG 과정은 먼저 RGB를 YC_bC_r 색 공간으로 변환하며, 여기서 Y는 휘도를 나타내고 C_b와 C_r는 파랑과 빨강 색차(chrominance)를 나타낸다. 이는 선형변환

$$\begin{bmatrix} Y \\ C_b \\ C_r \end{bmatrix} = \begin{bmatrix} 0.299 & 0.587 & 0.114 \\ -0.1687 & -0.3313 & 0.5 \\ 0.5 & -0.4187 & -0.0813 \end{bmatrix} \begin{bmatrix} R \\ G \\ B \end{bmatrix}$$

을 사용한다. 이 변환의 동기는 인간 시각이 동일한 휘도의 색 영역에서는 공간적인 세부사항에 잘 반응하지 않기 때문에 C_b와 C_r 성분이 Y 성분보다 더 크게 압축될 수 있다는 점이다. 이제 영상은 8×8 블록으로 분해되며, 각 블록에 대해 2차원 이산 코사인 변환이 각각의 성분에 적용되고 그 후 계수들은 반올림되는데, C_b와 C_r 성분들에 대해 더 적극적으로 이루어진다. 당연히 위 변환에서 3×3 행렬이 정칙이라는 것은 결정적이며 JPEG 파일을 복호화하기 위해서는 역을 취해야 하기 때문이다.

나중에 나온 JPEG2000 표준은 이산 코사인 변환을 **웨이블릿 변환**[I.3 §3.3]으로 대체하고 더 큰 블록을 사용한다. 내재된 수학이 더 정교함에도, JPEG2000은 일반적인 목적의 영상 형식으로서는 인기를 끌지 못했다. 그러나 지문의 저장처럼 그것이 JPEG보다 변(edge)을 더 잘 재현할 수 있는 특수한 응용에는 적합하다.

6 비선형 RGB

CIE LAB과 XYZ 색 공간은 기기에 독립적이다. 그들은 '표준 인간 관측자'를 기준으로 정의된 절대적인 색 공간이다. 디지털 카메라의 JPEG 영상과 같이 실전에서 우연히 마주하는 RGB 영상은 기기-**종속적인** RGB 공간이다. 이 공간은 CIE XYZ 공간을 선

형변환한 이후, LAB 공간의 L 채널의 정의와 유사하게 감마(밝기)를 수정하는 각 좌표의 비선형변환을 통해 얻어진다. 그것은 또한 원색인 빨강, 초록, 파랑과 하양 점(하양의 유일한 정의가 없기 때문에)의 (x, y) 색도 좌표를 지정한다. 가장 흔한 비선형 RGB 공간은 1990년대 후반 휴렛팩커드(Hewlett-Packard)와 마이크로소프트(Microsoft)에서 상용 디지털 기기에서 사용하기 위해 만든 sRGB이며, 현재는 웹 영상에 대한 표준 공간이다. sRGB 전 영역은 빨강, 초록, 파랑 점의 볼록포(convex hull)이고 삽화 페이지 도판 12의 색도 다이어그램에 나타난다.

7 디지털 영상 조작

디지털 영상은 대개 8비트 RGB 영상으로, 다시 말해 $a_{ijk}, k=1:3$이 (i, j)픽셀의 RGB 값을 포함하는 배열 $A \in \mathbb{R}^{m\times n\times 3}$으로 저장된다. 실전에서 각 원소 a_{ijk}는 0부터 255까지의 범위를 갖는 정수지만, 표기의 단순함을 위해 그 범위를 대신 [0, 1]로 가정할 것이다. 영상 조작은 배열 A를 또 다른 배열 B로 변환하는 것과 대응하며, 어떤 함수 f_{ijk}에 대해

$$b_{ijk} = f_{ijk}(a_{ijk})$$

이다. 실전에서 $3mn$개의 함수 f_{ijk}는 서로 깊게 연관될 것이다. 가장 단순한 경우는 i, j, k와 관련 없이 $f_{ijk} \equiv f$인 것이고, 다른 예 $f_{ijk} = \min(a_{ijk} + 0.2, 1)$은 모든 픽셀의 RGB 값을 0.2만큼 증가시킴으로써 영상을 밝게 한다. 또 다른 예는

$$f_{ijk}(a_{ijk}) = \begin{cases} 2a_{ijk}^2 & a_{ijk} \le 0.5, \\ 1 - 2(1 - a_{ijk})^2 & a_{ijk} \ge 0.5 \end{cases} \qquad (3)$$

이다. 이 변환은 RGB 성분이 0.5보다 작은 것을 더 작게(픽셀을 어둡게) 0.5보다 큰 것을 더 크게(픽셀을 밝게) 만들어 대조를 증가시킨다. 이런 종류의 전역적 조작은 디지털 영상을 수정하는 모든 프로그램에서 제공되지만, 그것으로 만들어지는 결과는 보통 조잡하고 전문적이지 않다. 현실적인 고품질 결과를 얻기 위해, 변환은 국소적이어야 하며 사진학적 관점에서는 균형이 잡힐 필요가 있다. 예를 들어, 위에서 밝게 만드는 변환은 $\min(r, g, b) \ge 0.8$인 모든 RGB 3중쌍 (r, g, b)를 순수한 하양인 (1, 1, 1)로 바꿀 텐데 그것은 거의 확실히 인위적인 결과를 만들 것이다. 대조를 증가시키는 변환 (3)은 각 픽셀의 RGB 값을 독립적으로 수정하므로 색을 변화시킬 것이다.

진보된 디지털 영상 조작은 다양한 기법으로 이런 문제들을 피하며, 아주 강력한 한 가지 방법은 영상의 특정 부분에서는 변환의 효과를 선택적으로 감소시키는 마스크(mask)를 통해 전역적인 변환을 적용하는 것이다. 이 기법의 능력은 영상 그 자체가 마스크를 구성하는 데 사용될 수 있다는 사실에 기반한다.

하지만 영상에서의 초등적인 계산이 유용한 상황이 있다. 보안 카메라는 짧은 시간 구간에서 취해진 몇 개 영상의 편차를 계산하여 움직임을 검출할 것이다. 좀 더 특별한 예는 누군가 상징적 건물과 같이 번잡한 현장을 사진으로 담는데, 많은 사람과 차가 그 현장을 지나치지 않는 순간을 포착하고자 할 때

나타난다. 여기서의 해결법은 카메라를 삼각대에 고정시키고 수십 개의 사진을 몇 초 간격으로 찍은 다음, 영상의 중간값을 취하는 것이다(각 픽셀은 영상에서 그 위치에 대한 모든 픽셀 중 중간인 R, G, B 값을 취할 것이다). 운이 좋으면, 이 과정 도중 조명 상태가 일정하게 유지된다는 가정하에, 모든 경우에서 중간 픽셀은 바라던 대로 가려지지 않을 때의 값이 될 것이다!

더 읽을거리

Austin, D. 2008. What is ... JPEG? *Notices of the American Mathematical Society* 55(2) : 226-29.

Hunt, D. M., K. S. Dulai, J. K. Bowmaker, and J. D. Mollon. 1995. The chemistry of John Dalton's color blindness. *Science* 267 : 984-88.

Ings, S. 2007. *The Eye: A Natural History*. London : Bloomsbury.

Johnson, C. S. 2010. *Science for the Curious Photographer: An Introduction to the Science of Photography*. Natick, MA : A. K. Peters.

Margulis, D. 2006. *Photoshop LAB Color: The Canyon Conundrum and Other Adventures in the Most Powerful Colorspace*. Berkeley, CA : Peachpit Press.

Moreland, K. 2009. Diverging color maps for scientific visualization. In *Advances in Visual Computing*, edited by G. Bebis et al, pp. 92-103. Lecture Notes in Computer Science, volume 5876. Berlin : Springer.

Reinhard, E., E. A. Khan, A. O. Akyüz, and G. M. Johnson. 2008. *Color Imaging: Fundamentals and Applications*. Natick, MA : A. K. Peters.

Sharma, G., and H. J. Trussell. 1997. Digital color imaging. *IEEE Transactions on Image Processing* 6(7) : 901-32.

VII.8 수학적 영상처리

궐레르모 사피로 *Guillermo Sapirom*

1 영상처리란 무엇인가?

영상처리(image processing)가 무엇인지 묘사하기 위해, 서로 다른 응용에서 온 그리고 최근 수십 년간 영상(그리고 동영상)처리 연구에 이바지한 몇몇 훌륭한 예시를 사용하자.

의심의 여지 없이, 이 분야에 가장 중요하게 공헌한 것은 영상 압축의 표준인 JPEG이다. 바코드(bar code) 판독기와 함께, JPEG는 이 영역에서 가장 널리 사용되는 알고리즘이다. 사실상 우리 핸드폰 속이나 페이스북(Facebook) 및 플리커(Flickr) 같은 사진 공유 웹사이트상 모든 사진은 JPEG로 압축된다. JPEG 이면의 기본 아이디어는 먼저 모든 8 × 8 영상 조각을 이산 코사인 변환(DCT, 고속 푸리에 변환(fast Fourier transform)의 실숫값 성분)을 통해 변환하여 비상관화(decorrelation)를 근사하고자 하는 것인데, 이는 오직 데이터에만 의존하는 카루넨-루베 변환(Karhunen-Loeve transform)을 통해 최적으로 달성할 수 있다. 그 다음 DCT 계수는 양자화(quantize)되며 계수 위치마다 고른 단순한 양자화가 사용되기는 하지만, 그 이면에는 최적 맥스-로이드 양자화기(Max-Lloyd quantizer)(그리고 일반적으로 벡터 양자화)의 형태인 흥미로운 수학 이론이 있다. 마지막으로, 양자화된 계수는 허프먼 부호화(Huffmann coding)를 통해 부호화되어 가장 성공적인(그리고 렘펠-지브(Lempel-Ziv)의 보편적 압축 체계와 함께 가장 널리 사용되는) 정보이론 알고리즘을 작동시킨다. JPEG의 아름다움 일부는 그것의 단순함에 있다. 기본 알고리즘은 어떤 학부생이라도 한나절 만에 구현할 수 있고, 당연히 단순한 하드웨어를 사용해 거대한 영상에서 아주 효율적으로 실행될 수 있다. 그리고 그 단순함에도 불구하고 수많은 이론이 JPEG을 지탱한다.

영상 압축은 물론 JPEG에서 끝나지 않으며, JPEG-LS 같이 무손실 압축 기법도 역시 존재한다. 이는 상황 모형화(context modeling)와 골롬 부호화(Golomb coding) 영역의 아름다운 수학에 바탕을 둔 또 다른 기법이고 NASA 제트추진연구소(Jet Propulsion Laboratory)의 화성 탐사선 둘 모두에서 사용되었다. 화성 탐사선은 또한 웨이블릿-기반 [I.3 §3.3] 손실 압축 알고리즘도 사용한다(화성에서 얻어지고 이들 압축 기법을 통해 지구로 전송된 그림 1을 보라). 그림 1의 영상은 장면의 서로 다른 영역을 포함하는 다중 고해상도 영상으로 이루어졌고 함께 정렬되어 더 큰 영상을 만들었다. 그러한 정렬은 보통 중첩되는 영역들 사이의 불일치를 없애는 비선형 최적화 기법을 통해 얻는다. 마지막으로, MPEG를 통해 압축되는 동영상에서는 JPEG-LS 기법과 마찬가지로 예측 부호화(predictive coding)가 기본적인 역할을 수행한다. 예측 부호화 이면의 아이디어는 과거 데이터(가령 동영상의 과거 프레임)를 사용하여 미래의 것을 예측하고, 오직 차이만을 부호화하는 것이다.

그림 1 영상 압축 덕분에 감상할 수 있는 화성에서의 아름다운 영상. (NASA/제트추진연구소 제공 영상.)

소비자들은 압축을 뛰어 넘는 영상처리에 익숙하다. 우리는 모두 영화관을 가고, 일부는 때때로 그들이 보는 영화에서 실수를 알아차린다. 가령 카메라맨이 뜻하지 않게 장면에 포함된다. 그러한 실수를 고치기 위해, 해당하는 대상의 영역은 배경이나 다른 출처로부터 얻은 정보로 복원되거나 혹은 채워져야 한다(삽화 페이지 도판 14를 보라). 영상 복원 이면의 수학은 변분법(calculus of variation), 편미분 방정식, 수송 문제(transport problem), 나비에-스토크스 방정식(Navier-Stokes equation)으로부터 나온다. 유체가 아닌 색이 수송된다는 관점에서 생각해 보라. 더욱 최근의 일부 기법은 영상의 중복성과 자기-닮음을 활용하여 자동적으로 잘라내고-붙여넣는 방법을 수행하는 것에 기반을 둔다. 이는 영어에 대한 섀넌(Shannon)의 생각에 기원하는 아이디어에서 나온다. 즉, 주어진 글의 과거를 살펴보고 문자와 단어 분포를 구성함으로써, 미래를 예측하거나 혹은 적어도 문법이 올바른 것처럼 보이는 단어나 문장을 구성할 수 있다는 것이다. 역시 변분법의 도구로 형식화될 수 있는 이들 기법은 영상의 영역, 변, 조각(patch) 형태로 된 가능한 한 가장 좋은 정보를 찾아 '복사'하고, 그러한 정보를 복원해야 하는 구역에 '붙여넣는' 것에 바탕을 둔다.

영상 복원은 복원될 영역이 '잡음'인, 영상 잡음제거의 극단적인 경우로 간주될 수 있다. 잡음 섞인 영상(잡음이 전체 영상에 퍼져 있는(가령, 덧셈적 가우스(additive Gaussian)나 푸아송(Poisson) 잡음) 더 표준적인 의미에서) 역시 영상처리의 상당한 연구에 동기를 부여했으며, 가장 인기 있는 수학적 접근들 중 하나는 전변동(total variation, TV)이다. TV에서는 영상 기울기의 절대노름(absolute norm)을 최적화하고, 이는 역문제(inverse problem)의 임계 정칙자(critical regularizer)로서 필연적으로 타당하지 않다(ill-posed). TV는 또한 **압축 감지**[VII.10]는 물론 멈퍼드(Mumford)와 샤흐(Shah)의 것과 같이, 가령 조각별 상수함수에 영상을 맞추어 분할하는 영상 분할(image-segmentation) 서술에도 사용된다. 조각별 요구 조건(각 조각에서 전변동 0) 및 대응하는 함수에 대한 TV를 통해 곡선의 길이를 잴 수 있다는 사실 모두에 따라 TV가 등장한다. 그러면서도 TV는 곡선이 대상 경계를 향해 기하학적으로 변형되며 그 영향은 측지선(geodesic)을 계산함으로써 달성할 수 있는, 유명한 활성 경계 모형(active contour model)의 일부이기도 하다(삽화 페이지 도판 15).

특수효과는 영상과 동영상에서 매우 유용하다. 컴퓨터를 통해 아마추어 수준에서 혼자서 가지고 놀 수도 있지만, 전문적인 수준에서 그것은 사실상 모든 현대 영화에 포함되고 있다(사실상 모든 영화는 이제 개봉 전에 수학적 영상 도구를 통해 '손질'

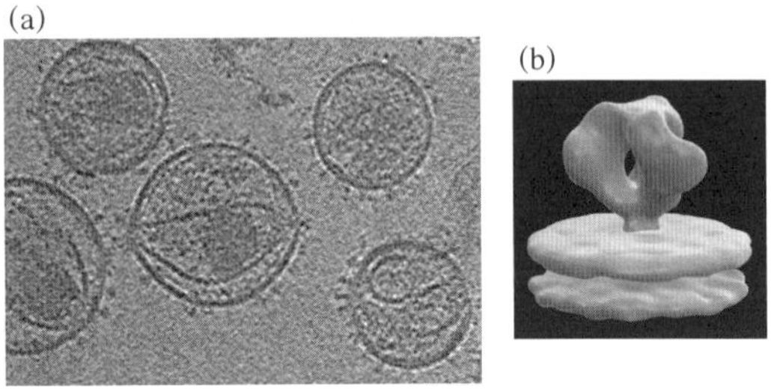

그림 2 (a)HIV 바이러스들의 극저온 단층 촬영(cryotomography, 실제 3차원 공간의 한 단면)과 (b)그런 데이터로부터 수학적 영상처리를 통한 HIV 외막 단백질(env protein)의 복원. 복원된 3차원 HIV 외막 단백질을 얻기 위해, (a)의 미가공 데이터에서 나타나는 것처럼 아주 지저분한 HIV 입자들은 분류 및 정렬/기록된다. (류(Liu), 바르테사기(Bartesaghi), 보그니어(Borgnia), 수브라마니엄(Subramaniam), 사피로(Sapiro) 제공.)

된다). 그 핵심에는 대상들을 분리하고 새로운 배경에 그들을 붙여넣는 영상 분할의 아이디어가 있다(삽화 페이지 도판 16을 보라).

바로 이전에 언급된 것과 같은 상업적 응용에서 영상처리가 널리 사용되는 와중에, 의학과 생물학적 영상은 영상처리가 중요하게 이바지하고 있는 또 다른 핵심 영역이다. 그림 2에서는 인체 면역결핍 바이러스(human immunodeficiency virus, HIV) 연구의 예를 볼 수 있다.

마지막으로, 영상에서 대상을 식별하거나 동영상에서 활동을 감지하는 등 영상과 동영상의 분석 역시 핵심적이다(삽화 페이지 도판 17을 보라).

요약하면, 영상처리를 통해 우리는 할리우드, 화성, 병원에 갈 수 있으며 어디에나 수학이 존재한다. 압축에서부터 복원과 인식에 이르는 범위의 문제들과 아래에서 더 자세히 논의할 도전적인 문제들은 응용수학의 수많은 가지에서 등장한다.

1.1 누가 영상처리를 사용하는가?

위에서 보았듯 이 질문의 답은 '누구나'이다. 소비자

는 디지털 사진을 찍는 매 순간 영상처리를 사용하고, 영화관에 갈 때마다 그것의 덕을 본다. 의사들은 점차 방사선 사진을 개선하기 위해서뿐만 아니라 자동화된 분석을 수행하기 위해 영상처리를 사용한다. 감시에서의 응용은 무궁무진하다. 산업적 자동화는 이제 어디에나 존재하는 영상처리의 단골이다. 그러므로 영상과 관계된 회사들과 영상처리는 정말 어디에나 있다.

2 누가 영상처리에서 연구하는가?

이 영역의 한 가지 아름다움은 응용수학에서의 관심사가 무엇이든 간에, 영상과 동영상 처리 분야에서 중요하고 도전적인 문제가 항상 존재한다는 것이다. 여기 몇 가지 예를 들어 보겠다.

조화해석학. 당연히 웨이블릿이 곧바로 떠오른다. 그것은 JPEG2000 영상 압축 표준의 기본 요소이며 다른 수많은 영상 복원과 향상 기법 뒤에 숨어있다. 더 나아가 조화해석학은 압축감지(compressed sensing)와 희소모형화(sparse modeling)의 전신으로서, 둘은 새로운 카메라의 설계와 영상 잡음제거부터 대상 및 활동 인식에 이르는 응용의 최첨단 알고리즘을 이끄는, 영상 분석에서 가장 성공적이며 흥미로운 아이디어이다.

변분법과 편미분방정식. 이는 영상 복원과 선도적인 영상 분할 기법을 뒷받침하는 수학이다. 이것의 불가결한 부분은 물론 수치해석학으로서, 고전적인 기법부터 레벨집합 방법[II.24]과 같은 더 현대적인 기법을 포함한다.

최적화. 영상처리는 그것이 영상 복원을 위한 조각의 탐색이든 그래프 분할에 기반을 둔 분할 기법이든, 현대 최적화 기법에 크게 영향을 받았다. 영상은 거대하고, 따라서 효율적인 계산 기법은 영상처리의 성공을 위해 필수적이다.

통계와 확률. 베이즈적(Bayesian)이거나 비-베이즈적인 서술은 수많은 문제에서 언제나 등장하며, 희소모형화에 대한 표준적인 최적화와 같은 다른 서술 방식을 다양하게 해석하기 위해 사용된다.

위상수학. 영상처리와 명백하게 연관되지는 않지만 위상수학, 특히 지속적 호몰로지(persistent homology)는 영상처리에 지대한 공헌을 하고 있다.

대단한 수학적 발전으로부터 득을 보긴 했지만, 영상처리 역시 그만큼 편미분방정식의 점성 해부터 조화해석학 및 최적화의 기본 정리들에 이르기까지 새로운 수학결과의 발전을 이끈 새로운 물음을 던지고 있다. 그러므로 영상처리와 응용수학 사이에는 서로에게 도움이 되고 자극을 주는 완벽한 시너지가 있다.

3 맺는 생각과 관점

디지털 영상은 더욱더 우리 일상생활의 일부가 되고 있으며, 더 많은 영상이 생겨날수록 더 많은 문제점과 마주하게 된다. 응용수학은 영상처리에 있어 핵심적이고, 가장 좋은 영상처리 알고리즘은 그 이면에 바탕을 이루는 수학을 가진다. 영상처리는 또한 수학에 새롭고 도전적인 질문을 던짐으로써 새롭고 흥미진진한 결과를 향하는 문을 열고 있다. 어떤 유명한 수학자가 내게 말했듯, "무언가 이루어진다면, 그 이면에는 수학적 설명이 있어야만 한다."

더 읽을거리

Bronstein, A., M. Bronstein, and R. Kimmel. 2003. *The Numerical Geometry of Non-rigid Shapes*. New York: Springer.

Elad, M. 2010. *Sparse and Redundant Representations: From Theory to Applications in Signal and Image Processing*. New York: Springer.

Desolneux, A., L. Moisan, and J.-M. Morel. 2010. *From Gestalt Theory to Image Analysis: A Probabilistic Approach*. New York: Springer.

Mallat, S. 2008. *A Wavelet Tour of Signal Processing: The Sparse Way*, 3rd edn. New York: Academic Press.

Morel, J.-M., and S. Solimini. 2012. *Variational Methods in Image Segmentation: With Seven Image Processing Experiments*. Boston, MA: Birkhäuser.

Mumford, D., and A. Desolneux. 2010. *Pattern Theory: The Stochastic Analysis of Real-World Signals*. Natick, MA: A. K. Peters.

Osher, S., and R. Fedkiw. 2002. *Level Set Methods and Dynamic Implicit Surfaces*. New York: Springer.

Sapiro, G. 2006. *Geometric Partial Differential Equations and Image Analysis*. Cambridge: Cambridge University Press.

VII.9 의학 영상화

찰스 엡스타인 *Charles L. Epstein*

1 서론

지난 50년 동안 의학 영상화의 과정과 기법은 서비스에 점점 더 정교한 수학 도구를 불러들이며 정말 폭발적인 발전을 경험했다. 수학은 궁극적으로 미가공 데이터를 고품질 영상으로 탈바꿈시켜 주는 알고리즘을 이끄는, 측정 과정을 묘사하는 언어를 제공한다. 오늘날의 넓은 응용에서는 4가지 주된 형식이 있다. X선 컴퓨터 단층법(X-ray computed tomography, X-ray CT), 초음파, 자기 공명 영상법(magnetic resonance imaging, MRI), 방사 단층법(양전자 방사 단층법(positron emission tomography, PET)과 단일광자 방사 컴퓨터 단층법(single-photon emission computed tomography, SPECT))이 그것이다. 각 형식은 영상 대비를 만들기 위해 서로 다른 물리적 과정을 사용한다. X선 CT는 밀도와 강한 상관관계를 갖는 X선 감쇠계수(attenuation coefficient)의 지도를 만든다. 초음파 영상은 음파의 흡수와 반사를 측정하여 만들어진다. 가장 단순한 형태일 때, 자기 공명 영상은 물 양성자의 밀도를 보여주지만, 그것이 바탕을 둔 물리학의 섬세함은 이 형식에서 임상적으로 의미 있는 대비를 만드는 다양한 방식을 제공한다. PET와 SPECT는 방위원소와 결합된 대사산물(metabolite)의 화학적 활동에 대한 공간적 지도를 알려준다. 최근 서로 다른 형식을 합치는 것이 유용하다는 것이 밝혀졌다. 예를 들어, 혼합된 MRI/PET 영상은 MRI에 의해 만들어진 자세한 해부학적 영상을 배경으로 하여, 상당히 낮은 공간해상도를 가진 PET로 만들어진 대사 활동을 보여준다. 삽화 페이지의 도판 18은 PET 영상, CT 영상이 혼합된 PET 영상, CT 영상을 보여 준다.

이 글에서는 PET의 수학적 측면만을 고려하기로 하며, 그것이 바탕을 두는 물리학에 대해 간략히 설명한다. 양전자 방사는 반응

$$\text{양성자} \rightarrow \text{중성자} + \text{양전자} + \text{뉴트리노} + \text{에너지} \quad (1)$$

로부터 기인하는 방사성 붕괴의 한 형태이다. 이런 종류의 붕괴를 겪는, 임상적으로 중요한 두 동위원소는 F^{18}과 C^{11}이다. 양으로 대전된 전자의 반입자인 양전자는 대개 아주 짧은 시간 동안 존재하는데, 그것이 맞닥뜨리는 첫 번째 전자와 함께 0.511 MeV의 광자 한 쌍을 만들면서 소멸되기 때문이다. 이는 보통 방사성 붕괴의 장소 1～2 밀리미터 이내에서 일어난다. 운동량의 보존 때문에, 이들 두 광자는 직선을 따라 거의 반대 방향으로 움직인다(그림 1을 보라). PET스캐너 운용의 근본이 되는 것은 바로 이 쌍의 소멸 현상이다.

(1)에서의 반응을 겪으며 짧게 존재하는 동위원소는 대사산물, 가령 불화디옥시포도당(fluorodeoxyglucose)에 결합된 뒤 환자에게 주입된다. 이 대사산물은 몸의 다양한 구조에 의해 서로 다르게 소비된다. 예를 들어, 암 종양의 많은 유형에서는 아주 급격한 신진대사가 일어나 가능한 불화디옥시포도당을 빠르게 소비한다. PET 스캐너의 검출기는 환자의 일부분을 둘러싸는 섬광 결정체(scintillation crystal)의 고리이다. 고에너지 광자는 결정체와 상호작용하여 섬광을 만든다. 이들 섬광은 그것이 어디에서 일어났는지 어느 정도는 알아낼 수 있고 그것이 만든 광자의 에너지를 측정할 수 있는 전자장치가 포함된 광전자 증배관(photomultiplier tube)에 공급된다. 마지막으로, 서로 다른 도달 시간을 비교하여 어떤 것들이 단일 쌍 소멸에 의해 '동시에' 일어났는지 결정한다. 10 나노 초 정도의 시간 구간 안에서 검출된 두 광자는 단일 소멸에 의한 결과로 간주된다. 그러면 동시적인 광자 쌍이 측정된 위치가 직선을 결정한다. 만약 광자들이 추가적인 상호작용 없이 단순히 환자의 몸에서 나왔다면, 소멸은 반드시 이 직선 위 어딘가에서 일어난 것이다(그림 1을 보라). 이러한 측정이 충분히 많이 이루어지면 출처들의 분포를 근사하여 복원하는 데 사용할 수 있다고 가정하는 것은 무리가 아니며, 그 목표는 정량적 모형을 통해 더 수월하게 이루어진다.

2 정량적 모형

방사성 붕괴는 보통 푸아송 확률과정(Poisson random process)으로 모형화된다. Y가 강도 λ인 푸아송 확률변수라는 것은

$$\text{Prob}(Y = k) = \frac{\lambda^k e^{-\lambda}}{k!} \quad (2)$$

임을 상기하자. 단순한 계산은 $E[Y] = \lambda$, $\text{Var}[Y] = \lambda$임을 보여준다. H를 스캐너에서 환자가 차지하는 영역을 나타낸다고 하고, $p \in H$에 대해 $\rho(p)$는 위치에 대한 함수로서 방사성 대사산물의 농도를 나타낸다고 하자. 만약 ρ가 올바른 단위로 측정된다면, p를 중심으로 하는 작은 체적 dV에서 일어난 k개의 붕괴에 대한 확률은, 단위 길이의 시간 구간 안에서

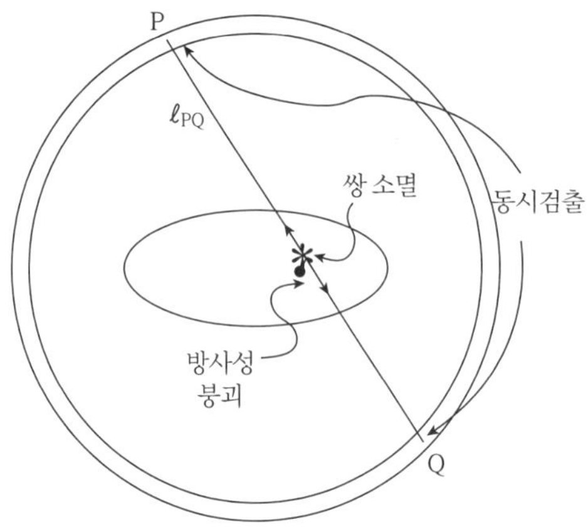

그림 1 ℓ_{PQ}를 따라 나와 검출 고리에서 동시적인 사건 P와 Q로 검출된, 양전자-전자 소멸을 이끈 방사성 붕괴.

$$\mathrm{Prob}(k;\,p) = \frac{\rho(p)^k \mathrm{e}^{-\rho(p)}}{k!}\mathrm{d}V \qquad (3)$$

이다. 다른 공간 위치에서 일어난 붕괴들은 서로 독립인 사건으로 간주한다.

이 시점에서는 다음과 같이 가정하자.

(i) 수많은 붕괴가 있어, 확률적 법칙을 평균 $\rho(p)$로 대체하는 것이 정당화된다.

(ii) 고에너지 광자는 상호작용 없이 단순히 환자를 빠져 나온다.

(iii) 주어진 붕괴는 근원 지점을 지나는 어떠한 직선에 대해서도 고른 확률로 검출된다.

ℓ_{PQ}를 광자들이 동시에 검출된 검출기의 두 위치 P와 Q를 잇는 직선이라 하자. 이들 가정을 따르면 P와 Q에서 일치하는 관측을 셈으로써 선적분

$$X\rho(\ell_{PQ}) = \int_{\ell_{PQ}} \rho(p)\,\mathrm{d}l$$

의 근사를 찾을 수 있고, 여기서 dl은 직선 ℓ_{PQ}를 따르는 호 길이이다. 이는 그저 ρ의 3차원 X선 변환의 표본에 지나지 않고, 만약 이를 충분히 조밀한 직선들의 집합에 대해 충분한 정확도로 근사할 수 있다면, 그것의 역을 취해 ρ의 좋은 근삿값을 얻을 수 있다. 이는 본질적으로 X선 CT [VII.19]에서 이루어지는 것이다.

여기서는 우리의 관심을 환자와 교차하는 평면 π_0에 놓이는 직선들에 제한하고 $\pi_0 = \{z = z_0\}$이 되도록 좌표계(x, y, z)를 선택하자. 이 평면 위의 직선들은 각도 $\theta \in [0, \pi]$와 실수 s를 통해

$$\ell_{\theta,s} = \{(s\cos\theta, s\sin\theta, z_0) + t(-\sin\theta, \cos\theta, 0): t \in (-\infty, \infty)\}$$

로 매개화된다(그림 2를 보라). s와 θ를 통해, 2차원 X선 변환은 적분

$$X\rho(s, \theta, z_0) = \int_{-\infty}^{\infty} \rho((s\cos\theta, s\sin\theta, z_0) + t(-\sin\theta, \cos\theta, 0))\,\mathrm{d}t$$

로 표현된다.

이 변환의 역은 보통 두 연산의 합성으로 표현된다. s 변수에서 $X\rho(s, \theta, z_0)$에 작용하는 여과(filter)에 역사영 연산자(back-projection operator)가 뒤따른다. $g(s, \theta)$가 평면 위 직선들의 공간에서의 함수라면, 여과 연산은 $\mathcal{F}g(s, \theta) = \partial_s \mathcal{H}g(s, \theta)$로 표현할 수 있고, 여기서 $\mathcal{H}$는 s변수에 작용하는 힐베르트 변환(Hilbert transform)의 상수 배이다. 역사영 연산자 X^*g는 다음과 같이 (x, y)를 지나는 모든 직선에 대해 g의 평균을 취하는 $(x, y) \in \pi_0$의 함수를 정의한다.

$$X^*g(x, y) = \frac{1}{\pi}\int_0^{\pi} g(x\cos\theta + y\sin\theta, \theta)\,\mathrm{d}\theta$$

이 조각들을 합치면, 2차원 X선 변환의 역, 즉 $\rho(x,$

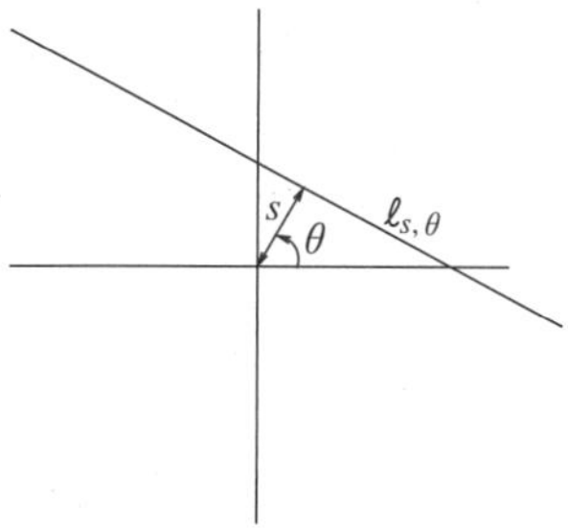

그림 2 x축과 법선이 이루는 각도 θ와 원점으로부터의 거리 s로 표기되는, 평면 π_0 위의 직선들.

$y, z_0) = [X^* \circ \mathcal{F}] \cdot X\rho$인 여과후역사영(filtered back-projection, FBP) 연산자를 얻는다. 이 방식을 나란한 평면들의 모임에 사용하면 함수 ρ를 특정공간에서 복원할 수 있다. 이는 PET 영상 복원을 위한 한 가지 가능한 방법을 제공하고, 실제로 이 방법의 이산적 구현이 광범위하게 연구되고 있다. PET 영상화의 초기에 이 방법이 널리 사용되었고, 오늘날에도 여전히 그러하다. 하지만, 나란한 평면들의 모임에 놓이는 직선들로부터만 얻은 데이터를 사용하는 것은 낭비가 심한 낮은 신호-대-잡음비(signal-to-noise ratio)를 가진 영상을 만든다는 것에 주의하자.

가정 (i)은 우리의 측정이 ρ의 X선 변환 $X_\rho(s, \theta, z_0)$의 좋은 근사임을 암시한다. 양전자 방출 방사능에서는 아주 높은 에너지가 연관되므로, 짧게 존재하는 동위원소들 중 극히 일부만이 사용될 수 있다. 따라서 측정되는 셈 속도가 낮고, 이는 평균에 대해 좋은 근사가 아닌 푸아송 잡음으로 측정이 좌우되도록 만든다. FBP 알고리즘은 s에 대한 미분을 포함하므로, 데이터는 영상 복원에 대한 이 방식이 적용되기 전에 충분히 매끄럽게 되어야 한다. 이는 아래에서 설명하는 계통적인 측정 오류에 의해, 다양한 부

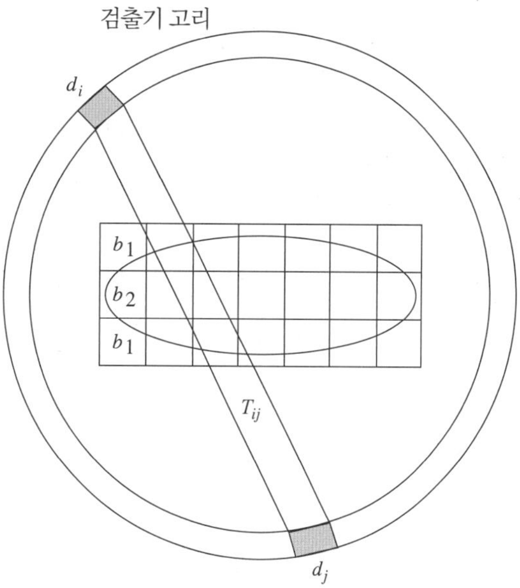

그림 3 검출기 고리는 유한한 크기를 갖고 수가 유한한 검출기들로 분할된다. 각 쌍 (d_i, d_j)는 환자가 차지하는 영역에서 관 T_{ij}를 정의한다. 이 영역은 상자 $\{b_k\}$로 분할된다.

작용을 포함하는 저해상도 영상을 만든다.

이 시점에서 스캐너와 측정된 데이터에 관해 더 정확히 설명하는 것이 유용하다. 우리는 검출기를 유한한 영역들의 집합 $\{d_1, \cdots, d_n\}$으로 분할된, 환자를 둘러싸는 원통형 고리로 모형화한다. 스캐너는 우리가 지금껏 검출기들이라 지칭했던, 이들 영역 중 하나에서 발생한 섬광의 위치를 찾을 수 있다. 이러한 기기 설계는 검출기 고리 내부의 공간을 관들의 모임 $\{T_{ij}\}$로 나눌 것을 제안하며, 각 관은 d_i의 점들과 d_j의 점들을 잇는 직선들의 모임으로 정의할 수 있다(그림 3을 보라). 측정 n_{ij}는 검출기 쌍 (d_i, d_j)에서 동시에 관측된 사건들의 개수이다. n_{ij}를 해석하는 가장 단순한 방식은 그것의 평균이

$$\int_{\ell_{PQ} \subset T_{ij}} X\rho(\ell_{PQ}) \qquad (4)$$

에 비례하는 푸아송 확률변수의 표본으로 보는 것이다. 아래에서는 이런 해석이 몇 가지 조정을 필요로 한다는 것을 볼 것이다.

가정 (ii)는 광자들이 환자의 몸 대부분과 상당히 많이 상호작용하는 경향이 있기 때문에 성립하지 않는다. 광자들의 거대한 비율은 흡수되거나 산란되고, 한 소멸 쌍의 각 입자는 다른 것과는 독립적인 운명을 맞이하게 된다. 이는 3가지 서로 다른 유형의 측정 오류를 이끈다.

우연. 이 광자들은 검출기 쌍에서 동시에 관측되지만, 하나의 소멸에서 일어난 것이 아니다. 이는 관측된 사건에서 10～30%를 차지한다(그림 4(a)를 보라).

산란. 하나 혹은 두 광자가 산란되고 둘 모두 검출되면, 이는 검출기 쌍 (d_i, d_j)에서 동시적인 것으로 기록되지만 소멸은 T_{ij} 근처에 놓이는 점에서 일어난 것이 아니다(그림 4(b)를 보라).

감쇠. 광자 쌍 대부분은(보통 95%) 단순히 흡수되며, 이는 주어진 직선을 따라 발생하는 사건의 개수를 상당히 낮잡게 만든다.

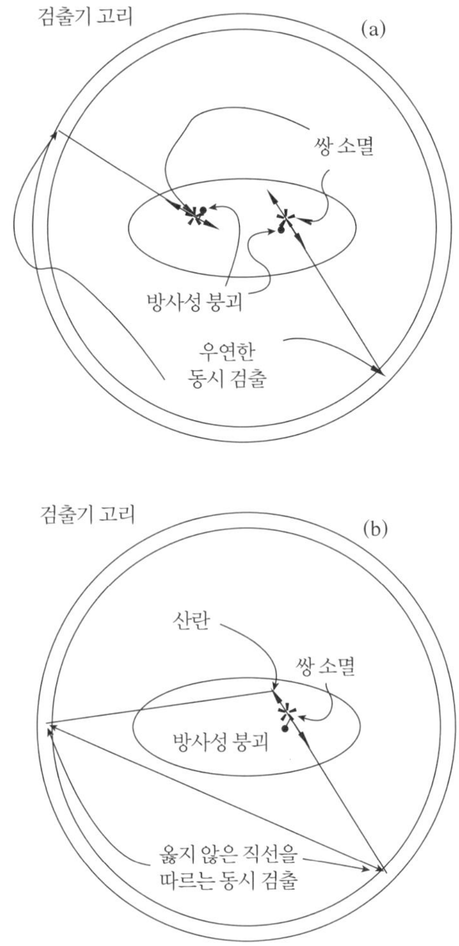

그림 4 다양한 계통적 오류가 작용하는 PET 스캐너의 측정 과정. (a)우연은 단일 붕괴로부터 일어나지 않은 동시 검출이다. (b)산란은 하나 또는 두 광자가 물체로부터 산란되어, 동시에 검출되지만 옳지 않은 직선을 따른다.

아래에서는 이런 유의 측정 오차의 효과가 어떻게 모형 및 복원 알고리즘에 결합될 수 있는지 논의할 것이다. 정량적으로 의미 있고 인공적이지 않은 영상을 얻기 위해, 이들 오류는 모든 영상 복원법에 응용되기 이전에 반드시 교정되어야 한다.

가정 (iii)은 보통 섬광 계수기의 고리인 검출기 배열이 환자의 일부만을 둘러싸기 때문에 성립하지 않는다. 그러므로 환자를 통과하는 많은 직선이 검출기와 만나지 않거나 한 끝만이 교차할 것이다. 이 문제는 검출기와 폐곡선으로 교차하는 평면에 놓인 직선들로부터 나오는 관측만을 사용함으로써 어느 정도 완화할 수 있다. 만약 검출기가 원통의 일부라면, 각 점 p는 그런 평면들 $\{\pi_{\psi,\phi}\}$의 모임에 놓이며, 그것들의 법벡터 $\{\nu_{\psi,\phi}\}$는 단위구면 위 원판 D_p를 채울 것이다. 만약 $\rho^{\psi,\phi}(p)$가 평면 $\pi_{\psi,\phi}$에서 FBP 알고리즘을 사용하여 결정된 $\rho(p)$의 근삿값을 나타낸다면, 개선된 신호-대-잡음비를 가진 근삿값은 다음 평균으로 얻을 수 있다.

$$\bar{\rho}(p) = \frac{1}{|D_p|}\int_{D_p} \rho^{\psi,\phi}(p)\,\mathrm{d}S(\psi,\phi)$$

여기서 $\mathrm{d}S(\psi,\phi)$는 구면 넓이 측도이다. PET 스캐너에서 보통 사용되는 이 아이디어의 특정한 구현은 '콜셔 여과(Colsher filter)'라는 이름으로 부른다. 다른 방법들은 3차원 X선 변환에서 사라진 데이터가 근사적으로 계산될 수 있도록, 근사된 영상을 복원하는 나란한 2차원 평면들의 모임을 사용한다.

측정 과정에서 내재된 이들 물리적 한계에 더해, 고에너지 광자의 검출과 공간적 위치 찾기 그리고 동시성 결정과 연결된 넓은 범위의 기계적 문제도 있다. 이런 문제들에 대한 효과적인 해법은 PET 스캐너의 성공에 핵심적이지만, 이 글의 범위를 한참 벗어난다.

3 측정 오류 교정하기

정량적으로 의미 있고 그럴듯하게 인공적이지 않도록 영상을 복원하기 위해, 측정된 데이터 $\{n_{ij}\}$는 먼저 반드시 우연, 산란, 감쇠에 대해 교정되어야 한다(그림 4를 보라). 이는 추가적인 측정과 이들 오류를 만드는 과정에 대한 모형화 모두를 필요로 한다.

3.1 우연

먼저 우연을 교정하는 방식에 대해 논의하자. T_{ij}에서 일어나지 않은 붕괴에 의한, 쌍 (d_i, d_j)에서 동시에 검출된 수를 R_{ij}로 나타내자. 실제 상황에서는 두 사건이 어떤 시간 범위 τ (보통 10 나노 초 정도) 이내에 관측될 때 동시적인 것으로 간주된다. 두 검출기 사이의 동시 검출에 추가하여, $\{d_i\}$에서 관측된 단일 검출의 개수 $\{n_i\}$도 기록한다. 사실, '단일' 검출의 개수는 보통 동시 검출의 개수보다 자릿수가 하나나 둘 더 많다. 알려진 시간 간격에서 측정된 단일 검출의 개수로부터 각 검출기에 대한 단일 사건 $\{r_i\}$의 속도를 추정할 수 있다. 이들 단일 검출 과정이 각각이 독립적이라는 가정하에, T 단위시간 동안 검출기 쌍 (d_i, d_j)에서 관측된, 실제로 우연인 동시 검출의 개수의 합리적인 추정은 $R_{ij} \simeq \tau T r_i r_j$이다. 방사성 근원의 붕괴를 고려하면 다소 더 정확한 추정이 얻어진다.

상당한 잡음이 생기는 경향이 있긴 하지만, R_{ij}를 추정하는 다른 측정 기법들도 있다. R_{ij}를 n_{ij}로부터 단순히 빼는 것은 측정의 잡음을 증가시킬 수 있고 또한 기본적인 통계의 성질을 바꿔버릴 수 있다. 더 작은 분산 추정으로 R_{ij}를 대체하는 유용한 기법이 있다. A를 d_i를 포함하며 d_j와 연결된 인접한 검출기들의 모임이라 하고, 마찬가지로 B를 d_j를 포함하며 d_i와 연결된 인접한 검출기들의 모임이라 하자. $\tilde{R}_{mn}$을 쌍 $\{(d_n, d_m) : n \in B, m \in A\}$에서 검출된 우연의 추정이라고 가정하자. 표현

$$\hat{R}_{ij} = \frac{[\Sigma_{m\in A}\tilde{R}_{im}][\Sigma_{n\in B}\tilde{R}_{nj}]}{\Sigma_{m\in A,\,n\in B}\tilde{R}_{mn}}$$

은 잡음 분산이 감소된 R_{ij}의 추정을 제공한다.

3.2 산란

우리가 고려할 오류의 다음 근원은 산란으로서, 소멸 쌍의 하나 또는 두 광자가 검출기 쌍 (d_i, d_j)에서 동시적인 것으로 기록되기 전에 환자 속 어떤 물질

에서 산란된 결과이다. 산란 각도가 작지 않다면, 소멸은 예상되는 관 T_{ij}에서 일어난 것이 아니게 된다. 그러므로 S_{ij}로 나타내는 n_{ij}의 일부는, T_{ij}에서 일어나지 않은 방사성 붕괴에 대응한다. 산란된 광자는 에너지를 잃는 경향이 있으므로, 산란의 양을 추정하는 많은 방식은 검출된 광자의 에너지를 측정하는 것과 연결된다. 스캐너의 설계에 따라, 산란은 관측된 동시 검출의 15~40%를 차지한다. 산란의 기여를 추정하는 수많은 방법이 있지만 그들 중 대부분은 PET 스캐너의 특정한 설계와 관련되며 따라서 이 글의 시야를 벗어난다.

3.3 감쇠

우연과 산란에 의한 개수를 제거하여 교정된 관측 $\tilde{n}_{ij} = n_{ij} - R_{ij} - S_{ij}$를 얻었더라도, 많은 광자 쌍이 단순히 흡수될 수 있다는 사실을 고려해야만 한다. 이 과정은 X선 CT의 기저를 이루는 비어의 법칙(Beer's law)으로 설명된다. 소멸이 환자 내의 한 점 p_0에서 이루어지고 광자들이 반직선 ℓ_+와 ℓ_-를 따라 이동한다고 가정하자. 감쇠계수란 $\ell_\pm$를 따라 이동하는 광자를 검출할 확률이

$$P_\pm = \exp\left(-\int_{\ell_\pm} \mu \, \mathrm{d}l\right)$$

이 되도록 환자의 몸 전체에서 정의된 함수 $\mu(p)$이다. 우리가 오직 동시 검출만을 '셈'하며 두 광자는 독립적이므로, 동시 검출이 관측될 확률은 단순히 곱

$$P_+ P_- = \exp\left(-\int_{\ell} \mu \, \mathrm{d}l\right)$$

이며, 여기서 $\ell = \ell_+ \cup \ell_-$이다. 다른 말로, ℓ을 따라 이동하는 광자에 의한 동시 검출 수의 감소는 이 직선을 따르는 소멸의 위치에 의존하지 않는다! 따라서 이 요인은 주어진 에너지를 갖고, 환자를 통과하여 ℓ을 따라 환자의 몸 바깥으로 방출되고 정반대 편에서 검출되는 광자의 비율을 관측하여 측정할 수 있다.

그러므로 각 쌍 (d_i, d_j)에 대해 감쇠계수 q_{ij}를 결정할 수 있다. T_{ij}와 환자의 몸이 교차하는 정도는 q_{ij}의 크기에 두드러진 효과를 주고, 그 값은 관이 피부에 가까이 놓이는 경우 근사적으로 1에서부터 몸의 상당한 부분을 통과하는 경우 근사적으로 0.1까지의 범위를 가질 수 있다. 복원 알고리즘으로 넘어가는 교정된 데이터는 따라서

$$N_{ij} = \frac{\tilde{n}_{ij}}{q_{ij}} = \frac{n_{ij} - R_{ij} - S_{ij}}{q_{ij}}$$

가 된다.

위에서 설명된 교정뿐만 아니라, 검출기 행동의 세부사항과 전자장치의 운용에 기인하는 측정 오차를 고려하기 위해서 필요한 다양한 조정이 있다. FBP 알고리즘을 교정된 알고리즘에 적용하여, $\rho(p)$를 이산적으로 근사하는 $\rho^{\mathrm{FBP}}(p)$를 얻을 수 있다. 다음 절에서는 PET 영상 복원을 위한 반복 알고리즘을 설명한다. FBP 알고리즘은 선형이며 효율적이긴 하지만, 반복 알고리즘은 측정 과정에 관한 더 많은 정보를 결합할 수 있게 해주고 낮은 신호-대-잡음비 데이터에 더 적합하다.

4 반복 복원 알고리즘

여과후역사영이 PET에서 영상 복원에 좋은 시작점

을 제공하긴 하나, 서로 다른 측정의 다양한 통계적 성질은 이 알고리즘에 쉽게 결합될 수 없다. 하여 그러한 정보를 활용할 수 있게 해주는 다양한 방식이 개발되었다. 이들 알고리즘을 설명하기 위해서는 위에서 논의된 것과는 다소 다른 이산 측정 모형을 사용할 필요가 있다. 바탕이 되는 아이디어는 관측된 측정을 만드는 푸아송 과정의 세기에 대한 통계적 추정자를 개발하는 것이다. 이런 측정은 역시 이전 절에서 설명된 바와 같이 교정되어야만 한다.

이전 논의에서는 환자가 차지하는 영역 H를 연속체로 묘사했고, 연속변수 $p \in H$의 연속함수인 방사성 붕괴 과정의 세기 $\rho(p)$가 주어졌다. 우리는 이제 측정 공간을 유한한 상자들의 모임 $\{b_1, \cdots, b_B\}$로 분할한다. 상자 b_k 속 추적 물질의 방사성 붕괴는 세기가 λ_k인 푸아송 과정으로 모형화된다. 각각의 점 $p \in H$와 각각의 검출기 쌍 (d_i, d_j)에 대해, $c(p; i, j)$를 p에서의 붕괴가 이 검출기 쌍에서 동시적으로 검출될 확률을 나타낸다고 하자. 환자의 몸은 산란과 감쇠를 만들 것이며 이는 그것들이 부재할 때, 즉 p를 중심으로 한 작은 구면이 d_i에 있는 점들과 d_j에 있는 점들을 잇는 직선들로 구획 지어지는 면적비로부터, 차례차례 $c(p; i, j)$의 값을 변형시킬 것이다.

가장 단순한 경우, 측정들 $\{n_{ij}\}$는 평균이

$$\sum_{k=1}^{B} p(k; i, j)\lambda_k$$

로 주어지는 푸아송 확률변수들의 표본으로서 해석될 것이며, 이때

$$p(k; i, j) = \frac{1}{V(b_k)}\int_{b_k} c(p; i, j)\,\mathrm{d}p$$

는 b_k 속 붕괴가 쌍 (d_i, d_j)에서 검출될 확률이다. 여기서 $V(b_k)$는 b_k의 체적이다. 감쇠계수가 관 T_{ij} 내에서 급격하게 변화하지 않는다고 가정하면, 이전과 같이 $p(k; i, j)$를 $p(k; i, j) \to q_{ij}p(k; i, j) = p^a(k; i, j)$로 대체함으로써 감쇠를 이 모형에 포함시킬 수 있다. 산란과 우연을 무시하면, n_{ij}의 기댓값은

$$E[n_{ij}] = \sum_{k=1}^{B} p^a(k; i, j)\lambda_k = \bar{n}_{ij}$$

를 만족할 것이다.

이 모형에서 산란과 우연은 평균이 차례로 $\lambda^s(i, j)$와 $\lambda^r(i, j)$인 독립적인 푸아송 과정으로 간주된다. 이들 효과를 포함하면 측정 n_{ij}가 평균 $\bar{n}_{ij} + \lambda^s(i, j) + \lambda^s(i, j)$인 푸아송 확률변수의 표본임을 알 수 있다. 그러면 복원 문제는 관측들 $\{n_{ij}\}$로부터 근원의 세기들 $\{\lambda_k\}$의 추정을 추측하는 것이다. 이 문제를 해결하는 다양한 접근 방식이 있다.

먼저 산란과 우연이 주는 영향을 무시하고 복원 문제를 고려한다. 측정 모형은 우리가 연립방정식

$$n_{ij} = \sum_{k=1}^{B} p^a(k; i, j)\lambda_k^*$$

의 해 $(\lambda_1^*, \cdots, \lambda_B^*)$를 찾고자 함을 암시한다. 만약 검출기들의 배열이 3차원이라면 공간 속 상자들보다 더 많은 검출기 쌍이 있을 가능성이 크다. 그런 쌍들의 개수는 검출기들의 개수에 2차적이다. 따라서 이 연립방정식은 고도로 과결정되어있기 때문에 최소제곱(least-squares) 해를 선택하는 것이 그럴듯하다. 다시 말해, λ^*는

$$\lambda^* = \underset{\{y:\, 0 \le y_k\}}{\arg\min} \sum_{i,j}\left(n_{ij} - \sum_{k=1}^{B} p^a(k; i, j)y_k\right)^2$$

으로 정의할 수 있다. 실제 세기들은 분명 음이 아

닐 것이므로, 변수들 $\{y_k\}$에 그런 제약을 가한다는 것에 주의하자. 최소제곱 해는 λ에 대한 최대가능도(maximum-likelihood, ML) 추정으로서 해석될 수 있으며, n개의 주어진 세기들 y를 관측하는 경우의 가능도는 가우스 분포(Gaussian)들의 곱

$$L_g(y) = \prod_{i,j} \exp\left[-\left(n_{ij} - \sum_{k=1}^{B} p^a(k; i, j) y_k\right)^2\right]$$

으로 결정된다. 다양한 관측은 독립된 과정들의 표본이라 가정되었다. 만약 이들 측정의 분산들 $\{\sigma_{ij}\}$를 추정했다면, 우리는 대신 가중된 최소제곱 해를 고려할 수 있고

$$\lambda^*_{g,\sigma} = \underset{\{y:\, 0 \le y_k\}}{\arg\min} \sum_{i,j} \frac{1}{\sigma_{ij}} \left(n_{ij} - \sum_{k=1}^{B} p^a(k; i, j) y_k\right)^2$$

을 찾아도 된다.

데이터는 잡음이 아주 많이 섞이는 경향이 있으므로, 많은 알고리즘은 '데이터 항'에 추가적으로 정칙화 항(regularization term)을 포함하며, 예컨대

$$R(y) = \sum_{k=1}^{B} \sum_{k' \in N(k)} |y_k - y_{k'}|^2$$

인데, 여기서 각 k에 대해 $N(k)$는 b_k에 인접한 상자들의 첨수이다. 이제 β-정칙화된 해는

$$\lambda^*_{g,\sigma,\beta} = \underset{\{y:\, 0 \le y_k\}}{\arg\min} \left[\sum_{i,j} \frac{1}{\sigma_{ij}} \left(n_{ij} - \sum_{K=1}^{B} p^a(k; i, j) y_k\right)^2 + \beta R(y)\right]$$

로 정의된다. 위에서 언급했듯, 이들은 아주 거대한 연립방정식이 될 가능성이 크고 그러므로 보통 반복법을 통해 풀린다. 실제로, PET에서 다량의 연구활동은 데이터 구조와 더불어 실시간 영상화 응용에 적용될 만큼 충분히 빠르고 충분히 안정적인 방식으로 그러한 최적화 문제의 해를 구하게끔 해주는 알고리즘을 찾는 것과 연관된다.

방사성 붕괴의 성질이 주어졌을 때, 어쩌면 가능도를 푸아송 과정으로 표현하는 것이 더 합리적일 수 있다.

$$u(i, j)(y) = \sum_{k}^{B} p^a(k; i, j) y_k$$

와 함께, 우리는 푸아송 가능도 함수

$$L_p(y) = \prod_{i,j} \frac{e^{-\mu(i,j)(y)} [\mu(i, j)(y)]^{n_{ij}}}{n_{ij}!}$$

를 얻는다. 기댓값최대화(expectation-maximization, EM) 알고리즘은 $\log L_p(y)$를 최대화하는 음 아닌 벡터를 반복적으로 찾는 한 방법을 제공한다. 음 아닌 시작 벡터 $y^{(0)}$을 선택한 뒤, $y^{(m)}$을 $y^{(m+1)}$으로 보내는 사상은 공식

$$y_k^{(m+1)} = y_k^{(m)} \frac{1}{\sum_{i,j} p^a(k; i, j)} \sum_{i,j} \left[\frac{p^a(k; i, j) n_{ij}}{\sum_k p^a(k; i, j) y_k^{(m)}}\right] \tag{5}$$

로 정해진다. 이 알고리즘은 몇 가지 바람직한 특징을 갖는다. 첫째로, 만약 초기 어림짐작 $y^{(0)}$이 양수라면, $y^{(m)}$의 성분들에 관한 양수 조건은 자동으로 만족된다. 두 번째로, 수렴하기 전에 가능도는 단조증가한다. 즉, $L(y^{(m)}) < L(y^{(m+1)})$이다. 만약 모든 (i,j)에 대해 $n_{ij} = \sum_k p^a(k;\, i, j) y_k^{(m)}$이라면 $y^{(m+1)} = y^{(m)}$이다. (5)에서 정의되는 알고리즘은 임상 응용에서 실용적이기에는 너무 느리게 수렴한다. 역시 정칙화 항들을 포함하여, 그 수렴을 가속화하는 몇 가지 방

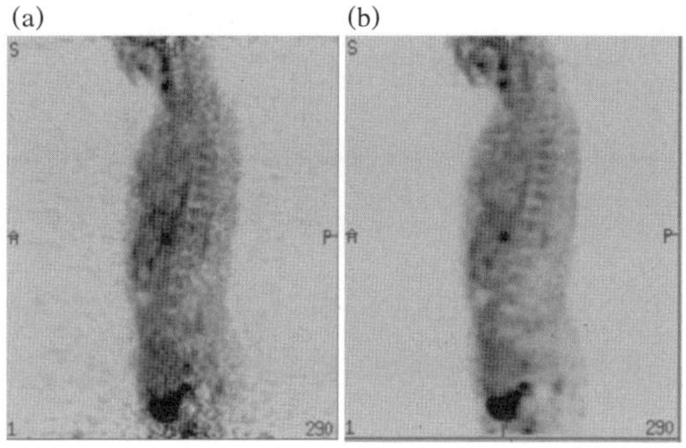

그림 5 반복 알고리즘을 사용하여 달성할 수 있는 뛰어난 잡음 및 인공 요소 억제를 묘사하기 위해 동일한 PET 데이터에서 만들어진 두 복원. (a)FBP 알고리즘을 사용해 복원된 영상과 (b)반복 ML 알고리즘을 사용해 복원된 영상. 영상들은 펜실베니아 대학교 병원의 조엘 카프 박사(Dr. Joel Karp)가 제공.

법이 존재한다.

ML 복원 알고리즘에서 산란과 우연에 의한 기여의 추정을 어떻게 n_{ij}에 포함시킬 것인지 설명하며 이 논의를 마무리한다. 우리는 다음과 같이 n_{ij}를 3개의 항으로 분해할 수 있다고 가정한다.

$$n_{ij} = \sum_{k=1}^{B} p^a(k; i, j)\lambda_k + R_{ij} + S_{ij} \qquad (6)$$

이런 분해가 주어지면, (5)의 갱신 규칙을 어떻게 수정해야 할지 명확해진다.

$$y_k^{(m+1)} = y_k^{(m)} \frac{1}{\sum_{i,j} p^a(k; i, j)} \times \sum_{i,j} \left[\frac{p^a(k; i, j) n_{ij}}{\sum_k p^a(k; i, j) y_k^{(m)} + R_{ij} + S_{ij}} \right]$$

ML 기반 알고리즘뿐만 아니라, '대수적 복원 기법(algebraic reconstruction technique, ART)'의 일반적인 지시를 따라 이들 최적화 문제를 푸는 다른 반복 방식도 다수 존재한다. 그림 5는 PET 영상의 두 가지 복원을 보여준다. (a)는 FBP 알고리즘을 사용한 결과이고, 반면 (b)는 반복 ML-EM 알고리즘의 출력물을 보여 준다.

5 전망

PET 영상화는 대사 과정을 직접적으로 시각화하고 공간적인 위치를 찾는 방법을 제공한다. 우리의 논의로부터 분명해지듯, 측정을 해석하고 검출기를 설계하는 것과 연관된 물리학은 상당히 복잡하다. 이 글에서는 측정을 모형화하고 복원 알고리즘을 개발하는 데 사용되는 기본 아이디어의 아주 일부만을 건드렸다. FBP 알고리즘은 영상을 복원하는 가장 직접적인 방법이지만, 영상이 저해상도, 줄무늬 같은 인공 요소, 잡음을 가지는 경향이 있다. 손쉽게 확률적 모형에 바탕을 두고 훨씬 많은 물리학을 반복 기법에 포함시킬 수 있고, 이는 훨씬 나은 영상을 만들 것이다. 3차원 공간에서 검출기 쌍들의 거대한 수 때문에 반복 알고리즘을 그대로 구현하는 것은 방대한 계산 자원을 필요로 한다. 이 글을 쓰는 시점에서, 더 나은 검출기와 더 빠른 컴퓨터의 개발에 대응하기 위해, 그리고 늘어난 저장 용량 덕분에 복원 기법과 전체적인 형식 모두가 급격하게 변화하고 있다.

더 읽을거리

PET에 관한 포괄적인 개요는 베일리(Bailey) 외(2005)에서 찾을 수 있다. 뮈흘레너(Muehllehner)와 카프(Karp, 2006)는 기기의 사용과 임상 응용에 관한 리뷰 논문이다. 콜셔(Colsher, 1980)는 3차원 복원에 관한 초기 논문이다. 바르디(Vardi) 외(1985)

는 PET에서 ML 알고리즘의 사용에 관한 초기 논문이다. 레비트(Lewitt)와 마테즈(Matej)(2003), 리더(Reader)와 자이디(Zaidi)(2007)는 차례로 사영을 통한 복원법과 PET에서 복원법에 관한 리뷰 논문이다.

Bailey, D. L., D. W. Townsend, P. E. Valk, and M. N. Maisey, eds. 2005. *Positron Emission Tomography*. London: Springer.

Colsher, J. G. 1980. Fully three-dimensional positron emission tomography. *Physics in Medicine and Biology* 25: 103-15.

Lewitt, R. M., and S. Matej. 2003. Overview of methods for image reconstruction from projections in emission computed tomography. *Proceedings of the IEEE* 91:1588-611.

Muehllehner, G., and J. Karp. 2006. Positron emission tomography. *Physics in Medicine and Biology* 51:R117-37.

Reader, A. J., and H. Zaidi. 2007. Advances in PET image reconstruction. *PET Clinics* 2:173-90.

Vardi, Y., L. A. Shepp, and L. Kaufman. 1985. A statistical model for positron emission tomography. *Journal of the American Statistical Association* 80:8-20.

VII.10 압축 감지

요니나 엘다 *Yonina C. Eldar*

1 서론

압축 감지(compressed sensing, CS)는 전기전자공학, 응용수학, 통계, 컴퓨터과학의 상당한 주목을 끌고 있는 흥미진진하며 급격하게 성장하고 있는 분야이다. CS는 선형 차원성 축소에 의존하는 유한차원 벡터들을 동시에 감지하고 압축하기 위한 틀을 제공한다. 꽤 놀랍게도, 이는 효율적인 알고리즘을 사용하여 고도로 불완전한 측정으로부터 희소한(sparse) 고차원 신호가 복원될 수 있음을 예측한다.

더 구체적으로, x를 n-벡터라고 하자. CS에서는 x를 직접 측정하지 않고 대신 $m \times n$ CS 행렬 A를 사용하여 $y = Ax$ 형태의 $m < n$개 선형측정을 얻는다. 이상적인 경우, 행렬은 측정 벡터들 y로부터 넓은 종류의 신호들을 복원할 수 있게끔 하면서도 측정의 수를 가능한 한 많이 줄이도록 설계된다. 따라서 $m \ll n$으로 선택하고자 한다.

A는 열보다 행이 더 적으므로, 영공간(null space)은 공집합이 아니다. 이는 어떤 특정한 신호 x_0에 대해 무한히 많은 신호 x가 동일한 측정 $y = Ax = Ax_0$을 산출한다는 것을 의미한다. 따라서 복원이 가능하려면 입력 신호 x를 특수한 종류로 제한해야만 한다.

희소성은 CS에서 사용되는 가장 만연한 신호 구조이다. 가장 단순한 형태에서, 희소성이란 x가 오직 적은 수의 0이 아닌 값을 가지지만 어떤 원소가 0이 아닌지는 알 수 없음을 의미한다. 수학적으로 이 조건을 $\|x\|_0 \le k$로 표현하는데, 여기서

$\|x\|_0$은 x의 ℓ_0-'노름(norm)'으로, 곧 x의 0이 아닌 원소들의 개수를 센다(일반적으로 $\alpha \in \mathbb{R}$에 대해 $\|\alpha x\|_0 \neq |\alpha| \|x\|_0$이므로, $\|\cdot\|_0$은 진짜 노름은 아니라는 것에 주의하자). 더 일반적으로, CS 아이디어는 x의 적당한 표현이 희소할 때 적용할 수 있다. 신호 x가 기저(basis) Ψ에서 k-희소하다는 것은 오직 $k \ll n$개의 0이 아닌 원소를 갖는 어떤 벡터 $\theta \in \mathbb{R}^n$이 존재하여 $x = \Psi\theta$라는 것이다. 한 예로, JPEG 2000[VII.7 §5]과 같은 많은 압축 알고리즘의 성공은 자연스런 영상이 보통 적절한 웨이블릿 변환(wavelet transform)에서 희소하다는 사실에 의존한다.

측정 방정식 $y = Ax$를 만족하는 희소벡터 x를 찾는 것은 크기 k인 가능한 모든 집합 위를 철저히 조사함으로써 수행될 수 있다. 하지만 일반적으로 이는 실용적이지 않다. 사실 그러한 x를 찾는 작업은 NP-난해[I.4 §4.1]로 알려져 있다. CS의 심장부에 있는 놀라운 결과는, 만약 x(또는 x의 적당한 표현)가 k-희소하다면, 그것은 행렬 A에 관한 특정한 조건 하에 $k \log n$ 수준인 m개의 측정을 사용하여 $y = Ax$로부터 복원될 수 있다는 점이다. 더 나아가 잡음과 x의 잘못된 모형화에 대해 확고한(robust) 다항시간 알고리즘을 통해 복원이 가능하다. 특히, 필수적인 결과들은 x가 **압축가능**(compressible)할 때, 즉 최소화되는 노름이 임의적인 최선의 k항 표현 $\min_{\|v\|_0 \leq k} \|x - v\|$으로 x가 잘 근사할 수 있을 때 성립한다.

CS는 신호처리, 아날로그-디지털 변환기(analog-to-digital converter, ADC) 설계, 영상 복원, 압축 알고리즘에 본질적으로 새로운 접근 방식을 이끌었다. 소비자 전자기기, 민군 감시, 의학 영상화, 레이더, 다른 많은 응용은 효율적인 표본 추출에 의존한다. 그런 응용들에서 가능한 자유도를 효율적으로 활용하여 표본 추출율(sampling rate)을 줄이는 것은 사용자 경험을 개선시키고, 데이터 전송을 증가시키고, 영상 품질을 향상시키고, 전력, 비용, 노출 시간을 줄일 수 있다.

2 측정 행렬의 설계

적은 수의 측정 $y = Ax$로부터 x를 복원하는 능력은 CS 행렬 A의 성질에 달려있다. 특히, A는 유일한 k-희소 신호 x를 식별할 수 있도록 설계되어야 한다. x의 지지(support) S는 x에서 0이 아닌 위치들의 집합이라 하고, x_S는 지지에 한정시킨 벡터 x를 나타낸다고 하자. 비슷하게 A_S를 이 지지에 대응하는 A의 열들이라 하면, $y = Ax = A_S x_S$이다. 지지가 알려져 있다면 A_S가 꽉 찬 열 계수(rank)를 가진다는 가정 아래, y로부터 x를 $x_S = (A_S^{\mathrm{T}} A_S)^{-1} A_S^{\mathrm{T}} y$를 통해 복원할 수 있다. CS의 어려움은 사전에 x의 지지를 알지 못한다는 사실에서 나온다. 따라서, 복원을 보장해 주는 A에 관한 결정 조건들은 더 복잡하다.

첫 단계로서 k-희소한 모든 서로 다른 두 신호 x, x'이 다른 측정 벡터 $Ax \neq Ax'$을 산출하도록 A를 선택하고자 한다. 이는 A의 **활성**(spark)이 $\mathrm{spark}(A) \geq 2k+1$을 만족하면 보장되는데, 여기서 $\mathrm{spark}(A)$는 A의 선형종속인 열들의 가장 적은 개수이다. $\mathrm{spark}(A) \in [2, m+1]$이므로 이것은 $m \geq 2k$라는 요구조건을 만든다.

불행히도, 일반적인 행렬 A의 활성을 계산하려면

특정 크기인 열들의 모든 집합이 선형종속이라는 것을 검증해야 하므로 조합적인 계산복잡도를 갖는다. 그 대신 **결합도**(coherence) $\mu(A)$를 사용하면 (차선의) 복원을 보장할 수 있고, 그것은 아래와 같이 정의되며 쉽게 계산 가능하다.

$$\mu(A) = \max_{1 \le i \ne j \le n} \frac{|a_i^{\mathrm{T}} a_j|}{\|a_i\|_2 \, \|a_j\|_2}$$

여기서 a_i는 A의 i번째 열이다. 모든 A에 대해

$$\mathrm{spark}(A) \ge 1 + \frac{1}{\mu(A)}$$

이다. 따라서 만약

$$k < \frac{1}{2}\left(1 + \frac{1}{\mu(A)}\right) \qquad (1)$$

이라면 모든 $y \in \mathbb{R}^m$에 대해 $y = Ax$를 만족하는 최대 하나의 k-희소 신호 $x \in \mathbb{R}^n$이 존재한다.

w가 잡음을 나타낼 때, 잡음 섞인 측정 $y = Ax + w$로부터 안정적인 복원을 보장하려면, A에 더 엄격한 요구 조건이 필요하다. 그러한 조건 하나는 **제한된 등거리 성질**(restricted isometry property, RIP)이다. 행렬 A가 $\delta \in (0, 1)$에 대해 (k, δ)-RIP를 가진다는 것은 모든 k-희소벡터 x에 대해

$$(1 - \delta)\|x\|_2^2 \le \|Ax\|_2^2 \le (1 + \delta)\|x\|_2^2$$

이 성립한다는 것이다. 이는 크기 $m \times k$인 A의 모든 부분행렬이 등거리사상에 가깝다는 것이며 따라서 거리를 보존한다. 분명하게, A가 $0 < \delta < 1$에 대해 $(2k, \delta)$-RIP를 가지면 $\mathrm{spark}(A) \ge 2k + 1$이다.

RIP는 활성과 결합도에 바탕을 둔 것보다 훨씬 강한 복원을 보장해준다. A를 특징짓는 또 다른 성질은 영공간 조건이다. 이 요구 조건은 A의 영공간이 위치들의 작은 부분집합에만 모여 있는 벡터들을 포함하지 않는다는 것을 보장한다. 만약 행렬이 RIP를 만족하면 그것은 영공간 조건 역시 가진다. 하지만 A가 이들 조건을 만족하는지 아닌지 확인하는 것은 조합적인 계산복잡도를 갖는다.

$m < n$일 때 크기 $m \times n$인 확률행렬(random matrix) A의 각 원소가 연속적인 분포에 따라 독립적이고 동일하게 분포된다면, 그것은 높은 확률로 $\mathrm{spark}(A) = m + 1$을 가진다. 분포가 평균 0과 유한한 분산을 가진다면, 점근적인 상황에서 (m과 n이 증가함에 따라) 결합도는 $\mu(A) = 2\sqrt{\log n/m}$으로 수렴한다. 가우스(Gaussian), 라데마허(Rademacher), (더 일반적으로) 부분-가우스(sub-Gaussian) 분포를 따르는 확률행렬은 $m = O(k \log(n/k)/\delta^2)$이라면 높은 확률로 (k, δ)-RIP를 가진다. 비슷하게, $m = O(k \log^4 n/\delta^2)$개의 행을 갖는 부분 푸리에 행렬(partial Fourier matrix), 즉 $n \times n$ 푸리에 행렬에서 m개의 행을 고른 확률로 뽑아 만들어지는 행렬은 높은 확률로 k차 RIP를 만족함을 보일 수 있다. 비슷한 결과가 직교행렬의 부분확률행렬에 대해서도 성립한다.

활성과 RIP 조건을 만족하는 결정론적인 행렬들도 존재한다. 예를 들어, n개의 서로 다른 스칼라로부터 만들어지는 $m \times n$ 방데르몽드 행렬(Vandermonde matrix)의 활성은 $m + 1$이다. 불행히도 이들 행렬은 n이 거대한 값일 때 나쁜 조건을 가지며(poorly conditioned), 복원 문제를 수치적으로 불안정하게 만든다. $k = O(\sqrt{m}\log m/\log(n/m))$일 때 (k, δ)-RIP를 갖는 크기 $m \times n$인 결정론적 CS 행렬을 구성하는 것 역시 가능하다.

3 복원 알고리즘

측정 $y=Ax$로부터 희소벡터 x를 복원하기 위한 많은 알고리즘이 제안되었다. 측정에 잡음이 없고 A가 활성 요구 조건을 만족한다면, 유일한 희소벡터 x는 최적화 문제

$$y = Ax \text{ 조건 아래 } \hat{x} = \underset{x \in \mathbb{R}^n}{\arg\min} \|x\|_0 \qquad (2)$$

를 풂으로써 찾을 수 있다. (2)를 푸는 것은 철저한 탐색에 의존하기 때문에 계산적으로 실현 가능한 다양한 대안이 개발되었다.

다루기 쉬운 문제를 얻기 위한 한 가지 인기 있는 접근은 ℓ_0-노름을 볼록(convex)인 ℓ_1-노름으로 대체하는 것이다. 이를 (2)에 적용한 결과는 기저 추적(basis pursuit)으로 알려져 있고,

$$y=Ax \text{ 조건 아래 } \hat{x} = \underset{x \in \mathbb{R}^n}{\arg\min} \|x\|_1$$

로 정의된다. 이 알고리즘은 계산복잡도를 n에 관한 다항식으로 만드는 **선형계획법**[IV.11 §3]으로 구현할 수 있다. 기저 추적은 잡음 크기로 제한된 ε을 적절하게 선택하여 제약 조건을 $\|y-Ax\|_2^2 \leq \varepsilon$으로 바꿈으로써 잡음 섞인 측정을 허용하도록 손쉽게 수정할 수 있다. 그에 따라 나오는 문제의 라그랑주 완화(Lagrangian relaxation)는

$$\hat{x} = \underset{x \in \mathbb{R}^n}{\arg\min} \|x\|_1 + \lambda \|y - Ax\|_2^2$$

이 되고 이는 기저 추적 잡음 제거(basis pursuit denoising, BPDN)로 알려져 있다. 다양한 빠른 방법이 BPDN 해를 찾기 위해 개발되었다.

최적화 기반 기법의 한 대안은 희소 신호 복원에 대한 탐욕 알고리즘(greedy algorithm)이다. 이 방법은 본질적으로 반복적이고 측정 y와의 상관관계에 따라 A의 열을 선택한다. 몇 가지 탐욕 알고리즘은 BPDN으로 얻는 것과 동일한 성능을 보장함을 증명할 수 있다.

예를 들어, 정합 추적(matching-pursuit)과 직교 정합 추적 알고리즘은 신호 잔차(residual)에 가장 큰 상관관계를 갖는 A의 행 a_j를 찾으며 진행되고, 이때

$$j = \arg\max_i \frac{|a_i^{\mathrm{T}} r|^2}{\|a_i\|_2^2}$$

이다. 잔차 r는 y로부터 신호의 부분적인 추정의 기여를 뺌으로써 얻으며, 즉 $r=y-A_S x_S$이고 여기서 S는 지지 집합에 대한 현재 짐작이다. 희소 표현을 찾기 위해 사용되는 수렴성 기준은 정확히 또는 근사적으로 $y=Ax$인지 확인하는 것으로 이루어진다. 두 기법 사이 차이점은 계수 갱신 단계이다. 직교 정합 추적은 각 단계에서 잔차 오차 $\|y-A_S x_S\|_2^2$을 최소화하도록 0이 아닌 원소를 모두 선택하는 반면, 정합 추적은 오직 현재 선택된 열과 관계된 성분만을 $a_j^{\mathrm{T}} r/\|a_j\|_2^2$으로 갱신한다.

유명한 또 다른 접근은 반복 강경 임계처리(iterative hardthresholding)로 알려져 있다. 초기 추정 $\hat{x}_0=0$으로부터 시작해, 이 알고리즘은 강경 임계처리가 뒤따르는 기울기 하강(gradient descent) 단계를 반복한다. 즉,

$$\hat{x}_i = H_k(\hat{x}_{i-1} + A^{\mathrm{T}}(y - A\hat{x}_{i-1}))$$

이다. 여기서 $H_k(v)$는 v의 원소들 중 절댓값이 가장 큰 k개를 반환한다.

위의 CS 알고리즘 다수는 성능이 보장된다. 예

를 들어, 기저 추적과 직교 정합 추적은 행렬 A가 (1)을 만족할 때 잡음 없는 측정으로부터 k-희소벡터를 복원한다. 또한 임의적인 잡음으로 손상된 측정을 위해 설계된, 결합도에 기반한 성능 보장도 존재한다. 그렇지만 일반적인 경우 결합도에 바탕을 둔 결과들은 대개 이른바 제곱근 병목(square-root bottleneck)에 시달린다. 즉, 그들은 좋은 복원을 보장하기 위해 $m = O(k^2)$개의 측정을 요구한다.

RIP에 바탕을 두면 더 강한 성능을 보장할 수도 있는데, 이는 확률 CS 행렬이 유명해진 계기가 되었다. 특별히, 직교 정합 추적은 충분히 작은 δ 값에 대해 A가 $(k+1, \delta)$-RIP를 가지면 정확한 측정으로부터 k-희소벡터를 복원한다. 더 일반적으로 적절한 c와 δ 값에 대해 A가 $(c\,k, \delta)$-RIP를 가지면, 반복 강경 임계처리와 BPDN을 사용해 잡음 섞인 측정으로부터 오차가 작도록 희소벡터 x를 복원할 수 있다. 이들 결과는 또한 x가 정확히 희소하지 않더라도 압축 가능하기만 하면 성립한다. 이 경우 복원 오차는 x에 대한 최선의 k-희소 근사의 오차 및 잡음의 노름에 비례한다. $m = O(k \log(n/k))$이기만 하면 RIP를 만족하는 확률행렬을 구성할 수 있으므로, 높은 확률로 잡음 없는 환경에서 희소벡터의 복원을 보장하고 잡음 있는 경우에는 작은 오차를 가진 복원을 보장하기 위해서 $k \log(n/k)$ 수준의 측정도 충분함을 알 수 있다.

4 응용

4.1 영상화

CS의 초기 응용들 중 하나는 단일 픽셀 카메라였다. 이 카메라는 단일 광자 검출기(단일 픽셀)를 사용하여 $\mathbb{R}^n$에서의 벡터 x로 표현되는 원하는 영상과 시험벡터들의 집합 사이에서 m개의 내적을 측정한다. 각 벡터는 n개의 조그만 거울이 개별적으로 감광성 반도체 소자 방향을 향하거나(1을 나타내는) 반대를 향하는(0을 나타내는) 유사 무작위적인 방식으로 배열된, 디지털 소형 거울 기기의 패턴을 나타낸다. 입사되는 빛의 장은 디지털 소형 거울 기기에서 반사되어 렌즈로 통해 감광성 반도체 소자로 모이는데, 그것은 x와 무작위적인 디지털 소형 거울 기기 패턴과의 내적을 계산한다. 이 과정은 서로 다른 패턴들에 대해 m번 반복된다. 웨이블릿 영역에서 영상의 희소성을 가정하면, 복원되는 픽셀들의 개수보다 60% 더 적은 무작위 측정만을 사용하여 바탕이 되는 영상의 좋은 복원을 얻을 수 있다.

측정을 변환 영역에서 수행하는 또 다른 응용은 자기 공명 영상법(magnetic resonance imaging, MRI)이다. MRI에서 측정은 영상의 2차원 연속 푸리에 변환(Fourier transform)의 표본에 대응한다. CS의 원리를 활용한다면, 적절한 변환 영역에서 영상의 희소성을 가정하여 더 적은 푸리에 영역 측정으로부터 MRI 영상을 복원할 수 있다. 예를 들어, 자기 공명 혈관 영상은 대개 픽셀 영역에서 희소하다. 이 영상의 희소성은 유한한 공간적 차이를 고려함으로써 더 증가할 수 있다. 뇌 MRI는 웨이블릿 영역에서 희소하다는 것이 알려져 있고, 동적 MRI는 시간 영역에서 희소하다.

MRI 스캔 시간은 전적으로 촬영 도중 취하는 표본들의 개수에 의존한다. 그러므로 MRI에 CS를 응용하는 것은 영상 촬영 속도에 상당한 개선을 이룰 수 있다. 현재 MRI 스캔을 수행하는 데 최소한 30분이 걸리므로, 고속 MRI는 환자의 불편함을 줄이고 촬영 도중 환자의 움직임으로 인한 영상 왜곡을 감소시킬 것이다. CS 기반 MRI 복원 성능에 중요한 영향을 주는 인자는 주파수 영역에서 선택한 표본 추출 경로이다. 순수한 무작위 표본 추출은 하드웨어와 생리적인 제약 조건으로 인해 실용적이지 않다. 이는 결과 측정 행렬의 RIP와 결합도에 직접적인 영향을 준다. MRI의 서로 다른 응용은 가능한 경로들에 다양한 제약을 부과하며, 이는 CS 기반 MRI 체계를 설계할 때 반드시 고려해야 한다.

4.2 아날로그-디지털 변환

오늘날, 본질적으로 모든 아날로그-디지털 변환(analog-to-digital conversion, ADC)은 유명한 섀넌-나이퀴스트 정리(Shannon-Nyquist theorem)를 따르며, 그것이 말하는 바는 아날로그 신호를 디지털 신호로 변환할 때 정보 손실을 피하기 위해서는 표본 추출율(sampling rate)이 신호 대역폭(signal bandwith)의 최소 2배는 되어야 한다는 것이다. 데이터에 대한 지속적인 수요뿐만 아니라 무선 주파수 기술의 발전과 해상도를 개선시키고자 하는 바람은 고대역폭 신호의 사용을 촉진시켰다. 섀넌-나이퀴스트 정리의 결과가 지시하는 속도는 데이터 획득 하드웨어와 차후 저장 및 처리 모두에 심각한 문제를 일으킨다.

표본 추출 이론으로부터 온 아이디어와 CS의 원리를 결합하여, 실용적인 하드웨어 구조를 통해 하위-나이퀴스트 속도(sub-Nyquist rate)에서 넓은 종류의 아날로그 신호에 대한 표본 추출 및 처리를 가능하게끔 하는 몇 가지 새로운 패러다임이 개발되었다. 그러한 하나의 틀은 잼플링(Xampling)으로 불리며, 인지 라디오, 레이더, 초음파 영상, 초광대역 소통 등을 포함하는 다양한 문제에 대한 하위-나이퀴스트 원형(sub-Nyquist prototype)을 이끈다. 인지 라디오와 레이더를 위해 개발된 2개의 하드웨어 기판이 그림 1에 나타난다.

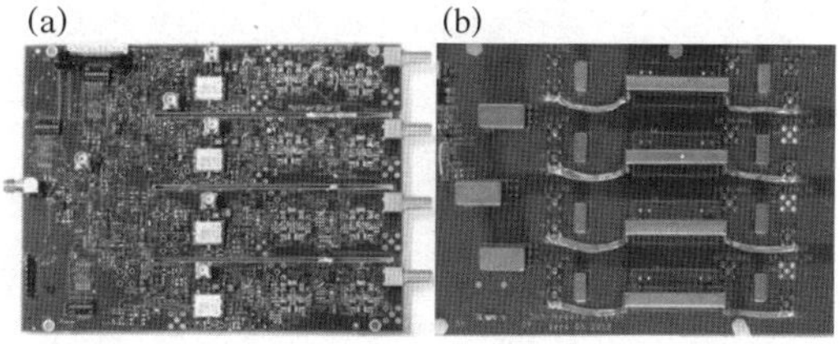

그림 1 (a)인지 라디오와 (b)레이더에 대한 하위-나이퀴스트 하드웨어 원형.

인지 라디오 환경에서 신호 $x(t)$는 희소한 스펙트럼을 가진 다중대역 입력으로 모형화되어, 그것의 연속시간 푸리에 변환은 개별적인 폭이 B Hz를 넘지 않는 N개의 주파수 구간에 지지된다(supported). 각 구간은 최대 주파수 f_{max}보다는 크지 않은 알려지지 않은 반송 주파수(carrier frequency) f_i에 중심을 둔다. 잼플링 패러다임을 사용하여 변조 광대역 변환기(modulated wideband converter)라 불리는 하위-나이퀴스트 원형이 개발되었고, 이는 신호가 아주 넓은 주파수 범위에 퍼질 수 있지만 2NB보다 낮은 속도에서 신호를 추출하고 처리할 수 있다. 이 속도는 f_{max}에 대응하는 나이퀴스트 속도보다 훨씬 낮다.

변조 광대역 변환기는 유사 무작위적이고 주기적인 수열로 들어오는 신호를 변조시키고, 결과에 저역통과 필터(lowpass filter)를 적용한 뒤, 출력물

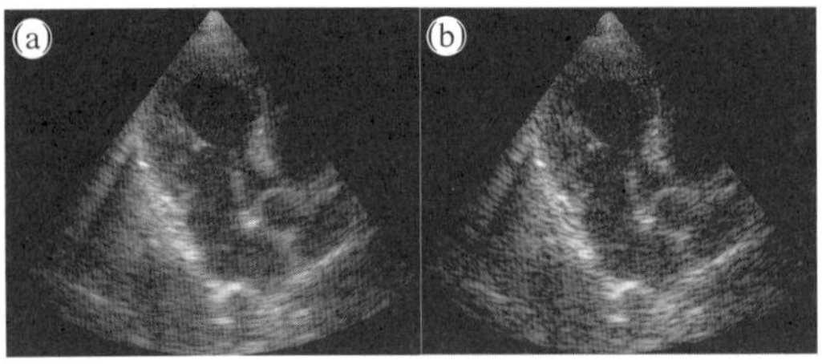

그림 2 하위-나이퀴스트 초음파 영상. (a)표준적인 영상과 (b)나이퀴스트 속도의 28분의 1에서 만들어진 영상.

을 낮은 속도에서 추출한다. 혼합된 연산은 기저대(baseband)의 스펙트럼을 각각의 주파수 구간에서 다른 가중치로 에일리어싱(aliasing)한다. 신호는 신호 구조를 고려한 CS 기법을 사용해 복원된다. 그림 1의 기판은 2.4GHz의 나이퀴스트 속도와 280MHz의 속도에서 120MHz의 스펙트럼 점유를 가지며 신호를 추출한다.

하위-나이퀴스트 속도에서 추출될 수 있는 또 다른 신호 종류는 다음과 같은 펄스(pulse)들의 흐름이다.

$$x(t) = \sum_{\ell=1}^{L} a_\ell h(t - t_\ell), \quad t \in [0, \tau]$$

여기서 시간 지연 t_ℓ과 진폭 a_ℓ은 알려지지 않는다. 그러한 신호는 예컨대 다중경로 페이딩(multi-path fading)을 겪는 소통 채널, 초음파 영상, 레이더에서 등장한다. 여기에서도 역시 잼플링 패러다임을 사용하여, 신호의 대역폭과 관련 없이 $2L/\tau$만큼 낮은 속도에서 그러한 신호를 추출하고 처리할 수 있다.

예를 들어, 그림 1의 기판은 신호에 대한 나이퀴스트 속도의 30분의 1에서 레이더 신호를 검출하게 해 준다. 그림 2는 잼플링을 사용한 고속 초음파 영상이다. (a)는 표준 영상화 기법을 통해 얻은 초음파 장면을 보여주는 반면 (b)의 영상은 나이퀴스트 속도의 28분의 1에서 추출된 표본으로부터 만들어졌다. 모든 처리는 역시 이 낮은 속도에서 이루어진다.

5 확장

최근 수년 간, CS의 영역은 수많은 새로운 방면으로 진출하고 있고 몇 가지 응용 분야에서 제 몫을 해내고 있다. 이는 결국 CS의 기초 다수를 새로운 시각으로 보도록 만든다.

CS에서 최근 연구의 중요한 부분은 3개의 주요 영역으로 분류될 수 있다. 이들 중 첫째는 완전히 무작위적이거나 결정론적이지 않으면서, 때때로 상당한 구조를 지닌 CS 행렬과 관련된 이론 및 응용으로 구성된다. 이는 대부분 현실에서 표본을 얻는 방식을 모형화하고자 하는 노력에서 따라왔고, 따라서 실세계로부터 구조를 물려받은 압축행렬을 이끈다.

두 번째 영역은 희소성 이상의 구조를 나타내는 신호 표현과 더불어 더 넓은 신호의 종류들, 가령 0이 아닌 계수들의 분포나 x의 0이 아닌 원소들에 관한 다른 구조적 정보를 활용하는 저계수 행렬(low-rank matrix)과 행렬 완비화(matrix completion), 그리고 유한 혹은 무한차원 표현을 가진 연속시간 신호를 포함한다. 아날로그 신호의 맥락에서, 현실적으로 하위-나이퀴스트 표본 추출을 달성하는 효율적인 ADC 원형을 개발하기 위해 쏟아지는 노력도 방대하다.

마지막으로, CS에서 아주 최근의 경향은 선형적인 측정 모형으로부터 벗어나서 다양한 유형의 비선형 측정을 고려하는 것이다. 한 구체적인 예는 측

정이 벡터들 a_i의 집합에 대해 $y_i = |a_i^T x|^2$의 형태를 갖는 상 복구(phase-retrieval) 문제이다. 여기서 상이 아닌 오직 $a_i^T x$의 크기만이 측정된다는 것에 주의하자. 상 복구 문제는 검출기가 오직 수신한 광학파의 크기만을 잴 수 있는 광학의 많은 영역에서 등장한다. 상 복구의 몇 가지 중요한 응용으로는 X선 결정, 투과 전자현미경, 결맞음 회절 영상을 들 수 있다. 희소성 및 저계수 행렬 표현과 연관된 아이디어를 활용하면 보장된 복원을 증명할 수 있는 효율적인 알고리즘을 만들 수 있다. 비선형측정의 또 다른 예시는 양자화된 측정이다.

더 읽을거리

Bruckstein, A. M., D. L. Donoho, and M. Elad. 2009. From sparse solutions of systems of equations to sparse modeling of signals and images. *SIAM Review* 51(1):34-81.

Duarte, M. F., M. A. Davenport, D. Takhar, J. N. Laska, T. Sun, K. F. Kelly, and R. G. Baraniuk. 2008. Single pixel imaging via compressive sampling. *IEEE Signal Processing Magazine* 25(2):83-91.

Eldar, Y. C., and G. Kutyniok, eds. 2012. *Compressed Sensing: Theory and Applications*. Cambridge: Cambridge University Press.

Foucart, S., and H. Rauhut. 2013. *A Mathematical Introduction to Compressive Sensing*. Boston, MA: Birkhäuser.

Lustig, M., D. Donoho, and J. M. Pauly. 2007. Sparse MRI: the application of compressed sensing for rapid MR imaging. *Magnetic Resonance in Medicine* 58(6):1182-95.

Mishali, M., and Y. C. Eldar. 2011. Sub-Nyquist sampling. *IEEE Signal Processing Magazine* 28(6):98-124.

Tropp, J., and S. Wright. 2010. Computational methods for sparse solution of linear inverse problems. *Proceedings of the IEEE* 98(6):948-58.

Wagner, N., Y. C. Eldar, and Z. Friedman. 2012. Compressed beamforming in ultrasound imaging. *IEEE Transactions on Signal Processing* 60(9):4643-57.

VII.11 프로그래밍 언어: 응용수학의 관점

니콜라스 하이엄 Nicholas J. Higham

이 글의 목적은 응용수학의 관점에서 컴퓨터 프로그래밍 언어를 요약하는 것이다. 현대 언어는 이전에 나온 것들로부터 강하게 영향을 받았고, 실제로 무엇보다 가장 오래된 언어인 포트란(Fortran)은 여전히 널리 사용되고 있기 때문에 역사적 발전이 강조되었다. 그림 1은 이 글에서 논의되는 언어들 간 주요 관계를 보여준다.

1 초창기

최초의 프로그램 내장식 디지털 컴퓨터의 프로그래밍은 중앙 처리 장치가 이해할 수 있도록 2

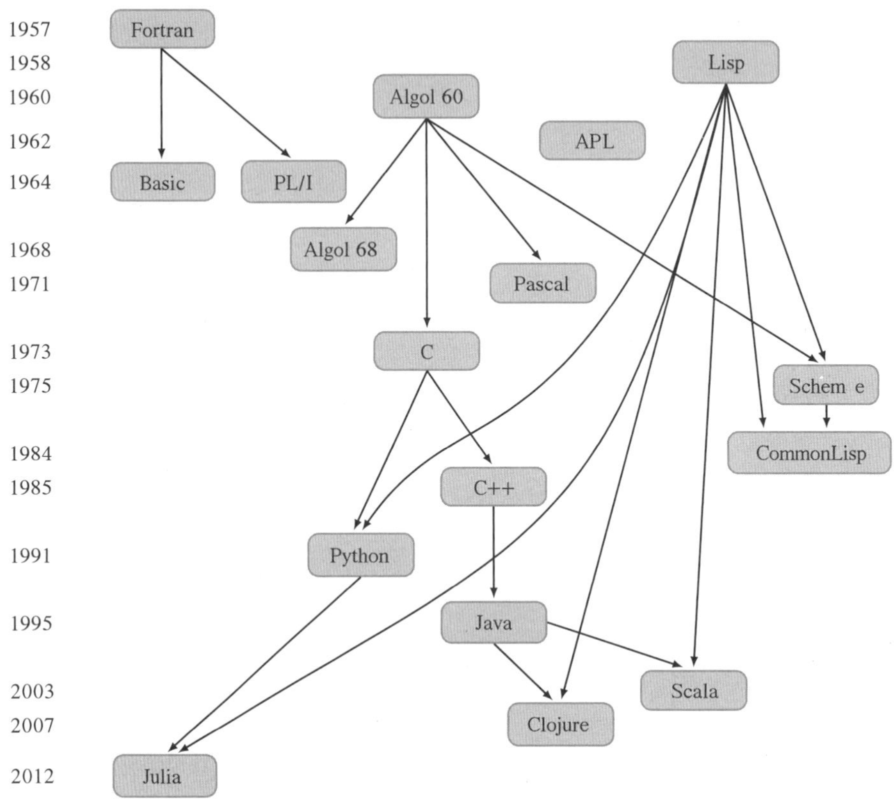

그림 1 더 주된 영향이 화살표로 표시된, 선별적인 프로그래밍 언어들의 연대표.

진수로 표현된 저수준 명령을 직접 입력했다(그림 2를 보라). 이는 장황하고 오류가 나기 쉬웠으므로 지시를 기억하기 쉽게 입력하도록 해주며 그런 다음 소프트웨어(어셈블러(assembler))를 통해 대응하는 2진 지시어로 변환되는 어셈블리 언어(assembly language)가 개발되었다. 메모리에 위치한 저장된 수에 5를 더하기 위해서는, LDA P(누산기(accumulator)에 메모리 위치 P의 내용을 불러오기), ADC #5(누산기에 5를 더하기), STA Q(누산기의 내용을 위치 Q에 저장하기) 같은 어셈블리 언어 지시어들의 나열을 적어야 한다. 어셈블리 언어에서는 프로그래머가 개별 기계 지시어 수준에서 작업해야 하며 그것은 수학적 표기법과는 동떨어진다.

존 배커스(John Backus)와 그의 IBM 동료들이 언어 **포트란**을 설계하고 1957년에 IBM 704 컴퓨터를 위한 포트란 컴파일러를 배포한 것은 중요한 진전이었다. **컴파일러**(compiler)는 고수준 언어로 작성된 프로그램을 직접 실행될 수 있는 기계 지시어들의 나열로 변환시켜준다. '공식 변환(formula translation)'의 줄임말인 포트란은 수학적 표현이 자연스러운 대수적 기호로 표현되도록 해주며, 가령 위의 예는 Q = P + 5이다. 이는 또한 오늘날 프로그래밍 언어에서 당연시되는 많은 특징, 예컨대 루프(loop), 조건 검사, 배열, 초등함수들을 포함했다. 포트란은 거대한 성공을 거두었고, 미국표준협회(American National Standards Institute, ANSI) 표준 포트란 66으로서 표준화된 첫 번째 프로그래밍 언어가 되었다(여기서 숫자들은 표준으로 채택된 해를 나타낸다). 표준화는 언어의 컴파일러 구현 규모를 확장하고 한 시스템에서 다른 것으로의 프로그램 이식성을 지원하는 데 중요했다. 포트란 66은 서브루틴(subroutine)과 함수를 포함하고, 또한 3가지 부동소수점(floating-point) 데이터 유형인 실수, 배정밀도(double precision), 복소수를 지원했다.

서브루틴과 함수는 **서브프로그램**(subprogram)의 예로서, 메인프로그램이나 다른 서브프로그램에서 다양한 입력 인자로 호출될 수 있는 본질적으로 분리된 프로그램을 형성하는 코드의 나열이다.그것은 수학적 계산에서 본질적으로 두 벡터를 더하거나 벡터의 노름(norm)을 찾는 등 기본적인 연산뿐 아니라 다항식의 근을 찾거나 미분방정식을 푸는 등 고차원적인 작업을 압축한다. 서브프로그램의 인자는 최소 두 가지 방식으로 전달될 수 있다. **값에 의한 호출**(call by value)에서는 서브프로그램이 호출될 때 인자가 계산되며 그 값이 서브프로그램 안에 있는 형식적 매개인자에 복사된다. **참조에 의한 호출**(call by reference)에서는 매개인자의 주소가 전달되어 실제 및 형식 매개인자가 동일한 메모리 위치를 효과적으로 공유할 수 있다. 값에 의한 호출과 참조에 의한 호출의 중요한 차이점은, 후자의 경우 서브프로그램 내에서 인자에 일어난 모든 변화는 실제 인자 역시 변화시킨다는 것이다. 포트란에서 모든 매개인자는 참조를 통해 전달된다.

첫 번째 상업적인 포트란 교과서는 1961년 출판된 대니얼 맥크라켄(Daniel McCracken)의 『포트란 프로그래밍 안내서(*A Guide to Fortran Programming*)』이다. 저자는 책에서 오직 몇 개의 프로그램만을 시험해봤다고 적었는데, 기계를 사용하는 비용이 한 시간에 $46이었기 때문이다!

1958년 존 맥카시(John McCarthy)에 의해 발명된 **리스프**(Lisp)는 여전히 널리 사용되는 두 번째로 오래된 언어이다. '목록 처리자(list processor)'의 준말인 그 이름이 암시하듯 리스프는 목록 데이터 구조에 기반을 둔다. 리스프는 **함수형 프로그래밍**(functional programming)에 적합하다. 거기서 프로그램은 온전히 수학적 함수로만 표현되며 (특히, 함수 응용프로그램이 유일한 제어 구조이다) 함수는 '부수적인 효과'를 가지지 않는데, 즉 값을 반환하는 것 외에 아무것도 하지 않는다. 리스프 프로그램은 포트란과 같은 **명령형 언어**(imperative language)로 작성된 것과는 완전히 다르게 보이는데, 특히 다량의 괄호와 접두사 표기법의 사용 때문이다(합 1+2+3은 (+1 2 3)으로 표현된다. 5.4절을 보라). 리스프는 부동소수점 계산에 거의 쓰이지 않지만 기호(symbolic) 계산에는 적합하며, 유명한 이맥스(Emacs) 편집기 프로그래밍 대부분에 쓰인 언어이다. 리스프는 또한 알론조 처치(Alonzo Church)의 람다 계산법(lambda calculus)과의 밀접한 관련성 덕분에 내재적인 수학적 흥미로움도 가진다. '만약-그러면-아니면(if-then-else)' 구조는 리스프에서 처음 등장했다. 리스프는 스킴(Scheme)(특히 교육 목적으로 사용되는)과 커먼 리스프(Common Lisp)를 포함한 다양한 방언도 가지고 있다.

포트란은 임시 변통의 방식으로 개발되었다. 알골60(Algol 60)이라 부르던 다른 언어는 국제 사회의 노력을 통해 1960년에 만들어졌다. 이 언어는 추후 바쿠스-나우르 형식(Backus-Naur form)이라는 형식적 표기로 묘사하였다. 알골 60은 begin과 end 명령으로 경계 지어지는 겹겹이 쌓인 블록들에 바탕을 두고, 변수의 범위(그것이 유효한 프로그램의 영역)는 둘러싸인 블록으로 한정되며, 크기가 프로그램 실행 중에 결정되는 동적 배열(dynamic array)을 허용한다. 이는 1960년대 수학 소프트웨어를 출판하는 '공식적인' 언어가 되었고(특히 1960년에 시작된 저널 《ACM논문집(*Communications of the ACM*)》에서 첫 6년간) 실전에서는 포트란의 강력한 경쟁 상대가 되었다. 하지만 이 언어는 다양한 이유로 인해 결국 성공하지 못했는데, 가령 어떠한 입출력 기능도 정의하지 않았다(고로 이식 가능한 'Hello, world!' 프로그램 작성이 불가능하다). 그럼에도 일부 영향력 있는 초기의 수학 소프트웨어는 알골 60으로 출판되었고, 특히 저널 《수치수학(*Numerische Mathematik*)》의 선형대수 소프트웨어는 이후 1971년『자동계산 편람(*Handbook for Automatic Computation*)』시리즈로 집필되었다. 알골의 1958년 버전에 기반을 둔 조비알(JOVIAL)이라는 언어는 2014년 후반 영국 항공 교통 제어 체계에서 여전히 사용되는 것으로 보고되었다.

알골 60은 이후 언어들에 엄청난 영향을 주었는데, 가령 국제정보처리연합(International Federation for Information Processing)의 그룹에서 설계했고 주로 컴퓨터과학 연구자들의 관심을 끌었던 더 엄밀

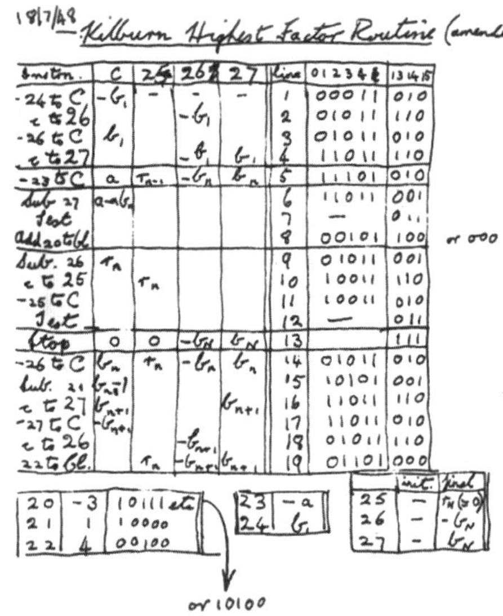

그림 2 프로그램 내장식 컴퓨터를 위한 최초의 프로그램. 1948년 6월 21일 맨체스터의 '베이비(Baby)'에서 처음 실행된, 톰 킬번(Tom Kilburn)의 최대 인자 루틴의 한 버전.투틸(G. C. Tootill)의 공책에서 가져왔다. 저작권:맨체스터 대학교.

하게 정의된 언어인 알골 68(1968)이나 1971년 니클라우스 비르트(Niklaus Wirth)가 출판했고 알골 68보다 더 작고 단순한 언어인 파스칼(Pascal)등이 있다. 파스칼은 구조화된 프로그래밍 개념을 장려했고, 따라서 포트란 66에서 쉽게 나올 수 있는 읽기 어려운 '스파게티 코드'를 피하는 방법을 제공했기 때문에 1980년대 대학가에서 널리 가르쳐졌다. 또한 초기 PC와 매킨토시 컴퓨터에서 컴파일러를 사용할 수 있었던 덕분에 산업에서도 널리 사용되었다. 그러나 파스칼은 수치적 프로그래밍에는 그리 적합하지 않았는데, 특히 그것이 오직 한 유형의 부동소수점 변수(실수)만을 지원했고 지수 연산자가 부재했기 때문이었다.

초기 영향력 있는 교과서는 1967년 출판된 조지 포사이스(George Forsythe)와 클레브 몰러(Cleve

Moler)의 『대수방정식의 컴퓨터 해(*Computer Solution of Algebraic Equations*)』였다. 그것은 정사각 선형연립식 $Ax=b$를 풀기 위해 알골 60, 포트란, PL/I로 작성된 프로그램의 목록을 포함했다. (**PL/I**(1964)는 계산과학에서는 널리 수용되지 않은 거대한 언어였다. 에츠허르 데이크스트라(Edsger Dijkstra)는 "PL/I를 사용하는 것은 조종석에서 조작해야 할 버튼, 스위치, 핸들이 7,000개인 비행기를 조종하는 것과 같다"고 말했다.) 이들 코드는 LINPACK(1979) 라이브러리에서 포트란 선형연립식 해결 프로그램이 된 긴 결과물의 일부였다.

베이직(Basic)은 1964년 다트머스 대학의 존 케메니(John Kemeny)와 토머스 커츠(Thomas Kurtz)가 과학적 배경지식이 없을지도 모르는 학생들에게 프로그래밍을 가르치기 위해 발명했다. 다트머스에서 베이직은 프로그래머가 컴퓨터와 터미널을 통해 상호작용할 수 있는 시간 공유 시스템상에서 사용되었는데, 이는 작업이 펀치 카드에 준비되어 컴퓨터 운영자에 의해 처리되었던 통상적인 시간의 일괄 처리(batch processing)와는 상반되는 것이었다. 베이직의 원형은 일부 측면에서 단순화된 포트란이었고, 오직 하나의 데이터 유형(배정밀도), 자유-형식 입력(free-form input), 모든 할당 이전에 요구되는 키워드 LET, 숫자가 매겨진 행, 목적지가 행의 숫자인 GOTO 명령어를 가졌다. IBM PC를 포함하여 초기의 많은 개인 컴퓨터는 통상 기계의 펌웨어에 베이직의 버전(보통 마이크로소프트 베이직(Microsoft Basic)에 기반을 둔)을 설치하여 제공했다. 1991년 마이크로소프트에서 선보인 **비주얼 베이직**(Visual Basic)은 그래픽 사용자 인터페이스(graphical user interface, GUI) 응용프로그램의 개발을 보조하는 특징들을 포함했고, 닷넷 프레임워크(.NET framework)의 일부로서 여전히 존재한다. 언어는 보통 게임(1970년대 소형컴퓨터에서 비롯된 고전적인 스타트렉(Star Trek) 게임 등)을 작성하는 것과 연관되었지만, 베이직은 수치계산이 가능한 언어였고, 소형컴퓨터에서의 접근성 덕분에 필자를 포함한 많은 이에게 수학 연구와 교육에서 널리 사용되었다. 베이직은 보통 다음 명령으로 넘어가기 전에 소스코드의 각 명령을 번역하고 실행하는, 인터프리터(interpreter)와 함께 구현되었다.

1965년 IBM에서 구현한 언어 APL은 1960년대의 또 다른 발전이었다. 그 이름과 표기 대부분은 1962년 케네스 아이버슨(Kenneth Iverson)의 책 『프로그래밍 언어(*A Programming Language*)』에서 따 왔다. 그것은 연산자와 함수를 나타내는 데 ASCII 아닌 문자를 사용한다는 점에서 특이하며, 주로 수수께끼 같다고 비난받은 아주 간결한 프로그램을 만들 수 있게 해 준다. 바닥(floor)과 천장(ceil) 함수를 위한 표기 ⌊·⌋와 ⌈·⌉는 아이버슨의 책으로부터 유래했고 APL에서 (함수 ⌊와 ⌈로서)사용되었다. 실제로, APL은 '실행 가능한 표기법'으로 설명되었다. APL은 강력한 배열 처리를 가지며 보통 인터프리터를 사용한다. 이것은 한 번도 널리 수용된 적이 없지만 큰 영향을 미쳤고 오늘날에도 여전히 사용된다.

2 근대기

데니스 리치(Dennis Ritchie)의 언어 **C**(1963)는 유닉스(Unix) 운영체제의 주요한 구현에 사용된 탄탄한 언어이다. C는 차례로 단정밀도와 배정밀도에 대응하는 플로트(float)와 롱(long) 부동소수점 데이터 유형을 가진다. C 함수의 인자는 값에 의해 전달되지만, 참조에 의한 호출을 달성하기 위해 포인터(pointer)가 전달될 수도 있다. 구문은 간결하고 강력하다. C는 몇 가지 이유로 인해 놀라우리만큼 성공적이었다. 첫째, 그것의 연산과 유형은 하드웨어에 직접적으로 연결되어, 저수준 시스템 작업을 수행하는 프로그램을 작성하기 쉽게 만들고 컴파일러가 아주 효율적인 코드를 만들 수 있도록 해 준다. 둘째, 1989년에 ANSI/ISO 표준이 만들어져 (그리고 1999년과 2011년에 개정되어) 프로그램의 이식성을 보조했다. 셋째, C는 다른 언어들보다 소유권 연장으로부터 더 자유롭게 남아 있었다.

비야네 스트롭스트룹(Bjarne Stroustrup)의 언어 **C++**(1985)는 사소한 세부 내용을 빼고는 C를 그대로 확장한 후계자이며 더 나은 유형 검사, 유연한 데이터 추상화 메커니즘, 객체지향 프로그래밍(object-oriented programming)에 대한 지원을 추가했다. 데이터 **추상화**(data abstraction)는 프로그래머가 C++에서는 **클래스**(class)라 불리는 사용자 정의 유형을 지정할 수 있게 해주고, 그것이 나타나는 방식과 사용되는 방식을 분리시켰다. 다른 말로, 그것은 유형의 구현 내에서 구현의 세부적인 사항을 감춘다. **객체지향 프로그래밍**은 클래스와 객체의 위계에 바탕을 둔 방법론으로서, 객체란 그것만의 특성을 가진 클래스의 구체적인 실례이다. 객체지향 프로그래밍의 가장 인기 있는 사용들 중 하나는 GUI 개발이다. C++은 또한 템플릿(template)의 사용을 통해 '제네릭 프로그래밍(generic programming)'을 지원하며, 이를 통해 코드 작성에 매개화된 유형을 사용할 수 있다.

컴퓨터 계산 역사의 전반에서, 새로운 프로그래밍 언어가 꾸준히 설계되었고, 예컨대 더 나은 일반 목적 언어를 제공하거나 시스템 프로그래밍 작업 등 특수한 목적에 재단된 언어를 제공하고자 하는 다양한 목적이 있었다.

1995년 썬 마이크로시스템즈(Sun Microsystems)의 제임스 고슬링(James Gosling)에 의해 개발된 **자바**(Java)는 구문이 C++과 비슷하며 널리 사용되는 객체지향 언어이다. 이는 자바 가상 머신(Java virtual machine, JVM)에서 실행될 수 있는 기계-독립 바이트코드(bytecode)로 컴파일되고, JVM은 자바가 사용될 수 있는 각 기계마다 제공된다. 자바의 초기 버전은 서로 다른 기계들에서 부동소수점 연산의 비트별 재현성을 요구했다. 표면적으로는 매력적인 특징이지만, 이는 일반적인 컴파일러 최적화는 물론 확장된 정밀도 레지스터의 사용을 막았다. 이런 과하게 제한적인 부동소수점 의미론은 자바의 추후 버전에서 완화되었지만, 복소수 연산의 부재와 같은 다른 측면이 수치계산에서 그것의 사용을 여전히 방해했다. JVM은 자바 바이트코드가 실행되는 순간 자연 기계 코드로 컴파일되는 **JIT 컴파일**(just-in-time compilation)을 활용한다. JVM은 자바 이상의 중요성을 가진다. **스칼라**(Scala, 2003)와 **클로저**(Clojure, 2007년에 만들어진 리스프의 방언)와 같은 일부 더 최근의 언어는 JVM 바이트코드로 컴파일된다.

C++ 이래 도입된 수많은 언어 중, 계산수학의 관점에서 가장 중요한 것은 귀도 반 로섬(Guido van

Rossum)에 의해 설계된 파이썬(Python, 1991)이다. 파이썬은 **동적 언어**(dynamic language)인데, 즉 인터프리터 언어와 컴파일 언어 사이 어딘가에 놓이면서 후자의 특징을 많이 가진다는 것을 의미한다. 이는 객체지향과 함수형 프로그래밍을 포함한 몇 가지 프로그래밍 패러다임을 지원한다. 계산과학에서 그것의 성공은 핵심 계산과 그래픽 능력을 제공하는 라이브러리(넘피(NumPy), 사이피(SciPy), 맷플롯립(matplotlib)) 그리고 C나 포트란 등 다른 언어로 작성된 요소를 통합할 수 있는 능력에 크게 기인한다. "파이썬으로 전향할 필요 없이 어디에 사용할지만 알면 된다"는 말도 있다. 파이썬은 읽을 수 있는 언어로서 설계되었고, 표현 구문은 C와 유사하다.

여기서 논의되는 가장 새로운 언어는 특히 과학적 고성능 컴퓨터 계산을 위해 설계된 **줄리아**(Julia, 2012)이다. 줄리아는 컴파일된 C 코드에 준하는 속도를 달성하는 동적 언어인데, 어느 정도는 LLVM 컴파일러 기반을 사용하는 JIT 컴파일 덕분이다. 줄리아만의 독특한 특징은 함수가 서로 다른 데이터 유형에서 동작하는 몇 가지 형태로 존재하여, 실행되는 순간 제공된 실제 인자에 따라 적절한 형태가 호출되는 **다중 배치**(multiple dispatch)의 활용이다. 줄리아의 흥미로운 특징 하나는 언어가 생성하는 기저의 어셈블리 언어를 사용자가 볼 수 있게 한다는 것이다. 이런 저수준 동작을 보는 것은 언어가 작동하는 방식과 그 효율성에 대한 더 깊은 통찰력을 준다(그림 3을 보라).

```
In [1]: f(x,y) = x*y
Out[1]: f (generic function with 1 method)
In [2]: @code_native f(3,5)
.text
Filename: In[1]
Source line: 1
        push RBP
        mov  RBP, RSP
Source line: 1
        imul RDI, RSI
        mov  RAX, RDI
        pop  RBP
        ret
In [3]: @code_native f(3.0,5.0)
.text
Filename: In[1]
Source line: 1
        push RBP
        mov  RBP, RSP
Source line: 1
        mulsd XMM0, XMM1
        pop   RBP
        ret
```

그림 3 주피터(Juypter) 노트북 내에서 실행된 짧은 줄리아 세션. 행에서 "In [·]:" 뒤를 따르는 내용은 사용자 입력이다. 함수 f의 정의는 인자의 유형을 지정하지 않는다. 줄리아는 실제 인자가 정수인지(In [2]에서처럼) 아니면 부동소수점 수인지(In [3]에서처럼) 여부에 따라 다른 x86 어셈블러 코드를 생성한다.

포트란 표준은 정기적으로 개정되어 '포트란 xy'로 불리고, 여기서 xy는 77, 90, 95, 2003, 2008이며 표준이 출판된 해와 연결된다. 포트란 77은 만약-그러면-아니면 구조, 개선된 입력/출력, 문자 데이터 유형을 도입했다. 포트란 90은 동적 배열 할당, 배열 연산, 모듈(module)(데이터 패키지화, 파생형(derived type), 서브프로그램, 인터페이스 블록 등을 위한 체계), 재귀적 서브프로그램, 수 조회 함수(numeric inquiry function), 매개화된 내장 형식을 포함했다. 이후 개정들은 객체지향 프로그래밍 및 IEEE 부동소수점 연산에서 예외 처리의 지원, C와의 상호호환성(interoperability)을 도입했다.

3 병렬 처리

위에서 언급된 언어 대부분은 코드의 실행을 병렬로 다룰 수 있는, 다시 말해 계산이 어떻게 쪼개져야 하고 어떻게 동시에 서로 다른 처리장치들에서 실행되어야 하는지 지정하는 기능을 포함하지 않는다. 병렬 계산을 위해 현존 언어의 다양한 확장이 제안되었지만, 일반적으로 확산되거나 장기간 사용되지는 못했다. 병렬 계산에서 널리 사용되는 두 가지 시스템은 분산 메모리 시스템을 위한 **메시지 전달 인터페이스**(Message Passing Interface, MPI)와 공유 메모리 시스템을 위한 오픈 MP(Open MP)이다. 둘 모두 C, C++, 포트란 등의 언어에서 작동할 수 있는 응용프로그램 프로그래밍 인터페이스(application programming interfaces, API)로서 구현된다. 그래픽 처리 장치(graphics processing unit, GPU) 같은 전문적인 장치에서는 병렬 처리를 표현하기 위해 전문적인 언어가 통용되며, 예컨대 엔비디아(NVIDIA) GPU를 위한 **쿠다**(CUDA)와 일반적인 GPU와 혼성 플랫폼을 위한 **개방형 계산언어**(Open Computing Language, OpenCL)가 있다.

4 문제해결 환경

요즈음 계산과학의 거대한 부분은 프로그래밍 언어, 그래픽을 표시하고 상호작용하는 명령어 창, 그래픽을 내보내며 더 일반적으로는 문서를 HTML, PDF, $\TeX$로 출판할 수 있는 기능 등을 제공하는 환경 내에서 이루어진다. 또한 그것은 보통 수치 및 기호적 계산을 섞을 수 있는 기능을 갖고 기본적으로 작업의 결과를 명령어 창에 표시한다. **문제해결환경**(problem-solving environment, PSE)이라는 용어가 그런 체계에 사용되며, 많은 것이 존재한다.

PSE는 상호작용하는 인터페이스와 결합되어 C나 포트란과 같은 편집-컴파일-실행의 순환을 피할 수 있는 동적 언어를 갖는다. 그것은 사용하기 전에 변수의 유형을 정의할 필요가 없는 빠른 코딩을 가능케 한다. 더 나아가, PSE 언어는 보통 전통적인 언어에서 여러 행으로 된 코드, 가령 배열의 가장 큰 원소의 첨수를 찾거나 행렬의 고유체계를 계산하는 명령어에 대응하는 고수준 구조를 포함한다. 작성된 코드의 행 수로 측정되는 프로그래머의 생산성은 언어와 무관하다는 것이 일반적인 통념이므로, 고수준 언어를 사용하면 프로그래머가 주어진 시간 안에 더 많은 것을 달성할 수 있다. 한편 PSE는 대개 컴파일된 언어처럼 코드를 빠르게 실행시키지는 않는다.

가장 오래된 PSE는 **매트랩**(MATLAB)으로, 원래는 1978년 클레브 몰러가 학생들이 EISPACK과 LINPACK 선형대수 프로그램 라이브러리에 쉽게 접근할 수 있도록 포트란으로 작성한 것이다. 매트랩은 C로 다시 쓰여, 1984년 매스웍스(The MathWorks)에서 상용 제품으로 출시되었다. 매트랩의 기본 데이터 유형은 행렬이며, 매트랩은 복소수 연산을 완벽히 지원한다.

매트랩의 흥미로운 특징은 그것의 대부분이 매트랩에서, 매트랩 명령어를 포함하는 M-파일의 형태로 작성되었다는 것이다. 특정 핵심 함수들은 C에서 작성되거나 공급업체에서 제공하는 **기본 선형대수 서브프로그램**(BLAS)[IV.10 §13] 혹은 LAPACK[IV.10 §13]코드를 호출한다. 매트랩 프로그램은 컴파일된 언어에서 동등한 것보다 훨씬 더 짧을 가능성이 크지만, 그러면서도 코드의 성질에 따라 비슷한 속도에서 실행될 수 있다. 코딩의 쉬움과 경제성 그리고 디버깅을 돕는 상호작용하는 인터페이스 덕분에, 매트랩은 보통 C나 포트란 같은 언어에서 아이디어를 구현하기 전에 그것을 개발하고 시험하기 위한 환경인 **원형 제작 도구**(prototyping tool)로 사용된다.

GNU **옥타브**(GNU Octave)는 매트랩의 특징 다수와 대부분 호환되는 구문을 가진 무료 소프트웨어이며, 따라서 주의 깊게 코딩된 프로그램은 매트랩과 옥타브 모두에서 실행할 수 있다. **사이랩**(Scilab)은 매트랩의 또 다른 오픈소스 대안이지만, 옥타브보다는 매트랩과 잘 호환되지 않는다.

메이플(Maple)은 1980년 워털루 대학교에서 개발한 컴퓨터 대수 시스템에서 시작했다. 이것은 이제 워털루 메이플(Waterloo Maple)에서 판매하는 상용 제품이며 PSE의 일반적인 특징 모두를 가진다.

울프럼 리서치 소프트웨어(Wolfram Research Software)의 **매스매티카**(Mathematica)는 1988년 첫 출시 때부터 노트북 인터페이스를 가졌으며 프로그램 코드, 수학이 조판된 결과물, 그래픽을 하나의 창에서 보여준다. 이것은 절차적, 함수형, 규칙 기반, 패턴 기반 프로그래밍 패러다임을 지원한다. 특히 물리학 사회에서 인기가 있다.

R는 통계적 컴퓨터 계산과 데이터 분석을 목표로 삼은, 무료로 사용 가능한 PSE이다. 기고된 수많은 R 패키지는 종합 R 보관 네트워크(Comprehensive R Archive Network, CRAN)에서 찾을 수 있다.

세이지(Sage)는 다른 많은 오픈소스 패키지 위에 만들어진 오픈소스 파이썬 기반 PSE이다. 이것은 브라우저 기반 노트북을 가진다.

프로젝트 주피터(Project Jupyter, 이전에 아이파이썬(IPython)으로 알려진)는 어떠한 프로그래밍 언어에서도 상호작용하는 컴퓨터 계산을 가능케 하는 네트워크 프로토콜, 브라우저 기반 노트북 인터페이스, 노트북을 HTML과 PDF를 포함한 다양한 출력 형식으로 공유하고 변환하기 위한 도구를 포함하는 오픈소스 프로젝트이다. 이로써 주피터 노트북은 줄리아, 파이썬, R, 그 외 언어들을 위한 모든 것을 갖춘 PSE가 된다.

5 프로그래밍 잡동사니

이제 응용수학에 구체적인 관련이 있는 프로그래밍의 서로 다른 다양한 측면에 초점을 맞추도록 하자.

5.1 의사코드

컴퓨터 계산의 초창기에는 1950년대 저널 《계산에 대한 수학적 도표와 지원(*Mathematical Tables and Aids to Computation*)》의 간행물에서 볼 수 있듯이, 논문에 완전한 프로그램 표를 싣는 것이 흔했다. 이런 관행은 이제 흔치 않으며, 특히 웹 상에서 코드를 배포하기 쉬워졌기 때문이다. 이제 인쇄본에서는 바탕이 되는 알고리즘을 **의사코드**(pseudocode)로 나타내는 것이 보통이며, 저자는 비형식적으로 특정 프로그래밍 언어(매트랩이 흔한 예)의 제어 구조와 다른 문법을 빌린다. 좋은 의사코드는 정확도, 간결함, 가독성을 겸비한다. 의사코드의 예시로는 **알고리즘**[I.4]에 관한 글을 보라.

5.2 추상화

추상화의 수학적 개념은 프로그래밍에서 중요한 것

으로 증명되었고, 여기서는 세부 내용의 구현으로부터 개념을 분리하는 것을 지칭한다. 서브프로그램은 입력 인자를 받고, 계산을 수행한 뒤, 출력을 반환한다. 이를 사용하는 프로그래머는 그것이 이루어지는 방식을 알 필요가 없고, 따라서 서브프로그램은 그것이 수행하는 계산의 추상화이다. 추상화는 과정과 데이터 모두에 적용되며 객체지향 프로그래밍에서 온전하게 사용된다.

5.3 수학에서의 영향

수학이 프로그래밍 언어 설계에 강한 영향을 준 와중에, 프로그래밍 언어 역시 수학에 영향을 주었다. 우리는 이미 APL이 천장과 바닥 표기법을 도입했다는 것을 언급했다. 배열 첨자 지정(subscripting)(또는 자르기(slicing)) 표기 `A(i:j, p:q)`는 이제 수치선형대수, 특히 의사코드에서 널리 사용된다(2차원배열 `A`의 `i`에서 `j`행들과 `p`에서 `q`열들이 교차하여 만들어지는 부분배열을 나타내기 위해 알골 68, 매트랩, 그 외 다른 언어들에서 사용된다).

1928년 논문에서, 쿠르트 헨젤(Kurt Hensel)은 $A^{-1}B$를 위해 $A\backslash B$ 그리고 AB^{-1}을 위해 A/B로 표기할 것을 제안했지만 주목 받지 못했다. 클레브 몰러는 독자적으로 이 표기법을 매트랩에 도입했고, 용어 '역슬래시(backslash)'는 이제 보통 행렬방정식을 푸는 의미로 사용된다.

5.4 표현에 대한 표기법

수학에서는 보통 `a+b(c-d)`로 묘사되는 전통적인 **이항 표기법**(infix notation)으로 표현을 적는데, 괄호와 통상적인 선행 규칙으로 연산의 순서를 지정한다. 리스프 및 연관된 언어들에서는 위 표현은

```
+ a * (b (- c d))        (1)
```

로 적히며, 각 산술 연산자 뒤에는 그것의 인자 2개가 따른다. 이런 **접두사 표기법**(prefix notation, 또한 폴란드 표기법(Polish notation)으로도 불리는) 컴퓨터가 분석하기 더 쉽다. 계산은 좌에서 우로 진행되며, 각 연산자의 인자는 재귀적으로 계산되고(실전에서는 스택(stack)을 사용하여), 연산자들에 대해 사전에 알 필요가 없다.

(1)에서의 괄호가 엄격히 필요한 것은 아니지만, 리스프에서는 연산자가 다중 인자를 취할 수 있기 때문에 필수적이다. 가령 `+ 1 2 3`은 `6`으로 계산된다.

역 폴란드 표기법(reverse Polish notation, RPN)에서는 연산자가 피연산항 앞이 아닌 뒤에 따른다(팩토리얼(factorial)의 표현 $n!$처럼). 표현 (1)은

```
a b c d - * +
```

로 적히며, 이는 다시 좌에서 우로 계산되고 변수 `a`와 `b`는 그들을 사용하기 전까지 한쪽으로 치워진다. 데이터와 피연산항을 섞어 표현을 적는 다른 방식은

```
c d - b * a +
```

이다. RPN은 **포스**(Forth)와 **포스트스크립트**(PostScript) 언어 그리고 HP 휴대용 계산기에서 사용된다.

5.5 문법적 특이함과 함정

서로 다른 언어들 사이에는 많은 공통점이 있긴 하지만, 특정 차이점들은 부주의한 프로그래머를 곤란하게 만들 수 있다. 대부분의 언어에서 `x=1`과 같은 단일 등호 기호는 할당을 나타낸다. C와 매트랩에서 같음에 대한 검정은 `if(x==y)`와 같이 이중 등호로 작성된다. 만약 검정이 `if(x=y)`로 작성되면 C에서는 `y`에 `x`를 할당하고 `if` 검정은 `x`가 0이 아니라면 통과될 텐데 왜냐하면 `(x=y)`는 참인 불 표현(Boolean expression)으로서 계산되기 때문이다. 알골과 파스칼은 할당을 위해 `:=`를 사용하지만, 이는 현대 언어에서 흔하지 않다. R은 두 가지 할당 연산자 `<-`와 `=`을 가지며, 오직 전자만이 프로그램 어느 곳에서나 사용될 수 있다. '같지 않음'에 대한 검정은 심지어 더 다양해진다. 매트랩에서는 `~=`, C, R, 파이썬에서는 `!=`, 포트란 77에서는 `.NE.`, 포트란 90에서는 `/=`, 베이직과 파스칼에서는 `<>`이다.

변수를 증가시키는 것은 흔한 연산이며, 보통 `x=x+1`과 같은 명령을 사용해 이루어진다. 일부 언어는 이 연산을 위한 약식 표기를 제공한다. 파이썬에서 `x+=1`이고, C, C++, 자바에서는 `x++`이다.미묘함은 C 코드

```
i = 1; j = 1; a = i++; b = ++j;
```

로 묘사되는데, 그 결과는 `a=1`과 `i=j=b=2`이며 왜냐하면 할당이 `i++`에서는 증가 전에, `++j`에서는 후에 이루어지기 때문이다.

언어마다 다양한 구문의 또 다른 측면은 표현에서 선행되는 연산이다. 언어들 대부분에서 표현 `a*b+c`는 $ab+c$로 해석되지만, 어떠한 연산 선행성도 가지지 않고 언제나 우에서 좌로 계산되는 APL에서는 $a(b+c)$로 해석된다. 하지만, 차이가 가장 흔히 드러나는 것은 관계나 논리 연산자에 대해서이다. `x or y and z` 형태의 표현은(많은 언어에서 |와 & 같은 기호가 `or`과 `and`를 대체하는) 언어에 따라 `x or (y and z)`나 `(x or y) and z`를 의미할 수 있다. 리스프에서는 표현이 반드시 완전한 괄호를 가져야 하므로, 언제나 명확한 수학적 의미를 가진다.

5.6 불

불(Boolean) 혹은 논리 데이터 유형은 가능한 2개의 값, 참과 거짓을 포함한다. 많은 언어는 이들 값을 `true`와 `false`로 나타낸다. 예외로는 리스프(`t`와 `nil`)와 포트란(`.true.`와 `.false.`)이 있다.

C는 불 데이터 유형을 가지지 않고 대신 모든 0 아닌 수치적 값이 참을 나타내며 0이 거짓을 나타낸다고 간주한다. 매트랩에서 논리값은 수치적 표현에서 0(거짓에 대해)이나 1(참에 대해)로 변환되고 이는

```
(exp(x) - 1 + (x == 0)) /(x + (x == 0))
```

과 같은 한 줄 표현에서 유용할 수 있다. 이는 $x \neq 0$이면 $(e^x - 1)/x$ 그리고 $x = 0$이면 $1 = \lim_{x\to 0}(e^x - 1)/x$를 계산하여 0으로 나누는 상황을 피한다.

5.7 배열 저장과 배열 첨자

포트란은 열 우선 순서(column major order)로 배열을 저장하는데, 첫 열의 원소들 뒤를 두 번째 열의 원소들이 따르는 식으로 2차원 배열이 메모리에 순차적으로 저장된다는 의미이다. C와 많은 다른 언

어는 배열을 행 우선 순서(row major order)로 저장한다. 이 차이점은 포트란 코드를 다른 언어에서 호출할 때 불편하다. 효율성을 위해서는 배열의 원소들에 그것들이 저장된 순서로 접근하는 것이 중요하므로 저장 형식을 아는 것은 필수적이다.

프로그래밍 언어는 배열의 시작 첨자에 있어서도 다르다. 예를 들어 포트란과 매트랩에서 배열은 첨자 1부터 시작되며(a(1), a(2), ...), 반면 C와 파이썬에서 첫 첨자는 0이다(a[0], a[1], ...). 적힌 것처럼, 배열 첨자를 위해 사용되는 괄호의 종류는 역시 둥글거나 각지거나 다양할 수 있다는 것에 주의하자. 알고리즘의 수학적 설명은 사용하는 표기에 따라 시작 첨자로 0이나 1 어느 것이나 사용할 수 있다.

배열 자르기에 대한 구문도 역시 언어마다 다르다. 포트란과 매트랩에서는 a(i:j)가 a(i), a(i+1), ..., a(j)를 추출하는 반면, 파이썬에서는 a[i:j]가 a[i], a[i+1], ..., a[j-1]을 추출하여 a[j]가 생략된다. 이 차이점들은 혼란과 버그를 야기할 수 있다. 따라서 그들을 인지하고 주의 깊게 프로그래밍해야 한다.

5.8 복소수 연산

복소수 계산은 응용수학 어디에나 존재한다. 포트란은 가장 초기 버전에서부터 실수와 배정밀도 데이터 유형과 똑같이 a+b*c 같은 표현에 사용될 수 있는 복소수 데이터 유형을 가졌다. 일부 다른 언어에서는 복소수 연산을 구현하는 함수를 작성할 수 있지만 그러면 표현은 cadd(a, cmult(b,c))와 같이 함수 호출들의 나열로 변환되어야 한다. 위에서 언급된 PSE들은 C(1999년 표준에서 도입), C++, 줄리아(허수 단위로 i대신 im을 사용하는), 파이썬(허수 단위로 j를 사용하는)이 그러하듯 모두 복소수 연산을 지원한다.

컴파일러나 인터프리터가 복소수 연산을 가장 정확하고 견고한 방식으로 구현했다고 가정할 필요는 없다. 예를 들어, 만약 복소수의 크기가 $|a+ib| = (a^2+b^2)^{1/2}$로 계산된다면, $|a+ib|$가 유한한 부동소수점 수로 나타날 수 있을 때조차 중간 제곱들의 합이 오버플로(overflow)될 수 있다. $|a| \geq |b|$일 때 $|a|(1+(b/a)^2)^{1/2}$으로 계산하고 $|b| > |a|$일 때 유사한 표현을 사용하면 오버플로의 가능성을 쉽게 피할 수 있다. 복소나눗셈이나 복소초등함수의 계산과 같은 연산은 신뢰성 있게 구현하기 더 어렵다.

5.9 변수 이름

수학에서 변수 이름은 보통 소문자나 대문자인 하나의 그리스나 로마 문자이다. 포트란이 변수 이름으로 하나보다 많은 문자가 가능하도록 한 이래(포트란 77과 이전 버전에서는 문자 6개로 제한되기는 했지만), 다중 문자 이름이 흔하게 되었다. endOfFile이나 EndOfFile(낙타 표기법(camel case)), end-of-file, end_of_file(화분 구멍 표기법(pothole case))에서 묘사되듯이, 긴 변수 이름은 몇몇 단어가 함께 연결되므로 몇 가지 명명 규칙이 도입되었다. 당연히, 어떤 문자가 허용되는지는 언어에 따라 다르다. 긴 변수 이름의 사용은 자동 완성을 해주는 문서 편집기를 통해 더 수월해진다.

5.10 부동소수점 의미 체계

반올림오차(rounding error)의 효과 때문에 부동소수점 연산[II.13]에서는 많은 수학적 관계가 성립하지 않는다. 예를 들어, `(a+b)+c`와 `a+(b+c)`는 일반적으로 반올림 수준만큼 차이 나는 결과를 계산할 것이다. 불행히도, 훨씬 더 미묘한 문제점이 수학적 관계를 와해시킬 수 있다. 인텔(Intel) x86 칩은 64비트 배정밀도 변수의 정확도를 뛰어 넘는 80비트 레지스터를 가진다. 배정밀도 변수 `x`에 할당 `x=1.0/3.0` 이후, 만약 `1.0/3.0`이 임시로 확장된 정밀도 레지스터에 저장되었다면 검정 `if x==1.0/3.0`은 일부 최적화 컴파일러에서 거짓을 반환할 수 있다.

일부 처리 장치는 단일 곱셈-덧셈(fused multiply-add, FMA) 명령어를 제공하여 표현 `x*y+z`를 오직 하나의 반올림오차로 계산한다. 다시 말해, 그 결과는 `x*y+z`의 정확한 값을 목표 정밀도로 반올림한 것이다. 프로그램의 행동은 컴파일러에 따라 미묘한 방식으로 의존할 수 있다. 예컨대 FMA가 사용되면 2차방정식의 판별식 $b^2 - 4ac$는 $b^2 \geq 4ac$일 때 음수로서 계산할 수 있다. 이런 유의 행동은 부동소수점 연산에서 실행된 컴퓨터 프로그램의 엄밀한 정확성 결과를 증명하기 아주 어렵게 만든다.

5.11 부동소수점 매개변수

부동소수점 계산을 수행하는 프로그램은 때때로 부동소수점 연산에 대한 매개변수, 가령 단위 반올림[II.13](보통 수렴성 검정에서) 혹은 오버플로 수준을 사용할 필요가 있다. 포트란과 같은 일부 언어에서는 내부 함수를 통해 이들 매개변수에 직접 접근할 수 있다. 그렇지 않은 언어들에서는 실행 중에 그들을 계산할 수 있는 방법이 있지만, 최적화 컴파일러가 사용되면 그것들을 완전히 신뢰할 수는 없다.

5.12 고정밀도 계산

IEEE 부동소수점 연산 표준은 차례로 약 8개와 16개의 10진 유효숫자를 갖는 단정밀도 및 배정밀도 형식을 정의한다. 대부분의 프로그래밍 언어는 이들 형식에 대응하는 두 가지 부동소수점 데이터 형식을 지원한다. IEEE 표준의 2008년 개정은 128비트 4배정밀도 형식을 추가했고, 이는 약 32개의 10진 유효숫자에 대응한다. 4배정밀도는 하드웨어에서 아직 통용되지 않으며, 따라서 2배보다 더 높은 정밀도의 연산은 현재 반드시 소프트웨어로 이루어져야 한다.

포트란 90과 포트란의 이후 버전에서는 `selected_real_kind` 함수를 통해 다른 정밀도의 가능성을 확인할 수 있다. 만약 컴파일러가 그것을 지원한다면 이는 4배정밀도에 접근할 수 있게 해 준다.

어떠한 정밀도의 부동소수점 연산도 구현하는 수많은 오픈소스 라이브러리가 통용된다. GNU MPFR 라이브러리는 올바르게 반올림된 연산과 수학함수를 제공하는 C 라이브러리이고, 줄리아의 BigFloat 데이터 유형으로 사용된다. GNU MPC 라이브러리는 복소수 연산을 다루기 위해 MPFR 위에 만들어졌다. Mpmath는 모든 정밀도의 부동소수점 연산을 위한 파이썬 라이브러리이다.

고정밀도 연산은, 실험 응용수학[VIII.6]에 포함되고 나쁜 조건의(ill-conditioned) 문제에 대한 정확한 해를 얻기 위한 많은 사용처를 가진다. 수치알고리즘을 개발하고 시험하는 개발자에게, 고정밀도는 알고리즘의 정확도를 시험할 수 있도록 기준이 되는 해를 계산하는 방법을 제공한다.

5.13 유형

프로그래밍 언어의 미묘한 문제점 상당수는 변수나 표현의 데이터 유형(정수, 부동소수점, 논리, 문자열 등)을 맴돈다. C와 자바 같은 일부 언어는 변수에 할당을 하기 전에 그것의 유형이 반드시 명시적으로 선언되어야 한다. 예를 들어, C에서 명령 `double x =1.1`은 x가 배정밀도 변수이며 그것에 값 1.1을 준다는 것 모두를 선언한다. 일부 언어에서는 변수 유형의 지정이 선택 사항이거나 전혀 가능하지 않다. 포트란은 암시적 유형화를 사용한다. 즉, 유형이 지정되지 않으면 변수의 첫 문자에 따라 기본 유형이 할당된다(i에서 p까지는 정수 그렇지 않다면 실수). 하지만, `implicit none` 명령으로 이 암시적 유형화 기능을 끄는 것이 좋은 습관으로 간주된다. PSE는 할당 시점에서 유형을 결정하는 경향이 있다.

변수나 표현의 유형은 프로그램의 실행 중간에 고쳐지거나 바뀔 수 있다. 예를 들어, 일부 언어는 문자열에 수를 더하는 것을 허용하고 결과를 문자열이나 수로 정의한다. 보통 약하게 유형화된(weakly typed)과 강하게 유형화 된(strongly typed)이 이런 맥락에서 언어의 유형 체계를 특징짓는 데 사용되지만, 이들 용어가 일반적으로 받아들여지는 정의는 아니다.

유형 체계는 적어도 두 가지 주요한 방식으로 프로그램에 중요한 영향을 준다. 첫째, 많은 프로그램 오류는 변수(또는 상수)가 올바르지 않은 유형을 가진다는 것에 기인한다. 풍문에 따르면 1960년대 NASA 로켓의 손실은 로켓을 제어하는 포트란 66 소프트웨어가 의도했던 `DO 10 k = 1,3`이 아닌 `DO 10 k = 1.3` 형태의 행을 가져 루프가 시작됐기 때문이라고 한다. 포트란 66 소스코드에서는 띄어쓰기가 중요하지 않기 때문에, 후자에서 쉼표 대신 마침표로 오타를 낸 것은 포트란 컴파일러가 이를 변수 `DO10k`에 1.3을 할당하라는 것으로 해석하게 만들었고, 포트란의 암시적 유형화에 의해 변수 `DO10k`는 실수형으로 생성되었다.

유형 체계의 두 번째 영향은 효율성과 연관되는데, 어떤 코드가 실행되는 속도는 컴파일러나 인터프리터가 변수들의 유형에 대해 얼마나 많이 알고 있는지에 의존할 것이기 때문이다. `x*y`를 계산할 때 실행 중간 반드시 x와 y의 유형을 확인해 정수 곱셈이나 부동소수점 곱셈 명령어 중 무엇을 사용할 것인지 결정해야 한다면, 응당 그래야 할 것보다 훨씬 느려질 것이다. 그림 3은 이 점을 묘사하지만, 이 경우 결정은 컴파일 시간에 이루어져 효율성의 손실은 없다.

5.14 복잡도 분석

코드의 복잡도를 위한 몇 가지 측도가 제안되어 왔다. 그들은 버그의 확률, 시험의 어려움, 코드 유지의 비용을 추정하는 데 사용될 수 있다. 측도는 함수, 서브루틴, 프로시저 등 개별 구성요소에 적용되며, 거대한 복잡도 측정은 구성 요소를 더 작은 조각들로 쪼개서 줄일 수 있다.

가장 단순한 측도는 소스코드의 실행 가능한 행 수이다. 코드의 순환 복잡도(cyclomatic complexity) 혹은 맥카비 복잡도(McCabe complexity)는 결정이나 분기를 포함하지 않는 코드의 블록을 나타내는 꼭짓점과 그들 사이의 분기에 대응하는 변으로 이루어진 **유향그래프**[II.16]를 사용하여 정의된다. 순환 복잡도는 공식 변 - 꼭짓점 + 2로 결정되며, 술어(논리적 검정)의 개수 더하기 1과 같다는 것이 밝혀졌다. N경로 측도(Npath metric)는 코드에서 가능한 실행 경로들의 개수이며, 이는 순환 복잡도보다 훨씬 클 수 있다.

이들 측도를 계산하려면 도구가 필요하다. 매트랩에서는 함수 checkcode가 순환 복잡도를 계산한다.

5.15 소스코드 형식화

수학자들은 종이 위에 적힌 수학을 배치하는 방식에 있어 완전히 자유로운 것에 익숙하다. 프로그래밍 언어가 소스코드의 형태에 관해 규정하는 정도는 다양하다. 대부분은 오직 몇 가지 제한만 부과하며, 주석을 제거하고 (필요하다면) 명령 분리자를 추가하여 프로그램 블록을 하나의 아주 긴 행으로 접을 수도 있다. 컴퓨터의 메모리가 적다면, 때때로 그러한 변형은 복귀 및 개행 문자 저장을 절약하기 위해 이루어질 수 있다. 어떤 경우에는 보안상의 이유로 코드의 목적을 숨기기 위해 더한 코드 혼란을 만들 수도 있다.

포트란 77에서는 반드시 코드가 열 7에서 72 사이에 놓여야 하며, 열 1~5는 명령 숫자들을 위해 예약되었고 열 6은 연속 행을 나타낸다. 이런 제한은 초기 컴퓨터에서 프로그램을 입력하기 위해 사용되었던 펀치 카드에서 유래했으며 포트란 90에서는 제거되었다.

일부 문서 편집기는 편집하는 언어에 맞춘 자동 들여쓰기, 그리고 가독성을 위해 코드를 형식화하거나 특정한 출판 서식을 부여하기 위해 사용할 수 있는 멋진 다양한 출력 도구를 제공한다. 그러한 도구의 사용은 디버깅을 돕고 diff 명령어를 통한 프로그램의 서로 다른 버전 비교를 더 간편하게 해 준다. 파이썬은 if 명령, for 루프, while 루프 등을 정의하기 위해 들여쓰기를 사용한다는 점에서 독특하며, 언어 대부분은 코드 블록의 경계를 위해 중괄호, 대괄호, 키워드를 사용한다.

5.16 가독성

보통 코드 조각을 작성하는 여러 가지 방법이 있다. 코드의 길이, 효율성, 이해 가능성 사이에서 균형을 맞추어야 한다. C++에서, 정수 변수 n에 대한 표현 2*n+1은 n<<1|1로 계산할 수 있는데, 여기서 <<은 좌 비트-이동(bit-shift) 연산자이며 |는 비트 or이다. 하지만 후자의 형태는 상당히 수수께끼 같으며 좋은 컴파일러에서는 전자의 것보다 더 빠르지도 않을 것이다.

가끔은 몇 가지 값 사이에서 변수가 순환하도록 만들 필요가 있다. 값들이 0과 1이라면 할당 n=1-n은 그들 사이를 뒤집으며 할당의 목적은 합리적으로 분명하다. 반면, n이 차례로 값들 1, 2, 3을 취하도록 만들고 싶다고 가정하자. 만약 $p(1)=2$, $p(2)=3$, $p(3)=1$인 다항식 p를 찾을 수 있다면 할당 n=p(n)이 효과가 있을 것이다. 그러한 p는 주어진 데이터의 다항식 보간자[I.3 §3.1]이고, 가장 낮은 차수의 p는 2차식 $p(x)=-\frac{3}{2}x^2+\frac{11}{2}x-2$이다. 하지만 p를 이용한 할당의 목적은 분명치 않으며 그것이 올바

른지 확인하는 것은 자명하지 않다. 다음 형태의 if 명령

```
if n == 1
   n = 2
elseif n == 2
   n = 3
else
   n = 1
end
```

는 더 꾸밈 없는 방식으로 일을 해낸다. 또 다르게는, 그 목적을 주석으로 보충하면서 n을 (nmod 3) + 1로 대체하는 것도 사용할 수 있다.

5.17 구조적 프로그래밍

포트란의 go to 명령은 프로그램의 어디든 표기된 명령으로 뛰어넘을 수 있다. 1968년 에츠허르 데이크스트라는 저널 ACM논문집의 편집자에게 서신을 보내, 포트란 66 프로그램에서 아주 흔했던 go to 명령의 사용은 나쁜 프로그래밍 습관을 나타낸다고 주장했다. 그 서신은 「유해하다고 여겨지는 go to 명령」이라는 제목으로 출판되었다. 그 후 **구조적 프로그래밍**(structured programming)의 개념이 유행하기 시작했다. 구조적 프로그래밍은 특정한 표준 제어 구조와 프로그램의 모듈식 구성을 함께 사용함으로써 이해와 수정을 용이하게 만드는, 프로그램의 논리적 구조를 강요한다. 도널드 크누스(Donald Knuth)가 1974년 출판한 「go to 명령이 있는 구조적 프로그래밍」이라는 제목의 긴 논문은 go to 명령의 찬반에 대한 균형 잡힌 분석을 보여 준다.

5.18 문학적 프로그래밍

1980년대 크누스는 **문학적 프로그래밍**(literate programming)의 개념을 옹호했는데, 거기에서 문서는 소스코드와 코드 문서화의 결합이며(TEX 형태로 된), 코드와 문서화 모두 이로부터 생성될 수 있다. 이 방식은 그가 TEX 및 연관된 프로그램을 자신의 WEB 시스템(이후 등장한 월드와이드웹(World Wide Web)과는 전혀 관련이 없다)으로 작성할 때 큰 영향을 주었다. 오늘날 문학적 프로그래밍은 주로 두 가지 형태로 사용된다. 첫 번째 형태에서, 문서화는 프로그램의 소스코드의 주석 행으로 삽입되며 이를 HTML, PDF 등으로 추출하기 위해 문서화 생성 도구가 사용된다. 두 번째 형태에서 문서는 논문에 필요한 계산 실험을 수행하는 코드를 포함하고, 분리된 '전처리기'가 코드를 실행하여 그 결과(수 혹은 그래픽)를 다시 소스 문서에 삽입한다. 이 방식은 **재현 가능 연구**[VIII.5]를 촉진하며 보통 R와 파이썬에서 통용되는 '엮기(weave)' 도구나 이맥스의 Org 모드로 이루어진다.

5.19 상호 호환성

상호 호환성은 한 언어로 작성된 프로그램을 다른 언어로 작성된 프로그램에서 호출할 수 있는 가능성을 지칭한다. 역사적으로, 통용되는 상호 호환성의 수준은 사용하는 운영체제와 컴파일러와 더불어 언어들 그 자체에도 의존했다. 교차-언어 호출이 가능할 때조차 주의해야 할 함정이 있는데, 가령 서로 다른 언어에서 다차원 배열을 저장하는 방식이 어

쩌면 다를 수 있다(5.7절을 보라). 혼합-언어 프로그래밍을 향한 강한 기류가 있으며, 상호 호환성을 염두에 두고 설계된 C++, 줄리아, 파이썬과 같은 언어, 다른 언어로 호출하거나 호출될 수 있는 PSE의 기능 지원, 동일한 가상머신에서 만들어진 언어(가령 자바, 스칼라, 클로저)를 통해 장려된다.

5.20 특정 영역 언어

특정 영역 언어(domain-specific Languages, DSL)는 특정 문제 영역에 초점을 맞춘 언어이며, 그 예로는 웹페이지를 위한 HTML, 데이터베이스를 위한 SQL, 수학적 조판[VIII.4 §1]을 위한 $\TeX$를 들 수 있다. DSL의 중요한 혜택은 그것이 문제 영역의 정보를 온전히 활용하는 고수준 추상화에서 프로그래밍을 할 수 있게 해주며, 따라서 문제의 해법을 전달하는 데 걸리는 총 시간을 줄여준다는 것이다.

응용수학은 다양한 DSL을 가지며, 그들은 보통 코드 생성 과정의 일부로서 기호적 조작을 포함한다. **일반 대수적 모형화 체계**(General Algebraic Modeling System, GAMS)는 수학적 최적화를 위한 고수준 모형화 체계이다. 이는 몇 가지 다른 유형의 최적화 문제를 지정할 수 있는 DSL을 포함한다. DSL 상당수는 편미분방정식을 풀기 위한 소프트웨어와 연관된다. 예를 들어, FEniCS 프로젝트를 위한 **통합 형태 언어**(Unified Form Language)는 파이썬 모듈로서 구현된, 유한요소 이산화를 위한 DSL이다.

그래프를 그리기 위한 DSL도 풍부하며, 심지어 다른 DSL 위에 만들어지기도 한다(예컨대 $\LaTeX$의 다양한 그래픽 패키지).

표 1 2015년 2월 TIOBE 프로그래밍 커뮤니티 지수에서 발췌. 클로저, 포스, 매스매티카, 오픈CL은 모두 51~100위권에 머물고 있다.

언어	순위
C	1
Java	2
C++	3
Python	8
Visual Basic	9
MATLAB	17
R	18
Pascal	19
PostScript	24
Fortran	31
Lisp	32
SCheme	38
Scala	41
PL/I	45

5.21 언어들 간 번역

수학에서는 서로 다른 표기법들 사이의 번역이나 한 공간이나 기저에서 다른 것으로의 이동이 익숙하다. 어떤 프로그램의 행동을 변화시키지 않으면서 한 언어에서 다른 언어로 변형될 수 있는지 묻는 것은 자연스럽다. 이를 원하는 한 가지 이유는 수년 전에 작성되었지만 오늘날에도 여전히 사용되는 프로그램(레거시 코드(legacy code))을 더 현대적인 언어로 변환하기 위함이다. 그러한 번역 도구가 존재하지만, 그것은 표준적인 도구라기보단 필요에 의해 사용된다. 1990년대 벨 연구소(Bell Labs)에서 작성한 f2c라 불리는 도구는 포트란 77 코드를 C로 변환할 수 있지만, 그 결과 나오는 코드를 사람이 읽을 수 있도록 의도하지는 않았다. 포트란을 C++로 변환하여 더 읽을 수 있는 코드를 생성하는 더 현대적인 도구들도 존재한다.

5.22 언어의 인기

한 가지 흥미로운 질문은 무엇이 가장 인기 있는 프로그래밍 언어인가이다. 이 질문은 정확하게 정의하기 어려울뿐더러 답하기도 어렵다. 한 가지 시도는 TIOBE 프로그래밍 커뮤니티 지수(Programming Community Index)(www.tiobe.com)로 이루어지며, 한 달에 한 번 인기 있는 검색엔진들을 통해 검색되는 '전세계의 숙련된 공학자, 강의, 제3공급업체의 수'에 기초해 생성된다. 표 1은 이 글에서 언급된 언어 대부분의 순위를 보여 준다. 이들 순위는 상당히 불안정하며 너무 진지하게 받아들여져서는 안 되지만, 포트란과 리스프같이 오래된 언어가 여전히 더 어린 상대들과 경쟁한다는 것은 흥미로운 결과이다.

5.23 미래의 언어

오래된 농담에 따르면 "우리가 50년 동안 어떤 언어를 사용할지는 알 수 없지만, 그것은 포트란이라 불릴 것이다." 포트란은 1960년대부터 공격을 받았지만, 앞서 5.22에서 보았듯 사라질 기미를 보이지 않는다. 포트란 표준의 잦은 개정은 언어를 최신으로 유지시켰지만, 반면 거대한 양의 레거시 코드는 많은 응용프로그램에서 다른 언어로 전환하는 것이 어렵거나 불가능하다는 것을 의미한다. 언어와 컴파일러의 향상된 상호 호환성은 LAPACK이나 상용 NAG 라이브러리 등 컴파일된 포트란 라이브러리의 바이너리를 다른 언어, 심지어 엑셀 스프레드시트(Excel spreadsheet)에서도 손쉽게 불러올 수 있게 해 준다. 미래에는 아마도 내재적으로 여러 언어를 사용할 것이며, 프로그램은 예컨대 C++이나 파이썬 같은 현대 언어로 작성되고 C, 포트란, 아니면 제조사에 의해 특정 처리 장치에 적합한 어셈블리 언어로 작성된 커널을 호출할 것이다.

한 가지 확실한 것은, 새로운 언어들이 각각 이전 언어들의 가장 좋은 특징을 하드웨어 및 소프트웨어 발전과 함께 퍼진 새로운 아이디어와 결합하고자 계속해서 개발될 것이라는 점이다. 하지만 언어 설계자들이 과거의 교훈을 기억하고, 알골 60에 대해 토니 호어(Tony Hoare)가 했던 발언을 고민해보는 것은 중요하다. "여기에 시대를 너무나 앞서가서 이전의 것뿐만 아니라 이후의 거의 모든 것보다 뛰어난 언어가 있다."

더 읽을거리

다음 목록은 아주 선별적이며 그저 추가적인 탐구를 위한 시작점을 제공한다.

아벨슨(Abelson)과 수스먼(Sussman)(1996)은 추상화나 구문 상 재귀 같은 아이디어를 강조하는 스킴에 기반을 둔 고전적인 프로그래밍 개론이다.

멧칼프(Metcalf, 2011)에 따르면, 여러 개정과 함께 장수한 포트란의 역사는 프로그래밍 언어의 역사를 비추는 프리즘을 제공한다.

컴퓨터협회(Association for Computing Machinery)의 튜링상(Turing Award)은 수학의 필즈상(Fields Medal)처럼 컴퓨터과학에 매년 주어지는 상이다. 첫 20년 수상식의 강연을 엮은 책은 프로그래밍 언어에 대한 통찰로 가득하다. 그것은 글에서 언급된 이들 중에서는 바쿠스, 데이크스트라, 아이버슨, 크누스, 맥카시, 리치, 비르트의 강연을 포함한다.

저널 《IEEE 컴퓨터역사연보(*IEEE Annals of the*

History of Computing)》는 프로그래밍 언어(그리고 컴퓨터 계산)의 역사에 대한 훌륭한 출처이다.

Abelson, H., and G. J. Sussman. 1996. *Structure and Interpretation of Computer Programs*, 2nd edn. Cambridge, MA: MIT Press.

ACM. 1987. *ACM Turing Award Lectures: The First Twenty Years*, 1966-1985. Reading, MA: Addison-Wesley.

Bentley, J. L. 1988. *More Programming Pearls: Confessions of a Coder*. Reading, MA: Addison-Wesley.

Kernighan, B. W., and P. J. Plauger. 1978. *The Elements of Programming Style*, 2nd edn. New York: McGraw-Hill.

Kernighan, B. W., and D. M. Ritchie. 1988. *The C Programming Language*, 2nd edn. Englewood Cliffs, NJ: Prentice-Hall.

Knuth, D. E. 2003. *Selected Paper on Computer Languages*. Stanford, CA: Center for the Study of Language and Information.

Metcalf, M. 2011. The seven ages of Fortran. *Journal of Computer Science and Technology* 11(1): 1-8.

Stroustrup, B. 2013. *The C++ Programming Language*, 4th edn. Upper Saddle River, NJ: Addison-Wesley.

VII.12 고성능 컴퓨터 계산

잭 돈가라 Jack Dongarra

1 역사적 개요

지난 40년을 돌아보면, 고성능 컴퓨터 계산(high-performance computing, HPC)은 공급 업체, 아키텍처, 기술, 알고리즘, 소프트웨어, 시스템 사용에서의 급격한 변화로 특징지을 수 있다. 이런 모든 변화에도 불구하고, 초당 플롭(flop)*의 수로 측정되는 성능은 꾸준히 발전했다. 이런 맥락에서 보통 인용되는 것은 무어의 법칙(Moore's law)으로서, 집적회로 위 트랜지스터의 개수는 매 2년마다 대략 두 배 증가한다고 서술된다. 그림 1은 지난 60년간 다양한 컴퓨터, 각 시대 슈퍼컴퓨터 모두의 최대 성능을 그래프로 그렸고, 성능에 대한 무어의 법칙이 현대 컴퓨터의 거의 전체 수명에서 얼마나 잘 성립하는지 보여준다.

전체 벡터에서 한 번에 연산을 수행할 수 있는 벡터 컴퓨터(vector computer)가 1970년대에 최초로 성공했던 것은 순전한 성능 덕분이었다. 이런 유형의 컴퓨터 시스템이 도입된 것은 현대 슈퍼컴퓨터 시대를 열었다. 1980년대에는 표준 개발 환경과 응용 프로그램 소프트웨어 패키지의 통용이 더욱 중요해졌다. 성능에 더해, 이들 기준은 특히 산업 소비자들 사이에서 다중 처리 장치 벡터 시스템의 성공을 결정했다.

엄청난 수의 처리 장치 사이에서 작업을 공유하

* 플롭 하나는 기본적인 부동소수점 연산 하나, 곧 덧셈, 뺄셈, 곱셈, 나눗셈 중 하나이다.

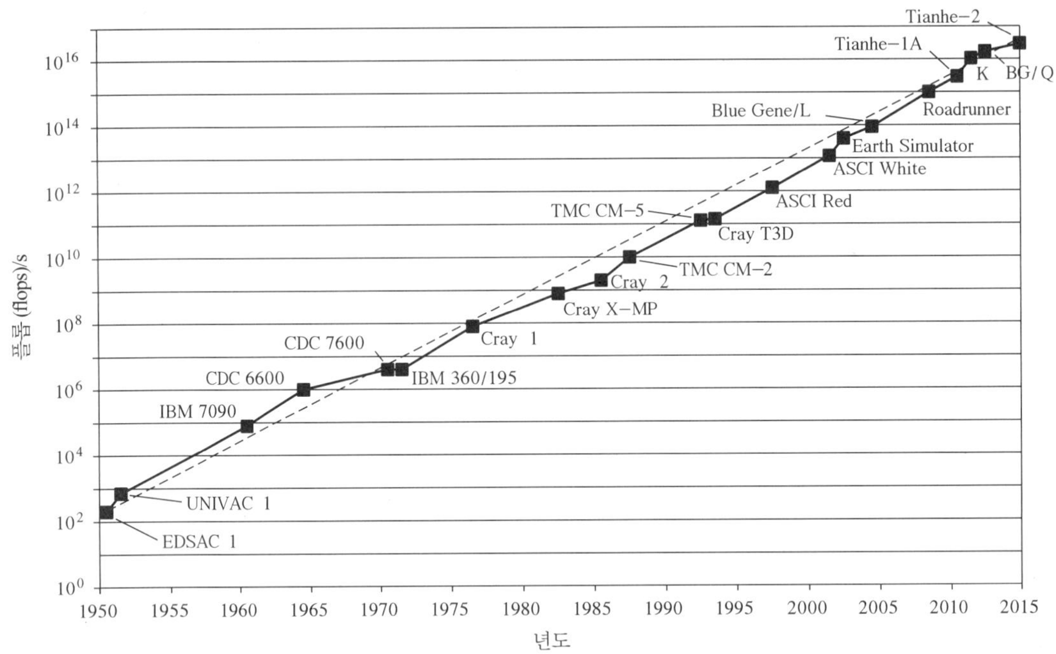

그림 1 지난 60년간 가장 빠른 컴퓨터 시스템의 최대 성능.

는 대규모 병렬 컴퓨터(massively parallel computer)는 더 나은 가격 대비 성능으로 인해 1990년대 초 성공을 거두었고, 이는 '규격화된' 소형 처리 장치의 성능을 향상함으로써 가능하게 되었다. 1990년대 중반 시장의 더 아랫부분과 중간 가격의 시스템에서는, 대규모 병렬 처리 컴퓨터가 소형 처리 장치 기반 대칭적 다중처리 시스템(microprocessor-based symmetric multiprocessing system, 동일한 처리장치들이 동일한 메모리를 공유하는 시스템)으로 대체되었다. 심지어 아주 최첨단 시스템에서조차 소형 처리 장치 기반 대칭적 다중 처리 시스템이 성공했던 것은 2000년대 초 클러스터(cluster) 개념 등장의 기반이 되었다. 십 년의 첫 절반 동안 개인 컴퓨터 및 워크스테이션의 클러스터는 많은 응용 분야에서 유행하는 아키텍처가 되었다. 그러나 일본 지구 시뮬레이터 벡터 시스템(Japanese Earth Simulator vector system, 2002)이 많은 과학적 응용은 서로 다른 컴퓨터 아키텍처로부터 큰 혜택을 받을 수 있다는 것을 보여주었고, 과학 HPC 사회 내에서 새로운 아키텍처와 새로운 프로그래밍 패러다임에 대한 흥미를 다시 일으켰다.

상용 부품으로 구성된 하이브리드 설계를 활용하는 로스앨러모스 국립연구소(Los Alamos National Laboratory)의 IBM 로드러너(IBM Roadrunner) 시스템은 2008년 6월에 페타플롭(petaflop, 초당 10^{15} 플롭) 한계를 돌파했다. 그 다음 주요 목표는 페타 수준에서 1,000배 증가한 엑사(exa) 수준의 컴퓨터 계산(초당 10^{18} 플롭)으로서, 2020년 전에는 달성할 수 없을 것이라 예상된다.

2 도전

과학의 중요성은 과학적 모형을 이끌었고, 모형은 알고리즘의 형태로 구현된다. 알고리즘 선택은 다양한 기준에 바탕을 두는데, 가령 정확도, 검증, 수렴성, 성능, 병렬 처리, 확장성을 고려한다. 모형 및 연관된 알고리즘은 독립적으로 선택되는 것이 아니라 반드시 현존하는 컴퓨터 하드웨어 환경의 맥락에서 평가되어야 한다. 한 종류의 컴퓨터 하드웨어에서 잘 작동하는 알고리즘이 더 새로운 하드웨어에서는 구식이 될 수도 있기 때문에, 선택은 반드시 주의 깊게 이루어져야 하고 시대에 따라 변해야 한다. 엑사 수준 컴퓨터로의 발전은 최소한 두 가지 영역에서 알고리즘에 막대한 부담을 지울 것이다. 효율적인 계산을 수행하기 위해 데이터 지역성(data locality)을 증가시켜야 하고, 최첨단 시스템이 지원하는 계산 스레드의 수가 증가함에 따라 훨씬 높은 수준의 잘 다듬어진 병렬 처리를 얻어야 한다. 그 결과 병렬 알고리즘은 반드시 이런 환경에 조정되어야 하고, 새로운 알고리즘 및 구현은 반드시 새로운 하드웨어의 계산 능력을 활용하도록 개발되어야 한다. 현재의 하위-페타 수준과 페타 수준에서 엑사 수준 컴퓨터로의 전환은, 못해도 1990년대 벡터에서 병렬 컴퓨터로의 전환만큼 문젯거리가 될 것이다.

이제 HPC의 사용 앞에 놓인 몇몇 구체적인 도전을 설명하겠다.

2.1 다중코어 아키텍처를 위한 새로운 알고리즘

하나의 칩이 코어라 불리는 2개 이상의 독립적인 처리 장치를 포함하는 다중코어 처리 장치(multicore processor)는 이제 데스크탑에서부터 HPC에 이르기까지 어디에나 존재한다. 확장 가능한 다중코어 시스템은 계산에 비례하여 소통의 비용을 증가시킬 것이다. 한 노드(하나의 다중코어 처리 장치) 내에서 코어들 간 데이터 전송은 상대적으로 비싸지 않지만, 노드들 사이에서 데이터 전송의 비용은 아주 커지게 된다. 이런 경향은 통신-회피 알고리즘(communication-avoiding algorithm)(2.4절을 보라), 동시 계산과 통신을 지원하는 알고리즘, 잘 벡터화하며 거대한 함수형 병렬 처리를 가진 알고리즘 등 새로운 접근방식으로 처리할 수 있다.

2.2 작업량 불균형에 대한 적응형 반응

적응형 다중척도 알고리즘(adaptive multiscale algorithm)은 많은 응용에서 중요한 부분을 차지하는데, 계산 능력을 꼭 필요할 때만 사용하기 때문이다. 하지만 작업의 분포는 정적이므로 그것이 도입하는 동적으로 변화하는 계산은 처리 장치 작업량 불균형을 야기한다. 수십억 개의 처리 장치를 갖는 시스템으로 발전하고 있으므로, 심지어 균일한 하드웨어 위에서 자연스럽게 작업량 균형이 맞추어진 알고리즘조차 오늘날 적응형 코드에서 발견되는 적응형 작업량 균형화와 동일한 많은 위협적인 문제를 보여 줄 것이다. 예를 들어, 고장 허용도(fault tolerance)나 에너지 관리를 위한 소프트웨어 기반 복원 체계는 이전 상태로 되돌리거나 검출된 오류를 수정함으로써 작업들이 지연됨에 따라 상당한 작업량 불균형을 만들 것이다. 비순환 유향그래프(directed acyclic graph)에 기반을 둔 일정 관리 역시 공간적 지역성을 약화시키지 않으면서 리소스 활용을 최적화하는 새로운 방식을 필요로 한다. 이들 도전은 변화하는 작업량과 운영 환경의 조건에 대응하여 동적으로 계산의 균형을 맞추기 위한 정교한 소프트웨어 방식의 개발과 배치를 요구한다.

2.3 다중정밀도 알고리즘과 소프트웨어

라이브러리의 적응적 성질이 증가한다는 것의 한 사례는 혼합정밀도 연산의 존재를 인식하고 활용할 수 있는 능력이다. 동기 부여는 현대 아키텍처에서 32비트(단정밀도) 부동소수점 연산이 64비트(배정밀도) 연산보다 최소한 두 배 빠르게 실행될 수 있다는 사실에서 주어졌다. 선형연립식을 풀거나 고윳값 또는 특잇값을 계산하는 알고리즘의 성능은 주어진 방법을 단정밀도에서 적용한 뒤, 결과의 정확도를 단정밀도에서 배정밀도로 높이기 위해 **반복적 정제**[IV.10 §2]의 몇 단계를 배정밀도에서 사용하면 현저하게 향상될 수 있다. 이 기법은 통상적인 처리장치뿐 아니라 그래픽 처리장치 같은 다른 기술에도 적용될 수 있으며, 따라서 혼성 하드웨어를 더 효과적으로 활용할 수 있다. 혼합정밀도의 사용은 단정밀도 연산의 더 빠른 속도와 더불어 64비트 혹은 배정밀도 배열과 비교했을 때 32비트 혹은 단정밀도 데이터에서는 필요한 저장공간과 메모리에서 이동해야 할 정보의 양이 줄어든다는 사실도 활용한다.

2.4 통신-회피 알고리즘

알고리즘 복잡도는 보통 메모리 내에서 데이터 이동의 양이 아닌 수행되는 연산의 수로 표현된다. 하지만 현대 시스템에서 메모리 이동은 계산의 비용과 비교했을 때 점차 비싸지고 있다. 이에 따라 계산의 양을 과도하게 증가시키지 않으면서 통신을 최소한으로 줄이는 알고리즘을 개발할 필요성이 생긴다. 일반적인 접근 방식은 병렬 순차적 기계에서 다양한 조밀하고 희소한 선형대수 알고리즘에 대해 대역폭(bandwidth)과 지연(latency) 하계를 유도하는 것이다. 예컨대 통상적인 $O(n^3)$ 행렬곱셈 알고리즘의 잘 알려진 하계를 확장한 뒤, 이 하계를 (거의) 달성하는 새로운 알고리즘을 찾고자 하는 것이다. 통신-회피 알고리즘의 연구는 초기 단계에 있지만, 이미 새로운 알고리즘 아이디어와 방식을 이끌고 있다.

2.5 자동 조정

수치라이브러리는 좋은 성능, 에너지 효율성, 작업량 균형 등을 달성하기 위해 어쩌면 혼성인 환경에서도 작동할 수 있게 조정되어야 한다. 목표는 규모 및 처리 장치의 이질성과는 상관 없이 사용자에게는 변함이 없으면서도, 환경에 따라 다른 내부 코드를 연결해 좋은 성능과 효율성을 달성하는 일관된 라이브러리 인터페이스를 제공하는 것이다. 추가적으로, 자동 조정은 데이터 배치(가령 희소행렬 커널(sparse matrix kernel)에 대한 블로킹(blocking) 전략), 스텐실 자동 조정(고정된 패턴에 따라 배열 원소들을 갱신하는 스텐실 커널(stencil kernel)은 방대하며 라이브러리 호출을 잘 따르지 않기 때문에), 심지어 다중격자 해결 프로그램(multigrid solver)을 위한 최적화 전략의 조정까지 최적화할 수 있으며 라이브러리의 한계를 뛰어 넘는 구조까지 확장될 수 있어야 한다. 시행착오 탐색 기법을 추가하고 그것을 전통적인 컴파일러 기법과 결합하면 일반적인 문제를 다루는 능력이 향상될 것이다.

2.6 거대 규모 시스템의 고장 허용도와 견고함

현대 개인 컴퓨터는 재부팅 없이 수주 동안 실행될 수 있으며 대부분의 데이터 서버는 수년 동안 실행되리라 기대된다. 하지만 오늘날의 슈퍼컴퓨터는 그 규모와 복잡성 때문에 재부팅이 필요하기 전까지 오직 며칠 동안만 실행된다. 고장 허용도에서 주요한 난점은, 처리 장치가 수백만 개인 극단적인 규모의 시스템에서 고장은 예외적인 사건이라기보다 연속적이라는 점이다. 이는 현재 소프트웨어 기반 구조로부터 커다란 변화를 요구한다. 오늘날의 슈퍼컴퓨터에서 매 고장은 영향을 받은 리소스에서 실행되는 모든 응용프로그램을 종료시킨다. 이 응용프로그램은 처음부터 혹은 마지막 체크포인트에서부터 다시 시작되어야 한다. 체크포인트/재시작 기법은 고도의 병렬 시스템으로 확장되지 않는데, 왜냐하면 응용프로그램이 재시작되기 전에 새로운 고장이 일어나 응용프로그램은 계속해서 재시작 상태에 머무르게 될 것이기 때문이다. 시스템 소프트웨어와 사용자 응용프로그램 모두에 새로운 고장 허용 패러다임이 개발되고 통합될 필요가 있다.

2.7 알고리즘 기초에 에너지 효율성 넣기

몇몇 가장 큰 기계의 에너지 비용이 이미 매년 100만 달러를 넘는 상황에서, 에너지 소비는 HPC에서 주요한 문제가 되고 있다. 전력 소비를 최소화하는 것은 이제 알고리즘 설계의 전통적인 목표, 즉 정확도와 성능에 더불어 추가되어야 한다. 새롭게 떠오른 가치 있는 측도는 와트당 성능이다. 에너지 감소는 하드웨어뿐만 아니라 소프트웨어에도 의존하기 때문에 수치 라이브러리의 기초에 전력 및 에너지의 인식, 제어, 효율성을 넣는 것은 필수적이다.

2.8 민감도 분석

모형의 정교한 해를 구할 수 있게 됨에 따라, 그 다음 도전은 매개변수의 가변성과 불확실성에 대해 모형의 민감도를 분석하고 매개변수 값들의 범위에서 최적의 해를 찾고자 하는 것이다. 분석의 가장 단순한 형태(국소나 전역 민감도 분석을 위한 전방 방법(forward method))는 모형이나 그 선형화의 많은 인스턴스를 동시에 실행하여 당황스러울 정도로 병렬화된 실행 모형을 이끈다. 그러한 고처리량 컴퓨터 작업은 개인 컴퓨터들의 묶음에서 여분의 사이클을 사용해, 예를 들어 밤이나 주말에만 실행하는 것에 적합하다.

2.9 수치적 함정

가장 빠른 컴퓨터의 사용을 정당화하는 문제는 크기를 어떤 식으로 재든 필연적으로 이제껏 풀어야 했던 문제들 중 가장 거대할 것이다. 차원이 더욱더 크게 증가하면서 어쩌면 다양한 수학적 또는 수치적 어려움이 등장할 수 있는데, 가령 더 작은 문제에서는 잘 작동했던 반복법의 느린 수렴성, 늘어난 반올림오차의 수 때문에 더 낮은 정확도를 갖는 계산된 결과, 중간 결과의 오버플로(overflow) 등이 포함된다. 잘못될 수 있는 상황의 좋은 예는 벤치마킹을 목적으로 **난수 생성기**[VI.12]를 사용해 행렬 A와 벡터 b를 만든 뒤 선형연립식 $Ax=b$를 부분추축 가우스 소거법(Gaussian elimination with partial pivoting)으로 푸는 것이다. 자명한 방식은 행렬 A의 열을 의사난수 생성기의 출력으로 하나하나씩 채워나가는 것이다. 수년 전 이런 형태의 계산이 20시간 동안 계속된 다음, 계산된 결과가 틀린 것으로 밝혀졌다. 그 원인은 결국 특이행렬(singular matrix) A 때문이었다. 행렬 원소들의 개수는 난수 생성기의 주기를 초과했고, 그 결과 열들이 반복되어 행렬은 특이적이 되었다. 특이성은 그 자체로 계산에 영향을 주지 않는데, 보통 반올림오차가 행렬을 수치적으로는 가역적이게 만들기 때문이다. 하지만 정확히 반복되는 열들은 결국 '0인 추축(pivot)'을 야기하고 이는 알고리즘 실패의 원인이 된다. 이 이야기가 주는 교훈은 특정 문제 크기까지 완벽하게 작동했던 코드가 더 큰 문제에서는 미묘한 방식으로 실패할 수 있다는 것이다.

극단적 규모의 컴퓨터가 가져야 할 바람직한 수치적 성질 하나는 모든 고정된 처리 장치 수에 대한 결과의 비트 재현성(bitwise reproducibility)이다. 그러나 현재 컴퓨터 체계와 라이브러리는 재현성을 보장하지 않는다. 비재현성은 보통 병렬 축소 연산으로 인한 것이다. 대응하는 연산이 수학적으로는 결합법칙을 만족하더라도, 부동소수점 연산에서는 결합성이 성립하지 않을 수 있다. 예를 들어 합 $a+b+c+d$를 계산하는 자연스러운 방식은 좌에서 우로 더하는 것이지만 $(a+b)+(c+d)$와 $(a+c)+(b+d)$도 가능한데, 이들은 병렬 축소 연산의 자명한 예이고 부동소수점 연산에서는 대개 서로 다른 결과를 야기한다. 일반적으로 병렬에서는 축소 연산들이 수행되는 순서를 예상할 수 없기 때문에, 부동소수점 연산에서 계산되는 값은 실행 스레드의 개수에 의존할 수 있다. 이는 프로그램 디버깅을 훨씬 어렵게 만든다. 극단적인 규모에서 계산의 순서가 미리 지정되지 않으면, 예컨대 동적 작업 일정 관리를 사용하여 더 빠른 알고리즘을 만드는 것이 가능할 수 있다. 결국 속도와 재현성 사이에 타협이 있어야 한다. 뿐만 아니라, 가령 알고리즘의 선별적인 부분에 추가적인 정밀도를 사용함으로써, 엄격한 재현성을 보장하기보다 서로 다른 실행 사이 가변성에 대한 범위를 더 값싸게 지정할 수도 있다. 많은 사용자는 아주 빠르면서 가변성에 대한 범위를 갖는 비재현적인 결과를 선호할 것이다.

3 전망

극단적 규모를 가진 컴퓨터로의 발전은 하드웨어 설계자, 시스템 소프트웨어 전문가, 프로그래밍 모형 설계자, 이들 시스템을 합리화하는 과학 응용프로그램 사이의 협동을 요구할 것이다. 이 글에서 논의된 다양한 문제점은 전체 시스템 관점에서 고려되어야 하며, 서로 다른 도구들이 상호 운용되어야 한다. 새로운 아이디어와 접근이 확인되고 추구됨에 따라 일부는 실패할 것이다. 과거 경험에서처럼, 다양한 소형 및 대형 아키텍처가 실현 가능하고 바람직하게 되는 결과를 이끄는 획기적인 하드웨어 기술 발전이 일어날 것이며, 이는 알고리즘과 시스템 소프트웨어에 대한 재고를 요구할 것이다.

더 읽을거리

Ballard, G., J. Demmel, O. Holtz, and O. Schwartz. 2011. Minimizing communication in numerical linear algebra. *SIAM Journal on Matrix Analysis and Applications* 32(3): 866-901.

Dongarra, J. J., et al. 2011. International exascale software project roadmap. *Computing Applications* 25(1):3-60.

Dongarra, J. J., I. S. Duff, D. C. Sorensen, and H. A. Van der Vorst. 1998. *Numerical Linear Algebra for High-Performance Computers*. Philadelphia, PA: SIAM.

Dongarra, J. J., and J. Langou. 2009. The problem with the Linpack benchmark 1.0 matrix generator. *Performance Computing Applications* 23(1):5-13.

Dongarra, J. J., and A. J. van der Steen. 2012. High-performance computing systems: status and outlook. *Acta Numerica* 21:379-474.

VII.13 시각화

크리스틴 포터, 크리스 존슨
Kristin Potter and Chris R. Johnson

1 소개

슈뢰더(Schroeder), 마틴(Martin), 로렌슨(Lorensen)은 시각화를 다음과 같이 정의했고, 이 정의는 상당히 유용하다.

> 과학적 시각화는 사용자 인터페이스, 데이터 표현 및 알고리즘 처리, 시각 표현, 그 외 소리나 촉감 등 감각 표현을 아우르는 컴퓨터과학의 분야에 주어지는 형식적인 이름이다. 데이터 시각화라는 용어는 시각화를 묘사하는 또 다른 표현이다. 데이터 시각화는 일반적으로 과학적 시각화보다 더 일반적인 것으로 해석되는데, 과학과 공학을 넘어선 데이터 출처를 다룸을 암시하기 때문이다. … 최근에 등장하는 또 다른 용어는 정보 시각화이다. 이 분야는 월드와이드웹상의 하이퍼텍스트 문서, 컴퓨터의 디렉토리/파일 구조, 추상적인 데이터 구조 등 추상적인 정보를 시각화하고자 노력한다.

시각화 분야는 기초가 되는 데이터와 과정의 주요한 정보를 전달하는 영상을 만드는 데 초점을 맞춘다. 최근 수십 년간 계산 및 획득 기술에서 전례 없는 성장이 있었고, 이는 물리적 세계를 정확한 세부 내용까지 느낄 수 있고 복잡한 물리현상을 모의실험할 수 있는 능력을 증대시키는 결과를 이끌었다. 그렇기에 시각화는 우리가 그런 거대한 양의 복잡한 데이터를 이해하고 다양한 과학적 응용을 위한 통찰을 얻는 데 필수적인 역할을 한다.

그림 1에서 볼 수 있는 것처럼, '시각화 파이프라인'은 시각화*의 과정을 묘사하는 한 가지 방법이다. 필터링(filtering) 단계는 가공되지 않은 데이터를 처리하는 것과 연관되며 가령 표본 재추출, 압축, 그 외 특징-보존 잡음 억제 등 다른 영상처리 알고리즘

* 이 글의 그림들은 미리아 메이어(Miriah Meyer)의 허가를 받고 쓴 삽화 페이지의 도판 21을 제외하고는 모두 SCI 연구소의 허가를 받고 쓰였다. 그림 설명에 나오는 인용은 시각화를 만들기 위한 기법 및 방법에 관한 추가적인 정보의 출처를 지시한다.

의 운용을 포함한다. 시각화 과정의 핵심으로 간주할 수 있는 맵핑(mapping) 단계는 앞서 필터링 처리된 데이터를 색이나 불투명도 같은 추가적인 시각화 속성을 따라 기하학적 원형으로 변형시켜, 데이터의 시각적 표현을 결정한다. 렌더링(rendering)은 맵핑 과정으로부터 나온 기하학적 원형을 사용하여 최종 영상을 만드는 컴퓨터 그래픽 기법을 활용한다.

시각화 응용의 범위는 방대해서, 표현되는 데이터의 유형에 따라 기법을 분류하는 것은 유용하다. 각 기법의 종류는 데이터가 다음 중 무엇인지에 따라 요약될 수 있다.

- 스칼라장(scalar field): 온도, 전압, 밀도, 벡터 크기, 대부분의 이미지 데이터,
- 벡터장(vector field): 압력, 속도, 전기장, 자기장,
- 텐서장(tensor field): 확산, 전기와 열전도율, 변형력(stress), 변형률(strain).

2 스칼라장 시각화

스칼라 장은 과학적 시각화에서 가장 흔한 데이터 집합이며, 따라서 연구의 가장 큰 주목을 받았다.

2.1 직접 볼륨 렌더링

직접 볼륨 렌더링(direct volume rendering)은 3차원 체적 스칼라 데이터를 2차원 영상으로서 표시하는 방법이며 아마 체적 데이터를 시각화하는 가장 단순한 방법일 것이다. 삽화 페이지의 도판 19에서 볼 수 있듯, 데이터 집합의 개별적인 값은 색이나 불투명도 같은 광학적 성질의 전환함수(transfer function)를 할당하여 시각화될 수 있고, 그 후 사영되고 합성되어 영상을 형성한다. 과학적 시각화의 한 도구로서, 직접 볼륨 렌더링의 장점은 중간의 기하학적 정보를 계산할 필요가 없기 때문에 이 과정이 데이터 집합에 영상을 '직접' 할당한다는 점이다. 이는 렌더링하기 전 반드시 데이터로부터 요소들을 먼저 추출해야 하는 등위면이나 분할 등 다른 렌더링 기법과는 대조적이다. 직접 볼륨 렌더링으로 효과적인 시각화를 만들기 위해 연구자는 관심 있는 영역과 특징을 강조하는 전환함수를 찾아야만 한다.

2.2 등위면 추출

등위면 추출(isosurface extraction)은 체적 스칼라장을 탐구하기 위한 강력한 도구이다. 스칼라 체적에서 등위면은 데이터 값이 상수인 면으로서, 더 높거나 더 낮은 값 영역을 분리한다. 데이터 값이 물리학적 또는 생물학적으로 중요하다고 할 때, 등위면의 위치 및 다른 이웃한 등위면들과의 관계는 스칼라장의 내재된 구조에 대한 단서를 제공할 수 있다. 등위면을 동적으로 활용하면 많은 과학적 응용에서 공간 또는 시간에 의존하는 복잡한 양상을 더 잘 시각화할 수 있다. 레벨집합 방법(level set method)은 등위면과 움직이는 전선을 분석하고 계산하는 또 다른 강력한 기법이다.

3 벡터장 시각화

3차원 방향을 가진 정보의 거대한 양을 시각적으로

전달하는 자연스러운 표현은 존재하지 않기 때문에 벡터장 데이터의 시각화는 간단하지 않다. 벡터장 방법은 방향을 가진 정보의 거대한 양을 나타내면서도 유용하고 난잡하지 않은 표현을 유지하는 상충된 목표들 사이에서 균형을 맞추어야만 한다. 아이콘 표현(iconic representation), 입자 추적법(particle tracing method), 흐름 구성(stream construction)을 사용한 수많은 벡터장 시각화 기법이 연구자들에 의해 개발되었다. 이 방법들은 장의 특정 성질을 보여주는 데 유용하지만, 전체에 적용될 때는 필연적으로 시각적 난잡함을 만들어 낸다.

물리적 유체 흐름 실험에서는 염료, 수소 방울, 열에너지 등 외부 물질이 유동에 유입된다. 이들 외부 물질은 흐름을 따라 운반되므로, 과학자들은 그들을 시각적으로 추적하여 내재된 흐름 구조를 분석할 수 있다. 예를 들어, 과학자들은 강물의 흐름 패턴을 이해하기 위해 흐름, 소용돌이, 난류를 드러내는 염료를 강에 풀 수 있다. 비슷하게, 과학자들은 비행기 날개 근처 기류를 이해하기 위해 흐름 패턴, 난류 영역, 소용돌이 형성에 관한 시각적 정보를 주는 연기를 풍동 실험에 살포할 수 있다. 이런 실험 기법들과 유사한 것들이 과학적 시각화 연구자들에게, 특히 계산 유체동역학 분야에서 수용되고 있다. 이들 연구자는 수치적 방법과 3차원 컴퓨터 그래픽 기법을 사용하여 화살표, 운동 입자, 흐름의 서로 다른 측면을 강조하는 표현들을 포함하는 그래픽 아이콘을 만든다. 이류 방법(advection method)은 벡터장으로부터 정의되는 경로를 따라 수치적으로 적분한다. 예를 들어, 연구자는 순간적으로 정적인 벡터장을 따라 점을 이류시키고 그 경로를 추적함으로써 흐름선(streamline)을 만들 수 있다. 반면 동적이며 시간에 따라 변하는 벡터장을 따라 점을 이류시키면 유적선(pathline)을 만들 수 있다.

4 텐서장 시각화

물리학적 그리고 생물학적 계에서 고유한 물성을 나타내는 것은 정확한 모형화와 영상화에서 핵심적인 부분이다. 전기 전도율과 분자 확산율은 주어진 물질을 통과하는 입자(가령 전자와 물 분자)의 능력을 묘사하는 물성의 예시이다. 가장 단순한 상황에서 성질은 모든 방향으로 상수이며, 이 조건은 **등방성**(isotropy)이라 불린다. 반면, **비등방적**(anisotropic) 물질은 운반 속도가 방향에 민감하다. 예를 들어, 종이를 따라 확산되는 물은 한 방향이 다른 방향보다 빠르다. 이처럼 실생활 문제에서 물성은 보통 **균일하지 않다**. 물성은 물질 내 위치에 대한 함수로서 변화한다. 따라서, 전도율과 확산율의 올바른 모형화는 3차원에서 추출된 텐서값들의 장을 요구한다. 3차원 텐서장의 구조에 대한 통찰을 얻는 것은 텐서 시각화에서 중대하며 여전히 진행 중인 문제이다.

확산텐서 데이터로부터 의미 있는 영상이나 모형을 만드는 것은 간단치 않은데, 각 표본 점이 6개의 독립적인 자유도(degree of freedom)를 가지기 때문이다. 벡터 시각화에서처럼, 모든 표본 위치에서 모든 텐서 변수를 담고자 하는 단순한 시도는 급속도로 알아볼 수 없는 시각적 혼란을 만들어 낸다. 삽화 페이지의 도판 20(b)에서 볼 수 있듯, 신경 조직의 확산텐서 자기 공명 영상법 같은 일부 응용 사례에서 비등방성의 정도는 백질(white matter) 구조와

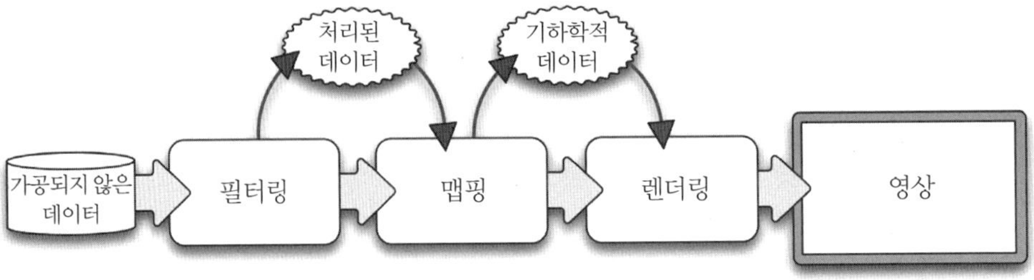

그림 1 시각화 파이프라인.

연관된 생물학적 중요성을 가진다. 그러므로 혼란을 피하는 효과적인 방법 중 하나는 일정 수준 이상의 비등방성을 나타내는 텐서만을 표시하는 것이며, 보통 3차원적 2차곡면(quadric) 같은 그래픽 아이콘에서 모양과 크기를 통해 6개의 자유도를 나타낸다. 특징 추출의 유명한 또 다른 기법은 섬유 신경로영상법(fiber tractography)으로서 이는 방향성 조직 구조를 묘사하는 경로를 만들고자 한다. 삽화 페이지의 도판 20(a)에서 볼 수 있듯, 이런 데이터 유형을 위한 표준 시각화 방법은 초흐름선(hyper-streamline)을 사용하여 섬유 다발의 방향성 경로를 묘사하는 것이다. 이런 방법은 대개 혼란을 줄이기 위한 변 다발화나, 잡음 혹은 불확실성 영역을 나타내기 위한 흐림 효과로 보강된다.

5 응용

시각화의 가장 중요한 측면은 과학적 과정에서 분석, 탐구, 발견에 기여하는 것이다. 데이터 이해를 용이하게 하기 위해 최첨단 기술들이 창의적인 방식으로 결합된다. 과학적 물음에 답을 찾기 위해, 데이터에 관한 가정에 따라 적절한 시각화 기법을 어떻게 결합할지 이해하는 것이 시각화 연구자의 역할이다. 여기서는 3가지 시각화의 실생활 응용을 간단하게 논의하겠다.

5.1 유전체학

미즈비(MizBee)는 비교 유전체학 데이터에서 보존 관계를 탐구하기 위한 다중척도 신터니(synteny) 브라우저이다(삽화 페이지의 도판 21을 보라). 신터니란 동일한 염색체 위에 2개 이상의 유전자가 존재하는 것을 지칭하며, 서로 다른 종 간 염색체를 비교하여 공유 서열 영역을 찾음으로써 진화와 유전자 기능에 대한 물음을 해결하기 위해 사용될 수 있다. 미즈비는 연결된 창들을 나란히 보여 주어, 유전체부터 유전자에 이르기까지 다양한 척도에서 효율적인 데이터 탐색을 가능하게 해준다. 서로 다른 염색체 사이 비슷한 영역의 쌍별 비교를 나타내기 위해, 두 유전자를 보여 주는 동심 원형 형태가 사용되며 쌍을 보여 주는 영역들 간에 선이 그려진다. 그림의 오른쪽 측면에는 염색체 창이 사용자가 선택한 관심 블록을 자세히 보여 주는데, 통계적 정보와 층별로 된 주석이 있다. 블록 창은(가장 오른쪽) 가장 자세한 정보를 포함하며, 근접성/위치, 크기, 방향, 유사성과 관련하여 선택된 블록 내 특징들의 보존 관계에 관한 정보를 제공한다. 각 창은 서로 다른 유형의 관련 있는 정보를 보여 주기 위해 최적화된다. 창들은 관련 있는 정보 및 각 영역의 유사성 수준을 전달할 수 있다. 미즈비의 설계는 인지적 원리에 바탕을 두며, 관계를 보여 주는 시각적 단서를 강화시키기 위해 변 다발화나 계층화 같은 몇 가지 기법 그리고 영역들을 효과적으로 구별하기 위한 일관된 8채널 색상 함수의 활용을 포함한다.

5.2 기후와 기상

앙상블비즈(EnsembleVis)는 일기예보 모형의 앙상블(ensemble)을 탐구하기 위해 개발된 틀이다. 이 틀은 시간에 따라 변화하는 거대한 데이터 집합을 어떻게든 나타내기 위해 요약 통계를 사용한다. 데이터의 풍부함 때문에 다양한 차원에서 수많은 요약을 가지런히 정리하는 것이 중요했다. 이 시스템은 데이터의 모든 측면을 보여 주는 단일한 시각화 기법을 선택하기보다, 사용자가 다양한 데이터 특징을 동시에 탐구할 수 있도록 여러 표현들을 연결시킨다. 따라서 전면 삽화 22에서 볼 수 있듯, 앙상블비즈 틀은 각각이 특정 물음에 답하도록 설계되어 있는, 집적된 수많은 창을 결합한다. 주요 창은 공간 영역에서 데이터 요약을 나타낸다. 주요 창을 따라서 더 작은 수많은 창이 다른 차원들에서 요약을 보여 주는데, 가령 개별 시간 단계들의 슬라이드 뷰, 데이터 부분집합에 반응하는 개별 모형의 그래프, 특정 매개변수에 따라 결과를 정렬하는 질의 창 등이 있다. 이런 시각화의 모임은 모형 앙상블의 일반적인 경향에 대한 통찰을 드러내고 변칙적인 모형 실행을 눈에 띄게 한다. 이 시스템은 기상 과학자들이 모의실험의 결과를 탐구함으로써 앙상블의 일치, 일치된 결과의 확률, 변칙적인 결과를 이끄는 모형 설정을 이해하고, 모형 구성의 오류나 놓친 대기 현상을 암시하는 편향된 모형을 식별할 수 있는 능력을 제공한다.

5.3 생체전기장

생체전기장(bioelectric field)은 근육의 활동과 신경에서 정보의 전달에 반응하여 살아 있는 세포에서 생성된다. 이 활동을 측정하는 서로 다른 많은 영상화 형태가 개발되었고, 거기에는 심장의 심전도검사(electrocardiography)와 뇌의 뇌자기도검사(magnetoencephalography)가 포함된다. 임상 응용뿐만 아니라, 이들 영상화 기법은 전기신호의 근원에서 생리적인 활동을 컴퓨터로 재구성하는 기반을 제공한다. 이는 연구자들에게 혈액 공급이 부족하여, 극단적인 경우 혈액을 완벽히 차단시켜 심장마비를 일으키는, 심근허혈(myocardial ischemia) 같은 상태의 메커니즘과 결과에 관한 통찰력을 준다. 인간의 심혈관, 뇌 활동과 연관된 전기장과 전류밀도를 탐구하고자, 시각적 분석을 위한 진보된 벡터 시각화 기법이 개발되었다.

심장 외심막 근처의 생체전기장을 이해하기 위해, 심장으로 인해 유도되는 전류의 모양을 포착하는 흐름 표면이 사용된다(삽화 페이지의 도판 23(a)를 보라). 이 표면은 또한 심장 표면 위의 서로 다른 영역들 사이에 존재하는 연결을 효과적으로 표현한다. 각 곡선을 따라 무지개 색상 함수가 사용되어 몸통에서 전파되며 돌아오는 전류의 확장을 시각화한다.

뇌 안의 3차원 전류는 전기 패턴의 비대칭성을 보여 주는 텍스처 기법(texturing technique)을 사용하여 시각화될 수 있다(삽화 페이지의 도판 23(b)를 보라). 잘린 평면 위에서 계산되는 텍스처는 전류의 쌍극 원천 및 주변 조직과의 상호작용을 드러낸다. 전류는 원천에 가까이 놓인 백질 신경로의 존재로 인해 분명히 방향이 바뀐다. 또한 장의 방향은 머리 표면 바로 아래에 있는 두개골에 접근함에 따라 아주 급격하게 바뀐다.

퍼텐셜의 스칼라 표현보다는, 전류의 벡터장 시각화에 노력을 집중하는 것이 연속 흐름의 더 의미 있는 전체 묘사를 제공한다. 이는 생체전기의 원천과 그 장의 3차원 모양에 대한 더 깊은 이해를 가능하게 해준다. 그러한 접근은 방향 의존성 같은 조직 특성이 생체전기장에 미치는 영향에 대한 새로운 통찰을 준다.

6 시각화의 전망

시각화의 가장 위대한 성공은 연구자들이 이전에 가능했던 것보다 훨씬 더 많은 정보를 탐구할 수 있게 될 때 찾아온다. 대개, 특정 응용을 위해 설계된 도구는 일반적인 문제를 다룰 수 있다고 보며 다른 분야와 응용에도 적용될 수 있다. 시각화는 수많은 소프트웨어 패키지, 원형 예시, 통용되는 도구 모음을 통해 다양한 수준에서 사용이 가능해지고 있으며, 과학적 작업 흐름의 필수적인 부분이 될 것이라 기대한다.

더 읽을거리

Hansen, C., and C. Johnson, eds. 2005. *The Visualization Handbook*. Amsterdam: Elsevier.

Kindlmann, G. L., D. M. Weinstein, A. D. Lee, A. W. Toga, and P. M. Thompson. 2004. Visualization of anatomic covariance tensor fields. In *26th Annual International Conference of the IEEE Engineering in Medicine and Biology Society*, volume 1, pp. 1842-45. Piscataway, NJ: IEEE.

Kniss, J., P. McCormick, A. McPherson, J. Ahrens, J. Painter, A. Keahey, and C. Hansen. 2001. Interactive texture-based volume rendering for large datasets. *Computer Graphics and Applications* 21(4):52-61.

Meyer, M., T. Munzner, and H.-P. Pfister. 2009. Mizbee: a multiscale synteny browser. *IEEE Transactions on Visualization and Computer Graphics* 15(6):897-904.

Potter, K., A. Wilson, P.-T. Bremer, D. Williams, C. Doutriaux, V. Pascucci, and C. R. Johnson. 2009. Ensemble-vis: a framework for the statistical visualization of ensemble data. In *IEEE Workshop on Knowledge Discovery from Climate Data: Prediction, Extremes*, pp. 233-40. Piscataway, NJ: IEEE.

Schott, M., T. Martin, A. V. P. Grosset, C. Brownlee, T. Hollt, B. P. Brown, S. T. Smith, and C. D. Hansen. 2012. Combined surface and volumetric occlusion shading. In *Pacific Visualization Symposium (PacificVis)*, pp. 169-76. Piscataway, NJ: IEEE.

Schroeder, W., K. Martin, and W. Lorensen. 1997. *The Visualization Toolkit: An Object-Oriented Approach to 3D Graphics*. Englewood Cliffs, NJ : Prentice Hall.

Tricoche, X., and G. Scheuermann. 2003. Topology simplification of symmetric, second order 2D tensor fields. In *Geometric Modeling Methods in Scientific Visualization*, pp. 171–84. New York : Springer.

VII.14 전자구조 계산(고체물리학)

에릭 칸세스 Eric Cancès

1 서론

고체의 전자 특성에 대한 연구는 주요한 과학적 발견들(초전도성(superconductivity), 양자 홀 효과(quantum Hall effect), 거대 자기저항(magnetoresistance))뿐만 아니라 우리의 일상적인 삶을 변혁시킨 수많은 응용을 이끌었다. 컴퓨터와 전자기기는 가장 중요한 예이다.

응용 측면의 중요성을 차치해도, 고체의 전자구조에 대한 모형화는 수리물리학, 편미분방정식의 분석, 수치해석학, 계산과학에서 매혹적인 문제의 고갈되지 않는 원천이다.

고체물리학에서 물질의 기본 구성요소는 쿨롱(Coulomb) 힘으로 상호작용하는 원자핵과 전자이다. 물질의 화학적 구성(즉, 나타나는 화학적 원소 각각에 대한 원자 개수)에서 시작하여, 물리적 성질 대부분과 화학적 성질 모두가 내재된 n체 슈뢰딩거 방정식(Schrödinger equation)을 적을 수 있다. 불행히도 이 방정식은 풀기에는 너무나 복잡하다. 실제로 이는 $3n$차원 편미분방정식으로 해석되며, 여기서 n은 고려하는 물질 속 입자(원자핵과 전자)들의 전체 개수이다. 거시적인 고체에서 n은 10^{20} 수준이거나 더 크며, 따라서 n체 슈뢰딩거 방정식의 수치적 해로는 현재 상상할 수 있는 가장 강력한 컴퓨터로도 절대 도달할 수 없다. 이에 따라 몇 가지 근사가 수용되었다. 보른-오펜하이머 근사(Born-Oppenheimer approximation)라 불리는 첫 번째 근사는 핵이 전자보다 수천 배 더 무겁다는 사실에 바탕을 두며, 전자와 핵 사이 질량비를 0으로 보내는 단열 극한(adiabatic limit)을 통해 수학적으로 정당화될 수 있다. 보른-오펜하이머 근사에 따르면 시간-독립 슈뢰딩거 방정식을 풂으로써 각 시간 t에서 계의 전자구조를 계산할 수 있고, 이는 핵의(시간-의존) 위치로 매개화된다. 두 번째 단계는 전자 시간-독립 슈뢰딩거 방정식을 수치 모의실험에 용이하고 더 간단한 모형으로 대체하여 이루어진다. 전자구조 계산은 그러한 모형을 설계하고 모의실험하는 것과 연관된다.

이 글의 목적은 독자에게 다음을 소개하는 것이다.

- 결정의 전자구조를 정성적으로 이해할 수 있게 해주는 독립-입자 모형(independent-particle model),
- 밀도범함수 이론(density functional theory)에 기반을 둔 콘-샴 모형(Kohn-Sham model).

후자의 모형은 실험 데이터와 정량적으로 일치하는 수치 모의실험을 돌릴 수 있게 해 준다. 이는 새로운 분자, 물질, 나노 구조의 성질을 예측하는 데 사용될 수 있으며 따라서 응용의 범위가 대단히 넓다. 예를 들어, 그것은 에너지 기술 분야에서 원자력 발전소, 연료 전지, 태양 전지를 위한 새로운 물질을 설계하는 데 사용될 수 있다.

2 전자상태

모든 양자계는 해밀토니언(Hamiltonian)으로 특징지을 수 있다. 그것은 어떤 **힐베르트 공간**[I.2 § 19.4] $\mathcal{H}$에 작용하는 자기수반 작용소(self-adjoint operator) H이다. 독립-전자 모형(independent-electron model)과 더불어 밀도범함수 이론으로부터 유도되는 평균-장 모형(mean-field model)에서, H는 $\mathbb{R}^3$ 위 제곱적분가능한(square-integrable) 복소숫값 함수들의 힐베르트 공간 $L^2(\mathbb{R}^3)$에 작용하는

$$H = -\tfrac{1}{2}\,\Delta\, + V(\boldsymbol{r})$$

형태의 슈뢰딩거 연산자(Schrödinger operator)이고, 여기서

$$\Delta\; = \frac{\partial^2}{\partial x^2} + \frac{\partial^2}{\partial y^2} + \frac{\partial^2}{\partial z^2}$$

은 라플라스 연산자(Laplace operator)이며 V는 $\mathbb{R}^3$ 위 실숫값 함수이다. 여기서는 $\hbar = 1, e = 1, m_{\mathrm{e}} = 1, 4\pi\varepsilon_0 = 1$인 원자단위계를 채택하며, 이때 $\hbar$는 조정된 플랑크 상수(Planck constant), e는 기본 전하, m_{e}는 전자의 질량, ε_0은 진공의 유전율(dielectric permittivity)이다.

자기수반 작용소의 스펙트럼 이론[IV.8]은 전자구조 계산에서 핵심적인 수학 도구이다. 어떤 의미에서, $L^2(\mathbb{R}^3)$의 자기수반 작용소는 무한차원 에르미트 행렬(Hermitian matrix)로 볼 수 있다. 유한차원 에르미트 행렬 $A \in \mathbb{C}^{n\times n}$은 정확하게 n개의 실수 고윳값(eigenvalue)을 가지며(중복도(multiplicity)를 고려했을 때), 정규직교기저 집합에서 대각화될 수 있다. 정의상, A의 스펙트럼(spectrum)이란 $\lambda I - A$가 가역(invertible)이 아닌 복소수들 λ의 집합 $\sigma(A)$이다. 유한차원 정사각행렬이 가역이 아닌 것과 그것이 단사(injective)가 아닌 것은 서로 동치이다. 따라서 $\sigma(A)$는 A에 대한 고윳값들의 집합이기도 하다. 즉, $Ax = \lambda x$가 성립하는 $x \in \mathbb{C}^n \setminus \{0\}$이 존재하는 복소수들 λ의 집합이다. 반면 $L^2(\mathbb{R}^3)$은 무한차원 힐베르트 공간이며, 일반적으로 H에 대한 고윳값들의 집합(H의 점 스펙트럼(point spectrum))은 H의 스펙트럼 $\sigma(H)$의 엄격한 부분집합이다. 예를 들어, $L^2(\mathbb{R}^3)$에 작용하는 운동에너지 연산자 $H_0 = -\frac{1}{2}\Delta$의 점 스펙트럼 $\sigma_{\mathrm{p}}(H_0)$은 공집합이지만(어떤 $E \in \mathbb{C}$에 대해 $H_0\phi = E\phi$를 만족하는 0이 아닌 함수 $\phi \in L^2(\mathbb{R}^3)$은 존재하지 않는다), 그 스펙트럼 $\sigma(H_0)$은 $[0, +\infty)$이다. $\sigma(H_0)$의 원소는 **일반화된** 고윳값으로 해석될 수 있는데, 왜냐하면 각각의 $\boldsymbol{k} \in \mathbb{R}^3$에 대해

$$H_0\,\mathrm{e}^{\mathrm{i}\boldsymbol{k}\cdot\boldsymbol{r}} = \frac{|\boldsymbol{k}|^2}{2}\,\mathrm{e}^{\mathrm{i}\boldsymbol{k}\cdot\boldsymbol{r}}$$

이기 때문이다. 평면파 $\boldsymbol{r} \mapsto e_{\boldsymbol{k}}(\boldsymbol{r}) = \mathrm{e}^{\mathrm{i}\boldsymbol{k}\cdot\boldsymbol{r}}$은 $E = \frac{1}{2}\,|\boldsymbol{k}|^2$일 때 방정식 $H_0 e_{\boldsymbol{k}} = E e_{\boldsymbol{k}}$를 만족하긴 하지만, 공간 $L^2(\mathbb{R}^3)$에 속하지 않기 때문에 **진짜** 고유함수는 아니다. 따라서 **일반화된** 고유함수라 불린다. 물리학 용어로 진짜 고유상태는 **속박상태**(bound state)라 불리고 일반화된 고유상태는 **산란상태**(scattering state)라 불린다. 슈뢰딩거 연산자 $H = -\frac{1}{2}\Delta + V$에 대한 스펙트럼의 성질과 위치는 퍼텐셜 V에 따라 달라진

다. $V(\boldsymbol{r})=\frac{1}{2}\omega^2|\boldsymbol{r}|^2$일 때(3차원 조화진동자) H의 스펙트럼은 순수한 점 스펙트럼이다. 다시 말해, 그것은 오직 진짜 고윳값들 $E_n=(n+\frac{3}{2})\omega$, $n\in N$으로만 이루어진다. $V(\boldsymbol{r})=-Z/|\boldsymbol{r}|$, $Z\in\mathbb{N}^*$일 때 (수소류 이온) H의 스펙트럼은 진짜 고윳값들 $E_n=-Z^2/(2n^2)$, $n\in\mathbb{N}^*$의 무한한 수열과 일반화된 고윳값들의 연속체 $[0,+\infty)$로 이루어진다.

전자구조 계산의 목적은 분자계의 전자 바닥상태(ground state) 및 가능하다면 최저 에너지 들뜬 상태(excited state)를 식별하는 것이다. 독립-전자 모형의 틀에서는 해밀토니언 H의 스펙트럼 분해로부터 이들 상태를 손쉽게 얻을 수 있다. 단순함을 위해 H의 스펙트럼 바닥이 증가하는 고윳값들의 수열 $\varepsilon_1\leq\varepsilon_2\leq\cdots\leq\varepsilon_p$로 이루어지며 (중복도를 고려하여) 관심 있는 분자계가 짝수 $N=2p$개의 전자를 포함한다고 가정하자. 그러면 바닥상태 에너지와 밀도는 차례로

$$E_0=2\sum_{i=1}^{p}\varepsilon_i,\quad \rho_0(\boldsymbol{r})=2\sum_{i=1}^{p}|\phi_i(\boldsymbol{r})|^2$$

로 결정되며, 여기서 $(\phi_i)_{1\leq i\leq p}$는 고윳값들 $\varepsilon_1,\cdots,\varepsilon_p$와 연관된 H의 고유함수들로 이루어진 정규직교집합이다. 즉,

$$H\phi_i=\varepsilon_i\phi_i,\quad \int_{\mathbb{R}^3}\phi_i^*\phi_j=\delta_{ij}$$

이다.

물리학에서 고윳값 ε_i는 에너지 수준(energy level)으로 불린다. 그러므로 바닥상태는 에너지 수준당 최대 2개의 전자가 있을 수 있다는 제약 아래, 전자를 가장 낮은 에너지 수준에 놓음으로써 얻어진다. 파울리 원리(Pauli principle)라 불리는 이 제약은 전자가 스핀 $\frac{1}{2}$인 페르미온(Fermion)이라는 사실과 관련된다. 여기서는 스핀의 개념을 더 자세히 설명하지는 않을 것이며, 그저 수학적 관점에서 스핀 표기는 회전군(rotation group) SO(3)의 사영표현(projective representation)이라는 것만 간단히 언급하겠다. 들뜬 상태는 다른 에너지 수준에서 N개 전자의 분포에 대응한다. 예컨대 $\varepsilon_{p+1}>\varepsilon_p$라면, 바닥상태는 겹치지 않고(nondegenerate) 첫 들뜬 상태의 에너지는 $E_1=2\Sigma_{i=1}^{p-1}\varepsilon_i+\varepsilon_p+\varepsilon_{p+1}$이다(그림 1을 보라).

3 결정에서 상호작용하지 않는 전자들

고체물리학 교과서처럼, 우리는 먼저 원자들이 주기적으로 배열된 완전 결정(perfect crystal) 경우에 초점을 맞출 것이다. 특히 완전 결정에서 상호작용하지 않는 전자들의 단순한 모형을 통해, 왜 일부 결정물질은 절연체이며 나머지는 전도체인지 정성적으로 이해할 수 있음을 보일 것이다. 완전 결정의 전자구조를 탐구하는 수학적 틀은 블로흐의 이론(Bloch's theory)이며, 아래에서 그 기본을 간략히 설명할 것이다. 그리고 불순물 섞인 반도체나 합금 등 결함이 있는 결정과 무질서한 물질을 모형화하는 방법을 살펴볼 것이다.

상호작용하지 않는 전자 모형에서, 완전 결정은 격자(lattice, $\mathbb{R}^3$의 이산적인 부분군) $\mathcal{L}$과 $\mathcal{L}$-주기적 퍼텐셜 $V_{\text{per}}\colon\mathbb{R}^3\to\mathbb{R}$로 특징지어진다. 단순함을 위해 우리는 $\mathcal{L}=\mathbb{Z}^3$인 경우를 다룰 것이며, 따라서

$$\forall\boldsymbol{R}\in\mathbb{Z}^3,\ \forall\boldsymbol{r}\in\mathbb{R}^3,\quad V_{\text{per}}(\boldsymbol{r}+\boldsymbol{R})=V_{\text{per}}(\boldsymbol{r})$$

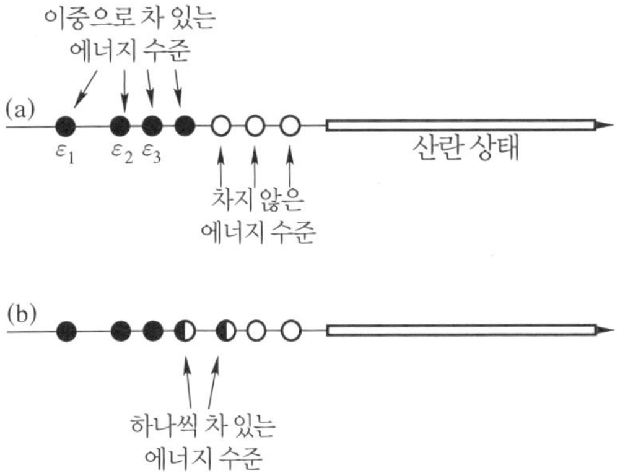

그림 1 $N=8$개 전자($p=4$개 전자쌍)에 대한 (a)바닥상태와 (b)첫 들뜬 상태.

이고 단위 영역은 $\Gamma=[-\frac{1}{2},\frac{1}{2})^3$으로 나타낸다. $(\tau_{\boldsymbol{R}}\phi)(\boldsymbol{r})=\phi(\boldsymbol{r}-\boldsymbol{R})$로 정의되는 평행이동 연산자 $\tau_{\boldsymbol{R}}$을 도입하면, 위의 주기성 조건은 모든 $\boldsymbol{R}\in\mathbb{Z}^3$에 대해 $\tau_{\boldsymbol{R}} V_{\text{per}}=V_{\text{per}}$로 서술될 수 있다. 양자 해밀토니언

$$H_{\text{per}}=-\tfrac{1}{2}\,\Delta\;+V_{\text{per}}$$

은 주기적 슈뢰딩거 연산자로 불린다. V_{per}에 관한 어떤 국소적 적분가능 가정하에 이것은 $L^2(\mathbb{R}^3)$상 자기수반 작용소이다. 이 연산자는 진짜 고윳값을 가지지 않고($\sigma_p(H_{\text{per}})=\varnothing$) 그 스펙트럼은 가산적인(countable) 수의 띠(band)라 불리는, 중첩될 수도 있는 실직선의 구간으로 이루어진다. 절연, 반도체, 전도 양상을 설명하는 데 핵심적인 기본 결과를 수립하기 위해서는 블로흐의 이론이 필요하다.

격자 $\mathbb{Z}^3$과 연관된 브릴루앵 영역(Brillouin zone)을 $\Gamma^*=[-\pi,\pi)^3$으로 나타내면, 모든 함수 $u\in L^2(\mathbb{R}^3)$은

$$u(\boldsymbol{r})=\frac{1}{(2\pi)^3}\int_{\Gamma^*}u_{\boldsymbol{q}}(\boldsymbol{r})\,\mathrm{e}^{\mathrm{i}\boldsymbol{q}\cdot\boldsymbol{r}}\,\mathrm{d}\boldsymbol{q}$$

로 분해될 수 있고, 여기서

$$u_{\boldsymbol{q}}(\boldsymbol{r})=\sum_{\boldsymbol{R}\in\mathbb{Z}^3}u(\boldsymbol{r}+\boldsymbol{R})\,\mathrm{e}^{-\mathrm{i}\boldsymbol{q}(\boldsymbol{r}+\boldsymbol{R})}$$

이다. 각각의 $\boldsymbol{q}\in\Gamma^*$에 대해, 함수 $u_{\boldsymbol{q}}$는 $\mathbb{Z}^3$-주기적이며 국소적으로 제곱적분 가능한 복소숫값 함수들의 공간 L^2_{per}에 속한다. 푸리에 변환(Fourier transform)을 연상시키는 이 분해는 **블로흐-플로케 변환**(Bloch-Floquet transform)으로 불린다. 블로흐의 정리가 말하는 바는, 만약 $L^2(\mathbb{R}^3)$ 위의 작용소 A가 격자 $\mathbb{Z}^3$의 평행이동과 교환(commute)된다면(즉, 모든 $\boldsymbol{R}\in\mathbb{Z}^3$에 대해 $A\tau_{\boldsymbol{R}}=\tau_{\boldsymbol{R}}A$를 만족한다면),

$$(Au)(\boldsymbol{r})=\frac{1}{(2\pi)^3}\int_{\Gamma^*}(A_{\boldsymbol{q}}u_{\boldsymbol{q}})(\boldsymbol{r})\,\mathrm{e}^{\mathrm{i}\boldsymbol{q}\cdot\boldsymbol{r}}\,\mathrm{d}\boldsymbol{q}$$

를 만족하는 L^2_{per} 위 작용소들 $(A_{\boldsymbol{q}})_{\boldsymbol{q}\in\Gamma^*}$의 모임이 존재한다는 것이다. 위의 공식은 작용소 A가 블로흐-플로케 변환으로 블록 대각화된다는 의미이다. 연산자 $(H_{\text{per}})_{\boldsymbol{q}}$는 단순한 표현

$$(H_{\text{per}})_{\boldsymbol{q}}=-\tfrac{1}{2}\,\Delta\;-\mathrm{i}\boldsymbol{q}\cdot\nabla\;+\tfrac{1}{2}|\boldsymbol{q}|^2+V_{\text{per}}$$

를 갖는다. 각각의 $\boldsymbol{q}\in\Gamma^*$에 대해 연산자 $(H_{\text{per}})_{\boldsymbol{q}}$는 L^2_{per}의 정규직교기저에서 아래와 같이 대각화될 수 있다.

$$(H_{\text{per}})_{\boldsymbol{q}}\phi_{n,\boldsymbol{q}}=\varepsilon_{n,\boldsymbol{q}}\phi_{n,\boldsymbol{q}},\qquad \int_{\Gamma}\phi^*_{m,\boldsymbol{q}}\phi_{n,\boldsymbol{q}}=\delta_{mn}$$

그리고 고윳값들의 수열 $(\varepsilon_{n,\boldsymbol{q}})_{n\geq1}$은 $+\infty$로 수렴한다. 한편, 사상 $\boldsymbol{q}\mapsto(H_{\text{per}})_{\boldsymbol{q}}$는 해석적(analytic)이므로 고윳값들 $\varepsilon_{n,\boldsymbol{q}}$가 $\varepsilon_{1,0}\leq\varepsilon_{2,0}\leq\cdots$이도록 첨수를 매길 수 있으며, 사상 $\boldsymbol{q}\mapsto\varepsilon_{n,\boldsymbol{q}}$는 짝(even)이고 연속이다(그리고 사실, 각 방향으로 해석적이다). 그 결과(그림 2를 보라),

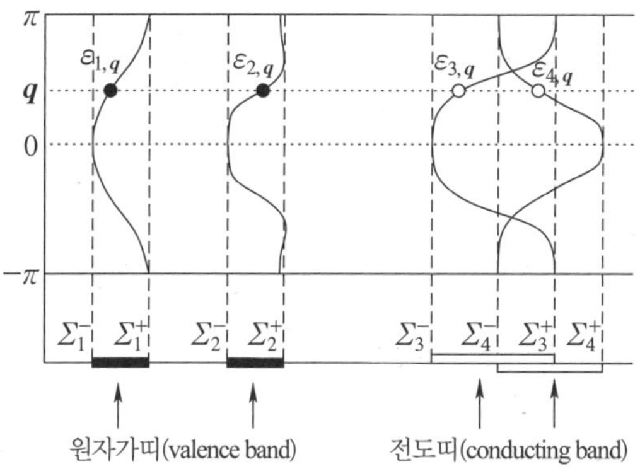

그림 2 단위 영역당 $N = 4$개의 전자가 있는 절연 결정의 전자구조.

$$\sigma((H_0)_{\text{per}}) = \bigcup_{q \in \Gamma^*} \bigcup_{n \geq 1} \{\varepsilon_{n,q}\} = \bigcup_{n \geq 1} [\Sigma_n^- \Sigma_n^+]$$

이고, 이때

$$\Sigma_n^- = \min_{q \in \Gamma^*} \varepsilon_{n,q}, \quad \Sigma_n^+ = \max_{q \in \Gamma^*} \varepsilon_{n,q}$$

이다. 구간 $[\Sigma_n^-, \Sigma_n^+]$은 H_{per}에 대한 스펙트럼의 n번째 띠라고 불린다. 만약 $\Sigma_{n+1}^- > \Sigma_n^+$이라면, 구간 $(\Sigma_n^+, \Sigma_{n+1}^-)$는 스펙트럼 간극(spectral gap)이라 불린다. 함수 $\psi_{n,q}(\boldsymbol{r}) = \phi_{n,q}(\boldsymbol{r})e^{iq \cdot r}$이 다음과 같이 H_{per}의 일반화된 고유함수라는 것은 쉽게 확인할 수 있다.

$$H_{\text{per}}\psi_{n,q} = \varepsilon_{n,q}\psi_{n,q}$$

함수 $\psi_{n,q}$는 주기적이지 않지만, 모든 $\boldsymbol{R} \in \mathbb{Z}^3$에 대해 $(\tau_{\boldsymbol{R}}\psi_{n,q})(\boldsymbol{r}) = e^{iq \cdot \boldsymbol{R}}\psi_{n,q}(\boldsymbol{r})$이라는 의미에서 준주기적이다. 이는 블로흐 파(Bloch wave)라고 불린다.

이제 전자 바닥상태는 최저 에너지 수준을 채움으로써 얻어진다. 이 특정한 환경에서는, 만약 결정이 단위 영역당 N개의 전자를 포함한다면 단위 부피당 바닥상태 에너지와 바닥상태 밀도가 차례로

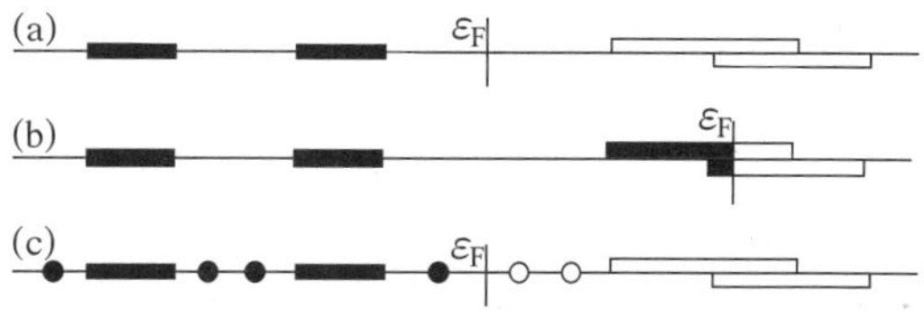

그림 3 (a)단위 영역당 $N = 4$개의 전자가 있는 절연 완전 결정, (b)단위 영역당 $N = 6$개의 전자가 있는 전도 완전 결정, (c)국소적인 결함이 있는 절연 결정의 스펙트럼.

$$E_0 = 2\sum_{n=1}^{+\infty}\int_{\Gamma^*}\mathcal{H}(\varepsilon_F - \varepsilon_{n,q})\varepsilon_{n,q}\,d\boldsymbol{q},$$

$$\rho_0(\boldsymbol{r}) = 2\sum_{n=1}^{+\infty}\int_{\Gamma^*}\mathcal{H}(\varepsilon_F - \varepsilon_{n,q})|\psi_{n,q}(\boldsymbol{r})|^2\,d\boldsymbol{q}$$

로 결정되고, 여기서 $\mathcal{H}$는 헤비사이드 함수(Heaviside function) (만약 $x < 0$이면 $\mathcal{H}(x) = 0$, $x \geq 0$이면 $\mathcal{H}(x) = 1$)이다. 위 공식에서 ε_F는 페르미 수준(Fermi level)으로 불리는 실수로서 $2\mathcal{N}(\varepsilon_F) = N$인데, 여기서 함수

$$\mathcal{N}(E) = \sum_{n=1}^{+\infty}\int_{\Gamma^*}\mathcal{H}(E - \varepsilon_{n,q})\,d\boldsymbol{q}$$

는 이른바 상태의 적분된 밀도를 나타낸다.

따라서 하나의 띠를 채우는 것은 각 단위 영역에 2개의 전자를 놓는 것에 대응한다. 그러면 2가지 상황 중 하나가 나타난다(그림 3을 보라). 첫 번째는 $N = 2p$가 짝수이며 p번째와 $(p+1)$번째 띠 사이 간극 $g := \Sigma_{p+1}^- - \Sigma_p^+ > 0$이 존재하는 것과 대응한다. 이 경우 가장 낮은 p개의 띠(원자가띠(valence band))는 완전히 채워지는 반면, 다른 띠(전도띠(conducting band))는 비어 있다. 그러면 전자가 자유롭게 움직일 수 있게 만드는, 원자가띠에서 전도띠로 전자 하나를 들뜨게 하기 위해 필요한 최소 에너지는 g와 동일하다. 두 번째 상황에서는($N = 2p - 1$ 또는 $N = 2p$이고 p번째와 $(p+1)$번째 띠가 중첩된

다) p번째 띠가 완전히 채워지지 않으며 극소량의 에너지도 전자 들뜸을 만들기에 충분하다. 전자의 경우 결정은 절연체(큰 간극)나 반도체(작은 간극)로서 행동하며, 후자의 경우 결정은 금속처럼 행동한다.

자연에서 완전 결정은 존재하지 않는다. 진짜 결정은 유한하다는 사실은 차치하고라도, 그런 물질 속 원자들의 배열은 완벽하게 주기적이지 않다. 실제로 진짜 결정은 국소적 결함(빈 격자점, 틈새 원자, 불순물, 전위 루프(dislocation loop))과 확장된 결함(전위 선, 결정립계(grain boundary)) 모두를 포함한다. 간결함을 위해 이 글은 국소적 결함에만 초점을 맞춘다.

단일 국소적 결함은(혹은 그들의 유한한 수는) 섭동된 주기적 슈뢰딩거 연산자 $H=-\frac{1}{2}\Delta+V_{\text{per}}+W$로 모형화되며, 여기서 W는 무한대에서 사라지는 퍼텐셜이다. H의 스펙트럼은 H_{per}의 스펙트럼을 포함하지만 또한 H_{per}의 스펙트럼 간극에 위치하는 이산적 고윳값들을 포함할 수도 있다(그림 3을 보라). 이들 고윳값은 결함의 빈 격자점에 국소화된 속박상태와 대응하고, 물리학에서 중요한 역할을 한다.

불순물이 섞인 반도체는 전자기기의 핵심 재료이다. 그 성질은 결정 전체에 무작위적으로 분포한 불순물의 존재로 인한 것이다. 백만 개의 원자당 단 몇 개의 불순물이 결정의 전자 특성을 극적으로 변화시킬 수 있다. 불순물이 섞인 반도체는 $H_\omega=-\frac{1}{2}\Delta+V_\omega$ 형태의 확률 슈뢰딩거 연산자로 모형화될 수 있는데,

$$V_\omega(\boldsymbol{r}) = \sum_{\boldsymbol{R}\in\mathcal{R}}[(1-\omega_{\boldsymbol{R}})v(\boldsymbol{r}-\boldsymbol{R})+\omega_{\boldsymbol{R}}w(\boldsymbol{r}-\boldsymbol{R})]$$

이며 여기서 v와 w는 콤팩트지지 함수(compactly supported function)이고 $\omega_{\boldsymbol{R}}$는 독립적으로 동일하게 분포된 확률변수이다. 예컨대, $\omega_{\boldsymbol{R}}$가 확률 p로 $\omega_{\boldsymbol{R}}=1$이고 확률 $1-p$로 $\omega_{\boldsymbol{R}}=0$인 베르누이(Bernoulli) 확률변수인 경우를 고려하자. 만약 $p=0$이면 퍼텐셜은 주기적이다($\sum_{\boldsymbol{R}\in\mathcal{R}}v(\boldsymbol{r}-\boldsymbol{R})$과 동일한). 다른 한편, 연산자 H_ω는 확률변수 $\omega_{\boldsymbol{R}}$의 실제화에 의존한다. 합금을 묘사할 때도 유사한 확률 모형을 사용할 수 있다. 확률 슈뢰딩거 연산자의 스펙트럼 성질에 관한 탐구는 활발한 연구 분야이다. H_ω의 스펙트럼이 $\omega=(\omega_{\boldsymbol{R}})_{\boldsymbol{R}\in\mathbb{Z}^3}$의 실제화와 거의 확실히(almost surely) 독립적이라는 것이 알려져 있다. 이 결과는 사실 확률론의 버코프 에르고딕 정리(Birkhoff ergodic theorem)에서 나온다. 무질서가 전자들을 국소화시키는 경향이 있다는 것은 기본적인 결과이다. $p=0$일 때는 속박상태가 존재하지 않지만, $p>0$이 되자마자 속박상태에 대응하는 진짜 고윳값이 띠에 대한 변의 빈 격자점에서 나타난다. 앤더슨 국소화(Anderson localization)라 불리는 이 효과는 물리학에서 핵심적이다. 확률 슈뢰딩거 연산자의 스펙트럼 성질에 대한 많은 수학적 물음은 여전히 미해결로 남아 있다.

4 밀도범함수 이론

마지막으로 결정에서 상호작용하는 전자들의 모형화로 넘어가자. 여기서는 이를 완전 결정의 경우로만 제한할 것이다. 이들 모형을 결함이 있는 결정과 합금으로 확장하는 것은 현재 연구의 최전선에 위치한다.

1960년대 중반 콘-샴 모형(Kohn-Sham model)의 도입은 고체의 전자구조 모형화와 모의실험에 대변혁을 가져왔다. 실제로 이 모형은 실험적 데이터와 양적으로 일치하는 모의실험 결과를 얻도록 해 준다.

콘-샴 모형은 바닥상태 밀도를 계산할 수 있게 해주는 평균-장 모형(mean-field model)이다. 완전 결정에서 콘-샴 해밀토니언은 다음과 같다.

$$H_{\mathrm{per}}^{\rho_0} = -\tfrac{1}{2}\,\Delta + V_{\mathrm{per}}^{\mathrm{C},\,\rho_0} + V_{\mathrm{per}}^{\mathrm{xc},\,\rho_0}$$

여기서 $V_{\mathrm{per}}^{\mathrm{C},\rho_0}$과 $V_{\mathrm{per}}^{\mathrm{xc},\rho_0}$은 차례로 쿨롱 퍼텐셜과 교환-상관(exchange-correlation) 퍼텐셜이다. 전자는 전체(핵과 전자) 전하분포로부터 생성되는 정전기적 퍼텐셜이다. 이는 푸아송 방정식(Poisson equation)

$$-\,\Delta V_{\mathrm{per}}^{\mathrm{C},\,\rho_0} = 4\pi(\rho_0 - \rho^{\mathrm{nuc}}), \quad V_{\mathrm{per}}^{\mathrm{C},\,\rho_0}\,\mathcal{R}\text{-주기적}$$

을 풂으로써 얻어질 수 있는데, 여기서 ρ^{nuc}은 주기적 핵 전하분포이고 ρ_0은 주기적 전자 바닥상태 밀도이다. 물리학자와 화학자는 $V_{\mathrm{per}}^{\mathrm{xc},\rho_0}$에 대한 몇 가지 표현을 이론물리적 논증에 바탕을 두어 서술했고, 그것은 균일한(상호작용하는) 전자 기체의 양자 몬테카를로 모의실험(quantum Monte Carlo simulation)으로 매개화된다. $V_{\mathrm{per}}^{\mathrm{xc},\rho_0}$에 대한 가장 단순한 모형은 슬레이터(Slater)가 도입한 $X\alpha$ 퍼텐셜로서,

$$V_{\mathrm{per}}^{\mathrm{xc},\,\rho_0}(\boldsymbol{r}) - C\rho_0(\boldsymbol{r})^{1/3}$$

이고 여기서 C는 주어진 양의 상수이다. 실전에서는 $V_{\mathrm{per}}^{\mathrm{xc},\rho_0}$의 훨씬 더 정교한 형태가 사용된다. 상호작용하지 않는 경우처럼, 전자 바닥상태 밀도는 주기적 슈뢰딩거 연산자 $H_{\mathrm{per}}^{\rho_0}$의 가장 낮은 띠를 채움으로써 얻어진다. 하지만 이 경우 결정적인 차이점은 해밀토니언 $H_{\mathrm{per}}^{\rho_0}$이 바닥상태 밀도에 의존한다는 것이다. 따라서 콘-샴 모형은 **비선형 고윳값 문제**이다. 콘-샴 방정식은 용인되는 전자상태들 집합 위에서 콘-샴 에너지 범함수의 최소화로 이루어진, 제약된 최적화 문제에 대한 오일러 방정식(Euler equation, 1차 최적 조건)이다.

수치적 관점에서, 바닥상태는 콘-샴 에너지 범함수를 최소화하거나 아니면 **자기일치 장 알고리즘**(self-consistent field algorithm)으로 불리는 반복 과정을 통해 콘-샴 방정식을 풂으로써 얻을 수 있다. 완전 결정에 대한 콘-샴 모형은 보통 다음과 같이 이산화된다. 먼저 브릴루앵 영역 Γ^*은 단계 길이 $\Delta q = 2\pi/L$, $L \in \mathbb{N}^*$을 갖는 규칙적인 격자 $\mathcal{G}_L$을 사용하여 그물화된다. 그런 다음 각 $\boldsymbol{q} \in \mathcal{G}_L = \Delta q\mathbb{Z}^3 \cap \Gamma^*$에 대해 연산자 $(H_{\mathrm{per}})_{\boldsymbol{q}}$의 최저 에너지 고윳값과 고유함수를, 에너지 절단 E_{c}에 대한 푸리에 상태들 $(e_{\boldsymbol{k}})_{\boldsymbol{k}\in 2\pi\mathbb{Z}^3,\ |\boldsymbol{k}|\le\sqrt{2E_{\mathrm{c}}}}$로 생성되는 공간에서 레일리-리츠 근사(Rayleigh-Ritz approximation)를 통해 수치적으로 계산한다. 이는 에르미트 행렬 $(\langle e_{\boldsymbol{k}}|(H_{\mathrm{per}})_{\boldsymbol{q}}|e_{\boldsymbol{k}'}\rangle)_{\boldsymbol{k},\boldsymbol{k}'\in 2\pi\mathbb{Z}^3,\ |\boldsymbol{k}|\le\sqrt{2E_{\mathrm{c}}},\ |\boldsymbol{k}'|\le\sqrt{2E_{\mathrm{c}}}}$의 대각화에 이르는데, 여기서

$$\begin{aligned}
&\langle e_{\boldsymbol{k}}|(H_{\mathrm{per}})_{\boldsymbol{q}}|e_{\boldsymbol{k}'}\rangle \\
&\qquad = \int_{\Gamma} e_{\boldsymbol{k}}(\boldsymbol{r})^*\,((H_{\mathrm{per}})_{\boldsymbol{q}}e_{\boldsymbol{k}'})(\boldsymbol{r})\,\mathrm{d}\boldsymbol{r} \\
&\qquad = \frac{|\boldsymbol{k}+\boldsymbol{q}|^2}{2}\delta_{\boldsymbol{k}\boldsymbol{k}'} + \int_{\Gamma} V_{\mathrm{per}}(\boldsymbol{r})\,\mathrm{e}^{\mathrm{i}(\boldsymbol{k}'-\boldsymbol{k})\cdot\boldsymbol{r}}\,\mathrm{d}\boldsymbol{r}
\end{aligned}$$

이다. 모의실험의 두 수치적 매개변수 L과 E_{c}가 무한대로 갈 때, 수치적 결과들(단위 부피당 바닥상태

에너지와 바닥상태 밀도)은 콘-샴 모형의 정확한 해로 수렴한다.

더 읽을거리

Kohn, W. 1999. Nobel Lecture: Electronic structure of matter-wave functions and density functionals. *Reviews of Modern Physics* 71:1253-66.

Martin, R. M. 2004. *Electronic Structure: Basic Theory and Practical Methods*. Cambridge: Cambridge University Press.

Reed, M., and B. Simon. 1978-1981. *Methods of Modern Mathematical Physics*, volumes I-IV. New York: Academic Press.

VII.15 화염 전파

모쉐 마타론 Moshe Matalon

1 서론

연소 이론의 한 가지 기초 문제는 가연성 가스 혼합물을 통한 **예혼합**(premixed) 화염의 전파 속도를 결정하는 것이다. 예혼합 계에서는 연료와 산화제가 이미 혼합되어 있기 때문에, 점화를 뒤따라 화학적 반응이 일어나며 반응물 중 하나가 완전히 고갈되기 전까지 타지 않고 남아 있는 혼합물로 퍼진다. 전파 속도는 가연성 혼합물이 정지해 있느냐 움직이느냐, 그리고 기저의 흐름이 층류(laminar)냐 난류(turbulent)냐에 따라 달라진다. 그것의 실용적 중요성은 명백한데, 예를 들어 연소실에서 평균적인 연료 소비율을 결정하거나 가연 장치 속 폭발의 확산이나 그로 인한 손상을 추정할 수 있다.

연소계에서는 초기 반응물들이 단 하나의 단계에서 서로 반응하여 최종 산물을 생성하는 경우가 매우 드물다. 대부분의 경우 산물의 최종 형성 이전에 관여되는 중간물질들과 수많은 단계가 존재한다. 하지만 화학적 묘사를 위한 포괄적 표현

$$\text{연료} + \nu\ \text{산화제} \rightarrow (1+\nu)\ \text{산물} + \{Q\}$$

를 사용하는 것이 간편하다. 이에 따르면, 각 단위 질량의 연료마다 질량 ν의 산화제가 소모되어 질량 $(1+\nu)$의 산물을 생성하고 열에너지 Q를 방출한다. 연료의 질량 균형을 설명하는 미분방정식은

$$\frac{\mathrm{D}Y_{\mathrm{F}}}{\mathrm{D}t} - \mathcal{D}_{\mathrm{F}}\,\nabla^2 Y_{\mathrm{F}} = -\frac{\omega}{\rho} \qquad (1)$$

이며, 여기서 연산자 $\mathrm{D}/\mathrm{D}t \equiv \partial/\partial t + \boldsymbol{v}\cdot\nabla$는 대류 미분(convective derivative)이다. 즉, $\mathrm{D}\phi/\mathrm{D}t$는 유체 운동을 따라가는 동안 취해지는 물질 원소의 성질 ϕ의 변화율이며, $\boldsymbol{v}$는 속도 벡터 그리고 ∇는 3차원 공간좌표에 대해 취해진 기울기(gradient) 연산자이다 ($\cdot$은 내적(inner product)을 의미한다). 여기서 ρ는 전체 혼합물의 밀도, 연료 질량비 Y_{F}는 혼합물 전체 질량에 대한 연료의 비, 계수 $\mathcal{D}_{\mathrm{F}}$는 다량 원소(공기 안 연소에서는 질소)에 대한 확산율(diffusivity)이다. 반응이 산화제의 아주 적은 양만을 소모하는 희박 혼합물(lean mixture)에서는, 산화제 질량비 Y_{O}를 상수로 다룰 수 있다. 그렇지 않다면 그것은 추가적인 변수이며, 그 소모량을 적을 때는 (1)과 유사한 방정식으로 써야 한다. 온도 T로 표현되는 에너지 균형에

대한 미분방정식은

$$\frac{\mathrm{D}T}{\mathrm{D}t} - \alpha\nabla^2 T = \frac{Q}{\rho c_\mathrm{p}}\omega \tag{2}$$

이며, 여기서 α는 열확산율 그리고 c_P는 혼합물의 비열(specific heat, 일정한 압력에서)이다. 방정식 (1)과 (2)는 속도 ω로 연료가 소모되고 에너지가 방출됨을 서술한다(연료와 에너지는 어떠한 연소계에서도 주요한 두 가지 성분이다). 반응률은 대개 다음 형태의 아레니우스 법칙(Arrhenius law)을 따른다.

$$\omega = \mathcal{B}\rho Y_\mathrm{F}\mathrm{e}^{-E/\mathcal{R}T}$$

이때 E는 활성화 에너지(activation energy, 반응이 가능하기 위해 필요한 최소 에너지)이고 $\mathcal{R}$는 보편 기체 상수(universal gas constant)이다.

연소장 내 큰 온도 변동은 큰 밀도 변동을 만들고, 그것은 차례로 유동장(flow field)을 변화시킨다. 화염은 음파와 비교해 아주 느리게 전파되므로, 그 과정은 거의 등압(isobaric)이고 밀도는 온도에 역으로 비례한다. 속도 $\boldsymbol{v}$는 질량과 운동량 보존을 묘사하는 나비에-스토크스 방정식(Navier-Stokes equation)

$$\frac{\mathrm{D}\rho}{\mathrm{D}t} + \rho\nabla\cdot\boldsymbol{v} = 0, \tag{3}$$

$$\rho\frac{\mathrm{D}\boldsymbol{v}}{\mathrm{D}t} = -\nabla p + \mu\nabla\cdot\boldsymbol{\Sigma} \tag{4}$$

를 따른다. 여기서 p는 동적 압력(주위 압력으로부터 약간의 변동), $\boldsymbol{\Sigma}$는 점성 변형력 텐서(viscous stress tensor), μ는 혼합물의 점성(viscousity)이다.

앞 서술에서 도입된 수많은 단순화에도 불구하고 그것의 수학적 복잡함은 분명한데, 정상 유체(ordinary fluid) 흐름 문제의 2차 비선형성에 더해 고도로 비선형적인 지수적 항을 포함하는, 결합된 미분방정식들이 연관되기 때문이다. 계산 능력에서의 최근 발전은 그러한 문제를 다룰 수 있게 해 준다. 그러나 계산의 강도는 상당히 높으며 보통 특정 매개변수 집합에 대해서만 수행된다. 더 나아가, 다차원 유체와 난류를 다룰 때는 그것이 보통 요구되는 공간, 시간적 해상도를 제공하지 못한다. 기초적인 이해는 주로 주어진 과정에 관여하는 다양한 메커니즘 사이에서 일어나는 물리적 상호작용을 명료하게 해주는 단순화된 수학적 모형을 분석함으로써 달성되었다. 연소 문제와 연관되는 공간적 규모와 시간적 규모 사이의 불일치로 인해, 섭동 기법과 점근법이 수학적 분석의 주요한 도구가 되었다.

2 평면 단열 화염

연소에서 가장 단순한 문제 중 하나는 단열(adiabatic) 조건에서 온도 T_u인 정지된 혼합물로 전파되는 평면 화염이다. $\phi = \phi(x + S_\mathrm{L}t)$ 형태의 해는 S_L의 속도로 x축을 따라 우에서 좌로 전파되는 연소파에 대응한다. 여기서 S_L의 속도는 열역학 및 가연성 혼합물의 운반 성질과 반응 속도 성질로 유일하게 결정된다. **층류 화염 속도**(laminar flame speed)로 불리는 S_L의 결정은 수많은 이론 수치 실험적 탐구의 주제가 되었다. 해석적인 해는 존재하지 않지만, $E/\mathcal{R}T_\mathrm{u} \gg 1$인 경우 점근적인 근사를 얻을 수는 있다. 즉, 화학반응의 활성화 에너지가 갓 만들어진 혼합물의 에너지보다 훨씬 큰 경우이며, 대부분의 연소계는 이 조건을 특징으로 갖는다. 극한에서의 반응은 그림 1에서 묘사된 것처럼 얇은 영역으로 제한된

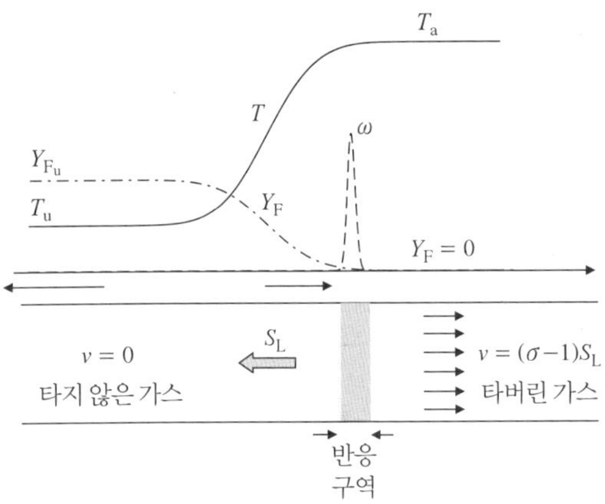

그림 1 평면 예혼합 화염의 구조.

다. 다른 곳에서는 지수적 인자가 작게 사라지거나 (예열 영역(preheat zone)) 혹은 연료가 완전히 소모되기 때문에(화염 다음 영역(post-flame zone)) 화학 반응 속도 ω를 무시할 수 있다. 그리고 각 분리된 영역에서 단순화된 방정식의 해를 얻음으로써 근사적인 해를 구성할 수 있다. 그 후 점근적 맞춤은 채택된 단순화 아래 희소 혼합물에 대한 화염 속도를 다음 형태로 표현한다.

$$S_L = \sqrt{\frac{\rho_b}{\rho_u}\frac{2\alpha^2\mathcal{B}}{\mathcal{D}_F}\frac{\mathcal{R}T_a^2}{E(T_a - T_u)}}\mathrm{e}^{-E/2\mathcal{R}T_a} \quad (5)$$

여기서

$$T_a = T_u + QY_F/c_p \quad (6)$$

는 (단열) 화염 온도로서 에너지 보존의 직접적인 결과이다. 아래첨자 'u'와 'b'는 차례로 타지 않은(unburned) 상태와 타버린(burned) 상태의 조건을 식별한다. (5)와 (6)으로 나타나는 화염 속도와 온도는 예혼합 화염을 결정하는 가장 중요한 두 개의 성질이다. 화염 온도는 열 방출 Q가 늘어남에 따라 증가하고, 온도에 고도로 의존하는 (5)의 지수에서 나타난다는 것은 그것이 화염 속도에 가장 강한 영향을 줌을 암시하는데, 이는 열 방출값이 더 큰 반응이 더 빠르게 전파된다는 것을 의미한다. 또한 화염 속도는 혼합물의 예열, 즉 T_u를 증가시키거나 열이나 질량 확산성을 현저하게 변화시킬 수 있는 비활성 물질을 포함하는 기체를 희석시키는 것에 영향을 받는다.

전파의 메커니즘은 반응 영역으로부터 다시 전도되는 열과 연관되며, 이는 화학반응을 일으키는 인접 기체 층의 온도 상승을 촉진한다. 1차원 유동에서 파동에 대해 상대적인 질량 유량은 상수이기 때문에, 화염을 통해 이동하는 기체는 팽창되고 빨라진다. 타고 난 뜨거운 기체는 S_L보다 $(\sigma-1)$배 큰 속도를 갖고 화염 전파에 반대되는 방향으로 멀어지며, 여기서 $\sigma = \rho_u/\rho_b$는 열팽창 계수이다.

평면 전파 문제가 점근적 기법을 통해 풀릴 수 있다는 거의 50년 전의 인식은 최근 수년간 이루어진 이론적 발전 대부분, 특히 다음에서 논의할 비정상(unsteady) 다중차원 층류 및 난류 화염의 수학적 설명의 길을 닦았다.

3 다중차원 층류 화염

적절한 수단을 취하면 평면 화염을 실험실에서 관측할 수 있기는 하지만, 실제 화염은 거의 평면이 아니다. 예를 들어, 분젠 화염은 버너를 빠져나가는 기체 속도 V가 S_L보다 클 때 원뿔형 모양을 유지한다. 그러면 그 모양이, 열림 각도가 $\theta = 2\sin^{-1}(S_L/V)$인 원뿔을 결정한다. 실험실에서 다공성 구면에 가까운 안정화된 화염의 모양은 자연스러운 대류에 의

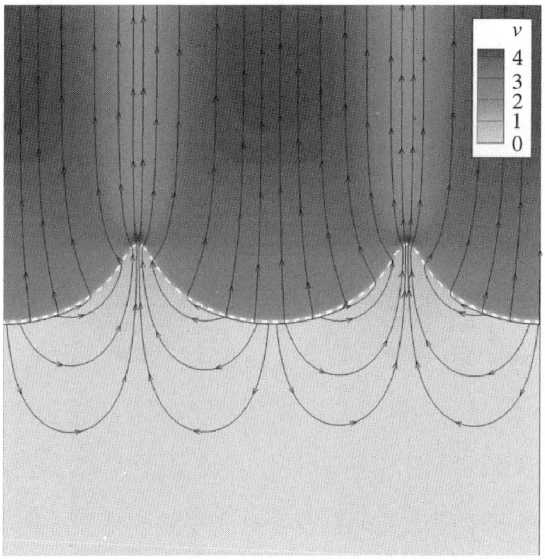

그림 2 꾸준히 전파되는 물결 모양의 화염.

해 영향을 받아 구면대칭이 깨진 눈물 모양을 닮는다. 대응하는 프루드 수(Froude numer) $Fr = V^2L/g$이 작을 때 부력은 중대한 역할을 한다. 여기서 V는 특성 유속(characteristic flow velocity), L은 화염 높이의 측도, g는 중력가속도이다. 화염이 보통 물결 모양이며 비정상적으로 전파되는 더 본질적인 이유는 불안정성들과 관련되는데, 그중 예혼합 화염에서 가장 두드러진 것은 수력학적(hydrodynamic) 혹은 다리우스-란다우(Darrieus-Landau, DL) 불안정성이다. 기체 팽창은 화염 전선의 섭동을 늘릴 가능성이 큰 수력학적 요란을 유도한다. 대개 영향을 안정화시키는 확산 효과는 오직 단파장 요란에서만 작용하기 때문에, 그림 2에서 볼 수 있듯 거대한 화염은 타 버린 기체 영역을 가리키며 뻗어 나가는 뾰족한 모양의 구조를 얻는다. 이런 구조는 **안정적**이며, 그것의 더 큰 표면적으로 인해 층류 화염 속도 S_L보다 상당히 큰 속도 U_L로 전파된다. 그림에서 파선은 화염 전선, 실선은 선택된 몇 개의 흐름선, 다양한 회색 음영은 증가된 속도에 해당하는 영역이다. 유동 패턴은 기체 팽창의 결과인 화염 전선을 지나는 흐름선의 굴절, 그리고 원래라면 부동이어야 할, 마루를 '밀어' 세포 구조를 유지시키는 타지 않은 기체의 유도된 소용돌이 움직임을 설명한다.

다중차원 화염의 수학적 설명은 유체의 동적 장, 확산 과정, 온도에 고도로 민감한 반응 속도와 연관된 길이 규모 사이의 불일치를 활용한다. 가장 큰 규모에서, 예열과 반응 영역으로 구성된 전체 화염은 $\psi(\boldsymbol{x}, t) = 0$으로 설명되는, 타지 않은 기체로부터 타버린 기체를 분리시키는 불연속성의 표면으로 볼 수 있다. 그러면 밀도 ρ_u, ρ_b에 대한 방정식 (3), (4)를, 압력과 속도에 대해 $\psi = 0$을 지나는 적절한 도약 조건이 주어진 화염 전선의 어느 한 쪽에서 풀어야만 한다. 큰 활성화 에너지 가정으로 촉진되는 내부 화염 구조는 더 작은 확산 길이 규모에서 해결되며, 점근적 맞춤을 통해 **일반화된 랭킨-위고니오 관계**[V.20 §2.3]의 형태로서 앞서 언급된 도약 관계식을 제공할 뿐만 아니라 화염 속도에 대한 표현을 알려 준다. 연소에서는 타지 않은 기체에 대한 상대적인 **화염 속도** S_f를 정의하는 것이 관례이며, 즉 $S_f \equiv v_n^* - V_f$인데 $v_n = \boldsymbol{v} \cdot \boldsymbol{n}$은 기체 속도의 법선성분을 나타내고 $V_f = -\psi_t/|\nabla\psi|$는 고정된 좌표계에 대한 전파 속도이다. 여기서 단위 법선 $\boldsymbol{n}$은 타 버린 기체 영역을 향할 때 양수가 되도록 취해지고, 별표 위첨자는 속도가 화염 전선의 타지 않은 면에서 계산됨을 나타내며, 아래첨자 t는 시간 미분을 의미한다. 화염 속도에 대한 표현은 다음 형태

$$S_f = S_L - \mathcal{L}K \tag{7}$$

를 취하고, 여기서 K는 법선 방향으로 전파되는 움직임 및 고르지 않은 기저 유동장으로부터 나오는 화염 전선의 측도인 신장률(stretch rate)이다. 구면으로 팽창되는 화염은 순간 곡률에 비례하는 속도로 나타나는 표면적의 증가로 인해 신장된다. 정체점(stagnation point) 유동 속에서 안정화된 평면 화염은 수력학적 변형에 비례하는 속도로 발산하는 유동의 결과로서 신장된다. 일반적인 표면에서 국소 신장률은 운동학적 고려로부터 얻어지며 화염 표면의 (평균) 곡률 κ 및 기저의 수력학적 변형에 의존한다는 것이 알려져 있다. 즉,

$$K = \kappa S_{\mathrm{L}} - \boldsymbol{n} \cdot \boldsymbol{E} \cdot \boldsymbol{n}$$

이며, 여기서 $\boldsymbol{E}$는 변형률 텐서(strain rate tensor)이다. 마크스타인 길이(Markstein length)로 불리는 계수 $\mathcal{L}$은 화염 두께의 수준이며 확산과 화학반응의 효과를 결합한다. 이는 혼합 구성에 따라 양수나 음숫값을 취할 수 있다. 실험적 환경에서, $\mathcal{L}$의 변화는 연료 유형과 혼합 구성 혹은 계의 압력을 변화시킴으로써 수반될 수 있다. 따라서 수학적 서술은 (7)로 나타나는 S_{f}에 대해

$$\psi_t + \boldsymbol{v}^* \cdot \nabla \psi = S_{\mathrm{f}} |\nabla \psi| \tag{8}$$

를 풂으로써 결정되는 자유 표면(화염 전선)에서, 압력과 속도 장에 대한 비선형 자유경계 문제로 구성된다. 수력학적 이론(hydrodynamic theory)으로 불리는 이 서술은 복잡한 화염-유체 상호작용을 이해하는, 특히 화염 불안정성을 발전시키는 유용한 틀이 되었다. 예를 들어, 그림 2에서 볼 수 있는 화염은 가변 밀도 나비에-스토크스 해결 프로그램과 함께 전선-포착 기법을 사용하여 얻어졌다.

4 난류 화염

층류 화염 속도의 정의와 유사하게, 난류 화염 속도(turbulent flame speed) S_{T}는 평균 속도가 0인 등방성(isotropic) 균일 난류장 속 예혼합 화염의 평균 전파 속도로 정의될 수 있다. 유입되는 유속이 평균(윗줄로 표시하는) 및 변동하는 성분으로 분해되고, 화염을 세로 방향 평균 유속 $\overline{u_1}$을 조정했을 때 통계적으로 정상적(stationary)이라면, 그림 3에 묘사되듯 난류 화염 속도는 $S_{\mathrm{T}} = \overline{u_1}$이다. 그림에서 볼 수 있는 전체 화염을 통한 평균 질량 흐름 속도는 $\bar{m} = \rho_{\mathrm{u}} A S_{\mathrm{T}}$이다. 모든 반응물은 주름진 화염의 영역 A_{f}를 통과하므로, 주름진 화염을 구성하는 변별적인 각 선분들이 자신의 법선 방향으로 속도 S_{L}을 갖고 전파된다고 가정할 때, 평균 질량 흐름은 그 선분들을 통과하여 흐르는 질량의 전체 기여로부터도 계산될 수 있다. 그러면 $\bar{m} = \rho_{\mathrm{u}} \overline{A_{\mathrm{f}}} S_{\mathrm{L}}$을 얻고, 이는 $S_{\mathrm{T}}/S_{\mathrm{L}} = \overline{A_{\mathrm{f}}}/A$를 의미한다. 다시 말해, 난류 화염의 속도 증가는 화염 전선의 표면적 증가로 인한 것이다. 이 관계는 담쾰러(Damköhler)가 처음 알아냈는데, 그는 분젠 화염과 유사한 기하학적 논증에 의존하여, 추가적으로 속도 변동의 제곱평균제곱근(root mean square)으로 정의되는 난류 세기 v_{c}'에 대한 명시적 의존성을 유도했다. 그의 결과 및 다른 수많은 현상론적 연구는 다양한 상수 C와 조정이 가능한 지수 n에 대한 다음 형태

$$S_{\mathrm{T}}/S_{\mathrm{L}} = 1 + C(v_{\mathrm{c}}'/S_{\mathrm{L}})^n \tag{9}$$

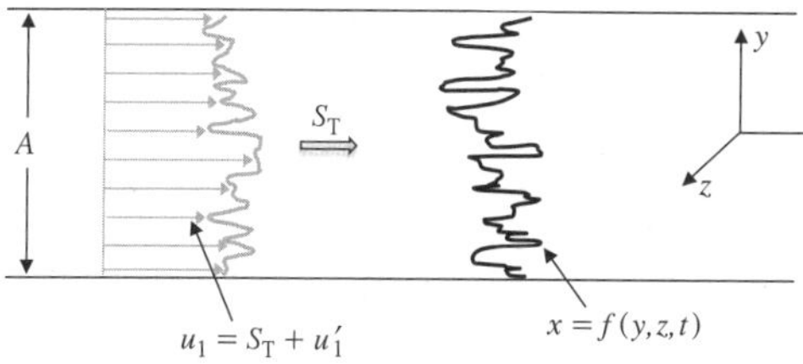

그림 3 통계적으로 정상적인 난류 예혼합 화염의 도식.

으로서 일치한다. 방법들의 다양한 정확도와 변화되는 운용 조건으로 인해 실험 기록은 넓게 분산되지만, 데이터는 v_c'의 낮은 값부터 중간 값까지 난류 세기를 증가시키면 S_T가 증가한다는 것을 입증한다. 하지만 높은 난류 세기에서 S_T는 아주 조금 증가한 뒤 수평을 유지하는데, 이 관측을 **굽힘 효과**(bending effect)라 부른다.

수력학적 모형은 난류 화염 속도를 결정하는 더 엄밀한 방식을 제공한다. 얇은 화염 가정이란 화염의 내부 구조가 난류에 의해 교란되지 않으며 층류 구조를 유지함을 의미한다. 엄밀히 말해 이 모형의 결과는 많은 연소 응용과 연구실 실험 대부분을 포함하는, 난류 연소의 오직 주름진 물결 모양을 갖는 작은 불꽃 체계(flamelet regime)에만 적용이 가능하다. 특히 이것은 분산된 반응 체계(distributed-reaction regime)를 배제하는데, 거기서 화염의 기본 구조는 더 이상 존재하지 않고 난류 화염 속도의 개념은 모호해진다. 수력학적 설명에서는 주름진 화염의 모든 선분이 국소 혼합 성분과 유동 조건에 의존하여 (7)로 결정되는 속도 S_f로 전파되기 때문에, 전체 화염을 통해 흐르는 평균 질량은 이제 $\bar{m} = \rho_u \overline{S_f A_f}$이다. 이는

$$S_T = \overline{S_f |\nabla \psi|} \qquad (10)$$

을 이끌며, 그림 2를 만들 때 사용했던 것과 비슷한 계산에서 정지된 환경을 난류 유동장으로 대체하여 결정한다. 세기 v_c'와 적분척도(integral scale) ℓ로 특징지어져 미리 생성된 균일한 등방성 난류 운동은, 이에 따라 그림 4(a)에서 볼 수 있듯이 통합 영역 하단의 유입으로서 공급된다. 평균 유입 속도를 조절함으로써, 평균적으로 화염은 지정된 위치에 유지된다. 그림 4는 그러한 계산을 묘사한다. 유동의 난류 성질은 시계 방향/반시계 방향(파선/실선) 소용돌이 경계로 밝혀지며, 화염 전선은 검은 실선으로 표현된다. 독자는 경압 돌림힘(baroclinic torque)에 의해 화염 전선의 '첨점' 근처 흐름을 따라 생성된 소용돌이 및 그 외 영역에서 눈에 띄게 줄어든 소용돌이를 알아차렸을 것이다. 이는 부피 팽창에 의한 결과이다.

만약 국소적인 화염 속도가 상수이며 층류 화염 속도와 같다고 가정한다면 (10)은 $S_T/S_L = \overline{|\nabla \psi|}$를 이끌며, 이는 담쾰러의 주장처럼 화염 표면적의 증가에 따른 난류 화염 속도의 증가를 의미한다. 방정식 (7)은 (10)과 함께 난류 전파에서, 화염의 평균 신장 $\bar{K}$가 평균 국소 화염 속도 $\overline{S_f}$에 영향을 줌으로써 결국 S_T에도 영향을 주는 중요한 역할을 한다는 것을 설명한다. 최근 '2차원' 난류와 $\mathcal{L} > 0$에 대해, 신장 효과를 고려한 척도변환 법칙(scaling law)이 수력학적 이론의 맥락 속에서 수치적 모의실험을 통해 얻어졌다. 2차원 유동은 실제 난류의 몇 가지 특징을 가지지 않기는 하지만, 이 결과는 기존 난류 화염 전파에 대한 이해로 확장되어 어떠한 난류 모형화 가정이나 임시변통식 조정 매개변수도 포함하지 않는 S_T의 표현을 산출한다. 조건 $\mathcal{L} > 0$은 풍부한

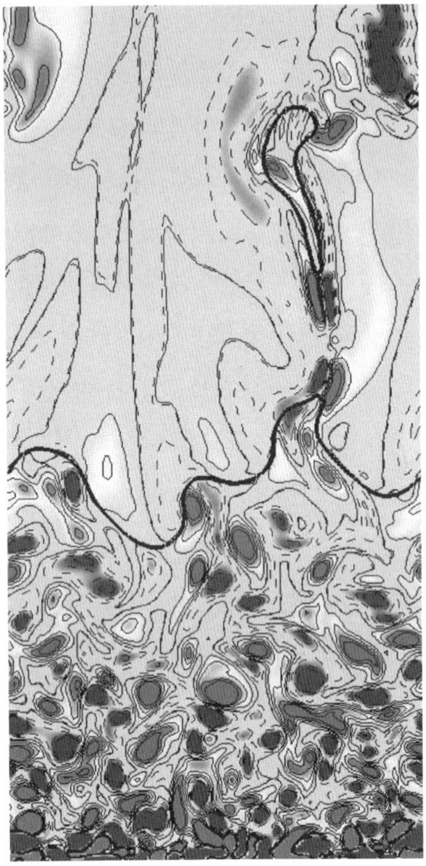

그림 4 난류 유동 속 화염 전파. 순간적인 묘사는 화염 표면의 접힌 선분으로부터 떼어진 타지 않은 기체의 주머니를 보여 준다.

탄화수소-공기나 희박한 수소-공기 혼합물에서 관측되는 열확산적 불안정성의 발전을 배제한다. 조그만 구조들로 화염 표면을 추가로 변형시키는 이 불안정성은 전체 표면과 전파 속도를 증가시킨다. 혼합 구성, 열팽창계수, 난류 세기에 따라 3가지 체계가 구분되었다.

(i) 평균적으로, 화염 끝이 평면으로 남아 있고 (즉, 평균곡률 0을 갖고) DL 불안정성으로부터 영향을 받지 않는 체계.

(ii) 화염 전선이 타버린 기체 영역으로 자주 침투하도록 하는 DL 효과가 화염 전선에 중요한 영향을 끼치며, 난류에 대해 부분적인 복원력이 유지되는 체계.

(iii) DL 불안정성의 영향이 제한된 역할을 하고 화염 전파가 난류에 의해 완전히 제어되는 고도로 난류인 체계.

세 번째 체계는 화염 전선의 잦은 접힘 그리고 주요 화염 표면으로부터 분리되며 빠르게 소모되는 타지 않은 기체 주머니들의 형성으로 영향을 받아, 난류 화염 속도의 상당한 감소를 일으킨다.

$$\frac{S_\mathrm{T}}{S_\mathrm{L}} = \left[1 - \frac{\mathcal{L}\bar{K}}{S_\mathrm{L}}\right]\left[a + \frac{b(\ell, \mathcal{L})\,c(\sigma)}{(\mathcal{L}/L)^m}\left(\frac{v_c'}{S_\mathrm{L}}\right)^n\right]$$

위와 같은 형태로 난류 화염 속도의 표현을 얻었으며, 계수들은 다양한 작용 체계에서 기능적인 매개변수에 의존한다. 상수 a는 $v_\mathrm{c}' = 0$일 때, 안정적인 층류 화염의 성질에 의존한다. 이는 안정적 화염이 평면적일 때 1이고, 안정적 화염이 DL 불안정성의 결과로서 뾰족한 형태일 때(그림 2 에서 볼 수 있듯) $U_\mathrm{L}/S_\mathrm{L}$이다. 계수 c는 σ가 증가함에 따라 증가하며 열팽창이 충분히 높은 값에 도달하면 정체기에 빠진다. 계수 b는 상대적으로 작은 크기를 갖고, 화염을 가장 효과적으로 어지럽히는 중간 규모에서 최댓값에 도달한다. 마크스타인 길이 $\mathcal{L}$을 통해 드러나는 혼합 구성과 주변 조건의 변화는 1보다 작은 지수 m에 대한 멱법칙으로 나타난다. 가장 큰 중요성은 난류 세기에 대한 S_T의 의존성이다. 낮은 v_c'에서 난류 세기에 대한 S_T의 의존성은 담쾰러의 시행착오적 결과에 따르면 2차이지만($n = 2$), 높은 난류 수준에서 의존성은 하위선형(sublinear)이며($n < 1$)

이는 실험적으로 관측되는 굽힘 효과를 설명한다.

더 읽을거리

Matalon, M. 2009. Flame dynamics. *Proceedings of the Combustion Institute* 32:57-82.

Matalon, M., and J. Bechtold. 2009. A multi-scale approach to the propagation of non-adiabatic premixed flames. *Journal of Engineering Mathematics* 63:309-26.

Matalon, M., and F. Creta. 2012. The "turbulent flame speed" of wrinkled premixed flames. *Comptes Rendus Mécanique* 340:845-58.

Matalon, M., C. Cui, and J. Bechtold. 2003. Hydrodynamic theory of premixed flames: effects of stoichiometry, variable transport coefficients and reaction orders. *Journal of Fluid Mechanics* 487:179-210.

VII.16 그린의 정리를 이용한 지구 영상화

로엘 스네이더 Roel Snieder

1 서론

지구는 거대한 공간으로서 그 반지름은 약 6400 km 이다. 이와 비교해 이제까지 뚫은 가장 깊은 시추공은 약 10 km 깊이이다. 그러므로 우리가 지구 내부의 직접적인 측정이나 표본을 취할 기회는 별로 없었는데, 지구 내부에는 거의 도달할 수 없기 때문이다. 심지어 우리가 표본을 추출할 수 있는 위의 10 km조차, 깊은 시추공을 뚫는 비용이 어마어마하다. 이는 지구 내부에 관한 추론은 대부분 지표면이나 심지어 우주에서 이루어진 물리 화학적 측정에 기반을 둔다. 따라서 지구 내부를 탐구하는 것은 '상자를 여는 것만 빼고 어떻게든 닫힌 상자의 내용물을 결정하라'는 고전적인 블랙박스 문제를 연상시킨다.

지구 내부에서 중력장이나 탄성파의 장 등 물리적 장을 측정할 수 있다면, 그 장을 지배하는 방정식에 측정된 장을 넣은 뒤, 가령 질량 밀도 같은 물리적 매개변수를 장 방정식으로부터 추출하여 지구의 국소적 성질을 추론할 수 있다. 하지만 장은 지구의 표면, 때때로 심지어 그보다 위에서 측정된다. 이에 따라 관측 표면에서 측정된 장을 지구 내부로 전파시킬 비법이 필요하다. 이는 수학이 도움을 주기 위해 그린의 정리(Green's theorem) 형태로 나타나는 문제이다. 그것은 공간을 둘러싼 표면에서 취해진 측정을 그 공간 내부의 장과 연결시키며, 그 원리는 하향 연속(downward continuation)이라 불린다.

이어서 우리는 그린의 정리를 물리계의 거대한 종류에 적용하여, 오직 미래나 과거로 움직이는 것에 상관 없이 방정식이 동일한 경우에만 그 정리가 표면에서의 측정을 내부에서의 측정과 연결시켜 준다는 것을 보인다. 그러한 방정식을 시간 역전에 대해 불변이라고 부른다. 우리는 특히 지진파 영상법에 초점을 맞출 것인데, 그 이유는 그 방법이 가장 높은 공간적 해상도를 제공하기 때문이다.

2 일반적인 계에 대한 그린의 정리

원천 $q(\boldsymbol{r}, t)$로 활성화된 장 $u(\boldsymbol{r}, t)$에 대해 다음 편미분방정식을 만족하는 물리계를 생각하자.

$$\sum_{n=0}^{N} a_n(\boldsymbol{r}) \frac{\partial^n u}{\partial t^2} = \nabla \cdot (B(\boldsymbol{r}) \nabla (\boldsymbol{r}, t)) + q(\boldsymbol{r}, t) \tag{1}$$

이 방정식은 특정한 방정식 다수를 표현한다. 한 예는 파동방정식(wave equation)

$$\frac{1}{\kappa(\boldsymbol{r})} \frac{\partial^2 u}{\partial t^2} + \gamma(\boldsymbol{r}) \frac{\partial u}{\partial t} = \nabla \cdot \left(\frac{1}{\rho(\boldsymbol{r})} \nabla u \right) + q(\boldsymbol{r}, t) \tag{2}$$

로서, κ는 체적 탄성계수(bulk modulus), γ는 감쇠 매개변수(damping parameter), ρ는 밀도이다. 방정식 (1)의 또 다른 예시는 확산방정식(diffusion equation)

$$\frac{\partial u(\boldsymbol{r}, t)}{\partial t} = \nabla \cdot (D(\boldsymbol{r}) \nabla u(\boldsymbol{r}, t)) + q(\boldsymbol{r}, t) \tag{3}$$

이며, $D(\boldsymbol{r})$은 확산상수이다. 이 방정식은 대수층(aquifer)이나 탄화수소 저장층(hydrocarbon reservoir) 같은 다공성 매질에서의 유동을 묘사하기 위해 사용된다. 이는 또한 열전도나 오염물의 확산적 퍼짐을 설명한다. (3)의 한 변형은 미시적 입자의 동역학을 설명하는 슈뢰딩거 방정식(Schrödinger equation)이다.

$$i\hbar \frac{\partial \psi(\boldsymbol{r}, t)}{\partial t} - V(\boldsymbol{r}) \psi(\boldsymbol{r}, t) = -\frac{\hbar^2}{2m} \nabla^2 \psi(\boldsymbol{r}, t) \tag{4}$$

여기서 $\hbar$는 플랑크의 상수(Planck's constant) 를 2π로 나눈 것, m은 입자의 질량, $V(\boldsymbol{r})$은 입자가 움직이는 실수 퍼텐셜이다. 또 다른 예시는 지구 내부 질량 밀도를 억제하는 데 도움을 주기 때문에 지구물리학에서 중요한 역할을 하는 중력 퍼텐셜이다. 중력장은 푸아송의 방정식(Poisson's equation)

$$0 = \nabla^2 u(\boldsymbol{r}) - 4\pi G \rho(\boldsymbol{r}) \tag{5}$$

을 만족하며, 여기서 G는 중력 상수이다. 이 방정식은 시간에 의존하지 않는다.

응용 (2)~(5)는 일반적인 방정식 (1)의 특수한 형태임에 주의하자. 이들 응용에서 $B(\boldsymbol{r})$은 실수이며 따라서 별표가 복소켤레(complex conjugation)를 나타낼 때, 아래에서는 $B = B^*$으로 쓸 것이다. 우리는 또한 푸리에 규약(Fourier convention) $f(t) = \int f(\omega) e^{-i\omega t} d\omega$를 사용할 것이다. 이를 통해, 일반적인 방정식 (1)은

$$\sum_{n=0}^{N} (-i\omega)^n a_n(\boldsymbol{r}) u(\boldsymbol{r}, \omega) = \nabla \cdot (B(\boldsymbol{r}) \nabla u(\boldsymbol{r}, \omega)) + q(\boldsymbol{r}, \omega) \tag{6}$$

로 변환된다. 매 경우마다 미분은 $-i\omega$의 곱으로 대체된다. 아래의 논의는 주파수 영역에서 유효하다. 다만, 여기서는 간결함을 위해 변수들의 주파수 의존성을 생략할 것이다.

차례로 원천 $q_P(\boldsymbol{r})$와 $q_Q(\boldsymbol{r})$로 활성화된 두 개의 서로 다른 장 상태 $u_P(\boldsymbol{r})$와 $u_Q(\boldsymbol{r})$를 생각하자. 우선 상태 P에 방정식 (6)을 적용하고, u_Q^*으로 곱한 뒤 공간에 대해 적분하자. 그런 다음 상태 Q에 방정식 (6)의 복소켤레를 적용하고, u_P를 곱한 뒤 공간에 대해 적분하자. 이들 두 공간 적분을 빼고 $B(\boldsymbol{r})$를 포함하는 항들에 그린의 정리를 적용하면

$$\sum_{n=0}^{N}(-\mathrm{i}\omega)^n\int \mathcal{A}_n u_P u_Q^* \mathrm{d}V$$
$$= \oint B(\frac{\partial u_P}{\partial n}u_Q^* - u_P\frac{\partial u_Q^*}{\partial n})\mathrm{d}S$$
$$+ \int (u_Q^* q_P - u_P q_Q^*)\mathrm{d}V \tag{7}$$

를 얻는다. 여기서 $\partial/\partial n$은 적분한 공간을 둘러싸는 표면 S의 바깥 방향 법선미분(outward normal derivative)을 나타내고

$$\mathcal{A}_n(\boldsymbol{r}) = a_n(\boldsymbol{r}) - (-1)^n a_n^*(\boldsymbol{r}) \tag{8}$$

이다.

그린 함수(Green function) $G(\boldsymbol{r}, \boldsymbol{r}_0)$은 점 활성 $q(\boldsymbol{r}) = \delta(\boldsymbol{r} - \boldsymbol{r}_0)$에 대한 (6)의 해로서 정의되며, 아래에서 핵심적인 역할을 한다. 상호성 $G(\boldsymbol{r}, \boldsymbol{r}') = G(\boldsymbol{r}', \boldsymbol{r})$은 G의 중요한 성질 중 하나다. 적절한 경계조건이 있다면, 이 성질은 뒤따르는 모든 응용에 대해 유효하다.

u_P의 원천이 없고 $(q_P = 0)$ u_Q가 점 원천 $q_Q(\boldsymbol{r}) = \delta(\boldsymbol{r} - \boldsymbol{r}_Q)$로 활성화된 경우를 고려하자. 그러면 $u_Q(\boldsymbol{r}) = G(\boldsymbol{r}, \boldsymbol{r}_Q) = G(\boldsymbol{r}_Q, \boldsymbol{r})$이다. 이를 (7)에 사용하고 u_P를 u로 나타내며, $\boldsymbol{r}$를 $\boldsymbol{r}'$으로 $\boldsymbol{r}_Q$를 $\boldsymbol{r}$로 대체하면

$$u(\boldsymbol{r}) = -\sum_{n=0}^{N}(\mathrm{i}\omega)^n \int \mathcal{A}_n(\boldsymbol{r}')G^*(\boldsymbol{r}, \boldsymbol{r}')u(\boldsymbol{r}')\mathrm{d}V'$$
$$+ \oint B(\boldsymbol{r}')\left(G^*(\boldsymbol{r}, \boldsymbol{r}')\frac{\partial u}{\partial n'} - \frac{\partial G^*(\boldsymbol{r}, \boldsymbol{r}')}{\partial n'}u\right)\mathrm{d}S' \tag{9}$$

를 얻는다.

3 내부로 장 옮기기

방정식 (9)는 계의 경계에서 취해진 측정을 계 내부로 전파하는 데 강력한 도구이다. 이는 지구과학에서 특히 중요하다. 먼저 지진파 영상법을 지배하는 방정식의 원형인 음파방정식 (2)에 대한 원리를 묘사하겠다. (1)의 표기법에서, 파동방정식 (2)는 $N = 2$, $a_2 = 1/\kappa$, $a_1 = \gamma$, $a_0 = 0$, $B = 1/\rho$을 갖는다. 계수 a_n은

$$\mathcal{A}_n = \begin{cases} 2\mathrm{i}\ \mathrm{Im}(a_n), & n\text{이 짝수일 때,} \\ 2\,\mathrm{Re}(a_n), & n\text{이 홀수일 때} \end{cases} \tag{10}$$

와 같은, 방정식 (8)에서 정의된 항 A_n을 통해 (9)의 공간 적분으로 들어가는데, 여기서 Re와 Im은 차례로 실수 부분과 허수 부분을 나타낸다. (10)에 따르면 κ는 실수이므로 a_2는 기여하는 바가 없다. 먼저 감쇠가 없는 경우를 고려하면, $a_1 = \gamma = 0$이고 (9)는 **표현 정리(representation theorem)**

$$u(\boldsymbol{r}) = \oint \frac{1}{\rho}\left(G^*(\boldsymbol{r}, \boldsymbol{r}')\frac{\partial u}{\partial n'} - \frac{\partial G^*(\boldsymbol{r}, \boldsymbol{r}')}{\partial n'}u\right)\mathrm{d}S' \tag{11}$$

으로 변환된다. 이 표현은 우변에서의 적분 속 표면 측정을 좌변에서의 내부 파동 장과 관련짓는다.

만약 감쇠가 있다면 어떤 일이 일어나겠는가? 이 경우 $a_1 = \gamma > 0$이고 (9)와 (10)에 따르면, 방정식 (11)은 반드시 우변에서 공간 항 $2\mathrm{i}\omega \times \int \gamma(\boldsymbol{r}')G^*(\boldsymbol{r}, \boldsymbol{r}')u(\boldsymbol{r}')\mathrm{d}V'$를 통해 확장되어야 한다. 이 항은 우리가 결정하고자 하는 내부 파동 장을 포함하므로, 이 장은 오직 표면에서 취한 측정만으로 나오지 않는다. 이론적으로 감쇠는 지진파 영상법을 불가능하게 만들지만, 실전에서 지구의 감쇠는 약하고 따라

서 문제의 공간 적분은 무시될 수 있다.

확산장은 영상화될 수 있는가? 확산방정식 (3)은 (1)에서 0이 아닌 항이 오직 $a_1 = 1$과 $B = D$이다. 이를 (9)에 넣으면

$$u(\boldsymbol{r}) = 2\mathrm{i}\omega \int G^*(\boldsymbol{r}, \boldsymbol{r}')u(\boldsymbol{r}')\mathrm{d}V' + \oint D(\boldsymbol{r}')\left(G^*(\boldsymbol{r}, \boldsymbol{r}')\frac{\partial u}{\partial n'} - \frac{\partial G^*(\boldsymbol{r}, \boldsymbol{r}')}{\partial n'}u\right)\mathrm{d}S'$$

를 얻는다. 감쇠하는 음파와 마찬가지로, 우변은 내부 미지의 장을 포함한다. 이는 표면에서 취해진 확산장이 그린의 정리를 통한 영상화에 사용될 수 없음을 의미한다.

슈뢰딩거 방정식 (4)는 시간에 대해 1차이고, 이런 이유로 인해 확산방정식과 마찬가지로 경계에서 취해진 측정으로부터 공간 내 장의 값을 추론할 수 없으리라 짐작할지 모른다. 이 방정식에서는 $N = 1$, $a_1 = \mathrm{i}\hbar$, $a_0 = -V$, $B = -\hbar^2/(2m)$이다. 퍼텐셜 V가 실수라 가정하고 (9)와 (10)에 따르면, 공간 적분은 $n = 0$일 때는 $\mathrm{Im}(a_0) = \mathrm{Im}(-V) = 0$에 $n = 1$일 때는 $\mathrm{Re}(a_1) = \mathrm{Re}(\mathrm{i}\hbar) = 0$에 의존한다. 그러므로 공간 적분은 사라지고 내부 장의 값은 경계에서 측정된 장의 값으로 결정될 수 있다.

장방정식 (5)의 중력퍼텐셜에 대해, 모든 $a_n = 0$이고 $B = 1$이기 때문에 원천 없는 영역에서 장은

$$u(\boldsymbol{r}) = \oint\left(G(\boldsymbol{r}, \boldsymbol{r}')\frac{\partial u}{\partial n'} - \frac{\partial G(\boldsymbol{r}, \boldsymbol{r}')}{\partial n'}u(\boldsymbol{r}')\right)\mathrm{d}S' \tag{12}$$

을 만족한다. 퍼텐셜 장은 시간에 의존하지 않기 때문에 장 u와 그린 함수 G는 모두 실함수이다. 따라서 (12)에서 복소켤레가 존재하지 않는다. 이 표현은 지표면에서 장이 알려져 있을 때 지구 밖의 중력장을 추론할 수 있게 해준다. 표현 (12)는 지표면에서 취해진 측정으로부터 더 높은 고도의 중력장을 추론하는 **상향 연속**(upward continuation)을 위해 사용될 수 있다. 이는 예를 들어 인공위성의 궤도를 계산하는 데 사용될 수 있다. 마찬가지로, 이 표현을 더 높은 곳에서 취해진 측정으로부터 더 낮은 고도의 중력장을 계산하는 **하향 연속**을 위해 사용할 수도 있다. 하향 연속의 응용 중 하나는 인공위성이나 항공기에서 취해진 측정으로부터 지표면의 중력장을 추론하는 것이다. 하지만 (12)를 이용하여 지구 내부 중력장을 계산하는 것은 불가능하다. 내부에서는 질량 밀도 $\rho(\boldsymbol{r})$이 0이 아니고, (5)에 따르면 원천 $q(\boldsymbol{r})$은 0이 아니다. 이는 (9)의 유도에서 사용된 가정 $q_P = 0$을 깨뜨린다. 이런 이유로 인해 그린의 정리는 표면에서 취해진 측정으로부터 지구 안 질량 밀도를 추론하는 데 사용될 수 없다.

일반적으로, 경계에서 취해진 장 측정으로부터 내부의 장이 따라오는 성질은 **시간 역전에 대해 불변인**(invariant for time reversal) 계에 대해 유효하다. 그것은 시간 t가 $-t$로 역전되었을 때 변하지 않는 방정식을 따르는 계이다. 이는 감쇠가 없는 파동방정식에 대해 성립하지만, 감쇠는 과거와 현재 사이의 대칭성을 깨뜨린다. 확산방정식은 시간 역전 아래 불변이 아니다. 열은 시간이 흐를 때 멀리 확산된다. 확산방정식과 마찬가지로 슈뢰딩거의 방정식은 시간에 대해 1차이며, 시간 역전에 대해 불변이 아니라 짐작할지 모른다. 그렇지만 $\psi(\boldsymbol{r}, t)$가 해라면 $\psi^*(\boldsymbol{r}, -t)$ 역시 해라는 것을 증명할 수 있다. 양자역학의 원리에 따르면 파동함수를 그것의 복소켤레와 구별할 수 없기 때문에 방정식은 사실상 시간 역전에 대

해 불변이며, 우리가 살펴보았듯 표면에서의 측정이 내부의 장을 결정하기에 충분하다.

4 지진파 영상법

이 절에서는 지진파 영상법에서 표현 정리 (11)의 응용을 논의한다. 통상적인 수중 지진파 실험은 그림 1과 같다. 그림에서 배는 기록 장치로 사용되는 수중 청음기(hydrophone, 압력 센서)와 수진기(geophone, 동작 센서)로 이루어진 기다란 관(파선으로 나타나는)을 견인한다. 공기총(air gun, 추진 공기 거품을 전달하는 장치)은 배 바로 뒤에서 지진파원으로서 작용한다. 지구의 층에서 반사되는 파동은 관의 센서들을 통해 기록된다.

물 표면은 자유 표면(free surface)이며, 따라서 압력 p는 $p(z=0)=0$으로 거기에서 사라진다. 그러나 입자 움직임은 사라지지 않는다. 뉴턴(Newton's law)에 따르면, 가속도 $\boldsymbol{a}$는 $\rho\boldsymbol{a}=-\nabla p$에 의해 압력과 연관된다. 이 표현의 수직 성분은

$$\rho a_z = -\frac{\partial p}{\partial z} \tag{13}$$

로 나타난다. 표현 정리 (11)에서 압력 p에 대해 이 관계를 사용한다. 경계로는 해수면 S_0과 반지름 R인 반구 S_∞의 결합을 택한다(그림 1). 아주 적은 양의 감쇠가 존재한다면, 압력 p와 그린 함수 G는 α가 감쇠계수일 때 $e^{-\alpha R}$을 따라 감소하며, S_∞의 기여는 $R\to\infty$일 때 사라진다. 따라서 폐곡면 적분은 자유 표면 S_0의 기여로 축소된다. 그 표면은 수평이므로 법선미분은 그저 $-z$ 방향으로의 미분이다(우리는 양의 z가 아래를 향하는 좌표계를 선택한다). 자유

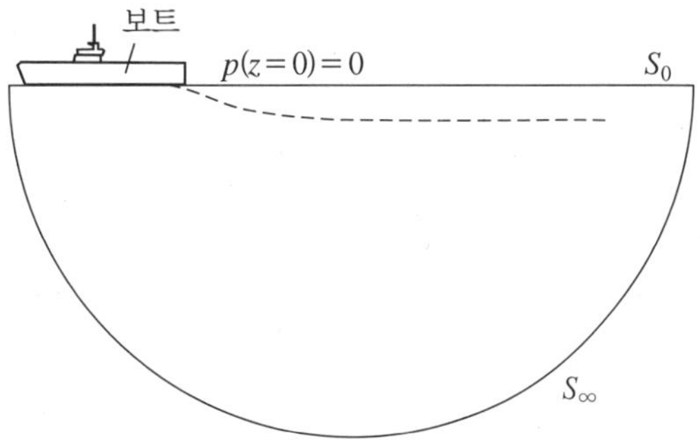

그림 1 수중 지진파 조사의 기하적 배치.

표면에서 압력이 사라지므로, 표현 (11)은

$$p(\boldsymbol{r}) = -\int_{S_0} \rho^{-1}(\boldsymbol{r}')G^*(\boldsymbol{r},\boldsymbol{r}')\left(\frac{\partial p(\boldsymbol{r}')}{\partial z'}\right)\mathrm{d}S'$$

으로 변환된다. (13)을 사용하여 $\partial p/\partial z'$을 소거하면

$$p(\boldsymbol{r},\omega) = \int_{S_0} G^*(\boldsymbol{r},\boldsymbol{r}',\omega)\,a_z(\boldsymbol{r}',\omega)\,\mathrm{d}S' \tag{14}$$

을 얻고, 주파수 의존성이 복원된다. 이 공식은 표면 아래의 압력을 해수면에서 기록된 움직임과 연결시킨다.

대부분의 표현은 복소켤레를 사용하지 않을 때에도 성립하기 때문에, 독자들은 여기서 왜 G의 복소켤레가 사용되었는지 궁금할 것이다. 시간 영역 그린 함수는 주파수 영역 그린 함수와 $G(\boldsymbol{r},\boldsymbol{r}',t)=\int G(\boldsymbol{r},\boldsymbol{r}',\omega)e^{-i\omega t}\mathrm{d}\omega$로 연결되며 따라서 시간 역전된 그린 함수는 $G(\boldsymbol{r},\boldsymbol{r}',-t)=\int G^*(\boldsymbol{r},\boldsymbol{r}',\omega)e^{-i\omega t}\mathrm{d}\omega$를 만족한다. 그 결과 방정식 (14)는 시간 영역에서

$$p(\boldsymbol{r},t) = \int_{S_0} G(\boldsymbol{r},\boldsymbol{r}',-t) \star a_z(\boldsymbol{r}',t)\,\mathrm{d}S' \tag{15}$$

에 대응하며, 여기서 별($\star$)은 합성곱(convolution)을 나타낸다. 그린 함수 $G(\boldsymbol{r},\boldsymbol{r}',t)$는 점 원천이 $t=0$에서 작용한 이후에만 0이 아니라는 의미에서 인과적

이다. 그리고 이는 활성화된 순간으로부터 멀어지는 이후 시간으로 파동을 움직인다. 결과적으로 시간 역전된 그린 함수 $G(\mathbf{r}, \mathbf{r}', -t)$는 오직 $t < 0$에서만 0이 아니고, 시간을 거슬러 파동을 전파시킨다. (15)는 시간 역전된 그린 함수 $G(\mathbf{r}, \mathbf{r}', -t)$와 기록된 가속도의 합성곱을 취한다. 이는 관에서 기록된 파동을 시간에 대해 거꾸로 전파시킨다는 것을 의미한다. 이것은 바람직한 성질을 가진다. 즉, 지구 안 반사물을 발견하기 위해서는 반사물에 의해 반사되는 순간의 파동 장을 알아야만 한다. 따라서 기록된 파동은 앞서 지구 내부에서 반사된 순간의 정보를 알기 위해 시간을 거슬러 전파되어야 한다. 이는 시간 역전된 그린 함수가 사용되는 이유이며, 궁극적으로 여기서 제시된 이론이 $G(\mathbf{r}, \mathbf{r}', \omega)$ 대신 복소 켤레 $G^*(\mathbf{r}, \mathbf{r}', \omega)$를 사용하는 이유이기도 하다. 우리가 $G(\mathbf{r}, \mathbf{r}', -t)$ 대신 $G(\mathbf{r}, \mathbf{r}', t)$를 사용했더라면, 방정식 (15)는 수신기에 기록된 **이후** 지구 내부의 압력장을 알려 줄 것이다. 이 장은 기록된 표면에서 전파되는 파동과 **이전** 반사물과의 상호작용에 대한 정보는 주지 않을 것이다. 따라서 3절의 이론은 G보다는 G^*에 바탕을 둔다.

5 닭이 먼저냐 달걀이 먼저냐

앞서 보여 주었듯, 그린의 정리는 지표면 혹은 그 위에서 취해진 측정으로부터 지구 내부 물리장의 값을 추론할 수 있게 해 준다. 하지만 거기에는 함정이 있다. 지표면에서 측정된 장에 대해 하향 연속을 적용하려면, 반드시 그린 함수를 알아야 한다. 가령 (14)를 보라. 파동방정식 (2)에 대해서 공간과 시간 미분 장은 차례로 지구의 질량 밀도와 체적 탄성계수로 곱해진다. 따라서 지진파의 하향 연속을 위해 필요한 그린 함수는 지구의 성질에 의존하는데, 결정하고자 하는 것은 바로 그런 성질들이다. 그러므로 우리는 지구의 성질을 결정하기 위해 지구의 성질을 알아야 한다.

다행히 이 수수께끼에서 빠져 나오는 길이 존재한다. 지진파 영상법에서는 전선(wavefront)이 어느 정도 정확한 위치에 놓이는 그린 함수의 추정을 사용해도 충분하다는 것이 밝혀졌다. 그렇게 추정된 그린 함수는 매끈한 속도 모형(smooth velocity model)에 의해 계산된다. 사용되는 속도는 **속도 추정**(velocity estimation)을 통해 얻을 수 있으며, 그것은 반사된 지진파의 도달 시간을 측정하여 매끈한 속도 모형을 결정한다. 탄화수소 산업에서 지진파 방법의 성공은 이 과정이 실전에서 유효하다는 것을 보여 준다.

더 읽을거리

Blakeley, R. J. 1995. *Potential Theory in Gravity and Magnetics*. Cambridge: Cambridge University Press.

Bleistein, N., J. K. Cohen, and J. W. Stockwell Jr. 2001. *Mathematics of Multidimensional Seismic Imaging, Migration, and Inversion*. New York: Springer.

Coveney, P., and R. Highfield. 1991. *The Arrow of Time*. London: HarperCollins.

Schneider, W. A. 1978. Integral formulation for migration in two and three dimensions. *Geophysics* 43:49-76.

Snieder, R. 2002. Time-reversal invariance and the relation between wave chaos and classical chaos. In *Imaging of Complex Media with Acoustic and Seismic Waves*, edited by M. Fink, W. A. Kuperman, J. P. Montagner, and A. Tourin, pp. 1-15. Berlin: Springer.

———. 2004. *A Guided Tour of Mathematical Methods for the Physical Sciences*, 2nd edn. Cambridge: Cambridge University Press.

Yilmaz, O. 1987. *Seismic Data Processing*. Tulsa, OK: Society of Exploration Geophysicists.

VII.17 레이더 영상화

마가렛 체니, 브렛 보든
Margaret Cheney and Brett Borden

1 배경

'레이더(radar)'는 전파 탐지 및 거리측정(**ra**dio **d**etection **a**nd **r**anging)의 머리글자이다. 레이더는 원래 반향 측정(echolocation)을 통해 물체를 탐지하고 그 위치를 파악하는 기법으로 개발되었고, 이는 여전히 현대 레이더 체계의 주요 기능으로 남아 있다. 레이더는 아주 정밀한 거리(범위) 측정을 제공하고, 또한 이 범위가 변화하는 속도를 측정할 수도 있다. 이러한 레이더 체계는 추가적인 종류의 아주 복잡한 기능을 수행하도록 70년도 넘게 발전해 왔다. 그런 기능 중 하나는 영상화이다.

레이더 영상화는 광학 영상화와 많은 공통점을 지닌다. 두 과정 모두 영상을 형성할 때 전자기파를 사용한다. 둘의 중요한 차이점은 레이더의 파장이 광학의 파장보다 훨씬 길다는 것이다. 영상화 체계의 분해능은 파장에 대한 개구(aperture) 크기의 비로 결정되므로 레이더 영상화 체계는 비슷한 해상도를 얻기 위해 광학 체계보다 수천 배 더 큰 개구를 필요로 한다. 킬로미터 수준의 안테나는 실용적이지 않기 때문에, 정밀 해상도 레이더 영상화는 훨씬 더 큰 측정 영역을 차례차례 추출하기 위해 작은 안테나가 사용되는, 이른바 합성 개구(synthetic aperture)에 의존하게 되었다.

원격 탐사를 위한 레이더 사용에는 많은 장점이 있다. 광학 체계와 달리, 레이더 체계는 밤낮으로 사용될 수 있다. 긴 레이더 파장은 구름, 연기, 기타 여러 가지를 통과하므로 레이더 체계는 어떠한 기상 조건에서도 사용될 수 있다. 게다가 일부 레이더 체계는 나뭇잎, 건물, 마른 토양, 그 외 다른 물질들도 관통할 수 있다.

레이더 파는 주로 파장과 동일한 수준의 크기를 가진 물체와 지형에서 산란된다. 이는 레이더가 수 센티미터에서 수 미터의 길이를 가진 물체에 민감하다는 의미이며, 관심 대상 중 많은 것이 이 범위에 속한다.

레이더는 군대와 민간 모두에서 여러 응용이 가능하다. 레이더 체계는 길 찾기, 충돌 회피, 저고도 비행이 필요한 항공과 수송에서도 널리 사용된다. 대부분의 사람들은 차량 속도를 감시하는 경찰 레이더와 친숙할 것이다. 레이더는 또한 강우와 풍속의 도플러 측정(Doppler measurement)을 포함하여 기상을 감시하는 데도 사용된다. 영상화 레이더는 토지 이용 감시, 농업 감시, 환경 감시에 사용된다. 지표면 지형과 동적 변화를 조사하는 데에도 레이더 기반 기법이 사용된다. 의학용 마이크로파 단층촬영(microwave tomography)은 현재 개발 중이다.

2 수학적 모형화

수학적 모형화는 맥스웰 방정식[III.22], 혹은 건조한 공기를 통해 전파되는 경우에 더 흔하게 다음 스칼라 근사에 기반을 둔다.

$$\left(\nabla^2 - \frac{1}{c^2}\frac{\partial^2}{\partial t^2}\right)\mathcal{E}(t, \boldsymbol{x}) = s(t, \boldsymbol{x}) \qquad (1)$$

여기서 $\mathcal{E}(t, \boldsymbol{x})$는 레이더에 의해 전송되고 측정되는 (전기)장을 나타내고, $\boldsymbol{x}$와 t는 위치와 시간변수, c는 진공에서 빛의 상태를 나타낸다. 파동 등속도(constant-wave-velocity) 레이더 문제에서는 원천 s가 두 항의 합인 $s = s^{\text{in}} + s^{\text{sc}}$인데, 여기서 s^{in}은 전송 안테나에 의한 원천을 모형화하고 s^{sc}은 목표 산란의 효과를 모형화한다. 따라서 방정식 (1)의 해 $\mathcal{E}$를 $\mathcal{E}^{\text{tot}}$으로 쓰면, 이는 두 부분으로 나뉘어 $\mathcal{E}^{\text{tot}} = \mathcal{E}^{\text{in}} + \mathcal{E}^{\text{sc}}$이 된다. 첫째 항 $\mathcal{E}^{\text{in}}$은 보통 안테나의 현재 밀도에 대응하며, 미리 정해져 알고 있는 원천 s^{in}에 대한 파동방정식을 만족한다. 이 부분을 입사한(incident) 장이라고 부른다. 이는 산란이 존재하지 않을 때의 장이다. $\mathcal{E}^{\text{tot}}$의 둘째 부분은 산란시키는 목표의 존재로 인한 것이며, 이 부분은 산란된(scattered) 장이라 불린다.

산란된 장을 찾는 한 가지 방법은 예컨대 수치적 시간영역 기법을 사용하여 (1)을 직접 푸는 것이다. 하지만 다수의 목적을 위해서는 산란 문제를 적분 방정식으로 다시 서술하는 것이 편리하다.

산란 문제에서 원천 항 s^{sc}은 입사장에 대한 목표의 반응을 나타낸다. 원천 함수의 이 부분은 일반적으로 목표의 모양과 물질적 성질 그리고 입사장의 형태와 강도에 의존한다. 그 결과, s^{sc}은 해석적으로 묘사하기에는 상당히 복잡할 수도 있다.

보통은 보른(Born) 또는 단일산란(single-scattering) 근사를 사용하는데, 즉

$$s^{\text{sc}}(t, \boldsymbol{x}) = \int V(\boldsymbol{x})\mathcal{E}^{\text{in}}(t', \boldsymbol{x})\,\mathrm{d}t' \qquad (2)$$

이고 $V(\boldsymbol{x})$는 목표 방향에 의존하는 반사율함수(reflectivity function)로 불린다. 이는 V를 통해 나타나는 다음 $\mathcal{E}^{\text{sc}}$의 선형 공식을 이끈다.

$$\begin{aligned}\mathcal{E}^{SC}(t, \boldsymbol{x}) &\approx \mathcal{E}_B(t, \boldsymbol{x})\\ &\equiv \iint g(t-\tau, \boldsymbol{x}-z)V(z)\mathcal{E}^{\text{in}}(\tau, z)\,\mathrm{d}\tau\mathrm{d}z\end{aligned} \qquad (3)$$

여기서 g는 나가는 기본해(outgoing fundamental solution) 또는 (나가는) 그린 함수(Green function)

$$g(t, \boldsymbol{x}) = \frac{\delta(t - |\boldsymbol{x}|/c)}{4\pi|\boldsymbol{x}|} = \int \frac{\mathrm{e}^{-\mathrm{i}\omega(t-|\boldsymbol{x}|/c)}}{8\pi^2|\boldsymbol{x}|}\mathrm{d}\omega \quad (4)$$

이며, $|\boldsymbol{x}| = \sqrt{\boldsymbol{x}\cdot\boldsymbol{x}}$이다.

보른 근사는 산란 문제를 선형으로 만들기 때문에 매우 유용하다. 그러나 이것이 언제나 좋은 근사인 것은 아니다.

g가 그린 함수 (4)를 나타내고 p가 안테나에 주어지는 파형을 나타낼 때, (3)의 입사장은 대개 안테나 빔 패턴에 합성곱(convolution) $g * p$를 곱한 형태이다. 이에 따라, 산란장에 대한 다음 모형을 얻게 된다.

$$\mathcal{E}_B^{\mathrm{sc}}(t, \boldsymbol{x}^0) = \int \frac{p(t - 2|\boldsymbol{x}^0 - z|/c)}{(4\pi|\boldsymbol{x}^0 - z|)^2} V(z)\,\mathrm{d}z \tag{5}$$

이때 안테나 빔 패턴은 무시했다. 보른 근사하에, 산란장은 등방적으로 산란된다는 의미에서 점 같은 (즉, $V(z') \propto \delta(z - z')$) 목표들로부터 산란된 장들의 중첩으로 볼 수 있다. 그림자, 차광, 다중산란 효과는 포함되지 않는다.

방정식 (5)는 장에 대한 표현이며 수신 안테나에서 측정된 전압에 비례한다. $R = |\boldsymbol{x}^0 - z|$가 $\boldsymbol{x}^0$에 위치한 안테나와 z에 위치한 산란체 사이 거리일 때, 수신된 전력은 전압의 제곱에 비례하여 $1/R^4$에 비례한다는 것에 주목하자. 이 $1/R^4$ 의존성은 레이더 신호가 대개 극도로 약하며 보통 수신 장치에서의 열 잡음으로 인해 무력화되는 이유이다. 레이더 수신기는 신호를 잡음으로부터 분리시키기 위해, 통상 들어오는 신호와 전송된 펄스를 서로 연관시키며 이 과정은 **펄스 압축**(pulse compression) 또는 **정합 필터링**(matched filtering)이라 불린다.

레이더 데이터는 보통 단순히 후방산란된(back-scattered) 장으로만 이루어지지 않는다. 레이더 체계는 대개 산란된 장 측정을 복조(demodulate)하여 급격히 진동하는 반송 신호(carrier signal)를 제거하고 남아 있는 실숫값 전압을 동위상(in-phase, I)과 직교위상(quadrature, Q) 성분으로 변환하는데, 이는 복소숫값 **해석적 신호**(analytic signal, 신호위상이 잘 정의되는)의 실수와 허수부가 된다. 하지만 이 글의 목적상, 이런 과정의 효과를 무시하고 단순히 산란장만을 다루도록 한다.

3 레이더 영상화 방법 소개

합성-개구 레이더(synthetic-aperture radar, SAR) 영상화는 레이더 산란 현상학과 데이터 수집 상황에 관한 아주 특수한 단순화 가정들 다수에 의존한다.

- 대부분의 영상화 레이더 체계는 펄스가 목표와 상호작용하는 시간 동안 레이더 센서와 산란체 모두 변동이 없다고 가정하는 **시작-중단 근사**(start-stop approximation)를 활용한다.
- 목표 또는 장면이 강체처럼 행동한다고 가정한다.
- SAR 영상화 방법은 데이터와 장면 사이에 선형 관계가 있다고 가정한다.

센서와 목표에 대한 서로 다른 기하학적 배경은 서로 다른 용어와 연결된다.

3.1 역 합성-개구 레이더

회전하는 목표를 응시하는 고정된 레이더 체계는 원형 호를 따라 움직이는(한 펄스에서 다른 펄스로) 레이더가 감시하는 정지된 목표와 동일하다(기준계 변화를 통해). 이 원형 호는 시간이 지남에 따라 합성 개구를 형성할 것이고, 순차적인 레이더 펄스는 원래 훨씬 더 큰 레이더 안테나로부터 수집될 데이터를 추출하기 위해 사용될 수 있다. 그런 데이터 수집 환경에 기반을 둔 레이더 영상화는 **역 합성-개구 레이더**(inverse synthetic-aperture radar, ISAR) 영상화라고 한다. 이 영상화 방식은 대개 항공기, 우주선, 선박을 영상화할 때 사용된다. 이들 경우에서 목표는 상대적으로 작으며 보통 고립되어 있다.

작은 장면(small-scene) 근사, 즉 $\hat{\boldsymbol{x}}$가 $\boldsymbol{x}$ 방향의 단위 벡터를 나타낼 때

$$|\boldsymbol{x}-\boldsymbol{y}| = |\boldsymbol{x}| - \hat{\boldsymbol{x}}\cdot\boldsymbol{y} + O\left(\frac{|\boldsymbol{y}|^2}{|\boldsymbol{x}|}\right) \tag{6}$$

은 보통 영상화하려는 장면이 레이더와의 평균적인 거리보다 상대적으로 작은 상황에서 적용된다. 이 근사는 $|\boldsymbol{x}| \gg |\boldsymbol{y}|$일 때 유효하다.

(5)에서 (6)을 사용하고 시간 원점을 이동하면, 작은 장면 근사가 유효할 때 레이더 데이터는 근사적으로 반사율 함수의 라돈 변환(Radon transform)임을 보일 수 있다.

3.2 합성-개구 레이더

SAR은 움직이는 안테나를 포함하며, 보통 그 안테나는 지구를 향한다. 우리는 지구를 바라보는 안테나에, 안테나의 지향성(directivity)을 설명하는 안테나 빔 패턴에 대한 모형을 포함할 필요가 있다. 고도로 지향적인 안테나에서는 보통 단순히 안테나 '흔적(footprint)'을 참고하는데, 이는 지면에 비치는 영역이다.

SAR 체계 대부분은 송신과 수신 모두 단일 안테나를 사용한다. 펄스 체계에서는 펄스가 시간 t_n에서 송신된다고 가정하며, 시간 t_n에서의 안테나 위치를 $\boldsymbol{\gamma}_n$으로 나타낸다. 데이터는 다음 형태

$$\mathcal{E}_B^{\mathrm{sc}}(t,n) = \int \mathrm{e}^{-\mathrm{i}\omega[t-2|\gamma_n - \boldsymbol{y}|/c]} A(\omega, n, \boldsymbol{y})\,\mathrm{d}\omega V(\boldsymbol{y})\,\mathrm{d}\boldsymbol{y} \tag{7}$$

로 적을 수 있으며, 여기서 A는 기하학적 전파 인자 $|\boldsymbol{x}_0-\boldsymbol{y}|^{-2}$, 송신된 파형, 안테나 빔 패턴과 연관된다(더 자세한 내용은 체니와 보든(2009)에서 찾을 수 있다).

안테나가 움직이는 시간척도는 전자기파가 전파되는 시간척도보다 훨씬 느리므로, 시간척도는 t_n의 n에 대응하는 느린 시간과 빠른 시간 t로 분리될 수 있다.

SAR의 목적은 I/Q 복조(2절 마지막에 언급한)와 정합 필터링을 통해 산란장 E^{sc}으로부터 얻은 레이더 데이터에서 V를 결정하는 것이다. 이 글의 목적을 위해 우리는 레이더 체계에서 수행되는 과정을 무시하고 단순히 산란장만을 다룰 것이다.

$\boldsymbol{\gamma}$와 A가 알려졌다고 가정하면 산란장 (7)은 2개의 변수에 의존하기 때문에, 2차원 영상을 형성할 수 있을 것이다. 통상적인 레이더 주파수에 대해 대부분의 산란은 표면의 얇은 층에서 이루어진다. 따라서 지면 반사율 함수 V는 알려진 표면에 지지(supported)된다고 가정한다. 단순함을 위해 이 표면을 평평한 면으로 취하면, $\boldsymbol{x}=(x_1, x_2)$일 때 $V(\boldsymbol{x})=V(\boldsymbol{x})\delta(x_3)$이다.

SAR 영상화는 2가지 기본적인 종류, **스포트라이트(spotlight) SAR**과 **스트립맵(stripmap) SAR**로 나타난다.

3.2.1 스포트라이트 SAR

스포트라이트 SAR은 그림 1에 묘사된다. 여기서 움직이는 레이더 체계는 특정 영역(보통 지면 위)을 응시하여 비행 경로의 각 점에서 동일한 목표가 서로 다른 방향에서 비춰진다. 지면이 수평면이라 가정할 때, 동일 범위 곡선은 $\boldsymbol{\gamma}_n$에 위치한 안테나 바로 아래에 중심을 둔 거대한 원이다. 레이더 안테나가 고도로 지향적이고 안테나 흔적이 충분히 멀리 있

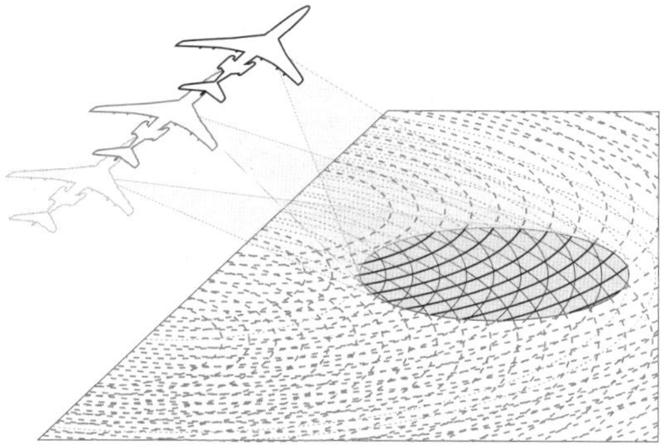

그림 1 스포트라이트 SAR에서 레이더는 움직이면서 특정한 영역만을 향한다. 이 그림에서 동일 범위의 원(점선)은 방사되는 구형 파면과 (평평한)지표면과의 교차선으로부터 형성된다.

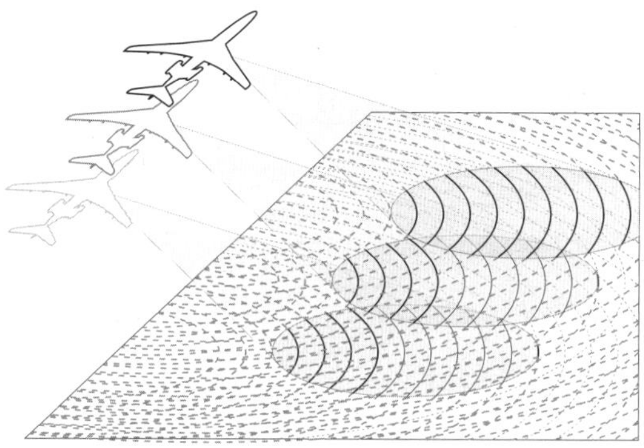

그림 2 스트립맵 SAR은 응시 없이 데이터를 획득한다. 레이더는 보통 고정된 비행 방향을 가지고 있고, 데이터는 빔의 자국이 지면을 쓸면서 얻어진다.

다면, 흔적을 이루는 원형 호는 직선으로 근사될 수 있다. 그 결과 영상화 방법은 ISAR에서 사용되는 것과 수학적으로 동일하다.

ISAR 경우에서처럼, 스포트라이트 SAR의 시간영역 서술은 라돈 변환의 역문제를 이끈다.

3.2.2 스트립맵 SAR

스트립맵(stripmap) SAR은 그림 2에 묘사된다. ISAR과 스포트라이트 SAR의 시간영역 서술이 라돈 변환의 역, 즉 선이나 평면에서의 적분으로부터 물체의 단층적 역(tomographic inversion)으로 환원되었듯이, 스트립맵 SAR 또한 원이나 구면에서의 적분으로부터 물체의 단층적 역을 구하는 것으로 환원된다.

3.2.3 간섭계 SAR

간섭계(interferometric) SAR은 고도 정보를 제공할 수 있는 일종의 쌍안경 레이더 영상화 체계이다. 이 체계는 분리된 SAR 영상들을 만드는 두 개의 안테나를 사용한다. 이들 영상은 복잡하고, 고도 정보는 두 영상 사이 위상차 속에 숨어 있다.

4 미래 연구의 방향

SAR 영상화가 발명된 이래 수십 년간 엄청난 발전이 있었지만, 여전히 여러 미해결 문제가 남아 있다. 특히 2절의 앞에서 요약했듯, SAR 영상화는 실전에서 만족될 수 없는 특수한 가정들에 바탕을 둔다. 그것들이 만족되지 않으면 영상에서 인공적인 요소들이 나타난다. 이에 따라 다수의 미해결 문제를 크게 2개의 영역으로 묶을 수 있다.

모형화되지 않은 움직임에 관련된 문제. SAR과 ISAR 모두 목표와 센서 사이에서 이미 알고 있는 상대적 움직임에 바탕을 두는데, 가령 목표가 강체처럼 행동한다는 가정이 이에 포함된다. 그것이 성립하지 않으면 영상은 흐릿해지거나 해석할 수 없어진다.

모형화되지 않은 산란 물리학에 관련된 문제. 보른 근사는 다중산란뿐만 아니라 그림자, 차광, 편광 변화를 포함하는 다수의 물리학적 효과를 배제한다. 이들 효과를 무시하면 영상이 인공적으로 될 수 있다. 하지만 보른 근사(또는 유사한 키르히호프 근사(Kirchhoff approximation))가 없다면 영상화 문자는 비선형이 된다.

더 읽을거리

Buderi, R. 1996. *The Invention That Changed the World*. New York: Simon & Schuster.

Carrara, W. C., R. G. Goodman, and R. M. Majewski. 1996. *Spotlight Synthetic Aperture Radar: Signal Processing Algorithms*. Boston, MA: Artech House.

Cheney, M., and B. Borden. 2009. *Fundamentals of Radar Imaging*. Philadelphia, PA: SIAM.

Cook, C. E., and M. Bernfeld. 1967. *Radar Signals*. New York: Academic Press.

Franceschetti, G., and R. Lanari. 1999. *Synthetic Aperture Radar Processing*. New York: CRC Press.

Jakowatz, C. V., D. E. Wahl, P. H. Eichel, D. C. Ghiglia, and P. A. Thompson. 1996. *Spotlight-Mode Synthetic Aperture Radar: A Signal Processing Approach*. Boston, MA: Kluwer.

Natterer, F. 2001. *The Mathematics of Computerized Tomography*. Philadelphia, PA: SIAM.

Newton, R. G. 2002. *Scattering Theory of Waves and Particles*. Mineola, NY: Dover.

Soumekh, M. 1999. *Synthetic Aperture Radar Signal Processing with MATLAB Algorithms*. New York: John Wiley.

Sullivan, R. J. 2004. *Radar Foundations for Imaging and Advanced Concepts*. Raleigh, NC: SciTech.

VII.18 임신 진단 키트의 모형화

신 맥키 Sean McKee

1 장치 설명

이 글에서는 항체/항원 기술에 기반을 둔 일반적인 의학 진단 도구 하나를 설명한다. 그것은 바로 항체/항원 기술의 주요한 응용 중에서도 단연 수익성이 가장 좋은 임신 진단 키트이다. 형광 모세관-충만 장치(fluorescence capillary-fill device, FCFD)는 좁은 틈으로 분리된 2개의 유리판으로 구성된다. 아래쪽 판은 특이항체의 고정된 층으로 덮여 있고 광학 도파관(waveguide)과 같이 작용한다. 위쪽 판에는 형광 염료로 표시된 항원(또는 부착소(hapten)*)의 시약층이 부착된다. 표본을 FCFD의 한 끝에 놓으면, 그것은 모세관 활동에 의해 틈으로 끌려오고 시약을 용해시킨다. 시약에서 형광으로 표시된 항원은 이제 표본 항원과 아래 유리판 위 항체 결합 위치의 제한된 수를 놓고 경쟁한다(그림 1을 보라). FCFD 판 구조는 합성 도파관으로 간주될 수 있다. 용액 속에서 자유로운 형광 분자에서 기인한 것인지 아니면 판 표면 가까이에 결합된 분자에서 기인한 것인지에 따라 구별되는 광학적 경로의 세기가 광검출

* 부착소는 항원결정기(antigenic determinant)를 포함하는 분자량이 낮은 분자이다. 이는 항체 분자보다 상당히 더 큰 확산계수를 갖는다.

기에 의해 수집된다.

우리는 이 장치의 광학적 측면보다는 항체 결합 위치에서 항원과 형광 항원 사이의 경쟁적인 상호작용을 고려할 것이고, 임신 진단 키트에서의 그 사용에 초점을 맞출 것이다. 여성이 임신을 하면 '외부 생체'의 존재가 항원 분자 (X)의 생산을 야기하고, 그런 다음 특이항체 (Y)가 이에 대항한다. 형광으로 표시된 항원을 X_F로 표기하면, 그림 2는(그림 1에서 '확대'를 나타내는) 시간 $t=0$과(표본이 장치에 처음 놓일 때) $t=t_f$에서(반응이 끝났을 때) 여성이 임신하거나 임신하지 않은 상황을 보여 준다. 완료된 순간 아래쪽 판 밑으로 빛이 비칠 것이며, 만약 여성이 임신했다면 세기가 더 강한 빛의 빔은 판과 더 큰 각도에서 검출될 것이다(그림 1에서 볼 수 있듯).

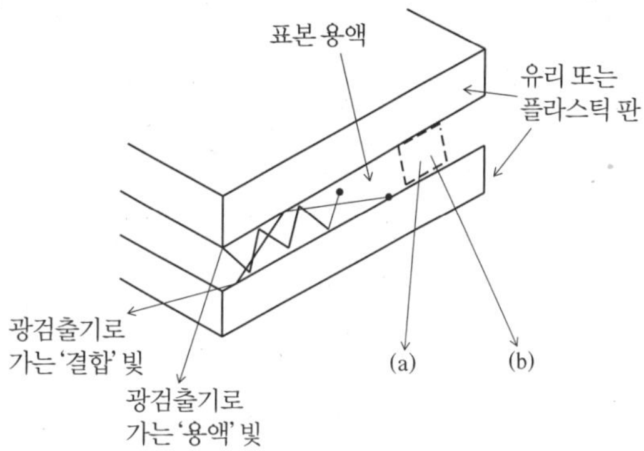

그림 1 형광 모세관-충만 장치의 도식. 더 자세한 내용은 배들리(Badley) 외(1987)에서 찾을 수 있다.

2 수학적 모형

표본(이 경우 소변)이 FCFD에 들어가면, 표시된 항원은 용해되지만 아래쪽 벽에 고정된 항체는 그렇지 않다. 그러면 이 장치는 움직이지 않는 위치에 놓이고, 항원과 표시된 항원이 틈으로 확산되어 항체 결합 위치를 놓고 경쟁하도록 한다. 따라서 수학적 모형은 비선형이고 비국소적인 경계조건을 통해 결합된 2개의 1차원 확산방정식(diffusion equation)과 몇 가지 보존 관계식으로 이루어진다. 방정식 그 자체는 선형이므로, 라플라스 변환(Laplace transform)을 활용해 계를 2개의 결합된 비선형 볼테라 적분미분방정식(nonlinear Volterra integro-differential equation)으로 다시 특징지을 수 있다. 그것의 무차원 형태는

$$\frac{\mathrm{d}w_1}{\mathrm{d}t}(t) = \gamma_1 \delta \Bigg[(1 - w_1(t) - w_2(t)) \times \left(\mu - m\int_0^t \frac{\mathrm{d}w_1}{\mathrm{d}\tau}(\tau) K(\delta(t-\tau))\,\mathrm{d}\tau\right) - L_1 w_1(t)\Bigg] \tag{1}$$

$$\frac{\mathrm{d}w_2}{\mathrm{d}t}(t) = \gamma_2 \Bigg[(1 - w_1(t) - w_2(t)) \times \left(g(t) - m\int_0^t \frac{\mathrm{d}w_2}{\mathrm{d}\tau}(\tau) K((t-\tau))\,\mathrm{d}\tau\right) - L_2 w_2(t)\Bigg] \tag{2}$$

이다. 여기서 $w_1(t)$와 $w_2(t)$는 차례로 복합체 XY와 X_FY의 농도를 나타내며, $\delta, \mu, m, \gamma_1, \gamma_2$는 무차원 상수이다. 함수 $g(t)$와 $K(t)$는

$$g(t) = 1 - \mathrm{e}^{-\lambda t} + 2\lambda \sum_{n=1}^{\infty} \frac{(-1)^n}{(\lambda - n^2\pi^2)} (\mathrm{e}^{-n^2\pi^2 t} - \mathrm{e}^{-\lambda t}),$$

$$K(t) = \frac{1}{\sqrt{\pi t}}\left(1 + 2\sum_{n=1}^{\infty} \mathrm{e}^{-n^2/t}\right)$$

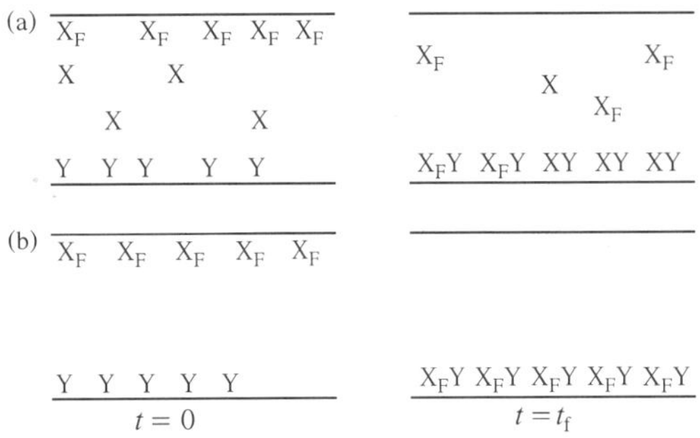

그림 2 (a)여성이 임신한 경우. (b)여성이 임신하지 않은 경우. 여기서 X는 표본 항원, X_F는 형광 표시된 항원 혹은 부착소, Y는 항원이나 부착소에 대한 특이항체를 나타낸다.

으로 나타나는데, 여기서 λ는 결합 X_F의 용해율을 나타내는 추가적인 무차원 상수이다.

방정식 (1)과 (2)는 작은 m에 대해 정칙적인 섭동 해를 가진다.

주마혼(Jumarhon)과 맥키(McKee)의 결과를 확장하면 추가적으로 4개의 결합된(약하게) 특이적인 비선형 볼테라 제2종 적분방정식의 계 형태로 다시 특징지을 수 있다. 이 경우 4개의 종속변수는 무차원 형태로

$$[\mathrm{X}](1, t), \quad [\mathrm{X_F}](1, t), \quad \int_0^1 [\mathrm{X}](x, t)\,\mathrm{d}x,$$

그리고

$$\int_0^1 [\mathrm{X_F}](x, t)\,\mathrm{d}x$$

인데, 여기서 예를 들어 $[X]$는 항원 X의 농도를 나타내는 것이다. 증명이 자명하지는 않지만, 이 계를 통해 원래 확산 문제의 해에 대한 (전역적) 존재성과 유일성을 유도할 수 있다.

게다가 바로 이 특성화로부터 작은-t와 큰-t 근사 결과들도 얻을 수 있다. 흥미롭게도, 큰-t 결과는 어떤 4차방정식의 명시적인 해를 필요로 한다.

3 설계 측면

이 연구의 목표는 생명과학자들에게 양적 설계 도구를 제공하는 것이었다. 실제로 이 모형, 더 정확히는 그 이전의 상당히 단순화된 모형이 궁극적으로 잘 알려진 임신 진단 키트인 클리어블루(Clearblue)의 개발에 활용되었다. 모형(그리고 관련된 코드)을 통해 생명과학자들은 장치가 작고(그리고 이에 따라 아주 값싸게 생산될 수 있고) 한 번에 대량 생산될 수 있어 의료용으로 적합함을 알게 되었다. 게다가 이는 판 분리 간격뿐만 아니라 판 표면에 항체 및 표시된 항원을 얼마나 많이 부착해야 하는지 암시해 준다. 요컨대 이 도구는 거대한 양의 실험을 미연에 방지하고, 따라서 시간을 절약해 유니레버 리서치(Unilever Research)가 당시 유니메드(Unimed)라 불린 회사를 통해 제품을 초기에 시장으로 가져올 수 있게 해 주었다.

더 읽을거리

Badley, R. A., R. A. L. Drake, I. A. Shanks, A. M. Smith, and P. R. Stephenson. 1987. Optical biosensors for immunoassays: the fluorescence capillary-fill device. *Philosophical Transactions of the Royal Society of London* B316:143-60.

Jumarhon, B., and S. McKee. 1995. On the heat equation with nonlinear and nonlocal boundary conditions. *Journal of Mathematical Analysis and Applications* 190:806-20.

Rebelo, M., T. Diogo, and S. McKee. 2012. A mathematical treatment of the fluorescence capillary-fill device. *SIAM Journal of Applied Mathematics* 72(4):1081-112.

VII.19 단층 X선 촬영을 통한 공항 수하물 검사

라이언하트 W. R. B. Lionheart

1 보안 검사 문제

공항 보안을 위해서는 항공기 기내에 반입되는 수하물 속 폭발물을 차단해야 한다. 예전부터 공항에서는 X선 기계를 사용해 가방 내용물에 대한 X선 감쇠의 단일 2차원 투사를 얻었다. 일부 장치에서는 밀도가 큰 물체에 의해 가려졌을지도 모르는 위협을 드러내기 위해 여러 가지 시야를 사용한다. 이 아이디어의 한 가지 확장은 수하물의 3차원 체적 영상을 재구성하기 위해 수많은 투사를 사용하는 것이다. 이것은 의학적 응용에서 익숙한 X선 컴퓨터 단층촬영(computed tomography, CT) 기법이다(의학 영상화[VII.9]를 보라). 그러면 운용자는 영상을 원하는 각도 어디에서나 볼 수 있고 위협 탐지 소프트웨어를 사용하여, 예컨대 체적 영상을 분리하고 폭발물과 유사한 X선 감쇠를 보이는 물체를 식별할 수 있다. 일부 공항에서는 2단계 장치가 사용되어 2차원 투사를 분석하는 자동화된 장치로 처리될 수 없는 가방들은 그 후 훨씬 더 느린 X선 단층촬영 장치를 통과하게 된다.

공항 수하물 처리 장치는 약 0.5 m/s로 움직이는 컨베이어 벨트를 사용해 운용된다. 의학 CT 기계는 X선 원천을 받치는 지지대 및 수평면에서 회전하는 검출기들의 배열을 갖고, 환자는 회전축 방향으로 평행이동된다. 환자와 상대적으로, 원천은 나선형 자취를 이룬다. 이와 대조적으로 작은 실험실의 CT 기계는 원천과 검출기가 고정된 채로 유지되는 동안 표본을 회전시키며 평행이동시킨다. 이들 중 어느 것도 수하물을 원하는 속도로 검사하기에 실용적이지 않다. 그 이유는 지지대의 질량은 충분히 빠르게 회전시키기에 너무 크고 가방을 회전시키는 것은 내용물을 뒤섞어 버릴 수 있기 때문이다.

2 실시간 단층촬영

래피스캔 시스템(Rapiscan Systems) 회사는 전기적으로 바뀔 수 있는 원형 배열에 고정된 다중 X선 원천을 사용하여 지지대를 회전시킬 필요성을 없앤, 실시간 단층촬영(real-time tomography, RTT)을 개발했다. 검출기는 원통형으로 배열되며 이는 원천과 축을 나란히 하지만, X선는 검출기를 투과할 수 없기 때문에 검출기는 원천에 비해 떨어져 있다(그림 1을 보라).

X선 단층촬영의 합리적인 수학적 모형 하나는 원천들과 검출기들을 잇는 모든 직선에서 측정된 선형 감쇠에 대한 선적분이다. 나선형 원천 자취와 탐-다니엘슨 영역(Tam-Danielson window)이라 불리는 집합을 덮는 검출기들에 대해서는, 데이터에 적용된 미분과 적분연산자를 통해 표현되는 카체비치(Katsevich)에 의한 정확한 재구성 알고리즘이 존재한다. 대부분의 의학과 산업 CT 기계는 과결정된

데이터를 통한 그것의 근사를 이용한다.

RTT는 몇 가지 수학적인 도전을 제시한다.

- 데이터는 불완전하여, 나쁜 조건의(ill-posed) 역문제[IV.15]를 풀어야 한다.
- 재구성은 원하는 수하물 처리량을 충족시키기 위해 반드시 빠르게 완료되어야 한다.
- 원천은 거의 어떠한 순서로도 발사될 수 있다. 사실, 회전하는 지지대와 단일겹 나선 자취를 근사하는 순차적인 발사는 원천들의 무리 속열 소멸 문제로 인해 구현하기 가장 어렵다. 그렇다면 무엇이 최적의 발사 순서인가?

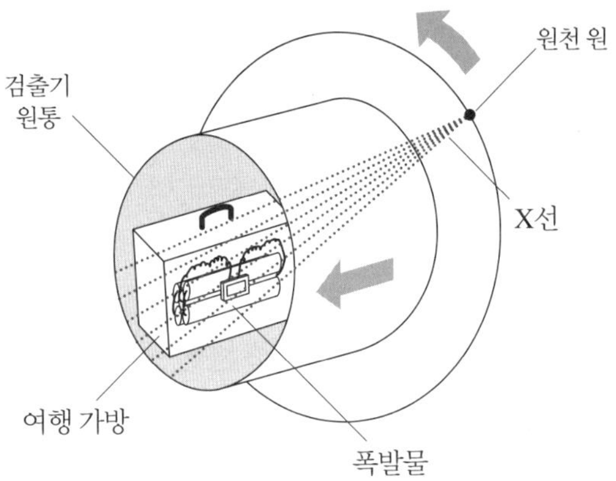

그림 1 원천 원과 검출기 원통을 보여 주는 RTT 스캐너의 밑그림.

3 데이터의 표본추출과 충분성

RTT는 원래 빠른 나선형 스캔 기계로 고안되었기 때문에, 곡선의 이산적인 근사로서 동일한 시간격마다 원천들이 순차적으로 발사된다고 생각하는 것이 자연스럽다. 각 시간 단계마다 고정된 수의 원천을 건너뛰는 발사 순서는 다중겹 나선을 근사한다. 그림 2는 가능한 두 가지 발사 순서를 묘사하며 첫 번째는 다중겹 나선을 묘사한다. 두 번째도 다중겹 나선으로 해석될 수 있긴 하지만(서로 다른 간격을 가진 둘로), 원통의 2차원 표면을 곡선이 아닌 삼각격자로 표본추출한다고 보는 것이 더 자연스럽다.

3차원 공간에서 직선들의 다양체는 4차원적이며 3변수 함수의 X선 변환으로부터 얻은 데이터는 존의 초쌍곡방정식(John's ultrahyperbolic equation)이라 불리는 무모순 조건(consistency condition)을 만족한다. 관례적인 나선형 CT에서, 탐-다니엘슨 영역 안 나선을 통과하는 직선들은 재구성 문제를 푸는 데 충분한 데이터이다(그리고 이에 따라 존의 방정식에 대한 디리클레 문제(Dirichlet problem)를 푼다). 검출기 배열과 교차하는 그림 1의 RTT 데이터는 직선들의 4차원 공간 속 열린 부분집합에 대한 이산적 표본추출 방식으로 해석될 수 있다. 라돈 평면 변환(Radon plane transform)에 대한 푸리에 단면 정리(Fourier slice theorem)와 함께 펠리-위너 정리(Paley-Wiener theorem)를 사용하면 연속적인 데이터에 대해 역문제가 유일한 해를 가진다는 것을 알 수 있지만, 이 방법을 사용한 역은 고도로 불안정할 것이다. 잡음 섞인 데이터가 있는 이산적 표본추출 방식의 현실적인 문제에서는 수치적으로 안정한 해를 위한 어떤 정칙화가 필요할 것으로 예상할 수 있다.

4 역

RTT 데이터의 역은 관심 있는 영역 내 3차원 화소의 감쇠 계수와 측정된 데이터를 연결해 주는 희소

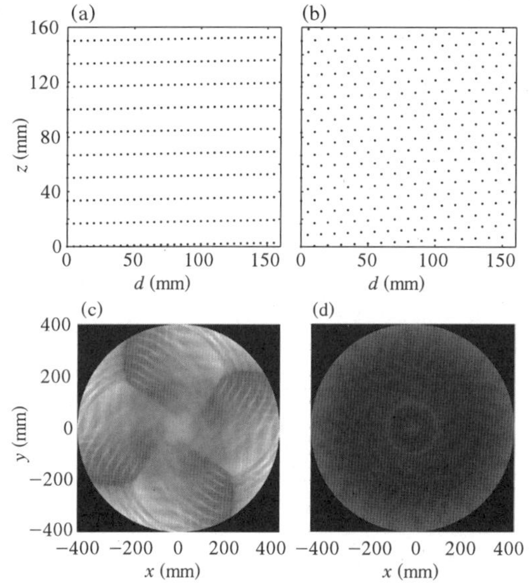

그림 2 (a), (b)두 다중겹 나선 원천 발사 순서. (b)원천 위치들의 원통 위 격자. (c), (d)위 발사 순서에 대해 각 3차원 화소와 교차하는 광선들의 수. 두 번째 순서 ((b), (d))는 원통을 더 고르게 덮고 광선들의 더 고른 분포를 만든다.

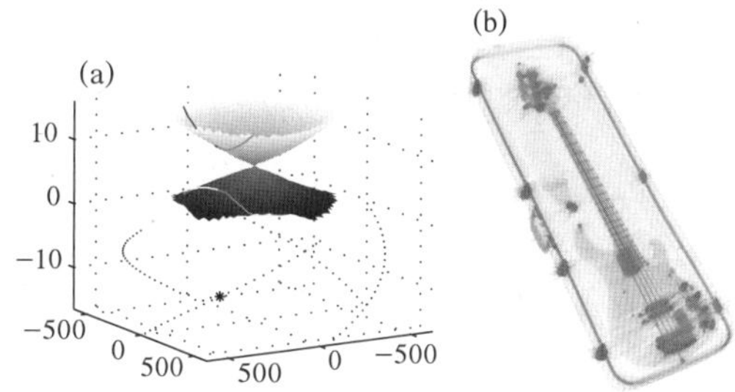

그림 3 (a)과장된 축 척도에서 최적의 2면 표면. (b)원형 RTT80 수하물 스캐너를 사용하여 얻어진 데이터로부터 재구성된 베이스 기타.

한(sparse) 선형연립방정식을 푸는 것으로 볼 수 있다. 이에 따라 반복적 해법과 정칙화를 포함하는, 수치적 선형대수와 선형 역문제의 표준적인 기법들을 활용할 수 있다. 우리가 푸는 연립식의 행렬은 일반적으로 직접적인 해를 구하기엔 너무 거대하지만, 이 문제에 유효한 한 가지 방법은 일반화된 티호노프 정칙화 계(generalized Tikhonov regularized system)에 적용되는 켤레기울기 최소제곱(conjugate gradient least square)이다.

이 방식은 베이즈 항(Bayesian term)에서 사전분포(prior distribution)의 공분산(covariance)에 관한 가정과 동치인, 정칙화 불이익(regularization penalty)의 체계적인 선택을 적용할 수 있게 해준다. 우리가 푸는 연립식의 행렬은 통용되는 계산 하드웨어로 직접적인 해를 구하기에는 너무 거대하지만, 축소된 연립식을 살펴보면 공간을 고르게 추출하는 발사 순서에 대해 (비정칙화된)행렬의 조건수(condition number)가 가장 작다는 것을 알 수 있다. 발사 순서의 장점을 평가하는 또 다른 방식은 각 3차원 화소와 교차하는 광선의 방향 분포를 보는 것인데, 이 기준은 조건수의 연구와 동일한 결론을 이끈다(그림 2를 보라). 또한 이에 따른 재구성 결과는 격자 원천 발사의 경우보다 향상됨을 알 수 있다.

심지어 현대 그래픽 처리장치를 사용하더라도, 반복법은 실시간으로 재구성 문제를 풀기에 너무 느리다. 재구간화 방법(rebinning method)은 (다중겹) 나선으로부터 데이터를 보간하여 평면에서 취해진 데이터를 근사한다. 평면 위 라돈 변환의 역은 여과후사영(filtered back projection)을 사용하여 아주 빠르게 수행될 수 있다. 각 원천 위치 λ에 대해 표면 $z=\zeta_\lambda(x, y)$(z가 축 방향일 때) 위 영상값은 그 표면에 가까운 광선들에 대응하는 데이터의 2차원 라돈 변환 역을 통해 근사된다(그림 3을 보라). 관례적인 나선형 CT에서 사용할 최적의 표면은 평면에 가깝지만, RTT 기하학에서 좋은 해는 두 면이 있는 표면을 찾아 동일한 (x, y) 좌표에서 그들 면 위 점의 감쇠 계수의 합을 재구성하는 것이다. 그러면 3차원 화소에서 감쇠 계수의 값을 찾기 위해 풀어야 할 분리된 아주 희소한 선형연립식이 존재하고, 그것은 서로 다른 원천 위치에 대한 위와 아래 면의 값에 의존할 것이다. 주어진 기하에 대한 최적의 표면은 축소 사상의 고정점으로서 편리하게 찾을 수 있다.

더 읽을거리

Betcke, M. M., and W. R. B. Lionheart. 2013. Multi-sheet surface rebinning methods for reconstruction from asymmetrically truncated cone beam projections. I. Approximation and optimality. *Inverse Problems* 29:115003.

Ramm, A. G., and A. I. Katsevich. 1996. *The Radon Transform and Local Tomography*. Boca Raton, FL: CRC Press.

Thompson, W. M., W. R. B. Lionheart, and D. Öberg. 2013. Reduction of periodic artefacts for a switched-source X-ray CT machine by optimising the source firing pattern. In *Proceedings of the 12th International Meeting on Fully Three-Dimensional Image Reconstruction in Radiology and Nuclear Medicine*, Lake Tahoe, CA.

VII.20 수학적 경제학

이바르 에켈란드 Ivar Ekeland

경제학 이론은 전통적으로 미시경제학과 거시경제학으로 나뉜다. 미시경제학은 개인을 다루고 거시경제학은 사회를 다룬다. 오늘날 미시경제학은 가장 기본적인 것으로 간주되며, 이는 사회가 그저 개인들 간 계약(암시적이든 명시적이든)으로 이해될 수 있으므로 거시경제학은 개인의 행동에서 유도되어야 함을 의미한다. 이는 마치 모든 물리학 법칙이 원자의 행동으로부터 유도되어야 하는 것과 마찬가지이다. 경제학은 물리학과는 달리 이런 위대한 통합에 전혀 근접하지 않다는 사실을 덧붙이겠다. 거시경제학과 미시경제학은 거의 분리된 분야이며, 후자는 개념적으로 훨씬 성숙한 반면, 전자의 기본원리는 여전히 논의 중에 있다.

1 개인

개인은 효용(utility) 최대자로 간주된다. 우리 각자는 선택을 해야만 하는 환경에서 살고 있다. 다시 말해, A가 유클리드 공간의 닫힌 부분공간일 때 점 $x \in A$를 선택해야 한다. 나의 선호(preference)는 연속함수 $U: A \to R$로 특징지어지는데, 즉 나는 $U(x) > U(y)$일 때 x를 y보다 선호하고 $U(x) = U(y)$이면 무차별적(indifferent)이다. 이에 따라 정의된 선호관계는 추이적(transitive)임에 주목하자. 즉, 내가 x를 y보다 선호하고 y를 z보다 선호하면, x를 z보다 선호한다. 추후 살펴보겠지만 이 추이성은 오직 개인에 대해서만 성립하며 집단에서는 성립하지 않는다. 효용함수는 개인을 특징짓는다. 나는 나만의 것을 가지고, 당신은 당신만의 것을 가진다. 그 둘은 다르다. 예를 들어 우리 중 일부는 이기적이고, 일부는 그렇지 않으며, 일부는 마약 중독자이고, 일부는 총기를 좋아한다. 이 모두는 우리의 효용에서 나타날 것이다. 이러한 점에서 경제학 이론은 **긍정적**(positive)인데, 이는 사람들이 무엇을 추구해야 하는지 말해 주지 않는다는 의미이다. 그것은 단지 그들이 목표에 도달하는 가장 좋은 방법을 말해 준다.

각 개인은 가능한 선택들의 집합 A 위에서 자신의 효용함수 U를 최대화하는 점을 선택한다고 가정해 보자. 물론 이 최대점은 유일할 필요가 있다. 그렇지 않다면 우리는 가능한 모든 최대점 사이에서 선택을 해야 하며, 결정 문제는 해결될 수 없다. 유일성을 보장하기 위해서 집합 A는 볼록이고 함수 U는 오목이라고 가정하는데, 적어도 둘 중 하나는 엄격하게(strictly) 볼록이거나 오목이어야 한다. 허용되는 집합 A는 보통 예산 제약(budgetary constraint)에 의해 정의된다. 예를 들어, D개의 상품이 있고 $x=(x^1, \cdots, x^D)$이 상품묶음(goods bundle)인(묶음에서 상품 d의 양이 x^d이라는 것을 의미) 경제를 생각할 수 있다. 상품 d의 가격이 p_d라면, 묶음 x의 가격은

$$px = \sum_{d=1}^{D} p_d x^d$$

으로 결정된다.

이제 소비자들은 그들의 효용함수 U와 부(wealth) w로 특징지을 수 있고, 그들이 지불할 수 있는 모든 묶음 중 가장 선호하는 묶음 x를 선택할 것이다. 이는 볼록 최적화 문제

$$\max_x U(x), \quad px \leq w, \quad x^d \geq 0 \; \forall \, d \qquad (1)$$

로 옮겨진다. 낯설게 보일 수 있지만, 이 모형은 검증할 수 있는 결과를 주며 데이터가 이를 뒷받침한다. 이를 조금 더 자세히 살펴볼 가치가 있다. 먼저 무엇이 **관측 가능**(observable)하며 무엇이 그렇지 않은가 구별해야 한다. 예컨대 효용함수 U는 관측될 수 없다. 만약 내게 내 효용함수가 무엇인지 물어본다면 나는 뭐라 대답해야 할지 모를 것이다. 하지만 각 가격 체계 및 그에 대응하는 문제 (1)의 최솟값을 연관시켜 주는 함수 $p \to x(p)$(수요함수(demand function))는 관측 가능하다. 즉, 가격 변동하에서 내 소비 패턴을 관측할 수 있다고 생각하면 된다. 수요함수는 이른바 슬러스키 관계식(Slutsky relation)을 만족한다고 알려져 있다. 이는 1차 연립 상미분방정식으로서,

$$S(x)^{m,n} = \frac{\partial x^m}{\partial p_n} - \sum_k x^m \frac{\partial x^n}{\partial p_k} p_k$$

로 정의되는 행렬 $S(x)$가 대칭(symmetric)이며 음의 정부호(negative-definite)라고 간결하게 표현할 수 있다. 브라우닝(Browning)과 쉬아포리(Chiappori)는 캐나다의 데이터에서 슬러스키 관계식을 검증하여 그것이 만족됨을 확인했고, 따라서 소비자 모형이 뒷받침되었다. 불행히도 이 모형은 너무 제한적이다. 모형의 결과가 즉각적이고 확실할 때에도 한 결정을 다른 결정과 비교하기에 충분하지 않다. 결과는 주로 미래에 일어날 것이며, 다양한 수준의 불확실성에 영향을 받기 때문이다.

불확실성을 고려하는 표준적인 방식은 폰 노이만(von Neumann)과 모르겐슈테른(Morgenstern)(VNM)에 의해 시작되었다. σ-대수 $\mathcal{A}$가 주어진 사건(event)들의 공간 Ω로 불확실성이 모형화되고, 개인(이미 효용함수 U를 가진)이 $(\Omega, \mathcal{A})$에 확률 P를 정의한다고 가정하자. 그렇다면 확률변수 $\tilde{X}$의 효용은 그것의 기대되는 효용, 다시 말해 $\mathbb{E}[U(\tilde{X})]$가 될

것이다. 이런 틀에서 U의 오목성은 위험 회피(risk aversion)로 해석될 수 있다.

나중의 결과를 고려하는 표준적인 방식은 할인 미래 효용(discount future utility)이다. 더 엄밀하게, 어떤 $\delta > 0$이 존재하여(시기 선호(time preference)의 심리적 비율) 만약 x가 시간 $t \geq 0$에서 소비된다면, 그에 따른 시간 $t = 0$에서의 효용은 $e^{-\delta t}U(x)$이다. VNM 효용과 할인 모두를 결합하면, 불확실한 소비 흐름(확률 과정) $\tilde{X}_t, t \geq 0$의 현재 가치를

$$\mathbb{E}\left[\int_0^\infty e^{-\delta t} U(\tilde{X}_t)\,dt\right] \tag{2}$$

로 정할 수 있다.

소비 흐름 $\tilde{X}_t$가 어떻게 생성되고 지불되는지 설명하기 위한 방정식이 하나 더 필요하다. 이제 이 모형을 통해 사람들이 시간에 따라 소비와 투자를 어떻게 배분하는지 설명할 수 있다. 이는 경제학 이론(거시와 미시 모두) 및 금융의 주요한 도구이다. 수학적인 도구는 확률적 및 결정론적인 최적 제어이고, 이는 PDE적 관점(해밀턴-야코비-벨만 방정식(Hamilton-Jacobi-Bellman equation)을 이끄는)과 폰트랴긴 최대 원리(Pontryagin maximum principle, 확률적인 경우 후향 확률미분방정식(backward stochastic differential equation)을 이끄는) 모두로부터 나온다. 모든 경제학 교과서에는 충분한 예시들이 있다.

이 모형은 이제 축적된 심리학적 증거로 인해 비판을 마주하고 있다.

한편으로 사람들은 불확실성과 마주할 때 기대되는 효용을 최대화하는 것처럼 보이지 않는데, 가령 그들은 작은 확률을 가진 사건을 지나치게 중요하게 생각하고, 이익보다는 손해에 더 민감하다. (아주 초기에) 알레(Allais)와 (추후) 엘스버그(Ellsberg)는 역설을 지적했는데, 그것은 VNM 효용으로 설명될 수 없는 실제 선택에 관한 실험이었다. 다양한 대안 모형이 이런 발전을 위해 제안되었고, 그중 가장 유명한 것은 카너만(Kahneman)과 트버스키(Tversky)의 전망 이론(prospect theory)이다. 이것은 기댓값이 계산되기 이전에 확률이 왜곡되는, VNM 모형을 수정한 것이다.

다른 한편으로 사람들은 미래 효용을 할인하지만 그 비율이 일정하지는 않다. 시간 t에서 x를 받는 현재 가치는 $h(t)U(t)$이며, 여기서 $h(t)$는 1에서 0으로 감소하지만 그것이 지수적으로 $h(t) = e^{-\delta t}$이어야 할 이유는 없다. 심리학적 증거는 그것이 차라리 $h(t) = (1 + kt)^{-1}$(쌍곡 할인(hyperbolic discounting))에 가까움을 암시한다. 이는 (2)가

$$\mathbb{E}\left[\int_0^\infty h(t)U(\tilde{X}_t)\,dt\right]$$

로 대체되어야 함을 의미한다. 불행히도 이는 결정자의 선호가 이제 시간에 의존한다는 것을 내포한다. 더 정확히, 서로 다른 흐름(가령 X_t와 Y_t)이 $t \geq T$에 대해 주어졌다고 가정하고(그것은 결정론적이라 가정하자. 불확실성은 아무런 영향을 주지 않는다), $0 \leq s \leq T$에 대해서는

$$I_s(X) := \int_T^\infty h(t-s)U(X_t)\,dt$$

로 두자. 만약 $h(t)$가 지수적이지 않다면, $s_1 < s_2 < T$에 대해 $I_{s_1}(X) < I_{s_1}(Y)$이지만 $I_{s_2}(X) > I_{s_2}(Y)$인 경우도 가능하다. 이 현상은 시간 비일관성(time inconsistency)으로 불린다. 이는 최적해를 찾는 것이 쓸모

없음을 암시하는데, 결정자의 최적이란 개념은 시간이 흐름에 따라 바뀌기 때문이다.

VNM이 아닌 효용과 지수적이지 않은 할인은 VNM 효용보다 경제 주체, 특히 투자자의 실제 행동에 더 근사한 것처럼 보이기 때문에 모두 활발한 연구 주제이다. 이는 주요한 수학적 문제들을 야기하는데, 그 이유는 최적화와 제어 문제에 비볼록성을 도입하고(전망 이론), 최적 자체의 개념에 물음을 던짐으로써(시간 비일관성) 그것을 이제 순차적인 의사결정자들 사이에서 내시 균형(Nash equillibrium)으로 대체하기 때문이다.

2 집단

집단에 대해 이해해야 할 가장 중요한 핵심은 그것은 개인이 아니라는 점이다. 특히 집단은 효용함수를 가지지 않는다. 집단에 각각 효용함수 U_n과 $1 \leq n \leq N$을 가지는 N명의 구성원이 있고 어떤 결정이 이루어져야 한다면, 아주 특별한 경우를 제외하고는 동시에 모든 U_n을 최대화할 수는 없다. 각 구성원은 자신만의 선호하는 선택 x_n을 가지고, 집단적인 선택은 의사 선택 과정의 결과가 될 것이다. 집단적 선택에 관한 여러 문헌은 주로 공리적(axiomatic)이다. 그런 과정이 만족해야만 하는 특정 성질들을 지정한 뒤, 해가 존재한다면 그것을 식별하고자 한다. 이런 방향에서 중요한 결과는 애로우 불가능성 정리(Arrow impossibility theorem)이며 다음과 같이 서술된다. 개별적 순위들의 어떤 집합을 집단적 순위로 변형하는 어떤 과정이 있다고 가정하자. 추가로 이 과정이 다음 2개의 아주 가벼운 조건을 만족한다고 하자.

- 만약 모든 투표자가 선택 Y보다 선택 X를 선호한다면, 집단은 Y보다 X를 선호한다.
- 만약 또 다른 선택 Z가 생겼음에도 X와 Y 사이 모든 투표자의 선호가 변하지 않고 남아 있다면, X와 Y 사이 집단의 선호 또한 변하지 않고 남아 있다(심지어 X와 Z, Y와 Z, Z와 W 같은 다른 쌍들 사이에서 투표자들의 선호가 바뀌더라도).

그러면 이 과정에는 어떠한 상황에서든 집단의 고정된 구성원(독재자)의 순위에 순응하는 것도 포함된다. 애로우의 정리는 집단적 의사 결정이 이루어지는 어떠한 상황에서도, 그 결과는 그저 구성원들 개인의 선호에 따라 선택된 과정의 함수에 지나지 않을 것임을 강조한다는 점에서 중요하다. 다른 말로, 미시경제학 이론의 가정들을 받아들인다면, 공익은 없다. 어떠한 사회에서도 오직 개인의 관심만이 있을 뿐이며, 그들이 동의하지 않는다면 갈등을 해결할 최우선적인 관심사란 존재하지 않는다. 오직 여러 과정들만이 있을 뿐이고 그중 어느 것이든 다른 것만큼 좋다. 집단적 선택에 관한 풍부한 문헌은 이 우물에서 솟은 것이다. 그것은 사실상 공리적인데, 다시 말해 선험적으로 가정되는 특정 공리들을 만족할 과정들을 찾고자 한다. 예를 들어 누군가는 공정함의 어떤 기준을 만족시키고자 한다. 불행히도, 현재 공점함에 대한 형식적인 모형이나 분배의 공정함에 관한 분명한 이해는 존재하지 않는다.

하지만 일반적으로 수용되는 **효율성**(efficiency)

의 개념은 존재한다. $\Sigma\lambda_n = 1$이 되는 계수들 $\lambda n \geq 0$을 선택하고 $\Sigma\lambda_n U_n(x)$를 최대화하자. 이런 방식으로 얻어진 점 x는 적어도 하나의 n에 대해 $U_n(y) > U_n(x)$를 만족하는 또 다른 y를 찾을 수 없으며, 모든 n에 대해서는 $U_n(y) \geq U_n(x)$라는 성질을 갖는다. 이는 **파레토 최적**(Pareto optimum)이라 불리며 당연히 계수들 λ_n의 선택에 따라 달라진다. 만약 x가 파레토 최적이 아니라면 자원은 낭비되는 것인데, 왜냐하면 다른 누구에게도 해를 끼치지 않으면서 한 사람에게 더 많은 것을 줄 수 있기 때문이다. 만약 x가 파레토 최적이면 낭비가 없기 때문에 선택 x는 효율적이지만, 그것이 공정할 필요는 없다는 사실에 주목하자. $\lambda_1 = 1$이고 모든 $n \geq 2$에 대해 $\lambda_n = 0$으로 두어도 파레토 최적을 가진다.

집단은 경제학 이론 어디에나 나타난다. 가장 작은 경제 단위는 개인이 아니라 가정이며, 둘 이상의 사람이 같이 살며 자원을 공유한다. 자원이 어떻게 공유되는지는 문화, 사회, 심리적 제약에 따라 다르며, 이들은 모형화하기 극도로 어렵다. 하지만 집단 내 자원의 공유가 효율적, 즉 파레토 최적이라는 단순한 가정을 함으로써 더 많은 분석을 할 수 있다. 각각이 자신만의 효용함수 $U_h(x_h, X)$를 갖는 구성원들 H명으로 이루어진 효율적인 가정에 대해, 소비 문제 (1)은

$$\max\left\{\sum_h \lambda_h(p)U_h(x_h) \middle| px \leq w\right\}$$

가 되며 여기서 x_h는 각 구성원의 소비, p는 가격 체계, λ_h는 집단 내 힘을 반영하는 파레토 계수이다(그리고 가격 체계에 의존한다). 계량경제학자는 합 $\Sigma x_h(p)$를 관측하는데, 다시 말해서 각 구성원의 개별 소비가 아닌 집단의 총 소비를 관측한다. 이 상황으로 슬러스키 관계식을 확장하고 각 구성원의 개별 선호를 식별할 수 있다. 이는 외적 미분 계산법(exterior differential calculus), 특히 다르부(Darboux)와 카르탕-켈러(Cartan-Kähler) 정리를 사용해 이루어진다.

3 시장

시장은 자원을 분배하는 특정 방식을 선택한 집단이다. 애로우와 드브뢰(Debreu)가 경쟁시장(competitive market)의 표준 모형을 만들었다. 전역자원(global resource), 즉 상품들의 묶음 $\bar{x} \in R^D$이 존재하며 이는 완전히 공유되거나(교환경제(exchange economy)) 아니면 더 많은 상품을 생산하는 데 사용되어, 각각이 자신만의 효용함수 U_n을 가진 집단의 구성원들 N명 사이에서 공유되어야 한다(생산경제(production economy)). 또한 K개의 회사로 이루어진 생산기술(production technology)이 존재하여, 회사 각각은 생산집합 Y_k로 특징지어진다. 만약 $(x, y) \in Y_k$라면, 회사 k는 묶음 y를 소비하여 묶음 x를 생산할 수 있다. 시간은 $t = 0$에서 무한대까지 흐르며, 세계의 가능한 상태들에 대한 집합 Ω로 모형화되는, 미래에 관한 어떤 불확실성도 있다.

각 상품은 전달 날짜 $t \geq 0$으로 특징지어지며 세계의 어떤 상태 ω에 의존한다. 내가 지금 돈을 지불하면, ω가 일어날 때 시간 t에 상품을 전달받는다(따라서 사실상 가능한 모든 사건에 대한 보험을 들 수 있다). 우리는 전역 자원의 초기 분배(공유)로부터 시작한다. 이 경제 속 각각의 개인 n은 묶음 $x_n \in R^D$

으로부터 시작해 $\Sigma_n x_n = \bar{x}$가 된다. 하지만 이 초기 분배는 파레토 최적이 아닐 수 있으며, 따라서 거래가 필요하다. 애로우와 드브뢰의 주요 결과는, 효용이 오목이고 생산함수가 볼록이라는 가정하에 평형(equilibrium), 즉 모든 시장이 분명한(각 상품에 대한 수요와 공급이 같은) 가격 체계가 존재함을 서술한다. 애로우-드브뢰 결과를 증명하는 데 사용되는 중요한 수학도구는 브라우어르 고정점 정리(Brouwer fixed-point theorem)이며, 보통 그것의 다변량 변형인 카쿠타니 고정점 정리(Kakutani fixed-point theorem) 형태로 사용된다. 당연히 도달하는 평형은 초기 분배에 따라 다르다.

심지어 그것만의 가정들 속에서조차 이 이론은 완전히 만족스럽지 않다는 것에 주의하자. 한편에서는 몇 개의 평형이 존재할 수 있는데, 어떤 것이 선택될지 이론이 말해 주는 바가 전혀 없다. 다른 한편, 이 이론은 순수하게 정적이다. 이 이론은 비평형 상황으로부터 어떻게 평형에 도달하는지 말해 주지 않는다. 수학자들은 언제나 평형으로 수렴하는 동역학을 찾기 위해 많은 노력을 쏟았고, 경제학자들은 시장 참여자가 평형 가격을 추론할 수 있는 과정을 찾기 위해 노력했지만 아직까지 진척은 제한적이다.

4 어떻게 시장이 실패하는가

시장이 언제나 옳다는 생각은 1970년대부터 모든 경제 정책에 침투했고, 레이건 시대부터 미국과 영국 경제를 휩쓴 규제 완화의 물결을 일으켰다. 그럼에도 경제학 이론은 이런 관점을 지지하지 않는다. 시장 메커니즘의 강점은 첫 번째와 두 번째 후생 정리에 의존하는데, 이들은 모든 평형이 자원의 효율적인 할당이며, 반대로 자원의 모든 효율적 할당은 거래 없는 평형(no-trade equilibrium)으로서 달성될 수 있다고(만약 그것이 초기 분배로서 선택되면, 이는 또한 적절한 가격 체계에 대한 평형 분배이기도 하다) 주장한다. 그러나 이들 정리 그리고 실제로 애로우-드브뢰 이론의 모든 것이 성립하기 위한 조건들은 현실에서 극히 드물게 충족된다. 사실 나는 그러한 실제 시장을 단 하나도 생각할 수 없다. 그렇기 때문에 경제학 이론의 많은 부분은 시장이 실패하는 다양한 방식을 연구하고 그것을 어떻게 고칠 수 있을지 고민한다.

가장 첫 번째로, 시장이 존재하지만 경쟁적이지 않을 수 있다. 모든 주요 시장(무기, 기름, 광물, 자동차, 제약회사, 운영체제, 검색엔진)은 독점 혹은 과점되며, 이는 생산자들이 비경쟁적인 가격을 부과한다는 것을 의미하고 따라서 그에 따른 자원의 분배는 효율적이지 않다. 게다가 애로우-드브뢰 이론은 누구나 미래의 어떤 사건을 위해 보험을 들 수 있다고 가정함으로써 불확실성을 제거하지만 실제로는 그렇지 않다. 또한 고전적인 경제학 이론은 소비 상품이 균일하다고 가정하지만(한 음료수는 이 음료수이자 저 음료수이다), 대다수는 사실 미묘하게 차이가 난다(로마네 꽁띠는 그저 하나의 와인이 아니며, 2000년산은 2001년산과 같지 않다). 그렇다면 가격은 품질을 고려해야 하고, 그에 따라 소비자는 서로 다르게 행동할 것이다. 만약 당신이 더 부자가 된다면 반드시 더 많은 와인을 살 필요는 없지만, 분명히 더 좋은 와인을 살 것이다. 그러한 시장은 특성적(hedonic)이라 불리며, 최적 운송에 대한 수학적 이론과의 흥미로운 연결성이 발견되었다.

두 번째로, 시장은 외부성(externality)에 가격을 매기지 않는다. 외부성은 내가 소비한 무엇인가가 당신에게 영향을 줄 때 일어난다. 예를 들어, 담배에 대한 경쟁시장 가격은 흡연자들의 수요와 담배 생산자들의 생산을 고려하지만 비흡연자들의 불편함이나 그들 건강에 대한 해를 고려하지는 않기 때문에, 자원의 비효율적인 분배를 일으킨다. 효율성을 복원하기 위해서는 흡연자들에게 흡연에 대한 비용을 청구하여 그 돈을 비흡연자에게 전달해야 하며, 이는 비시장 메커니즘이다. 시장은 또한 공공재에 대한 가격을 매기지 않는다. 공공재란, 오래된 격언에 따르면 "어머니의 사랑과 같다. 모두가 지분을 갖고, 모두가 온전히 즐긴다." 더 정확하게 표현하면, 그것은 당신이 돈을 지불하거나 그것을 생산하는 데 기여하지 않고도 소비할 수 있는 상품이다. 햇빛, 맑은 공기, 온화한 날씨는 공공재이다. 심지어 최악의 오염 유발자도 그것들을 즐길 수 있다. 다른 상품들, 가령 도로, 교육, 건강은 공공재일 수도 있고, 사유재일 수도 있다. 그것들이 공짜라면 공공재이고, 도로에서 통행료를 내거나, 수업료를 지불하거나, 의료에 돈을 낸다면 사유재가 된다. 사유화의 문제점은 시장이 가격을 매기지 않을 거대한 긍정적 외부성이 존재한다는 것이며(도로는 경제활동을 지원하고, 교육받은 근로자는 사업에 도움이 되며, 건강한 사람들과 살면 아프게 될 확률이 낮아진다), 따라서 결과적으로 비효율적이 될 것이다.

5 정보 비대칭

애로우-드브뢰 모형의 또 다른 결함은 거래되는 상품에 관한 완전한 정보가 있다는 점이다. 빵 한 덩어리는 정확히 빵 한 덩어리이다. 그렇지만 정보가 비대칭적(asymmetric)인 상황이 많이 있다. 대개 상품을 이미 소유하거나 그것을 생산한 판매자는 구매자보다 더 많은 것을 알고 있다. 이 사실이 중요할까? 오랫동안 정보의 비대칭성을 다루기 위해서 그저 애로우-드브뢰 모형을 약간 조정하면 된다고 생각하였으나, 1970년 애컬로프(Akerlof)의 중대한 논문은 사실 이 비대칭성이 애로우-드브뢰 모형을 완전히 무너뜨릴 만큼 중요하다는 것을 보였다.

애컬로프의 예시는 너무 중요하기 때문에 여기서 간략히 묘사하겠다. $2N$명의 집단을 생각하자. 그들 중 절반은 중고차를 팔고 싶어 한다. 다른 절반은 차가 없고 그것을 사고 싶어한다. 따라서 N개의 매물로 나온 차가 있다. 각 차의 품질은 수 x로 모형화된다. 품질 x인 차는 판매자에게는 x만큼 가치가 있고 구매자에게는 $\frac{3}{2}x$만큼의 가치가 있다.

애로우-드브뢰 상황은 판매자와 구매자가 모두 x의 값을 아는 경우이다. 그러면 서로 다른 품질의 차는 다른 상품으로 간주되어 다른 가격에 거래될 것이다. 즉, 품질 x는 어떤 가격 $p \in [x, \frac{3}{2}x]$로 거래된다. 따라서 시장은 기능을 하며 모든 차가 팔릴 것이다. 하지만 이는 현실적이지 않다. 우리 모두가 알듯이, 어느 정도 차를 사용한 판매자는 겨우 블록을 돌아서 운전해볼 구매자보다는 품질에 대해 더 많이 알고 있다. 그러므로 판매자는 x를 알지만 모든 구매자는 그것의 확률분포, 가령 x가 0에서 1 사이에 고르게 분포된다는 사실만을 안다고 가정하자.

구매자는 차들 사이를 분별할 수 없으므로, 모든 차는 동일한 가격 p를 가져야 한다. 판매자가 그 가격에 차를 산다면, 그가 받을 것으로 기대되는 품질은 $x = \frac{1}{2}p$이며 이는 그에게 $\frac{3}{4}p < p$만큼 가치가 있고 지불하는 금액보다 작다. 따라서 모두 어떠한 가격에도 차를 사지 않을 것이고, 시장은 말 그대로 기능하지 않는다. 사고자 하는 사람이 있고 팔고자 하는 사람이 있으며 모두가 거래하는 것이 더 나음에도, 거래는 일어나지 않는다.

애커로프의 예시는 경쟁시장이 정보의 비대칭성이 있을 때 기능할 수 없다는 교훈을 준다. 그 논문 이후로 경제학자들은 자원을 분배하는 다른 대안을 찾고자 했지만, 수년간 노력을 한 이후인 이 글을 쓰는 시점에서도, 정보의 비대칭성 아래 3명 이상의 행위자로 이루어진 집단을 한 번에 다루는 것은 여전히 미지의 영역이다. 따라서 표준 모형은 오직 2명, 주체자(principal)와 대리인(agent)만을 다룬다. 대리인은 주체자가 가지지 못한 정보를 가지지만, 주체자는 대리인이 그 정보를 가진다는 사실을 안다. 거래는 다음과 같이 진행된다. 주체자가 대리인에게 제안(계약)을 하고, 대리인은 그것을 수용하거나 버린다(흥정은 없다).

계약 이론은 2개의 주요 분야, 역선택(adverse selection)과 도덕적 해이(moral hazard)로 나뉜다. 역선택은 대리인이 스스로 알고는 있지만 어떻게 할 수 없는 특징을 가지고 있고, 주체자가 그것을 정말로 알고 싶어하지만 그럴 수 없는 경우에 발생한다. 이는 보통 보험에서 나타나지만, 다른 상황에서도 역시 발생한다. 내가 건강보험을 찾고 있다면, 보험회사들은 내 건강 상태와 유전자 지도를 가능한 한 많이 알고 싶을 것이며, 그것은 정확히 내가 숨기고자 하는 것일 수 있다. 다른 예로 항공사들은 기본적으로 모든 승객에게 동일한 서비스를 제공하며 각 승객이 얼마까지 기꺼이 지불하고자 하는지 알고 싶을 것이다. 하지만 그들은 그 정보를 얻을 수 없기 때문에, 이코노미 좌석과 비즈니스 좌석을 나누어 고객들이 알아서 선택하길 희망한다. **도덕적 해이**는 주체자가 자신이 감시할 수 없는 행위를 하도록 대리인과 계약할 때 발생한다. 따라서 불이행을 관찰할 수 없어 불이익을 줄 수 없더라도, 대리인 스스로 그것을 따를 흥미가 있는 방식으로 계약을 고안해야 한다. 이는 대개 금융산업에서 볼 수 있다. 내가 자본을 자산 관리인에게 맡길 경우에 그가 능숙하다는 것, 아니면 적어도 그가 열심히 일할 것이라는 사실을 어떻게 아는가? 이런 측면에서 금융산업의 실적은 그다지 도움이 되지 않는다. 만약 그럴 여유가 된다면, 해법은 당신 이익의 상당 부분을 자산 관리인에게 주어 당신의 이익을 그와 맞추는 것이다. 그가 손실을 공유하도록 하는 편이 훨씬 낫지만, 이는 법으로 금지되어 있다(유한책임원칙).

정보 비대칭성은 많은 수학적 발전을 자극하고 있다. 역선택은 볼록 제약 조건이 있는 변분법의 문제로 변형된다. 다음은 로체(Rochet)와 쇼네(Choné)가 만든 전형적인 예이다. $0 < a < b$에 대해 정사각형 $\Omega = [a, b]^2$과 어떤 수 $c > 0$이 주어졌을 때, 문제

$$\min \int (\tfrac{1}{2} c \nabla u^2 - x \nabla u + u) \mathrm{d}x$$
$$u \in H^1,\ u \geq 0,\ u\text{는 볼록.}$$

를 풀어라. 만약 볼록성 제약 조건이 없었다면, 이는 손쉬운 장애물 문제가 되었을 것이다. 위 조건에서

는 존재성, 유일성, C^1-정칙성을 알고 있지만, 아직 사용 가능한 최적 조건을 알지 못한다.

오랫동안 도덕적 해이 문제에서는 비견할 만한 발전이 없었지만, 2008년 그것을 동적인 상황에서 어떻게 해결하는지 보인 사니코프(Sannikov)의 큰 진보가 있었다. 그의 기본 모형은 상당히 단순하다. 수익의 흐름

$$\mathrm{d}X_t = a_t\,\mathrm{d}t + \sigma\,\mathrm{d}B_t$$

를 고려하는데, 여기서 σ는 상수이고 B_t는 브라운 운동(Brownian motion)이다. 수익은 주체자에게 누적되지만, a_t는 대리인에 의존한다. 더 엄밀하게, 각 시간 t에서 대리인은 개인적 비용 $h(a_t)$를 들여 노력 $a_t \geq 0$을 이행할 것을 결정하는데, $h(0) = 0$이고 h는 a에 따라 증가한다. 노력은 주체자에 의해 관측될 수 없다. 그가 관측할 수 있는 모든 것은 $\mathrm{d}X_t$이고 따라서 대리인의 노력은 무작위성으로 가려져 있다. 그렇다면 문제는 주체자가 오직 X_t의 과거 이력에만 의존하는, 대리인을 위한 보상 체계를 고안하여 주체자의 이익을 최대화하는 것이다. 사니코프는 마팅게일 표현 정리(martingale representation theorem)를 영리하게 사용하여 이를 풀었고, 이에 따라 연구의 새로운 길목을 열었다.

6 결론

이 간략한 요약이 현대 경제학 이론에서 사용되는 수학의 숨결을 보여 주었기를 바란다. 거기에는 결정론적 및 확률적 최적 제어, 확산 이론과 말리아빈 미적분(Malliavin calculus), 외적 미분 계산법, 최적 운송, 변분법 등이 포함된다. 경제학 이론은 여전히 정보 비대칭성의 모든 결과를 이해하고자 노력하는 중이다. 이 혁명은 끝나기엔 너무 이르다. 2050년의 이 이론은 아마도 오늘날과는 매우 다를 것이다. 지금은 흥미로운 시기이다.

더 읽을거리

Akerlof, G. 1970. The market for lemons: quality uncertainty and the market mechanism. *Quarterly Journal of Economics* 84:488-500.

Carlier, G., and T. Lachand-Robert. 2001. Regularity of solutions for some variational problems subject to a convexity constraint. *Communications on Pure and Applied Mathematics* 54:583-94.

Chernozhukov, V., P. A. Chiappori, and M.Henry. 2010. Symposium on transportation methods. *Economic Theory* 42: 271-459.

Chiappori, P. A., and I. Ekeland. 2009. *The Economics and Mathematics of Aggregation: Formal Models of Efficient Group Behavior*. Foundations and Trends in Microeconomics, volume 5. Hanover, MA: Now.

Rochet, J. C., and P. Choné. 1998. Ironing, sweeping and multidimensional screening. *Econometrica* 66:783-826.

Sannikov, Y. 2008. A continuous-time version of the principal-agent problem. *Review of Economic Studies* 75:957-84.

VII.21 수리신경과학

바드 어멘트라웃 Bard Ermentrout

1 서론

수리신경과학은 응용수학의 한 갈래이며, 더 구체적으로는 신경계의 모형에서 나온 방정식의 분석을 고려하는 비선형 동역학의 분야이다. 신경계의 기본 단위는 뉴런이며, 이것은 동물의 뇌, 척수, 그 외 체내 많은 영역에 걸쳐 존재한다. 실제로, 뉴런의 존재는 동물을 식물이나 버섯 등 다른 유기체와 구분해 준다. 뉴런과 그들의 상호작용은 유기체가 급격하게 변화하며 예측할 수 없는 환경에 반응할 수 있게 해준다. 한 유기체 속 뉴런의 개수는 선충(작은 벌레) 속 수백 개부터 인간 뇌 속 약 천억 개에 이르기까지 다양하다. 대부분의 뉴런은 (대략적으로 말해) 세포체(cell body), 축삭돌기(axon), 수상돌기(dendrite)로 구성된 복잡한 세포이다. 통상적인 뉴런은 **시냅스**(synapse)를 통한 막 전위의 일시적 변화(**활동 전위**(action potential)라 부른다)로 다른 뉴런과 전기화학적인 소통을 할 수 있는데, 그 변화는 100밀리볼트 정도밖에 되지 않는다. 뉴런은 대개 역치를 갖기 때문에 막 전위가 어떤 특정한 값을 초과하면 활동 전위를 '발사'할 것이다. 한 뉴런의 시냅스는 다른 것을 자극하거나 아니면 억제할 수 있다. 즉, 신호를 받는 뉴런에서 활동 전위를 촉진하거나 아니면 그것을 막는다. 인간 뇌에는 약 100조 개의 시냅스가 존재한다. 개별 뉴런의 성질은 개별 시냅스의 동역학으로서 어느 정도 잘 규정된다. 하지만 단 하나의 뉴런 활동조차 아주 복잡할 수 있고, 당연히 뇌의 아주 작은 부분의 활동 역시 그러하다.

뉴런의 세포막은 뉴런을 주변 매질과 분리하며, 바로 이 막을 통해 뉴런의 복잡한 발사 패턴이 조정된다. 나트륨, 칼륨, 칼슘, 염소와 같은 다양한 이온이 뉴런 내부와 뉴런들 사이 공간에 포함되어 있다. 막에는 **채널**(channel)이라 불리는 단백질이 점점이 찍혀 있는데, 그것은 세포 안팎으로 하나 이상의 이온을 선별적으로 통과시킨다. 특정 채널의 즉각적인 투과성을 조절함으로써 세포는 그 전위에 일시적으로 거대한 변동을 만들 수 있다(위에서 언급된 활동 전위). 뉴턴의 법칙이나 유체의 나비에-스토크스 방정식 같은 수준은 아니지만, 뉴런 막, 축삭돌기 아래로의 활동 전위 전달, 시냅스들의 동역학, 이런 모든 정보가 세포체에 통합되는 방식에 대한 표준적인 모형이 존재한다. 따라서 수리신경과학은 응용수학의 다양한 도구를 사용하여 이들 모형의 동역학을 분석한다.

2 단일 세포 동역학

단일 뉴런의 모형화는 단순한 스칼라 상미분방정식(ODE)부터 결합된 많은 연립 편미분방정식(PDE)에 이르기까지 다양하다. 모의실험 목적을 위해서, 후자의 모형은 **구획**(compartment)이라 불리는 뉴런의 서로 다른 부분을 나타내는 결합된 거대한 수의 ODE로 단순화된다. 예를 들어, 체세포 또는 세포체(그림 1을 보라)는 하나의 구획으로 나타낼 수 있는 반면, 수상돌기와 축삭돌기는 수십 개의 구획으로 나눌 수 있다. 단일 구획으로 표현되는 뉴런은 **점 뉴런**(point neuron)이라 불리고 그것이 바로 우리가 주목할 대상이다. 점 뉴런은 그 성질이 실험으로 측정된 하나 이상의 채널에 대한 투과성을 나타내는 ODE로 모형화된다. 단일 구획을 볼 수 있는 가장 쉬운 방식은 막 전위(voltage) $V(t)$, 막 정전용량(capacitance) C, 다양한 채널의 전도도(conductance) $g_j(t)$로 정의되는 **동치 회로**(equivalent circuit)를 통한 것이다(그림 1을 보라). 수학적으로 모형화된 첫 번째 뉴런 막은 오징어의 거대 축삭이며, 호지킨(Hodgkin)과 헉슬리(Huxley)는 이를 통해 노벨상을 받았다. 그림을 미분방정식으로 표현하면 다음 형태가 된다.

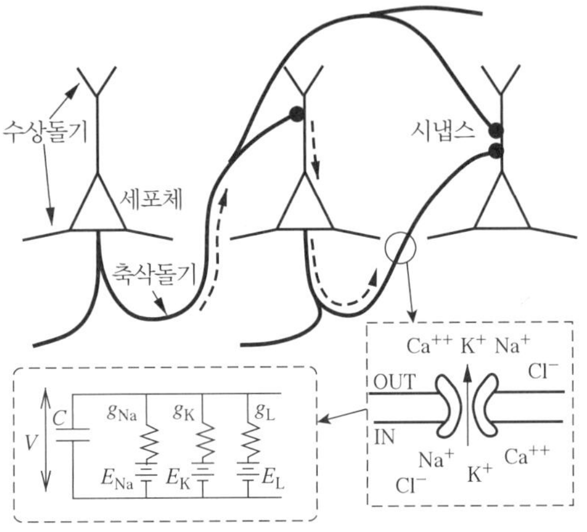

그림 1 뉴런의 일부. 3개의 뉴런이 나타나 있고 입력(수상돌기), 세포체, 출력(축삭돌기)가 한 뉴런 위에 표기되어 있다. 파선 화살표는 정보 흐름의 방향을 보여 준다. 2개의 삽화는 세포막과 그것과 동치인 전기회로의 확대된 도식을 보여 준다.

$$\left.\begin{aligned} C\frac{\mathrm{d}V}{\mathrm{d}t} &= -g_{\mathrm{K}}n^4(V-E_{\mathrm{K}}) - g_{\mathrm{L}}(V-E_{\mathrm{L}}) \\ &\qquad - g_{\mathrm{Na}}m^3h(V-E_{\mathrm{Na}}) + I(t), \\ \frac{\mathrm{d}n}{\mathrm{d}t} &= \frac{n_\infty(V)-n}{\tau_n(V)}, \\ \frac{\mathrm{d}m}{\mathrm{d}t} &= \frac{m_\infty(V)-m}{\tau_m(V)}, \\ \frac{\mathrm{d}h}{\mathrm{d}t} &= \frac{h_\infty(V)-h}{\tau_h(V)} \end{aligned}\right\} \qquad (1)$$

여기서 $I(t)$는 실험자가 뉴런 속으로 주입한 전류이거나 다른 뉴런의 시냅스에서 온 전류를 나타낸다(아래를 보라). 함수 $n_\infty(V)$ 등은 아주 명민한 실험들을 통해 측정되었고 특정한 함수들로 맞추어졌다. 상수들 $g_{\mathrm{L}}, E_{\mathrm{L}}$ 등도 또한 실험적으로 결정되었다. 호지킨과 헉슬리(HH)는 이 작업을 거의 60년 전에 했지만 기본적인 수식화는 변하지 않았고, 채널과 뉴런을 모형화하고자 노력하는 수천 개의 논문은 모두 이 일반적인 형식을 따른다. 뉴런 표현의 각 구획은 전위 $V(t)$ 및 그 시간에 따른 변화가 V에 의존하는 $n(t)$, $m(t)$, $h(t)$와 같은 부수적인 변수들을 갖는다. 수리신경과학의 한 가지 목표는 매개변수 일부가 변할 때 이들 비선형 ODE 동역학을 특징짓는 것이다. 특히, 통상적인 실험은 상수 전류 I를 뉴런에 주입한 다음 동역학을 관찰한다. 또한 약물을 통해 채널의 세기를 차단하거나 감소시켜 매개변수 g_{K}, g_{Na} 등이 조절되도록 하는 것도 가능하다. (1)과 같은 방정식의 동역학을 분석하는 가장 흔한 방식은 그것의 **고정점**(fixed point)을 계산한 다음 정상상태(steady state)를 기준으로 **선형화**하여 그 안정성을 연구하는 것이다. HH 방정식과 같은 계에서는 m, h, n을 전위에 대한 함수로 풀어 평형상태를 찾는 것이 쉬운데, I가 상수 전류일 때 $I=F(V)$ 형태의 단일 방정식을 얻는다. I에 대해 V의 그래프를 그리면 모든 평형상태를 식별할 수 있다. 평형상태가 안정한지 아닌지는 4×4 야코비 행렬(Jacobian matrix)의 고윳값들로 결정된다. 이 과정은 **안드로노프-호프 분기**(Andronov-Hopf bifurcation)를 통해 극한순환(limit cycle)으로 가는 **분기**[IV.21]를 찾을 수 있게 해 준다. 일반적으로, 해와 그 안정성을 찾기 위해 수치적 방

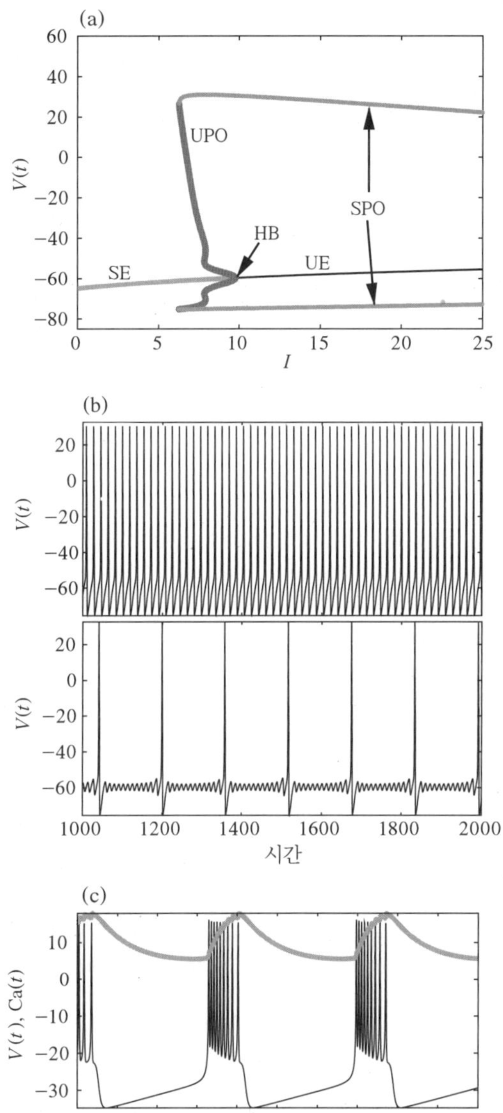

그림 2 (a)적용되는 전류가 달라질 때 HH 모형에 대한 분기 곡선으로, 안정적인 평형상태(SE), 불안정한 평형상태(UE), 안정적이고 불안정한 주기궤도(SPO/UPO), 호프 분기(HB)를 보여 준다. (b)h의 변화율에 대한 작은 변화가 동역학에 극적인 효과를 나타낸다. (c)$V(t)$가 빠른 전위 동역학(검은 선)이고 Ca(t)가 느린 칼슘 동역학(회색 선으로 나타난)인 단순한 모형에서의 폭발적 양상.

법이 사용된다. 그림 2는 적용되는 전류가 변할 때 HH 방정식에 대한 다이어그램을 보여 준다. 오직 단 하나의 평형점이 존재하는 것처럼 보이며, 그것은 안드로노프-호프 분기를 통해 안정성을 잃고 주기궤도(periodic orbit)들의 모임을 낳는다. 안정한 주기해는 뉴런의 반복적인 발사를 나타낸다. 여기서 안정한 평형상태와 안정한 주기궤도가 공존하는 전류의 영역(파선으로 나타난)이 존재한다는 것에 주목하자. 이 **쌍안정성**(bistability)은 1970년대에 실험으로 검증되었다.

(1)과 같은 방정식을 분석하는 다른 흔한 접근은 시간척도의 차이를 활용하는 것이다. 예를 들어, V, m의 동역학은 n, h의 동역학과 비교해 아주 빠르므로 동역학을 분석하기 위해 **특이적 섭동**(singular-perturbation) 방법을 사용할 수 있다. 시간척도에서의 이 차이 때문에 단순한 HH 모형조차 복잡한 동역학을 보일 수 있다. 예컨대 그림 2는 h에 대한 변화율을 절반으로 감소시키면 완전히 다른 유형의 동역학이 만들어진다는 것을 보여 준다(상단과 하단의 전위 V에 대한 그래프를 비교하라). 이를 특이적으로 섭동된 계로 다룸으로써, HH 모형에서 보여지는 복잡하고 뾰족한 모양을 설명할 수 있다. 또한 특이적 섭동은 소위 폭발하는 동역학(bursting dynamics)의 연구에서도 중요한 역할을 하는데, 거기에서 전위는 뾰족한 고진동수 시기와 그것을 뒤따르는 정적의 시기를 보인다. 이것의 한 예는 그림 2(c)에서 볼 수 있다. 가령 폭발의 동역학을 이해하기 위해서는, 시간척도의 차이를 활용하여 계를

$$\frac{\mathrm{d}x}{\mathrm{d}t} = f(x, y), \quad \frac{\mathrm{d}y}{\mathrm{d}t} = \varepsilon g(x, y)$$

와 같이 적는데, 여기서 x는 빠른 변수(대개 전위이며 간혹 다른 변수들)를 나타내고 y는 느린 변수(대개 느린 전류)를 나타낸다. 그러면 y를 상수 매개변

수로 다룸으로써 x의 동역학을 살펴볼 수 있다. 이는 매개화된 동역학 $x(t; y)$를 이끌며, 그다음 **평균**을 취하기 전에(만약 x가 시간-주기적이라면) y 방정식에 치환되어 y의 동역학을 해결한다. 만약 x 동역학이 가령 극한순환과 고정점 사이에서 쌍안정적이라면, y가 천천히 변화함에 따라(εt의 시간척도로) x 동역학은 평형적 양상과 진동 사이에서 변할 수 있고, 따라서 폭발을 만든다. 그림 2(c)는 단순한 폭발 모형에서 느린 동역학 y(모형에서 칼슘 농도의 느린 변화를 나타내는 굵은 회색 선)와 빠른 동역학 x(전위를 나타내는 얇은 검정색 선)를 보여 준다.

3 네트워크

심지어 단순한 세포 동역학의 복잡도는 뉴런의 거대한 네트워크를 연구하기 위해서 어떤 종류의 단순화가 필요하다는 것을 알려 준다. 이때 주로 선택되는 2가지 경로가 있다. 그 2가지는 개별 뉴런에 대한 더 단순한 모형을 사용하거나 아니면 '평균장(mean-field)' 접근을 취하여 뉴런들을 **발사 속도**(firing rate) 혹은 활동성이라 불리는 추상적인 변수로 근사하는 것이다. 앞의 경우에서는 단일 뉴런 동역학을 단순화시키는 고전적인 모형으로서 **새는 통합 및 발사 모형**(leaky integrate-and-fire model)이 있고, 거기에서는 $\tau V' = -V + V_0$과 함께 $V_1 > V_2$일 때 만약 $V(t^-) = V_1$이라면 $V(t^+) = V_2$라는 조건이 주어진다. 각각의 재설정 사건은 모의 활동 전위 혹은 뉴런의 뾰족함을 만든다. (이런 종류의 모형에 대한 동역학은 상당히 단순하지만, 그것의 비연속적 성질은 많은 수학적 문제점을 나타낸다.) 이 모형과 함께 일반적인 네트워크는 다음 형태

$$\tau_i \frac{\mathrm{d}V_i}{\mathrm{d}t} = -V_i + U_i(t) - \sum_j w_{ij}(t)(V_i - E_j) \quad (2)$$

를 가지는데, 여기서 E_i, τ_i는 상수, $U_i(t)$는 입력(보통 광대역 무작위 신호로 이루어지는), $w_{ij}(t)$는 뉴런 j가 발사된 이후 시간 t에 대해 미리 정해진 어떤 함수이며, 큰 양의 t에서 0으로 감소하고 $t < 0$에 대해 0이다. 예를 들어, $w_{ij}(t) = W_{ik}(t - t_j)^+ \exp(-(t - t_j)^+)$인데, 이때 x^+은 x의 양수 부분이고 W_{ij}는 상수이다. $E_j < 0$이라면(혹은 $E_j > 0$이라면), 시냅스는 **억제적**(inhibitory, 혹은 **자극적**(excitatory))이라 불린다. 만약 $w_{ij}(t)$가 오직 $i - j$에만 의존한다면 우리는 네트워크가 공간적으로 분포되어 있다고 간주할 수 있다. 이 경우 움직이는 파동과 공간적으로 구조화된 동역학과 같은 다양한 패턴이 나올 수 있다. 이들 네트워크의 분석은 어렵지만, 뉴런의 수가 커지고 연결성에 구조가 없을 때 통계물리학에서 나온 방법이 적용되었다. 연결성 패턴과 강도에 관한 어떤 가정들이 있다면, (2)의 개별 뉴런 발사는 혼돈적(chaotic)이고 뉴런들의 발사 시간 사이의 상관관계는 거의 0에 가깝다. 이 상태는 **비동기 상태**(asynchronous state)라 불리며 그런 경우 집단 발사 속도 $r(t)$를 정의하는 것이 의미가 있다. 주어진 집단(가령 자극적인 세포들) 속 뉴런들의 수가 무한대에 가까워짐에 따라, 집단 속도 $r(t)\Delta t$는 t와 $t + \Delta t$ 사이에서 활동 전위를 발사한 집단의 비율로서 정의된다. 이론신경과학의 중요한 물음 중 하나는 $r(t)$를 복잡하고 뾰족한 뉴런들의 네트워크 동역학과 연결시키고, 이를 통해 $r(t)$의 동역학을 유도하는 것이다. (2)와 같은 스칼라 모형을 불연속성을 가진 전위의 분포에 대한 PDE로 환

원시키는 다양한 방식을 사용할 수 있는데, 그것은

$$\frac{\partial P(V,t)}{\partial t} = -\frac{\partial}{\partial V}\left(f(V,t)P(V,t) - D\frac{\partial g(V,t)P(v,t)}{\partial V}\right)$$

의 형태를 갖는다. 발사 속도는 발사 역치 V_1을 통해 유량에 비례한다. 이 PDE는 풀기 매우 어려울 수 있다. 만약 몇 개의 서로 다른 집단이 존재한다면, 동일한 수의 결합된 PDE를 풀어야만 한다. 그래서 속도방정식을 위해 단순화된 모형에 도달하고자 하는 많은 시도가 있었다. 여기서 우리는 상호작용하는 몇 개의 뉴런 집단에 대한 속도 모형을 경험적으로 설명하고자 한다. $I_p(t)$를 집단 p의 대표 뉴런에 들어가는 전류라고 하자. 만약 I_p가 충분히 크다면, 그 뉴런은 속도 $u_p(t)=F_p(I_p(t))$로 발사될 것이다(예를 들어, 전류가 변함에 따라 HH 뉴런의 발사 속도를 보여 주는 그림 2를 보라). 집단 p의 뉴런이 발사되는 매 시간마다, 그것은 집단 q에 전류를 생성할 것이며 따라서 p에서 q로 들어가는 새로운 전류는

$$J_{qp}(t) = \int_0^\infty \eta_{qp}(t')u_p(t-t')\,\mathrm{d}t'$$

이다. η_{qp}는 자극적 전류에 대해서는 양이고 억제적 전류에 대해서는 음이다. 데일의 원리(Dale's principle)는 η_{qp}의 부호가 오직 p에만 의존한다고 주장한다. 모든 집단으로부터 전류를 합하면 다음의 닫힌 계를 얻는다.

$$I_q(t) = \sum_q \int_0^\infty \eta_{qp}(t')F_p(I_p(t-t'))\,\mathrm{d}t' \quad (3)$$

보통, 다음과 같은 속도에 대한 방정식이 필요하다.

$$u_q(t) = F_q\left(\sum_p \int_0^\infty \eta_{qp}(t')u_p(t-t')\,\mathrm{d}t'\right)$$

어떠한 경우에도 결과는 결합된 적분미분방정식들의 집합이다. 만약 함수들 $\eta_{qp}(t)$가 지수함수들의 합이라면, (3)을 뒤집어 ODE를 만들 수 있다. 예를 들어, $\eta_{qp}(t)=W_{qp}\exp(-t/\tau_q)/\tau_q$라면 (3)은

$$\tau_q\frac{\mathrm{d}I_q}{\mathrm{d}t} = -I_q + \sum_p W_{qp}F_p(I_p) \quad (4)$$

가 된다. W_{qp}가 대칭적인 경우, 이 계에 대한 랴푸노프 함수(Lyapunov function)를 구성하고 모든 해가 고정점으로 수렴함을 증명하는 것은 쉽다. W_{qp}의 부호가 오직 p에만 의존하는 네트워크를 자극-억제 네트워크라 부르는데, 그것은 또한 데일의 원리를 따른다. 만약 $W_{qp}>0$이라면 ($W_{qp}<0$이라면) 집단 p는 자극적(억제적)이라 불린다. 자극적 및 억제적 집단 모두를 갖는 네트워크는 극한순환 진동이나 혼돈 같은 복잡한 동역학을 나타낸다는 것이 알려졌다.

4 공간적으로 확장된 네트워크

(4) 형태의 방정식은 공간적으로 분포된 집단으로 자명하게 확장된다.

$$\tau_e\frac{\partial I_e(x,t)}{\partial t} = W_{ee}(x)*F_e(I_e(x,t)) - W_{ei}(x)*F_i(I_i(x,t)) - I_e(x,t), \quad (5)$$

$$\tau_i\frac{\partial I_i(x,t)}{\partial t} = W_{ie}(x)(x)*F_e(I_e(x,t)) - W_{ii}(x)*F_i(I_i(x,t)) - I_i(x,t) \quad (6)$$

여기서 $W(x)*U(x)$는 네트워크 공간 영역(보통 무한한 직선이나 평면, 혹은 원이나 토러스) 위에서의 합성곱(convolution)이며, I_e, I_i는 각각 위치 x에서 뉴

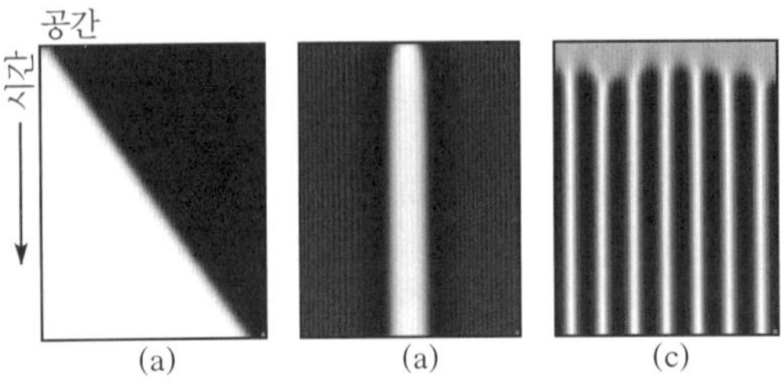

그림 3 집단 모형에서 공간적 활동성에 대한 3가지 예시. (a)움직이는 파동전선, (b)정상펄스, (c)공간적으로 주기적인 활동성.

런에 대한 자극 및 억제적 전류이다. 함수 $W_{qp}(x)$는 일반적으로 오직 $|x|$에만 의존하고 큰 인수에 대해 급격하게 감소한다. 이들 모형은 실험에서 발견된 활동성의 공간시간적 패턴을 설명하는 데 사용되었다. 방정식은 엄청나게 단순화되었지만, 다양한 실험적 발견을 설명하는 데 상당히 성공적이었다.

4.1 파동전선

뇌의 억제적 전류가 손상되거나 약물에 의해 차단되면, 활동성은 당신의 대뇌피질에 병적으로 퍼질 것이다. 실험은 이 활동성이 움직이는 파동의 형태를 취한다는 것을 보여 주었다. 따라서 형태 (5), (6)의 방정식을 연구하기 위한 자연스러운 시작점은 억제적 집단이 없는 모형을 고려하는 것이다. 이 경우 특정 환경에서 움직이는 전선의 존재성을 증명할 수 있다. 특히, $w_{ee}=\int_R W_{ee}(x)\mathrm{d}x$라 하고,

(i) $g(u)=-u+w_{ee}F_e(u)$가 3개의 양수 근 $u_1<u_2<u_3$을 갖는다고 가정하고,

(ii) $W_{ee}(r)$가 $r\geq 0$에 대한 감소하는 음 아닌 함수라 하고,

(iii) $g'(u_{1,3})<0$이고 $g'(u_2)>0$이라 가정하자.

그러면 u_1과 u_3을 연결하는 유일한 상수 속도 파동전선이 존재한다. 이 파동은 스칼라 쌍안정 반응확산방정식에서 보여지는 파동과 유사하다. 그림 3(a)는 W_{ee}가 공간에 대해 지수적으로 감소하는 함수일 때 움직이는 파동의 한 예를 보여 준다.

4.2 정상펄스

당신은 짧은 시간 동안 번쩍이는 불빛의 위치를 기억해야 하고, 시간이 지난 후에 기억하고 있는 불빛의 위치로 반드시 당신의 눈을 움직여야 한다고 가정하자. 이런 형태의 기억은 단기 혹은 작동기억이라고 불린다. 원숭이들이 그런 작업을 수행하는 동안 특정 뇌 영역의 활동성을 기록함으로써, 실험자들은 작동기억과 뉴런의 상관성이 공간적으로 국소화된 영역에서의 집요한 뉴런 활동성으로 이루어짐을 보였다. 모형방정식 (5), (6)의 맥락에서, 작동기억은 활동성의 공간적으로 국소화된 정상영역으로 나타난다. (5)의 해는 $W_{ei}(x)=0$, $F_e(I)$가 계단함수(step function), $W_{ee}(x)$가 측면억제(lateral inhibition) 성질을 갖는다는 가정과 함께 구성될 수 있다. 즉, $q(x)=\int_0^x W_{ee}(y)\mathrm{d}y$라 하자. 측면억제 성질은 $q(x)$가 $x=a>0$까지 증가한 뒤 감소하여, $x\to\infty$일 때 유한한 값 q_∞에 접근한다는 것을 말해 준다. F의 모양에 관한 가정을 어느 정도 완화시키는 것이 가능하지만, 이런 종류의 방정식에 대한 일반적인 정상펄스 존재성 정리는 여전히 존재하지 않는다. 그림 3(b)는 $W_{ee}(x)$가 지수함수 2개의 차이일 때 (5)의 모의실험을 보여 준다. 특이적 섭동이론을 사용하면 완전한 자극-억제 네트워크, (5), (6)에 대한 정상펄스 해들을 형식적으로 구성할 수 있다.

4.3 규칙적 패턴

수많은 연구자가 간단한 기하학적 시각 망상의 뉴런 유사물은 시각 대뇌피질에서 일어나는, 공간적으로 주기적이며 자발적인 활동성이라고 제안했다. 시각 체계의 연결성은 특정한 환경 아래 놓이기 때문에, 공간적으로 고른 해는 공간적 진동수의 제한된 범위에서 공간적으로 주기적인 섭동에 의해 안정성을 잃는다. 이 현상은 일반적으로 **대칭 붕괴 분기**(symmetry-breaking bifurcation)로 알려져 있으며, 생물학적 맥락에서는 **튜링 분기**(Turing bifurcation)라 불린다. 그림 3(c)는 하나의 공간 차원에서 방정식 (5), (6)의 분기에 대한 예를 보여 준다. 1970년대 후반 분기 방법이 적용되어 2개의 공간적 차원에서 단순한 기하학적 시각 망상의 유사물인 안정적인 공간적 패턴의 존재성이 증명되었다.

5 가소성

신경계의 특징 중 하나는 그것이 거의 무한히 재구성될 수 있다는 점이다. 만약 영역의 일부가 부상으로 인해 없어진다면, 다른 영역이 이를 보완하기 위해 다시 연결될 것이다. 뉴런들 사이 연결 강도는 학습 및 기억과 생리적으로 연관이 있다고 믿어진다. 시간에 따라 변화하고 연결 강도를 바꾸는 이 능력은 **시냅스 가소성**(synaptic plasticity)이라 불린다. 이는 수분의 1초에서부터 수십 초에 이르는 시간 범위에서 여러 형태를 취할 수 있다. 단순함을 위해, 우리는 가소성을 단기 가소성과 장기 가소성으로 나눌 것이다. 상황을 더 구체화하기 위해 두 뉴런 A와 B를 생각하면, A는 신호를 보내고(**전 시냅스 뉴런**(presynaptic neuron)) B는 신호를 받는다(**후 시냅스 뉴런**(postsynaptic neuron)). 단기 가소성은 보통 사용에 의존적인 방식으로 연결을 약화시키거나 강화시키는 것과 관련되며 오직 전 시냅스 활동성에만 의존한다. 반면, 학습과 평생 기억을 담당하는 것으로 추측되는 장기 가소성은 전 시냅스와 후 시냅스 활동성 모두에 의존한다.

5.1 단기 가소성

단기 가소성에서는 오직 전 시냅스 뉴런의 활동성만 중요하며 2가지 종류의 현상인, 저하(depression)와 촉진(facilitation)이 일어난다. 저하에서는(촉진에서는) 뉴런 A의 순차적인 뾰족함마다 시냅스의 강도가 약해지고(강해지고) 뾰족함이 없으면 기준선으로 다시 회복된다. t^*이 전 시냅스 뾰족함의 시간을 나타낸다고 하고 차례로 촉진과 저하에 대응하는 두 변수 $f(t)$와 $q(t)$를 정의하자. τ_f와 τ_d를 대응하는 시간 상수, f_0과 d_0을 시작값, a_f와 a_d를 촉진과 저하의 정도라고 하자. 그러면

$$\frac{\mathrm{d}f}{\mathrm{d}t} = \frac{f_0 - f}{\tau_f} + a_f\delta(t-t^*)(1-f),$$
$$\frac{\mathrm{d}q}{\mathrm{d}t} = \frac{d_0 - q}{\tau_d} - a_d\delta(t-t^*)q$$

를 얻는다. 통상 $f_0 = 0, d_0 = 1$이고 $\tau_{d,f}$는 수백 밀리초 수준이다. 이제 시냅스의 강도에 $q(t)f(t)$가 곱해진다. 예를 들어, 촉진이 없다면 $f_0 = 1, a_f = 0$이고, 저하가 없다면 $d_0 = 1, a_d = 0$이다.

5.2 장기 가소성

장기 가소성은 전 시냅스와 후 시냅스 뉴런 모두의 활동성에 의존하며 도널드 헵(Donald Hebb)이 처

음 제시한 '뉴런은 함께 발사되고 함께 연결된다'는 아이디어에 바탕을 둔다. 이 유형의 **헵 가소성**(Hebb plasticity)은 신경계가 성장하며 서로 연결되는 것과 새로운 장기 기억을 생성하는 것 모두에서 역할을 한다고 본다(위에서 설명한 작동 기억과는 대조적으로). 만약 w_{BA}가 뉴런 A에서 뉴런 B로의 연결에 대한 가중치 혹은 강도이고 $r_{A,B}$가 어떤 시간 동안 두 뉴런의 발사 속도라면, 보통

$$\frac{dw_{BA}}{dt} = \varepsilon_1(r_A - \theta_A)(r_B - \theta_B) + \varepsilon_2(W_{BA} - w_{BA}) \tag{7}$$

이다. 단, 만약 ε_1로 곱해지는 항이 둘 다 음수라면 그 항을 0으로 둔다는 추가적인 단서가 붙는다. 이 모형은 만약 A와 B 모두가 충분히 높은 속도로 발사되면 가중치가 증가할 것임을 말해 준다. 만약 A가 높은 속도로 발사하고 B는 낮은 속도로 발사하면 (또는 그 반대이면), 가중치는 감소할 것이다. (7) 형태의 학습방정식은 방정식 (4)와 같은 속도 모형에서 연결성을 조정하는 데 사용되고 가중치의 강도로 '기억' 다수를 부호화할 수 있다. ε_2가 있는 항은 어떤 기준 가중치로 감소하려는 경향을 나타낸다.

헵 가소성의 또 다른 형태는, A가 B보다 약간 먼저(나중에) 발사된다면 A에서 B로의 가중치가 증가할(감소할) 것이라는 의미에서 인과성을 포함한다. 시냅스 가중치에 대한 일반적인 방정식은 다음 형태

$$\frac{dw_{BA}}{dt} = F(t_B - t_A)g(w_{BA}) + \varepsilon_2(W_{BA} - w_{BA})$$

를 취하며, 여기서 $t_{A,B}$는 뉴런 A와 B에서 뾰족함이 나타나는 시간이다. $F(t)$는 보통 $|t|$에 관해 지수적으로 감소하는 함수이며 $t > 0$에서 음수이고(B가 A 이전에 발사), $t < 0$에서 양수이다(A가 B 이전에 발사). 함수 $g(w)$는 상수가 될 수도, w에 선형일 수도, 혹은 더 복잡한 형태를 가질 수도 있다. 이런 형태의 가소성은 **뾰족한 시간-의존 가소성**(spike-time-dependent plasticity)이라 불리며, 뉴런들의 집단이 순차적으로 연결되므로 그에 따라 순차적인 작업을 학습할 수 있게 해 준다.

6 요약

수학은 신경 체계의 행동을 이해하는 데 중요한 역할을 한다. 정상적이거나 병적인(가령 간질, 파킨슨병, 조현병) 행동 모두를 설명하기 위해 비선형 동역학의 방법들이 사용되고 있다. 정반대로, 신경과학에서 등장한 모형들은 엄밀한 수학적 논의를 기다리는 광범위한 문제들을 제공한다.

더 읽을거리

Amari, S. I. 1977. Dynamics of pattern formation in lateralinhibition type neural fields. *Biological Cybernetics* 27(2): 77-87.

Ermentrout, B. 1998. Neural networks as spatio-temporal pattern-forming systems. *Reports on Progress in Physics* 61(4):353-430.

Ermentrout, G. B., and D. H. Terman. 2010. *Mathematical Foundations of Neuroscience*, volume 35. New York: Springer.

Rinzel, J. 1987. A formal classification of bursting

mechanisms in excitable systems. In *Mathematical Topics in Population Biology, Morphogenesis and Neurosciences*, pp. 267-81. Berlin: Springer.

VII.22 시스템 생물학

칭 녜 Qing Nie

1 서론

생물학적 유기체란 고도로 연출된 식으로 상호작용하는 시스템으로, 거대한 수의 요소로 이루어졌으며, 서로 얽혀 있어 복잡하다. 꾸준히 변화하는 이 시스템은 다양한 환경 조건하에서 수많은 작업을 수행하도록 설계되었다. 통용되는 실험적 도구와 기술적 측면의 제한 때문에, 생물학자들은 수년 동안 시스템의 개별 요소가 어떻게 작동하는지에 주로 초점을 맞춰 왔다. 유전체학, 단백체학, 대사체학, 살아 있는 조직 영상화에서의 최근 발전은 점차 더 정밀한 공간 및 시간적 척도에서 데이터의 폭발을 이끌었다. 어떠한 물리적 계보다도 훨씬 더 복잡한 생물학적 세계의 더욱 복잡하고 서로 얽히는 시각을 설명하고 이해하기 위해서는 통합된 시스템 접근이 필요하다.

1990년대에 처음으로 추진력을 얻은 시스템 생물학은 창발하는 행동을 일으키는 요소들 사이의 상호작용을 연구하는 데 초점을 둔다. 이런 관점에서 시스템은 그 부속물들의 단순한 합 이상이다. 그런 시스템을 더 잘 이해하기 위해서는, 다양한 분야로부터 실험적 도구와 이론적 방법론을 함께 가져오는 학제 간 접근 방식이 반드시 발전해야 한다. 2009년 미국 국가연구위원회(National Research Council)는 『21세기를 위한 새로운 생물학(*A New Biology for the 21st Century*)』을 출판하며, '새로운 생물학' 방식을 추천하고 '생물학 내에서의 더 큰 통합과 물리 계산에 있어서 지구과학자들, 수학자들, 공학자들과의 더 긴밀한 공동 연구'를 당부했다. 많은 측면에서 이 새로운 생물학이 바로 시스템 생물학이다.

대다수의 경우, 시스템 생물학에서 관심 있는 목표와 질문은 고전적인 생물학과는 다르다. 첫째, '어떻게'를 묻는 것에 더해(가령 '어떻게 전사 인자가 두 조절자 사이 피드백 루프를 일으키는가?') 보통 '왜'인지 묻는다(가령 '왜 그러한 루프가 유용하며 그것의 혜택은 무엇인가?'). 둘째, 시스템 생물학의 주목적은 다양한 유기체의 기본 구성으로부터 추론된, 서로 다른 여러 분자적 메커니즘을 지배하는 공통적인 원리를 드러내는 것이다. 이 목표를 향하여, 독창적이고 더 이상 환원될 수 없는 창발적 성질을 탐구하기 위해 생물학적 요소들은 서로 다른 공간적 혹은 시간적 척도에서 면밀히 분석되며, 그들의 상호작용으로부터 '제1원리(first principle)'의 생물학적 형태가 등장한다.

모형화를 통한 수학은 시스템 생물학에서 핵심적인 역할을 한다(그림 1). 유용한 모형은 단순한 것부터 고도로 복잡한 것까지 그 범위를 뻗는다. 일부 경우에는 2개 요소의 단순한 모형이 수천 개의 요소로 이루어진 네트워크의 핵심 양상을 포착하는 데 충분할 수 있으며, 반면 다른 경우에는 복잡한 동역학의 수수께끼를 풀고 유전자 산물들 사이의 다양성

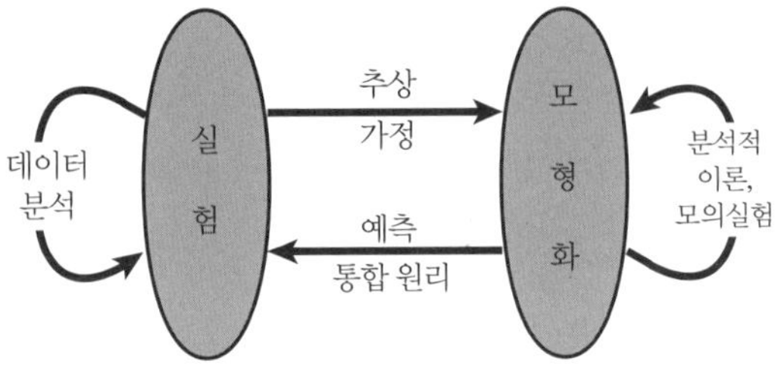

그림 1 시스템 생물학 속 수학. 모든 화살표는 시스템생물학에서 핵심적인 다양한 수학 및 계산 도구들을 필요로 한다.

과 같은 핵심 특징을 고려하기 위해서 20개 요소 모형이 요구될지 모른다. 더 나아가, 이 조각은 개념적이거나 특정한 생물학적 요소로 식별될 수 있다. 이런 복잡성은 수학을 위한 많은 문제를 야기한다. 서술적 모형으로부터 예측적 모형으로 이동하기 위해서는 거대한 실험적 데이터를 제약 매개변수들에 포함시켜야만 한다. 또한 법칙과 창발적 성질을 얻기 위해 복잡한 상호작용을 설명하려면 보통 이들 모형을 탐구해야 한다. 관심 있는 생물학적 물음이 모형의 선택을 좌우하며, 이는 차례로 서로 다른 수학적 그리고 계산적 도구를 요구한다. 여기서 우리는 이 시스템 생물학 접근 방식 및 그와 연관된 수학을 3가지 기본적인 생물학적 수준, 즉 유전자, 세포, 조직에서 묘사한다. 대개 간과되지만 모든 척도에 편재하는 중요한 요소인 잡음의 기능을 설명하는 시스템 생물학의 역할 역시 논의할 것이다.

2 유전자에서 유전자로 가는 정보 흐름

디옥시리보핵산(deoxyribonucleic acid, DNA)에 암호화된 유전적 정보가 세포에서 기능하기 위해서는 리보핵산(ribonucleic acid , RNA)과 단백질로 가공되어야 한다. DNA가 RNA를 만들고 RNA가 단백질을 만드는 이 과정은 생물학에서 중심원리(central dogma)라고 불린다. '전사(transcription)'를 통해 DNA의 일부에 포함된 유전적 정보가 메신저 RNA(messenger RNA, mRNA)로 전달된다. 그러면 mRNA는 단백질을 짓는 복잡한 분자 기계인 리보솜(ribosome)과 상호작용하여 RNA를 단백질로 '번역(translate)'한다. 전사와 번역은 유전적 암호를 세포 기능으로 바꾸기 위한 2개의 주요 단계이다. 전사 인자(transcription factor), 즉 전사 과정을 촉진하는 특별한 단백질 모임은 한 유전적 암호를 다른 것과 연결시킬 때 핵심적이며, 많은 경우 유전자 대 유전자 조절의 루프를 만든다. 서로 다른 유전자는 단백질의 생성을 제어하기 위해 다양한 전사를 조절하는 서로 다른 단백질을 만든다.

전사와 번역을 모형화하려면 DNA의 조절 영역 속 배열로부터 유전자 행동과 조절을 기계적으로 설명해야 한다. 통계물리학은 유전자가 전사 인자를 통해 어떻게 활성화되고 억제되는지 조사하는 자연스러운 방식을 제공한다. 확률론적 방법(가령 **확률미분방정식**[IV.14]과 **마르코프 과정 모형**[II.25])은 이 방식의 밑바탕이다. 통상적인 전사 모형에서, 증폭자(enhancer)의 가능한 모든 상태와 통계적 가중치가 먼저 분류된다. 확률을 통해 추정되는 유전자의 행동은 조절 영역(가령 결합 위치)이 결합되어 있는지 아닌지에 달려 있고, 이 확률은 활성자(activator)에 결합되는 상태의 비율로서 추정된다. 협동성, 전사 인자 간 경쟁적 상호작용, 억제자(repressor)에 의한 활성자의 억제, 그 외 다른 후생유전적 조절(가령 염색질(chromatin) 구조와 변형 또는

DNA 메틸화(methylation))과 같은 전사 조절이 이런 종류의 확률적 모형과 결합될 수 있다. 이 방식은 DNA 조절 영역의 기능을 설명하기 위한 수많은 조절 모티프(motif)를 식별하고 게놈(genome)에서 새로운 목표를 예측하는 데 사용되었다.

3 세포 안팎의 신호 전달

생명의 '구성 요소'인 세포는 환경적 변화에 반응하고 스스로 의사 결정을 할 수 있는 가장 작은 정보 처리 단위이다. 보통 자극제로 작용하는 세포 밖의 단백질은 세포막 위 수용체(receptor)에 결합하거나 세포 안으로 운송되어 **생화학적 반응**[V.7]의 홍수를 야기할 수 있다. 이런 반응을 통해 특정한 자극이 특정한 명령이나 작업에 관여하는 유전자들의 모임을 활성화한다(가령 복제를 위한 세포 분열이나 세포 사멸(cell fate) 변화). 외부 신호를 내부 반응으로 변환시키는 이 과정은 보통 신호 전달(signal transduction)이라 불린다. 그러한 하나의 예로서, 성장 인자 자극제를 세포 표면 수용체를 통해 전달해 세포 성장과 분열을 유도하는 MAPK/ERK 경로가 있다. 신호 전달 과정의 이해를 넘어서서 경로의 기능 저하를 일으키는 핵심 인자 역시 흥미로운데, 그 이유는 많은 경우 그것은 암과 다른 질병으로 이어지기 때문이다.

신호 전달을 모형화하기 위해서는 생분자의 다양한 유형에 따른 생화학적 반응을 정확히 묘사해야 한다. 분자의 수가 상대적으로 작을 때는(가령 10보다 작을 때) **화학적 으뜸방정식**(chemical master equation)에 기반을 둔 이산 확률적 방식을 사용할 수 있다. 상대적으로 큰 수의 분자가 '잘 섞인 계'에 존재할 때는, 화학적 농도가 분자 수의 좋은 근사를 제공하여 연속체 모형이 계를 묘사할 수 있다. 이 접근에서 공통적인 기본 개념으로 반응속도방정식(rate equation), 미카엘리스-멘텐 반응속도론(Michaelis-Menten kinetics), 질량 작용의 법칙(law of mass action) 등이 있다. 이들 모형은 연립 상미분방정식을 이끌며 그것은 완전하게 다른 반응속도가 나타날 때 보통 강성(stiff)이다. 그러한 모형의 수치적 모의실험은 좋은 절대 안정성 성질을 갖는 특수화된 알고리즘을 필요로 한다.

조절은 대개 신호 전달 경로 안에 존재한다. **피드백**(feedback)이란 하류의 신호가 상류의 신호 전달 요소에 영향을 주는 상호작용을 나타내는 반면, **피드포워드**(feedforward) 조절이란 상류의 신호를 하류의 신호 전달 요소로 직접 보내는 연결을 지칭한다. 수학적으로, 피드백과 피드포워드 조절은 포화 조정 가능 반응 곡선(saturating tunable response curve)을 부호화하는 힐 함수(Hill function)로 묘사될 수 있다. 미리 정해진 온도 정도로 유지하기 위해 열의 유입을 조정하는 온도 조절 장치와 유사하게, 생물학에서는 보통 항상성(homeostasis, 즉 안정된 정상상태)을 제어하기 위해 음성 피드백이 사용된다. 그러한 조절기에서는 빠른 '감지기'와 느린 '반응기'에 대한 2개의 서로 다른 시간척도가 안정된 항상성을 유지하는 핵심이다. 이들 두 시간척도가 가까워지면 진동하는 동역학이 나타나며 주기적인 해를 만든다. 양성 피드백(가령 심장의 자극-수축 결합, 세포 분화, 사이토카인(cytokine)과 면역 세포 사이 상호작용)은 신호를 증폭하여 쌍안정(bistable)이나 극히 민감한 반응이 나타날 수 있다. 쌍안정계에서는 하나의 입력이 계의 상태에 따라 두 개의 서로 다른 출력을 만들 수 있는데, 이를 보통 이력현상(hysteresis)이라고 부른다. 분기 분석[IV.21](가령 유사-호-길이 연속 방법(pseudo-arc-length continuation method)을 통해)은 쌍안정성을 연구하는 주된 도구이다. 피드포워드 조절에서, 동기(coherent) 루프는 동일한 조절 유형을 가진 2개의 나란한 경로를 갖고(둘 다 양이거나 둘 다 음인), 반면 비동기(incoherent) 루프는 2개의 경로에서 서로 다른 조절 유형을 갖는다. 양의 동기 루프는 OFF 신호에 어떠한 지연 효과도 주지 않으면서 ON 신호에 대한 반응에 지연을 유도할 수 있다. 이와 달리, 비동기 루프는 ON 신호에 대한 반응 속도를 높임과 더불어 신호가 여전히 있더라도 어떤 반응이 사라지도록 조정할 수 있다.

많은 경로는 대개 구성 요소를 공유하는 수백 개의 원소 및 연결로 이루어진다. 경로들 간 이런 '혼선'은 세포 안 제한된 수의 구성 요소로 다양한 작업을 수행하도록 해 주지만, 신호의 특수성과 정확함을 가능케 하고 하나의 경로에 특수화된 입력이 또 다른 경로의 출력을 활성화하거나 아니면 또 다른 경로의 입력과 원래보다 더 강하게 반응하는 역설적인 상황을 피하기 위한 분리 메커니즘도 반드시 존재해야 한다. 세포가 세포 밖의 광범위한 자극으로부터 온 정보 흐름을 다중 유전자 반응으로 지시하는 방식을 이해하려면, 많은 구성요소, 극단적인 시간척도, 확률적 효과로 구성된 계의 동역학을 지도화하기 위한 모듈성(modularity), 거친 결정화(coarse-graining), 민감도를 다룰 새로운 수학이 필요하다.

4 소통과 조직화

세포가 자신의 미세 환경을 어떻게 효과적으로 정확하게 인식하며 그에 반응하는지는 발달, 회복, 조직의 항상성, 동물의 면역성에 필수적이다. 신경, 근육, 상피 같은 서로 다른 조직은 배아의 서로 다른 부분에서 발생했다. 세포들 간 소통 중 생긴 실수는 비정상적 발달이나 질병을 일으킬 수 있다. 일반적으로 세포는 신호 전달을 위해 세포 밖 공간으로 확산되는 분자를 방출하거나 아니면 직접적인 세포 대 세포 접촉을 통해 다른 세포와 소통한다. 첫 번째 메커니즘에서, 분자는 목표 세포와 세포막 위 수용체를 통해 상호작용하며, 차례로 다양한 세포 기능을 이끄는 경로를 활성화시킨다. 확산되는 분자의 활동 반경은 확산과 반응 사이 상대적인 관계에 따라 짧을 수도(가령 세포 몇 개 거리 이내) 있으며, 길 수도(가령 수십 개 세포 거리) 있다. 이런 공간적 동역학은 반응확산방정식(reaction-diffusion equation)으로 자연스럽게 묘사되며 이때 조직은 연속체 매개로 모형화된다. 그런 방정식은 계가 3개보다 적은 구성 요소를 가진다면 선형적인 혹은 약하게 선형적인 안정성을 통해 분석할 수 있지만, 더 많은 구성 요소나 더 높은 공간적 차원이 연관되면 동역학을 수치적으로 탐구해야만 한다. 줄무늬나 점 같은 조직 내 복잡한 공간적 패턴을 만들기 위해, 계는 보통 다양한 유형의 신호 전달 분자를 활용할 필요가 있다. 한 가지 주된 전략은 극단적으로 다른 확산 속도를 가진 2개의 확산되는 분자, 가령 느린 활성자와 빠른 억제자를 사용하는 것이다. 이 짧은 범위 활성/긴 범위 억제 메커니즘에서는 초기의 작은 동요가 색소침착(pigmentation)과 같은 과정들, 분기 형태발생(branching morphogenesis), 사지의 골격 모양 등을 설명하는 복잡한 패턴을 자연스럽게 만들 수 있다.

서로 다른 세포의 막 결합 단백질들 사이에서 나타나는 상호작용을 통한 세포 대 세포 접촉은 패턴형성을 위한 또 다른 주요 메커니즘이다. 그러한 신호 전달의 흔한 예시 하나는 측면 억제(lateral inhibition)로, 그것은 보통 다른 사멸을 가진 세포들로 둘러 쌓인, 하나의 사멸을 가진 세포들의 군집을 만든다. 보통 패임 신호 전달 경로(notch signaling pathway)와 연관되는 이 메커니즘은 반응의 대조와 선명함을 증가시킬 수 있고(가령 시각 체계에서) 중심 신경 체계, 혈관 형성(angiogenesis), 내분비 발달에 중요하다. 예컨대 화학적 기울기(주화성(chemotaxis)), 빛 기울기(주광성(phototaxis)), 강성 기울기(주강성(durotaxis))에 의한 활발한 유동성은 상처 치유, 초기 발달(가령 난자를 향한 정자의 헤엄), 뉴런 이동에서 주로 활용되는 또 다른 패턴 형성 메커니즘이다.

신호 전달의 시간적 동역학을 위한 상미분방정식과 세포의 확률적 설명을 결합하는 하이브리드 모형은, 개별 세포들의 역할이 중요할 때 패턴 형성 메커니즘을 포착하는 데 핵심적이다. 하부 세포 원소 방법(subcellular element method)과 세포 포츠 모형(cellular Potts model)은 집단적인 동역학과 창발하는 성질을 모의실험할 때 효과적이며, 두 모형 모두 직접적인 세포 대 세포 소통으로부터 등장한다. 세포 밖 공간의 분자들, 세포 내부의 피드백이 있는 신호 경로, 주변 조직의 역학, 그 생리학적 영향과 연관된 계의 다중척도 특징은 모형화와 계산에 커다란 도전을 제시하며, 혁신적인 수학의 발전을 요구한다는 점이다.

5 잡음: 해롭거나 이롭거나

잡음과 무작위성은 살아 있는 어느 유기체에서든지 존재한다. DNA 결합 위치의 작은 수, 생화학적 반응의 변동, 세포 안팎 공간의 복잡한 물리적 구조, 환경적 입력과 연관된 잡음은 모두 불확실성을 만든다. 한 단계에서 다음 단계로 흐르는 정보는(가령 유전자에서 세포로) 잡음이 전파되거나 증폭됨에 따라 왜곡될 수도 있다.

잡음 감소를 이끄는 일반적인 원리는 무엇인가? 시간적 펄스 입력에 의해 자극되는 ON과 OFF 상태로 이루어진 교환계에 대해서는(가령 칼슘 신호 전달과 p53 조절), 부호화된 활성화 시간(signed activation time, SAT)으로 불리는 중요한 내재적 양이 잡음 동요 아래 견고한 ON 상태를 유지할 수 있는 계의 능력을 간결하게 드러낸다. 비활성화와 활성화 시간의 차이로 정의되는 SAT의 값이 작다면 계는 ON 상태에서 잡음에 취약하며, 반면 큰 SAT를 가진 계는 ON 상태에서 잡음을 희석시킨다. 변동 소멸 이론(fluctuation dissipation theory)과 다중시간 척도 분석에 기초해 발전한 이 이론은 iSAT(입력-종속(input-dependent) SAT)의 개념을 통해 OFF 상태에서의 잡음을 분석하는 데도 역시 사용될 수 있다.

잡음은 대개 세포가 반드시 조심스럽게 제거해야 하는 위협을 가한다고 생각되지만, 생물학에서 이롭기도 하다는 것이 밝혀졌다. 예를 들어, 유전자 표현에서 잡음은 세포 사멸의 교환을 유도할 수 있고,

이는 유전자 표현 영역들 사이의 경계를 선명하게 해 준다. 그러한 유전자 잡음이 없다면 잡음 섞인 형태 발생 신호에 의해 야기된, 소금과 후추를 뿌린 것처럼 바람직하지 않은 패턴 형성 영역이 생길 것이다. 쌍안정성 없는 양의 전사 피드백 루프에서 잡음이 2가지 형태의 반응을 유도할 수 있고, 세포 대 세포 신호 전달에서 진동을 동기화할 수 있으며, 급격한 신호 변동이 확률적 초점조절(stochastic focusing)을 이끌고, 신호 전달 잡음이 세포의 주화성 표류를 향상시킬 수 있다는 점은 모두 잡음의 이로움에 대한 다른 예시이다. 분명히, 생명은 잡음을 다루는 방식을 찾은 것처럼 보인다. 잡음을 가능하다면 제어하고 감소시키며, 그렇지 않다면 그것을 활용한다. 복잡하게 얽혀 있는 생물학적 시스템 속 잡음을 체계적으로 탐구하는 것은 확률적 분석과 계산에서 새로운 도구를 요구한다.

6 결론

사용이 가능한 생물학적 데이터의 양에서 나타나는 급격한 증가는 시스템 생물학에 엄청난 기회를 제공한다. 다양한 척도에서 새롭고 오래된 데이터의 통합, 핵심 요소들 간 연결성의 추상화, 무작위성과 잡음 고려, 공유성으로부터의 원리 유도는 조만간 과학적 발견의 중심에 있게 될 것이다. 여러 새로운 수학 및 계산 방법의 발전을 자극해 온 시스템 생물학은 빅데이터 시대에 점차 중요한 방식이 되고 있다. 시스템 생물학은 생명에 관한 더 큰 이해의 열쇠를 쥐고 있기 때문에, 21세기에 시스템 생물학이 수학에 줄 영향은 19세기에 물리학과 역학의 영향과 유사할 것이다. 즉, 그것은 수학에 새로운 생명을 줄 것이다.

더 읽을거리

Alon, U. 2006. *An Introduction to Systems Biology: Design Principles of Biological Circuits*. Boca Raton, FL: CRC Press.

Christley, S., B. Lee, X. Dai, and Q. Nie. 2010. Integrative multicellular biological modeling: a case study of 3D epidermal development using GPU algorithms. *BMC Systems Biology* 4:107.

National Research Council. 2009. *A New Biology for the 21st Century*. Washington, DC: The National Academies Press.

Wang, L., J. Xin, and Q. Nie. 2010. A critical quantity for noise attenuation in feedback systems. *PLoS Computational Biology* 6(4):e1000764.

Zhang, L., K. Radtke, L. Zheng, A. Q. Cai, T. F. Schilling, and Q. Nie. 2012. Noise drives sharpening of gene expression boundaries in zebrafish hindbrain. *Molecular Systems Biology* 8:613.

VII.23 통신 네트워크

월터 윌린저 Walter Willinger

1 서론

통신 네트워크는 일반적으로 공통된 프로토콜 집합

(실제 정보 교환의 사소한 세부 사항을 지정하는 규칙과 규약)을 사용하여 광섬유 케이블, 음파, 신호 전달 경로 같은 통신 매개를 통해 다른 것과 정보를 교환하는 대상들의 모임(가령 기기, 사람, 세포)으로 정의된다. 가장 많이 알려진 것으로, 인간이 만든 가장 큰 통신 네트워크는 인터넷이다. 인터넷은 이 글에서 두드러지게 중요한 역할을 할 것이다. 이는 다른 예시들, 특히 일부 생물학의 통신 네트워크가 흥미롭지 않다거나 인터넷보다 중요하지 않다는 말이 아니다. 하지만 인터넷을 연구하는 것은 생물학과 비교하여 독특하고 매력적인 장점을 가진다. 장점 중 하나는, 우리가 인터넷 설계자의 원래 의도 및 전체 변화 과정의 거의 모든 기록을 얼마든 사용할 수 있다는 것이다. 또한 네트워크의 개별적인 구성 요소가 어떻게 작동하며 시스템 수준의 행동을 만들기 위해 구성 요소들이 어떻게 얽혀 있는지 구체적으로 알고 있다. 게다가, 인터넷은 방대하고 자세한 데이터 집합의 측정뿐만 아니라 수집에 관한 유일한 가능성을 제공하여, 그것을 네트워크의 성질과 특징을 면밀히 연구할 때 활용할 수 있다.

우리는 이 글에서 거대한 규모이면서 고도로 공학적인 이 시스템의 설계, 운용, 변화에 초점을 맞출 것이다. 그것을 구체적인 예시로 사용하여 거대 규모 통신 네트워크의 엄밀한 제1원리 논증을 뒷받침하기 위해 개발된 수학적 개념, 접근, 이론의 유형들을 설명할 것이다.

2 인터넷 모래시계 아키텍처

인터넷 아키텍처를 형성한 설계 철학 이면의 초창기 논리는 2가지 주요 논증으로 구성된다. 첫째, 주된 **목적**은 인터네트워크(internetwork)이다. 다시 말해, 이미 존재하는 서로 연결된(하지만 대개 분리되어 관리되는) 네트워크들을 여러 측면에서 활용하기 위한 효율적인 기법의 개발이었다. 둘째, 주된 **요구사항**은 견고함이었다. 즉, 네트워크는 그 구성요소들 속 불확실성(가령 라우터 고장) 및 사용 패턴(가령 통신량 수요 변동) 그리고 (더욱더 긴 시간 수준에서는) 네트워크 기술 및 제공되는 서비스의 예상치 못한 변화에 탄력적이어야 한다.

핵심 목적인 인터네트워크를 달성하기 위한 기존 아키텍처의 기본 구조는 알려진 기술, 세심한 선택, 통찰력 있는 사고가 결합된 산물이었다. 이는 수많은 분리된 네트워크가 게이트웨이(gateway)라 불리는 패킷 통신 처리장치를 사용하여 서로 연결된 패킷 교환 네트워크(packet-switched network)를 이끌었다. 통신은 단순한 (네트(net), 호스트(host)) 계층을 가진 단일 보편 논리적 주소 체계에 기반을 두며, 게이트웨이나 라우터는 저장 및 전달 패킷 전달 알고리즘(store-and-forward packet-forwarding algorithm)을 구현한다.

비슷하게, 인터넷의 초기 개발자들은 견고함에 대한 핵심적인 요구를 만족하기 위해서 시스템 설계에 사용되는 검증된 2개의 지침에 크게 의존하였는데, 그 지침들은 **계층화 원리**(layering principle)와 **종단 간 원리**(end-to-end argument)이다. 이를 설명하면, 패킷 교환 네트워크의 맥락에서 계층화 원리는 복잡한 작업(가령 두 종단 호스트 사이 파일 전송)을 단일 모듈로 구현하는 것을 반대한다. 대신에 그것은 작업을 하위 작업들로 분할하는 것을 선호하며, 각각은 상대적으로 단순하고 분리하여 구현될 수 있다. 그러면 서로 다른 하위 작업에 대응하는 모듈들이 수직인 더미로 배열된 것으로 생각할 수 있고, 더미의 각 계층은 잘 정의된 기능 집합의 수행을 담당한다. 여기서 종단 간 원리의 역할은 이들 기능의 지정을 돕고 서로 다른 계층 사이에서 그들의 위치를 지시하는 것이다. 그것은 낮은 계층 함수 구현에 반하는 분명한 경향을 표현하고, 하단 계층을 가능한 한 일반적이고 단순하도록 요구함으로써 이런 작업을 달성한다.

이 설계 과정이 오늘날 인터넷에서 사용되는 프로토콜의 주요 묶음을 대부분 정의했고, 5계층 전송 제어 프로토콜/인터넷 프로토콜(transmission control protocol/Internet protocol, TCP/IP) 프로토콜 더미로 알려져 있다. 이 '수직적' 분해는(아래에서 위로) 물리, 연결, 인터네트워크, 전송, 응용 계층으로 이루어진다. 또한 바로 그 설계 과정이 밀접하게 관련된 인터넷 아키텍처를 비유하는 '모래시계'를 만든 주된 역할도 했다. 프로토콜의 다중계층 묶음의 배열에서는 각 프로토콜이 오직 바로 위나 아래에 있는 계층과 접하고, TCP/IP의 인터네트워크 계층에 대한 프로토콜인 IP가 모래시계의 허리에서 분리된 계층을 차지하며, 일반적인 패킷-전달 서비스를 제공한다.

모래시계 허리의 이 추상적인 비트 수준 네트워크 서비스는 널리 공인된 특징들과 관련 있는 최소한의 집합으로 이루어진다. 이 특징들은 인터넷 전반의 표준에 따라 구현되어야 하며, 반드시 네트워크의 모든 라우터로부터 지원되어야 한다. 그것들은, 국제적인 인터넷을 통해 통신이 가능하도록 하는 핵심이다. 이런 맥락에서 IP의 핵심 목표인 국제적 견고함과 라우팅의 확장 가능성은 TCP/IP에서 완전히 분산적이고 비동기적인 방식으로 달성되고 구현되었다('수평적' 분해). 허리 아래의 계층들은 현존하는 폭넓은 전송과 연결 기술을 처리하며, 준비된 비트 운반 네트워크 기반이 무엇이든 그 위에서 IP를 작동시키는 프로토콜을 제공한다('모든 것 위의 IP'). 허리의 위에서는 사용자가 인터넷과 궁극적으로 상호작용하는 것을 통해, 응용 수준의 프로토콜(가령 월드와이드웹(World Wide Web)을 위한 하이퍼텍스트 전송 프로토콜(Hypertext Transfer Protocol, HTTP))을 작성하는 과정을 단순화하는 IP의 개선(가령 신뢰성 있는 패킷 전달)이 이루어진다('IP 위의 모든 것').

오늘날의 관점에서, 'IP 위의 모든 것과 모든 것 위의 IP'는 초창기 인터넷 설계자들이 마주했던 극도로 어려운 공학적 문제를 경험적으로 극복한 기발한 해법일 뿐이다. 이 문제는 엄청난 불확실성의 형태로 나타났다. 예를 들어, 기술적 진보가 도전하는 방식이나 사회적 통념에서 벗어나는 방식, 네트워크가 미래에 사용될 방식, 일부 신뢰할 수 없는 구성 요소로 구성된 네트워크가 고장 나는 방식에 대한 불확실성 등이 있었다. 실제로 50여 년 전 작은 규모의 연구 네트워크에서 오늘날 세계 경제와 사회 현상의 핵심 구성 요소로 전환되는 동안, 인터넷은 네트워크의 상상이 가능한 모든 측면에서 극단적인 변화를 겪었다. 동시에 그것이 확장될 수 있고(폭발적인 증가에 적응하고), 혁신을 지원하고(모래시계 허리의 아래와 위의 기술적 진보를 촉진하고), 유연성을 보장하는(변화하는 조건에 반응하여 시간에 따라 변할 수 있는 설계를 따르는) 능력은 매우 놀라웠다. 요컨대 지난 50년은 인터넷 아키텍처를 초기에 설계한 사람들이 기발하다는 증거이다. 대체로 초기 설계가 유지되었고, '변화의 바다'를 통해 오늘날의 인터넷을 위한 네트워크의 발전을 지시했다는 사실은 믿기 어려운 공학적 성취이다.

3 수학이 공학을 만나다

인터넷의 거대한 성공에도 불구하고, 초기 설계자들이 만든 기본적인 아키텍처 설계 선택의 일부에 의문을 제기하는 수많은 일이 발생했다. 일례로, 초기 설계의 일부였던 신뢰 모형은 오늘날 요구되는 것과 아주 반대된다는 사실이 밝혀졌다(예를 들어, '모두를 믿어라' 대신 '누구도 믿지 마라'). 사실, 설계의 이런 부분은 오늘날 인터넷을 성가시게 하는 여러 보안 문제의 주범이다. 게다가 맞닥뜨린 일부 문제는 기술적인 해법으로 메워야 하는 경향이 있어, 특정한 단기적 수요를 해결할 수 있을지는 몰라도 네트워크의 미래 사용을 심각하게 제한하고 진화의 종말을 강요할 수 있다. 그런 바람직하지 않은 '해법'을 배제하고 애초에 문제가 발생하지 않도록 하기 위해서는, 인터넷과 같은 시스템의 설계 측면 및 진화적 경로의 논거를 위한 수학적 언어가 필요하다. 다음 예시들은 그러한 언어를 서술하고 인터넷 같은 시스템에 대한 엄밀한 기초를 제공하고자 하는 최근의 발전을 보여 준다.

3.1 인터넷 (빅)데이터

인터넷은 대체로 서로 연결된 컴퓨터들의 모임이고, 컴퓨터는 성능 측정에 있어 뛰어나다. 측정이 용이한 이 내재적인 능력은 인터넷을 '빅데이터'의 초기 근원으로 탈바꿈시켰다. 손쉽게 접근할 수 있는 공공 데이터 집합 및 조심스레 보호된 사유 데이터는 인터넷과 연관된 다수의 문제를 탐구하는 과학적 연구를 측정 주도(measurement-driven) 연구 활동의 중요한 예시로 변형시켰다. 이에 따라, 그것은 제안된 인터넷 이론의 타당성을 검정하거나 많이 알려진 '새로운 현상'의 유효함을 확인하기 위한 전례 없는 가능성을 제공했다. 매우 놀랍게 다가온 측정 주도의 발견은 전문가들을 당황시켰고(처음에), 이미 정립된 수학적 이론의 틀 내에서는 설명되거나 예측될 수 없었으며, 보통 추후 중요한 과학적 검토가 뒤따랐다.

그런 발견 하나는 1990년대 초, 인터넷 통신량을 측정한 첫 데이터 집합을 고품질의(높은 시간 해상도 기록) 완전하고(빠진 데이터 없이) 다량인(수 시간과 수 일 동안) 패킷 흔적의 형태로 분석할 수 있게 되었을 때 이루어졌다. 이 데이터를 캐내서 나온 그림은 사회적 통념에 의문을 제기했는데, 그 이유는 관측된 통신량이 예측과 정반대였기 때문이었다. 매끄럽지도 않고 어떠한 상관관계나 지수적으로 빠르게 감소하는 경향 없이, 네트워크 연결에서 측정된 통신량 속도(즉, 단위 시간당 패킷의 총 숫자)는 시간척도의 넓은 범위에서 '간헐적(bursty)'이었다. 중요한 점은, 관측된 간헐성이(점근적 2차(asymptotic second-order)) 자기닮음(self-similarity) 혹은 동일한 의미인 긴 범위 의존성(long-range dependence)과 일치했다는 것이다. 즉, 대수적이거나 멱법칙(power-law)처럼 감소하는 자기상관(autocorrelation)과 완전히 합치했다.

새로운 현상의 두 번째 예시는 1990년대 후반 계층화된 인터넷 아키텍처에 의해 가능한 연결성 구조의 다양한 유형을 연구할 때 서로 다른 데이터 집합의 사용이 가능해지면서 나타났다. 수학자들은 웹 그래프(Web graph) 같은(즉, 웹 페이지 형태의 가상 원소들 사이 연결 구조) 더 '가상적인' 혹은 높은 계층 연결성 구조에 주로 초점을 맞춘 반면, 네트워크 연구자들은 인터넷의 라우터 위상, 즉 인터넷의 물리적 구성요소(즉, 라우터와 스위치)를 연결하는 실제 물리적 연결 구조 같은 더 '물리적인' 혹은 낮은 계층 구조에 주로 흥미를 가졌다. 이 물리적인 라우터 수준의 인터넷을 추론하기 위해 통용되는 데이터를 사용하니, 관측된 마디 차수 분포가 완전히 예상하지 못한 특징을 가진다는 놀라운 사실을 알게 됐다. 예상했던 양상인, 인터넷에서 궁극적으로 높은 차수 마디의 발생을 배제하고 지수적으로 빠르게 감소하는 오른쪽 꼬리 양상을 보이기보다는, 측정된 마디 차수 분포의 오른쪽 꼬리는 **대수적으로 멱법칙처럼** 감소했다. 그 결과 마디 대부분이 작은 차수를 가지더라도, 높은 차수 마디가 존재하며 그것은 인터넷의 '전형적인' 마디보다 훨씬 많은 이웃을 가진다.

3.2 두 발견 이야기

자기닮음과 두꺼운 꼬리

인터넷의 초기 설계에는 실제 인터넷 통신량에서 관측된 자기닮음 성질을 예측할 만한 명시적인 메커니즘이 없었기 때문에, 그 발견은 이 현상을 설명할 새로운 수학적 모형의 발전에 불을 지폈다. 그중 인터넷의 모래시계 아키텍처에 국한하여 관측된 척도 변환 양상이 어떻게 자연스럽게 등장할 수 있는지 설명하는 발생적 모형(generative model)은 특히 흥미롭다. 가장 단순한 그런 모형들 중 일부는 갱신 보상 과정(renewal reward process)에 관한 망델브로(Mandelbrot)의 연구와 출산-이동 과정(birth-immigration process)에 관한 콕스(Cox)의 선구적인 연구로부터 영감을 받았다. 인터넷 통신량의 모형화에 적용될 때, 그들은 네트워크 연결에서의 총 통신량 속도(즉, 단위 시간당 패킷의 총 숫자)를 개별적인 **개폐 과정**(on-off process) 다수의 중첩으로 설명한다. 첫 번째 근사로서, 각 개폐 과정은 IP 계층에서 보이는 단일 사용자의 활동을 설명한다고 생각될 수 있고, 사용자의 활동은 활성일 때 규칙적인 간격으로 패킷을 보내는 것(혹은 '열린 상태')과 비활성일 때 아무런 패킷도 보내지 않는 것(혹은 '닫힌 상태') 사이를 오간다고 가정한다.

이들 모형이 차별화되는 중요한 특징은 개별적인 개폐 과정의 적절한 조건 아래 척도가 적당히 조절된다면, 총 통신량 속도 과정은 시간 단위의 길이와 사용자의 수가 무한대로 갈 때 어떤 극한적 과정으로 수렴한다는 사실이다. 예를 들어, '통상적인' 열린 시간의 길이는 **무한대의 분산을 가진 두꺼운 꼬리 분포**(heavy-tail distribution with infinite variance)로 설명되며, 이 극한적 과정은 **분수적 가우스 잡음**(fractional Gaussian noise)으로 알려져 있는데, 그것은 긴 범위 의존적인 혹은 동일한 말로 **정확한 (2차) 자기닮음인** 유일한 정상 가우스 과정(stationary Gaussian process)이다. 구성적인 모형의 장점은 총 인터넷 통신량이 자기닮음이 되는 주요 원인을 개별 사용자 행동의 기본 특징으로 식별한다는 것이다. 직관적으로, 이 기본 특징은 개별 사용자의 활동이 고도로 가변적임을 암시한다. 즉, 대부분의 열린 상태 시기는 아주 짧고 오직 몇 개의 패킷만이 관측되지만, 한 사용자의 통신량이 대부분 보내지는 소수의 아주 긴 열린 상태 시기도 존재한다.

발생적 통신량 모형은 수학적 모형화의 도구 상자에 긴 범위 의존성과 두꺼운 꼬리 분포를 추가시키는 주된 역할을 했다. 그것들은 또한 20년 전만 하더라도 난해하며 현실에서 실용적인 가치가 없는 것으로 보였던, 이런 2개의 수학적 개념을 우리가 이해할 수 있게 도와준 중요한 후속 연구들에 불을 붙였다. 더 나아가, 그 모형들은 개별 사용자로부터 생성되는 패킷 흔적 속 두꺼운 꼬리 양상의 존재를 검정하는 데 사용될 수 있는, TCP/IP 프로토콜 더미 내 서로 다른 계층에서 새로운 유형의 측정을 식별하는 모형 타당화의 기대치를 높였다. 인터넷 통신량 속 자기닮음의 최초 발견은 세월의 시험을 견뎠을 뿐만 아니라, 약 20년 후인 지금, 개별 통신량 구성 요소에서 두꺼운 꼬리 특징의 편재성은 인터넷 통신량에 대한 하나의 불변량으로 간주된다. 비슷하게, 자기닮음 척도변환을 통해 드러나는 측정된 통신량 내 긴 범위 의존성의 존재는 오늘날 인터넷 통신량의 본질적인 속성으로 여겨진다.

공학적 대 무작위적

인터넷 통신량에서 자기닮음을 발견한 것과는 대조적으로, 인터넷 라우터 위상과 관련된 멱법칙 주장은 추후 면밀한 검토를 견디지 못했고, 다른 측정으로 시험하거나 도메인 전문가가 검토하자 무너졌다. 이 붕괴는 인터넷 라우터 위상의 현실적인 모형으로서 인기 있는 **척도독립**[IV.18 §3.1] 그래프의 사용을 배제시켰다. 멱법칙 마디 차수를 얻는 데 사용될 수 없는 전통적인 **에르되시-레니 확률 그래프**[IV.18 §4.1]와 달리, 척도독립 그래프는 존재하는 그래프에서 이미 고도로 연결된 마디와 새로운 마디가 높은 확률로 연결되는 간단한 확률적 규칙을 따라 그것을 손쉽게 달성할 수 있다(즉, **선호적 연결**(preferential attachment)). 지난 10년간 척도독립 그래프와 그 변종에 관한 연구는 많은 사람이 만들거나 자연에서 등장하는 네트워크 시스템 연구에 전념하는 새로운 과학 분야인 **네트워크 과학**(network science)의 등장과 인기의 원동력이 되었다.

특히 척도독립 그래프의 실패와 더불어, 인터넷 라우터 위상 등 인간이 만든 물리적 구조를 처리하기 위한 일반적인 네트워크 과학은 고도로 공학적인 시스템을 모형화하려는 새로운 방식에 동기를 부여했다. 에르되시-레니나 척도독립 그래프와 같은 구성으로부터 얻는 내재적으로 무작위적인 연결성과는 근본적으로 다르게, 이 새로운 접근은 현실적인 공학적 사고로부터 자극을 받았다. 이는 인터넷의 물리적 연결성이 순차적인(편향된) 동전 던지기의 결과가 아니라 사실 설계된 것임을 기정사실화했다. 다시 말해, 이는 목표들로부터 주도되고 무엇이 기술적으로 실현 가능하며 무엇이 경제적으로 말이 되는지 사이에서의 힘든 타협을 반영하는 결정들에 바탕을 둔다. 중요한 점은, 무작위성이(편향된) 동전 던지기의 형태로 도입되는 것이 아니라 '환경'(즉, 네트워크가 운반해야 할 통신량 수요)에 관해 존재하는 불확실성의 형태로 등장하며, '좋은' 설계는 이 환경의 변화에 대해 견고할 것으로 기대된다.

불확실성 아래 그런 의사 결정 과정을 자연스럽게 반영하는 수학적 모형화 언어는 **제약하 최적화**(constrained optimization)이다. 그 결과, 이 방식은 보통 엄격하게 수학적인 의미에서 '최적'인 네트워크 설계를 고려하지 않으며 또한 NP-난해[I.4 §4.1]일 가능성이 크다. 대신 그것은 '경험적으로 최적'인 해법을 목표로 하며, 다시 말해 기술이 네트워크의 물리적 요소(즉, 라우터와 연결)에 부과하는 힘든 제약 및 네트워크 설계에 영향을 주는 경제적 고려(즉, 예산 한계)에 의존하여 '좋은' 성능을 달성하는 해법이다. 그러한 모형은 **고도로 구조화된**(highly organized)/**최적화된 허용도**(optimized tolerance)/**타협**(trade-off)(HOT)의 배경에서 논의되었고, 그것은 척도독립 그래프 기반 네트워크와 같은 무작위적 구조와의 대조가 얼마나 극적인지 보여 준다. 특히 그것은 모든 아키텍처 및 프로토콜-특수 설계 선택에 대한 치환하는 무작위성이, 인터넷과 연관된 어떠한 통찰도 제공할 능력이 없으며 게다가 라우터 위상과 연관된 통용되는 가장 기본적인 유형의 측정과도 일치하지 않는 추상적인 그래프 구조만을 남긴다는 사실을 강조한다.

3.3 최적 대상으로서의 네트워크

인터넷 통신량에서 자기닮음의 근원을 식별하고 제1원리로부터 인터넷 라우터 수준의 구조를 설명한 것으로, 통신 네트워크에 관한 '원대한' 도전의 해결을 목표로 하여 진행되고 있는 연구의 두 가지 예시가 있다. 이 도전은 인터넷을 포함하여, 거대한 규모의 통신 네트워크에 대한 네트워크 아키텍처와 프로토콜 설계의 체계적인 사고를 위한 수학적 언어를 발전시키는 것으로 구성된다.

현시점에서, 그런 공통적인 언어를 제공하는 가장 유력한 후보는 **최적 분해로서의 계층화**(layering as optimization decomposition)이다. 이 방식은 2가지 핵심 아이디어에 기반을 둔다. 첫째, 이는 네트워크 프로토콜 더미를 전체로 다루며 그것을 어떤 전역적 최적화 문제의 분산된 해로서 바라본다. 후자는 대개 어떤 일반화된 네트워크 효용 최대화 문제로 서술되며('최적 대상으로서의 네트워크') 보통 성공적인 **역공학**(reverse engineering), 다시 말해 주로 공학적인 경험에 기초하는 관측된 네트워크 설계로부터 시작해, 구현된 설계를 통해 해결되는 수학적 문제를 발견하고 서술하는 도전적인 작업의 결과이다. 둘째, 제약하 최적화를 위한 분해 이론의 수학적 언어를 적용함으로써, 이 접근은 주어진 전역적 최적화 문제의 최적해가 어떻게 모듈화되고(즉, 계층화되고) 분산된 방식('분해로서 계층화')으로 얻어질 수 있는지 일정한 원리에 따라 연구할 수 있게 해 준다. 그 과정에서 이는 **순공학**(forward engineering), 다시 말해 대안들을 체계적으로 비교하며 입증할 수 있는 우수한 성능, 효율성, 견고함에 기초하고, 정보에 근거하여 새로운 설계를 선택하는 창의적인 작업을 촉진한다.

HOT 접근이 TCP/IP 더미 내 현존하는 프로토콜(가령 TCP와 그것의 변종, 라우팅을 위한 경계 게이트웨이 프로토콜(Border Gateway Protocol), 다양한 경쟁 기반 매체 접근 제어 프로토콜(contention-based medium-access control protocol))의 역공학에 대한 최근 성공적인 시도를 보완한다는 점에 주목하자. 그것은 또한 '최적 대상으로서의 네트워크'의 기본 아이디어가 프로토콜 너머로 확장되며 네트워크 설계와 관계된 문제들에 직접적으로 적용된다는 것을 설명한다. 다른 한편, 서로 다른 최적해는 보통 서로 다른 계층화 아키텍처에 대응하므로, '분해로서의 계층화'가 '어떻게 계층화하고 계층화하지 않을지'를 원리에 따라 다룰 수 있게 해준다. 중요하게도, 이는 또한 원래 전역적 최적화 문제의 섭동에 대한 최적성, 효율성, 견고함의 측면에서 서로 다른 프로토콜 설계를 비교하는 엄밀한 틀을 제공한다. 인터넷 통신량 속 자기닮음 성질의 근원인 두꺼운 꼬리 사용자 활동으로 인한 불확실성은, 설계된 프로토콜이 견고해야만 하는 그런 측면의 섭동들 중 하나이다.

4 전망

우리가 인터넷과 관련된 통신 네트워크를 깊이 이해할수록, 기술적 네트워크가 완전히 다른 물질, 변화, 모임을 가지더라도, 예컨대 유전체학이나 분자생물학의 고도로 진화된 시스템과 아키텍처와 프로토콜 설계 측면에서 놀랍도록 유사하다는 것이 점점 더 명백해지고 있다. 따라서 고도로 공학적이거나 고도로 진화된 시스템에서 나타나는 아키텍처 및 프로토콜 설계에 관한 건설적인 과학적 담론은 유망한 미래 연구 목표로 다가올 것이다. 이 글에서 다룬 예시와 최근 발전은 그러한 논의가 연관된 풍부한 수학적 이론에 바탕을 둘 것이라는 희망을 주며, 수학적 이론은 성공적으로 모든 것을 '가능한 한 간단하면서도 지나치게 단순하지는 않도록' 만들 것이다.

더 읽을거리

Chiang, M., S. H. Low, A. R. Calderbank, and J. C. Doyle. 2007. Layering as optimization decomposition: a mathematical theory of network architectures. *Proceedings of the IEEE* 95(1):255-312.

Clark, D. D. 1988. The design philosophy of the DARPA Internet protocols. *Computer Communication Reviews* 18(4):106-14.

Doyle, J. C., and M. Csete. 2011. Architecture, constraints, and behavior. *Proceedings of the National Academy of Sciences of the USA* 108:15624-30.

Leland, W. E., M. S. Taqqu, W. Willinger, and D. V. Wilson. 1993. On the self-similar nature of ethernet traffic. *Computer Communication Review* 23(4):183-93.

Willinger, W., D. Alderson, and J. C. Doyle. 2009. Mathematics and the Internet: a source of enormous confusion and great potential. *Notices of the American Mathematical Society* 56(5):586-99.

VII.24 텍스트 마이닝

다이언 마틴, 마이클 베리
Dian I. Martin and Michael W. Berry

1 서론

텍스트 마이닝(text mining)은 자연 언어 텍스트 데이터를 자동적으로 분석하여 그 데이터에 포함된 의미 요소들을 도출하고 관심 있는 정보를 찾는 것이다. 자동화는 연관된 텍스트의 양 때문에 반드시 필요하다. 더욱더 복잡한 문제는 텍스트 모음이 대개 구조적이지 않거나 아주 최소한으로 구조화되어 있다는 것이다. 텍스트 마이닝 활동은 특정 정보와 관련 있는 데이터 모음을 탐색하고, 모음 내 요소를 분류하여 유용한 특징을 도출하며, 모음의 내용을 분석하여 하나의 전체로서 정보를 전반적으로 이해하는 것을 포함한다. 데이터를 사용자가 이해할 수 있고 의미 있는 단위로 분할하는 것은 하나의 도전이다.

텍스트 마이닝을 위한 일부 방법이 언어학적 성질과 문법을 활용하고자 하지만, 텍스트 마이닝에서 활용되는 대부분의 방법은 수학에 기반을 둔다. 이런 방법들로는 통계 및 확률적 방식, 단순한 벡터 공간 모형, 잠재 의미 색인(latent semantic indexing), 음 아닌 행렬 분해가 있다.

2 텍스트의 통계 및 확률적 검토

텍스트 모음을 검토하기 위한 통계적 방법은 1950년대부터 사용되었다. 그런 방법은 특정 단어나 표현에 중요성을 할당하기 위해 용어 빈도와 용어 사용의 확률을 살핀다. 이 방법은 사전, 문법, 정지 목록(stop list), 또는 다른 언어-특수적 정보를 통해 추가적으로 보완될 수 있다. 예를 들어, **정지 목록**은 중요하지 않거나 원하지 않는 단어들의 모임으로서 문서 분석 중에 버려지고 어떠한 문서에서도 관계항으로 사용되지 않는다. 이 분석의 최종 결과는 모음 내 특정 용어, 문장, 문단의 중요도 값을 만드는 것이다. 이런 방식은 언어 사용의 변화에 민감하고 폭넓게 분리된 정보들의 모음과 다른 언어로 확장되기 힘들다. 하지만 이들 방법은 오늘날 여전히 검색엔진 최적화와 태그 클라우드(tag cloud) 생성 영역에서 사용되고 있다.

3 벡터공간 모형

벡터공간 모형(vector space model, VSM)은 이질적 텍스트와 다양한 어휘를 가진 거대한 정보 데이터베이스로부터 검색된 텍스트를 다루기 위해 개발되었다. VSM에 내재한 형식적인 수학 모형은 용어와 문서를 거대한 희소행렬(sparse matrix)로 나타냄으로써 각 용어와 문서에 유일한 벡터를 정의한다. 열은 문서 벡터로 간주되고 행은 용어 벡터로 간주된다. 이 행렬에는 각 문서 속 각 용어의 빈도가 덧붙여진다. 문서 내에서와 전체 문서 모음 전반에서 용어의 중요성을 증가시키거나 감소시키기 위해 각 원소에 가중치가 적용될 수도 있다. 그런 다음 벡터 공간의 맥락 속에서 유사성 혹은 거리 측정이 계산될 수 있다. 그러한 두 개의 측도 코사인과 유클리드 거리(Euclidean distance)는 공간 속 모든 두 벡터 사이에서 쉽게 계산될 수 있으며 자주 사용된다.

전통적인 VSM을 사용하는 첫 번째 시스템은 1960년대에 코넬 대학교의 제라르 솔튼(Gérard Salton)이 개발한 텍스트의 역학적 분석 및 검색을 위한 시스템(system for the mechanical analysis and retrieval of text, SMART)이었다. SMART에 의해 사용된 VSM의 주목할 만한 특징 중 하나는 문서의 의미가 그 구성요소로부터 도출될 수 있다는 가정이다. VSM은 어휘적 맞춤과 문서들 사이에서 용어의 동시 발생을 활용하는 데 유용하다. VSM 내에서 질의문 벡터를 구성함으로써 주어진 문서, 다른 말로 질의문(query)과 유사한 요소와 관련 있는 VSM을 모음 바깥에서 찾을 수 있다. 용어 곱하기 문서 행렬의 성질이 주어졌을 때, 질의문 벡터는 행렬에서 문서가 구성되는 것과 동일한 방식으로 형성된다. 즉, 질의문으로부터 오는 용어들에 대응하는 열에서 빈도수에 가중치를 주고, 유사성 측도를 바탕으로 질의문 벡터와 관련 있는 문서들을 찾는 것이다. 이제 질의문과 문서 사이의 유사성은 개념 혹은 유사한 의미적 내용에 바탕을 둔다. 방금 설명한 것처럼 먼저 용어 곱하기 문서 행렬을 만든 뒤 질의문과 문서 사이의 유사성을 계산하는, 문서 모음에 대한 VSM의 수학적 기초를 활용하는 것은 효율적으로 거대한 양의 정보 사이를 검색할 때 유익하다.

4 잠재 의미 색인

VSM의 용어 곱하기 문서 행렬을 확장한 **잠재 의미 색인**(latent semantic indexing, LSI)은 문서 모음의 내용을 수직인 축들의 집합 위로 동시에 보내고, 그렇게 보내진 벡터를 모음 내에서의 특잇값(singular value)을 기준으로 크기를 조정한 뒤, 문서 모음의 **잠재적** 구조를 얻기 위해서 표현의 차원성을 축소하는 행렬 분해를 사용한다. 용어와 문서는 벡터공간 모형과 마찬가지로 거대한 단일 행렬로 정리되며, 특정 용어를 가중하는 효과를 가져오기 위해 대각행 크기 조정을 사용한다. 크기 조정 전에 각 행렬 원소는 단순히 문서 내에서 0이 아닌 용어의 빈도이다. 그런 다음 이 행렬은 **특잇값분해**[II.32](SVD)를 사용해 처리된다.

SVD는 모음의 용어와 문서에 대응하는 벡터들을 포함하는, 정보 모음의 조밀한 다중차원 초공간 표현(LSI 공간)을 생성한다. 이 **의미공간**(semantic space) 내에서 어떤 용어의 의미는 그것이 등장하는 문서들의 의미에 주는 평균적인 영향을 나타낸다. 비슷하게, 문서의 의미는 그것이 포함하는 모든 용어의 효과를 더한 것을 나타낸다. 벡터공간에서 용어들과 문서들의 위치는 그들 사이의 의미적 관계를 나타낸다. LSI 공간에서 서로 가까이 나타나는 용어들은 그들이 동일한 문서에서 나타나든 아니든 비슷한 의미를 갖는다고 간주된다. 마찬가지로 LSI 공간에서 근접한 문서들은 그들이 포함한 특정 용어와 상관 없이 비슷한 것으로 식별된다.

4.1 차원성

SVD는 차원의 수를 정함으로써 벡터공간 속 용어와 문서의 표현을 조정할 수 있게끔 해 준다. 다시 말해, 취하는 특잇값의 개수를 정하는 것이다(나머지는 버려지는데, 즉 그 값을 0으로 놓는다). 이는 어떤 단어나 문서가 묘사되는 매개변수의 개수를 조절한다. 차원의 수는 보통 용어나 문서의 수 어느 것보다도 훨씬 작지만, 여전히 거대한 것으로 간주된다(대개 200-500개). 이런 차원성의 축소는 문서 모음에 내재한 의미 구조를 충분히 포착하기 위한 핵심이다. 이는 단어 사용의 변화와 연관된 잡음을 줄여 주고 용어 간 사소한 차이의 무시를 야기한다.

최적의 차원성을 선택하는 것은 LSI의 성능에 중요한 요소이다. 거대한 문서 모음에 대한 개념적인 공간을 정의하려면 기저의 독립적인 몇 개 개념보다 많은 것이 필요하다. 적은 차원 수를 사용하면 용어들과 문서들 사이를 충분히 분별할 수 없기 때문에 바람직하지 않은 반면, 완전한 차원성은 용어들과 문서들을 의미적으로 적게 나누어 사실상 모든 용어와 문서를 유일한 의미를 가진 것으로 다룬다.

그림 1은 용어 벡터와 문서 벡터 모두로 이루어진 LSI 공간의 간단한 3차원 표현을 그림으로 나타낸다. 이 묘사는 오직 3개의 차원을 사용하는 극단적으로 단순화된 표현이다. 실전에서 LSI 초공간은 대개 300에서 500개 이상의 차원을 가질 것이다.

이런 과정이 완료되면 정보 요소들은 그들 사이의 잠재 의미 관계에 따라 서로 군집된 채 남겨진다. 이 군집화(clustering)의 결과로서, 비슷한 의미를 가진 용어들은 이 공간에서 서로 가까이 모이고 비슷하지 않은 용어들은 서로 떨어지게 된다. 많은 점에서 이는 개인이 일생 동안 축적한 정보를 인간의 뇌가 정리하는 방식과 유사하다.

4.2 벡터공간 모형과 잠재 의미 색인 간 차이

전통적인 VSM에서는 용어가 차원이나 벡터공간의 축을 형성하고, 문서는 용어공간에서 벡터로 표현되는 반면, LSI에서 축이나 차원은 SVD로부터

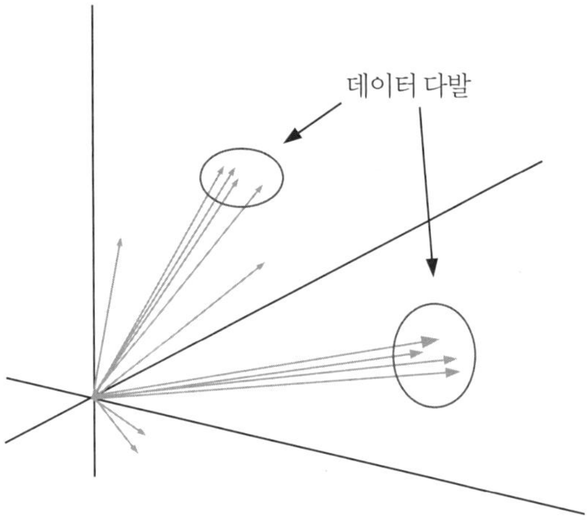

그림 1 LSI 공간의 3차원 표현.

유도된다는 점이 전통적인 VSM과 LSI가 사용하는 축소 차원 VSM의 차이점이다. 이에 따라, 전통적인 VSM에서 벡터공간의 축들은 용어들이기 때문에 그들은 서로 직교하고, 이는 사용자의 질의문 속 용어를 포함하지 않는 문서가 그 질의문과 유사성 0을 가지도록 한다. 그 결과 용어는 그것만의 유일하고 독립적인 의미를 가진다. LSI에서는 SVD로부터 도출된 차원들이 직교하지만, 용어는(문서도 역시) 축소 차원 공간 속 벡터이므로 축이 아니다. 용어는 더는 그것만의 유일한 의미를 가지지 않고 독립적이지도 않다. 용어는 의미공간에서의 대응으로부터 그 의미를 갖는다.

4.3 응용

LSI는 자동적이고 효율적인 방식으로 모음에서 정보를 검색, 비교, 평가, 이해하는 데 사용될 수 있다. 사실, LSI는 본질적으로 인간의 방식대로 정보를 다루는 수많은 인지적 작업을 위한 계산 모형을 제공한다. LSI의 효율성과 능력은 SVD에서 필요한 부

분의 수학적 계산에 기반을 둔다. 즉, 축소된 차원의 부분적인 SVD를 말하는 것이다. 용어가 행에 있고 문서가 열에 있는 거대한 용어 곱하기 문서 행렬 A가 주어졌을 때, SVD 계산은 행렬 $B=A^{T}A$의 k번째로 큰 고윳값과 고유벡터를 찾는 문제가 된다.

B의 고유벡터와 고윳값을 찾으면 문서 벡터와 특잇값(B에 대한 고윳값의 음 아닌 제곱근)을 알 수 있다. 따라서 SVD 계산은 거대하고 희소한 대칭 고유 문제를 푸는 것에 기초한다. 이 응용을 위한 SVD를 계산하는 데 사용되는 가장 효과적인 방식은 란초스 알고리즘(Lanczos algorithm)에 바탕을 둔다. 행렬에서 그저 몇 개의 가장 크거나 작은 고윳값을 원할 때, 반복법인 란초스 알고리즘이 거대하고 희소한 대칭 고유 문제를 정확하고 효율적으로 푼다는 것이 증명되었다. 용어 곱하기 문서 행렬에 대한 축소 차원에서의 벡터공간 계산은 자명하지 않지만, LSI의 진보된 구현은 거대한 크기의 문제를 다루도록 확장될 수 있음이 확인됐다.

5 음 아닌 행렬 분해

LSI는 어떠한 문서들이 연결되어 있는지 식별하는 데 상당히 견고할 수 있다. 그것은 의미의 인지적 표현과 유사한 대응을 형성하며, 직교하는 축들의 집합을 만들긴 하지만, 직관적으로 검토할 수 있도록 편리하게 표기된 특징들의 집합을 만들지는 않는다. 음 아닌 행렬 분해(nonnegative matrix factorization, NMF)는 손쉽게 해석할 수 있는 분해를 만드는 또 다른 방식이다. 이(Lee)와 승(Seung)(1999)이 텍스트 검색의 맥락에서 NMF를 도입했다. 그들은 NMF의

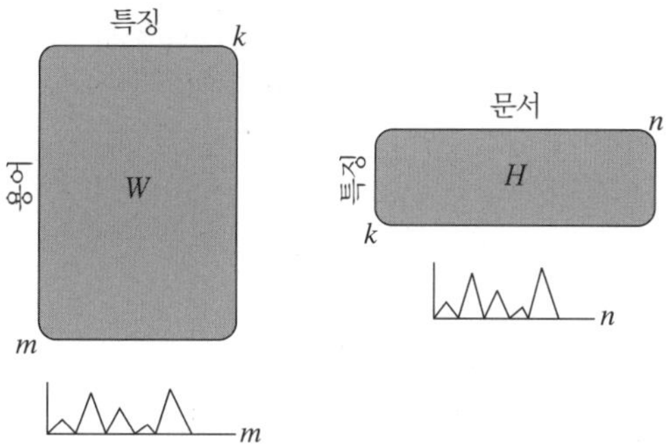

그림 2 NMF에서 음 아닌 특징행렬과 계수행렬. 개별적인 특징(가중) 벡터에서 정점에 해당하거나 거대한 성분은 지배적인 용어(문서)이다. 각 행렬 인자(W와 H) 아래 하위 그래프는 각 행의 음 아닌 성분들의 값을 반영한다.

응용을 텍스트 마이닝과 영상 분석 모두에서 보여주었다. 우리의 상황에서 NMF는 기존 용어 곱하기 문서 행렬의 음 아닌 성질을 분해하고 보존하며, 그 결과 나오는 음 아닌 행렬 인자들은 주어진 문서 말뭉치 사이에서 공통적인 단어 사용 패턴을 나타내는, 텍스트의 해석 가능한 특징을 만든다.

5.1 제약하 최적화

원래의(그리고 어쩌면 용어에 가중치가 주어진) 용어 곱하기 문서 행렬 A를 근사하기 위해, NMF는 $A \approx WH$이도록 2개의 계수(rank)가 축소된 음 아닌 행렬 인자 W와 H를 유도한다. 희소행렬 W는 보통 **특징행렬**(feature matrix)로 불리며 중요하게 가중된 용어의 사용 패턴을 나타내는 특징(열)벡터를 포함하고, 반면 H는 **계수행렬**(coefficient matrix)로 불리는데, 그 이유는 그것의 열이 각 문서가 각 특징을 어느 정도로 어떻게 생성하는지 묘사하기 때문이다(그림 2를 보라).

일반적으로 NMF 문제는 다음과 같이 서술될 수 있다. 주어진 음 아닌 실숫값 $m \times n$ 행렬 A와

$0 \le k \le \min(m, n)$인 정수 k에 대해, **프로베니우스 노름**[I.2 §20]으로 표현되는 비용함수

$$f(W, H) = \|A - WH\|_F^2$$

을 최소화하는 2개의 음 아닌 행렬 $W(m \times k)$와 $H(k \times n)$을 찾아라.

5.2 수렴성 문제

$f(W, H)$가 W와 H 모두에 대해 볼록이 아니라는 사실로 인해 국소적 최솟값들이 존재하므로, $f(W, H)$를 최소화하기는 쉽지 않다. 바탕을 두는 반복 과정 때문에 NMF 기반 방법들은 반드시 하나의 유일한 해로 수렴할 필요가 없고, 따라서 그에 따른 행렬 인자들(W, H)은 초기 조건에 의존한다. 유일하지 않은 해 문제를 처리하는 한 가지 접근방식은 초기 W와 H 인자에 대한 무작위적 선택을 피하는 것이다. 흔한 방식 하나는 원래 용어 곱하기 문서 행렬에 대한 절단된 SVD 인자의 양인 성분들을 사용한다. 그러므로 위에서 설명된 LSI 인자들을 고정된 시작점(초기 W와 H)을 가진 반복 NMF 과정을 시작하는 데 사용할 수 있고, 이는 반복된 분해에 대해 동일한 최솟값(최종 W와 H)으로 수렴할 것이다. NMF 해가 여러 개 존재한다고 해서 해들 중 하나가 반드시 잘못된 것일 필요는 없다. 하지만 해석 가능한 특징에 대해 일관된 순서를 갖는 것은 지식-발견 응용에서 분명한 장점이 된다.

6 자동화와 확장성

위에서 논의된 모든 방법은 수학적 분해를 지렛대 삼아 구조가 명시적이지 않은 자연 언어 텍스트의 의미를 분석한다. 이들 방법은 거대한 양의 정보를 다룰 수 있는 자동화된 방식으로 텍스트를 처리하는 수단을 제공한다. 분석해야 할 텍스트의 양이 꾸준히 확장되는 와중에, LSI나 NMF 같은 기법들은 확장 가능하면서도 견고한 문서 군집화 및 분류를 위해 사용될 수 있다.

더 읽을거리

Berry, M. W., and M. Browne. 2005. *Understanding Search Engines: Mathematical Modeling and Text Retrieval*, 2nd edn. PA : SIAM.

Berry, M. W., M. Browne, A. Langville, V. P. Pauca, and R. Plemmons. 2006. Algorithms and applications for approximate nonnegative matrix factorization. *Computational Statistics & Data Analysis* 52 : 155-73.

Berry, M. W., and D. Martin. 2005. Principal component analysis for information retrieval. In *Handbook of Parallel Computing and Statistics*, edited by E. J. Kontoghiorghes. Boca Raton, FL : Chapman & Hall/CRC.

Lee, D., and H. Seung. 1999. Learning the parts of objects by non-negative matrix factorization. *Nature* 401 : 788-91.

Martin, D., and M. W. Berry. 2007. Mathematical foundations behind latent semantic analysis. In *Handbook of Latent Semantic Analysis*, edited by T. Landauer et al. Hillsdale, NJ : Lawrence Erlbaum.

VII.25 투표 체계

도널드 사리 Donald G. Saari

1 역설적인 결과

집계 투표에 필요한 것은 덧셈뿐이므로, 나는 '수학적 투표 이론'은 모순적인 어법이라는 잘못된 믿음을 갖고 있었다. 이 생각을 탐구하기 위해, 19명의 투표자가 앤(A), 밥(B), 코니(C) 중 동아리 회장을 뽑는 단순한 상황을 고려하자. 평판(profile, 즉 얼마나 많은 투표자가 각 순위를 선호하는지에 대한 목록)은 표 1과 같다고 가정하자.

앤이 이긴다는 것을 증명하기 위해서는 세기만 하면 된다. 최다 득표(한 명에게 투표할 경우) 결과는 집계 8:7:4로 $A>B>C$이다. 숫자는 또한 '두 명에게 투표할 경우' 승자가 … 코니임을 드러낸다. 코니는 최다 득표 패자이기 때문에 이 결과는 놀랍다. 이 투표 규칙은 '승자'를 바꾸었을 뿐 아니라, 선거 순위 $C>B>A$(집계 14:13:11로)도 최다 득표 순위와 정반대이다. 혼란을 가중시키자면, 보다 계산법(Borda count) 승자는(투표의 첫째, 둘째, 셋째 순서의 투표자에게 차례로 2, 1, 0점을 할당하여 확정되는) 밥이다. 따라서 앤은 첫 번째 규칙에서, 밥은 두 번째 규칙, 코니는 세 번째 규칙에서 승리한다. 다수표 쌍 비교는 이를 명확하게 만들 수도 있는데, 그 이유는 밥은 앤을 이기고(11:8) 앤은 코니를 이기므로(11:8) 결과는 $B>A>C$가 아닐까 예상할 수 있기 때문이다. 하지만 그렇지 않은데, 코니는 밥을 이기기 때문에(10:9) 순환을 만들고, 따라서 이 규칙의 결과는 어떠한 후보자도 선호되지 않는다는 것을 알려 준다.

표 1 동아리 회장 투표 평판.

수	순위	수	순위
2	$A>B>C$	4	$C>B>A$
6	$A>C>B$	4	$B>C>A$
0	$C>A>B$	3	$B>A>C$

이 예시는 어떤 문제점을 드러낸다. 선거 결과는 투표자들의 의도보다는 투표 방식의 선택을 더 정확하게 반영할지 모른다. 수학의 핵심적인 역할은 이런 일이 왜 일어나며 결과가 투표자들의 관점을 더 정확하게 반영하도록 하는 규칙을 식별하는 것이다. 더 일반적으로 '투표'는 통계학이나 사회과학의 중심을 차지하는 접근방식과 같은 일반적인 집적 방식(aggregation method)의 원형이 되므로, 투표 규칙에서 나타나는 종류의 문제들을 통해 다른 분야에서 나타날 수 있는 어려움을 식별할 수 있다.

이러한 문제점을 공략하기 위해서는 수학적 구조를 반드시 찾아야 한다. 그러기 위해, 그림 1(a)에서와 같이 각 후보자를 정삼각형의 각 꼭짓점에 할당하자. 이 삼각형의 점에 할당된 순위는 각 꼭짓점과 얼마나 가까운지로 결정된다. 예를 들어, 수직이등분선 위의 점들은 무차별, 혹은 A-B 무승부를 나타내며, $A\sim B$로 표기한다. 수직이등분선들은 그림 1(a)를 6개의 영역으로 나누며, 각각은 특정 순위를 가진 모든 점을 나타내는 작은 삼각형이다. 예컨대 영역 1의 점들은 A에 가장 가깝고 다음으로 B에 가장 가까우므로 그들은 $A>B>C$ 순위를 갖는다. 영역 6은 $B>C>A$ 순위를 나타낸다.

이 모양을 활용하기 위해 도입부 예시의 평판 값을 관련된 영역에 놓자. 이는 그림 1(b)로 나타난다. 가령 2명의 투표자가 영역 1의 순위를 가지기 때문에 이 삼각형에 '2'를 놓는다. 3명의 투표자가 영역 6의 순위를 가지기 때문에 그 삼각형에 '3'을 놓는다. 이 모양으로부터 얻는 이점은 집계 과정을 단순화하는 방식으로 값들을 분리한다는 것이다. 예를 들어 $\{A, B\}$ 투표에서는, A를 B보다 선호하는 모든 투표자가 그림 1(b)의 수직선 왼쪽 음영 영역에 존재한다. 따라서 이 다수표 집계를 계산하기 위해서는 그저 이 직선의 한 쪽에 있는 수들을 더하면 된다. 같은 방식으로 그림 1(b)의 각 수직이등분선에 행한 집계를 각 변에 나열했다.

최다 득표 집계도 마찬가지로 간단하다. 한 꼭짓점을 공유하는 영역들은 동일한 최고 순위 후보자를 나타내므로(가령 그림 1(c)에서 음영 영역들 모두 A를 최고 순위 후보자로 갖는다), 이들 값을 더하자. 이 합은 s값(이는 뒤에서 설명한다)을 s = 0으로 선택했을 때, 각 꼭짓점에 나열된 값을 정의한다. 즉, $A > B > C$ 집계는 8:7:4이다.

'위치상 규칙'은 특정 가중치 (w_1, w_2, w_3), $w_j \geq w_{j+1}$을 사용하며, 여기서 $w_3 = 0$이고 $w_1 > 0$이다. 투표를 집계하기 위해서 j번째 위치한 후보자에게 w_j 점을 할당하자. 그러면 최다 득표 투표는 (1, 0, 0)이고 두 명 투표 규칙은 (1, 1, 0)이며 보다 계산법은 (2, 1, 0)에 해당한다. 과정을 단순화하기 위해 이 값들을 w_1로 정규화하면 $\mathbf{w}_s = (1, s, 0)$을 얻는데, 이때 $s = w_2/w_1$는 '두 번째' 값이다. 예를 들어, 정규화된 보다 계산법은 $\mathbf{w}_{1/2} = (1, \frac{1}{2}, 0)$이다.

이 정규화를 통해, 후보자의 $\mathbf{w}_s$ 집계는 '최다 득표 집계 더하기 $\{s$ 곱하기 두 번째 투표$\}$'가 된다. 예컨대 A는 그림 1(c)의 화살표가 있는 두 영역에서 2순위이므로, $\mathbf{w}_s$ 집계는 $8+3s$이다. B와 C 집계도 유사하게 계산되어 꼭짓점에 나열되었다. 설명하자면 도입 문단에서의 '두 명에게 투표' $C > B > A$ 집계 14:13:11은 $s = 1$을 사용함으로써 복원된다. 정규화된 보다 $(s = \frac{1}{2})$ $B > A > C$ 집계는 $10:9\frac{1}{2}:9$이고, 따라서 표준적인 (2, 1, 0) 보다 집계는 그것을 두 배로 만든 20:19:18이다.

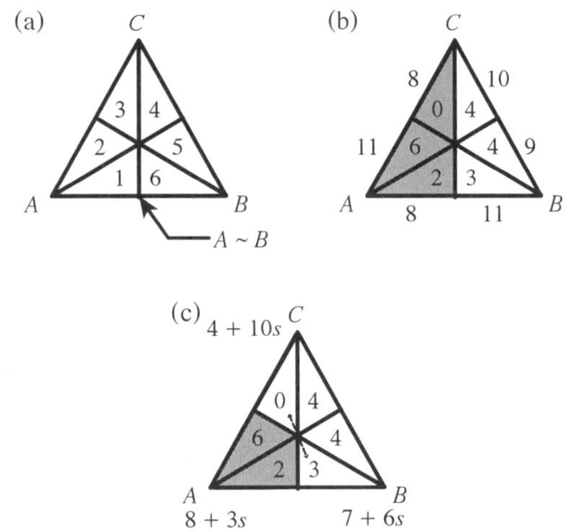

그림 1 평판의 표현과 집계 투표. (a)순위 영역, (b)쌍별 비교, (c)위치상 결과.

이 집계 방식은 단순한 대수로 물음들을 답할 수 있게 해 준다. 예를 들어 $A \sim B$ 무승부를 만들게 하는 $\mathbf{w}_s$ 규칙을 찾기 위해서, 방정식 $8+3s = 7+6s$는 $s = \frac{1}{3}$임을 증명하고 이는 (3, 1, 0) 규칙과 동치이다. 비슷한 대수적 계산은 그림 1(b)의 평판이 7개의 서로 다른 위치상 결과를 가진다는 것을 증명하며, 그중 4개는 엄격한 순위, 즉 어떠한 무승부도 없는 순위이다.

이제 일반적으로 고차원 단체(simplex)의 기하학적 구조를 사용하면, n명의 후보자에 대해 k가 $1 \leq k \leq (n-1)[(n-1)!]$을 만족하는 정수이기만 하면 정확히 k개의 서로 다른 엄격한 선거 순위를 가질 수 있는 평판이 존재한다는 것을 알 수 있다. 예를 들어, $n = 10$명의 후보자에 대해 3,265,920개의 서로 다른 위치상 선거 순위를 가지도록 어떤 평판을 만들 수 있다. 그저 서로 다른 위치상 투표 규칙을 사용하면, 이 순위 중에서 각 후보자가 차례로 첫 번째, 두 번째, 세 번째, …, 그리고 마지막이 되도록 할 수 있다.

응용수학에서 보통 그렇듯, 결과는 자주 실험을 통해 발견된다. 따라서 독자 여러분께 위 방법을 사용하여 다음 4개의 문제를 풀어 볼 것을 권한다. (후에 주어질) 답들은 투표 규칙에 대한 수학적 구조의 동기가 된다.

(i) 모든 투표자가 그림 1(c)의 A를 최다 득표 승자로 원하지는 않는다. '전략적으로' 투표하여 개인적으로 선호하는 결과가 나오도록 할 수 있는 모든 투표자를 식별하라.

(ii) $A > B > C$ 최다 득표 결과와 10:9:8 집계를 가지면서 쌍별 비교 (다수) 결과가 $A > B$, $B > C$, $C > A$ 순환을 이루는 평판을 만들어라.

(iii) 위와 동일한 최다 득표 집계를 가지지만 이제 B가 A와 C 모두를 다수표 투표에서 이기는 다른 평판을 만들어라. 이로써 밥은 **콩도르세 승자**(Condorcet winner)가 된다.

(iv) 이들 최다 득표 집계를 가지면서 두 명에게 투표한 결과가 당신이 원하는 무엇이든, 가령 $B > C > A$가 되도록 하는 세 번째 평판을 만들어라.

2 두 가지 핵심 결과

물음을 해결하면 쌍별 비교에서 사용되는 정보와 최다 득표나 아무런 $\boldsymbol{w}_s$ 방법에서 사용되는 정보 사이에는 차이가 있다는 점이 명확해질 것이다. 이 주장은 그림 1의 (b)와 (c) 부분의 음영 영역으로부터 뒷받침된다. A의 최다 득표 집계는 2개 영역의 정보를 사용하는 반면, A의 다수표는 3개를 사용한다. A의 결과와 4개 영역의 정보와 연관된 $\boldsymbol{w}_s$ 방법과의 차이점은 더 두드러진다. 하지만 규칙이 서로 다른 정보를 사용한다면, 반드시 서로 다른 결과를 가지리라 예상할 수 있다. 이는 흥미로운 수학적 물음을 제기한다. 그 물음은 역설적인 행동으로부터 자유로운 투표 규칙을 만들 수 있는지이다.

이 문제점을 조사하며, 케네스 애로우(Kenneth Arrow)는 다음 바탕 규칙을 제시했다.

(i) 투표자들은 완전한(complete) 추이적(transitive) 선호를 갖는다. 즉, 그들이 후보자 쌍 모두에 순위를 매기며, 만약 어떤 투표자가 $X > Y$와 $Y > Z$를 선호한다면 $X > Z$를 선호한다.

(ii) 합리적인 결과를 보장하기 위해, 사회적 순위 또한 완전하며 추이적일 필요가 있다. ('사회적 순위'란 집단적 의사결정 규칙의 결과이다. 규칙이 선거라면 이는 '선거 순위'가 된다.)

(iii) 규칙은 모든 쌍 $\{X, Y\}$에 대해 만약 **모두**가 $X > Y$를 선호한다면 사회적 결과도 $X > Y$인 만장일치 조건(파레토 조건(Pareto condition)이라 불리는)을 만족한다.

(iv) 왜 그저 만장일치여야 하는가? {앤, 밥}의

> 사회적 순위를 결정할 때, 투표자들이 코니에 대해 생각하는 것은 전혀 문제되지 않는다. 애로우의 **무관한 선택대상으로부터의 독립**(independence of irrelevant alternatives, IIA) 조건은 각 쌍의 사회적 순위가 오직 각 투표자가 그 특정한 쌍을 어떻게 순위 매기느냐에만 의존할 것을 요구한다. 따라서 다른 정보는 무관하다.

이들 조건은 당연한 것처럼 보이지만, 놀라운 사실은 오직 하나의 규칙만이 이들을 만족한다는 것이다. 그것은 바로 독재자 규칙이다(즉, 규칙은 하나의 변수에 대한 함수이다). 다시 말해 이 규칙은 특정 투표자, 가령 미코를 선택하는 것으로 간주될 수 있다. 그러면 모든 선거에 대해 규칙의 결과는 단지 미코의 선호를 사회적 규칙으로서 선언한다. 수학적 관점에서 애로우의 정리는 쌍별 비교에 사용되는 정보(그림 1(b))가 셋이나 더 많은 후보자의 추이적 순위를 결정하는 데 쓸모가 없다는 것을 증명한다. 어떤 종류의 정보가 적절한가?(애로우의 결과에 대한 또 다른 해석을 위해서는 아래 더 읽을거리 절에 마지막으로 나열된 참고 문헌을 보라.)

또 다른 핵심적인 결과는 전략적 투표를 피할 수 있는지 여부를 다룬다. '전략적 투표'란 투표자가 교활한 방식으로 투표하여 개인적으로 선호하는 결과를 얻을 수 있는 투표이다. 이 상황은 두 명의 후보자, 가령 앤과 밥이 있어 앤이 다수표로 이기는 경우에는 가능하지 않다. 밥을 지지하는 누군가는 정확히 두 개의 선택을 가지지만, 그중 어느 것도 전략적이지 않다. 이는 밥에 대한 투표는 진심이며 앤에 대

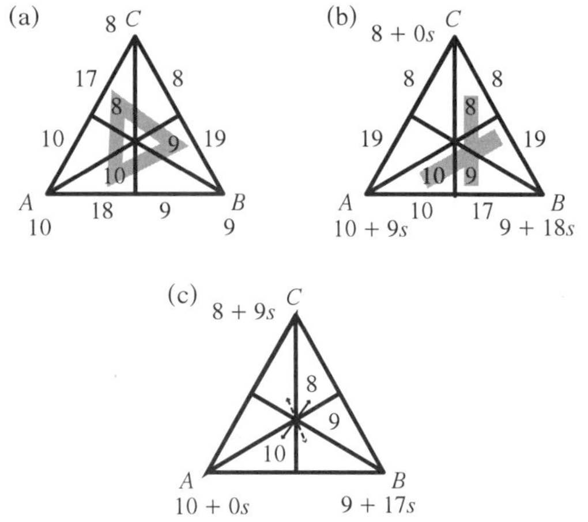

그림 2 '역설' 만들기. (a)순환, (b)콩도르세 B, (c)두 명에게 투표했을 때 $B > C > A$.

한 투표는 역효과를 일으키기 때문인데, 즉 '두 후보자' 상황은 전략적이기 위해 도망칠 수 있는 충분한 여지를 남기지 않는다.

3명의 후보자는 더 많은 가능성을 허용한다. 그림 1(c)에서 진심이 아닌 투표는 A나 B의 지지자에게는 역효과를 일으킨다. 남은 것은 B보다 A를 선호하는 C 투표자이다. C보다는 전략적으로 B에 투표함으로써, 그들은 개인적으로 선호하는 결과(A보다는 B)를 달성할 수 있다. 예를 들어, 전략적 투표는 4개의 투표를 C 꼭짓점에서 B로 옮긴다. 비슷한 분석은 어떠한 위치상 규칙에 대해서도 성립한다. 예컨대 그림 1(c)에서 두 명에게 투표했을 때의 승자는 C인 반면 B는 보다 계산법의 승자이다. 따라서 각각의 경우에 대해, 특정 투표자들이 전략적일 수 있는 방법들이 있다.

본질적으로 이런 기하학적 원인으로 인해, **기바드-새터스웨이트 정리**(Gibbard-Satterthwaite theorem)는 셋 이상의 후보자가 연관된 어떠한 집단

선택이나 선거 규칙에 대해서도 일부 투표자가 전략적일 수 있는 상황이 존재한다는 것을 주장한다. 여기에 예컨대 각 투표자가 어떤 평판에서 승리하는 것이 가능한지 보장하기 위해(가령 규칙이 사실상 한 쌍을 비교하는 것이 아닌지) 기술적인 조건들이 추가된다. 증명은 조합론적이지만, 수학적 이유는 본질적으로 위와 같다. 이 정리는 셋 이상의 대안이 충분한 '방향'을 제공해야 하는, 방향적으로 파생된 결과이다.

3 위치상 규칙의 수학적 구조

질문 (ii)~(iv)에 대한 답(그림 2)은 투표 규칙의 기본적인 수학적 구조를 드러낸다. 최다 득표 집계 제약 조건은 각 꼭짓점이 지정된 합을 가지도록 삼각형에 수를 놓을 것을 요구하는데, 가령 A 꼭짓점의 두 수의 합은 반드시 10이어야 한다. 조합론은 그렇게 하는 $11 \times 10 \times 9 = 990$가지 방법이 있음을 증명한다. 다수표에서 B보다 A를 선호하는 선택을 찾기 위해서는, 수직선의 왼쪽 $A > B$ 영역에 음영 막대를 삽입한다(그림 2(a)). 비슷하게 C보다 B를 강조하기 위해 수직이등분선에서 B의 측면에 음영 막대를 놓고, A보다 C를 선호하는 유사한 막대를 놓는다. 그런 다음, 음영 삼각형을 강조하는 값들을 선택한다. 즉, 그것의 꼭짓점을 강조하면 그림 2(a)의 평판을 만드는데, 이는 강한 순환적 투표를 가질 것이다. (iii)에 답하기 위해서는 B가 다른 두 후보자를 압도하는 영역을 식별하기 위해 음영 막대를 놓는다(그림 2(b)).

실제로 각 쌍의 어떠한 순위든지 선택하여, 최다 득표 집계와 쌍별 결과가 지정된 대로 만들어지는 평판을 생성하는 것이 가능하다. 규칙은 서로 다른 정보를 사용하므로, 수학은 이들 규칙에 대한 일관된 선거 결과를 예상할 수 없고 심지어 그럴 가능성이 거의 없음을 주장한다. 이 부정적인 결론은 어떠한 수의 후보자 그리고 대부분의 위치상 규칙에 대해 성립한다.

(iv)를 그림 1(c) $\boldsymbol{w}_s$ 집계 방법에 대해 풀기 위해서는 '2등 투표'를 강조한다. 최다 득표 승자 A가 거대한 표를 받도록 하면서도, 그림 2(c)에서 파선 양방향 화살표로 표시된 두 '2등' 영역에 수를 놓는 것을 피하자. B를 보조하기 위해 실선 양방향 화살표로 표시된 그의 2등 영역들에 값을 놓자. 이런 극단적인(그림 2(c)) 평판의 최다 득표 승자는 A지만 두 명 투표의 순위 $B > C > A$는 26:17:10으로 집계된다.

이들 도구와 함께 독자는 가능한 거의 모든 3-후보자 역설적 양상을 설명하는 예시들을 만들 수 있다. 이런 도구 사용의 더욱 큰 가치는 이 수천 년 묵은 수수께끼를 설명할 수학적 구조를 추출할 수 있다는 것이다. 그러기 위해, 쌍별 비교의 차이가(그림 2(b)) 음영 처리된 정삼각형의 꼭짓점들과 어떻게 연관되는지 주목하자. 그들은 120°씩 떨어진

$$A > B > C, \ B > C > A, \ C > A > B \quad (1)$$

형태의 평판 조합을 만들 수 있다. 위치상 차이는 영역들이 지름 방향으로 떨어진

$$A > B > C, \ C > B > A \quad (2)$$

표현으로 만들어진다.

특히 삼각형 접근법으로 드러나는 대칭 구조는

투표 복잡도의 근원을 식별한다. 이들 대칭성을 포착하기 위해 그들을 대칭군(symmetry group)의 궤도(orbit)로 표현하자. 가장 단순한 군은 항등사상 I와 $R^2 = R \circ R = I$인 뒤집기 R로 구성된 $Z_2 = \{I, R\}$이다. 이 군을 아무런 순위 $X > Y > Z$에 적용하면 (2)의 구조가 생성된다. 따라서 I는 순위를 유지하고 R는 그것을 뒤집는다.

쌍별 비교에서의 차이는 위치상 결과에서 차이를 야기하는 이런 Z_2 구조에 영향을 받지 않는다는 것을 쉽게 확인할 수 있는데, 곧 이 궤도는 쌍별 비교 집계들 사이의 차이의 핵(kernel)에 포함된다. 이는 위치상 방법의 결과가 쌍별 비교 순위로부터 원하는 만큼 급격하게 바뀌도록 해주는 수학적 성질이다. 특수한 예외는 이 Z_2 궤도 구조를 그 핵에 포함하고 있는 보다 계산법이다. 따라서 오직 보다 순위만이 쌍별 비교 순위와 연결되어야 한다. 더 엄밀하게는, 다른 모든 위치상 방법에 대해서는 어떤 평판이 존재하여 위치상 결과는 원하는 무엇이라도, 가령 $A > B > C$가 될 수 있지만 쌍별 비교는 $C > B > A$가 된다. 이런 종류의 양상은 보다 계산법에서는 절대 일어날 수 없다. 이 형태의 주장은 후보자 수가 임의적일 때로 확장된다.

다음으로 단순한 치환군(permutation group)은 $P = (1, 3, 2)$로 정의되며, 이에 의해 $X > Y > Z$의 1등 자리가 3등 자리로 이동하고, 3등 자리는 2등으로, 2등 자리는 1등 자리로 이동해 $Y > Z > X$가 된다. 이것의 궤도는 $\{I, P, P^2\}$ 군이며, 여기서 $P^3 = I$(치환 P가 순위에 세 번 적용된다)는 (1)에서의 양상을 만들며 이는 가능한 모든 쌍별 비교 차이를 야기한다. 이 Z_3 구조는 각 위치마다 각 후보자가 정확히 한 번 있으므로, Z_3 대칭성은 쌍별 비교에 영향을 주지만 다른 위치상 규칙의 집계 차이에는 절대 영향을 주지 않는다. 따라서 평판의 이 대칭 구조는 쌍별과 위치상 결과 사이의 차이를 만든다. 그러므로 보다 계산법은 이 효과에 영향을 받지 않는다.

놀랍게도 3명의 후보에 대해서는 이들 구조가 모든 역설적 결과를 완전하게 설명하며, 위치상과 쌍별 비교의 차이를 고려하는 모든 고전적인 질문에 답을 준다(자세한 내용은 더 읽을거리 절에서 나열된 가장 마지막 두 참고 문헌에서 찾을 수 있다). 실제로 도입부의 예시를 만들기 위해, 나는 한 투표자 선호 $B > C > A$에서 시작했고, 원하는 위치상 결과를 만드는 적절한 Z_2 뒤집기 구조(이는 보다 또는 쌍별 순위에 영향을 주지 않는다)를 더한 다음, 순환적 쌍별 비교 결과를 만드는 충분히 강한 Z_3 쌍별 비교 요소(이는 위치상 또는 보다 순위에 절대 영향을 주지 않는다)를 더했다.

오직 보다 계산법만이 역설적 결론을 야기하는 Z_2와 Z_3 대칭 구조에 영향을 받지 않는다는 점에 주목하자. 이는 왜 보다 계산법이 투표자 이익을 가장 정확하게 반영하는 유일한 규칙인지 보여 주는 논증을 쉽게 구성할 수 있게 해준다.

더 많은 후보자를 포함하는 선거는 한 종류의 부분집합에는 영향을 주면서 다른 것들에 영향을 주지 않는 적절한 대칭군 구조를 찾을 필요가 있다. 한 예로 클라인 4-군(Klein four-group, 정사각형의 대칭성을 포착하는)의 궤도들은 쌍별 비교에 대한 순위나 4-후보자 위치상 순위에 영향을 주지 않지만, 삼중쌍에 대한 위치상 순위는 변화시킨다. 다시, 선형 함수인 보다 계산법($n - j$점을 j번째 위치의 후보자에게 주는)만이 오직 이들 궤도 구조 모두를 핵 안에 포함한다. 곧바로 나오는 결과로서 어떠한 수의 후보자에 대해서도, 오직 보다만이 역설적 결과를 야기하는 대칭성들에 영향을 받지 않는다. 다시 말해, 보다 계산법은 역설적 결과의 종류와 가능성을 최소화하는 유일한 규칙이다.

또 다른 종류의 투표 이론은 평판을 바꿀 때 무엇이 일어날 수 있는지 탐구한다. 자명한 하나의 예는 위에서 언급한 기바드-새터스웨이트 전략적 투표 결과인데, 여기서는 진실된 평판이 전략적인 것으로 변형된다. 이 정리는 모든 규칙이 전략적 행동에 취약하다는 것을 증명하기 때문에, 다음으로 자연스러운 질문은 이런 행동에 가장 적게 영향을 받는 위치상 규칙, 즉 성공적인 전략적 행동을 가장 적게 허용하는 규칙을 찾는 것이다(그 답은 보다 계산법이다). 다른 사안들은 어떻게 유력한 후보자가 더 많은 지지를 받고도 선거에서 질 수 있는지, 또는 투표자가 투표를 하지 않음으로써 어떻게 개인적으로 선호하는 결과에 보상을 받을 수 있는지 이해하는 것을 포함한다.

이 결과들은 평판공간에서 평판들 집합의 기하학적 구조와 연관된다. 예를 들어 전략적 투표에 관한 보다 계산법의 결과는 순차적인 (2, 1, 0) 가중치 사이의 차이가 없어지는, 그것의 대칭 구조를 반영한다. 이 대칭성이 어떤 역할을 하는지 이해하려면 기하학적 대칭성이 어떻게 경계 크기를 줄여 주는지 상기하면 되는데, 가령 넓이 1을 갖는 모든 직사각형 중 가장 작은 경계(둘레)를 갖는 직사각형은 정사각형이다. 유사하게 주어진 선거 순위를 정의하는 모든 평판 중, 가장 작은 경계를 갖는 위치상 규칙은 보다 계산법이다. 여기서 경계는 무승부 투표로 이루어진다. 하지만 전략적 투표자가 성공적으로 선거 결과를 바꾸기 위해서는, 평판의 선거 결과가 반드시 거의 무승부에 가까워야 하며, 즉 평판은 반드시 경계 근처에 있어야 한다. 따라서 가장 작은 경계를 가짐으로써 보다 계산법은 가장 적은 전략적 기회를 허용한다. 이와는 대조적으로, 더 큰 경계를 갖는 최다 득표 투표는 더 많은 전략적 기회를 허용하며, 이는 모두가 예상할 수 있듯이 성공적인 전략적 행동에 고도로 취약하다는 것을 의미한다. 그럼 이제 곤혹스러운 결론에 주목하자. 집단 의사결정을 위해 가장 흔히 사용되는 투표 규칙, 즉 최다 득표 투표는 의심스러운 결과를 가질 가능성이 가장 크고, 전략적 행동에 가장 취약하다.

더 많은 지지를 받는 것이 후보자에게 해가 되는 상황이나 투표를 하지 않는 것이 투표자에게 도움이 되는 상황처럼 다른 결과들은 평판공간 속 영역의 기하학과 방향 미분 따위의 논증이 결합된 것과 관련된다. 위에서 묘사한 것처럼, 예컨대 '결선 투표'(첫 선거에서 위치상 규칙, 결선에서 다수표)는 다른 평판 구조와 관계된다. 이런 차이는 특정 후보자가 '승자'가 되도록 하는 모든 평판의 집합의 구조가 찌그러지도록 한다(볼록이 아니다). 볼록성의 부재는 유력한 후보자가 더 많은 표를 받음으로써 지게 되는 환경을 허용한다. 다시 말해, 지지하는 투표자들을 추가하여 만들어지는 직선은 새로운 평판을 '이기는 영역' 바깥으로 움직인다. (예를 들어, 이런 상황은 유력한 후보자에게 추가된 지지자가 결선 상대를 바꿈으로써 일어날 수 있다.)

더 읽을거리

Arrow, K. J. 1963. *Social Choice and Individual Values*. New York: John Wiley. (First edition: 1951.)

Arrow, K. J., A. Sen, and K. Suzumura. 2010. *Handbook of Social Choice and Welfare*, volume 2. San Diego, CA: Elsevier.

Nurmi, H. 2002. *Voting Procedures under Uncertainty*. New York: Springer.

Saari, D. G. 1999. Explaining all three-alternative voting outcomes. *Journal of Economic Theory* 87:313-55.

———. 2001. *Chaotic Elections! A Mathematician Looks at Voting*. Providence, RI: American Mathematical Society.

———. 2008. *Disposing Dictators, Demystifying Voting Paradoxes*. Cambridge: Cambridge University Press.

PART VIII 마지막 관점

Final Perspectives

옮긴이 _ 박민재

VIII.1 수학 글쓰기

티모시 가워스 *Timothy Gowers*

1 서론

이 글의 목적은 단지 수학 문서를 더 잘 작성할 수 있도록 조언하는 것이 아니다. 그러한 조언은 많은 곳에서 찾을 수 있다. 나는 보다 일반적인 세 가지 조언을 하려 한다. 첫째는 당신의 독자를 명확히 하라는 것이다. 예를 들어, 당신이 쓴 글을 학부생이 이해하도록 하고 싶다면 학부 수학 과목에서 표준적으로 가르치지 않는 어떠한 용어도 알지 못할 것이라 가정하라. 둘째는 독자층을 가능한 한 넓게 잡으라는 것이다. 만약 추가적인 설명을 조금 곁들여서 당신의 글을 다른 수학 분야의 전문가가 이해하게끔 할 수 있다면, 그렇게 하라. 당신이 전문가에게 어디까지 설명을 해야 할지 걱정할 필요는 없다. 전문가로서 이미 숙지하고 있는 내용이라면 (보통 그렇지 않지만) 그는 설명을 쉽게 건너뛸 수 있을 것이다. 셋째는 두 번째 조언과 연관되는 것인데, 우선 글의 앞부분에서 배경을 설명하라는 것이다. 당신의 글을 읽는 사람 가운데 일부는 스스로 배경을 찾아볼 것인데 왜냐하면 그들은 모든 기술적 세부사항을 이해하여 자신들의 연구에 써먹길 원하기 때문이다. 하지만 대다수는 그렇지 않다. 당신의 경력에 중대한 영향력을 행사할 수 있는, 바쁜 사람을 포함해, 대다수는 당신이 한 것이 무엇이며 그것이 얼마나 중요한지 평가하기 위해 도입부를 빠르게 읽길 원한다. 당신이 쓴 글을 모두가 아주 자세하게 읽어 주기를 원할지 모르겠지만, 당신은 현실적이어야 하며 그것을 대충 훑으려는 독자들을 고려해야 한다.

글의 나머지에서는 수학 문서를 작성할 때 결정할 다양한 선택들에 관해 논의할 것이다. 다른 것보다 어떤 방식을 선택하라고 조언하지는 않을 것인데, 당신의 선택은 무엇을 달성하고자 하느냐에 달려있기 때문이다. 마지막으로 전하고 싶은 일반적인 조언 하나는 당신이 그런 선택을 그저 우연히가 아니라 의도적으로 해야 한다는 것이다.

2 격식 대 비격식

수학 문서를 작성할 때는 (최소한) 두 가지 목표가 있을 것이다. 하나는 어떤 방식으로든지 해당 분야에 적절한 수학적 결과를 수립하는 것이다. 순수수학에서 통상적으로 요구되는 것은 모호하지 않은 엄밀한 정의이며, 반면 응용수학에서는 경험적 논증이나 실험적 근거 같은 다른 형태의 증거가 수용될 수도 있다. 다른 하나는 독자에게 수학적 아이디어를 전달하는 것이다.

이 두 목표는 보통 서로 대립한다. 순수수학자가 어떠한 정리의 복잡한 증명을 발견했다면 그 내용은 이해하기 어려울 것이다. 종종 증명의 복잡한 겉모습은 사람들을 현혹시킨다. 그러나 실제로 저자는 하나 혹은 두 개의 핵심 아이디어를 가지고 있으며, 논증의 복잡함은 그런 아이디어의 세부적인 내용으로부터 자연스럽게 나오는 것이다. 전문가인 독자에게는 증명을 끌어내는 아이디어의 격식 없는 설명이 증명 그 자체보다 더 값질 수 있다.

그 누구도 단지 아이디어의 비격식적인 설명만으로 논문을 작성하라고 조언하지는 않을 텐데, 그럴듯해 보이는 아이디어가 옳지 않은 것으로 밝혀지는 경우도 많기 때문이다. 하지만 증명을 보여주면서 바탕이 되는 아이디어를 설명하지 않는 것이 허용되기 때문에 여전히 선택의 여지는 있다. 가끔 그러는 것이 더 적절한 경우도 있다. 예를 들면, 증명은 짧지만 그것을 이루는 아이디어를 설명하는 것이 글의 길이를 두 배로 만들어 독자들을 지루하게 만들지도 모른다. 그렇지만 그것이 너무 어렵게 쓰이지만 않는다면 독자층을 넓히라는 앞서의 조언은, 보통 기술적인 논증이 격식 없는 설명과 함께해야 한다는 것을 의미한다.

3 완전한 세부 내용을 줄 것인가 독자에게 세부 내용을 남길 것인가?

당신이 글을 쓸 때는 얼마나 자세한 내용까지 알려 줄 것인지 정해야 한다. 만약 세부 내용이 너무 적다면 독자는 당신이 무엇을 썼는지 이해하지 못할 것이다. 그러나 동시에 당신은 독자가 너무 자명하다고 생각하는 내용을 많이 넣는 것을 피하고 싶을 것이다.

이처럼 상충하는 두 문제점 중에서, 의심할 여지 없이 첫 번째가 더 심각하다. 독자의 입장에서는 읽을 가치 없이 너무 자명한 세부 내용을 건너뛰는 것이, 그들이 분명히 알지 못하는 세부 내용을 스스로 채우는 것보다 훨씬 쉽다.

얼마나 많은 세부 내용을 넣을 것인가 묻는 질문은 얼마나 형식적이어야 하는가라는 물음과 관련되지만 완전히 같은 질문은 아니다. 격식 없는 수학 글에서 세부적인 내용을 빠뜨리는 경향이 있는 것은 사실이지만, 심지어 가장 형식적인 글에서도 얼마나 자세히 쓸 것인지 결정해야 한다. 형식적인 글에서는 다만 세부 내용이 빠질 때 그것을 더 조심스럽게 알리고 싶어할 뿐이다. 이는 다양한 방식으로 이루어질 수 있다. 혹자는 '다음을 확인하는 것은 쉬운 연습 문제이다' 또는 '두 번째 경우도 유사하다' 같은 표현을 사용하는데, 이는 기본적으로 독자에게 '나는 논증의 이 부분을 적지 않기로 결정했다'와 같이 말하는 것이다. 어쩌면 조금 더 단서를 줄 수도 있다. 예컨대 '콤팩트성에 의해서'라거나 '자명한 귀납 논증이 이제 다음을 보여준다' 또는 '합의 순서를 바꾸고 단순화시키면 다음을 얻는다'처럼 말이다.

당신이 세부 내용을 제외하기로 결정했다면, 독자에게 그 세부 내용을 채워 넣는 것이 어느 정도로 어려운지 알려 주는 것이 좋다. 일부 작가가 저지르는 실수 중 하나는 독자가 쉽게 이끌어 낼 수 있는 논증에 대해, 필요한 특정 결과가 쉽다는 것을 말하지 않고 참고 문헌으로 표기하는 것이다. 이는 분명히 독자를 오도하는 것이다. 사실 가장 좋은 것은 논증을 독자 스스로 이끌어 내는 것인데도 불필요하게 참고 문헌을 표기함으로써 다른 논문을 찾아보는 것이 가장 좋다는 암시를 하기 때문이다.

4 문자 대 단어

다음은 디오판토스(Diophantus)가 쓴 『산학(*Arithmetica*)』 영어 번역본 책 1의 문제 10번이다.

> 두 수가 주어졌을 때, 같은 (필요한) 수를 작은 수에는 더하고 큰 수에는 빼서 첫 번째 경우의 합이 두 번째 경우의 차와 주어진 비가 되도록 하라.

현대적인 작가는 같은 문제를 아래와 같이 표현할 것이다.

> 두 수 a, b와 비 ρ가 주어졌을 때 $a+x=\rho(b-x)$를 만족하는 x를 찾아라.

문제를 묘사하는 두 방식의 주요한 차이점은 두 번째 서술에서는 논의되는 수들에 이름을 붙였다는 것이다. 이 이름은 문자의 형태를 취하는데, '두 번째 수'나 '주어진 비' 같은 장황한 표현을 'b'나 'ρ'로 대체할 수 있게 해 준다.

현대 표기법의 장점은 그것이 더 간결하다는 것이다. 이는 단지 종이를 아끼기 위해서가 아니다. '$a+x=\rho(b-x)$를 만족하는'과 비교해 '첫 번째 경우의 합이 두 번째 경우의 차와 주어진 비가 되도록'이라는 긴 문장은 이를 상당히 더 이해하기 어렵도록 만드는데 왜냐하면 전체 표현을 한 번에 소화하기 힘들기 때문이다.

하지만 수학적 대상에 이름을 붙여 얻는 간결함에는 대가가 필요하다. 바로 이름을 익혀야 한다는 것이다. 위의 예시에서 그것은 쉬워서 무시할 수 있을 정도이다. 그러나 종종 치뤄야 할 대가는 무시하기 어려울 만큼 훨씬 클 수도 있다. 다음 명제는 바나흐 공간(Banach space) 이론의 한 논문에 나온 것이다.

명제. $0 \le \alpha \le \frac{1}{2}$이고 $1/p = \frac{1}{2} - \alpha$라 하자. 그러면 모든 바나흐 공간 F에 대해 $\mathcal{B}_2(E,F) \subset \mathcal{L}^{(a)}_{p,\infty}(E,F)$ 인 것과 $E \subset \Gamma_\alpha$인 것은 필요충분조건이다.

논문은 이 명제 바로 앞 부분에서 독자에게 $\mathcal{B}_2$가 이 분야에서는 표준적인 정의인, E에서 F로 가는 2-합 작용소의 아이디얼임을 설명하였다(내가 말하고자 하는 바를 이해하기 위해 이들 정의를 이해할 필요는 없다).

> 주어진 작용소 T에 대해, **근사수** $a_n(T)$는 $\inf\{\|T-L\|: \text{rank}(L) < n\}$으로 정의된다. 그러면 $\mathcal{L}^{(a)}_{s,w}(E,F)$는 수열 $(a_n(T))_{n=1}^{\infty}$가 마르친키에비치 공간 $\ell_{s,w}$에 속하는 작용소들 T의 집합이다.

마르킨치에비치 공간의 정의는 이 분야에서 역시 표준적이다. 마지막으로, 집합 Γ_α는 약한 힐베르트 유형 α의 모든 바나흐 공간의 집합으로 정의된다. 이는 표준적인 정의는 아니지만 논문 앞부분에서 정의되었다.

따라서, 명제를 서술하는 또 다른 방식은 아래와 같다.

명제. $0 \le \alpha \le \frac{1}{2}$이고 $1/p = \frac{1}{2} - \alpha$ 그리고 E는 바나흐 공간이라고 하자. 그러면 다음 두 진술은 서로 동치이다.

(1) 모든 바나흐 공간 F와 모든 2-합 작용소 $T: E \to F$에 대해, 근사수의 수열 $(a_n(T))_{n=1}^{\infty}$는 마르친키에비치 공간 $\ell_{p,\infty}$에 속한다.

(2) E는 약한 힐베르트 유형 α의 공간이다.

이번에는 보다 장황한 정의가 독자가 기억을 더듬어야 하는 수고를 덜어 주었다. 대부분이 이 분야의 표준적인 정의인 2-합 작용소, 근사수, 마르친키에비치 공간, 약한 힐베르트 유형이 무엇인지 안다면, 명제가 주장하는 바를 큰 노력을 들이지 않고 이해할 수 있다. 첫 번째 서술에서는, 기호로부터 그러한 표준 정의를 풀어내야 하는 추가적인 과정이 있다. 두 번째 서술의 또 다른 장점은 같은 분야의 전문가가 논문을 빠르게 훑어볼 때 모든 것이 어떤 의미인지 알기 위해 논문의 앞을 뒤져볼 필요 없이 이를 이해할 수 있다는 것이다. 첫 번째 서술은 그런 가능성을 열어두지 않는다.

따라서 더 복잡한 수학 글쓰기에서는 갈등의 또 다른 요소가 있는 것이다. 당신이 너무 적은 기호를 사용하면 문장은 절망적으로 볼품없어지고 설명을 반복하게 될 것이며, 그렇다고 너무 많이 사용하면 독자에게 과도한 기억력을 요구하게 될 것이다.

두 가지 표현 방식 사이에서 균형을 맞추기가 까다롭겠지만, 보편적으로 적용되는 한 가지 원리가 있다. 당신이 어떤 표준적이지 않은 표기법을 사용하기로 결정했다면, 독자가 그것이 어디에서 정의되었는지 찾기 쉽게 하라. 한 절에서 정의만을 따로 모아 제공할 수도 있겠지만, 사용되기 직전에 정의하는 것이 보통 더 친절할 것이다. 이런 것이 불가능하다면 정의를 상기시키거나, 아무리 못해도 그것을 어디에서 찾을 수 있는지 표시해 줄 수는 있을 것이다.

5 하나의 긴 논증 대 단위로 분할된 논증

수학적 진술을 증명하고자 하는데 정당화가 길고 복잡하다면, 함께 맞물려 원하는 결과를 이끄는 더 작은 '단위(module)'로 논증을 어떻게든 분할하지 않는 이상 당신이 쓴 글은 당연히 이해하기 힘들 것이다. 순수수학에서 이 단위는 보통 **소정리**(lemma)의 형태를 취한다. 당신이 어떤 정리를 증명할 때 그 증명을 다루기 어렵게 만들고 싶지 않다면, 논증에서 따로 추출해서 증명할 수 있는 부분을 식별하고자 할 것이다. 그러면 주요 논증에서는 그 결과를 단순하게 인용할 수 있다. 증명에서 소정리의 역할은 컴퓨터 프로그램 안 서브루틴의 역할과 유사하다.

논증을 분할하여 쉽게 만들고자 한다면, 당신이 추출하려는 부분이 너무 맥락에 의존하지 않는 것이 좋다. 소정리의 진술이 긴 상황 설정을 필요로 하면, 그 상황이 이미 마련되어 있는 논증의 주요부에 그대로 남겨 두는 것이 더 나을지도 모른다. 하지만 그것이 특정한 맥락을 참조하지 않고 서술될 수 있다면, 주 논증에서 그것을 필요로 하는 특정 응용보다 더 일반적이라는 의미이며, 소정리로 추출하는 것이 더 적절할 것이다. 역시, 이것은 판단의 문제이다.

많은 단위로 구성된 논증의 단점은, 소정리 또는 더 일반적인 단위를 추출하며 그것들을 자연스럽지 않은 곳에 등장시켜야만 한다는 것이다. 그것이 필요할 때 사용될 수 있도록 주 논증 앞에 놓인다면, 독자는 당장은 필요 없어 보이지만 기억해야 할 서술을 보게 된다. 만약 그것이 특별히 기억하기 쉽다면 문제가 되지 않지만, 보통 그렇지 않다. 예를 들어 그것은 나중의 논증에서 만족하게 될 두세 개의 다소 이상한 조건에 의존할지 모른다. 그렇다고 그것을 주 논증 뒤에 놓는다면, 독자는 '이 주장은 추후 증명될 것이다'는 말을 계속해서 듣다가 증명이 불완전하다는 언짢은 기분으로 논증의 끝에 도달할 것이다. 세 번째 가능성은 소정리를 논증 안에서 서술하고 증명하는 것인데, 이런 유의 겹겹으로 된 서술은 꽤 보기 흉하다.

일부 복잡한 논증에서 이런 문제에 대한 진정으로 만족스런 해법은 없을지도 모른다. 그런 경우, 할 수 있는 최선은 당연히 만족스럽지 않은 해법을 선택하고 문제를 어떻게든 완화시키는 것이다. 무난한 선택은 소정리를 그것이 사용되기 전에 서술하는 것이다. 그 방안을 선택했는데 소정리가 다소 복잡하고 기억하기 어렵다면, 당신은 그 소정리가 수행할 역할에 대해 설명을 조금 덧붙일 수 있다. 그렇게 하는 것조차 어렵다면, 독자에게 주 논증을 먼저 읽고 소정리의 필요성이 명확해지면 그 다음에 돌아오라고 조언하는 것이다(숙련된 독자는 스스로 그렇게 할 테지만, 그래도 저자가 그 방식이 논증을 이해하는 좋은 접근이라고 말해주는 것은 도움이 된다).

6 논리적 순서 대 발견 순서

당신이 점별(pointwise) 수렴하는 연속함수의 나열이 고르게(uniformly) 수렴할 필요는 없다는 사실을 나타내고 싶다고 해 보자. 여기 그 한 가지 방식이 있다.

정리. 점별 수렴하지만 고르게 수렴하지 않는 연속함수들의 나열 f_n: $[0, 1] \to [0, 1]$이 존재한다.

증명. 각각의 양의 정수 n과 각각의 $x \in [0, 1]$에 대해 $f_n(x) = nxe^{-nx}$라 하자. 그러면 $x > 0$에 대해 $e^{-x} < 1$이므로, $n \to \infty$일 때 $ne^{-nx} = n(e^{-x})^n \to 0$이다. 이로부터 $n \to \infty$이면 $f_n(x) \to 0$을 얻는다. 또한 $x = 0$일 때는 모든 n에 대해 $f_n(x) = 0$이므로 역시 $n \to \infty$일 때 $f_n(x) \to 0$이다. 따라서 점별로 $f_n(x) \to 0$이다.

하지만 이 수렴은 고르지 않다. 이를 보기 위해 모든 n에 대해 $f_n(n^{-1}) = e^{-1}$임을 관찰하자. 이에 따라 모든 n에 대해 $|fn(x) - 0| \geq e^{-1}$인 어떤 x가 존재한다. □

이 증명은 수학에서 흔히 접하는 한가지 특징을 보여준다. 즉, 과정을 따라가는 것이 그 과정이 어디에서 왔는지 이해하는 것보다 쉽다. 함수 $f_n(x) = nxe^{-nx}$을 시도해 보라고 말해 준다면 그것이 조건을 만족함을 확인하는 것은 쉬운 연습문제이지만, 그런 특정한 함수열을 생각하도록 만든 것은 무엇인가?

마지막 질문에 대한 답을 더 분명하게 해줄 방식이 여기 있다.

증명. 만약 점별로 $f_n \to f$이지만 고르지 않다면, 점별로 $f_n - f \to 0$이지만 고르지 않을 것이고, 따라서 0으로 수렴하는 함수들만 생각해도 좋을 것이다. 그것이 0으로 고르게 수렴하지 않는다는 것을 보장하기 위해서는, 무한히 많은 n에 대해 $|f_n(x)| \geq \theta$인 어떤 x가 존재하는 양수 θ가 필요하다. 이러한 $f_n(x)$ 중 같은 부호를 가지는 것은 무한히 많을 것이며 모든 함수에 θ^{-1}을 곱할 수 있으므로, 0으로 점별 수렴하지만 모든 n에 대해 $f_n(x_n) \geq 1$인 어떤 x_n이 존재

하는 함수열 f_n만을 고려해도 괜찮다.

만약 $f_n(x_n) \geq 1$이고 f_n이 연속이라면, x_n 근방의 어떤 열린구간 $I_n = (x_n - \delta_n, x_n + \delta_n)$이 존재하여 모든 $y \in I_n$에 대해 $f_n(y) \geq \frac{1}{2}$일 것이다. 이런 구간들 중 무한한 것이 한 점 u에서 겹치지는 않도록 할 것인데, 그렇게 된다면 무한히 많은 n에 대해 $f_n(u) \geq \frac{1}{2}$이므로 $f_n(u)$는 0으로 수렴하지 않기 때문이다.

무한히 많은 것이 겹치지 않는 무한히 많은 열린 구간을 어떻게 찾을 수 있을까? 가장 단순한 방식은 a로 수렴하는 수열 (b_n)에 대해 (a, b_n) 형태의 구간을 택하는 것이다. 따라서, 예를 들어 I_n이 $(0, 1/n)$이 되도록 선택할 수 있다.

이는 f_n이 구간 $(0, 1/n)$ 안 어딘가에서 값 1을 취하며 구간 밖에서는 작은 연속함수여야 한다는 것을 암시한다. 작은 x 값에 대해 1에 도달한 뒤 다시 빠르게 감소하는 함수를 정의하는 한 가지 방법은 $g_n(x) = \lambda x$와 같이 1에 빠르게 증가하는 함수를 취하고, $e^{-\mu x}$과 같이 아주 잠시 거의 1이다가 급격히 감소하는 함수를 곱하는 것이다. $e^{-\mu x}$의 급격한 감소는 x가 $1/\mu$ 근처일 때 시작되며, 이는 μ를 n 근처의 값으로 취해야 함을 말해 준다. 한편 $g_n(x)$가 구간 $(0, 1/n)$에서 1에 도달하길 원하므로, 아마 λ 역시 n 근처의 값으로 취해야 할 것이다.

이제 함수 $f_n(x) = nxe^{-nx}$이 0에 점별로 수렴하지만 고르게 수렴하지 않는다는 것을 확인하는 것은 어렵지 않다. □

물론 여기에 함수 nxe^{-nx}이 그 역할을 한다는 자세한 증명을 넣을 수도 있다.

다른 선택들과 마찬가지로, 제시하는 아이디어의 출발점(아니면 적어도 출발점이 될만한 것)을 얼마나 설명할지 결정할 때 그 설명의 장점과 단점을 따져 볼 필요가 있다. 주 관심사가 결과의 **검증**, 즉 그것이 참이라고 독자를 설득하는 것이라면, 증명에 문제가 없는 한 아이디어가 어디에서 기원했는가는 그리 큰 문제가 아닐지 모른다. 그러나 이런 종류의 문제를 어떻게 푸는지 **독자를 가르치는** 것이 목적이라면, 마법과 같이 하늘에서 떨어진 해법을 제시하는 것은 도움이 되지 않는다. 더 나아가, 아이디어가 어디에서 왔는지 설명함으로써 독자에게 어떤 특징이 필수적이며 어떤 것이 우발적인지 훨씬 더 명확히 이해하도록 돕는다. 예를 들어, 위의 논증에서 두 번째 설명으로부터 함수 $f_n(x) = nxe^{-nx}$에는 아무런 특별함이 없다는 것이 명확해진다. $f_n(x)$로서 혹자는 $f_n(0) = 0$이고 $f_n(1/n) \geq c$ (어떤 고정된 상수 c에 대해) 그리고 모든 $x \geq 2/n$에 대해 $f_n(x)$가 작은 아무런 음 아닌 함수를 택할 수 있다. 예컨대 $0 \leq x \leq 1/n$에서는 nx이고 $1/n \leq x \leq 2/n$에서는 $2 - nx$이며 $2/n \leq x \leq 1$에서는 0인 '마녀의 모자(–^–)'를 택할 수 있다.

이는 부지런한 독자가 첫째 유형의 설명을 보고 아이디어가 어디에서 왔을지 스스로 찾아낼 수 없다는 것을 말하려 함이 아니다. 앞의 경우 $f_n(x)$의 그래프를 그려 보면 그것이 0 근방의 작은 구간에서 급격하게 증가했다 감소하며 그 후로 값이 작다는 것을 알 수 있고, 그러면 왜 그 함수가 적당한지 분명해질 것이다. 그러나 어떤 사람은 논증에서 그런 추론이 가능할 때까지 경험이 필요하다. 따라서 논증이 어디에서 유래했는지 얼마나 자세히 설명해야 하는가는, 일반 독자이든 특정 분야의 글을 읽는 독자이든 모두 그들의 경험 수준에 달려 있다.

7 선정의 대 선예시

위상다양체(topological manifold)가 무엇인지 설명하는 글을 쓰고 싶다고 하자. 자명한 방식은 정의로부터 시작하는 것이다. 이는 다음과 같이 이루질 수 있다.

정의. d차원 위상다양체란 X의 모든 점 x가 $\mathbb{R}^d$의 연결된 열린부분집합과 위상동형인(homeomorphic) 근방을 갖는 위상공간 X이다.

그런 다음 정의를 명확하게 하기 위해 구면이나 토러스 같은 위상다양체의 몇 가지 예를 들 것이다.

다른 대안은 예시들의 간단한 논의부터 시작하는 것이다. 예를 들면, 지구의 어떤 작은 지역에서 만족스러운 좌표계를 찾는 것은 쉽지만 지구 전체를 표현하는 좋은 좌표계를 찾는 것은 불가능하다는 것을 지적할 수 있다. 경도가 잘 정의되지 않는 극과 같은 성가신 문제가 언제나 발생할 것이다. 이런 종류의 논의는 독자에게 '국소적으로 $\mathbb{R}^d$ 같은' 공간의 비형식적인 개념을 전달하며, 그 다음 형식적인 정의에 동기를 부여한다. 그것은 이미 독자에게 친숙해진 아이디어를 격식 있게 표현한 것이다.

두 번째 방식의 장점은 무엇을 추상화하는지에 대해 적당한 개념을 가지고 있다면 추상적인 정의를 이해하기 훨씬 쉽다는 것이다. 독자는 정의를 읽을 때 그것이 어때야 할지 선명하게 기대할 수 있고, 정의가 기대와 어떻게 어긋나는지만 살피면 된다. 만약 정의가 먼저 제시된다면, 정의와 기존 예상과의 차이가 아니라 모든 것을 머릿속에 넣어야 한다.

예시를 먼저 드는 설명 방식이 긍정적인 효과를 내게 될지 아닐지는 독자가 정의를 얼마나 이해하느냐에 달려 있다. 예를 먼저 드는 것이 좋지 않은 상황을 살펴보자. 당신이 이미 군(group)과 체(field)에 익숙한 독자에게 가환환(commutative ring)의 개념을 소개하고 싶다고 가정하자. 자연스러운 방식은 가환환의 공리들을 나열하고 그것이 체의 공리 목록과 아주 유사하지만, 원소들이 곱셈에 대한 역원을 갖는다고 가정하지 않으며, 어쩌면 곱셈에 대한 항등원을 가진다는 가정조차 하지 않는다는 점을 덧붙이는 것이다.

여기까지 말하고 나서 모든 정수의 환 $\mathbb{Z}$, 모든 정수계수 다항식의 환 $\mathbb{Z}[x]$, 모든 정수 a와 b에 대해 $a+b\sqrt{2}$꼴의 환 $\mathbb{Z}[\sqrt{2}]$ 등 몇 가지 중요한 예를 드는 것은 아주 좋은 생각이다. 그러나 이렇게 예를 먼저 제시하는 논증은 두 가지 이유에서 위상다양체의 경우보다 짜임새가 없다.

첫 번째 이유는 정의가 이해하기 쉽다는 것이다. 환은 체와 같지만 곱에 대한 역원만 없는 것이다. 그러므로 곧바로 정의하는 것이 독자의 기억력에 짐이 되지 않는다. 물론 독자는 흥미로운 예들을 점검하고 싶을 수 있지만, 그것은 정의 직후에 보여 주어도 된다.

두 번째 이유는 이 특정한 추상화의 필요성이 다양체의 경우보다 당연하지 않다는 것이다. 구면이나 토러스 같은 예들이 주어졌을 때, 그들이 모두 동일한 기본적인 '대상'의 예라고 생각한 다음 그 '대상'이 무엇인지 알아내고자 하는 것은 자연스럽다. 그렇지만 사전에 정수와 정수계수 다항식을 동일하게 내재된 대수구조의 예로서 생각하는 것은 그 이점이 분명하지 않다. 그것은 오직 상당한 양의 이론을 전개한 다음에야 명확해진다. 즉 이 경우에는, 적어도 처음에는 추상화를 우선으로 생각하는 것이 더 자연스럽다.

여느 때와 마찬가지로, 새로운 수학 개념을 어떻게 제시할 것인지 결정하는 것은 종종 꽤 미묘한 판단과 연관된다. 일반적으로 정의가 이해하기 더 어려울수록 그것을 읽을 때 몇 가지 예를 가지고 있는 것이 독자에게 더 도움이 된다. 하지만 그것은 독자와 정의의 본질적인 복잡성에 영향을 받는다. 어쨌거나 일반적인 조언 하나는 여전히 유효한데, 적어도 예로부터 시작하는 가능성을 고려하라는 것이다. 그렇게 하는 것이 언제나 적절하지는 않을 수 있지만, 많은 수학 작가는 상황이 어떻든 정의부터 시작하는 것을 좋아하며 그 결과 많은 설명이 필요 이상으로 이해하기 어려워진다.

선예시 전략이 상당히 일반적이라는 것을 지적하며 이 절을 마치겠다. 실은 나 역시 이 글의 여러 군데에서 그것을 사용했다. 4절과 6절 그리고 바로 이 절의 시작부를 보라.

8 전통적인 보급 방법 대 새로운 방법

오늘날 수학 글을 쓰고자 하는 사람은 20년 전에는 존재하지 않았던 선택과 마주하게 된다. 비교적 최근에도, 거의 대부분의 수학 글은 책이나 저널 논문 형태를 취했다. 하지만 이제 인터넷이 새로운 보급 방식을 가능케 하며, 이미 영향을 끼쳤지만 미래에는 훨씬 큰 영향을 줄 것으로 보인다.

구체적으로, 인터넷의 존재는 이 글에서 논의되는 모든 시사점 하나하나에 영향을 준다. 그것을 차례로 살펴보자.

8.1 형식의 수준

각 세대 수학자의 주요 임무는 수학의 지식 체계를 늘리는 것이다. 하지만 거의 첫째만큼이나 중요하며 그것과 완전히 분리되지 않는 두 번째 임무가 있는데, 바로 이 새로운 지식을 소화하여 되도록 후대가 이해하기 쉬운 형태로 제시하는 것이다. 이 소화의 과정은 당연히 수학의 같은 내용에 대해 여러 번 일어날 수 있다.

때때로 수학의 어떤 내용을 소화하는 것은 그 자체로 수학 지식의 상당한 진전이 된다. 예를 들어, 이미 존재하지만 서로 연관이 없어 보이던 다수의 결과를 한꺼번에 이끌어 내는 이론이 발전하는 경우가 있다. 전통적인 출판 체계는 이런 상황에 안성맞춤이다. 그저 이론에 관한 논문을 쓰면 일반적인 방식으로 출판될 수 있다.

그러나 가끔은 수학의 어떤 내용을 소화하는 것이 수학적 진전으로 이어지지 않을 수도 있다. 그것은 아이디어의 유래나, 논증을 바라보는 방식 따위처럼 더 사소한 것이다. 가령 수학의 한 내용이 특정한 이해 방식을 통해 더 단순하거나 잘 알려진 다른 내용과 유사하다는 것이 분명해진다. 이런 유형의 통찰은 얻기 힘들며 다른 수학자들에게 지극히 가치가 있지만, 출판 가능한 논문으로 이어지지는 않는다.

인터넷에는 더 비형식적인 수학적 사고도 공유할 수 있는 여러 방법이 있다. 손쉬운 방법 하나는 기존의 수학 문서를 개인 홈페이지에서 찾을 수 있도록 하는 것이다. 점차 많은 수학자가 채택하고 있는 또 다른 방안은 블로그를 갖는 것이다. 이것의 장점은 독자로부터 의견을 얻을 수 있다는 것이며, 경험에 따르면 이런 의견의 수준은 대부분 매우 높다.

출판에 적합하지는 않지만 매우 가치 있는 다른 형태의 수학 문헌들도 있다. 예를 들어, 어떤 문제를 풀기 위한, 진지했으나 실패한 시도에 관한 글은 저널에 실릴 수 없을 것이며 그 결과물은 다량의 중복된 연구일 것이다. 만약 문제가 중요하고 그 방식의 시작이 그럴듯해 보이면 많은 사람이 그것을 시도할 것이다. 증명에 실패했더라도 그것을 시도했던 경험의 데이터베이스는 아주 유용할 것이다. 아직까지 누구도 그런 것을 만들지 않았지만 이론적으로 인터넷은 그것을 시도하기 좋은 환경이다.

8.2 자세함의 수준

당신이 일부 독자에게는 익숙하지만 다른 이들에게는 그렇지 않은 수학적 결과나 정의를 사용한다고 가정하자. 종이 문서에서는 그것을 설명할지, 설명한다면 얼마나 자세히 할지 결정해야만 한다.

웹상의 하이퍼링크 문서는 더 이상 이런 선택을 강요하지 않는다. 당신은 전문가를 위한 문서를 작성하면 되며 다만 특정 핵심 단어와 표현에 밑줄을 긋고 그 단어와 표현을 더 자세히 알고 싶은 독자만 그것을 클릭해 설명을 읽게끔 하면 된다. 이런 종류의 글쓰기는 위키피디아(Wikipedia)와 다른 위키(wiki)에서 아주 흔해졌다.

이것은 한편 새로운 균형 감각을 요구한다. 위키 글들은 종종 읽기 힘든데, 글쓴이가 다른 위키 페이지로 향하는 링크를 마치 원래 설명되어야 할 어떤 용어를 설명하지 않아도 될 면허처럼 사용하기 때문이다. 그 결과, 독자가 원래 글의 정의 대부분에 익숙하지 않은 이상, 잘 모르는 개념을 설명하는 페이지 자체가 또 다른 몇 개의 페이지를 참조하게 함으로써 독자는 연결된 위키 페이지들의 복잡한 그래프 속에서 길을 잃을 수 있다. 따라서 당신이 하이퍼링크를 활용하고자 한다면, 당신의 독자가 그런 링크를 따라가며 무엇을 경험할지 신중하게 생각할 필요가 있다.

하이퍼링크의 또 다른 불편함은 완전히 새로운 페이지를 방문해야 하므로 당신이 이전에 어디에 있었는지 까먹기 쉽게 만든다는 것이다(특히나 당신이 뒤로가기를 했다가 다시 또 다른 링크들의 나열을 따라간다면). 그러나 이 문제를 회피할 다양한 소프트웨어가 있다. 예를 들어, 일부 사이트에서는 적당한 박스를 클릭하면 당신이 읽는 것 안에 삽입되며 그것을 다시 클릭하면 사라지는 문서 조각인 '슬라이더'를 포함시킬 수 있다. 그러므로, 가령 '두 번째 동형사상 정리(isomorphism theorem)에 의해'라고 쓰면서 '이것이 말하는 바가 무엇인가?'라는 글귀가 적힌 박스를 넣을 수 있고, 설명이 필요한 독자가 박스를 클릭하면 두 번째 동형사상 정리에 관한 짧은 문단이 문서에 삽입되는 것이다. 슬라이더 안에 슬라이더를 넣을 수도 있기 때문에, 아마도 그 슬라이더 안에 정리의 증명을 보여주는 옵션 역시 넣을 수 있을 것이다.

요점은 인터넷이 '얼마나 자세히 써야 하는가'와

같은 선택을 강요하지 않는 새로운 종류의 문서를 작성할 수 있게 해 준다는 것이다. 그 선택은 독자에게 넘길 수 있다. 그러한 문서는 수학이 보여지는 방식을 개선할 수 있는 거대한 가능성을 가지고 있으며, 기술이 발전함에 따라 이 가능성은 오직 늘어나기만 할 것이다.

8.3 문자 대 단어

이에 대해 말해야 할 대부분의 내용은 자세함의 수준에 대해 이미 말한 것과 아주 유사하기 때문에 많은 설명을 하지는 않을 것이다. 현재 통용되는 전자 문서의 유형은 문자를 클릭하면 메모가 나타나 필요한 내용을 상기시켜주도록 함으로써, 어떤 문자가 무엇을 나타내는지 논문을 뒤지며 겪을 곤란으로부터 독자를 구해준다. 문자 위에 마우스를 올려놓을 때 작은 상자가 나타나게 하는 것이 아마 더 좋을지도 모른다. 또한 수많은 문자와 연관된 압축된 진술을 그와 동치이지만 말이 더 긴 진술로 변환할 수 있는 옵션을 넣을 수도 있다. 역시나, 요점은 이제 더 많은 선택지가 있다는 것이다.

8.4 단위성

내가 논의하고 있는 종류의 전자 문서는 종이 문서에서라면 훨씬 불편할 하향식(top-down) 수학 글쓰기 형태를 가능케 한다. 어떤 수학 내용을 높은 수준에서 설명하는 글을 쓰는데, 독자가 높은 수준의 설명 어디에서든 그것을 더 자세하게 정당화하는 낮은 수준의 설명으로 확장할 수 있는 옵션을 넣는 것이다. 여기에는 더 다양한 수준이 있을 수도 있고, 따라서 모든 것을 클릭하면 완전히 자세히 설명되어 있는 전체 논증을 볼 수 있을 것이다.

또한 '어디에 소정리를 위치시켜야 하는가'에 대해 앞서 논의하였던 문제를 해결할 수 있다. 종이 문서를 작성하는 어려움은 소정리를 정리 이전에 놓아 충분한 동기 부여를 할 수 없거나, 증명 중간에 놓아 볼품 없어 보이게 하거나, 증명 이후에 놓아 틈을 나중에 메운다는 불편한 약속을 남기는 것 중 하나를 선택해야 한다는 것이다. 하지만 전자 문서에서는 정확히 필요한 지점에 소정리를 놓는 것이 더 이상 어색하지 않다. 증명 중간에 '이제 다음 서술을 사용할 것이다'라는 말과 함께, 클릭하면 그 서술의 증명을 보여주는 버튼을 독자에게 제공할 수 있다.

8.5 발표 순서

추상적인 정의를 먼저 알려줄지 아니면 동기를 주는 예시들로부터 시작할지 결정하고 싶지 않다면, 당신은 그 선택을 독자에게 맡길 수 있다. 그냥 표제가 있는 페이지에서 '동기를 주는 예시' 먼저 오도록 할지, 혹은 '형식적인 정의' 먼저 오도록 할지, 독자가 클릭해 결정하도록 권하라.

어느 정도까지는, 논증을 논리적 순서로 제시하느냐 아니면 그것이 어떻게 발견되었는지 보여주는 방식을 택하느냐를 결정할 때도 같은 방법을 사용할 수 있다. 논리적 순서의 어느 지점에서 당신이 마술사처럼 모자 속 토끼를 꺼낼 필요가 있다면, 아무리 못해도 그 토끼가 사실 어디에서 왔는지 설명하는 슬라이더를 도입할 수 있을 것이다.

VIII.2 어떻게 논문을 읽고 이해하는가

니콜라스 하이엄 *Nicholas J. Higham*

당신이 수학자이거나 아니면 다른 분야에서 일하지만 수학적 결과를 사용해야 한다면, 수학 논문을 (아마도 아주 많이) 읽어야 할 것이다. 이 글의 목적은 어떻게 수학 논문을 읽고 그것으로부터 이해를 얻을지 조언하는 것이다.

이 조언은 특히 경험 없는 독자를 목표로 한다. 전문적인 수학자는 아마 출판된 논문, 저널 심사를 위해 보내진 원고, 학생과 동료가 쓴 논문 초안을 포함해 매년 수천 개의 논문을 읽을 것이다. 내가 여기서 제안하는 것들 대부분은 당신이 충분히 많은 논문을 읽은 뒤라면 자연스럽게 체득하는 것들이다.

수학 논문은 크게 두 가지 유형으로 구분된다. 그것은 바로 주요 연구 논문과 리뷰 논문이다. 리뷰 논문은 어떤 분야의 개요를 제공하며 보통 상당한 양의 배경지식을 포함한다. 그것은 새로운 연구를 제시하는 논문보다 의도적으로 읽기 쉽게 쓰이는 경향이 있지만 통상적으로 더 길다. 이 글의 제안은 두 유형의 논문 모두에 적용된다.

1 논문의 구조

수학 논문은 형식이 꽤 엄격하고 다음 성분들 중 일부나 전부를 가진다.

제목. 제목(title)은 논문이 무엇에 관한 것인지 나타내야 하고 논문이 공헌하는 내용에 대한 단서를 주어야 한다.

초록. 초록(abstract)은 공략하는 문제를 설명하고 논문의 공헌을 요약한다. 길이와 세부 내용의 양은 모두 크게 가변적이다. 초록은 독립된 글이 될 수 있어야 한다. 이것은 보통 저널의 웹사이트에서 모두에게 공개되며, 반면 논문은 오직 구독자만 볼 수 있다.

서론. 거의 언제나 '서론(introduction)'으로 불리는 논문의 첫 절은 배경을 구성하고 언급되는 문제를 초록보다 더 자세히 설명한다. 논문이 얼마나 쓰였느냐에 따라 서론은 결과와 결론을 설명할 수도 설명하지 않을 수도 있다. 일부 논문의 문제는 서론에서 제기되지만 오직 결론 절에서만 완전히 답해진다.

결론. 모두는 아니지만 많은 논문은 '결론(conclusion)'이나 '맺음말(concluding remark)' 같은 제목을 가지며 논문의 주요 결론을 요약하는 마지막 절을 포함한다. 그런 절을 생략하는 것은 서론 혹은 아마도 실험을 묘사하는 절의 끝에서 결론이 서술되었거나, 아니면 명확한 요약이 없다는 것을 암시한다. 이 절은 보통 미해결 문제를 확인하고 추후 연구 분야를 설명하는 데 사용되며, 당신이 연구할 문제를 찾고 있다면 그러한 제안이 매우 유용할 수 있다.

부록. 일부 논문은 주요 논문으로부터 분리될 때 더 좋은 것으로 간주되는 내용을 포함하는 하나 또는 그 이상의 부록(appendix)을 포함하는데, 아마 그것이 분리되지 않는다면 전개 과정을 어지럽히거나 아니면 독자를 지루하게 할 세부 내용을 포함하고 있기 때문이다.

참고 문헌. 참고 문헌(reference) 절은 문서에서 인용하거나 독자가 참고하고 싶을지 모르는 출판물의 목록을 포함한다.

보충 자료. 출판사의 웹사이트에서 논문과 함께 구할 수 있지만 정확히 논문의 일부는 아닌 추가 자료는 수학에서 상대적으로 새로운 개념이다. 그것은 그림, 컴퓨터 프로그램, 데이터, 그 외 추가적인 자료를 포함할 수 있고, 심지어 논문 자체는 인용되지만 그것은 인용되지 않을 수 있다. 논문이 보충 자료를 가지고 있는지 여부를 언제나 쉽게 알 수 있는 것은 아닌데, 서로 다른 저널은 그것을 지칭하는 서로 다른 관례를 가지기 때문이다. 그것은 논문 말미나 첫 페이지의 주석에서 언급될 수 있고, '보충 자료를 보라'는 말이나 참고 문헌 목록의 한 항목으로서 인용될 수 있다.

2 논문을 읽을 것인지 결정하기

제목에서 읽어야 한다는 인상을 받는 논문을 우연히 마주치는 것은 흔한 상황이다. 예를 들어, 당신은 저널이나 검색엔진으로부터 알림을 받도록 신청하여 관심사와 관련 있는 주제에 대한 새로운 논문을 알게 될 수 있다. 그 논문을 읽을지 여부를 어떻게 결정하는가? 초록은 그런 결정을 할 수 있도록 연구의 배경과 논문의 결과에 대한 충분한 정보를 가지고 있어야 한다. 하지만 초록은 종종 아주 짧고 언제나 잘 쓰여있지는 않으며, 따라서 그 논문의 서론과 결론 절을 훑어보아야 할 수도 있다.

참고 문헌 목록은 꼼꼼히 읽을 가치가 있다. 참고 문헌 중 그저 몇 개만 익숙하다면 그것은 아마 저자가 다른 분야에서 왔기 때문에 그 논문이 주제에 관해 당신이 예상했던 것과는 다른 관점을 제시한다는 것을 의미한다. 만약 당신이 아는 관련된 논문이 빠져있다면, 이는 저자가 그 문제에 관한 지난 연구들을 완전히 알고 있지 못하다는 경고이다.

논문의 주요 결과가 정리들이면, 논문에 시간을 더 쓰는 것이 가치가 있는지 판단하기 위해 그것들을 읽어라. 또한 다른 사람이 그 논문에 대해 어떻게 생각하는지 감을 잡기 위해 저널과 저자의 평판을 고려하고, 논문이 아주 최근의 것이 아니라면 그것이 얼마나 자주 (그리고 어떻게, 누구에 의해) 인용되었는지 확인하라(인용은 구글 학술(Google Scholar) 또는 대부분 구독을 요구하는 다른 서비스 등의 온라인 도구를 사용해 확인할 수 있다)

3 개요 얻기

논문을 선형적으로 읽을 필요는 없다. 당신은 초록, 서론, 결론부터 읽는 것은 물론 도표, 그림, 참고 문헌을 먼저 보는 식으로 여러 번 훑어보고 싶을 수 있다.

많은 저자는 논문의 각 부분에서 어떤 것이 나타나는지에 대한 개요를 설명하는 문단으로 서론을 끝낸다. 그럼에도 종종 논문의 절 제목들을 훑어보면 더 쉽게 내용과 구조의 대강을 이해할 수 있다.

논문의 개요를 얻는 또 다른 방식은 주요 결과, 즉 소정리, 정리, 알고리즘, 연관된 정의, 생략된 증명을 먼저 읽는 것이다. 이런 접근의 유용함은 주제 및 그것에 대한 당신의 익숙함에 달려 있다.

4 이해하기

읽은 것을 이해하는 것은 보통 힘들다. 무엇보다도 연구 논문이 독창적인 아이디어를 포함하는 것은 당연하며, 이전에 보지 못했던 아이디어는 이해하기 어려울 수 있다. 당신은 잠시 멈춰 서서 아마 예시들을 다루며 논증을 숙고하고 싶을 수 있다.

나는 문서를 이해하는 데 도움이 되며 나중에 논문을 다시 읽을 때 교묘한 지점을 이해하려 책을 여러 번 뒤적이는 것을 피할 수 있으므로 기록해두는 것을 적극적으로 추천한다. 논문에 대한 전반적인 생각을 요약해 적는 것도 역시 좋은 생각이다. 수 개월 혹은 수 년 후에 논문을 다시 읽을 때 가장 먼저 볼 것은 그 요약이다. 나는 기록과 요약에 날짜를 적는 것을 추천하는데 나중에는 그것이 언제 쓰였는지 아는 것이 유용할 수 있기 때문이다. 실제로 내가 여러 번 읽었던 논문의 기록은 그것을 읽을 때마다 나의 이해가 어떻게 변했는지 보여준다(내용을 완전히 감상하려면 여러 번 읽어야만 하는 논문도 존재하며 그 이유는 아마 그 논문이 심오하거나, 엉망으로 쓰였거나, 혹은 둘 다여서이다!)

기록을 남기는 것뿐 아니라 핵심 문장, 정리 등을 표시하는 것도 좋은 생각이다. 나는 여백에 수직으로 선을 그어 관심 있는 영역의 윤곽을 그리거나 관련 있는 글을 형광펜으로 표시한다.

나는 논문의 인쇄본에 내 기록을 적는다. 통용되는 많은 프로그램은 화면에서 PDF 파일에 주석을 달 수 있게 해 주지만 수학기호를 사용하는 것이 문제가 될 수 있다. 하나의 해결책은 수기로 기록을 작성한 다음 그것을 스캔해 PDF 파일에 덧붙이는 것이다.

특히 당신이 논문을 작성해본 경험이 없다면, 스스로 논문에 대한 초록을 써 보는 것은 좋은 연습이다(가령 100–200 단어로).

메모를 하며 읽는 것은 당신을 수동적인 독자에서 능동적으로 바꿔주고, 능동적 독서는 내용을 이해하고 기억하는 데 도움이 된다. 요령을 말하자면 결과의 특수한 경우를 시도해보는 것이다. 어떤 정리가 해석함수에 대해 서술되어 있다면, 그것이 다항식이나 지수함수에 대해 무엇을 말해주는지 보라. 어떤 정리가 $n \times n$ 행렬에 대해 서술되어 있다면 $n=1, 2, 3$에 대해 확인해 보아라. 또 다른 방식은 정리의 조건 중 하나가 빠진다면 무엇이 일어날지 질문해보는 것이다. 증명의 어느 부분이 무너지는가?

이해할 수 없는 지점에 도달한다면, 수렁에 빠지는 것을 피하기 위해 논증을 건너 뛴 뒤 세부 내용으로 다시 돌아가는 것이 최선일 수 있다. 일부 아이디어와 기법은 관련 분야의 연구자들에게는 너무 잘 알려져 확실하게 적혀 있지 않을 수 있다는 것을 염두에 두어라. 당신이 그 분야의 초심자라면 논증의 틈처럼 보이는 것을 채워줄 더 숙련된 동료의 도움이 우선 필요할 것이다.

당신이 읽는 것이 엉망으로 설명되어 있거나 그냥 틀린 것일 수도 있음을 염두에 두는 것은 중요하다. 특히 초안이나 교열되지 않은 논문에서 오탈자는 상당히 흔하다. 수학적 오류 역시 일어나며, 심지어 최고의 저널도 가끔 이전에 출판된 글에 대해 정정해야만 한다(수정된 내용을 모아 놓은 것이 '정오표(errata)'이다).

수학 글쓰기에서는 특정한 의미를 갖는 어떤 표준적인 표현이 사용된다. '이로부터 다음을 얻는다

(it follows that)'나 '다음을 보이는 것은 어렵지 않다(it is easy to see that)'는 새로운 아이디어를 사용하지 않고도 그 다음 진술을 증명할 수 있지만 그것을 자세히 적는 것이 글을 어지럽힌다는 의미이다. 더 짧은 '따라서(hence)', '그러므로(therefore)', '즉(so)'은 역시 세부 내용을 포함할 필요가 없다는 것을 암시하지만 증명의 어려움에 대해서는 언질을 주지 않는다.

5 읽은 것을 문서화하기

나는 당신이 어떤 논문을 읽었는지 (비록 부분적으로 읽었더라도) 기록으로 남기기를 조언한다. 만약 당신이 막 박사과정을 시작한 학생이라면 우선 머릿속에 논문을 담을 수 있어야 하기 때문에 이것이 불필요해 보일 수 있다. 그러나 곧 당신이 어떤 논문을 읽었는지 까먹을 것이며 필요한 순간 이런 정보를 쉽사리 사용할 수 있다는 것은 매우 유용할 수 있다.

몇십 년 전에는 논문이 오직 인쇄본으로만 존재했고 그것을 저자나 제목순으로 정리했다. 오늘날, 논문 대부분은 컴퓨터에 저장할 수 있는 PDF 형태로 다운로드할 수 있다. 다양한 컴퓨터 프로그램을 수집된 논문 관리를 위해 사용할 수 있다. 그런 프로그램들, 그 중에서도 BIBTEX 데이터베이스는 당신이 무엇을 읽었는지 기록하거나 PDF 파일에 링크를 제공할 수 있다.

6 화면과 인쇄

논문은 컴퓨터 화면으로 읽어야 하는가 아니면 인쇄본으로 읽어야 하는가? 이는 개인적인 선택이다. 디지털 출판 시대에 자란 사람들은 화면으로 읽는 것에 만족하겠지만, 나와 같은 부류는 오직 인쇄본으로만 논문을 제대로 읽을 수 있다고 느낀다. 여러 장을 동시에 보기에 인쇄본이 더 쉽다는 것에는 의심의 여지가 없으며, 반면 PDF 파일은 특정 용어를 찾기 더 쉽고 읽기에 가장 편안한 크기로 원하는 만큼 확대할 수 있다. 둘 다 시도해보고 어떻게든 당신에게 가장 적합한 화면과 인쇄의 조합을 사용하는 것이 중요하다.

화면으로 읽는다면, 대부분의 PDF 리더에서 색상을 자신에 맞게 조정할 수 있다는 것을 기억하라. 기본적인 흰 바탕에 검은색 글씨보다 검은 바탕에 희거나 노란 글씨가 눈에 부담을 덜 줄 수도 있다. 어도비 아크로뱃(Adobe Acrobat)에서는 편집 메뉴의 기본 설정(Preferences)-액세서빌리티(Accessibility)-문서 색상 옵션(Document Colors Options)에서 색상을 바꿀 수 있다.

7 쓰기 위해 읽기

읽는 이유 중 하나는 더 나은 작가가 되기 위함이다. 특별히 잘 썼다고 생각되는 글을 읽을 때는 어떤 요령, 단어, 표현이 좋게 보이는지 분석하라. 읽는 것은 또한 당신의 지식과 경험을 확장시키며 연구를 수행하는 능력을 향상시켜줄 수 있다. 도널드 크누스(Donald Knuth)는 다음과 같은 말로 이를 잘 표현했다.

일반적으로 내가 기술적인 논문을 읽을 때 … 나는 저자의 머릿속에 들어가고자 노력하며 개념이 무엇인지 알아내려 노력한다. 다른 이들의 무언가를 읽으며 더 많이 배울수록 나중에 자신만의 것을 발명할 가능성이 더 높아진다.

8 그 다음은?

논문을 읽고 나서는 저자가 이룬 것 이외에도 어떤 질문이 남았는지를 물어야 한다. 당신이 답할 수 있는 미해결 문제를 찾아낼 수 있는가? 이 논문의 아이디어를 어떻게 다른 아이디어와 새로운 방식으로 결합할 수 있는지 보이는가? 더 완성도 높거나 더 일반적인 결과를 얻을 수 있는가?

VIII.3 어떻게 대중 수학 서적을 쓰는가

이언 스튜어트 *Ian Stewart*

나는 언제나 책을 쓰고 싶었어요.
그러면 쓰면 되잖아요?

—흔한 파티 담화

대중 과학은 그 자체로 잘 발전된 장르이고 대중 수학은 정립된 하위 장르이다. 이제 수백 개의 대중 수학 서적이 매년 나타나며, 그 범위는 초등적인 소개부터 학교 수준의 주제를 지나 연구의 획기적 발전을 다루는 상당한 분량의 책까지 다양하다. 대중을 위해 수학에 관한 글을 쓰는 것은 소통을 즐기고 가치 있게 생각하는 누구에게나 보람 있는 경험이 될 수 있다. 자리를 잡은 저자에는 저널리스트, 선생님, 연구 수학자 등이 있다. 주제는 단지 저자의 상상력과 서점이 들여놓고 싶어할 책이 무엇인지에 대한 출판사의 평가로 제한된다. 그러나 전자책의 증가가 비교적 새로운 유통 활로를 엶에 따라 심지어 그조차 바뀌고 있다. 문체는 진지할 수도 가벼울 수도 있지만, 되도록 엄숙이나 경박의 극단은 피하고자 한다. 전반적으로 학술 기관 대부분은 더는 이런 종류의 '봉사' 활동을 깔보지 않고, 다수는 그것의 홍보 행위와 교육적 측면 모두에 큰 가치를 둔다. 정부의 재정 지원 역시 그러하다.

1 대중 수학이란 무엇인가?

많은 사람에게 이 표현은 모순적이다. 그들에게 수학은 대중적이지 않다. 신경 쓰지 마라. 대중화는 원래 그렇지 않은 무언가를 대중적으로 만드는 기술이다. 이는 또한 순수한 관심을 갖고 있지만 전문 저널을 읽는 데 필요한 기술적 배경지식이 없는 사람들에게 수준 높은 내용을 보여 주는 기술이다. 일반적으로 대부분의 대중 수학 서적은 이 두 번째 독자를 다룬다. 5살 때 수학을 끊었고, 증오하고, 그것을 절대 다시 보거나 듣고 싶지 않은 사람들에게 수학의 아름다움, 능력, 유용성을 깨닫게 해 주는 책을 쓰는 것은 굉장히 멋질 것이다. 그러나 바로 그 이유로 인해, 그들 중 아주 적은 수만이 그런 책을 읽을 것이며 당신은 시간을 낭비하게 될 것이다.

우리는 이미 저자의 희망과 출판의 실용 중시 사이에서 창조의 갈등을 보았다. 전자책이 떠오르기 시작하며 모든 출판 구조가 바뀌었다. 한 가지 좋은 측면은 새로운 종류의 책을 출판할 수 있게 된 것이다. 전자책이 상업적으로 실패한다면 가장 낭비된 것은 작가의 시간과 열정일 것이다. 그것은 작가에게 문제가 될 수도 아닐 수도 있지만(실적이 있는 작가는 실패할 가능성이 있는 주제를 피함으로써 자신의 시간을 더 효과적으로 쓸 수 있다) 출판사를 파산시키지는 않을 것이다.

대중 수학은 하나의 장르 곧 공통된 특징을 가진 책들의 특정한 종류이며, 팬에게는 매력적이지만 다른 모두에게는 보통 기피된다. 이런 점에서 그것은 과학 소설, 탐정 소설, 로맨틱 판타지, 역사 로망 소설과 동일하다. 장르는 그것만의 규칙을 가지며, 설령 그 규칙이 명시적이지 않더라도 팬은 그것이 깨졌다는 것을 알아차릴 것이다. 대중 수학 서적을 쓰고 싶다면 먼저 그 중 몇 권을 읽는 것이 좋은 자세이다. 많은 작가는 그렇게 시작한다. 그들은 팬으로 시작해 즐겨 읽던 책에서 자극 받아 결국 저자가 된다.

대중 수학 서적 대부분은 상대적으로 적은 수의 유형으로 분류된다. 다수는 여러 개에 동시에 속한다. 그 외 나머지는 인간 상상력이 만들어 낼 수 있는 만큼이나 다양하다. 분류할 수 있는 주요 유형은 다음과 같다.

(1) 유아용 서적.
  (a) 기본 학교 주제.
  (b) 더 흥미로운 것.
(2) 역사.
(3) 전기.
(4) 재미있는 것과 게임.
(5) 커다란 문제.
(6) 주요 분야.
  (a) 고전적인 것.
  (b) 현대적인 것.
(7) 응용.
(8) 문화적 유대.
(9) 철학.

유아용 서적은 특수한 경우이다. 그것은 어떤 단어가 유아에게 적합한지 결정하는 문제부터 시작하여 성인을 위한 책과는 무관한 고민들이 이어진다. 나는 경험이 없기 때문에 이에 대해 더 말하지 않을 것이다. 역사와 전기는 기술적인 다른 유형의 책들보다 자연스럽게 읽힌다는 이점을 가진다. 일반적으로 사람들의 흥미를 끄는 사건이 풍부하기 때문이다(그렇지 않다면, 당신은 잘못된 주제나 잘못된 사람을 고른 것이다). 재미있는 것과 게임에 관한 책은 설령 그것이 더 진지한 면을 가지더라도 가볍게 즐길 수 있다. 마틴 가드너(Martin Gardner)는 이런 형태의 글을 쓰는 최고의 저자이다. 저자는 개별적 게임을 심층적으로 다루기도 하고 '재밌는' 내용들의 모음을 책으로 엮기도 한다.

커다란 문제와 주요 수학 연구 분야는 대중 수학의 핵심이다. 예로는 페르마의 마지막 정리(Fermat's last theorem), 푸앵카레 추측(Poincaré conjecture), 혼돈(chaos), 프랙탈(fractal)을 들 수 있다. 그러한 주제에 대해 글을 쓰려면 당신은 독자에게 전달할 내용 이상으로 훨씬 심층적으로 이해해야 한다. 그것은 당신에게 자신감을 주고, 놀라운 유사성을 찾는 것을 도우며, 일반적으로 설명을 더 원활하게 할 것이다. 주제는 시기가 적절하고, 다른 이에 의해 바닥나지 않았고, 비전문가에게 설명될 가망이 어느 정도 있는 것으로 선택해야 한다. 이런 하위 장르 모두에서 과거부터 중요했던 주제(가령 푸리에 해석학)를 설명하거나 가장 최근의 뜨거운 연구 분야(어쩌면 웨이블릿)에 대해 말할 수 있다. 과거와 현재를 이어주는 강한 역사적 끈이 있다면 둘을 결합하는 것도 가능하다.

수학적 아이디어는 언제나 구체적인 응용이 있을 때 설명하기 더 쉽다. 사람들은 수학만으로는 눈 앞이 캄캄할 때 응용 사례를 찾는다. 이는 르네상스 예술의 원근법이나 음계의 구성 같은 문화적 유대에도 해당된다.

마지막으로 수학의 '철학적' 측면인, 개념과 연관된 심오한 문제들이 있다. 무한대, 다차원, 가능성, 증명, 결정불가능성, 계산가능성이 이에 해당한다. 심지어 0이나 공집합과 같은 단순한 아이디어조차 정말 매혹적인 책의 밑바탕이 될 수 있으며, 그렇게 되고 있다. 핵심은 말할 가치가 있는 무언가를 확보하는 것이다. 이는 모든 책에 대한 진리이지만, 자칫하면 뚜렷하지 않고 막연한 것처럼 보일 수 있는 철학적인 책에서 특히 중요하다.

2 왜 대중 수학서적을 쓰는가?

작가는 많은 이유로 글을 쓴다. 유명한 과학 소설가 프레더릭 폴(Frederik Pohl)은 미국 군대에 차출되어 직업이 무엇이냐는 질문을 받았을 때 '작가'라고 대답했다. 이는 상당한 우려를 불러일으켰다. 작가는 보통 모든 것을 비판하고 말썽을 일으키는 비현실적인 이상주의자기 때문이다. 그래서 폴은 그가 왜 글을 쓰는지 질문 받았다. '돈을 벌려고요.' 그가 대답했다. 이는 완전히 말이 되고 이해할 수 있는 이유였기 때문에 사람들에게 안심을 주었다. 다른 유명한 미국 작가 아이작 아시모프(Isaac Asimov)는 300권 이상의 과학 소설, 대중 과학, 그 외 다른 장르의 책을 썼다. 그가 왜 그렇게 많은 책을 쓰는지 질문 받았을 때 그는 멈추는 것이 불가능하기 때문이라 대답했다. 그는 또한 다른 누구에게도 자신의 다작 방식을 권하지 않기 위해 노력했다. 일부 작가는 단 한 권의 책을 쓰고, 심지어 그것이 베스트셀러가 되더라도 거기에서 만족한다. 다른 이들은 상업적 성공을 거두든 말든 계속해서 글을 쓴다. 몇몇은 책을 한 권 쓰고 나서 절대 그런 경험을 반복하지 않으리라 다짐한다. 일부는 수학의 새로운 분야, 사회적 혁명, 정치적 혁신 등 그들이 매우 중요하다는 인상을 받은 메시지를 전파하고자 한다. 일부는 그저 글 쓰는 것을 좋아한다. 분명한 모범도, 매우 엄격한 규칙도 없다. 모든 것은 다양하고 변하기 쉽다.

내 생각에 당신이 고무적이며 흥미롭다고 생각하는 수학 분야의 무언가를 절실하게 세상에 말해주고 싶을 때 대중 수학 서적을 쓰는 게 좋다. 책은 저자가 주제에 대해 신이 나 있고 열정적일 때 더 효과적이다. 신남과 열정은 그 자체로 빛을 발할 것이고, 그것을 노골적으로 드러내지 않는 것이 더 좋다. 요즘에는 많은 텔레비전 사회자가 시청자에게 그들이 얼마나 신나는지 끊임없이 알려주면 시청자 역시 신나게 될 것이라 믿는 것처럼 보인다. 그것은 실수다. 독자에게 당신이 신났다는 것을 말하지 말라. 그렇다는 것을 **보여 주어라**. 이야기를 말하고, 그것 고유의 흥미로움(흥미진진함을)을 드러내면, 잘 하고 있는 것이다. 대중화는 수학을 재미있게 (흥미롭게, 유용하게, 아름답게, …) 만드는 것이 아니다. 사람들에게 그것이 애초에 재미있다(흥미롭다, 유용하다, 아름답다)는 것을 **보여주는** 것이다.

과거에 나는 수학을 신데렐라 과학이라 불렀다. 수학은 모든 궂은 일을 하지만 절대 무도회에 초대되지는 않는다. 수학은 분명 많은 것과 비교해 고통받고 있으며 이는 거대한 대중 영역에서의 부정적인 인상 때문이다. 일반 대중을 위한 수학 서적을 쓰는 한 가지 이유는 이런 인상과 싸우기 위함이다. 같은 직업인으로서 수학자가 언제나 제 편을 돕는 것은 아니며 그 이유는 대부분 부당하다. 심지어 오늘날에도 수학의 일부 분야가 미디어의 주목을 끌면, 몇몇 수학자는 곧장 예민한 태도로 속임수, 과장, 엄밀함의 부재를 지적하며 소리 높여 불평한다.

제임스 글릭(James Gleick)의 『카오스(*Chaos*)』가 베스트셀러가 되어 미국 정부가 이를 알아차리고 비선형 동역학에 대한 재정 지원 확대를 검토하기 시작했을 때, 저명한 수학자 몇 명이 그것은 전혀 말이 안 되며 그 주제는 무시되어야 한다고 정부에게 알리는 데 각별한 노력을 했다. 모호한 근사로 표현된 '혼돈이론'의 대중적인 인상이 아니라, 진짜 이론 그 자체에 문제가 있었다면 그들의 노력은 의미가 있었을 것이다. 그러나 그들은 틀렸다. 혼돈의 핵심 요소 중 하나인 비선형 동역학은 20세기 말의 가장 큰 성공담 중 하나였고 21세기로 힘차게 나아갔다. 나는 그와 관련된 주제를 멋지게 사용한 논문을 보지 않고서는 《사이언스(*Science*)》나 《네이처(*Nature*)》의 어느 페이지도 열어볼 수 없던 시기에, 혼돈이나 프랙탈이 어느 곳에든 응용될 수 없다고 주장하는 단신이 한 유명한 수학 저널에 도착했던 일을 기억한다. 결론은 이렇다. 많은 수학자는 과학의 나머지 세계에서 어떤 일이 일어나는지 전혀 알지 못하며 왜냐하면 아마 그들이 《사이언스》나 《네이처》를 읽지 않기 때문이다.

수학을 가치 있고 호감 있는 주제로 만들기 위해 우리 수학자는 일반 대중에게 수학이 사회, 경제 및 사회적 복지, 보건, 더 나아가 아이들의 미래에 필수적이라는 것을 설명해야 한다. 그 누구도 이를 수학자 대신 해주지 않는다. 하지만 다양체를 언급할 때 이것이 국소적으로 유클리드인 것과 더불어 하우스도르프이며 파라콤팩트라는 것을 반드시 설명해야만 한다면 우리는 성공할 수 없을 것이다. 청중이 이해할 수 있는 것들로 그들의 주의를 끌어야 한다. 이는 필연적으로 부적확한 언어와 뭉뚱그려진 주장을 포함하며, 어떤 분야를 그것보다 학술적으로 더 중요한 다른 분야보다 그저 더 쉽게 설명할 수 있다는 이유만으로 선택하기도 해야 한다.

나는 우리가 수학의 중요성에 대해 대중을 오도하자고 제안하는 것이 아니다. 하지만 과학적 주제가 대중의 관심을 끌 때면 미디어에 등장하는 그 모습이 전문적인 진실을 실제로 반영하는 경우가 드물다. 이면의 진실이 정말 유용하고 중요하다면, 대중이 겉모습에 약간 과장하여 흥분하는 것은 큰 해가 되지 않는다. 그 흥분을 가라앉히는 것은 좋지만 그렇다고 모든 일을 망쳐서는 안 된다. 대중의 관심을 낚아챈 뒤 더 교육적인 이해로 지렛대를 옮기는 것(은행 관계자가 말하듯)은 괜찮다. 대중의 관심을 낚아챈 뒤 사소한 점이 엄밀하지 않다고 스스로 파멸하는 것은 어리석다.

3 주제 정하기

대중적인 글쓰기에 관한 글은 응용수학 안내서에 특히 적절한데 왜냐하면 대부분의 사람은 수학이 무엇에 유용한지 볼 수 있을 때 그것을 더 잘 이해하기 때문이다. 이는 왜 혼돈과 프랙탈이 대중의 관심을 끌었으며 대수적 K-이론은 그러지 않았는지에 대한 한 가지 이유이다. 이것은 가치판단이 아니다. 대수적 K-이론은 수학의 핵심이며, 엄청나게 중요하다. 어쩌면 비선형 동역학보다 중요할지 모른다. 하지만 그들 모두 수학을 풍부하게 하므로 상대적인 장점을 논할 수 있는 근거는 적다. 우리는 반드시 하나를 취하고 나머지를 거부하도록 강요당하지 않는다. 연구 수학자로서 둘 모두를 연구하고 싶지는 않을 테지만, 그렇다고 자신의 수학 분야가 유일하게 의미 있는 것이라 주장하는 것도 분별 있는 행동은 아니다. 모두가 당신의 분야로 옮겨왔을 때 얼마나 심한 경쟁이 있을지 생각해 보라. 이는 물리학에서는 꽤 자주 일어나며 때때로 주제를 패션쇼로 바꿔버린다.

대중 수학 서적 대부분에 대한 요점은 단순하다.

이야기를 말하라.

세련된 문학계는 보통 이야기의 역할을 중시하지 않는다. 『피네간의 경야(*Finnegans Wake*)』에 대한 당신의 생각이 어떻든, 소수만이 그것을 대단한 이야기라 간주할 것이다. 그러나 모든 장르 글쓰기와 마찬가지로 대중 과학은 세련된 문학계 안에 들어가지 않는다. 독자가 원하는 것, 저자가 제공해야 하는 것은 이야기이다. 음, 보통 말이다. 이 분야의 모든 규칙에는 예외가 있다. 장르 글쓰기에서 인간은 호모 사피엔스(Homo sapiens), 현명한 자가 아니다. 인간은 팬 나랜스(Pan narrans), 이야기하는 영장류이다. 『다빈치 코드(*The Da Vinci Code*)』의 엄청난 성공을 보라. 모두 이야기이며 전혀 현실적이지 않다.

이야기는 구조를 갖는다. 그것에는 도입, 중간, 마무리가 있다. 이야기는 대개 갈등과 그것의 궁극적인 해소와 연관된다. 그 안에 사람이 있다는 것은 좋은 요소이다. 그것이 바로 사이먼 싱(Simon Singh)의 『페르마의 마지막 정리(*Fermat's Last Theorem*)』를 베스트셀러로 만들었다. 그러나 당신 책의 주인공은 괴물 단순군(monster simple group)이나 4색정리(four-color theorem)가 될 수도 있다. 일부 하위 장르에서 인간적인 관심을 끄는 것은 도움이 되지만, 필수적인 것은 아니다.

4 어떻게 일반 대중을 위해 쓰는가

나는 내가 알고 있길 바란다.

작가가 되려는 이에게 보통 해주는 조언은 다음 질문에 답하라는 것이다. 나는 누구를 위해 글을 쓰는가? 그것은 이론적으로 흠 없는 조언이지만 현실적으로는 장애가 있다. 대개 그것을 아는 것은 불가능하다. 당신은 자신이 10대인 아이가 수학 시험을 통과하도록 도우려는 성실한 부모님을 위해 글을 쓰고 있다고 확신할지 모른다. 그러나 구매 부수로 따졌을 때, 소비자층은 수학을 조금 더 공부하지 못한 것을 언제나 후회하다가, 시간이 생겨 열심히 공부할 기회를 포착한 은퇴한 변호사와 은행 지점장이라는 판결을 내릴 수도 있다.

일부 책은 특정 연령대(유아, 10대, 성인)를 겨냥하며 당연히 그런 종류의 책을 쓰려면 독자의 나이를 마음에 새길 필요가 있다. 그러나 대중 수학 서적 대부분에서 독자는 매우 폭넓은 것으로 밝혀졌고, 명백한 인구 집단에 집중되지 않으며, 특징짓기 어렵다. 우리는 그저 그들을 '대중 수학 서적을 구매하는 부류'라고 부를 수 밖에 없으므로, 당신이 독자에 대해 너무 많이 걱정할 필요는 없다고 생각한다.

독자에게 의존하지 않는 것이 가장 중요하다. 일관된 수준으로 글을 쓰라. 만약 책의 첫 장에서 독자가 무엇이 분수인지 모른다고 가정했는데, 2장이 p진 코호몰로지에 관한 것이라면 난관에 봉착하게 될 것이다. 콜로퀴엄 연사에게 건네는 전통적인 조언, 즉 모두가 따라갈 수 있는 쉬운 내용으로 시작한 다음 전문가를 위한 세부 내용으로 넘어가라는 것은 심지어 콜로퀴엄에서조차 언제나 효과가 별로였는데 왜냐하면 5분의 평이한 내용 이후에는 대부분의 청중을 잃기 때문이다. 이는 대중 수학 서적에서는 완전한 재앙이다.

책의 내용이 전개됨에 따라 어려움의 수준을 점진적으로 늘리는 것이 보통이다. 무엇보다, 독자는 당신의 명쾌한 산문이 눈동자를 통해 머릿속으로 들어감에 따라 주제에 대한 통찰력을 얻을 것이다. 10장은 1장보다는 조금 더 도전적이어야만 한다. 그렇지 않다면 당신은 일을 제대로 하고 있는 것이 아니다.

대중을 위해서든 《수학연보(*Annals of Mathematics*)》의 편집자와 독자를 위해서든, 무언가를 쓸 때 한 가지 유용한 요령은 자기 편집이다. 당신은 편집자의 직관을 기를 필요가 있으며 그것을 자신의 작업물에 적용해야 한다. 손가락이 키보드를 누르기 전에 엉망인 문장을 가려내면서 작업 중에도 자기 편집을 할 수 있지만, 나는 그것이 작업 속도를 늦추며 쉽게 작가를 '절필감(writer's block)'으로 이끈다는 것을 깨달았다. 마오쩌둥식 자아비판의 시간을 나중으로 미루면 그런 고뇌로부터 거의 고통 받지 않는다. 위대한 수학 해설자였던 폴 할모스(Paul Halmos)는 책을 쓰는 비결은 일단 쓰는 것이라고 누차 말했다. 얼마나 지저분하든 얼마나 엉망으로 구성되든 말이다. 글 대부분을 종이나 컴퓨터 위에 써놓았다면, 문서를 체계적으로 살펴보고 무엇이 좋고, 무엇이 나쁘고, 무엇이 잘못된 위치에 있고, 무엇이 사라졌고, 무엇이 불필요한지 결정할 수 있다. 이런 구조적 문제는 바라보는 구체적인 무언가가 있을 때 정리하기 더 쉽다.

워드 프로세서는 이런 과정을 훨씬 쉽게 만들어주었다. 나는 일반적으로 책에 필요한 단어량보다 10-15% 더 많이 쓰고 나서 초과된 것을 버린다. 그렇게 하는 것이 매번 각 문장을 타이핑한 뒤 괴로워하는 것보다 더 빠르다는 것을 깨달았다. 조지 버나드 쇼(George Bernard Shaw)의 말을 떠올리자. '이 편지가 너무 긴 것에 사과한다, 나는 이를 더 짧게 만들 시간이 없었다.' 자신의 작업물을 편집할 때, 주의해야 할 몇 가지가 있다.

- 앞서 설명되지 않은 용어를 사용하려 하고 그것이 독자를 혼란스럽게 할 가능성이 있어 보이면, 그것을 정립할 곳을 찾아라. 이는 몇 장

전이 될 수도 있고, 사용하기 직전이 될 수도 있다. 무엇을 하든 당신이 사용하려는 것 중간에만 넣지 마라. 산만해질 수 있다. '푸앵카레는 모든 닫힌 고리가 한 점으로 수축될 수 있는 3차원 다양체 (즉, 3개의 좌표를 가진… [몇 개의 문장] … 공간, 다시 말해 … [몇 개의 문장] … 일반화된 종류의 곡면)가 … 라고 추측했다'는 잘 읽히지 않는다.

- 일부 부차적인 문제가 설명 위에 또 다른 설명을 덧붙여야 해서 너무 길어질 것 같으면, 그것이 정말로 필요한지 자문하라. 데이비드 톨(David Tall)과 나는 학부생을 위한 복소해석학 책에서 대수적 위상수학의 내용을 피하면서 호몰로지의 기본을 설명하기 위해 10년 동안 분투했다. 마침내 우리는 그 장을 완전히 생략해도 된다는 것을 깨달았고, 그 후 책은 2주만에 마무리되었다.
- 일부 절에서 당신의 세련된 글쓰기가 정말로 자랑스럽다면, 그것이 과장되거나 산만하지 않은지 걱정하라. 그것을 잘라내고 (나중에 다시 넣어야겠다고 결정할 경우를 위해 남겨두라) 결과를 다시 읽어보아라. 그것이 필요했는가? '미문'은 효율적인 소통의 적이 될 수 있다.
- 무엇보다 모든 것을 단순하게 유지하려 하라. 독자의 입장이 되어 생각하라. 그들이 당신에게 어떤 설명을 원할까? 당신이 제공한 수준의 세부 내용이 필요한가? 덜 구체적인 무언가가 같은 효과를 낼 수 있을까? 그들이 알아야 할 것이 한 수를 다른 것으로 바꿔주는 역할 뿐이라면 함수의 정의역과 치역부터 시작하지 마라. 그들은 시험을 보려는 것이 아니다.
- 피와 살이 되는 아이디어는 대부분의 사람이 전혀 들어보지 못한 것임을 잊지 말아라. 당신은 팩토리얼이 무엇인지 안다. 그들은 모를 것이다. 당신은 동치관계가 무엇인지 안다. 독자 대부분은 그렇지 않을 것이다. 당신이 공식을 던져줄 때가 아니라, 하나부터 차근차근 이야기하며 나아갈 때 그들은 두 고리를, 혹은 심지어 두 호모토피류(homotopy class)를 합성하는 법을 이해할 수 있을 것이다.
- 『시간의 역사(*A Brief History of Time*)』의 출판사는 저자 스티븐 호킹(Stephen Hawking)에게, 일설에 따르면 수식 하나 당 '매출이 반'이 되니 수식을 피하라고 말했다고 한다. 이 조언은 독자가 감당할 수 있느냐보다는, 어느 정도 출판사의 심리적 불안에 근거했다. 거의 매 페이지마다 수식이 있지만 커다란 상업적 성공을 거둔 로저 펜로즈(Roger Penrose)의 『실체에 이르는 길(*The Road to Reality*)』을 보라. 하지만 출판사가 호킹에게 한 말도 일리가 있다. 같은 것을 글이나 그림으로 말할 수 있다면 수식을 사용하지 마라.

대중 과학의 신예 작가라면 누구나 독자를 계속 흥미 있게 하고, 즐겁게 하고, 그들에게 정보를 주고, 그리고 궁극적으로는 그들이 천재처럼 느끼도록 만드는 게 목적이며 그것을 갈망한다. 그렇게 하면, 그들은 당신을 천재라 생각할 것이다.

5 요령

모든 작가는 자신만의 특색 있는 문체를 발전시킨다. 다른 종류의 책에서는 문체도 다를 수 있지만, 주어진 종류의 책마다 완벽한 어떤 보편적인 문체가 존재하지는 않는다. 일부 사람은 형식적인 산문체로 쓰고, 일부는 대화체를 더 사용하며(나의 개인적인 선호), 일부는 신남을 추구하지만, 일부는 이야기를 부드럽고 차분하게 유지하기를 좋아한다. 전반적으로 글은 당신이 편안하게 느끼는 자연스러운 문체로 쓰는 것이 제일 좋은데, 그렇지 않다면 이야기의 흐름에 집중해야만 할 때 자연스럽지 않은 형식으로 단어를 맞추기 위해 대부분의 시간을 쓰게 될 것이다.

그럼에도 몇 가지 유용한 지침이 있다. 그러나 이것에 순종적으로 따를 필요는 없다. 여기서의 요점은 저자가 인지해야 할 종류의 문제들을 묘사하는 것이다.

옳은 문법을 사용하라. 긴가민가하면 『파울러의 현대 영어 어법(*Fowler's Modern English Usage*)』 같은 표준적인 참고서를 찾아보아라. 영어 어법의 일부 측면은 그의 시대 이후에 바뀌었음을 염두에 두어라. 격식 없는 언어는 보통 문법적으로 깔끔하지 않다는 것을 인지는 하되, 격식 없는 글을 쓸 때조차 그런 면에서는 조금 보수적이 되어라. 예를 들어, 오늘날 '그 팀이 잘들 하고 있다(the team are playing well)' 같은 표현을 피하기는 불가능하다. 엄밀히 말하면 '팀(team)'은 단수 명사이고 옳은 표현은 '그 팀은 잘 하고 있다(the team is playing well)'이다. 때때로 엄밀하게 옳은 어법은 너무 규칙에 얽매이거나 어색하게 들릴 수 있기에 사용하지 않는 편이 더 나을 수 있지만, 전반적으로는 옳은 것이 더 낫다. 어떠한 경우에도 '그 팀은 잘 하고 있으며 그들은 이전 10게임에서 9경기를 이겼다'처럼 일관적이지 않은 것은 절대 피하라.

내가 싫어하는 게 몇 가지 있다. '희망적으로(hopefully)'가 그 중 하나다. 이것이 '희망을 갖고(with hope)'라는 의미라면 옳게 쓰인 거겠지만, 보통 더 많은 경우 '그러길 바란다(I hope that)'는 의미로 쓰이며 이는 틀리다. '~라는 사실(the fact that)'도 잘못 쓰일 때가 많다. 이것은 거의 언제나 엉성한 문장 구조의 징후이며, 대부분의 경우 장황하고 불필요하다. '~라는 사실로 보아(in view of the fact that)'나 비슷한 표현을 단순한 영어 단어 '~때문에(because)'로 대체하라. '사실(the fact)'을 지우고 그냥 '것(that)'만 남겨도 된다. 그것이 유효하지 않다면, 대개 문장을 고칠 쉬운 길을 찾을 수 있을 것이다. 또 다른 쓸데없이 복잡한 표현은 '~하는 것이 이루어지는 방법(the way in which)'이다. 소박한 '~하는 방법(how)'이 같은 역할을 하며 더 낫다.

라틴어 약자인 e.g., i.e., etc.를 피하라. 그것은 전문적인 수학 글에서조차 구식이며(라틴어는 더 이상 과학의 언어가 아니다) 대중적인 글에서는 분명히 설 자리가 없다. 분명한 영어로 대체하라. 글은 더 이해하기 쉽고 덜 어색해질 것이다. 상용구를 피하되(목록이 위키피디아에 링크되어 있다) 그것을 전부 피하는 것은 불가능함을 염두에 두어라. 주의 깊은 독자는 이 글에서도 몇 개 찾았을 것이다. 가령 '염두에 두어라'처럼! '깃대에 걸어보아라(run it up the flagpole)' 같은 지루한 표현은 피하고 상용구의 비율을 작게 유지하라.

은유(metaphor)와 비유(analogy)는 훌륭하다…. 그것이 효과가 있다면 말이다. 'DNA는 마치 두 개의 나선형 계단이 서로를 감아 올라가는 것과 같은 이중나선이다'는 생생한 영상을 전달한다. 비록 그것이 위태로울 만큼 식상한 표현이지만 말이다. 어울리지 않는 은유를 쓰지는 마라. 나는 언젠가 '갈루아 군(Galois group)은 수학자가 도구로 사용하는 필수적인 무기이다'라고 썼는데 한 친절한 편집자가 무기는 총기류 따위이며 그것은 '필수적'이지 않다고 설명했다. 인간의 머리는 은유 기계이다. 그것은 '유사'를 직관적으로 파악하며, 이해에 대한 요구는 보통 사물의 핵심을 찌르는 비유를 찾음으로써 만족될 수 있다. 잘 선택한 비유는 책 하나를 만들 수 있다. 형편 없는 것은 책을 망칠 수 있다.

학교에 배경을 둔 사람들은 학교에서의 표준적인 반사 행동을 피하기 위해 부단히 노력할 필요가 있다. '그들에게 먼저 무엇을 말할 것인지 말한 뒤, 그것을 말해주고 나서, 그들에게 당신이 말한 것이 무언인지 말하라'는 가르칠 땐 괜찮으며 그런 의도에서의 표현은 독자에게 한 장, 혹은 전체 책을 이해하는 데 도움을 줄 수 있지만, 반사적인 행동은 쉽사리 판에 박힌 것이 될 수 있다. 더 나쁘게는, 그것이 긴장감을 무너뜨릴 수 있다. 『로미오와 줄리엣(*Romeo and Juliet*)』이 '봐라! 저기 로미오가 온다! 그는 잠드는 약을 먹고 어여쁜 줄리엣은 그가 죽었다고 생각해 스스로 목숨을 끊을 것이다'로 시작한다고 상상해보라.

어떤 유의 지침은 당신이 무엇을 할지 독자가 이해하는 데 대개 도움이 된다. 내 최근의 책 『생명의 수학(*Mathematics of Life*)』은 이렇게 시작한다.

> 생물학은 과거에 식물, 동물, 곤충에 관한 것이었으나 5개의 거대한 혁명이 과학자가 생명에 대해 생각하는 방식을 바꾸어 놓았다.
>
> 6번째 혁명은 지금 일어나고 있다.
>
> 첫 5개의 혁명은 현미경의 발명, 지구 생명체의 체계적인 분류, 진화, 유전자의 발견, DNA의 구조를 밝힌 일이다. 훨씬 논쟁의 여지가 있을 6번째 혁명으로 넘어가기 전, 그들을 차례로 살펴보도록 하자.

이를 인지한 독자는 표면상으로 수학에 관한 책의 다음 몇 장이 왜 생물학에서 역사적으로 중대한 시점을 다루는지 이해할 것이다. 내가 그들에게 6번째 혁명이 **무엇인지** 말하지 않았다는 것에 주의하라. 이것은 물론 수학이고 독자가 책 뒤편의 광고문을 읽었다면 무엇인지 알 테지만, 그것을 자꾸 말할 필요는 없다.

대중 과학 서적을 쓰는 것은 교과서를 쓰는 것과는 다르다. 그것은 좀 더 소설에 가깝다. 당신은 이야기를 말하는 것이지 과목을 가르치는 게 아니다. 이야기의 호흡 조절이나 무엇을 앞에 보여주고 무엇을 숨겨 놓을지에 대해 고민할 필요가 있다. 독자는 아마 다양체가 곡면의 다중차원 유사물이라는 것을 알 필요가 있고, 당신은 그것을 '휘어진 다차원 공간'이라고 단순화해야 할지도 모른다. 좌표함수(chart)와 좌표계(atlas)와 C^∞ 추이함수(overlap map)부터 말하지 말라. '파라콤팩트(paracompact)'와 '하우스도르프(Hausdorff)'의 언급을 모두 피하라. 어느 정도는 기꺼이 거짓을 말하라. 생략이란, 언급이 된다면 방해가 될 전문적 고민을 미끄러져 지나치는 선의의 거짓말이다. 잭 코헨(Jack Cohen)과 나는 이 요령을 '어린애를 위한 거짓말'이라 부른다. 그것은 교육적으로 불가피한 것이다. 전문가가 알아야만 하는 것은 대중이 알아야 하는 것과는 다르다.

무엇보다, 어떤 과목을 가르치려 하는 게 아님을 기억하라. 당신은 세상에 무슨 일이 일어나는지 설명해 줄 일부 생각을 똑똑하지만 배운 적 없는 사람에게 전달하고자 하는 것이다.

6 내 책을 어떻게 출판하는가?

경험 있는 작가는 이를 어떻게 하는지 알고 있다. 당신이 신예 작가라면, 잘 알려진 출판사에 작업 내용을 보여주는 것이 나을지 모른다. 하지만 이 조언은 전자책이 점차 대중화되면서 어쩌면 구식이 될 것이다. 출판사는 책을 인쇄하는 비용을 감당하고, 홍보와 유통을 계획하고, 출판 과정을 처리한다. 그 보상으로 출판사는 대부분의 수익을 갖고, 약 10% 정도를 저자에게 로열티 형태로 지불한다. 한 가지 대안은 적은 부수 책을 경쟁력 있는 가격으로 인쇄해 주는 웹 사이트를 통해 스스로 책을 출판하는 것이다. '허영심 출판(vanity publishing)'이라 불리던 오명은 더욱더 많은 저자가 중개인을 없애면서 빠르게 사라지고 있다. 당신은 아마 웹사이트를 이용하여 마케팅을 신경 써야겠지만, 유통은 인터넷 덕분에 더는 큰 문제가 아니다. 작업물을 출판하는 심지어 더 손쉬운 방법으로서 아마존(Amazon)은 단순한 출판 서비스를 제공한다. 저자는 등록하고, 워드 파일을 업로드하고, 결과물을 검토한 뒤, '출판' 버튼을 누르는 것 외에 더 해야 할 일이 없다. 현 시점에서 저자는 수익의 70%를 얻는다. 많은 작가 단체가 이런 출판 방식을 장려하기 시작했다.

전통적인 경로를 따른다고 가정하면, 당신은 하나 또는 그 이상의 출판사와 연락할 필요가 있을 것이다. 어느 출판사에 접근해야 할지 알고 있는 출판 대리인은 대개 이 과정을 더 빠르고 더 효과적으로 만든다. 전문적인 출판 대리인에 의해 개선된 로열티나 선인세는 보통 대리 수수료(10%에서 20% 사이)보다 많으며, 여기서 선인세란 출판사가 추후 로열티 대신 지불하기로 합의한 금액이다. 선인세는 책이 출판되어 나온다는 가정하에 먼저 챙겨 둘 수 있지만, 책이 '차후 정산'되기 전까지는 추가적인 로열티를 받지 않을 것이다. 작가 단체에서 대리인을 찾는 것(그리고 다른 많은 것)에 대한 조언을 구할 수 있다. 대리인이 없다면 비슷한 유형의 책을 최근 어느 출판사에서 만들었는지 찾아보아라. 개요 혹은 견본 장 하나를 짧은 소개서와 함께 보내라. 출판사가 관심을 가진다면 편집자가 답장을 보낼 것이고, 통상 추가적인 정보를 요구한다. 이는 시일이 걸릴 수 있다. 그렇다면 그것이 몇 달이 아닌 이상 인내하라.

출판사가 당신의 책을 받아들인다면 계약서를 보낼 것이다. 이는 언제나 공식적인 것처럼 보이지만 그렇다고 이를 갈기갈기 찢고 사방에 낙서하는 데 주저할 필요는 없다. 무슨 수를 써서라도 출판사와 더 나은 계약을 위해 협상하고, 그래도 마음에 들지 않으면 서명하지 말라. 대리인이 계약 절차를 도와주더라도 계약서를 주의 깊게 읽어보라. 미래의 책에 당신의 손을 묶어둘, 특히 '이는 저자의 다음 책이 될 것이다' 같은 조항은 꼭 삭제해야 한다. 소수의 출판사는 당신의 차기작을 선택할 권리를 일상적으로 요구한다. 저자 역시 일상적으로 그 조항을 지워야 한다. 가능한 많은 부차적 권리(번역, 전자 출판, 연속 간행 등)를 갖도록 노력해야 하지만, 출판사가 책을 수용하기 전에 당신이 그 모든 권리를 출판사에게 양도해야 할 수도 있음을 인지하라. 몇몇 타협은 필수적이다.

7 구성

서로 다른 저자는 서로 다른 방식으로 글을 쓴다. 일부는 가령 하루에 2000단어처럼 자신에게 특정한 목표를 부여한다. 일부는 기분이 내킬 때 글을 쓰고 그 기분이 사라질 때까지 계속 작업한다. 일부는 표지부터 시작해 페이지 하나하나씩 책을 써 나간다. 일부는 그때그때 느낌이 오는 절을 쓰면서 무작위적으로 건너 뛰고 그 사이 틈은 나중에 메운다.

제목만 있는 페이지에서조차 계획은 거의 필수적이다. 개요로 책을 계획하는 것은 그것이 무엇에 관한 것이며 그 안에 무엇이 들어가야 할지 결정하는 데 도움을 준다. 대중 과학 서적은 보통 이야기하는 방식을 취하므로 이야기의 요점이 무엇이 될지 정리하는 것은 좋은 생각이다. 하지만 책 대부분은 쓰다 보면 바뀌기 때문에 당신은 계획을 엄격한 제약이라기보단 느슨한 지침처럼 생각해야 한다. 진행하면서 기꺼이 계획을 다시 설계하라. 책은 당신에게 말을 걸 것이다.무어라 말하는지 경청하라.

같은 페이지를 몇 번이고 다시 쓰게 만들고, 저자를 끝없는 우울함에 빠트리는 병인 절필감을 피하기 위해서는 전체 책의 대략적인 초안을 완성하기 전까지 문서를 다시 작성하는 것을 피하라. 20장을 끝내고 나면 1장을 어떻게 다시 써야 할지 훨씬 더 좋은 감각을 가지게 된다. 작업이 거의 절반쯤 왔다면, 나머지는 그저 내리막길이며 글쓰기는 보통 더 쉬워질 것이다. 처음부터 불필요하게 까다로이 굴어 그 기분을 만끽할 시기를 늦추지 마라. 책이 만들어졌음을 안 순간, 그것을 깔끔하게 만들고 개선시키는 것은 기쁨이 된다. 테리 프래쳇(Terry Pratchett)은 그 기분을 '흩날리는 마법의 가루(scattering fairydust)'라 불렀다.

8 또 무엇을 해야만 하는가

당신의 일은 최종 원고(인쇄물, 워드 파일, LATEX 파일, 무엇이든)를 제출할 때 끝나는 것이 아니다. 편집자는 그것을 읽고 폭넓은 변화를 제안할 것이다. '4장을 6장 뒤로 옮기세요', '14장을 반으로 줄이세요', '위상수학의 유래에 관해 두 페이지 늘리세요' 따위처럼 말이다. 주 업무가 인쇄를 위한 원고를 준비하고 인쇄상, 사실적, 문법적 오류를 교정하는 교열 담당자도 있다. 그들 중 일부는 사소한 변화를 제안할 것이다. '독자에게 뫼비우스 띠가 무엇인지 말해주는 문단을 넣는 게 어때요?'처럼 말이다. 다수는 구두점, 문단 나눔, 단어 선택을 바꿀 것이다. 그들이 너무 과하다 싶으면(그들이 인쇄를 위해 준비하는 대신 자신들의 문체를 적용하는 것처럼 느껴질 때) 그만 두고 모든 것을 원래대로 되돌려 놓으라고 요청하라. 이건 당신의 책이다.

수 개월이 지나고 읽고 교정해야 할 교정쇄가 도착할 것이다. 보통 주어지는 시간은 짧다. 출판사는 이 과정에 대한 지침, 가령 어떤 기호를 사용해야 하고 어떤 색의 잉크를 써야 하는지를 알려줄 것이다(대다수는 여전히 인쇄본에 작업한다. 일부는 '변경 추적'이 가능한 PDF 파일이나 워드 파일을 보낼 것이고, 당신이 어떻게 하길 원하는지 설명할 것이다). 절대적으로 필요하지 않다면, 비록 방금 코호몰로지가 무엇인지 설명하는 훨씬 더 나은 방식을 생각해냈더라도 문서에 추가적인 변경을 가하지 말라. 오탈자가 아닌 과도한 수정에는 비용을 물을지 모른다. 당신의 계약서를 보면 약 25절 이내일 것이다.

당신은 검토된 교정쇄와 함께 자신의 역할을 끝냈고 쉴 수 있다고 생각할 수 있다. 그것은 오산이다. 오늘날 책은 홍보 수단의 엄호사격과 함께 출시된다. 팟캐스트, 웹캐스트, 블로그, 트위터, 《뉴 사이언티스트(*New Scientist*)》나 신문과 같은 인쇄되는 미디어의 글을 통해 말이다. 출판사의 홍보 부서는 당신을 라디오나 텔레비전에 출연시키고자 할 것이며 누구라도 접촉하면 당신이 인터뷰에 나타날 것이라 기대한다. 특히 문학 페스티벌이나 과학 페스티벌에서 대중 강연을 맡아달라고 부탁받을 수도 있다. 계약서는 합리적인 이유가 있거나 요구가 과도하지 않은 이상 당신이 그러한 활동에 참여할 것을 강요할 것이다. 이것은 일의 일부이므로 놀라지 마라. 감당할 수 없을 것 같으면 출판사에 말하라. 출판할 수 있는 또 다른 책을 쓰지 못할 만큼 당신을 지치게 하거나 너무 많은 시간을 뺏는 것은 출판사에게도 최선의 이익이 아닐 것이다.

언제나 책을 쓰고 싶었는가? 그럼 그렇게 하라. 그저 자신이 무엇을 겪게 될지 알고 있으면 된다.

VIII.4 작업환경

니콜라스 하이엄 *Nicholas J. Higham*

작업환경은 실제 연구를 제외하고 수학 논문을 작성하는 것과 연관된 모든 것을 지칭한다. 이는 서로 다른 작업을 위한 다양한 종류의 소프트웨어 중 가장 적합한 것을 고르는 법을 포함해, 무언가를 현실적으로 어떻게 하느냐에 대한 것이다. 좋은 작업환경의 특징은 그것이 효율적으로, 반복 가능하며, 실수를 쉽게 복원할 수 있는 방법으로 최종 결과를 달성하게끔 해준다는 것이다.

1 조판: TEX과 LATEX

개인 컴퓨터 이전 시대에, 논문은 수기로 작성된 뒤 비서에 의해 타자기로 입력되었고 궁극적으로는 출판사에 의해 조판되었다. 오늘날 거의 모든 저자는 컴퓨터에서 논문을 스스로 준비하며, 출판사는 저자가 작성한 파일로 작업한다. 학계의 많은 분야에서는 마이크로소프트 워드(Microsoft Word)나 대체 가능한 오픈 소스 프로그램을 사용하는 것이 관습이다. 수학, 컴퓨터 과학, 물리학에서는 LATEX이 사실상의 표준이 되었다.

TEX은 도널드 크누스(Donald Knuth)에 의해 1970년대 말 발명된 조판 체계로서 특별히 수학을 다루는 데 강력하다. LATEX은 레슬리 램포트(Leslie Lamport)가 최초로 만든 TEX 위에서 돌아가는 매크로 패키지이다. TEX이나 LATEX 파일은 출력물의 서식을 지정하는 명령어를 포함하고 있는 ASCII(서식 없는 텍스트) 파일이며, 최종 출력물(오늘날은 보

```
Polynomials are one of the simplest and most
familiar classes of functions and they find
wide use in applied mathematics.
A degree $n$ \py\
$$
    p_n(x) = a_0 + a_1 x + \cdots + a_n x^n
$$
is defined by its $n+1$ coefficients
$a_0,\dots,a_n \in \C$ (with $a_n \ne 0$).
```

그림 1 응용수학의 언어[I.2 §14]의 일부에 대한 LaTeX 소스 코드. `\py`와 `\C`는 사용자 정의 매크로이다. `\cdots`와 `\dots`는 내장된 TeX 매크로이다. 달러 표시는 수학 모드의 범위를 지정한다.

통 이동 가능 문서형식(Portable Document Format, PDF) 파일)을 생성하기 위해 반드시 컴파일되어야 한다. 이는 마이크로소프트 워드 같이 출력물이 어떻게 나타날지 화면에 보여주는 WYSIWIG('보이는 것이 얻는 것(what you see is what you get)') 워드 프로세서와 대조적이다. TeX은 워드 프로세서보다 세세한 조정을 가능케 하며(후자는 때때로 '보이는 것이 얻을 수 있는 모든 것'으로 묘사된다), LaTeX은 다양한 조판 인자를 설정하는 서식 파일을 통해 논문의 판형을 특정 저널에 맞게 조정하는 것을 매우 쉽게 돕는다. LaTeX은 또한 책과 같은 거대한 프로젝트에도 적합하다. 실은 이 책도 LaTeX으로 조판되었으며, 편집자와 제작 편집자는 이 책을 이와 다른 방식으로 만든다는 것을 상상조차 할 수 없다.

그림 1은 어떤 LaTeX 소스 코드를 보여준다. 코드가 어떤 서식을 가지는지는 출력물에 아무런 영향을 주지 않지만, 공간을 자유롭게 사용하면서 소스를 가능한 한 읽기 쉽게 만드는 것은 좋은 습관이다. 나는 새로운 문장을 새로운 줄에 시작하는 것을 좋아하는데, 이는 편집 중 그것을 잘라내고 붙여 넣기 용이하게 만든다.

TeX과 LaTeX은 오픈 소스 소프트웨어이며 다양한 배포판으로 얻을 수 있다. 특별히, TeX Live 배포판은 윈도우, 리눅스, 맥 시스템에서(후자에 대해서는 강화된 MacTeX으로) 사용할 수 있다.

LaTeX을 사용하려면 어떻게 해야 하는가? 두 가지 방식이 있다. 한 가지 방식은 Emacs, Vim, 운영체제에 특화된 문서 편집기 같은 일반적인 목적의 문서 편집기로 LaTeX 소스를 편집하는 것이다. 이상적인 상황에서 사용자는 편집기를 조정해 LaTeX 소스의 구문을 강조하고, 문서를 곧바로 컴파일 하고, 컴파일 에러의 위치를 소스에서 집어내고, 소스에서의 커서와 미리보기에서의 페이지 위치가 양방향으로 동기화되는 컴파일된 문서의 미리보기를 불러올 수 있다. 나는 Emacs와 AUCTeX 및 RefTeX 패키지를 함께 사용하는데 이는 매우 강력한 LaTeX 환경을 제공한다. 사실 나는 Emacs를 프로그래밍부터 이메일 작성까지의 모든 편집 작업에 사용한다. 많이 사용되는 다른 대안은 LaTeX 문서 편집을 위해 특별히 설계되어, 보통 내장된 미리보기 뷰어가 통합된 프로그램을 사용하는 것이다. 그런 프로그램은 운영체제에 의존하는 경향이 있다.

TeX은 그것만의 DVI(장치 독립(device independent)) 파일 형식으로 컴파일된 후 그림 그리기에 흔하게 사용되는 파일 형식인 PostScript로 변환될 수 있다. 문서를 배포하는 표준적인 형식은 이제 PDF이다. PostScript가 PDF로 변환될 수 있기는 하지만, PDF로 곧바로 컴파일될 수 있는 TeX와 LaTeX의 버전이 통용된다(보통 `pdftex`와 `pdflatex`로 부른다). 사용하는 LaTeX 버전이 DVI 기반이냐 PDF 기반이냐는 삽화를 생성하고 그림을 포함하는 방식에 영향을 준다. DVI에서는 삽입되는 그림은 보통

PostScript 형식으로 압축되어 있고, 반면 PDF에서 그림 파일은 보통 PDF나 JPEG 형식이며 PostScript 파일은 허용되지 않는다. 나는 PDF 작업환경을 사용하지만, 이 책의 많은 그림은 세세한 조정을 요구했고 그것은 PDF보다는 PostScript에서 쉽기 때문에 이 책 자체는 DVI와 PostScript를 모두 사용했다. 어도비 아크로뱃(Adobe Acrobat) 프로그램은 PDF 파일이 디스크에서 갱신될 때 화면을 새로고침하지 않으므로, 편집-컴파일-미리보기 순환에서 PDF 미리보기 뷰어로서는 적당하지 않음을 인지하는 것은 중요하다. 그런 제한을 가지지 않는 다양한 오픈 소스 대안 프로그램이 통용된다.

2 참고 문헌 목록 준비하기

논문 작성에서 시간을 소모할 가능성이 있고 오류가 일어나기 쉬운 부분은 논문에서 인용된 참고문헌의 세부 사항을 포함하는 참고 문헌 목록(bibliography)을 준비하는 것이다. LATEX 문서에서 참고 문헌 항목은 `\cite{smit65}` 형태의 명령어로 인용되며, 여기서 `smit65`는 인용되는 항목들을 포함하는 `bibliography` 환경 속에서 항목을 유일하게 특징짓는 키(key)이다. LATEX에는 BIBTEX이라 불리는 동반 프로그램이 있는데 그것은 `bib` 파일(`.bib` 확장자로서 특별한 구조의 ASCII 파일)에 포함된 데이터베이스로부터 참고 문헌 항목을 추출하며 `bibliography` 환경을 자동적으로 생성한다. BIBTEX을 사용하는 것은 시간을 매우 절약해주며, `bib` 파일이 정확하고 최신이라는 가정하에 정확한 참고 문헌 목록을 보장해준다. 저널 웹사이트 대부부분

```
@book{knut86,
  author = "Donald E. Knuth",
  title = "The {\TeX\ book}",
  publisher = "Addison-Wesley",
  address = "Reading, MA, USA",
  year = 1986,
  pages = "ix+483",
  isbn = "0-201-13448-9"}
```

그림 2 BIBTEX 참고문헌 목록 입력의 한 예.

은 논문의 BIBTEX항목을 다운로드할 수 있게 해 두었기 때문에 개인적인 `bib` 파일을 구성하는 것은 어렵지 않다. `bib` 파일을 생성하고 관리하는 것을 용이하게 해 주는 오픈 소스 BIBTEX 참고 문헌 관리자(JabRef 같은)도 존재한다.

디지털객체식별자(digital object identifier, DOI)는 어떤 전자 문서를 유일하게 식별해주는 문자열이다. 이는 파일식별자(uniform resource locator, URL)로는 문자열을 http://dx.doi.org/ 뒤에 붙인 것으로 해석할 수 있다. 오늘날 대부분의 논문(그리고 많은 책)은 DOI를 가지며 오래된 논문 다수도 DOI가 부여되고 있다. DOI는 출판사가 메타데이터를 갱신하기만 하면 문서의 위치가 변경되더라도 여전히 유효하다. BIBTEX에 DOI를 기록하는 것을 추천하며, 그러면 적당한 BIBTEX 서식 파일과 LATEX `hyperref` 패키지를 사용하여 논문의 참고 문헌 목록이 클릭할 수 있는 링크를 포함하도록 하는 것도 가능하다(예를 들어, 논문의 제목을 클릭하여).

3 삽화

수학 논문은 보통 함수의 그래프를 나타내고, 물리적 구조를 묘사하고, 실험 결과를 도시한 그림을 포

함한다. 이는 다양한 방식으로 만들 수 있다. LaTeX 작업환경에서는 삽화를 LaTeX 바깥에서 생성한 다음 외부 JPEG, PostScript, PDF 파일을 삽입하거나, LaTeX 안에서 생성할 수 있다. 삽화를 그리는 가장 유명한 LaTeX 패키지는 TikZ와 PGFPlots이며 이들은 PGF(이동 가능 그래픽 형식(portable graphics format)) 패키지가 제공하는 저수준 원형 위에 만들어졌다. 이 책의 I부 그림 대부분은 이들 패키지를 이용해 생성되었다. 그들의 가장 큰 장점은 LaTeX 명령어와 폰트에 포함될 수 있기 때문에 본문과 일관성을 유지할 수 있다는 것이다. 강력한 이들 패키지는 사용하기 쉽지 않기는 하지만, 보통 수정하여 쓸 수 있는 예시 파일을 온라인에서 찾을 수 있다.*

4 버전 관리와 백업

모든 좋은 작업환경에는 파일을 정기적으로 백업하고 파일 버전의 서로 다른 이력을 기록하는 과정이 있다. 백업은 핵심적인 파일의 현재 버전에 대한 하나 또는 그 이상의 복사본을 분리된 디스크나 기기에 보관하기 때문에, 하드 디스크 불량이나 기기의 완전히 소실이 파일을 잃는 결과로 이어지지는 않는다. 버전 관리(version control)는 다른 목적을 위한 것이며, 저장소에 파일의 중간 상태를 기록하여 저자들은 파일을 이전 버전으로 되돌리거나 일부분을 복원시킬 수 있다. '저자들'이라는 복수형을 사용한 것은 버전 관리 체계에서 한 저장소에 여러 명의 사용자가 기여할 수 있다는 사실을 나타낸 것이며 모든 사용자가 파일의 가장 최근 버전을 확인할 수 있다. 버전 관리는 소프트웨어 개발에서 유래하긴 했지만, 문서에도 동일하게 유용하다. 저장소가 다른 디스크나 기기에 보관되는 이상 버전 관리는 백업의 형태 또한 될 수 있다.

당연히 가장 단순한 버전 관리 체계는 정기적으로 파일을 다른 폴더에 복사한 뒤 버전 숫자로 이름을 다시 매기는 것이다 (paper1.tex, papaer2.tex, ⋯). 그러나 이는 번거롭고 실수하기 쉽다. 올바른 버전 관리 체계는 파일을 데이터베이스에 두며 오직 한 버전과 그 다음 것 사이에서 바뀐 내용만을 보관한다. 유명한 버전 관리 체계로는 깃(Git)과 서브버전(Subversion, SVN)이 있다. 이들은 명령어 기반이며 배우기 어렵긴 하지만 그런 사용을 단순화하는 그래픽 사용자 인터페이스(graphical user interface, GUI)가 통용된다.

마이크로소프트 워드의 '변경 추적' 기능은 문서를 누가 어떻게 변경했는지 주석을 달아준다(그리고 이는 원형적이고 널리 사용되는 버전 관리의 형태이다). LaTeX에서는 일부 LaTeX 배포판에서 제공되는 `latexdiff` 명령어 프로그램을 사용하여 비슷한 효과를 낼 수 있고, 그것은 LaTeX 파일의 다른 두 개의 버전을 입력으로 받아 둘 사이 차이점을 표시하는 세 번째 LaTeX 파일을 만든다. 한 예로서 그림 3을 보라.

* 전 세계 수학자 사이에서 많이 사용되는 또 다른 도구는 정지원(Otfried Cheong) KAIST 교수가 개발한 Ipe이다. 이는 LaTeX 문서와 일관성을 유지하면서도 쉽고 직관적으로 그림을 그릴 수 있는 오픈 소스 프로그램이다. 윈도우와 맥 모두 지원하며 자세한 정보는 http://ipe.otfried.org/에서 찾을 수 있다.—옮긴이

~~Part of every good workflow is~~ Every good workflow contains procedures for making regular backups of files and recording a history of different versions of the files. Backups ~~provide~~ store one or more copies of the current version of key files on a separate disk or machine, so that a hard disk failure or loss of a complete machine does not result in ~~serious~~ loss of files. Version control serves a different purpose, which is to record in a repository intermediate states of files so

그림 3 `latexdiff`를 이용한 출력물의 예.

5 계산 실험

계산 실험이 연관된 논문에서는 결과를 요약하는 그림이나 표를 삽입해야 한다. 논문이 발전함에 따라 실험이 정제되고 반복되는 것은 일반적이다. 따라서 표와 그림을 다시 생성하는 효율적인 방법이 필요하다. 프로그램의 출력을 잘라 내고 논문에 붙여 넣는 것은 좋은 방식이 아니다. 논문에 바로 삽입될 수 있는 형태로 결과를 출력하는 프로그램을 만드는 것이 훨씬 더 낫다(가령, LATEX의 `\input` 명령어를 통해). 문학적 프로그램[VII.11] 기법은 논문의 소스 코드 내에 프로그램 코드가 삽입될 수 있게 해 주며, 프로그램 실행과 그 결과를 논문 소스 코드에 다시 삽입하는 과정을 자동화한다.

6 모든 것을 합치기

내가 논문을 쓰기 시작할 때 하는 것이 있다. 먼저 작업하는 프로젝트를 나타내는 이름을 가진 디렉토리(폴더)를 생성한다. 그 디렉토리에 가장 최근에 작성했던 논문의 `paper.tex` 파일을 복사하고 그것을 템플릿으로 사용한다. `paper.tex`의 내용 대부분을 지우지만 매크로와 일부 기본적인 구조 명령어는 남겨 둔다. 버전 관리 체계에 저장소를 구성한 뒤 거기에 `paper.tex`의 변경을 확정(commit)*한다. 내가 작성할 컴퓨터 프로그램을 넣을 하위 디렉토리와 PDF 그림이 위치할 figs라는 이름의 하위 디렉토리를 만든다.

7 발표

연구의 일부를 논문으로 쓰는 것 외에도 그것을 세미나나 학회에서 발표하고자 할 수 있다. 여전히 가끔은 칠판 강연을 하기도 하지만, 보통은 슬라이드와 포스터를 준비해야 한다. LATEX은 슬라이드와 포스터 준비를 돕는 훌륭한 도구를 갖고 있다.

Beamer 클래스는 LATEX에서 슬라이드를 준비할 때 가장 폭넓게 사용되는 방식이다. 이는 슬라이드를 동적으로 변화시킬 수 있는(예를 들어 수식을 전개할 때 한 번에 한 부분씩 보여 주며) 오버레이 효과를 만들 수 있다. 슬라이드 색상과 배경, 머리말(내용의 작은 목차를 포함할 수도 있는)과 꼬리말 같은 요소들을 사용자가 손쉽게 지정할 수 있다. 그림 4는 슬라이드의 한 예를 보여 준다.

A0 크기까지의 포스터를 만들기 위한 다양한 LATEX 패키지가 통용된다. 그 중 유명한 것은 비머 위에 만들어진 beamerposter 패키지이다.

*commit은 버전 관리에서 표준적으로 사용되는 용어로서 변경을 추적할 파일의 변경 사항을 확정하는 것이다. 버전 관리는 일반적으로 추가(add)-확정(commit)-발행(push)의 순서로 이루어진다. 추가는 변경을 추적할 파일을 지정하는 것, 발행은 외부 저장소에 변경 사항을 반영하는 것이다.—옮긴이

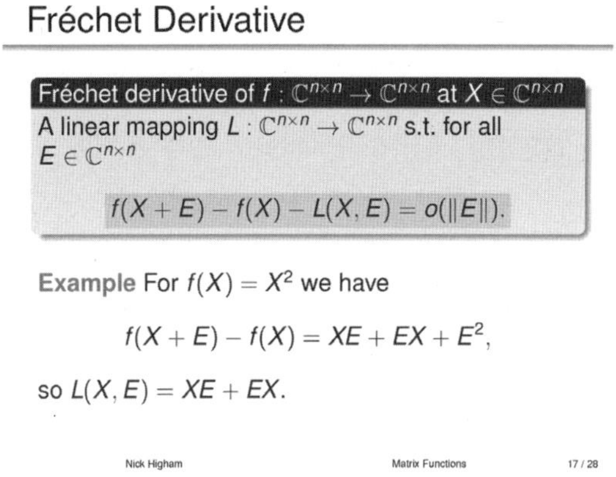

그림 4 beamer의 한 슬라이드.

8 공동 연구

인터넷의 초창기에 저자들이 공동 연구를 하는 가장 흔한 방식은 문서를 이메일로 주고 받는 것이었다. 정기적으로 마주하는 문제점은 유닉스(Unix) 메일 관리자가 평문 메시지의 각 줄 시작에서 나타나는 '~로부터(from)'라는 단어 앞에 무조건 꺾쇠 괄호를 삽입하여, LaTeX 파일이 자주 주인 없는 > 기호를 갖게 된다는 것이었다. 많은 사람에게 이메일은 여전히 유용한 공동 글쓰기의 매개로 사용되지만, 더 정교한 방식을 사용할 수도 있다. 드롭박스(Dropbox) 같은 파일 호스팅 서비스는 사용자 여럿이 클라우드를 통해 그들 디스크의 폴더를 공유하고 동기화할 수 있게 해 준다. 인터넷에 위치한 공유된 저장소에 기반한 버전 관리는 가장 강력한 방식이다. 프로그래머들이 이를 폭넓게 사용하며 (가령 깃허브(GitHub)나 소스포지(SourceForge) 같은 사이트에서) 논문 저자들에게 점차 유명해지고 있다.

9 이 책의 작업환경

나는 모든 파일을 깃으로 버전 관리하며 이맥스(Emacs)와 TeX Live를 사용하여 이 글을 작성했다. 그림 일부는 어도비 포토샵으로 수정했다. 제작 편집자이자 식자공인 샘 클라크(Sam Clark)는 PostScript 기반 작업환경에서 WinEdt와 TeX Live를 사용했고, 어도비 일러스트레이터에서 PostScript 그림을 수정했다.

나는 LaTeX 색인 명령어와 MakeIndex 프로그램을 사용해 내가 집필한 글들을 위한 색인 초안을 만들었다. 전문적인 색인 생성기가 그것을 확장해 전체 책에 대한 색인을 만들었다.

이 책에 사용된 폰트는 TeX에서 잘 표현되는 수학적 기호를 모든 갖춘 루시다 브라이트(Lucida Bright)이다. 이는 맥 OS X의 버전 10.9까지 사용자 인터페이스 전반에 사용되던 루시다 그란데(Lucida Grande) 산세리프 폰트와 같은 종류에 속한다.

더 읽을거리

LaTeX의 많은 좋은 참고서 중 나는 간단한 개괄을 위해서는 그리피스(Griffiths)와 하이엄(D. J. Higham)의 책(1997)을, 더 광범위한 안내를 위해서는 코프카(Kopka)와 달리(Daly)의 책(2004)을 추천한다. 크누스(Knuth)의 책(1986)은 오직 LaTeX만을 사용하는 이들조차 꾸준히 읽을 가치가 있다. 작업환경의 다양한 설명은 하이엄의 책(1998)에서 다루어진다. 버전 관리는 무료로 접근할 수 있는 많은 웹 자료를 찾는 것이 최선이다.

TeX과 LaTeX에 관한 정보를 찾아볼 좋은 출발점은 TeX 사용자 그룹을 위한 웹 사이트 http://tug.org 이다. LaTeX 패키지의 거대한 모음은 종합 TeX 보관 네트워크(Comprehensive TeX Archive Network, CTAN) http://www.ctan.org에서 찾을 수 있다.

Griffiths, D. F., and D. J. Higham. 1997. *Learning LaTeX*. Philadelphia, PA: SIAM.

Higham, N. J. 1998. *Handbook of Writing for the Mathematical Sciences*, 2nd edn. Philadelphia, PA: SIAM.

Knuth, D. E. 1986. *The TeXbook*. Reading, MA: Addison-Wesley.

Kopka, H., and P. W. Daly. 2004. *Guide to LaTeX*, 4th edn. Boston, MA: Addison-Wesley.

VIII.5 수리과학에서 재현 가능 연구

데이비드 도노호, 빅토리아 스토든
David L. Donoho and Victoria Stodden

1 서론

전통적으로 수학 연구는 정신을 이용한 추상화와 손으로 작업하는 기호 조작을 통해 이루어졌다. 수학 저널은 완전한 정리와 증명을 출판하지만, 결론에 이르기까지 수학자 개인이 거친 과정은 그림자 속에 남겨둔 채 드러내지 않았다. 예를 들어 리만(Riemann)이 세상을 뜬 후 오랜 시간이 지나서야 역사학자들은 그가 리만 제타 함수를 계산하는 고급 기법을 개발했으며 순수한 생각의 위업으로 자주 묘사되던 리만 가설은 사실 부지런한 수치적 연구에 기반을 뒀다는 것을 발견했다. 실제로 리만의 계산 방법은 그의 사후 다른 이들이 수십 년간 사용하던 것보다 훨씬 앞서 있었다. 이 예는 수학 연구자들이 오랫동안 '계산의 흔적을 숨겨 왔다'는 것을 보여준다.

시대는 변하고 있다. 수학이 수리과학으로 발전하는 동안 새로운 계산 방법을 제안하는 것이 주목을 받았고, 시험 사례에서 제안된 방법을 적용하고 문서화하는 것은 연구 활동의 중요한 부분이 되었다(통계학, 최적화, 컴퓨터 과학을 포함해 수리과학 전반에 걸친 현재의 출판물을 보라). 이러한 경향 속에서, 심지어 순수수학조차 계산적 증거에 큰 영향을 받게 되었다. 톰 헤일스(Tom Hales)는 '튜링 기계 시대의 수학(Mathematics in the age of the Turing machine)'이라는 훌륭한 글에서, 경험적으로 발견되었고 수많은 후속 수학 연구를 이끌었던 중요한 수학적 규칙성의 몇 가지 예 가운데 버치(Birch)와 스위너턴-다이어(Swinnerton-Dyer) 추측을 본보기로 삼았다. 이 추측은 타원곡선의 제타 함수와 타원곡선의 계수(rank) 사이의 깊은 관계를 상정하며, 1960년대 초 개별적인 타원곡선에서 유리점의 개수를 셈으로써 발견되었다.

시간이 흐름에 따라 수학 구조에 관해 우리가 아는 것 중 여느 때보다 더 많은 부분이 계산 실험에 의존할 것이라 예상할 수 있는데, (응용 분야에서) 연구가 명시적으로 계산의 행동에 관한 것이기 때문이기도 하고, (순수수학에서) 오늘날 가장 중요한 질문은 계산을 통해 드러난 경험적 규칙성과 관련되기 때문이다.

실제로 클러스터 컴퓨팅, 클라우드 컴퓨팅, 그래픽 처리 장치 기판, 그 외 다른 컴퓨팅 혁신의 출현으로 인해 이제 연구자가 특정한 문제에 직접 압도적인 양의 계산 능력을 쏟아부을 수 있게 되었다. 매스매티카(Mathematica), 매트랩(MATLAB), 세이지(Sage) 같은 수학 프로그래밍 환경 덕분에 쉽게 알고리즘의 원형을 만든 뒤 클라우드를 사용해 빠르게 규모를 확장할 수 있게 되었다. 계산 능력에 대한 이런 직접적 접근은 불가항력적 추세이다. 잠시 버치와 스위너턴-다이어 추측이 1960년대의 기초적인 컴퓨터 자원을 사용해 발견되었다는 사실을 되새겨보자. 수리과학의 연구는 이제 규모와 범위에서 더 극적으로 야심만만해졌다. 이는 **실험 응용수학**[VIII.6]에서 설명된 대로 발견과 탐구에서 아주 흥미로운 가능성을 열어주었다.

실험과 계산수학의 기대되는 규모 증가는 동시에 골칫거리이기도 하다. 현재 컴퓨터를 사용하여 생성되는 지식 대부분은 기존 수학 지식 만큼 양질이 아니다. 수학자는 어떤 정리의 기초에 대한 이해, 사용된 가정, 그것이 의존하는 기존 정리, 그것을 수립하는 추론의 사슬에 관해서라면 아주 엄격하고 쉽게 만족하지 않는다. 현재로서는 계산에 바탕을 둔 증거는 보통 '상상의 여지를 아주 많이' 남겨둔 채 출판되며, 이에 따라 증명된 정리가 갖는 만큼의 인식론적 위상을 절대 가지지 못한다.

알고리즘은 여느 때보다 더 복잡해지고 있다. 그림 1은 1960년부터 2012년 사이에 저널 《ACM 수학소프트웨어회보(*ACM Transactions on Mathematical Software*)》에서 출판한 코드의 줄 수를 나타낸다. 줄 수는 1960년의 875개에서 2012년 5백만 개로 라이브러리를 포함해 지수적으로 증가했다. 저널에서 코드를 포함하는 논문 수는 거의 상수로 유지되었다. 현대 언어의 표현력이 더욱 늘어났음에도 개별 알고리즘은 더욱더 많은 코드를 요구하고 있다.

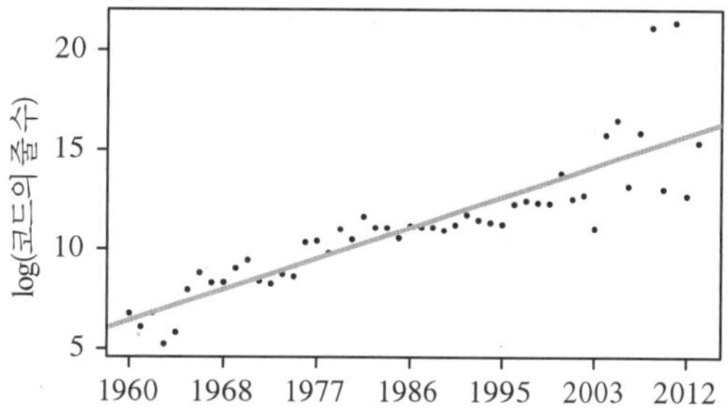

그림 1 1960년부터 2012년 사이에 《ACM 수학소프트웨어회보(*ACM Transactions on Mathematical Software*)》에서 출판한 코드의 줄 수를 로그 척도로 나타낸 것. 코드가 출판된 논문의 비율은 약 3분의 1로서 거의 상수로 유지되며(표준오차 약 0.12), 저널은 매년 꾸준히 대략 35개의 논문을 출판했다.

알고리즘은 또한 점차 복잡해지는 처리 파이프라인과 결합되고 있다. 전통적으로 저널 논문에 문서화되는 유의 개별 알고리즘은 하나의 계산과학 프로젝트를 구성하는 코드의 오직 일부만을 나타낸다. 현대 컴퓨터 자원의 가능성을 온전히 활용할 수 있도록 프로젝트의 규모를 키우는 것은 수많은 알고리즘을 모두 파이프라인으로 연결하는 복잡한 작업환경을 요구하며, 문제를 조각조각 나누고, 수많은 처리 장치에서 실행되도록 맡긴 뒤 결과물을 프로젝트에 적합한 방식으로 수확하고 결합해야 한다. 그 결과 어떤 계산프로젝트는 저널 논문에 명시적으로 설명된 것을 훨씬 뛰어넘는 기반과 연관될 수도 있다. 그런 환경에서 저널 논문은 그저 **광고**가 되어버린다. '외부인'이 그런 요약의 온전한 의미를 이해할 것이란 기대 없이 복잡한 소프트웨어 개발, 실험 결과물, 분석을 가리키면서 말이다.

계산의 시대는, 수학 지식(확실한 기반을 가진 경험적 발견을 포함하는 넓은 의미에서)이 더 광범위하고 더 예리해졌지만 그 여느 때보다 훨씬 덜 명료하고 훨씬 덜 '공동의 자산'이 된 상황에 수리과학을 밀어 넣고 있다. 시간이 흐르며 각각의 연구자는 다른 연구자들이 무엇을 이루었고 그 연구자들이 출판한 결과가 바탕을 둔 증거의 강력함이 무엇인지 점차 확신할 수 없게 되어간다고 말하고 있다.

수리과학이라는 표현은 이 상황을 개선하는 핵심을 담고 있다. 전통적인 실험실 과학은 한 실험실에서의 발견을 다른 연구실에서 재현 가능하도록 하는 절차들을 수백 년 동안 발전시켰다. 비슷하게, 수리과학이 계산에 더욱더 깊이 의존하게 될수록, 문서화와 알고리즘 공유와 경험적 수학 발견에 관한 규율을 발전시켜야 한다. 수리과학의 학문적 의사소통에 대한 그러한 규율적 접근은 두 가지 이점을 제공한다. 그것은 과학 발전을 촉진시키고, '불확실성의 안개'를 퍼뜨리는 불확실성과 논쟁을 해결한다.

2 재현 가능 연구

우리는 계산수학의 발견을 소통하게 해줄 널리 수용되는 표준이 20년 안에 만들어질 것이라는 강한 기대를 품고 있다. 그러한 표준은 계산수학을 연구에서 사용하고, 다른 이들의 신뢰를 얻는 데 필수적이다.

그런 표준을 가능케 하는 다듬어지지 않은 재료들이 오늘날 이미 준비되어 있는 것처럼 보인다. 매트랩, R, 아이파이썬(IPython), 세이지, 매스매티카 같은 문제 해결 환경(problem solving environment, PSE)뿐 아니라 오픈 소스 운영체제와 소프트웨어는 이제 연구자들이 그들의 코드와 데이터를 다른 이들과 공유할 수 있게 해 준다. 앞으로 훨씬 더 많은 코드의 데이터의 공유가 기대되며, 우리는 곧 실현될 것이라 예상한다.

2006년 강연에서 랜들 레베크(Randall J. LeVeque)는 우리가 살아가고 있는 순간을 잘 묘사했다. 한편에서, 많은 계산수학자와 계산과학자는 재현이 가능하게끔 연구하지 않는다.

> 훌륭하고 선의를 가진 계산과학자들조차 연구를 재현 가능한 방식으로 보여주는 일을 보통 엉망으로 한다. 방법들은 대개 아주 모호하게 정의되며, 설령 주의 깊게 정의되었더라도 그것을 시험해보기 위해서는 보통 독자가 맨 처음부터 구현해야 한다. 현대 알고리즘 대부분은 너무 복잡하여 이를 제대로 할 가망은 없다.

레베크가 계속 말하길, 그럼에도 발판은 존재한다.

> 계산과학에서 '재현 가능한 연구'의 개념은 독자가 코드를 다운로드하고 실행해서 결과를 재현할 수 있게 하기 위해, 논문에서 그림이나 표를 만드는 데 사용된 모든 코드를 보관하고 공개적으로 사용할 수 있게 하는 것이다. 그러면 프로그램은 정확히 무엇이 이루어지는지 이해하기 위해 분석될 수 있다. 매우 고수준인 프로그래밍 언어의 발전은 코드를 공유하고 재현 가능한 연구를 생성하는 것을 쉽게 만들고 있다. (…) 오늘날 많은 알고리즘은 매트랩과 같은 언어로 쓰일 수 있고 독자는 어떠한 세부 내용을 건드리지 않고도 이를 쉽게 이해하고 또한 실행할 수 있다.

재현 가능한 연구에 필요한 기술이 현존함에도 불구하고 수리과학자들은 그 기술을 정확히 어떤 규칙에 따라 사용할지에 대해 합의하지 않았다. 이 글을 쓰는 지금도, 계산수학에서 재현 가능한 연구의 표준을 정의하고 홍보하기 위한 많은 활동이 이루어지고 있다.

상당한 출판물이 계산수학에서의 재현 가능성과 검증을 주장하고 있다. 계산 척도와 증명 확인, 확률적 모형 확인, 수치적 해의 검증, 불확실성 정량화에서의 표준 방법들, 계산 연구에서의 재현 가능성 등이 주제로 다루어진다. 이는 당연히 그 분야들을 철저하게 설명해주는 문헌은 아니며 그저 추가적인 탐구의 시작점일 뿐이다.

이 글은 재현 가능한 연구를 가능케 하는 일부 도구를 검토하고, 현대적인 예시와 연구 방법에 근거하여 일련의 '가장 좋은 습관'을 추천하며 마무리하겠다.

3 PSE 기반 스크립트 공유하기

3.1 PSE는 능력과 단순함을 제공한다

재현 가능한 계산 연구의 핵심 전제 조건은, 연구자가 관심 있는 어떤 출판된 논문의 결과를 생성하는 코드를 실행할 수 있느냐이다. 전통적으로, 여기에는 문제가 많았다. 연구자는 보통 코드를 공유할 준비가 되어 있지 않거나 그러고 싶지 않았고, 설령 공유하더라도 코드는 특수한 계산 환경(하드웨어, 운영체제, 컴파일러 등)에 의존하여 다른 이들은 접근할 수 없었기 때문에 그 효과는 미미했다.

R, 매스매티카, 매트랩 같은 PSE는 최근 십 년에 걸쳐 컴퓨터 과학 대부분을 극적으로 단순화하고 획일화했다.

각각의 PSE는 계산을 설명하는 고수준 언어를 제공하며, 그 언어는 통상 표준적인 수학기호와 아주 잘 호환된다. PSE는 또한 연구 논문에 삽입하기 위한 상당히 정교한 그림을 쉽게 만들 수 있는 그리기 도구도 제공한다. 연구자는 행렬대수, 기호적분과 최적화, 통계적 모형 맞추기 같은 기초적인 도구를 놀랄 만큼 쉽게 사용할 수 있다. 많은 경우, 몇몇 기본 계산의 변형이 복잡하게 연결되는 전체 연구 프로젝트가 간결한 명령어 스크립트 단 몇 줄로 작성될 수 있다.

계산하기 위한 이런 방식의 인기는 눈부시다. 그림 2는 연구에서 가장 큰 영향을 준(인용 횟수로) PSE가 상용 클로즈드 소스 패키지인 매스매티카와 매트랩이라는 것을 보여주며, 그들은 1980년대와 1990년대, 전문적인 계산에 혁명을 일으켰다. 하지만 이들의 영향력이 더 이상 급격하게 증가하지 않는 반면, 최근 R과 파이썬의 인기 상승은 극적이다.

3.2 PSE는 재현 가능성을 촉진한다

레베크가 위의 인용에서 지적했듯 PSE에서 코딩의 힘과 간결함이 가지는 한 가지 부수적인 효과는 재현 가능한 연구가 특별히 쉬워진다는 것인데, 기존 연구자가 어떤 단순한 명령어 스크립트를 관심 있는 연구자들에게 제공하면 그들은 적절한 PSE 환경의 로컬 인스턴스에서 실험이나 변형을 개인적으로 다시 돌려볼 수 있기 때문이다.

일부 분야에서, 연구 논문의 저자는 출판된 논문에서 PSE 스크립트를 공유함으로써 이미 재현되는

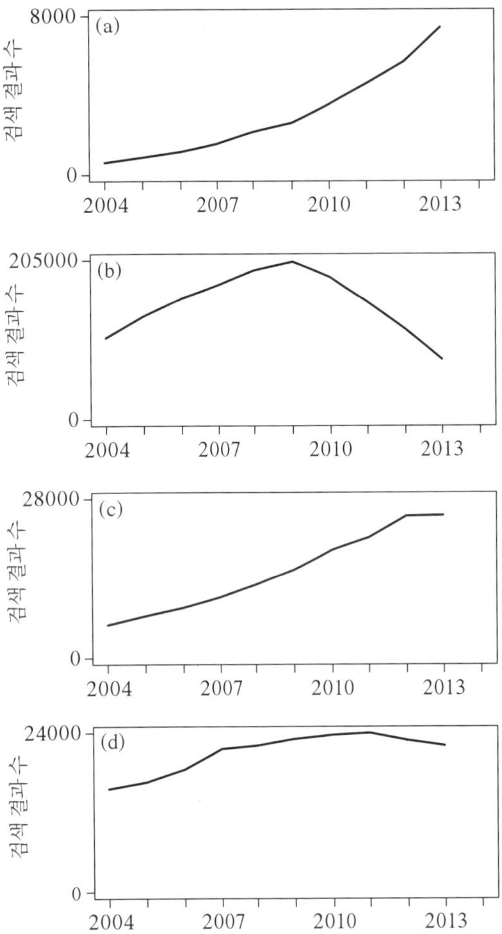

그림 2 구글 학술(Google Scholar)에서 다음 4개의 검색어 각각에 대한 결과 수: (a)"R 소프트웨어", (b)매트랩, (c)파이썬, (d)매스매티카. 검색은 2004년부터 2013년까지 십 년 동안 각 해마다 수행되었다. 시간에 따른 소프트웨어 사용의 증감을 강조하기 위해 *y*축은 서로 다른 척도를 사용한다는 것에 주의하라. R와 파이썬은 오픈 소스지만 매트랩과 매스매티카는 그렇지 않다.

결과의 표준에 상당히 기여하고 있다. 예를 들어 통계학에서 논문들은 보통 과학자가 그들의 데이터에 적용할 수 있는 새로운 도구를 도입하고자 한다. 많은 저자는 그런 방법론적 논문의 지명도와 효과를 늘리고 싶어 하며 그것을 이루는 좋은 방식은 사용자가 새로이 제안된 도구를 손쉽게 시도해볼 수 있도록 만드는 것임을 이해했다. 전통적인 이론 통계학 저널 논문은 아마 한 자리나 두 자릿수의 인용을 기대할 수 있을 것이다. 최근 논문의 사례로서 코드에 쉽게 접근할 수 있도록 해 수백의 독자와 인용을 얻은 경우가 상당하다. 통계학에서는 저자가 특정한 PSE인 R에서의 패키지를 사용해 코드에 접근할 수 있도록 하는 것이 거의 표준이 되었다. 그러한 패키지를 만들기 위해서 저자는 표준 LATEX 서식에 자신의 연구를 문서화하고 R 코드와 문서를 지정된 패키지 구조에 끼워 넣는다. 그리고 패키지를 CRAN, 종합 R 보관 네트워크(Comprehensive R Archive Network)에 올린다. 모든 R 사용자는 R 내에서 단순한 명령어(`require('패키지 이름')`)를 통해 그 코드에 접근할 수 있는데, 명령어는 R에게 CRAN으로부터 패키지의 위치를 찾고, 다운로드하고, 설치할 것을 지시한다. 이에 따라 오늘날 사용자가 새로운 방법론을 적용하기 위해 알아야 할 것은 그저 패키지의 이름이 전부이다. 2014년 5월 8일 기준, CRAN은 5519개의 패키지를 제공한다. 저자가 독자를 끌어들이기 위해 자신의 방법론을 쉽게 사용할 수 있도록 만들 때 생기는 부수적인 효과는, 당연히 그것이 원래 논문을 더 쉽게 재현 가능하도록 만든다는 것이다.*

* 통계학과 같은 분야에서, 코드 그 자체만으로는 출판된 결과를 재현하기에 충분하지 않다. 계산은 특정한 과학 프로젝트로부터 온 데이터 집합에서 수행된다. 데이터는 실험이나 설문조사 혹은 값비싼 측정의 결과일지 모른다. 점차 인터넷으로 연구자들이 그런 데이터를 공유하기 위해 데이터 저장소를 사용하고 있다. 2010년부터 아카이브(arXiv)는 데이터 컨서번시(Data Conservancy)와 제휴해 데이터의 외부 호스팅과 arXiv에 업로드된 출판물의 연결을 용이하게 해주었다(예컨대 데이터 파일이 논문의 arXiv 페이지에서 접근 가능한 http://arxiv.org/abs/1110.3649v1을 보라). 이러한 관행은 아직 널리 퍼지지 않았지만 나타나는 빈도가 점점 늘어나고 있다.

3.3 결과 공유를 위한 노트북

PSE의 노트북 인터페이스는 수학적 표현도 넣을 수 있는 서술과 함께 컴퓨터 지침을 저장하고, 사용자가 코드의 실행과 그림 등 출력물 보관 모두를 하나의 문서에서 할 수 있게 해 준다. 결과에 이르는 모든 과정이 하나의 파일에 저장되므로 노트북을 온라인으로 공유할 수 있고, 이는 재현 가능한 계산 결과를 소통하는 한 가지 방식을 제공한다.

주피터 노트북(Jupyter Notebook, 기존에 아이파이썬 노트북(IPython Notebook)으로 알려진)은 백엔드 계산에 대한 인터페이스를 제공하며, 가령 파이썬이나 R에서 그것은 코드와 그림 등 출력물을 표시하고 수학 표기를 조판하기 위해 LaTEX가 사용된다(그림 3을 보라). 주피터 노트북은 연구자가 결과를 생성하는 계산 과정을 추적하고 문서화할 수 있게 해 주고 `nbviewer`를 사용하여 다른 이들과 온라인으로 공유할 수 있다(http://nbviewer.ipython.org를 보라).

4 오픈 소스 소프트웨어: 핵심 조력자

PSE와 노트 인터페이스는 재현 가능성을 촉진하는 데 매우 상당한 효과가 있지만 거기에는 한계가 있다. 그들은 많은 연구의 계산을 편리하고 다른 이들과 공유하기 쉽게 만들어 주었지만, 야심 찬 계산은 보통 그들이 제공하는 것 이상의 능력을 요구한다. 역사적으로 이는 거대한 프로젝트들이 특수하게 코딩되어야 하고 새로운 계산 환경으로 변환하기 어렵다는 것을 의미했다.

오픈 소스 혁명은 이를 상당 부분 변화시키고 있다. 오늘날에는 어떤 거대한 계산 프로젝트 전부를 다른 이에게 무료로 공개된 코드를 사용하여 개발하는 것이 가능하다. 더 나아가, 그 코드는 오픈 소스 운영체제(리눅스(Linux)) 위에 올려지고 하드웨어 세부 사항을 감추는 표준 가상 머신(virtual machine) 내에서 실행될 수 있다. 오픈 소스 '정신'은 또한 연구자가 코드 공유에 더 열린 마음을 갖도록 만든다. 게다가 저작권만 표시하는(attribution-only) 오픈 소스 라이선스는 공유된 코드가 오용되지 않도록 몇 가지를 보장하며 이를 가능하게 만든다.

다양한 종류의 여러 소프트웨어가 현재 이 절에서 설명된 방식으로 공유되고 있다. 이 다양한 종류의 소프트웨어는 재현 가능한 연구의 표준적 접근의 일부가 되어가고 있으며, 어쩌면 벌써 그렇게 되었다.

4.1 기본 알고리즘과 패키지

표 1에서는 고속 푸리에 변환[II.10], 선형방정식[IV.10], 비선형 최적화[IV.11] 같이 현대 계산수학의 기초가 되는 일부 기본 문제를 고려하고, 양질의 수학 계산을 가능하도록 하기 위해 통용되는 오픈 소스 코드 모임의 일부 예시를 들었다. 표는 패키지 공개 날짜, 현재 릴리즈 번호, 패키지가 공개된 이후 얻은 총 인용 횟수를 포함한다.* 표의 각 범주 내에서 서로 다른 패키지는 동일한 기초 문제에 대해 완전히 다른 접근을 취할 수도 있다. 독자가 볼 수 있

* 인용수 데이터는 2013년 8월 구글 학술을 통해 수집되었다. LAPACK, FFTW, ARPACK, Suitesparse 등 널리 사용되는 패키지는 다른 소프트웨어(가령 매트랩) 안에서 만들어졌기 때문에 그것이 직접적으로 인용되지는 않았음에 주의하라.

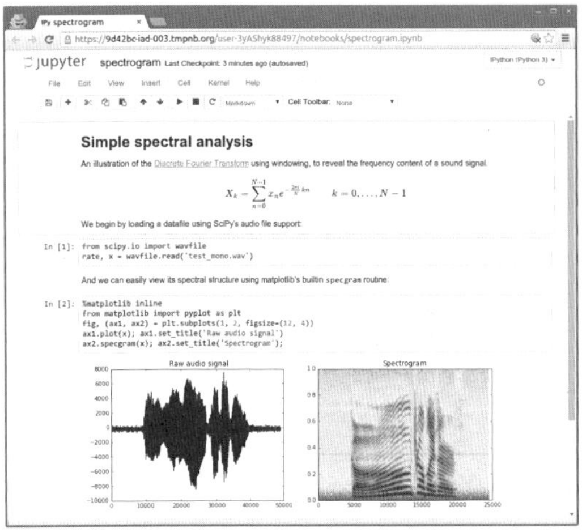

그림 3 대화형 주피터 노트북의 스냅샷.

듯이 특정한 하위 영역에서 깜짝 놀랄 만한 양의 기본 기능이 전세계의 수많은 팀과 저자에 의해 개발되고 있고, 폭넓은 용도로 사용될 수 있도록 만들어지고 있다. 표의 인용수는 이들이 출판된 연구에 중대한 영향을 끼치고 있다는 것을 증명해준다.

4.2 특수화된 체계

표 1에 도표화된 패키지들은 계산수학에서 폭넓게 유용하다. 개발자들이 이렇듯 폭넓게 유용한 도구를 만들기 위한 도전에 선뜻 응하리라는 것은 그다지 놀랍지는 않을 것이다. 그러나 아주 특수한 문제 영역을 공략하기 위한 체계가 등장해, 그런 좁은 영역에서의 문제를 서술하고 해결하는 굉장히 강력한 환경을 제공하는 것은 놀랍다. 여기 3개의 예시가 있다.

4.2.1 쌍곡형 편미분방정식 (PDE)

Clawpack은 파동 전파 방식을 사용하여 쌍곡형(hyperbolic) PDE의 수치적 해를 계산하기 위해 고

표 1 현대 계산수학의 기초가 되는 일부 기본 문제를 위한 소프트웨어.

패키지	공개 연도	현재 릴리즈	인용수
조밀한 선형대수(dense linear algebra)			
LAPACK	1992	3.4.2	7600
JAMA	1998	1.0.3	129
IT++	2006	4.2	14
Armadillo	2010	3.900.7	105
EJML	2010	0.23	22
Elemental	2010	0.81	51
희소-직접 해결자(sparse-direct solver)			
SuperLU	1997	4.3	317
MUMPS	1999	4.10.0	2029
Amesos	2004	11.4	104
PaStiX	2006	5.2.1	114
Clique	2010	0.81	12
크릴로프-부분공간 고유 해결자(Krylov-subspace eigensolver)			
ARPACK	1998	3.1.3	2624
SLEPc	2002	3.4.1	293
Anasazi	2004	11.4	2422
PRIMME	2006	1.1	61
푸리에류 변환(Fourier-like transform)			
FFTW	1997	3.3.3	1478
P3DFFT	2007	2.6.1	14
DIGPUFFT	2011	2.4	17
DistButterfly	2013		27
PNFFT	2013		215
고속 다중극 방법(fast multipole method)			
KIFMM3d	2003		1780
Puma-EM	2007	0.5.7	32
PetFMM	2009		29
GemsFMM	2010		16
ExaFMM	2011		28
PDE 프레임워크(PDE framework)			
PETSc	1997	3.4	2695
Cactus	1998	4.2.0	669
deal.II	1999	8.0	576
Clawpack	2001	4.6.3	131
Hypre	2001	2.9.0	384
libMesh	2003	0.9.2.1	260
Trilinos	2003	11.4	3483
Feel++	2005	0.93.0	405
Lis	2005	1.4.11	29
유한요소 분석(finite-element analysis)			
Code Aster		11.4.03	48
CalculiX	1998	2.6	69
deal.II	1999	8.0	576
DUNE	2002	2.3	325
Elmer	2005	6.2	97
FEniCS Project	2009	1.2.0	418
FEBio	2010	1.6.0	32

표 1 (이어서.)

패키지	공개 연도	현재 릴리즈	인용수
최적화(optimization)			
MINUIT/MINUIT2	2001	94.1	2336
CUTEr	2002	r152	1368
IPOPT	2002	3.11.2	1517
CONDOR	2005	1.11	1019
OpenOpt	2007	0.50.0	24
ADMB	2009	11.1	175
그래프 분할(graph partitioning)			
Scotch	1992	6.0.0	435
ParMeTIS	1997	4.0.3	4349
kMeTIS	1998	1.5.3	3449
Zoltan-HG	2008	r362	125
KalHIP	2011	0.52	71
적응식 구간 정제(adaptive mesh refinement)			
AMRClaw	1994	4.6.3	4800
PARAMESH	1999	4.1	409
SAMRAI	1998		185
Carpet	2001	4	579
BoxLib	2000		155
Chombo	2000	3.1	198
AMROC	2003	1.1	342
p4est	2007	0.3.4.1	227

안된 오픈 소스 소프트웨어 패키지이다. 이 체계의 책임 저자 랜들 레베크(Randall J. LeVeque)에 따르면 '쌍곡형 PDE를 풀기 위한 고해상도 유한체적법(high-resolution finite-volume method)을 구현하는 Clawpack 소프트웨어의 개발과 사용은 소프웨어 개발에서 수학적 측면에 관한 더 일반적인 논의와 계산 연구에서 더 쉬운 재현 가능성의 필요를 알린 사례가 될 것이다.'

이 패키지는 재현 가능한 수학 연구를 만들기 위해 사용되었다. 예를 들어, 레베크의 책 『쌍곡형 문제를 위한 유한체적법(*Finite Volume Methods for Hyperbolic Problems*)』의 그림들은 Clawpack을 사용하여 생성되었다. 그런 그림을 다시 만들기 위한 지침도 제공된다.

Clawpack은 이제 PyClaw(다수의 상급 기능을 위한 파이썬 인터페이스)와 GeoClaw(쓰나미 모형 만들기[V.19]와 다른 지구물리학적 흐름을 모형화하기 위해 개발된)를 포함하는 수많은 확장을 제공하는 프레임워크가 되었다. 오픈 소스 소프트웨어 관행은 분명히 재현 가능성뿐 아니라 코드 확장 및 새로운 분야로의 확대 역시 가능케 하고 있다.

4.2.2 포물형 및 타원형 PDE: DUNE

분산 통합된 수치 환경(Distributed and Unified Numerics Environment, DUNE)은 격자 기반 방법(grid-based method)을 사용해 PDE를 풀기 위한 오픈 소스 모듈식 소프트웨어 도구 상자이다. 이것은 마리오 올베르거(Mario Ohlberger)와 다른 공헌자들에 의해 개발되었고 유한요소, 유한체적, 유한차분, 불연속 갤러킨(discontinuous Galerkin) 같은 방법들의 구현을 지원한다.

DUNE은 과거의 라이브러리와 새로운 것을 모두 혼합해 사용할 수 있도록 계획되었다. 이 소프트웨어는 고정 자원을 적게 사용하는 공통된 인터페이스를 사용하여, 같은 개념(즉, 격자, 해결자, 선형대수 등)의 아주 다른 구현을 가능하도록 하기 위해 현대적인 C++ 프로그래밍 기법을 사용했고, 이는 DUNE이 계산과학에서의 효율성을 우선시하며 고성능 계산 응용을 지원한다는 의미이다. DUNE은 격자 구현, 선형대수 해결자, 구적 공식, 모양함수, 이산화 모듈을 포함해 다운로드 가능한 다양한 모듈을 가진다.

DUNE은 몇 가지 주요 원리, 즉 추상적인 인터페이스를 통한 데이터 구조와 알고리즘의 분리, 포괄적인 프로그래밍 기법을 사용한 이런 인터페이스의 효율적 구현, 거대한 기능을 가진 현존하는 유한요소 패키지의 재사용에 기반을 둔다. 유한요소 코드 UG, ALBERTA, ALUGrid는 DUNE 프레임워크에 흡수되었고, 이는 오픈 소스 개발의 가치가 오직 재현 가능성에 국한된 것이 아니라 코드의 재사용을 통해 발견을 가속시키는 것에도 있음을 보여 준다.*

4.2.3 컴퓨터 보조 정리 증명

컴퓨터보조증명[VII.3]은 지난 십 년간 엄청나게 인상적인 발전을 이루었다. 이 진전은 궁극적으로 누구에게나 공개된, 연구자 사회 전체가 기여하고 사용하는 기초적 계산 도구에 바탕을 두었다. 실제로, 계산으로 가능해진 증명에 관한 믿음은 오직 바탕 기술에 대한 투명한 접근성과 폭넓은 논의를 통해서만 정당화할 수 있다.

대략적으로 말해, 실험 수학의 컴퓨터보조 정리 증명 도구에는 두 가지 접근 방식이 있다. 첫 번째 유형은 수학과 계산을 검증하기 위한 기계-인간 공동 증명 보조자(machine-human collaborative proof assistant)와 대화형 정리 증명 체계(interactive theorem-proving system)를 망라하는 반면, 두 번째 유형은 기존에 완성된 인간 증명이나 추측을 기계가 검증할 때 등장하는 자동 증명 확인(automatic proof checking)을 포함한다.

대화형 정리 증명 체계로는 coq, Mizar, HOL4, HOL Light, Isabelle, LEGO, ACL2, Veritas, NuPRL, PVS 등이 있다. 그러한 체계는 4색 정리를 검증하고 중요한 고전적 수학 결과들을 다시 증명하는 데 사용되었다. 토머스 헤일스(Thomas Hales)의 Flyspeck 프로젝트는 현재 HOL Light와 Isabelle을 사용해 케플러 추측(Kepler conjecture)에 관한 엄밀한 증명을 만들어 내고 있다. 이 소프트웨어는 다른 증명 활동에 다시 활용될 수 있는, 기계가 읽을 수 있는 코드를 생성한다. 자동 정리 증명을 위한 오픈 소스 소프트웨어의 예로는 E와 Prover9/Mace 4가 있다.

5 과학적 작업 흐름

오늘날 매우 야심 찬 계산은 보통 복잡한 파이프라인 안에서 소프트웨어의 서로 다른 부분을 결합함으로써 단일 알고리즘의 범위를 넘어선다. 게다가, 현대 연구는 대개 전체 파이프라인을 연구의 단일한 대상으로 간주하고 파이프라인 자체를 변화시키는 실험을 한다. 여러 이식 가능한 부분을 결합하여 완전한 결과를 생성하는 실험을 보통 **작업 흐름**(workflow)이라 부른다.

케플러(Kepler)는 과학적 작업 흐름을 중심으로 조직된 오픈 소스 프로젝트이다. 이는 '결과를 생성하는 데 필요한 과정에 대한 실행 가능한 표현' 혹은 다른 사람이 계산적 발견을 재현할 수 있도록 실험 세부 사항을 포착한 것이다. 케플러는 사용자가 이런 작업 흐름을 생성하고 공유할 수 있도록 그래픽 인터페이스를 제공한다. 케플러 작업 흐름의 한 예는 그림 4에 주어져 있는데, 2개의 결합된 미분방정식의 모형을 풀고 결과를 그래프로 나타냈다. 케플러는 커뮤니티나 지정된 사용자들이 작업 흐름을

* 또 다른 오픈 소스 유한요소 패키지의 예를 찾으려면 FEniCS (http://fenicsproject.org)를 보라.

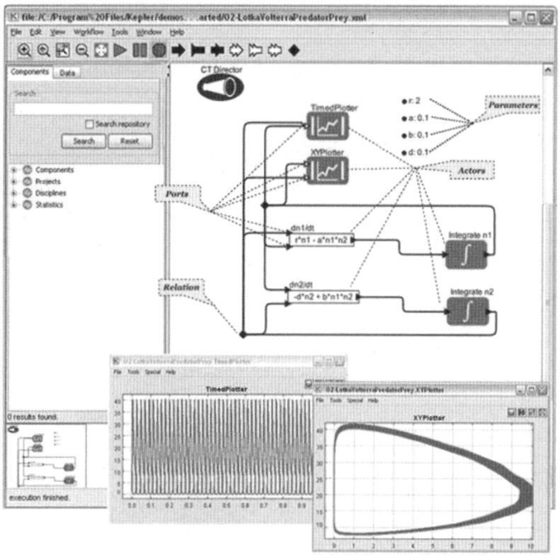

그림 4 고전적인 로트카-볼테라 포식자-피식자 동역학 모형(Lotka-Volterra predator-prey dynamics model)을 푸는 작업 흐름을 보여주는 케플러 인터페이스의 한 예.

업로드, 다운로드, 검색, 공유할 수 있는 구성 요소 저장소를 관리하고, 350개 이상의 처리 구성 요소가 있는 검색 가능한 라이브러리를 포함한다. 케플러는 로컬이나 인터넷 상에서 다양한 서식으로 저장된 데이터를 처리할 수 있고, R 스크립트나 컴파일된 C 코드와 같이 다른 출처를 갖는 소프트웨어의 입력과 출력을 연결하여 원하는 전체 작업을 수행하도록 합칠 수 있다.

6 보급 플랫폼

보급 플랫폼(dissemination platform)은 관심을 가진 방문자에게 특정 콘텐츠를 제공하는 웹사이트이다. 그것은 재현 가능성을 용이하게 하기 위한 흥미로운 방법을 제공한다. 여기서는 영상처리 온라인(Image Processing OnLine, IPOL) 프로젝트와 ResearchCompendia.org를 설명한다.

IPOL은 파이썬으로 개발된 오픈 소스 저널 체제로서 관련 있는 영상 처리와 영상 분석 알고리즘을 출판한다. 저널은 코드를 포함해 투고된 논문을 심사하고, 승낙한 논문은 다음 사항들을 포함한 표준화된 서식으로 출판한다.

- 알고리즘, 참고 문헌 목록, 문서화된 예시에 관한 자세한 설명을 포함하는 원고,
- 다운로드 가능한 알고리즘의 소프트웨어 구현,
- 사용자에 의해 업로드된 데이터 집합, 예컨대 이미지에 대해 알고리즘을 시험할 수 있는 온라인 데모,
- 온라인 실험의 이력을 담아두는 보관소.

그림 5는 견본 IPOL 출판물에서 이러한 요소들을 나타낸다.

이 글의 저자 중 한 명이 개발자인 ResearchCompendia는 출판된 논문과 코드 및 결과를 생성한 데이터를 연결시켜 주도록 고안된 오픈 소스 플랫폼이다. 이것의 아이디어는 '연구 요약'의 개념, 즉 논문과 코드와 발견을 다시 만드는 데 필요한 데이터를 포함하는 꾸러미에 바탕을 둔다. 출판된 논문에 대해, 그 논문과 연결된 웹페이지가 생성되어 코드와 데이터는 물론 메타데이터, 설명, 문서에 접근할 수 있도록 해 주고 코드와 데이터 인용에 대해 조언한다. 그림 6은 요약 페이지의 한 예를 보여 준다.

ResearchCompendia는 모든 인용 가능한 대상(코드, 데이터, 요약 페이지)에 디지털 개체 식별자(Digital Object Identifier, DOI)를 부여하여 관련되는

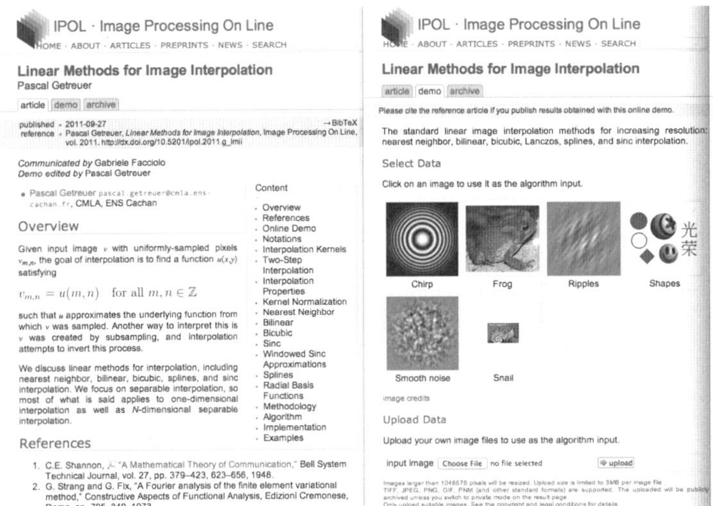

그림 5 IPOL 출판물의 한 예시. 3개의 창은 왼쪽부터 오른쪽까지 원고, 클라우드-실행가능 데모, 이전 모든 실행 보관소를 포함한다.

디지털 학술 대상들, 가령 출판물과 그 결과를 생성하는 데이터 및 코드 사이를 쌍방으로 연결할 수 있도록 한다 (www.stm-assoc.org/2012_06_14_STM_DataCite_Joint_Statement.pdf를 보라). DOI는 디지털 학술 대상을 위한 잘 정립되고 널리 사용되는 유일하게 영속적인 식별자이다. 깃허브(GitHub)를 이용하거나(이것은 이제 코드에 DOI를 부여할 수 있다. https://guides.github.com/activities/citable-code) 저널 웹사이트상 보충 자료를 이용하는 등 PSE에 독립적인 다른 공유 방법도 있다. DOI는 특정 버전의 소프트웨어나 특정 결과 집합을 생성하는 데이터에 부착된다. 이런 이유로, 재현 가능성에서는 다른 무엇보다도 과학적 코드나 데이터를 위한 버전 관리 [VIII.4 §4]가 중요하다.*

* 다른 이유로는 재사용을 가능하게 하는 좋은 코딩 습관, 버그 수정 및 코드의 확장 또는 응용에 명확한 공적을 부여하는 것, 코드 구성과 개발에서의 효율성, 깃허브 같은 공동 코딩 커뮤니티에 합류할 수 있는 가능성 등을 들 수 있다.

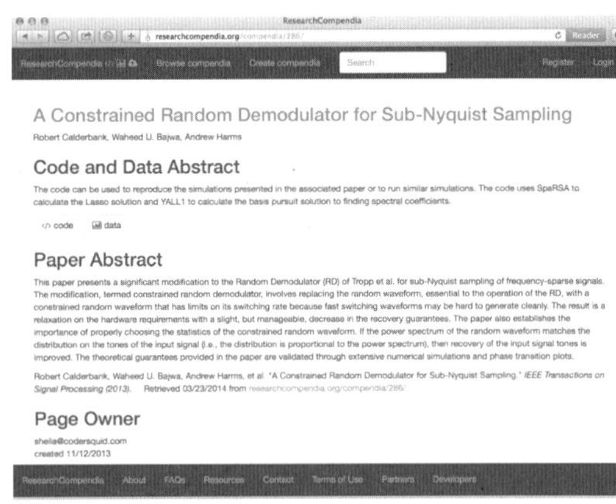

그림 6 ResearchCompendia.org상 요약 페이지의 한 예. 페이지는 출판된 논문과 연결되며 코드 및 출판된 결과를 생성하는 데이터에 접근할 수 있게 해 준다.

7 재현 가능 계산수학을 위한 가장 좋은 습관

계산수학의 소통을 위한 가장 좋은 습관은 아직 표준화되지 않았다. 2012년 브라운 대학교의 수학 계산 실험 연구소(Institute for Computational and Experimental Research in Mathematics, ICERM)에서 열린 '계산 및 실험수학에서의 재현 가능성' 워크숍은 계산수학의 모든 논문에 대해 다음 사항을 포함할 것을 제안했다.

- 논문에서 주장하는 바의 정확한 서술.
- 계산 방식과 왜 그것이 가정된 주장을 엄밀하게 시험하는지에 대한 서술.
- 활용한 모든 알고리즘에 대한 완전한 서술 또는 참고 문헌.
- 계산에 사용된 보조 소프트웨어(연구와 상용 소프트웨어 모두)에 대한 주요한 세부 내용.
- 하드웨어, 운영체제 소프트웨어, 활용된 프로세서의 개수를 포함한 시험 환경의 주요한 세부 내용.
- 데이터 축소와 통계분석 방법의 주요한 세부 내용.
- 정밀도 수준과 격자 해상도와 같은 매개변수의 타당함에 대한 논의.
- 실험 결과의 온전한 서술(또는 최소한 타당한 요약).
- 저자(들)에 의해 수행된 검증과 타당성 시험.
- 어떤 합리적 수준의 문서화와 함께 사용할 수 있는 컴퓨터 코드, 입력 데이터, 출력 데이터.
- 큐레이션(curation). 코드와 데이터를 어디서 얻을 수 있는가? 예상되는 지속성과 수명은 어떻게 되는가? 이후 업데이트를 위한 사이트, 가령 코드베이스(code base)를 위한 버전 관리 저장소가 있는가?
- 논문에 설명된 계산실험을 반복하기 위한 지침.
- 이용약관 및 라이선스. 특별한 이유가 없다면, 이상적으로 코드와 데이터는 '기본적으로 공개', 즉 방임적 재사용 라이선스.
- 부정적인 발견에 관한 정보도 포함하여, 개발 과정에서 조사된 탐구 수단들.
- 저자에 의해 생성된 것도 포함하여 사용된 모든 코드와 데이터에 대한 올바른 인용.

이들 지침은 다양한 연구 배경에서 적용될 수 있고 적용되어야 하지만, 어쨌거나 그 목표는 독자가 독립적으로 계산적 발견을 검증할 때 필요한 정보(가령 매개변수 설정 등 메타데이터와 작업 흐름 문서화), 데이터, 코드를 제공하는 것이다.

8 전망

앞에서 나열된 ICERM 워크숍의 제안은 현재 우리가 최소한으로 바라는 것이다. 그것은 저자가 독자에게 얼마나 높은 수준에서 무엇이 이루어졌는지 이해할 수 있도록, 충분한 정보를 제공하자는 제안이다.

이것은 사실 재실행과 결과의 재현이 정확하게 가능한 형태로 코드와 데이터 모두를 공유하도록 요구하지는 않기 때문에, 이 제안은 우리가 20년 안에 희망하는 것과는 아주 동떨어져 있다.

출판되는 모든 연구 문서가 깊은 의미에서 진정으로 재현 가능하여, 다른 이들이 출판된 계산을 순전히 기계적으로 반복할 수 있는 그런 날을 상상해 본다. 그렇게 재현 가능한 연구 논문의 독자는 어떠한 특정 도표도 깊이 연구할 수 있을 터인데, 예를 들어 어떤 도표에 내재된 소스 코드와 데이터를 보고, 무에서부터 원래 도표를 다시 만들고, 특정한 도표를 정의하는 입력 매개변수를 분석하고, 심지어 결과로 나오는 도표에 주는 영향을 연구하기 위해 그런 설정을 바꾸어 보면서 말이다.

이런 야심 찬 수준의 재현 가능성은 단순한 개인의 이해 이상의 것을 가능하게 만들 것이다. 그것은 메타연구를 가능하게 할 것이다. 가비시(Gavish)와 도노호(Donoho)가 언급한(2012) 로봇이 자동적으로 연구 결과를 탐색하고, 재현하고, 다양화하는 '꿈의 어플리케이션'을 생각해보라. 재현 가능한 연구는 자동적으로 확장되고 일반화될 수 있다. 그것은 최적화되고, 분화되고, 추론하고, 보충될 수 있다. 재현 가능한 데이터 분석은 자동으로 전체 분석 안에 신뢰도 서술을 놓도록 통계적으로 자동화될 수 있다.

현실로 돌아와서, 가까운 미래에는 무엇이 일어날 것인가? 우리는 다가오는 몇 년 동안 계산 투명성과 계산 재현 가능성이 꾸준히 늘어날 것이라 자신 있게 예측할 수 있다. PSE는 계속 큰 인기를 누릴 것이고 저자들은 독자를 끌어들이고자 그들의 스크립트와 데이터를 더욱더 공유하리라 짐작한다. Clawpack이나 DUNE 같은 특수화된 플랫폼은 모든 연구 커뮤니티에서 표준적인 플랫폼으로 간주될 것이며, 연구자들은 자연스럽게 그런 분야의 연구를 재현할 수 있게 될 것이다. 클라우드 컴퓨팅이 증가하고 작업 흐름이 더욱 복잡해짐에 따라, 연구자들은 점차 그들의 가장 야심 찬 연구 결과를 만드는 작업 흐름을 문서화하고 공유할 것이라 예상한다. 코드는 공통 플랫폼에서 개발되고 클라우드에 보관되어, 출판 이후 많은 해가 지난 뒤에도 실행될 수 있게 될 것이다.

우리는 앞으로 20년 동안 이러한 관행들이 표준이 될 것이며, 이 글에서 논의한 여러 종류의 도구에 기반을 둘 것이라 예상한다. 투명성과 공유가 점차 증가하는 쪽으로 변화할 것은 분명해 보이지만, 어떤 도구와 접근의 조합이 표준이 될지는 여전히 불분명하다.

감사의 말. 우리는 제니퍼 세일러(Jennifer Seiler)의 뛰어난 연구 보조에 고마움을 표한다.

더 읽을거리

Bailey, D. H., J. Borwein, and V. Stodden. 2013. Set the default to 'open'. *Notices of the American Mathematical Society* 60(6):679-80.

Buckheit, J., and D. Donoho. 1995. Wavelab and reproducible research. In *Wavelets and Statistics*, edited by A. Antoniadis, pp. 55-81. New York: Springer.

Donoho, D., A. Maleki, M. Shahram, I. Ur Rahman, and V. Stodden. 2009. Reproducible research in computational harmonic analysis. *IEEE Computing in Science & Engineering* 11(1):8-18.

Gavish, M., and D. Donoho. 2012. Three dream applications of verifiable computational results. *Computing in Science and Engineering* 14(4):26-31

Gentleman, R., and D. Temple Lang. 2007. Statistical analyses and reproducible research. *Journal of Computational and Graphical Statistics* 16:1-23.

Hales, T. C. 2014. Mathematics in the age of the Turing machine. In *Turing's Legacy: Developments from Turing's Ideas in Logic*, edited by R. Downey. Cambridge: Cambridge University Press/Association for Symbolic Logic.

LeVeque, R. J. 2006. Wave propagation software, computational science, and reproducible research. In *Proceedings of the International Congress of Mathematicians, Madrid, 2006*, volume 3. Zurich: European Mathematical Society.

Stodden, V. 2009a. Enabling reproducible research: licensing for scientific innovation. *International Journal of Communications Law and Policy* 13:1-25.

———. 2009b. The legal framework for reproducible scientific research: licensing and copyright. *IEEE Computing in Science & Engineering* 11(1):35-40.

Stodden, V., P. Guo, and Z. Ma. 2013. Toward reproducible computational research: an empirical analysis of data and code policy adoption by journals. *PLoS ONE* 8(6):e67111.

VIII.6 실험 응용수학

데이비드 베일리, 조너선 보바인
David H. Bailey and Jonathan M. Borwein

1 서론

'실험 응용수학'은 활발한 연구 매개체로서 현대 컴퓨터 기술을 사용하는 것에 붙여진 이름이다. 물리과학에서 연구실 실험을 하는 것과 똑같은 정신 아래, 통찰과 직관을 얻고, 새로운 규칙과 관계를 발견하고, 추측을 시험하고, 해석적으로 유도된 결과를 확증하기 위해 컴퓨터 기술이 사용된다. 이는 순수수학에서 『프린스턴 수학 안내서』를 포함해 다른 곳에서 설명하는 '실험수학'으로 알려진 것과 긴밀하게 연관된다.

어떤 의미에서, 응용수학자 대부분은 수십 년간 그들의 연구에 컴퓨터 기술을 적극적으로 융합시켰다. 요컨대 그것은 다음 중 하나 또는 그 이상의 특징을 가진 컴퓨터가 보조하는 응용수학 연구를 의미한다.

(i) 탐구와 발견을 위한 계산
(ii) 기호 계산
(iii) 고정밀도 연산
(iv) 정수 관계 알고리즘
(v) 그림과 시각화
(vi) 전통적이지 않은 수학과의 연결

상황에 따라, 실험 응용수학에서 엄밀한 증명의 역할은 순수수학에서보다 훨씬 감소될 수도, 전혀 바뀌지 않을 수도 있다. 많은 복잡한 응용 문제에서는 사소한 요소의 타당성을 증명하는 것이 일반적인 방법의 적절함을 보여주는 강력한 증거를 찾는 것보다 무의미하다.

고정밀도 연산

계산과학 또는 계산공학에서 연구하는 이들 대부분은 32비트 IEEE 부동소수점 연산[II.13](십진법으로 대략 7자릿수 정밀도)이나 64비트 IEEE 부동소수점 연산(십진법으로 대략 16자릿수 정밀도)에 의존한다. 그러나 거대해진 응용수학 연구에서는 16자리 연산조차 충분하지 않다. 가장 흔한 고정밀도 연산은 '배-배(double-double)' 혹은 '4배' 정밀도이며, 대략적으로 31 자릿수 정밀도와 동일하다. 일부 연구는 기백 혹은 기천 자릿수를 요구한다.

고정밀도 데이터 구조를 가진 일반적인 초월함수의 연산과 값 매김을 수행하는 알고리즘은 오래 전부터 알려져 있었음에도 해결해야 할 문제가 남아 있다. 메이플(Maple)과 매스매티카(Mathematica) 같은 수학소프트웨어 패키지는 통상 임의로 높은 정밀도를 사용하는 기능을 포함하지만, 일부 응용연구자는 GNU 다정밀도 패키지 같은 인터넷에서 구할 수 있는 소프트웨어에 의존한다.

정수 관계 검출

실수 혹은 복소수 x_i의 벡터가 주어졌을 때, **정수 관계 알고리즘**(integer relation algorithm)은 $a_1x_1+a_2x_2+\cdots+a_nx_n=0$을 만족하는 자명하지 않은 정수 a_i의 집합을 찾고자 한다. 그러한 알고리즘의 한 가지 일반적인 응용은 계산된 수치 상수들이 연관된 새로운 등식을 찾는 것이다.

예를 들어, 어떤 적분 (혹은 임의의 다른 수치적 값) x_1이 아마 항 $x_2, x_3, \cdots, x_n$의 선형 합일 것이라 추측한다고 해보자. 적분과 모든 항을 고정밀도(통상 수백 자릿수)로 계산한 뒤 벡터 $(x_1, x_2, \cdots, x_n)$를 정수 관계 알고리즘에 제공할 수 있다. 그것은 이들 값에 정수-선형 관계가 존재한다고 판별하거나, 아니면 입력 벡터가 아마 만족해야 할 정수 관계 벡터 (a_i)의 유클리드 노름의 하한을 알려줄 것이다. 만약 알고리즘이 어떤 관계를 알려준다면, 이를 x_1에 관해 풀어 원래 적분에 대한 실험적 항등식을 얻을 수 있다. 가장 흔히 활용되는 정수 관계 알고리즘은 수학자이자 조각가인 헬러먼 퍼거슨(Helaman Ferguson)의 'PSLQ' 알고리즘이며, 이런 목적으로 렌스트라-렌스트라-로바스 알고리즘(Lenstra-Lenstra-Lovasz algorithm)도 활용할 수 있다.

2 역사적 예

실험 응용수학이 의미하는 바가 무엇인지 분명히 하는 가장 좋은 방법은 실제 활용되는 패러다임의 몇몇 예를 보여주는 것이다.

중력 추진

우주 시대의 한 가지 흥미로운 예는 1961년 NASA의 제트 추진 실험실(Jet Propulsion Laboratory)의 마이클 미노비치(Michael Minovitch)가 발견한 **중력 추진**(gravitational boosting)이다. 미노비치는 **호만 전이 타원**(Hohmann transfer ellipses)이 에너지를 최소화하며 외부 행성에 도달하는 방식이라는 당시의 믿음이 틀렸다는 것을 어떻게 발견했는지 설명했다. 그런 믿음 대신, 그는 멀리 떨어진 위치까지 가는 도중에 다른 행성을 가까이 통과하는 우주선 궤도가 '새총 효과(slingshot effect)'를 통해 속도에서 상당한 추진을 얻을 수 있다는 것을 (행성 궤도 속도의 극히 작은 변화로 상쇄되는) 계산으로 발견했다. 이 입증 이전에 '대부분의 행성 임무 설계자는 목표 행성의 중력장을 보통 기내 로켓 추진으로 상쇄시켜야 할

일종의 골칫거리로 생각했다.'

목성, 토성, 천왕성으로부터 새총 효과를 얻지 못했다면, 보이저(Voyager) 임무가 해왕성에 도달하는 데에는 30년 이상 걸렸을 것이다. 하지만 보이저는 해왕성에 단지 10년 안에 도달했다. 실제로 중력 추진이 없었더라면 우리는 여전히 기다리고 있었을 것이다! 태양계를 벗어나는 데는 그보다 훨씬 더 기다려야 했을지도 모르지만, 보이저는 현재 태양계를 벗어난 것처럼 보인다.

프랙탈과 혼돈

20세기 실험 응용수학의 가장 중요한 예는 **프랙탈 이론**(fractal theory)의 발전이며, 브누아 망델브로(Benoit Mandelbrot)의 연구로 예증된다. 망델브로는 프랙탈 집합의 수많은 예를 연구했으며, 그들 중 다수는 자연과 직접적으로 연결된다. 응용에는 해안선, 산, 생물학적 구조, 혈관, 행성계의 모양, 심지어는 음악, 예술, 주식시장의 분석이 포함된다. 예를 들어, 망델브로는 호주의 해안, 영국의 서부 해안, 포르투갈의 국경이 모두 프랙탈 차원이 약 1.75인 모양을 만족한다는 것을 발견했다.

1960년대와 1970년대 초, 응용수학자들은 이전에 해석적 방법으로 연구된 혼돈적 반복의 특징을 계산을 통해 탐구하기 시작했다. 메이(May), 로렌즈(Lorenz), 망델브로, 파이겐바움(Feigenbaum), 루엘(Ruelle), 요크(York), 그 외 다른 이들이 이 영역을 탐구하기 위해 컴퓨터와 그림을 활용하는 방식을 이끌었으며 예컨대 글릭(Gleick)의 『카오스: 새로운 과학의 출현(*Chaos: Making a New Science*)』에 그 역사가 기록되어 있다.

불확정성 원리

20세기 초 전통적이며 형식적인 사고를 통해 발견되었지만, 계산 도구를 통해서는 더 쉽게 발견될 수 있는 원리를 소개하겠다.

대부분의 독자는 원자보다 작은 입자의 위치와 운동량은 동시에 임의의 정확도로 예측하거나 측정할 수 없다는 사실로 표현되는 양자역학의 **불확정성 원리**[IV.23]에 대해 들어 보았을 것이다. 일부는 신호가 동시에 '시간-제한적'이고 '주파수-제한적'일 수 없다는 사실로 표현되는 신호처리 이론의 불확정성 원리가 익숙할 수도 있다. 놀랍게도, 이들 두 원리의 엄밀한 수학적 서술은 서로 일치한다.

어떤 $\varepsilon > 0$에 대해 $|t| \to \infty$일 때 $|t|^{3/2+\varepsilon} f(t) \to 0$을 만족하는 연속적으로 미분 가능한 L^2 실함수 $f(t)$를 생각하자(이는 아래 적분의 수렴성을 보장해준다). 편의를 위해 $f(-t) = f(t)$라 가정할 것이고, 따라서 복소수일수도 있는 $f(t)$의 푸리에 변환(Fourier transform) $\hat{f}(x)$는 실수가 된다.

$$E(f) = \int_{-\infty}^{\infty} f^2(t)\,\mathrm{d}t, \quad V(f) = \int_{-\infty}^{\infty} t^2 f^2(t)\,\mathrm{d}t$$
$$\hat{f}(x) = \int_{-\infty}^{\infty} f(t)\,\mathrm{e}^{-\mathrm{i}tx}\,\mathrm{d}t, \quad Q(f) = \frac{V(f)}{E(f)}\frac{V(\hat{f})}{E(\hat{f})} \tag{1}$$

이라 정의하자. 그러면 불확정성 원리는 $Q(f) \geq \frac{1}{4}$이며 등호는 a와 b가 실수인 상수일 때 오직 $f(t) = a\mathrm{e}^{-(bt)^2/2}$인 경우에만 성립한다는 주장이다. 이 사실의 증명은 몹시 어려운 것은 아니지만 깨우치기는 힘들다(예를 들어, 보바인(Borwein)과 베일리(Bailey)의 2008년 책, pp. 183-88을 보라).

이 문제를 실험수학자가 할 법한 방식으로 접근해보자. 어떤 함수의 '분산(dispersion)'을 고려하기 위해 푸리에 변환을 연구할 때는(특히 신호처리의 맥락에서) 그것을 푸리에 변환의 분산과 비교하는 것이 자연스럽다. 이들 두 양 사이에 역 관계가 있는 것처럼 보인다는 것을 알아차리면, (1)에서의 $Q(f)$를 고려하게 된다. 메이플(Maple)이나 매스매티카(Mathematica)의 도움으로 표 1에 나타난 것처럼 예들을 탐구할 수 있다. 마지막 열의 각 원소는 $(\frac{1}{4}, \frac{1}{2})$ 범위에 있다는 것에 주의하자. 이를 더 낮출 수 있는가?

이제 $Q(f)$를 최소화하는 탐색 기법을 접목할 수 있는데, 가령 '텐트 함수'부터 시작해 이를 간격 δ인 규칙적인 격자 위에서 어떤 ε만큼 올리거나 내리는 식으로 섭동시켜 연속이고 조각별 선형인 함수를 만들자. 주어진 δ에 대해, 최소화함수 $f(t)$를 찾았다면 ε과 δ를 감소시키고 이를 반복하자. δ가 충분히 작다면, 가령 10^{-6} 정도라면 멈추자(자세한 내용은 보바인과 베일리 (2008)을 보라).

결과함수 $f(t)$는 그림 1에 나타나 있다. 굳이 말할 필요 없이, 이 모양은 가우스(Gaussian) 확률 곡선을 강하게 암시한다. 그림 1은 $f(t)$와 $b = 0.45446177$일 때 함수 $e^{-(bt)^2/2}$을 동시에 보여 준다. 이 그래프의 정밀도에서 그들은 일치한다!

요컨대, 20세기 계산 도구를 사용하면 수치적으로 불확정성 원리를 '발견'하는 것은 상대적으로 쉬운 일이다. 이는 의심의 여지 없이 물리학, 화학, 그 외 다른 분야의 다양한 역사적 원리에 대해서도 사실이다.

표 1 다양한 함수에 대한 Q 값.

$f(t)$	Interval	$\hat{f}(x)$	$Q(f)$
$1 - t\,\mathrm{sgn}\,t$	$[-1, 1]$	$\frac{2(1-\cos x)}{x^2}$	$\frac{3}{10}$
$1 - t^2$	$[-1, 1]$	$\frac{4(\sin x - x\cos x)}{x^3}$	$\frac{5}{14}$
$\frac{1}{1+t^2}$	$[-\infty, \infty]$	$\pi\exp(-x\,\mathrm{sgn}\,x)$	$\frac{1}{2}$
$e^{-\lvert t\rvert}$	$[-\infty, \infty]$	$\frac{2}{1+x^2}$	$\frac{1}{2}$
$1+\cos t$	$[-\pi, \pi]$	$\frac{2\sin(\pi x)}{x - x^3}$	$\frac{1}{9}(\pi^2 - \frac{15}{2})$

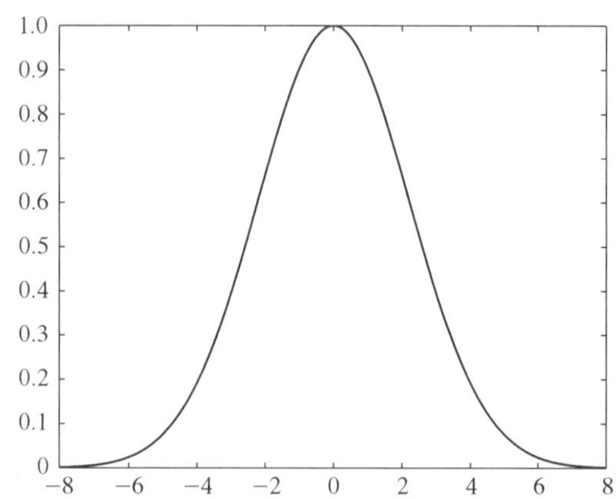

그림 1 Q-최소화 함수 및 일치하는 가우스 함수.

3 21세기의 연구

응용수학의 계산-실험 방식이 21세기에 크게 가속되었다는 것은 당연하다. 여기서는 특수한 실례를 몇 가지만 제시한다. 이 글의 저자들에 의한 것도 일부 포함되는데, 그 예들에 대해 우리가 익숙하기 때문이다. 틀림없이 우리가 인지하지 못한 많은 다른 유사한 실험 패러다임의 전형이 존재한다.

3.1 진동자 배열의 키메라 상태

실험 응용수학의 한 가지 흥미로운 예는 구라모토, 배토그톡(Battogtokh), 시마가 2002년 발견한 '키메라(chimera)' 상태로서, 이는 각 진동자가 어떤 거리만큼 떨어진 진동자들과 상관관계를 가지는 동일한 진동자들의 배열에서 등장한다. 이 계는 조지프슨 접합 배열(Josephson junction array), 진동화학계, 전염병 모형, 달팽이 껍질 패턴에 내재하는 신경 네트워크, 고양이와 원숭이의 시각 피질에서 관찰되는 '안구 우성 줄무늬(ocular dominance stripe)' 등 폭넓은 범위의 물리계에서 등장할 수 있다. 사자, 염소, 뱀의 특징이 우스꽝스럽게 결합된 신화의 괴수에서 이름을 딴 키메라 상태에서, 진동자 배열은 두 개의 상대적으로 안정적인 집단으로 분기한다. 첫째 집단은 일관되게 상이 고정된(phased-locked) 진동자들로 구성되고, 둘째 집단은 일관되지 않고 표류하는 진동자들이다.

이 상태를 더 깊이 있게 추가적으로 연구했던 에이브람스(Abrams)와 스트로가츠(Strogatz)에 따르면, 진동자 배열의 대부분은 다음 4개의 전형적인 패턴 중 하나로 빠르게 수렴한다.

(i) 모든 진동자가 일치하여 움직이는 동시성(synchrony).

(ii) 모든 진동자의 주파수가 고정된 1차원 고립파(solitary wave) 혹은 2차원 나선파(spiral wave).

(iii) 전역적인 공간 구조를 가지지 않으면서 진동자의 상이 준주기적으로(quasiperiodically) 변화하는 비일관성.

(iv) 공간 시간적 혼돈과 간헐성(intermittency) 같은 더 복잡한 패턴.

하지만 키메라 상태에서는 같은 계에서 상 고정과 비일관성이 동시에 나타난다.

연속적인 1차원 키메라 배열을 지배하는 가장 단순한 방정식은

$$\frac{\partial \phi}{\partial t} = \omega - \int_0^1 G(x-x')\sin[\phi(x,t)-\phi(x',t)+\alpha]\,\mathrm{d}x' \tag{2}$$

이며, 여기서 $\phi(x,t)$는 시간 t에서 $x \in [0,1)$에 주어진 진동자의 상을 나타내며 $G(x-x')$은 진동자 x와 x' 사이의 비국소적 결합의 정도를 지정한다. (2)의 이산적이고 계산 가능한 형태는 적분을 1차원 배열 (x_k, $0 \le k < N$)에 대한 합으로 바꿈으로써 얻을 수 있고, 여기서 $x_k = k/N$이다. 구라모토와 배토그톡은 상수 C와 매개변수 κ에 대해 $G(x-x') = C\exp(-\kappa|x-x'|)$을 택했다.

$\kappa = 4$, $\alpha = 1.457$, 배열 크기 $N = 256$, 시간 단위 크기 $\Delta t = 0.025$로 지정하고, r가 $[-\frac{1}{2}, \frac{1}{2})$ 사이의 고른 확률변수(uniform random variable)일 때 $\phi(x) = 6\exp[-30(x-1/2)^2]\, r(x)$로 시작하면, 그림 2에 나타난 상 패턴을 얻게 된다. $x=0$과 $x=1$ 근처의 진동자들은 상-고정되고 그들의 근방과 거의 완벽한 동시성을 갖고 움직이는 것처럼 보이지만, 가운데에 위치한 진동자들은 그들의 근방 및 고정된 진동자들 모두에 대해 상이 중구난방으로 표류한다는 것에 주목하자.

수많은 연구자가 최초의 수치적 발견 이후 이 현

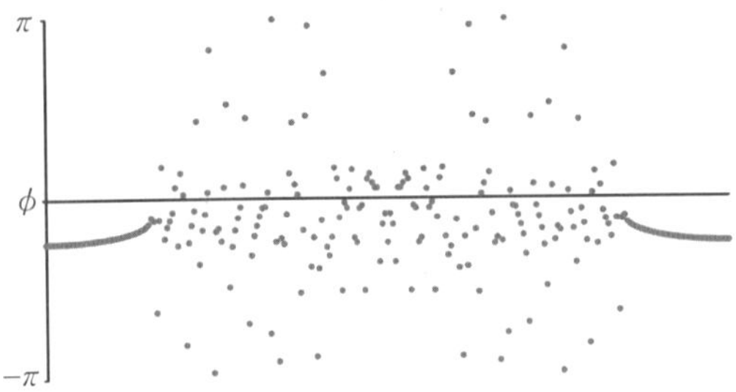

그림 2 키메라 계에서 진동자들의 상. x축은 0부터 1까지 움직이며 주기적인 경계를 갖는다.

상을 연구했다. 에이브람스와 스트로가츠는 결합 함수가 $0 \le A \le 1$일 때 $G(x) = (1 + A\cos x)/(2\pi)$로 주어져서 계를 해석적으로 푸는 것이 가능한 경우를 연구했고, 그들의 방법을 더 일반적인 계로 확장했다. 그들은 키메라 계가 특징적인 생활 주기를 갖는다는 것을 발견했다. 고른 상-고정 상태, 뒤따르는 공간적으로 고른 표류 상태, 그 다음 변동하는 표류 상태, 그 다음 키메라 상태의 탄생, 뒤따르는 안정된 키메라 시기, 그 다음 안장점 분기(saddle-node bifurcation), 마지막으로 불안정한 키메라 상태로 말이다.

3.2. 윈프리 진동자

키메라 상태와 밀접하게 관련된 한 가지 발전은 퀸-랜드-스트로가츠(Quinn-Rand-Strogatz, QRS) 상수의 분석이다. 퀸, 랜드, 스트로가츠는 결합된 비선형 진동자의 윈프리 모형(Winfree model)을 연구했는데, 즉 $1 \le i \le N$에 대해

$$\dot{\theta}_i = \omega_i + \frac{\kappa}{N}\sum_{j=1}^{N} -(1+\cos\theta_j)\sin\theta_i \qquad (3)$$

이고, 여기서 $\theta_i(t)$는 시간 t에서 진동자 i의 상, 매개변수 κ는 결합 세기, ω_i는 대칭 단봉밀도(unimodal density) $g(w)$로부터 얻어지는 주파수이다. 그들은 분석을 통해 공식

$$0 = \sum_{i=1}^{N}\left(2\sqrt{1-s^2(1-2(i-1)/(N-1))^2} - \frac{1}{\sqrt{1-s^2(1-2(i-1)/(N-1))^2}}\right)$$

을 끌어냈고, 이는 분기에 의한 상 상쇄각(offset angle) $\phi = \sin^{-1}s$를 간접적으로 정의한다. 저자들은 수치적 증거에 기초해 N에 의존하는 해 s의 점근적 행동이

$$1 - s_N \sim \frac{c_1}{N} + \frac{c_2}{N^2} + \frac{c_3}{N^2} + \cdots$$

이어야 한다고 추측했고, 여기서 $c_1 = 0.60544365\cdots$은 이제 QRS 상수라 불린다.

2008년에 이 글의 저자와 리처드 크랜달(Richard Crandall)은 함께 이 상수의 수치적 값을 소수점 아래 42자리까지 계산하였고

$$c_1 \approx 0.605443657196732749478922842444\cdots$$

을 얻었다. 이 수칫값을 알고 난 상태에서, c_1이 구간 $0 \le z \le 2$에서 후르비츠 제타 함수(Hurwitz zeta function) $\zeta(\frac{1}{2}, \frac{1}{2}z)$의 유일한 해라는 것을 보일 수 있었다. 더 나아가, 그들은 $c_2 = -0.104685459\cdots$가 해석적으로

$$c_2 = c_1 - c_1^2 - 30\frac{\zeta(-\frac{1}{2}, \frac{1}{2}c_1)}{\zeta(\frac{3}{2}, \frac{1}{2}c_1)}$$

으로 주어짐을 발견했다.

3.3 고정밀도 동역학

주기궤도(periodic orbit)는 동역학계의 '뼈대'를 이루

며 아주 유용한 정보를 제공하지만, 궤도가 불안정하다면 유의미한 결과를 얻기 위해서 보통 고정밀도 수치적분기가 필요하다.

예컨대 그림 3은 배 정밀도와 4배 정밀도로 계산된 (7+2)-고리 문제의 대칭적 주기궤도를 보여준다. $(n+2)$-체 고리 문제는 $n+1$개 주 물체의 중력장에 끌리는 무한소 입자의 운동을 설명하며, 주 물체 중 n개는 정다각형의 꼭짓점에 위치해 평면에서 그 중심을 기준으로 상수 각속도로 회전한다. 각 점은 하나의 대칭적 주기궤도의 초기조건에 대응하며, 회색 영역은 운동이 허용되지 않는 영역에 대응한다(극한 곡선으로 경계 지어지는). '거짓' 초기조건을 피하기 위해 실제로 초기조건이 주어진 허용도 수준까지 주기궤도를 생성하는지 확인해보는 것은 유용하다. 그러나 아주 불안정한 주기궤도에서는 배 정밀도로도 충분하지 않기 때문에, 그림에서 더 정확한 4배 정밀도 실행에서는 나타나지 않는 틈을 만든다.

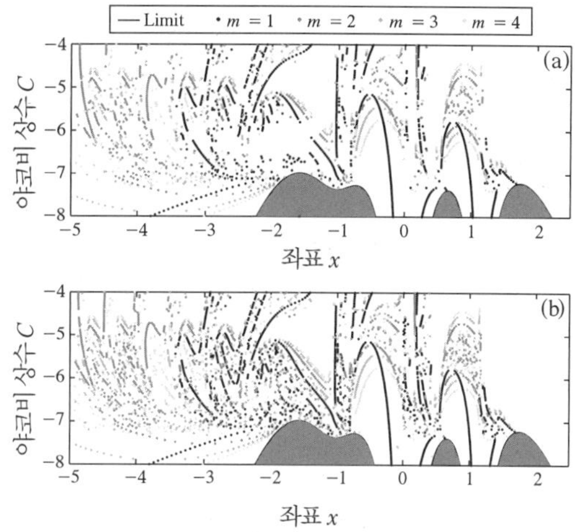

그림 3 (a)배 정밀도와 (b)4배 정밀도를 사용한 (7+2)-고리 문제의 가장 혼돈적인 영역에서의 대칭적 주기궤도(m은 주기궤도의 중복도를 나타낸다). 배정밀도 그림에서 "틈"에 주목하라(로베르토 바리오(Roberto Barrio)의 허락을 받고 재사용됨).

100자릿수 정밀도 연산은 **로렌즈 끌개**[III.20]의 프랙탈 성질에 대한 2010년 연구에서 근본적인 역할을 했다. 그림 4를 보라. 그림의 첫 번째 그래프는 로렌즈 끌개 위의 임의의 자취와 절단 $z=27$과의 교차점을 xy평면 위 직사각형 안에서 보여준다. 모든 뒤따르는 그래프는 이전 그래프의 빨간 직사각형 중심에서 조그마한 영역(육안으로 보기에는 너무 작은)을 확대하여 하나의 선으로 보이는 것이 사실 수많은 선이라는 것을 보여준다.

주기궤도를 계산하기 위한 린스테트-푸앵카레 방법(Lindstedt-Poincaré method)은 린스테트-푸앵카레 섭동 이론, 비선형 연립식을 푸는 뉴턴의 방법, 푸리에 보간(Fourier interpolation)에 바탕을 둔다. 비스와나스(Viswanath)는 이를 고정밀도 라이브러리와 결합하여 고전적인 살츠먼(Saltzman) 매개변수 값에서의 로렌즈 모형에 대한 주기궤도를 얻었다. 이 과정은 고정밀도 연산의 추가적인 계산 비용을 감안하더라도, 매우 불안정한 주기궤도를 통상적인 방식보다 더 효율적으로 아주 정확하게 계산할 수 있게 해 준다. 이러한 이유로, 고정밀도 연산은 로렌즈 끌개의 프랙탈 성질에 대한 연구에서는 물론 (그림 4와 5를 보라) 로렌즈 계에 대한 복잡한 특이점을 무한급수를 사용하여 모순이 없도록 형식적으로 전개할 때 근본적인 역할을 한다(추가적인 세부내용과 참고 문헌을 위해서는 베일리 외 (2012)를 보라).

3.4. 이징 적분

이전에 언급된 연구는 100자리 연산을 활용했다.

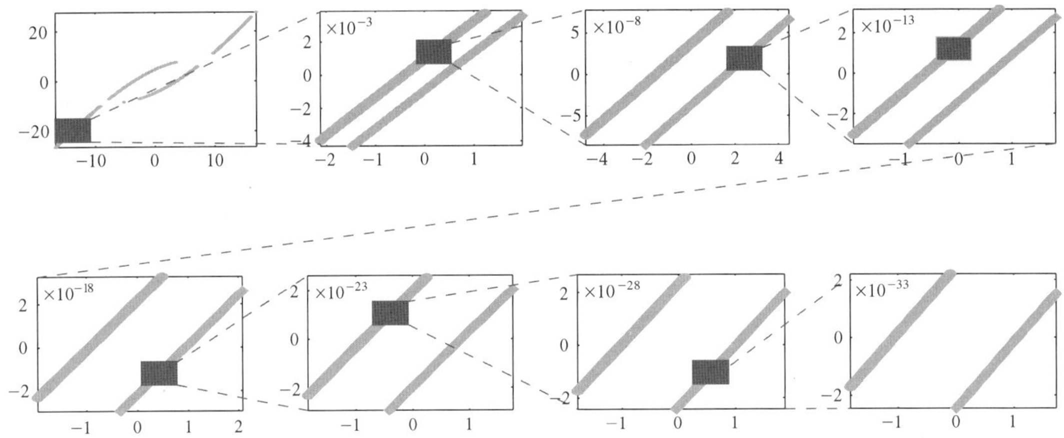

그림 4 로렌즈 끌개의 프랙탈 성질(디바카르 비스와나스(Divakar Viswanath)의 허락을 받고 재사용됨).

수리물리학과 양자장론의 이징 이론(Ising theory)에서 등장하는 다음 적분에 관한 리처드 크랜달과의 연구에서는(보바인과 베일리 2008, 베일리와 보바인 2011을 보라) 훨씬 높은 정밀도가 필수적이라는 것이 증명되었다.

$$C_n = \frac{4}{n!}\int_0^\infty \cdots \int_0^\infty \frac{1}{(\sum_{j=1}^n (u_j + 1/u_j))^2} \mathrm{d}U,$$

$$D_n = \frac{4}{n!}\int_0^\infty \cdots \int_0^\infty \frac{\prod_{i<j}((u_i - u_j)/(u_i + u_j))^2}{(\sum_{j=1}^n (u_j + 1/u_j))^2} \mathrm{d}U,$$

$$E_n = 2\int_0^1 \cdots \int_0^1 \left(\prod_{1 \le j < k \le n} \frac{u_k - u_j}{u_k + u_j} \right)^2 \mathrm{d}T$$

여기서

$$\mathrm{d}U = \frac{\mathrm{d}u_1}{u_1} \cdots \frac{\mathrm{d}u_n}{u_n}, \quad \mathrm{d}T = \mathrm{d}t_2 \cdots \mathrm{d}t_n, \quad u_k = \prod_{i=1}^k t_i$$

$E_n \le D_n \le C_n$임에 주목하라.

이들 적분을 정의하는 공식으로 직접 계산하는 것은 매우 어렵지만, C_n에 대해서는

$$C_n = \frac{2^n}{n!}\int_0^\infty pK_0^n(p)\,\mathrm{d}p$$

를 보일 수 있고, 여기서 K_0은 변형된 베셀 함수[IV.7

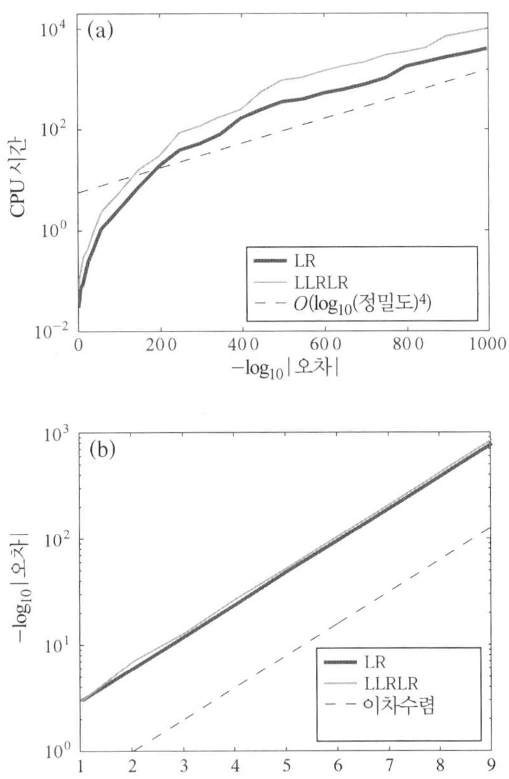

그림 5 로렌즈 모형의 주기궤도 LR과 LLRLR에 대한 1,000자리 계산에서 (a)CPU 시간과 (b)반복 횟수에 대한 계산 상대 오차(로베르토 바리오의 허락을 받고 재사용됨).

§9]이다. 이것으로 1,000자리 수치적 값을 계산한 뒤 PSLQ 알고리즘에 사용해 $C_4 = \frac{7}{12}\zeta(3)$ 등의 결과를 추론했고, 더 나아가 점근적 전개에서 추가적인 고차항과 함께

$$\lim_{n \to \infty} C_n = 0.63047350\cdots = 2e^{-2\gamma}$$

을 발견했다. 한 가지 흥미로운 실험결과는 (아직 증명되지는 않은) 다음과 같다.

$$\begin{aligned} E_5 \stackrel{?}{=} 42 &- 1984\,\mathrm{Li}_4(\tfrac{1}{2}) + \tfrac{189}{10}\pi^4 - 74\zeta(3) \\ &- 1272\zeta(3)\log 2 + 40\pi^2\log^2 2 - \tfrac{62}{3}\pi^2 \\ &+ \tfrac{40}{3}\pi^2\log 2 + 88\log^4 2 + 464\log^2 2 \\ &- 40\log 2 \end{aligned}$$

이것은 고도의 병렬 컴퓨터 시스템에서 수 시간의 계산을 통해 발견되었고, 250자리 정밀도까지 확인되었다. 여기서, $\mathrm{Li}_4(z) = \sum_{k \geq 1} z^k/k^4$은 표준적인 4차 다중로그함수(polylogarithm)이다.

3.5 산책 적분과 짧은 보행

복소수 s에 대해 n차원 산책적분(ramble integral, 베일리와 보바인 2012)

$$W_n(s) = \int_{[0,1]^n} \left| \sum_{k=1}^{n} e^{2\pi x_k i} \right|^s dx \tag{4}$$

을 생각하자. 이는 각 단계에서 단위 걸음이 무작위적 방향으로 취해지는, 평면에서의 고른 무작위 보행 적분(uniform random walk integral) 이론에서 등장하며, 100년 전 피어슨(Pearson), 레일리(Rayleigh), 그리고 다른 이들에 의해 처음 연구되었다. (4)와 같은 적분은 n단계 이후 원점에서의 거리에 대한 s번째 모멘트(moment)이다. 잘 알려져 있듯이 항공학, 생태학, 경제학, 심리학, 컴퓨터과학, 물리학, 화학, 생물학만큼이나 다양한 분야에서 여러 유형의 무작위 보행이 등장한다.

보행과 측도

보바인, 스트라웁(Straub), 완(Wan), 주덜린(Zudilin)의 2010년 연구에서 해석학과 고정밀도 수치계산의 결합을 사용하여

$$W_n'(0) = -n \int_0^\infty \log(x) J_0^{n-1}(x) J_1(x)\,dx$$

같은 결과가 얻어졌는데, 여기서 $J_n(x)$는 제1종 베셀함수를 나타내고 γ는 오일러 상수(Euler's constant)를 나타낸다. 그 결과들은 차례로 다양한 닫힌 형태로 유도되어 빌레가스(Villegas)가 번안한 다음 말러 측도(Mahler measure) 추측을 600자리 정밀도까지 확인하는 데 사용되었다.

$$\begin{aligned} W_5'(0) \stackrel{?}{=} \left(\frac{15}{4\pi^2}\right)^{5/2} \int_0^\infty &\{\eta^3(e^{-3t})\eta^3(e^{-5t}) \\ &+ \eta^3(e^{-t})\eta^3(e^{-15t})\} t^3\,dt \end{aligned}$$

여기서 데데킨트 에타-함수(Dedekind eta-function)는

$$\begin{aligned} \eta(q) &= q^{1/24} \prod_{n \geq 1} (1 - q^n) \\ &= q^{1/24} \sum_{n=-\infty}^{\infty} (-1)^n q^{n(3n+1)/2} \end{aligned}$$

으로부터 계산될 수 있다. 이들 결과 이면에는 순수수학, 응용수학, 계산수학의 다양한 부분 사이의 놀라운 연결성이 놓여 있다. 이런 일은 흔하며, 더 나은 계산 도구를 개발하는 것과 (특히 특수함수와 다중로그함수를 위해) 새로운 구조를 발견하는 것 사이에는 훌륭한 상호 작용이 존재한다.

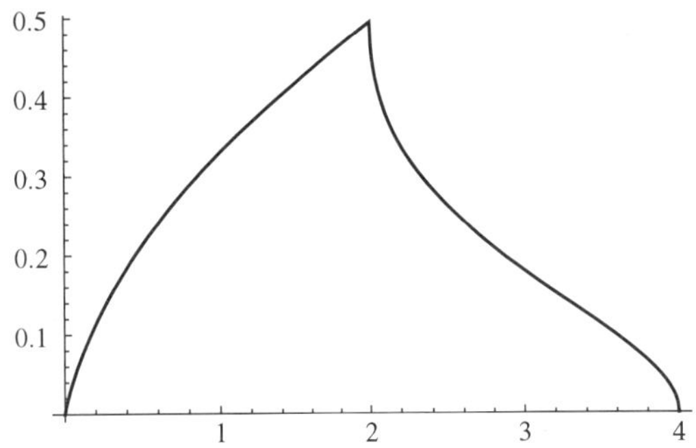

그림 6 4-걸음 보행의 '상어 지느러미' 밀도

짧은 보행의 밀도

연관된 가장 깊은 발견들 중 하나는 평면에서의 4-걸음 고른 무작위 보행에 대한 **방사밀도**(radial density)의 다음 닫힌 형태이다. $2 \le \alpha \le 4$에 대해서 실수 초기하(hypergeometric) 함수 형태

$$p_4(\alpha) = \frac{2}{\pi^2}\frac{\sqrt{16-\alpha^2}}{\alpha}\,{}_3F_2\left(\left.\begin{matrix}\frac{1}{2},\frac{1}{2},\frac{1}{2}\\ \frac{5}{6},\frac{7}{6}\end{matrix}\right|\frac{(16-\alpha^2)^3}{108\alpha^4}\right)$$

이 성립한다.

놀랍게도, 이 등식 우변의 실수부는 그림 6의 그래프로 나타난 것처럼 [0, 4] 위 모든 곳에서 유효하다. 이는 완전히 실험적 발견이었지만(적어도 하나의 운 좋은 오류와 연관된) 이제 온전히 증명되었다.

3.6 타원적분의 모멘트

앞 소절에서 논의된 산책 적분에 관한 연구는 또한 다음 형태를 갖는 타원적분함수의 모멘트에 대한 포괄적인 분석도 이끌었다.

$$\int_0^1 x^{n_0}K^{n_1}(x)K'^{n_2}(x)E^{n_3}(x)E'^{n_4}(x)\,\mathrm{d}x$$

여기서 타원함수 K와 E와 그것의 보완 형태는

$$K(x) = \int_0^1 \frac{\mathrm{d}t}{\sqrt{(1-t^2)(1-x^2t^2)}},$$
$$E(x) = \int_0^1 \frac{\sqrt{1-x^2t^2}}{\sqrt{1-t^2}}\mathrm{d}t,$$
$$K'(x) = K(\sqrt{1-x^2}),$$
$$E'(x) = E(\sqrt{1-x^2})$$

으로 주어진다.

이들 적분의 3200자리 정밀도 계산과 PSLQ 알고리즘을 사용한 관계 탐색을 결합하면, 그것들 사이의 예상치 못했던 수천 개의 관계식을 보여준다(베일리와 보바인 2012를 보라). 탐구하는 적분의 개수 때문에 이런 규모의 계산이 필요하다.

3.7 눈 결정

계산 실험은 눈송이(snowflake)의 연구에서조차 유용했다. 잔코 그래브너(Janko Gravner)와 데이비드 그리피어스(David Griffeath)는 2007년 연구에서 정교한 컴퓨터 기반 시뮬레이터를 사용해, 논문에서는 눈 결정(snow crystal)으로, 장난스럽게는 **눈종이**(snowfake)로 부르는 이들 구조의 형성 과정을 연구했다. 그들의 모형은 확산, 동결, 부착을 포함하는 각각의 핵심 단계를 모의실험하고 따라서 연구자들이 녹음 매개변수에 대한 의존성을 연구할 수 있도록 한다. 그들의 시뮬레이터로 생성되는 눈 결정은 단순한 별부터, 납작한 끝을 가진 6각 결정이나 나뭇가지 끝을 가진 결정에 이르기까지 다양하고, 그것은 자연적인 눈 결정과 놀랍도록 유사해 보인다. 시뮬레이터로 드러난 발견 가운데 하나는, 심지어 동적으로 변화하는 매개변수의 과정에서도 그 결정들이 놀랄 만한 전체 대칭성을 나타낸다는 사실이다. 시뮬레이터는 http://psoup.math.wisc.edu/

Snowfakes.htm에 무료로 공개되어 있다.

4 계산의 한계

위와 같은 발전들은 형식적인 수학 연구에서 계산의 역할을 다시 생각해보게끔 만들었다. 처음으로 떠오르는 질문은 계산의 결과를 (수학적인 의미에서) 진짜로 믿을 수 있는가인데, 왜냐하면 일어날 수 있는 오류의 수많은 출처가 있기 때문이다. 신뢰할 수 없는 수치적 알고리즘, 그런 알고리즘을 구현한 버그투성이 컴퓨터 프로그램, 운영체제 소프트웨어 또는 컴파일러의 오류, 처리 과정이나 보관에서의 하드웨어 오류, 불충분한 수치적 정밀도, 오직 특별히 크고 어려운 계산에서만 나타나는 하드웨어, 소프트웨어, 프로그래밍의 불분명한 오류처럼 말이다.

이렇게 나타날 수 있는 어려움의 한 예로서, 이 글의 저자는 메이플이나 매스매티카 중 어느 것도

$$f(\theta) = \mathrm{Li}_1(\theta)^m \mathrm{Li}_1^{(1)}(\theta)^p \mathrm{Li}_1(\theta+\pi)^n \mathrm{Li}_1^{(1)}(\theta-\pi)^q$$

일 때 (정수들 $m, n, p, q \geq 0$에 대해), 다음 형태

$$\frac{1}{2\pi}\int_0^{2\pi} f(\mathrm{e}^{\mathrm{i}\theta})\,\mathrm{d}\theta$$

의 상수를 합리적인 실행 시간 안에는 아주 정밀하게 수치적으로 계산할 수 없다는 것을 발견했다. 부분적으로 이는 복소인수에 대해 다중로그 및 다중로그의 미분들을 계산하는 어려움(차수에 대해) 때문이었다. 우리가 사용했던 매스매티카 버전은 여기에서 요구되는 $\partial \mathrm{Li}_s(z)/\partial s$를 아주 정밀하게 수치적으로 계산할 수 있었지만, 그러한 계산은 $\mathrm{Li}_s(z)$ 그 자체의 계산보다 몇 배나 더 느릴 뿐 아니라, 어떤 경우에는 심지어 요구한 자릿수의 10분의 1조차 옳게 반환하지 않았다.

그러한 이유로, 계산수학이나 계산과학의 숙련된 프로그래머는 정기적으로 코드에 유효성 검사를 삽입한다. 통상적으로 그러한 검사는 알려져 있는 수준 높은 수학적 사실을 활용하는데, 가령 계산에 사용된 두 행렬의 곱이 항상 단위행렬이 되어야 한다거나 고속 푸리에 변환(fast Fourier transform)을 사용해 행해진 정수 데이터의 합성곱(convolution) 결과는 모두 정수에 아주 가까워야 한다는 것처럼 말이다.

예컨대, π를 십진법으로 1.3조 자리까지 계산한 가나다의 2002년 계산은 우선 16진법으로, 자릿수가 1조를 약간 넘는 계산과 연관되어 있다. 그는 16진법으로 π의 $10^{12}+1$번째 자리에서 시작하는 20개 숫자들은

B4466E8D21 5388C4E014

임을 발견했다. 그 후 가나다는 이들 16진법 숫자를 '베일리-보바인-플루프(Bailey-Borwein-Plouffe)' 알고리즘을 이용해 계산했다. 그 결과는

B4466E8D21 5388C4E014

이었고 두 결과가 거의 확실히 옳다는 것이 극적으로 확인되었다. 이 사건에 엄밀하게 '확률'을 부여할 수는 없지만, 무작위적인 20개의 16진법 숫자열 두 개가 완벽하게 일치할 확률은 $16^{20} \approx 1.2089 \times 10^{24}$분의 1이다.

그럼에도, 현명한 연구자들은 실험에 대해 조심

스럽다.

$$\int_0^\infty \cos(2x)\prod_{n=1}^{\infty}\cos(x/n)\,dx$$
$$= 0.39269908169872415480783042290993786052464\underline{5434187231595926}\cdots \quad (5)$$

을 고려해보자. 얼핏 보기에 이는 $\pi/8$처럼 보이지만, 수치적 값을 비교해 보면

$$\pi/8 = 0.39269908169872415480783042290993786052464\underline{6174921888227621}\cdots$$

으로서 두 값은 42번째 숫자부터 일치하지 않는다! 리처드 크랜달은 나중에 이 수수께끼를 물리에서 기인한 연료가 떨어진(running out of fuel) 무작위 보행의 분석을 통해 설명했다. 그는 수식 (5)가 첫 번째 항인, 아주 급속도로 수렴하는 다음 급수전개를 발견했다.

$$\frac{\pi}{8} = \sum_{m=0}^{\infty}\int_0^\infty \cos[2(2m+1)x]\prod_{n=1}^{\infty}\cos(x/n)\,dx$$

500자리까지 일치하기에는 급수의 두 항으로도 충분하다.

정신을 번쩍 들게 하는 마지막 예시로서, 각 줄에서 분모가 p까지의 모든 소수를 범위로 갖는

$$\sigma_p = \sum_{n=-\infty}^{\infty}\mathrm{sinc}(n/2)\,\mathrm{sinc}(n/3)\cdots\mathrm{sinc}(n/p)\,dx$$
$$\stackrel{?}{=}\int_{-\infty}^{\infty}\mathrm{sinc}(x/2)\,\mathrm{sinc}(x/3)\cdots\mathrm{sinc}(x/p)\,dx$$

를 생각하자. 다음이 사실이라는 것은 증명 가능하다. σ_p에 대한 '합이 적분과 동일한' 항등식은 p가 대략적으로 첫 10^{176}개의 소수 중 하나라면 유효하다. 그러나 어떤 아주 큰 소수 이후에 이것은 성립하지 않으며, 그 후부터는 '합이 적분보다 작은' 부등식이 엄격하게 참이지만, 그들은 언제나 1구골플렉스(googolplex) $= 10^{10^{100}}$분의 1보다 훨씬 작은 양만큼 다르다. 일반화된 리만 가설(generalized Riemann hypothesis)을 가정하면 이보다 더 강한 추정도 가능하다.

감사의 말. 이 작업은 미국 에너지부(Department of Energy)의 수리 정보 계산과학 부문(Division of Mathematical, Information) 계산기술 연구국(Office of Computational and Technology Research) 책임자로부터 계약 번호 DE-AC02-05CH11231 아래에서 일부 지원받았다.

더 읽을거리

Abrams, D. M., and S. H. Strogatz. 2006. Chimera states in a ring of nonlocally coupled oscillators. *International Journal of Bifurcations and Chaos* 16:21-37.

Bailey, D. H., R. Barrio, and J. M. Borwein. 2012. High-precision computation: mathematical physics and dynamics. *Applied Mathematics and Computation* 218:10106-21.

Bailey, D. H., and J. M. Borwein. 2011. Exploratory experimentation and computation. *Notices of the American Mathematical Society* 58:1410-19.

———. 2012. Hand-to-hand combat with thousanddigit integrals. *Journal of Computational Science* 3: 77-86.

Borwein, J. M., and D. H. Bailey. 2008. *Mathematics by Experiment: Plausible Reasoning in the 21st Century*. Natick, MA: A. K. Peters.

Borwein, J. M., and K. Devlin. 2008. *The Computer as Crucible: An Introduction to Experimental Mathematics*. Natick, MA: A. K. Peters.

Gleick, J. 1987. *Chaos: The Making of a New Science*. New York: Viking Penguin.

Gravner, J., and D. Griffeath. 2009. Modeling snow crystal growth: a three-dimensional mesoscopic approach. *Physical Review* E79:011601.

Mandelbrot, B. B. 1982. *The Fractal Geometry of Nature*. New York: W. H. Freeman.

Minovitch, M. 1961. A method for determining interplanetary free-fall reconnaissance trajectories. Jet Propulsion Laboratory Technical Memo TM-312-130, pp. 38-44 (August 23).

Wilf, H. S. 2008. Mathematics: an experimental science. In *The Princeton Companion to Mathematics*, edited by T. Gowers. Princeton, NJ: Princeton University Press.

Wolfram, S. 2002. *A New Kind of Science*. Champaign, IL: Wolfram Media.

VIII.7 응용수학 가르치기

어떻게 다음 세대의 학생들이 응용수학에 열광하도록 할 수 있을까? 이 장에 기여한 네 명은 모두 이런 물음에 대한 답을 깊이 생각해본 이로서, 이들에게 개인적 관점을 이야기해 주길 부탁했고 그 결과 나온 글들을 이 장에 실었다. 네 편의 글들은 각각의 관점을 제공하며 이 과목을 추구하도록 학생들을 고무시키고 싶은 누구에게라도 흥미로울 것이다.

I. 큰 그림이란 무엇인가?

—데이비드 애치슨 *David Acheson*

A와 B를 두 명의 응용수학 선생이라 하고 (어떤 수준이든) 대체로 A가 B보다 훨씬 나은 선생이라 가정하자.

왜 A의 가르침이 훨씬 나을까? 아무런 추가 정보 없이, 적어도 틀릴 셈치고 추측은 해볼 수 있지 않을까?

내가 궁금한 것은, 예를 들어 당신은 기꺼이 A가 '의사소통 능력'에 더욱 훈련되어 있다고 단언할 것인가? 아니면 아마 A가 B보다 수학을 더 많이 알거나 최신 연구를 더 자주 접하고 있어서 그런가? 그렇지 않다면, A는 아마도 그저 더 활기찬 성격을 가졌는가?

당연히 이런 모든 점은 이점이 될 수 있겠지만, 나는 그들 중 어느 것으로도 내기를 하지 않을 것이다.

사실, 별다른 추가 정보가 없더라도 내가 기꺼이 상당한 돈을 걸 오직 한 가지 요소가 있다. A의 가르침이 훨씬 나은(가장 좋을 때는 매우 영감을 주는)

것은 A가 그렇게 되길 원해서이며, 그것은 우리가 아마도 절대 배우지 않을 그리고 A조차 무엇인지 모를 이유 때문이다.

물론 이것은 하나의 의견일 뿐이지만, 이는 내가 어렸을 때 나에게 영감을 주었던 선생들을 돌이켜 보면서 내린 결론이다. 그들 가운데 몇몇은 학식으로, 다른 몇몇은 기이함으로 유명했으나(내가 이해하는 한) 그들은 정말로 단 하나의 공통점을 가졌다. 그들은 훌륭한 이야기를 가졌고, 정말로 그것을 이야기하고 싶어했다.

'쓰레기를 치우는' 사람

응용수학 교육에서 (그리고 아마 어떤 종류의 수학 교육에서도) 기본에서 시작해 점차 발전시켜 나간다는 것은 단순한 상식이다. 바꿔 말하자면, '걷기 전에 뛰려고 하지 않는 것'이다.

하지만 나는 그만큼 중요한 또 다른 명언 하나를 머릿속에 새기지 않는 것 역시 끔찍한 실수라고 믿는다. 즉, '어디로 가고 있는지 모른다면, 거기에 절대 도달하지 못하더라도 너무 놀라지 마라.'

이는 오래 전에 존 워드(John Ward)가 『평범하고 쉬운 수학 입문(*Plain and Easie Introduction to the Mathematicks*, 1729)』에서 다음과 같이 쓸 때 의미했던 바였다.

> 이 땅을 약간 청소하고 지식으로 향하는 길에 놓인 쓰레기를 치우는 인부로서 나를 생각해주는 것은 충분한 영광이다.

나는 어쨌거나 모든 단계에서, 수학을 가장 어렵게 만드는 것은 사람들이 정말로 중요한 것에 사로잡히는 대신 그다지 중요치 않은 것의 수렁에 쉽게 빠지기 때문이라 믿는다.

그리고 그들을 도울 수 있는 것은, 다른 그 무엇이 아닌 어떤 종류의 '큰 그림'이다.

내가 가진 수학의 큰 그림은 멋진 정리로부터 시작하며, 그것은 보통 상당히 보편적인 동시에 놀라움을 주는 중요한 결론이다. 두 번째는 아름다운 증명, 즉 간결한 연역적 증명으로, 모든 것을 분명히 드러내는 '짜릿한' 순간을 선사한다. 마지막으로 물리학처럼 실제 세상이 움직이는 방식을 우리가 이해하는 데 사용되는 훌륭한 응용 사례들이 그림 안에 있다.

나는 사실 수학은 세 가지 모두를 한 번에 얻을 때 가장 좋다고 주장할 것이다. 내 생각에 당신은 그때야말로 정말 샴페인을 따야 한다.

아마 더 논란의 여지가 있겠지만, 나는 우리가 아주 어린 아이와 나머지 일반 대중을 포함한 사실상 누구에게라도 그런 큰 그림을 제공할 수 있으며 제공해야 한다고 믿는다.

그렇지만 나는 대부분 대학생들과 나의 교육 경험을 나누었고, 이제 그것에 대해 이야기해볼 것이다.

강의와 수업

강의에 활기를 불어넣는 한 가지 방법은 사진과 동영상을 이용하는 것이지만, 가장 좋은 것은 아마도 즉석에서 하는 실험이며, 내 과목인 유체역학은 특히 이것에 적합하다.

한 가지 예로, 두 개의 유리판을 준비하고 그 중

하나에 세제 한 방울을 떨어뜨리자(나는 극적인 효과를 위해 그 방울을 빨간색 식용색소로 물들인다). 이제 다른 판을 그 위에 눌러서, 방울이 다소 둥근 경계와 함께 멋지고 대칭적인 방식으로 퍼져나가도록 틈을 줄이자.

하지만 그 판들을 점차 다시 떼어 놓으면 방울의 역(reverse) 움직임은 형편없이 불안정할 것이다. 명백한 이유 없이 조그마한 잔물결이 경계에서 나타나고, 기다랗고 끈적한 손가락 모양으로 급격히 자라날 것이다(그림 1을 보라).

머리 위의 프로젝터나 영사기로 보여주면, 이 실험은 보통 청중을 놀라움으로 사로잡을 것이다.

그러나 내 진짜 요점은 조금 더 날카롭다. 무엇 때문에 유체역학의 상위 과목에서만 여러 이론을 종합하는 이런 종류의 시연을 하는가? 안정성과 불안정성의 개념이 처음으로 등장하는 훨씬 이른 시기에, (그것이 심지어 입자역학의 기초과목일지라도) 왜 이를 보여줌으로써 관심을 자극하지 않는가?

사람들이 '큰 그림'을 보도록 돕는 또 다른 방식은 그 과목의 역사를 통해서인데, 논의하는 역사가 어떤 학문의 본질과 그에 대한 깊이를 설명한다는 가정하에 말이다.

예를 들어 입자역학 첫 수업에서의 내 경험은 학생들이 그들의 눈으로 직접, 교과서가 천체 운동을 다루는 방식과 뉴턴의 『프린키피아(*Principia*)』는 굉장히 다르다는 것, 그리고 오일러와 다른 이들의 후속 연구를 통해 60년이 지나고 나서야 다소 오늘날 다루는 형태로 동역학이 정리되었다는 것을 볼 때 진정으로 흥미로워 한다는 것이다.

더 가벼운 예를 들자면, 한번은 유체역학에서 1894년 어거스터스 러브(Augustus Love)가 처음 연구했던 100년 된 문제에 내 자신의 연구가 새로운 방식을 제시했던 적이 있었다. 그리고 내가 이를 (짧은 잡담으로서) 학생 강의에서 보여줄 때면, 인상적인 빅토리아 시대 수염(당시에는 확실히 더 호감을 주었을)을 가진 러브의 초창기 사진은 말할 것도 없고, 그가 쓴 논문 원본의 작은 조각들 역시 학생들에게 활기를 주었다고 확신한다.

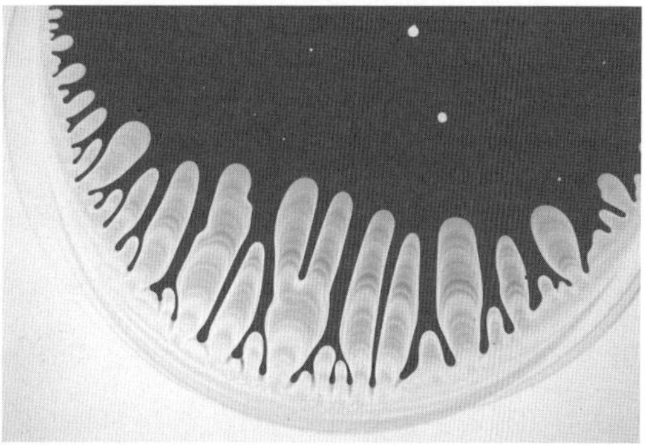

그림 1 끈적한 손가락.

그러나 강의에 활력을 주는 또 다른, 어쩌면 더 특별한 방법도 있다.

말하자면, 수학 논증의 다음 단계가 매우 영리하거나 어떤 식으로든 획기적이어서 당신이 강연의 정점이라 인식하는 지점에 막 도달했다고 상상해보자(나는 유체역학의 운동량 방정식에서 압력을 없애기 위해 회전(curl)을 취하는 것조차 여기에 포함시킬 것이다).

수년 동안, 이런 상황이 오면 나는 언제나 청중들에게 다음의 영리한 단계가 무엇일지에 대한 아이디어가 있느냐고 물어보곤 한다.

내가 볼 때 현재 일반적인 통념은, 누군가 이런 질문에 답할 수 있더라도 아주 적은 청중들 앞에서만

입을 여는 게 가능하리라는 것이다. 그러나 내 경험에 따르면 심지어 200명 이상의 청중이 있더라도, 답을 알 것이라고 기대되지 않는 문제에 맞닥뜨려, 그들이 뉴턴이나 오일러 같은 천재처럼 그 자리에 (잠깐이라도) 초대되었다는 느낌을 갖는 순간 당신이 침착하기만 하면 대답들이 나오기 시작할 것이다.

이런 유형의 수많은 사례들처럼, 이는 모두 그저 당신이 얼마나 할 의지가 있는지에 달려있다.

책

잘 알려진 한 출판업자는 언젠가 이렇게 말했다.

> 모든 사람은 그들 안에 책을 한 권 가지고 있다. 그리고 그것은 보통 거기에 머물러야 한다.

그것이 사실이든 아니든, 충분히 독창적인 책의 순수한 영향력과 범위는 저자가 직접적인 대면 교육을 통해 달성할 수 있으리라 기대하는 모든 것을 완전히 왜소하게 만들 수 있다고 주장해도 무리는 아니다. 그렇기에 나는 응용수학 교육에서 책이 앞으로 큰 기여를 할 것이란 전망을 크게 낙관한다.

그러나, 뛰어난 교과서나 성공적인 대중 수학 서적을 쓰는 것 모두 상당한 상상력과 능력을 요구한다. 나는 이 둘의 눈에 띄는 장점을 결합하는 어떤 완전히 독창적인 방식을 통해 획기적인 진전을 이룰 수 있지 않을까 오랫동안 생각해 왔다.

대중 참여

최근 수년간의 가장 놀랄만한 발전들 중 하나는 학교의 학생들이나 더 넓은 대중을 위한 대중 수학 강연이 급격히 증가했다는 것이다.

나 자신도 주로 10대를 위한 이런 종류의 몇 가지 수학 전시회에 참여할 수 있어 다행이라고 생각한다. 그것들은 보통 무대 조명의 모든 설비, 음향 전문가 등을 갖춘 주요 도시의 중심 극장에서 열리는 까닭에 유익함에 더불어 즐거움 역시 제공해야 한다는 부담을 갖게 된다. 그래서 나는 응용수학을 묘사하기 위해 대개 진동하는 실의 주파수 공식을 사용하는데, 그것을 통해 자연스럽게 내 전자기타로 연주하는 하모닉스(그리고 직접 작곡한 선율!)를 시연할 수도 있다.

하지만 이른바 주민 강연(보통 저녁에 열리는)은 더욱더 보람 있을 수 있는데 왜냐하면 연령대가 매우 다양하기 때문이다. 실제로 할아버지 할머니들부터 아주 어린 아이들까지 참석한다. 이런 상황에서 당신이 가정할 수 있는 것은 오직 각 가족 집단에서 셈에 능통한 사람이 적어도 하나는 있다는 것뿐이다.

북런던의 어떤 학교에서 열린 이런 행사들 중 하나였는데, 나는 (무한급수의 합에 대한) '피자를 통한 증명' 도중에 우연히 10살 정도 되어 보이는 어떤 작은 꼬마를 관중 속에서 발견했다. 내 증명의 핵심을 전달하고 난 이후 찰나의 순간 (깊은 아이디어가 갑작스레 거의 명백하게 되던 순간) 나는 그의 머릿속을 스친 '짜릿함'을 보았고, 그는 너무 신나서 의자에서 떨어질 정도였다.

그리고 그 짧은 순간이 수학 강연이 갖는 의미의 모든 것을 말해 준다.

이렇게 수학은 어느 수준에서든 세상이 (그것이 마음 속의 세상이든 우리가 사는 실제 물리적 세상이든) 우리 생각보다 더욱더 기이하고 멋지다는 것을 보여줌으로써 인간 정신을 드높인다.

II. 계산, 모형화, 프로젝트

—피터 터너 *Peter R. Turner*

서론

이 글은 응용수학, 특히 계산수학을 학부 수준에서 가르치는 것에 대한 개인적인 철학을 드러낸다. 이것은 거의 40년이 넘는 내 경험에서 도출되었으며, 그 경험의 대부분은 영국과 미국의 세 연구소에서 얻은 것이다.

나의 경험은 교육 부문 부회장 임기 4년을 포함해 산업 응용수학회(Society for Industrial and Applied Mathematics, SIAM)에서의 활동으로 강화되었다. 이 시기 동안, 나는 학부 수준에서 이루어지는 응용수학 교육이 가진 역할의 폭넓은 측면을 인지할 수 있었다. 이쯤에서 나는 수학교육 전문가가 아니며 교육에 관심이 있는 수학자라는 사실을 강조하고자 한다.

그런 폭넓은 측면 중 중요한 것은 STEM(과학, 기술, 공학, 수학) 교육의 틀 안에서 질 좋고 적절한 응용수학 교육의 역할을 강조한, 「우세를 위한 약속: STEM 학위를 가진 대학 졸업생 100만 명 추가로 배출하기(*Engage to Excel: Producing One Million Additional College Graduates with Degrees in Science, Technology, Engineering, and Mathematics*)」라는 제목의 대통령 과학기술자문위원회(President's Council of Advisors on Science and Technology) 2012년 2월 보고서이다. 미국에서 STEM을 국가적으로 강조하는 것은 최근 교육 정책 발전의 특징이다.

등장한 요점들 중 하나는 '수학 격차'이다. 이 용어는 고등학교에서 STEM 분야의 학부 공부로 넘어갈 때의 어려움을 강조하기 위해 사용되었다. 이 문제는 대학들이 고등학교에서 수학적 준비가 부족하다고 인식하는 것으로부터 더 악화된다. 대학들의 기대와 현실에는 격차가 있다. 근본적인 주장은 실제 상황에 대한 수학적 모형화의 더 단단한 기반, 그리고 계산 및 이론 응용수학을 사용한 이들 모형의 해결, 분석, 정당화를 통해 이 문제가 해결될 수 있다는 것이다.

대학 수학, 혹은 더 넓게 STEM을 위한 준비 부족의 문제는 많은 이들의 관심 영역이 되었다. 미국수학협회(Mathematical Association of America)에 의해 수행된 연구와 같이, 일부는 국소적이고 매우 자세한 수준에서, 다른 이들은 넓고 큰 그림 수준에서 이를 다루었다. 이 글의 나머지에서는 응용 및 계산수학이 어떻게 이런 상황을 개선시킬 수 있을지에 대한 몇 가지 아이디어를 적는다. 내 기본적인 주장은 순차적으로 어떤 모형화와 (계산) 문제 해결을 요구하는 프로젝트의 활용이 모든 수학 수업에서 거의 모든 (응용뿐만 아니라) 수학 교육을 개선시킬 수 있다는 것이다. 예를 들어, 미적분학은 학생들이 일단 기본 능력을 습득했다면 끝없는 연습 문제 대신 응용 프로젝트를 통해 가르칠 수 있다.

수치적 방법 수업에서 프로젝트의 활용

10년도 더 전에, 내 학부 수치적 방법/계산과학 수업의 기본 구조는 완전히 프로젝트에 기반을 두도록 바뀌었다. 주제별 강의 요강은 본질적으로 변경되지 않았고 비선형방정식, 선형연립식, 다항식과 스플라인 보간, 구적법과 상미분방정식의 수치적 해에 대한 기본을 다루었는데, 각 주요 주제는 확장된 프로젝트를 통해 접근되었다.

진도가 늦는 문제를 피하기 위해 이 계획은 더 많은 숙제와 결합되도록 수정되었다. 숙제는 일부 이론적 배경과 프로젝트를 서술하기 위한 일부 사전 단계를 포함했다. 왜 훌륭한 학생들이 그들의 첫 계산 과목을 보통 어렵게 생각하는지 설명해 주는 (지나치게 단순하지만 설명에 도움이 되는) 모형이 이런 변화를 자극했다. 교원의 시각에서 이 과목은 학생들의 미적분학, 선형대수학, 미분방정식, 어쩌면 모형화도 포함한 이전 경험 대부분을 함께 묶고, 게다가 프로그래밍 능력에 의존하거나, 심지어 일부 알고리즘 방식 프로그래밍을 처음으로 배우는 매력적인 수업이었다.

학생들에게 어려움의 주원인은 이와 정확히 같은 성질이었다. 처음부터 갑자기 학생들은 여러 과목에서의 방법과 해결 방법을 종합하도록 요구된다. 게다가 그들의 수학과 프로그래밍 경험은 통상 그 시점에서는 완전히 분리되어 있다. 따라서 어떤 수강자는 그들의 수학과 프로그래밍 능력 모두에 있어 아마 '괜찮은 B학점 학생'이었을지 모르나, 단순화하여 이들 독립된 0.85 확률을 곱하면 (일반적인 B학점 범위의 중간 값) 성취율은 오직 61%밖에 되지 않는다. 다른 말로, 이 괜찮은 학생은 수치적 방법에서 D를 받기 위해 분투했을 것이다.

더욱이, 과목에 대한 학생의 태도는 나무를 보느라 숲/삼림을 보지 못하는 현상에 영향을 받는다. 필수 과목은 이전에 해온 모든 것의 흥미진진한 완성이라기보단 견뎌야 하는 것이라는 인식이 있었다. 프로젝트의 활용은 이를 반박하는 데 광범위하게 성공적이었다.

프로젝트의 적절한 선택은 과목의 성공에 중요한 요소이지만 동시에 교수자와 학습자 개개인에 맞추어질 수 있는 것이기도 하다. 내가 선택했던 초기 주제들의 모음은(그리고 나는 물론 가르치는 책임을 곧바로 인계 받은 다른 이들에 의해 매년 차례로 수정된) 여기에 간략하게 설명되어 있고 강의 요강 속 주요 주제와의 연결성을 묘사한다.

전화선의 길이

모형의 물리적 매개변수가 특정한 늘어짐(sag)으로 단순화된, 고른 땅 위의 전선에서 단일 비선형방정식의 반복적 해법이 소개된다. 완전한 프로젝트는 단순 3차 스플라인(spline)을 연결시켜, 모양이 지리적 데이터로 결정되는 울퉁불퉁한 땅 위의 다중 고리 전선을 제안했다. 각 고리에 대한 문제는 그러면 두 방정식에 대한 비선형연립식이 되고, 서로 다른 부분에 대한 해는 전선의 연속성을 보장하기 위해 맞추어져야 한다.

미로 안 쥐

이것은 쥐의 학습 능력에 관한 간단한 심리학 실험에 바탕을 둔, 선형연립식에 대한 반복적 해법이 소개되는 정답이 없는 프로젝트였다. 심지어 단순한 직사각형, 가령 6 × 5 미로조차 30 × 30 선형연립식을 이끈다. 이것은 선형대수학개론에서 3 × 3보다 훨씬 큰 연립식을 거의 보지 못했던 많은 학생의 눈을 뜨게 해 준다. 기본 문제는 시작점이 임의로 주어졌을 때 쥐가 미로의 일부 출구에 있는 음식을 성공적으로 찾을 확률을 계산하는 것이다. 이 결과들은 실제 성취와 모의실험된 무작위 결정을 비교함으로써 쥐가 미로를 성공적으로 학습했는지 측정하는 기준을 제공한다.

학생들은 그 다음 그들의 선택대로 미로를 변형시켜야만 한다. 대각선 길을 추가하거나, 특정 연결을 제거하거나, 2층을 추가하거나, 어떤 선호에 따라 (어쩌면 직진하는 것이 될 수 있는) 순수하게 무작위적인 결정 모형을 수정하는 것 등은 모두 학생들로부터 나오고 해결되었던 변형이다. 누군가는 심지어 쥐 학습을 모의실험하는 데 어떤 인공지능의 적용을 시도하기도 했다.

그림 재현

스플라인의 개념이 전화선 문제에서 언급되기는 했지만, 이 프로젝트가 진짜 보간(interpolation)을 소개하는 것이었다. 목표는 단순히 보간을 이용해 선택한 사진이나 선 그림을 재현하는 것이었다. 다항식 보간이 탐구되었고 보통 가장 간단한 모양을 제외하고는 모두 빠르게 버려졌다. 스플라인과 다른 함수들이 소개되었다. 더 현대적인 도구는 아마도 이것에 분곡면(subdivision surface)을 사용하는 것으로 확장할 수 있을 것이다.

감마함수

내가 이 프로젝트 기반 과목을 시작했을 때, 학생 대부분은 응용통계학 과목도 같이 수강하고 있었다. 그래서 구적법(quadrature) 기반 프로젝트로서 감마함수(gamma function)의 계산이 선택되었다. 한 가지 장점은 일반적인 구적법 방식은 특잇값(singularity)과 무한범위적분 모두를 다루기 위해 반드시 수정되어야만 한다는 것이다. 기본 아이디어는 단순히 무한한 꼬리에 대한 적절한 한계와 특이점에 충분히 가까운 영역을 찾고 난 뒤, 이에 따라 값이 거의 똑같은 유한한 적분을 계산하는 것이었다. 점화식을 사용해서 인수 α의 모든 값에 대해 계산할 필요성을 줄이는 것은 계산 효율성을 개선시키지만, 요구되는 정확도를 조절하기 위해서 주의 깊게 적절히 단순한 오차분석을 도입할 필요가 있었다.

인간 포탄

비선형 공기저항에 따른 투사체 발사 문제는 미분방정식의 수치적 해를 소개하는 장치였다. 문제의 배경은 지정된 목표(수업으로부터 탈출하기 위한 비상용 창문으로 설명된)를 맞추기 위한 적절한 발사 각도를 찾는 것이었다.

위 프로젝트들의 특정한 목록은 분명히 그렇게 해야 한다고 의도한 것이 아니다. 수많은 개선이 이루어졌고, 반면 어떤 변화는 물론 덜 성공적이라는 것도 밝혀졌다! 앞에 나열한 목록은 오직 그런 접근방법의 실현 가능성을 묘사하고 프로젝트 기반 학습이 계산과학 기초 과목의 성공을 상당히 늘릴 수 있다는 내 주장을 보충하기 위함일 뿐이다.

교과과정에 걸친 모형화

프로젝트, 계산, 모형화에 대한 강조는 더 최근에 일반적인 '교과과정에 걸친 모형화'에 철학으로 통합되었다. 이는 SIAM 교육위원회(SIAM Education Committee) 연구 그룹의 연구에서 모양을 잡아가기 시작했고, 학부 계산과학 및 계산공학(CSE) 프로그램에 관한 2011년『SIAM 리뷰(*SIAM Review*)』논문을 이끌었다. 이 보고서는 교과과정 설계가 지역별 조건에 맞추어져야 한다는 것을 강조했지만, 또한 인턴 같은 학생 경험에도 중점을 두었다. 이 논문의 다른 핵심 요소는 졸업생들에 대한 산업의 기대와 교육 인력의 공급 측면 모두에서 학부 CSE 프로그램의 역할을 고려했다.

학부 CSE 프로그램은 많은 형태를 취할 수 있다. 이 가운데 소수는 완전한 학부 전공으로서 '계산 *X*'인데, 여기서 *X*는 예컨대 물리학, 생물학, 금융 등이 될 수 있다. 더 흔한 것은 (응용) 수학이나 과학과 공학 일부 분야 학부 전공에 수반되는 부전공의 형태이다. 후자의 모형이 핵심 분야의 깊이를 어느 정도 보장하면서도 그러한 부전공이 프로그램에 가져오는 폭을 유지하기에 더 적합한 것처럼 보인다.

응용 및 계산수학에서의 학부 교육은 K-12(유치원부터 고등학교를 마치기까지) 교육 체계, 산업 임용, 그리고 당연히 과학과 공학뿐 아니라 응용수학 자신에 속하는 모든 분야의 대학원을 먹여 살린다.

여기에서 한 가지 주요 장애물은 미국에서 수학 선생의 교육은 보통 응용 콘텐츠를 (통계학을 포함해) 매우 가볍게 다룬다는 것이며, 따라서 성인을 교육하고 선생의 전문성을 계발하는 좋은 프로그램은 반드시 어떤 실질적인 변화의 전조가 된다. 동료들과 함께, 나는 중학생과 고등학생을 위한 아주 성공적인 설계 기반 여름 활동은 물론 그들 선생의 일부 전문성 계발에 관여하고 있다. 학생과 그들의 선생은 물리적 롤러코스터 설계의 수학과 물리학, 그리고 그들 설계를 모의실험하는 모형화 소프트웨어를 소개받는다. 이는 적절하게 각색된 실생활 응용과 수학교육의 관련성을 성공적으로 이끌어냈다. 대부분 경제적으로 어려움을 겪거나 다른 소수집단에 속했던 이들 학생 중 더 많은 비율이 그 후에 STEM 대학 프로그램에 들어갔고, 이는 그런 응용 콘텐츠에 노출되는 것의 혜택을 실증한다. 혜택은 그것의 수학뿐 아니라 수반된 과학에서도 실현된다.

마지막 생각

내가 주장하는 것의 요점은 학생들이 그들의 공부가 삶과 미래 직업에 관련이 된다고 인식할 때 더 잘 배운다는 것이다. 수학의 경우, 이는 학생의 발전 모든 단계에서 응용 및 계산 콘텐츠를 늘릴 강력한 동기를 제공한다.

문제 풀이에 대한 이른 시기의 강조는 학생의 능력과 배경지식이 발전함에 따라 더 수준 높은 프로젝트와 온전한 규모의 모형화 경험을 이끈다. 이 글은 세부 내용보다는 '큰 그림' 수준에서 그러한 문제 일부를 논의했는데, 왜냐하면 세부 내용은 그것이 적용될 곳에서 제도적 철학, 교수, 학생의 조합과 맞아 떨어져야 하기 때문이다.

응용수학을 이해하는 것은 이론적 기반, 응용 분야의 모형화와 이해, 문제를 풀기 위해 필요한 계산 능력의 통합된 요구 때문에 본질적으로 어렵다. '해'가 진짜로 원래 문제를 푸는지 결정하는 것, 그리고 필요하다면 그것을 다듬어 문제를 다시 푸는 것은 응용수학의 본질적 어려움을 더하기만 하는 중요한 측면이다.

내 생각에 교육 사회는 이러한 어려움을 교과과정 전반에서 해결해야 한다. 예를 들어, 나는 K-12 교과과정이 모형화와 응용을 더 강조해야 된다는 요구에 귀 기울여야 하며 그러한 움직임은 곧바로 시행되어야 한다고 믿는다. 이는 대통령 과학기술 자문위원회 보고서에서 식별된 '수학 격차'의 해결을 돕기 위해 반드시 학부 프로그램에서도 계속되어야 한다. 요약하면, '일찍 그리고 자주'는 어쩌면 원하는 개선을 이루기에 충분하지 않을지 모른다. 그 대신 나는 STEM 교과과정 전반에서 모형화와 응용에 대해 '일찍 그리고 항상'을 조언한다.

더 읽어보기

President's Council of Advisors on Science and Technology. 2012. *Engage to Excel: Producing One Million Additional College Graduates with Degrees in Science, Technology, Engineering, and Mathematics*. Office of Science and Technology Policy Report (February). Available at www.whitehouse.gov/sites/default/files/microsites/ostp/pcast-engage-to-excel-final_2-25-12.pdf.

Schalk, P. D., D. P. Wick, P. R. Turner, and M. W. Ramsdell. 2009. IMPACT: integrated mathematics and physics assessment for college transition. In *Frontiers in Education Conference, San Antonio, TX, October 2009*. IEEE Press.

———. 2011. Predictive assessment of student performance for early strategic guidance. In *Frontiers in Education Conference, Rapid City, SD, October 2011*. IEEE Press.

SIAM Working Group on CSE Undergraduate Education. 2011. Undergraduate computational science and engineering education. *SIAM Review* 53:561-74.

Turner, P. R. 2001. Teaching scientific computing through projects. *Journal of Engineering Education* 90:79-83.

———. 2008. A predictor-corrector process with refinement for first-year calculus transition support. *Primus* 18:370-93.

Turner, P. R., and K. R. Fowler. 2010. A holistic approach to applied mathematics education for middle and high schools. In *Proceedings of the Education Interface between Mathematics and Industry Conference, EIMI 2010, Lisbon, Portugal*, pp. 521-31. International Commission on Mathematical Instruction/International Council of Industrial and Applied Mathematics.

III. 무엇을 어떻게 가르치나?

—길버트 스트랭 *Gilbert Strang*

교육에 관한 나의 단순하지만 고집스런 견해를 설명하며, 질문을 두 가지로 구분하고자 한다.

- 무엇을 가르쳐야 하는가?
- 어떻게 가르쳐야 하는가?

무엇을 가르치는가?

내 경험에 따르면 무엇을 가르칠지 잘 선택하는 것만으로도 학생들은 당신이 자신들을 위해 얼마나 신경쓰는지 느끼게 된다. 당신이 그들과 그들의 요구를 생각하고 있다는 것을 말이다. 이 노력의 진실성, 당신이 무엇에 공헌하고 있고 그들에게 무엇을 원하는지가 학생들에게 전달할 수 있는 가장 중요한 메시지이다. 우리는 모두 진실성에 호의적으로 반응한다.

선생은 아마 스스로에게 자유가 없다고 생각할지 모른다. 미적분학에서는 그것이 부분적으로 사실이다(그리고 부분적으로 사실이 아니다). 응용수학에서 강의 요강이 아주 굳어진 경우는 드물다. 우리의 주제는 너무나도 크다! 중요한 모든 방향을 살펴보거나 이해할 가망은 없으며, 따라서 독립적인 결정을 내릴 기회가 있다. 그리고 독립적으로 생각하는 선생은 학생들에게 가장 중요한 메시지를 전달할 것이다. 즉, 학생도 마찬가지로 스스로 연구를 시작할 수 있으며 스스로 생각할 수 있다는 것을 말이다.

나는 선형대수학과 계산과학에 대한 나의 생각을 비교 대조할 것이다. 1970년의 선형대수학은 아주 추상적이고 기초 학부 과목으로서 만족스럽지 않은 상태에 있었다. 현실에서 그것이 대단히 중요하다는 점에 비춰보았을 때 많은 표준 교과서에서 상당히 폄하되었다. 예를 들어 폴 할모스(Paul Halmos)의 『유한차원 벡터공간(*Finite-Dimensional Vector Spaces*)』은 사려 깊고 간결하게 쓰였지만, 수학과 학생(잘하는 학생이든 못하는 학생이든)을 위해 쓰였지, 그 주제를 사용해야 하는 훨씬 많은 이를 위한 것이 아니었다.

강의실 밖에서는 선형대수학의 새로운 응용이 매해마다 등장했다. 행렬은 과학과 공학과 경제학에 대한 핵심 언어의 일부가 되었다. 미분방정식을 풀거나 거대한 네트워크를 연구하기 위해서는 선형성이 첫 단계였다. 동시에, 훨씬 나은 센서로부터 도달하는 데이터의 홍수가 시작됐고 그것은 보통 행렬 형태로 나타났다. 문제는 데이터를 해석하고 무엇이 유용한지 추출하는 것이었다(그리고 지금도 그렇다).

이런 외부의 거대한 변화와 함께, 필연적으로 우리 교육에 새로운 방안들이 나타났다. 예시들은 더욱 중요해졌다. 연구할 부분공간을 발명하는 대신, 행렬 그 자체로부터 부분공간이 나타났다. A와 A^T의 행공간과 열공간처럼 말이다. 기저와 차원과 직교성의 아이디어는 그런 구체적인 부분공간에 적용되었다. 선형변환의 추상화가 먼저 올 필요는 없다!

추상적인 경우로부터 시작하는 대신, 예시들 그 자체에서 등장하는 것을 이해하기. 이것이 대부분의 수학자가 생각하고 배우는 방식이다. 우리 학생들의 사고는 왜 같은 방식으로 작동하지 않아야 하는가?

새로운 방식은 분명히 너무 경직될 수 있다는 위험이 있다. 교과서 저자와 교과서를 선택하는 사람에게는 전체적인 강의 요강에 대한 일반적인 합의가 있는 것처럼 보인다. 독립성, 기저, 차원과 같은 대수적 아이디어를 LU나 그람-슈미트(Gram-Schmidt) 같은 알고리즘과 결합하기. 고윳값은 하나의 목적을 위해 소개된다. 변수들의 결합을 풀고 행렬을 대각으로 만들기. A와 e^{At}를 계산하는 것은 그러면 1차원 문제가 된다. A의 분해는 필수적인 사실을 표현한다. $A = LU$, $A = QR$, $A = S\Lambda S^{-1}$, $A = U\Sigma V^{\mathrm{T}}$. 현실에서 중요한 행렬들(반사, 회전, 차)은 진정한 예시가 된다.

이 과목은 여전히 강의실 밖에서 일어나는 것에 의해 부분적으로 주도된다. 강의 요강의 추가적인 변경이 생길 수 있다. 이런 여러 변화 속에서도 나는 이 과목의 아름다운 아이디어가 억압되지 않았다는 것을 강조하고 싶다! 사실, 아주 정반대이다. 그것은 더 잘 이해되고 온전히 평가되고 있다.

이제 응용수학 및 계산과학을 하나의 전체로서 위와 비교 대조해보자. 이는 방대한 과목이고 우리 수업 시간은 너무 제한적이다. 내가 볼 때 어떤 온전하게 개발된 핵심 교과과정으로의 빠른 수렴은 존재하지 않는다. 나 자신의 과목은 25년이 넘는 기간 동안 핵심 아이디어에 초점을 맞추며 수렴했고 그런 아이디어는 교과서로 나왔다. 하지만 더 많은 예시와 새로운 코드가 계속 등장하고 있다. 응용 및 공학수학의 과목들은 여전히 (건강하게) 유동적인 상태에 있다.

어떻게 가르치는가?

이 제목은 그 문자대로 질문일 뿐이며, 나에게 대답까지 준비되어 있는 것은 아니다. 교육은 너무 어렵고, 성공을 위한 알고리즘을 만들기에 성공은 너무 불확실하고 성질이 나쁘다. 나는 구체적인 교육 방법을 논의하기 보다는 한가지 제안을 할 것이다.

요점은 이것이다. **과목에 대한 궁금증을 해소해야지, 자아내기만 하면 안 된다.**

수업은 계획에 따라 진행될 것이다. 중요한 답을 가진 질문으로부터 시작하자. 무엇이 행렬의 역(inverse)이며 어떤 행렬이 역을 갖는가?

요구조건 $A^{-1}A = I$와 $AA^{-1} = I$가 가장 분명하다. 그러나 그것들은 오직 문자일 뿐이다! 예시가 곧바로 필요하다.

$$\begin{bmatrix} 0 & 1 \\ 1 & 0 \end{bmatrix}, \quad \begin{bmatrix} 1 & 1 \\ 1 & 0 \end{bmatrix}, \quad \begin{bmatrix} 1 & 1 \\ 0 & 1 \end{bmatrix}, \quad \begin{bmatrix} a & b \\ c & d \end{bmatrix}$$

을 적자. 이들 중 첫 번째와 세 번째의 역행렬을 구하고 A^{-1}을 말로 설명하자. 두 번째 행렬이 가역이 아님을 보이자(이를 위한 가장 좋은 방법은 영공간(nullspace)의 특정 벡터 x를 보는 것이다). 위의 네 번째 경우는 평행한 행이나 평행한 열을 시험하는 것으로 환원될 수 있다. 행렬식(determinant)이나 영 아닌 추축(pivot)이 언급될 수 있다. 가역성을 인식하는 다양한 방법이나 그것의 반대는 매우 값지다.

중요한 점은 단순한 예시를 다룸으로써 당신은 학생들에게 기회를 준다는 것이다. 핵심은 수학의 능동적 사용자로서 그들의 자신감을 높여주는 것이다. 선생은 다양한 방식을 말해야 하지만 너무 많은 말을 해서는 안 된다. **당신은 할 수 있다.**

응용수학 과목에서 위와 대응하는 단순한 질문은 다음과 같을 수 있다.

$\mathrm{d}^2y/\mathrm{d}x^2 = \lambda y(x)$의 해는 무엇인가?

이는 고유함수를 찾는 것이다. $Ay = \lambda y$에서 행렬은 2계도함수로 대체되었다. 아직까지는 어떤 경계조건도 부여되지 않았다.

이제 조건 $y(0) = 0$과 $y(1) = 0$을 추가하자. 이는 오직 고유함수 $y = \sin k\pi x$와 그것의 고윳값 $\lambda = -k^2\pi^2$만을 남길 것이다. 이것의 목표는 '고유함수'의 개념을 익숙하게 만드는 것이다. 답은 이미 알려져 있고, 질문을 분명하게 만든다.

나는 **선생의 목소리**에 대한 중요성을 강조하고자 한다. 우리 모두는 화자로부터 언어 신호를 기다린다. '이것은 흥미진진하다.' '이것은 아주 평범하다.' '여기에 주목하자!' 지루함이나 열정은 아주 분명하게 다가온다. 선생의 목소리는 사실상 낮거나 혹은 높은 기대치를 알리고 있다. 스스로 흥미롭지 않다면, 그 메시지는 단어 위에 실릴 것이다. 그리고 다행스럽게도 특정한 예시가 우리를 어디로 이끄는가 호기심을 만들어 낼 수 있다면, 학생들은 응용수학이 무엇인지 충분히 이해해낼 수 있을 것이다. **끝까지 예시를 따라가는 것.**

출판된 안내서를 추천하는 대신, 나는 강의 비디오의 진지한 비평을 추천한다. 당신은 내 강의를 오픈코스웨어(OpenCourseWare) 사이트(ocw.mit.edu), 18.06(선형대수학)과 18.085(계산과학)에서 찾을 수 있다. 18.06SC 버전은 문제 해결에 관한 조교 6명의 간단한 강의를 포함하고 있다. 그들 각각을 성공하거나 실패하도록 만든 것은 무엇인가?

교육에 대해 더 많이 알게 되어야 비로소 성공을 정의할 수 있을 것이다.

IV. 산업수학은 수학적 모형화 작업을 고무한다

—레이첼 레비 *Rachel Levy*

동기

고등학교 수학에서 학생들의 흔한 불평은 다음과 같이 이어진다. '우리는 이런 걸 12년이나 배워야 해! 아무도 사용하지 않는 걸!' 수학 교수이자 전 중고등학교 수학 교사로서 슬프게도 나는 놀라지 않는다. 교과서에 쓰인 수학 대부분은 심지어 그것이 실용적 틀에 맞추어 있더라도 학생들에게 지나치게 학술적이고 현실로부터 동떨어진 인상을 준다. 진짜 문제들은 대부분의 학생이 절대 연습할 기회조차 갖지 못했던 능력을 요구한다. 이 글에서 나는 학생들이 실생활에서, 특히 과학, 기술, 공학, 수학 분야들에서 마주할 수 있는 유형의 문제를 준비할 수 있도록, 과제에 (처음에는 한 번에 하나씩, 궁극적으로는 모두 한꺼번에) 포함시킬 수 있는 능력들을 요약했다. 나는 아래 목록을 학부생을 염두에 두고 작성하긴 했지만, 학생들은 이상적인 경우라면 교육 전반에서 그런 능력들의 단순한 형태를 연습할 기회를 가질 수 있을 것이다.

나는 줄곧 모형화를 이야기 문제라고 생각했다. 그렇지 않은 까닭이 있는가? 무엇보다, 이야기 문제는 실제 상황으로부터 나온다. 그러나 그것은 너무 깔끔해서 사실처럼 들리지 않는다. 전통적인 이야기 문제는 작업, 방법론, 작업을 완료하는 데 필요한 정확한 정보를 제공했다. 실제 문제는 지저분하다. 누군가는 우리가 실제로 그런 것을 푸는지 아닌지 궁금할 것이다. 우리는 보통 그것을 어떻게 풀어야 하는지 사전적으로 알지 못한다. 나쁘게 정의되고 지저분한 문제를 풀도록 학생들을 준비시키기 위해서, 우리는 교과과정에 진실되고 매력적인 모형화 문제를 포함시킴으로써 학생들이 갖추어야 할 인지 능력을 늘려갈 필요가 있다.

어떤 유형의 수학적 모형화 작업을 제공할 수 있을까? 당연히, 모형 설계자로서 모형화 과정 자체에 대한 모형으로부터 시작할 수 있을 것이다. 모형화는 가정을 만든 뒤 그것을 의심하고, 새로운 모형을 제안한 뒤 다시 다듬는 과정의 반복이라 볼 수 있고, 실제 상황에서 온 데이터는 해의 다양한 형태를 통해 모형의 타당성을 시험하는 것을 돕는다. 계산이 보통 효율성과 정확도의 균형을 맞춰야만 하는 것처럼, 모형은 일반적으로 단순함과 현실성 사이의 균형을 맞춘다. 모형화 과정의 각 단계는 굳이 필요하지 않을 수 있으며 과정은 언제나 같은 순서로 진행하지 않을수도 있지만, 핵심은 반복과 균형이다.

이런 반복 과정을 염두에 두고, 우리는 학생들이 유의미한 방식으로 모형화를 연습할 수 있도록 작업의 설계를 시작할 수 있다. 수학적 모형화에 대한 내 개념은 모형화 캠프, 영국식 산업수학 연구 그룹, 하비머드 대학 수학 클리닉(Harvey Mudd College Mathematics Clinic)에서의 개인적인 경험에 기인한다. 회사, 정부 기관, 때때로 개인이 제안한 문제를 풀기 위해 교원과 학생들의 모임이 구성되었고 나는 집약적인 경험을 했다. 나는 계층적 분류를 만들기보다는, 요구되는 인지 능력을 늘리고 문제를 더 풍부하고 현실적으로 만들기 위해 모형화 작업에 결합될 수 있는 요소들을 제안할 것이다.

모형화 작업

아래 작업의 순서는 대략적으로 모형화 과정에서 하나의 반복을 따른다. 하지만 개별 요소를 과제에 포함시켜 실생활 수학으로부터 나오는 다양한 도전 문제를 연습하도록 할 수 있다.

현실적인 문제를 공략하라. '현실'로 설명되는 문제는 물론 아직 풀리지 않은 것이다. 적절히 어려우면서도 여전히 다루기 쉬운 흥미로운 문제를 찾아내는 것은 학생들에게 재미있는 과제가 될 수 있으며, 아니면 교원이 맡을 수도 있다. 많은 사업은 풀어야 할 문제와 더 잘 이해하고픈 과정을 가지고 있다.

기득 집단과 상호작용하라. 기본적으로, 모형화 문제는 그 결과물에 신경을 쓰는 집단으로부터 제안될 것이다. 학생들이 문제 후원자(가령 회사의)와 프로젝트의 실수요자와 상호작용할 때, 그들은 전문적인 의사소통과 협상을 연습할 수 있다. 만약 학생들이 후원자와 정기적으로 소통한다면, 해결 방안이 후원자를 만족시킬 가능성은 더 높아진다. 후원자는 가령 시간, 돈, 하드웨어, 소프트웨어 제한 등 현실적인 제약과 더불어 회사/후원 업체의 문화와 규정을 알려줄 수 있다. 후원자와 소통하는 것은 학생들에게 동기를 부여할 수도 있는데, 그들이 풀어야 할 문제는 교실 밖 누군가에게 중요한 것이기 때문이다.

문제 서술을 정의하라. 문제가 처음 서면으로 제안되었을 때, 종이에 쓰인 아이디어는 후원자가 원하는 것을 정확하게 반영하지 않을 수도 있다. 때때로 후원자는 접근 방식을 지정할 때 필요한 결정적인 정보나 제약을 빠뜨릴 것이다. 제안된 해결 방법은 제기된 문제에 접근하는 최선이 아닐 수도 있다. 문제에 대한 배경을 조사한 뒤, 학생들은 합리적인 목표와 선호하는 방식을 제안할 수 있다. 이는 보통 어떻게 진행할지에 대한 학생들 사이에서의 협상뿐 아니라 접근 방식과 최종 산물에 대한 후원자와의 협상과 연관된다.

쓸모 없는 정보를 무시하라. 모형화 프로젝트는 보통 문헌 검색부터 시작하는데, 거기에서 학생들은 관련된 접근법, 데이터, 매개변수 값을 찾아본다. 디지털로 사용 가능한 정보의 다양함과 범위는 문제 해결 작업을 용이하게 하고 아예 해치울 수도 있다. 사서에게 배운 것과 같은 정교한 검색 요령은 학생들이 방대한 정보를 탐색할 수 있게 도와준다. 학생들에게는 사용할 수 있는 정보 중 어떤 것이 해답을 개발하는 데 사용되어야 하는지 결정할 기회가 주어져야 한다. 교과서의 문제에는 쓸모 없는 정보가 별로 포함되지 않지만, 실제 문제에서는 모든 사용 가능한 정보(데이터, 수학적 기법, 방법)가 영향을 미칠 수 있다. 학생들은 어떤 아이디어와 정보가 손에 쥔 문제에 가장 중요한지 결정해야만 한다.

지저분한 데이터를 처리하라. 교과서는(많은 모형도 마찬가지로) 데이터가 정규분포 아니면 어떤 다른 식별할 수 있는 분포, 패턴, 경향을 따른다고 가정한다. 실제 데이터는 대개 좋은 범주에 속하지 않으며 게다가 특이한 값, 잘못된 입력, 확인해야 할 사라진 값을 포함한다. 이에 더해, 데이터를 지배하는 내재된 원리를 알지 못할 수도 있다.

가정을 정의하고 정당화하라. 모형은 가정들을 통해 현실을 단순화한다. 학생들에게 모형이 주어졌더라도 그들은 모형의 가정을 판단하고 의문시할 수 있다. 그들은 또한 다양한 가정이 완화되면 어떤 일이 일어날지 예측할 수 있다. 학생들에게 모형화 가정을 만들 기회가 주어진다면, 그들은 문제를 단순화하는 방법들을 식별하고 일반성과 특수성의 균형을 잡는 법을 배울 것이다.

접근 방식을 선택하라. 강의에서 수학적 모형을 보여줄 때는, 보통 특정한 접근 방식을 염두에 두며, 논의가 그 방향을 향하도록 적극적으로 돌릴 것이다. 예를 들어 나는 미분방정식 수업에서 질량-용수철계를 소개할 때, 학생들이 어떤 방정식을 사용해 그 계를 모형화하는 게 바람직한지 알고 있었다. 이상적인 경우에 학생들은 다양한 방법이 성공할 수 있는 모형화 문제를 공략할 것이다. 그것이 가능하지 않다면, 학생들은 특정 방식의 동기를 토론하고 나서 모형화를 절대적이고 자명한 법칙의 응용이라기보단 내재된 원리에 기초한 선택들의 모임이라는 것을 이해하기 시작할 것이다.

수학, 통계, 계산 능력을 결합하라. 수업에서, 학생들은 보통 현재 교과서/주제, 장, 문제가 의도하는 특정 능력들을 적용하는 법을 배운다. 많은 교과서에서 절의 제목은 어떤 기법을 사용해야 하는지를 지시한다. 실제 문제는 더 많은 상상력을 필요로 한다. 추가적으로, 대부분의 산업 문제에서 수학과 학생들은 협업 코딩, 버전 관리, 주석, 검정, 정당화, 디버깅을 포함한 그들의 프로그래밍 능력을 활용해야만 한다. 프로젝트는 또한 심지어 학생에게 다른 선호하는 플랫폼이나 방법이 있더라도 종종 특정 소프트웨어에 능숙하고 그것을 사용할 것을 요구한다.

결과를 정당화하고 시험하라. 학생들이 그들의 모형을 실행하고 나서, 그 결과가 타당한지 어떻게 확인할 수 있는가? 그들이 모형이나 알고리즘을 만들기 위해 데이터를 사용했다면, 시험 목적으로 일부 데이터를 남겨두었는가? 어떤 환경에서 결과는 가장 정확해야만 하는가? 좋은 해를 정의하는 좋은 기준은 무엇인가? 모형은 합리적인 시간 안에 실행될 수 있는가? 해결 방안이 후원자의 요구 사항들을 만족하는가? 학생들은 반드시 그들 데이터, 가정, 모형의 정확도와 신뢰성을 보고해야 할 뿐 아니라 그들이 사용한 매개변수 값과 데이터와 방법에서 나타난 오류를 추정해야 한다.

해를 다듬기 위해 반복하라. 반복은 재고가 필요해지면 다양한 단계에서 시작할 수 있다. 사전적 결과는 불필요한 가정이나 새로운 모형 요구 조건을 드러낼 수 있다. 반복은 과정에서 언제나 잠재적으로 유용하지만, 짧은 기간의 프로젝트에서는 현실적으로 불가능한 경우가 많다.

결론을 내라. 학생들이 모형을 설계하고, 다듬고, 실행하고 나면 그 결과로부터 어떤 결론을 도출할지 결정해야만 한다. 결론은 당연히 그들이 이전 모형화 과정에서 했던 과정과 선택, 그리고 결과에 의존할 것이다.

결과를 일반적이고 전문적인 독자 모두와 소통하라. 결과물은 학생들에게 수학적 글쓰기, 소프트웨어 문서화, 동료 심사, 대중 강연은 물론 핵심 아이디어와 관계의 시각적 소통을 연습할 기회를 제공한다. 그들 모형의 결과에 관심 있는 사람들은 문제 및 해결 방안의 이해에 있어 다양한 수준을 가질 가능성이 크다. 학생들은 관리자와 직원뿐 아니라 기술 팀과도 효과적으로 소통이 가능해야 한다. 후원자와의 정기적 소통, 프로젝트 중간 구두 발표, 주기적으로 쓰는 보고서는 모두 결과물이 나오기 전에 이들 능력을 연습할 수 있는 기회를 제공한다.

실용적인 문제

통상적인 교과서의 이야기 문제는 위에 논의된 능력 중 어느 것도 요구하는 경우가 드문데, 심지어 다수의 작업이 수학적 모형화와 연관되는 일에서 요구됨에도 그러하다. 모형화 캠프, 연구 그룹, 산업수학 워크숍은 이 능력의 실용적인 조합에 대한 기회를 제공하지만 모든 학생이 그런 기회를 갖거나 온전히 참여할 준비를 갖춘 것은 아니다. 연습을 제공하는 방식으로서, 하나 또는 그 이상의 능력은 수업 활동, 프로젝트, 숙제 문제를 통해 수학 과목에 포함될 수 있다. 이런 식으로 학생들은 그것들을 조합하려는 시도 전에 분리된 각 능력을 연습하는 혜택을 누릴 수 있다.

문제 모음에 어떤 쓸모 없는 정보를 포함하는 것이 좋은 시작점이 될 수도 있다. 또 다른 가능성은 학생들에게 가공되지 않은 데이터를 준 뒤 결론을 도출하기 위해 그 정보에 어떻게 접근할 것인지 묻는 것이다. 미국 환경보호국(Environmental Protection Agency)같은 정부 기관은 데이터와 모형을 온라인에서 사용할 수 있게 해두었다. 세 번째 방안은 학생들에게 문제를 분석한 뒤 취해야 할 행동을 제안하라고 요구하는 것이 될 수 있다. 모형화 수학 콘테스트(Mathematical Contest in Modeling)는 10년치 온라인 기출 문제와 수상 논문을 제공한다.

1년짜리 하비머드 대학의 수학 클리닉처럼 장기

간 프로젝트는 학생들이 위의 모든 능력을 연습하게끔 만든다. 장기간 프로젝트에서 학생들은 팀으로 연구하고 프로젝트 관리를 연습할 기회를 갖는다. 어떤 지침과 함께, 학생들은 합리적인 시간 계획을 준비하고 실패와 우연성에 대비하고 각 팀 구성원이 문제 해결에 기여하도록 작업을 부여하는 방법을 배울 수 있다.

학생들을 위해 모형화 활동을 설계할 때, 우리는 얼마나 많은 반복이 현실적으로 가능한지 고려해야 한다. 이상적인 경우, 학생들이 반복을 스스로 구현할 시간이 없더라도 그들과 반복의 합리성에 대해 논의하게 될 것이다. 수학적 모형화를 가르치고 멘토링을 제공할 때, 우리는 또한 그들의 모형화 작업을 바람직한 방향으로 이끌기 위해 얼마나 많은 발판을 마련할지 결정해야 한다. 수학교육의 인지 연구에 따르면, 학습의 초기 단계에서 시범 예제는 능력의 습득을 촉진시킬 수 있지만 그 후의 단계에서는 문제 해결이 월등히 더 좋다. 우리는 특정 문제에 접근하는 틀을 학생들에게 제공하고 싶어하지만, 발판은 의도치 않게 작업의 인지 능력 요구를 감소시킬 수 있다. 학생들은 진짜 지저분한 문제에 대한 요령을 개발하기 위해 분투해야만 한다. 따라서, 학생들이 발전함에 따라 우리는 점차 발판을 치워버리고 확실히 문제가 그들에게 시연되기보다는 공략되도록 만들어야 한다.

수학적 모형화를 가르칠 때, 위에 요약된 작업들은 학생들에게 실제 문제에 적용할 수 있는 개별적인 능력을 개발시킬 기회를 준다. 그 능력들을 조합하고, 개별적으로나 팀으로서 잘 연구하고, 실제 풀리지 않은 문제에 대해 관련 있는 결과를 내놓을 수 있게 되면, 그들은 과학, 기술, 공학, 수학분야의 모형화 문제에 값진 기여를 할 수 있는 준비가 될 것이다. 우리는 산업수학이 고무시킨 높은 인지 능력을 요구하는 문제들을 통해 이런 도전을 제공할 수 있다.

더 읽을거리

Borrelli, R. 2010. The doctor is in. *Notices of the American Mathematical Society* 57(9)：1127-29. (This article describes the Harvey Mudd College Mathematics Clinic.)

Renkl, A., and R. Atkinson. 2003. Structuring the transition from example study to problem solving in cognitive skill acquisition： a cognitive load perspective. *Educational Psychologist* 38：15-22.

Soon, W., L. T. Lioe, and B. McInnes. 2011. Understanding the difficulties faced by engineering undergraduates in learning mathematical modelling. *International Journal of Mathematical Education in Science and Technology* 42： 1023-39.

Stein, M. K., M. S. Smith, M. A. Henningsen, and E. A. Silver. 2000. *Implementing Standards-Based Mathematics Instruction: A Casebook for Professional Development*. New York： Teachers College Press.

Williams, J. A. S., and R. C. Reid. 2010. Developing problem solving and communication skills through memo assignments in a management science course. *Journal of Education for Business* 85：323-29.

VIII.8 매개 수학: 대중 문화에서 수학의 표현과 그것이 중요한 이유

헤더 멘딕 *Heather Mendick*

1 서론

괴짜가 점차 멋진 것이 되면서, 수학과 수학자를 대중매체에서 다루는 일이 급증하고 있다. 영국에서 이것을 쓰면서, 나는 당장이라도 수학자가 범죄를 해결하는 미국 드라마 〈넘버스(*Numb3rs*)〉와 5명의 주인공 중 물리학자가 3명이고 공학자가 1명인 미국 시트콤 〈빅뱅 이론(*The Big Bang Theory*)〉의 텔레비전 시리즈에 채널을 맞출 수 있다. 2012년 영국 코미디 채널 데이브(Dave)는 〈다라 오브리언: 혹독한 합(*Dara Ó Briain: School of Hard Sums*)*〉이라 불리는 새로운 쇼를 시작했는데, 수학 교수 (그리고 때때로 텔레비전 사회자인) 마커스 드 사토이(Marcus du Sautoy)에 의해 주어진 임무에서 진행자이자 수리물리학과 졸업생인 오브리언이 동료 코미디언들과 경쟁하는 것이 주요 내용이며, 촬영장에는 2명의 예비 문제 해결사인 수학과 학부생들도 함께한다. 이 글에서 나는 그런 대중문화의 표현을 탐구하고, 그것이 수학과 수학자를 묘사하는 방식을 분석할 것이다.

먼저, 나에 대해 말하겠다. 내가『프린스턴 응용수학 안내서』를 위해 글을 쓰고 있는 게 이상하게 느껴진다. 내 첫 학위는 수학이었고 그것을 7년 넘게 가르치긴 했지만, 학자로서 나는 교육사회학자로 인식되며 연구 방법 역시 그에 따른다. 편집자는 친절하게도 내가 알지 못하는 프로그램인 LaTeX을 사용해야 한다는 편집 규칙에서 나를 면제시켜 주었다. 수학에서 사회학으로 옮긴 것은 몇 가지 변화를 동반했다. 예를 들어, 나는 내 머리카락을 더 이상 꾸밈 없이 허리까지 오는 게 아니라, 짧으며 선명한 붉은색 계통으로 염색하게 되었다. 내 인식론적 관점도 역시 변화했다. 필립 데이비스(Phillip Davis)와 루벤 허시(Reuben Hersh)는 그들의 책『수학적 경험(*The Mathematical Experience*)』에서 '전형적인 현직 수학자는 주중에는 플라톤주의자고 일요일에는 형식주의자다'라는 농담을 던졌다. 실제로, 나는 수학을 공부하고 가르칠 때 플라톤식 입장을 취했다. 절대적이고 객관적인 지식을 경험하고 그런 것에 참여하고 있는 줄 알았다. 이제 나는 수학도 세상 속 인간 행동의 바깥에 있다기보단 다른 모든 지식처럼 그로부터 등장하는 사회적 구조물이라는 것을 이해한다.

이런 접근을 따라가면, 수학이란 그것을 순환하는 의미들의 별자리와 우리가 그것에 대해 말하는 (말하도록 선택한) 이야기와 그런 이야기 속에서 사람들이 취하는 태도와 그것이 사람들을 위치시키는 방식을 통해 나타난다. 수학을 이런 식으로 쳐다보면, 수학 지식이 절대적이라는 건 수학에 관한 여러 의견 가운데 하나일 뿐이다. 비록 그것이 매우 설득력 있고 인생의 첫 30년 동안 나는 공부를 하는 이유가 그것 때문이라고 믿었지만 말이다. 그 이야기는 의심의 여지 없이 그런 유일한 형태의 지식에 접근할 수 있는 능력을 가진 수학자들의 '상상 속 공동체'에 나를 묶어두는 사회적 기능을 지녔다. 수학에

* 편안한 학교와 대조적으로 인생의 어려움을 겪는 시기를 뜻하는 영어 관용구 '역경 (school of hard knocks)'을 의도한 것.—옮긴이

관한 그 이야기는 따라서 내가 누군지(그리고 내가 누가 아닌지)에 관한 이야기이기도 하다. 그것은 내가 나 자신을 구성하는 방식의 일부였다(그리고 여기 그것으로부터 벗어난 이야기는 내가 현재 나 자신을 구성하는 방식의 일부이다). 돌이켜 보면, 그것이 어떻게 다른 사람을 보는 나의 관점과 앎의 다른 방식들에 영향을 주었는지 의아하다. 어쩌면 그 이야기는 정신적 기능을 가졌는지도 모른다. 그런 확실한 지식의 개념과 그것이 제공했던 통제의 약속이 내게 행했던 역할은 무엇이었는가?

그러므로 여기서 나의 지적 프로젝트는 우리가 수학에 관해 말하는 이야기(우리가 수학에 부여하는 의미)를 살펴보고 그것의 정형성과 효과를 이해하는 것이다. 우리는 물론 이런 의미를 직장, 학교 교실, 대학교 강당에서 찾을 수 있다. 그러나, 현대 사회에서 대중매체는 의미 순환의 가장 주요한 장소이고, 수학 역시 예외는 아니다. 대중매체에서 다루는 수학을 살펴보는 내 목적은 수학에 관해 생각하고, 참여하고, 가르치는 다양한 방식에 눈을 뜨게 하는 것이다. 이 글은 4개의 주요한 부분으로 나뉘어져 있다. 첫 2개는 대중매체 표현 및 그것과 연관된 정체성에서 역할을 하는 두 종류의 수학(일상적인 것과 난해한 것)에 초점을 맞춘다. 그리고 다음 2개에서는 핵심적인 감정을 통해 수학의 대중 표현을 추적하는 것에 초점을 둔다. 그것은 기쁨과 즐거움, 공포와 지루함이다. 나는 모든 것이 수학 학습에 책임이 있는 반면, 모든 것이 수학적 능력을 가진 것으로 여겨지지는 않음을 보일 것이다. 마지막으로 대학 수학교육 내 대중문화의 활용에 관한 몇 가지 간단한 사유를 제시하며 글을 마친다.

2 관련성의 역설-혹은 우리 모두가 수학을 매일 사용하는가?

미국 노예제도 폐지를 다룬 2013년 할리우드 영화 〈링컨(*Lincoln*)〉에서, 다니엘 데이 루이스(Daniel Day Lewis)가 연기한 에이브러햄 링컨은 사색에 잠겨 유클리드의 『원론(*Elements*)』을 읽었던 것을 상기한다.

> 유클리드의 첫 번째 공통 개념은 이것이었다. '똑같은 것과 동일한 것들은 서로 동일하다.' 그것은 수학적 사고의 규칙이다. 이는 잘 적용되기 때문에 사실이다. 그래왔고 언제나 그럴 것이다. 유클리드는 그 책에서 이것을 '자명하다(self evident)'고 했다. 보라, 심지어 역학 법칙의 2,000년 된 책에도 그런 게 있다. 똑같은 것과 동일한 것들은 서로 동일하다는 것은 자명한 사실이다.

여기서, 링컨은 유클리드를 이용하여 인종 평등의 자명함을 뒷받침하는 것처럼 보인다. 그가 실제로 그렇게 했다는 증거는 없지만, 여기서 흥미로운 점은 할리우드 영화가 수학을 공감과 정의에 연관시켰다는 것이다. 이는 대중 수학에서 흔한 연관이다. 내가 제일 좋아하는 예시는 2004년의 고전적인 10대 코미디 〈퀸카로 살아남는 법(*Mean Girls*)〉이다. '수학 선수' 팀의 학교간 대회에서, 영화의 여주인공 캔디 헤론(린제이 로한(Lindsay Lohan)이 연기)은 결승전의 단판 승부까지 오른다. 연단에 섰을 때 그녀는 계시를 받는다. 이 장면에서 그녀의 마음속 독백이 말한다.

> 누군가를 뚱뚱하다고 부른다고 내가 더 날씬해지지는 않는다. 누군가를 멍청하다고 부른다고 내가 더 똑똑해지지는 않는다. 그리고 친구이자 적인 레지나 조지의 삶을 망치는 것은 결단코 나를 더 행복하게 만들지 않는다. 삶에서 내가 할 수 있는 것은 그저 눈 앞의 문제를 해결하고자 하는 것이다.

그림 1 〈넘버스〉의 찰리 엡스와 돈 엡스 형제. 그들은 범죄 해결을 위한 대조적인 접근법을 보여 준다.

이 통찰은 캔디가 그녀 앞 극한 문제에 대해 옳은 답을 얻는 사고 과정의 일부였고, 이를 통해 그녀 팀에게 승리를 가져다 주었다.

이들 예시에서 수학은 일상 존재와 사고에 내재적인, 우리의 공통적인 인간성 일부로 구성되었다. 연관되는 다른 방식으로 그렇게 하는 유명한 예가 많이 있다. 게임 쇼들은(가령 〈카운트다운(*Countdown*)〉, 〈딜 오어 노 딜(*Deal or No Deal*)〉, 〈퀴즈쇼 밀리어네어(*Who Wants to Be a Millionaire*)〉) 수학을 오직 운 좋은 (혹은 운 나쁜) 소수의 영역이 아닌 '일반 상식'의 일부로 표현한다. 스도쿠(sudoku)와 카쿠로(kakuro) 같은 퍼즐들, 테트리스(Tetris)나 카와시마 박사의 뇌 단련(Dr Kawashima's Brain Training) 같은 컴퓨터 게임들의 성공은 수학을 사람들의 삶에 끌어들였고, 이는 잡지 퀴즈에서나 스포츠 경기(예컨대 다트 게임에서 최종 점수 계산)를 통한 수학과의 상호작용도 마찬가지이다. 대중매체는 수학이 유용하며 이윤의 계산과(어린이 판타지 〈마틸다(*Matilda*)〉에서) 칼로리 셈(〈퀸카로 살아남는 법〉에서) 같은 익숙한 일상 습관이나 혹은 전쟁의 승리(제2차 세계대전 영화 〈에니그마(*Enigma*)〉, 〈댐버스터(*Dambusters*)〉와 냉전 영화 〈뷰티풀 마인드(*A Beautiful Mind*)〉에서), 범죄 활동(매혹적인 영화 〈오션스 일레븐(*Ocean's 11*)〉에서), 범죄와의 싸움(텔레비전 시리즈 〈넘버스〉에서) 같은 익숙하지 않지만 중요한 상황에서 심지어 필수적임을 우리에게 지속적으로 보여주거나 말하고 있다.

대중문화에 수학의 편재성과 유용성이 주어졌다면, 그것이 올레 스코우스모세(Ole Skovsmose)가 관련성의 역설로 지칭한, '한편에서 수학은 만연하는 사회적 영향을 가지며, 다른 편에서 학생들과 아이들은 이 관련성을 인식하지 못한다'는 것을 해결했으리라 예상할 수 있다. 하지만, 최근 연구는 이 역설이 존속한다는 것을 보여준다. 내 생각에 이는 대중 수학이 우리의 '생활-세계'로 짜이는 방식에 많은 모순이 있기 때문이다. 이들 중 일부는 신문이 사람들에게 스도쿠는 수학이 아님을 확신시키거나, 평소에는 박식한 사회자 멜빈 브래그(Melvyn Bragg)가 그 자신을 '이 [수학적] 습격에 직면해 눈을 깜빡인다'거나 '당신네 수학자들이 열중하는 말도 안되는 생각에 완전히 흥미가 있다'고 묘사한 것에서 분명하다. 수학은 일상 생활이자 동시에 '말도 안되는 생각'이다. 이것은 모두의 것이자 동시에 '당신네 수학자들'의 특수한 영역이다. 이제 나는 이들 모순을 텔레비전 시리즈 〈넘버스〉의 구체적 내용을 살핌으로써 탐구하고자 한다.

〈넘버스(2005-2010)〉는 미국 CBS 네트워크에서 여섯 시즌 동안 방영되었고(총 118개 에피소드) 영국 5USA 방송국에서 계속 보여주고 있다. 이야기는 두 형제에게 초점을 맞춘다. 형 돈 엡스(롭 모로(Rob Morrow))는 로스앤젤레스 강력범죄 전담반의 으뜸가는 연방수사국(Federal Bureau of Investigation, FBI) 요원인 반면, 그의 동생 찰리(데이비드 크럼홀츠(David Krumholtz))는 지역 대학교인 캘리포니아 과학대학교(California Institute of Science, CalSci)에서 일하는 수학 교수이다. 각 에피소드는 돈과 찰리가 힘을 합쳐 새로운 범죄를 해결하는 것을 보여준다. 그들은 돈의 FBI 팀 소속 앨런(그들의 자칭 'FBI 아버지')과 찰리의 CalSci 동료 두 명, 원래 그의 박사 학생이었다가 나중에 동료이자 여자친구가 되는 아미타 라마누잔과 기발한 물리학자 래리 플라인하트와 함께 일한다. 〈넘버스〉는 수학을 일상 활동으로서 나타내는 대중문화의 아마도 가장 노골적이고 교육적인 예를 보여준다. 그것은 첫 두 시즌 크레디트 장면 도중의 보이스오버*이다. 시즌 1의 보이스오버가 주장컨대

> 우리 모두는 매일 수학을 사용한다. 날씨를 예상하기 위해, 돈을 다루기 위해. 우리는 또한 범죄를 분석하기 위해 수학을 사용한다. 패턴을 밝히고, 행동을 예측한다. 우리는 수를 사용하여 우리가 아는 가장 큰 수수께끼를 풀 수 있다.

드라마 속에서 이는 수학 '천재' 찰리가 대학교에서 만큼 많은 시간을 FBI 사무실에서 보내고, 학자로서 내 삶을 가득 채운 세미나나 회의에는 크게 얽매이지 않은 듯하기에 가능한 이야기일 것이다. 이로 인해 그는 언제나 곧바로 수학의 응용 분야를 찾아낸다. 그의 수학 사용은 분석을 넘어서, 필연적으로 범죄 뒤의 범죄를 해결한다. 주목할만한 예로서, 시즌 4에서 찰리는 빠르게 베스트셀러가 되는 우정의 수학(매력 방정식)에 관한 자기계발서를 쓴다. 나중의 시즌 5에서는 그, 래리, 아미타가 수학과 물리학을 농구에 적용하여 CalSci의 뿌리 깊은 연패를 끊으려 한다.

시리즈 전반에 걸쳐 우리는 찰리가 (그리고 그만큼은 아니지만 아미타, 래리, 그 외 다른 인물들이) 수학에 관해 말하는 것을 본다. 그러나 각 에피소드는 또한 어떤 뚜렷한 '수학-장면(math-bit)'을 포함한다. 이는 수학 아이디어를 전달하기 위해 비유를 사용하는 데 초점을 맞춘다. 예를 들어, 슈퍼컴퓨터가 살인의 용의자가 되는 에피소드에서, 컴퓨터와 장미 사이의 유사성을 통해 튜링 테스트(Turing test)를 설명하는 부분에서 수학-장면이 사용된다. 장미는 진짜이거나 인공적이거나 혹은 유전적으로 조작되어 인공적이지만 진짜와 분간되지 않아 장미에 대한 튜링 테스트(그런 게 존재한다면)를 통과할 수도 있다. 시리즈의 나머지는 다른 모든 주류 미국 범죄 시리즈와 거의 똑같은 흔하고 현실적인 영상을 보여주지만, 이 수학-장면은 아주 다르게 보인다. 그것은 흑백의 3차원 격자 같은 배경과 대비되는 선별

* 보이스오버는 영화와 텔레비전에서 화면에 나타나지 않는 인물이 들려주는 정보나 해설을 의미한다. —옮긴이

된 선명한 색을 비춘다. 찰리(아니면 때때로, 나중 시즌에서는 다른 인물)의 보이스오버와 함께 대상의 사진과 공식은 시간에 따라 안무를 하듯 빠르게 돌아다닌다. 흥미로운 움직임 속에서, 광고가 삽입되는 부분의 전환과 일부 다른 장면은 이 수학-장면의 3차원 격자 같은 그래픽을 사용한다. 이는 우리가 진행하는 사건을 수학적으로 다룰 수 있는 틀 안에 맞추어 넣도록 이끄는 효과를 일으키는, 스코우모스가 수학의 능력 설정이라 부른 것의 예로서 이해할 수 있다. 그것은 '새로운 통찰이 해석을 바꿀 수 있다는 의미에서뿐만 아니라, 수학이 현실의 일부를 식민지로 만들고 재구성할 수 있다는 의미에서 현실 속 새로운 발명품을 만드는' 방식을 명명한다.

수학-장면을 보면서 비유를 따라가다 보면, 그것은 수학이 무엇을 할 수 있는지 이해시키는 반면 수학 그 자체에 대한 접근을 허용하지 않는다. 찰리는 계속해서 천재로 지칭되며, 수학-장면은 사고 작용을 통해 도달할 수 있는 무언가를 가리키기보다는 수학적 사고방식으로 향하는 그의 통찰을 보여 주는 것처럼 보인다. 즉, 일상을 수학적으로 만들려면 변환의 과정과 그 변환을 수행할 사람 모두가 필요하다. 이런 식으로 일상 속 수학이라는 개념조차 엘리트에 의해 수행되는 난해한 능력에 의존하는 것으로 묘사하는데, 이제부터 이에 대해서 논하겠다.

3 수학적 수수께끼 여행

이전 절에서 나는 대중문화에 퍼진, 일상적이며 모두가 접근할 수 있는 수학과 난해하고 오직 엘리트만이 접근 가능한 수학 사이의 갈등을 보여주었다. 〈넘버스〉를 살펴봄으로써 하나의 표현을 통해 수학이란 모두에게 유용하지만 대부분은 접근할 수 없다고 암시하는 중첩된 의미를 전달할 수 있다는 것도 보였다. 〈넘버스〉에서, 찰리와 수학을 하는 다른 이들은 종종 불확실함을 표현하고 도움을 요청하지만, 수학 그 자체는 그러한 약점조차 없다. 그것은 견고하고 절대적이고 확실하다. 수학에 대한 이런 생각은 상식이 되었다. 이는 아마도 하디(G. H. Hardy)의 책 『어느 수학자의 변명(*A Mathematician's Apology*)』에서 가장 명확하게 서술된다.

> 의자나 별은 겉보기와는 전혀 다르다. 우리가 의자나 별에 대해 생각을 많이 하면 할수록, 그 윤곽선은 그것을 둘러싼 감각의 아지랑이 속에서 점점 더 흐려진다. 그러나 숫자 '2'나 '317'은 감각과 아무런 상관이 없으며, 우리가 보다 자세히 연구하면 할수록 그 특성이 더욱 선명하게 부각된다. (…) 317이 소수인 까닭은 우리가 그렇다고 생각해서라거나, 우리의 정신이 그런 식으로 형성되어서가 아니라, **실제로 그렇기 때문이며**, 수학적 실재가 그런 식으로 이루어져 있기 때문이다.

앞서 말했듯 이것은 내가 이 글에서 공유하고자 하는 자세가 아니다. 하지만 여기서 이것에 반론하고자 하는 것은 아니다. 대신, 나는 이 이야기(절대적이고 객관적인 수학에 관한)가 어떻게 대중문화에 전달되었고 어떤 효과를 가졌는지 살펴보고자 한다. 특히, 수학적 엘리트주의와의 관계를 추적하고자 한다.

대중문화에서 수학의 절대성은 보통 정신, 수수

께끼, 또는 마법과의 연상으로 뒷받침된다. 예를 들어 댄 브라운(Dan Brown)의 2003년 소설『다빈치 코드(*The Da Vinci Code*)』에서 암호학자 소피 느뵈(영화 버전에서는 오드리 토투(Audrey Tatou)가 연기)는 예수와 마리아 막달레나의 직계 자손, 남성성과 균형을 맞추는 '신성한 여성'의 화신으로 밝혀진다. 대런 애러노프스키(Darren Aronofsky)의 영화『파이(*Pi*)』(1998년)에서 카발라(Kabbalah)를 숭배하는 한 유대인은 신의 잃어버린 이름을 π의 10진법 전개에서 찾을 수 있다고 믿는다. 반면 (내가 아래에서 더 깊이 논의할) 마이클 크라이튼(Michael Crichton)의 1991년 소설 (그리고 크라이튼과 스티븐 스필버그(Steven Spielberg)의 1993년 영화)『쥬라기 공원(*Jurassic Park*)』에서 혼돈에 대한 수학의 예측 능력은 마법과도 같다.

이를 통해 수학의 비밀에 접근할 수 있는 이들은 특별한 능력을 타고난 것으로 표현된다. 예를 들어 찰리 엡스(〈넘버스〉의)는 학창시절 5년을 월반했고, 13살에 프린스턴에 입학했으며, 14살의 어린 나이에 저널에 첫 논문을 출판했다. 실제로 영화 〈뷰티풀 마인드〉의 실제 모델이자 노벨상 수상자 존 내시(John Nash, 러셀 크로우(Russel Crowe)가 연기)부터 π의 규칙성을 탐구하는 파이의 맥스 코헨(Max Cohen, 숀 길레트(Sean Gullette)가 연기)에 이르기까지 우리가 크고 작은 화면에서 보는 수학자들은 거의 언제나 '천재'이다. 이 특별함은 그들이 불안정한 정서를 지닌 인물로 표현됨으로써 더 강화되는데, 내시는 평생 동안 정신분열증에 시달렸으며 맥스는 강박에 사로잡혀 그의 연구를 계속했다. 이런 정신건강 문제는 대개 그들의 수학적 '재능'과 직접적으로 연결된다. 그들이 수학을 하는 것을 보여주는 장면은 보통, 화이트보드나 칠판을 사용할 수 없을 때 거울이나 창문 등 근처에 있는 사물 표면 위에 정신없이 휘갈겨 쓰는 모습으로 표현된다. 나에게, 광기와 수학을 결부한 가장 기억에 남는 예는 맥스가 전동 드릴을 자신의 머리에 사용해 비유적으로 수학적 '재능'을 그의 머리로부터 들어냄으로써 사람들과의 더 잘 관계 맺고 행복해지려 하지만, 결국 계산하고자 하는 열망과 능력 모두를 잃어버리는 것으로 묘사되는 공상적인 장면이다. 이들을 포함한 크고 작은 화면 속 천재들에게, 수학은 전체 성격을 정의하고 삶의 모든 측면을 가득 채워주는 것으로 보인다. 극단적이지만 결코 예외적인 예라고는 할 수 없는, 케이트 앳킨슨(Kate Atkinson)의 2005년 소설『살인의 역사(*Case Histories*)』에서, 결혼한 소아성애자 수학자의 정신은 다음처럼 묘사된다.

> 그의 삶에서 또 다른 사람의 필요성을 정말로 느끼지 못했고, 사실 그에게 삶을 '공유'한다는 개념은 기괴했다. 그에게는 자신의 시간을 거의 완벽히 가득 채운 수학이 있었고, 그래서 자신이 배우자에게 원하는 것이 무엇인지 확신할 수 없었다. 그에게 여자들은 모든 종류의 바람직하지 않은 성질, 주로 광기이지만 또한 불안하게 하는 다수의 신체적 결함(피, 섹스, 아이)을 포함하여 다른 어떤 것을 지닌 것으로 보였다.

이는 또한 수학이 절대적인 것으로 표현되며 따라서 사회적 범주 밖에 있는 것으로 간주됨에도, 전형적인 수학자가 어째서 (백인, 중산층, 이성애자) 남자인지 명료하게 만든다.

이런 수학의 성별화는 〈뷰티풀 마인드〉에서 실제 수학을 볼 수 있는 유일한 장면에서 분명해진다. 게임이론에 관한 내시의 연구 말이다. 여기 간단한 묘사가 있다.

> 장면은 경쾌한 음악이 연주되는 바이다. 카메라의 초점은 키 큰 금발 머리(여자들의 모임 가운데)에 맞춰지고 그 후 그녀를 쳐다보는 수학과 남자 대학원생들의 모임으로 이동한다. 맥주 한 잔과 마구잡이로 쌓인 논문과 책에 둘러싸인 존 내시는 예외이다. 그의 동료 학생들은 그의 주의를 '금발'로 돌린다. 그들은 어린 여자들의 모임을 쳐다보고, 그 여자들도 그들을 쳐다본다. 내시는 불편해 보인다. 한 학생, 마틴(Martin)이 애덤 스미스(Adam Smith)의 이론인 '경쟁에서는 개개인의 야망이 집단의 이익에 이바지한다'를 인용한다. '금발'이 내시를 쳐다본다. 그의 동료 학생들은 여자들과 성공한 적 없는 내시를 놀린다. 내시의 자세에 변화가 생기고 경쾌한 재즈 음악이 부드러운 피아노 음악으로 바뀐다. 그는 미소지으며 "애덤 스미스에는 수정이 필요해"라고 말한다. 그는 만약 모두가 '금발'을 향한다면 서로를 방해하고 다른 여자들을 화나게 할 것이라고 설명한다. 하지만, 그들이 협력해서 그 누구도 '금발'을 택하지 않으면 모두가 성공적일 수 있다. 이 해설 도중 영상은 초현실이 되며 조금 흐려지는데, 인물들은 마치 꼭두각시가 된 것처럼 내시의 추측을 설명한다. 우리는 공중의 시야를 갖게 되는데, 기하학적인 패턴 속에서 모든 남자가 '금발'을 택하고, 그 다음에는 다른 여자들을 택하는 것을 본다. 카메라는 내시 모습을 확대하여 그의 수학적 '통찰'을 훑는다. 이는 내시의 어조가 초조함에서 권위적으로 바뀌고 그가 몸을 실룩거리는 것을 멈춤과 동시에 일어난다. 이 장면은 내시가 "그것이 우리가 이기는 유일한 방법이야, 그것이 우리 모두가 여자랑 자는 유일한 방법이야"라고 말하며 끝이 나고, 음악은 재즈로 돌아온다. 허둥지둥, 내시는 그의 논문을 모아서 떠난다. 그는 '금발' 앞에서 멈춰서 '고맙다'고 말하고 뛰어나간다. 그녀는 당황스러워 보인다.

이것과 〈넘버스〉의 수학-장면 사이에는 긴밀한 연결이 있는데, 우리가 드라마 현실의 공간을 남겨두고 수학 모형의 비유적인 공간에 들어가기 때문이다. 이런 이야기들 속에 여자가 어떻게 위치하는지 주목하는 것은 누가 수학을 할 수 있는 것으로 표현되는지에 대한 질문을 던진다. '금발'은 위대한 남자 천재의 창의성을 위한 조용한 뮤즈의 역할을 한다. 스스로 창의적인 행위자가 아닌, 창의성을 위한 하녀이자 영감으로서 여성의 이런 위치는 어디에서든 흔하다. 이는 수학에서의 창의성에 대한 우리의 개념이 성별화되는 방식을 이야기해 주며, 이 주제는 발레리 워커다인(Valerie Walkerdine)의 연구에서 자세히 탐구된다.

유명한 드라마에서 수학을 하는 여성이 있기는 하지만, 〈넘버스〉의 아미타처럼 그들은 대부분 딸로서, 학생으로서, 더 중심적인/인정받는 남자 수학자의 연인으로서 존재한다. 심지어 아미타의 성인 라마누잔은 그녀의 유산이 남자 수학자로부터 왔다는 것을 암시한다. 나는 이미 〈퀸카로 살아남는 법〉의 캔디 헤론을 간단히 언급했는데, 영화계에서 '똑똑한 여자'의 떠오르는 세대 중 하나이다. 그렇지만 그녀는 영화의 시간 대부분을, 미적분학 수업에서 제일 잘생긴 애런 새뮤얼스(Aaron Samuels)의 관심을 끌기 위해 수학을 못하는 척 하는 데에 쓴다. 이전에 논의된 수학 선수들의 단판승부 장면에서 캔디는 문제를 맞추기 위해 말 그대로이자 은유적으로 갈망의 대상인 애런을 직시해야 했다. 그는 수학에 영감과 도움을 주기보단 그것으로부터 주의를 산만하게 만든다. 그는 또한 〈뷰티풀 마인드〉의 '금발'과 달리 이름과 목소리를 둘 다 갖는다. 〈넘버스〉는 나이든 여인 밀드레드 핀치를 간략히 소개하긴 하지만, 그녀는 수학자라기보단 거의 관리자로서 행동하며 더 인정받는 남자 인물인 앨런 엡스의 연인이다. 9개의 에피소드 이후 그녀는 설명 없이 시리즈에서 사라진다.

사회적 계급으로 화제를 돌리면, 1997년 영화 〈굿 윌 헌팅〉은 아주 드문 예로서 아일랜드-미국 노동자 계급 배경을 가진 수학 천재 윌 헌팅(Will Hunting, 맷 데이먼(Matt Damon)이 연기한)이 나온다. 완전히 스스로 공부한 윌은 매사추세츠 공과대학교(MIT)에서 청소부로 일하고, 영화는 MIT 수학 교수이자 필즈상 수상자인 제럴드 램보(Gerald Lambeau, 스텔란 스카르스고르드(Stellan Skarsgård)가 연기한)가 그를 '발견'하는 장면이 영화에 등장한다. 윌은 중산층 수학자들과는 다르게 묘사된다. 마리-피에르 모로(Marie-Pierre Moreau), 데비 엡스타인(Debbie Epstein), 나는 2009년에 이렇게 적었다.

> 그가 어린 시절 자신을 학대한 남자를 만났을 때 심각한 폭력으로 반응하며 이성을 잃는 장면이 있다. 윌이 그의 감정을 표현한 방식에서 물리적 폭력성이라는 요소는 **넘버스**에서 찰리의 (더 중산층인) 방식과 대조된다. 이 사건은 윌이 수학계에 들어가고, 치료 과정에 착수하고, 부유한 하버드 학생과 사랑에 빠지기 이전에 일어나며, 따라서 윌의 이야기 또한 중산층 관습으로의 편입을 통한 구원 중 하나이다.

그러므로 〈굿 윌 헌팅〉은 다름아닌 윌의 '중산층화' 이야기인데, 수학자가 되어가는 과정에서 그는 중산층의 가치를 포용하고 그의 (노동자 계층) 이웃, 친구, 직장을 뒤로 두고 떠나야만 한다. 윌은 (찰리 엡스, 맥스 코헨, 존 내시와 마찬가지로) 수학과 '백인스러움' 사이의 관계를 강화한다. 우리는 젊은 이들에게 수학자를 상상해보라고 할 때 이런 중산층 백인 남성 이미지가 쉽게 연상된다는 것을 안다. 다음 두 절에서 나는 대중문화에서 어떤 인물이 수학을 할 수 있거나/없음이 어떠한 방식으로 정해지는지, 그 공간에서 수학과 관계되어 일어나는 우세한 감정에 의존해 계속해서 추적하고자 한다. 나는 투박하게 그들을 기쁨 및 즐거움의 긍정적인 감정과 지루함 및 공포의 부정적인 감정으로 나누었지만, 감정들은 분류가 암시하는 것보다 더 혼재되어 있다.

4 기쁨, 즐거움, 그리고 수학을 하기 위한 "능력"

이 글을 읽고 있다면, 당신은 아마 대부분의 사람보다 수학에서 기쁨과 즐거움을 발견할 가능성이 더 크다. 하지만 그런 감정의 이면에 두려움 또한 존재한다. 영국의 고등수학에 관한 내 연구 중, 수학을 계속하길 선택했고 잘 하고 있던 한 젊은 여성을 선명하게 기억하는데, 그녀는 "때때로 나는 수학에

몸담는 게 두려워요"라 말했다. 한편 로버트 얼리(Robert Early, 1992, p.15)는 수학문제에 관한 학생들의 감정을 조사한 연구에서 강렬하고 섬뜩한 설명을 하나 인용했다. "나는 마치 면도날 위에서 줄넘기라도 하는 것처럼 매번 뛸 때마다 텅 빈 종이 위로 피를 흘리는 듯한 고통을 느꼈어요." 여러 가지 점에서, 수학에 대한 개인적인 투자가 클수록 공포는 더욱 커지며 이는 성공이나 실패로 얻거나 잃을 것이 더욱 많아지기 때문이다. 나는 어떻게 수학을 학습할 때 겪는 여러 공포가 대중문화에서 유통되는지 다음 절에서 살펴보겠다. 여기서는 수학적 기쁨과 즐거움의 표현에 초점을 맞춘다.

앞서 묘사했듯 대중문화에서는 수많은 사람이 수학을 하고 있지만 진짜 수학은 아주 적다. 음향과 시각 효과는 수학을 아름답고 규칙성을 지향하는 것으로 나타내지만 정작 그 세부 내용을 드러내지는 않는다. 수식은 풍부하지만 그것을 어떻게 읽어야 하는지 알려 주지는 않는다. 실제로 나는 다른 곳에서 수학을 즐길 수 있는 것이라 보는 이들이 가진 문제점에 관한 글을 읽었는데, 그들에게 보통 수학이란 음악과 대중오락과는 전혀 반대되는 성질의 것이었다. 이런 이분법적인 인식은 수학을 즐기는 사람들이 어떻게 특정한 유형의 사람으로 자리잡는지를 보면 명백하다. 앞에서 이미 설명했듯, 그들은 보통 천재이며 또한 보통 모범생이거나 괴짜이다.

이를 표현하는 용어는 엄밀하게 정의하거나 다른 것과 분간하기 어렵다. 그들은 천재와 교집합을 갖는다. 남성이지만 대개 신체 능력이 약하고 과체중이며, 이성애자이지만 여자들에게는 서투르고, 백인(또는 가끔씩 동남아시아인)이며, 학문적으로 총명하지만 사회적으로 무능하다. 어반 딕셔너리(Urban Dictionary) 웹사이트는 방대한 정의를 제공하는데, 가장 간결하면서 가장 높은 추천을 받은 것은 이것이었다. '고등학교에서 당신이 괴롭히는 그리고 성인이 되어서는 당신을 고용하게 될 사람들.' 이는 괴짜(geek)에 대한 문화적 시선 속에서 경외와 조롱 사이의 대립을 포착하며, 그 대립은 '괴짜처럼 세련됨(geek chic)'의 신격화에 이르렀다. 여기 역시 어번 딕셔너리에서 가져온 '괴짜처럼 세련됨'의 세 가지 정의가 있다.

> 명백한 모순어법인 '괴짜처럼 세련됨'은 괴짜가 멋지고 신비스러운 아우라를 뿜어내는 테크노크라시(technocracy)와 같은 실제 존재로 진화한다는 환상이 지배하는 시대에 등장했다. 세계에서 가장 부유한 사람임에도 $5짜리 이발과 피임 안경*을 즐기는 빌 게이츠를 보면 알 수 있듯이, 괴짜처럼 세련됨이란 허상에 불과하다는 것은 명백하다.

> 매우 괴짜/모범생 같은 옷차림이나 장신구이지만, 동시에 '나는 내가 모범생이라는 사실이 자랑스럽고 그에 알맞은 옷을 입는 걸 두려워하지 않기 때문에 난 멋져'라고 말하는 것.

> 괴짜처럼 세련됨은 그 자체로 모순어법이고 일반적으로 괴짜가 아닌, 괴짜처럼 행동하고 싶어하지만 실제로 괴짜 같은 취미나 지식을 위한 열정은 없는 매력적인 남성이나 여성을 반어적으로 비꼰 것이다. 진짜

* 여자들이 기피할 만큼 우스꽝스러운 안경이라는 뜻.—옮긴이

> 괴짜는 괴롭힘을 당하고, 자신이 괴짜라 불리는 것에 자부심을 가지는데 그 이유는 그가 스스로 PC를 조립할 수 있거나 수학이나 다른 것에 매우 뛰어나서지, 엑스박스(Xbox)에서 〈콜 오브 듀티(*Call Of Duty*)〉를 즐기거나 혹은 아이팟(iPod)이나 아이폰(iPhone) 같은 몇몇 소비자용 전자기기에 엄청난 시간을 써서 그런 것이 아니다. 진짜 괴짜는 아이팟과 아이폰 정도는 취급도 안 한다.

그림 2 셸던과 레너드가 같이 사는 아파트에서 찍은 하워드, 셸던, 레너드, 페니, 라지(왼쪽에서 오른쪽)의 사진.

첫 번째 정의는 괴짜도 세련될 수 있다는 가능성을 거부하며 괴짜를 향한 강한 혐오를 내포하고 있다. 이것과 대조적으로 뒤이은 2개의 정의는 괴짜의 입장에서 쓰여졌고, 둘 모두 괴짜의 가치를 다른 이들이 놀리고 괴롭힘에도 불구하고 있는 그대로의 자신을 자랑스러워하는 것에 두었다. 첫째와 셋째 정의는 '괴짜처럼 세련됨'이 모순어법이라 주장하지만 그 이유는 서로 다르다. 하나는 괴짜의 고유한 열등감을 주장하며 괴짜처럼 세련됨을 거부한다. 다른 하나는 '진짜 괴짜'가 되고 싶지만 열정과 지식이 없는 이들을 능가하는 괴짜의 우월함을 주장하며, 진정한 괴짜스러움을 내세운다. 3개 정의 모두 수학과 그것을 하는 이를 '특별하게' 만드는 것을 뒷받침한다. 이들은 괴짜가 되는 것이 좋은지 아닌지에 대해서는 다르지만, 당신이 괴짜이거나 아니거나 둘 중 하나라는 것에는 동의한다. 역사나 스페인어 같은 다른 학교 과목에서처럼, 교양 있는 아마추어로서 수학이나 기술에 참여하거나 즐기는 것은 상상할 수 없는 일처럼 여긴다.

괴짜처럼 세련됨을 소재로 가장 성공을 거둔 시리즈는 시트콤 〈빅뱅 이론(*The Big Bang Theory*)〉(2007-)이다. 이 프로그램은 4명의 남성 괴짜들과 금발의 세련되고 사교적이며 여배우가 되고 싶은 페니(Penny)와의 비현실적인 우정에 초점을 둔다. 그들은 물리학자와 공학자이긴 하지만 보통 수학을 하는 것으로 보여진다. 세 명은 백인이고 (그들 중 하나는 유대인) 한 명은 인도인이다. 넷 중 가장 평범하고 성생활에 문제 없는 레너드(Leonard)는 그의 괴짜스러움을 가장 부끄러워한다. 예를 들어, 그는 자신이 공상과학소설의 언어 클링곤(Klingon)으로 단어 게임을 즐긴다는 사실을 숨긴다. 그는 유당불내증, 수면 무호흡증, 편두통, 차멀미, 코피, 천식을 포함해 다양한 건강 문제와 신경증에 시달린다. 그는 말할 때 머리를 기울이고 애처롭게 콧소리를 내는 경향이 있다. 그는 주기적으로 헤어 젤을 과다하게 사용하고 어울리지 않는 옷을 입는다. 다른 극단은 셸던(Sheldon)으로, 괴짜스러움을 부끄러워하지 않는다. 그는 모든 것을 말 그대로 해석하고(반어법을 알아듣도록 가르칠 필요가 있는), 주변을 정돈하지 않으면 참을 수 없고(심지어 그렇게 하려면 이웃의 아파트를 침입해야 하더라도), 자신의 어깨를 스스로 마사지하는 것이 불필요한 물리적 접촉을 수반하지 않을까 걱정한다. 괴짜스러움 정도에 있어 이들 둘 사이에는 잔소리가 심한 어머니와 함께 사는 하워드(Howard)와 맨 정신으로는 여자들과 이야기할 수 없는 라지(Raj)가 있다. 이 쇼에서 여성들은 이상한 위치를 가지는데, 모로(Moreau)와 내가 『수학교육의 토론(*Debates in Mathematics Education*)』에 적었듯이

> 페니와 같은 여성 인물 대부분은 남성 괴짜들을 대조하기 위해, 그리고 그들의 이성애를 암시적으로 강조하기 위해 존재한다. 2명의 여성 괴짜는 남자들의 잠재적인 연인으로서 소개되는 주변 인물이다. 그들은 미국 리얼리티 TV쇼 〈미녀와 괴짜(*Beauty and the Geek*)〉의 다섯 시즌에 걸쳐 출연한 총 42명의 괴짜들에 포함된 1명의 여성 괴짜 및 1명의 게이 괴짜와 비슷하게 두드러진다.

수학은 중립적인 지식으로 묘사되면서도, 천재들을 포함한 괴짜의 이야기는 수학을 하는 '능력'이 특정한 몸에 속해있다는 생각을 강화시킨다. 여러 TV 매체에서 대중문화는 괴짜를 농담의 소재로 활용하지만, 동시에 그들이 지적이며 남들과 다른 것을 두려워하지 않는 존재라고 인정한다. 〈빅뱅이론〉에서 페니는 분명히 괴짜 패거리와 어울리는 것을 즐기며 레너드와 데이트하고 라지와 하룻밤을 보낸다. 수학, 과학, 기술에서 재미를 찾는 그들의 능력은 다른 분야로도 확장된 것으로 보인다.

하워드의 어머니에 대한 의존성부터 레너드의 수많은 어린 시절 질병에 이르기까지, 괴짜가 묘사되는 방식에는 소년스러움이 있다. 〈빅뱅 이론〉의 모든 인물은 엄청난 만화, 판타지, 과학소설의 장난감들과 수집품을 소유하며 정기적으로 게임을 즐기는 모습이 보여진다. 하지만 그들의 능력은 또한 상당한 정부의 재정 지원을 확보할 만큼 몹시 가치 있게 묘사된다. 이는 하워드가 다른 우주인들과 비교해 신체적으로 부적합함에도 그의 전문 지식이 우주선 임무의 한 자리를 얻을 수 있도록 해 주는 것으로 예증된다. 대중문화 내에서 수학 지식의 이런 능력은 즐거움과 떼어낼 수 없다.

나는 이 절을 수학 능력이 재미있게 드러나는 마지막 예시 하나로 마무리하고자 한다. 어쩌면 '멋진' 수학자가 영화에 등장하는 유일한 예이기도 한 〈쥬라기 공원(*Jurassic Park*)〉이 그것이다. 책과 영화 모두에서 유전공학은 선사시대 놀이공원을 만들기 위해 살아 있는 공룡을 제조하는 데 사용된다. 이야기는 개장 전 주말에 이 프로젝트를 조사하기 위한 2명의 고생물학자, 변호사, 그리고 수학자 이언 맬컴(Ian Malcolm)이 공원 조성을 추진한 존 해먼드(John Hammond), 그의 두 손자, 다른 공원 직원들과 동행할 때 일어난다. 영화에서 제프 골드블럼(Jeff Goldblum)이 연기한 맬컴은 머리부터 발끝까지 검은색으로 입고(선글라스와 가죽 재킷을 포함해), 격정적으로 추파를 던지고, '특히 수학자에게 있어 비참할 정도로 과도한 개성 때문에 고통 받는다.' 그는 분명히 혼돈 이론을 사용해 쥬라기 공원의 궁극적인 실패와 그 재앙스런 결말과 죽음을 예측한다. 심지어 모든 공룡이 암컷이라는 말을 들었을 때도, 그들이 유성번식할 것이라고 올바르게 예측한다. '생명은 방법을 찾을 겁니다.' 각 절이 맬컴의 인용과

자라나는 프랙탈 그림으로 시작하는 이 책에서 이런 예언은 대단히 강조된다.

> 프랙탈 곡선의 초기 그림에서는 내재된 수학구조의 아주 적은 단서만이 드러날 것이다.
> 프랙탈 곡선이 차례로 그려지면서 갑작스런 변화가 일어날 수 있다.
> 프랙탈 곡선이 다시 그려지면서 세부 사항은 더욱 분명하게 드러난다.
> 필연적으로, 내재된 불안정성이 나타나기 시작한다.
> 체계의 결점은 어느새 심각하게 될 것이다.
> 체계의 복원은 불가능한 것으로 증명될 것이다.
> 점차적으로, 수학은 그것의 영향을 직시할 용기를 요구할 것이다.

주로 책에서(영화에서도 어느 정도는), 맬컴은 과학적 진보에 대한 비판을 명확히 표현한다. 그는 쥬리기 공원에서 해먼드의 행동을 아버지의 총을 쥔 어린아이와 비교한다. 왜냐하면 그와 과학자들은 그들이 사용하는 지식을 위한 연구를 하지 않고, 그것과 관련한 책임을 다하지 않기 때문이다. 그는 발견의 가치에 의문을 가지고, 그것을 폭력적이고 침략적 행위라 부르면서 강간에 비유한다. 그러나 과학자들이 주장하던 '진보'에 근본적인 문제가 생기면서, 상황을 이해하고 궁극적으로 제어하는 수학의 역할에 의해 저지된다. 관중은 공룡과 수학의 능력 그리고 그것을 휘두르는 '마법 수학자(mathemagician)'를 놀라워하고 안도하며 구경한다. 이 글의 마지막 절에서 나는 대중이 우리를 바라보는 방식을 대중문화가 어떻게 묘사하는지 설명할 것이다.

5 지루함, 공포, 그리고 수학을 해야하는 책임

텔레비전 드라마 시리즈 〈식스핏언더(*Six Feet Under*)〉의 '의형제(Brotherhood)' 에피소드에서, 10대 클레어 피셔는 고등학교 대수 수업에서 칠판에 적힌 공식을 설명하지 못한다. 선생님은 "음 너가 다른 책을 읽지 말고 수업에 집중했더라면"이라며 그녀를 질책한다. 클레어는 "음 선생님이 내게 실제로 유용할 무언가를 얘기했더라면 그랬을 거예요"라고 대응하고 그녀의 책을 다시 읽는다. 그녀의 선생님은 단호하다. "대수학이 쓸모 없다고? 흠, 다르게 생각할 수많은 물리학자들을 아는데." 클레어는 무뚝뚝하게 쳐다보고 대답한다. "음, 나는 물리학자가 되고 싶지 않아요." 그녀의 선생님은 팔을 펼치고 열렬하게 말한다. "대수학은 너의 사고방식이 문제를 논리적으로 풀도록 해. 그건 유일하게 완벽한 과학 중 하나야." 클레어가 끼어든다. "세상이 논리를 따라 움직인다고 생각하세요? 눈을 뜨세요." 선생님의 마지막 반격은 "그래, 방과 후에 보자, 피셔양."이다. 이 시점에 클레어는 선생님을 아주 강렬하게 쳐다보고 선생님의 머리에서 증기가 나오기 시작한다. 그 후 그녀의 머리는 폭발하고 클레어는 웃는다.

여기서 우리는 익숙한 대중문화의 소재를 볼 수 있다. 수학을 외면하는 10대의 모습이다. 수학은 교육에서 가장 지루하고 무의미한 모든 것을 대변한다. 이 장면은 수학은 무용하다는 개인적 감정이 수학이 유용하다는 보편적 믿음과 마주했을 때 실마리를 찾기 어려운 두 입장의 관계를 드라마틱하게 보여준다. 어떤 곳에서 수학은 상상력 및 창의성과 대조를 이루는 역할을 한다. 선생을 그려보라고 했을 때, 초등학교 아이들의 가장 흔한 반응은 말쑥하게 차려 입고 교탁 뒤나 칠판 앞에 서서 형식적인 수학을 가르치는 누군가를 그리는 것이다. 〈심슨 가족(*The Simpsons*)〉의 '천재 바트(Bart the Genius)' 에피소드에서 택한 또 다른 예에서, 10살짜리 바트(Bart)는 수학 시험에 마주하여 첫 번째 시험 문제가 일으킨 상상에 빠져 주어진 시간을 모두 쓴다. 그것은 반대 방향을 향해 오는 두 기차에 관한 단어 문제였다. 이들 예시 모두는 지루한 반응이 단순히 수학의 단조로움 때문이 아니라 수학에 참여하는 것에 대한 두려움을 나타냄을 시사한다. 어쩌면 지루함은 수학에서 실패할 것을 우려한 부분적인 방어 작용일지도 모른다. 왜 그러한 방어가 수없이 많은 사람에게는 매우 중요한지 이해하기 위해서는, 수학에 부여된 지위를 살펴볼 필요가 있다.

〈식스핏언더〉의 예시에서는 또한 좁게는 선생님에게서, 더 넓게는 사회에 의해 클레어에게 부과된, 수학을 배워야하는 의무를 볼 수 있다. 정책과 공개적인 담론은 흔히 수학을 국가 발전(경제, 과학/기술적)과 개인 발전(권력, 취업, 성공) 모두에 핵심적인 것으로 표현한다. 예를 들어, 2004년 영국 정부는 14세 이후 수학교육에 대한 중요한 조사를 수행하기 위해 에이드리언 스미스(Adrian Smith)를 임명했다. 그는 (『수학을 의미 있게 만들기(*Making mathematics count*)』라는 제목으로 출판된) 보고서의 시작 부분에서 서술한다.

> 수학이 상당히 특별한 위치를 차지한다는 것은 널리 인지되어 왔다. 그것은 그 자체로 주요한 지적 분야일 뿐더러 나머지 과학과 공학을 위한, 그리고 점차적으로는 사회과학과 의학의 다른 분야들을 위한 기초 언어를 제공한다. 수학은 현대 사업과 산업의 주요 영역, 특히 금융 서비스와 ICT의 기초가 된다. 그것은 또한 시민 각자에게 개인과 사회적인 삶을 운영할 능력을 부여하고, 사실상 모든 수준의 취업에 요구되는 핵심 능력을 제공한다.

여기서 우리는 개인의 공포가 수학과 연관되는 방식(개인의 실패, 사회적 소외, 평가 받는 것)이 국가적 공포(국가적 실패, 경제적 소외, 경쟁력이 없는 것)와 함께 나타난다는 것을 볼 수 있다. 수학이 이런 공포를 함께 불러올 수 있는 것은 그것이 지성과 기술적 발전의 척도 역할을 하기 때문이다. 로리 벅스턴(Laurie Buxton)과 실라 토비아스(Sheila Tobias)의 책인 『수학이 공포스럽나요?(*Do You Panic about Mathematics?*)』(1981)와 『수학 걱정 뛰어넘기(*Overcoming Math Anxiety*)』(1978)는 수학적 능력이 모자란 것으로 평가 받는 사람들이 어떤 느낌을 가지며 어떻게 수학 불안과 공포를 형성하는지 추적한다. 연구에 따르면 영국에서 초등학교에 국가적 시험을 도입한 이후, 어린 아이들은 중압감 속에서 평가에 노출되어 수학 '능력'에 따라 나뉘었고, 이에 따라 수학에 대한 불안과 공포를 더욱 증가시켰다.

성인을 위한 수학 교육의 기회를 높이고자 시행한 정부 광고도 공포를 부추기는 데 한 몫하고 있다. 이 캠페인에서는 수학에 무능한 사람들에게 그 사실을 상기시키며, '수학 마귀를 퇴치하고', '수학에 자신감을 갖기 위한 기회'를 잡아야 한다고 강조한다. 나는 가장 두 눈에 띄는 최근 영국의 성인을 위한 수학 능력 캠페인의 광고 2개를 논하면서 대중문화에 관한 이 개요를 마치겠다. 첫 번째는 '나쁜 아빠(Bad Dad)'라 불리며(이는 www.youtube.com/watch?v=CzQvD9oBx-0에서 온라인으로 볼 수 있다) 수학과 영어 능력에서 사람들의 격차를 위한 은유로 마귀를 사용하는 광고 시리즈다. 영상에는 아주 적은 색상이 사용되는데, 아마도 작품처럼 '나쁜 아빠'인 주인공이 위치한 무지함의 어두움을 암시한다. 카메라가 그를 비추며 시작한다. 백인, 35-40세, 과체중이며 간편한 복장에 담갈색 소파에 앉아 텔레비전을 보고 있다. 이 인물은 건강하지 않은 몸이 텔레비전 앞에 영원히 붙어있을 것 같은 상상을 주는 '무기력한 노동자 계층'의 상투적인 표현이다.

> 카메라는 10살 정도 되어 보이고, 깔끔하게 빗은 머리에 교복을 입고 있으며, 옆 방에서 그를 부르는 딸을 비춘다. "나 수학 좀 도와줄 수 있어?" 이때 아빠의 얼굴엔 공포가 나타나고, 뾰족한 귀와 코를 가진 못생긴 회색 마귀가 소파에 늘어져 누워있는 것이 보인다. 마귀는 분명한 경멸과 함께 아빠에게 말한다. "네가 수학을? 그거 좋은 일이네." 카메라는 아빠의 걱정된 표정에 초점을 맞추고 아빠는 말한다. "엄마한테 물어보거라." 딸이 그에게 "엄마 나갔어"라고 말할 때, 마귀는 비웃는다. "우우우오! 엄마 나갔대. 이제 어떻게 할거야?" 아빠는 더욱 공포에 질려 숨쉬기조차 어려워 보이고 (다시 그의 허약한 몸이 암시되며) 다시 묻는다. "계산기를 사용하는 게 어떠니?" 딸은 말한다. "그거 부정행위야!" 마귀는 꾸짖는다. "나쁜 아빠네. 아주 나쁜 아빠야!" 딸이 방에 들어오고 텔레비전 화면을 당황스럽게 바라본다. "아빠. 나 이거 지금 해야 돼!" 아빠는 부끄러운 것처럼 보인다.

그림 3 학교에서 손을 들고 수학에 대해 질문하는 것이 "너무 무서운" 소녀 베릴.

근면하고 깔끔한 소녀와 그녀의 게으르고 지저분한 아빠의 대조는 두드러진다. 이는 자식들의 교육을 도와주지 못하고 배움에 대한 '높은' 열망을 고무시켜주지 못하는, 나쁜 부모의 전형을 보여주어 부모의 공포를 부추긴다. 제시되는 해법은 가능한 성인 교육 수업의 혜택을 받아 스스로 변화하라는 것이다.

두 번째 광고는 영국의 젊은 노동자 계층이 연상되는 이름인 베릴(Beryl)이라 불리는 여성에 초점을 맞춘다(이는 www.youtube.com/watch?v=-xrQoU6qZLU에서 온라인으로 볼 수 있다). 그녀의 이름은 광고 자체에서 드러나지는 않지만, 나이와 사회적 계급은 머리 컬, 마시는 차, 좋아하는 것, 그 외 '평범함'의 상징을 통해 시각적으로 암시된다. 모든 요소는 인형극과 소수의 소도구만으로 만들어진다.

> 베릴은 그녀가 학교에 다닐 때 겪었던 수학에서의 어

렵고 곤혹스러운 경험을 설명한다. '음, 있잖아요 돌이켜보면 저는 제가 수학에서 자신감을 잃었던 정확한 시간과 장소를 알고 있어요. 그것은 4C 수업이었고 저는 구구단표에서 길을 잃었지요.' 안경을 들고 각모와 나비넥타이를 걸친(모두 중산층 교사다운 권위의 상징) 남자 선생님이 나타나 구구단 표를 읊는다. '칠 팔은 오십육, 팔 팔은 육십사, ….' 베릴은 성인 수학교육을 들은 것이 어떻게 자신감을 회복시키는데 도움을 주었는지 계속해서 설명한다. '저는 손을 들고 그것이 저에겐 모두 이해할 수 없는 말들이라 말하는 것이 너무 무서웠어요. 하지만 최근에 지역 대학에서 이 무료 성인 수학 강의를 수강했어요. 그들은 당신이 길을 잃었던 지점에서 시작하고, 이제 수학에 대한 제 두려움은 사라져 버렸어요.'

선생님과 베릴 사이의 대조는 그녀의 사회 계층과 성별을 강조한다.

이 두 광고는 학교교육 혹은 어린 시절의 무책임에서 비롯된 결핍을 메워야할 의무를 개인에게 떠넘기며, 그 의무를 다하지 못하면 그들의 자식, 자기 자신, 나아가 국가를 실망시키는 것이라는 걸 암시한다. 시청자가 행동에 변화를 일으키도록 수학에 대한 두려움을 의도적으로 강조한다. 이 광고들이 대상으로 묘사하는 이들의 성별과 계층의 위치는 이전에 만났던 천재와 괴짜의 것과는 거의 정반대이다. 이런 식으로 일부 사람들은 수학에 언제나 그리고 이미 실패하여 개선이 필요한 것으로, 그렇지만 또한 제공되는 지원을 받아야 하는 개인적인 책임을 가진 것으로 나타난다. 다른 이들은 스스로 공부하고, 나이를 뛰어 넘는 것으로 나타난다. 그것은 미래에 대한 우리의 희망이다.

6 결론

이 글에서 나는 현대 대중문화에서 수학과 수학을 하는 사람들이 나타나는 다양한 방식 일부를 조사했다. 나는 특히 수학이 쉽게 접근할 수 있고, 열려 있고, 유용하고, 즐거운 한편, 어렵고, 닫혀있고, 쓸모 없고, 지루하다고 묘사되는 양면적이 인식 구조의 모순을 이끌어 내고자 했다. 2004년 사라 그린왈드(Sarah Greenwald)와 앤드루 네슬러(Andrew Nestler)는 대학 내에서 수학을 가르칠 때 대중문화를 어떻게 사용하는지에 대해 몇 가지 도움을 주는 예시를 제시하며, 학생들이 인물과 이야기 흐름에 수학적으로 상호작용하는 것이 어떻게 그들에게 참여와 공감의 더 많은 요소를 제공하는지 보여주었다. 그 사이 10년 동안 유튜브(YouTube)의 방대한 자료를 포함하여 (웹 시리즈 '수학 전사(Maths Warrirors)'부터 기발한 교육 채널 '넘버파일(Numberphile)'은 물론 볼리우드 조롱을 통해 2차식을 가르치고자 하는 또 다른 채널(미션아스타(missionastar)에서)에 이르기까지) 대중문화에 수학이 확산되면서, 그러한 접근에 대한 가능성이 증가했다. 하지만 대중문화는 일부를 포함하고 다른 일부를 배제시킬 수 있다. 왜냐하면, 앞서 보였듯이 사회는 모두에게 수학적인 교양을 갖도록 책임을 부여하는 한편, 오직 특별한 일부만이 수학적 '능력'을 지닌다고 암시하기 때문이다. 그것은 극도로 이 능력이 백인, 남성, 중산층, 이성애자에 속한 것으로 묘사한다. 그러므로 대중문화를 사용할 때는 좀 더 주의 깊게 생각해 볼 필요가 있다. 나는 〈넘버스〉로 돌아가 그런 표현이 무엇을 포함하는지 간단히 제시하겠다.

텍사스 인스트루먼트(Texas Instruments)는 고등학교 교사를 위해 〈넘버스〉의 수학을 탐구할 때 사용할 수 있는 자료를 만들었으며, 울프람(Wolfram) 웹사이트는 학부 수학 선생을 위해 비슷한 것을 만들었다. 그러나 윤리적으로, 수학에 대해 말하면서 그 시리즈에 수학자가 나타나는 방식의 정치에 대해서는 말하지 않을 수 있겠는가? 프로그램의 과도하고 미화된 폭력을 지지하지 않고 이들 자료를 사용할 수 있겠는가? 혹은 학생이나 그 가족 구성원이 경험했을지도 모르는, 그것이 다루는 어려운 주제들(성폭행, 전쟁, 테러, 스토킹)을 고려하지 않을 수 있는가? 한 에피소드에서 찰리는 새로운 마약의 모든 공급을 다 사서 수요를 0으로 줄이는 방향으로 시장을 조작하도록 FBI를 설득한다. 찰리는 단순히 범죄의 증상을 다루지 않고 원천에서 범죄를 차단하는 한 방식으로서 이를 계획했다. 그 에피소드의 마지막에서 그는 또 다른 마약이 언제나 차이를 메우기 위해 대기하고 있기 때문에 심지어 이 성공조차 무의미하다는 것을 간단히 반성한다. 하지만 이 논의는 빠르게 찰리와 돈(Don)의 싸움 장면을 이끌었기에, 마약 범죄에 내재된 원인들(인종차별, 가난, 불평등)을 더 폭넓게 생각하거나 비범죄화 등 마약 중독에 대처하는 다른 대안을 논의할 여유는 없다. 수학의 사용에서 제기되는 더 넓은 질문 없이, 쇼에 사용되는 수학을 추출하고 추상화함으로써 잃는 것과 얻는 것은 무엇인가? 이러한 질문 역시 수학의 일부인가? 그리고 어떤 방식으로 수학의 일부가 되는가?란 물음은 우리가 왜 수학을 가르치고 그 결과로서 사람들이 무엇을 배웠으면 하는지에 대한 핵심을 찌를 것이다.

감사의 말. 이 글은 데비 엡스타인(Debbie Epstein), 마리-피에르 모로(Marie-Pierre Moreau), 수미 홀링워스(Sumi Hollingworth)와 공동으로 수행한 연구에 의존한다. 이는 그들의 사고에 상당수 빚지고 있다. 나는 그들의 지원과, 경제사회연구위원회(Economic and Social Research Council)(RES-000-23-1454) 및 영국 과학공학기술 여성지원센터(Resource Centre for Women in Science, Engineering and Technology)의 초기 연구에 대한 재정 지원에 감사한다.

더 읽을거리

Davis, P. J., and R. Hersh. 1982. *The Mathematical Experience*. Brighton, UK: Harvester.

Early, R. E. 1992. The alchemy of mathematical experience: a psychoanalysis of student writings. *For the Learning of Mathematics* 12(1):15-20.

Greenwald, S. J., and A. Nestler. 2004. Using popular culture in the mathematics and mathematics education classroom. *PRIMUS—Problems, Resources, and Issues in Mathematics Undergraduate Studies* 14(1):1-4.

Hardy, G. H. 1969. *A Mathematician's Apology*. Cambridge: Cambridge University Press.

Mendick, H. 2006. *Masculinities in Mathematics*.

Maidenhead, UK: Open University Press.

Mendick, H., and M. Moreau. 2013. From *Good Will Hunting to Deal or No Deal*: using popular culture in the mathematics classroom. In *Debates in Mathematics Education*, edited by D. Leslie and H. Mendick. London: Routledge.

Moreau, M.-P., H. Mendick, and D. Epstein. 2009. Constructions of mathematical masculinities in popular culture. In *Pimps, Wimps, Studs, Thugs and Gentlemen: Essays on Media Images of Masculinity*, edited by E. Watson, pp. 141-56. Jefferson, NC: McFarland.

Skovsmose, O. 1994. *Towards a Philosophy of Critical Mathematics Education*. Dordrecht: Kluwer Academic.

Walkerdine, V. 1990. *Schoolgirl Fictions*. London: Verso.

VIII.9 수학과 정책

학습과 연구 대상으로서 수학이라는 학문의 지속적인 발달은, 그것의 재정적인 지원을 통제하는 이들은 물론 정책을 수립할 때 수학에 기반한 조언을 활용하는 위치에 있는 이들이 평가할 수학의 중요성에 달려있다. 수학자는 정책 입안자들에게 수학적 주제로 설득하는 것이 다른 '더 실용적' 분야, 가령 생물학, 화학, 공학의 동료들보다 더 어렵다는 것을 알고 있지만, 그럼에도 수학의 발전을 위한 설득이 꾸준히 이루어지고 있고 큰 성공을 거두었다. 이 장에서는 4개의 서로 다른 국가 출신 기여자 4명에게 수학자로서 정부에 어떻게 영향을 줄 수 있는지 그들의 관점을 물어 보았다. 그들의 일화와 조언은 모두가 관심 가질만한 것이며 특히 정치인들에게 수학을 홍보하고자 하는 이들은 더욱 그럴 것이다.

I. 중국 수학자들이 정부에 영향을 주는 방식

—위안 야샹 *Ya-xiang Yuan*

영국에서 가장 장수하고 있는 텔레비전 프로그램, 〈밤하늘(*The Sky at Night*)〉(1957년에 처음 방송)은 천문학에 관한 것이다. 하지만 천문학에 대한 대중의 관심은 20세기 후반 이전까지만 해도 그리 좋지 않았다. 조세프 니덤(Josef Needham,1912-1996)은 1959년에 출판된 그의 고전적인 책『중국의 과학과 문명(*Science and Civilisation in China*)』3권 서문에서 다음과 같이 프란츠 코네르트(Franz Kohnert, 비엔나, 1888)를 인용했다.

> 어쩌면 많은 유럽인들이 중국인을 대단히 미개하다고 생각한 또 다른 이유는 천문학자들을 지원해서였을지 모른다. 우리 교양 있는 서부인은 그들을 완전히 쓸모 없는 것으로 간주했다. 그런데 거기서 그들은 국가의 각 부처의 대표 및 장관과 어깨를 나란히 한다. 얼마나 꼴사나운 미개함인가!

고대에 거의 모든 천문학자는 동시에 수학자였다. 그러므로 중국은 수학자를 존경하는 오랜 전통을 가지고 있었고, 유명한 수학자는 보통 정부의 고위직에 선출되었다. 예를 들어, 화뤄경(Hua Loo Geng, 1910-1985)은 중국인민정치협상회의(Chinese People's Political Consultative Conference, 중국의 최고 자문 기구)의 부의장이었고, 북경대학교 전 총장인 딩스쑨(Ding Shi Sun, 1927-)은 중국 전국인민대표대회(National People's Congress, 중국 의회)의 부의회장이다. 흥미로운 현상은 중국 대학교의 많은 총장은 수학자라는 것이며, 이는 서부에서는 드물다. 중국에서 수학의 인지도에 대한 또 다른 예시는 중국중앙텔레비전(China Central Television, 중국 정부 공식 텔레비전 방송국)이 '중국을 감동시킨(Touching China)' 상의 1949년과 2009년 사이 수상자 중 가장 상을 받을만한 100인에 대한 여론 조사를 벌였을 때 그 중 화뤄경과 천진룬(Chen Jing Run)(1933-1996) 두 명이 선택되었다는 것이다.

1960년대 문화대혁명 도중 화뤄경은 수학이 국가의 현대화를 도울 수 있다는 것을 마오쩌둥 주석(Chairman Mao Zedong, 1893-1976)에게 설득할 수 있었다. 화는 중국 전역을 돌며 황금분할 탐색법(golden section search method, 구간의 길이를 순차적으로 황금비($\frac{1}{2}(\sqrt{5}-1)$)만큼 줄여서 어떤 구간에서 단봉함수(unimodal function)를 최대화하는 방법)과 공장, 탄광, 유전에서의 다른 경영 과학 기법을 가르쳤다. 중국과학원(Chinese Academy of Sciences)은 다수의 연구팀을 지방으로 보내 교통과 생산계획 분야의 실용적인 문제를 풀게 했다. 대약진 운동(1958-1960) 중 중국 과학자들은 농업경제에서 현대 공산주의 사회로 국가를 급격히 전환하는 마오쩌둥 주석의 야심찬 캠페인을 돕기 위해 실생활 문제를 풀도록 장려되었다. 1960년, 산둥사범대학교의 젊은 교수였던 26세의 관메이구(Mei-Ko Kwan)는 그래프이론으로 유명해진 '중국인 우체부 문제'를 출판했다.

2002년에 중국수학회(Chinese Mathematical Society)는 국제수학자회의(International Congress of Mathematicians, ICM)를 베이징에서 주최했다. 중국의 다른 수학자들과 함께, 그 회의의 일반 서기로서 나는 회의를 지원받기 위해 정부 관계자들에게 로비를 할 기회가 있었다. 우리는 과학이 중국의 경제성장에 절대적으로 중요하며 수학은 모든 다른 과학의 기초라는 것을 강조했다. 당시 중국의 주석인 장쩌민(Jiang Zemin)은 개회식에 참석했고 필즈상 수상자 로랑 라포르그(Laurent Lafforgue)와 블라디미르 보예보츠키(Vladimir Voevodsky)에게 메달을 수여했다. 2002년 ICM의 성공은 수학 연구를 촉진했고 수학에 대한 대중의 인지도를 높였으며 더 어리고 재능 있는 중국 사람들이 수학을 공부하도록 유인했다.

중국의 수학은 국가의 과학 기술 정책을 만드는 데 아주 영향력이 세다. 예를 들어 1980년대, 고인이 된 천싱선(Shiing S. Chern, 1911-2004)은 중국 정부가 수학에 지원을 늘리도록 설득할 수 있었고 이는 중국국립연구재단(National Natural Science Foundation of China, NSFC) 내에 톈위안 재단(Tian Yuan Foundation)의 설립을 이끌었다. 천싱선, 야우싱퉁(Shing Tung Yau), 양뤄(Lo Yang), 톈강(Gang Tian) 등 수많은 유명 중국인 수학자의 제안에 따라, 중국 정부는 지난 20년 간 중국에 수학센터를 다수 건설하기 위해 엄청난 돈을 쏟아 부었다. 여기에는 남개대학교의 천싱선 수학연구소(Shiing S. Chern

Institute of Mathematics), 중국과학원의 모닝사이드 수학센터(Morningside Center of Mathematics), 북경대학교의 베이징 수학연구국제센터(Beijing International Center for Mathematical Research), 복단대학교의 상하이 수학센터(Shanghai Mathematics Center)가 포함된다.

중국에서 수학을 위한 재정의 주요 출처는 미국의 국가과학재단(National Science Foundation)과 아주 유사한 NSFC이다. NSFC는 프로그램을 3개의 범주인 연구 촉진, 재능 조성, 기초연구를 위한 기반 시설 건설로 분리한다. 연구 촉진의 범주는 일반 프로그램, 핵심 프로그램, 주요 프로그램, 주요 연구 계획, 국제 공동 연구 프로그램에 대한 공동 기금으로 불리는 프로그램들로 더 세분화된다. 일반 프로그램 보조금은 모든 응용에 대해 열려 있지만, 핵심 프로그램, 주요 프로그램, 주요 연구 계획 보조금은 특정한 주제와 관련된 응용만 신청할 수 있다. 수학자들은 특정한 주제가 핵심 프로그램이나 주요 프로그램 목록에 들게 하고 싶거나 주요 연구 계획을 시작하고 싶다면 NSFC에 로비를 해야만 한다.

1988년에 케임브리지 대학교에서 중국으로 돌아온 이래, 나는 수학자들이 중국 정부에 영향을 주는 방법을 직접 목격하는 영광을 가진 모임에 포함될 수 있었다. 1980년대 말과 1990년대 초, 고인이 된 강펑(Feng Kang, 1920-1993)은 정부를 설득해 계산 과학을 발전시킬 수 있었다. 그가 앞당긴 새로운 계획과 제안 덕분에, 중국 과학기술부(Ministry of Science and Technology)는 1991년에 국가핵심계산과학공학연구소(State Key Laboratory of Scientific and Engineering Computing)를 설립했고 같은 해에 국가핵심연구프로젝트(National Key Research Project)인 '대규모 계산과학공학'을 시작했다. 후자의 프로젝트는 궁극적으로 거대한 중국 국가기초연구프로젝트(National Basic Research Project, 973 프로그램으로도 알려진)로 발전했고 1997년 3월 중국 지도자 덩샤오핑(Deng Xiaoping)에 의해 승인되었다.

수학은 또한 고성능 컴퓨팅(high-performance computing, HPC) 하드웨어의 발전에서 중국의 성공을 이끌어 내는 데 중요한 역할도 했다. 2002년 12월 중국의 슈퍼컴퓨터 딥컴프 1800(DeepComp 1800)은 세계 최고의 슈퍼컴퓨터 500개 목록(www.top500.org)에서 43위를 차지했다. 이런 획기적인 발전은 HPC 하드웨어 발전 분야에서 중국의 상승에 대한 이정표이며, 2012년에 중국은 당분간 세계에서 가장 강력한 슈퍼컴퓨터일 톈허-1A(Tianhe-1A)를 건설했다. 중국에서 HPC 하드웨어의 급격한 발전은 차례로 HPC 연구를 자극했고, 2012년 NSFC는 1억 8천만 위안(약 3억 미국 달러)의 예산이 책정된 '고성능 계산과학과 계산 가능한 모형화를 위한 알고리즘'이라 불리는 4년짜리 주요 연구계획을 시작했다.

최근 수년 간 중국 같은 개발도상국의 경제 체계는 경제 세계화에 반응하여 급속하게 극적으로 개혁되고 있으며 이에 따라 에너지, 교통, 통신수단, 금융 공학, 도시계획, 건강관리, 환경오염, 천연자원 소비, 국경을 넘는 보급에서 새롭고 도전적인 문제가 제기되고 있다. 나는 이들 실용적인 문제를 모형화하고 해결할 때 수학이 점차 중요한 역할을 하리라 확신한다.

II. 프랑스와 유럽 수학자로서 정부에 영향을 주는 방식에 대한 개인적인 경험

—마리아 에스테반 *Maria Esteban*

나는 현재 프랑스에서 일하는 바스크-프랑스인 수학자이고, 국제산업응용수학위원회(International Council for Industrial and Applied Mathematics)의 회장 당선자, 응용산업수학회(Société de Mathématiques Appliquées et Industrielles)의 전 회장, 유럽수학회(European Mathematical Society) 응용수학위원회(Applied Mathematics Committee)의 전 의장이다. 최근 수년간 나는 '수학과 산업'에 관한 유럽과학재단(European Science Foundation)의 미래 전망(Forward Look) 프로젝트에 참여했다. 이런 세 가지 활동은 어떻게 수학이 정부의 과학 정책에 영향을 줄 수 있는지(또는 없는지)에 대한 내 관점을 형성하는 데 도움이 되었다.

이 글에서 나는 개인적인 경험을 연관시킬 뿐 아니라 유럽 동료들이 상호작용을 통해 그들 정부와 유럽 연구소의 관리자들과 어떻게 지내는지 설명하고자 한다. 과도하게 일반화하는 것을 피하기 위해, 정부 정책과 새로운 계획에 영향을 주려는 어떤 과학자가 가진 기회는 그것이 시행되는 나라에 따라 다름을 염두에 두는 것은 중요하다. 나라의 크기, 역사, 정치인들이 평균적으로 과학에 얼마나 정통한지 등 말이다.

프랑스에서는 과학자가 정치인과 오랜 기간 밀접한 관계를 가졌다. 우리가 정부의 구성원이나 의회의 구성원, 지역 정치인에게 접근하는 것은 보통 수월하다. 당연히 이것이 모든 수학자에 해당하는 것은 아니지만, 신뢰를 쌓는데 필요한 시간과 에너지를 투자하는 중요한 직책에 있는 이들에게는 무리가 없다. 정치인이 직접 유명한 과학자(예컨대 필즈상 수상자나 노벨상 수상자)에게 접촉할 수도 있다. 연구나 고등 교육의 장관이나 다른 최고 정부 관계자가 이들 과학자에게 아이디어를 교환하거나 과학과 관련된 중요한 결정에 조언을 얻기 위한 회의에 참석을 부탁할 수 있다. 더 나아가, 요직에 임명된 수학자들도 있다. 연구소나 큰 프로젝트의 관리자, 과학이나 기술적 중요함을 지닌 특정 사안, 가령 고성능 컴퓨팅, 핵폐기물 처리, 식품 안전 등에 대해 정부가 자문하기 위해 만들어진 위원회의 의장이나 구성원으로서 말이다. 권고 문서 작성에 참여하도록 초대된 수학자들은 이 문서를 통해 정부에 영향을 주지만 또한 정부 관계자와의 개인 회의나 논의를 통해서도 영향을 줄 수 있다.

수학회의 회장들은 국가적이거나 높은 수준의 수학 커뮤니티와 관계된 연구소 관리를 맡은 수학자들과 더불어, 중요한 사안에 대해 정보를 전달하거나 개입할 필요가 있다면 정책 입안자에게 접근할 수 있다. 연락은 보통 가장 높은 수준에서부터 시작하지 않는다. 대개는 장관 정책 보좌관에게 말하는 것으로 시작한다. 한편, 문제가 중요하다면 더 높은 위치에 있는 누군가와 회의를 잡는 것이 상대적으로 쉽다. 그렇지만 정치인에게 말하는 것이 반드시 (우리 의견에) 수학이나 과학에 긍정적 영향을 줄 설득의 성공으로 이어지지는 않음을 말할 필요가 있다. 이는 그저 시작일 뿐이다.

이런 모두는 특히 정치인이나 정책 입안자와의 관계에 있어 마치 프랑스가 수학자들의 낙원이라는 말로 들릴 수 있다. 프랑스의 상황이 다른 많은 유럽 국가들보다 훨씬 낫다는 것은 사실이긴 하지만, 우리의 성과나 우리의 커뮤니티가 필요로 하거나 기대하는 것의 전달이 언제나 쉽지는 않다. 하지만 우리는 정책 입안자에게 이야기함으로써 추가적인 연줄을 만들고 관점을 더 쉽게 교환할 수 있게 해주는 관계를 형성한다.

프랑스의 수학자들이 어떻게 그들에게 중요한 변화나 결정을 이끌어 내는지에 대한 최근의 예시 하나는 3년 전에 추진된 최고 기관의 건설을 재촉하는 데 그들이 기여한 것이다. 그 프로젝트가 거의 시작될 무렵, 고등교육 연구부의 고위층 인사가 수학자들에게는 소중한 2개의 프로젝트가 지원 계획 내용에 포함되지 않는다는 것을 알았다. 프로젝트들 중 하나는 프랑스 수학 연구소들에 관한 것이었다. 이에 해당하는 기관은 주제가 있는 3개월짜리 프로그램을 주관하는 앙리 푸앵카레 연구소(Institut Henri Poincaré), 파리 남쪽에 위치한 고등 연구 기관인 고등과학연구소(Institut des Hautes Études Scientifiques), 수학 학회를 주관하는 마르세유 근처 국제센터인 수학교류국제센터(Centre International de Rencontres Mathématiques), 개발도상국의 수학 연구를 촉진하는 순수응용수학국제센터(Centre International de Mathématiques Pures et Appliquées)이다. 다른 프로젝트는 수학과 산업 사이 관계를 촉진시키기 위해 고안된 기관의 건설에 관한 것이었다. 관계자가 이들 두 프로젝트에 대해 알게 되었을 때 그는 그것들이 정책 문서의 표현을 조금 바꿀 필요가 있을 만큼 충분히 흥미롭다고 생각했다. 그 결과 이들 두 프로젝트는 최초 심의에서 다루어졌고, 실제로 둘 다 선택되어 재정을 지원받게 되었다. 이는 수학자들의 개입이 없었더라면 이루어질 수 없었을 것이다. 당연히 이것이 가능하도록 하기 위해서, 정보에 접근할 수 있어야 했고 (일부) 수학자들은 공식 프로젝트에 관한 최신 소식을 늘 알고 있어야 했다. 이는 거대한 작업이었고 많은 시간과 노력을 요구했다. 다행히도 프랑스에서 힘을 가진 위치의 수학자 대부분은 기꺼이 협력을 즐기며, 정보를 공유하고 공동으로 전략을 계획한다. 협업은 수학자들이 원하는 결과를 달성하기 위해 매우 중요하다.

내가 다른 유럽 국가들에서 직접적으로 얻은 지식은 없으며, 오직 동료들과의 대화에서 주워 모은 인상과 공동 프로젝트에서 다양한 나라 출신의 동료들이 지원이나 조언을 위해 그들의 정치인에게 접촉을 시도하는 것을 관찰하여 알게 된 내용이다. 수학자들이 직면하는 상황은 분명히 나라마다 다르다. 유럽의 많은 다른 사안과 마찬가지로, 불행히도 정부와 상호작용하는 과학자의 통일된 접근 방식은 없다. 수학자들이 정부 고위층과 정책 입안자에게 영향을 주어야만 하고, 과학에 관련된 새로운 결정이나 과학 프로그램이 만들어져야 할 때 대개 과학자들과 상의하는 프랑스 같은 나라들이 있다. 반면 수학자들이 정치인이나 정책 입안자에게, 적어도 연구소 수준에서는 절대 접근할 수 없어 보이는 다른 나라들도 있다.

수학자들이 유럽의 의사 결정자에게 영향을 줄 수 있는지 여부는 매우 다른 이야기이다. 나는 이 측면에서 몇 가지 부정적인 경험을 했는데, 내가 아는 다른 수학자들도 이 감정에 동의했다. 수학은 유럽 과학 정책의 의사 결정에서 거의 완전히 부재한다. 지난 유럽 조직 프로그램에서 수학은 보이지 않았다. 이에 대해 묻는다면 유럽 관계자는 이렇게 말할 것이다. '그런데 무슨 말을 하는 거에요? 수학은 어디에나 있어요. 수학은 명시적으로 유럽 프로그램의 일부분인 무수히 많은 과학 분야와 연결되어 있어요!' 그러나 수학이 '어디에나' 있기 때문에, 재정 지원에는 마땅한 번지수가 없다. 일반 과학 분야에 재정을 지원하지 않고 생명과학이나 나노 기술과 같은 구체적인 응용 분야만 재정을 지원하기로 결정한 유럽연합에게 수학은 최우선이 아닌 것처럼 보인다. 이에 대한 유일한 예외는 유럽연구위원회(European Research Council)이며 '신진 연구자 보조금(Starting Grant)'과 '중진 연구자 보조금(Advanced Grant)' 등 다양한 프로그램을 통해 우수한 연구를 재정적으로 지원한다. 거기에서 수학은 다른 과학 분야와 마찬가지로 분명히 존재한다.

유럽수학회(European Mathematical Society)는 브뤼셀에 본부가 위치한 유럽연합과 대화를 하기 위해 수년간 노력하고 있고, 최근 6년 정도는 더 집중적으로 노력하고 있다. 몇몇 수학자들은 브뤼셀과 유럽의회에서 고위층과 회의를 가졌으며 우리 커뮤니티의 상황과 요구를 설명하려고 노력하고 있다. 때때로 관계자들은 그들의 말을 진짜로 경청하고 있는 것처럼 보이지만, 최종 결과는 절대 긍정적이지 않다. 예컨대 유럽 수준에서 중요한 기반 시설을 건설하기 위해서(디지털 수학, 출판, 수학과 산업 등을 고려할 때) 유럽의 재정 지원이 매우 중요함은 분명하지만, 수학자들이 최선의 노력을 쏟고 브뤼셀에서 많은 약속이 있었음에도 불구하고 현 시점에서는 아주 적은(거의 아무것도 없는) 지원만이 준비되어 있다.

지금까지 나는 수학자와 정치인 사이의 직접적인 상호작용만을 논의했지만, 수학자가 정부에 영향을 줄 수 있는 다른 방식도 있을 수 있고, 사실 있어야만 한다. 예컨대 우리는 과학과 사회에 대한 수학의 기여에 대해, 그리고 중요한 수학적 결과와 그것의 영향과 가능한 응용에 대해 대중을 교육할 수 있는 대중매체의 중요한 역할을 잊어서는 안 된다. 딱 들어맞는 사례는 최근 몇 년간 프랑스 수학자들이 중요한 국제 상을 받았을 때 대중매체가 쏟은 방대한 관심이다. 정치인들은 대중매체와 그것이 홍보하는 아이디어에 세심한 주의를 기울인다. 그러므로 대중매체에서 수학의 존재는 수학자들이 자신들의 커뮤니티를 넘어 권력의 영역까지 도달하는 데 도움을 줄 수 있다.

수학자들은 또한 뉴스 보도가 수학과 그 응용을 잘못 전할 때 행동을 취함으로써 여론과 정책 입안자에게 영향을 줄 수 있다. 예를 들어, 통계학은 건강 및 제약과 관련된 결정을 정당화할 때 보통 사용되지만, 사용된 통계적 방법은 대개 부정확하거나 합리적이지 않다. 나는 통계학자들이 그런 통계학의 오용을 강하게 비판한 몇 가지 최근 사례를 알고 있다. 이는 수학이 제공할 수 있는 품질 표시를 지키고, 수학이 오용되는 것을 바로잡는 훌륭한 방법이다. 제약과 식품 안전에서 통계학자들의 개입은 일반적인 일이며, 이에 따라서 통계학자들은 의사 결정자에게 조언을 주는 감독 위원회에 임명되고 있다.

당연히 영향력을 갖기 위해서는 당신의 분야에서 뛰어날 필요가 있다. 오직 높은 과학적 기준을 가진 잘 구성된 수학 커뮤니티만이 사회적 영향력을 가질 수 있다. 이 커뮤니티의 과학적 우수성에 대한 신뢰는 수학자들에게 교육 분야에서도 그들의 영향력을 행사할 권한을 준다. 수학 커뮤니티는 교육 프로그램에 참여해야만 하며, 수학 교원을 교육하는 일은 물론 학교에서 수학을 가르치는 방식을 제안할 필요가 있다. 교육과 연구는 수학 커뮤니티가 지어진 대들보이며, 따라서 수학자들은 그런 주제를 결정하는 모든 수준의 모든 위원회에 참여해야 한다.

글을 마치며, 이러한 모든 참여 활동은 개개인의 시간이 소비되는 것임을 강조하고자 한다. 네트워크를 형성하고, 정보에 관심을 기울이며, 정보망을 항상 열어두는 것은 시간과 에너지를 소요한다. 그렇지만 조직 및 커뮤니티의 재정에 영향을 줄 수 있는 정부 추진 프로젝트를 유리하게 이끌고 사회 진보에 수학이 기여할 방식을 정부에 인식시켜야 한다는 두 측면에서 우리 수학자들이 정부에 영향을 주고 싶다면, 우리 중 일부는 목표를 추진하기 위해 노력하며 필요한 시간을 쓸 준비가 되어 있어야만 한다.

III. 미국의 SIAM과 과학정책

—제임스 크롤리 *James M. Crowley*

1952년에 수립된 산업응용수학회(Society for Industrial and Applied Mathematics, SIAM)는 펜실베니아의 필라델피아에 거점을 둔 국제조직이다. 1990년대 중반부터, SIAM은 응용수학과 계산과학의 관점에서 적극적으로 과학 정책에 참여하고 수리과학과 컴퓨팅의 입장을 옹호했다.

미국의 과학 정책과 재정 지원

아마도 유럽이나 세계의 다른 어느 부분보다도 훨씬, 미국의 과학 정책과 재정 지원은 많은 기관에 걸쳐 분산되어 있고 많은 관계자와 연관을 맺고 있다. 확고하지만 모든 측면을 이해하기는 힘든 정책 결정 및 지원 체계를 이러한 시스템이 이끌고 있다.

다양한 기관이 미국의 수리과학과 계산과학 분야에 과학 정책과 재정 지원을 결정할 때 영향을 미친다. 수학의 전통적인 분야에 대해서는 분명히 국립과학재단(National Science Foundation, NSF)이 중심적인 역할을 하지만, 응용 및 계산수학에서는 에너지부(Department of Energy)의 과학국(Office of Science), 국방부의 다양한 재정지원 기관(공군과학연구국(Air Force Office of Scientific Research), 해군연구국(Office of Naval Research), 육군연구국(Army Research Office), 국방고등연구기획청(Defense Advanced Research Projects Agency)), 국립보건원(National Institutes of Health)의 일부 역시도 중요한 관계자이다. 더 최근에는 사이먼스 재단(Simons Foundation) 같은 민간 자본 재단들의 역할 또한 점차 늘어나고 있다.

에너지부나 국방부 같은 '임무 기관'은 일반적으로 그 기관이 관심 있는 특정 응용문제 해결에 기여하는 연구에 더 큰 주안을 둔다. 따라서, 그들은 수리과학 내에서 가장 관련 있어 보이는 분야에 보조금을 지원한다. 반면 NSF 보조금은 해당 분야의 핵심 영역 내 깊은 연구부터 다른 과학이나 공학 분야에 걸친 다분야 연구까지, 수리과학의 전체 범위를 지원하는 경향이 있다. 하지만 두 경우 모두 각 기관의 투자는 주어진 영역 내 아주 기초연구를 포함하는 것부터 응용 목적으로 시작되고 주도된 연구까지 다양한 보조금으로 이루어진다. 예를 들어 NSF의 경우, 다분야 연구는 응용수학자와 다른 분야의 과학자가 팀을 이루어 응용과 더불어 수학/계산 방법을 동시에 발전시키고자 할 수 있다.

재정지원 기관은 프로그램 관리자로 구성된다. 정규직 직원과 '교대 인원', 곧 2년이나 3년 정도 기관에 머물기 위해 연구 커뮤니티에서 온 사람들이 섞여 있다. 일반적으로 두 집단(정규직 직원과 교대 인원)은 그들이 관리하는 분야의 전문가이다(통상 관련된 박사 학위를 갖고 있다). 정규직 직원은 안정성과 연속성을 제공한다. 교대 인원은 새로운 아이디어와 그들이 온 연구 커뮤니티와의 즉각적인 연줄을 제공한다. 예를 들어 NSF의 수리과학에서 정규 직원과 교대 인원의 비율은 거의 50:50이다.

임무 기관의 프로그램 관리자는 재정 지원 결정에서 더 큰 결정권을 가지는데, 그들은 기관의 임무와 제안서의 관련성을 고려할 수 있고 또한 응용의 가능성을 생각할 수 있기 때문이다. NSF는 과학 커뮤니티의 외부 동료 심사에 가장 크게 의존하지만 대부분의 재정지원 기관은 동료 심사에 어느 정도만 의존한다.

다양한 기관의 재정 지원 규모를 가늠하기 위해, 2011년 회계연도를 생각하자(미국 연방 정부의 회계연도는 10월 1일부터 9월 30일까지이다). 그 해 NSF 수리과학 부문 예산은 2억 4천만 달러였고, 그중 대략 3분의 1은 응용 및 계산수학을 지원했다. 에너지부는 수리과학에 또 다른 9천 9백만 달러를 제공했고 그 대부분은 응용 및 계산수학에 쓰였다. 국방부의 다양한 기관 역시 1억 1800만 달러를 수리과학의 기초연구에 지원했다. 국립보건원에 대한 추정은 할 수 없었다.

미국의 재정 지원을 캐나다나 유럽의 많은 지역과 차별화시키는 것은 학과나 대학에 주어지는 정액 보조금(block grant)과는 반대로 단일 연구자나 작은 그룹에 주어지는 개별 보조금의 중요성이다. 그러한 보조금은 연구자의 여름 급여(통상 1달, 어쩌면 2달)나 대학원생 지원에 대한 재정을 제공할 수 있다. 그런 보조금은 또한 여행을 위한 재정을 지원할 수 있다. 개인과 작은 그룹에 대한 연구 보조금은 수리과학 재정지원의 대다수를 차지한다. 개인/작은-그룹 보조금은 또한 에너지부 과학국의 응용수학 프로그램의 주요한 부분인데, 최근 정책은 더 큰 규모의 보조금으로 옮겨가는 변화를 보이는 추세이다. 학과나 기관에 주어지는 정액 보조금은 NSF 수리과학 부문 투자에서 아주 적은 부분을 차지하며 그것은 다른 기관의 투자에서도 적거나 거의 역할을 하지 않는다.

NSF의 수학 투자에서 연구소는 중대한 역할을 한다. NSF의 수리과학 예산에서 오직 10% 정도밖에 차지하지 않지만, 8개의 NSF 수리과학 연구소는 매년 그들 프로그램 내 커뮤니티에서 온 거대한 수의 박사 후 연구자나 방문자와 연계한다(2011년 회계연도 기준 6000명).

예산 처리 과정

미국에서 행정부는 개별 기관을 통해 재정 사용을 시행하는 반면, 의회는 예산을 책정할 힘을 가지고 있다. 연방 예산은 대통령과 의회의 심의를 통해 1년 주기로 결정된다.

매년, 대통령은 이듬해 연방 정부의 모든 기관을 지원하는 예산안을 발표한다. 기관의 요구를 검토하고 모든 기관 계획을 대통령의 예산 요구로 종합해 정리하는 관리예산국(Office of Management and Budget)의 지침에 따라, 각 기관이 예산을 짜도록 부과된 기나긴 과정 후에야 행정부는 이 예산을 의회에 요구하게 된다.

그러면 의회는 대통령의 예산(혹은 '요구')을 검토하고 기관을 지원하기 위해 세출 법안(appropriations bill)이라 불리는 법안을 만든다. 이 법안은 때때로 기관이나 하위 기관 수준에서 예산을 제공하고, 어쩔 때는 개별 프로그램이 쓸 수 있는 지출의 양을 정하거나 예산에 대한 구체적인 지시를 설명한다. 세출법안이 통과되고 나면, 기관은 연구를 지원하기 위한 재정을 쓸 수 있다. 많은 경우 의회는 세출 법안을 통과시키지 못하는데, 대신 '계속 결의안(continuing resolution)'을 통과시켜 기관이 일반적으로 새로운 프로그램이나 계획을 시작할 수는 없지만 할당된 양의 재정을 계속 쓸 수 있도록 한다.

옹호

예산편성과 예산 책정의 아주 분산된 체계 덕분에, 과학 사회가 이 과정과 상호작용할 수 있는 다양한 접근 지점이 존재한다. SIAM을 포함한 사회는 정보, 조언, 대표하는 커뮤니티의 반응을 행정부, 의회, 기관에 걸쳐 예산과 정책에 책임이 있는 이들에게 제공하는 중요한 역할을 한다.

SIAM은 핵심 지도자들과 정기적으로 모여 우리 커뮤니티를 위한 정보를 모으고 관계자에게 커뮤니티의 반응을 제공하는 과학정책위원회(Committee on Science Policy, CSP)를 연다. 연중의 핵심에는 재정 지원 기관의 지도자, 의회 참모나 의원, 백악관 과학기술정책국(White House Office of Science Technology Policy)과 관리예산국의 대표가 포함된다. SIAM 회장들과 사무장들은 또한 정기적으로 증거를 제공하고 무역법무과학 하원세출소위원회(House Appropriations Subcommittee on Commerce, Justice, and Science) 등 관계된 의회 위원회의 참모와 만난다.

정부 관계자와의 CSP 논의는 보통 응용 및 계산 수학의 예산에 초점을 두지만 이따금 특정 정책 사안을 다룰 수도 있다. 예를 들어, 하원과학우주기술위원회(House Science, Space, and Technology Committee)는 과거 CSP에게 고성능 컴퓨팅 그리고 떠오르는 컴퓨터 아키텍처에 대한 중대한 문제를 푸는 새로운 모형과 계산 방법을 개발하는 데 있어 계산과학의 역할에 관련된 사안을 논의할 것을 부탁했다.

정책 논의의 또 다른 예시는 학부 교육에 관한 2012년 토론에서 SIAM의 참여였고, 그 결과 대통령 과학기술자문위원회(President's Council of Advisors on Science and Technology)는 보고서 '우세를 위한 약속: 과학, 기술, 공학, 수학 학위를 가진 대학 졸업생 100만명 추가로 배출하기(Engage to Excel: Producing One Million Additional College Graduates with Degrees in Science, Technology, Engineering, and Mathematics)'를 발행하여 대학 첫 2년 동안 과학, 기술, 공학, 수학(STEM) 교육을 촉진시키기 위한 국가 계획을 촉구하였다. 이 보고서의 핵심 결론은 수학교육이 모든 학부 STEM 학위의 필수적인 요소이며, 대학 초기에 STEM 전공자를 잃는 것은 부분적으로 현재 수학 학습의 결함이 원인이라는 것이다. 그렇지만 많은 SIAM 구성원은 비수학자가 비전공자를 위한 학부 수학교육에 참여해야 한다는 보고서의 제안에 대해서는 의구심을 표현했다. 보고서에 반응하여, 그리고 수학교육에서 수학자의 역할을 옹호하기 위해서 CSP와 손을 잡은 SIAM 교육위원회(SIAM Education Committee)는 형식적인 백서를 준비했다. 백서는 효과적인 수학교육을 위한 협업의 중요성을 강조하고 K-16(유치원부터 4년제 학위까지) 수학교육을 강화하는 방식을 제안했다. 백서는 과학기술정책국과 NSF에 보내졌다.

SIAM의 옹호 역사

1970년대 후반 미국의 주요 수학회들(미국수학회(American Mathematical Society, AMS), 미국수학협회(Mathematical Association of America, MAA), SIAM)은 공동으로, 커뮤니티 출신으로서 의회 사무국(혹은 연관된 직위)에서 과학 정책과 재정 지원 사안의 경험을 얻기 위해 1년 동안 일하는 사람을 의회 특별회원(congressional fellow)으로서 지원했다.

하지만 1984년 데이비드 보고서(David Report)의 출판 이후에서야 수학 전반이 그리고 특히 SIAM이 과학 정책의 장에 진지하게 뛰어들게 되었다. 「미국 수학 쇄신하기: 미래의 핵심 자원(*Renewing U.S. Mathematics: Critical Resource for the Future*)」이라는 제목의 그 보고서는 수리과학을 위한 재정 지원을 활발하게 하고 수학 사회가 과학 정책 논의에 참여하도록 재촉하는 데 중추적인 것으로 입증되었다. 보고서는 엑손연구공학회사(Exxon Research and Engineering Company)의 에드워드 데이비드(Edward David)가 위원장을 맡고 케네스 호프먼(Kenneth Hoffman)이 사무장을 맡은 수리과학자원특별위원회(Ad Hoc Committee on Resources for the Mathematical Sciences)에 의해 작성되었다. 이는 국가연구위원회(National Research Council)가 위탁하고 SIAM과 AMS와 함께 6개의 회사와 5개의 정부 재정 지원 기관이 지원한 프로젝트의 결과였다.

1983년 여름 데이비드 보고서의 완성에 따라 수리과학자원특별위원회는 종료되었지만, 케네스 호프먼은 워싱턴에서 활동을 계속할 것에 동의했고 3개의 주요 수학회(AMS, MAA, SIAM) 활동을 지원하기 위한 예산을 제출했다. SIAM 이사회는 회의를 통해 1983년 6월, 예산에서 그들의 지분을 승인했다.

호프먼은 수학공동정책이사회(Joint Policy Board for Mathematics, JPBM)의 후원 아래 1984년 국무부 행정실장(Executive Secretary for National Affairs)이 되었다. 1985년 3월 JPBM은 캐슬린 홀메이(Kathleen Holmay and Associates)와 계약하여 과학(특히 수리과학)의 대중 이해를 위한 홍보를 맡겼다. 이는 과학 정책에서 SIAM의 역할에 대해 SIAM 이사회 구성원들간 10년 이상의 논의를 이끌었다.

재정을 지원하던 JPBM의 활동을 더 관리하기 위해, SIAM 이사회는 SIAM 연방정부관계위원회(SIAM Committee on Relations with the Federal Government)가 이 역할을 하도록 했고 1985년 10월 위원회의 이름을 SIAM 과학정책위원회(SIAM

Committee on Science Policy)로 바꾸었다.

1980년대 후반 JPBM 내에서 부서의 이름은 정부홍보실(Office of Governmental and Public Affairs)로 바뀌었고, 1989년에는 전임 실장, 2명의 행정 보조, 의회 연락 담당, 홍보 자문을 고용하는 부서로 성장했다. 1980년대 후반부터 1990년대 초반까지 다양한 사안으로 인해 SIAM의 지원이 흔들렸지만, JPBM은 워싱턴에서 SIAM의 유일한 존재로서 남아 있었다.

SIAM은 재정 지원 기관 및 입법 관계자와 과학 정책 및 SIAM의 관심 분야 재정 지원에 관련된 사안을 논의하는 포럼으로서 JPBM을 사용했다.

AMS가 단독으로 워싱턴 사무실을 개소하자 JPBM에 대한 지원은 줄어들었으며, 1999년에는 구성원 사회에서의 협력 주체가 되었고(유급 직원을 없애고), 그 역할은 오늘날에도 계속되고 있다.

JPBM의 의회 연락 담당(전임 직원의 위치였던)과 홍보 자문이 없어지면서, SIAM은 CSP를 통해 과학 정책에 관한 목소리를 높이고자 했다. CSP는 워싱턴에서 1년에 두 번 만나며 백서 작성과 그 해에 걸친 다른 정책 활동을 조정한다. CSP가 그 역할을 수행할 수 있도록 하기 위해, 2001년 SIAM은 과학과 기술 정책에 특화된 정부 관계 회사인 루이스-버크(Lewis-Burke Associates LLC)와 계약해 정책 활동을 지원하도록 했다.

SIAM은 이제 CSP를 통해 정기적으로 응용수학과 계산과학과 관련된 사안에 대한 다양한 연방기관과의 논의에 참여하고 있다.

IV. 급변하는 환경 속에서 영국 수학 연구를 위해 설득하기

—앨리스테어 피트 *Alistair D. Fitt*

설득할 필요성 (재정지원을 위해서뿐만 아니라)

먼저, 영국의 체계에서는 '수학을 위해 설득하는 것' 외에 다른 대안은 없다는 것을 분명히 해야만 한다. 우리 모두는 수학 연구가 국가의 전체적인 성공의 핵심 요인이라는 것을 되도록 많은 방법으로 보여주어야 한다. 언제나처럼, 어쩌면 가장 중요한 사안은 연구 재정일 것이다. 대학교들의 손에 공금을 쥐어주고 그것으로 좋은 일을 할 것이라 순진하게 기대하는 것은 오래 전 일이며 (이 체계는 놀랍게도 많은 국가에서 여전히 남아있다) 그런 날들(또는 그것과 함께 했던 학계의 극히 적은 연봉)이 언젠가 돌아올 가능성도 전혀 없어 보인다. 과학(그리고 일반적으로 대학교들)을 위한 공공 자금은 1997년부터 2010년까지 노동당 정부의 오랜 집권 동안 상당히 증가했지만, 그 뒤로는 불확실해졌다. 불확실의 시기는 자금줄을 보호하기 위해 커뮤니티의 훨씬 많은 관여를 필요로 했다. 게다가 2011년에는 영국 고등교육 영역이 지원 받는 방식에 있어 근 수십 년 중 가장 큰 변화가 일어났고, 많은 경제적 측면에서 영국의 대학교들은 이제 공적이라기보다 사적인 벤처기업에 가깝다.

사실상 공공 자금으로서 남아있는 것은 오직 상대적으로 적은 수업료를 청구할 수 있도록 해주는 데 쓰이는 연구 자금뿐이며, 현재는 매년 약 50억 파운드이다. 어떤 기준으로든 우리 '이중 연구 재정지원 체계'(돈의 약 3분의 2는 재정 지원 위원회로부터 분배되며 나머지 3분의 1은 어떤 연구 평가의 결과에 따라 할당되는)는 그것이 1986년 도입된 이래 우리를 잘 도와주긴 했지만, 확실히 수학 연구를 위한 재정 지원은 증가하지 않았다. 사실, 연구 자금에서 수학에 이르는 지분은 상당히 축소되었다고 (믿는 관점에 따라) 이야기할 수 있는 증거도 있다. 이에 따라, 수학을 확실히 지원할 가치가 있는 것으로 보이게 하는 것은 더욱더 중요하다.

게다가 영국에서는 정치의 최우선적 가치가 새로운 곳으로 이동하고 있다. 그것은 바로 투명성이다. 대중은 용도를 밝히기 위해 공금의 사용을 살펴볼 수 있어야 하며 그들의 세금이 잘 쓰였는지 손쉽게 관찰할 수 있어야 한다. 이는 우리 분야에서는 잠재적인 문제점인데, 왜냐하면 수학은 많은 대중이 스스로 무지함의 깊이를 떠들면서 자랑스러운 기쁨을 느끼는 아주 몇 안 되는 주제 중 하나이기 때문이다. 심지어 학교에서의 경험이 더 긍정적인 이들조차 수학 연구를 구성하는 요소들을 현실적으로 이해할 가망은 없다. 이것이 의미하는 바는, 그들의 이해를 돕기 위해 영국 유한책임회사라 불리는 것에 우리가 왜 수많은 기여를 하는지에 대한 이야기, 논증, 인용, 이유를 모은 포트폴리오의 준비가 절대적으로 중요하다는 것이다.

오직 하나의 접촉점

이제 우리는 수학이 성장하기 위해서는 '설득하기'를 피할 수 없다는 점에 동의하기 때문에, 정부(정치인, 공무원, 재정 지원 기관, 힘을 가진 위치에 있을 수 있는 누구라도 해당되는)에 영향을 줄 수 있는 최선의 방법을 고려해야만 한다. 의심의 여지 없이 우리에겐 유능하고 영향력 있는 개인이 필요하지만, 그것만으로는 충분치 않다. 우리의 의견을 경청해주며 우리의 견해에 현실적인 해결책을 적극적으로 모색하려는 정부의 요인 역시 필요하다. 장관들이 겪는 가장 어려운 문제 중 하나는 그들이 정보를 원하거나 의견을 구할 때 의존해야 할 사람을 찾는 것이다. 경험에 따르면 정치인들과 공무원들은 그들이 '조언을 구하는' 소수의 핵심 인물들만을 연줄로 가지고자 한다. 전문 협회와 학회들은 중요하지만, 너무 많은 곳에서 조언을 구하는 것은 분명 도움이 되지 않는다. 현재 잉글랜드에는 4개의 수리과학 학회(수학응용연구소(Institute of Mathematics and its Applications), 런던수학회(London Mathematical Society), 왕립통계학회(Royal Statistical Society), 경영과학회(Operational Research Society))가 있으며 또한 에든버러수학회(Edinburgh Mathematical Society)가 있고 아마 다른 것도 있을 것이다. 수리과학위원회(Council for Mathematical Sciences)는 외부 세계에 영향을 주기 위한 하나의 통일된 브랜드를 확보하기 위해 이들 회원 학회들로부터 의견을 통합하는 훌륭한 일을 한다. 수리과학위원회는 의심의 여지 없는 성공을 이루었음에도, 너무 많은 다양한 학회가 연관된 구조는 외부인이 이해하기 어렵다. 수학회의 분열(그리고 합병하여 단일한 목소리를 낼 의지가 없는 것)은 하나의 분야로서의 수학이, 가령 왕립화학회(Royal Society of Chemistry)나 물리연구소(Institute of Physics)가 통일되고 일관된 목소리로 그들 분야에서 행사할 수 있는 추진력을 따라갈 수 없는 결과를 이끈다.

다른 이들은 분명 우리에게 단일 학회가 필요하

다는 것에 동의하지 않겠지만, 정부에 영향을 주는 능력이 핵심이라면, 오직 하나의 접촉점이 굉장히 중요하다는 것을 암시하는 풍부한 증거가 있다.

무엇이 최선인가

정부에 영향을 주는 방식에 대한 규칙은 변하지 않는다. 그것은 시간을 초월하며 불변이다. 그럼에도 그것은 하나의 분야로서 수학의 본성과 잘 어울리지 않는 경향이 있다. 단도직입적으로, 중요한 세부 사항들을 말하면 다음과 같다.

메시지의 개수를 제한하라. 장관들에게는 정보가 쇄도한다. 한두 개의 요점 이상을 전달하기는 어려우니 괜히 복잡한 메시지로 장관을 혼란스럽게 만들 위험을 감수하지 마라.

요점을 분명하고 간결하게 하라. 수학자들은 세부 내용에 걱정하는 경향이 있고, 영향력에 관한 한 세부 내용이 중요한 경우는 드물다. 알기 어렵게 만들지 말고, 당신의 요점을 희석시키지 마라.

소수의 "강렬한" 통계와 이야기를 반복해서 사용하라. 장관들은 기억할 수 있는 단순한 한 줄짜리 사실을 좋아하고, 여러 번 반복해서 이야기하는 것이 좋다. 사전에 당신의 총알을 잘 준비하고, 장관이 무엇을 알 알아야 하며, 그가 다시 사용하기를 원할 통계나 이야기는 무엇일지 주의 깊게 살펴야 한다.

도움을 제공하라. 불평과 인색한 것에 미래는 없다. 정부 관계자는 그들 삶 대부분을 공격받으며 보내므로 비난보다는 도움을 제공하라.

우선 좋은 점에 집중하라. 그 다음 우려를 지적하라. 심지어 당신이 정부 정책에 하나하나 격하게 반대한다고 할지라도, 우선은 이야기를 장점에서부터 시작할 필요가 있다. 당신은 우려되는 부분과 어려운 점을 나중에 언급할 수 있다.

정치적 어려움을 이해하라. 정부는 당신을 돕고 싶지만 정치적 이유 때문에 그러지 못할 수도 있다. 당신은 합리적으로 달성할 수 있는 좋은 아이디어보다는 이를 먼저 이해할 필요가 있다.

자신의 대학이나 학과가 아닌 수학을 위해 말하라. 정부는 폭넓은 관점을 원한다. 어떤 종류든 사리사욕을 위해 행동하는 것처럼 보이면, 당신은 순식간에 버림받을 것이다.

설득하기 위해 대중매체를 사용하라. 정치인들은 뉴스 대중매체를 여론의 필수적인 척도로 보며 헤드라인에 오를 만한 무언가에 영향을 받을 가능성이 매우 높다.

해외 임무에 참여하라. 사절단으로 정부 관계자와 해외로 여행하는 것은 중요한 사람들과 자세하게 이야기할 수 있는 상당한 기회를 제공한다.

사람들을 고용하라. 장관들과 '그들의 사람들'은 홍보 담당자와 전문 로비스트를 다루는 데 아주 익숙하다. 정부를 어떻게 다루어야 하고 어떻게 결과를 얻는지 아는 전문적으로 영향력 있는 사람을 현찰로 고용하지 않을 이유는 없다.

현실: 우리는 썩 잘 하지 못한다

이 짧은 글은 정부에 영향을 주는 방식에 대해 충분한 제안과 해답을 제공한다. 그렇다면 영국 수학자들은 이 영역에서 얼마나 성공적이었는가? 불행히도, 내 관점에서 답은 간단하다. 썩 잘 해내지 못했다. 잔인하리만큼 솔직해진다면, 하나의 직업으로서 우리는 너무나 전략적 관점을 취하지 못하고 우리끼리 서로 싸우고, 폭넓은 의제를 이해하지 못하고 넋두리하는 다수가 전체 모습인 양 보인다는 것을 인정해야만 한다. 이런 성공의 부재는 영국에만 한정되는가? 이 책의 다른 글은 독자가 세계의 나머지 수학자들이 우리보다 더 나은 영향력을 갖는지 아닌지를 판단할 수 있게 해줄 테지만, 주목할 만한 성공은 내게 꼭꼭 숨겨진 것처럼 보인다.

당연히 정부에 영향을 주는 것은 아주 힘든 일이다. 정치는 일시적인 사업이며, 좋은 관계를 쌓았는데 새로운 얼굴들이 선거에서 낙승하여 그것이 그저 물거품이 되는 것을 보는 것은 실망스럽다. 하지만 정치인들이 바뀌더라도 그들에게 아주 중요한 공무원들은 보통 남아있다. 우리는 사람들에게 영향을 줄 수 있으며, 이런 측면에서 이 주제를 고민하고 더욱 분발해야 한다.

찾아보기

Index

* [I]: 제1권, [II]: 제2권

ㄱ

ㄷ

ㅇ

ㅊ

ㅌ

ㅎ